Win-Q

수산양식
기사·산업기사 필기

시대에듀

감·수·자·약·력

오동훈

現 완도수산고등학교 교사

부경대학교 수해양산업교육과 졸업
군산대학교 산업대학원 수산과학과(양식학전공) 졸업
2015 교육과정 "수산양식일반" 심의위원

끝까지 책임진다! 시대에듀!
QR코드를 통해 도서 출간 이후 발견된 오류나 개정법령, 변경된 시험 정보, 최신기출문제, 도서 업데이트 자료 등이 있는지 확인해 보세요! **시대에듀 합격 스마트 앱**을 통해서도 알려 드리고 있으니 구글 플레이나 앱 스토어에서 다운받아 사용하세요.
또한, 파본 도서인 경우에는 구입하신 곳에서 교환해 드립니다.

편집진행 윤진영 · 장윤경 │ **표지디자인** 권은경 · 길전홍선 │ **본문디자인** 정경일

수산양식 분야의 전문가를 향한 첫 발걸음!

'시간을 덜 들이면서도 시험을 더 효율적으로 대비하는 방법은 없을까?'
'짧은 시간 안에 시험을 준비할 수 있는 방법은 없을까?'

자격증 시험을 앞둔 수험생들이라면 누구나 한 번쯤 들었을 법한 생각이다. 실제로 많은 자격증 카페에서 빈번하게 올라오는 질문이기도 하다. 이런 질문들에 대해 대체적으로 기출문제 분석 → 출제경향 파악 → 핵심이론 요약 → 관련 문제 반복숙지의 과정을 거쳐 시험을 대비하라는 답변이 꾸준히 올라오고 있다.

윙크(Win-Q) 시리즈는 위와 같은 질문과 답변을 바탕으로 기획되어 발간된 도서로, PART 01 핵심이론과 PART 02 과년도+최근 기출복원문제로 구성되었다.

PART 01에는 과거에 치러 왔던 기출문제의 Keyword를 철저하게 분석하고, 반복출제되는 문제를 추려낸 뒤 그에 따른 빈출문제를 수록하여 빈번하게 출제되는 문제는 반드시 맞힐 수 있게 하였고, PART 02에는 기출복원문제를 수록하여 PART 01에서 놓칠 수 있는 최근에 출제되고 있는 새로운 유형의 문제에 대비할 수 있게 하였다.

어찌 보면 본 도서는 이론에 대해 좀 더 심층적으로 알고자 하는 수험생들에게는 조금 불편한 책이 될 수도 있을 것이다. 하지만 전공자라면 대부분 관련 도서를 구비하고 있을 것이고, 그러한 도서를 참고하여 공부해 나간다면 좀 더 경제적으로 시험을 대비할 수 있을 것이라 생각한다.

수산양식기사 · 산업기사는 양식조건에 적합한 수산생물을 선정하고 적절한 시설을 제작하여 수산생물을 양식하는 업무를 수행하고, 어미로부터 알을 받아 수정시킨 후 부화시키거나 해조류의 종자를 배양하고 옮겨 심어서 성장할 수 있도록 하는 업무를 수행하는 자격으로, 양식기술이 발달함으로써 외국어종의 이식사육이 성공하고 신품종의 개발, 인공종자 생산기술의 확대, 사료의 개발 및 고밀도 양식기술의 확대가 이루어지고 있으며, 수출도 양식수산물의 물량이 증가하고 있어 인력수요가 증가할 것으로 전망된다.

자격증 시험의 목적은 높은 점수를 받아 합격하는 것이라기보다는 합격 그 자체에 있다고 할 것이다. 다시 말해 평균 60점만 넘으면 어떤 시험이든 합격이 가능하다. 효과적인 자격증 대비서로서 기존의 부담스러웠던 수험서에서 과감하게 군살을 제거하여 꼭 필요한 부분만 공부할 수 있도록 한 윙크(Win-Q) 시리즈가 수험준비생들에게 '합격비법노트'로 자리 잡기를 바란다.

수험생 여러분들의 건승을 기원한다.

편저자 씀

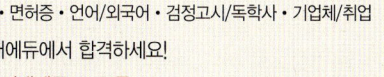

수산양식기사

개 요

인구 증가와 소득 증대에 따라 수산물 소비량이 급증하여 자원고갈과 식량문제가 나타나게 되었다. 이러한 상황에서 인류의 식량문제 해결과 수산양식의 발전을 위하여 어류나 해조류의 번식력과 생장력을 높여 수산자원의 수요를 충족하고 고갈을 방지하는 전문인력의 필요성이 대두되어 자격제도를 제정하였다.

진로 및 전망

❶ 해양자원을 연구하는 연구기관 및 행정기관, 수산 관련 공무원, 수산기술자, 자원개발업체, 연근해 및 원양어업, 수산협동조합, 수산회사, 어망 및 선수품회사, 수산물가공업체, 냉동냉장업체, 연근해 양식장과 내수면 양식장에 진출할 수 있다. 그러나 양식업을 하는 업체의 규모가 영세한 편이어서 업체별로 적은 수의 인원이 취업하고 있으며, 자영업을 하기도 한다.

❷ 양식기술이 발달함으로써 외국어종의 이식사육이 성공하고 신품종의 개발, 인공종자 생산기술의 확대, 사료의 개발 및 고밀도 양식기술의 확대가 이루어지고 있으며, 수출도 양식수산물의 물량이 증가하고 있어 인력수요가 증가할 것으로 전망된다.

시험일정

구 분	필기원서접수 (인터넷)	필기시험	필기합격 (예정자)발표	실기원서접수	실기시험	최종 합격자 발표일
제1회	1월 중순	2월 초순	3월 중순	3월 하순	4월 중순	6월 중순
제3회	7월 하순	8월 초순	9월 초순	9월 하순	11월 초순	12월 하순

※ 상기 시험일정은 시행처의 사정에 따라 변경될 수 있으니, www.q-net.or.kr에서 확인하시기 바랍니다.

시험요강

❶ 시행처 : 한국산업인력공단
❷ 시험과목
　㉠ 필기 : 1. 어류양식학　2. 무척추동물양식학　3. 해조류양식학　4. 양식장환경　5. 수산질병학
　㉡ 실기 : 수산양식 실무
❸ 검정방법
　㉠ 필기 : 객관식 4지 택일형, 과목당 20문항(2시간 30분)
　㉡ 실기 : 필답형(2시간 30분)
❹ 합격기준
　㉠ 필기 : 100점을 만점으로 하여 과목당 40점 이상, 전 과목 평균 60점 이상
　㉡ 실기 : 100점을 만점으로 하여 60점 이상

수산양식산업기사

개요

인구 증가와 소득 증대에 따라 수산물 소비량이 급증하여 자원고갈과 식량문제가 나타나게 되었다. 이러한 상황에서 인류의 식량문제 해결과 수산양식의 발전을 위하여 어류나 해조류의 번식력과 생장력을 높여 수산자원의 수요를 충족하고 고갈을 방지하는 전문인력의 필요성이 대두되어 자격제도를 제정하였다.

진로 및 전망

❶ 해양자원을 연구하는 연구기관 및 행정기관, 수산 관련 공무원, 수산기술자, 자원개발업체, 연근해 및 원양어업, 수산협동조합, 수산회사, 어망 및 선수품회사, 수산물가공업체, 냉동냉장업체, 연근해 양식장과 내수면 양식장에 진출할 수 있다. 그러나 양식업을 하는 업체의 규모가 영세한 편이어서 업체별로 적은 수의 인원이 취업하고 있으며, 자영업을 하기도 한다.

❷ 양식기술이 발달함으로써 외국어종의 이식사육이 성공하고 신품종의 개발, 인공종자 생산기술의 확대, 사료의 개발 및 고밀도 양식기술의 확대가 이루어지고 있으며, 수출도 양식수산물의 물량이 증가하고 있어 인력수요가 증가할 것으로 전망된다.

시험일정

구분	필기원서접수 (인터넷)	필기시험	필기합격 (예정자)발표	실기원서접수	실기시험	최종 합격자 발표일
제3회	7월 하순	8월 초순	9월 초순	9월 하순	11월 초순	12월 하순

※ 상기 시험일정은 시행처의 사정에 따라 변경될 수 있으니, www.q-net.or.kr에서 확인하시기 바랍니다.

시험요강

❶ 시행처 : 한국산업인력공단
❷ 시험과목
　㉠ 필기 : 1. 어류양식 2. 무척추동물양식 3. 해조류양식 4. 수산생물 5. 수질분석 및 양식생물 질병
　㉡ 실기 : 수산양식 실무
❸ 검정방법
　㉠ 필기 : 객관식 4지 택일형, 과목당 20문항(2시간 30분)
　㉡ 실기 : 필답형(2시간)
❹ 합격기준
　㉠ 필기 : 100점을 만점으로 하여 과목당 40점 이상, 전 과목 평균 60점 이상
　㉡ 실기 : 100점을 만점으로 하여 60점 이상

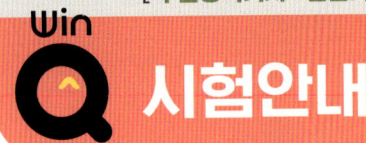
검정현황(기사)

필기시험

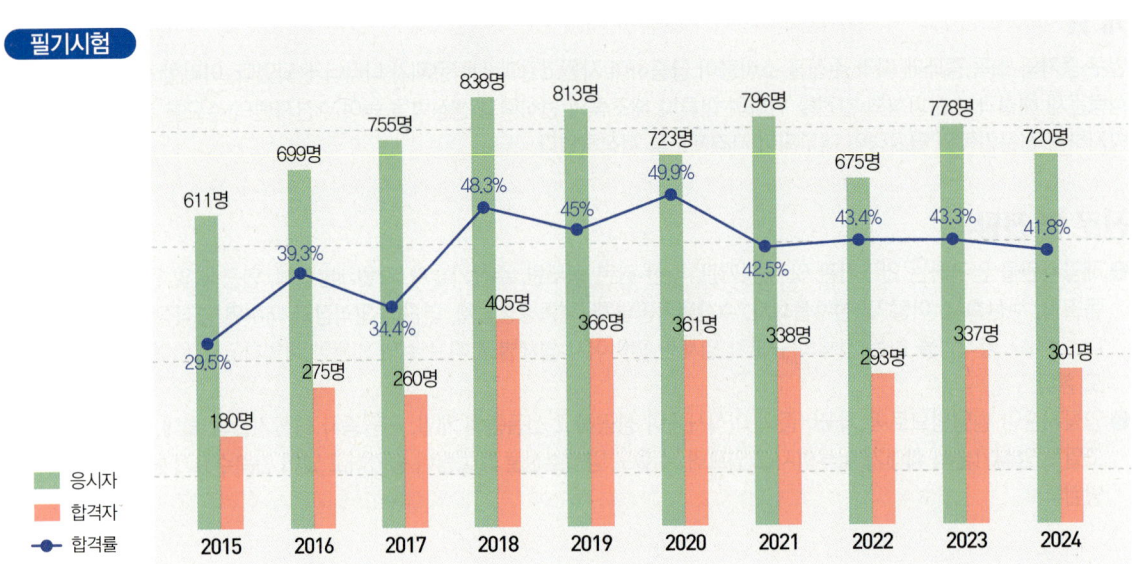

- 응시자
- 합격자
- 합격률

	2015	2016	2017	2018	2019	2020	2021	2022	2023	2024
응시자	611명	699명	755명	838명	813명	723명	796명	675명	778명	720명
합격자	180명	275명	260명	405명	366명	361명	338명	293명	337명	301명
합격률	29.5%	39.3%	34.4%	48.3%	45%	49.9%	42.5%	43.4%	43.3%	41.8%

실기시험

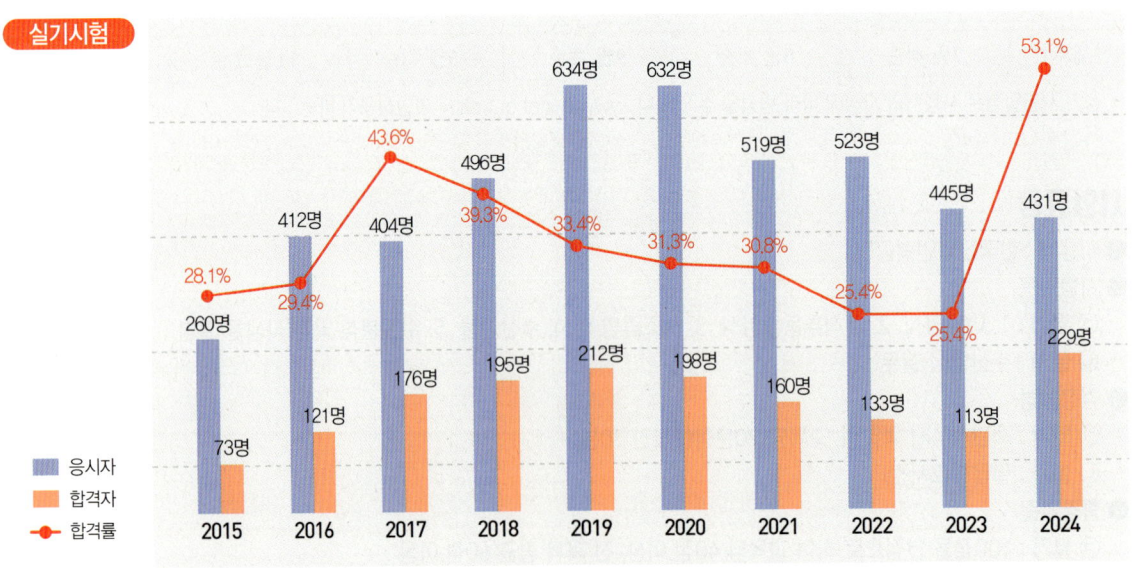

- 응시자
- 합격자
- 합격률

	2015	2016	2017	2018	2019	2020	2021	2022	2023	2024
응시자	260명	412명	404명	496명	634명	632명	519명	523명	445명	431명
합격자	73명	121명	176명	195명	212명	198명	160명	133명	113명	229명
합격률	28.1%	29.4%	43.6%	39.3%	33.4%	31.3%	30.8%	25.4%	25.4%	53.1%

검정현황(산업기사)

필기시험

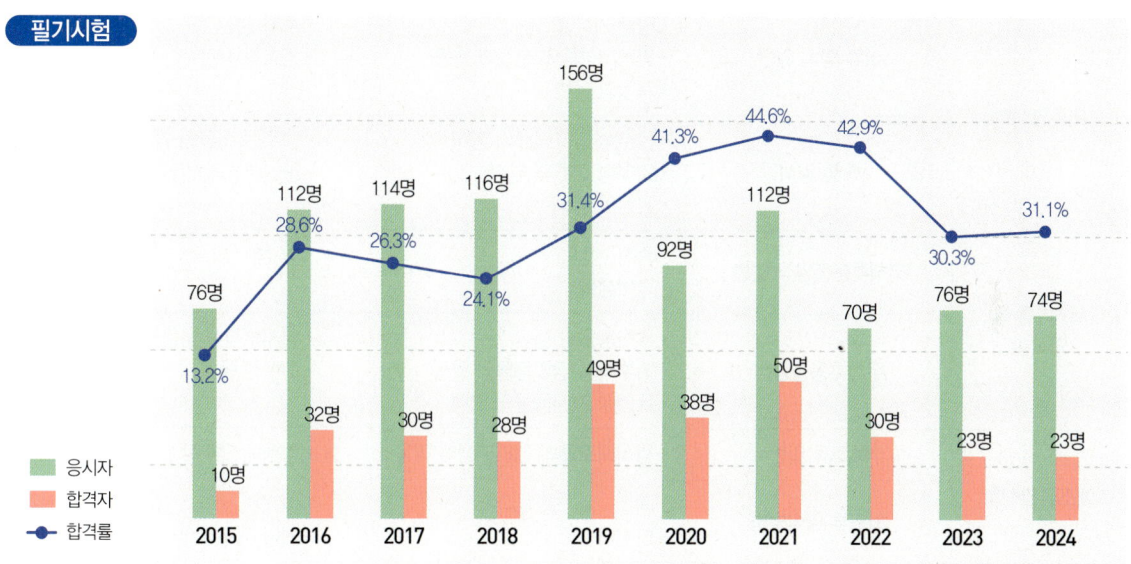

응시자
합격자
합격률

실기시험

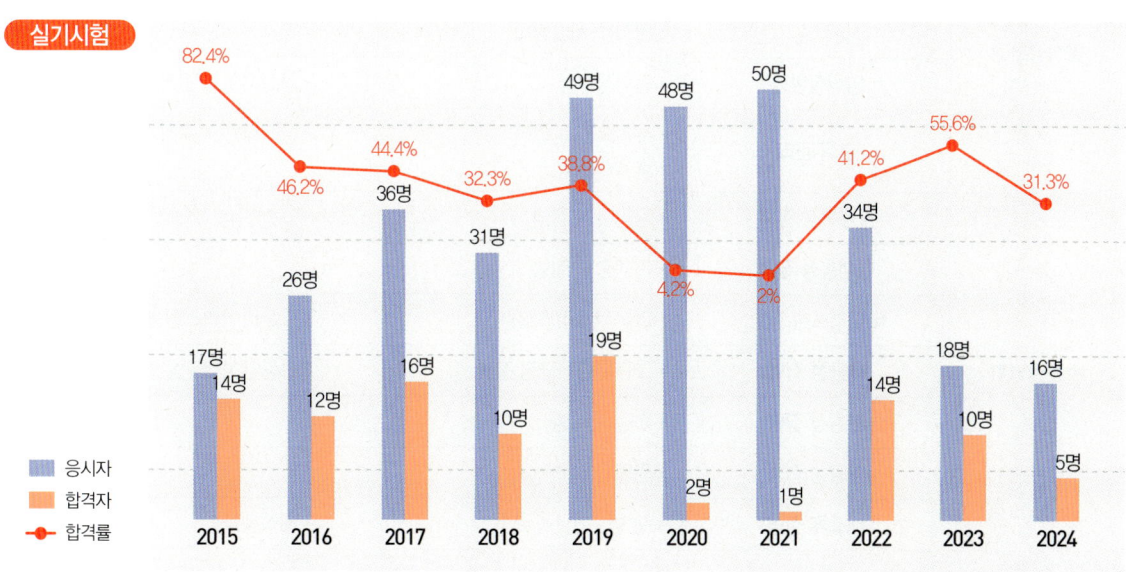

응시자
합격자
합격률

출제기준(기사)

필기과목명	주요항목	세부항목	
어류양식학	어류 양식 일반	• 양 식 • 양식대상종의 선정과 육종 • 축양과 운반	• 종자 생산 • 영양과 사료
	어류 양식	• 온수성 담수어류의 양식 • 열대성 어류의 양식 • 관상어 양식	• 냉수성 어류의 양식 • 해산어류의 양식
무척추동물 양식학	무척추동물양식 일반	• 종자 생산 • 먹이생물	• 양 성
	무척추동물양식	• 부착동물의 양식 • 비부착성 잠입동물의 양식 • 유영성 저서동물의 양식	• 일시부착성 동물의 양식 • 포복성 동물의 양식
해조류양식학	해조류 일반	• 양식해조류의 생리 · 생태 이용	• 양식해조류 품종의 특성
	해조류 양식방법	• 김 • 다시마	• 미 역 • 기타 해조류 양식
양식장환경	양식방법별 시설 및 관리	• 못양식 • 순환여과식 양식 • 혼합(복합)양식 • 양식용 시설장비	• 가두리양식 • 유수식(육상) 양식 • 바다목장
	양식장환경	• 양식장환경	• 양식장환경 관리
	수질 관리	• 수질요인과 관리 • 소 독	• 양식장용수 관리
수산질병학	곰팡이성 질병	• 곰팡이성 질병	
	기생충성 질병	• 기생충성 질병	
	바이러스성 질병	• DNA바이러스질병	• RNA바이러스질병
	세균성 질병	• 그람음성세균성 질병	• 그람양성세균성 질병
	환경성 질병	• 환경성 질병	
	영양성 질병	• 영양성 질병	
	해조류 질병	• 갯 병	• 해적생물

출제기준(산업기사)

필기과목명	주요항목	세부항목	
어류양식	양식 개요	• 양 식	
	양식방법, 시설 및 기기	• 못양식 • 순환여과식 양식	• 가두리양식 • 유수식(육상) 양식
	종자 생산	• 개 요 • 인공종자 생산	• 자연종자 생산 • 먹이생물 배양
	양식대상종의 선택과 육종	• 대상종의 선택	• 육 종
	영양과 사료	• 사 료	• 영 양
	축양과 운반	• 축 양	• 활어 운반
	어류 양식	• 온수성 담수어류 양식 • 열대성 어류의 양식	• 냉수성 어류의 양식 • 해산어류의 양식
무척추동물 양식	무척추동물양식 일반	• 종자 생산 • 먹이생물	• 양 성
	무척추동물양식	• 부착성 동물의 양식 • 비부착성 동물의 양식 • 유영성 저서동물의 양식	• 일시부착성 동물의 양식 • 포복성 동물의 양식
해조류양식	해조류 일반	• 양식해조류의 생리 · 생태	
	해조류 양식방법	• 김 • 다시마	• 미 역 • 기타 해조류 양식
	해조류 병해	• 김 병해	• 해적생물
수산생물	수 계	• 수계의 환경 및 생태	
	수산생물의 생리	• 수산생물의 생리	
	척추동물	• 어류의 형태와 분류	• 어류의 생태
	무척추동물	• 무척추동물의 형태와 분류	• 무척추동물의 생태
	해조류	• 해조류의 분류 및 생태	
	플랑크톤	• 플랑크톤의 생태	
수질분석 및 양식생물 질병	수질분석 및 관리	• 중요 수질요인과 관리	• 양식장용수 관리
	양식생물 질병	• 세균에 의한 질병 • 바이러스에 의한 질병 • 영양성 질병	• 기생충에 의한 질병 • 부착생물에 의한 질병 • 곰팡이성 질병

[수산양식기사 · 산업기사] 필기

구성 및 특징

CHAPTER 01 어류양식학

제1절 어류양식 일반

1. 양식

핵심이론 01 양식의 정의 및 범주

① 수산양식의 정의
- ㉠ 일정한 수역 또는 시설에서(일정한 구역 또는 시설을 독점적으로 소유) 자기가 선택한 유용 수산생물을 길러서 수확하는 것이다.
- ㉡ 자기가 수확해야 할 생물을 돌보는 것이어야 한다.
- ㉢ 지역어민이 종자를 방류하고 그 이후의 관리와 성장 후의 어획까지 하는 경우는 양식이라 할 수 있다(조방적 양식).
  - ※ 연안, 호소, 하천 등에 종자를 방류하는 것은 그 곳의 어획량을 높이기 위한 자연자원의 조성수단으로 증식이라 한다.

② 수산양식의 목적
- ㉠ 기본적이고 중요한 목적은 인류의 식량자원 생산이다.
- ㉡ 생산물의 이용방법에 따라 다음과 같이 나눌 수 있다.
  - 인류의 식량 생산
  - 자연자원의 증강을 위한 방류용 또는 이식용 종자의 생산
  - 수산제품의 원료 또는 다른 산업용 재료의 생산
  - 체험어업용 어패류의 생산(낚시, 조개잡이 등)
  - 미끼용, 관상용 생물생산
  - 유기물의 재활용 등

[양식과 자원관리의 차이]

양 식	자원관리
경제적 가치가 있는 생물을 인위적으로 번식·성장시켜 수확하는 것	산란기 어미 보호, 종자를 방류하여 자원을 자연상태로 번성시키는 것
개인, 회사 → 영리를 목적	국가, 공공기관, 사회단체 → 자원조성이 목적
대상 생물의 주인이 있다.	대상 생물의 주인이 없다.
종자 방류자와 성장 후의 포획자가 같다.	종자 방류자와 성장 후의 포획자가 다르다.

10년간 자주 출제된 문제

1-1. 양식업의 가장 중요한 목적은?
① 미끼용 어류 또는 기타 동물의 생산
② 유기 폐기물의 재생
③ 인류의 식량 생산
④ 산업용 재료 또는 원료 생산

1-2. 다음 중 양식의 뜻을 가장 가깝게 표현한 것은?
① 연어새끼 치어를 생산했다.
② 하천에 잉어 치어를 방류했다.
③ 미국산 블루길을 이식하여 방류했다.
④ 북태평양 연어자원보호를 위한 조치를 취했다.

1-3. 다음 괄호 안에 적합한 용어는?

> 양식의 과정은 ( )과 ( )으로/로 대별될 수 있다.

① 어미생산 - 양성
② 어미생산 - 방류
③ 종자생산 - 양성
④ 종자생산 - 방류

1-4. 다음 중 해조류 양식의 목적으로 올바르지 못한 것은?
① 식량공급
② 의약물질의 추출
③ 사료공급
④ 건축자재 공급

[해설]

1-1
수산양식업의 가장 기본적이고 중요한 목적은 인류의 식량자원 생산에 있다.

1-2
양식은 식용이나 기타 목적에 이용하기 위하여 종자를 만들거나 기르는 일이다.

1-4
양식 해조류는 주로 식용으로 쓰이며 직접 섭취할 뿐만 아니라 안정제, 유화제 등 다양한 기능성 식품으로도 가공된다.

정답 1-1 ③ 1-2 ① 1-3 ③ 1-4 ④

핵심이론 02 양식의 역사

① 세계양식의 역사
- ㉠ 기원전 1800년경 이집트의 마에리스(Maeris)왕이 못을 만들어 식용어 22종을 길렀다는 것이 최초의 기록이다.
- ㉡ 기원전 500년경 중국의 도주공(陶朱公)이 쓴 「양어경(養魚經)」이라는 책에는 연못을 만들어 잉어를 기르면 실리를 얻을 수 있다는 기록이 있다.
- ㉢ 로마시대에는 천해양식을 했고, 바닷가에 연못을 만들어 소하어류를 잡아 길렀으며, 13세기에는 뱀장어도 길렀다고 한다.
- ㉣ 1757년 오스트리아의 자코비가 송어의 인공수정 부화에 성공함으로써 양식의 새 기원이 열렸다고 할 수 있다.
- ㉤ 프랑스에서는 1842년 T. 레미가 송어를 인공부화시켜 하천에 방류하였고, 1851년 국립양어장이 설치되었으며, 1858년 서해안에 굴 양식장이 만들어졌다.
- ㉥ 미국에서는 1848년 대서양에서 나는 하천산 새드(Shad : 전어의 일종)를 엘라 배마강에 이식시키는 데 성공하였으며, 3년 후에는 그것을 멕시코만에서도 잡게 되었다.

② 우리나라 양식의 역사
- ㉠ 고구려 대무신왕(大武神王) 11년인 서기 28년에 연못에서 잉어를 길렀다는 기록이 있다.
- ㉡ 우리나라의 양식은 인조(1623~1649)때 태안 부근에서 김양식을 시작하였다.
- ㉢ 우리나라의 양식이 본격적으로 시작된 시기는 어업법의 실시와 더불어 1910년대이다.
- ㉣ 양식에 대한 본격적인 연구는 1929년 진해, 1942년 청평에 국립양어장이 설립되면서부터 시작되었다.

핵심이론

필수적으로 학습해야 하는 중요한 이론들을 각 과목별로 분류하여 수록하였습니다. 시험과 관계없는 두꺼운 기본서의 복잡한 이론은 이제 그만! 시험에 꼭 나오는 이론을 중심으로 효과적으로 공부하십시오.

10년간 자주 출제된 문제

출제기준을 중심으로 출제 빈도가 높은 기출문제와 필수적으로 풀어보아야 할 문제를 핵심이론당 1~2문제씩 선정했습니다. 각 문제마다 핵심을 찌르는 명쾌한 해설이 수록되어 있습니다.

과년도 기출문제

지금까지 출제된 과년도 기출문제를 수록하였습니다. 각 문제에는 자세한 해설이 추가되어 핵심이론만으로는 아쉬운 내용을 보충 학습하고 출제경향의 변화를 확인할 수 있습니다.

2016년 제1회 과년도 기출문제 [기사]

제1과목 어류양식학

01 자주복을 양성하고자 할 때 m³당 치어의 방양밀도는?

① 9~14마리
② 6~9마리
③ 4~6마리
④ 2~4마리

해설
자주복의 방양밀도(m³당)
• 치어기 : 9~14마리
• 100~300g : 6~9마리
• 300~500g : 4~6마리
• 500g 이상 : 2.5~4마리

02 무지개송어 양식장 용수의 이상적인 용존산소량은?

① 2~3mg/L
② 4~5mg/L
③ 6~7mg/L
④ 10~11mg/L

해설
이상적인 용존산소량은 10~11mg/L이며, 적어도 7mg/L 이상이어야 한다.

03 조피볼락에 대한 설명 중 틀린 것은?

① 12~2월에 교미한다.
② 3~4월에 알이 수정된다.
③ 체내수정을 한다.
④ 출산수온은 22~26℃이다.

해설
④ 출산수온은 17~20℃이다.

04 양식업의 가장 중요한 목적은?

①
②
③
④

해설
수산
생산

05 200
700

①
③

해설
사료가

2025년 제3회 최근 기출복원문제 [산업기사]

제1과목 어류양식

01 참돔 가두리 양식장의 적지조건으로 적합하지 않은 것은?

① 해수의 유동이 좋은 수역
② 수온이 연중 10~15℃를 유지하는 수역
③ 사료의 공급, 양성어의 출하 등이 편리한 곳
④ 하천수의 유입에 의한 비중 변동이 없는 곳

해설
② 참돔은 20~28℃ 범위에서 성장이 가장 빠르고, 15~19℃까지 성장이 가능하다.

02 다음 중 은어의 자어 및 치어를 사육하는 데 가장 좋은 먹이생물이 될 수 있는 것은?

① 기수산 로티퍼와 물벼룩류
② 남조류와 녹조류
③ 식물성 부유생물
④ 환형동물류

해설
초기에 기수산 로티퍼를 주고 성장함에 따라 달걀 노른자를 풀어서 먹이거나 물벼룩 어린 것, 브라인슈림프 배합사료를 상태에 따라 조금씩 증가시켜 공급한다.

03 해산어류의 종자생산과정에서 Baker's Yeast로 배양한 로티퍼를 먹이로 공급하는 경우 나타날 수 있는 현상에 해당하지 않는 것은?

① 자극에 대한 반응이 완만하고 복부가 팽만해짐
② 기형어가 출현함
③ 포식력이 높아져 성장이 빨라짐
④ 활력저하로 대량 폐사를 일으킴

해설
Baker's Yeast(빵효모)로 배양한 로티퍼는 자치어의 건강한 발육에 필수적인 불포화지방산이 결핍되어 대량 폐사할 수 있다. 불포화지방산이 강화된 유지 효모를 사용하여 방지한다.

04 다음 중 복어의 수송방법으로 가장 적합한 것은?

① 가는 철사로 입술을 꿰매거나 앞니를 뺀 후 운반하는 방법
② 마취제를 사용하여 수송하는 방법
③ 저면에 비닐을 깔고 피부가 건조되지 않도록 해서 포화습도 상태로 수송하는 방법
④ 작은 상자에 1마리씩 넣거나, 상자 내에 칸막이를 설치하여 수송하는 방법

해설
복어는 강한 턱과 날카로운 이빨이 있어 수송 시 서로에게 상처를 내는 경우가 많다.

최근 기출복원문제

최근에 출제된 기출문제를 복원하여 가장 최신의 출제경향을 파악하고 새롭게 출제된 문제의 유형을 익혀 처음 보는 문제들도 모두 맞힐 수 있도록 하였습니다.

빨리보는 간단한 키워드

빨간키

빨리보는 간단한 키워드

어류양식학

■ **양식의 정의**

양식은 식용이나 기타 목적에 이용하기 위하여 종자를 만들거나 기르는 일이다.

■ **양식의 역사**

기원전 1800년경 이집트의 마에리스(Maeris)왕이 못을 만들어 식용어 22종을 길렀다는 것이 최초의 기록이다.

■ **양식생물 관리의 세 가지 기본요건**

양식생물의 적합한 수질환경, 적절한 영양공급, 질병과 해적으로부터의 보호와 대책을 세워야 한다.

■ **양식업 종사자의 태도와 신념을 나타내는 내용의 영문 – 레비의 교훈 : WIDE**

- Work : 열심히 일한다.
- Inspection : 물고기를 항상 관찰한다.
- Dedication : 정성을 다한다.
- Experience : 많은 실무 경험을 쌓는다.

■ **어업경영과 양식경영**

- 어업경영은 자연상태에 서식하고 있는 물속의 생물자원을 채취·생산하는 경영방식이다.
- 양식경영은 어업경영과는 달리 생물자원을 인위적으로 육성하여 생산하는 경영방식이다.

■ **먹이생물의 조건**

- 소화가 잘될 수 있어야 한다.
- 영양가가 충분하여야 한다.
- 유생의 입 크기에 맞는 적당한 크기여야 섭취가 가능하다.
- 먹이생물의 운동성이 너무 빨라 유생이 잡아먹는데 어려움이 있다면 먹이생물로서 이용이 불가능하다.
- 독성이 없어야 한다.
- 모양이 삐죽삐죽한 것보다는 원형이 좋다.
- 냄새, 색깔 등이 유생의 선호도에 합당하면 좋다.

▌양식 대상종의 선택기준

- 수요도 : 사회성, 품질, 가격
- 생산성 : 성장률, 내병성, 종자수급, 사료, 사육기술 확립

▌선발육종 개념

- 유전이 가능한 변이 중 경제적으로 유용한 변이를 가진 개체가 세대를 거듭하여 교배함으로써 유용유전자 변이를 축적해 가는 것이다.
- 양식에 있어서 가장 많이 사용되며, 그 접근성이 높다.
- 가장 안정적으로 우량 형질을 집단 내에 정착시킬 수 있으나 성과는 좋지 않다.

▌필수 지방산

- 담수어 : 리놀레산, 알파−리놀렌산
- 해수어 : 리놀레산과 알파−리놀렌산에 EPA, DHA(고도불포화지방산)를 추가로 첨가 필요

▌사료에 필요한 영양소

- 단백질 : 양식어류의 몸을 구성하는 가장 기본이 되는 성분
- 탄수화물 : 에너지원(동물에서 가장 먼저 사용)
- 지방 및 지방산 : 에너지원 및 생리활성물질
- 무기염류 및 비타민 : 대사과정 중의 촉매 및 활성물질
- 다른 구성성분 : 점착제, 항생제, 항산화제, 착색제, 먹이유인물질, 기타 호르몬 등

▌갈색어분

배합사료 원료 중 송어양식에 사료의 단백질원으로 가장 유용하게 사용되어 널리 쓰인다.

▌사료계수 = 사료 공급량/증육량(단, 증육량 = 수확 시 중량 − 방양 시 중량)

▌사료효율(%) = 1/사료계수×100 = 증육량/사료공급량×100

▌축양의 개념

살아있는 수산동물을 적절한 시설 안에서 일시적으로 보관하는 일이다.

▍ 활어운반을 위한 기본원리

- 대사기능을 낮추기 위하여 운반 전 2~3일 동안 어류를 굶긴다.
- 운반 용수의 온도를 낮게 유지시킨다.
- 좁은 용기에 고밀도로 수용하므로 산소 보충을 해야 한다.
- 어류의 대사 또는 체표 분비에 의한 오물 제거를 위해 여과장치를 둔다.

▍ 잉어알을 부화기(병)로 부화하고자 하는 경우 소금 40g, 요소 40g을 물 10L에 녹인 용액에 60~120분간 교반한 후 링거액으로 씻고, 0.85%의 요오드액에 알을 넣고 150~160분간 교반한다. 이 과정이 끝나면 알을 부화병에 담아서 유수식으로 부화시킨다.

▍ 잉어알 부화병의 크기

지름 10~15cm, 높이 50~60cm 정도의 부화병에서 5~10만 개의 알을 부화시킬 수 있다.

▍ 붕어는 잉어에서 볼 수 있는 수염(Barbel)이 없다.

▍ 미꾸라지는 산란 시 수컷이 암컷의 몸을 감고 압력을 주면서 산란행동을 한다.

▍ 뱀장어는 담수에서 성장하여 성숙하게 되면 바다에 내려가서 산란·부화하는 강해성 어류이다.

▍ 채널메기는 온수성 어종으로 저온에 약하다.

▍ 틸라피아는 암컷이 수컷보다 성장이 늦다.

▍ 은어의 종자생산 시 주된 먹이로 브라키오누스(*Brachionus*)속의 로티퍼이다.

▍ 동자개 암수의 특징

암 컷	수 컷
• 몸이 비교적 작다. • 산란기에 위에서 보면 복부는 불룩하다. • 생식기는 끝이 비교적 둥글다.	• 몸이 비교적 크다. • 산란기에 복부가 비대하지 않는다. • 생식기의 끝이 비교적 뾰족하다.

▍ 가물치는 고요한 날 이른 아침 해뜨기 전에 산란을 한다.

■ 가물치는 공기호흡의 습성이 발달해 있기 때문에 물속의 산소결핍에는 거의 영향을 받지 않는다.

■ **무지개송어 친어의 먹이 주는 양**
- 산란 후 1개월부터 다음 산란 전 2개월까지는 70%
- 산란 전 2개월에서 산란기까지는 50%
- 산란기 중에는 30%
- 산란기~산란 후 1개월까지는 50%, 산란 2~3일 전에는 사료공급 증가

■ **산천어 습성**
- 호소형 : 호소에서 성장하다가 산란기가 되면 호소의 주입 하천에 올라가서 산란을 하고 모두 자연폐사된다.
- 하천형 : 성장은 하천 계곡에서 하다가 하천의 중류쯤인 작은 웅덩이에 모여 산란한다(담수계곡에서 서식한 산천어와 바다에서 서식한 바다송어가 하천 중류에서 서로 만나 한데 어울려 산란하며, 산란 후 자연폐사된다).

■ **넙치의 육상수조식 양어장의 적지**
- 태풍이나 파도의 영향이 적은 곳
- 저질이 암반이나 모래로 되어 있어 풍파에도 수질 혼탁이 적은 곳
- 하천수의 유입 등에 의한 염분의 극단적인 저하가 적은 곳
- 판매시장이 가까운 곳

■ 조피볼락의 교미시기 적정수온은 10~13℃이다.

■ **참돔 양식에서 먹이 주는 방법**
조금씩 장시간 동안 수차에 걸쳐 자주 준다.

■ 어종의 사육에 있어서 식욕이 저하할 경우 성게류를 투입시켜 효과를 거둘 수 있는 어종은 돌돔이다.

■ 감성돔의 자어 난황 흡수기 이후의 초기 먹이는 로티퍼가 적합하다.

■ 방어양식에서 공식현상을 방지하기 위해서는 방어치어를 각 단계의 크기별로 선별한다.

■ 점농어와 농어의 가장 큰 차이는 체표의 흑점에 있다.

■ 숭어는 염분에 대한 적응성이 대단히 커서 담수나 해수 모두에서 양식할 수 있다.

■ 자주복은 수온 10℃ 이하이나 28℃ 이상에서는 개흙 속에 잠입하는 습성이 있다.

■ 황복의 독은 테트로톡신으로 강독이다.

■ 강도다리는 입이 작아 수회에 걸쳐 먹이를 섭식하며, 바닥에 떨어진 먹이도 잘 먹는다.

■ 금붕어의 품종
- 중요종 : 화금, 유금, 남경, 툭눈, 네덜란드 사자머리 붕어
- 돌연변이 : 중천안, 꼬리쇠, 토좌금, 지금붕어
- 교배에 의한 것 : 화등내붕어, 금란자붕어, 추금붕어, 캘리코, 주문금, 철붕어

■ 금붕어의 선별 기준
- 몸길이와 체고
- 각 지느러미 모양과 길이
- 체 색
- 등지느러미의 유무
- 비늘의 투명성, 불투명성
- 눈의 돌출 여부
- 머리 혹의 유무

■ 캘리코나 툭눈붕어
부화 시 색깔을 나타내지만 처음에는 검은색이었다가 부화 40~50일 후 특유의 색깔을 나타낸다.

■ 비단잉어 붉은색 착색제의 사료
남조류의 원핵생물에 속하는 스피룰리나를 주원료로 하는 슈퓨리나를 주로 사용한다.

무척추동물양식학

▌ **굴의 분류**

- 유생형 : 벗굴
- 난생형 : 참굴, 바윗굴, 강굴

▌ 굴은 대합의 소형을 닮은 적갈색이고, 따개비는 장난형으로 황색이다.

▌ **참굴의 채묘 예보**

참굴양식에 필요한 종자용 치패를 확보하기 위해서, 해수 중 참굴 유생의 각 단계별 분포상태와 이를 토대로 부유유생의 부착시기 및 분포수역을 미리 알려 주는 것을 말한다.

▌ **굴 유생의 부착에 영향을 미치는 요인**

- 염분 농도
- 구리 이온 : 0.05~0.6mg일 때에 부착
- 수류의 영향 : 5~7cm/sec 이하일 것
- 부착 기질 : 개흙질 없이 깨끗할 것

▌ **진주담치 구제법**

- 부착성기를 피해 참굴의 양성 수하시기를 조절한다(6~7월).
- 부착성기에 수하연을 심층으로 이동시켜 수하한다.
- 진주담치가 성장하기 전에 온수처리나 노출처리를 한다.

▌ 우렁쉥이가 여름철에 맛이 좋은 이유는 수온이 높아지면 글리코겐의 함량도 높아지기 때문이다.

▌ 우렁쉥이의 서식장으로 적당한 곳

- 수온 범위가 5~24℃인 곳
- 외해의 영향을 많이 받는 곳
- 20m 내외의 수심이 암초나 자갈로 되어 있는 곳
- 해수의 비중이 비교적 높은 곳

▌ 우렁쉥이는 부유유생기간에는 먹이를 먹지 않고, 부착생활로 들어간 다음부터 먹이를 먹기 시작한다.

▌ 꼬막은 가장 천해성으로 간조 시에 노출되는 조간대에 서식한다.

▌ 꼬막류의 방사늑수 및 수직분포

구 분	최대각장크기	방사늑수	수직분포
꼬 막	4.11	17~18	조간대
새꼬막	7.24	30~34	조간대~10m
큰이랑피조개	11.40	36~41	수 m~30m
피조개	11.80	42~43	수 m~50m

▌ 참가리비는 가리비류 중 한류계로 우리나라 동해안에 주로 분포하며 수심이 20~34m 되는 곳에 많이 서식한다.

▌ 키조개 부유유생은 현재 알려진 조개류의 부유유생 중에서 크기가 가장 크다.

▌ 바지락류는 부착력이 약하기 때문에 완류식 채묘시설이 적합하다.

▌ 우리나라에서 많이 볼 수 있는 대합의 양성법은 대합의 이동특성을 이용한 조위망식이다.

▌ 큰 우럭은 연한 개흙질로 된 물길 등에 많이 서식한다.

▌ 갯지렁이의 유생발달 순서

Prototrochophore → Metatrochophore → Nectochaeta

▎ **유생의 부유생활기간**

- 피조개 : 4주
- 가리비 : 40일
- 새꼬막 : 2~3주
- 전복 : 참전복(3~4일), 난류계(1주일 내외)

▎ 소라의 방류양성은 일반적으로 수온 13℃ 이하인 상태가 오래 지속되면 성장휴지대가 만들어진다.

▎ **참전복의 적산수온**

- 기초수온은 7.6℃이고, 성숙기 적산수온은 500~1500℃ 범위이다.
- 완숙기 적산수온은 1,500℃ 정도로 외관상 암수구별이 가능하고, 실제적으로 채란이 가능하다.

▎ **해삼의 하면기**

수온이 25℃ 이상으로 높은 시기에는 먹이를 거의 먹지 않거나 먹는다 하더라도 그 양이 얼마 되지 않아서 소화관이 퇴화된다.

▎ **새우류 유생의 변태과정 순서**

노플리우스 – 조에아 – 미시스

▎ **꽃게의 발생과정**

노플리우스 – 제1령 조에아 – 제2령 조에아 – 메갈로파 순으로 변태과정을 거친다.

▎ 문어의 부유유생먹이는 줄새우류, 알테미아 유생이다.

▎ **오징어 서식 수심과 적수온** : 20~130m, 10~18℃

해조류양식학

▎홍조류

- 홍조류에는 김, 우뭇가사리, 풀가사리, 꼬시래기, 진두발, 비단풀, 개우무, 참지누아리 등이 있다.
- 홍조류에서 추출하는 강력한 점성을 지닌 카라기난은 알긴산의 기능보다 매우 우수하다.
- 과포자체 세대는 홍조류만 가지는 세대이다.
- 김의 과포자는 유성생식에서 만들어진 것이다.

▎갈조류

- 대표적으로 미역, 다시마, 톳, 감태, 모자반, 곰피 등이 갈조류에 속한다.
- 엽록체 내의 카로티노이드 색소에 의해서 엽체는 갈색을 띠고 있다.
- 세포벽 물질은 셀룰로오스 외에 알긴(Algin)이라고 하는 특유한 물질을 가지기도 한다.
- 갈조류는 유주자, 단포자 등에 의한 무성생식과, 배우자에 의한 유성생식으로 증식한다.

▎녹조류

- 녹조류에는 파래, 청각, 청태, 매생이 등이 있다.
- 동화색소로는 엽록소 a와 b, 크산토필(Xanthophyll), 카로티노이드(Carotenoid) 등의 광합성 색소가 복합되어 있다.
- 녹조식물은 포자 등에 의한 무성생식과 체세포의 접합 또는 생식세포의 결합에 의한 유성생식을 한다(대부분 유성생식을 한다).

▎김의 주요 양식종 특성

- 참김 : 해조 중 단백질 함유량이 가장 많다(함유량이 10~15%).
- 큰참김 : 부착기의 발달이 늦고 엽체에 비하여 약하므로 파도가 센 곳에서는 유실이 잘되고 건조에 약해서 고노출 수층에는 잘 살지 못한다.
- 방사무늬김 : 양식김 중에서 염성(捻性)이 가장 강하다.
- 둥근김 : 2~3월에도 2차아에 의한 채묘가 가장 잘되는 김품종이다.
- 긴잎돌김 : 2차아(二次芽)에 의한 번식이 없다.

■ 김양식이 한 번 채취로 끝나지 않고 여러 번 채취할 수 있는 것은 중성포자에 의한 번식 때문이다.

■ **김 종자생산**

어장에서 채취한 잘 성숙된 우수한 엽상체(모조)에서 과포자를 받아 종자를 생산하거나 사상체의 배양방법을 이용한다.

■ **김 채묘작업이 끝난 후 발아층으로 김발을 올려주는 요령**
- 발아층은 대조 때의 주간 4~5시간 노출선으로 하는 것이 일반적이다.
- 발올리기 시기를 늦추면 해적생물이 붙을 염려가 있다.
- 해적생물이 많은 곳은 3일 후, 그렇지 않은 곳은 5~7일 후에 올려 준다.

■ 김의 성장기 수온은 15℃ 이하이나 최적 수온은 5~8℃이고 이 수온이 유지되는 기간이 길면 수확도 증가한다. 4℃ 이하에서는 김의 생장이 오히려 늦어진다.

■ **김 사상체의 각포자 방출촉진 및 억제법**

각포자 방출촉진법	각포자 방출억제법
• 저온처리 • 단일처리 • 물갈이처리	• 고온처리 • 장일처리 및 연속명기(明期)처리 • 암흑처리 • 100% 습도처리 • 고비중처리 • 온도처리(27~28℃)

■ **북방형·남방형 미역의 특징**

북방형 미역	남방형 미역
• 체장이 크고 포자엽이 있는 줄기가 길다. • 잎의 열각이 깊고 엽편의 수가 체장에 비해 적다. • 포자엽의 주름수가 6~20개로 많다. • 동해안의 깊은 곳이나 조류가 빠른 곳에 서식한다. • 포자엽과 영양엽이 떨어져 있다.	• 체장과 포자엽이 있는 줄기가 짧다. • 잎의 열각이 얕고 엽편수가 체장에 비해 많다. • 포자엽의 주름수가 2~4개로 적다. • 제주, 남해안 등지의 얕은 수심이나 조류가 빠르지 않은 곳에 서식한다. • 체장과 포자엽이 있는 줄기가 많다. • 포자엽과 영양엽이 이어져 있다.

■ **미 역**
- 포자체 세대와 배우체 세대가 모양이 다른 이형세대교번을 하는 1년생 해조류이다.
- 생장점(생장대)은 줄기와 엽상부(잎)의 사이에 있다.

▌ 미역의 배우체

- 배우체의 발아 및 생장은 수온 17~20℃가 가장 좋다.
- 수온 23℃ 이상이면 휴면상태에 들어가며, 가능한 25℃ 정도로 유지하고 통풍을 충분히 해주는 것이 좋다.
- 고수온에 강해 조도를 낮추면 28℃에서도 생존할 수 있다.

▌ 미역의 포자엽에 음건처리를 하는 목적

공기 중에서 유주자 주머니에 삼투압의 변화를 주어 일시에 많은 양의 유주자를 방출시키기 위해서이다.

▌ 미역의 생활사 순서

포자엽 → 유주자 → ♀,♂배우자 → 접합자 → 아포체 → 유엽

▌ 미역종자 가이식의 필요성

- 아포체나 유엽의 성장을 촉진시키기 위해서
- 부니와 잡생물의 제거작업 또는 싹녹음 예방을 위해서
- 씨줄을 어미줄에 감을 때 종자 손상을 막기 위해서

▌ 다시마는 무성세대인 포자체와 유성세대인 현미경적인 배우체가 세대교번을 하는 생활사는 미역과 같으나, 미역은 1년생이고 다시마의 수명은 다년생으로 길게는 3~4년이다.

▌ 다시마의 형태적 특징

- 엽체의 내부조직은 표층, 피층, 수층으로 구분된다.
- 점액 강도는 피층세포에서 나타난다.
- 잎의 중앙부분은 약간 두껍고 양 가장자리는 얇다.
- 엽체의 비대생장은 표층에서 일어난다.
- 가장 바깥층을 이루는 표층은 엽록체를 많이 가지는 작은 세포로 구성되어 세포분열기능을 오랫동안 지속하고 이 부분에서 비대생장이 일어난다.
- 참다시마의 성숙한 잎기부는 둥글고 중대부가 매우 넓다.

▌ 촉성양식

2년생 다시마를 저수온기에 최대한 활용하여 단기간에 생장시키는 양식방법이다.

▌ 한천의 원료가 되는 홍조류에는 우뭇가사리와 꼬시래기 등이 있다.

▌ 우뭇가사리의 번식에는 과포자, 사분포자에 의한 번식과 포복지 재생력에 의한 영양번식이 있다.

▌ **꼬시래기의 양식방법**
- 모조를 절단하는 것을 로프에 끼워서 성육시킨다.
- 패각에 채묘해서 어장에 살포한다.
- 그물발에 채묘 또는 모조를 끼워서 성육시킨다.

▌ 청각은 세대교번을 하지 않으나 핵상의 교번은 한다.

▌ **청각의 생활사 순서**

배우자낭 → 배우자 → 접합자 → 청각

▌ **모자반**

바다숲을 구성하는 대형 해조류로 어류와 패류 등 유용 수산동물자원의 서식처와 산란장으로 이용됨으로써 해양생태계 유지에 매우 중요한 기능을 담당한다.

▌ **톳의 생활사**
- 자웅이주이며, 생식기 가지를 가진다.
- 유성세대만 있는 다년생 해조류이다.
- 동형세대교번을 한다.
- 포복지에 의하여 새 개체를 만드는 영양번식을 한다.

▌ **감 태**
- 알긴산의 원료로, 모자반속과 함께 우리나라에서는 가장 큰 해조이다.
- 조하대에서 바다숲을 형성하고 있고, 전복과 소라 등의 먹이가 된다.

▌ 곰피의 종자생산에서 채묘하기 위하여 성숙된 모조를 준비하기에 적당한 시기는 10~11월경이다.

▌ 쇠미역은 다시마과에 속하는 1년생의 온대성 해조류이다.

▌ **매생이**
- 조간대 지역에서 가장 높은 층에 생육하는 해조류이다.
- 김양식기간 중 매생이는(보통 11월경) 수온 18℃ 전후일 때 가장 많이 발생하여 발에 부착한다.
- 매생이가 자연 서식처에서 최대생장을 나타내는 시기는 2월경이다.

양식장환경

▌ 정수식 못 양식의 특징

- 시설비는 적게 들지만, 넓은 면적이 필요하므로 부지대금이 많이 든다.
- 각종 다수 어류의 양성이나 종자생산에 이용된다.
- 호소의 침수지대나 연안의 염분이 스며드는 저지대의 이용이 가능하다.
- 호흡에 필요한 산소는 주로 공기 중의 산소가 물 표면을 통과하여 용해·공급된다.

▌ 정수식 못 양식의 가장 원시적인 방법은 증발과 누수에 의한 물의 감소량에 해당하는 용수를 보충하는 것을 원칙으로 하므로, 특별한 기술이나 시설장비가 없어도 시행할 수 있다.

▌ 가두리 양식장의 적지조건

- 가두리 근방에 수초가 없고 영양염류가 적은 빈영양호인 곳
- 물의 유동이 어느 정도 있는 곳
- 일조시간이 길고 수온이 따뜻할 것
- 강우나 가뭄의 피해가 적고 교통과 동력시설이 편리한 곳
- 수면이 넓고 수량이 많을 것
- 5m 이상 수심이 깊을 것

▌ 양성방법에 따른 분류

폐쇄식 양식법	개방식 양식법
• 정수식(지수식, 못양식, 지중양식) • 반순환식 • 순환여과식	• 유수식 • 가두리식 • 바닥식(살포식) • 수하식(로프식) • 뗏목식 • 말목식 • 방류-재포식 • 나뭇가지식

▌ 순환여과식 양식의 장단점

장 점	단 점
• 소량의 물로 고밀도 양식이 가능하다. • 시설 시 장소나 위치에 제한이 없다. • 작은 면적에 대량생산이 가능하다. • 열 조절시설의 활용으로 어종 제한이 없다(열대성 · 냉수성). • 해적과 질병대책이 용이하다. • 연중 생산, 연중 수확이 가능하다. • 출하시기 조절이 가능하다.	• 초기 시설비가 많이 든다. • 시설관리를 위한 기술이 필요하다. • 고밀도 양식으로 인해 양식생물이 스트레스를 받는다. • 생산력 향상을 위한 부가시설이 필요하다.

▌ 순환여과식 양식에 포함되는 시설

- 사육조 : 생물을 사육
- 수로와 펌프
- 침전조(여과장치) : 고형물을 제거
- 생물여과조 : 생물이 배출한 용존 암모니아 등 유해물질을 분해
- 소독조(자외선, 오존) : 수중의 유해세균을 제거
- 기타 부대시설 : 산소공급장치, 용존유기물 제거시설, 가온설비, 냉각설비 등

▌ 순환여과시스템의 순환수에서 생기는 거품은 물에 녹아 있는 유기물이 기포의 경계면에서 흡착되기 때문이다.

▌ 용어설명

- 정류판 : 수로형 수조에서 물의 흐름을 고르게 하기 위하여 시설하는 것
- 벤투리관 포기장치 : 해산어를 육상탱크에서 양성할 때 사육수에 공기를 자연적으로 주입하여 산소를 수중에 용해되게 하는 포기장치
- 집수부(Kettle) : 어류의 포획을 쉽게 하기 위해 설치하는 장치
- 강벽(Core) : 모래가 많은 곳에서 누수가 심하므로 못 둑의 가운데에 점토질을 넣어 누수를 방지하는 장치
- 옆물길 : 큰 양어지의 경우 홍수 때 수위가 높아져 물이 못 둑을 넘는 것을 막기 위한 것으로 못 속에 필요 이상의 물이 들어가지 않도록 한 장치
- 도피방지망 : 수문에 양식 중의 어류가 주수와 배수를 할 때 도망가지 못하게 하는 장치

▌ 복합양식의 방법

양식방법에 따라 수하식, 바닥식, 혼합식, 축제식 등 4가지로 분류된다.

▌ 바다목장의 개념

기르는 어업의 연장선상에서 대상종의 생산방류, 자원조성시스템을 입체적으로 조합하여 해역의 특성에 맞게 복합적인 자원 조성 및 이용관리시스템을 확립함으로써 어업과 해양관광을 위한 다목적 자원조성을 추구하는 것을 의미한다.

▌ 펌프의 종류

형 식	작동방식	종 류	
터보형	원심력식	원심펌프	벌류트펌프(Volute Pump)
			터빈펌프(디퓨저펌프)
		축류펌프, 사류펌프	
		마찰펌프	
용적형	왕복동식	피스톤펌프, 플런저펌프, 다이어프램펌프	
	회전식	기어펌프, 나사펌프, 루츠펌프, 베인펌프, 캠펌프	
특수형		기포펌프, 제트펌프, 수격펌프, 와류펌프, 진공펌프, 점성펌프, 전자펌프	

▌ 기본형 에어레이션 장치

- 낙차 에어레이션 장치
- 표면 에어레이션 장치
- 확산 에어레이션 장치

▌ 비상동력공급장치

발전기는 발전기 부분과 발전기를 구동하는 원동기로 구성되며, 양식장용 발전기는 주로 디젤엔진형의 교류(AC) 발전기가 이용된다.

▌ 가온장치(보일러) 작동 전 점검사항

- 보일러의 보충수 탱크를 점검하여 보충수가 충분한지 확인한다.
- 보일러의 수면계를 점검하여 관 내에 물이 있는지 확인한다.
- 연료탱크의 유면계 및 연료필터를 점검하여 연료공급이 원활한지 확인한다.
- 보일러 압력계, 안전밸브를 확인 및 점검한다.

▌ 먹이공급기의 종류

- 요구식 사료공급기 : 양식장 물 위에 먹이통을 매달아 놓고, 먹이통에 물속과 연결된 막대를 매달아 놓은 형태이다.
- 조절식 사료공급기 : 수조 안에 있는 어류 등 양식 대상종이 먹을 수 있는 양과 횟수를 미리 알아 기계를 조절하여 먹이를 주는 형태이다.

▋ 부화기

- 건형부화기 : 긴 수조를 여러 칸으로 구획하고 각 구획에는 알을 담은 그릇(바닥이 망으로 된 것)을 5~6개 쌓고 물이 각 구획마다 아래에서 위로 흐르도록 설계되어 있다.
- 바스켓부화기 : 건형부화기의 알 그릇 대신 그물로 된 바구니(Basket)를 사용하는 방식이다.

▋ 양식장의 자가오염

같은 장소에서 집약적으로 장기간 양식하게 되면 사료 찌꺼기나 양식생물 배설물이 바닥에 퇴적되어 자정능력을 초과할 경우 연안해역의 오염원으로 작용하게 된다. 이와 같이 양식장에 의한 자체 오염을 육상기원 오염현상과 구분하여 양식장 자가오염이라 한다.

▋ 양어장의 수질환경에 영향을 주는 요인

환경요인	수질항목	비 고
물리적 요인	수온, 밀도, 어는점, 염분도, 전기전도도, 탁도, 색도, 투명도, 총기체압 등	지형·지질적 요인의 영향을 받음
화학적 요인	DO, pH, 알칼리도, 경도, 이산화탄소, 질소화합물(암모니아, 아질산, 질산), 황화수소, 철, 중금속, 살충제 등	양식생물 대사활동에 영향을 줌
생물학적 요인	각종 플랑크톤(동식물), 세균, 바이러스, 해적생물 등	직·간접으로 영향을 줌

▋ 양식장 노화

배설물의 양과 먹이 찌꺼기의 양이 자연정화능력보다 많으면 용존산소가 결핍되어 호기성 세균 대신 혐기성 세균에 의해 황화수소, 메탄가스, 암모니아 및 황화물 등의 생물에 유해한 물질이 생성된다. 이로 인해 저질과 수질의 악화가 급격히 진행되어 양식생산이 저하되는 현상을 말한다.

▋ 양식장 노화방지 대책

- 찌꺼기의 양이 자연정화(자정)능력을 벗어나지 않도록 주의한다.
- 일정기간 양식을 중지하여 자정능력을 회복시킨다.
- 객토 및 준설을 통해 환경을 개선한다.
- 해저를 포기한다.
- 양성밀도를 줄인다.

▌ 경운(바닥갈이)의 효과

- 바닥이 딱딱해진 패류양식장의 저질을 연하게 한다.
- 환원상태인 저질을 갈아 줌으로써 산화를 촉진한다.
- 김양식장에서는 저질에 함유된 영양염류의 용출을 촉진시킨다.
- 잘피류, 종밋 등의 유해생물을 제거한다.
- 굴이나 어류의 양식시설의 바닥에 퇴적되어 있는 높은 농도의 유기질 해캄을 휘저어 산화를 촉진시키며 확산을 도모한다.

▌ 인공 간석지 조성은 자연 간석지나 모래터를 개량하여 저서생물의 초기 발생이 잘되게 조성하는 저질개선방법이다.

▌ 대규모 간석지가 형성되기 위한 조건

- 대량의 모래질흙 또는 점토질이 하천수에 의해 운반되는 경우
- 외해와의 물교류가 적은 내해이거나 만(灣)일 경우
- 간만의 차가 크기 때문에 먼 곳까지 바닥이 노출되었다가 물속으로 잠기는 경우

▌ 생물학적 여과

유기물이 무기물의 상태로 전환된 뒤에는 자가영양세균에 의하여 질산화과정이 일어난다. 즉, 양식동물에 해로운 암모니아는 나이트로소모나스(Nitrosomonas)에 의하여 아질산염으로 산화되고, 이 아질산염(Nitrite)은 나이트로박터(Nitrobacter) 세균에 의해서 독성이 훨씬 적은 질산염(Nitrate)으로 산화된다.

▌ 생물학적 여과의 유해물질 분해단계

유기물의 무기물화(1단계) → 질산화 작용(2단계) → 탈질화 작용(3단계)

▌ 질산화(Nitrification) 과정

암모니아(NH_3) $\xrightarrow{\text{호기성 세균}}$ 아질산이온(NO_2^-) $\xrightarrow{\text{호기성 세균}}$ 질산이온(NO_3^-)

▌지하수의 일반적인 특징

- 유속이 느리다. → 자정속도가 느리다.
- 연중 수온이 고르다.
- 염류들이 많이 용해(CO_2에 의해서)된다. → 경도가 가장 높다.
- 국지적인 환경조건의 영향이 크다.
- 유기물의 분해가 미생물의 작용에 의한다.
- 용존산소가 거의 없다(하천수의 DO는 전달현상에 의해 풍부하지만 지하수는 DO가 거의 없다).

▌적조현상

해양에 서식하는 동·식물성 플랑크톤, 원생동물 및 박테리아와 같은 미생물이 일시에 다량으로 증식되거나 또는 물리적으로 집적되어 바닷물의 색깔을 변화시키는 현상이다.

▌적조의 원인

- 수역의 부영양화
- 물의 정체
- 일사량의 증가
- 수온의 상승
- 육수 유입에 의한 염분저하
- 해수의 상하교반, 해저 빈산소 수괴의 용출

▌적조의 대책

발생방지	과도한 부영양의 해소	질소, 인의 부하규제와 유기오염니(有機汚染泥)의 제거
	자극물질의 제거	유기물, 중금속 등 수질, 저질의 정화
	천해매립의 제한	• 매립에 의한 정체수역의 출현 • 공사에 동반된 저니 교반에 의한 재용출 • 새로운 부하 유입 등의 방지
피해방지	예고와 조기발견	• 발생기구의 해명 • 감시·예보상황의 정비
	적조생물의 회수	흡취, 파괴, 부작용에 주의
	폐사대책	• 피해기구의 해명 • 파단, 도피, 양식기구의 개량

적조생물 – 유해성에 따른 종류

- 무해적조 : 적조생물이 유해성을 가지지 않음. 주로 규조류의 적조
- 유해적조 : 적조가 어패류를 폐사시킬 수 있는 물질을 생산

  Cochlodinium polykrikoides, *Gymnodinium mikimotoi* 및 *Chattonella* sp.에 의한 적조
- 유독적조 : 적조생물이 어패류를 독화시키고, 사람이 어패류를 섭취하였을 때 식중독, *Dinophysis*와 같은 종

우리나라에서 냉수성 어류의 성장에 가장 적합한 조건을 갖춘 수온 및 수질조건

수온 범위가 12~18℃인 지하수를 이용할 수 있는 곳이다.

피펫은 높은 정밀도를 요하는 용액채취 때 사용하는 기구이다.

해수 중의 염분함량을 나타내는 단위

해수 1,000cc 중의 염분량을 g로 나타낸 수치로 'psu' 또는 '‰'의 단위를 사용하고 ppt(천분의 일)와 상응하는 단위를 사용한다.

해수에서 염분 계산공식

염분(S) = 1.80655 × 염소량(Cl)

비중계는 비중이 작은 액체에 넣으면 깊이 가라앉고, 액체의 비중이 크면 얕게 가라앉는다.

여름철 식물플랑크톤이 많이 발생한 못 속의 용존산소는 해뜨기 전에 가장 낮아진다.

용존산소(DO) 증가

- 기포가 작을수록
- 수온이 낮을수록
- 염분 또는 불순물의 농도가 낮을수록
- 기압이 높을 때
- 교란작용이 있을 때 : 공기 중의 산소가 물에 녹아 들어가는 속도는 공기와 물표면의 접촉면적에 비례하고, 또 포화 용존산소농도와 현재의 용존산소함량과의 차이에도 비례한다. 따라서, 물의 표면적이 넓으면 산소가 쉽게 녹아 들어간다.

▌ 용존산소 측정방법

윙클러-아지드화나트륨 변법, 격막전극법

▌ 윙클러-아지드화나트륨 변법의 시약

- 고정용 시약 : 황산망가니즈($MnSO_4$) 또는 염화망가니즈($MnCl_2 \cdot 4H_2O$), 알칼리성 아이오딘화칼륨(KI), 아지드화나트륨(NaN_3) 또는 수산화나트륨(NaOH)
- 적정용 시약 : 티오황산나트륨($Na_2S_2O_3 \cdot 5H_2O$)

▌ 공기 중의 산소량에 대한 일반적인 수중 용존산소량은 약 1/30이다.

▌ 물속에서의 동물의 산소소비

- 동물의 산소소비는 온도가 상승함에 따라 증가한다.
- 동물 개체당 산소소비량은 큰 개체일수록 많다.
- 먹이를 소화하는 동안은 더 많은 산소를 소비한다.
- 단위체중당 산소소비량을 보면 어체가 작을수록 수치가 커진다.

▌ 용어 정의

- BOD : 시수 중에 있는 유기물이 호기성 미생물의 증식과 호흡작용에 의하여 소비되는 산소량
- COD : 유기물을 화학적으로 산화시킬 때 요구되는 산소량
- DO : 수중에 용존해 있는 산소량
- 혐기농도 : 독성물질에 의한 생물의 이동 및 도피를 유발케 하는 농도

▌ 화학적 산소요구량(COD)시험에서 염소이온의 방해를 막기 위해 황산은(Ag_2SO_4) 또는 질산은($AgNO_3$)을 사용한다.

▌ 황화수소(H_2S)는 유기물질이 많이 쌓이고 물의 유통이 잘 안 되는 양어지의 바닥 및 가두리 양식장 저면에 많이 발생하며, 그러한 곳은 바닥이 검게 변하고 나쁜 냄새를 풍긴다.

수산질병학

■ "수산동물전염병"이란 노랑머리병, 잉어 봄바이러스병, 잉어 헤르페스바이러스병, 참돔 이리도바이러스병, 바이러스성 출혈성 패혈증, 유행성 궤양증후군, 타우라증후군, 흰반점병과 그 밖에 전염속도가 빠르고 대량폐사를 일으켜 지속적인 감시 및 관리가 필요한 수산동물질병으로서 해양수산부령으로 정하는 것을 말한다(수산생물질병관리법 제2조 제6호).

■ 균사에 의해 은어의 피부조직이 파괴되고 육아종을 형성하는 진균성 육아종의 원인생물은 *Aphanomyces piscicida*이다.

■ 잉어의 아가미에 포자낭이 형성됨으로서 폐사하기도 하는 질병은 Myxobolus 증이다.

Trichodina증 특징
- 수중에서 활발히 운동하며, 기생숙주를 옮기기도 한다.
- 아가미에 기생할 때에는 점액이 많이 분비되고 상피가 증가되어 호흡곤란을 일으킨다.
- 기생부위는 체표, 지느러미, 비공, 아가미 등이다.
- 담수 및 해산어의 체표에 기생하며, 많은 피해를 준다.

DNA바이러스 질병
- 림포시스티스병(LCDV)
- 바이러스성 상피증생증
- 채널메기 바이러스병(CCVD)
- 연어 입 종양병바이러스(OMV)
- 굴 면반바이러스(OVVD)
- 잉어 POX병
- 홍다리얼룩새우 바큘로바이러스병(MBV)
- 참돔 이리도바이러스병(RSIV)
- 바이러스성 중장선 괴사병
- 흰반점 바이러스병
- 바이러스성 적혈구괴사증(VEN)

■ **RNA바이러스 질병**
- 바이러스 출혈성 패혈증(VHS)
- 전염성 췌장괴사증(IPN)
- 바이러스성 신경괴사증(VNN)
- 잉어 봄바이러스병(SVCV)
- 전염성 조혈기괴사증(IHN)
- 바이러스성 복수증
- 넙치 랍도바이러스감염증(HIRRV)

■ 바이러스병이 가장 심하게 피해를 주는 어류는 연어, 송어류이다.

■ 연어, 송어류에 발병되는 IHN, IPN, VHS의 공통적인 외부 증상은 체색흑화이다.

■ **전염성 조혈기 괴사증(IHN)의 증상**
- 실모양의 점액변이 항문에 붙어 있다.
- 복부가 팽만된다.
- 콩팥 전반에 걸쳐 점상출혈이 나타난다.
- 몸 색깔이 검어진다.

■ 냉수성 어류에 유행되는 바이러스성 질병은 많은 어류를 폐사시키는데, 이러한 폐사를 최소한으로 감소시킬 수 있는 방법은 사육수온보다 수온을 높이는 것이다.

■ 틸라피아가 항문에 길게 배설물을 달고 다닌다면 그 원인으로 가장 적합한 것은 에드워드병에 감염되었기 때문이다.

■ 양식 넙치에 여름철 고수온기에 발생하는 질병으로서 탈장, 복부팽만, 간 출혈을 나타내며 병원균은 TCBS 배지상에서 황색 또는 녹색의 집락을 보이는 병은 하베이병이다.

■ 세균의 그람염색성이 양성과 음성으로 나누어지는 원인은 세균의 세포벽 차이이다.

■ 에로모나스 하이드로필라(*Aeromonas hydrophila*)에 의한 질병
- 잉어, 금붕어, 송어, 틸라피아, 가물치, 메기 등의 담수어류에 발생하는 병 – 봄에 비늘이 거꾸로 일어서는 솔방울병의 병원균
- 뱀장어에 발생하는 붉은 지느러미병(기적병)의 병원균

■ 송어류에 유행하는 전신적인 전염병인 절창병(부스럼병)의 증상은 피부에 융기된 부스럼이 생기는 것이다.

■ 방어의 세균성 질병으로 *Lactococcus*균의 감염에 의한 연쇄구균증의 피해가 크다. 이 병이 쉽게 치유되지 않는 이유는 환부가 육아종으로 변해 그 속에 병원균이 있기 때문이다.

■ 연쇄구균 감염에 의한 대표적 증상
- 안구돌출과 안구출혈
- 아가미뚜껑의 출혈
- 꼬리자루의 궤양 형성

■ 무지개송어나 은연어 치어의 꼬리부 피부에 세균의 증식으로 궤양이 생기므로 미병병(Peduncle Disease)으로 불리는 병의 원인균은 *Flavobacterium psychrophilum*이다.

■ 금붕어에 궤양병을 일으키는 원인 세균

Aeromonas hydrophila, *Aeromonas salmonicida*, *Flavobacterium columnare*

■ 신장과 간, 비장에 백점 및 백색 결절의 병소를 형성하는 질병
- 세균성 신장병(BKD)
- 유결절증(*Pseudotuberculosis*)
- 익티오포누스증(*Ichthyophonosis*)

■ 방어를 양식하던 중 폐사가 생기기 시작하여 관찰해 보니 피부에 혹 같은 작은 돌기나 반구형의 농양이 생겨 있었다면 감염균은 *Nocardia seriolae* 균이다.

■ 비타민 C 결핍
- 등뼈가 굽어져서 기형어가 생긴다(골격이 기형화).
- 안구가 돌출된다.
- 근육에 출혈점이 나타난다.

▌ 잉어의 등여윔병이 발생되는 주된 원인은 산화된 지방의 독성(비타민 E 결핍)이다.

▌ **김의 갯병 종류**
- 기생성 갯병 : 붉은갯병, 호상균, 사상체균 부착병, 녹반병, 구멍갯병
- 비기생성(생리적) 갯병 : 흰갯병, 의사흰갯병, 싹갯병, 암종병, 쪼그랑병

▌ **붉은갯병**

조균류에 속하는 붉은갯병균의 기생으로 생기는 병이다.

▌ **녹반병**

영양분의 부족에 의하여 발생하는 김 사상체의 질병이다.

▌ **구멍갯병**

김 갯병 중 저염분의 영양하에서 기계적인 자극으로 생긴다.

▌ **닭살(상어살)**

탄산칼슘이 김사상체 배양의 조가비 표면에 침착하여 나타난다.

▌ 김 사상체가 병으로 죽을 때 처음에 나타나는 색은 붉은색이다.

▌ **적변병**

4~6월에 어둡고 통풍이 나쁜 배양장에 잘 발생하며, 병반부가 미끈미끈하고 특유의 썩는 냄새가 나는 김 사상체 병해이다.

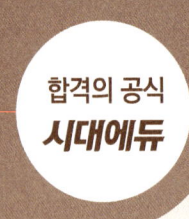

교육은 우리 자신의 무지를 점차 발견해 가는 과정이다.

– 윌 듀란트 –

PART 01

핵심이론

어류양식학

1. 양 식

▶핵심이론 01 양식의 정의 및 범주

① 수산양식의 정의

　㉠ 일정한 수역 또는 시설에서(일정한 구역 또는 시설을 독점적으로 소유) 자기가 선택한 유용 수산생물을 길러서 수확하는 것이다.

　㉡ 자기가 수확해야 할 생물을 돌보는 것이어야 한다.

　㉢ 지역어민이 종자를 방류하고 그 이후의 관리와 성장 후의 어획까지 하는 경우는 양식이라 할 수 있다(조방적 양식).

　　※ 연안, 호소, 하천 등에 종자를 방류하는 것은 그 곳의 어획량을 높이기 위한 자연자원의 조성수단으로 증식이라 한다.

② 수산양식의 목적

　㉠ 기본적이고 중요한 목적은 인류의 식량자원 생산이다.

　㉡ 생산물의 이용방법에 따라 다음과 같이 나눌 수 있다.

　　• 인류의 식량 생산

　　• 자연자원의 증강을 위한 방류용 또는 이식용 종자의 생산

　　• 수산제품의 원료 또는 다른 산업용 재료의 생산

　　• 체험어업용 어패류의 생산(낚시, 조개잡이 등)

　　• 미끼용, 관상용 생물생산

　　• 유기물의 재활용 등

[양식과 자원관리의 차이]

양 식	자원관리
경제적 가치가 있는 생물을 인위적으로 번식·성장시켜 수확하는 것	산란기 어미 보호, 종자를 방류하여 자원을 자연상태로 번성시키는 것
개인, 회사 → 영리를 목적	국가, 공공기관, 사회단체 → 자원조성이 목적
대상 생물의 주인이 있다.	대상 생물의 주인이 없다.
종자 방류자와 성장 후의 포획자가 같다.	종자 방류자와 성장 후의 포획자가 다르다.

1-1. 양식업의 가장 중요한 목적은?

① 미끼용 어류 또는 기타 동물의 생산
② 유기 폐기물의 재생
③ 인류의 식량 생산
④ 산업용 재료 또는 원료 생산

1-2. 다음 중 양식의 뜻을 가장 가깝게 표현한 것은?

① 연어류의 치어를 생산했다.
② 하천에 잉어 치어를 방류했다.
③ 미국산 블루길을 이식하여 방류했다.
④ 북태평양 연어자원보호를 위한 조치를 취했다.

1-3. 다음 괄호 안에 적합한 용어는?

> 양식의 과정은 (   )과 (   )으로/로 대별될 수 있다.

① 어미생산 – 양성
② 어미생산 – 방류
③ 종자생산 – 양성
④ 종자생산 – 방류

1-4. 다음 중 해조류 양식의 목적으로 올바르지 못한 것은?

① 식량공급   ② 의약물질의 추출
③ 사료공급   ④ 건축자재 공급

[해설]

1-1
수산양식업의 가장 기본적이고 중요한 목적은 인류의 식량자원 생산에 있다.

1-2
양식은 식용이나 기타 목적에 이용하기 위하여 종자를 만들거나 기르는 일이다.

1-4
양식 해조류는 주로 식용으로 쓰이며 직접 섭취할 뿐만 아니라 안정제, 유화제 등 다양한 기능성 식품으로도 가공된다.

정답 1-1 ③   1-2 ①   1-3 ③   1-4 ④

핵심이론 02 양식의 역사

① 세계양식의 역사

　㉠ 기원전 1800년경 이집트의 마에리스(Maeris)왕이 못을 만들어 식용어 22종을 길렀다는 것이 최초의 기록이다.

　㉡ 기원전 500년경 중국의 도주공(陶朱公)이 쓴 「양어경(養魚經)」이라는 책에는 연못을 만들어 잉어를 기르면 실리를 얻을 수 있다는 기록이 있다.

　㉢ 로마시대에는 천해양식을 했고, 바닷가에 연못을 만들어 소하어류를 잡아 길렀으며, 13세기에는 뱀장어도 길렀다고 한다.

　㉣ 1757년 오스트리아의 자코비가 송어의 인공수정 부화에 성공함으로써 양식의 새 기원이 열렸다고 할 수 있다.

　㉤ 프랑스에서는 1842년 T.레미가 송어를 인공부화시켜 하천에 방류하였고, 1851년 국립양어장이 설치되었으며, 1858년 서해안에 굴 양식장이 만들어졌다.

　㉥ 미국에서는 1848년 대서양에서 나는 하천산 섀드(Shad : 전어의 일종)를 엘라 배마강에 이식시키는 데 성공하였으며, 3년 후에는 그것을 멕시코만에서도 잡게 되었다.

② 우리나라 양식의 역사

　㉠ 고구려 대무신왕(大武神王) 11년인 서기 28년에 연못에서 잉어를 길렀다는 기록이 있다.

　㉡ 우리나라의 양식은 인조(1623~1649)때 태안 부근에서 김양식을 시작하였다.

　㉢ 우리나라의 양식이 본격적으로 시작된 시기는 어업법의 실시와 더불어 1910년대이다.

　㉣ 양식에 대한 본격적인 연구는 1929년 진해, 1942년 청평에 국립양어장이 설립되면서부터 시작되었다.

ⓜ 바다양식은 1960년부터 수하식 굴양식이 시작되면서 크게 발전하였으며, 1970년 초에는 산업적 규모의 양식이 시작되었다.

ⓗ 외래종의 양식으로는 틸라피아, 초어 백련, 무지개송어, 채널메기, 이스라엘잉어(향어) 등이 도입·양식되고 있다.

역사상 가장 먼저 양어를 시작한 나라는?

① 이집트
② 인 도
③ 중 국
④ 로 마

［해설］

가장 오래된 양식에 관한 기록은 기원전 1800년경 이집트 마에리스(Maeris)왕이 못을 만들어 22종의 어류를 넣어 길렀던 것이다.

정답 ①

핵심이론 03 양식생물 관리의 조건 및 종사자의 자세

① 양식생물 관리의 세 가지 기본요건
   ㉠ 양식생물의 서식조건에 적합한 수질환경을 마련해 주어야 한다.
   ㉡ 양식생물이 필요로 하는 영양을 적절하게 공급해 주어야 한다.
   ㉢ 양식생물은 질병과 해적 그 밖의 장해로부터 보호받아야 하고, 질병의 치료 등 필요한 대책을 세워야 한다.

② 양식업 종사자의 자세
   ㉠ 인류의 식량 공급자로서 사회에 기여한다는 것을 인식하고 긍지와 사명감을 가지고 양식생산에 힘써야 한다.
   ㉡ 대상생물의 품종에 대한 생리적, 생태적 조건의 이해가 필요하다.
   ㉢ 양식생물을 항상 옆에서 지켜보며 관찰하여야 한다.
   ㉣ 양식 시설물과 장치를 수리·개선하는 것은 물론 필요한 장치·기구를 고안하여 사용하는 자세가 필요하다.
   ㉤ 양식생물의 사료는 가능한 손으로 직접 먹이를 공급하면서 어류의 상태를 항상 관찰하고 파악하는 것이 좋다.
   ㉥ 양식생물 수급 등 경제 동향을 잘 파악하고 양식 경영 계획을 수립하여야 한다.
   ㉦ 환경조건을 좋게 유지하고 식용어의 약품 사용 시 출하 전 휴약기간을 반드시 준수하여 건강하고 맛있는 최고의 질이 되도록 한다.
   ㉧ 양식업 기록과 자료 정리를 철저히 하여 한 단계 높은 기술 축적을 할 수 있도록 한다.

③ LEVY의 교훈
   송어양식에 있어서 게으른 사람에게는 이력이 붙지 않는다고 하였는데(Trout farming no career for the laze), 그 내용을 4개 항목의 영어의 첫 머리글자를 따서 WIDE라 표현한다.

ⓐ Work : 열심히 일하기

ⓑ Inspection : 물고기를 항상 지켜보면서 기르기 (사료를 안 줘도 자주 둘러볼 것, 자동사료공급기는 가급적 삼갈 것)

ⓒ Dedication : 정성을 다 바치기

ⓓ Experience : 경험이 가장 중요한 요소(뼈아픈 경험을 통하여 습득한 지식과 기술이 성공의 발판이 될 것임)

10년간 자주 출제된 문제

3-1. 양식생물 관리의 조건과 양식업 종사자의 자세로 구분할 때 양식생물 관리의 기본요건이 아닌 것은?

① 적절한 수질환경을 갖춰 주어야 한다.

② 열심히 일하고 항상 물고기를 지켜보고 정성을 다한다.

③ 양식생물이 필요로 하는 영양분을 마련해 주어야 한다.

④ 질병과 해적 그 밖의 장해로부터 보호되어야 한다.

3-2. 양식업 종사자의 태도와 신념을 나타내는 내용의 영문이 아닌 것은?

① Work

② Wide

③ Inspection

④ Experience

| 해설 |

3-1

양식생물 관리의 세 가지 기본요건

• 양식생물의 서식조건에 적합한 수질환경을 마련해 주어야 한다.

• 양식생물이 필요로 하는 영양을 적절하게 공급해 주어야 한다.

• 양식생물은 질병과 해적 그 밖의 장해로부터 보호받아야 하고, 질병의 치료 등 필요한 대책을 세워야 한다.

3-2

레비의 교훈 : WIDE

• Work : 열심히 일하기

• Inspection : 물고기를 항상 지켜보면서 기르기

• Dedication : 정성을 다 바치기

• Experience : 많은 실무 경험을 쌓기

정답 3-1 ② 3-2 ②

핵심이론 04 양식경영(1) : 면허 양식업의 종류 (양식산업발전법 시행령 제9조)

① 해조류양식업의 종류

ⓐ 수하식양식업 : 수중에 대·지주·뜸·밧줄 등을 이용한 시설물을 설치하여 해조류를 양식하는 사업

ⓑ 바닥식양식업 : 수면의 바닥을 이용하거나 수면의 바닥에 투석식시설 등을 설치하여 해조류를 양식하는 사업

② 패류양식업의 종류

ⓐ 가두리양식업 : 수중에 뜸·그물 등을 이용한 가두리시설을 설치하여 패류를 양식하는 사업

ⓑ 수하식양식업 : 수중에 뜸·밧줄·채롱(採籠) 등을 이용한 시설물을 설치하여 패류를 양식하는 사업

ⓒ 바닥식양식업 : 수면의 바닥을 이용하거나 수면의 바닥에 투석식시설 등을 설치하여 패류를 양식하는 사업

③ 어류 등 양식업의 종류

ⓐ 가두리양식업 : 수중에 뜸·그물 등을 이용한 가두리시설을 설치하여 패류 외의 수산동물을 양식하는 사업

ⓑ 축제식양식업 : 수면에 제방을 쌓아서 패류 외의 수산동물을 양식하는 사업

ⓒ 수하식양식사업 : 수중에 뜸·밧줄·채롱 등을 이용한 시설물을 설치하여 패류 외의 수산동물을 양식하는 사업

ⓓ 바닥식양식업 : 수면의 바닥을 이용하거나 수면의 바닥에 투석식시설 등을 설치하여 패류 외의 수산동물을 양식하는 사업

④ 복합양식업의 종류

ⓐ 수하식양식업 : 수중에 대·지주·뜸·밧줄 등을 이용하여 해조류나 패류 등 서로 다른 두 종류 이상의 수산동식물을 복합적으로 양식하는 사업

ⓛ 바닥식양식업 : 수면의 바닥을 이용하거나 수면의
　바닥에 투석식시설 등을 설치하여 해조류나 패류
　등 서로 다른 두 종류 이상의 수산동식물을 복합적
　으로 양식하는 사업

ⓒ 혼합양식업 : 가두리양식업, 수하식양식업 및 바
　닥식양식업의 양식방법을 혼합하여 두 종류 이상
　의 품종을 복합적으로 양식하는 사업

ⓔ 축제식양식어업 : 수면에 제방을 쌓아서 어류나
　갑각류 등 두 종류 이상의 수산동식물을 복합적으
　로 양식하는 사업

⑤ 외해양식업의 종류

　ⓖ 가두리양식업 : 수중에 뜸·그물 등을 이용한 가두
　　리시설을 설치하여 어류를 양식하는 사업

　ⓛ 수하식양식업 : 수중에 대·지주·뜸·밧줄 등을
　　이용한 시설물을 설치하여 해조류를 양식하는 사업

⑥ 내수면양식업

　ⓖ 조방(粗放)양식업 : 수면적 10ha 이하의 댐·호수·
　　늪·저수지에 수산동식물을 방류하여 양식하는
　　사업

　ⓛ 가두리양식업 : 수중에 뜸·그물 등을 이용한 가두
　　리시설을 설치하여 어류 등 수산동물을 양식하는
　　사업

　ⓒ 수하식양식업 : 수중에 대·지주·뜸·밧줄 등을
　　이용하여 조류나 패류 등 수산동식물을 양식하는
　　사업

　ⓔ 바닥식양식업 : 수면의 바닥을 이용하여 조류나
　　패류 등 수산동식물을 양식하는 사업

　ⓜ 축제식양식업 : 수면에 제방을 쌓아서 어류 등 수
　　산동물을 양식하는 사업

다음 중 패류양식업의 종류가 아닌 것은?(단, 양식산업발전법 시행령의 양식업 종류에 준한다)

① 가두리양식업
② 수하식양식업
③ 바닥식양식업
④ 축제식양식업

[해설]

패류양식업에는 가두리양식업, 수하식양식업, 바닥식양식업이 있다.

정답 ④

① 사업규모를 결정하기 위한 사항
  ㉠ 양식 대상종을 어떤 종으로 할 것인지를 결정한다.
  ㉡ 확보된 대지에 몇 %까지 사육지시설을 할 수 있는지를 조사한다.
  ㉢ 어떤 양식방법으로 사육할 것인지를 결정한다.
  ㉣ 생산물의 발육단계(종자생산, 중간어 육성, 식용어 생산 등) 중 취급 대상을 정하고 생산 목표량을 결정한다.
  ㉤ 수조의 규모와 양식장의 시설 규모를 결정한다.
  ㉥ 부속시설과 관리실의 규모를 결정한다.

② 양식 대상종의 조건
  ㉠ 상업적 가치가 있어야 한다.
  ㉡ 희소성이 있어야 한다.
  ㉢ 종자가 입수 가능해야 한다.
  ㉣ 먹이확보가 용이해야 한다.
  ㉤ 맛이 좋고, 사육하기 편해야 한다.

③ 양식업 설계 시 주요사항
  ㉠ 양식사업을 하기 위하여 가장 먼저 고려해야 할 사항은 생산 생물의 경제성(수요 등)이다.
  ㉡ 양식장시설을 위해 해야 할 일 중 가장 먼저 해야 할 일은 설계이다.
  ㉢ 일반적인 어류 양식사업의 전체 운영경비 중에서 가장 큰 비중을 차지하고 있는 것은 재료비이다. 즉, 직접재료비인 시설비와 간접재료비인 사료비가 양식 생산비용의 대부분을 차지한다.
  ㉣ 해조류양식이나 수하식 패류양식을 할 때는 자연의 생산력을 이용하므로 사료비가 불필요하나 인건비는 많은 비중을 차지한다.

5-1. 어류 육상수조식 양식장의 사업규모를 결정하기 위한 사항 중 틀린 것은?

① 양식 대상종을 조사하여 결정한다.
② 확보된 대지와 사육수조시설 면적을 동일하게 하여 결정한다.
③ 생산어류의 발육단계 중 취급 대상을 정하고 생산목표량을 결정한다.
④ 부속시설과 관리실의 규모를 결정한다.

5-2. 양식장 시설을 위해 해야 할 일 중 가장 먼저 해야 할 일은?

① 설 계
② 시설비 산출
③ 시설공정관리
④ 시 공

5-3. 일반적인 어류 양식사업의 전체 운영경비 중에서 가장 큰 비중을 차지하고 있는 것은?

① 인건비
② 종자구입비
③ 시설관리비
④ 사료비

[해설]

5-1
확보된 대지에 몇 %까지 사육지시설을 할 수 있는지를 조사한다.

5-2
양식시설을 설계하기 위해서는 우선 양식 대상종의 생태적 특성에 부합하는 적절한 양식장 설계가 이루어져야 하고, 경제성과 내구성 및 환경의 특성에 맞는 재료를 선정해야 한다.

정답 5-1 ② 5-2 ① 5-3 ④

2. 종자생산

핵심이론 01 종자생산 개요

① 종자생산의 개념
  ㉠ 수산용 종자는 양식용과 방류용으로 분류된다.
    - 양식용 종자 : 사업주체가 개인인 양식장에 투입되어 개인 소득을 올리는 종자이다.
    - 방류용 종자 : 국가나 지방자치단체가 수역에 방류하여 자원조성에 기여하도록 하는 것이다.
  ㉡ 종자생산방법
    - 자연종자생산 : 자연산의 어린 것을 효과적으로 수집하여 양식용 종자로 이용하는 방법 예 어린 시기나 일생을 고형물에 붙어사는 패류로 피조개, 새꼬막, 굴, 담치 등
    - 인공종자생산 : 어미로부터 채란, 부화, 유생기 사육에 이르기까지 모두 인위적 관리를 통하여 종자를 생산하는 방법 예 어류, 새우류, 게류, 전복, 해삼, 성게, 우렁쉥이 등
    - 자연산 종자수집 : 자연상태에서 자라나 한 장소에 무리를 이루고 있는 종자들을 수집하는 소극적인 생산 방법 예 인공종자생산이 어려운 뱀장어, 바지락 등의 어패류

② 어패류의 성숙도
  ㉠ 어패류 난소의 성숙상태를 나타내는 지표로 성숙도가 이용된다.
  ㉡ 성숙도는 계수를 구하여 수치로 나타내는 방법과 직접 난소의 상태를 표시하는 방법이 있다.
  ㉢ 수치로 나타내는 방법에는 난소중량을 체중에 대한 백분율로 표시하는 생식소 중량지수(GSI)가 사용된다. 예 전복, 가리비
  ㉣ 피조개, 굴, 바지락 등은 몸체 안에 내장과 같이 뭉쳐 있으므로 생식소 발달상태를 알아보기 어렵다. 따라서 이들 조개류는 총무게에 대한 육질부의 무게비 변화로 생식소 발달상태를 예측한다.

① 조개류의 종자생산

　㉠ 대부분 자연채묘에 의해 종자를 확보하여 양식에 이용한다.

　㉡ 굴, 피조개 등의 자연채묘는 채묘예보를 실시하여 종자를 확보한다.

　　※ 채묘예보 : 부유 유생과 치패의 발생상황을 조사해서 채묘하기에 알맞은 시기, 수역 및 수층을 조사, 확인하여 그 결과를 알리는 것

　㉢ 부착 시기에 채묘기를 유생 최대 밀도 수층에 설치하여 부착한다.

　㉣ 채묘시설과 대상 생물

　　• 고정식, 부동식 : 참굴

　　• 침설 수하식, 침설 고정식 : 피조개류

　　• 완류식 : 바지락, 대합

② 어류의 종자생산

　㉠ 자연종자 : 바다나 호수에서 자란 치어를 그물로 채포하여 종자로 이용한다.

　㉡ 방어 : 6~7월에 쓰시마 난류를 따라 북상하는 치어들이 떠다니는 모자반 등의 해조류 밑에 모이는 습성을 이용하여 이들을 그물로 채포하여 종자로 이용한다.

　㉢ 농어 : 치어의 밀도가 높을 때 포획하여 종자로 사용한다.

　㉣ 숭어 : 염전 저수지나 양어장 수문을 통해 들어온 치어를 채집하여 이용한다.

　㉤ 뱀장어 : 바다에서 부화하여 해류를 따라 부유생활을 하면서 유생기를 지나고, 이른 봄에 담수를 찾아드는 것을 잡아 모아서 양식용 종자로 이용한다.

　　※ 직접 채묘하여 종자로 이용하는 경우
　　• 인공종자생산이 불가능한 수산생물 – 뱀장어 등
　　• 천연종자를 이용하는 것이 더욱 효과적인 경우 – 조개류

다음 중 침설수하식 채묘시설로 채묘하는 어류 생물은?

① 피조개
② 참 굴
③ 대 합
④ 바지락

해설

부유유생이 저층분포형인 피조개와 같은 종류는 침설수하식 채묘시설이나 침설고정식 채묘시설로 채묘한다.

정답 ①

핵심이론 03 인공종자생산

① **인공종자생산 개념**
  - ⊙ 양식한 어미 또는 채포한 자연산 어미로부터 채란, 부화, 유생기 사육에 이르기까지 모두 인위적 관리를 통하여 종자를 생산하는 방법이다.
  - ○ 장점 : 종자생산시기의 조절로 계획적인 양식이 가능하다. → 완전 양식 가능
  - © 단점 : 관리나 시설면에서 자연채묘보다 어렵고 경비가 많이 든다.

② **먹이생물 배양**
  클로렐라 등의 배양(실험실에서 배양) → 수톤~수백 톤 배양(야외에서 용량 증가) → 로티퍼(Rotifer)의 먹이(1차 소비자) → 로티퍼를 자어에게 공급

③ **자어나 유생의 사육**
  - ⊙ 어류 초기 먹이 : 로티퍼, 알테미아(Artemia) 등
  - ○ 조개류 초기 먹이 : 케토세로스(Chaetoceros), 이소크리시스(Isochrysis) 등

④ **먹이붙임**
  - ⊙ 어류 : 로티퍼, 알테미아를 먹일 때 배합사료로 먹이붙임을 실시하고, 일정 기간 경과 후 배합사료만으로 치어까지 성장시켜 종자로 이용
  - ○ 조개류 : 바다에서 중간 육성시킨 후 종자로 사용

> **잉어의 인공종자생산**
> • 산란용 잉어는 봄 3, 4월경부터 암수를 분리하여 수용한다.
> • 친어 관리로 전년도 가을에는 식물질 사료를 많이 주고 당년 봄철에는 동물질 사료를 많이 준다.
> • 암수의 배합 비율은 1 : 3이면 적당하다.
> • 친어로는 대개 암컷은 7~13년생, 수컷은 3~5년생이 가장 좋다.
> • 잉어의 부화에 소요되는 일수는 수온이 15℃일 때 6일, 20℃일 때 4.2일, 30℃일 때 2.1일이다.

10년간 자주 출제된 문제

어류 종자생산 시 먹이공급체계로 옳은 것은?
① 알테미아 유생 → 로티퍼 → 배합사료
② 알테미아 유생 → 배합사료 → 로티퍼
③ 로티퍼 → 알테미아 유생 → 배합사료
④ 로티퍼 → 배합사료 → 알테미아 유생

[해설]

발육에 따라 로티퍼, 알테미아 유생, 배합사료의 순으로 준다.

정답 ③

① 양성장에 종자를 방양할 때 고려되어야 할 사항
  ⊙ 양성계획에 따라 알맞은 방양시기와 양을 결정해야 한다.
  ⓒ 양성장에 부착성 해적생물이 많이 부착하는 곳에는 그 시기를 피하는 것이 좋다.
  ⓒ 종자의 방양은 수온이 상승할 때를 택한다.
  ⓒ 방양량은 양성법 및 양성장의 환경조건을 따른다.
  ⓜ 방양량은 양성장의 환경조건이 가장 나쁜 시기의 안전한 현존량을 기준으로 한다.
  ⓗ 부착성 동물이나 비부착성 잠입동물은 유영동물에 비해 방양밀도가 높다.
  ⓢ 부착성 동물은 유영동물에 비해 방양밀도가 높다.

② 어류의 숙성이가 생기는 원인
  ⊙ 먹이가 부족할 때
  ⓒ 먹이 알갱이가 클 때
  ⓒ 먹이가 고르지 못할 때
  ⓒ 고밀도로 사육할 때
  ⓜ 먹이 급이 시간이 일정하지 않을 때
  ⓗ 질병이 발생할 때

4-1. 다음 중 종자 방양에 대한 설명으로 틀린 것은?
① 양성계획에 따라 알맞은 방양시기와 양을 결정해야 한다.
② 종자의 방양은 수온이 상승할 때를 택한다.
③ 방양량은 양성법 및 양성장의 환경조건을 따른다.
④ 부착성 동물은 유영동물에 비해 방양밀도가 낮다.

4-2. 어류의 숙성이가 생기는 원인에 해당하지 않는 것은?
① 투이 횟수가 불규칙한 경우
② 양성밀도가 너무 낮은 경우
③ 어릴 때 사료가 부족한 경우
④ 사료의 알갱이가 너무 큰 경우

4-3. 잉어, 치어 생산 시 성장이 고르지 못하게 되어 숙성이가 생기는 원인으로 적당하지 않은 것은?
① 사료가 너무 클 때
② 사료를 불규칙적으로 줄 때
③ 사료의 양이 부족할 때
④ 치어의 밀도가 낮을 때

해설

4-1
부착성 동물이나 비부착성 잠입동물은 유영동물에 비해 방양밀도가 높다.

4-2
숙성이 발생원인
• 먹이 부족
• 먹이 입자가 클 때
• 고밀도 사육 시
• 먹이 급이 시간이 일정하지 않을 때
• 질병 발생

정답 4-1 ④ 4-2 ② 4-3 ④

① 어류종자생산을 위한 부화 관리 시의 기본요건

　　㉠ 부화 적수온 유지

　　㉡ 깨끗한 용수 사용

　　㉢ 충분한 용존산소량 유지

　　㉣ 알맞은 염분농도 유지

　　㉤ 직사광선을 피할 것

　　㉥ 외부에서의 진동 및 충격 금지

　　㉦ 낮은 pH, 항생제, 유화수소, 농약, 중금속 등의 영향을 피할 것

② 어란의 부화기가 갖추어야 할 일반적인 조건

　　㉠ 산소 보충

　　㉡ 수온, 염분 등의 급변 방지

　　㉢ 난황 흡수 후 자유롭게 유영할 수 있고 안전하게 수용할 것

③ 종자 구입 시 주의할 사항

　　㉠ 종자는 지리적으로 가까운 곳에서 구입한다.

　　㉡ 종자 구입 시 현지를 직접 방문하여 활력상태, 먹이부침상태 등을 직접 확인한다.

　　㉢ 가격도 중요하지만 그보다는 건강하고 큰 종자를 구입한다.

　　㉣ 종자생산업자의 평소 기술력 및 신용상태를 확인한다.

10년간 자주 출제된 문제

종자생산 수조의 배수구에 설치하는 거름망의 구비조건 중 가장 적합한 것은?

① 표면적을 넓게 한다.　　② 표면적을 좁게 한다.

③ 그물눈을 크게 한다.　　④ 그물눈을 아주 작게 한다.

해설

물이 통과하는 동안 찌꺼기, 배설물, 연약한 개체 등이 거름망에 끼어 막히는 것을 방지하기 위해 표면적을 넓게 한다.

정답 ①

---

① 먹이생물의 조건

　　㉠ 소화가 잘될 수 있어야 한다.

　　㉡ 영양가가 충분하여야 한다.

　　㉢ 유생의 입의 크기에 맞는 적당한 크기여야 섭취가 가능할 것이다.

　　㉣ 먹이생물의 운동성이 너무 빨라 유생이 잡아먹기에 어려움이 있다면 먹이생물로서 이용이 불가능하다.

　　㉤ 독성이 없어야 한다.

　　㉥ 모양이 뾰죽뾰죽한 것보다 원형이 좋다.

　　㉦ 냄새, 색깔 등이 유생의 선호도에 합당하면 좋다.

　　㉧ 인위적으로 배양할 경우 배양밀도가 낮다면 경제적인 측면에서 대량배양은 불가능하다.

② 식물성 먹이생물 배양을 위해 고려되는 3가지 측면

　　㉠ 기술적인 측면 : 배양용기의 선택, 세척, 단일종으로 분리, 순수배양, 배지 제작, 멸균, 교반 등에 관한 내용

　　㉡ 화학적인 측면 : 영양요구, 배지의 영양강화 등에 관한 사항

　　㉢ 물리적 측면 : 배양 시의 빛, 온도, 염분 등에 관한 환경요인

6-1. 먹이생물이 갖추어야 할 조건이 아닌 것은?

① 적정한 크기 및 모양을 갖추어야 한다.
② 영양성분이 확보되어야 한다.
③ 대량배양이 용이해야 한다.
④ 빠른 운동성을 가져야 한다.

6-2. 식물성 먹이생물을 배양하기 위하여 고려되는 3가지 측면 중 기술적인 측면에 속하지 않는 것은?

① 먹이생물의 단일종 분리 및 순수배양
② 배지의 영양강화
③ 배지의 작성
④ 멸균과 교반

｜해설｜

6-1

먹이생물의 조건

소화가 잘 될것, 영양가가 충분할 것, 유생의 입 크기에 맞는 적당한 크기일 것, 먹이생물의 운동성이 적당할 것, 독성이 없을 것, 원형일 것, 냄새나 색깔이 유생의 선호에 맞을 것, 대량배양이 용이할 것

6-2

영양요구, 배지의 영양강화 등에 관한 사항은 화학적인 측면에 속한다.

정답 6-1 ④　6-2 ②

핵심이론 07　먹이생물배양(2)
: 패류종자생산 시 사용되는 먹이

분 류	종 류	섭취생물
규조류	Skeletonema	해산 갑각류와 유생 및 치패
	Thalassiosira	해산 갑각류, 패류유생 및 치패
	Phaeodactylum	해산 갑각류, 패류유생 및 치패, 알테미아
	Chaetoceros	
	Nitzschia	전복 치패
황색 편모조류	Isochrysis	해산 갑각류, 패류유생 및 치패, 알테미아
	Pavlova	패류유생 및 치패, 알테미아, 로티퍼
녹색 편모조류	Tetraselmis	해산 갑각류, 패류유생 및 치패
	Platymonas	알테미아, 로티퍼
	Pyramimonas	패류유생 및 치패
	Micriminas	
녹조류	Dunaliella	패류유생 및 치패, 알테미아, 로티퍼
	Chlamydomonas	패류유생 및 치패, 로티퍼
	Chlorella	로티퍼, 알테미아
	Nannochloris	해산 새우, 패류유생 및 치패, 알테미아
남조류	Spirulina	해산 새우유생, 패류치패, 알테미아, 로티퍼

Chlorella는 어느 분류군에 속하는 먹이생물인가?

① 녹조류
② 갈조류
③ 남조류
④ 홍조류

｜해설｜

클로렐라는 녹조류(綠藻類)의 일종으로 하나의 세포로 하나의 개체를 이룬다. 또 일반적으로 어류의 인공종자생산에서 로티퍼의 먹이로 가장 많이 사용되는 식물플랑크톤이다.

정답 ①

① 클로렐라 배양

  ㉠ 로티퍼의 양에 비례하여 준비 : 로티퍼 1마리가 하루 20~30만 개의 클로렐라를 섭식한다.

  ㉡ 1mL에 100개체인 로티퍼 1톤이 하루 2,000~3,000만 세포 1mL 농도의 클로렐라 1톤이 필요하다.

  ㉢ 클로렐라 확보량 : 로티퍼 배양량의 5배

② 로티퍼 종류 - 어류 및 갑각류의 초기 종자생산에 사용

  ㉠ 담수산 : *Brachionus rubens*, *Brachionus calyciflorus*

  ㉡ 기수산 : *Brachionus plicatilis*

  ㉢ 로티퍼의 주요 먹이 : *C. ellipsoidea*, *C. vulgaris*

③ 배양종류(대형과 소형 : L형과 S형)

  ㉠ L형(Large Type) : 130~340μm 크기로 주머니 모양이며 온대지역의 20~25℃의 범위를 좋아한다. 3.85~4.44μg 정도이며 후두극이 둥글다.

  ㉡ S형(Small Type) : 100~200μm 크기로 난원형이나 구형이며 아열대지역의 25~30℃의 범위를 좋아한다. 1.37~1.87μg 정도로 후두극이 뾰족하다.

  ㉢ 초소형 : 100~140μm, 능성어류의 사육에 이용한다.

④ 배양조건

  ㉠ 수온 : 대형 23~25℃, 소형 28~30℃

    ※ 소형인 경우 30℃일 때 20℃보다 3배 일간증식률이 높다.

  ㉡ 염분 : 6~15‰에서 잘 번식하나 해수에 넣어 주어야 하므로 20~25‰로 희석하여 배양(저염분 배양 로티퍼는 활력 감소, 폐사가 많음)

  ㉢ 먹이 : 미세조류(해수산 클로렐라가 우수), 효모, 미생물(광합성 세균)

    • 해수산은 대규모 시설과 기상조건 제약의 문제점이 있다.

• 담수산 농축 클로렐라의 사용은 배양이 편리하고, 생산 증대의 장점이 있으나 해수에서 폐사, 과량 공급 시 수질오염 우려가 있다.

  ※ 로티퍼의 먹이로 빵 효모만을 장기간에 걸쳐 급이하면 영양결핍현상을 일으키며, 이것은 먹이 중에 함유되어 있는 고도 불포화지방산(필수지방산)의 부족이 원인이었으며, 지금은 빵 효모 대신에 유지 효모를 사용하거나, 대두간유 또는 오징어간유로서 보충하기도 한다. 또 효모류를 이용한 로티퍼의 대량 배양과정에서는 로티퍼의 먹이로 급이한 효모를 이용하여 많은 종류의 섬모충이 발생하게 된다.

  ※ 유지 효모 : -20~-25℃에서 수개월 보관 가능, 내염성이 없음, 해수 중 단시간에 폐사, 수질악화, 로티퍼 감소, 먹이효과 낮음

⑤ 번식 억제

  ㉠ 로티퍼의 밀도가 높아지면 배양수 중 용존산소의 감소, 암모니아의 농도 증가, COD 증가, 현탁물질의 증가로 대량 폐사가 일어난다.

  ㉡ 배양 시 유해세균(에어로모나스)이나 원생생물(먹이 경쟁관계)이 포함되면 번식이 억제된다.

⑥ 부화 시 관리 요령 : 용수량, 염분, 온도, 빛, 충격, 수생균

⑦ 로티퍼 공급 시 유의점(사망률을 줄이는 방법)

  ㉠ 영양강화

  ㉡ 소독 및 깨끗이 세척

  ㉢ 사육조 내에 일정농도의 유지

  ㉣ 자치어의 입 크기에 알맞은 크기

⑧ 알테미아 부화조건

  ㉠ 염분 25~30‰, pH 8~9, 수온 28℃ 전후의 해수, 조도 2,000lx에 24~36시간 만에 부화, 부화 후 200~400lx이고 건조 무게는 2μg이다. 또 강한 포기를 계속한다.

  ㉡ 과정 : 건조 알을 해수에 담금 → 수분 흡수 → 둥근 알 → 엄브렐라기 → 노플리우스(난황, 약간 오렌지색, 크기는 200~400μm)

ⓒ 알테미아 노플리우스 수확 : 알 껍질을 치어가 섭취하면 장이 막히는 현상 유발
- 알 껍질과 노플리우스 분리 : 주광성 이용
- 영양가 높이기(영양강화) : 지방산이 높은 물질 사용

10년간 자주 출제된 문제

8-1. 클로렐라 배양량은 배양하고자 하는 로티퍼의 양에 비례해서 준비해야 한다. 1mL에 100개체인 로티퍼 1톤이 필요한 경우 하루에 필요한 적정한 클로렐라 양은 얼마인가?

① 2,000~3,000만 세포/mL 농도의 클로렐라 2톤
② 2,000~3,000만 세포/mL 농도의 클로렐라 3톤
③ 2,000~3,000만 세포/mL 농도의 클로렐라 1톤
④ 2,000~3,000만 세포/mL 농도의 클로렐라 4톤

8-2. 로티퍼의 최적 배양조건을 가장 잘 설명한 것은?

① 대형 로티퍼의 증식 최저수온은 10℃이며, 소형 로티퍼는 20℃이다.
② 해수를 10~15‰로 희석하여 배양한다.
③ 소형인 경우 일간증식률이 30℃가 20℃보다 15배 정도 높다.
④ NH_3는 8ppm을 유지해야 한다.

8-3. 로티퍼가 고밀도로 되면 배양수의 갑작스러운 변화로 대량 폐사가 일어나는데 그 원인이 아닌 것은?

① 용존산소의 증가
② 암모니아의 농도 증가
③ COD 증가
④ 현탁물질의 증가

8-4. 어류 유생 사육에 필요한 먹이생물인 로티퍼(Rotifer)의 배양과 먹이공급방법에 대한 내용 중 적합하지 않은 것은?

① 빵 효모가 먹이인 경우 로티퍼 100만 개체 당 1g을 매일 2~3회 나누어 공급한다.
② 빵 효모로 로티퍼를 배양할 경우 채취한 즉시 유생의 먹이로 사용한다.
③ L Type 로티퍼(130~340μm)는 수온을 20~25℃로 배양한다.
④ S Type 로티퍼(100~210μm)는 수온을 25~30℃로 배양한다.

8-5. Artemia의 부화조건으로 틀린 것은?

① 적정농도의 해수를 사용한다.
② 부화수온은 28℃ 전후이다.
③ 강한 포기를 계속한다.
④ 조도는 7,000lx로 유지한다.

【해설】

8-1

윤충(로티퍼) 1마리가 하루에 먹는 클로렐라 양은 20만~30만 세포이다. 1mL에 100개체인 로티퍼 1톤은 하루에 2,000~3,000만 세포/1mL 농도의 클로렐라 1톤이 필요하다.

8-2

② 해수를 20~25‰로 희석하여 배양한다.
③ 소형인 경우 일간증식률이 30℃가 20℃보다 3배 정도 높다.
④ 비이온화된 암모니아의 반수치사농도는 17ppm이며, 만성독성은 2.1ppm 이상이면 로티퍼 증식이 억제된다.

8-3

로티퍼가 고밀도로 배양되면 취급 부주의나 관리 소홀로 인한 배양수 환경 악화 시 전체 폐사를 초래할 수 있다.

8-4

빵 효모는 해수 자치어의 영양 요구에 적합하지 않기 때문에 필수 지방산을 강화하여 함유시킨 유지 효모를 사용한다.

8-5

부화 시작 후 1시간 동안은 빛이 필수적이며, 부화기간 중에 수면 위로 1,000lx의 빛을 일정하게 유지하는 것이 이상적이다.

정답 8-1 ③ 8-2 ① 8-3 ① 8-4 ② 8-5 ④

먹이생물배양(4)
: 먹이생물의 기타 주요사항

① 먹이생물(규조류)의 배양속도를 가장 쉽고 정확하게 측정할 수 있는 방법은 세포수 산정이다.

② 해산 어류 종자생산을 위한 로티퍼 배양수의 최적 염분 농도는 17~23%이다.

③ 조개류의 종자생산 시에 사용하는 먹이생물을 배양할 때 쓰여지는 가장 좋은 배양법은 순종배양이다.

　㉠ 조개류가 처음으로 먹이를 먹기 시작하는 때는 치페기이다.

　㉡ 조개류의 종자용 먹이생물로 일반적인 것은 이소크라이시스이다.

　　※ *Isochrysis* sp.(이소크라이시스)
　　새우, 게와 같은 갑각류 그리고 진주조개, 피조개, 가리비와 같은 패류의 초기 부유유생의 먹이생물로서 널리 이용되고 있다.

④ 로티퍼의 먹이

　㉠ 로티퍼는 동물성 플랑크톤 중에서도 대표적인 여과섭식성으로 주로 미세식물성플랑크톤(Microlgae), 이스트(Yeast), 박테리아 등을 영양원으로 하고 있다.

　㉡ 로티퍼의 먹이로 이용되는 식물먹이생물(식물성 플랑크톤 또는 미세조류)에는 난노클로롭시스(Nannochloropsis), 테트라셀미스(Tetraselmis), 듀날리엘라(Dunaliella) 등이 있으며, 최근에는 산업적으로 대량생산하여 소농축시킨 담수산 클로렐라(Chlorella)가 손쉽게 이용되고 있다.

⑤ 알테미아(Artemia)

　㉠ 알테미아 살리나(Artemia Salina)는 진공 포장하여 보관하다가 필요 시 부화시켜 어패류의 초기 먹이로 널리 이용되는 생물이다. 부화된 알테미아는 해산 자어의 먹이로 이용하기 위하여 다양한 영양강화제를 이용하여 영양강화과정을 거친 후 먹이로서 급이된다. 그러나 부화 직후의 알테미아는 약 24시간 동안(부화 수온에 따라서 시간은 달라질 수 있다) 먹이를 먹을 수는 없으며, 난황을 흡수한다.

　㉡ 알테미아는 패류유생의 먹이로서 이용될 수 없다.

　㉢ 먹이생물로 주로 공급되는 알테미아의 발달단계는 노플리우스(Nauplius)이다.

　㉣ 알테미아의 알은 염분 25~30‰, 28℃ 전후의 해수에서 부화시킨다.

10년간 자주 출제된 문제

9-1. 먹이생물로 주로 공급되는 알테미아(Artemia)의 발달단계는?

① 휴면란(Resting Egg)
② 미시스(Mysis)
③ 조에아(Zoea)
④ 노플리우스(Nauplius)

9-2. 일반적으로 어류의 인공종자생산에서 로티퍼의 먹이로 가장 많이 사용되는 식물플랑크톤은?

① 키토세로스(Chaetoceros)
② 클로렐라(Chlorella)
③ 모노크리시스(Monochrysis)
④ 나비큘라(Navicula)

|해설|

9-1
알테미아는 부화 직후의 유생이 영양가가 가장 높다.

9-2
무척추동물의 유생이나 어류 자·치어를 사육할 때 식물플랑크톤을 사육수조에 공급하는데 이를 Green Water라 한다. 이와 같은 Green Water는 자어의 먹이가 되는 동물 먹이생물로 먹이로서의 효과, 수질 안정으로서의 효과(대사 부산물 제거와 산소생산), 음영효과, 자어면역 활성 등의 효과가 있는 것으로 알려져 있다. 이와 같은 Green Water의 목적으로 주로 해산 Chlorella가 널리 사용되고 있으며 이들의 공급량은 어종과 먹이생물에 따라 차이가 있지만, 주로 50,000~400,000cells/mL로 유지·공급한다.

정답 9-1 ④　9-2 ②

3. 양식 대상종의 선정과 육종

핵심이론 01 양식 대상종의 선정

① 양식 대상종의 선택 기준

   ㉠ 시장성(수요도)

     • 수요가 많고 가격이 높을 것

     • 지역(양식시설이 위치한)의 기호나 관습에 맞는 것을 택할 것

     • 상품으로서 가치가 높고 품질이 좋은 것을 택할 것

   ㉡ 생물 생산조건이 유리해야 한다(생산성).

     • 성장이 가급적 빠를 것

     • 강인하여 병에 잘 걸리지 않을 것(내병성)

     • 종자 확보가 쉬울 것

     • 사료, 생사료 확보가 쉬울 것

     • 사육기술이 확립되어 완전 양식이 가능한 것

② 양식용 친어 선택에 있어 중요한 기준

   ㉠ 사회성과 경제성에 있어서 사업이 성립될 것

   ㉡ 계통이 좋고 성장이 빠를 것

   ㉢ 다산성이며, 질병에 강할 것

③ 우리나라 양식 대상종

   ㉠ 해조류 : 김, 미역, 다시마 등

   ㉡ 패류 : 굴, 전복, 진주담치, 바지락, 꼬막류, 가리비류 등

   ㉢ 갑각류 : 대하

   ㉣ 척색동물 : 우렁쉥이, 미더덕

   ㉤ 어류 : 넙치, 조피볼락, 돔류, 농어류, 뱀장어, 무지개송어, 메기류

① 선발육종 개념

ㄱ 유전이 가능한 변이 중 경제적으로 유용한 변이를 가진 개체가 세대를 거듭하여 교배함으로써 유용 유전자 변이를 축적해 가는 것이다.

ㄴ 양식에 있어서 가장 많이 사용되며, 그 접근성이 높다.

ㄷ 가장 안정적으로 우량형질을 집단 내에 정착할 수 있으나 성과는 좋지 않다.

② 장 점

ㄱ 어류는 일회 산란수가 많고 표현형의 유전적 변이가 커서 선발육종에 의한 유전적 개량이 쉽다.

ㄴ 생산성과 직접적인 관련이 있는 체중, 체장 등 어류의 주요 계측형질들을 직접 선발에 이용할 수 있다.

ㄷ 일반적으로 가축보다 선발반응이 더 높게 나타난다.

③ 단 점

ㄱ 어류의 번식주기가 매우 복잡하여 완벽하게 이해하는 것이 어렵다.

ㄴ 철저한 사육관리 및 계획교배가 힘들다.

ㄷ 근친교배를 방지하기 위하여 각 세대마다 많은 수의 친어를 사용해야 한다.

ㄹ 이러한 제약조건으로 산업적인 적용에는 해결해야 할 어려움이 많다.

④ 대상 형질

ㄱ 사료 전환 효율 : 저급 인공사료를 효율적으로 사용하는 개체를 선발하여 교배시킨다.

ㄴ 사망률 : 질병에 대한 저항력으로 사망원인은 유전율이 낮고 환경 요인이 크게 작용한다.

ㄷ 성장률 : 무게, 길이를 측정하여 쉽게 연구가 가능하며, 가장 많이, 쉽게 취급하는 형질이다.

ㄹ 성숙시기 : 성숙시기를 늦추는 방향으로 육종을 시도한다.

ㅁ 육질 : 학문적 정의가 어렵고, 확실하게 측정할 수 있는 방법론을 개발해야 한다.

ㅂ 재포획률 : 유럽에서 연어의 회귀율을 조사・연구하고 있다.

ㅅ 집중적 연구 : 상품 크기로 빨리 성장하는 개체의 생산 연구이다.

ㅇ 연구 어려움 : 특정 질병에 대한 저항력과 사망률 연구이다.

ㅈ 산란력 : 철갑상어에서 중요하다.

10년간 자주 출제된 문제

2-1. 육종의 여러 가지 방법 중 양식에 있어서 가장 많이 사용되며, 그 접근성이 높은 것은?

① 유전자이식
② 잡종화
③ 성전환
④ 선 발

2-2. 선발육종(Selective Breeding)에서 가장 많이, 쉽게 취급하는 형질은?

① 관상성
② 내병성
③ 성장력
④ 산란력

|해설|

2-1

기존의 양식 품종을 유전적으로 우수한 개체나 집단을 선발하여 이들의 자손이 보다 우수한 품종으로 개량하는 선발육종은 세대를 거듭할수록 유전적 개량 양이 누진적으로 커지게 되어 생산성을 지속적으로 향상시킬 수 있어 매우 유용하다.

2-2

성장률 : 무게, 길이를 측정하여 쉽게 연구가 가능하다.

정답 2-1 ④ 2-2 ③

① **염색체 공학 개념** : 염색체 또는 염색체조의 수준에서 염색체나 염색체의 반수체 또는 2배체를 넣어 주거나 제거하는 조작으로서 처녀생식을 유도하는 것과 염색체조를 늘려 배수체를 만드는 기법이다.

※ 염색체 조작 : 배란과 수정 사이에 난자의 핵분열, 수정란의 난할 제1분열을 할 때 이들을 억제시킴

② **처녀생식의 기작을 유도**

ㄱ 자성 발생성 2배체의 생성(암컷의 유전물질만으로 개체를 생산) : 정자를 이온화 방사선, 자외선 조사로 불활성화 수정란에 물리·화학적 처리

ㄴ 웅성 발생성 2배체의 생성(수컷의 유전물질만으로 개체를 생산) : 방사선 처리로 난자의 유전물질 불활성화

※ 웅성 발생성 2배체의 유리한 점
• 수컷이 성장이나 경제성에서 유리할 때
• 수컷의 성 성숙이 빠를 때
• 정자 보존이 난자 보존보다 쉬우므로

③ **염색체조를 늘려 배수체를 만드는 기법**

ㄱ 알과 정자, 수정란을 조작한다.

ㄴ 수정란에 온도를 처리하여 3배체를 생산한다.

ㄷ 어패류는 성 염색체가 미분화되고 배수체의 개체도 생존력이 정상이다.

ㄹ 체외수정, 즉 정자, 난자를 손쉽게 구할 수 있고, 배우자가 수정되기 전이나 후의 접합자라도 마음대로 조작이 가능하다.

3배체
제2극체의 방출을 억제 시 유도되는 개체
4배체
수정란의 제1난할을 억제, 즉, 난 발생 시 제1난할(Cleayage)억제로 유도되는 개체

---

④ **3배체의 장점**

ㄱ 불임성으로 생식소 발달에 필요한 에너지를 성장에 전용한다.

ㄴ 사료 효율이 좋고, 정상 2배체보다 성숙기 이후에 빠른 성장을 하며, 맛과 영양 및 세포의 크기가 증가한다.

⑤ **각 어종에 3배체가 유리한 점(3배체 처리 이유)**

ㄱ 연어 : 회귀에 필요한 에너지를 성장에 이용하여 4배의 생산성 증가

ㄴ 무지개송어 : 성 성숙시기에 발정현상을 방지(공격적인 성질이 없어짐)하고 홍수 출하기를 피하며, 사료를 먹지 않는 현상을 없애 성장을 지속시킴(2년 만에 성장)

ㄷ 굴 : 산란기 독성으로 상품가치가 떨어지는 것을 방지

⑥ **4배체 생성 이유**

ㄱ 3배체 생산이 용이하다.

ㄴ 각종 잡종 배수체 생산을 위해 사용되나, 불임이 되는 경우가 있다.

염색체의 수적 변이
• 염색체는 정상개체의 세포 내에서 2배체(2n)로 존재
• 정자, 난자 : $1/2(n)$이 존재 - 반수체
• 배수체 : 3배체 이상을 말함
• 3배체 : 정상 2배체에 반수체를 합침
• 4배체 : 2배체보다 2배의 염색체 수
• 5, 6, 7배체 등도 존재함

3-1. 현재 우리나라에서 어류의 3배체 생산은 어떤 방법을 통해 만들어지고 있는가?

① 교 배 ② 선 발
③ 돌연변이 ④ 염색체 공학

3-2. 생식세포인 정자와 난자는 일반적으로 몇 배체인가?

① 반수체 ② 2배체
③ 3배체 ④ 4배체

3-3. 어류인 경우 제2극체 방출 억제 시 유도되는 개체는?

① 반수체 ② 2배체
③ 3배체 ④ 4배체

3-4. 난 발생 시 제1난할(Cleayage) 억제로 유도되는 개체는?

① 정상 2배체 ② 3배체
③ 4배체 ④ 자성발생 반수체

[해설]

3-1
염색체 조작에 의한 육종법은 염색체 수준에서 변화를 시도하여 배수성과 동질성을 변화시키는 육종방법이다.

3-2
수정이란 유성생식을 하는 생물의 수컷의 생식세포(정자 : 반수체)와 암컷의 생식세포(난자 : 반수체)가 만나 장차 하나의 개체가 될 수정란(1배체 : 정상개체와 염색체수가 동일함)을 만드는 과정이다.

3-3
3배체
• 어류의 경우 정자(n)와 배란된 난자(제2감수분열 중기, 2n)를 수정시킨 후, 수정란을 저온 자극, 고온 자극, 화학약품 및 수압을 통해 제2극체(n) 방출을 억제함으로써 3배체를 유도한다.
• 패류의 경우 정자(n)와 배란된 난자(제1감수분열, 4n)를 수정시킨 후, 물리·화학적으로 처리하여 제1극체(2n)만을 방출시킨 후 난할에 들어가게 함으로써 3배체를 유도한다.

3-4
4배체 수정 후 정상적인 감수분열을 완료한 수정란을 온도 자극 및 수압 처리를 통해 DNA 복제는 진행되지만 제1난할을 지연시킨다. 이렇게 하면 수정란의 염색체는 복제되어 4배체 상태가 되며, 다시 한번 DNA 복제 후 난할에 들어가게 되면 모든 할구들에서 4배체가 유지된다.

정답 3-1 ④ **3-2** ① **3-3** ③ **3-4** ③

핵심이론 04 육종(3) : 성전환

① 성전환의 개념
  ㉠ 성에는 생리학적 성과 유전학적 성이 있다.
  ㉡ 성전환 유전 육종 대상 : 성장률, 성숙시기, 체색, 모양, 크기, 습성 등
  ㉢ 암수 간 차이가 크다. 즉, 단성 양식, 경제적 또는 사육이 쉬운 쪽을 선택한다.
  ㉣ 틸라피아, 채널메기는 수컷의 성장이 빠르므로 암컷을 수컷으로 전환한다.

② 생리학적 성전환(직접 성전환) 방법
  ㉠ 생리학적 성은 생화학적 기작을 통해 형성된 성을 말하며, 2차 성징의 출현, 산란 및 생식행동 등이 그것이다.
  ㉡ 성호르몬(웅성호르몬의 경우 테스토스테론 및 그 유사체들이며, 자성호르몬의 경우 에스트로겐과 그 유사체들)을 처리하여 성을 전환시키는 방법이다.
  ㉢ 호르몬의 농도는 어종이나 호르몬의 종류에 따라 다르며 호르몬의 최초 처리시기는 성분화가 이뤄지기 이전에 실시하여야 한다.
  ㉣ 호르몬의 처리법에는 경구투여법과 침적법이 있다.
    • 경구투여법 : 호르몬을 사료에 섞는 방법이다. 그러나 모든 어류가 같은 양의 먹이를 먹지 않고 매회 사육환경 및 방법에 차이가 있으므로 균일한 호르몬 처리가 되지 않는다.
    • 침적법 : 호르몬을 사육수에 녹여 일정기간 사육하여 호흡 시 또는 체표를 통해 호르몬이 흡수되도록 하는 방법이다. 이 방법은 모든 개체에 균일하게 호르몬을 처리할 수 있으나 대량처리 시 호르몬의 자연파괴에 따른 경제적 손실과 사육수의 환경이나 오염 등의 문제가 있다.

③ 유전학적 성전환(간접 성전환)

　㉠ 생리학적 성전환과 더불어 단순 교배에 의해 한 가지 성의 자손만을 생성해 내는 것이다.

　㉡ 유전학적 성은 성유전자의 조합에 의해 결정된 성을 말한다.

　㉢ 유전학적 성은 정자에 UV처리를 하여 운동성만 갖게 한 다음 정상난자와 수정시킨다.

　㉣ 수정된 알을 저온처리하면 자성발생성 2배체가 생긴다. 자성발생성 2배체는 생리학적 성전환을 하고 여기서 나온 정자와 정상난자를 수정시키면 전 암컷 2배체가 나오며 수정된 알을 저온처리하면 전 암컷 3배체가 나온다.

10년간 자주 출제된 문제

생리학적 성전환의 방법에 대한 설명으로 옳지 않은 것은?

① 생화학적 기작을 통해 형성된 성을 말한다.
② 경구투여법은 호르몬을 사료에 섞는 방법이다.
③ 웅성호르몬의 경우 에스트로겐과 그 유사체들을 처리하여 성을 전환시키는 방법이다.
④ 침적법은 호르몬을 사육수에 녹여 일정기간 사육하여 호흡 시 또는 체표를 통해 호르몬이 흡수되도록 하는 방법이다.

|해설|

웅성호르몬의 경우 테스토스테론 및 그 유사체들이며, 자성호르몬의 경우 에스트로겐과 그 유사체들을 처리하여 성을 전환시키는 방법이다.

정답 ③

핵심이론 05　육종(4) : 잡종

① 잡종의 개념

　㉠ 우량형질의 두 종간 교배를 통하여 단기간 내 잡종 강세를 이용하여 유전형질을 획득하는 육종 분야이다.

　㉡ 잡종의 산업성을 평가할 수 있는 기준에는 생존력, 성장률, 생식력, 성비 등이다.

② 잡종의 산업성을 평가할 수 있는 기준

　㉠ 생존력

　　• 친어들이 유전적으로 다르기 때문에 생존력은 일반적으로 매우 낮다.

　　• 낮은 생존력을 높이기 위해 잡종의 수정란에 물리·화학적 처리를 한다.

　㉡ 성장률 : 일반적으로 성숙기에 성숙이 이뤄지지 않아 성장률이 증가하여 내병성 증가로 친어들보다 성장에 유리하다.

　㉢ 생식력

　　• 잡종은 일반적으로 불임이지만 모두 그런 것은 아니다.

　　• 잡종에서 생식능력 및 불임수준은 접합자의 정상과 비정상, 배우자의 생존성 여부 및 생식소의 발달과 성숙 정도에 따라 다르다.

　㉣ 성 비

　　• 이론적으로 1 : 1이다.

　　• 종간 성결정 인자가 다르기 때문에 틸라피아의 경우 종간 교배를 통해 암컷보다 성장이 빠른 전 수컷집단의 유도에 이용하기도 한다.

③ 특 징

　㉠ 잡종은 일반적으로 초기의 생존력이 낮고 매번 인위적으로 처리해야 하는 단점 때문에 잡종강세의 유용성에도 불구하고 많이 이용되지 못하였다.

ⓛ 수계의 오염된 환경에 대한 저항성이 큰 잡종개체의 육종 및 내한성, 내열성이 큰 생식능력이 있는 잡종개체의 육종이 필요하다.

※ 유전자 이식 : 수정란의 세포기 또는 난할 초기에 유용유전인자를 직접 수정란의 핵 속에 넣어 발현시켜 생산고를 높이는 것

10년간 자주 출제된 문제

5-1. 잡종(Hybrid) 유도 시 그 산업성은?

① 잡종우성
② 잡종열성
③ 잡종약세
④ 잡종강세

5-2. 일반적으로 연 1회의 산란기를 가지는 양식생물 어미의 조직학적 관찰에 따른 난소 발달 단계별 순서가 올바른 것은?

① 성숙기 → 분열증식기 → 성장기 → 방출기 → 회복기
② 분열증식기 → 성숙기 → 성장기 → 방출기 → 회복기
③ 방출기 → 성숙기 → 성장기 → 분열증식기 → 회복기
④ 분열증식기 → 성장기 → 성숙기 → 방출기 → 회복기

해설

5-1
우량형질의 두 종간 교배를 통하여 단기간 내 잡종강세를 이용하여 유전형질을 획득하는 육종 분야로, 잡종의 산업성을 평가할 수 있는 기준에는 생존력, 성장률, 생식력, 성비 등이 있다.
※ 다른 품종 또는 다른 계통 간에 교잡을 하였을 때 잡종 제1대의 생물이 양친의 어느 것보다도 왕성한 생활력을 나타내는 경우가 있는데 이 현상을 잡종강세(Hybrid Vigor)라 한다.

정답 5-1 ④ 5-2 ④

---

4. 영양과 사료

핵심이론 01 영양(1) : 영양의 개념(단백질 등)

① 주요 성분 : 단백질, 탄수화물, 지방, 무기염류, 비타민 등

※ 양식의 2대 요소 : 먹이, 환경(3대 요소 : 질병과 해적)

② 양식생물과 영양 공급
ⓐ 해조류 : 물속에 녹아 있는 영양염류를 흡수하여 성장하므로 인위적 공급이 불필요하다.
ⓑ 굴, 피조개, 가리비 등 : 자연발생의 먹이를 여과 섭식하므로 인위적 공급이 불필요하다.
ⓒ 어류 및 새우류 : 집약적 양식의 경우 영양과 사료를 공급(경영의 대부분을 차지)한다.

③ 영양염류(Nutrient Salts) : 식물플랑크톤과 해조류의 광합성을 위한 영양분(질소, 인, 규소, 칼륨 등)을 말한다.

④ 단백질의 특징
ⓐ 단백질(Protein)은 20종의 아미노산이 펩타이드 결합으로 연결된 고분자 화합물이다.
ⓑ 탄소(45~55%), 수소(6~8%), 산소(19~25%), 질소(14~20%[평균 16%])로 구성되어 있다.
ⓒ 단백질 요구량 : 체내 단백질 합성 유지를 위한 필수아미노산의 공급과 비필수아미노산의 합성을 위한 질소성분 공급에 필요한 요구량이다.
ⓓ 필수아미노산 : 체내에서 공급되지 않아 식품을 통해 공급되는 10가지 아미노산

[필수아미노산과 비필수아미노산]

필수아미노산	비필수아미노산
• 히스티딘(Histidine)	• 알라닌(Alanine)
• 아이소루신(Isoleucine)	• 아스파라진(Asparagine)
• 루신(Leucine)	• 시스테인(Cysteine)
• 라이신(Lysine)	• 글루타민(Glutamine)
• 메티오닌(Methionine)	• 프롤린(Proline)
• 페닐알라닌(Phenylala-nine)	• 세린(Serine)
	• 타이로신(Tyrosine)
• 트레오닌(Threonine)	• 글리신(Glycine)
• 트립토판(Tryptophan)	• 아스파틱산(Aspartic Acid)
• 발린(Valine)	• 글루타민산(Glutamic Acid)
• 아르기닌(Arginine)	

10년간 자주 출제된 문제

영양소인 단백질에 함유된 질소(N) 성분의 평균값은 어느 정도인가?

① 약 11%
② 약 16%
③ 약 21%
④ 약 26%

[해설]

단백질은 질소를 평균 16% 함유하고, 기타 탄소, 산소, 수소, 황(S), 인(P), 철(Fe), 구리(Cu) 등을 함유하고 있다.

정답 ②

핵심이론 02 영양(2) : 지질과 지방산

① 지질과 지방산의 역할

   ㉠ 지질은 에너지원으로, 필수지방산은 정상적인 성장을 위해 필요하다.

   ㉡ 지질과 지방산은 지용성 비타민의 흡수, 체 구성, 세포막 형성, 체 보호, 지방성 호르몬과 담즙 형성, 체내 에너지 축적 등의 역할을 한다.

② 포화지방산과 불포화지방산

포화지방산	불포화지방산
• 카프릭산(Capric Acid)	• 올레산(Oleic Acid)
• 라우르산(Lauric Acid)	• 리놀레산(Linoleic Acid)
• 미리스트산(Myristic Acid)	• 리놀렌산(Linolenic Acid)
• 팔미트산(Palmitic Acid)	• 아라키돈산(Arachidonic Acid)
• 스테아르산(Stearic Acid)	• EPA(Eicosa Pentaenoic Acid)
	• DHA(Docosa Hexaenoic Acid)

③ 필수지방산 : 불포화지방산의 일종으로 리놀레산(Linoleic Acid, 오메가 6 지방산)과 알파-리놀렌산(Alpha-Linolenic Acid, 오메가 3 지방산)의 두 종류가 있다.

   ㉠ 알파-리놀레산(오메가 3, 다가불포화지방산) : 에이코사펜타에노산(Eicosa Pentaenoic Acid, EPA)과 도코사헥사에노산(Docosa Hexaenoic Acid, DHA) 생성

   ㉡ 리놀레산(오메가 6, 단일불포화지방산) : 아라키돈산(Arachidonic Acid) 생성

④ 필수지방산인 EPA, DHA는 고도 불포화지방산으로 해산어에 있어서 충분한 양이 생산되지 못하기 때문에 해산어 양식사료에 꼭 첨가해 주어야 한다.

   ※ 조피볼락 종자생산 시 먹이생물인 알테미아는 부화 후 그대로 공급하지 않고 영양강화를 한 후에 공급하는 경우가 많다. 이것은 알테미아에 DHA 영양소를 보충하기 위해서이다.

2-1. 해산어류에서 주로 요구되는 필수지방산은?

① 리놀렌산(18 : 2n~6)

② 리놀렌산(18 : 3n~3)

③ 아라키돈산(20 : 4n~6)

④ 오메가 3 고도 불포화지방산

2-2. 다음 중 불포화지방산에 속하는 것은?

① 라우르산(Lauric Acid)

② 미리스트산(Myristic Acid)

③ 스테아르산(Stearic Acid)

④ 디에이치에이(DHA, Docosa Hexaenoic Acid)

2-3. 조피볼락 종자생산 시 부화된 알테미아를 영양강화한 후에 공급하는 것은 주로 어떤 영양소를 보충하기 위해서인가?

① 비타민 A

② 포화지방산

③ 필수아미노산

④ DHA

[해설]

2-1

어류에서 주로 요구되는 필수지방산

• 담수어 : 리놀레산, 알파-리놀렌산

• 해수어 : 리놀레산과 알파-리놀렌산에 추가하여 EPA, DHA(고도 불포화지방산)를 추가로 첨가할 필요가 있다.

※ 불포화지방산(필수지방산)

  • 고도 불포화지방산

    − 오메가 3계열 : 알파-리놀렌산(α-Linolenic Acid, ALA), EPA(Eicosa Pentaenoic Acid), DHA(Docosa Hexaenoic Acid)

    − 오메가 6계열 : 감마-리놀렌산(γ-Linolenic Acid, GLA), 아라키돈산(Arachidonic Acid, AA), 리놀레산(Linoleic Acid)

  • 단순 불포화지방산 : 올레인산(Oleic Acid)

2-2

중요한 지방산의 명칭

• 포화지방산 : 카프릭산(Capric Acid), 라우르산(Lauric Acid), 미리스트산(Myristic Acid), 스테아르산(Stearic Acid)

• 불포화지방산(필수지방산) : 올레산, 리놀레산, 리놀렌산, 아라키돈산, EPA, DHA

2-3

알테미아는 해산 어류의 필수지방산으로 알려진 고도 불포화지방산이 부족하기 때문에 유화 오일을 써서 영양강화를 하여 사용한다.

정답 2-1 ④   2-2 ④   2-3 ④

① 탄수화물의 개념

ㄱ 탄수화물(Carbohydrate)은 단당류가 결합한 중합체로서 대표적인 유기물이며, 당질(Glucide) 혹은 함수탄소라고도 한다.

ㄴ 탄수화물은 당질과 식이섬유로 구성되어 있다.

ㄷ 동물에서 에너지원으로 가장 먼저 사용되나 어류는 탄수화물을 섭취해 본 경험이 적다.

ㄹ 어류의 대사체계는 에너지원으로 탄수화물보다 단백질이나 지방을 이용하도록 발달되어 있다.

② 탄수화물의 양식사료 이용

ㄱ 탄수화물은 양식어종에서 필수영양소는 아니다.

ㄴ 사료에 탄수화물을 첨가하지 않으면 에너지생산과 탄수화물에서 유도되는 생물학적으로 중요한 구성성분을 합성하기 위하여 단백질과 지질 등의 다른 영양소들이 체내에서 대신 사용된다. 따라서 양식어종의 사료는 적당량 첨가하는 것이 경제적이다.

ㄷ 온수성 어류는 냉수성이나 해산 어류보다 탄수화물 이용률이 높다.

ㄹ 탄수화물은 양어사료의 상당부분을 차지하나 상대적으로 가격이 낮은 편이다.

ㅁ 탄수화물은 펠릿(Pellet)사료에서 점착제로서 작용되며, 일반적으로 곡물은 배합사료 제조 시 다른 영양소의 농도를 조정하고 총량을 채우기 위해 사용되기도 한다.

ㅂ 부상 펠릿을 만들기 위해서는 적당량의 탄수화물이 함유되어야 한다.

동물에서 에너지원으로 가장 먼저 사용되는 영양소는?

① 당 질
② 지 질
③ 단백질
④ 무기질

해설

사료에 필요한 영양소

단백질	양식어류의 몸을 구성하는 가장 기본이 되는 성분
탄수화물	에너지원(동물에서 가장 먼저 사용)
지방 및 지방산	에너지원 및 생리활성물질
무기염류 및 비타민	대사과정 중의 촉매 및 활성물질
다른 구성성분	점착제, 항생제, 항산화제, 착색제, 먹이 유인물질, 기타 호르몬 등

정답 ①

① 비타민은 지용성과 수용성으로 나뉜다.

　㉠ 지용성 비타민 : 비타민 A, D, E, K

　㉡ 수용성 비타민 : 비타민 C, B_1, B_2, B_3, B_4, B_6, B_{12}, 비오틴, 엽산, 이노시톨 등의 비타민 B종류와 콜린의 11가지

　　※ 비타민 요구량 결정 요인 : 어류의 크기, 종, 환경, 연령, 성숙단계

② **지용성 비타민**

　㉠ 비타민 A : 결핍 시 성장부진, 눈 손상, 빈혈, 과잉 섭취 시 성장부진, 빈혈, 지느러미 침식

　㉡ 비타민 D : 결핍 시 성장부진, 증체량 감소, 근육강직성, 경련, 칼슘과 인의 대사에 작용

　㉢ 비타민 E(토코페롤) : 지방산의 항산화제(산화방지제)로 작용하며 결핍 시 성장부진, 등여윔, 안구돌출, 빈혈, 복수증, 지방간을 일으킴

　　※ 항산화제
　　　• 천연 항산화제 : 레시틴, 토코페롤, 고시폴, 세사몰 등
　　　• 합성 항산화제 : BHA, BHT, PG, NDGA 등

　㉣ 비타민 K : 혈액응고에 관련, 어분과 알팔파밀에 많이 함유

③ **수용성 비타민**

　㉠ 비타민 C : 대사에 관련, 뼈와 아가미의 지지 연골, 혈관, 표피, 콜라겐의 합성에 관련, 결핍 시 척추변형, 내·외출혈 및 지느러미 부식, 아가미 섬유연골의 만곡

　㉡ 비타민 B_1(티아민) : 에너지 대사의 조효소이며, 결핍 시 성장부진, 평행상실, 과민반응, 경련 등

　　※ 양식어의 사료원으로서 생선을 계속 투여하면 생선 중에 함유된 티아미나아제가 사육어의 영양소 중 비타민 B_1을 파괴하여 폐사에 이르기도 한다.

　㉢ 비타민 B_2(리보플라빈) : 부족 시 수명(빛공포증), 백내장과 피부병, 지느러미 출혈

　㉣ 나이신

　　• 채널메기 : 피부지느러미 손상, 변형된 턱, 빈혈, 높은 치사

　　• 연어 : 피부가 햇볕에 민감, 지느러미 부식, 장손상, 근육악화

　㉤ 비타민 B_6(피리독신) : 단백질, 지방산, 탄수화물이 대사에 관련. 결핍 시 신경분열, 유영 조절능력 감퇴, 경련, 근육강직성 경련, 피부손상

　㉥ 비타민 B_{12}(사이아노코발라민) : 결핍 시 소적혈구증 빈혈, 적혈구 파괴, 경미한 성장감소

　㉦ 콜린 : 부족 시 지방간, 신장과 내장의 출혈

　㉧ 엽산 : 부족증으로 채널메기의 혈액에서 낮은 적혈구 농도

4-1. 지용성 비타민이 아닌 것은?

① 비타민 A   ② 비타민 C

③ 비타민 D   ④ 비타민 E

4-2. 양어사료에 섞인 지방의 산화방지제로 주로 사용하는 것은?

① 비타민 E   ② 비타민 B

③ 비타민 C   ④ 비타민 K

4-3. 사료 성분 중의 지방과 비타민류의 산화방지를 위해 사용하는 천연 항산화제는?

① α-녹말   ② α-토코페롤

③ 시트롤산   ④ NDGA

4-4. 어류의 혈액응고에 필수적인 성분으로, 어분과 알팔파밀에 많이 함유되어 있는 비타민은?

① 비타민 D   ② 비타민 K

③ 비타민 B   ④ 비타민 E

│해설│

4-1

비타민

• 지용성 : 비타민 A, D, E, K

• 수용성 : 비타민 C, B₁, B₂, B₃, B₄, B₆, B₁₂, 비오틴, 엽산, 이노시톨 등의 비타민 B종류와 콜린(11가지)

4-2

비타민 E의 주된 기능은 항산화 작용을 통해 세포막을 구성하는 불포화지방산의 과산화를 막아주는 것이다.

4-3

비타민 E는 알파-토코페롤의 공식 이름이며, 지용성 비타민으로 지방과 비타민류의 산화방지를 위해 사용하는 천연 항산화제이다.

4-4

비타민 K 결핍증은 혈액응고시간지연, 출혈 등이 있다.

정답 4-1 ②   4-2 ①   4-3 ②   4-4 ②

핵심이론 05 : 영양(5) : 무기질

① 무기물의 개요

    ㉠ 어류는 담수 및 해수와 같은 외부환경으로부터 무기태 원소를 흡수할 수 있기 때문에 요구량 측정을 위한 연구가 어렵다.

    ㉡ 해산 어류는 삼투압 조절에 의해 수중의 무기물로부터 요구량을 충당한다.

    ㉢ 담수어류가 해산어류보다 사료에 첨가되는 무기물이 더 요구된다.

② 다량원소와 미량원소

    ㉠ 다량원소 : 칼슘, 인, 마그네슘, 나트륨, 칼륨, 염소, 황

    ㉡ 미량원소

      • 필수 미량원소 : 철, 아이오딘(요오드), 구리, 아연, 망가니즈(망간), 셀레늄, 코발트, 크로뮴(크롬) 등

      • 준필수 미량원소 : 니켈 등

      • 미필수 미량원소 : 알루미늄, 납, 수은 등

      ※ 현재 어류는 9가지 원소(칼슘, 인, 마그네슘, 아이오딘, 구리, 아연, 망가니즈, 셀레늄)가 요구된다는 실험결과가 보고되었다.

③ 주요 무기질의 기능 및 현상

    ㉠ 칼륨(K) : 혈액응고, 신경자극, 삼투조절, 여러 효소 보조인자 등으로 필수적

    ㉡ 인(P) : 세포의 에너지 생성작용, 결핍 시 체지방 증가, 혈액 내 인 수준의 감소, 두부기형, 척추만곡, 늑골과 가슴지느러미 연골조직 내의 비정상적 석회현상

    ㉢ 마그네슘(Mg) : 탄수화물과 단백질 합성 시 효소의 보조인자로, 결핍 시 근육퇴화, 성장둔화, 무기력, 높은 치사율

    ㉣ 구리(Cu) : 철의 흡수와 대사에 관여, 골격 형성, 헤모글로빈 형성과 여러 효소체계에 관련

    ㉤ 아이오딘(I) : 부족 시 갑상선 비대와 곱추증

ⓗ 아연(Zn) : 결핍 시 성장둔화 및 높은 치사율, 식욕 감퇴, 피부와 지느러미 부식

ⓢ 망가니즈(Mn) : 성장 감소, 무지개송어의 꼬리 기형과 몸의 왜소현상

ⓞ 셀레늄(Se) : 생물학적 항산화제, 아틀란틱 연어의 치사

10년간 자주 출제된 문제

무기물의 구성 중 다량원소가 아닌 것은?

① 칼 륨
② 알루미늄
③ 마그네슘
④ 인

[해설]

다량원소 : 칼슘, 인, 마그네슘, 나트륨, 칼륨, 염소, 황

정답 ②

---

① 습사료(MP ; Moist Pellet)

ㄱ 수분이 50~75% 함유된 사료로 생사료 자체 또는 생사료와 가루사료를 펠릿기를 통해 혼합하여 만든 사료로 모이스트 펠릿(MP) 형태로 가공한다.

ㄴ 물에 가라앉기 때문에 사료의 허실이 많다.

ㄷ 적정 크기로의 성형이 가능하고 어류의 기호성이 좋다.

ㄹ 장기 보관이 어려우며 수질 악화 우려가 높다.

ㅁ 대상어의 영양 요구에 알맞게 각종 원료 및 부족한 영양소 등의 정량적인 배합이 불가능하다.

ㅂ 필요에 따라 양어용 유지나 보조 첨가물을 성형 전에 첨가하는 것이 좋다.

ㅅ 펠릿의 크기는 사육어의 입 크기에 맞게 조절하며, 성형을 위하여 점착제를 첨가하는 것이 좋다.

ㅇ 혼합시간을 짧게 하여야 하므로 신속하게 제조한다.

② 반습사료

ㄱ 수분이 20~30% 함유된 사료로 반죽 뱀장어사료 또는 수분함량이 적은 모이스트 펠릿 형태의 사료이다.

ㄴ 여름철에는 운반 및 보관 시 산패가 생길 가능성이 높아 저온 보관이 필수적으로 요구된다.

③ 건조사료

ㄱ 수분이 7~13% 함유된 사료로 일반적인 배합사료(EP)이다.

ㄴ 건조사료의 장점

• 영양적 가치를 대상 어종의 요구에 맞출 수 있다.

• 수분함량이 적으므로 제작, 공정, 보관에 경제적이다.

• 자동공급기에 의해 사료의 공급이 쉽고, 가격이 안정적이다.

ⓒ 건조사료의 형태

- 가루, 플레이크(사료를 납작하게 만든 형태), 펠릿(압축하여 알갱이로 만든 것), 모이스트 펠릿(습기가 있는 알갱이 사료), 크럼블(펠릿을 부순 형태), 미립자사료 등
- 부상사료(열, 압력에 의해 팽창시킨 형태), 침강사료 등

ⓓ 건조사료 제조과정 : 분쇄 → 가열처리 → 혼합 → 성형 → 건조

④ 크럼블(Crumble)사료

ⓐ 치어용(稚魚用) 초기 배합사료로 펠릿보다 입자 크기를 작게 만든 분쇄고형사료이다.

ⓑ 연어나 송어 부화장 등에서 치어를 먹이 길들일 때 쓰인다.

ⓒ 펠릿으로 성형한 사료를 특정 목적에 부합되게 파쇄·선별한 사료이다.

ⓓ 분쇄 고형사료이다.

⑤ 미립자사료

ⓐ 아주 미세한 미립자형태의 배합사료로 영양소가 균형 있게 배합되어야 한다.

ⓑ 자어기 어류의 먹이로 필수적이다.

10년간 자주 출제된 문제

6-1. 다음 사료 형태 중 수질오염을 예방하는 데 가장 좋은 사료는?

① MP사료
② EP사료
③ Paste사료
④ Crumble사료

6-2. MP사료에 대한 설명 중 틀린 것은?

① 대상어의 영양요구에 알맞게 각종 원료 및 부족한 영양소 등의 정량적인 배합이 불가능하다.
② 물에 뜨기 때문에 사료의 허실이 적고 관찰이 용이하다.
③ 적정크기로의 성형이 가능하고 어류의 기호성이 좋다.
④ 장기보관이 어려우며 수질 악화 우려가 높다.

〔해설〕

6-1

EP사료는 양식어업인이 주로 사용하는 생사료(냉동생선사료)와 분말사료(생선을 가구로 만든 사료)가 가라앉아 양식장 주변 바다를 오염시키는 것과 비교하면 환경 친화적인 사료로 평가된다.

6-2

EP는 뜨는 사료이고 MP는 가라앉는 사료이다. MP는 물에 투여되면 쉽게 풀어지거나 가라앉아 유실률이 생사료 30~40%, 습사료 15~20%로 높고, 어장 부영양화 및 침전 시 부패과정에서 어장이 오염된다.

MP사료와 SEP사료

구 분	생사료, 습사료 (MP[*1])	배합사료 (EP[*2], SEP[*3])
개 념	고등어 및 까나리 등을 통째로 잘게 절단(생사료)하여 첨가제 등 혼합(습사료)	각 어종에 적합한 사료원료를 배합하여 상품화한 것 (가열 후 건조)
수분 함유	50~75%	• EP : 14% 미만 • SEP : 20~30%
환 경	물에 투여 시 쉽게 풀어지거나 가라앉아 유실률이 생사료 30~40%, 습사료 15~20%로 높고 어장 부영양화 및 침전 시 부패과정에서 어장이 오염	물에 부상하여 유실률이 5% 내외
자 원	치어 등 남획으로 생태계 파괴	생태계 보호에 유리
질 병	병에 걸린 생선을 활용하거나 유통보관 과정에서 오염 시 질병발생 원인	저장이 용이하여 질병발생 원인 감소
수 급	어황에 따라 수급이 불안정하여 공급 한계 및 가격 폭등 우려	안정적인 사료공급이 가능하여 공급과 가격 변동 감소
보 관	사료변질 등 저장성이 낮아 냉동시설 필요 및 전기료 소요	저장성이 높아 냉동시설 불필요 ※ SEP는 수분함유로 유통기간이 짧고 저온 보관 필요

[*1] MP : Moisture Pellet
[*2] EP : Extruded Pellet
[*3] SEP : Soft Extruded Pellet

정답 6-1 ② 6-2 ②

핵심이론 07 사료(2) : 인공배합사료

① 인공배합사료의 장점

　㉠ 관리와 공급이 쉽고, 자동사료공급기의 사용으로 인건비를 절감할 수 있다.

　㉡ 사료에 따라서 상온(20~25℃)에서 3개월 정도 저장이 가능하다.

　㉢ 사료의 원활한 공급이 가능하고, 가격이 안정적이다.

　㉣ 사료공급량과 투여방법 조절로 생산량의 조절이 가능하다.

　㉤ 어류의 사료공급량을 적당히 조절함으로써 질병 발생의 억제가 가능하다.

② 인공사료의 가공 시 주의할 사항

　㉠ 어류가 필요로 하는 성분을 골고루 갖출 것

　㉡ 물속에 넣어 줄 때 사료가 허실되지 않을 것

　㉢ 장기 보존을 목적으로 가공할 것

　㉣ 성장단계에 따라 사료입자의 크기를 입의 크기에 알맞게 가공할 것

　　※ 인공사료의 이점 : 완전균형사료, 약품 및 영양제 첨가가 용이, 품질이 일정, 성장이 빠르다.

③ 먹이 습성에 따른 사료의 가공

　㉠ 뱀장어 : 분말사료를 반죽하여 공급

　㉡ 전복 : 해조류를 섞어 가공

　㉢ 기타 대부분의 경우 : 알갱이 모양이나 원주 모양으로 가공

10년간 자주 출제된 문제

인공배합사료의 장점에 대한 설명으로 틀린 것은?

① 관리와 공급이 쉽고, 자동사료공급기의 사용으로 인건비를 절약할 수 있다.

② 상온(20~25℃)에서 1년 이상의 장기 저장이 가능하다.

③ 사료공급량과 투여방법을 조절함으로써 생산량을 쉽게 조정해 나갈 수 있다.

④ 생사료에 비하여 사료의 공급과 가격이 안정적이다.

｜해설｜

② 사료에 따라서 상온(20~25℃)에서 3개월 정도 저장이 가능하다.

정답 ②

: 어류에 이용되는 단백질 원료 4가지

① 단백질 원료원

　㉠ 동물성 단백질원 : 어분, 육분, 육골분, 혈분, 수지 박(돈지, 우지-가루단백질) 등

　　• 어분 : 단백질이 주원료로 60% 이상의 단백질이 함유되어 있다.

　　　※ 갈색어분 : 배합사료 원료 중 송어 양식에 사료의 단백 질원으로 널리 그리고 가장 유용하게 사용된다.

> **어분의 품질관리**
> • 제조공장에서 액체 에톡시퀸(Ethoxyquin, 항산화 제의 일종) 200mg/kg 첨가
> • 제조공장에서 3개월 이하 보관
> • 조단백함량 68%, 조지방함량 8~11% 범위 및 회분 최대 15%
> • 펩신 소화능력 92.5% 이상
> • NH_4^+-N 0.2% 이하
> • 염화나트륨 최대 3% 및 염소처리한 탄화수소 최대 0.1ppm
> • 증기 처리 및 입자 0.25mm 미만으로 분쇄

　　• 육분 및 육골분 : 포유동물의 도축과정이나 육가 공공장에서 나오는 부산물에서 기름을 빼고 남 은 고형분을 건조·분쇄한 것

　　• 혈분 : 도축과정에서 수거된 신선혈에서 이물질 을 제거하고 이를 건조시켜 분말화한 것. 혈분은 특히 라이신의 함량이 높고 단백질의 반추위 통 과율이 우수

　　• 수지박 : 소·돼지·양 따위의 짐승무리의 지방 을 짜내고 남은 고형분을 건조·분쇄한 것

　　• 번데기 : 단백질함량이 높은 사료의 주원료

　㉡ 식물성 단백질원 : 대두박(콩기름을 만들고 난 후 의 찌꺼기), 콘글루텐(옥수수를 건조, 착유한 다음 남은 부산물), 면실박(목화씨에서 기름을 짜고 남 은 깻묵) 등

　㉢ 정제 단백질원 : 카세인, 젤라틴

② 지질원 : 어유, 오징어 간유, 옥수수유, 콩기름 등

> **어유 품질관리**
> • 과산화 수치(PV) 10meq 과산화물/kg 미만
> • TBA(Thiobar Bituric Acid Value), 말론알데하이드(Ma-lonaldehyde) 70mg/kg 미만
> • 질소(N) 1% 이하 및 수순 1% 이하
> • 탈산소 및 질소 충전 보관

③ 탄수화물 : 전분, 밀가루, 덱스트린 등

④ 그 밖에 사료 제작 시 고려해야 할 비타민, 무기물 및 사료 첨가제 등

> **미지 성장인자**(Unknown Growth Factor, Unidentified Growth Factor, UGF)
> • 순수사료에 어떠한 자연물질을 넣어 주면 성장이 촉진된 다. 이러한 성장촉진에 유효한 성분은 그 구조나 성질을 잘 모르고 있기 때문에 이런 물질을 통틀어서 미지성장인자 라 한다.
> • 효모는 비타민 B군, 특히 티아민, 리보플라빈, 나이아신, 판토텐산이 대단히 많으며, 미지성장인자(UGF)가 존재하 는 것으로 알려져 있다.

8-1. 배합사료의 단백질 원료원으로 잘 이용되지 않는 것은?

① 어 분
② 대두박
③ 소맥분
④ 육분 및 육골분

8-2. 보통의 어분에는 어느 정도의 단백질이 함유되는가?

① 100%
② 90% 이상
③ 60% 이상
④ 40~50% 이상

8-3. 미지성장인자(U.G.F)의 효과를 위해서 쓰일 수 있는 사료의 원료는?

① 효 모
② 어 분
③ 육분 및 골분
④ 기름을 짠 찌꺼기

[해설]

8-1

사료원의 종류
- 단백질 원료원
  - 동물성 단백질원 : 어분, 육분, 육골분, 혈분, 수지박 등
  - 식물성 단백질원 : 대두박, 콘글루텐, 면실박 등
  - 정제 단백질원 : 카세인, 젤라틴
- 지질원 : 어유, 오징어 간유, 옥수수유, 콩기름 등
- 탄수화물 : 전분, 밀가루, 덱스트린 등
- 그 밖에 사료 제작 시 고려해야 할 비타민, 무기물 및 사료 첨가제 등

8-2

보통의 어분에는 60% 이상의 단백질이 함유되어 있다.

8-3

효모는 단백질을 40% 이상 함유하고 함유황아미노산이 적다는 것 이외에는 필수아미노산이 균형이 잡혀 있으므로 양질의 단백질원이라 할 수 있다. 또, 비타민의 함량도 많고 미지성장인자가 함유되어 있다.

정답 8-1 ③ 8-2 ③ 8-3 ①

핵심이론 09 사료(4) : 사료 첨가제

① 점착제
  ㉠ 사료 제조 시 사료가 물속에서의 안정성을 증대시키고 펠릿(Pellet)의 성형을 돕기 위하여 첨가하는 물질이다.
  ㉡ 운반, 사용 중에 가루가 잘 발생하지 않는다.
  ㉢ 밀가루, 녹말, 가검, 셀룰로스, 알지네이트(Alginate), CMC, 유장 등

② 항생제 : 질병 치료의 목적으로 사료에 첨가하는 물질이다.

③ 항산화제
  ㉠ 사료 중의 지방산, 비타민 등의 산화 방지를 목적으로 사용한다. 예 비타민 E 사용
  ㉡ 항산화제의 조건 : 모든 영양소의 산화 방지, 사람과 가축에 무해, 적은 양으로 효과적이고 값이 저렴해야 한다.
  ㉢ 비타민 E, BHA, BHT, DPPD 등과 같은 합성 항산화제가 사료원료 및 배합사료로 사용되었으나, 최근에는 소비자의 합성 항산화제에 대한 거부감으로 인해 천연물질로 토코페롤류, 플라본 유도체, 필로주르신(Phyllozurcin)류, 갈산 유도체, 카테킨, 노르디하이드로구아이아레트산(Nordihydroguaiaretic Acid), 고시폴, 리그닌 배당체 등이 이용되기도 한다.

④ 착색제
  ㉠ 방어, 참돔과 같은 양식어종과 피부색깔이 중요한 금붕어 등의 성육에 있어 본래의 색깔을 갖게 해 준다.
  ㉡ 새우가루 : 연어, 송어류의 체색이나 육질의 색을 좋게 하기 위해 사용하는 사료의 첨가물
  ㉢ 기타 : 갑각류 껍질인 아스타크산틴, 식물체에서 추출한 크산토필

⑤ 먹이유인물질

　　㉠ 양식어류가 먹이를 잘 받아먹도록 하기 위해 첨가하는 물질이다. 또 어류의 종자생산에 중요한 초기 미립자 사료에 중요한 첨가물이다.

　　㉡ 육식성어류 : 글리신(Glycine), 발린(Valine), 베테인(Betaine)

　　㉢ 초식성어류 : 아스파르트산(Aspartic Acid), 글루탐산(Glutamic) 등이 먹이유인효과가 있다.

⑥ 기타 호르몬 : 성장 촉진, 조기 성 성숙, 종자의 성전환 등에 사용

10년간 자주 출제된 문제

9-1. 양어사료 제작 시 사료의 물속에서의 안정성을 증대시키고 펠릿의 성형을 돕기 위하여 사료에 첨가하는 것은?

① 점착제
② 식품안정제
③ 항산화제
④ 착색제

9-2. 다음은 사료의 첨가물 중 연어, 송어류의 체색이나 육질의 색을 좋게 하기 위해 사용되는 착색제는?

① CMC
② α-토코페롤
③ 새우가루
④ 글리신

|해설|

9-1

② 식품안정제 : 식품에 대한 점착성을 증가시키고 유화 안정성을 증가시키며, 가공할 때 가열이나 보존 중의 변화에 관여해 선도를 유지하고 형태를 보존하는 데 도움
③ 항산화제 : 사료 중의 지방산, 비타민 등의 산화 방지를 목적으로 사용
④ 착색제 : 횟감의 질과 관상어의 색깔이 선명하도록 첨가하는 물질

9-2

착색제 : 횟감의 질과 관상어의 색깔이 선명하도록 첨가하는 물질
예 아스타크산틴(갑각류 껍데기), 크산토필(식물체)

정답 9-1 ① 9-2 ③

핵심이론 10 사료(5) : 사료의 배합, 공급, 보관

① 사료배합표 작성 시 고려사항

일반적으로 최소 단가의 적정한 사료배합표를 컴퓨터로 작성하려면 다음 사항을 고려해야 한다.

　㉠ 사료 배합에 사용되는 사료원의 명세
　㉡ 사료원의 가격
　㉢ 사료원의 영양소 함유량
　㉣ 사료원의 양식 어종에 대한 각 영양소 이용률
　㉤ 양식 어종에 대한 영양소 요구량(최고, 최대 적정량)
　㉥ 사료원의 특성으로는 공급의 제한성, 제품 사료의 물리적 성상에 주는 영향, 독성 및 제조과정과 방법에 따르는 제한 등

　　※ 사료 조리시설 : 분쇄기, 초퍼, 펠릿제조기

② 사료공급 시 유의점

　㉠ 적정량 공급, 1회 포식량의 60~80%, 건조사료 1일 1~5%
　㉡ 수온이 높을수록, 어체 크기가 작을수록 어체당 먹는 비율이 높다.
　㉢ 1일 공급량과 1회 투여량은 어종에 따라 다르다.

　　※ 어류의 일반적인 1일 사료공급량은 건조사료 중량으로 몸무게의 1~5% 범위이지만, 어릴 때에는 더 많은 양을 먹는다.

> **사료공급법**
> • 사료의 먹는 양은 양식동물의 종류와 크기 및 수온, 용존 산소 등 수질에 따라 다르다.
> • 어류의 1일 사료공급량 : 몸무게의 1~5%(보통 2~3%) 정도
> • 뱀장어, 미꾸라지 등의 어린 치어기 : 10~20% 정도 섭취
> • 사료의 섭취는 수질(용존산소, 암모니아 등)의 영향이 크므로 좋은 수질을 유지하도록 노력
> • 한 번에 주는 먹이의 양 : 포식하는 양의 70~80%
> • 사료 효율을 높이고, 건강한 어류 양식을 위해서는 특히 치어기에 조금씩 자주 준다.
> • 수온 상승과 어류가 성장하면 먹이 주는 횟수와 시간이 중요 → 이른 아침과 해질 무렵에는 사료를 충분히 준다.

- 어종에 따른 먹이 주는 횟수
  - 송어, 메기, 뱀장어 등 : 1일 1회 공급
  - 잉어 등 : 위가 없으므로 여러 번 나누어 공급

③ 배합사료의 보관
  ㉠ 반드시 냉동 보존하여 선도를 잘 유지한다.
  ㉡ 밀봉된 사료는 직사광선이나 고온다습한 곳을 피한다.
  ㉢ 개봉부위를 봉하거나 밀폐용기에 옮겨서 보관한다.
  ㉣ 가능한 한 보관기간을 짧게(1개월 이내) 하며, 단기간에 사용하도록 한다.
  ※ 먹이를 잘 먹지 않는 원인 : 산소 부족, 수온 저하, 암모니아가 높음, 먹이 변질, 기생충, 세균 등의 질병, 내장의 만성 질병 등

10-1. 성장에 따른 사료공급 기준으로 가장 적합한 것은?

① 어체가 클수록 체중에 대한 사료의 비율을 높인다.
② 대소에 관계없이 일정한 비율로 준다.
③ 어릴 때는 그 비율을 높게 하고 클수록 줄인다.
④ 수온이 높을수록 어체중에 대한 비율이 낮아진다.

10-2. 어류의 일반적인 1일 사료공급량에 대해 바르게 설명된 것은?

① 어류의 일반적인 1일 사료공급량은 건조사료 중량으로 몸무게의 10~15% 범위이지만, 어릴 때에는 더 먹는다.
② 어류의 일반적인 1일 사료공급량은 건조사료 중량으로 몸무게의 1~5% 범위이지만, 어릴 때에는 조금 적게 먹는다.
③ 어류의 일반적인 1일 사료공급량은 건조사료 중량으로 몸무게의 10~15% 범위이지만, 어릴 때에는 조금 적게 먹는다.
④ 어류의 일반적인 1일 사료공급량은 건조사료 중량으로 몸무게의 1~5% 범위이지만, 어릴 때에는 더 먹는다.

10-3. 다음 중 배합사료의 보관에 대한 설명 중 적합하지 않은 것은?

① 가급적 냉동실에 보관한다.
② 밀봉된 사료는 직사광선이나 고온다습한 곳을 피한다.
③ 개봉부위를 봉하거나 밀폐용기에 옮겨서 보관한다.
④ 가능한 한 보관기간을 짧게(1개월 이내) 하며, 단기간에 사용하도록 한다.

해설

10-1
① 어체가 클수록 포식량은 증가하지만, 체중당 사료비율은 낮아진다.
② 어류의 섭이량은 종류, 크기, 수온과 수질, 먹이 종류 등에 따라 다르다.
④ 수온이 높을수록 포식량이 증가하고 수중의 용존산소가 감소하면 섭이량도 감소한다.

10-3
반드시 냉동 보존하여 선도를 잘 유지한다. 그러나 냉동한 경우에도 지방의 산화는 서서히 진행되므로 장기간 보관하는 것은 피하도록 한다.

정답 10-1 ③ **10-2** ④ **10-3** ①

① **잉어의 사료공급 방법**

  ㉠ 잉어는 탄수화물에 대한 소화능력이 매우 좋아서 대두박, 콘글루텐 등 식물성 사료원을 원료로 한 배합사료가 현재 많이 이용되고 있다.

  ㉡ 난황이 완전히 흡수된 후 초기 자어 먹이로 로티퍼 등이 3~4일 동안 공급되며, 이후에는 배합사료와 로티퍼를 적정 비율로 맞추어 함께 공급한다.

  ㉢ 1일 공급량과 횟수는 어체중, 수온, 질병, 환경조건에 따라 달라진다.

  ㉣ 잉어의 경우 위가 없는 특성 때문에 하루 여러 번 지속적으로 공급되어야 최적의 성장이 이루어진다.

② **틸라피아의 사료공급 방법**

  ㉠ 대형 수초를 먹는 초식성으로 유기 또는 무기비료화 된 못에서 키워진다.

  ㉡ 못속의 먹이들은 단백질이 풍부하며, 틸라피아용 보충사료들은 다른 어류사료보다 단백질 함유량이 낮아도 된다.

  ㉢ 가루사료, 습식, 침강, 부상 펠릿들도 잘 수용한다.

  ㉣ 육상 수조에서 양성이 이루어지므로 영양학적으로 완전한 배합사료가 요구된다.

③ **뱀장어의 사료공급 방법**

  ㉠ 바다에서 부화된 유생(Leptocephalus)이 해류를 따라 회유하면서 성장을 하고, 변태한 뒤 치어기에 육지의 담수에서 성장을 시작하여 성숙하면 다시 바다로 내려가서 산란 번식을 하는 강하성 어류이다.

  ㉡ 현재 뱀장어 양식은 종자생산체계가 확립되어 있지 않기 때문에 수온이 8~10℃ 정도인 3월경에 하천으로 소상하는 실뱀장어(길이 5~7cm, 무게 0.15~0.18g 정도)를 채포하여 종자로 이용하고 있다.

  ㉢ 실뱀장어가 10~30g 정도 되는 양성용 종자를 양중물이라고 하는데, 흔히 양어장에서는 이 시기부터 배합사료를 이용하여 성어까지 양성하게 된다.

  ㉣ 대개는 뱀장어들이 습사료를 먹는다.

④ **연어류의 사료공급 방법**

  ㉠ 자어의 생존율을 높이기 위해서는 초기사료가 자어에 적절한 기호성, 완전한 영양균형, 높은 소화율, 입자 크기 및 물에 대한 안정성이 충족되어야 한다.

  ㉡ 과다한 사료공급은 영양소의 손실과 찌꺼기의 증가를 의미하며, 박테리아 발생에 의한 아가미 질병을 유발할 수 있다.

  ㉢ 자어를 위해 처음에는 미립자사료나 어분을 분쇄하여 공급하고 최종적으로는 작은 펠릿을 만들어 공급한다.

⑤ **넙치의 사료공급 방법**

  ㉠ 부화 직후의 자어는 2~3일 간은 난황이나 유구의 영양으로 성장된다.

  ㉡ 먹이의 종류는 처음에는 로티퍼, 10일 후부터 알테미아 유생을 병행하여 사용하지만, 자어의 영양요구를 고려하여 먹이생물과 함께 인공배합사료를 첨가하여 변태기를 전후해서 배합사료로 완전 전환한다.

  ㉢ 치어기에는 소화관이 작기 때문에 적은 양을 자주 공급해야 하며, 일시에 많은 양을 주어 저면에 유실되는 먹이가 없도록 한다.

  ㉣ 먹이의 크기가 입의 크기에 부적당하거나 먹이의 양이 부족하면 성장의 개체 차이가 커지기 쉽고 그에 따라 개체 간에 잡아먹는 공식현상이 일어난다.

⑥ **조피볼락의 사료공급 방법**

  ㉠ 먹이 공급은 클로렐라를 50~100만 cell/mL 농도로 첨가하여 산란 직후부터 공급하여 로티퍼, 알테미아, 배합사료를 각 성장단계별로 공급한다.

  ㉡ 로티퍼는 가능한 많은 양을 배양하여 충분히 공급하는 것이 좋으나 알테미아는 짧은 기간 동안 소량으로 공급하는 것이 안전하다.

ⓒ 산란 후 35~45일을 전후하여 공식현상이 나타나
므로 충분한 먹이를 공급한다.

ⓓ 배합사료는 1일 4~8회 정도로 주어야 하며, 초기
에는 골고루 공급하기 위하여 분무기로 뿌려주는
것이 좋다.

11-1. 다음 중 수중 내 안정성을 위하여 α-녹말(전분)함량을
가장 높게 함유시켜야 하는 것은?

① 잉어용 배합사료
② 메기용 배합사료
③ 틸라피아용 배합사료
④ 뱀장어용 배합사료

11-2. 참돔의 친어용 배합사료를 설명한 것이다. 적당하지 못
한 것은?

① 사료 중의 필수지방산 또는 인이 결핍되고, 단백질함량이
낮을 때 산출란의 부상란율이 현저히 낮다.
② 최적의 단백질함량은 45% 전후이다.
③ 산란 직전의 사료에 소량(10mg/100g사료)의 비타민 E를 첨
가하여 난질을 개선한다.
④ 냉동 생새우나 새우 추출물을 산란 직전의 사료에 첨가하면
부상란율, 정상적인 부화자어의 발생률을 향상시킨다.

11-3. 양식어의 사료원으로 생선을 계속 투여하면 생선 중에
함유된 티아미나아제가 사육어의 영양소 중 어떤 부분을 파괴
하여 폐사에 이르게 하기도 하는데 그것은 무엇인가?

① 비타민 E
② 비타민 B_1
③ 비타민 C
④ 비타민 B_2

《해설》

11-1

뱀장어용 배합사료

일반적으로 체중이 10g 이상일 때에 급여하는 육성용 사료와
그 이하의 뱀장어에게 급여하는 치어 육성용 사료로 대별되고,
단백질원으로서 어분을 주원료로 하여, 알파화 전분(α-Starch)
을 결착제로 해서 만들어진 분말상의 먹이로서 조단백질함량이
45% 이상 되는 것이 보급되고 있다.

11-2

참돔 친어용 먹이는 단백질함량이 높고 비타민 및 미네랄 성분이
충분히 함유된 영양적으로 균형 잡힌 배합사료를 주도록 하며
때에 따라 신선한 오징어와 새우류 등을 공급함으로써 높은 산란
율과 부화율을 기대할 수 있다. 비타민 E는 사료제조 시 황산화제
로 사용된다.

11-3

티아미나아제 : 생사료에 함유된 효소로 비타민 B_1을 파괴시켜
연어나 송어는 폐사되고, 방어는 지느러미 출혈이 나타난다.

정답 11-1 ④ 11-2 ③ 11-3 ②

① 사료계수(FC)

    ㉠ 양식동물의 무게를 1단위 증가시키는 데 필요한 사료의 무게 단위이다.

    ㉡ 양식동물에게 공급한 사료의 효율을 나타내는 기준이다.

$$사료계수 = \frac{사료공급량}{증육량}$$

(단, 증육량 = 수확 시 중량 − 방양 시 중량)

$$사료효율(\%) = \frac{1}{사료계수} \times 100$$

$$= \frac{증육량}{사료공급량} \times 100$$

예 100kg의 뱀장어에 1,000kg의 사료를 먹여 725kg으로 성장시켰을 때의 사료계수와 사료효율의 계산은?

• 사료계수 $= \dfrac{1,000}{725kg - 100kg} = 1.6$

• 사료효율 $= \dfrac{1}{1.6} \times 100 = 62.5\%$

② 사료계수는 건조사료 기준인지 습중량 기준인지 명확해야 한다.

    예 잉어 1kg을 증육시킬 경우

    • 건조사료 : 1.5kg 소요(사료계수 1.5)

    • 습중량일 때 : 5kg 소요(사료계수 5.0)

※ 현재 시판되는 완전 균형사료로 어류를 사육 시에 1.5 전후의 사료계수를 나타낸다. 사료계수가 낮을수록 양식 비용이 적게 든다.

※ 증육계수(FC) $= \dfrac{사료\ 급이량}{취양\ 시\ 무게 - 방양\ 시\ 무게}$

12-1. 다음 중 양식어류의 사료계수에 관한 설명으로 옳은 것은?

① 양식어류가 섭취한 사료량과 배설시킨 배출분량과의 비

② 양식어류를 단위 무게만큼 중량을 증가시키는 데 필요한 사료량

③ 양식어류를 단위 무게만큼 중량을 증가시키는 데 필요한 단백질량

④ 사료 1kg으로 증육시킬 수 있는 어류의 체중

12-2. 평균 100g 정도 되는 어류종자 10,000마리에 펠릿사료 9,000kg을 공급하였더니 수확 시 평균 600g이 되었다. 이때의 사료계수는?

① 0.9   ② 1.5

③ 1.8   ④ 2.0

12-3. 넙치 치어 20,000마리(마리당 3g)를 구입하여 14개월간 양성하면서 까나리, 양미리 등의 생사료를 80톤 공급하여 성어 20톤을 생산하였을 경우 사료효율은?

① 15%   ② 20%

③ 25%   ④ 30%

12-4. 같은 사료에 의하여 증육계수를 추정할 때 고려하지 않아도 되는 것은?

① 연 령   ② 어 종

③ 공급방법   ④ 사료의 온도

|해설|

12-1

어체 1단위 무게만큼 증가시키는 데 필요한 사료의 무게 단위

12-2

$$사료계수 = \frac{사료공급량}{증육량}$$

(단, 증육량 = 수확 시 중량 − 방양 시 중량)

$$= \frac{9,000}{6,000 - 1,000} = 1.8$$

12-3

$$사료효율(\%) = \frac{증육량}{사료공급량} \times 100 = 24.925$$

정답 12-1 ②   12-2 ③   12-3 ③   12-4 ④

5. 축양과 운반

① 축양의 개념 및 목적
  ㉠ 개념 : 살아 있는 수산동물을 적절한 시설 안에서 일시적으로 보관하는 것
  ㉡ 목적 : 생물의 성장이 아니라, 살아 있는 생물을 보관하는 것

② 축양이 필요한 때
  ㉠ 양식용 종자, 자원 조성용 종자를 생산하여 운반 전 보관할 때
  ㉡ 활어 횟집과 낚시터에 큰 어류를 산 채로 공급할 때
  ㉢ 양식 또는 어업 생산물을 산 채로 최종소비지까지 운반 후 축양할 때
  ㉣ 다량으로 어획한 수산물을 가격이 낮은 시기에 보관하고자 할 때

③ 축양방법
  ㉠ 가두리를 이용한 축양(자연상태의 축양)
    • 수용밀도는 축양 당시의 수온이나 환경여건을 감안하여야 하므로 축양기간은 짧은 편이 좋다.
    • 가두리 축양 가능 어종 : 잉어, 숭어, 메기, 은어, 방어, 돔류 등
    • 가두리 축양 부적합 어종 : 붕어, 미꾸라지, 틸라피아 등
  ㉡ 수조를 이용한 축양
    • 유통판매업에서 수조나 물통에 어패류를 담가두는 것이다.
    • 장시간 축양 시에는 수질관리(산소 공급, 오물 제거)와 사료공급이 필요하다.
    • 단시간 축양 시에는 용기에 수용 후 산소공급장치 시설을 한다.
    • 수질관리를 위한 계속적인 물의 공급은 유수식 방법이나 여과수공급 등으로 충당한다.

④ 축양할 때의 주의사항
  ㉠ 축양은 체중을 늘리기 위한 것이 아니므로 먹이공급을 하지 않는다.
  ㉡ 축양 시 너무 과밀도로 수용하여 스트레스를 주어서는 안 된다.
  ㉢ 축양할 때 질병에 감염된 개체는 사전에 제거한다.

10년간 자주 출제된 문제

살아 있는 수산동물을 적절한 시설 안에서 일시적으로 보관하는 일은?
① 축 양
② 배 양
③ 양 성
④ 종자생산

[해설]

축양은 성장이 목적이 아니라 살아 있는 수산동물을 일시 보관하는 일로서 안전하고 건강하게 원래의 상태로 유지시키는 일이 필요하다.

정답 ①

---

① 생물 운반 기본원리

　㉠ 습도의 유지

　　• 수중 운반이 가장 좋으나 경제성이 낮다.

　　• 패류, 갑각류, 일부 어류도 공기 중에 노출이 가능하다.

　㉡ 대사기능의 저하(수온을 낮추고 먹이를 주지 않는다)

　　• 운반 전 2~3일 금식시켜, 소화대사기능을 저하시키고, 운반 시 온도를 낮추어 대사량을 줄여 주는 것이다.

　　• 온도를 10℃ 낮추면 대사량은 반 이하로 떨어진다.

> **활어를 운반할 때 얼음을 사용하여 수온을 낮게 유지하는 이유**
> • 호흡량을 줄이기 위해
> • 수중 산소 용해도를 증가시키기 위해
> • 운반어류가 배설하는 오물의 부패를 줄이기 위해

　㉢ 산소 공급 : 고밀도 수용 시 산소 부족을 보충(에어레이션 시설)

　㉣ 오물의 제거

　　• 운반 시간이 길어질 때는 어류의 대사물질을 제거한다.

　　• 어류의 대사 또는 체표분비에 의한 오물은 여과장치를 이용하여 제거한다.

② 활어의 실제 운반법

　㉠ 공기 중 운반

　　• 공기 중에 장시간 살 수 있는 패류, 갑각류 등은 용기에 담아 공기 중에 운반이 가능하다.

　　• 뱀장어, 미꾸라지, 잉어 등은 기온이 낮은 겨울에는 공기 중에서 상자나 바구니에 담아 2~10시간의 운반이 가능하다.

　　• 새우, 게류는 용기 속에 톱밥을 채워주는데 이는 필요 없는 움직임과 서로 물어 뜯는 것을 방지하기 위해서이다.

　　※ 해산어의 장기수송의 경우 필요한 용존산소의 최소 한계량은 4mL/L이다.

　㉡ 수중 운반

　　• 소량 운반법 : 비닐(폴리에틸렌)봉지에 의한 운반법

　　　– 치어(종자)나 값이 비싼 고급종(관상용어류)의 운반에 사용한다.

　　　– 비닐봉지에 원래 어류가 살던 곳의 물을 절반 정도 채워두고 여기에 운반할 새물을 넣고, 봉지 위쪽 공기를 빼고 공업용 산소를 채워 넣는다. 내부가 거칠지 않은 상자에 넣어 운반한다. 운송기간이 길어지면 보온상자에 넣어야 한다.

　　• 대형용기 사용 운반 : 활어차 이용

　　　– 많은 양의 활어를 운반하기 위해서는 대형용기에 수용하고 산소를 주입한다.

　　　– 잉어의 경우 : 20톤 용기에 1톤의 활어를 수용하여 10시간 이상 운반 가능하다.

　　　– 해산어 운반 시 물 1톤에 1분간 20L 정도의 공기를 넣는다.

　　　– 패류 운반 시는 공기가 소통하도록 그물로 된 자루에 담아서 차량으로 운반한다.

　　　– 산소 주입 : 공업용 산소탱크 이용, 블로어(Blower)펌프나 컴프레서(Compressor) 이용

　　　– 창자 속을 비워 운반 중 위장장애 방지와 배설물로 인한 용기의 수질오염을 방지한다.

　　　– 여름철이나 겨울철에는 수조의 외벽은 보온재로 싸주는 것이 좋다.

　　※ 대형 운반차가 갖추어야 할 장치 : 산소보충장치, 수온유지장치, 여과기(수질정화를 위해), 때로는 자외선살균장치 필요

ⓒ 활어선 운반
- 가두리에서 양식 중인 어류의 출하 및 활어를 수입할 경우 선박을 이용한다.
- 활어조 내에는 산소공급장치의 설치가 필요하다.
- 활어선의 방어 운반 시 적정 밀도는 예를 들어 30톤 수조에 5,000kg(5톤) 정도 운반이 가능하다.
- 수온이 높을 때는 낮을 때보다 밀도를 낮게 해야 한다.
  예 10℃일 때보다 30℃일 때 절반을 수용

ⓓ 마취 운반 : 마취시키면 대사기능과 활동력이 저하되므로 운반에 유리하다. 또 일정면적에 다량의 활어를 운반할 때 유리하나 마취제의 가격이 비싸고 숙련된 기술을 요하는 단점이 있다.
- 마취제(트리카인, Tricaine ; MS-222) 운반
  - 대사를 떨어뜨리고 활동력을 줄여 운반 전 취급이 쉽고 운반 시 활어차에 실을 때 스트레스와 상처를 방지한다.
  - 농도가 높으면 깨어나지 못하고 폐사한다.
  ※ 마취제가 지녀야 할 3대 요소 : 수면, 진통, 근육이완
- 냉동 마취 운반
  - 뱀장어(많이 이용)의 경우 운반 전 냉각 마취하고 4℃ 물에 피부호흡을 할 수 있도록 습도를 유지하고, 그물 바닥으로 된 플라스틱 발포제의 방온용기에 넣어 운반한다.
  - 1~2kg씩 분할하여 4~5개의 용기를 한 묶음으로 포장하여 맨 위에 얼음을 넣어 찬 온도를 유지시키면 10~15시간 운반이 가능하다.
  - 종자 운반 시 수송 경비의 절감이 목적이다.

ⓔ 어란(魚卵) 운반
- 용기 속의 온도를 낮추고(얼음 이용) 알은 공기와 접하고 충분한 습기를 유지한다.
- 알 그릇은 낮게 여러 개를 쌓고 그 사이에는 공간이 있어야 한다.

- 알 그릇의 바닥에 물이 잘 빠지게 베를 치고 위쪽 얼음 그릇의 바닥에는 구멍을 많이 뚫어 물이 아래로 떨어지게 한다.
- 봄, 겨울의 수온이 낮은 시기를 택하여 운반하는 것이 좋다.
- 송어는 발안 후 4~5일 전까지 단수해야 운반이 가능하다.
- 수정된 알은 15~20시간 내에 수송한다.
- 넙치의 경우 수용밀도는 비닐주머니(해수 15L 전후)에 20~30만립 정도이다.
- 수송 중의 수온은 산란수온과 동일하게 보존한다.
- 바깥 포장은 방열재료를 사용한다.
※ 복어의 운반
  - 서로 물어뜯는 성질이 있으므로 운반 전 이빨을 절단한다.
  - 분리 수용할 작은 상자를 준비한다.
  - 한 칸에 머리가 서로 반대가 되도록 두 마리씩 수용한다.

2-1. 활어 운반 시에 주로 냉각 마취를 이용하는 어류는?
① 뱀장어   ② 잉 어
③ 송 어   ④ 연 어

2-2. 활어의 운반시간이 길어질 때 어류의 대사 또는 표피분비에 의한 오물이 물속에 축적되는 것을 제거하기 위해 갖추어야 할 장치는?
① 산소공급장치
② 여과장치
③ 가온장치
④ 냉각장치

2-3. 활어의 대량운반 시 주의사항으로 옳지 않은 것은?
① 배설물로 인한 운반용기 중의 수질이 오염되지 않도록 한다.
② 산소 과다에 의한 스트레스로 인한 몸 조직 속에 상처가 나지 않도록 한다.
③ 운반 도중 생리활성이 떨어지지 않도록 운반 전에 충분히 먹이를 공급한다.
④ 운반 중 수온 상승에 의한 폐사 발생이 일어나지 않도록 한다.

2-4. 활어 운반을 위한 기본원리에 관한 내용 중 틀린 것은?

① 대사기능을 낮추기 위하여 운반 전 2~3일 동안 어류를 굶긴다.
② 운반 용수의 온도를 낮게 유지시킨다.
③ 대부분 저밀도로 운반하기 때문에 산소의 보충은 필요없다.
④ 어류의 대사 또는 체표 분비에 의한 오물 제거를 위한 여과장치를 둔다.

2-5. 해산어류의 수정란을 수송 시 필요한 사항들을 열거한 것 중 잘못된 것은?

① 수정된 알은 15~20시간 내에 수송한다.
② 해수를 90% 이상 넣은 비닐주머니에 난을 넣고 산소를 주입한다.
③ 넙치의 경우 수용밀도는 비닐주머니(해수 15L 전후)에 20~30만립 정도이다.
④ 수송 중의 수온은 산란수온과 동일하게 보존한다.

[해설]

2-1

활어 수송 시 물리적 마취방법(뱀장어) : 운반 전 4℃ 얼음물로 냉각 마취시킨다.

2-2

운반 시 어류의 대사 또는 체표분비에 의한 오물은 여과장치를 이용하여 제거한다.

2-3

활어 운반을 위한 기본원리는 대사기능을 낮추기 위하여 운반 전 2~3일 동안 어류를 굶기고, 운반 용수의 온도를 낮게 유지시킨다.

2-4

좁은 용기에 고밀도로 수용하므로 산소 보충을 해야 한다.

2-5

② 물은 용적의 약 1/3 정도 넣고 산소를 넣고 봉입한다.

정답 2-1 ① 2-2 ② 2-3 ③ 2-4 ③ 2-5 ②

---

1. 온수성 담수어류의 양식

핵심이론 01 잉어(1) : 양식일반

① 개 요
  ㉠ 온수성 담수어류로 중앙아시아가 원산지이다.
  ㉡ 잉어는 목구멍 속에 이빨(Teeth)을 가지고 있다.
  ㉢ 잉어양식에 필요한 사육의 못은 친어지, 월동지, 산란지, 부화지, 치어지, 양성지 등이 필요하다.
  ㉣ 잉어양식은 연간수온이 12~30℃의 기간이 긴 지역이 유리하다.
② 잉어의 식성
  ㉠ 성장 초기에는 잡식성으로 저서동물이나 부착조류 등을 먹고 성장함에 따라 식물성 먹이를 먹는다.
  ㉡ 잉어가 가장 잘 자라는 수온 범위는 25~28℃이다.
  ㉢ 12~13℃부터 먹이를 먹고 수온이 상승함에 따라 활발한 먹이를 섭취하나 30℃ 이상에서는 먹이량이 줄어든다.
③ 잉어의 습성
  ㉠ 예정일에 맞춰 산란시키기 쉽다.
  ㉡ 수온 변화에 대한 적응력이 가장 강하다.
  ㉢ 산소결핍에 약하고, 월동 중에 몸무게의 감소가 크다.
  ㉣ 영양실조 또는 소화기 장애에 의한 질병이 많다.
  ㉤ 맑은 물보다는 다소 흐린 물을 좋아한다.
④ 잉어양식을 위한 저수지의 조건(정수식 양식의 적지)
  ㉠ 바닥이 평탄하고 무르지 않은 곳
  ㉡ 갈수기의 물이 마를 시 수면적의 1/2이 유지되는 곳
  ㉢ 가을에 완전 배수가 가능한 곳
  ㉣ 수심이 1~4m(2m가 최적)인 곳
  ㉤ 일조시간이 긴 곳
  ㉥ 소형차가 들어올 수 있는 곳

⑤ 잉어의 생산크기 및 사용목적에 따른 구분

ㄱ 소형 종자생산 : 산란용 친어가 산란한 알로부터
부화된 치어를 30~40일 사육하여 체장 3~4cm,
체중 0.6~1.5g의 치어를 생산하는 것이다.

ㄴ 대형 종자생산 : 3~4cm 정도의 소형 종자에서 동양
계는 50~100g(15~20cm), 이스라엘잉어는 200g
이상 키운다.

ㄷ 식용어 양성 : 봄부터 가을까지 15~20cm인 것을
800~1,000g까지 사육하며, 유럽계는 1.5~2kg까
지 사육한다.

1-1. 다음 중 잉어에서 볼 수 있는 이빨은?

① 틱 니
② 입천장니
③ 혓바닥니
④ 목 니

1-2. 수온 15℃에서 90mL/kg/hr의 호흡량을 가진 잉어가
25℃에서 가지게 되는 호흡량은?

① 9~10mL/kg/hr
② 30~50mL/kg/hr
③ 180~270mL/kg/hr
④ 900~1,000mL/kg/hr

1-3. 잉어양식에서 대형 종자생산에 대한 설명이 옳은 것은?

① 3cm 정도 되는 소형 종자로부터 동양계의 경우 체장 5~7cm
전후 체중 20g의 큰 종자를 생산하는 과정이다.
② 3cm 정도 되는 소형 종자로부터 동양계의 경우 체장 15~
20cm, 체중 50~100g의 큰 종자를 생산하는 과정이다.
③ 10cm 정도 되는 소형 종자로부터 동양계의 경우 체장 20~
30cm, 체중 100~200g의 큰 종자를 생산하는 과정이다.
④ 10cm 정도 되는 소형 종자로부터 동양계의 경우 체장 30cm
전후 체중 300g의 큰 종자를 생산하는 과정이다.

1-4. 잉어의 대형 종자생산은 3~4cm 정도 되는 소형 종자를
어느 정도의 크기로 키우는 과정인가?

① 5~10cm
② 10~15cm
③ 15~20cm
④ 25~30cm

|해설|

1-1
목 니
인두골에 발달한 이빨을 말하며 잉어, 붕어 등 잉어과 어류에서
흔히 볼 수 있다.

1-2
온도가 10℃ 증가하면 산소소비량은 2~3배 증가한다.

1-3
대형 종자생산은 3cm 정도 되는 소형 종자에서 동양계는 50~
100g(15~20cm), 이스라엘잉어는 200g 이상 키운다.

1-4
잉어의 대형 종자 사육
15~20cm 정도로 키우며, 식용어 양성에 주로 이용된다.

정답 1-1 ④ 1-2 ③ 1-3 ② 1-4 ③

핵심이론 02 잉어(2) : 종자생산을 위한 친어

① 친어는 성장이 좋고 튼튼하며, 체고가 높고, 몸이 두꺼우며, 머리가 작은 것이 좋다.
② 친어는 저밀도로 수용($3m^2$당/마리)해야 한다.
③ 종자생산을 위한 잉어 친어의 산란 연령은 수컷은 3년, 암컷은 4년이나 인공채란용으로는 수컷은 3~5년, 암컷은 7~13년이 된 것을 주로 사용한다.
④ 잉어 산란기는 수온이 16~28℃ 범위로 가장 산란활동이 왕성한 시기는 수온 19~23℃로 계절은 5~6월경이다.
⑤ 잉어의 산란은 하루 중 새벽에서 아침에 걸쳐 산란하며, 알은 물가의 수초나 조류 등의 고체에 붙는다.
⑥ 잉어 등 봄철에 산란하는 어류의 산란기는 남쪽일수록 이른 봄에 산란한다.
⑦ 잉어가 가장 잘 자라는 수온 범위는 25~28℃, 최적부화수온의 범위는 20~22℃, 봄이 되어 잉어가 먹이를 찾기 시작하는 수온은 10℃ 정도이다.
⑧ 산란기가 가까워지면 암수 구별이 뚜렷해진다.
 ㉠ 암컷 : 배가 불러오고, 몸 표면이 부드럽다.
 ㉡ 수컷 : 몸이 단단하고, 몸 표면이 거칠며, 가슴지느러미 가장자리에 거친 돌기가 많다.
⑨ 포란 수는 암컷이 큰 개체일수록 많은 알을 포란하지만 산란 수는 산란 시의 조건에 따라 다르다.

2-1. 종자생산을 위한 잉어 친어의 설명으로 틀린 것은?
① 길러낸 것 중에서 빨리 자라고 튼튼하며 계통이 확실한 것을 선택한다.
② 친어는 가급적 저밀도로 수용하는 것이 좋다.
③ 수컷은 7~13년생, 암컷은 3~5년생이 좋다.
④ 산란용 친어는 3~4월에 암수를 각각 다른 못에 분리하여 수용한다.

2-2. 하루 중 잉어의 산란이 주로 이루어지는 때는?
① 자정을 전후해서
② 새벽부터 오전 중에
③ 오후부터 일몰 전에
④ 일몰 후 초저녁에

2-3. 잉어 등 봄철에 산란하는 어류의 산란기에 대한 설명 중 맞는 것은?
① 남쪽일수록 이른 봄에 산란한다.
② 북쪽일수록 이른 봄에 산란한다.
③ 남북에 따른 차이가 별로 없이 일시에 산란한다.
④ 남쪽은 봄철, 북쪽은 가을철에 산란한다.

2-4. 잉어의 경우 산란이 가장 많이 이루어지는 수온 범위는?
① 16~28℃
② 19~23℃
③ 15~18℃
④ 28℃ 이상

해설
2-2
잉어의 산란
5월 중순 18℃ 정도의 수온, 새벽에서 아침에 걸쳐 산란하며, 난(침강성 점착란)은 물가의 수초나 조류 등의 고체에 붙는다.

정답 2-1 ③ 2-2 ② 2-3 ① 2-4 ②

① 자연채란 부화법

  ㉠ 잉어 채란용 어미는 3~4월경 암수를 각각 다른 못에 분리 수용한다.

  ㉡ 친어지는 날씨가 좋고 수온이 올라가는 때에 산란지에 암수를 함께 수용한다.

  ㉢ 암수 친어의 혼합 수용은 오전 중에 끝낸다.

  ㉣ 일반적으로 수용의 경우 다음날 아침 일찍 산란하는데 1~2일이 지나서 산란하는 경우도 있다.

  ㉤ 산란장에 방양하는 암수의 비율은 1 : 3이며, 산란지의 수온이 2~3℃ 높으면 산란한다.

  ㉥ 잉어의 알은 침강성 점착란으로 직경이 2mm 전후이다.

  ㉦ 알받이
    • 수초 및 고형물체의 표면에 알이 부착할 수 있도록 한다.
    • 그물이나 어소를 못에 설치하여 암수가 자연상태로 산란하게 하고 여기에 부착된 알을 부화지로 옮겨 부화시킨다.
    • 알받이에 붙은 알은 엷게 흩어지도록 골고루 깔아주고 알 사이를 신선한 물이 흐르게 한다.

  ㉧ 잉어알을 부화(孵化)관리할 때 가장 이상적인 수온은 20~22℃이다.

② 인공채란 자연부화법

  ㉠ 산란지의 친어가 산란동작을 시작하면 암컷을 골라내어 알을 짜내고, 이어서 수컷의 정액을 짜서 인공수정을 한다.

  ㉡ 잉어의 인공채란 시 사용하는 링거액은 물 1L당 소금(NaCl) 7.5g, 염화칼슘($CaCl_2$) 0.4g, 염화칼륨(KCl) 0.2g을 녹여서 만든다.

  ㉢ 링거액을 잘 섞은 후 액을 따라내고 다시 링거액으로 씻은 다음 수정된 알은 적당한 어소에 부착시켜 부화지에서 부화시킨다.

※ 잉어의 난발생순서
  포배기 - 배체형성 - 안포형성 - 이포형성

③ 인공채란 인공부화법

  ㉠ 채란과 수정은 인공채란 자연부화법과 같다.

  ㉡ 약품을 이용하여 수정란의 점액성을 제거한 후 부화병을 이용한 인공부화기로 부화시키는 것이다.

  ㉢ 잉어알을 부화기(병)로 부화하고자 하는 경우 소금 40g, 요소 40g을 물 10L에 녹인 용액에 60~120분간 교반한 후 링거액으로 씻고, 0.85%의 요오드액에 알을 넣고 150~160분간 교반한다. 이 과정이 끝나면 알을 부화병에 담아서 유수식으로 부화시킨다.

  ㉣ 잉어알 부화병의 크기는 지름 10~15cm, 높이 50~60cm 정도의 부화병에 5만~10만개의 알을 부화시킬 수 있다.

10년간 자주 출제된 문제

3-1. 잉어의 인공채란 시 사용하는 링거액의 성분과 관계가 없는 것은?

① HCl   ② NaCl
③ KCl   ④ $CaCl_2$

3-2. 잉어알을 부화기(병)로 부화하고자 하는 경우 그 과정이 올바르게 설명된 것은?

① 0.85%의 요오드액에 알을 넣고 150~160분간 교반한 후 링거액으로 씻고, 소금 10g, 요소 10g을 물 10L에 녹인 용액에 60~120분간 교반한다. 이 과정이 끝나면 알을 부화병에 담아서 유수식으로 부화시킨다.

② 0.85%의 요오드액에 알을 넣고 1,000분간 교반한 후 링거액으로 씻고, 소금 40g, 요소 40g을 물 10L에 녹인 용액에 200분간 교반한다. 이 과정이 끝나면 알을 부화병에 담아서 유수식으로 부화시킨다.

③ 소금 40g, 요소 40g을 물 10L에 녹인 용액에 60~120분간 교반한 후 링거액으로 씻고, 0.85%의 요오드액에 알을 넣고 150~160분간 교반한다. 이 과정이 끝나면 알을 부화병에 담아서 유수식으로 부화시킨다.

④ 소금 10g, 요소 10g을 물 10L에 녹인 용액에 60~120분간 교반한 후 링거액으로 씻고, 0.85%의 요오드액에 알을 넣고 100분간 교반한나. 이 과정이 끝나면 알을 부화병에 남아서 유수식으로 부화시킨다.

3-3. 일반적으로 사용되고 있는 잉어알 부화병의 크기는?

① 지름 10~15cm, 높이 20~30cm
② 지름 50~60cm, 높이 10~15cm
③ 지름 10~15cm, 높이 50~60cm
④ 지름 20~30cm, 높이 50~60cm

3-4. 잉어는 채란용 어미 물고기를 암수 분리하여 사육관리한다. 채란성적을 가장 좋게 할 수 있는 암수 분리시기는?

① 11~12월경   ② 1~2월경
③ 3~4월경   ④ 산란 전 20일경

3-5. 잉어의 최적부화수온 범위는?

① 14~16℃   ② 20~22℃
③ 24~26℃   ④ 28~30℃

[해설]

3-1
링거액은 물 1L당 소금(NaCl) 7.5g, 염화칼슘($CaCl_2$) 0.4g, 염화칼륨(KCl) 0.2g을 녹여서 만든다.

3-2
부화기를 이용한 부화법
인공수정을 시킨 뒤에 물 10L에 소금 40g, 요소 40g을 녹인 용액에 60~120분간 교반한다. 이 과정에서 알의 점액질이 부분적으로 녹아나간다. 다음으로 0.85%의 요오드 액에 알을 넣어 150~160분간 교반한다. 이 과정이 끝난 후 부화병에 담아서 유수식으로 부화시킨다. 수정란을 교반하는 중에 교반동작이 멈추면 알이 덩어리지게 되기 때문에 연속적으로 교반시키는 것이 중요하다.

3-4
3~4월경 암수를 각각 다른 못에 분리 수용하고, 건강을 관찰하여 좋지 않은 것을 선별한 후, 병이나 기생충이 있는 것은 분리해낸다.

3-5
잉어 알의 부화는 수온 15~30℃에서 가능하나 20℃ 전후의 최적 수온을 유지해야 한다.

정답 3-1 ① 3-2 ③ 3-3 ③ 3-4 ③ 3-5 ②

핵심이론 04 잉어(4) : 자·치어사육

① 부화자어의 사육

  ㉠ 부화 직후의 자어는 전장 5~6mm, 배에는 난황을 달고 있다.

  ㉡ 부화 후 2~3일 후부터는 물벼룩(다프니아)이나 로티퍼와 같은 동물성 플랑크톤의 먹이생물을 먹기 시작하면서 성장한다.

  ㉢ 먹이생물의 공급이 어려울 경우 찐 달걀노른자나 배합사료의 분말을 반죽한 사료를 준다. 단, 효율은 떨어진다.

> **잉어자어사육 시 물벼룩 발생**
> 1. 부화예정 14~15일경 물을 빼고 바닥을 석회 150~300 g/m² 로 소독(화학비료는 50g/m²)
> 2. 닭똥은 0.5~1kg/m², 퇴비는 1.5kg/m²로 시비
> 3. 거름을 뿌린 후 2~3일 지나면 30~50cm의 주수
> 4. 유기질 비료 시비 시 다갈색, 무기질 비료는 녹색으로 변함
> 5. 200~300마리/m²의 물벼룩이 번식하면 잉어 새끼 방양
> 6. 물벼룩 발생에 적당한 못은 점토질의 못으로 물이 잘 빠지지 않는 곳

② 초기 치어의 사육

  ㉠ 부화지에서 수일간 관리한 잉어치어는 물벼룩이 발생한 못에 옮겨서 본격적인 성장을 시키는데 가장 적당한 방양밀도는 100~400마리/m²이다.

  ㉡ 방양 1~2주 후 물벼룩이 없어지면 치어용 배합사료를 준다.

  ㉢ 영양분(단백질, 비타민)이 많고 알갱이가 작은 치어용 배합사료나 반죽사료를 주면 30일 후 3~4cm가 된다.

  ㉣ 이때 일단 선별하여 소형 종자로 처분한다.

③ 잉어 치어의 선별 시 그물코 크기와 선별된 치어 크기 1cm, 1.5cm, 2cm 크기의 그물눈을 준비하면 3cm 이하, 3~4cm, 5~6cm, 6cm 이상으로 선별가능하다.

④ 잉어의 초기치어사육 시 주의점

　㉠ 대소차가 너무 크면 선별이 어렵다.

　㉡ 부화 후 갑작스런 수온상승을 주의한다.

　㉢ 사육지의 해적생물을 제거한다.

　㉣ 숙성이 출현을 방지한다.

10년간 자주 출제된 문제

4-1. 부화지에서 수일간 관리한 잉어치어를 물벼룩이 발생한 못에 옮겨서 본격적인 성장을 시키고자 한다. 1m²당 가장 적당한 방양마리 수는?

① 100마리 이하　　　　② 100~400마리

③ 500~1,000마리　　　④ 1,000~5,000마리

4-2. 다음 중 잉어 종자생산에 가장 잘 이용되는 먹이생물은?

① 키토세로스　　　　② 크리시스

③ 클로렐라　　　　　④ 다프니아

4-3. 물벼룩 발생을 위한 작업은 잉어의 산란예정 약 며칠 전에 시작하는 것이 적당한가?

① 3~4일　　　　　② 7~8일

③ 10~14일　　　　④ 20~30일

4-4. 물벼룩을 발생시키고자 한다. 1m²당 사용하는 닭똥의 적당한 양은?

① 0.5~1kg　　　　② 약 1.5kg

③ 1.5~2.0kg　　　④ 2.0~2.5kg

4-5. 잉어 치어를 선별하고자 한다. 체장 3cm 이하와 체장 3cm부터 6cm 이하 및 체장 6cm 이상의 3종류 크기로 선별하려면 망목 몇 cm의 선별기를 사용하면 되는가?

① 1cm, 2cm의 망목　　② 2cm, 3cm의 망목

③ 3cm, 4cm의 망목　　④ 4cm, 5cm의 망목

[해설]

4-5

선별기 그물코의 크기는 1cm, 1.5cm 및 2cm인 세 종류가 있다.

정답　4-1 ②　4-2 ④　4-3 ③　4-4 ①　4-5 ①

핵심이론 05　잉어(5) : 식용어 양성

① 정수식

　㉠ 식용어 양성 시에는 2~3m²당 1마리 방양(대형 종자생산 시에는 1m²당 5~6마리 방양)하고, 1ha (10,000m²)당 3~6톤까지 생산이 가능하다.

　㉡ 사료소요량은 생산량의 1.5~1.8배로 하며, 물변화에 주의한다.

　㉢ 물을 교환하지 않는 상태(정수식 못)에서의 잉어의 최대 수용량은 약 500g/m²이다.

② 유수식

　㉠ 수량이 풍부하고 유수가 있는 곳으로, 수온이 15℃ 이상(1일 평균수온으로 오전 10시에 측정)으로 4개월 이상 유지되는 곳이어야 한다.

　㉡ 단위면적당 생산량은 40~200kg/m²이며, 100~200kg 정도 되는 종자부터 750~1,000kg까지 기를 수 있다.

　㉢ 먹이는 배합사료를 허실이 없도록 하고 여러 번 나누어 준다.

　㉣ 성장지연, 질병발생, 생산량감소의 원인은 유수량의 잦은 변동, 물의 순환불량, 수질분량, 저질분량 등이다.

③ 가두리

　㉠ 망목의 크기는 2cm, 3cm, 4cm의 3종류, 먹이횟수는 1시간마다(고수온일 땐 30분마다)준다.

　㉡ 잉어 가두리양식의 적지 : 수심이 깊은 곳, 겨울철 4℃ 유지, 바닥의 오물 영향을 받지 않는 곳, 주위가 가파른 산으로 풍파의 영향이 적은 곳, 맑고 깊은 호나 저수지

　㉢ 잉어 가두리양식 시 장점

　　• 대형 호소의 이용이 가능하고, 시설 주차비가 싸며, 포획이 용이하다.

　　• 사육밀도, 성장도가 높고, 사육에 큰 어려움이 없으며, 수질오염이 적어 사료의 계획적인 공급이 가능하다.

ⓔ 잉어 가두리양식 시 단점
- 파손으로 도피 가능성과 치어생산이 불가능하다.
- 완전배합사료의 공급과 시비양식이 안 된다.

④ 순환여과식
- ㉠ 잉어양식에 있어서 사용수량당 생산량이 가장 많은 양식방법이다.
- ㉡ 장점 : 소비지 근처에 시설이 있어서 운반요소 경비가 절감되며, 높은 수익이 기대된다.
- ㉢ 단점 : 생산비가 많이 든다.

  ※ 잉어양성 시 양성별 수용량 제한 요인
  - 정수식 : 수면적
  - 유수식 : 유수량
  - 가두리 : 망목크기와 용존산소
  - 순환여과식 : 수질, DO

10년간 자주 출제된 문제

5-1. 물을 교환하지 않고 산소를 보충하지 않는 상태의 정수식 못에서 잉어의 최대 수용량은?

① $400\sim500\mathrm{g/m^2}$
② $700\sim800\mathrm{g/m^2}$
③ $1,000\sim1,100\mathrm{g/m^2}$
④ $1,300\sim1,400\mathrm{g/m^2}$

5-2. 잉어를 유수식으로 양육한 경우 단위 용적당 생산량은 수량에 따라 다르나 보통은 $1\mathrm{m^3}$당 몇 kg 정도인가?

① $10\sim30\mathrm{kg}$
② $40\sim200\mathrm{kg}$
③ $500\sim1,000\mathrm{kg}$
④ $1,000\sim1,500\mathrm{kg}$

|해설|

5-1
물을 교환하지 않는 상태에서의 잉어의 최대 수용량은 $1\mathrm{m^2}$당 약 500g이다.

정답 5-1 ① 5-2 ②

핵심이론 06 잉어(6) : 사료공급

① 초기 사료를 주로 천연사료에 의존한다.
② 잉어는 사료를 1일 10회 이상(10~15회) 주어야 한다.
③ 일간성장률 =

$$\left[\frac{(최종총체중 - 최초총체중)}{\dfrac{(최초총체중 + 최종총체중)}{2} \times 사료급여일수}\right] \times 100$$

④ 잉어의 체중이 5.0~10.0g, 수온 20℃일 때 1일 사료공급률은 몸무게의 5.9%이다.
⑤ 수온 및 몸무게에 따른 잉어의 사료공급률(1일 몸무게에 대한 %)

몸무게(g) 수온(℃)	2.0~5.0	5.0~10.0	10.0~20.0	20.0~30.0	30.0~40.0	40~100	100~200	200~300	300~700	700~800	800~900
15	4.9	4.1	3.3	3.1	2.7	2.4	1.9	1.6	1.3	1.3	0.8
16	5.2	4.4	3.5	3.3	2.9	2.6	2.0	1.7	1.4	1.1	0.8
17	5.5	4.7	3.7	3.6	3.1	2.8	2.2	1.8	1.5	1.2	0.9
18	5.8	5.0	4.0	3.9	3.4	3.0	2.3	1.9	1.7	1.3	1.0
19	6.3	5.4	4.4	4.2	3.7	3.2	2.5	2.0	1.8	1.4	1.0
20	6.9	5.9	4.9	4.6	4.0	3.4	2.7	2.2	1.9	1.5	1.1
21	7.5	6.4	5.2	4.9	4.3	3.6	2.9	2.3	2.0	1.6	1.2
22	8.1	6.9	5.6	5.3	4.5	3.9	3.1	2.5	2.2	1.7	1.3
23	8.7	7.4	6.0	5.6	4.9	4.2	3.3	2.7	2.3	1.8	1.4
24	9.2	7.9	6.4	6.0	5.1	4.5	3.5	2.9	2.5	2.0	1.5
25	9.8	8.2	6.7	6.2	5.4	4.8	3.8	3.1	2.7	2.1	1.6
26	10.4	8.8	7.0	6.6	5.8	5.2	4.1	3.3	2.9	2.3	1.7
27	11.0	9.4	7.5	7.2	6.2	5.5	4.4	3.5	3.1	2.4	1.8
28	11.6	10.0	8.1	7.8	6.8	5.9	4.7	3.8	3.3	2.6	1.9
29	12.6	10.8	8.9	8.4	7.4	6.3	5.0	4.1	3.5	2.8	2.1
30	13.8	11.8	9.8	9.2	8.0	6.8	5.4	4.4	3.8	3.0	2.2

6-1. 1일 적정공급량의 먹이를 소량씩 여러 번에 나누어서 공급해 주어야 하는 어류로 가장 적합한 것은?

① 잉 어
② 뱀장어
③ 무지개 송어
④ 방 어

6-2. 잉어치어 100kg을 방양하여 100일 사육 후 500kg이 되었다면 일간성장률(%)은?

① 1.33
② 1.66
③ 0.33
④ 2.00

[해설]

6-1
잉어는 사료를 1일 10회 이상 주어야 할 필요성이 있는 어류이다.

6-3
일간성장률

$$= \left[\frac{(최종총체중 - 최초총체중)}{\frac{(최초총체중 + 최종총체중)}{2} \times 사료급여일수} \right] \times 100$$

$$= \left[\frac{500 - 100}{\frac{(100 + 500)}{2} \times 100} \right] \times 100 = \left[\frac{400}{30,000} \right] \times 100$$

$$= 약 1.333$$

정답 6-1 ① 6-2 ①

핵심이론 07 잉어(7) : 기타 주요사항

① 월 동
  ㉠ 잉어는 수온이 약 9℃ 이하로 내려가면 먹이를 먹지 않으므로 양식과정에서 수온이 15~16℃ 이하로 내려가면 먹이공급을 중단한다.
  ㉡ 잉어양식은 4월부터 사료를 공급하여 11월에 중지시키고, 약 5개월간 먹이를 먹지 않고 월동한다. 이 기간 중 사료를 가장 많이 투여해야 할 시기는 7~8월이다.
  ㉢ 온도가 10℃ 증가하면, 산소소비량은 2~3배 증가한다.

② 이스라엘잉어(향어, Dor-70 Strain)
  ㉠ 이스라엘잉어가 우리나라에 도입된 시기 : 1973년
  ㉡ 이스라엘잉어의 장점
    • 성장이 빠르다.
    • 식성이 왕성하다.
    • 육질부의 비율이 높다.
    • 잉어보다 수온과 환경 적응력이 빠르다.
  ㉢ 이스라엘잉어가 만들어지는 방법은 잡종화 - 선발육종이다.

7-1. 다음 중 수온 변화에 대한 적응력이 가장 강한 어종은?

① 잉 어
② 송 어
③ 은 어
④ 틸라피아

7-2. 이스라엘잉어(향어)가 우리나라에 도입된 시기는?

① 1942년
② 1955년
③ 1965년
④ 1973년

7-3. 이스라엘잉어의 장점 중 틀린 것은?

① 성장이 빠르다.
② 식성이 왕성하다.
③ 육질부의 비율이 높다.
④ 병에 강하다.

7-4. 이스라엘잉어(향어, Dor-70 Strain)가 만들어진 방법은?

① 성전환 - 염색체공학
② 잡종화 - 선발육종
③ 잡종화 - 염색체공학
④ 성전환 - 선발육종

7-5. 동양산 잉어와 이스라엘잉어의 교배에 의한 종의 개량으로 얻을 수 있는 주요한 장점은?

① 모양이 좋아 상품가치를 높인다.
② 맛이 좋은 품종이 된다.
③ 병에 강하고 성장이 빨라서 생산성이 높다.
④ 사료가 적게 들어 생산비가 절감된다.

[해설]

7-1

잉어는 수온이 약 9℃ 이하로 내려가면 먹이를 먹지 않으므로 양식과정에서 수온이 15~16℃ 이하로 내려가면 먹이공급을 중단한다.

7-2

외래종 도입 순서

1955년 틸라피아(태국) → 1963년 초어, 백련어(일본) → 1965년 무지개 송어(미국) → 1972년 채널메기(미국) → 1973년 향어(이스라엘)

7-3

이스라엘잉어의 장점

잉어보다 장 길이가 2배나 길고 성장속도도 2~2.5배가량 빠르며, 체고도 높다. 중량 역시 잉어에 비해 20~30% 더 나가 "물 돼지"라는 별명으로 불리기도 한다. 온수성이라 잉어보다 수온과 환경 적응력이 빠르다.

7-4

이스라엘잉어는 이스라엘에서 1958년부터 성장률에 중점을 둔 선발 육종을 실시하여 큰 성공을 거둔 바 있다.

정답 7-1 ① 7-2 ④ 7-3 ④ 7-4 ② 7-5 ②

핵 심이론 08 붕어(1) : 양식 개요

① 붕어의 형태, 습성

ㄱ 잉어와 붕어의 종자를 같은 크기에서 외형으로서 쉽게 구별할 수 있는 특징은 붕어는 잉어에서 볼 수 있는 수염이 없다.

ㄴ 식성이 잡식성이고 번식력이 강하며, 생활환경에 적응력이 강하다.

ㄷ 온수성 어류나 냉수성인 깊은 댐호에서도 잉어보다 번식력이 강하고 염분 농도에 대한 적응력도 잉어보다 강하다.

ㄹ 체형이 융기해 있으나 몸의 두께는 잉어에 비하여 좁고 얇다.

ㅁ 두부와 입은 작고 꼬리지느러미는 약간 갈라져 있다.

② 가와찌붕어의 특징

ㄱ 머리가 작고, 머리 위에 등이 융기해 있다.

ㄴ 아가미 새파수가 많고, 창자 길이가 길며, 붕어 중 가장 크다.

ㄷ 산란의 예상이 힘들다.

ㄹ 월동 중의 체중감소가 작다.

ㅁ 질병은 체표의 손상에 기인되는 경우가 많다.

8-1. 잉어와 붕어의 종자를 같은 크기에서 외형으로서 쉽게 구별할 수 있는 특징은?

① 붕어는 잉어보다 꼬리지느러미가 유난히 길다.
② 잉어는 주둥이가에 수염이 있다.
③ 붕어는 잉어보다 등(체고)이 높다.
④ 잉어는 붕어보다 몸통이 길다.

8-2. 가와찌붕어의 특징이 아닌 것은?

① 산란의 예상이 힘들다.
② 월동 중의 체중감소가 작다.
③ 질병은 체표의 손상에 기인되는 경우가 많다.
④ 사람과 잘 익숙해진다.

〔해설〕

8-1

붕어는 잉어에서 볼 수 있는 수염(Barbel)이 없다.

정답 8-1 ② **8-2** ④

핵심이론 09 붕어(2) : 산란과 부화

① 어미 붕어의 선택
  ㉠ 잉어와 마찬가지로 동종, 동계 계통의 종류로서 개체의 발육이 양호한 것을 선택한다.
  ㉡ 수컷은 4~5세 이상, 체중 0.75~1kg 이상의 것, 암컷은 3~4세 이상, 체중 225~750g 정도의 것으로 한다.

② 어미 붕어의 자웅 감별법
  ㉠ 암컷은 복부가 둥글게 비대하여 있으며, 몸을 만져 보면 부드럽다.
  ㉡ 수컷은 몸이 거칠고 머리와 가슴에 거친 점이 있다. 배를 누르면 정액이 나오고 항문의 모양도 다르다.
  ㉢ 자웅의 교배 비율은 보통 암컷 1마리에 수컷 2~3마리가 좋다.
  ㉣ 자연 서식하는 어미 붕어는 미리 친어로 사육하여 사육관리에 적응이 된 것을 채란에 사용한다.
  ㉤ 친어는 가을철부터 지방질이나 전분질이 다소 많은 사료를 주는 것이 좋다.

③ 채 란
  ㉠ 붕어는 5월경의 산란기가 다가오면 수면상에 꼬리나 지느러미를 내밀거나 뛰어오르는 등 불안·초조한 상태를 보인다.
  ㉡ 산란은 불규칙적이므로 미리 6.6m^2(2평) 정도의 면적에 수심 60cm 정도의 연못을 청소하고 새 물을 주입하여 산란지로서의 준비를 해 둔다.
  ㉢ 산란기가 다가오면 그 속에 암컷 1마리에 대해 수컷 2~3마리의 비율로 방양하고 어소(魚巢)를 넣어 준다.
  ㉣ 어소는 잉어채란지에 넣어 주는 것과 같은 것을 물에 띄워 주면 된다.
  ㉤ 붕어의 산란은 암·수컷을 한 못에 배합하면 대개 이른 아침부터 시작하여 오전 10시경에 끝나는 것이 보통이지만 하루에 알을 전부 낳을 수도 있고 2~3일에 걸쳐서 낳을 수도 있다.

ⓗ 아침 일찍 또는 따뜻한 날에 대부분 산란하게 되므로 수시로 산란지의 어소를 검사하여 조용히 알을 붙여 놓은 어소를 꺼내어 부화지에 옮겨 놓는다.

ⓢ 알은 점착란이고 잉어알보다 약간 푸른 편이며, 난경은 1.5~1.7mm가 된다.

　※ 산란 적온은 17~20℃이고 부화의 적정수온 범위는 15~25℃이며, 이때의 부화율은 80~90%가 된다.

④ 부 화

　㉠ 부화지 면적은 1~5평이 적당하고 수심은 15~20cm 정도면 된다.

　㉡ 물의 주입과 배수가 자유롭게 될 수 있고, 수온이 20℃ 내외의 것이 가장 좋다.

　㉢ 붕어 알을 부화시킬 때 알받이 1m^{2}당 15,000개의 알을 수용하기에 가장 적정하다.

　㉣ 부화지에 옮겨진 알의 부화일수는 20℃ 내외의 수온에서 보통 산란 후 2~3일이면 눈이 나타나고 5~6일이면 부화된다.

　㉤ 부화일수는 수온 15℃에서 8~10일, 20℃에서 5일, 25℃에서는 3일이 소요된다.

　㉥ 부화 직후의 자어는 전장 4.5~5.0mm, 4일 만에 6.0~6.2mm가 되고, 5~6일에 난황이 전부 흡수되어 전장 6.5~7.0mm로 성장한다.

⑤ 붕어자어의 먹이

　㉠ 갓 부화된 붕어자어는 복부에 영양체(난황)를 가지고 있으므로 2~3일간은 먹이를 주지 않아도 된다.

　㉡ 난황은 부화 후 약 3일 정도면 다 흡수되어 자어의 입이나 소화기가 발달되므로 이때부터는 먹이를 준다.

　㉢ 처음 먹이는 미리 발생시켜 놓은 물벼룩을 준다.

　㉣ 물벼룩이 다 먹히고 공급이 어려울 때는 잉어 배합사료 등을 먹인다.

10년간 자주 출제된 문제

9-1. 다음 중 붕어의 형태, 습성에 관한 것으로 틀린 것은?

① 붕어는 잉어에서 볼 수 있는 수염(Barbel)이 없다.
② 식성은 잡식성이며, 강하다.
③ 산란기 적정수온은 17~20℃이다.
④ 20℃에서 부화는 약 8일 소요되며, 부화 직후 체장은 약 7.0~9.0mm이다.

9-2. 붕어 알을 부화시킬 때 알받이 1m^{2}당 수용하기에 가장 적정한 알의 수는?

① 1,500개
② 15,000개
③ 150,000개
④ 1,500,000개

정답 9-1 ④　9-2 ②

① 붕어의 사육법

호소, 저수지, 하천, 유지 등 유휴수면을 이용하여 조방적으로 양식하거나 시비와 사료공급을 겸한 집약적 양식이 있으며 이에는 4가지 방법이 있다.

⊙ 무시비와 사료무급이
- 대형수면에서 하며 이때의 종자는 가급적 큰 것으로 방양되어야 한다.
- 생산성은 가장 떨어져 ha당 400kg 정도밖에 되지 않는다.
- 사료공급과 시비로 천연사료발생을 촉진시키면서 양식할 때에는 ha당 3,000kg 이상을 생산할 수 있다.

⊙ 시비와 사료무급이

ⓒ 무시비와 사료급

ⓔ 시비와 사료급이

② 지수식 못의 양식

⊙ 지수식의 못이나 논을 이용한 집약적 양식 시에 종자의 평당(3.3m^2) 방양은 부화 후 30일이 지난 것(2.0~3.0cm 크기)은 1,000마리 정도, 60일이 지난 것(4~5cm 크기)은 200마리 정도, 90일이 지난 것(6cm 정도 크기)은 60마리 정도, 7.5cm 정도 크기는 40마리 정도 비율로 방양하는 것이 좋다.

ⓒ 지수식 못에서 사육 시에는 물벼룩 등의 천연 먹이생물을 이용하면서 번데기가루, 보릿쌀겨 등을 하루에 체중의 1~3%를 준다.

ⓒ 이때 동물질 사료와 식물질 사료 혼합 비율은 동물질을 20~30%로 주는 것이 적당하다.

③ 어류 중 혼합양식이 가능한 종

⊙ 혼합양식의 예 : 잡식성 잉어와 초식성 초어, 잉어와 백련, 가와찌붕어와 잉어

ⓒ 가와찌붕어와 혼양할 수 있는 어종 : 잉어, 몰개, 담수새우

※ 가와찌붕어와 혼양할 수 없는 어종 : 백련어

ⓒ 먹이연쇄 혼합양식 대상종 : 블루길과 베스

④ 축 양

⊙ 저수지에서 양식한 붕어는 초겨울철에 배수하여 수확하고 그 후 상품으로서 출하할 때까지는 축양을 해야 한다.

ⓒ 축양은 일반저수지보다 작은 못을 이용하는 것이 좋다. 즉, 쉽게 물을 빼고 잡아낼 수 있는 못이라야 한다.

ⓒ 붕어는 축양 중에도 사료를 공급해야 한다.

ⓔ 축양지 면적은 200~1,500m^{2}로 하는 것이 적당하다.

⑤ 운 반

⊙ 붕어를 비닐봉지에 넣고 산소를 채우는 방법은 종자를 운반할 때에는 편리하지만, 성어의 운반은 수송차가 유리하다.

ⓒ 자동차 수송은 수송 통의 길이가 1.4~1.5m, 폭이 1.0~1.2m, 깊이는 1m의 수조 5~6개를 싣고, 여기에 붕어가 큰 것이면 1.5~2.0톤을 수용하여 15~20시간을 운반할 수 있다.

ⓒ 산소를 준비하였다가 운반 도중에도 계속해서 공급해 주어야 한다.

10-1. 다음 어류 중 혼합양식이 가능한 종은?

① 가와찌붕어와 잉어
② 잉어와 붕어
③ 송어와 은어
④ 뱀장어와 메기

10-2. 먹이연쇄 사육방법 중 블루길(Bluegill)은 어떤 어종과 혼양하면 효과가 있는가?

① 초 어   ② 잉 어
③ 백 련   ④ 베 스

해설

10-1

혼합양식의 예

잡식성 잉어와 초식성 초어, 잉어와 백련, 가와찌붕어와 잉어, 가와찌붕어와 담수새우, 가와찌붕어와 몰개 등

정답 **10-1** ① **10-2** ④

핵심이론 11 미꾸리, 미꾸라지(1) : 양식 개요

① 양식 대상 : 참미꾸리(*Misgurnus anguillicaudatus*)와 미꾸라지(*Misgurnus mizolepis*)로, 미꾸라지는 우리나라 중부지방에서 많이 자라며, 참미꾸리보다 크고 납작하다.

② 적지조건 : 흐름이 약하고 진흙이 많은 평지의 수로, 저수지, 늪, 논 등에 산다.

③ 식성 : 잡식성으로 실지렁이, 작은 곤충의 유충, 죽은 동 · 식물의 부스러기를 먹는다.

④ 호흡 : 아가미 호흡(공기호흡)을 하나 충분하지 않을 때는 창자 호흡을 한다.

⑤ 산란기 : 5~8월경이고 주산란기는 6월이며, 수온이 낮을 때(20℃ 전후)는 맑은 날 아침에 산란하고, 수온이 높을 때는 밤중에 산란한다.

⑥ 산란수 : 2년생부터 산란하기 시작하고, 산란수는 보통 7,000~10,000개 정도이다.

⑦ 산란장소 : 맑은 물이 고인 수초

⑧ 부화 : 여러 차례 나누어 산란된 알은 약한 점착성 난으로 수초 등에 부착하여 수정 후 2~4일이면 부화한다.

⑨ 미꾸라지의 습성

　㉠ 산소가 부족할 때는 수면에 올라와 공기 호흡을 한다.

　㉡ 계절회유성이 있다.

　㉢ 산란 전 구애운동을 한다.

　㉣ 하면과 동면이 있다.

　㉤ 초식성 및 잡식성이다.

11-1. 우리나라에서의 미꾸라지 산란기의 설명이 가장 적당한 것은?

① 산란기는 3월 중순이며, 바다에서 산란한다.
② 산란기는 4월 중순이며, 강의 하구로 가서 산란한다.
③ 산란기는 6월경이며, 비가 오고 난 뒤 맑은 날이다.
④ 산란기는 8월이며, 바람 부는 날이다.

11-2. 다음 중 창자호흡을 하는 것은?

① 뱀장어　　　　② 먹장어
③ 은 어　　　　　④ 미꾸라지

11-3. 미꾸라지의 습성 중 잘못 설명된 것은?

① 계절회유성이 있다.
② 산란 전 구애운동이 없다.
③ 하면과 동면이 있다.
④ 초식성 및 잡식성이다.

[해설]

11-3
산란 시 수컷이 암컷의 몸을 감고 압력을 주면서 산란행동을 한다.

정답 11-1 ③　11-2 ④　11-3 ②

핵심이론 12 미꾸리, 미꾸라지(2) : 종자생산

① 자연번식에 의한 종자생산

　㉠ 양어지에 어미를 방양하고 알받이가 될 섶이나 대나무 등을 엮어서 말목에 고정시켜 두면 그 곳에 산란한다.

　㉡ 부화한 자어가 성장하여 가을에는 상당한 크기의 치어가 되나 계획적인 생산이 어렵다.

② 인공채란에 의한 종자생산

　㉠ 친어는 암수 모두 체장 10cm, 체중 15g 이상의 것을 선별한다.

　㉡ 암컷은 복부가 팽만하고 약간 밑으로 처져 있는 것, 약간 투명한 붉은 색을 띠는 것, 복부가 부드럽고 항문 부분이 빨간 것을 포획하여 2~3일 이내에 채란한다.

　㉢ 생식선 자극 호르몬을 생리식염수 또는 링거액에 녹여 10g의 체중에 0.2~0.3mL (150단위 전후)로 하여 가슴지느러미와 배지느러미 중간의 복강 내에 주사한다.

　　• 보통은 개구리 뇌하수체 20개를 1mL의 링거액에 섞어서 미꾸라지 1마리당 0.1mL씩 주사한다.

　　• 뇌하수체액에 5%의 타닌산 용액을 조금 섞으면 효과가 더욱 좋다.

　　• 수온이 20℃이면 주사 후 24시간 후에는 알이 성숙한다.

　㉣ 수정법

　　• 수컷은 배를 갈라 등쪽에 붙은 흰색의 두 줄기 정소를 끄집어내어 링거액에 넣고 가위로 잘라 핀셋으로 압력을 가하면 액체가 뿌옇게 된다.

　　• 정액을 암컷에서 짜낸 알 위에 부어 알그릇에 넣어 두면 25℃에서 40시간 만에 부화한다.

　　• 부화 후 3일이 지나면 먹이(Rotifer, 물벼룩)를 먹기 시작한다.

12-1. 미꾸라지 인공채란 시 암컷의 선택 조건 중 틀린 것은?

① 복부가 적색을 띠고 투명감을 주는 것
② 복부가 미끄럽고 백색 반점이 있는 것
③ 배가 부르고 약간 밑으로 처진 것
④ 복부가 부드럽고 항문 부분이 빨간 것

12-2. 미꾸라지 인공채란 시 뇌하수체 주사액의 1마리당 적정량은 얼마인가?

① 1mL
② 0.1mL
③ 10mL
④ 2mL

12-3. 미꾸라지 채란 시의 뇌하수체 주사 및 그 효과 등에 관한 사항으로 틀린 것은?

① 보통은 개구리 뇌하수체 20개를 1mL의 링거액에 섞어서 미꾸라지 1마리당 0.1mL씩 주사한다.
② 배지느러미와 가스지느러미 중간 위치의 복강에 앞쪽으로 비스듬히 주사한다.
③ 뇌하수체액에 5%의 타닌산 용액을 조금 섞으면 효과가 더욱 좋다.
④ 수온이 20℃이면 주사 후 6시간 후에는 대부분의 난이 완숙된다.

[해설]

12-2

0.1mL 링거액에 막자사발로 분쇄한 뇌하수체 2개 분량을 5% 타닌산 용액을 조금 섞어 주사한다.

12-3

④ 주사 후 20℃이면 24시간 후에는 난이 성숙한다.

정답 12-1 ② **12-2** ② **12-3** ④

핵심이론 13 미꾸리, 미꾸라지(3) : 사육관리

① 초기 종자육성

  ㉠ 부화 직후 3~4mm인 자어를 약 10일간 양성하여 5~10mm가 되게 기르는 과정이다.

  ㉡ 2,000~4,000마리/m^2를 비교적 작은 수조에서 양성한다.

  ㉢ 수조의 길이는 2~3m, 너비 1~1.5m, 깊이 30cm 정도가 좋다.

  ㉣ 부화 후 약 3일이 지나면 먹이를 먹기 시작하는데, 이때 로티퍼 또는 물벼룩 작은 것을 준다. 이것이 부족하면 배합사료를 반죽하여 흰 쟁반에 넣어 매달아 준다.

② 미꾸라지 당년어 양식

  ㉠ 체장 5~10mm의 것을 가을까지 길러 5~7cm, 체중 1~4g 정도가 되면 다음 해에 식용어로 양성할 종자로 사용한다.

  ㉡ 양성장은 정수식 양성장 또는 논을 이용(모내기 이후)할 수 있다.

  ㉢ 면적은 30~50m^2, 수심은 10~20cm까지 얕아도 된다.

  ㉣ 방양밀도는 1a(100m^2)에 25,000~30,000마리 방양한다.

  ㉤ 먹이는 인공배합사료를 체중의 2~5%로 하고, 이것을 2~3회로 나누어 준다.

  ㉥ 천연 먹이의 번식을 위하여 50~100g/m^2의 닭똥을 4~5일 간격으로 살포한다(방양 전기도 50~100g 살포).

③ 미꾸라지의 식용어 양성

  ㉠ 인공종자 또는 야외에서 잡은 천연종자로 식용크기로 기르는 과정이다.

  ㉡ 방양량은 1a(100m^2)에 10~15kg, 사육지 면적은 100~200m^2, 수심은 25~30cm 정도로 한다.

  ㉢ 도피 방지를 위하여 땅속 30cm, 못 둑은 수면 위 30~40cm 이상 높게 설치한다.

ⓔ 먹이는 입자가 작은 배합사료를 주고, 수온이 25℃ 넘으면 동물성 성분(어분)을 다량 함유시킨다.

ⓜ 여름철에는 1,000㎡당 50kg을 넘지 않도록 하고 여름이 지나 10g 정도로 성장하면 큰 것부터 수확한다.

10년간 자주 출제된 문제

13-1. 미꾸라지의 초기 종자육성을 설명한 내용 중 틀린 것은?

① 부화 직후 3~4mm인 자어를 약 10일간 양성하여 5~10mm 되게 기르는 과정이다.
② 길이 2~3m, 폭 1~1.5m, 깊이 30cm 정도의 비교적 작은 수조에서 양성한다.
③ 1㎡당 100~200마리를 방양하는 것이 보통이다.
④ 부화 후 약 3일이 지나면 먹이를 먹기 시작하는데 이때 로티퍼 또는 물벼룩 작은 것을 준다.

13-2. 용기에서 부화시킨 미꾸라지는 부화 며칠 후에 사육지로 옮기는 것이 가장 좋은가?

① 3일 후
② 10일 후
③ 20일 후
④ 30일 후

13-3. 미꾸라지 당년생 치어의 육성 시 1일 먹이의 양은 체중의 몇 % 정도가 적절한가?

① 2~5%
② 11~20%
③ 21~30%
④ 31~40%

13-4. 미꾸라지의 식용어 양성 시 적당한 방양 마릿수는?

① 100㎡당 5~9kg
② 100㎡당 10~15kg
③ 100㎡당 16~20kg
④ 100㎡당 21~25kg

해설

13-1
1㎡당 2,000~4,000마리를 비교적 작은 수조에서 양성한다.

13-2
미꾸라지 초기 종자생산
3~4cm의 자어를 10일간 양성하여 5~10mm까지 기르는 과정

13-3
당년생 치어의 육성 시 1일 먹이의 양은 체중의 2~5%로 하고, 이것을 2~3회로 나누어 준다.

정답 13-1 ③ 13-2 ② 13-3 ① 13-4 ②

핵심이론 14 뱀장어(1) : 양식 개요

① 뱀장어 : 우리나라에는 참장어(*Anguilla japonica*)와 무태장어(*A. marmorata*)의 2종이 서식하며 주요 뱀장어양식 대상종은 참장어(*A. japonica*)이며 종자 부족으로 유럽에서 수입한 유럽장어(*A. anguilla*)도 양식되고 있다.

② 생태 및 생활사

ⓐ 뱀장어는 담수에서 성장하여 성숙하게 되면 바다에 내려가서 산란·부화하는 강해성 어류이다.

ⓑ 성숙한 암컷은 700~1,300만 개의 알을 가지며, 알의 크기는 0.5~1.0mm이다.

ⓒ 산란 후 약 10일 만에 부화하여 렙토세팔루스(Leptocepalus, 버들잎 모양의 납작한 유생) 유생이 된다.

• 우리나라와 중국, 일본에 주로 서식하는 극동산 뱀장어(*A. japonica*)는 필리핀 동쪽의 심해 해역에서 6월부터 10월에 걸쳐서 산란 부화를 한다.
• 부화 후 렙토세팔루스는 쿠로시오 해류를 따라 부유생활을 하면서 육지(우리나라, 일본, 중국) 가까이 와서 어미 형태와 같은 둥근꼴의 실뱀장어로 변태한다.

ⓓ 부화 후 6개월가량 지나 길이는 5~7cm인 실과같이 가늘고 투명한 실뱀장어는 2~5월 사이에 하천으로 올라오며 그 시기는 북쪽으로 갈수록 늦다.

※ 우리나라에서는 실뱀장어라고 하며, 일본에서는 시라스(白子), 유럽과 미주에서는 Elver(엘버, 미국), Glass Eel(글라스 일, 영국)이라고 부른다.

ⓔ 담수에서 1~2주일 자라면 몸에 검은 색소가 형성되고, 그 후 성장 도중에 암수의 구별이 나타나고, 5~8년간 담수에서 자라 어미로 된다.

ⓕ 뱀장어는 수온이 20~30℃의 범위에서 활발하게 먹이를 먹고 자라며, 야행성이다.

ⓐ 식성은 어릴 때는 동물플랑크톤, 곤충, 조개류, 새우류, 개구리, 작은 어류 등 작은 동물을 잡아먹고 자라며 동물성 식성이 강하다.

ⓞ 수온이 내려가면 식욕이 줄어들고 10℃ 이하로 되면 거의 먹지 않으며, 겨울철에는 진흙 속에 묻혀서 동면상태로 지낸다.

③ 성장에 따른 뱀장어의 명칭

ㄱ 실뱀장어(백자) : 0.15g 전후, 투명할 때

ㄴ 검둥뱀장어(흑자) : 0.2~2g, 검게 된 것

ㄷ 새끼뱀장어 : 2~100g, 미성어, 양중(일본)

ㄹ 성만(식용장어) : 150g 이상, 식용가능, 태, 성만

※ 식용 뱀장어의 상품 크기는 보통 150~200g이다.

10년간 자주 출제된 문제

14-1. 다음 뱀장어 중 우리나라에서 현재 주로 양식하고 있는 뱀장어는?

① *Anguilla japonica*
② *Anguilla anguilla*
③ *Anguilla marmorata*
④ *Anguilla rostrata*

14-2. 다음 중 뱀장어 유생의 이름은?

① Auricularia
② Bipinnaria
③ Leptocephalus
④ Pluteus

14-3. 뱀장어(참장어)에 대한 설명으로 틀린 것은?

① Leptocephalus를 잡아서 기른다.
② 어미 한 마리는 700~1300만 개 전후의 알을 낳는다.
③ 실뱀장어는 1마리의 무게가 0.15g 정도이다.
④ 수온이 27~28℃ 정도로 높으면 잘 자란다.

14-4. 체중이 0.2~2g 사이의 뱀장어 명칭은?

① 실뱀장어
② 검둥뱀장어
③ 새끼뱀장어
④ 렙토세팔루스

14-5. 뱀장어 양식에서 양중물이란 몇 g의 뱀장어를 말하는가?

① 10g 미만
② 10~30g
③ 40~50g
④ 60~70g

14-2

산란 후 약 10일 만에 부화하여 렙토세팔루스(Leptocephalus)라는 버들잎 모양의 납작한 유생으로 된다.

14-3

우리나라에서 양식되는 뱀장어의 종자는 전량 자연에서 종자인 실뱀장어를 채포하여 양식하는 것이다. 그러한 이유는 뱀장어는 담수에서 성장하여 성숙하게 되면 바다에 내려가서 산란 부화하는 강해성 어류로서 Leptocephalus(뱀장어 유생)는 산란장인 서부 태평양의 깊은 바다를 떠나서 쿠로시오 해류를 따라 6개월~1년 정도 부유생활을 하면서 우리나라 연안의 육지 가까이에 와서 어미 형태와 같은 둥근꼴의 실뱀장어로 변태하기 때문이다.

14-4

성장에 따른 뱀장어의 명칭

• 실뱀장어(백자) : 0.15g 전후, 투명할 때
• 검둥뱀장어(흑자) : 0.2~2g, 검게 된 것
• 새끼뱀장어 : 2~100g, 미성어, 양중물(일본)
• 성만(식용장어) : 150g 이상, 식용가능한 것

14-5

실뱀장어 10~30g되는 양성용 종자를 양중물이라고 하는데, 흔히 양어장에서 이 시기부터 배합사료를 이용하여 성어까지 양성하게 된다.

정답 14-1 ① 14-2 ③ 14-3 ① 14-4 ② 14-5 ②

① 지수식 양식

  ㉠ 뱀장어의 방양밀도

   • 큰 사육지(옛날 방식) : m^2당 300~500g 방양한다.

   • 중앙 저면 배수식 원형지 : m^2당 5kg(2개월 후 2배)을 방양한다.

  ㉡ 소형 고밀도 양성지에서의 물관리

   • 물을 하루 20~30% 환수하고, 강한 에어레이션으로 산소를 공급한다.

   • 수차를 이용해 오물을 가운데로 모아서 사이펀이나 자동배출 방안을 강구한다.

   • 고형오물이 침전부에 모여 환수 시 배출되도록 할 때도 있다.

  ㉢ 수차의 역할 : 산소공급, 물을 일정방향 회전시켜 못의 수질을 고르게 유지, 찌꺼기를 가운데로 모이게 한다(오물 청소가 쉽다).

② 가온식 양식

  ㉠ 실뱀장어부터 식용뱀장어까지 사육지를 보온시설 내에서 가온하여 양식한다.

  ㉡ 뱀장어의 최적 성장 수온을 유지하여 생산기간을 단축하며 단위면적당 생산량도 높이는 방법이다.

  ㉢ 극동산 뱀장어의 적정 수온

   • 실뱀장어 및 흑자뱀장어 : 29~30℃

   • 성만 양성 : 28~30℃

③ 순환여과식

  ㉠ 순환여과식 뱀장어양식의 구조와 형태 요건

   • 뱀장어의 포획과 운반이 쉬워야 한다.

   • 선별과 분양이 충분하도록 사육지의 개수에 여유가 있어야 한다.

   • 찌꺼기를 간편하고 효율적으로 제거할 수 있어야 한다.

   • 방열량이 적도록 사육지를 시설하여야 한다.

  ㉡ 순환여과식에서 뱀장어양식 시 유의점

   • 정전 등에 대비, 펌프 등 기계 고장 시 대책

   • 양식을 처음 할 때 10~20일 이상 서서히 수용량과 먹이량을 늘인다.

   • 먹이량을 늘릴 때는 서서히 올린다.

   • 과식과 불규칙한 먹이 공급을 피한다.

   • 여과능력의 한계가 와서 수질이 악화되면 대량 환수(1~2일간)한다.

   • 별도의 먹이 공급장치(먹이터)설치와 먹이에서 유실되는 것을 처리한다.

   • 급격한 수온 변동을 막는다.

   • 설계시설을 전문가에게 의뢰하고 기능을 정확히 점검하며 가동한다.

④ 유수식 양식

  ㉠ 온천수, 공장의 냉각수, 연중 따뜻한 지하수를 이용하여 실뱀장어부터 식용어 양성까지 일관되게 양식하는 방법이다.

  ㉡ 단위면적당 생산량은 높으나 안정적인 따뜻한 용수확보가 요건이다.

뱀장어의 순환여과식 사육과 관련한 내용으로 가장 거리가 먼 것은?

① 사육시설의 기능이 연속적인 동력 가동에 의존하므로 정전 때와 펌프 등 기계고장 때의 긴급 대비시설이 선행되어야 한다.
② 물이 안정되어 있으므로 순환여과식 양성시설에 처음 입식부터 많은 양의 수용을 하면 안 된다.
③ 사육 도중에 먹이의 양을 갑자기 증가시키면 안 된다.
④ 여과능력이 한계점에 도달하고 수질악화가 증대될 경우에는 물의 전량 또는 대부분을 일주일에 한 번씩 주기적으로 교환하여야 한다.

[해설]

순환여과식에서 뱀장어양식 시 유의점
- 정전 등에 대비, 펌프 등 기계 고장 시 대책을 마련한다.
- 양식을 처음 할 때 10~20일 이상 서서히 수용량과 먹이량을 늘인다.
- 먹이량을 늘릴 때는 서서히 올린다.
- 과식과 불규칙한 먹이 공급을 피한다.
- 여과능력의 한계가 와서 수질이 악화되면 대량환수(1~2일간)한다.
- 별도의 먹이 공급장치(먹이터)설치와 먹이에서 유실되는 것을 처리한다.
- 급격한 수온 변동을 막는다.
- 설계시설을 전문가에게 의뢰하고 기능을 정확히 점검하며 가동한다.

정답 ④

핵심이론 16 뱀장어(3) : 실뱀장어 소상과 채묘

① 뱀장어의 소상(강·하천으로 올라오는 현상)
  ㉠ 일몰 때부터 2~3시간 이내에 만조가 되면 활발하게 올라온다.
  ㉡ 비가 오거나 흐릴 때에는 하루의 시간과 관계없이 만조 시에 많이 올라온다.
  ㉢ 8~10℃ 이하의 수온에서는 소상 활동이 크게 제한되고, 하천과 해수의 수온차가 없어져야만 활발하게 올라온다.
  ㉣ 이른 봄 수온이 8~10℃ 이상 되고 일몰 시와 밀물 때가 일치되었을 때 올라온다.
  ㉤ 일출 시보다 일몰 시에 많이 소상한다.
  ㉥ 대조 시의 일몰 때부터 2~3시간 이내에 만조가 될 때 소상한다.
  ㉦ 미풍일 때가 바람이 전혀 없을 때보다 소상량이 많다.
  ㉧ 채포시기에 강우가 적어 연안으로 담수유입이 전혀 없으면 소상량은 줄어든다.
  ㉨ 밀물과 썰물의 차가 클 때 소상량이 많아진다.
  ㉩ 달이 없는 밀물 때 많이 올라오고 썰물 때는 감소한다.

② 실뱀장어의 채묘
  ㉠ 봄(3~5월 ; 성기는 3월 하순~4월 상순)에 바다로부터 소상하는 실뱀장어를 잡아 양식용 종자로 한다.
  ㉡ 하천에서 조금 자란 실뱀장어도 종자로 사용하되 1년쯤 된 것이나 10~30g인 것도 양식용 종자로 사용한다.
  ㉢ 만조와 사리 때 밤에 등불 등 광선으로 모이게 하여 포획한다.

㉣ 채묘 시 도구

- 자루 그물 : 큰 하천에서 사용
- 족대 그물 : 작은 하천이나 얕은 곳, 수문 아래에서 사용

※ 뱀장어양식에서 양성용 종자로 가장 좋은 것은 선별에서 잡아낸 숙성어 종자이다.

10년간 자주 출제된 문제

16-1. 실뱀장어의 소상에 대한 설명이 틀린 것은?

① 일몰 때부터 2~3시간 이내에 만조가 되면 활발하게 올라온다.
② 비가 오거나 흐릴 때에는 하루의 시간에 관계없이 간조 시에 많이 올라온다.
③ 8~10℃ 이하의 수온에서는 소상활동이 크게 제한되고, 하천과 해수의 수온차가 없어져야만 활발하게 올라온다.
④ 3~4월 수온이 8~10℃ 이상으로 올라가서 하천과 해수의 수온차가 없어지거나 하천수의 수온이 더 높아지면 수온의 영향은 없어지고 그 대신 조석의 영향이 커진다.

16-2. 실뱀장어가 가장 많이 하천을 소상하는 시기와 때는?

① 봄철 수온이 8~10℃ 이상으로 되었을 때
② 봄철 수온이 8~10℃ 이상이고 만조가 되었을 때
③ 봄철 수온이 8~10℃ 이상이고 일몰 시와 썰물 때가 일치되었을 때
④ 이른 봄 수온이 8~10℃ 이상이고 일몰 시와 밀물 때가 일치되었을 때

16-3. 다음 중 실뱀장어의 소상이 가장 많을 때는?

① 대조 시의 일몰 때부터 2~3시간 이내에 만조가 될 때
② 저녁 때(밤)의 소조 시
③ 낮부터 계속 비가 오는 날
④ 북동풍이 불 때

〔해설〕

16-1

② 비가 오거나 흐릴 때에는 하루의 시간과 관계없이 만조 시에 많이 올라온다.

16-2

뱀장어 소상시기

- 수온 : 8~10℃가 되어 하천수와 비슷해지거나 하천의 수온이 더 높아지면 수온의 영향은 없지만 처음 올라 올 때(3~4월)는 큰 영향이 있다.
- 조석 : 대조 시의 만조 때
- 일몰 : 해가 지고 2~3시간 이내의 만조 때
- 달이 없는 밀물 때

16-3

실뱀장어는 3~4월경 수온이 8~10℃로 올라가서 하천과 해수의 수온차가 없을 때, 주로 밤에 활발하게 올라온다. 대조 시의 만조 때 특히 일몰 때부터 2~3시간 이내에 만조가 될 때 비가 오거나 흐리면 하루의 시간과 관계없이 만조 시에 많이 올라온다.

정답 **16-1** ② **16-2** ④ **16-3** ①

① 실뱀장어 취급 및 운반방법

　㉠ 실뱀장어는 저수온에 매우 약하므로 외부온도가 낮을 때 공기 중 노출에 의한 건조가 되지 않게 한다.

　㉡ 원지(최초 방양하는 사육지)에 수용 시에는 200~300g/m² 정도, 수온 15~16℃ 정도로 한다.

　㉢ 수송해 온 것은 봉지를 풀지 말고 그대로 원지에 띄워 못과 수온을 같게 한 다음 못에 풀어 넣는다.

　㉣ 삼투조절기능이 약하므로 담수에 바로 넣지 말고 원지에 염분(소금이나 해수)을 0.7‰되게 한다.

　㉤ 실뱀장어가 안정을 찾으면 하루 정도 약욕을 시켜서 몸에 붙은 기생충이나 병원균을 제거한다.

　㉥ 원지에 수용한 후 하루에 4~5℃씩 수온을 올려서 4~5일 후에는 25~28℃ 정도가 되게 한다.

　㉦ 염분 농도는 점차 낮춰서 1주일 후에는 완전한 담수로 바꾼다.

② 실뱀장어의 먹이 붙임

　㉠ 실뱀장어 먹이 붙임의 방법은 실지렁이 먹이 붙임, 인공배합사료 먹이 붙임, 실지렁이와 인공배합사료를 혼합한 먹이 붙임이 있다.

　㉡ 먹이 붙임은 실뱀장어를 수용 후 약 10배 정도의 실지렁이를 먹이고 난 다음 배합사료로 바꾸는 것이 바람직하다.

　㉢ 실지렁이를 많이 주고 나서 배합사료로 바꾸면 먹이를 쉽게 바꿀 수 있고 먹이 전환 후에도 대부분 바뀐 먹이를 잘 먹는다.

　㉣ 실지렁이를 먹이로 사용할 경우 에드워드(Edward)병의 원인이 될 수도 있으므로 흐르는 물에서 24시간 세정을 하거나, 항생물질로 약욕을 해서 사용해야 한다.

　㉤ 먹이 붙임이 끝난 1주일 후부터 배합사료로 전환시켜 준다.

　㉥ 공급량은 어체중의 5~7%를 하루에 2~3회 나누어 준다.

　※ 실지렁이 먹이관리 시 실지렁이가 살아 있으므로 수질오염의 염려가 적다.

　※ 인공배합사료의 이용 시는 에드워드병의 위험이 없으나, 먹이 선호도가 떨어지고 수질오염 문제가 있다. 방지책으로는
　　1. 적절한 점착제 사용
　　2. 먹이의 양을 줄일 것
　　3. 여러 번 나누어 먹을 만큼만 줄 것
　　4. 못 주위 3~5군데에 먹이 그릇을 두다가 5~6일 후 한 군데에서 줄 것

10년간 자주 출제된 문제

17-1. 실뱀장어를 기르는 데 수온을 어느 정도로 유지하는 것이 가장 좋은가?

① 12~13℃　　　　　　② 15~16℃
③ 20~22℃　　　　　　④ 28~30℃

17-2. 실뱀장어의 취급과 운반을 틀리게 설명한 것은?

① 저수온과 공기 중 노출에 의한 건조가 되지 않게 한다.
② 수온을 15~16℃로 하고 1m²당 200~300g 정도를 수용한다.
③ 실뱀장어는 삼투압조절기능이 약하므로 바다나 하구에서 잡은 것을 담수에 바로 수용이 가능하다.
④ 실뱀장어가 완전히 안정을 찾게 되면 약욕을 하루 정도시켜 기생충이나 병원균을 제거한다.

17-3. 실뱀장어의 취급방법을 설명한 내용 중 옳지 않은 것은?

① 실뱀장어 사육지인 원지에 1m²당 200~300g 정도로 수용한다.
② 실뱀장어가 안정을 찾게 되면 약욕을 통해 기생충이나 병원균을 제거해 주는 것이 좋다.
③ 원지에 수용한 후 하루에 1~2℃씩 수온을 올려서 10~15일 지나서 28℃까지 되도록 한다.
④ 염분농도는 점차적으로 낮추어 약 1주일 후에는 완전한 담수로 바꿔 준다.

정답 17-1 ④ 17-2 ③ 17-3 ③

① 물 변화 개념

   ㉠ 갑작스러운 수질이상으로 식물플랑크톤 조성이 변하여 사육지의 고유 물 빛깔인 청록색이 갈색, 황색, 백색 계통으로 바뀌며 동물플랑크톤의 양이 급격히 번지는 현상이다.

   ㉡ 용존산소의 소비량이 급증하여 산소부족을 초래하기 때문에 뱀장어에 좋지 않다.

   ㉢ 물 변화가 일어나면 식욕을 잃고 입올림 또는 대량 폐사한다.

② 물 변화 원인

   ㉠ 수질이상으로 식물플랑크톤의 조성이 변하여 동물플랑크톤이 번식한다.

   ㉡ 윤충류나 물벼룩이 식물플랑크톤(Plankton)을 포식하여 대량 번식한다.

   ㉢ 영양염류가 많아 광합성의 급진전으로 탄산이 부족한 경우 변화한다.

   ㉣ 12~4월 냉수기에 섬모충류의 이상번식한다.

   ㉤ 녹조류가 많이 번식한 못에서 일어나기 쉽다.

③ 물 변화 예측 : 바퀴벌레(로티퍼) 대형 개체가 증가하고 하란(여름알) 3~5개를 가진 암컷이 10cell/mL 이상이면 물 변화 위험이 있다.

④ 물 변화 시기 : 5~6월, 9~10월에 수온이 17~20℃일 때 자주 발생하며, 지속기간은 4~30일, 보통 7~14일이다.

⑤ 보통 못에서 동물플랑크톤이 0.4~2.9%인데 물 변화가 일어난 못은 23%가 넘고, 이 중 로티퍼가 56~74%이다.

⑥ 대 책

   ㉠ 디프테렉스(Dipterex) 15ppm 살포, 날씨가 흐리거나 비가 올 때 로티퍼가 수면으로 올라오므로 이때 클로로칼키를 사용하면 효과적(뱀장어는 로티퍼보다 6배 강하고 식물플랑크톤은 별 영향을 받지 않는다)이다.

   ㉡ 먹이를 감소시키거나 중지, 산소공급, 물을 새로 공급한다.

⑦ 물 변화가 일어나지 않는 안정된 못

   ㉠ 남조류의 일종인 마이크로시스터스가 플랑크톤의 주체일 때

   ㉡ 마이크로시스터스는 염소량이 1% 이하인 곳(0.1% 최대발생)에 잘 발생하고 6% 이상이면 발생하지 않는다.

18-1. 지수식 뱀장어 양어장의 물 변화에 대한 설명이 틀린 것은?

① 양어장의 물 색깔이 갑자기 유백색으로 변한다.

② 대체로 수온이 17~20℃일 때 많이 일어난다.

③ 녹조류가 많이 번식한 못에서 일어나기 쉽다.

④ 윤충류의 증식이 끝날 때 많이 일어난다.

18-2. 바퀴벌레(로티퍼)나 물벼룩이 양만장에서 대량 발생하면 수색이 황색 내지 황갈색으로 변하며 뱀장어에게 위험을 준다. 이들이 대량 번식하면 뱀장어에 좋지 않는 이유는?

① 치어에게는 먹이가 되어도 성어에게는 먹이가 되지 못하기 때문

② 수색변화로 태양광선의 투과를 억제하기 때문

③ 이들이 분비한 유독물질로 뱀장어에 각종 질병을 유발하기 때문

④ 용존산소의 소비량이 급증하여 산소부족을 초래하기 때문

│해설│

18-1

물변화

• 정의 : 갑작스런 수질 이상으로 식물플랑크톤 조성이 변하여 사육지 고유의 물 빛깔인 청록색이 동물플랑크톤의 이상발생으로 수색이 투명에 가까운 상태로 변하는 것

• 예측 : 바퀴벌레(로티퍼) 대형 개체가 증가하고 하란(여름알)을 가진 암컷이 10cell/mL 이상일 때

• 시기 : 5~6월, 9~10월

• 수온 : 17~20℃일 때 자주 발생

• 지속기간 : 4~30일, 보통 7~14일

• 원인 : 윤충류나 물벼룩이 식물플랑크톤을 포식하고 대량 번식, 영양염류가 다량으로 함유 시 광합성 급진전으로 탄산이 결핍, 12~4월경 냉수기일 때 섬모충류의 이상번식 시

• 대책 : 디프테렉스 15ppm 살포(날씨가 흐리거나 비 올 때 표층에 살포하면 효과적), 먹이를 감소시키거나 중지, 산소공급, 물을 새로 공급

정답 18-1 ④ 18-2 ④

핵심이론 19 뱀장어(6) : 뱀장어 양식장의 물 만들기

① 물 만들기

ㄱ 뱀장어 등 지수식 양어지를 배수하고 난 다음 새로운 물을 넣을 때, 남조류를 주체로 하는 식물성 부유생물을 발생시켜 그 밀도나 활력을 좋게 유지하기 위한 작업이다.

ㄴ 식물 부유생물은 한낮의 산소 보급, 수중의 물질 순환, 수온 유지 등 어류의 생산성을 높이고 유용하기 때문에 적극적으로 시비해서 물 만들기를 한다.

② 물 만들기 기능 및 효과

ㄱ 가장 좋은 것은 녹색 또는 청록색의 식물플랑크톤이 발생된 곳이다.

ㄴ 남조류가 식물플랑크톤의 주체가 될 때 안정적이다.

ㄷ 물 만들기를 잘하면 뱀장어가 잘 놀라지 않게 된다.

ㄹ 물 만들기가 잘된 안정된 못의 pH 범위는 날씨가 좋을 때 8~9 정도이다.

ㅁ 물 만들기에서 안정이 깨지는 원인 중 하나가 로티퍼의 대량번식이다.

③ 물 변화가 잘 일어나지 않는 안정된 곳은 식물플랑크톤의 주체가 마이크로시스티스(Microcystis)이다.

19-1. 뱀장어 양어장(양만장)에 있어 물 만들기란?

① 물이 맑게 되도록 유지하는 것
② 수초가 적절히 자라도록 하는 것
③ 식물플랑크톤이 잘 발생할 수 있도록 하는 것
④ 동물플랑크톤이 잘 발생할 수 있도록 하는 것

19-2. 뱀장어 못의 물 만들기에 관한 설명이 틀린 것은?

① 물 만들기를 잘하면 뱀장어가 잘 놀라지 않게 된다.
② 녹조류가 식물플랑크톤의 주체가 될 때 안정적이다.
③ 물 만들기에서 안정이 깨지는 원인 중 하나가 로티퍼의 대량 번식이다.
④ Microcystis는 염분이 적은 못에서 잘 발생한다.

해설

19-2

물 만들기는 남조류를 주체로 하는 식물성 부유생물을 발생시켜, 그 밀도나 활력을 좋게 유지하기 위해 하는 작업이다.

정답 19-1 ③ 19-2 ②

핵심이론 20 뱀장어(7) : 먹이공급

① 뱀장어사육 시 생사료를 사용할 경우 특징

　㉠ 배합사료 단독 사용에 비하여 과식에 의한 지장이 적다.

　㉡ 식물플랑크톤의 번식이 쉬워 물 만들기가 쉽다.

　㉢ 여름철의 아가미부식병 등 병의 발생이 적다.

　㉣ 정수식 노지양식에서도 식물플랑크톤의 발생이 잘된다.

② 뱀장어 반죽용 배합사료의 특징

　㉠ 뱀장어 성장이 빠르다.

　㉡ 특별한 보관, 가공시설이 필요 없고 사용 시 준비가 간단하다.

　㉢ 품질이 일정하고 사료의 소비량에 의해서 못 속의 뱀장어의 현존량을 파악할 수 있다.

　㉣ 약품의 혼합이 간편하다.

　㉤ 과식 시 건강에 피해를 준다.

　㉥ 먹고 남은 먹이나 유실된 먹이의 분해가 늦어서 저질 및 수질관리에 힘이 든다.

③ **사료공급량** : 수온 25℃ 이상에서 1마리의 어체중 10g의 뱀장어는 어체중의 4~6%, 150g 정도는 2% 전후의 먹이 섭이율을 기준으로 아침, 저녁 2회에 나누어 공급한다.

10년간 **자주 출제된 문제**

뱀장어의 양성용 사료 중 생사료의 특색이 아닌 것은?

① 생사료를 사용하면 배합사료 단독 사용에 비교하여 과식에 의한 지장이 적다.
② 먹고 남은 먹이 또는 유실된 먹이의 분해가 늦어서 저질 및 수질관리에 힘이 든다.
③ 정수식 노지양식에서는 식물플랑크톤의 발생이 잘된다.
④ 여름철의 아가미 부식병 등 병의 발생이 적다.

|해설|

뱀장어사육 시 생사료를 사용할 경우 특징

• 배합사료 단독 사용에 비하여 과식에 의한 지장이 적다.
• 뱀장어 양성지의 물 만들기가 쉽다.
• 여름철의 아가미부식병 등 병의 발생이 적다.

정답 ②

핵 심이론 **21** 메기(1) : 메기의 개요

① 채널메기(미국산 메기)의 특징
　㉠ 채널메기가 우리나라에 들어온 것은 1972년이다.
　㉡ 우리나라의 메기와는 다르고 동자개와 닮은 어류이다.
　㉢ 등과 가슴지느러미의 부착기부에는 톱 모양의 날카로운 가시가 있다.
　㉣ 다소 흐름이 있는 맑은 물을 좋아하고 야행성으로 낮 동안은 그늘이나 바위 밑에 숨어 산다(흐린 물에 약하고, 메기 새끼는 어두운 곳에서 군집한다).
　㉤ 온수성 어종으로 저온에 약하다.
　㉥ 잡식성으로 감각기관이 발달했다.
　㉦ 백점병에 매우 약하다.
② 채널메기의 생활
　㉠ 채널메기는 위가 있어 한 번에 많이 먹게 되므로 급이 횟수는 잉어보다 적다.
　㉡ 산소소비량, 성장률은 수온이 $10℃$ 증가함에 따라 약 3배로 증가한다.
　㉢ 성장 최적수온은 $28\sim30℃$이고, 산란이나 부화 시 최적수온은 $24\sim27℃$이다.
　㉣ 알은 점착란으로 물 밑의 그늘진 곳이나 적당한 장소가 없으면 구덩이를 파고 한 단씩 차례차례로 알을 쌓이도록 낳아 커다란 덩어리 모양이 된다.
　㉤ 산란 후 수컷은 암컷을 쫓아버리고 알이 부화될 때까지 알을 보호하는 습성이 있다.

10년간 **자주 출제된 문제**

채널메기(미국산 메기)의 특징이 아닌 것은?

① 저온에 강하다.
② 흐린 물에 약하다.
③ 백점병에 매우 약하다.
④ 메기 새끼는 어두운 곳에서 군집한다.

정답 ①

① 채널메기의 산란 습관

  ㉠ 최적 산란 수온은 26℃이고, 언덕 밑에 움푹 패인 곳, 돌이나 나무토막 사이 으슥한 곳에 산란한다.

  ㉡ 수컷은 1년에 여러 번, 암컷은 1번 산란(수용 시 수컷수는 1/3~1/2)한다.

  ㉢ 알은 6mm 전후의 점착란으로 적당한 산란장소가 없으면 구덩이를 파고 알이 쌓이게 낳는다.

  ㉣ 수컷이 알을 지키며 지느러미로 산소를 공급하고 몸과 지느러미로 알이 흩어지지 않도록 한다.

  ㉤ 5~10일 후에 부화하고 부화 후 2~5일간 바닥에 가라앉아 있다가 난황흡수 후 표면에 올라와 먹이를 찾는다.

  ㉥ 양식 시 암컷과 수컷의 비는 3 : 1로 하는 것이 좋다.

  ㉦ 산란용 암컷의 크기는 체중 1.3~1.8kg으로 1kg당 보통 8,000립 정도의 알을 낳는다.

② 채란방법

  ㉠ 수조 내 채란방법
  • 호르몬제를 주사하여 수조 내에서 산란시키는 방법이다.
  • 암컷이 성숙되어 있으면 성공률은 높으나 대량 생산이 곤란하고 암컷의 성숙도가 낮으면 실패하는 경우가 많다.

  ㉡ 칸막이 채란방법
  • 사육지 일부를 칸막이하여 채란 용기를 넣고 암수 한 쌍을 넣어 채란한다.
  • 장소가 좁아 암수의 짝이 어울리지 못하면 서로 공격해 죽이는 경우가 있다.

  ㉢ 지중 채란방법
  • 채란지에서 서로 좋아하는 짝을 선택하여 자연스럽게 산란시키는 방법이다.
  • 시설비가 들지 않고 관리하기도 편리하나 성공률이 40% 이하로 낮다.

※ 수조 내 채란과 지중 채란의 장점인 호르몬제를 주사 후 채란지에서 암수를 1 : 1로 배합시켜 자연스럽게 산란을 유도할 수 있는 방법을 연구 중에 있다.

③ 채널메기 알의 부화

  ㉠ 인공부화 시 수온 21℃에서는 10일, 30℃에서는 5일이 걸린다.

  ㉡ 최적 부화 수온은 25~28℃이며 부화는 6일이 걸린다.

  ㉢ 노란색 알이 핑크빛으로 변하여 부화한다.

  ㉣ 수생균 방지를 위해 1/600의 포르말린을 15분간 처리한다.

  ㉤ 부화통에서 부화시킬 경우에는 망으로 된 바구니에 알을 담고 수면 가까이에 설치하여 전동기로 물을 유동시킨다(알이 움직일 정도의 강도로).

④ 자·치어 사육

  ㉠ 부화한 자어는 약 2일간 부화기의 바닥에 가라앉아 있다가 먹이를 찾아 떠오른다.

  ㉡ 자어는 난황의 양이 현저하게 적어지고, 색소가 발달하기 시작하며 3일이 지나면 활발하게 먹이를 찾는다. 이때부터 먹이를 2~4시간마다 주야에 걸쳐준다.

  ㉢ 치어의 사육 시에도 해적생물의 제거가 필요하다.

10년간 자주 출제된 문제

채널메기의 인공부화 시 부화 수온에 따른 부화 소요일로 가장 적합한 것은?

① 수온 19℃에서 10일, 30℃에서 3일
② 수온 20℃에서 11일, 30℃에서 4일
③ 수온 21℃에서 10일, 30℃에서 5일
④ 수온 22℃에서 11일, 30℃에서 6일

정답 ③

① 양식법

　㉠ 치어는 방양 직후부터 먹이를 주어야 한다.

　㉡ 성어의 사료공급량은 1일에 몸무게의 3~6% 정도로 한다.

　㉢ 먹이는 하루 2번 아침, 저녁으로 주고 서늘한 봄, 가을에는 저녁에만 준다.

　㉣ 여름철 너무 더운 때에는 몸무게의 1.5~2% 정도의 사료량이 적합하다.

　㉤ 먹이공급은 못의 가장자리 얕은 곳을 따라서 뿌려 주는 것이 좋다.

　㉥ 고밀도 사육이 가능하나 빨리 자라지는 않는다.

　㉦ 당해 연도에 상품크기로 생산하고자 한다면 15~20cm 크기의 종자를 사용하여 210일 후에 450g짜리로 생산할 수 있다.

② 채널메기의 백점병

　㉠ 월동한 직후나 더운 여름을 지낸 어류의 영양섭취에 신경을 써서 저항력을 길러준다.

　㉡ 백점충은 수온이 낮은 봄, 가을에 발병한다.

　㉢ 부화 시 수생균의 방지를 위해 1/600의 포르말린으로 15분간 약욕시킨다.

　㉣ 몸에 기생한 익티오프티리어스는 약물의 효과가 없으므로 자어를 제거한다.

채널메기의 사육 시 사료공급에 대한 설명 중 틀린 것은?

① 치어는 방양 직후부터 먹이를 주어야 한다.

② 성어의 사료공급량은 1일에 몸무게의 약 10% 정도로 한다.

③ 여름철 너무 더운 때에는 몸무게의 1.5~2% 정도의 사료량이 적합하다.

④ 먹이는 아침저녁으로 시원할 때에 주지만 봄과 가을의 서늘할 때는 저녁에만 준다.

[해설]

사료의 공급량은 1일에 체중의 3~6%로 하며 자람에 따라 양을 줄인다.

정답 ②

① 은어의 생태 습성

    ㉠ 맑고 따뜻한 물을 좋아하며 떼를 지어 살고 영역을 형성한다.

    ㉡ 여름철에 하천의 상류로 가을이 되면 하류로 이동한다(1년생 담수어).

    ㉢ 하천의 중류를 중심으로 생활하며 자갈이 있는 장소를 좋아한다.

    ㉣ 산란은 9월 중순~10월 상순에 하천의 중·상류에서 한다.

    ㉤ 부화적온은 12~15℃이며, 15℃에서는 17~18일 만에 부화한다.

    ㉥ 수온 20~25℃에서 성장이 제일 좋다.

    ㉦ 부화 직후 7mm의 자어는 바다로 이동, 투명한 치어가 되어 연안의 내만에서 겨울을 지낸다.

    ㉧ 겨울을 지낸 은어는 몸길이 5cm, 몸무게 6g가량이고 봄이 되어 하천 수온이 10~15℃일 때 소상(遡上)한다.

    ㉨ 이 시기에 비늘, 이가 생겨 돌, 바위에 부착한 규조류, 녹조류, 남조류를 먹는다.

    ㉩ 하천의 상류로 올라가면서 빠른 성장을 한다.

    ㉪ 육봉형(몸이 작은 소은어)인 것도 있다.

② 은어 양식장의 조건

    ㉠ 은어의 성육장으로 가장 좋은 지반은 자갈이 있는 곳이다.

    ㉡ 용수의 양은 1시간에 1~2회 환수할 수 있는 물의 양이어야 한다.

    ㉢ 15~25℃가 적수온이며, 특히 20~25℃일 때 성장이 좋다.

    ㉣ 깨끗한 곳에서 서식하므로 1L당 3.5~4.5mL의 용존산소량이 필요하다.

    ㉤ pH 7~8, 수중의 암모니아, 아질산 함량이 낮아야 한다.

24-1. 은어의 생태 습성으로 틀린 것은?

① 맑고 따뜻한 물을 좋아하며 여름에는 상류로, 가을에는 하류로 이동한다.

② 산란은 남부에서는 9~10월에 이루어지고 부화적온은 대략 12~20℃이다.

③ 소상은 일몰 후에서 익일 일출 전까지 주로 밤에 이루어진다.

④ 먹이로 규조류, 녹조류, 남조류 등을 좋아한다.

24-2. 다음 중 은어의 성육장으로 가장 좋은 지반은?

① 암초(岩礁)

② 자 갈

③ 사니질(砂泥質)

④ 니질(泥質)

해설

24-1

③은 뱀장어의 경우이다.

24-2

은어는 30cm 전후로 자라 성어가 되면 바닥에 자갈이 깔린 산란장에 모여 산란을 하게 된다.

정답 24-1 ③ 24-2 ②

① 은어의 천연 종자수집

　㉠ 3~4월에 연안에서 월동하는 0.5~2g인 것을 후릿
　　그물로 잡아 해수 또는 기수로 순환시킨다.

　㉡ 하천에 올라온 어린 치어를 채포한다.

② 은어의 인공종자생산 시 친어와 알 부화(채란)

　㉠ 양식한 친어는 알 성숙이 빠르고 과숙이 많아 1~2
　　일마다 성숙도를 감별해 과숙 전에 채란한다.

　㉡ 친어 약 50g인 암컷에서는 약 20,000개, 100g인
　　암컷은 50,000개를 산란한다.

　㉢ 건식법(또는 등조법)으로 수정시켜 알받이(합성
　　섬유로 짠 망사)에 부착시킨 후 흐르는 담수에서
　　부화시킨다.

　㉣ 기수에서는 12‰ 이하면 되고, 일광(3,000lx 이하)
　　을 가린다.

③ 부화한 은어자어의 사육에 필요한 조건

　㉠ 부화자어의 초기 생존율을 높이기 위해 반드시 기
　　수나 해수에서 사육해야 한다(기수순환여과식에
　　서는 염분 농도 4~6%를 사용).

　　※ 기수를 사용할 때에는 인공해수 또는 해수를 희석하여
　　　순환여과식으로 하고, 해수를 사용할 때에는 유수식으로
　　　사육한다.

　㉡ 부화 후 4~6%의 인공해수에서 100~150일 사육한
　　다음 0.5g 정도면 5~20일 사이에 완전히 담수로
　　바꾼다(1일 순환수의 10% 교환).

　㉢ 초기의 사육 적수온은 15~20℃이며, 13℃ 이하에
　　서는 먹이를 먹지 않는다.

　㉣ 조도는 5,000lx 이하로 유지해야 하며 너무 밝으
　　면 생존율이 떨어진다.

　㉤ 은어의 부화 직후 사육밀도는 10,000~30,000마
　　리/m³이다.

　㉥ 은어의 종자생산 시 부화 후 100일간 로티퍼를 먹
　　이는 것이 가장 적당하다.

　㉦ 로티퍼 중 어류의 종자생산 과정에서 초기 먹이생
　　물로서 널리 이용되고 있는 종류는 브라키오누스
　　(*Brachionus*)속의 로티퍼이다.

　㉧ 은어의 치어가 바다에서 주로 먹는 먹이는 동물플
　　랑크톤이다.

　　※ 기수산 로티퍼(클로렐라, 유지(식용류, 피드오일)를 먹이
　　　면 생존율이 좋다)를 부화 후 1~2일부터 100일간 먹인
　　　다. 성장함에 따라 물벼룩, 노른자, 물벼룩 작은 것, 알테
　　　미아, 배합사료 등을 공급하다가 120~150일 후 0.5g이
　　　되면서부터는 배합사료만을 공급한다.

10년간 자주 출제된 문제

25-1. 은어의 종자생산 시 초기 사육의 적수온은?

① 5~10℃　　　　　　② 10~15℃
③ 15~20℃　　　　　 ④ 25~30℃

25-2. 은어의 종자생산 시 주된 먹이로 이용되는 것은?

① *Monochrysis* sp.
② *Navicula* sp.
③ *Chlorella* sp.
④ *Brachionus* sp.

25-3. 은어의 치어가 바다에서 주로 먹는 먹이는?

① 남조류와 규조류
② 동물성 플랑크톤
③ 해조류
④ 영양염류

25-4. 부화한 은어자어의 사육에 필요한 조건을 설명한 것 중 잘못된 것은?

① 부화자어의 초기 생존율을 높이기 위해 반드시 담수에서 사
　육해야 한다.
② 초기의 사육 적수온은 15~20℃이며, 13℃ 이하에서는 먹이
　를 먹지 않는다.
③ 기수순환여과식에서는 염분 4~6%의 인공해수를 사용하면
　된다.
④ 조도는 5,000lx 이하로 유지한다.

25-1

초기의 사육 적수온은 15~20℃이며, 13℃ 이하에서는 먹이를 먹지 않는다.

25-2

로티퍼 중 어류의 종자생산과정에서 초기 먹이생물로서 널리 이용되고 있는 종류는 브라키오누스(*Brachionus*)속의 로티퍼이다.

로티퍼

- 영명(英名) : 로티퍼(Rotifer 또는 Rotifera)
- 학명(學名) : 어류의 종자생산과정에서 널리 이용되는 종의 속명은 브라키오누스(*Brachionus sp.*)
- 한국명 : 로티퍼, 윤충, 바퀴벌레

25-3

일반적으로 어릴 때는 동물성 먹이를 먹고, 성장함에 따라 식물성 또는 잡식성으로 변하게 된다.

25-4

부화자어의 초기 생존율은 담수에서는 낮고, 기수 또는 해수에서는 높으므로 기수나 해수를 이용할 수 있도록 준비해야 한다.

정답 25-1 ③ 25-2 ④ 25-3 ② 25-4 ①

핵심이론 26 은어(3) : 성숙 억제방법과 성숙 징후

① 은어의 장일처리 이유와 방법

 ㉠ 이 유

 • 여름이 지나고 해가 짧아지면 은어의 성장이 중지되고 생식소가 성숙하게 되면 몸 빛깔이 짙어진다.

 • 특히 수컷은 검게 짙어져서 상품가치가 떨어지므로 이를 방지하기 위해서 전등 조명으로 장일처리한다.

 ㉡ 방 법

 • 은어 양식에서 생식소 억제방법으로 가장 좋은 방법은 광주기 처리이다.

 • 조도는 125~340lx의 전등으로 1일 중 20~24시간을 조명한다(광주기 처리).

 • 장일처리한 은어는 생식소가 발달하지 않고 젊은 은어의 겉모양을 나타내며, 성장이 계속된다.

② 은어 종자운반 시 유의점(종자생산한 것은 식용어 사육을 위해 사육지로 운반)

 ㉠ 담수와 해수의 비율을 1 : 1 또는 2 : 1로 섞어 운반한다.

 ㉡ 수온을 얼음으로 조절하여 10~14℃를 유지한다.

 ㉢ 산소를 과다하지 않게 $0.2~0.4kg/cm^2$ 압력으로 한다.

 ㉣ 운반 시 급정지, 과속에 주의하고, 운반 도중이나 방양 전 항균제를 사용한다.

 ㉤ 1~2시간마다 산소 주입 상태나 어류 상태를 관찰한다.

26-1. 은어는 해가 짧아지면 수컷의 경우 몸 빛깔이 짙어져서 상품 가치가 떨어지게 된다. 그래서 이를 방지하기 위해 장일 처리를 하는데, 이에 가장 효과적인 조명의 밝기는?

① 125~340lx
② 50~100lx
③ 400~740lx
④ 750~940lx

26-2. 은어 양식에서 생식소 억제방법으로 가장 좋은 방법은?

① 염분 처리
② 온도 처리
③ 광주기 처리
④ 먹이 조절

26-3. 해산 은어 치어를 운반할 때 사용되는 용수의 담수와 해수의 비는?

① 1 : 5
② 5 : 1
③ 1 : 1
④ 1 : 2

해설

26-1

은어의 성숙 억제방법과 성숙 징후
• 전등 등으로 장일처리(20~24시간 정도)한다.
• 조도를 125~340lx로 한다.
• 성숙하면 성장이 멈추고 체색이 짙어진다(특히 수컷).

26-2

은어의 성 성숙을 조절하기 위하여 인위적으로 광주기를 조절한다.

26-3

담수와 해수를 1 : 1, 2 : 1 비율로 섞어 운반용수로 사용한다. 그러나 담수에서 잡은 치어는 담수로만 운반한다.

정답 26-1 ① 26-2 ③ 26-3 ③

핵심이론 27 은어(4) : 식용어 사육

① 은어의 사료 주는 법

  ㉠ 입자는 크럼블형으로 성장에 따라 크게 한다.

  ㉡ 1일 3~6회 공급(주수구에서), 먹이 공급률은 수온과 체중에 좌우된다.

  ㉢ 몸무게 30~50g의 은어를 양성할 때 1일 먹이 공급률은 수온 10℃일 때 어체중의 4~5%를 급이한다.

② 은어의 식용어 사육 시 사료를 줄 때 유의해야 할 점

  ㉠ 배합사료를 먹일 때에는 5% 정도의 기름(식용유, 피드오일 등)을 첨가한다.

  ㉡ 수온이 26℃ 이상 올라가면 낮에 사료를 줄이고 아침, 저녁에 수온이 내려갈 때 많이 준다.

  ㉢ 자동급여기를 사용할 때에도 항상 급여량의 과부족을 관찰하면서 조절한다.

  ㉣ 여름철에는 장기 보존 시 사료가 변질될 수 있으므로 한 번에 많은 양을 구입하지 않는다.

27-1. 다음 중 몸무게가 30~50g인 은어를 양성할 때 1일 먹이 공급률이 가장 적당한 것은?(단, %는 어체중 기준)

① 수온 10℃일 때 4~5%
② 수온 15℃일 때 1~2%
③ 수온 20℃일 때 1~2%
④ 수온 27℃일 때 4~5%

27-2. 은어의 식용어 사육 시 사료를 줄 때 유의해야 할 점으로 잘못된 것은?

① 배합사료를 먹일 때에는 5% 정도의 식용유를 첨가한다.
② 수온이 26℃ 이상으로 올라가면 낮에만 사료를 준다.
③ 자동급여기를 사용할 때에도 항상 급여량의 과부족을 관찰하면서 조절한다.
④ 여름철에는 사료가 쉽게 변질되므로 한꺼번에 많이 구입하지 않아야 한다.

해설

27-2

② 수온이 26℃ 이상 올라가면 사료를 낮에는 적게 주고, 기온이 내려가는 아침, 저녁에 많이 준다.

정답 27-1 ① 27-2 ②

① 가물치의 생태적 특징 및 산란 습성

　㉠ 못이나 늪 등 물이 탁한 정수지에 서식한다.

　㉡ 공기호흡의 습성이 발달해 있기 때문에 물속의 산소 결핍에는 거의 영향을 받지 않는다.

　　※ 수면에 주둥이를 내고 공기 호흡 또는 아가미 위의 주머니 속 공기를 교환한다. 이때 주머니 속의 공기를 아가미 구멍이나 입으로 배출한다.

　㉢ 산란은 고요한 날 이른 아침 해뜨기 전에 한다.

　㉣ 성숙한 친어는 여러 번 산란하고 산란한 다음 자어의 보호 시기를 마친 후 다시 산란하는 경향이 있다.

　㉤ 가물치류가 알을 보호하는 방법은 수초나 거품으로 집을 지어 보호한다.

　　※ 가물치의 친어 암컷은 복부가 부드럽고 수컷은 배 가죽이 두껍다.

② 알받이(가물치)의 구조와 그 산란법

　㉠ 지름 3cm의 나무를 사용하여 60cm 정사각형 테를 짜고 테의 안에 얇은 조각(섬유재료)을 이용하여 직각으로 붙인다.

　㉡ 알받이 안에 부평초를 넣어주고 말뚝을 박아 알받이를 고정한다.

　㉢ 못의 중앙에서 알받이까지 바닥에 골을 파준다.

　㉣ 가물치는 이 안에 산란하고 알은 분리부성란이므로 여기에 뜬다.

③ 채란과 부화

　㉠ 산란 시 알·새끼의 보호 습성 때문에 암수가 같은 비율이어야 한다.

　㉡ 산란 시 못에는 $100m^2$당 양수 50마리를 수용하는 것이 적당하다.

　㉢ 산란은 수온이 20~30℃의 범위로 5월 하순~7월 말까지이며 6월 중에 가장 많다.

　㉣ 적당한 수의 알받이를 넣어주면 반드시 거기에 산란한다.

　㉤ 알받이 안의 알을 국자로 옮기고 다시 알받이를 그 위치에 가져다 둔다.

　㉥ 수정된 알은 수온이 20~25℃일 때 3~4일 만에 부화한다.

　㉦ 지름이 약 35cm인 그릇에 맑은 물 1.5L를 넣고 약 5,000개의 알을 수용한다.

　㉧ 수용 후에는 실내에 두고 온도를 20~25℃로 한다.

10년간 자주 출제된 문제

28-1. 가물치의 산란 습성에 대한 설명으로 틀린 것은?

① 비가 오는 이른 아침에 많이 산란한다.
② 산란기는 대략 5~7월이다.
③ 산란 시 못에서 $100m^2$당 양수 50마리를 수용하는 것이 적당하다.
④ 알은 분리부성란이다.

28-2. 가물치의 생태적 특징으로 틀린 것은?

① 못이나 늪 등 물이 탁한 정수지에 서식한다.
② 공기호흡의 습성이 발달해 있기 때문에 물속의 산소 결핍에는 거의 영향을 받지 않는다.
③ 산란은 수온이 20~30℃의 범위로 5월 하순~7월 말까지이며 6월 중에 가장 많다.
④ 산란은 보통 비가 오거나 바람이 부는 흐린 날 낮에 산란한다.

|해설|

28-2

산란기가 되면 암수 한 쌍이 수초로 집을 만들고 고요한 날 이른 아침에 산란을 한다. 알은 수초에 싸여 어미의 보호를 받으며, 부화 후에도 약 10일간 보호를 받게 된다.

정답 28-1 ①　28-2 ④

① 부화자어의 관리

　㉠ 수온이 20~25℃일 때 부화하고 7~10일 후 난황을 흡수하고 먹이를 먹기 시작한다.

　㉡ 건실하지 못한 자어는 떼를 지어 헤엄을 치지 못하고 이탈하므로 제거해 준다.

② 치어사육

　㉠ 7~10일 후 난황을 흡수하면 물벼룩을 공급하고 그 후 먹이를 주어 관리한다.

　㉡ 충분한 먹이를 주고, 밤에는 덮어 수온의 변화를 줄이며, 치어의 대소차가 심하면 선별한다.

　㉢ 가물치 5cm 치어의 수용밀도는 50마리/m^2가 가장 적절하다.

　㉣ 1개월 후(사육지에 수용), 5~7cm 치어가 되면 종자로 사용한다.

③ 가물치의 포획, 운반, 사육

　㉠ 물이 많으면 그물로 잡고 나서 물을 빼고 광주리로 덮어서 잡아낸다.

　㉡ 운반은 몸 표면이 마르지 않게 처리해 주며 공기 중에서도 오래 견딘다(25~27℃에 24시간, 10~15℃에 3~4일, 7℃에 7일).

　㉢ 어기·미성어기에는 식성이 대단히 좋으므로, 첫 해에는 특별히 먹이가 부족하지 않게 많이 주어야 한다.

　㉣ 개체에 따른 성장 차이가 많아 공식현상이 심하므로, 대소 분리하여 사육한다(못의 물을 빼고 선별).

　㉤ 급이 시에는 언제나 일정한 장소에서 주어 사육지의 가물치가 모여들어서 먹이를 남김없이 먹도록 길들인다.

29-1. 크기에 따른 가물치 치어의 수용밀도로 가장 적절한 것은?

① 3cm : 300마리/m^2

② 5cm : 50마리/m^2

③ 15cm : 15마리/m^2

④ 25cm : 10마리/m^2

29-2. 가물치의 채란과 부화, 자어 관리 등을 설명한 것이다. 다음 중 가장 거리가 먼 것은?

① 지름이 약 35cm인 그릇에 맑은 물 1.5L를 넣고 약 5,000개의 알을 수용한다.

② 수용 후에는 실내에 두고 온도를 20~25℃로 한다.

③ 수온이 20~25℃일 때 부화 후 3일이면 난황을 흡수하고 먹이를 먹기 시작한다.

④ 수정된 알은 수온이 20~25℃일 때 3~4일 만에 부화한다.

|해설|

29-2

③ 수온이 20~25℃일 때 부화하고, 7~10일 후 난황을 흡수하고 먹이를 먹기 시작한다.

정답 29-1 ② 29-2 ③

2. 냉수성 어류의 양식

핵심이론 01 연어(1) : 양식 개요

① 연어(Salmon)의 습성

　㉠ 산란 후 어미는 죽는다.

　㉡ 냉수성 어류로 산란하기 위하여 소하회유를 한다.

　　※ 소하회유 : 연어, 송어와 같이 바다에서 성장하고 강으로 거슬러 올라가서 산란을 하는 회유

　㉢ 4~5년 후에 성숙한다.

　㉣ 기름지느러미를 가졌다.

② 채란과 부화

　㉠ 절개 채란법(개복법 : 어미의 배를 갈라 알을 받는 것)으로 채란한다.

　　※ 어미가 산란한 다음 죽는 물고기는 대부분이 이 방법으로 채란한다(연어와 송어).

　㉡ 연어알을 수온 10℃ 전후에서 부화시킬 때 운반이 가능한 발안기가 되는 시기는 수정 후 16일이다.

　　※ 수정 후 1~2분 후에 알을 씻고 부화기에서 부화(부화 최적수온 : 10℃)→ 약 16일이 지나면 눈이 생김(발안기) → 약 31일이 지나면 부화

　㉢ 담수에서 산란 부화된 치어를 해수에 옮겨서 육성한다.

1-1. 연어(Salmon)의 습성에 해당되지 않는 것은?

① 산란 후 어미는 죽는다.
② 산란하기 위하여 강하회유를 한다.
③ 4~5년 후에 성숙한다.
④ 기름지느러미를 가졌다.

1-2. 인공채란 방법 중 개복 채란을 하는 어종은?

① 송 어　　　　　② 미꾸라지
③ 초 어　　　　　④ 연 어

1-3. 연어 알을 수온 10℃ 전후에서 부화시킬 때 운반이 가능한 발안기가 되는 시기는 수정 후 언제인가?

① 4일　　　　　② 8일
③ 12일　　　　　④ 16일

해설

1-1
산란하기 위하여 소하회유를 한다.

1-2
절개 채란법(개복법)
어미의 배를 갈라 알을 받는 것으로, 어미가 산란한 다음 대부분이 죽는 물고기는 이 방법으로 채란한다(예 연어와 송어).

1-3
연어 알의 부화 최적수온인 10℃에서 부화한 후 약 16일 지나면 눈이 생긴다(발안기).

정답 1-1 ② 1-2 ④ 1-3 ④

① 은연어의 생태 및 습성

  ㉠ 봄철에 부화한 치어는 1년 이상 하천에서 머물고, 작은 동물을 잡아먹으면서 자란다.

  ㉡ 다음 해의 봄에 바다로 내려가서 다음 해 가을까지 자라 2~8kg의 성숙한 어미가 되어 산란을 위하여 하천으로 다시 올라온다.

② 은연어의 해수사육

  ㉠ 담수에서 해수로 옮기면 성장이 빨라 단기간에 대형어를 생산할 수 있다.

  ㉡ 은연어의 종자생산에 필요한 사육 적수온은 13~18℃이다.

  ㉢ 수용밀도는 30~40kg/m^{2}이다.

  ㉣ 가두리 방양 연어는 하루에 아침, 저녁 두 번 먹이를 투여한다(사료계수 4~6).

③ 은연어 치어의 해수 순치방법 : 100g 정도 되는 치어를 사육할 경우 약 3일에 걸쳐 해수에 순치시키고, 이 기간에는 먹이를 주지 않는다.

④ 은연어 양식 시 착색제

  ㉠ 은연어는 카로티노이드계의 아스타크산틴 때문에 붉은색을 띤다.

  ㉡ 식용어로 출하하기 1개월 이상 앞서 새우류와 아스타크산틴을 40~50ppm 정도 되도록 사료에 넣어 섞어서 먹인다.

2-1. 은연어의 해수사육에 관한 설명 중 틀린 것은?

① 해수에서의 성장이 빠르다.
② 3일 정도의 순치기간을 가진다.
③ 순치기간 중 먹이는 소량씩 준다.
④ 살의 붉은색 강화를 위해 먹이에 새우류를 섞어 먹인다.

2-2. 100g 정도 되는 은연어의 해수양식을 위해 해수에 순치시킨다면 가장 적당한 해수 순치기간은?

① 1일간   ② 3일간
③ 7일간   ④ 10일간

2-3. 다음 중 은연어의 종자생산에 필요한 사육 적수온은?

① 8~10℃   ② 10~12℃
③ 13~18℃   ④ 20~22℃

|해설|

2-1

100g 정도 되는 치어를 사육할 경우 약 3일에 걸쳐 해수에 순치시키고, 이 기간에는 먹이를 주지 않는다.

2-2

해수 순치기간

은연어의 치어가 100g이 되면 먹이를 주지 않고 해수에 3일에 걸쳐서 순치시킨다.

정답 2-1 ③   2-2 ②   2-3 ③

① 습식 : 알과 정자를 물속에서 받아 수정시키는 방법이다.

② 건 식
　㉠ 마른 그릇에 알을 받아 놓고 여기에 짜낸 정자액을 뿌리고 섞은 뒤 물이나 링거액을 첨가하여(정자의 확산이 빠르다) 저어준 후 수정시키는 방법이다.
　㉡ 연어는 종자생산을 위한 인공수정 시 건식 수정방법이 주로 쓰인다.
　　※ 일반적으로 건식법으로 수정시키는 어류는 농어이다.

③ 등조법
　㉠ 어류의 체액과 같은 염분 농도의 링거액에 알과 정자를 섞어서 수정하는 방법이다.
　㉡ 링거액은 소금을 주로 하고 염화칼슘과 염화마그네슘을 소량 물에 섞는다.
　㉢ 어류의 인공수정 방법 중에서 정자의 양이 적은 경우 흔히 쓰이는 방법이다.

10년간 자주 출제된 문제

3-1. 다음 중 어류의 인공수정 방법이 아닌 것은?
① 습식법(濕式法)　　② 건식법(乾式法)
③ 등조법(等調法)　　④ 침적식(浸績式)

3-2. 종자생산을 위한 인공수정 시 건식 수정방법이 주로 쓰이는 어종은?
① 넙 치　　　　　② 연 어
③ 조피볼락　　　④ 뱀장어

해설

3-1
어류의 인공수정 방법에는 습식, 건식, 등조법이 있다.

3-2
러시아에서는 1854년 니오루스크(Nieorusk)라는 곳에 부화장을 설치하였고, 1859년에는 라스키(Rasky)에 의해 종래의 습식 수정방식을 건식으로 개량하여 수정률을 높였다.

정답 3-1 ④　3-2 ②

---

① 무지개송어
　㉠ 학명 *Oncorhynchus mykiss*, 영명 Rainbow Trout로 연어과 연어아과에 속하는 냉수성 어류로 담수양식 대상종이다.
　㉡ 무지개송어는 담수, 기수, 해수 어디서나 성장이 가능한 양식어류이다.
　㉢ 타이거송어는 브라운송어(Brown Trout)와 브룩송어(Brook Trout)의 잡종으로 산업적으로 매우 유용하다.
　㉣ 우리나라에는 1965년 1월에 처음으로 미국으로부터 도입되었다.
　㉤ 무지개송어는 하천에서 태어나 바다로 내려가지 않고 담수에서 성장하여 번식하는 육봉형이 대표종이다.
　㉥ 먹이는 육생 및 수생 곤충, 부유동물, 소형갑각류나 작은 어류 등을 먹는다.

② 무지개송어의 특징 및 생태
　㉠ 해수에서 사육하면 사육이 쉽고, 성장이 빠르다.
　㉡ 산란과 부화가 용이한 상품으로 가치가 높은 종이다.
　㉢ 담수에서 발생하는 여러 가지 질병이나 기생충이 없어진다.
　㉣ 비브리오균에 의한 피해를 입는 경우가 있다.
　㉤ 수온이 15℃ 내외로 10~20℃에서 생활하며, 25℃ 이상이 되면 쇠약해져 죽는다.
　㉥ 식성은 수서 곤충이나 다른 작은 어류를 먹는다.
　㉦ 깨끗한 물을 충분히 쓸 수 있어야 하고, 수중 용존산소를 충분히 공급해야 하며, 대사 배설물을 효과적으로 유출해야 한다.

4-1. 담수, 기수, 해수 어디서나 성장이 가능한 양식어류는?

① Cyprinus carpio
② Carassius carassius
③ Misgurnus anguillicaudatus
④ Oncorhynchus mykiss

4-2. 브라운송어(Brown Trout)와 브룩송어(Brook Trout)의 잡종은 산업적으로 매우 유용하다. 이 잡종의 이름은?

① 미국송어
② 라이온송어
③ 타이거송어
④ 브라운송어

[해설]

4-1
④ 무지개송어
① 비단잉어
② 붕어
③ 미꾸리

정답 4-1 ④ 4-2 ③

핵심이론 05 무지개송어(2) : 친어사육과 채란

① 친어사육

㉠ 계통이 좋고, 성장이 빠른 것을 별도로 수용하여 육성시킨다.

㉡ 수온은 5~12℃까지의 범위가 좋고, 산란시기가 되면 수온을 2~3일 전부터 8~10℃로 유지시켜 준다.

㉢ 채란용 친어는 격리된 장소(바이러스 예방)에서 직접 생산하는 것이 좋다.

㉣ 무지개송어 친어의 먹이 주는 양
  • 산란 후 1개월부터 다음 산란 전 2개월까지는 70%
  • 산란 전 2개월에서 산란기까지는 50%
  • 산란기간 중에는 30%
  • 산란기~산란 후 1개월까지는 50%, 산란 2~3일 전에 사료공급을 증가
  • 무지개송어의 친어사료의 단백질 권장량은 40~45%

② 채 란

㉠ 산란연령은 2~3년, 산란시기 11~3월 사이, 산란수는 보통 800~1,000개 정도이다.

㉡ 산란시기는 일조시간을 변화시키는 광주기 조절법에 의해 조절한다.

㉢ 친어의 수가 적을 때는 암·수 비율을 같게 하고 친어가 많을 때의 암수의 비율은 1 : 3 정도로 한다.

㉣ 산란기가 되면 친어지의 친어를 주기적으로 검사하여, 알이 성숙된 친어를 골라내어 채란한다.

  ※ 무지개송어 친어의 성숙검사는 1주일에 한 번씩 검사하고, 성숙한 최성기에는 일주일에 두 번씩 성숙상태를 검사한다.

㉤ 채란 시에는 마취제를 사용하여 채란을 용이하게 하고, 친어가 다치지 않게 하며 마취제는 MS-222를 100~150ppm 또는 퀴날딘을 10~20ppm 농도로 하여 사용한다.

ⓗ 채란에는 손으로 압박하여 짜는 방법과 공기를 이용하는 방법이 있다.

- 혈압계의 주머니띠로 친어의 배를 감고 공기를 주입하여 그 압력으로 채란한다.
- 공기를 이용한 채란법은 복강에 주사침을 꽂고 공기를 주입하여 압력으로 채란한다.

ⓢ 짜낸 알은 물기가 없는 용기에 담아 수정시킨다(건식법, Dry Method).

ⓞ 수정은 알 1만개(암컷 3~5마리 분)에 짜낸 정액 약 10mL를 넣고 잘 섞는다. 이때 소량의 링거액(소금 70g, 염화칼륨 2.4g, 염화칼슘 2.69g을 물 10L에 섞은 것)을 가하면 정액의 확산이 더욱 잘 된다.

ⓩ 수정이 끝나면 여분의 정액과 불순물은 깨끗한 물로 잘 씻어내고, 수정 시 알을 짜낼 때 터진 알이 섞여 있는 경우 터진 알의 내용물이 정자의 운동을 정지시키므로 수정 전에 링거액으로 제거해 주면 수정률을 높일 수 있다.

5-1. 무지개송어를 채란할 때 등조액을 사용하는 이유로 가장 알맞은 것은?

① 수정률을 좋게 하기 위하여
② 발안율을 높이기 위하여
③ 사란을 방지하기 위하여
④ 채란 시 사란의 부상을 촉진하기 위하여

5-2. 무지개송어의 친어를 사육하고자 할 때 친어용 먹이의 양에 대한 설명이 옳은 것은?(단, 일반적으로 큰 식용어의 급이량 기준임)

① 산란 후 1개월부터 다음 산란 전 2개월까지는 30%
② 산란 전 2개월에서 산란기까지는 50%
③ 산란기간 중에는 70%
④ 산란을 촉진하기 위해 산란 2~3일 전부터는 100%

5-3. 무지개송어의 친어 성숙조사를 위해서 1주일에 1~2번씩 검사한다. 이때 사용되는 마취제의 적정 농도는?

① MS-222 1.0~2.0‰, 퀴날딘 0.01~0.02‰
② MS-222 0.1~0.15‰, 퀴날딘 0.1~0.2‰
③ MS-222 0.01~0.015‰, 퀴날딘 1~2‰
④ MS-222 0.1~0.15‰, 퀴날딘 0.01~0.02‰

｜해설｜

5-1

등조법

알과 정자의 양이 적어서 건식을 이용하기에 불편할 때 쓰인다. 어류의 체액이 염분농도와 같은 삼투압을 가지도록 염류를 물에 녹여 만든 등조액에 알과 정자를 넣고 수정시키는 방법이다.

5-2

무지개송어 친어의 먹이 주는 양

- 산란 후 1개월부터 다음 산란 전 2개월까지는 70%
- 산란 전 2개월에서 산란기까지는 50%
- 산란기간 중에는 30%
- 산란기~산란 후 1개월까지는 50%
- 산란 2~3일 전에 사료공급을 증가

5-3

마취제는 MS-222를 0.1~0.15‰를 사용하거나 퀴날딘(Quinaldine) 0.01~0.02‰로 마취한다.

정답 5-1 ① 5-2 ② 5-3 ④

① 무지개송어의 부화

  ⑦ 부화조에 수용하면 수정란에서는 흡수현상이 일어나 약 1일이 지나면 알의 무게가 15% 정도 증가한다.

  ⓒ 부화 가능 수온은 7~15℃ 범위이나 최적 부화수온은 10℃ 전후이다.

  ⓒ 수정란은 수온 약 10℃에서 16일이 지나면 눈이 생기고(발안기) 31일이 지나면 부화한다.

  ⓔ 송어류의 알은 수정 후 진동, 충격 및 광선 등 자극에 매우 약하며, 눈이 생길 때(발안기)가 되면 저항력이 생기므로 알을 운반하기에 가장 알맞은 시기이지만 광선에는 주의가 요구된다.

  ⓜ 부화 중에는 산소소비량이 많아지므로 산소공급을 위한 충분한 주수량이 필요하다.

    예 수온 10℃에서 무지개송어 알 10만 개가 1시간에 소비하는 산소량은 500mL일때, 부화조에 주입하는 유입수의 용존산소량이 7mL/L이고 배출수의 용존산소량이 5mL/L이면 시간당 주수량 계산은?

    시간당 주수량

$$= \frac{\text{알 10만 개가 1시간에 소비하는 산소량 500mL}}{\text{유입수의 용존산소량이 7mL/L} - \text{배출수의 용존산소량이 5mL/L}}$$

$$= \frac{500}{7-5} = 250L$$

  ⓗ 부화 중에 죽은 알에서 수생균(물곰팡이)이 발생하여 주변의 살아있는 알로 옮길 가능성이 있으므로 수생균 번식의 억제처리를 한다.

    • 수생균의 번식을 억제하기 위해서는 부화용수를 자외선으로 살균처리한다.

    • 발안기 이후에는 죽은 알을 신속히 골라낸다.

  ⓢ 알의 운반

    • 저항력이 강해진 발안란을 운반한다.

    • 열 차단된 상자에 알을 넣고 습도를 충분히 유지해 주면서 온도변화를 막으면 5일간 99% 이상 생존이 가능하므로 물을 넣지 않고도 안전하게 운반할 수 있다.

② 부화시설(부화기)

  ⑦ 유통식 : 아트킨스식 부화(건형 부화)

    • 초어의 인공부화기로 쓰인다.

    • 긴 수조를 여러 칸으로 구획하고 각 수조에 알을 담는 그릇을 쌓아 올리고 물이 위에서 아래로 흐르게 설치한다.

    • 산소보충, 수질급변 방지, 안정된 수용공간이 필요하다.

  ⓒ 폐쇄식 : 물그릇에 담고 때때로 물 교체

  ⓒ 침지식 : 자코비(하천용 부화기)

  ⓔ 습식 : 항상 습기 유지

※ 최근 미국에서 많이 사용하고 있는 송어 알의 부화기는 히스(Heath)부화기이다.

6-1. 무지개송어의 최적부화수온은?

① 5℃   ② 10℃
③ 15℃   ④ 20℃

6-2. 무지개송어 양식에서 알 10만 개를 부화하는 데 필요한 주수량은?(단, 주입수의 용존산소량 : 1L당 8mL, 배출수의 산소용존량 : 1L당 5mL, 10만 개가 소비하는 산소량 : 1시간당 0.5L)

① 약 100L/h   ② 약 166L/h
③ 약 62L/h   ④ 약 40L/h

6-3. 송어의 인공수정용 자코비(Jacobi) 부화기는 다음 중 어디에 해당되는가?

① 유통식   ② 폐쇄식
③ 습 식   ④ 침지식

│해설│

6-1

최적부화수온은 10℃ 전후이다. 16일경 발안, 31일경 부화한다.

6-2

$$\frac{500}{8-5} ≒ 166$$

6-3

부화시설(부화기)
- 유통식 : 건형, 아트킨스
- 폐쇄식 : 물그릇에 담고 때때로 물 교체
- 침지식 : 자코비(하천용 부화기)
- 습식 : 항상 습기 유지

정답 6-1 ②   6-2 ②   6-3 ④

핵심이론 07   무지개송어(4) : 자·치어사육

① 자어사육

ㄱ 부화한 자어는 난황을 매달고 있어 부화조 바닥에 가라앉아 난황을 소모하며, 난황 소모 후에는 스스로 먹이를 찾기 위하여 부상하게 된다.

ㄴ 이 시기에는 먹이 붙임을 해주어, 먹이를 적극적으로 먹을 수 있도록 한다.

ㄷ 먹이는 인공배합사료로 1일 분량을 6~7회에 나누어 급여하고 점차 횟수를 늘려준다.

② 치어사육

ㄱ 먹이붙임 시 어체중 0.1kg 전후의 부상치어는 수온 13~15℃에서 2개월 정도 사육하면 2~3g 전후의 치어로 성장하며 이때 양성지에 방양한다.

ㄴ 무지개송어 치어의 적절한 방양밀도는 1m²당 600~900마리이다.

ㄷ 치어 사육과정에서 선별(Grading)
- 선별의 목적 : 공식예방, 성장이 양호, 급이량의 정확한 계산 등이다.
- 작업은 소형어류 시기에는 자주 하고 성장에 따라 작업횟수를 줄여 나간다.
- 치어가 약 5~20g일 때 1개월에 한 번, 20g일 때 한 번, 70~80g일 때 한 번, 막대선별기(상자 바닥에 일정 간격으로 막대를 배열)를 이용해 선별한다.
- 최근에는 피시펌프와 자동선별기를 병용하고 있다.

7-1. 1m²당 적절한 무지개송어 치어의 방양밀도는?(단, 수온 15℃, 개체당 무게는 4g 내외임)

① 300~400마리
② 400~600마리
③ 600~900마리
④ 900~1,300마리

7-2. 무지개송어의 치어 사육과정에서 선별(Grading)에 대한 설명 중 옳은 것은?

① 치어가 약 5~20g일 때 1개월에 한 번 정도 선별한다.
② 치어가 약 30g 이상 자랐을 때부터는 선별이 필요 없다.
③ 선별기는 주로 그물망을 사용한다.
④ 5g 미만의 어린 치어는 선별하지 않아도 된다.

[해설]

7-2

송어의 선별

5~20g일 때는 한 달에 한 번, 20g일 때 한 번, 70~80g일 때 한 번, 막대선별기(상자 바닥에 일정 간격으로 막대를 배열)를 이용해 선별한다.

정답 7-1 ③ 7-2 ①

핵심이론 08 무지개송어(5) : 식용어의 양성

① 사료의 공급

　㉠ 시판사료는 크럼블(소형치어)과 펠릿사료(대형치어)의 두 가지 형태가 있다.

　㉡ 1일분의 먹이를 한 번에 주지 않고 2회로 나누어 급여한다.

　㉢ 먹이가 바닥에 떨어지기 전에 다 받아먹을 수 있는 정도로 천천히 조금씩 준다.

　㉣ 70~80%가 충분히 먹었을 때 먹이를 중단하면 사료효율이 좋고 수질관리에도 좋다.

　㉤ 수온이 갑자기 너무 높아지거나 너무 낮아졌을 때는 먹이 주는 양을 감소시켜야 한다.

　㉥ 1회에 주는 먹이의 양은 포식하는 양의 10~20%가 적당하다.

　㉦ 송어의 사육 시 7~8월경부터 산란기까지 체중에 대한 사료의 양이 가장 많이 요구된다.

② 무지개송어의 사육 관리

　㉠ 사육수온을 15℃ 내외로 유지시켜 준다.

　㉡ 용수는 수온 조건이 맞는 깨끗한 물을 충분히 쓸 수 있어야 한다.

　㉢ 이상적인 용존산소량은 10~11mg/L이며, 최소 7mg/L 이상이어야 한다.

　㉣ 사육수의 적정 수소이온농도(pH)의 범위는 6.7~8.2이다.

　㉤ 사육수의 수온을 20℃로 하여 수질을 잘 관리하면 성장이 빠르다.

③ 해수사육

　㉠ 해수사육을 하면 성장이 매우 빠르고 육질도 우수하여 상품성이 향상된다.

　㉡ 담수에서 발생하는 여러 가지 질병이나 기생충이 없어진다. 반면, 비브리오균에 의한 피해를 입는 경우가 있다.

ⓒ 무지개송어가 해수에 견디는 염분 농도는 자어가 14psu까지이고, 1년 미만의 치어는 15~19psu이다.

ⓔ 해수에 견디는 정도는 아가미의 소금 세포의 수에 비례하여 치어의 종류와 크기에 따라 다르다.

ⓜ 150~200g 정도 자라면 순해수에 견디지만 바로 해수로 옮기면 삼투압 쇼크로 폐사율이 증가하고 성장지연 등의 현상이 생기므로 점진적인 순치가 필수적이다.

10년간 자주 출제된 문제

8-1. 무지개송어 식용어 양성을 위한 먹이 공급에 대한 설명 중 틀린 것은?

① 1일분의 먹이를 1회에 한꺼번에 주지 않고 2회에 나누어 준다.
② 먹이가 바닥에 떨어지기 전에 다 받아먹을 수 있는 정도로 천천히 조금씩 준다.
③ 100% 충분히 먹었을 때 사료의 효율이 가장 높다.
④ 수온이 갑자기 너무 높아지거나 너무 낮아졌을 때는 먹이 주는 양을 감소시켜야 한다.

8-2. 냉수성 어류인 송어의 사육시 체중에 대한 사료의 양이 가장 많이 요구되는 시기는?(단, 계곡수를 이용하는 경우)

① 1~2월
② 4~5월
③ 7~8월
④ 10~11월

8-3. 우리나라에서 무지개송어의 성장을 계속적으로 높게 유지할 수 있도록 공급하기에 가장 적합한 수원은?

① 계곡수
② 댐호수
③ 일반 하천수
④ 지하수

8-4. 무지개송어 양식장 용수의 이상적인 용존산소량의 함량은?

① 2~3mg/L
② 4~5mg/L
③ 6~7mg/L
④ 10~11mg/L

8-5. 무지개송어의 해수사육에 대한 설명으로 옳은 것은?

① 어린 무지개송어는 해수에서 잘 큰다.
② Vibrio병이 잘 걸린다.
③ 성장이 늦어진다.
④ 성숙현상이 일어나지 않는다.

8-6. 무지개송어의 사육 관리가 틀린 것은?

① 사육수온을 15℃ 내외로 유지시켜 준다.
② 용존산소량은 적어도 7mg/L 이상 유지시켜 준다.
③ 적정 pH 범위는 6.7~8.2이다.
④ 수온 변화로 산란시기를 조절한다.

〔해설〕

8-1
70~80%가 충분히 먹었을 때 먹이를 중단하면 사료 효율이 좋고 수질관리에도 좋다.

8-2
친어용 사료는 생식선이 급격히 발달하여 비대해지는 7~8월경부터 산란기까지 비타민 및 미네랄 등을 증량하여 공급하는 것이 좋다.

8-3
수원으로는 지하수와 하천수가 적당하며 하천수를 사용할 경우 연간 수량 및 수온 변화를 조사해야 하며, 상류 및 주변 수질오염원의 유무 등에 주의해야 한다.

8-5
무지개송어를 해수사육하면 성장이 매우 빠르고 육질도 우수하여 상품성이 향상되며 담수에서 발생하는 여러 가지 질병이나 기생충이 없어지는 반면, 비브리오균에 의한 피해를 입는 경우가 있다.

8-6
산란시기는 일조시간을 변화시키는 광주기 조절법에 의해 조절한다.

정답 8-1 ③ 8-2 ③ 8-3 ④ 8-4 ④ 8-5 ② 8-6 ④

① 무지개송어 양식에서 수로형사육지의 구조

    ㉠ 치어용 사육지 : 수심을 30cm 정도(성어는 60cm) 로 하고 바닥의 경사는 1/100 이상, 폭은 1.5m 또는 그 이하로 한다.

    ㉡ 성어사육용 양성지 : 폭을 3~4m 이내로 하고 깊이는 30~40m의 범위 내에서 한다.

    ㉢ 수면에서 못의 둑 상단까지는 높이가 적어도 30cm 정도는 되어야 한다.

    ㉣ 수로형사육지 면적 : 치어지 10~30m^2, 양성지 60~150m^2, 친어지 150~500m^2

    ㉤ 수온 10℃에서 알의 발안기 15~16일, 부화기 30~31일, 부상기 60일이 걸린다.

② 무지개송어 양식에서 원형사육지의 구조

    ㉠ 치어용인 경우 수심을 30~40cm로 하고, 식용어 육성용은 60cm 또는 그 이상으로 하는 것이 관리에 편리하다.

    ㉡ 원형지의 경사율은 5~10%로 하는 것이 찌꺼기 제거 효율이 높아진다.

    ㉢ 물을 주수식 원형지 벽과 평행하게 하여 물을 선회시키고 자동으로 오물 배출이 되게 한다.

    ㉣ 배수구를 못 중앙에 설치하여 물의 회전작용으로 바닥의 고형오물이 중앙 배수구쪽으로 몰리게 하여 배수되는 물과 함께 밖으로 나가게 하는 것이 수질관리에 좋다.

9-1. 다음 중 무지개송어의 알을 수온 10℃ 전후에서 부화시킬 경우 알을 운반하기에 가장 알맞은 시기는?

① 수정 직후   ② 수정 후 5일 이후
③ 수정 후 10일 이후   ④ 수정 후 16일 이후

9-2. 무지개송어 양식에서 수로형사육지의 구조 설명으로 옳은 것은?

① 치어용 사육지는 수심을 60cm 정도로 하고 바닥의 경사는 1/10 정도로 한다.
② 치어용 사육지는 폭을 1.5m 또는 그 이하로 하고 수심은 최고 30cm를 넘지 않는 것이 좋다.
③ 성어사육용 양성지는 폭을 1.5m 이내로 하고 깊이는 10~30m 의 범위 내에서 한다.
④ 수면에서 못의 둑 상단까지는 높이가 적어도 60cm 정도는 되어야 한다.

9-3. 무지개송어 양식에서 원형사육지의 구조설명이 틀린 것은?

① 원형지의 깊이는 치어용인 경우에 수심을 30~40cm로 하고, 식용어 육성용은 60cm 또는 그 이상으로 하는 것이 관리에 편리하다.
② 원형지의 경사율은 5~10%로 하는 것이 찌꺼기 제거 효율이 높아진다.
③ 원형지의 주수구는 높은 곳의 물을 파이프를 통해서 원형지의 벽과 평행하게 주입시킨다.
④ 배수구를 못 중앙에 설치하여 물의 회전작용으로 바닥의 고형오물이 중앙 배수구쪽으로 몰리게 하여 배수되는 물과 함께 밖으로 나가게 하는 것이 수질관리에 좋다.

해설

9-2

① 치어용 사육지는 수심을 30cm 정도(성어는 60cm)로 하고 바닥의 경사는 1/100 이상으로 한다.
③ 성어사육용 양성지는 폭을 3~4m 이내로 하고 깊이는 30~40m의 범위 내에서 한다.
④ 수면에서 못의 둑 상단까지는 높이가 적어도 30cm 정도는 되어야 한다.

9-3
주수구를 수조 벽면을 따라 설치하여 물의 회전을 유도한다.

정답 9-1 ④ 9-2 ② 9-3 ③

① 산천어

  ㉠ 냉수성 어류로서 체형과 모양이 얼핏 보기에는 송어나 연어와 비슷하다.

  ㉡ 물이 맑고 흐름이 있는 깨끗한 산간 계곡수에서 서식하며, 호소형과 하천형의 2종류가 있다.

  ㉢ 본격적인 양식시험은 1976년 강원도 내수면 개발시험장이다.

  ㉣ 산천어는 무지개송어보다는 수명이 짧고 생산성이 낮은 편이다.

② 산천어 습성

  ㉠ 호소형 : 호소에서 성장하다가 산란기가 되면 호소의 주입 하천에 올라가서 산란을 하고 모두 자연폐사한다.

  ㉡ 하천형 : 성장은 하천 계곡에서 하다가 하천의 중류쯤인 작은 웅덩이에 모여 산란한다(담수계곡에서 서식한 산천어와 바다에서 서식한 바다 송어가 하천 중류에서 서로같이 만나 한데 어울려 산란하며 산란 후 자연폐사한다).

③ 호소형과 하천형의 2차 성징의 차이

  ㉠ 호소형 : 산란 직전 수컷의 등 부분이 약간 불그스레하게 변하고 암컷 복부 부분은 약간 어두운 색으로 변한다.

  ㉡ 하천형 : 수컷의 경우 주둥이가 확장되고 몸의 측면 부분에서 불규칙한 모양의 붉은 반점이 나타나고, 암컷의 체색은 어두운 색으로 변한다.

④ 산란 및 부화

  ㉠ 호소형 : 하천에서 산란은 10~11월에 하고 그 새끼는 다음 해 5월에 호소로 내려가 산다.

  ㉡ 하천형 : 7~11월에 바다에서 하천으로 소상하여 산란을 하며 연어보다 상류측에서 산란이 이루어진다.

  ㉢ 자연산란 : 10월 초순~하순

  ㉣ 인공채란 : 압착 건도법이 효과적이며, 수정란은 수온 10℃에서 35일 만에 부화된다.

  ㉤ 포란수 : 1,200~3,600립(평균 2,700)이며, 난경은 7mm 정도로 연어 알보다 작다.

  ※ 바다로 내려간 산천어는 3~4년 동안에 성적으로 성숙하여 하천에 산란하기 위해 소상한다. 하천에 남아서 서식하는 산천어는 수컷은 1년, 암컷은 3년에 성숙된다. 또한 못에서 양식하면 수컷은 2~3년에, 암컷은 3년에 성숙해서 인공채란이 된다.

10년간 자주 출제된 문제

다음 산천어에 대한 설명으로 옳지 않은 것은?

① 산천어의 포란수는 1,200~3,600립(평균 2,700립)이며, 난경은 7mm 정도로 연어 알보다 작다.

② 우리나라 자연서식산 산란은 10월 초순~하순이다.

③ 인공채란은 압착건도법이 효과적이며 수정란은 수온 10℃에서는 35일 만에 부화가 된다.

④ 하천형은 10~11월에 산란하고 그 새끼는 다음해 5월에 호소로 내려가 산다.

[해설]

호소형은 하천에서 산란을 10~11월에 하고 그 새끼는 다음해 5월에 호소로 내려가며, 하천형은 7~11월에 바다에서 하천으로 소상하여 산란을 한다.

정답 ④

① **양식방법** : 무지개송어 양식방법을 거의 그대로 적용

ㄱ 사육수온 : 치어 생산기에는 8~15℃, 성장기에는 14~17℃가 적당하며, 20℃ 이상이 장기간 될 때에는 성장장애나 성장방해가 나타난다.

ㄴ 적산수온 : 수정된 시점으로부터 발안기까지 280℃ 이고, 부화기까지 450℃, 먹이를 먹을 때까지 800~ 850℃이다.

ㄷ 용수 : 용천수나 지하수가 이용되며 유수량이 많을 수록 사육관리가 편리하고 생산성이 높다.

ㄹ 사육시설 : 직사각형일 경우 폭 2~3m 정도, 깊이 30cm~1m, 바닥경사 1/100° 이상, 원형지는 직경 3~5m, 길이 60cm~1m로 하고 바닥경사는 중앙 배수구쪽으로 10~15° 정도가 좋다.

ㅁ 사육밀도(수온 15℃ 기준)
  • 전장 5cm : 2,000~3,000미/m^2
  • 전장 10cm : 1,200~1,300미/m^2
  • 전장 15cm : 300~600미/m^2
  • 전장 20cm : 160~300미/m^2

② **산천어 먹이공급**

ㄱ 산천어는 주로 수표면에 서식하는 곤충을 먹이로 삼는다.

ㄴ 먹이는 무지개송어용으로 시판된 배합사료를 이용하는 것이 좋다.

ㄷ 초기 자어의 먹이 급여는 부화기를 제거한 후 같은 배양기 내에서 수행된다.

ㄹ 자어의 먹이는 크럼블 사료를 하루에 8회 투여하며, 보통 자동급여기를 이용하여 급여한다.

ㅁ 부화 후 한 달이 지나면 자어는 체장 30mm까지 자라며, 이때 실내 콘크리트 수조로 옮겨진다.

ㅂ 자어는 체중 10~40g이 될 때까지 이 탱크에서 키운다(무지개송어 자어 양성에 이용되는 펠릿 형태의 배합사료를 준다).

ㅅ 펠릿 배합사료의 급여량은 포식량의 60~70%가 되도록 급여한다.

③ **산천어 먹이공급 시 주의사항**

ㄱ 산천어는 무지개송어에 비하면 성격이 민감한 편이므로 먹이 급여 시 불필요한 소리나 충격을 주지 않는다.

ㄴ 수온이 20℃ 이상이면 먹이를 먹지 않으므로 주의한다.

ㄷ 집중 호우 시 양성 못의 물 입구가 막히지 않도록 주의하여야 한다.

ㄹ 상품으로서 출하 한 달 전에는 육질의 색깔을 좋게 하기 위하여 배합사료에 카로티노이드를 첨가한다.

10년간 자주 출제된 문제

산천어 양식에 대한 설명으로 옳지 않은 것은?

① 사육수온은 치어 생산기에는 8~15℃가 좋고 성장기에는 14~17℃가 적당하며, 20℃ 이상이 장기간 될 때에는 성장장애나 성장방해가 나타난다.

② 수정된 시점으로부터 발안기까지 적산수온은 280℃이고, 부화기까지 450℃, 그리고 먹이를 먹을 때까지 800~850℃이다.

③ 산천어는 차갑고 깨끗한 개울에 서식하며, 산란기는 11월 초순~하순이 성기이다.

④ 먹이는 무지개송어용으로 시판된 배합사료를 이용하며, 급여량은 포식량의 60~70%가 되도록 급여한다.

해설

③ 산란기도 거의 비슷하나 무지개송어보다 약간 빠른 10월 초순~하순이 성기이다.

정답 ③

3. 열대성 어류의 양식

핵심이론 01 틸라피아(1) : 양식 개요

① 아프리카 동해안이 원산지이나 우리나라에서는 태국에서 처음 수입하였다.

② *Tilapia*속, *Sarotherodon*속, *Oreochromis*속의 세 가지 속으로 분류되어진다.

  ㉠ *Tilapia*속(질리 틸라피아, *T. zilli*) : 플랑크톤 등을 먹지 않고 대형 수초를 먹으며 입에서(구중 ; 口中) 알을 부화시키지 않는다(땅을 파고 산란).

  ㉡ *Sarotherodon*속(갈리리 틸라피아, *S. galilaeus*) : 미세조류를 주된 먹이로 하면서 암수가 알을 입속에서 부화시킨다(모래에 서식).

  ㉢ *Oreochromis*속(나일, 자바, 청, 스필투루스 틸라피아) : 수초와 플랑크톤을 다 같이 먹으면서 산란된 알을 암컷만이 입에 물고 부화시킨다(진흙에 서식).

③ 특징 및 생태

  ㉠ 고수온에서 잘 성장한다. 열대산이면서 적응범위가 넓어서 8~40℃까지 살 수 있다(최적온도 25~30℃).

  ㉡ 종자생산이 쉽다.

  ㉢ 사료조건이 까다롭지 않다.

  ㉣ 염분 변화에 잘 견딘다.

  ㉤ 우리나라의 경우 야외 못에서는 여름철 3~4개월 정도밖에 사육할 수 없다.

  ㉥ 체색은 환경에 따라 변화가 심하다.

  ㉦ 식물성을 주로 하는 잡식성이고, 맛과 번식력이 좋다.

  ㉧ 저산소, 수질 등의 환경에 강하다(환경변화에 대해 저항성이 강함).

  ㉨ 다른 어종에 비하여 높은 밀도로 기를 수 있다.

  ㉩ 수컷이 암컷보다 성장이 빠르다.

① 산란과 부화
  ㉠ 일부일처성으로 난과 치어를 입 속에서 부화, 성장시킨다.
  ㉡ 산란기에는 못 바닥에 직경 30~90cm, 깊이 10~30cm 정도의 구덩이를 파서 산란한다(구덩이 선정과 파는 것은 수컷이 함).
  ㉢ 꼬리지느러미로 바닥 청소, 흙이나 자갈을 입으로 물어 운반한다.
  ㉣ 암컷의 산란 후 즉시 수컷이 수정하고, 수정된 것은 2~3분간 알을 굴린 후 입 속에 넣는다(미수정란은 넣지 않음).
  ㉤ 부화된 치어는 어미의 구강 내에서 10~15일간 머무른다.
  ㉥ 산란은 23~28℃에서 이루어지며 수온이 22~23℃ 이상 유지되면 계속하여 산란한다.
  ㉦ 성숙기에 달한 암컷은 일반 해수지역에서는 산란이 억제된다.

② 번식억제
  ㉠ 종간 잡종 : 서로 다른 두 종의 틸라피아 순계 사이의 1대 잡종(F_1)은 모두 수컷이다.
    예 T. *mossambica*(♂) × T. *nilotica*(♀)
    T. *aurea*(♂) × T. *nilotica*(♀)
    T. *nilotica*(♂) × T. *hornorum*(♀)
    사이에는 모두 수컷이 생산된다.
  ㉡ 수컷 선별 : 암수를 분리하여 치어기 수컷만 선별한다.
  ㉢ 성전환 : 어린 치어기부터 먹이에 웅성호르몬제를 섞어 공급해 모두 수컷으로 만드는 방법이다.
    예 사료 kg당 메틸테스토스테론과 에티닐테스토스테론을 50~60mg 섞어서 약 1개월간 먹였을 때 모두 수컷으로 됨

  ㉣ 초고밀도 사육 : 가두리에 수용하고 최고 밀도로 사육해서 수정이 일어나지 못하도록 하는 방법
    예 1m²당(수심 60~80cm) 30~50kg 이상 사육
  ㉤ 해수에서는 산란이 억제되므로 해수지역에서 사육하는 방법
  ※ 틸라피아(Tilapia)의 F_1 잡종은 모두 수컷이며 F_1 잡종을 어류 양식에 실제로 이용하고 있다.

10년간 자주 출제된 문제

2-1. 종자생산 시 어미의 계통에 따라 100% 수컷이 생산될 수 있는 종은?
① 잉 어
② 붕 어
③ 뱀장어
④ 틸라피아

2-2. 틸라피아 양식의 산란습성 및 부화에 관한 설명 중 틀린 것은?
① 틸라피아는 산란기에는 못 바닥에 산란구덩이를 파고 산란한다.
② 부화된 치어는 어미의 구강 내에서 10~15일간 머무른다.
③ 암컷이 수컷보다 성장이 빠르다.
④ 성숙기에 달한 암컷은 일반 해수지역에서는 산란이 억제된다.

2-3. 틸라피아의 전 수컷 생산에 일반적으로 사용되는 약품은?
① Estradiol-17β
② 17α-Methyltestosterone
③ Sodium Citrate
④ Ethylaminobenzoate

【해설】

2-1
틸라피아는 F_1의 잡종으로 수컷만을 생산해서 성장속도와 대형 어체로 이익을 올릴 수 있다.

2-2
암컷은 빈번한 산란과 부화자어의 보호행위 때문에 수컷에 비교해서 성장이 크게 뒤진다.

2-3
에틸테스토스테론(Ethyltestosterone)과 메틸테스토스테론(Methyltestosterone)을 사료 1kg당 50~60mg 섞어 약 1개월간 먹였을 때 모두 수컷으로 된다.

정답 2-1 ④ 2-2 ③ 2-3 ②

① 틸라피아의 탱크에 의한 종자생산

　　㉠ 암컷 100g 이상, 수컷 150g 이상으로 암수비율은 3 : 1로 한다.

　　㉡ 1m²당 10~14마리를 수용하고 물 1ton당 10kg 이상의 친어는 수용하지 않는다(산란 비율이 떨어진다).

　　㉢ 수온 22~23℃를 유지하고 1~2개월에 한 번씩 종자를 채포한다.

　　㉣ 종자를 모두 잡아낸 후 1마리도 안 남게 철저히 청소한다.

② 틸라피아 고밀도 사육 시 사육지(탱크)의 관리

　　㉠ 탱크 벽면은 매끄럽게 한다(상처에 보호).

　　㉡ 주수, 배수되는 수류에 의해 오물의 자동 배출을 유도한다.

　　㉢ 수질이 적합(오염되지 않고 수온, 용존산소량이 높을 것)하도록 한다.

　　㉣ 누수가 없게 하고 탱크마다 개별적으로 보수, 배수, 소독이 가능해야 한다.

　　㉤ 어류가 고르게 분포하여 사료를 먹도록 하고, 적정한 수류를 만들어 육질의 향상을 도모(특히 소형 어류)한다.

　　㉥ 시설비가 적게 들고 내수성이 높게 하며 각 단계별 수용시설을 구비(작은 것, 중간 것, 큰 것)한다.

③ 원형탱크구조

　　㉠ 원형탱크의 지름은 3~5m로 하며, 중앙 배수구를 두고, 수심 50m 내외로 한다.

　　㉡ 바닥 경사율
　　　　• 수심이 얕을 때 : 5~10%
　　　　• 수심이 70~100cm 이상일 때 : 15~20%

　　㉢ DO : 2.5~3mg/L 정도, 장거리 운반 후에도 4~5일간 DO를 낮게 유지

　　㉣ 유속 : 7.5~10cm/sec

　　㉤ 암모니아 : 6ppm 이하로 유지

※ 긴 수로형 탱크
　　• 탱크 길이 : 너비 : 수심 = 30 : 3 : 1
　　• 오물만 버리고 물은 재사용
　　• 유속 : 7.5~10cm/sec

10년간 자주 출제된 문제

3-1. 틸라피아를 원형수조에서 양성하고자 할 때 탱크 내의 오물을 잘 제거할 수 있고 또 사육어류의 적절한 운동을 위한 탱크 내의 유속으로 가장 적절한 것은?

① 초당 0.5~1.0cm
② 초당 3.5~5.0cm
③ 초당 7.5~10.0cm
④ 초당 20cm 이상

3-2. 틸라피아 양식에서 수심이 70~100cm 또는 그 이상일 때의 바닥 경사율은?

① 0.5~1%
② 5~10%
③ 15~20%
④ 25~30%

|해설|

3-2
바닥 경사율
• 수심이 얕을 때 : 5~10%
• 수심이 70~100cm 이상일 때 : 15~20%

정답 3-1 ③　3-2 ③

① 포획, 운반 또는 그 후의 수질관리 및 대책

　㉠ 용존산소의 양이 많으면 호기성 세균의 번식이 조장되므로 어류를 취급한 뒤 3~4일간 용존산소량을 2mg/L 또는 그 이하로 유지시킨다.

　㉡ 수송한 치어를 수용 시에는 사전에 수용할 사육지의 용존산소량 및 수온을 확인하여야 하는데 용존산소는 포화농도에 가깝게 수온은 적온(26~30℃)이 되도록 한다.

② 섭이 특징

　㉠ 어체에 비해 입이 작으므로 먹이의 입자가 작아야 한다.

　㉡ 성어는 3mm 펠릿을 사용하고, 치어는 크럼블을 사용한다.

　㉢ 탱크 사육 시에는 과량을 주지 않도록 한다. 입 속에서 목구멍으로 넘어갈 때까지 시간이 많이 걸리고 이때 많은 부분이 허물어져서 물에 녹아 나와 수질악화를 유발한다.

　㉣ 먹이를 조금씩 자주 준다. 수온 22~23℃ 이상이면 매시간마다 먹이를 주어야 한다.

③ 사료의 공급

　㉠ 분말이나 펠릿 형태의 배합사료(동물질 4 : 식물질 6)를 준다(단백질 함량은 33% 전후 가장 높음).

　㉡ 치어기에는 동물질과 식물질을 배합한 미세 분말(크럼블)을 수면에 살포하여 주고, 성장함에 따라 입자크기를 크게 한다.

　㉢ 치어의 먹이는 부화 후 30~50일 지나 전장 4~8cm, 체중 5.0~8.0g이 되면 어체중의 15~20%를 공급한다.

10년간 자주 출제된 문제

다음 중 틸라피아를 운반 또는 옮기고 난 후의 수질관리로 가장 적합한 것은?

① 용존산소량을 2mg/L 정도로 낮게 4~5일간 유지한다.

② 용존산소량은 적어도 5~6mg/L 정도 높게 유지한다.

③ 용존산소량은 포화농도 가까이 올려야 한다.

④ 용존산소량에는 관계없이 수온만 25~26℃로 유지하면 된다.

|해설|

틸라피아의 포획이나 운반한 후의 대책(이유)

용존산소량이 높으면 호기성 세균의 번식이 조장되므로 어류를 취급한 뒤 3~4일간 용존산소량을 2mg/L 또는 그 이하로 낮게 유지시킨다(운반 중 상처를 입은 경우).

정답 ①

4. 해산어류의 양식

핵심이론 01 넙치(1) : 양식 개요

① 넙 치
  ㉠ 학명은 *Paralichthys olivaceus*, 영명 Bastard Halibut 또는 Olive Flounder이다.
  ㉡ 몸은 눈이 있는 쪽이 어두운 갈색으로 빗비늘로 덮여 있으며, 눈이 없는 쪽은 둥근비늘로 유백색을 띠고 있다.
  ㉢ 서식지에 따라 변색하여 몸을 보호하는 보호색의 성질이 강하다.
  ㉣ 체형은 부유생활 시 대칭적인 측편형이나 성장하면서 측편이 납작해지고 몸 왼쪽에 눈이 위치한 비대칭형이다.
  ㉤ 수컷에 비해 암컷의 성장이 빠르고, 수컷은 생식공이 가늘고 길며 붉지 않다.
  ㉥ 육식성 어류로 갑각류가 주요 먹이이며, 수심 10~200m의 범위 내에서 서식한다.
  ㉦ 자연상태에서는 몸길이가 90cm까지 성장하며, 암컷은 40cm, 수컷은 30cm 크기로 성장하면 성 성숙이 이루어진다.

② 양식방법
  ㉠ 넙치양식은 고밀도 사육이 가능하고 대부분 육상수조식 양식형태이다.
  ㉡ 양질의 안정적인 해수를 저비용으로 취할 수 있어야 한다.
  ㉢ 사육 적정수온의 범위인 21~24℃가 연간 장기간이고 용존산소량이 높고 적조나 주변으로부터 오염원이 없는 곳이 적당하다.
  ㉣ 수온이 26℃를 넘으면 먹이 섭취량이 줄어들어 성장률과 사료효율이 감소한다.
  ㉤ 넙치는 저서생활을 하므로 수심은 성장단계에 따라 조절해 주는 것이 좋다.
  ㉥ 수조형태는 원형, 팔각형 등의 넓은 수면적을 이용하여 환수율을 높여야 한다.
  ㉦ 수조 위는 차광막을 설치하여 직사광선을 피하고 수온변화를 줄여야 한다.

③ 육상수조식 양어장의 적지
  ㉠ 태풍이나 파도의 영향이 적은 곳
  ㉡ 저질이 암반이나 모래로 되어 있어 풍파에도 수질 혼탁이 적은 곳
  ㉢ 적조나 현탁물질 등의 오염물질이 적고 깨끗한 곳
  ㉣ 하천수의 유입 등에 의한 염분의 극단적인 저하가 적은 곳
  ㉤ 적수온기간이 길어야 하고, 취수되는 해수는 용존산소가 높은 곳
  ㉥ 교통이 편리하여 사료와 자재의 반입이 용이한 곳
  ㉦ 태풍 등의 자연재해를 받지 않은 곳
  ㉧ 해면과 수위차가 적어 양수 경비가 적게 소요되는 곳
  ㉨ 해안 가까운 곳에서 가능한 한 대지 구입이 용이한 곳
  ㉩ 시장이 가까워 활어의 출하가 유리한 곳

1-1. 다음 어종 중 육상수조 양식에 가장 알맞은 것은?

① 방 어   ② 복 어
③ 넙 치   ④ 참 돔

1-2. 다음 중 넙치의 육상수조식 양어장의 적지가 아닌 곳은?

① 태풍이나 파도의 영향이 적은 곳
② 저질이 암반이나 모래로 되어 있어 풍파에도 수질 혼탁이 적은 곳
③ 넙치는 염분 내성이 크기 때문에 염분의 변화가 큰 곳
④ 판매시장이 가까운 곳

1-3. 넙치를 육상수조에서 양성하려고 할 때 고려해야 할 장소 선정에 관한 내용 중 알맞지 못한 것은?

① 가능한 한 장기간 동안 적수온 범위의 해수를 취수할 수 있는 곳
② 취수되는 해수는 용존산소가 높고, 하천의 유입 등에 의해서 염분의 급격한 저하가 없는 곳
③ 적조나 현탁물질 등의 오염물질이 적고 깨끗한 곳
④ 해면과의 수위차가 큰 곳

｜해설｜

1-1
넙치 양성에는 주로 육상수조식(유수식) 방법이 이루어지고 있으나, 일부지역에서는 해상 가두리방법이 이용되고 있다.

1-2
③ 하천수의 유입 등에 의한 염분의 극단적인 저하가 적은 곳

1-3
④ 해면과 수위차가 적어 양수 경비가 적게 소요되는 곳

정답 1-1 ③   1-2 ③   1-3 ④

핵심이론 02 넙치(2) : 종자생산

① 친어관리
　㉠ 채란용 친어로서는 2~3년된 우량의 암수친어가 가장 좋다.
　㉡ 자연산 친어는 성장이 느리고 양식장 환경에 순치하는 데 시간과 노동이 소요된다.
　㉢ 친어용 수조 : 광주기와 수온 조절을 위한 조명이나 냉온방시설이 필요하며, 사육수의 흐름이 원활한 형태의 수조로 면적 $40m^2$, 수심 1.2m 전후가 좋다.
　㉣ 친어 먹이 : 단백질, 무기질, 비타민 함량이 높은 사료를 주고 계절에 따라 신선한 오징어나 굴 등을 공급한다.
　㉤ 친어의 수용밀도 : 방양량은 $1~2마리/m^2$가 적당하며 자연산란의 경우의 암수 비율을 1 : 2 정도가 바람직하다.

② 넙치 채란방법 3가지
　㉠ 천연친어로부터 채란
　　• 자연산 친어 중 충분히 성숙한 친어를 현장에서 빨리 채란하여 인공수정시킨다.
　　• 어획 시의 친어상태에 따라 실시 가능여부와 채란량에 영향을 미친다.
　㉡ 호르몬 주사에 의한 채란
　　• 산란기에 어획된 친어가 산란하지 않을 때 호르몬주사제를 주사하여 1~2일간 완전히 성숙시킨 후 채란하여 인공수정한다.
　　• 이 방법은 채란량과 부화율에 영향을 미친다.
　㉢ 자연산란에 의한 채란
　　• 친어를 수조에 수용하여 장기간 양성 후 자연산 알을 유도하는 방법이다.
　　• 건강한 알을 확보하는 데는 좋으나 친어를 장시간에 걸쳐 양성·관리해야 하는 어려움이 있다. 그러나 계획종자생산이 가능하여 널리 보급되어 있다.

2-1. 넙치종자생산에 필요한 양식의 수정란 채란을 위한 가장 널리 사용되는 방법은?

① 천연어미로부터 인공채란하는 방법
② 천연어미로부터 호르몬 주사에 의한 인공채란하는 방법
③ 양성어미로부터 자연산란에 의한 방법
④ 양성어미로부터 호르몬주사 후 자연산란에 의한 방법

2-2. 넙치를 채란하는 방법은 몇 가지가 있다. 그 중 양질의 난을 효율적으로 채란할 수 있는 방법은?

① 천연 친어로부터 현장채란
② 탱크 내에서 자연산란에 의한 채란
③ 호르몬제 주사에 의한 채란
④ 광조절에 의한 채란

2-3. 양성한 넙치 친어로부터 채란하고자 할 때 다음 중 친어의 수용밀도가 가장 적당한 것은?

① 1m²당 1~2마리
② 1m²당 3~4마리
③ 1m²당 5~6마리
④ 1m²당 7~8마리

해설

2-1
자연산란에 의한 방법은 건강한 난을 확보하는데 좋으며 계획 종자생산이 가능하나 친어를 장시간에 걸쳐 양성, 관리해야 하는 어려움이 있다.

2-2
자연산란에 의한 채란은 친어를 수용하여 장기 양성 후 자연산란 시키는 방법으로 좋은 난 확보에 유리하다.

2-3
친어의 수용밀도는 환수율 등에 좌우되지만 방양량은 1m²당 1~2마리가 적당하다.

정답 2-1 ③ 2-2 ② 2-3 ①

핵심이론 03 넙치(3) : 산란과 부화

① 넙치의 산란
  ㉠ 자연에서의 산란기 수온은 11~17℃이고, 산란 성기의 수온은 13~17℃이다.
  ㉡ 우리나라 연안에서 자연산란시기는 5~6월로 수심 20~50cm의 조류의 흐름이 좋은 사니질이나 모래 또는 암초지대에서 산란한다.
  ㉢ 산란은 하루 중 새벽 0~3시에 가장 활발히 일어나고, 일몰부터 자정에 걸쳐서는 활발하지 못하다.
  ㉣ 넙치는 다회 산란을 하며, 약 2~3개월에 걸쳐 수회의 산란을 행한다.
  ㉤ 친어사육조의 암수 비율은 암컷 1마리에 대하여 수컷은 1.5~2마리가 되도록 하는 것이 일반적이다.
  ㉥ 알은 분리부성란으로 큰 친어 한 마리의 하루 평균 산란 수는 약 100만 개로 총산란 수는 1,000만~3,600만 개이다.
  ㉦ 완숙 시 알의 지름은 0.94~0.98mm 정도이며, 유구는 1개이다.
② 부화
  ㉠ 수온 13~18℃에서는 수정 후 50~78시간 정도에서 부화하며, 자어의 크기는 2.5~3.0mm이다.
  ㉡ 수정란은 대략의 계수를 하고 에어레이션 장치를 한 부화조 내 1mL당 1~2개의 밀도로 수용한다(유수식).
  ㉢ 부화조 내의 수온 18~20℃에서는 수정 후 48~50시간 경과하면 부화하며, 부화 직후 크기는 몸길이 2.5~3.0mm 정도이며 배에는 난황을 달고 있다.
  ㉣ 부화 기형률은 14℃에서 상대적으로 가장 낮다.
  ㉤ 자연에서의 부화 적정 수온은 14~19℃이다.
③ 수정란의 부화방법
  ㉠ 지수식 : 부화하기 전까지 외부로부터 물의 공급이 없는 방법이다.

ⓛ 유수식 : 부화조 내에 항상 물을 교환해 주는 방식으로, 관리에 편리하여 주로 이용되고 있으며, 이때 공급수는 반드시 여과해수를 사용한다.

10년간 자주 출제된 문제

3-1. 넙치의 산란, 부화 및 발생 등에 대한 설명 중 틀린 것은?

① 자연에서의 산란 가능 수온은 11~17℃이다.
② 수온이 18℃ 전후이며 부화 후 30일 정도에서 몸길이가 11mm 전후로 된 후 변태하게 된다.
③ 수온 13~18℃에서는 수정 후 50~78시간 정도에서 부화한다.
④ 부화된 자어를 수용할 못의 수온은 13℃로 유지하고, 광선의 밝기는 50,000lx로 한다.

3-2. 넙치의 산란에 대한 다음 내용 중 가장 거리가 먼 것은?

① 산란기의 수온은 11~17℃이고, 산란 성기의 수온은 13~17℃이다.
② 넙치의 산란은 오후시간보다 일몰부터 자정에 걸쳐 활발하게 일어나며, 하루 중 새벽 0~3시에 가장 활발히 일어난다.
③ 넙치는 다회 산란을 하며, 약 2~3개월에 걸쳐 수회의 산란을 행한다.
④ 친어사육조의 암수 비율은 암컷 1마리에 대하여 수컷은 1.5~2마리가 되도록 하는 것이 일반적이다.

3-3. 유수식으로 넙치란을 부화시킬 때 난의 적정 밀도는?(단, 수조는 깊이 40cm 이상이며 에어레이션을 함)

① 1~2개/mL   ② 5~10개/mL
③ 20~50개/mL   ④ 50~100개/mL

해설

3-1
④ 부화된 자어를 수용할 못의 수온은 18℃로 유지하고, 광선의 밝기는 1,000lx로 한다.

3-2
산란이 가장 활발하게 이루어지는 시간은 오전 9~12시 사이이다.

3-3
수정란은 대략의 계수를 하고 에어레이션 장치를 한 부화조 내 1mL당 1~2개의 밀도로 수용한다.

정답 3-1 ④   3-2 ②   3-3 ①

핵심이론 04 넙치(4) : 자·치어의 사육

① 자어사육
  ㉠ 부화자어는 20~25톤 정도의 수조에서 사육한다.
  ㉡ 부화 후 3~4일 동안 난황을 흡수하여 몸길이가 2.5~3.0mm가 되며 3~5일이 지나면 입이 열리고 9일 정도 지나면 약 5.5mm 전후가 된다.
  ㉢ 부화 후 10일까지의 자어에게는 주로 로티퍼(최초의 먹이생물)를 먹이로 준다.
  ㉣ 부화 10일 이후로는 주로 알테미아를 준다.
  ㉤ 자어의 수용 밀도는 해수 1,000L당 2만 마리 전후이다.
  ㉥ 통기는 너무 강하지 않게 하고, 수용할 못의 수온은 18℃로 유지한다.
  ㉦ 광선은 차단하여 맑은 날에도 1,000lx 이내로 한다.
  ㉧ 사육용수는 여과해수를 사용하여 수용 후 1주일 후부터 물을 교환하기 시작하고 점차 환수량을 늘려 나간다.
    ※ 자·치어사육에 사용되는 대표 먹이생물 : 로티퍼, 알테미아, 티그리오푸스

② 치어사육
  ㉠ 치어의 사육은 육상수조를 이용하는 방법과 수조 내에 설치한 그물 내에서 사육하는 방법이 있다.
  ㉡ 치어의 먹이는 영양강화 알테미아와 배합사료를 주로 주고, 경우에 따라서는 크릴, 바지락 등 조개류 등의 생먹이를 보조적으로 줄 수 있다.
  ㉢ 하루의 먹이 공급횟수는 치어는 4~5회, 성장에 따라 2~3회에 나누어 주고 저수온 시에는 먹이의 먹는 상태를 보면서 횟수를 줄여 준다.
  ㉣ 치어 사육기간 중 낮은 생존율은 먹이 붙임의 실패와 질병 발생이 주원인인 경우가 많다.
  ㉤ 이 기간 중에는 개체 크기 차이로 서로 잡아먹는 공식현상이 심하므로 적절한 선별작업이 필요하다.
    ※ 넙치치어의 공식현상이 가장 심해지는 크기는 전장 25~50mm 전후이다.

ⓗ 넙치의 변태
  • 18℃의 경우 부화 후 30일 정도에 11mm 정도가 되면 변태를 시작한다.
  • 좌우상칭형에서 오른쪽 눈이 머리의 등뒷선을 따라 왼쪽으로 옮겨간다.
  • 부화 35일경 체장 14mm 전후로 성장하면서 변태를 끝낸다.
ⓢ 자어의 변태가 완료되면 바닥에 가라앉아 저서생활에 들어가기 전에 수조를 교환하거나 수조 내에 그물 용기를 설치하여 수용한다.

4-1. 넙치자어 사육 시 일반적으로 최초의 먹이생물로 이용되는 것은?

① 코페포다 ② 로티퍼
③ 알테미아 ④ 섬모충

4-2. 넙치의 종자육성에 관한 설명 중 틀린 것은?

① 사육 용수는 여과한 해수를 사용한다.
② 광선을 적절히 차단한다.
③ 수온은 18℃ 전후로 유지한다.
④ 부화 후 10일까지는 브라인슈림프를 준다.

4-3. 넙치의 먹이공급에 대한 설명 중 틀린 것은?

① 부화 후 10일까지의 자어에게는 주로 로티퍼를 먹이로 준다.
② 부화 10일 이후로는 주로 알테미아를 준다.
③ 치어기 먹이로는 크릴, 바지락 또는 어패류의 살 등을 주어도 된다.
④ 치어기에는 먹이를 하루에 1~2회, 성장하면 3~4회 정도로 준다.

4-4. 넙치치어의 공식현상이 가장 심해지는 크기는?

① 전장 5~10mm 전후 ② 전장 25~50mm 전후
③ 전장 55~80mm 전후 ④ 전장 100mm 전후

4-5. 다음 중 넙치자어를 사육하기에 가장 적절한 수온 범위는?

① 5~10℃ ② 10~15℃
③ 15~20℃ ④ 20~25℃

4-1
② 로티퍼 : 10일 후부터 아르테미아 유생을 병행하여 사용하지만, 자어의 영양 요구를 고려하여 먹이생물과 함께 인공배합사료를 첨가하여 변태기를 전후해서 배합사료로 완전 전환한다.

4-2
넙치의 먹이 붙임단계
• 부화 후 10일까지는 로티퍼를 준다.
• 부화 10일 이후부터는 알테미아 유생을 준다.
• 25일경부터는 알테미아 유생과 함께 시판되는 미립자 사료와 펠릿을 먹인다.

4-4
자치어의 공식은 전장 25~50mm 내외에서 치어의 활력 차이, 공간경쟁과 먹이경쟁 등으로 인하여 공식현상이 일어나므로 선별을 실시하여야 한다.

정답 4-1 ② 4-2 ④ 4-3 ④ 4-4 ② 4-5 ③

① 넙치양성 시설

　㉠ 육상수조식이 주로 이용되고 해상가두리방법이 사용된다.

　㉡ 설치 장소는 수질이 적당하며, 수질 변화가 적고, 용수를 풍부하게 이용할 수 있는 곳으로 한다.

　㉢ 수심은 30~80cm로 하고, 튀어 도망가지 않게 수면위로 30~50cm의 여유를 두어야 한다(그물을 쳐 막기도 함).

　㉣ 넙치가 성장함에 따라 바닥면적이 넓은 곳으로 옮겨주며 출하 직전에는 30~100m² 정도의 넓은 곳을 사용하는 것이 좋다.

　㉤ 차광막은 직사광선을 막아줌으로써 수조 내 수온 상승과 조류의 번식을 방지하고 수조 내 어류를 안정시키는 데 효과가 있다.

　㉥ 육상양식시설의 경우 배출수에 포함된 사료찌꺼기, 배설물 등의 수질정화를 위한 적절한 침전시설 및 침전조를 갖추어야 한다.

　　※ 최근에는 사육수조 외에 침전조(1차 여과)와 생물여과조(2차 여과) 등의 시설을 갖춘 순환여과식 사육시스템이 이용되고 있다.

② 넙치양성시설에 방양

　㉠ 고밀도로 방양하면 성장 저하, 사료효율 저하, 높은 폐사율의 원인이 된다.

　㉡ 20~25℃ 적수온에 사육 용수를 2시간 환수할 때 바닥면적 1m²당 5~15kg이 적당하다.

　㉢ 넙치 전장이 10cm, 체중 10g을 사육할 때 적당한 양성밀도는 1m²당 2.0kg이다.

　㉣ 넙치의 육상양식 시 순간성장률을 최대로 할 수 있는 적정 사육밀도는 체표면적비의 2배이다.

　㉤ 탱크 양식장에서 넙치를 기를 경우 용수로서 가장 좋은 것은 지하 염분수이다.

　㉥ 육상수조양식에서의 환수율

　　• 수온 25℃ 이하일 때 : 1회전/1.5~2시간

　　• 수온 25℃ 이상일 때 : 1회전/1시간

　　• 환수율 : 평상시 1회전/2시간, 여름철 고수온기 1회전/1시간, 1일 10~20회전

③ 넙치양성 시 먹이

　㉠ 넙치는 육식성이 강한 해산어류로 단백질 요구량이 높은 반면 탄수화물 이용성이 낮은 영양특성이 있다.

　㉡ 치어의 먹이는 새우, 까나리, 오징어, 멸치, 전갱이 등을 분말 배합사료와 혼합한 모이스트 펠릿이나 치어용 배합사료를 입크기에 알맞은 입자크기로 조절하여 공급한다.

　㉢ 치어는 4~5회, 성장함에 따라 2~3회에 나누어 주고 저수온 시에는 먹이 먹는 상태를 보면서 횟수를 줄여 준다.

　㉣ 10cm 이하에서 체중의 20%, 20cm 전후에 10% 이하, 30cm 전후에서는 3~4%를 급이한다.

　㉤ 넙치의 성장은 수컷보다 암컷이 빠르며, 종자 입식 후 12개월 이내에 1,000g까지 성장하고 식용으로 출하가 가능하게 된다.

10년간 자주 출제된 문제

5-1. 넙치를 육상사육수조에서 양성하고자 한다. 넙치의 적정 수온범위 내에서 수조의 환수율이 10~12회전/일인 경우 m²당 양성 밀도로 가장 적당한 것은?

① 4kg 이하　　　　　　② 5~15kg
③ 20~30kg　　　　　　④ 35~50kg

5-2. 다음 중 넙치의 육상양식 시 순간성장률을 최대로 할 수 있는 적정 사육밀도는?

① 체표면적비의 2배　　② 체표면적비의 3배
③ 체표면적비의 4배　　④ 체표면적비의 6배

정답 **5-1** ②　**5-2** ①

① 조피볼락

  ㉠ 우리나라 남서해안 및 일본 북해도 이남의 연안에서 자란다.

  ㉡ 얕은 바다의 암초 사이에 서식한다.

  ㉢ 성장 적수온은 18~27℃이고, 서식한계수온은 7~30℃로 우리나라 겨울철의 저수온에 대해 다른 양식종보다 강하다.

  ㉣ 체내수정을 하여 5~6월경 자어를 낳는 태생어이다.

  ㉤ 육질은 참돔, 넙치와 같이 백색육이다.

  ㉥ 자연산의 최소성체는 수컷은 2년생, 암컷은 3년생이다.

② 조피볼락의 친어관리

  ㉠ 친어 대상은 자연에서 포획한 것이나 종자생산하여 양식된 것으로 한다.

  ㉡ 종자생산에 이용할 친어 수컷은 2년생, 암컷은 3년생을 수용하여 사용한다.

  ㉢ 자연에서 포획한 친어 종자생산하여 양성된 친어를 수심 1.5~2m가 되는 육상수조나 가두리에서 사육하면서 산출시킨다.

  ㉣ 출산 직전에 잡힌 자연산 친어는 빨리 운반하여 산란수조에 수용한다.

  ㉤ 교미시기의 적정수온은 10~13℃를 유지시킨다.

  ㉥ 산출시기의 사육수온은 13~15℃를 유지시킨다.

  ㉦ 수컷이 먼저 성숙하여 12~2월(13℃)에 교미가 이루어지고 알이 성숙한 후 체내수정은 3~4월에 이루어지며, 4월 중순에서 5월에 걸쳐 자어가 산출된다.

  ㉧ 조피볼락의 산출은 밤 9시에서 새벽 2시 사이(주산출시간 밤 10~12시경)이다.

6-1. 다음 중 출산용 조피볼락의 친어관리가 잘못된 것은?

① 자연에서 포획한 친어나 종자생산하여 양성된 친어를 수심 1.5~2m가 되는 육상수조나 가두리에서 사육하면서 출산시킨다.

② 육상수조에서 사육 시 교미시기의 사육수온은 10~13℃를 유지시키고, 그 후 서서히 수온을 상승시켜 출산시기에는 13~15℃가 되게 한다.

③ 종자생산에 이용할 친어는 만 1~2년생의 어미를 수용하여 사용한다.

④ 출산 직전에 잡힌 자연산 친어를 빨리 운반하여 산란수조에 수용한다.

6-2. 조피볼락의 친어관리 및 생태에 관한 내용 중 틀린 것은?

① 친어 대상은 자연에서 포획한 것이나 종자생산하여 양식된 것으로 한다.

② 교미시기의 사육수온은 10~13℃를 유지시킨다.

③ 출산시기의 사육수온은 13~15℃를 유지시킨다.

④ 친어의 교미 후 즉시 체내에서 미성숙 난의 수정이 이루어진다.

6-3. 조피볼락의 특징으로 바르지 않은 것은?

① 체내수정을 하여 새끼를 출산하는 어류이다.

② 육질은 참돔, 넙치와 같이 백색육이다.

③ 자연산의 최소성체는 수컷은 2년생, 암컷은 3년생이다.

④ 조피볼락의 출산은 주로 일출경(오전 4~6시)에 이루어진다.

│해설│

6-2

조피볼락의 생식형태

수컷이 먼저 성숙하여 12~2월(13℃)에 교미가 이루어지고 알이 성숙한 후 체내수정은 3~4월에 이루어지며, 4월 중순에서 5월에 걸쳐 자어가 산출된다.

정답 6-1 ③ 6-2 ④ 6-3 ④

① 조피볼락 암수의 비뇨생식기 형태 변화

   ⊙ 수 컷

     • 비뇨생식돌기는 항상 돌출되어 있다.

     • 미성숙기 : 생식돌기는 엷은 분홍색을 띤다.

     • 성숙시기 : 앞 끝 부위가 충혈되어 검붉은색으로 변한다.

   ⓛ 암 컷

     • 교미 후 생식공 부위가 팽창하며 색의 변화를 가져온다.

     • 배 발생 초기는 생식공, 비뇨돌기가 조금 팽창되면서 주위가 엷은 청색을 띤다.

     • 배 발생이 진행되면서 이 부분이 팽창하여 암청색 색체를 띤 분홍색이 된다.

② 조피볼락의 출산시기의 추정

   ⊙ 항문, 생식구 및 비뇨돌기는 약간 팽출되어 있는 상태로 그 주변부는 담청색을 띠고 있는 개체가 많은 경우 출산시기가 어느 정도 남은 것이다.

   ⓛ 항문으로부터 비뇨돌기에 이르기까지 거의 동일하게 팽출되지만 생식구의 선단부는 팽출되어 있지 않으며 항문으로부터 비뇨돌기에 걸쳐 자색이나 암청색의 색을 보일 때는 출산시기가 가까워진 것이다.

   ⓒ 항문, 생식구 및 비뇨돌기 주변은 현저히 팽출하여 그 주변 부위의 색깔은 암청색 또는 암자색을 나타낼 경우 출산 직전이다.

   ⓔ 출산이 가까워오면 생식공 및 비뇨돌기의 개구부는 현저히 팽창하여 주변 표피가 짙은 분홍색이 된다.

   ⓜ 출산 직전 암컷의 생식공 표피를 통하여 은색을 띠는 자어의 안포가 다수 보인다.

③ 조피볼락 친어의 출산행동

   ⊙ 활발히 유영한다.

   ⓛ 가끔 수조를 선회하며 생식공에서 점성을 가진 투명한 한천질로 쌓인 태자를 출산한다.

   ⓒ 선회를 멈추고 지느러미로 몸을 세우고 바닥을 고정한 자세로 한 덩어리의 태자를 방출한다.

   ⓔ 친어는 가슴을 격렬히 움직여 덩어리를 흩트리면 자어들이 분산되어 표층에 활발한 유영을 시작한다.

   ⓜ 2~3회의 출산 행동을 하면서 출산을 한다.

   ⓗ 해가 진 후 1회 산란에 1시간에서 1시간 30분이 소요되고 어획이나 운송방법에 따라 영향을 받는다.

10년간 자주 출제된 문제

조피볼락의 출산시기의 추정에 관한 내용 중 거리가 먼 것은?

① 항문, 생식구 및 비뇨돌기는 약간 팽출되어 있는 상태로 그 주변부는 담청색을 띠고 있는 개체가 많은 경우 출산시기가 어느 정도 남은 것이다.

② 항문으로부터 비뇨돌기에 이르기까지 거의 동일하게 팽출되지만 생식구의 선단부는 팽출되어 있지 않으며, 항문으로부터 비뇨돌기에 걸쳐 자색이나 암청색의 색을 보일 때는 출산시기가 가까워진 것이다.

③ 배가 부르고 머리에 추성이 생기며, 움직임이 둔한 경우 출산시기가 많이 남아 있는 것이다.

④ 항문, 생식구 및 비뇨돌기 주변은 현저히 팽출하여 그 주변 부위의 색깔은 암청색 또는 암자색을 나타낼 경우 출산 직전이다.

정답 ③

① 조피볼락 자·치어 성장

  ㉠ 출산 직후 자어는 5.5~7.5mm 전후에 난황은 거의 흡수되었고 추광성을 띠어 수조의 표층을 유영한다.

  ㉡ 출산 후 15일이면 지느러미 발달이 현저하고, 9.0~9.8mm가 된다.

  ㉢ 먹이를 처음 공급하는 시기는 출산 직후로 로티퍼를 공급한다.

  ㉣ 로티퍼는 2~3개체/mL를 유지하고 산출 후 5~15일간 공급한 후 알테미아를 배합사료와 함께 공급한다.

  ㉤ 35~45일을 전후하여 공식현상이 심하므로 주의하여야 한다.

  ㉥ 출산 후 70일 정도 지나면 30mm가 되는 치어에 도달한다.

  ㉦ 조피볼락 양성 시 방양량은 ton당 7~10kg 정도이다.

② 조피볼락 자어의 사육환경

  ㉠ 사육 초기에는 정지 또는 약한 유동상태로 물을 환수시킨다.

  ㉡ 사육수에는 클로렐라를 1mL당 400~1,000개체를 첨가시킨다.

  ㉢ 사육수온은 15~20℃로 하는 것이 좋다.

  ㉣ 수조의 표층조도는 50~100lx로 한다.

8-1. 조피볼락에게 먹이를 처음 공급하는 시기는?

① 출산 직후
② 출산 5일 후
③ 출산 19일 후
④ 출산 30일 후

8-2. 조피볼락 자어의 사육환경조건으로 틀린 것은?

① 사육 초기에는 정지 또는 약한 유동상태로 물을 환수시킨다.
② 사육수에는 클로렐라를 1mL당 400~1,000개체를 첨가시킨다.
③ 사육수온은 15~20℃로 하는 것이 좋다.
④ 출산 직후에는 야행성이므로 실내환경을 어둡게 하는 것이 좋다.

해설

8-1
• 처음 로티퍼 공급은 출산 후 15일경까지
• 알테미아 공급은 출산 후 3~4일부터 30일경까지
• 인공배합사료는 출산 후 10일째부터 공급

8-2
밤에는 흩어져서 중층이나 표층으로 떠올라 그다지 활동을 하지 않으나, 낮에는 가라앉아 무리를 지어 활발히 활동하고, 특히 아침·저녁에 왕성한 활동을 보인다.

정답 8-1 ① 8-2 ④

① 참돔(*Pagrus major*)

㉠ 참돔은 우리나라, 일본, 중국, 동남아시아, 하와이 등지에 분포한다.

㉡ 몸길이는 1m에 달하며 연안의 따뜻한 바다에 사는 종으로 암반, 모래, 자갈로 구성된 바닥의 수심이 30~150m인 곳에 서식한다.

㉢ 겨울철 수온이 8℃ 이하로 내려가는 수역에서는 수온이 높은 남해안의 깊은 곳이나 제주도 근해의 월동장으로 이동하여 겨울을 지낸다.

㉣ 참돔은 양 턱에 어금니가 있고 발달된 이빨로 새우나 게와 같은 갑각류와 조개류, 환형동물 등을 주로 먹이로 잡아먹는다.

② 참돔의 성장

㉠ 참돔은 수온 20~28℃ 범위에서 먹이 섭취가 가장 왕성하여 성장이 빠르다.

㉡ 수온이 13~14℃ 이하에서는 먹이량이 급감하며, 10℃ 이하에서는 먹이 섭취가 거의 중단된다.

㉢ 치사한계수온

• 수온이 6℃ 이하이거나 32℃ 이상의 고수온일 경우 폐사가 일어나기 시작한다.

• 치사한계수온은 조류속도나 파랑, 수온의 변화속도 등에 따라서 차이가 난다.

㉣ 사육수의 해수 용존산소량

• 3.0mL 이하로 내려가면 먹이 섭취량이 감소한다.

• 2.3mL 전후에는 유영 행동도 둔해지기 시작하여 1.0mL 이하에서 폐사가 일어난다.

• 참돔 양식장의 용존산소량은 3.0mL 이상 유지가 필요하며, 충분한 성장을 기대하기 위해서는 4mL 이상이 요구된다.

㉤ 참돔 양식장

• 참돔은 염분변화에 대한 적응성이 높으나 양식장으로서는 염분변화가 적은 곳을 선택하는 것이 좋다.

• 조류 흐름이 좋고 수심이 깊으며 태풍이나 적조 및 빈산소 수괴 등과 같은 자연재해에 안전하고 일대 소비시장이 가까운 곳이 이상적인 양식장이다.

※ 노지를 이용한 축제식 방법과 수조를 이용한 육상수조식 방법이 있고, 현재는 육상수조식 종자생산방법이 널리 쓰이고 있다.

※ 축제식 양식은 육지의 만(灣) 입구에 돌을 이용하여 제방을 쌓고 자연적으로 해수의 교환이 이루어지도록 하여 양식하는 방식이다. 그러나 최근에는 이러한 전통적인 방식보다는 염전 또는 만을 포함하는 육지부의 땅을 일정 깊이로 파고 수문을 설치하여 해수를 교환하여 양식하는 추세이다. 또한 그 면적이 매우 넓어 조방적 형태를 띠고 있다.

10년간 자주 출제된 문제

참돔의 양성과 관련된 일반적 특징으로 틀린 것은?

① 암반, 모래, 자갈로 구성된 바닥의 수심이 30~150m인 곳에 서식한다.

② 용존산소량은 3.0mL 이상 유지가 필요하다.

③ 참돔은 5℃ 이하의 수온에서 약 80% 이상 월동이 가능하다.

④ 수온이 13~14℃ 이하에서는 먹이량이 급감한다.

정답 ③

① 친어관리

   ⊙ 일반적으로 양식용 친어는 4년 이상 성숙된 개체를 사용한다.

   ⓒ 친어 수용밀도는 $1m^2$당 2~3마리(4~5kg) 정도로 하며, 암수 비율은 1 : 1로 하여 산란수조에 수용한다.

   ⓒ 먹이는 배합사료를 주며, 때에 따라 신선한 오징어와 새우류 등을 공급한다.

   ⓔ 산란용 친어수조의 크기는 $3{\sim}100m^3$가 적당하다.

② 산 란

   ⊙ 봄부터 여름에 걸쳐 수온이 상승하고 낮이 길어지는 시기에 산란을 하는 형태로 이러한 생리적 특성을 제어함으로써 산란시기의 조절이 용이하다.

   ⓒ 산란시기는 수온이 15~17℃ 되는 4~6월경이다.

   ⓒ 산란기인 성숙한 암컷은 두부가 둥글고 몸 색깔의 붉은 색이 짙어진다.

   ⓔ 성숙한 수컷은 두부가 날카롭고 몸 색깔은 검은 색을 띤다(암수구분이 가능).

   ⓜ 산란은 일몰 직후부터 수 시간 내에 대부분 일어난다.

   ⓗ 산란된 알은 수조 바깥쪽에 채란그물(그물코 0.5mm)을 설치하여 수거한다.

   ⓢ 암컷 친어 한 마리의 산란 수는 연령, 어체기 및 어체 상태에 따라 다르다.

③ 부 화

   ⊙ 수정란은 분리부성란으로 난경 0.8~1.2mm로 한 개의 유구를 가지며, 무색투명하다.

   ⓒ 부화는 12~23℃ 범위이며, 최적 부화 수온은 17~19℃이다.

   ⓒ 수정란은 20℃ 전후에서 약 45시간 만에 부화하여 2.0~2.3mm의 자어가 된다.

   ⓔ 부화일수는 14℃일 때 8시간, 18℃일 때 54시간, 22℃일 때 35시간 소요된다.

   ⓜ 80% 이상의 부화율을 얻을 수 있는 수온은 19~25℃이고, 염분은 17~35psu이다.

   ⓗ 참돔의 수정란이 가라앉지 않는 가장 적정한 비중은 1.0250이다.

10년간 자주 출제된 문제

10-1. 참돔의 일반적인 자연산란 시기는?

① 1~3월   ② 4~6월

③ 7~9월   ④ 10~12월

10-2. 참돔의 부화, 자어 및 치어의 사육에 대한 설명으로 틀린 것은?

① 부화는 12~23℃에서 가능하고, 최적 부화 수온은 13~14℃이다.

② 수정란은 20℃ 전후에서 약 45시간 만에 부화하여 2.0~2.3mm의 자어가 된다.

③ 알은 비중이 1.0245이므로 알이 가라앉지 않도록 해수의 비중이 그 이상으로 되게 한다.

④ 부화 후 3~4일이 지나면 첫 먹이를 준다.

10-3. 다음 중 참돔의 수정란이 가라앉지 않는 가장 적정한 비중은?

① 1.0100   ② 1.0150

③ 1.0200   ④ 1.0250

|해설|

10-1

산란기는 해역에 따라 다르나 일반적으로 4~6월이다.

10-2

① 부화는 12~23℃ 범위이며, 최적 부화 수온은 17~19℃이다.

10-3

알은 비중이 1.0245이므로 알이 가라앉지 않도록 해수의 비중이 그 이상으로 되게 한다. 해수의 비중은 염분 33~34‰로 해야 한다.

정답 10-1 ② 10-2 ① 10-3 ④

① 부화자어는 3~4일이 지나 난황 흡수가 끝나기 직전부터 개구하여 먹이를 먹기 시작한다.

② 초기 먹이로는 로티퍼를 주고, 자어의 성장에 따라 입크기에 알맞은 알테미아 유생이나 배합사료를 적절히 병용하여 공급하는 것이 좋다.

③ 일반적으로 자어사육밀도는 1.5만 마리/m^{3}에 5~10 개체/mL로 한다.

④ 배합사료는 부화 후 22~24일경 치어기부터 본격적으로 공급한다.

※ 오징어 간유 등의 유지류를 이용한 영양이 강화된 먹이 생물의 공급 시에는 수면에 유막이 형성되어 자어의 부레 형성을 저해하여 형태이상어(척추전만증)를 유발하게 되므로 유막 제거작업은 필수적이다.

⑤ 자치어 사육은 대개 20~1,000m^3(수심 1~2m) 크기의 수조를 사용한다.

⑥ 사육수는 살균해수를 사용하고, 부화 후 4~5일경까지 지수식으로 하고, 이후에는 일부 환수 또는 유수식으로 한다.

⑦ 종자생산은 일반적으로 전장 10~30mm까지 사육을 하고, 이후부터는 대형 육상수조나 해상가두리시설을 이용한 중간육성으로 이어지는 경우가 대부분이다.

※ 부화 후 30~40일을 전후하여 공식방지를 위해 치어의 선별과 먹이 공급시기 등을 조절한다.

참돔 종자생산 시 참돔치어의 먹이로 적합하지 않은 것은?

① 로티퍼
② 코페포다
③ 성게 유생
④ 클로렐라

|해설|

부화 후 먹이

• 3일경 먹이로는 코페포다(Copepoda)의 노플리우스(Nauplius)가 가장 좋으나 다량확보가 가능한 트로코포아(Trochophore), 윤충류를 공급한다.

• 5~6일 후 자어는 운동력과 시각이 발달하고 선택적으로 먹이섭이를 한다. 이때는 참굴 유생, 윤충류, 소형 코페포다를 공급한다.

• 10일 후는 알테미아의 노플리우스를 먹는다.

• 20일 경과하면 수조 바닥에 침하하여 치어기에 들어간다. 이때는 갯지렁이 등 다모류의 유생을 잘 먹고 새우나 까나리 등의 어육을 갈아서 준다.

정답 ④

① 종 자
  ○ 종자는 자연산을 포획하여 이용할 수도 있으나 인공종자로 생산한 종자를 사용하는 것이 효율적이다.
  ○ 육상 수조에서 생산된 3~7cm 되는 인공종자를 6~7월에 해상가두리에서 1년 6개월에서 2년 정도 양성하면 출하 가능한 상품크기에 도달한다.
  ○ 양성장은 겨울 수온이 10℃ 이하로 내려가는 곳은 피한다. 우리나라는 겨울 수온이 8℃ 이하로 내려가는 곳이 많으므로 겨울철 월동에 주의를 요한다.
  ○ 참돔의 양성에는 제방식·축제식 양식법, 그물가두리양식법이 있으며, 그물가두리식이 가장 널리 쓰인다.

② 사 료
  ○ 먹이는 주로 배합사료가 사용되고 일부에서는 고등어, 멸치, 전갱이 등과 같은 생사료를 직접 주거나 모이스트 펠릿 형태로 주는 경우도 있다.
  ○ 먹이를 주는 방법은 조금씩 장시간 동안 수차례에 걸쳐 자주 준다.
  ○ 참돔의 일반적인 양성방법으로는 체색이 흑화되어 소비시장에서의 상품가치가 떨어지게 된다.
    • 참돔은 환경조건, 먹이와 성숙에 따라 체색이 변화된다.
    • 표층의 강한 광(光)에서 양성한 것은 검은색이 많다.
    • 카로티노이드 색소가 많은 갑각류를 먹은 것은 붉은색이다.
    • 성숙한 수컷은 두부가 약간 날카롭고 몸 빛깔은 검은색이 짙다.
  ○ 참돔의 체색 흑화 방지
    • 가두리양식장에 빛을 차단하기 위한 차광 네트를 설치한다.
    • 참돔의 체색을 나타내는 카로티노이드 색소가 다량 함유된 냉동 크릴 새우 등을 출하 직전에 체색 조절을 위해 공급한다.

③ 성장과 수용밀도
  ○ 수용밀도는 150g 정도이면 $1m^3$당 50~70마리가 적당하다.
  ○ 해상가두리에서는 수면적 1ha당 체중 10g 내외의 치어를 360,000마리 정도 수용할 수 있고 수용한 치어를 체중 600g까지 성장시킬 경우 약 180ton까지 생산할 수 있다.

12-1. 참돔의 양식에 있어서 먹이를 주는 방법으로 가장 좋은 것은?

① 조금씩 장시간 동안 수차례에 걸쳐 자주 준다.
② 하루 중 아침과 저녁 무렵 2회에 걸쳐 준다.
③ 매일 오전 10시 기준으로 그날 투입량을 한꺼번에 준다.
④ 2~3일 만에 한 번씩 대량으로 준다.

12-2. 참돔은 환경조건, 먹이와 성숙에 따라 체색이 변화된다. 참돔의 체색변화와 관계없는 것은?

① 표층의 강한 광(光)에서 양성한 것은 검은색이 많다.
② 카로티노이드 색소가 많은 갑각류를 먹은 것은 붉은색이다.
③ 산란기에는 암수 모두 혼인색을 띠게 되어 체색이 검게 변한다.
④ 성숙한 수컷은 두부가 약간 날카롭고 몸 빛깔은 검은색이 짙다.

12-3. 참돔양식에 있어서 일어나는 흑화현상에 대처한 체색조정방법 중 가장 효과가 좋은 방법은?

① 사육수심을 10~20m 정도 깊게 해서 사육한다.
② 유우파우시아 등 붉은색을 띤 곤쟁이류를 사료에 섞어 먹인다.
③ 살아 있는 까나리, 멸치 등을 먹인다.
④ 굴, 홍합 등의 신선한 패류를 먹인다.

│해설│

12-1

참돔의 경우 먹이 섭취행동이 느리며 먹이를 먹는 시간이 걸리므로 먹이 공급 시 먹이 공급횟수를 늘려 천천히 공급하며 먹을 수 있는 양을 주되 먹이 찌꺼기가 남지 않도록 유의해야 한다.

12-2

산란기의 수컷은 검은색이 강한 혼인색을 띤다.

정답 12-1 ① **12-2** ③ **12-3** ②

핵심이론 13 돌돔

① 돌돔의 친어 관리
  ㉠ 돌돔의 친어는 수컷은 2년 이상, 암컷은 3년 이상이 좋다.
  ㉡ 성숙란 친어의 암컷은 체측에 흑자색 가로띠가 있다.
  ㉢ 수컷은 가로띠가 점차 엷어지고 입 주변 부위에 흑색을 띤 것을 제외하고 몸 전체가 회백색으로 변한다.
  ㉣ 친어의 암수 비율은 1 : 2 정도로 수용한다.

② 돌돔의 채란
  ㉠ 산란기는 5~7월이고, 여러 차례 산란한다.
  ㉡ 1회 산란량은 전장 24~26cm인 개체는 5만 개 전후, 전장 28~30cm인 개체는 10~20만 개 전후이며, 대형어일수록 산란 수가 많다.
  ㉢ 산란은 대부분 16~20시 사이, 빠른 것은 13시에, 늦은 것은 0~1시 사이이다.

③ 자・치어 사육
  ㉠ 수정란은 투명한 구형의 분리부성란으로, 유구 1개를 가진다.
  ㉡ 돌돔의 알 크기는 0.77~0.78mm이다.
  ㉢ 수온 21~22℃에서 수정 후 29~30시간 만에 부화한다.
  ㉣ 수온 20℃에서 부화한 후 3일이 지나면 난황을 거의 흡수하고 입이 열린다.
  ㉤ 부화 후 3~20일까지는 빵 효모, 클로렐라로 영양 강화된 로티퍼를 공급한다.
  ㉥ 부화 후 14~38일까지 알테미아 유생을 먹인다.
  ㉦ 부화 후 30일 이후는 배합사료를 먹인다.
    ※ 돌돔의 사육에 있어서 식욕이 저하할 경우 성게류를 공급하면 효과를 거둘 수 있다.

돌돔의 자·치어 사육을 잘못 설명한 것은?

① 수온 21~22℃에서 수정 후 29~30시간 만에 부화한다.

② 부화 후 38일까지 효모와 클로렐라를 먹인다.

③ 돌돔의 난의 크기는 0.77~0.78mm이다.

④ 수온 20℃에서 부화한 후 3일이 지나면 난황을 거의 흡수한다.

[해설]

돌돔 자·치어 사육
- 투명한 구형의 분리부성란, 유구 1개를 가짐, 크기는 0.77~0.78mm
- 21~22℃에서 29~30시간 만에 부화, 20℃에서 부화 후 3일이 지나면 난황을 거의 흡수하고 입이 열린다.
- 부화 후 3~20일 : 빵 효모, 클로렐라로 영양강화된 로티퍼를 공급
- 부화 후 14~38일 : 알테미아 유생공급
- 부화 후 30일 : 배합사료공급

정답 ②

핵심이론 14 감성돔

① 감성돔(*Acanthopagrus schlegelii*)은 연안의 비교적 얕은 50m 이내에 사는 해산어이다.

② 산란시기는 4~7월이고, 인공종자생산 시는 4~6월경 채란한다.

③ 수정한 알은 수온 20℃에서 36~41시간 만에 부화한다.

④ 감성돔은 저온에 상당히 강하지만, 수온이 10℃ 이하로 내려가면 먹이섭이가 중지되고, 5℃ 이하에서는 생존이 위험하다.

⑤ 감성돔의 자어 난황 흡수기 이후의 초기 먹이는 로티퍼를 준다.

다음 중 감성돔의 자어 난황 흡수기 이후의 초기 먹이로 가장 적합한 것은?

① 알테미아

② 로티퍼

③ 클로렐라

④ 스피룰리나

[해설]

감성돔의 자어 먹이공급
- 3일령 : 로티퍼
- 20일령 : 알테미아

정답 ②

① 방어의 생태 및 특징

　㉠ 회유성 어류로서 초여름에 연안으로 접근하면서 북쪽으로 이동한다.

　㉡ 가을에는 남쪽으로 이동하며, 고등어, 정어리 등을 잡아먹으면서 성장한다.

　㉢ 생활 수온은 10~29℃인데, 최적수온은 18~25℃이다.

　㉣ 산란기는 동중국해의 중남부에서는 2~3월이고, 북상하면서 그 시기가 늦어진다.

　㉤ 산란수는 4~5kg인 경우 약 50만 개 정도이고, 알의 평균 지름은 1.25mm이다.

　㉥ 부화 후 30일이 지나면 체장 20mm, 45일이면 60mm, 60일이면 100mm가 된다.

　㉦ 치어는 4~6월 해류를 따라 북상하며, 바다에 떠다니는 해조 그늘에 숨어서 떼를 지어 다닌다.

　※ 방어 치어기에서 나타나는 특징적인 체색은 황금색이다.

② 방어의 종자양식

　㉠ 떠다니는 해조 밑에서 체장 약 4cm, 체중 약 0.5g 이상이 되는 자연산 치어와 유어를 채집한다.

　㉡ 방어의 종자는 5~6월에 잡히는 8~50g 되는 것이 좋다.

　㉢ 공식현상이 심하므로 선별에 주의한다.

　　• 봄철 방어치어를 채포수집하여 수용 시 선별작업을 가장 우선한다.

　　• 방어치어를 선별하는 이유는 공식을 방지하기 위해서이다.

　　• 선별 시 대, 중, 소, 3군으로 선별하고 다시 특대, 특소로 구분 수용한다.

③ 방어의 우량종자를 고르는 기준

　㉠ 겉보기에 둥글둥글하게 살이 쪄 있는 것

　㉡ 체색은 황록색을 띠고 있는 것

　㉢ 떼를 지어 정상적인 유영을 하는 것

　㉣ 기생충의 기생이 없고 어체의 크기가 고른 것

　㉤ 운반하기 편하게 종자의 크기가 8~30g 정도되는 것

　※ 방어를 축제식으로 양식하고자 할 때 m²당 방어치어의 일반적인 방양 마릿수는 0.3~3.0마리이다.

15-1. 방어양식에 있어서 구입한 종자의 방양 초기부터 각 단계의 크기별로 선별(選別)을 철저히 해서 사육하게 되는 가장 중요한 이유는?

① 먹이를 절약하기 위하여

② 성장을 빠르게 하기 위하여

③ 상호공식에 따른 감모를 방지하기 위하여

④ 기생충의 예방을 위하여

15-2. 방어의 우량종자를 고르는 기준으로 틀린 것은?

① 겉보기에 둥글둥글하게 살이 쪄 있는 것

② 체색은 황백색을 띠고 있는 것

③ 떼를 지어 정상적인 유영을 하는 것

④ 기생충의 기생이 없고 어체의 크기가 고른 것

15-3. 다음 중 방어의 성장 최적수온은?

① 8~12℃　　　　　② 13~18℃

③ 18~25℃　　　　　④ 28~32℃

해설

15-1

선별 시 공식 방지를 위하여 대, 중, 소 3군으로 선별하고 다시 특대, 특소로 구분 수용한다.

15-2

방어종자 구입 시 유의할 점

• 둥글둥글하게 살이 쪄 있는 것

• 몸 빛깔은 황록색을 띠고 있는 것

• 다른 개체와 떼를 지어 정상적인 유영을 하고 있는 것

• 기생충의 기생이 없는 것

• 어체 크기가 고른 것

• 운반하기 편하게 종자의 크기가 8~30g 정도 되는 것

정답 15-1 ③　15-2 ②　15-3 ③

① 방어의 양식장으로 갖추어야 할 조건

   ㉠ 해수의 순환이 잘되고, 배설물과 사료의 찌꺼기가 쉽게 제거되며, 산소량이 풍부한 물이 충분히 공급될 것

   ㉡ 수온이 18~29℃로 오래 유지되는 곳

   ㉢ 강우 시에 다량의 담수, 공업폐수, 주택하수 등이 유입되지 않을 것

   ㉣ 풍파가 강할 때 양식시설이 파괴되지 않을 것

   ㉤ 양식장의 축조가 쉽고 비용이 적게 드는 곳일 것

   ㉥ 사료의 공급과 출하가 용이할 것

   ㉦ 포획이 용이할 것

② 방어양식시설 중 그물가두리식 양식의 장점

   ㉠ 시설이 용이하고, 시설비용이 적게 든다.

   ㉡ 양식장의 크기를 임의로 할 수 있고, 좁은 해면에도 설치할 수 있다.

   ㉢ 합성 섬유로 만들면 약 3년간 계속해서 사용할 수 있다.

   ㉣ 물 교환이 잘되는 곳에 설치하면 방양밀도를 크게 높일 수 있다.

   ㉤ 양식시설의 이동과 수심 조절 등도 용이하다.

   ㉥ 어체의 측정, 어류 포획, 기생충의 구제 등이 쉽다.

③ 단 점

   ㉠ 폭풍우에 의한 유실과 파손의 위험이 있다.

   ㉡ 소단위로 구분되어 있어 관리에 많은 노력이 필요하다.

④ 방어양식 시 질병을 일으키는 것

   ㉠ 담수유입이 많은 양식장

   ㉡ 수용밀도가 높은 양식장

   ㉢ 장기간 연작한 양식장

   ㉣ 관리가 충분하지 못한 양식장

10년간 자주 출제된 문제

16-1. 방어의 양식 적지 조건으로 적합하지 못한 것은?

① 해수의 순환이 좋은 곳
② 사료의 공급과 출하가 용이한 곳
③ 강우 시 다량의 담수가 유입되는 곳
④ 수온이 18~29℃로 오래 유지되는 곳

16-2. 방어양식이 성행하자 여러 가지 질병이 큰 문제가 되고 있는데 다음 중 질병을 일으키는 것과 거리가 먼 것은?

① 담수유입이 적은 양식장
② 수용밀도가 높은 양식장
③ 장기간 연작한 양식장
④ 관리가 충분하지 못한 양식장

해설

16-2

강우 시에 다량의 담수, 공업폐수, 주택하수 등이 많이 유입되면 질병의 원인이 되기도 한다.

정답 16-1 ③ 16-2 ①

① **사료급이**

ⓞ 1일 2회 또는 그 이상이지만 수온이 낮아지면 1일 1회 또는 2일 1회씩 준다.

ⓛ 유어(100g 이하)는 창자가 가늘기 때문에 알갱이가 작은 사료를 주어야 하며, 소화가 빠르므로 1일 3회 이상으로 준다.

ⓒ 바닥에 떨어진 사료는 먹지 않으므로 수면에 1m 정도 내려갈 동안에 방어가 모두 받아먹을 수 있도록 양을 조절한다.

ⓡ 방어의 사료계수

• 종자 방양 시 허실이 많기 때문에 체중의 60% 이상 사료를 공급한다.

• 당년어 10~12월 : 7~9%, 월동한 2년어 : 10~12%, 3년어 : 13~25%이다.

• 사료효율은 커갈수록 낮아진다.

② **방어사육 시 사료의 종류**

ⓞ 까나리(10~20cm)는 방어가 가장 좋아하는 사료이다.

ⓛ 멸치는 지방분이 많아 변질한 것은 주지 않도록 하고 장기간 공급하면 폐사율이 높다. 이때 전갱이를 주면 폐사를 방지할 수 있다.

ⓒ 꽁치도 방어가 좋아하는 먹이이나 여러 가지 사료를 주는 것이 효과적이다.

※ 방어양식 시 멸치를 장기간 투여하면 안 되는 이유

• 멸치에 비타민 B, 분해요소인 디아미나제가 있기 때문에 이것을 계속 먹이면 비타민 B_1 결핍증이 생긴다.

• 멸치의 먹이인 플랑크톤에서 오는 독성이 멸치에 축적되는 경우가 있기 때문이다.

• 영양장애를 가져오며, 산소가 떨어질 때 고도불포화지방산이 산화되어 독성을 가진다.

③ **자연산 방어의 체장에 따른 식성**

ⓞ 5cm 내외 : 소형 요각류, Calanus, Eucalanus, Corycaeus

ⓛ 5~10cm : 대형 요각류, Megalopa유생, 단각류, 등각류

ⓒ 10~20cm : 잡어, 소형 갑각류

ⓡ 20cm 이상 : 멸치, 고등어, 꼴뚜기

④ **방어양식에서 생사료공급 시 주의사항**

ⓞ 멸치는 단독사료로 장기간 공급하지 않는다.

ⓛ 냉동시킨 생선은 해동시키지 않고 바로 초퍼에 갈아서 공급한다.

ⓒ 하루에 2~3회 먹이를 공급하는 것이 성장에 좋다.

ⓡ 방어는 표층에서 먹이를 받아먹으며, 바닥에 떨어지는 먹이를 먹지 않는다. 따라서 먹이가 수심 1m 정도 내려갈 동안에 모두 받아 먹을 수 있도록 양을 조절해 주어야 한다.

10년간 자주 출제된 문제

17-1. 방어양식에서 생사료공급 시 주의해야 할 사항이 아닌 것은?

① 멸치는 단독사료로 장기간 공급하지 않는다.

② 냉동시킨 생선은 해동시키지 않고 바로 초퍼에 갈아서 공급한다.

③ 하루에 2~3회 먹이를 공급하는 것이 성장에 좋다.

④ 방어는 탐식성이어서 표층과 바닥에서 모두 먹이를 잘 먹으므로 여유 있게 공급한다.

17-2. 방어양식에 있어 방어가 가장 좋아하는 사료는?

① 까나리

② 새 우

③ 정어리육

④ 밴댕이

정답 17-1 ④ 17-2 ①

① 점농어

  ㉠ 일반적으로 농어는 넙치농어(*Lateolabrax latus*)와 점농어(*Lateolabrax maculatus*), 농어(*Lateolabrax japonicus*)로 분류된다.

  ㉡ 넙치농어는 체고가 높고 머리가 작게 보이며, 비늘이 거칠고 체색은 회색에 가깝다.

  ㉢ 점농어와 농어의 가장 큰 차이는 체표의 흑점에 있다.

  ㉣ 점농어는 흑점이 측선 아래까지 분포하지만 농어는 흑점이 없거나 있어도 측선의 위쪽에 한정되어 있다.

② 농어의 습성

  ㉠ 연안성 어류로 갑각류, 패류, 작은 물고기를 잡아먹는다.

  ㉡ 가을이나 겨울철에 민물과 바닷물이 혼합되어 있는 연안이나 하구에 와서 산란한다.

  ㉢ 봄과 여름에 하천을 거슬러 올라가 담수나 기수역에서 생활하다가 다시 바다로 내려간다.

③ 농어의 산란 및 부화

  ㉠ 산란기는 1~2월이며, 3kg의 암컷은 약 30만 개의 알을 낳는다.

  ㉡ 인공채란은 복부 압박에 의한 채란법으로 하며, 채란한 후 건식법으로 수정한다.

  ㉢ 수정란은 분리부성란으로 크기는 1.22~1.45mm이며, 17.0~19.0℃에서 수정 후 3~4일 만에 부화한다.

④ 농어양식

  ㉠ 점농어 치어의 사육수온은 25℃가 적정하다.

  ㉡ 염분농도는 4‰, 사육수의 pH는 최소 6 이상이 적당하다.

  ㉢ 점농어 치어사육 시 사료 급여 횟수는 1일 2회가 적당하다.

  ㉣ 용존산소는 최소한 4mg/L 이상으로 유지하는 것이 필요하며, 가능한 한 5~6mg/L 이상을 유지해야 한다.

  ㉤ 평균체중 2~40g 사이에서는 사육밀도는 사육수 톤당 370마리, 40~150g 사이의 사육수 톤당 150마리가 적당하다.

10년간 자주 출제된 문제

다음 중 점농어의 특징 및 사육에 대한 설명으로 옳지 않은 것은?

① 점농어와 농어의 가장 큰 차이는 체표의 흑점에 있다.
② 먹이는 갑각류, 패류, 작은 물고기를 잡아먹는다.
③ 농어는 내광염성의 성질을 가지고 있어 양식이 편리하다.
④ 산란기는 1월~2월이며, 사육수온은 25℃가 적정하다.

해설

점농어의 경우는 해산어이지만 성장과정 중에 먹이를 찾기 위해서 일시적으로 기수에 올라오는 광염성의 성질을 가지고 있다.

정답 ③

① 숭어(*Mugil cephalus* Linnaeus)

 ㉠ 숭어는 연안성 어류로 세계적으로 태평양, 대서양의 온대와 열대지방에 널리 분포한다.

 ㉡ 전 세계적으로 가장 널리 양식되는 해산 어류이다.

 ㉢ 염분이 조금 있는 기수구역에 머무르면서 플랑크톤, 미세한 동식물, 생물체의 찌꺼기 등을 먹고 산다.

 ㉣ 숭어는 염분에 대한 적응성이 대단히 커서 담수나 해수 모두에서 양식할 수 있다.

 ㉤ 어린 숭어는 모치라고 부르며 몸은 측편으로 되어 있고 체색은 백색으로 아름답게 빛난다.

② 산란 및 부화

 ㉠ 성숙한 친어는 12월경 바다에서 산란한다.

 ㉡ 알은 분리부유성이며, 유구가 있다.

 ㉢ 산란수는 약 35만~40만 개이다.

 ㉣ 부화는 15~20℃에서 2~3일이면 부화가 이루어진다.

10년간 자주 출제된 문제

19-1. 전세계적으로 가장 널리 양식되는 해산 어류는?

① 방 어   ② 복 어
③ 숭 어   ④ 참 돔

19-2. 숭어의 분포지역으로서 옳은 것은?

① 우리나라 근해
② 극동지역 전 연안
③ 전 세계의 열대 및 온대 연안
④ 태평양 연안

│해설│

19-2
온도 적응성 : 열대 및 온대성 해산 어류

정답 19-1 ③ 19-2 ③

---

① 이른 봄 바닷가 연안에서 채집되는 숭어양식용 치어의 크기는 약 20~30mm이다.

② 치어는 3~4월경에 3cm 정도로 내만으로 찾아들고, 하천의 수온이 따뜻하게 올라가면 하천으로 올라간다.

③ 먹이는 치어만 동물성플랑크톤을 먹고, 어느 정도 성숙하면 식물성플랑크톤을 먹고 살아간다.

④ 생활 최적 온도는 10~20℃이며, 염도에 대한 적응도는 5~35%이다.

⑤ 담수 지중양식을 이용하여 숭어를 양성하고자 할 때 $1m^2$당 종자(2~3cm)의 양식밀도는 6~7마리이다.

⑥ 숭어의 성어는 잡식성으로 특별히 사료를 주지 않더라도 성장이 잘된다.

⑦ 월동은 일반적으로 해중에서 하고 온도는 1℃ 이상이면 생존가능하다. 약간의 염분이 있는 기수지역에서는 월동이 가능하다.

⑧ 치어의 성숙은 기수지역에서 부화하며 이 지역에서 주로 성숙한다.

⑨ 완전 성숙하려면 3~4년이 걸리고 1년에 약 20mm 정도 자란다. 2년차에는 30cm 정도 자라며 3년차에는 45cm 정도, 4년차에는 약 70cm 정도 자란다.

20-1. 다음은 어떤 양식생물을 설명한 것인가?

성숙한 친어는 12월경 바다에서 산란하고, 치어는 3~4월경에 3cm 정도로 내만으로 찾아들고, 하천의 수온이 따뜻하게 올라가면 하천으로 올라간다. 염분이 조금 있는 기수구역에 머무르면서 플랑크톤, 미세한 동식물, 생물체의 찌꺼기 등을 먹고 산다.

① 은 어   ② 연 어
③ 황 어   ④ 숭 어

20-2. 숭어에 대한 설명으로 틀린 것은?

① 숭어는 염분에 대한 적응성이 대단히 커서 담수나 해수 모두에서 양식할 수 있다.
② 숭어의 성어는 잡식성으로 특별히 사료를 주지 않더라도 성장이 잘된다.
③ 일반적으로 양식용 종자는 자연산 암컷과 수컷으로부터 인공수정하여 생산한다.
④ 어린 숭어는 모치라고 부르며 몸은 측편되어 있고 체색은 백색으로 아름답게 빛난다.

20-3. 담수 지중양식을 이용하여 숭어를 양성하고자 할 때 1m² 당 종자(2~3cm)의 양식밀도로 가장 적당한 것은?

① 2~3마리   ② 6~7마리
③ 4~5마리   ④ 8~9마리

|해설|

20-2
숭어의 종자생산은 국내에서는 자연산 친어를 연안에서 어획 즉시 복부압박법에 의해 채란, 채정하여 수정란을 얻고 있으며, 외국에서는 호르몬제를 복부에 주사하는 채란을 시도해 성공하고 있다.

정답 20-1 ④   20-2 ③   20-3 ②

핵심이론 21   자주복, 황복(1) : 자주복양식 개요

① 자주복(*Takifugu rubripes*)
 ㉠ 자주복은 우리나라 서남해안, 일본 서부연안 및 동중국해에 걸쳐 분포하고 있다.
 ㉡ 사니질 혹은 모랫바닥인 해역의 저층에 서식하고 있다.
 ㉢ 특징은 흰색으로 둘러싸인 큰 흑색반점, 작은 가시, 수직형의 가슴지느러미와 등지느러미가 있고, 이빨을 가지고 있어 작은 어류나 딱딱한 갑각류를 먹을 수 있다.
 ㉣ 복어의 독인 테트로도톡신은 복어의 난소나 간장 등에 들어 있는 강한 독성물질로 말초신경과 중추신경에 작용하여 신경을 마비시킨다.
 ㉤ 저염분에 대한 저항력이 강하다.
 ㉥ 수온 10℃ 이하나 28℃ 이상에서는 뻘 속(저면의 모래 속)에 잠입하는 습성이 있다.
 ㉦ 식도에 공기낭이 발달되어 있다.

② 자주복의 산란
 ㉠ 자주복은 자웅이체어로서 1회 산란어이고, 봄에서 여름(4~6월)에 걸쳐 산란한다.
 ㉡ 산란어는 암컷 만 3~4년생, 수컷 만 2~3년생이고 어체는 전장 54cm, 포란 수는 약 150만 개 정도이다.
 ㉢ 수정란은 점착성침성란으로 구형이며, 작은 유구가 많이 모인 한 개의 큰 유구군이 있다.
 ㉣ 수정란은 해저의 모래나 자갈 암석 등에 부착되지만 실험실에서는 유리판이나 합성섬유, 종려껍질 등에 부착이 가능하다.
 ㉤ 산란장은 조류가 있는 연안의 모래질 바닥이나 암반지대이다.
 ㉥ 수정란은 진주처럼 광택을 갖는 유백색이다.
 ㉦ 수정되지 않은 알은 자색 또는 황색으로 변색한다.
 ㉧ 채란 후 수시간 동안은 수정확인이 어렵다.

21-1. 자주복의 종자생산 시 특징 중 맞는 것은?

① 복어 중 유일하게 자주복만 분리부성란이다.
② 서식 적수온은 15~25℃이다.
③ 저염분에 대한 저항력이 약하다.
④ 수정란은 광택이 나며 짙은 황색이다.

21-2. 다음 중 수온이 10℃ 이하나 28℃ 이상이 되면 저면의 모래 속에 잠입하는 습성을 가진 어류는?

① 자주복
② 참 돔
③ 넙 치
④ 숭 어

21-3. 자주복의 생태에 대한 설명으로 틀린 것은?

① 봄에서 여름에 걸쳐 산란한다.
② 알은 분리부성란이다.
③ 알에서 작은 유구가 많이 모인 한 개의 큰 유구군이 있다.
④ 산란장은 조류가 있는 연안의 모래질 바닥이다.

〔해설〕

21-1
① 알은 점착성이 있는 침성란이다.
③ 저염분에 대한 저항력이 강하다.
④ 수정란은 유백색이 된다.

21-2
자주복은 수온 10℃ 이하 또는 28℃ 이상에서는 뻘 속에 잠입하는 습성이 있고, 저염분에 대한 저항력이 강하다.

21-3
알은 점착성이 있는 침성란이다.

정답 21-1 ② 21-2 ① 21-3 ②

핵심이론 22 자주복, 황복(2) : 자주복의 채란과 부화

① 복어(자주복)의 인공채란 및 수정

ㄱ 자연산은 어획 후 2~3시간 내 채란하여야 수정률이 좋다(어미 1kg당 약 60만~70만 개 정도).

ㄴ 폴리에틸렌 용기에 5~10L의 해수를 넣고 난을 짜낸다.

ㄷ 수정란이 백탈될 정도로 정자를 가한다.

ㄹ 습식법으로 수정시킨다(5분 간격으로 세란작업을 5~6회 해준다).

ㅁ 수정 후 수 시간 내에는 매우 약하므로 조심스럽게 취급하고, 그 후 약 4일까지는 외부자극에 대한 저항력이 가장 큰 시기이므로 운반, 채란 수 확인 등은 이때 한다.

② 인공수정된 자주복 알의 대량 부화

ㄱ 바닥면적이 넓은 수조(100~300L)에서 통기식 지수상태로 부화시킨다.

ㄴ 200메시(mesh)의 화학섬유 방충망에 알을 놓아 유수식 수조 속에 쌓아놓고 부화시킨다.

ㄷ 플라스크 같은 구형의 용기를 사용하여 알이 항상 유동상태에 놓이도록 하여 부화시킨다.

ㄹ 알테미아 부화기에 넣어서 부화시킨다.

ㅁ 보통 자주복은 수정 후 222시간에 최초로 난을 뚫고 나오며, 평균 10일 후 부화가 되고 부화 때는 꼬리 부분보다 머리 부분이 먼저 나오는 경향이 많다.

ㅂ 수정 후 부화까지는 20℃에서 약 7일, 15~17℃에서는 약 10일이 소요되며, 부화 직후 자어의 크기는 2.6~2.9mm 정도이다.

22-1. 천연산 복어(자주복)를 친어로 어획현장에서 인공채란하는 작업과정을 열거한 것 중 틀린 것은?

① 폴리에틸렌 용기에 5~10L의 해수를 넣고 난을 짜낸다.
② 수정란이 백탁될 정도로 정자를 가한다.
③ 습식법으로 수정시킨다.
④ 세란은 환수없이 1~2회만 실시한다.

22-2. 자주복 알의 부화적온 범위는?

① 8~10℃
② 11~14℃
③ 15~19℃
④ 20~24℃

22-3. 인공수정된 자주복 알의 대량 부화에 대한 설명으로 틀린 것은?

① 바닥면적이 넓은 수조(100~300L)에서 통기식 지수상태로 부화시킨다.
② 200메시(mesh)의 화학섬유 방충망에 알을 놓아 유수식 수조 속에 쌓아놓고 부화시킨다.
③ 플라스크 같은 구형의 용기를 사용하여 알이 항상 유동상태에 놓이도록 하여 부화시킨다.
④ 아트킨스 부화기에 넣어서 부화시킨다.

|해설|

22-1
채란은 습식법으로 수정시켜서 5분 간격으로 세란작업을 5~6회 해 준다.

22-3
④ 알테미아 부화기에 넣어서 부화시킨다.

정답 22-1 ④　22-2 ③　22-3 ④

핵심이론 23 자주복, 황복(3) : 자주복의 양식

① 양식시설

　㉠ 고정식 가두리방법, 축제식, 바다의 일부를 막은 망조위식 양식시설과 가장 간편한 그물가두리(부동식) 등이 대표적이다.

　㉡ 가두리양식방법은 원형이나 상지형으로 대형으로 만들어지고, 가두리사육 시 자주복이 가두리를 깨물고 도망가는 현상을 방지하기 위해 금속으로 만든다.

　㉢ 과밀사육 시 공식현상이 크게 나타나기 때문에 수용밀도를 낮게 한다.

② 자주복의 자·치어사육

　㉠ 양식 시의 서식 생존가능 수온은 4~29℃이며, 적수온 범위는 15~25℃이다.

　㉡ 용존산소는 수온 13~14℃에 약 50ppm, 26~27℃에 약 100ppm다.

　㉢ 자주복을 양성하고자 할 때 m^2당 치어의 밀도는 9~14마리이다.

　㉣ 수조의 방양 밀도는 약 $1.7m^3$ 정도에 50,000~80,000마리 정도가 적합하다.

　㉤ 양식장의 저질은 뻘질이 좋다.

　㉥ 자어는 추광성, 투쟁습성이 있고, 해수어지만 저염분에서도 적응력이 강하다.

　㉦ 가두리그물, 운반 시 비닐피복 철사망이나 네트론망을 사용한다.

　※ 자주복은 같은 크기의 어종을 축양하는 데 있어 사육어의 체중에 대한 일간투이율(日間投餌率)이 가장 낮다.

③ 자주복의 먹이습성

　㉠ 자어 후기 : 동물성 플랑크톤

　㉡ 유어기 : 어류의 치자어, 소형새우, 치패 등

　㉢ 성어기 : 새우, 게류 외에 성게, 이매패류, 오징어, 문어 등

② 자주복은 비타민 수요량이 가장 높아서 비타민이 부족하면 병에 걸릴 수 있기에 적당하게 비타민 B_1과 비타민 E를 첨가해야 한다.

⑩ 치어기 먹이의 양이 적으면 공식현상(투쟁습성)이 발생한다.

- 자어 후기에 동물성 플랑크톤을 주로 섭취하다가 새우, 게의 유생 및 다른 어류의 부화 자어 등을 먹는다.
- 복어 부화 발육과정에서 투쟁습성이 나타나는 시기는 부화 후 20일(체장 5mm 전후)이고, 가장 심한 크기는 10~25mm이며, 이 시기를 지내면 상당히 줄어든다.
- 공식현상으로 인해 상품성이 저하되므로 이를 방지하기 위해 양식 전에 인공전치를 한다.

④ 자주복의 전치과정

㉠ 미리 5일 전부터 항생소를 먹이에 섞어서 먹인다.

㉡ 전치 진행 시에 자주복을 마취한다.

㉢ 전치할 때는 집게를 이용하여 위아래 앞니를 전단시킨 후 가두리에 다시 넣는다.

※ 자주복의 이를 전단할 때는 상처를 줄이기 위해서 빠르고 가볍게 진행하여야 하며, 전치 후에 먹이 섭취현상반응이 일어나면 먹이를 준다.

※ 해산어류인 복어, 방어, 참돔의 공통점
- 온수성 어족이다.
- 생사료의 원료로 멸치, 까나리 등을 이용한다.
- 성장별 체색변화가 있다.
- 양성용 종자는 자연산을 포획하여 이용할 수도 있으나 인공종자로 생산한 종자를 사용하는 것이 효율적이다.

23-1. 같은 크기의 어종을 축양하는 데 있어 사육어의 체중에 대한 일간투이율(日間投餌率)이 가장 낮은 것은?

① 자주복(체중 2~3kg 정도)
② 참돔(체중 30g 정도)
③ 돌돔(체중 50g 정도)
④ 방어(체중 100g 정도)

23-2. 자주복을 양성하고자 할 때 m^2당 치어의 방양 밀도는?

① 9~14마리
② 6~9마리
③ 4~6마리
④ 2~4마리

23-3. 복어양식의 설명으로 옳다고 볼 수 없는 것은?

① 종자용 체장은 약 2.5cm 정도이다.
② 자어는 추광성, 투쟁습성이 있다.
③ 운반 시 비닐봉지를 사용하는 것이 좋다.
④ 양식장의 저질은 뻘질이 좋다.

|해설|

23-2

자주복의 방양 밀도(m^2당)
- 치어기 : 9~14마리
- 100~300g : 6~9마리
- 300~500g : 4~6마리
- 500g 이상 : 2.5~4마리

23-3
복어는 그물을 날카로운 이빨로 끊고 도망갈 우려가 있으므로 비닐피복 철사망이나 네트론망을 사용한다.

정답 23-1 ① **23-2** ① **23-3** ③

① 황복의 생태와 습성

　㉠ 몸은 유선형이며, 머리 부분은 뭉툭하지만, 미병부는 원통형이다.

　㉡ 몸은 대체로 황색, 등쪽은 검은색, 배쪽은 백색, 체측 중앙을 따라 황색선이 있다.

　㉢ 모든 지느러미는 흑색이며, 가슴지느러미 상후방과 뒷지느러미 기점부에 커다란 흑색 반점이 있다.

　㉣ 황복은 우리나라 서남연해와 중국의 하천 하류 부근, 동중국해, 남중국해에 널리 분포한다.

　㉤ 황복의 독은 테트로도톡신으로 강독이다.

② 황복의 산란 및 부화

　㉠ 산란기에는 하천의 중상류까지 거슬러 올라와 산란하는 독특한 생태를 가지고 있는 우리나라 특산종이다.

　㉡ 황복의 산란기는 5, 6월이며 광염성으로 서식 범위가 넓다.

　㉢ 황복의 수정란은 침성 점착란으로 지름이 1.42~1.50mm이다.

　㉣ 수정란의 부화는 수온 18℃에서 10일, 21℃에서 8일, 24℃에서 7일 정도 소요된다.

③ 자·치어양식

　㉠ 부화 직후 자어는 전장이 3.1~3.4mm 정도 되며, 부화 후 8일이 지난 자어는 전장이 4.9~5.0mm 범위로 난황을 완전히 흡수하여 후기 자어기에 이른다.

　㉡ 부화 후 27일이 지난 치어는 평균 전장이 약 12mm에 달하고, 완전한 형태의 지느러미를 가지게 된다.

　㉢ 부화 자어는 5‰에서 시작하여 하루에 1~2‰씩 염분을 상승시키면서 해수에 순치시켜 사육한다.

　㉣ 양식은 주로 해상가두리나 육상수조식으로 한다.

　㉤ 성장기간이 다른 어종에 비하여 비교적 길고, 사육 중에 서로 꼬리지느러미를 물어뜯는 습성이 있어 폐사율도 비교적 높다.

　㉥ 최적수온은 26℃ 전후이다.

　㉦ 적정사육밀도 : 70~100마리/ton(10cm)

　㉧ 단위면적당 생산량 : 순환여과식 2kg/ton

　㉨ 부화 후 2년 정도 경과한 300g 이상 크기이면, 출하가능하다.

10년간 자주 출제된 문제

황복의 자·치어사육에 대한 설명으로 옳지 않은 것은?

① 부화 직후 자어는 전장이 3.1~3.4mm 정도이다.

② 수조의 방양 밀도는 약 1톤 정도에 500~800마리 정도가 적합하다.

③ 산란기는 5, 6월이며 광염성으로 서식 범위가 넓다.

④ 최적수온은 26℃ 전후이다.

정답 ②

① 강도다리(*Platichthys stellatus*)의 특징

  ㉠ 가자미과 어류로 온대 및 한대에 서식하며 우리나라 전 연안에서 살고 있다.

  ㉡ 강도다리는 수심이 400m 정도인 뻘, 자갈, 모래 등의 바닥에서도 보이나 대개 연안 근처의 150m 내의 수심에서 서식한다.

  ㉢ 강도다리는 넙치와 같이 눈이 왼쪽으로 쏠려 있다.

  ㉣ 부화 후 자어기 때에는 다른 어류와 같이 눈이 양쪽에 달려 있다가, 치어기가 가까워지면 오른쪽 눈이 한쪽으로 완전히 이동한다.

② 강도다리의 생태

  ㉠ 적정사육 수온은 13~18℃로 저수온에 강해 5℃에서도 먹이를 먹고 성장하나 성어가 되면 수온 20℃ 이상에서는 거의 먹이를 섭취하지 않는다.

  ㉡ 부유생활기(체장 10~15mm) : 소형의 요각류나 섬모충류 등을 먹지만, 체장 4~15cm에서는 옆새우 등의 단각류를 중심으로 등각류, 물벼룩, 다모류, 15~20cm에서는 이매패류가 주먹이이다.

  ㉢ 성숙체장은 암컷은 3세, 30cm 전후이고, 수컷은 2세, 22cm 정도이다. 다회 산란하고 체중 2kg 전후에서 약 200만 개 정도 산란한다.

③ 친어관리

  ㉠ 어미의 연령은 자연산의 경우 암컷이 4년생, 수컷이 3년생이고, 인공종자로 양성한 어미는 자연산 어미보다 암수 모두 약 1년씩 빠르다.

  ㉡ 사육조 크기는 일반적으로 50~100톤이 적당하고, 수심은 1.5m 이상으로 하며, 조도를 100lx 이하로 약간 어둡게 해 준다.

  ㉢ 사육수조는 배설물이 빠르게 배출될 수 있도록 중앙배수식 원형수조로 한다.

  ㉣ 어미는 일반적으로 어둡고 조용한 곳을 좋아하므로 사육수조의 위나 천장에 차광막을 설치하여 직사광선을 차단해 준다.

  ㉤ 먹이공급방법은 입이 작아 수회에 걸쳐 섭식하며, 바닥에 떨어진 먹이도 잘 먹는다.

  ㉥ 수용밀도는 2~4kg/m² (1~2마리/m²)가 적당하다.

  ㉦ 포란수는 체중이 1.5kg 이하 개체에서는 250만 개, 1.5~2.0kg에서는 330만 개, 2.0kg 이상의 개체는 460만 개의 알을 가지고 있다.

10년간 자주 출제된 문제

강도다리의 특징으로 옳지 않은 것은?

① 뻘, 자갈, 모래 등의 바닥에서 서식한다.
② 강도다리는 눈이 오른쪽으로 쏠려 있다.
③ 적정사육 수온은 13~18℃이다.
④ 성숙체장은 암컷은 3세, 30cm 전후이고, 수컷은 2세, 22cm 정도이다.

|해설|

② 강도다리는 넙치와 같이 눈이 왼쪽으로 쏠려 있다.

정답 ②

① 채 란

　⊙ 어미는 수용량 50톤을 기준으로 할 때 약 200마리 정도 수용한다.

　ⓒ 산란은 야간이나 새벽시간에 이루어지며, 부상란인 경우 자연산란이 되면 난이 수면으로 부상하므로 표층의 물과 함께 배출시켜 별도로 설치된 집란조에 수정란이 모이도록 하여 수집하면 된다.

　ⓒ 강도다리는 실내수조에서 자연산란이 이루어지지 않아 현재 인위적으로 성 성숙 유도 호르몬을 투여한 후 암컷의 복부를 압박하여 난을 획득하는 인공채란을 한다.

　ⓔ 강도다리의 인공채란을 위한 호르몬은 LHRHa (100μg/kg 농도로 처리)로 콜레스테롤과 코코넛 버터를 혼합하여 펠릿으로 제조하여 등 근육에 삽입하는 방법이다.

　ⓜ 산란은 산란기간 중 6~9회(평균 8회) 정도 채란이 가능하며, 1회에 채란되는 양은 224천 개~486천 개(평균 389천 개)이며, 어미 1마리당 채란량의 평균 채란 수는 2,845천 개이다.

　ⓗ 성 성숙은 수컷이 암컷에 비해 빠르다.

　ⓢ 수정란은 구형이며 분리부성란으로 유구는 없고, 난황과 난막은 무색투명하다.

② 부 화

　⊙ 121시간 후에는 최초의 부화가 일어나며, 배체는 머리부터 부화하기 시작한다.

　ⓒ 부화가능 수온은 7~19℃이지만, 부화 적수온은 13℃ 내외로 부화까지는 약 4일이 소요된다.

　ⓒ 수정란은 염분에 대한 내성이 약해 낮은 염분에서는 부화율이 낮고 부화 기간도 길다.

　ⓔ 적정 부화 염분은 30~40psu로 일반해수보다 약간 높은 염분에서 부화율이 높다.

강도다리의 자·치어의 채란 및 부화에 대한 설명이 옳지 않은 것은?

① 성 성숙은 수컷이 암컷에 비해 빠르다.

② 부화 적수온은 7~19℃ 내외로 부화까지는 약 14일이 소요된다.

③ 산란은 야간이나 새벽시간에 이루어진다.

④ 강도다리 인공채란을 위한 호르몬은 LHRHa을 사용한다.

[해설]

② 부화가능 수온은 7~19℃이지만, 부화 적수온은 13℃ 내외로 부화까지는 약 4일이 소요된다.

정답 ②

① 자어사육

　㉠ 사육수는 여과해수를 사용하고, 자외선 등을 통과시킨 멸균해수를 사용한다.

　㉡ 자어는 직사광선에 약하므로 수조 위에 차광장치를 설치하거나 창문에 차광설비를 하여 직접적으로 햇빛이 자어에게 비치지 않도록 주의한다.

　㉢ 조도는 20~50lx 정도가 적당하다.

　㉣ 사육수온은 15~16℃ 정도로 사육하는 것이 성장 및 생존율이 양호하다.

　㉤ 염분은 최소 25psu 이상 해수에서 사육한다.

　㉥ 부화자어의 수용밀도는 m³당 1~1.5만 마리 전후가 적정 밀도이다.

　㉦ 부화 직후 자어는 난황을 흡수하고, 부화 후 3일경 개구가 이루어지며, 난황이 거의 흡수되어 간다.

　㉧ 부화 후 5일경부터 로티퍼를 먹기 시작한다.

　㉨ 바닥에 착저한 자어의 사육밀도는 5,000마리/m² 이하로 유지한다.

　㉩ 배합사료공급 초기에는 약간의 허실이 있더라도 아침 일찍부터 저녁 늦게까지 수차례에 걸쳐 공급해 주어야 한다.

② 치어사육

　㉠ 치어는 수조 바닥에 가라앉아 착저생활을 하므로 사육수조의 수심을 얕게 하여도 성장에 지장이 없다.

　㉡ 강도다리는 공식이 없고 고밀도 사육이 가능하므로 전장 3cm 전후 치어는 5,000마리/m²의 사육밀도로 사육가능하다.

　㉢ 장기간의 고밀도 사육 시 체색이 검어지는 현상이 나타나지만, 사육밀도를 낮추어주면 수일 내에 정상 체색으로 돌아간다.

　㉣ 배합사료는 아침부터 저녁 늦게까지 수차례에 걸쳐 소량씩 공급해 준다.

　㉤ 사료는 체중 10g까지는 어체중의 3~4%, 체중 50g까지는 어체중의 2~3%를 공급해 주는 것이 적정하다.

　㉥ 성장 적정수온은 14~20℃이다.

10년간 자주 출제된 문제

우리나라 강도다리의 사육에 대한 설명으로 맞지 않은 것은?

① 사육수온은 10~15℃ 정도로 사육하는 것이 좋다.

② 자어사육 시 조도는 20~50lx 정도가 적당하다.

③ 바닥에 착저한 자어의 사육밀도는 5,000마리/m² 이하로 유지한다.

④ 성장 적정수온은 14~20℃이다.

|해설|

① 사육수온은 15~16℃ 정도로 사육하는 것이 성장 및 생존율이 양호하다.

정답 ①

핵심이론 28 쥐치(1) : 생태 습성

① 최대 몸길이 20cm로 몸은 타원형에 가까우며, 옆으로 매우 납작하고 몸높이는 높다.

② 입이 매우 작으며 주둥이 끝은 뾰족하고, 암초 등에 붙어있는 생물을 뜯어 먹기에 편리한 강한 앞니를 가지고 있다.

③ 몸은 전체적으로 노란색 또는 회갈색이며, 여러 개의 암갈색 점이 흩어져 있는데, 집단에서 우위에 있는 쥐치는 암갈색 무늬가 짙다. 작고 거친 비늘 때문에 몸은 매우 꺼칠꺼칠하다.

④ 등지느러미와 뒷지느러미는 노란색을 띠며 꼬리지느러미는 담갈색 바탕에 암갈색 띠가 2~3줄 나타난다.

⑤ 어느 정도 물 흐름이 있는 수심 20~50m(100m이내)의 사질 및 암초지대에서 무리 지어 서식한다.

⑥ 평소에는 등지느러미와 뒷지느러미를 활짝 펴서 천천히 앞뒤로 움직이나, 먹이를 잡을 때에는 행동이 빨라진다.

⑦ 흥분하면 암갈색 무늬가 뚜렷해지고, 등지느러미와 배지느러미의 가시를 세우며 꼬리를 쫙 편다.

⑧ 어릴때에는 떠다니는 해초와 함께 이동하며, 자라면서 깊은 곳으로 이동한다.

⑨ 산란기는 5~8월, 산란 성기 수온은 19~21℃로 산란기에는 수심 10m정도의 깊이로 이동하여 약 15만 개의 알을 낳으며 새우, 게, 갯지렁이, 조개류, 해조류 등을 먹는다.

⑩ 산란은 1회에 전부 하는 것이 아니고, 산란기 동안 약 20회 전후로 산란한다.

쥐치의 생태 습성으로 틀린 것은?

① 입이 매우 작으며 주둥이 끝이 뾰족하다.

② 산란기는 12월~2월로 약 15만개의 알을 낳는다.

③ 수심 20~50m의 암초지대에서 무리 지어 서식한다.

④ 평소 천천히 움직이나, 먹이를 잡을 때는 행동이 빨라진다.

｜해설｜

② 산란기는 5~8월로 산란 성기 수온은 19~21℃이다.

정답 ②

① 산란 및 수정·부화
- ㉠ 수정란은 광주기 및 수온 상승을 통한 자연산란에 의한 수정이 효율적이다.
- ㉡ 산란 습성은 한 번에 산란하지 않고 여러 번 나누어 산란한다.
- ㉢ 친어는 3~4년생을 확보하여 암수 1 : 1의 밀도로 수용한다.
- ㉣ 수정란은 분리점착침성란으로 수조의 중하층에 쥐치 수정난이 부착할 수 있는 파판 등을 사용하여 수정난을 회수한다.
- ㉤ 부화는 20℃ 전후에서 약 54시간 정도 소요되며 부화 후 해산클로렐라로 수색을 조절한다.

② 자·치어 사육
- ㉠ 사육 적수온은 약 15~20℃로 부화 후 서서히 가온하여 적정수온을 유지한다.
- ㉡ 먹이공급
  - 소형로티퍼(*Branchionus rotundiformis*) + 굴 유생 : 2~5일 공급
  - 로티퍼 : 5~30일까지 공급
  - 알테미아 : 15일령 전후로 1회/일, 20일령은 2회/일, 25일령부터 알테미아 영양강화하여 공급 + 배합사료
  - 1회 먹이 공급량은 먹이가 남지 않을 정도로 하여 자주 공급한다.
- ㉢ 자어가 수조의 중층을 유영하기 전까지 야간에 수조표면으로 상승하여 유영하므로 유막제거기 등을 설치할 경우 대량 폐사가 일어날 수 있어 주의한다.
- ㉣ 양성을 위해 가두리 수용밀도를 높일 경우 공식 등에 의해 대량 폐사가 일어나고, 수조 내에서도 30일령이 지나면서 공식 등에 의한 폐사가 발생하므로 주의를 필요로 한다.

10년간 자주 출제된 문제

쥐치 종자생산에 대한 설명으로 옳지 않은 것은?
① 한번 산란하지 않고 여러 번 나누어 산란한다.
② 수정란은 분리점착침성란이다.
③ 쥐치의 경우 공식현상은 나타나지 않는다.
④ 먹이는 소형로티퍼+굴 유생, 로티퍼, 알테미아, 배합사료 순으로 공급한다.

[해설]

양성을 위해 가두리 수용밀도를 높일 경우 공식 등에 의해 대량 폐사가 일어나고, 수조 내에서도 30일령이 지나면서 공식 등에 의한 폐사가 발생하므로 주의를 필요로 한다.

정답 ③

5. 관상어 양식

핵심이론 01 금붕어(1) : 금붕어 주요 품종 등

① 품종과 형태

금붕어의 품종은 붕어로부터 오랜 세월에 걸쳐 돌연변이와 교배를 통하여 인위적으로 만들어진 것이며 품종이 매우 다양하다.

- ㉠ 돌연변이에 의한 품종 : 화금(왜금)붕어, 유금붕어, 난금(환자)붕어, 남경부어, 난중부어, 툭눈(출목)붕어, 중천안붕어, 수포안붕어, 꼬리쇠붕어, 토좌금붕어, 지금붕어 등이 있다.
- ㉡ 교배에 의해 만들어진 품종 : 사자머리붕어(네덜란드), 등금붕어, 화등내붕어, 금란자붕어, 추금붕어, 캘리코, 주문금붕어, 철붕어(철어) 등이 있다.

② 금붕어의 중요 품종

- ㉠ 화금붕어 : 가장 흔한 품종으로 몸은 길고 꼬리는 짧다. 체색은 붉은색, 흰색이 섞인 붉은색이며 세꼬리, 네꼬리, 벚꽃꼬리, 붕어꼬리가 많다.
- ㉡ 유금붕어 : 몸이 짧고 둥글며 꼬리지느러미가 길다. 세꼬리, 네꼬리가 많고 동작이 느리며 체색은 붉은색, 흰색, 흰색과 붉은색이 섞인 것이 있다.
- ㉢ 난금붕어 : 달걀모양으로 몸이 짧고 등지느러미가 없다. 꼬리지느러미가 짧고, 비늘은 광택이 나고 고급종에 속한다.
- ㉣ 툭눈붕어 : 몸은 유금붕어를 닮고 체색은 검은색, 붉은색, 그리고 3색을 한 것이 있다.
- ㉤ 네덜란드 사자머리 붕어 : 유금, 난금을 교배한 중간종으로 붉은색과 흰색이 섞인 붉은색이 있다.

  ※ 금붕어 꼬리모양 : 붕어꼬리형, 세꼬리형, 벚꽃꼬리형, 네꼬리형, 공작꼬리형으로 나뉜다.

1-1. 금붕어의 품종 중 교배에 의하여 생겨난 종류는?

① 유 금 ② 캘리코
③ 토좌금 ④ 꼬리쇠붕어

1-2. 금붕어 종류 중 부화자어 때부터 품종 색깔을 가지고 있는 것은?

① 유 금 ② 출 목
③ 캘리코 ④ 오란다

1-3. 금붕어 중 가장 흔한 종류로 몸이 길고 몸 색깔은 적색 또는 적·백이 섞인 것이 있고, 꼬리는 짧으며, 세꼬리, 네꼬리, 벚꽃꼬리 등을 가진 것은?

① 화 금 ② 유 금
③ 난 금 ④ 출 목

|해설|

1-2

캘리코, 툭눈붕어는 부화 때부터 빛깔이 있다. 대부분이 검은색이었다가 부화 후 40~50일이 지나면서 특유의 색이 나타난다.

정답 1-1 ② 1-2 ③ 1-3 ①

① **금붕어의 특성**

　㉠ 온수성 어류이다.

　㉡ 잉어보다 수중 산소함량이 낮은 곳에서도 비교적 잘 견딘다.

　㉢ 큰 못에서 기르면 몸의 형태 및 그 밖의 형질이 야생형으로 변한다.

② **금붕어의 습성**

　㉠ 금붕어의 습성은 붕어와 비슷하며 식성은 잡식성으로 물속에 있는 다양한 유기물과 무기물을 먹는다. 양식장에서는 배합사료를 주로 사용하며 곡물이나 그 부산물이 먹이로 쓰이기도 한다.

　㉡ 서식 가능한 수온은 0~30℃ 범위이며 4℃ 이하가 되면 행동이 매우 둔해지고 0℃ 이하가 되는 겨울철에는 동면에 들어가고, 수온이 30℃ 이상의 고수온이 장기간 지속되면 하면에 들어간다. 금붕어 산란의 최적수온은 20~22℃이다.

③ **금붕어의 선별기준(금붕어 변이의 기준이 되는 형질)**

　몸길이와 체고, 각 지느러미의 모양과 길이, 체색, 등지느러미의 유무, 비늘의 투명성과 불투명성, 눈의 돌출여부 및 머리 혹의 유무 등이 있다.

④ **붕어를 큰 못에 사육하면 안 되는 이유**

　㉠ 몸이 길어지고, 지느러미가 짧아지며, 붕어 꼬리가 된다.

　㉡ 야생형으로 된다.

⑤ **금붕어 종자생산 시 유의점**

　㉠ 선별로 도태시킨다(품질이 나쁜 것).

　㉡ 종자생산 시 흰색이 생기는 경향이 있으므로 붉은색끼리 또는 붉은색과 흰색이 섞인 붉은색끼리 교배시킨다.

　㉢ 카로티노이드 색소를 공급하여 색채가 나타나도록 한다.

※ 금붕어의 선별

　• 먼저 모양이 나쁜 것을 골라낸다. 특히 붕어 꼬리를 한 것은 일찍 골라낸다.

　• 빛깔이 나타난 뒤에는 흰색인 것을 골라낸다.

⑥ **금붕어 양식의 일반적인 사항**

　㉠ 산란기의 수컷 머리에 추성이 생겨 암수 구별이 편리하다.

　　• 암컷 : 4~5년산으로 몸이 매끄럽고 배가 둥글고 부드럽다.

　　• 수컷 : 3~4년산으로 몸이 거칠고 머리와 가슴에 거친 점이 있다. 배를 누르면 정액이 나오고 항문의 모양도 다르다.

　㉡ 체색은 부화 후 60일이 경과하면 반수 정도 나온다.

　㉢ 수조의 환수는 깨끗이 청소하여 대개 1회에 총사육 수량의 1/4~1/3 정도로 교환한다.

　㉣ 사료는 가급적 생사료가 좋고 1일 1회씩 적당량을 준다.

　㉤ 금붕어 운반은 적어도 2일 이상 절식 축양을 시켜서 운반하는 것이 효과적이다.

　㉥ 체색을 좋게 하기 위해서는 동물질 사료를 10~30% 배합하여 준다.

※ 관상어류 중 태생어류 : 거피, 소드테일, 플래티

※ 관상어류의 주요 원산지 : 인도네시아 군도

2-1. 금붕어의 선별기준으로 가장 거리가 먼 것은?

① 몸길이와 체고
② 각 지느러미의 모양
③ 비늘의 투명성과 불투명성
④ 눈의 크기

2-2. 금붕어의 초기 선별은?

① 색깔 위주로 한다.
② 크기 위주로 한다.
③ 전체적인 모양 위주로 한다.
④ 꼬리 형태 위주로 한다.

2-3. 금붕어 운반에서 가장 옳다고 생각되는 운반법은?

① 운반 직전에 못에서 바로 잡아 운반하면 효과적이다.
② 운반하기 전 충분한 먹이를 먹여 운반하는 것이 효과적이다.
③ 적어도 2일 이상 절식 축양을 시켜서 운반하는 것이 효과적이다.
④ 운반하기 전 충분한 먹이를 먹여서 고수온에 넣어서 운반하는 것이 효과적이다.

2-4. 금붕어 산란의 최적수온은?

① 28℃ 내외
② 24℃ 내외
③ 20~22℃
④ 26~27℃

2-5. 금붕어와 관련된 내용으로 틀린 것은?

① 여름이 지나 수온이 떨어지는 가을철이 되면 산란을 한다.
② 온수성 어류이다.
③ 잉어보다 수중 산소함량이 낮은 곳에서도 비교적 잘 견딘다.
④ 큰 못에서 기르면 몸의 형태 및 그 밖의 형질이 야생형으로 변한다.

2-6. 금붕어 양식의 일반적인 사항으로 틀린 것은?

① 산란기의 수컷 머리에 추성이 생겨 암수 구별이 편리하다.
② 체색은 부화 후 60일이 경과하면 반수 정도 나온다.
③ 수조의 환수는 깨끗이 청소하여 일시에 전량 교환한다.
④ 사료는 가급적 생사료가 좋고 1일 1회씩 적당량을 준다.

2-7. 금붕어 양식에 있어 체색을 좋게 하기 위해서는 동물질 사료의 배합을 어떻게 하는 것이 적당한가?

① 10~30%
② 40~50%
③ 60~70%
④ 80~90%

│해설│

2-1

금붕어 선별의 기준이 되는 형질

• 몸길이와 체고
• 각 지느러미 모양과 길이
• 체 색
• 등지느러미의 유무
• 비늘의 투명성, 불투명성
• 눈의 돌출 여부
• 머리 혹의 유무

2-6

일반적인 사육의 경우 대개 1회에 총사육수량의 1/4~1/3 정도로 하여 주 1회를 기준으로 물갈이를 해 주면 비교적 좋은 수질을 유지할 수 있다.

정답 2-1 ④ 2-2 ④ 2-3 ③ 2-4 ③ 2-5 ① 2-6 ③ 2-7 ①

핵심이론 03 비단잉어

① 비단잉어의 특징

    ㉠ 비단잉어는 원래 검은색의 잉어가 조상으로 적색 계열과 백색계열의 변이종의 발현으로 오랫동안 품종개량을 거듭하면서 다양한 색상의 비단잉어가 만들어졌다.

    ㉡ 학명은 잉어의 학명과 같은 *Cyprinus carpio*로 쓰이고 있다.

    ㉢ 관상적 가치가 크며 각 개체가 지니고 있는 전체적인 체형과 색의 배합과 구성, 밝기뿐만 아니라 각 양각색의 무늬와 모양 그리고 좌우대칭 균형도와 위치 등이 품평되고 있다.

    ㉣ 산란기인 봄철에는 적계는 20만~30만 개, 많을 경우 100만~150만 개 이상의 알을 산란한다.

> **붉은색 착색제의 사료**
> • 남조류의 원핵생물에 속하는 스피룰리나를 주원료로 하는 슈퓨리나를 주로 사용한다.
> • 양어지에 클로렐라류를 발생시키거나 부평초 등을 띄워 비단잉어가 자연상태에서 습식하게 한다.
> • 새우, 게류 등의 갑각을 분말로 하여 사료에 혼합하여 먹인다.

② 산란과 부화

    ㉠ 친어의 연령은 수컷은 보통 3년생, 암컷은 4년생에서 성숙하지만 수컷 3~7년생, 암컷은 5~10년생을 사용한다.

    ㉡ 산란은 대개 4월 하순부터 6월 중순에 걸쳐 수온이 20℃ 전후가 되면 이루어진다.

    ㉢ 수온이 20℃ 전후가 되는 시기에 채란 예정일을 정하고 미리 선별한 암컷 1마리에 수컷 2~3마리를 산란 못에 배합시킨다.

    ㉣ 부화에 적당한 수온은 20℃ 전후이며, 부화에 걸리는 시간은 일기가 순조로우면 5~6일 걸리고, 23~24℃이면 3~4일 만에 부화한다.

다음 중 비단잉어의 붉은색을 선명하게 해 주는 사료첨가제는?

① 번데기
② 스피룰리나
③ 토코페롤
④ CMC

[해설]

비단잉어의 사료에 남조류인(조파룰리나, 스피룰리나)를 첨가하면 붉은색이 아주 선명해진다.

정답 ②

1. 굴 류

핵심이론 01 굴의 생태

① 굴과(Ostreidae)의 구분

*Ostrea*속	자웅동체, 유생형, 탁도가 낮고 깨끗한 외양 (벗굴, 넓적굴, 올림피아굴)
*Crassostrea*속	자웅이체, 난생형, 내만 및 조간대에 많이 분포(참굴, 바윗굴, 강굴, 털굴, 버지니아굴, 시드니굴)
*Pycnodonta*속	자웅이체, 난생형, 가장 깊은 곳, 간출이 없는 곳에 많이 분포

※ 벗굴 : 산란기는 5~8월이고, 산란 수온은 약 19℃이며, 암수 한몸이고, 산란된 알은 피면자기까지 모체의 외투강 내에서 발생하는 유생종이다.

② 굴의 분포와 서식장
  ㉠ 참굴은 담수의 영향을 받는 우리나라 전 연안에 분포한다.
  ㉡ 광염, 광온성 부착패류로 염분이나 수온 등의 변화에 잘 견딘다.
  ㉢ 일반적으로 염분이 15~30psu인 지역에 주로 분포한다.
③ 굴의 성숙과 산란
  ㉠ 참굴의 성숙은 1년생 이상의 각고 5~6cm 이상이다.
  ㉡ 참굴은 수온이 10℃(기초 수온) 이상에서 암컷의 난모세포와 수컷의 정모세포에서 각각 난자와 정자가 형성된다.
  ㉢ 참굴의 산란 적정수온은 22~25℃이다.

  ㉣ 굴의 산란시기
    • 비단련 : 6월에 전기 산란
    • 단련종굴 : 8~9월 후기 산란

10년간 자주 출제된 문제

1-1. 다음 중 난생형 굴이 아닌 것은?
① 바윗굴   ② 털 굴
③ 벗 굴   ④ 강굴 또는 갈굴

1-2. 천연산 굴 중에서 그 서식 수심이 가장 깊은 것은?
① 털 굴   ② 벗 굴
③ 참 굴   ④ 강 굴

1-3. 다음 중 참굴의 산란 적정수온은?
① 13~16℃   ② 17~20℃
③ 22~25℃   ④ 26~28℃

｜해설｜

1-1
굴의 분류
• 유생형 : 벗굴
• 난생형 : 참굴, 바윗굴, 강굴

1-2
우리나라에 분포하는 벗굴은 염분농도가 비교적 높고 수심이 가장 깊은 곳에 서식하는 종이다.
우리나라산 굴의 수평·수직 분포

수평 분포	• 바윗굴, 털굴, 벗굴 : 협염성으로 외해 수역에 분포 • 참굴, 강굴 : 광염성으로 담수 유입종
수직 분포	• 참굴, 강굴, 털굴 : 조간대 주로 서식 • 바윗굴, 벗굴 : 간조 시에도 간출하지 않은 곳에 서식

1-3
참굴 암컷의 생식세포 분열증식이 시작되는 수온기준은 10℃ 이상이고, 참굴의 산란 적정수온은 22~25℃이다.

정답 1-1 ③ 1-2 ② 1-3 ③

① 굴의 발생

　㉠ 수정한 참굴의 알 크기는 0.05mm 가량으로, 수정막이 생기며 구형으로 바뀐다.

　㉡ 수정란은 수 시간 내에 극체 방출과 난할을 반복하여 상실배가 된다.

　㉢ 포배기에 이르면 섬모를 이용한 회전 운동을 하며, 그 후 낭배기를 거쳐 부화하게 되는데, 이 시기를 담륜자 유생(트로코포라 유생)이라고 하며 하루 정도 지나면 몸에 조가비가 생기고, 면반이 발달하여 부유 생활을 하는 피면자 유생(벨리저 유생)이 된다. 이때 모습이 영어의 D자를 닮았다고 하여 D상 유생이라고도 한다.

　㉣ 수온에 따라 차이가 있으나, 20℃에서 26시간 정도 소요된다.

② 굴의 부착

　㉠ D상 유생은 물속의 식물플랑크톤을 먹고, 각정이 부풀어 오르며 부착단계에 이르면 유영기구인 면반이 퇴화하고 발과 안점이 발달한다.

　㉡ 수정해서 부착할 때까지 소요되는 기간은 대략 19~20℃에서는 3주, 23℃ 내외에서 2주, 27℃ 이상에서 10일 정도가 소요된다.

　㉢ 부착기에 이른 유생은 면반이나 발과 같은 운동기관을 이용하여 부착 장소를 찾으며, 부착 장소가 정해지면 족사샘에서 분비물을 내여 부착하게 된다.

　※ 바다에서 참굴 유생의 부유기간의 장·단에 가장 영향을 미치는 것은 수온이다.

③ 굴 유생 부착에 영향을 미치는 요인

　㉠ 염분 농도

　㉡ 구리 이온 : 0.05~0.6mg/L 때에 부착

　㉢ 수류의 영향 : 5~7cm/sec 이하일 것

　㉣ 부착 기질 : 개흙질 없이 깨끗할 것

2-1. 다음 중 조개류 발생에서 가장 먼저 나타나는 유생은?

① D상
② 담륜자
③ 각정기
④ 피면자

2-2. 굴 유생부착에 가장 많은 영향을 미치는 환경요인은?

① 광 선
② 염 분
③ 수 온
④ 먹 이

[해설]

2-2

굴 유생의 부착에 영향을 미치는 요인
• 염분 농도
• 구리 이온 : 0.05~0.6mg/L 때에 부착
• 수류의 영향 : 5~7cm/sec 이하일 것
• 부착 기질 : 개흙질 없이 깨끗할 것

정답 2-1 ② **2-2** ②

① 어미 관리

　㉠ 종자는 성장이 빠르고, 병해에 강한 우량 형질의 모패 확보가 매우 중요하다.

　㉡ 채란용 모패의 관리는 생식소 성숙과 대사에 필요한 글리코겐과 지질의 함유량이 높은 먹이를 공급해야 하는데, 단일종보다는 여러 종류를 혼합하여 공급하는 것이 효과적이다.

② 채 란

　㉠ 채란을 통한 알 발생 정도는 자연산란을 통해 발생한 알이 D상 유생으로 발달하는 비율이 가장 높다.

　㉡ 대량으로 수정란을 얻기 위해서 산업적으로는 절개법을 이용하는데, D상 유생으로 19.4% 정도이다.

　㉢ 참굴의 채란은 패각에 붙은 이물질을 깨끗이 제거한 다음, 통풍이 잘되는 음지에서 1시간 정도 간출 후 모패 사육수온과 동일한 수온의 여과살균 해수가 채워진 채란수조에 수용한다. 이때 수조의 수온을 천천히 3~5℃ 상승시켜 방란·방정을 유도한다.

③ 유생 사육

　㉠ 유생 사육이란 소화기관이 형성된 D상 유생에서 부착 기질에 부착하여 변태하기 이전까지 사육하는 과정이다.

　㉡ 유생은 사육 환경 조절, 적정 먹이 생물의 공급 및 사육수 관리에 세심한 주의가 필요하다.

　㉢ 유생 사육 시 먹이는 모패 사육 시와 같이 단일종을 공급하여 주는 것보다 여러 종류를 혼합하여 공급한다.

　㉣ 먹이 생물 공급량은 유생 사육밀도가 5마리/mL일 때 초기 D형 유생을 기준으로 1회에 5,000세포/mL를 1일 3회씩 공급해 준다. 그리고 2일마다 30%씩 증가시켜 공급하는 것이 유생의 성장과 생존율을 증가시키고 먹이의 허실을 줄일 수 있다.

④ 채 묘

　㉠ 참굴의 부착기 유생 크기는 각장 310~330μm 정도이며 망목 230μm 밀러 거즈를 이용하여 성숙기 유생만을 골라 채묘용 수조에 수용한다.

　㉡ 유생의 부착기질은 굴과 가리비, 조가비가 주로 이용되며, 부착기질에 붙어 있는 이물질은 반드시 제거해 주어야 한다.

　㉢ 채묘용 조가비당 부착유생의 수는 일반적으로 채묘 후 바로 양성하는 굴 종자는 채묘기당 30~40마리, 단련을 위해서는 70마리 이상의 부착밀도가 적당하다.

　㉣ 실내 채묘방법은 바닥식, 수하식, 굴 수용망을 이용하는 방법이 있다.

　※ 참굴종자의 전기채묘 실시 시기는 수온 상승기의 전반기가 가장 적합하다.

⑤ 참굴 인공종자생산 시 채묘율을 높이기 위해 고려해야 할 항목

　㉠ 채묘기질 선택 : 부착기 유생으로 성장하면 발과 안점이 출현하며, 너무 늦게 채묘기질을 투입하면 유생이 수육수조 바닥과 벽면에 부착하므로 적절한 시기에 채묘기질을 투입하여야 한다.

　㉡ 부착기 유생 선별 : 선별은 거름망으로 선별하는데 그 망목의 크기는 230~243μm에서 효율적으로 선별이 가능하다.

　㉢ 부착기 유생의 수용밀도 : 수용밀도가 높을수록 패각당 부착 마릿수가 증가한다.

　㉣ 보관온도 : 원거리 채묘를 위한 부착기 유생의 저온보관은 12℃에서 72시간 이내에 이루어지는 것이 채묘율을 높일 수 있다.

참굴 인공종자생산 시 채묘율을 높이기 위해 고려해야 할 항목과 가장 거리가 먼 것은?

① 채묘기질 선택
② 부착기 유생 선별
③ 부착기 유생 고착 후 유수량
④ 부착기 유생 수용 밀도

[해설]

참굴 인공종자생산 시 채묘율을 높이기 위해 고려해야 할 항목
- 부착기 유생으로 성장하면 발과 안점이 출현하며, 너무 늦게 채묘기질을 투입하면 유생이 수육수조 바닥과 벽면에 부착하므로 적절한 시기에 채묘기질을 투입하여야 한다.
- 부착기 유생의 선별은 거름망으로 선별하는데 그 망목의 크기는 230~243μm에서 효율적으로 선별이 가능하다.
- 부착기 유생의 수용밀도는 수용밀도가 높을수록 패각당 부착 마릿수가 증가한다.
- 원거리 채묘를 위한 부착기 유생의 저온보관은 12℃에서 72시간 이내에 이루어지는 것이 채묘율을 높일 수 있다.

[정답] ③

핵심이론 04 자연종자생산(1) : 채묘

① 채묘예보

㉠ 채묘예보란 참굴양식에 필요한 종자용 치패를 확보하기 위해서, 해수 중 참굴유생의 각 단계별 분포상태와 이를 토대로 부유유생의 부착시기 및 분포수역을 미리 알려주는 것을 말한다.

㉡ 부유유생의 수직분포는 크게 표층 분포형과 저층 분포형으로 나눌 수 있다.

㉢ 부유유생과 치패의 현존량과 해수의 유동과 기타 여러 환경 요인 등을 참고로 실시해야 한다.

㉣ 같은 내만이라 하더라도 유속이 서로 다르면 부유유생의 분포도 다를 수 있다.

㉤ 시험용 채묘연을 몇 연씩 만들어 채묘 예정 장소 내에 몇 군데 수하시켜 유생의 부착 정도를 매일 점검하는 것이 가장 정확하다.

㉥ 참굴의 부유유생은 부착 직전의 크기가 0.3mm 정도이고, 유생의 공간적 분포는 해수유동의 영향으로 인해 수면 가까운 곳에 많으며, 주로 수면에서부터 2m 수층까지이다.

㉦ 부유유생의 조사방법은 매일 만조 시에 그물코 0.06mm의 유생 채집망을 사용해서 수면으로부터 30cm 깊이에서 50m 가량 끌어서 채집하거나, 2m 깊이에서 수직으로 끌어서 채집한다.

㉧ 참굴 채묘예보의 조사대상은 부유유생 조사(부유유생 분포·크기조사)와 시험수하연의 부착치패 조사이며, 조사항목은 수온, 염분, 부유유생의 출현량 등이다.

㉨ 채집된 유생은 포르말린으로 고정한 다음 현미경으로 유생기 단계별로 나누고, 그 수를 조사하여 부착 시기를 예보한다.

② 참굴의 부착층
  ㉠ 참굴 유생이 부착할 수 있는 수층은 일반적으로 만조선에서 간조선의 수시 1~2m 사이로, 3~6시간 노출선 사이이다.
  ㉡ 조석간만의 차가 심한 곳에서의 부착층 : 0~4시간 노출선 사이
  ㉢ 고수온기인 7월 이후에는 1시간 노출선 부근
  ㉣ 굴 채묘 시에는 반드시 채묘연을 4시간 이하의 노출선에 수하하여 채묘해야 한다.
③ 채묘방법(참굴의 종자생산시설)
  ㉠ 고정식 채묘(말목식 채묘) : 수심이 얕은 간석지에 길이 15m, 폭 1.5m, 높이 1.5m가 되게 채묘상을 만들고 1.8m의 채묘연을 채묘상에 절반 정도 걸쳐서 채묘한다.

| 장점 | • 파랑이 적은 내만의 얕은 곳에 시설하므로 해수의 유동범위가 상하로 넓어져 치패의 부착이 균일하다.
• 수심이 얕아 채묘가 간편하다.
• 부착한 치패는 간출작용으로 환경변화에 대한 저항력이 강해진다. |
| 단점 | • 유생수나 부착치패의 수가 적다.
• 해수의 유동이 좋지 않다.
• 저질의 영향을 많이 받아 저층부에 수하된 굴의 성장이 좋지 않다.
• 사육연수가 길수록 수확량이 줄어든다. |

  ㉡ 부동식 채묘[뗏목 또는 밧줄(연승) 수하식] : 수심이 깊은 곳에서 뗏목이 패각 채묘연을 참굴 부착층에 수직으로 수하하여 채묘한다.

| 장점 | • 부착치패의 수가 많다.
• 정확한 채묘예보만 하면 균일하게 많은 양을 부착시킬 수 있다. |
| 단점 | 정확한 채묘예보가 힘들고, 저항력이 약하다. |

  • 부착기질로서의 조가비 : 1개의 채묘연에 필요한 조가비수는 참굴 55개, 가리비 50개, 국자가리비 100개이다.
  ※ 굴 채묘에 앞서 가장 먼저 해야 할 일은 수온조사이고, 채묘기 설치시기는 산란 후 2주이다.

4-1. 채묘예보에 관한 설명으로 틀린 것은?
① 부유유생의 수직 분포는 크게 표층 분포형과 저층 분포형으로 나눌 수 있다.
② 부유유생과 치패의 현존량과 해수의 유동과 기타 여러 환경요인 등을 참고로 실시해야 한다.
③ 같은 내만이라 하더라도 유속이 서로 다르면 부유유생의 분포도 다를 수 있다.
④ 정확한 한 번의 조사로 채묘에 알맞은 시기와 수역, 수층을 알리는 것이 중요하다.

4-2. 조차가 심한 곳에서 참굴의 부착층으로 가장 적합한 곳은?
① 간조선에서 간소선 이심 1~2m의 사이
② 만조선 부근
③ 0~1시간 노출선 부근
④ 0~4시간 노출선 사이

4-3. 참굴의 고정식 채묘방법의 장점이 아닌 것은?
① 수심이 얕아 채묘가 간편하다.
② 치패의 부착이 균일하다.
③ 간출작용으로 치패의 환경 저항력이 강해진다.
④ 많은 양을 채묘할 수 있다.

[해설]

4-1
시험용 채묘연을 몇 연씩 만들어 채묘 예정 장소 내에 몇 군데 수하시켜 유생의 부착 정도를 매일 점검하는 것이 가장 정확하다.
채묘예보
참굴 양식에 필요한 종자용 치패를 확보하기 위해서, 해수 중 참굴 유생의 각 단계별 분포상태와 이를 토대로 부유유생의 부착 시기 및 분포 수역을 미리 알려 주는 것을 말한다.

4-2
참굴의 부착층은 조석간만의 차나 물때의 시기에 따라서도 다소 다르다. 조석간만의 차가 심한 곳에서는 부착층이 0~4시간 노출선 사이가 좋고, 고수온기인 7월 이후에는 1시간 노출선 부근이 좋으므로 굴 채묘 시에는 반드시 채묘연을 4시간 이하의 노출선에 수하하여 채묘하도록 하여야 한다.

4-3
해수의 유동이 좋지 않아 유생수나 부착치패의 수가 적고, 저층부에 수하된 굴의 성장이 좋지 않다. 또한, 사육연수가 길수록 수확량이 줄어든다.

정답 4-1 ④ 4-2 ④ 4-3 ④

① 부착치패 조사방법

　㉠ 부유유생은 밀물 때에는 표층 가까이로 모이고, 썰물 때에는 심층으로 모이는 경우가 많다.

　㉡ 부유유생을 관찰해서 부착기가 가까워지면 식별하기 쉬운 가리비 패각으로써 만든 시험용 채묘연을 몇 연씩 채묘예정 장소 내의 몇 군데에다 수하시킨 후 다음 날부터 매일 수심별로 부착치패수를 계수한다.

　㉢ 매일 조사할 수 없을 경우에는 수하시킨 다음의 경과 일수로써 부착치패수를 나누어 일간 부착수를 알 수 있으며, 단시간 수하시킨 다음 이 사이에 부착한 치패수로서 일간 부착치패수를 환산하기도 한다.

　㉣ 조사된 결과로써 부착일을 추정하여 채묘기 투입일을 예보한다.

　㉤ 부착치패를 계수할 때에는 10배 정도 되는 배율의 확대경을 사용하면 편리하다. 아울러 따개비와 같은 다른 부착생물과 구별해서 계수한다.

　㉥ 참굴 채묘일은 따개비의 부착수가 점차 줄어드는 시기를 적정 예보시기로 보아야 한다.

　※ 따개비 구제법
　　• 간출시간이 짧은 곳에 채묘상을 설치한다.
　　• 채묘예보로서 따개비 부착시기를 피한다.

② 부착치패의 관리

　㉠ 부착치패는 부착한 다음 하루가 지나면 주연각이 형성되고 4~5일이 지나면 치패의 크기는 2~3mm로 된다.

　㉡ 전기 채묘한 치패는 2~3주일이 지나면 단련시키지 않고 곧 양성장으로 옮겨서 양성용 종자로 사용한다.

　㉢ 후기 채묘된 치패는 약 2주일이 지나면 곧 단련장으로 옮겨서 관리한다.

※ 굴 패각을 채묘기로 이용할 때 채묘 후 바로 양성하는 굴 종자의 경우 채묘기당 가장 적합한 부착유생수는 30~40이다.

10년간 자주 출제된 문제

5-1. 굴의 부착치패와 따개비치패가 구별되는 점은?

① 굴은 장난형으로 적녹색이고, 따개비는 대합의 소형과 유사한 꼴로서 황갈색이다.
② 굴은 대합의 소형을 닮은 적갈색이고, 따개비는 장난형으로 황색이다.
③ 굴은 장난형의 황색이고, 따개비는 대합의 소형을 닮은 적갈색이다.
④ 생김새는 같고 굴을 황색, 따개비는 적갈색이다.

5-2. 따개비가 많은 곳에서 굴을 채묘할 경우 부착치패수의 조사과정에서 채묘에 가장 적합한 시기는?

① 굴의 부착수는 증가하고 따개비의 부착수가 줄어들 때
② 따개비의 부착수가 전혀 보이지 않을 때
③ 굴의 부착수가 줄어들기 시작할 때
④ 따개비와 굴의 부착수가 같이 증가하는 시기

5-3. 참굴 종자는 채묘한 다음 얼마 후에 단련상으로 옮기는 것이 좋은가?

① 2주일 후　　　　　② 4주일 후
③ 2개월 후　　　　　④ 3개월 후

|해설|

5-1
참굴의 부착치패는 대합 모양으로 적갈색이나 따개비의 경우는 장난형으로 황색이므로 쉽게 구분이 가능하다.

5-2
따개비 부착치패수가 줄어들고 참굴의 부착치패수가 늘어날 때 채묘예보한다.

5-3
전기 채묘한 치패는 2~3주일이 지나면 단련시키지 않고 곧 양성장으로 옮겨서 양성용 종자로 사용하며, 후기 채묘된 치패는 약 2주일이 지나면 곧 단련장으로 옮겨서 관리한다.

정답 5-1 ②　5-2 ①　5-3 ①

① 단련의 개념

　㉠ 굴의 단련은 후기 채묘된 굴치패를 조간대의 단련 상에서 주기적으로 대기 중에 노출시켜 강하게 만드는 방법이다.

　㉡ 단련된 종굴은 그 크기가 작으나, 양성 시 생존율이 높고 발육이 양호하여 양성기간이 짧은 특징을 지닌다.

　㉢ 만일, 채묘한 상태로 방치하면 시기적으로 따뜻하기 때문에, 조가비가 지나치게 자라 두께가 얇고 약해져서 파손되기 쉬울 뿐만 아니라, 종굴로 사용할 때에는 너무 성장해서 수송 또는 그 밖의 취급이 불편하고 탈락하는 수도 많다.

　㉣ 일반적으로 우리나라 단련 종굴의 단련기간은 약 7~8개월이다.

② 단련의 목적(장점)

　㉠ 크기가 작아 취급이 용이하다.

　㉡ 취급 시에 탈락 개체가 적다.

　㉢ 성장이 빠르고 폐사율이 낮다.

　㉣ 양식을 계획화할 수 있다.

　㉤ 발육이 좋아 양성기간이 짧다.

　㉥ 환경변화에 대한 저항력이 강하다.

③ 단련장의 높이

　㉠ 부착치패의 단련 시 주의해야 할 것은 단련장의 높이인데, 부착치패의 성장과 생존율을 고려하여 단련장의 높이는 지역에 따라 다르게 한다.

　㉡ 경남 통영 연안에서는 5~6시간의 간출시간에 맞추어 단련장의 높이를 정하고 있다.

④ 종굴의 연간 양성방법

　㉠ 보통종굴의 연간 양성방법

　　채묘준비(5, 6월) → 채묘(6, 7월) → 수하(7월 중순, 8월 초순) → 양성(8월 중순~2월) → 수확(3~5월)

　㉡ 단련종굴의 연간 양성방법

　　• 채묘 : 8~9월 채묘예보에 따라 부동식(뗏목식)으로 채묘

　　• 단련 : 채묘 1개월 후 10~5월 주기적으로 노출시키며 단련

　　• 수하 : 6~7월 단련종굴을 수하

　　• 양성 : 8~11월

　　• 수확 : 12~4월에 수확

10년간 자주 출제된 문제

6-1. 다음 중 우리나라 통영 연안에서 굴의 종자를 단련할 때 단련장의 높이로 가장 적합한 간출 시간선은?(단, 12시간을 기준으로 한다)

① 1~2시간　　　　　　② 3~4시간
③ 5~6시간　　　　　　④ 7~8시간

6-2. 단련종굴의 특징으로 틀린 것은?

① 크기가 작아서 취급이 쉽다.
② 양성기간이 길다.
③ 취급 시 탈락 개체수가 적다.
④ 보통 종자에 비해서 저항력이 강하다.

6-3. 단련종굴의 생산과정을 4단계로 나눌 때 3단계에 해당하는 것은?

① 채묘예보　　　　　　② 해적구제
③ 단 련　　　　　　　　④ 채 묘

[해설]

6-3

단련종굴의 생산과정 : 채묘예보 → 채묘 → 단련 → 해적구제

정답 6-1 ③　6-2 ②　6-3 ③

① 수하식 양성

  ㉠ 수하식 양성은 채묘된 굴이 먹이를 먹을 수 있는 시간을 길게 하기 위하여 항상 물속에 잠겨 있도록 하는 방법이다.

  ㉡ 최근에는 내만의 환경오염과 적조 발생 등으로 인해 로프 수하식이 늘고 있다.

  ※ 참굴 양식 시 풍파가 강한 곳에 적합한 양성시설은 통형 로프 수하식이다.

  ㉢ 수하식 양성의 장단점

장 점	• 성장이 빠르고, 비교적 균일하다. • 저질에 매몰되거나 저서해적에 의한 피해를 받을 염려가 적다. • 해면을 입체적으로 사용할 수가 있다. • 내파성이 강하다(로프 수하식인 경우). • 단위 면적에 대한 생산량이 많고, 적지 수면적이 넓다(로프 수하식인 경우).
단 점	• 시설비가 많이 든다. • 관리에 일손이 많이 든다. • 연안에서 멀리 떨어질 경우 먹이 생물의 양이 줄어들어 성장이 다소 저하된다(로프 수하식인 경우).

  ㉣ 참굴의 (뗏목)수하식 양성장의 조건

  • 조류의 유속은 1노트 이하가 좋지만 중층이나 하층의 유속이 5cm/sec 이상인 곳

  • 풍파가 적은 곳 : 수심 10~30m, 최대 파고 1.5m 이하인 곳

  • 염분농도 : 해수 비중 1.0150~1.020인 기간이 긴 곳

  • 적당한 현탁물량과 투명도(투명도는 보통 4~8m가 정상이다)

  • 용존산소량은 여름철이라 하더라도 하층의 양이 2~4mL/L 이상으로 유지되는 곳

  • 뗏목 면적의 30배 이상의 인정 수면적 확보

  ※ 참굴의 각장이 1~5cm이고, 수온이 18~23℃일 때, 1개체당 해수 여과량은 약 5L/h이다.

② 나뭇가지 양성

  ㉠ 소조 때의 간출선으로부터 대조 때의 간출선보다 약간 낮은 곳에 나뭇가지를 세워서 양성하는 방법이다.

  ㉡ 주로 소나무를 이용하기 때문에 송지식 양성이라고도 한다.

  ㉢ 양성장은 파도가 적은 내만으로서 먹이가 풍부하며 저질이 비교적 안정된 곳이어야 한다.

  ㉣ 양성용 나뭇가지가 직접 부착기질로 이용되기 때문에 참굴 유생의 부착시기에 맞춰 시설한다.

  ㉤ 시설비는 적게 들지만 저서성 해적생물에 의한 피해가 많다.

③ 바닥 양성

  ㉠ 넓은 조간대를 이용하는 양성법이다.

  ㉡ 조간대에서부터 수심이 수 m가 되는 얕은 곳에 종굴을 뿌리거나, 부착기질인 돌이나 조가비를 넣어 부착기 유생을 부착시켜 양성하는 방법이다.

  ㉢ 지반이 안정되고 평탄해야 하며, 먹이가 많고 해수의 유통이 잘되는 곳이어야 한다.

  ㉣ 시설비가 적게 들고 관리가 쉽다.

  ㉤ 저서성 해적생물에 의한 피해가 가장 많이 나타난다.

7-1. 참굴인 경우 실제 수하 수면적의 약 몇 배 이상되는 수면적을 확보하는 것이 좋은가?

① 5배　　　　　　② 10배
③ 20배　　　　　　④ 30배

7-2. 다음 중 수하양성에 의한 굴의 성장이 바닥식 양성방법에 비하여 빠른 가장 큰 이유는?

① 염분이 높기 때문이다.
② 빛을 적게 받기 때문이다.
③ 물속에서 유동을 많이 하기 때문이다.
④ 먹이를 먹는 시간이 길어지기 때문이다.

|해설|

7-1

수하식 양성장의 경우 뗏목 면적의 30배 이상의 수면적을 확보해야 한다.

7-2

수하식 양성은 채묘된 굴이 먹이를 먹을 수 있는 시간을 길게 하기 위하여 항상 물속에 잠겨 있도록 하는 방법이다.

실내 인공 채묘방법 비교

구 분	장 점	단 점
바닥식	일시에 많은 양을 채묘 가능	수질 관리 및 부착 유도 곤란
수하식	고른 부착 유도	많은 노동력 소요
굴 수용망	채묘 후 관리 용이	살포식 종자로만 가능

정답 7-1 ④　7-2 ④

핵심이론 08 굴의 양성과 관리

① 양성용 종굴의 수하시기

　㉠ 부착성 해적생물인 진주담치의 부착시기인 5월 말까지는 피해야 하므로, 6월 상순에서 7월까지가 적당하다.

　㉡ 우리나라산 비단련종굴은 채묘한 다음 1개월 후에 본 수하시킨다.

② 수하식 양식 시 진주담치 부착예방법

　㉠ 진주담치의 부착성기를 피해서 참굴의 양성 수하시기를 조절한다(6~7월).

　㉡ 부착성기에 수하연을 심층으로 이동시켜 수하한다.

　㉢ 진주담치가 성장하기 전에는 온수처리나 노출처리를 하여 구제한다.

③ 굴의 육질과 패각 성장

　㉠ 여름과 가을에는 패각이 크고 겨울과 봄에는 육질이 성장한다.

　㉡ 패각 성장시기는 수온이 상승하는 여름철이 주 성장시기이다.

　㉢ 해수에서 칼슘이온을 직접 흡수하여 외투막의 표피세포에서 분비하여 패각을 형성하고, 수온과 칼슘이온농도(천연해수농도의 1/5 이상일 것)에 영향을 받는다.

④ 굴 양성의 노화현상

　㉠ 단위 면적당 생산량이 가장 많은 로프 수하식에서 다년간 연작, 밀식 등으로 인해 굴의 성장과 비육이 저하되는 경우가 많은데 이것을 양식장의 노화 현상이라고 한다.

　㉡ 노화현상의 대책으로는 일정한 기간 동안 양성을 중지하거나 양성 밀도를 줄이는 한편, 바닥 침전물 제거 등의 방법을 취해야 하고, 이후에는 윤작 등의 방법을 강구해야 한다.

※ 굴의 이상폐사가 가장 많이 일어나는 때는 수온과 염분이 동시에 높을 때이다.

⑤ 참굴 성장 저해 요인

저해 요인	원 인	대 책
부착성 해적생물	부착성 해적생물의 자리 및 먹이 경쟁	온수처리를 통한 구제
수하 수층 변화	부착성 해적생물의 부착과 성장에 따른 뜸통의 침강	온수처리를 통한 구제와 뜸통 보충
조 류	부착성 해적생물과 그밖의 부니	온수처리를 통한 구제와 수하연을 정리해 주고, 조류 흐름이 원활하도록 장애물을 제거

10년간 자주 출제된 문제

8-1. 수하식 굴 양성 시 굴의 부착성 해적을 막는 방법으로 가장 거리가 먼 것은?

① 정체된 내만에서는 심층 수하하여 해적생물의 부착을 피한다.
② 부착생물의 부착성기와 굴의 수하시기를 조절한다.
③ 수하양성 시 수하연의 길이를 짧게 한다.
④ 부착생물의 부착성기에 수하연을 심층으로 침하시킨다.

8-2. 양식굴 수하연에 부착성 해적인 진주담치의 치패가 많이 부착했을 때 성장하기 전에 조치해야 하는 것은?

① 이 동
② 제 거
③ 온수처리
④ 약품처리

8-3. 다음 중 굴 패각의 성장이 가장 잘되는 때는?

① 수온이 높을 때
② 비중이 낮을 때
③ 먹이가 풍부할 때
④ 칼륨이 풍부할 때

정답 8-1 ③   8-2 ③   8-3 ①

핵심이론 09 굴의 수확

① 수출용 종굴의 크기와 기준
  ㉠ 생활력이 강하고 개흙질 등의 이물질이 없어야 한다.
  ㉡ 크기는 3~18mm의 종굴로 브로큰(Broken)은 5~6개, 언브로큰(Un-Broken)은 10개 정도의 종굴이 붙어 있는 것이 적당하다.
  ※ 양성용 종굴로서 가장 알맞은 크기는 3~18mm이다.

② 수확시기
  ㉠ 수확용 굴은 비만도가 높은 것으로, 수확시기에는 글리코겐이나 단백질량이 많다.
  ㉡ 생굴 : 글리코겐의 양이 많은 늦가을에서 초봄 사이에 수확한다.
  ㉢ 가공용 : 단백질이 증가하는 시기인 산란기 직전의 봄철에 수확한다.
  ※ 수확기의 후반기에 수확한 참굴이 가공용으로만 쓰이는 주된 이유는 생식소가 발달해 있기 때문이다.

③ 수확방법
  ㉠ 수하연을 손이나 채취선의 기중기를 이용해서 끌어올리고, 끌어올린 수하연은 줄을 알맞게 끊은 다음 원반에 부착한 굴을 세척통에 넣어 세척한다.
  ㉡ 세척된 것은 벨트 컨베이어를 통과시키면서 잡물을 제거하고 수송용 그릇에 담아 수송한다.
  ※ 종굴의 수송 시 주의할 점
    • 되도록 수송시간을 짧게 한다.
    • 습도는 높을수록, 기온은 낮을 때일수록 좋다.

④ 각 양성방법별 수확량
  ㉠ 로프 수하식 : 4m의 수하연당 알굴의 수확량은 2~4kg 정도이다.
  ㉡ 바닥양성 : 1m^{2}당 1.5kg이다.
  ㉢ 기타 수하식 : 3.3m^{2}당 수하연 20개에 16kg이다.

9-1. 수확기의 후반기에 수확한 참굴은 가공용으로만 쓰이는 주된 이유는?

① 맛이 가장 좋은 시기이기 때문
② 생식소가 발달해 있기 때문
③ 수분이 연 중 가장 많기 때문
④ 글리코겐이 많기 때문

9-2. 굴의 비만도 및 오염문제 등을 고려해 볼 때 가장 적당한 수확시기는?

① 초봄부터 초가을 사이
② 초여름부터 늦가을 사이
③ 늦가을부터 다음해 봄 사이
④ 연중 어느 때나 관계없다.

정답 **9-1** ② **9-2** ③

2. 담치류

핵심이론 01 담치류의 특징

① 담치류의 생태
  ㉠ 담치류는 부착성 동물이다.
  ㉡ 지중해담치
    • 지중해담치는 원래 한해성이지만 강한 번식력 등으로 분포수역이 확대되었다.
    • 각고 10cm 이하, 조가비가 얇고 성장선이 작고 가늘다.
    • 각피가 얇으며 조가비 안쪽이 청백색이고 천해성이다.
  ㉢ 참담치(홍합)
    • 참담치의 성숙한 암컷 생식소 색은 자색이며 수컷은 담황색이다.
    • 각고 15~16cm, 조가비가 두껍고 성장선이 굵고 확실하다.
    • 조가비 안쪽이 흑갈색이며 외양성 암초에 군서한다.

② 담치류를 인공채묘할 때 알아야 할 사항
  ㉠ 암수의 성비(性比)를 고려하여 큰 것과 작은 것을 적당히 확보한다.
  ㉡ 채란용 모패는 수온이 6℃ 내외의 순환해수에 수용한다.
  ㉢ 수정이 끝나면 1~2시간 후 알을 해수로 깨끗이 씻는다.
  ㉣ 수온 15℃이면 12시간 이내에 담륜자가 되고 산란 후 4일 이후부터는 먹이를 공급해야 한다.

③ 담치류의 이동
  ㉠ 성장에 따라 국부적으로 이동하고, 복부의 족사를 끊어버리고 발을 수축하여 몸을 앞으로 끌고 간다.
  ㉡ 이동이 끝난 후 새로운 족사로 부착한다.

담치류의 생태에 대한 설명으로 가장 거리가 먼 것은?

① 담치류는 부착성 동물이다.

② 지중해담치는 원래 한해성이지만 강한 번식력 등으로 분포 수역이 확대되었다.

③ 참담치는 지중해담치에 비해 저염분성이며 천해성 종류이다.

④ 참담치의 성숙한 암컷 생식소 색은 자색이며 수컷은 담황색이다.

【해설】

지중해담치(진주담치)가 천해성이다.

정답 ③

핵 심이론 02 진주담치(*Mytilus edulis*)

---

① **진주담치의 특징** : 진주담치는 저함수역, 내만이나 연안의 얕은 곳에 서식하며, 양식의 주 대상종이다.

② **진주담치 양식 시 이점**

　㉠ 번식력이 강해서 종패 구입이 쉽다.

　㉡ 양식기간이 1년 미만이므로 자금회전이 빠르다.

　㉢ 큰 양식시설을 이용할 수 있고, 시설비, 인건비가 적게 든다.

③ **진주담치의 인공종자생산 시 어미 선정과 관리**

　㉠ 각고 9.75cm까지는 수컷이 많고, 각고 11.25cm 이상은 암컷이 많으므로 성비를 고려해 큰 것, 작은 것을 적절히 수용한다.

　㉡ 6℃에 보관한다(산란 임계온도가 10℃이므로 3~4℃ 낮은 순환해수에 수용, 관리).

④ **진주담치 종자생산**

　㉠ 남해안의 산란성기는 3~4월이고, 산란하면 물의 색이 노란색을 띤다.

　㉡ 포란수는 500~2,000만 개다.

　㉢ 산란임계온도 10℃보다 2~6℃ 높은 해수에서 채란하고, 채란한 수정란을 씻어서 부화탱크로 옮긴다.

　㉣ 천연채묘가 쉽고, 채묘시설은 수하식을 많이 쓴다.

　㉤ 부착층이 수면으로부터 1~2m 수층이기 때문에 수하식이 알맞다.

　㉥ 수정란은 하루 만에 담륜자로 부화하고, 2일 후 D상자패로 되고, 물리적 충격에 강해 환수 및 먹이투여를 한다.

⑤ **진주담치의 부착치패 관리** : 채묘 후 2~3주가 지나면 진주담치의 유생이 없거나 적은 곳, 또는 이들이 부착하지 않은 깊은 수심으로 옮겨서 관리(균일한 크기의 치패를 얻기 위해)한다.

　※ 진주담치의 수하양성에서 성장에 현저한 차이가 생겨 크기가 일정하지 않게 되는 이유는 양성기간 동안 계속해서 치패가 부착하기 때문이다.

⑥ 담치류 양성방법

  ㉠ 담치 : 바다 양성(2년 양성)

  ㉡ 진주담치 : 말목 부착 양성, 수하 양성(1년 양성)

  ※ 최근 정밀조사 결과 과거 진주담치(*Mytilus edulis* Linnaeus)로 알려져 있던 우리나라 연안의 담치는 유럽 진주담치와는 다른 지중해담치(*M. galloprovincialis*)로 밝혀졌다. 그러나 실제 진주담치일 가능성도 배제할 수 없으므로 이에 대한 세밀한 조사가 필요하다.

10년간 자주 출제된 문제

2-1. 진주담치의 채묘에 관한 설명으로 옳지 않은 것은?

① 남해안의 산란성기는 3~4월이다.
② 채묘시설은 침설식을 많이 쓴다.
③ 부착층은 주로 표층부터 1~2m 수층이다.
④ 천연채묘가 쉽다.

2-2. 진주담치의 채묘시설로 수하식이 알맞은 이유를 올바르게 나타낸 것은?

① 부착층이 수면으로부터 1~2m 수층이기 때문에
② 부유생활기간이 1개월 이상 길기 때문에
③ 한해성 수역에서만 살기 때문에
④ 부착생활기간 사이의 이동성 때문에

|해설|

2-1
진주담치와 참담치의 채묘시설
• 진주담치 : 부착층이 표층이나 중층(1~2m)이므로 → 수하식
• 참담치 : 외해에 살고 비중이 높고 조류가 빠른 곳에 살기에 → 침설식

정답 2-1 ② 2-2 ①

---

① 참담치의 특징

  ㉠ 국립수산과학원에서 정한 이름은 '자연산 통영 홍합'이다.

  ㉡ 우리나라 거제도 연안산 참담치의 주산란기는 5월이다.

  ㉢ 참담치의 산란임계온도는 10℃이고, 채란수온은 12~16℃이다.

  ㉣ 참담치를 내해나 내만에서 수하식으로 양식할 수 있는 장소로 가장 적합한 곳은 해수비중이 높고 수심이 다소 깊으며 시설물이 유지될 수 있는 곳이다.

② 참담치의 서식장 조건

  ㉠ 해수비중이 높은 고함수역인 외양에 면해 있는 연안의 암초지대

  ㉡ 해수의 비중이 1.0250 이상 되는 곳

  ㉢ 조류가 빠른 수역의 단단한 고형물이 있는 곳

  ㉣ 서식 수심은 간조선에서부터 수심 10m 정도 되는 곳

10년간 자주 출제된 문제

3-1. 우리나라 거제도 연안산 참담치의 주산란기는?

① 11월   ② 1월
③ 3월   ④ 5월

3-2. 다음 중 참담치의 서식장 조건으로 적당하지 않은 곳은?

① 해수의 비중이 높은 외양성 암초
② 해수의 비중이 1.0250 이상 되는 곳
③ 조류가 빠른 수역의 단단한 고형물이 있는 곳
④ 조류의 소통이 느리고 파도가 적은 내만

|해설|

3-2
진주담치 서식장
서식장은 해수비중이 높은 고함수역인 외양에 면해 있는 연안의 암초지대이고, 서식 수심은 조간대의 저조선(低潮線) 부근에서부터 수심 40m가 되는 곳까지이나, 수심이 5~10m가 되는 곳에 많이 살고 있다.

정답 3-1 ④ 3-2 ④

---

3. 미색류

핵심이론 01 우렁쉥이 특징 및 분포

① 우렁쉥이 특징

   ㉠ 척색동물의 미색류에 속한다.

   ㉡ 식용으로 이용되는 종류에는 우렁쉥이, 미더덕, 오만둥이, 개우렁쉥이, 빨간우렁쉥이 등이 있다.

   ㉢ 몸은 난형이고, 유생 시에는 올챙이와 같은 꼴로 헤엄치며 척색을 가진다. 그러나 곧 고형물에 부착하고 변태성장하여 파인애플 모양의 성체형이 된다.

   ㉣ 한쪽은 고형물질에 부착되어 있고, 반대쪽에 있는 입수공으로 해수와 먹이를 흡입하며, 출수공을 통해 해수와 배설물을 배출하여 산란기에 이곳으로 알과 정자를 방출한다.

     ※ 우렁쉥이는 특유한 맛을 내는 불포화알코올인 신티올 성분과 글리코겐 함유량이 많다. 특히, 여름철 맛이 좋은 이유는 수온이 낮은 겨울철에 비해 글리코겐 함유량이 8배 가량 많기 때문이며, 외국에서는 바다의 파인애플이라고도 불린다.

② 분포와 서식장

   ㉠ 우리나라 전 연안에 분포하지만, 특히 동해와 남해의 연안에 많다.

   ㉡ 서식장의 수온범위는 5~24℃이고, 주로 외해의 영향을 많이 받는 곳에 살고 있다.

   ㉢ 서식 수심은 수 m에서부터 약 20m까지이며, 주로 암초에 부착해서 산다.

1-1. 우렁쉥이가 여름철에 맛이 좋은 것은 어떤 성분 때문인가?

① 단백질
② 지 방
③ 글리코겐
④ 비타민

1-2. 우렁쉥이의 서식장으로 적당하지 않은 곳은?

① 수온범위가 5~24℃인 곳
② 외해의 영향을 많이 받는 곳
③ 20m 내외의 수심이 암초나 자갈로 되어 있는 곳
④ 여름철에 저비중인 곳

1-3. 다음 동물들의 생활사 중 척색을 가지는 것은?

① 성 게
② 닭새우
③ 진주담치
④ 우렁쉥이

【해설】

1-1

우렁쉥이가 여름철에 맛이 좋은 이유는 수온이 높아지면 글리코겐의 함량도 높아지기 때문이다. 겨울철에 비해 글리코겐 함량이 8배가량 많다.

1-2

④ 해수의 비중은 비교적 높은 편인 곳

1-3

우렁쉥이는 유생시기에만 꼬리에 척색을 가지고 있다가 성체가 되면 사라진다.

정답 1-1 ③   1-2 ④   1-3 ④

① 성숙과 산란

  ㉠ 우렁쉥이는 암수한몸이며, 위생강 외벽에 생식기
    관이 있고, 난소는 암갈색, 정소는 유백색이다.

  ㉡ 알이나 정자는 위생강에 나온 다음, 출수구를 거쳐
    해수 중에 나와서 수정한다.

  ㉢ 2년이 되면 성숙하고, 산란기는 대체로 11~3월 사
    이, 수온은 8~13℃로 산란성기는 통영 근해산이
    11월, 동해 남부 근해산은 2월이다.

  ㉣ 방란·방정은 1시간에 6~10회 방란을 하는데, 한
    번에 방란량이 많을 때는 4~5만 개 내외로 하고
    중형 개체는 약 20만 개 방란한다.

  ㉤ 방란한 알의 크기는 335μm 내외로(난세포 크기
    284μm) 해수 중에 나오면 알의 바깥쪽을 싸고 있
    는 여포 세포막이 부풀어서 알을 부유한다.

② 발생과 성장

  ㉠ 수온 7~14℃에서 수정한 다음 20~30분 만에 극체
    가 나타나며, 25~29시간이 지나면 반투명한 올챙
    이 모양의 미충형 유생기로 난 내부에 충만하게
    되어 침하하게 된다.

  ㉡ 산란 후 35~40시간이 지나면 미충형으로 부화하
    고, 이때부터 약 5시간 정도 수중에서 활발히 S자
    형 유영을 한다.

  ㉢ 서서히 유영이 완만해지면서 해저에 가라앉게 되
    고 두부의 부착돌기로 고형물에 부착하여 꼬리 부
    분이 흡수되는 시간은 대략 20분 정도이다.

  ㉣ 우렁쉥이는 대부분의 유생이 2일 이내에 변태하지
    만, 사육조건이 나쁜 경우에는 20일 이상 유영하기
    도 한다.

  ㉤ 부유유생기간에는 먹이를 먹지 않고, 부착생활로
    들어간 다음부터 먹이를 먹기 시작한다.

2-1. 멍게(우렁쉥이)와 관련된 내용이 아닌 것은?

① 물렁증
② 자웅이체
③ 척 색
④ 신티올(Cynthiol)

2-2. 종자를 생산할 때 부유유생기간에는 먹이를 주지 않아도
되는 종류는?

① 우렁쉥이
② 보리새우
③ 대 하
④ 문 어

해설

2-1

우렁쉥이는 암수한몸이다.

2-2

우렁쉥이는 부유유생기간에는 먹이를 먹지 않고, 부착생활로 들
어간 다음부터 먹이를 먹기 시작한다.

정답 2-1 ② 2-2 ①

① 인공종자생산

 ㉠ 어미의 선정은 10cm 이상의 성숙한 개체를 이용한다.

 ㉡ 채란용 탱크는 1~2톤 이상 되는 것을 사용하고, 탱크에서 채란한 것을 그대로 부착기에 부착시킬 때까지 유생을 사육 관리하면 된다.

 ㉢ 탱크의 용량이 1~2톤일 경우 매 분당 해수 10~20L를 주입시켜 주고, 공기주입은 탱크의 바닥에서 해주어야 한다.

 ㉣ 배수구에는 알이나 유생이 유실되지 않도록 150~200μm 크기의 밀러 거즈를 씌운다.

 ㉤ 수온은 일정하게 유지시켜 주고, 최저 8℃ 이상이 되도록 하며, 가능하면 13~14℃가 알맞다.

 ㉥ 방란, 방정 직후에는 한때 지수상태를 유지하고, 수정이 끝나면 유수시키되 유수량이 많지 않도록 유의한다.

  ※ 인공종자생산을 하기 위해 어미를 구할 때 암수의 비를 전혀 고려할 필요가 없다.

 ㉦ 채란한 다음 어미는 제거하고 알(분리 부성란)만 관리하고 유생의 꼬리가 흡수되어 그 길이가 짧은 것이 보이기 시작하면 곧 부착생활로 들어가기 때문에 부착기를 넣어 채묘하게 된다. 정상적인 경우 2~5일에 부착한다.

 ㉧ 채묘기를 만드는 부착기질은 팜 코드, 산포도 덩굴, 기타 헌 로프나 그물 등을 이용한다.

 ㉨ 우렁쉥이 인공종자생산은 채란에서 부착까지의 기간이 짧고, 부유기간 동안에 먹이를 먹지 않기 때문에 종자생산이 매우 쉽다.

② 자연채묘

 ㉠ 천연에서 방란, 방정해서 발생한 유생을 대상으로 부착기를 넣어 채묘한다.

 ㉡ 산란한 다음 며칠 만에 곧 부착생활로 들어가기 때문에 산란성기인 1~2월경의 수온 8~12℃인 때가 채묘 적기이다.

 ㉢ 채묘 적지는 외양수의 영향을 많이 받고, 수심이 6~10m 정도 되는 곳으로 해수 비중이 높고, 저질이 암반이나 모래, 자갈인 곳이다.

 ㉣ 채묘기 재질은 산포도 덩굴, 팜 코드, 패각, 새끼줄 등으로 해수 중에서 쉽게 변질하지 않는 것으로 2~3년간 견딜 수 있는 것이면 된다.

 ㉤ 채묘시설은 수하식과 침설식이 있다.

  • 수하식은 뜸틀에 부착기를 6~9m 수층에 수하되도록 하여 채묘한다.

  • 침설식은 말목 부착기 한쪽에다 닻을 달고 한쪽 끝에는 알맞은 부력을 가진 뜸통을 묶은 다음 6~10m 깊이인 해저에 침설시켜 채묘한다.

 ㉥ 채묘한 다음 1~2개월이 지나면 흰 점 같은 것을 육안으로 구별할 수 있고 차츰 성장하면 적홍색이 되어 여름이 지나면 앵두 모양의 크기로 자라 9~10월경에 양성용 종자로 이용된다.

3-1. 우렁쉥이 인공종자생산에 관한 것이다. 맞는 것은?

① 어미는 성숙시기에 각고 10cm 이상되는 것으로 한다.
② 1~2톤 탱크일 경우 10~20L의 해수를 주입하고 통기는 탱크의 표면에서 한다.
③ 배수구 망목의 크기는 150~200μm 되는 필터 거즈로 막는다.
④ 유생의 꼬리가 보이기 시작하면 부착기를 넣는다.

3-2. 우렁쉥이의 인공종자생산에 관한 내용 중 틀린 것은?

① 체고 10cm 이상되는 건강한 어미를 선정한다.
② 채란용 탱크와 사육용 탱크를 따로 준비해야 하며 1~2톤 이상이면 된다.
③ 1~2톤 탱크인 경우 매분 10~20L의 공기를 주입한다.
④ 수온은 13~14℃로 일정하게 유지하는 것이 좋다.

3-3. 우렁쉥이의 채란에서 부착할 때까지 소요되는 기간은?

① 32~33일간   ② 22~23일간
③ 12~13일간   ④ 2~3일간

3-4. 다음 동물 중 유생의 부유기간이 가장 짧은 것은?

① 우렁쉥이   ② 까막전복
③ 피조개   ④ 진주조개

|해설|

3-1

① 어미의 선정은 10cm 이상의 성숙한 개체를 이용한다.
② 1~2톤 탱크일 경우 분당 10~20L의 해수를 주입하고 통기는 탱크의 바닥에서 한다.
④ 유생의 꼬리가 흡수되어 그 길이가 짧은 것이 보이기 시작하면 부착기를 넣는다.

3-4

우렁쉥이의 인공종자생산은 갑각류나 패류의 종자생산에 비하여 채란에서 부착까지의 기간이 짧다(2~3일간).

정답 3-1 ③   3-2 ②   3-3 ④   3-4 ①

핵심이론 04 우렁쉥이 양성방법

① 대부분이 수하 양성방법으로 로프식 뜸틀에 양성용 수하연을 매달아 양성한다.
② 수하줄을 수하하는 시기는 종자가 알맞게 자란 가을이며, 성장이 빠른 수심은 5~10m 사이가 알맞다.
③ 수하줄은 길이가 약 2m로, 적당한 굵기의 로프나 겉면에 구멍을 많이 뚫은 플라스틱 통 등에 채묘용 부착줄을 감은 것이다.
④ 수하줄에 부착한 우렁쉥이의 개체 수는 수확할 때를 기준으로 하여 한 줄에 100개체 내외가 되게 한다.
⑤ 우렁쉥이를 굴의 수하 양설시설에 굴과 같이 양성하면, 굴 성장에 이용되지 않는 깊은 곳을 이용하기 때문에 바다를 입체적으로 이용할 수 있다.
⑥ 수하식으로 양성하면 수하 양성줄의 아래쪽 성장이 빠르기 때문에 위치를 바꾸어 고르게 성장할 수 있도록 한다.
⑦ 양성 중 각종 부착생물 제거
　㉠ 수온이 높은 시기에는 미더덕, 오만둥이, 기타 각종 우렁쉥이류가 부착한다.
　㉡ 수온이 낮은 시기에는 진주담치 등이 부착하여 성장에 영향을 주므로 제거한다.
⑧ 일반적으로 1년에 약 3~4cm(7~12g), 2년에 8~10cm(115~150g)로 성장하여 수확할 수 있다.

원색동물(原索動物)
• 일생 동안 한때 척색(원시적인 척추에 해당)을 소화기의 등쪽에 가지고 있다.
• 등쪽에는 관상의 중추신경계가 있고 발생 도중 인두부에 아가미틈(아가미구멍)이 생기는데, 이러한 점이 무척추동물에서 척추동물로 나아가는 단계의 동물이라는 것을 나타낸다.
• 모두 바다에 살며, 부유 또는 다른 동물에 부착하고 또는 모래펄 속에서 자유생활을 한다.
• 척색을 가지는 시기의 차이, 또는 척색이 성체의 꼬리 부분에만 존재하는지, 아니면 몸 전체에 걸쳐 존재하는지에 따라서 미색류(우렁쉥이)와 두색류(창고기)로 나눌 수 있다.

우렁쉥이 양성에 대한 설명으로 옳지 않은 것은?

① 대부분이 수하양성방법으로 로프식 뜸틀에 양성용 수하연을 매달아 양성한다.

② 수하줄을 수하하는 시기는 이른 봄이다.

③ 굴의 수하 양설시설에 우렁쉥이를 굴과 같이 양성할 수 있다.

④ 수온이 낮은 시기에는 진주담치 등이 부착하여 성장에 영향을 주므로 제거한다.

정답 ②

제2절 일시부착성 동물의 양식

1. 꼬막류

핵심이론 01 꼬막류 특징 및 생태

① 분포와 서식장

    ㉠ 분포수역은 우리나라와 일본의 내만이다. 특히, 백령도 부근에서 많은 양이 채취되고 있다(피조개 유생의 분포는 균일 분포형).

    ㉡ 서식장은 파도의 영향을 적게 받고 내만에서 육수의 영향을 어느 정도 받는 곳이다.

    ㉢ 몸의 일부 또는 대부분이 저질 중에 잠입해서 생활하므로, 저질은 연한 펄질이 알맞다.

    ㉣ 주서식지는 간조 시에 노출되는 조간대이다.

    ㉤ 서식수심은 간조선에서부터 약 50m 사이로, 간조선 부근에는 서식량이 적고, 수심이 2~3m 되는 곳에서부터 약 20m 되는 곳에 많이 살고 있다.

[꼬막류의 방사늑수 및 수직 분포]

구 분	최대각장크기	방사늑수	수직 분포
꼬 막	4.11	17~18	조간대
새꼬막	7.24	30~34	조간대~10m
큰이랑 피조개	11.40	36~41	수 m~30m
피조개	11.80	42~43	간조선, 수 m~50m

② 피조개 성숙과 산란

    ㉠ 피조개는 2년 후부터 성숙하며, 산란시기는 대체로 7월 중순~10월 상순까지이다.

    ㉡ 성숙한 암컷의 난소는 분홍색이고, 성숙한 수컷의 정소는 담황색이다.

    ㉢ 산란된 알은 해수 중에 나오면 둥근형으로 되고, 이때의 크기는 평균 $55\mu m$ 정도이다.

    ※ 꼬막류 중 성숙이 가장 빠른 종은 천해성인 꼬막으로 7월 중에 대부분 산란을 마친다.

③ 피조개 발생과 성장

㉠ 피조개는 수온 20℃인 경우, 산란하여 수정된 알은 부화 후 하루가 지나면 D상 유생이 된다.

㉡ 부화 16일이 지나면 각정기 유생으로 성장하며, 이때의 크기는 각장 140μm 정도이다.

㉢ 부화 후 약 4주가 지나면 성숙 부유자패로 발달한다. 부착기 유생은 270μm 내외이다.

※ 피조개의 발생 시(수온 20℃ 내외) 부유생활 기간은 4주이다.

1-1. 꼬막의 주 서식장으로 가장 적합한 것은?

① 간조 시에 노출되는 조간대
② 수심 10~30m 정도의 사니질
③ (간)저조선으로부터 20m 정도의 개흙질
④ 간출되지 않은 암반

1-2. 꼬막류 중에서 양성장의 수심이 가장 깊은 곳에서 양성 가능한 종류는?

① 꼬막
② 새꼬막
③ 피조개
④ 큰이랑 피조개

해설

1-1

성숙이 가장 빠른 종은 천해성인 꼬막으로 조간대에 서식한다.

1-2

서식장 수심

• 꼬막 : 성숙이 가장 빠른 종으로 천해성이며 조간대에 서식
• 새꼬막 : 조간대로부터 10m에 서식(1~5m에 주로 서식)
• 피조개 : 간조선으로부터 50m에 서식(2~20m에 주로 서식)
• 큰이랑 피조개 : 수 m~30m에 서식

정답 1-1 ① 1-2 ③

핵심이론 02 피조개 인공종자생산

① 어미 관리와 채란

㉠ 산란기에 아직 산란하지 않은 어미를 산란임계온도 23℃보다 3~5℃ 낮은 순환 해수수조에 수용한다(피조개의 산란적수온은 23~26℃, 채란수온은 25~29℃).

㉡ 피조개 산란을 인위적으로 촉진시키는 쉽고 무난한 방법은 온도자극이다.

㉢ 일정기간 지난 후 어미를 산란임계온도보다 2~6℃ 높은 해수에 옮기면 쉽게 채란할 수 있다.

㉣ 수정란은 깨끗한 해수로 씻은 후 부화 탱크에 옮겨 지수상태에서 부화를 기다린다.

㉤ 수정된 피조개의 알은 지수상태에서 바닥에 가라앉는다.

② 유생사육

㉠ 수온 20℃에서 18시간 정도면 부화해서 담륜자 유생이 되며, 24시간이 지나면 D상 유생이 된다.

㉡ D상 유생일 때는 물리적인 충격에 강하므로 사육수 교환이 비교적 쉽다.

㉢ 사육수는 mL당 1개체 이하이면 2일마다 한 번씩 교환해 준다.

㉣ 수정 후 16일이 지나면 황적색의 각정기로 141.6μm 정도가 된다.

㉤ 수정 후 26~30일이면 부착을 하게 되며, 이때의 각장은 230.5μm이다.

㉥ 유생의 먹이는 부화 후 1일이 지난 다음 공급하며, 시클로텔라 나나인 경우에는 유생의 크기에 따라 1만~10만 세포 정도를 공급한다.

※ 피조개 종자생산을 위한 유생용 먹이(플랑크톤)
Chaetoceros simplex, Cyclotella nana, Isochrysis sp.

③ 채 묘

　　㉠ 채묘는 수정 후 28일경에 230.5μm 정도의 유생이 적당하다.

　　㉡ 부착기질로는 화학섬유 또는 면사로 만든 가는 그물 등을 사용하여 수조에 고정시킨다.

　　㉢ 채묘가 완료된 부착기질은 며칠 동안 수조 내에서 사육한 다음 보호망에 넣어 해수 중에 수하하여 관리한다.

　　㉣ 그물코의 크기가 작으면 해수의 유통이 좋지 않으므로 크기는 적당해야 한다.

　　㉤ 치패의 크기가 5mm 정도가 되면, 부착기질에서 떼어 내어 수하용 채롱에 넣고 관리한다.

　　※ 새꼬막 채묘기로 적당한 망지는 9합사 20~25절 정도이다.

10년간 자주 출제된 문제

2-1. 피조개 인공종자생산에 관한 설명 중 알맞은 것은?

① 산란임계온도 : 15℃
② 먹이생물 : *Cyclotella nana*
③ 유생사육 : 유수식
④ 채묘기질 : 굴이나 가리비 패각

2-2. 다음 중 피조개의 가장 알맞은 채란 수온은?

① 13~15℃　　　　② 16~19℃
③ 20~23℃　　　　④ 25~29℃

2-3. 다음 중 피조개의 산란적수온 범위로 가장 적합한 것은?

① 16~20℃　　　　② 19~22℃
③ 23~26℃　　　　④ 25~29℃

|해설|

2-1

① 산란임계온도 : 23℃
③ 유생사육 : 지수식, D상 유생일 때부터 먹이를 찾으므로 이때부터 80~90일간의 실내 수조 사육관리 실시
④ 채묘기질 : 화학섬유 또는 면사로 만든 가는 그물

정답 2-1 ②　2-2 ④　2-3 ③

핵 심이론 03　피조개 자연종자생산

① 피조개 채묘예보

　　㉠ 피조개의 부유유생과 부착시기가 나타나는 시기는 대체로 8~9월 사이이다.

　　㉡ 부착기 유생의 분포는 표층으로부터 15~20m 수층에서 나타나고 있다.

　　㉢ 유생의 수직분포나 수심은 채묘 수층을 결정하는 데 대단히 중요하다.

　　㉣ 채묘예보는 부유유생과 부착치패의 수 모두를 조사하여 실시한다.

　　㉤ 우리나라의 남해안에서 피조개의 부유유생이 주로 나타나는 시기는 8월 중순~9월 중순이다.

② 피조개의 채묘

　　㉠ 채묘시기는 남해안의 경우, 주로 8월 중순~9월 중순이다.

　　㉡ 피조개의 부착기 유생은 저층에 가까운 수층에 많고, 표층 가까이로 가면서 급격히 적어진다.

　　㉢ 채묘 적수심은 저층으로부터 4m 사이가 적당하다.

　　㉣ 피조개 자연채묘방법

　　　• 고정식 수하채묘시설 : 수심이 얕은 곳
　　　• 로프식 수하채묘시설 : 수심이 깊은 곳
　　　• 침설식 수하채묘시설 : 파도가 심하고 해수유통이 심한 곳

③ 부착치패 관리

　　㉠ 피조개 부착치패는 채묘 후 약 2개월이 지난 다음 치패 크기가 2~5mm 이상으로 자랐을 때, 부착기질과 함께 채롱에 수용하고 매달아 관리한다.

　　㉡ 이때 많은 부유물과 부착생물이 채롱이나 부착기질에 부착하기 때문에 채롱을 주기적으로 관리해야 한다.

　　㉢ 이듬해 3~4월경에는 치패가 5~20mm로 성장하는데, 이때가 되면 부착기질에서 치패를 떼어내 그물코가 적당한 채롱에 수용하여 관리한다.

ⓔ 피조개의 부착치패 관리에서 보호망을 씌우는 주목적은 치패의 탈락을 방지하기 위함이다.

※ 피조개의 양성 전 종자의 중간 육성기간은 10월~이듬해 3월경이다.

10년간 자주 출제된 문제

3-1. 피조개의 천연종자생산에 관한 것이다. 맞는 것은?

① 피조개 유생은 담황색이다.
② 피조개의 부유유생은 표층 가까이에 많다.
③ 부착치패가 2~5mm 되었을 때 부착기질과 함께 채롱에다 알맞게 수용해 매달아 관리한다.
④ 수하한 치패를 관리 시 많은 양의 부착물이 채롱에 붙지만 치패의 안전을 위해 채롱을 건드리지 않도록 한다.

3-2. 피조개 부유유생에 관한 설명으로 틀린 것은?

① 남해안의 경우 주로 8월 중순부터 9월 중순 사이에 많이 나타난다.
② 일반적으로 중층이심에 많이 분포한다.
③ 부유기간은 수온이 25℃ 내외의 경우 약 1주 정도이다.
④ 와류현상이 있는 곳에 부유유생이 많다.

3-3. 다음 중 피조개류의 자연채묘방법으로 적당한 것은?

① 침설식 수하채묘시설
② 완류식 채묘시설
③ 부동식 채묘시설
④ 간출식 채묘시설

[해설]

3-2
부유기간은 수온이 20℃ 내외의 경우 4주이다.

3-3
파도나 해수유동이 심한 해역에 적당한 피조개의 채묘시설은 침설식 수하채묘시설이다.

정답 3-1 ③ 3-2 ③ 3-3 ①

핵심이론 04 피조개 양성법

① 바닥 양성

ⓐ 피조개는 내만성 패류로 육수의 영향을 받는 내만이나 내해가 양성장으로 알맞다.

ⓑ 저질이 개흙(뻘, 사니질)인 곳을 좋아하지만, 개흙이 너무 깊지 않은 곳이 좋으며 수심 10~20m의 해수의 흐름이 좋은 곳이어야 한다.

ⓒ 종자는 각장 5~20mm 정도 되는 것을 많이 사용한다.

ⓓ 종자의 방양은 봄과 가을 두 번에 걸쳐서 이루어진다.

ⓔ 방양밀도는 수확시기를 기준으로 m^2당 5~20마리를 방양한다.

ⓕ 수온 20~26℃, 비중 1.020~1.024 정도가 좋다.

ⓖ 양성장의 불가사리, 꽃게 및 어류 등과 같은 식해성 해적동물을 구제관리한다.

② 수하식 양성

ⓐ 피조개는 일시 부착성으로 바닥에 종자를 뿌려서 양성한다.

ⓑ 종자를 채롱에 수용해서 수하식으로 양성하는 방법이다.

ⓒ 양성장은 파도가 적은 조용한 내만으로 적조의 발생이 없는 곳이어야 한다.

ⓓ 파도가 심한 곳에서는 침설 수하식 양성시설을 하는데, 채롱에 수용한 피조개가 파도에 의한 직접적인 충격을 받지 않도록 해야 한다.

ⓔ 시설은 내파성인 로프 수하식이 알맞고, 채롱은 성장함에 따라 그물눈의 크기가 알맞은 것으로 교환해서 해수의 유동이 잘되게 해 준다.

ⓕ 수하는 수면으로부터 2~3m인 수층이 알맞다.

ⓖ 수용밀도는 채롱의 크기가 30cm 안팎인 것에 치패기는 100여 개체, 성패기의 종자는 10여 개체 안팎을 수용한다.

◎ 양성기간 동안 관리는 채롱의 교환, 부착생물의 제거, 해적동물의 구제와 죽은 피조개의 제거 등이 있다.

> ※ 수하식 양식의 특성
> - 성장이 비교적 균일함
> - 해적에 의한 피해가 적음
> - 해면의 입체적 이용 가능

10년간 자주 출제된 문제

4-1. 꼬막의 바닥 양성에 관한 것이다. 맞는 것은?

① 조간대에서 조하대 사이에서 양성한다.
② 저질은 개흙질로, 다소 붉은 색을 띤 회백색이 좋다.
③ 해조류가 많은 곳은 좋지 않다.
④ 해수의 흐름이 거의 없는 내만에 양성한다.

4-2. 피조개 수하식 양성에 대한 내용으로 가장 거리가 먼 것은?

① 양성장의 적지는 적조발생이 없는 곳으로 파도를 받지 않는 조용한 내만이다.
② 파도가 있는 곳에서 수하식으로 양성해야 할 경우에는 침설식 수하양성방법을 쓰는 것이 좋다.
③ 수하식으로 양성하면 패각의 성장은 느리나 육질의 비만과 색채가 좋다.
④ 수하식 단점을 보완하기 위해 수하식 양성 후 바닥살포식으로 일정기간 양성하는 것이 좋다.

해설

4-1
① 간조 시 노출되는 조간대
② 개흙질 - 너무 깊지 않은 곳 → 녹회색
④ 해수의 흐름이 좋은 곳

4-2
피조개를 수하식으로 양성하는 경우 바닥식 양성에 비해 성장이 빠르고 생존율이 높지만 패각의 색깔 등으로 인해 상품가치가 떨어지며, 비만이 좋지 않아 비경제적이라는 연구결과도 있다.

정답 4-1 ③ 4-2 ③

---

2. 가리비류

핵심이론 01 가리비의 생태 및 특징

① 분포와 서식장

  ㉠ 참가리비는 외양성, 한해성 이매패류로, 염분이나 온도의 변화에 민감한 종이다.

  ㉡ 한류의 영향을 받는 우리나라 동해안, 일본 북해도 및 북태평양 전역에 널리 분포한다.

  ㉢ 주된 서식장은 수심 20~40m 되는 곳으로, 바닥이 사니질이거나 패각으로 이루어진 모래가 많은 곳이다.

  ㉣ 주요 산업종으로는 참가리비, 해가리비, 국자가리비 및 비단가리비 등이 있다.

② 참가리비의 특징

  ㉠ 수온이 급변하면 아가미 소편의 섬모운동이 감소한다.

  ㉡ 저서생활 직후 3개월 동안은 치패의 폐사가 많다.

  ㉢ 치패는 물속에 부유하는 부니에 대한 저항력이 매우 약하다.

  ㉣ 아가미 섬모운동이 지속될 수 있는 수온 범위는 5~23℃이다.

  ㉤ 이동력이 가장 크다. 부적합한 환경 시 멀리 이동한다.

  ㉥ 한류계로 우리나라 동해안에 주로 분포하며 수심 20~35m 되는 곳에 많이 서식한다.

  ㉦ 산란임계온도는 8℃이고, 영일만에서는 3월부터 5월 사이가 성숙기이다.

  ㉧ 한류계로서 부유유생기간이 40일 정도이다.

③ 비단가리비의 특징

  ㉠ 비단가리비는 우리나라 전 연안에 분포하고, 조간대에서 수심 10m 정도까지 서식하며, 각장이 75mm 정도 되는 소형종으로, 각정의 앞뒤에 삼각형의 돌기가 있다.

ⓛ 보통 갈색 또는 분홍색 반점이 있으나 적색, 자색 및 백색 등의 개체 변이가 있으며 색깔이 아름답다.

ⓒ 비단가리비의 성숙한 생식소는 암컷이 선홍색 또는 분홍색이고 수컷은 백색 또는 황색이다.

ⓔ 비단가리비는 암수 모두 만 1년 안에 성숙하며, 성숙기는 종류에 따라서 다르다.

[가리비의 종류]

구 분		참가리비	비단가리비	국자가리비
방사늑수		21~26조	10조	8~10조
서식깊이		20~40m	10m~조간대	10~30m
생식소 색깔	암 컷	도색, 적갈색	선홍색, 도색	암수동체
	수 컷	유백색	백색, 황색	
산란기		4월(산란임계 수온 8℃)	6월에 방란, 방정	2~3월 성기
저 질		사니질이나 패각으로 이루어진 모래 바닥	암석, 자갈, 우리나라 전 지역	사니질로 된 저질, 우리나라 전 지역

1-1. 다음 중 한류성 조개는 어느 것인가?

① 진주조개
② 가리비
③ 대합(백합)
④ 피조개

1-2. 가리비류 중 한류계로 우리나라 동해안에 주로 분포하며 수심이 20~34m 되는 곳에 많이 서식하는 종류는?

① 국자가리비
② 비단가리비
③ 해만가리비
④ 참가리비

1-3. 참가리비에 대한 설명으로 맞는 것은?

① 참가리비의 산란임계온도는 15℃이다.
② 성숙한 생식소는 암컷이 황백색, 수컷이 유백색이다.
③ 한류계로서 부유유생기간이 7일 정도이다.
④ 우리나라 동해안에 주로 분포하며, 수심이 20~35m 되는 곳에 많이 서식한다.

1-4. 가리비류에 대한 설명 중 틀린 것은?

① 비단가리비는 암수 모두 만 1년 안에 성숙하며, 성숙기는 종류에 따라서 다르다.
② 참가리비의 산란임계온도는 8℃이며, 영일만에서는 3월부터 5월 사이가 성숙기이다.
③ 국자가리비는 암수 이체(異體)이며, 거제도 연안에서는 11월부터 4월 사이가 성숙기이다.
④ 비단가리비의 성숙한 생식소는 암컷이 선홍색 또는 분홍색이고 수컷은 백색 또는 황색이다.

해설

1-1
참가리비는 외양성, 한해성 이매패류로 염분이나 온도의 변화에 민감한 종이며, 한류의 영향을 받는 우리나라 동해안, 일본 북해도 및 북태평양 전역에 널리 분포한다.

1-3
① 참가리비의 산란임계온도는 8℃이다.
② 성숙한 생식소는 암컷이 도색 및 적갈색, 수컷이 유백색이다.
③ 한류계로서 부유유생기간이 40일 정도이다.

1-4
국자가리비는 암수동체이며, 거제도 연안에서는 2월부터 3월 사이가 성숙기이다.

정답 1-1 ② 1-2 ④ 1-3 ④ 1-4 ③

① 성숙과 산란

　　㉠ 참가리비의 생식소는 육질로부터 분리되어 있고, 미성숙기에는 암수를 구분할 수 없다.

　　㉡ 성숙한 가리비의 생식소 빛깔은 암컷이 선홍색 또는 적갈색이며, 수컷은 유백색이다.

　　㉢ 산란임계온도는 8℃이며, 산란기간은 비교적 짧은 편이다.

　　㉣ 산란기간 동안 지름 0.07mm 안팎인 알을 약 1,000만 개 정도 방출한다.

② 발생과 착저

　　㉠ 발생 가능수온은 6~20℃이고 발생 최적수온은 12℃이며, 염분의 범위는 33~35psu이다.

　　㉡ 수온이 약 8℃인 경우 수정 후 약 4일이면 부화되어 담륜자(트로코포라) 유생이 되어 유영하기 시작한다.

　　㉢ 수정 후 5~7일이면 조가비가 생겨 벨리저 유생(D상 유생)으로 발달한다.

　　㉣ 수정 후 약 15~17일이 지나면 각정기 유생이 되고, 약 40일이 지나면 족사를 내어 기질에 부착한다.

　　㉤ 부착 후 주연각이 생기고 성체패각의 특징을 가지게 된다.

　　㉥ 자연에서는 주로 해조류의 표면에 부착하고, 부착 후 2개월 정도가 지나 6~15mm 정도로 성장하면 족사를 끊고 바닥에 가라앉아 저서생활을 하게 된다.

10년간 자주 출제된 문제

2-1. 다음 생물의 유생 중 부유생활 기간이 가장 긴 것은?

① 굴　　　　　　　　　② 전 복
③ 피조개　　　　　　　④ 가리비

2-2. 참가리비 치패가 저서생활로 들어가게 되는 각장의 범위는?

① 1~4mm　　　　　　② 6~15mm
③ 20~25mm　　　　　④ 30~40mm

2-3. 가리비 유생이 수정 후 부유생활을 거쳐 부착생활에 들어갈 때까지의 기간으로 가장 적합한 것은?

① 5~10일　　　　　　② 10~20일
③ 20~30일　　　　　④ 30~40일

[해설]

2-1

부유생활
① 굴 : 3주일
② 전복 : 3일~1주일
③ 피조개 : 4주

2-2

천연채묘 30~40일 부유, 약 2~3개월간 부착생활 후 각장의 크기가 6~15mm가 되면 저서생활에 들어간다.

2-3

참가리비 수정란은 5~7일이 지나면 D상 유생이 되며, 약 40일 만에 성숙 부착유생으로 발달하고, 이때 부착기질에 부착한다.

정답 2-1 ④　2-2 ②　2-3 ④

① 어미 관리

   ㉠ 참가리비의 산란기는 강원도 연안에서 5~6월경이며, 3~4월경에 성숙한 모패를 준비해야 한다.

   ㉡ 모패는 냉각장치를 이용하여 수온이 산란임계온도인 8℃를 넘지 않게 해야 한다.

> **양질의 수정란을 얻기 위한 두 가지 방법**
> • 참가리비의 산란임계수온이 8℃보다 3~4℃ 낮게 어미를 보관한다.
> • 참가리비는 암수의 생식소 색깔에 따른 구분이 쉬우므로 암수를 철저히 구분하여 관리한다.

② 채 란

   ㉠ 성숙한 참가리비는 생식소의 색으로 쉽게 구분할 수 있으므로 따로 수용해야 한다.

   ㉡ 채란 시 인위적인 자극방법으로는 간출과 수온 자극을 주로 이용한다.

   ㉢ 간출시킨 어미를 산란임계온도보다 1~7℃ 높은 9~15℃의 해수에 옮겨 채란하는 방법을 주로 사용하며 2~3시간이 지나면 산란한다.

   ㉣ 채란한 다음 30분 정도 지나면 수정이 끝나기 때문에 1~2시간 지나면 수정란을 깨끗이 씻은 다음 곧 부화탱크로 옮겨 지수상태로 부화를 기다린다.

③ 유생사육

   ㉠ 수온이 8℃이면 수정한 다음, 약 4일 후 부화해서 담륜자 유생이 된다.

   ㉡ 부화 직후의 담륜자 유생은 운동력이 약해서 수면으로 떠오른 다음 거의 움직이지 않는다. 이때 알맞은 밀도로 다른 유생사육탱크로 옮겨 패각이 형성될 때까지 관리한다.

   ㉢ 패각이 완전히 형성되는 D상 유생으로 되는 데는 약 5~7일 정도가 소요된다.

   ㉣ D상 유생은 물리적인 충격에 강해지므로, 곧 물을 교환한 후 먹이를 준다.

   ㉤ 사육 해수의 교환은 일반적으로 mL당 10개체 이하를 수용하고 2일마다 전량 환수한다.

   ㉥ 250μm 가량 성장한 유생은 케토세로스 약 150,000세포를 하루에 섭식하게 된다.

   ㉦ 먹이공급은 어느 한 종만 공급하는 것보다는 혼합하여 공급하는 것이 좋다.

④ 채 묘

   ㉠ 주출현시기는 4월 하순에서 6월 하순경이다.

   ㉡ 유생의 각장이 220~240μm일 때가 채묘 적기이다.

   ㉢ 채묘한 후 부착치패가 안정되면, 그물코 2mm인 보호망에 부착기를 넣어 일반 해수 중에 수하시켜 성장시킨다.

   ㉣ 치패가 성장함에 따라 그물코가 큰 채롱으로 바꿔주면서 관리한다.

   ㉤ 부착치패의 성장은 환경에 따라 다르며 수온에 가장 큰 영향을 받는다.

3-1. 참가리비의 인공종자생산에 관한 설명으로 올바른 것은?

① 채란용 어미는 지수에 수용하여 수온은 8℃ 내외가 알맞다.
② 채란은 9~15℃인 해수에 옮겨서 하는 것이 편리하고 2~3시간 지나면 산란한다.
③ 수정란을 깨끗이 씻은 후 곧 부화탱크로 옮겨 유수상태에서 부화를 기다린다.
④ 부착기 유생이 되면 환수하고 먹이를 주며 환수도 2~3일 만에 한 번씩 한다.

3-2. 가리비의 채란 수온범위로 가장 알맞은 것은?

① 3~8℃
② 5~10℃
③ 7~12℃
④ 9~14℃

3-3. 참가리비의 인공종자생산에 관한 설명으로 적합하지 않은 것은?

① 먹이로 *Monochrysis lutheri*나 *Cyclotella nana*를 이용하면 유생의 성장이 빠르고 부유유생기간도 비교적 짧다.
② 어미의 선정은 자연산란기보다 다소 빠른 시기에 준비를 해야만 한다.
③ 성숙 부유유생의 적정먹이농도는 mL당 10,000~15,000개체이다.
④ 저서초기 치패의 폐사율이 높기 때문에 중간육성기간이 필요하다.

|해설|

3-1

① 선정한 어미는 산란임계수온보다 3~4℃ 낮은 해수에 수용한다.
③ 수정란을 깨끗이 씻은 후 곧 부화탱크로 옮겨 지수상태에서 부화를 기다린다.
④ 부착기로 들어가는 유생은 잘 먹지 않으므로 먹이공급량을 줄인다.

3-3

③ 성숙 부유유생의 적정먹이농도는 mL당 100,000~150,000개체이다.

정답 3-1 ② 3-2 ④ 3-3 ③

핵심이론 **04** 참가리비의 자연종자생산

① 채묘예보

㉠ 참가리비의 부유유생이 많이 나타나는 곳은 연안 반류에 의해서 와류가 생기는 수역으로 육지에서 멀리 떨어져 있고, 부유유생이 나타나는 기간이 다른 곳에 비해 짧다.

㉡ 일반적으로 참가리비유생이 부착까지 걸리는 시간은 약 40일이므로, 관찰하여 부착시기를 예측하여야 한다.

㉢ 부유유생이나 부착치패가 많은 수층은 중층이고 표층에서 5m 사이층에는 유생이 거의 분포하지 않는다.

㉣ 부유유생이 많은 나타나는 시기는 강원도 연안의 경우 5월 초부터 6월 말까지이다.

㉤ 채묘예보 적기는 5월 말 부유유생의 각장별 분포도 중앙값이 0.22~0.24mm일 때이다.

② 채묘시설

㉠ 채묘장소의 수심은 20~40m의 깊은 곳으로 부착기 치패는 주로 중층에 있다.

㉡ 강원도 연안의 경우 파도가 심하므로 채묘시설을 설치할 때에 약 10톤 정도의 콘크리트 블록을 이용하여 고정시킨다.

㉢ 채묘기의 부착기질은 주로 화학섬유로 된 그물 및 경질 PVC 필름 등을 사용한다.

㉣ 1~1.5mm 그물코의 나일론 자루(양파망)나 폴리에틸렌 자루에 담아 채묘기를 만든다.

㉤ 채묘기의 설치 위치는 수표면으로부터 10~25m에 설치한다.

㉥ 채묘연의 길이는 약 20m 정도로 하며, 각 채묘연 당 20~25개 정도의 채묘기를 부착하며, 채묘연의 끝에는 2~3kg 정도의 고정 닻을 설치한다.

㉦ 종자생산 시 탈락방지를 위한 보호망을 설치한다.

◎ 참굴의 경우와 같이 참가리비 유생 채묘에서도 진
주담치는 해적생물이며, 채묘예보를 할 때에 진주
담치 유생의 부착 수층은 피해야 한다.

③ 부착치패의 관리

㉠ 부착생활은 일반적으로 2개월간이며 채묘기 내에
서 성장한다.

㉡ 이때 그물코에 쌓인 부니나 해조류 및 그 밖의 부착
생물을 제거해 준다.

㉢ 채묘기에서 성장시킨 치패는 2~3개월 후면 10~
20mm 정도 성장하게 되는데, 이 치패를 중간 육성
용으로 이용한다.

4-1. 참가리비 채묘 적기의 유생에 대한 설명 중 가장 거리가
먼 것은?

① 주 출현시기는 4월 하순에서 6월 하순경이다.
② 부유유생은 표층에 많고, 중층과 저층 사이에 적다.
③ 유생의 출현기간은 굴보다 짧고, 육지에서 보다 멀리 떨어져
있다.
④ 유생의 각장이 220~240μm일 때가 채묘 적기이다.

4-2. 참가리비의 생태에 관한 설명 중 틀린 것은?

① 채묘 적기는 부유 유생의 각장별 분포도 중앙값이 0.22~
0.24mm일 때이다.
② 치패가 많이 분포하는 수층은 표층 1~2m층이다.
③ 수하양성 시 표층 가까이에서는 성장이 아주 나쁘고, 수 m보
다 깊은 곳이 성장이 빠르다.
④ 여름철 깊은 수심에서 양성하는 이유는 부착생물을 피하기
위해서이다.

4-3. 종자생산 시 탈락방지를 위한 보호망을 설치해야 하는 종
류는?

① 참 굴   ② 우렁쉥이
③ 진주담치   ④ 참가리비

해설

4-1
참가리비 성숙유생은 중층에 많이 있고 표층으로 가까워지면서
급격하게 유생수가 감소한다.

4-2
참가리비 부유유생이나 부착치패가 많은 수층은 중층이고 표층
에서 5m 사이 층에는 유생이 거의 분포하지 않는다.

4-3
채묘한 다음 며칠이 지난 부착치패가 안정되면, 그물코 2mm인
보호망에 부착기를 넣어 일반 해수 중에 수하시켜 성장시킨다.
참가리비 : 일시 부착성 패류로 부착 후 2개월 정도가 지나면
0.7~1.0cm 정도로 성장하는데, 이때 족사를 끊고 바닥에 가라앉
아 저서생활을 하게 된다.

정답 4-1 ② 4-2 ② 4-3 ④

① 중간양성
  ㉠ 가리비치패를 수용 · 관리하는 중간육성의 주목적은 대량 폐사방지이다.
  ㉡ 가리비치패의 중간육성관리
    • 채묘기에서 자란 각장 20~30mm 정도의 치패를 8월부터 중간 육성을 위하여 선별해 조용한 내만에서 육성관리한다.
    • 수용밀도를 알맞게 조절한다. 즉, 치패의 방양 시 채롱의 그물코는 치패의 크기에 따라 5~10mm가량 작은 것을 택해야 하며, 치패의 수용밀도는 채롱(35 × 35cm)당 30~50마리 이내가 적당하다.
    • 피라미드 형태의 채롱에 동요되지 않도록 시설한다.
    • 파도의 영향을 조금 받는 내만의 수심 10~20m에 수하시킨다.

② 양성법
  ㉠ 씨뿌림 양성
    • 씨뿌림 양성은 종자를 양성장 바닥에 살포하여 양성하는 방법이다.
    • 양성장의 깊이는 수심이 20~30m 정도, 저질은 사질이 50%가량 함유되어 있으면 좋다.
    • 지반변동이 적고 물의 흐름이 비교적 세지 않은 곳으로, 담수의 영향을 받지 않는 곳이 좋다.
    • 종자의 크기는 클수록 좋으나 각장이 3cm 정도면 생존율이 비교적 높다.
    • 방양시기는 비교적 수온이 낮은 10~12월경이 적당하며 m²당 10~15마리 정도 방양한다.
  ㉡ 수하식 양성
    • 채롱식 양성
      − 수심 30~40m인 지역에서 10~20m 수층 수하식 양성용 채롱을 이용하여 양성하는 방법이다.

      − 양성용 채롱은 10~12칸으로 이루어져 있으며, 전체의 길이는 2m, 각 층의 지름은 50cm 정도이다.
      − 채롱에 5~6cm 크기의 치패를 12~13개체 정도 수용하는데, 출하까지는 1년 또는 1년 반 정도 걸린다.
    • 귀매달기식 수하식 양성
      − 참가리비 조가비의 귀에 구멍을 뚫어 수하연에 매달아 양성하는 방법이다.
      − 가리비의 크기는 각장이 6~8cm 정도의 1년생 가리비가 적당하다.
      − 양성용 가리비는 전기드릴을 이용하여 우각 오른쪽 귀 부분에 지름 1.4~1.8mm 정도의 구멍을 뚫어 나일론 줄이나 플라스틱 핀으로 수하연에 매달아 양성한다.

10년간 자주 출제된 문제

5-1. 가리비 치패를 수용 · 관리하는 중간육성의 주목적은?
① 성장의 촉진
② 해적생물의 피해방지
③ 성장억제
④ 대량 폐사방지

5-2. 가리비 치패의 중간육성관리 내용 중 적합하지 않은 것은?
① 조용한 내만에서 육성관리한다.
② 수용밀도를 알맞게 조절한다.
③ 채롱이 동요되지 않도록 시설한다.
④ 성장을 위해 표층 가까이에 수하한다.

5-3. 참가리비 양성에 대한 설명 중 알맞은 것은?
① 바다 양성장은 자갈이나 패각질이 많으며 유속이 빠른 곳이 적당하다.
② 파랑이 심한 곳은 뗏목식 수하양성보다 침설식 수하양성이 적합하다.
③ 귀매달기 양성은 중층보다 표층을 활용하는 것이 더 효과적이다.
④ 편평 칸막이 채롱양성은 관리가 쉬우나 성장과 생존율이 낮다.

5-4. 조용한 내만에 수하식으로 가리비 양식을 할 경우 성장이 가장 빠른 방식은?

① 채롱식
② 귀매달기식
③ 편평 칸막이식
④ 원통 칸막이식

【해설】

5-1

천연채묘 30~40일 부유, 약 2~3개월간 부착생활 후 각장의 크기가 6~15mm가 되면 저서생활에 들어가는데 이때 저면현탁 시 또는 시기적으로 높은 수온과 용존산소 부족 때문에 많은 폐사가 일어난다. 이를 방지하기 위해 치패를 수용·관리하는 과정을 말한다.

5-3

① 바닥 양성장은 수심 20~30m 부근으로 자갈이나 패각질이 많은 곳 보다는 사질이 50% 이상으로 물의 흐름이 비교적 세지 않은 곳이 좋다.
③ 표층보다는 파랑이 적은 중층 수역이 어장을 집약적으로 활용할 수 있어 대량 생산이 가능하다.
④ 편평 칸막이 채롱양성은 파랑이 심한 곳에서 양성하더라도 성장이 빠르고 생존율이 비교적 높다.

5-4

귀매달기식은 파랑이 심한 곳에서는 양성할 수 없고 조용한 내만에서만 양성할 수 있다.

정답 **5-1** ④ **5-2** ④ **5-3** ② **5-4** ②

핵심이론 06 참가리비 양성관리와 출하

① 양성관리

㉠ 채롱이나 귀매달기 수하식 양성을 할 경우, 부착생물에 의한 피해가 크므로, 이를 주기적으로 제거해 주어야 한다.

㉡ 해수의 순환을 원만하게 하여 부니의 축적을 막아야 한다.

㉢ 수온이 높은 양성장에서는 여름철에 깊은 수층에 수하한다.

㉣ 수온이 낮은 양성장에서는 겨울철에 깊은 수층에 수하한다.

㉤ 부착생물이 많이 착생하는 시기에는 깊은 수층에 수하시켜 관리한다.

㉥ 부착생물이 채롱이나 조가비의 표면에 부착하면 솔이나 칼로 부착생물을 제거해 주고 수하연의 수하 수심을 낮추는 등의 대책을 세워야만 고수온기 폐사를 막을 수 있다.

② 출 하

㉠ 참가리비의 적정 출하시기는 중량 증가율이 높은 산란기 전의 3~6월 사이가 경제적이다.

㉡ 한해성 패류의 특성상 여름에는 중량 증가율이 낮고 수송 시 고온에 의한 폐사가 우려되므로 출하를 줄이는 것이 효과적이다.

6-1. 참가리비의 양성관리 방법 중 옳지 않은 것은?

① 수온이 높은 양성장에서는 여름철에 깊은 수층에 수하한다.
② 수온이 낮은 양성장에서는 겨울철에 깊은 수층에 수하한다.
③ 부착생물이 많이 착생하는 시기에는 깊은 수층에 수하시켜 관리한다.
④ 부착생물 제거는 참굴과 같이 노출, 온탕욕 및 담수욕으로 하는 것이 좋다.

6-2. 참가리비의 자원보호상 금어기로 가장 알맞은 시기는?

① 3~5월
② 6~8월
③ 9~12월
④ 1~3월

[해설]

6-1

④ 부착생물 제거는 솔이나 칼로 부착생물을 제거해 주고, 수하연의 수하 수심을 낮추는 등의 대책을 세워야만 고수온기 폐사를 막을 수 있다.

6-2

참가리비의 자원보호상 금어기는 3~5월(산란기)이다.

정답 6-1 ④ 6-2 ①

3. 키조개

핵심이론 01 키조개의 생태 및 이용

① 키조개의 생태
　㉠ 내만에 서식하며 조간대에서 수심 40m에 분포한다.
　㉡ 저질은 모래질이 50~80%, 해수비중 1.020~1.024가 적합하다.
　㉢ 산란기는 6~9월이고, 산란성기는 6월 하순부터 8월 상순까지이다.
　㉣ 키조개 성숙 부유유생은 0.56mm로 현재 알려진 조개류의 부유유생 중에서 크기가 가장 크다.
　㉤ 각정을 밑으로 하여 족사를 저질 속의 자갈에 부착시켜 패각을 고정시킨다.
　㉥ 생식소는 암컷이 적갈색, 수컷이 담황백색으로 구분이 쉽다.
　㉦ 주로 사용되는 양성방법은 바닥 양성이다.
② 키조개의 이용
　㉠ 주로 패주(후패각근)가 식용으로 쓰이고 다른 부분은 잘 이용되지 않는다.
　㉡ 패각의 모양은 삼각형이다.

1-1. 다음 패류 중 성숙 부유유생의 크기가 가장 큰 종은?

① 참가리비　　　　　② 대 합
③ 담 치　　　　　　④ 키조개

1-2. 키조개에 대한 설명으로 가장 거리가 먼 것은?

① 패각의 모양은 삼각형이며 후패각근을 주로 식용으로 이용한다.
② 생식소는 암컷이 적갈색, 수컷이 담황백색으로 구분이 쉽다.
③ 부유유생은 각고 $550\mu m$ 정도로 조개류 유생 중 가장 크다.
④ 주로 사용되는 양성방법은 밧줄 수하식 양성과 채롱식 양성이다.

[해설]

1-2

주로 사용되는 양성방법은 바닥 양성이다.

정답 1-1 ④　**1-2** ④　**1-3** ②

핵심이론 02 키조개의 양식

① 키조개의 종자생산

　㉠ 성숙 부유유생이 많은 곳에 완류식 채묘시설을 한다.

　㉡ 치패는 간출선 전후해서 모래질이 50~80%인 곳에 많다.

　㉢ 치패는 육수가 많이 유입되면 부니로 인한 폐사가 생긴다.

　㉣ 바닥에 착생한 치패를 이식, 관리할 경우에는 m^2 당 100개체 이하로 하는 것이 좋다.

　㉤ 간석지 양성인 경우 해적구제 외에 간출 시 잡물을 제거한다.

② 키조개의 종자 방양

　㉠ 양성장으로의 종자 방양시기는 3~5월 사이가 가장 적합하다.

　㉡ 방양은 종자의 크기가 각장 5~10cm의 1년생이 적당하다.

　㉢ 간조선 근처 저질에 조류와 평행하게 구멍을 미리 만들어 모심기식으로 하나하나 심는다.

　㉣ 키조개 바닥 양성 시 종패의 적정 방양밀도는 10~20개체/m^2이다.

2-1. 키조개 종자의 방양에 관한 것이다. 옳은 것은?

① 조간대에 방양한다.

② 종자는 그 크기가 각장 2~3mm 되는 것이 알맞다.

③ 방양시기는 9~10월 사이가 적당하다.

④ 방양 시에는 종자 하나하나를 모심기하는 것과 같이 심는다.

2-2. 다음은 키조개의 종자생산에 관한 내용이다. 적합하지 않은 것은?

① 성숙 부유유생이 많은 곳에 완류식 채묘시설을 한다.

② 치패의 육수가 많이 유입되면 부니로 인한 폐사가 생긴다.

③ 양성장으로의 종자 방양시기는 7~8월이 적당하다.

④ 방양은 종자의 크기가 각장 5~10cm의 1년생이 적당하다.

2-3. 키조개 양식에 관한 설명 중 틀린 것은?

① 치패는 간출선 전후해서 모래질이 50~80%인 곳에 많다.

② 바닥에 착생한 치패를 이식, 관리할 경우에는 m²당 100개체 이하로 하는 것이 좋다.

③ 간조선 근처 사니질에 종자를 균일하게 뿌려 양성한다.

④ 간석지 양성인 경우 해적구제 외에 간출 시 잡물을 제거한다.

[해설]

2-1

키조개의 종자 방양

3~5월경 각장 5~10cm(만 1년산), 10~20개체/m²로 심은 종자가 해수의 흐름과 평행하게 모심기 하듯 하나하나씩 심는다. 방양시기는 3~5월 사이가 가장 적합하다.

2-2

종자 방양시기는 3~5월 사이가 가장 적합하다.

정답 2-1 ④ **2-2** ③ **2-3** ③

제3절 **비부착성 잠입동물의 양식**

1. 바지락류

핵심이론 01 바지락류의 특성

① 무척추의 구분

ㄱ 부착성 : 굴, 담치, 진주조개, 우렁쉥이

ㄴ 일시부착성 : 꼬막, 가리비, 피조개

ㄷ 비부착성 : 대합, 바지락, 개량조개, 큰우럭, 우럭

ㄹ 포복성 : 전복, 소라, 우렁이, 수랑

② 바지락 서식처(양성장)

ㄱ 태풍, 홍수 등에 의한 지반변동이 없는 곳

ㄴ 간출시간 2~3시간 정도 되는 곳부터 수심 3~4m 사이인 곳

ㄷ 먹이생물이 많은 곳

ㄹ 육수의 영향이 있는 조용한 내만

ㅁ 해수유통이 좋고 환원층의 발달이 적은 곳

ㅂ 해수비중이 1.018~1.027인 곳

③ 바지락류 특징

ㄱ 남쪽보다 북쪽으로 갈수록 최초 방란·방정시기가 늦어진다.

ㄴ 저서생활 초기 족사가 출현하지만, 성장 과정에서 사라진다.

ㄷ 바지락은 이동이 없고 부착성도 없다.

ㄹ 자연치패 발생은 하천수의 유입이 있는 간석지 지역에 많다.

ㅁ 바지락은 완류식 채묘시설이 적합하다.

ㅂ 조개류 중 생활사에서 부착생활기를 갖지 않는다.

1-1. 비부착성 잠입양식종이 아닌 것은?

① 바지락
② 왕우럭
③ 라마르크 대합
④ 피조개

1-2. 다음 중 완류식 채묘시설이 적합한 종은?

① 새꼬막
② 전 복
③ 바지락
④ 진주조개

1-3. 바지락 서식처로 적합하지 않은 곳은?

① 태풍, 홍수 등에 의한 지반변동이 없는 곳
② 간출시간 2~3시간 정도 되는 곳부터 수심 3~4m 사이인 곳
③ 지반이 안정되고 해수유통이 좋고 환원층이 발달한 곳
④ 먹이생물이 많은 곳

1-4. 다음 조개류 중 생활사에서 부착생활기를 갖지 않는 종은?

① 피조개
② 진주조개
③ 참가리비
④ 바지락

해설

1-1
피조개는 일시부착성 패류이다.

1-2
채묘시설과 대상 생물

채묘시설	대상 생물
고정식, 부동식	참굴, 진주조개, 피조개, 가리비
침설 수하식, 침설 고정식	피조개, 새꼬막, 우렁쉥이
완류식	바지락, 대합

※ 부착력이 없는 바지락이나 대합 등은 부유생활기를 지난 다음 바닥에 침강할 때 거기에다 완류장치를 해 주어 침강을 촉진시킨다.

1-3
바지락의 서식장(양성장)
- 육수의 영향이 있는 조용한 내만
- 태풍, 홍수 등에 의한 지반변동이 거의 없는 곳
- 간출 3시간에서 수심 3~4m인 곳
- 해수유통이 좋고 환원층의 발달이 적은 곳
- 먹이생물이 많은 곳
- 해수비중이 1.018~1.027인 곳

1-4
무척추의 구분
- 부착성 : 굴, 담치, 진주조개, 우렁쉥이
- 일시부착성 : 꼬막, 가리비, 피조개, 키조개
- 비부착성 : 대합, 바지락, 개량조개, 큰우럭, 우럭
- 포복성 : 전복, 소라, 해삼

정답 1-1 ④ 1-2 ③ 1-3 ③ 1-4 ④

① 바지락 채묘

　㉠ 성숙 산란기 : 서해안은 7~8월, 남해안은 6월 중 순~8월 하순이다.

　㉡ 채묘방법 : 간석지에 나뭇가지나 대나무 등을 세워 해수의 흐름을 완만하게 조절해 주어 부유치패들 이 바닥에 많이 가라앉게 하여 채묘하는 완류식으 로 한다.

　㉢ 완류식 채묘기로 제방식, 풀식, 섶꽂이식을 사용 하며, 이들 중 섶꽂이식을 많이 사용한다.

　　※ 유생은 부유생활 뒤 착제할 때 임시부착생활을 한 후 잠 입생활에 들어간다.

② 바지락의 치패 관리법

　㉠ 치패가 많이 발생하는 곳

　　• 일반적으로 하구에 가까운 곳으로 지반변동이 많은 곳이다.

　　• 육수의 영향을 받는 간석지 중심수역이다.

　㉡ 대량발생한 치패는 안전한 장소로 옮겨서 관리 한다.

　㉢ 치패를 이식해서 관리할 경우 1m²당 5,000~ 10,000개체 정도가 알맞다.

③ 바지락 종자 양성

　㉠ 종자의 크기는 작은 것일수록 성장이 빠르다.

　㉡ 종자는 장형으로 각장이 15~22mm의 것이 알 맞다.

　㉢ 성장을 빠르게 하기 위해 양성장에 수로를 만들어 해수유통을 좋게 한다.

　㉣ 종자의 방양

　　• 방양장소는 간출시간이 짧을수록 성장할 수 있 는 시간이 길기 때문에 간출하지 않는 곳을 중심 으로 하는 것이 좋다.

　　• 방양시기는 성장이 시작되는 봄이 가장 좋으나, 경우에 따라서는 가을에 할 수도 있다.

　　• 종자를 원거리 수송할 때에는 기온이 10~15℃ 때가 가장 알맞다.

④ 바지락 종자의 방양법(살포법)

　㉠ 석시법

　　• 간출된 다음 종자를 방양하는 방법이다(간출된 다음 종패를 직접 살포).

　　• 고르고 정확하게 방양할 수 있으나, 일손이 많이 필요하다.

　㉡ 조시법

　　• 만조 시, 정조 시에 배를 사용하여 종자를 방양하 는 방법이다.

　　• 살포가 편리하지만 골고루 살포할 수가 없다.

2-1. 우리나라 서해안 바지락의 산란성기에 해당하는 것은?

① 3~4월 　　　　　　　② 5~6월
③ 7~8월 　　　　　　　④ 9~10월

2-2. 바지락의 양성에 관한 설명 중 틀린 것은?

① 종자는 장형으로 각장이 15~22mm의 것이 알맞다.
② 종자 방양시기는 성장이 시작되는 봄이 가장 좋다.
③ 성장을 빠르게 하기 위해 양성장에 수로를 만들어 해수유통을 좋게 한다.
④ 방양장은 조석 범위 내에서 간출시간이 되도록 긴 쪽이 좋다.

2-3. 바지락 종자의 방양법 중 조시법을 가장 올바르게 설명한 것은?

① 만조 시, 정조 시에 배를 사용하여 종자를 방양하는 방법이다.
② 간출된 다음 종자를 방양하는 방법이다.
③ 방양하고자 하는 지점에 정확히 뿌릴 수 있다.
④ 일손이 많이 들기 때문에 인건비의 문제가 있다.

[해설]

2-1
바지락의 성숙 산란기
• 서해안(황해안) : 7~8월
• 남해안 : 6월 중순~8월 하순

2-2
방양장소는 간출시간이 짧을수록 성장할 수 있는 시간이 길기 때문에 간출하지 않는 곳을 중심으로 하는 것이 좋다.

정답 2-1 ③　2-2 ④　2-3 ①

2. 대합류

핵심이론 01 대합의 특징 및 습성

① 대합의 특징
　㉠ 조개류 중에서 어린 시기에 점액성 물질을 분비하며, 조류를 타고 이동하는 습성이 있다.
　㉡ 성숙한 어미라도 육안으로 암수를 구별하기는 어렵다.
　㉢ 우리나라에서 많이 볼 수 있는 대합의 양성법은 조위망식이다.
② 대합류의 이동습성
　㉠ 대합 이동시기 : 수온이 높은 여름 대조 시의 썰물 때
　㉡ 이동방향 : 썰물 방향의 깊은 곳
　㉢ 이동양상 : 저면 가까이를 스쳐가면서 이동
　㉣ 유속 : 3~8cm/sec 이상으로 대조 시
　㉤ 대합이 가장 많이 이동하는 시기의 각장의 크기 : 3~5cm일 때
③ 대합류의 이동습성과 관계된 관리방법
　㉠ 내만에 방양한다.
　㉡ 조위망 등으로 조위시설을 한다.
　㉢ 깊은 곳으로 이동한 대합을 양성장에 다시 골고루 뿌려 준다.

1-1. 다음 조개류 중에서 어린 시기에 점액성 물질을 분비하며, 조류를 타고 이동하는 습성이 있는 것은?

① 가리비
② 진주조개
③ 대 합
④ 동죽조개

1-2. 대합류의 이동습성과 관계된 관리방법의 설명으로 틀린 것은?

① 내만에 방양한다.
② 조위망 등으로 조위시설을 한다.
③ 깊은 곳으로 이동한 대합을 양성장에 다시 골고루 뿌려 준다.
④ 겨울에는 이동이 많으므로 밀도를 자주 조정한다.

1-3. 대합이 가장 많이 이동하는 시기에 각장의 크기는?

① 각장이 1~2cm일 때
② 각장이 3~5cm일 때
③ 각장이 6~7cm일 때
④ 각장이 8~9cm일 때

해설

1-1

대합은 이동이 가장 심한 이매패류로 양식의 경우에 각별히 주의해야 한다.

1-2

대합 이동시기 : 수온이 높은 여름 대조 시

정답 1-1 ③   1-2 ④   1-3 ②

핵 심이론 02 대합의 종자양식

① 대합의 채묘(완류식 채묘)

　㉠ 대합류의 자연채묘에 주로 사용되는 채묘방법이다.

　㉡ 간석지에 나뭇가지나 대나무 등을 세워서 해수의 흐름을 천천히 조절하여 채묘한다.

　㉢ 해수의 흐름을 늦게 조절하여 치패들이 바닥에 많이 가라앉게 하여 채묘하는 것이다.

　　※ 채묘시설의 종류
　　　• 고정식, 부동식 : 참굴
　　　• 침설 수하식 : 피조개
　　　• 완류식 : 대합, 바지락

② 대합종자양식

　㉠ 수정한 후 저서생활에 이르는 기간은 약 3주간이다.

　㉡ 유생은 부유생활을 마치면 저질 중에 잠입한다.

　㉢ 대합은 성숙 부유유생의 각정팽출이 가장 적다.

　㉣ 대합의 종자발생장은 와류가 생기기 쉬운 하구 가까이의 삼각주 부근이다.

　㉤ 대합의 양식용 종패로서 가장 적합한 크기는 각장 2cm 정도이다.

　㉥ 대합의 종자로 천연적으로 발생한 것을 주로 이용하는 이유는 난핵포가 소실한 다음 수정하기 때문이다.

　　※ 부착동물이나 비부착성 저서 조개류의 종자방양량은 먹이 발생량과 가장 밀접한 관계가 있다.

③ 대합치패의 발생장소

　㉠ 육수의 영향을 많이 받는 하구의 삼각주 부근

　㉡ 모래질이 많고 대조 시 5~6시간 간출되는 곳

　㉢ 저질의 흡습량이 많거나 간출되더라도 해수가 괸 곳이 많은 곳

　㉣ 와류가 형성되는 곳

　　※ 대합의 치패가 가장 많이 침하하는 대조 시의 노출선은 5~6시간선이다.

2-1. 대합의 치패가 가장 많이 침하하는 대조 시의 노출선은?

① 1~2시간선
② 2~3시간선
③ 5~6시간선
④ 7~8시간선

2-2. 대합류의 자연 채묘에 주로 사용되는 채묘방법은?

① 완류식 채묘
② 나뭇가지식 채묘
③ 로프식 채묘
④ 고정식 채묘

정답 2-1 ③ 2-2 ①

핵심이론 03 대합의 양성

① 대합양식장으로 적합한 조건

  ㉠ 지반이 평판하고 변동이 없는 곳

  ㉡ 수온 12~28℃를 유지하고 비중 1.014~1.024 범위를 유지하는 곳

  ㉢ 조류의 소통이 좋고 대조 시 5시간 이하 노출되는 곳으로부터 수심이 4~6m 되는 곳

  ㉣ 공장폐수의 유입이 없고 담수의 영향이 없는 곳

  ㉤ 저질이 사질 60~80%인 펄바닥(개흙질이 아닌 곳)

  ㉥ 해적생물이 적은 곳

② 조위망식 양식

  ㉠ 이동이 심한 조개류의 양성시설로 우리나라 서·남해안의 간석지에 널리 보급되어 있다.

  ㉡ 그물과 말목으로 간석지를 막고 그 안에 종패를 방양하여 양성하는 방법이다.

  ㉢ 조위시설은 일정한 간격으로 말목을 세운 다음, 그물이나 대나무 등으로 바닥에서 30cm 이상, 바닥 밑으로 20cm 정도 되도록 한다.

  ㉣ 종자의 방양밀도는 평균 20~30개체/m^2를 기준으로 한다.

  ㉤ 양성관리는 조위망에 퇴적한 대합을 양성장에 고루 뿌리고 폐사개체의 제거, 해적구제(불가사리, 문어, 고동류), 개흙질 퇴적제거 등을 한다.

③ 수 확

  ㉠ 대합류의 수확시기를 결정하는 기준은 육질의 무게이다.

  ㉡ 조개류의 비만도 : 각 내 용적분의 연체부 건조 중량에 1,000을 곱한 값

  ㉢ 대합(백합)의 비만도가 가장 좋은 때는 산란기가 끝난 10월이 연중 최저이며, 산란기 직전 6월이 30%로 가장 높다.

3-1. 이동이 심한 조개류의 양성시설로 우리나라 서·남해안의 간석지에 널리 보급되어 있는 방식은?

① 제방식
② 그물가두리식
③ 조위망식
④ 나뭇가지식

3-2. 다음 중 조개류의 비만도(Condition Index)를 가장 잘 설명한 것은?

① 각 내 용적분의 연체부 건조 중량에 1,000을 곱한 값
② 각 내 용적분의 연체부 생식소 중량에 1,000을 곱한 값
③ 각 내 용적분의 연체부 육질부 중량에 1,000을 곱한 값
④ 각 내 용적분의 연체부 글리코겐 축적량에 1,000을 곱한 값

3-3. 대합(백합)의 비만도가 가장 좋은 때는?

① 1~4월
② 6~7월
③ 10월
④ 11~12월

3-4. 대합류의 서식처에 대한 설명 중 틀린 것은?

① 육수의 영향을 많이 받는 하구 가까이에 산다.
② 서식지의 비중은 1.014~1.024가 적당하다.
③ 저질은 모래질이 많은 곳이다.
④ 치패는 지반이 비교적 낮은 곳에 많이 나타난다.

3-5. 다음 중 대합류의 수확시기를 결정하는 기준으로 가장 적합한 것은?

① 생식소의 발달 정도　　② 육질의 무게
③ 각고와 각장　　　　　④ 전중량

정답 3-1 ③　**3-2** ①　**3-3** ②　**3-4** ④　**3-5** ②

핵심이론 04 대합과 라마르크 대합의 구별

① 대 합
　㉠ 입수관 구연부에 있는 촉수의 구조가 단조롭다.
　㉡ 패각의 두께가 얇으며, 각폭의 팽출 정도가 완만하다.
　㉢ 패각의 무늬가 성장 후에도 변화가 심하다.
　㉣ 정문이 없으며 천해 쪽에 많이 산다.
　㉤ 내만성으로 해수비중이 낮은 하구 가까이 물길 같은 곳에서 많이 볼 수 있다.

② 라마르크 대합
　㉠ 촉수의 구조가 가늘게 분기하여 복잡하다.
　㉡ 라마르크 대합의 주 서식장은 외해에 면한 곳으로 비중의 호적 범위가 대합보다 높다.
　㉢ 좁쌀무늬조개(*Donax semigranosus*)가 살고 있는 천해에서 양식하기에 가장 알맞다.
　㉣ 라마르크 대합은 패각의 무늬가 성장함에 따라서 단순해진다.

대합과 라마르크 대합의 설명으로 틀린 것은?

① 촉수의 구조는 대합이 라마르크 대합보다 단조롭다.
② 외투막 돌기의 구조는 라마르크 대합이 대합보다 단조롭다.
③ 대합은 정문(頂紋)이 없다.
④ 라마르크 대합은 패각의 무늬가 성장함에 따라서 단순해진다.

[해설]

촉수의 구조, 외투막 돌기의 구조는 대합이 라마르크 대합보다 단조롭다.

정답 ②

3. 큰우럭(왕우럭), 우럭, 개량조개, 갯지렁이

핵심이론 01 큰우럭

① 연한 개흙질로 된 물길 같은 곳에 많이 서식한다.
② 저질은 연안 개흙질인 곳이 좋으며, 개흙질의 비율은 약 7% 이하인 곳이 알맞다.
③ 서식장은 수심 5~10m 되는 천해의 물길과 같은 곳이다.
④ 키조개나 개조개와 같이 살고 있는 경우가 많다.
⑤ 폐수 등에 의한 환경변화의 저항성이 대합, 새꼬막, 굴 등에 비해 강하다.
⑥ 총중량에 대한 연체부의 중량의 비율은 10월이 최고이다.
⑦ 육질의 맛이 좋고 수관은 오래 전부터 요리에 사용되었다.

1-1. 서식지 저질의 특성이 다른 양식생물은?

① 대 합
② 바지락
③ 개량조개
④ 왕우럭

1-2. 큰우럭의 양식 가치성과 생태에 대한 내용이 틀린 것은?

① 키조개나 개조개와 같이 살고 있는 경우가 많다.
② 연한 개흙질로 된 물길 같은 곳에 많이 서식한다.
③ 폐수 등에 의한 환경변화의 저항성이 대합, 새꼬막, 굴 등에 비해 강하다.
④ 부위 중 패주가 가장 상품가치가 있고 고가이며, 양식개발이 시급한 종이다.

[해설]

1-1
대합, 바지락, 개량조개는 펄 바닥에서, 왕우럭은 연한 개흙질로 된 물길 같은 곳에 많이 서식한다.

1-2
④ 육질의 맛이 좋고 수관이 오래 전부터 요리에 사용되었다.

정답 1-1 ④ 1-2 ④

핵심이론 02 우럭(조개)

① 우럭의 특징
　㉠ 우럭은 비부착성 이매패류이다.
　㉡ 표층 저질은 바지락이나 대합의 발생지보다 개흙질이 많은 곳이다.
　㉢ 양성장은 육수가 유입되는 하구 부근으로 연한 개흙질이 많고 간출시간이 2~4시간인 곳이 좋다.
　㉣ 장란형으로 조가비의 겉면은 회백색이고, 담황백색인 얇은 각피로 덮여 있으며, 연변부는 갈색인 경우가 많다.
　㉤ 환경변화에 대한 저항성이 강하다.
　㉥ 상품가치는 근육질로 된 긴 수관이다.
　　※ 수관은 저질에 잠입생활하는 조개류의 잠입 깊이와 관계가 가장 밀접하다.

② 채 묘
　㉠ 부착성이 약해 천연에서 완류식 채묘가 가장 좋다.
　㉡ 치패관리는 항상 해수 중에 잠기는 얕은 곳이 좋다.
　㉢ 수심이 깊고 해수유동이 없을 때, 성체는 부착생활을 하기도 한다.
　㉣ 저서생활로 들어간 치패는 저면에 있는 고형물에 일정기간 동안 부착하였다가 곧 저질 중에 잠입하여 생활한다.

③ 우럭종자의 방양
　㉠ 종자는 1년 정도된 각장 약 20mm인 것이 알맞다.
　㉡ 방양방법은 대나무나 막대기로 8cm의 구멍을 만들어 하나하나 간석지에 심어준다.
　㉢ 방양밀도는 m^2당 25~30개체 정도가 알맞다.
　㉣ 종자를 방양하는 시기는 4~5월이 가장 좋다.
　　※ 식해동물의 피해는 헌 그물을 덮어주면 효과를 볼 수 있다.

2-1. 다음 중 육수가 유입되는 하구역 부근을 양성장으로 활용할 수 있는 종으로 가장 적합한 것은?

① 참가리비
② 진주조개
③ 피조개
④ 우 럭

2-2. 우럭의 종자생산 및 양성과정 중 틀린 것은?

① 부착성이 약해 천연에서 완류식 채묘가 가장 좋다.
② 간출시간은 1~2시간으로 얕은 곳이 치패관리장으로 가장 좋다.
③ 알맞은 종자의 크기는 약 20mm이고, 방양밀도는 1m²당 25~30개체다.
④ 양성장은 하구 부근으로 연한 개흙질이 많고 간출시간이 2~4시간인 곳이 좋다.

2-3. 다음은 이매패류인 우럭의 종자생산에서 양성까지를 설명한 것이다. 적절하지 못한 것은?

① 채묘는 완류식 시설로서 채묘하는 것이 효과적이다.
② 치패관리는 항상 해수 중에 잠기는 얕은 곳이 좋다.
③ 양성장은 저질인 공기 중에 노출이 되지 않는 곳이 적합하다.
④ 식해동물의 피해는 헌 그물을 덮어주면 효과를 볼 수 있다.

2-4. 다음 중 성체의 잠입 수심이 가장 깊은 종은?

① 민들조개
② 개량조개
③ 우 럭
④ 키조개

해설

2-4
우럭은 수관부의 발달이 잘되어 잠입 심도가 가장 깊은 종이다.

정답 2-1 ④ 2-2 ② 2-3 ③ 2-4 ③

핵심이론 03 개량조개

① 생 태

ㄱ 성숙기는 5~9월이나 6~7월이 방란, 방정의 성기이다.

ㄴ 발생에 알맞은 온도는 22~28℃이고, 알맞은 비중은 1.022~1.024이다.

ㄷ 발생 가능한 최저 온도는 16℃이고 최고 온도는 32℃이며, 발생 가능한 최저 염분은 16.61‰이고 최고 염분은 36.67‰이다.

ㄹ 보통 개량조개는 2~3주간의 부유생활을 한 후 저서생활로 들어가는데 각장 150μm 크기로부터 각 정기로 되고 성숙 부유유생의 크기는 227μm 정도이다.

ㅁ 저서생활로 들어가더라도 족사로써 부착기질에 부착하는 일은 없고 발이 발달해서 저부를 도약한다.

※ 비부착성 이매패류 중 초기 저서생활에서 족사를 전혀 사용하지 않는다.

ㅂ 성숙한 생식소의 색은 암컷은 홍색이고, 수컷은 담황색으로 만 1년이면 성숙한다.

※ 생식소의 색
• 피조개의 암컷은 주홍색, 수컷은 담황색
• 비단가리비의 암컷은 선홍색, 수컷은 백색
• 전복의 암컷은 심녹색, 수컷은 담황색

② 개량조개의 치패관리

ㄱ 일반적으로 모래질이 비교적 많은 곳에 치패가 많이 발생한다.

ㄴ 치패의 이식시기는 3~4월경이 좋다.

ㄷ 장시간 수송하는 개량조개의 종자로서 가장 알맞은 것은 발생 후 2년쯤 되는 것이다.

ㄹ 치패를 옮길 때 공기 중에 노출되면 패각의 개폐작용으로 체강의 수분이 소실되어 폐사하기 쉽다.

③ 서식장

    ㉠ 해수비중이 1.015 이하인 곳에는 살지 않고, 육수의 영향을 적게 받는 곳으로 1.023~1.025 되는 곳에 주로 많이 서식한다.

    ㉡ 저질은 개흙질인 곳은 좋지 않고 모래질(50~90%)인 곳이 서식장으로 알맞다.

    ㉢ 대체로 이와 같은 곳은 환경이 안정된 곳이 못되기 때문에 풍흉의 차이가 심한 편이다.

3-1. 다음 비부착성 이매패류 중 초기 저서생활에서 족사를 전혀 사용하지 않는 종은?

① 대 합
② 바지락
③ 개량조개
④ 우 럭

3-2. 성숙된 패류의 생식소 색이 틀리게 짝지어진 것은?

① 피조개의 암컷은 주홍색, 수컷은 담황색
② 비단가리비의 암컷은 선홍색, 수컷은 백색
③ 전복의 암컷은 심녹색, 수컷은 담황색
④ 개량조개의 암컷은 복숭아색, 수컷은 담녹색

정답 3-1 ③ 3-2 ④

핵심이론 04 화재의 정의와 특성화재의 정의와 특성

① 갯지렁이의 특징

    ㉠ 갯지렁이류는 생활사가 비교적 짧고 번식력이 강하다.

    ㉡ 섭식활동을 통하여 저질의 유기성분을 변화시켜 해저저질을 정화시킴으로써 해양의 풍부한 2차 생산자 역할을 하며, 해양오염의 지표생물로 이용되기도 한다.

    ㉢ 우리나라에서 산업적으로 중요한 갯지렁이는 두토막눈썹참갯지렁이, 바위털갯지렁이, 넓적발갯지렁이, 털보집갯지렁이 등이 있다.

    ㉣ 잡식성인 갯지렁이류는 저서동물, 해조류, 유기물을 저질과 함께 닥치는 대로 섭취한다.

② 서식장

    ㉠ 조간대, 기수지역, 외해까지 우리나라 전 연안에 다양하게 분포하고 있다.

    ㉡ 자연상태에서 두 토막눈썹갯지렁이의 서식지역의 저질 입도조성은 점토질 실트, 사질 실트, 실트 등의 순으로 주로 펄질에 서식한다.

③ 성숙과 산란

    ㉠ 해수 중에 방란·방정하여 수정이 일어난다.

    ㉡ 두토막눈썹갯지렁이의 산란기는 6~9월로 기간이 짧다.

    ㉢ 산란량은 48,600~356,000개체이며, 수정란은 담록색, 크기는 220μm로 분리 침성란이다.

    ㉣ 두토막눈썹갯지렁이 어미의 성숙한 개체의 다리는 더 비대해지고 부채모양으로 퍼져서 수면을 헤엄쳐 다닌다.

④ 난 발생 및 유생 사육

    ㉠ 수정 후 2시간이 지나면 극체가 방출되고 23시간에는 전기 담륜자 유생이 되어 젤리층 안에서 회전운동을 하며, 40시간이 지나면 담륜자 유생이 되어 안점이 출현한다.

ⓒ 그 후 56시간 만에 부화되어 젤리층을 뚫고 나와 부화유생은 기어 다니기도 하고 유영하기도 하지만 하루 정도 지난 평균 2개의 체절이 되면 저질 위를 다니며 먹이를 섭취한다.

ⓒ 갯지렁이의 유생 발달순서

- 프로토트로코포라(Prototrochophore)기 : 난황을 흡수하여 성장하고 입이나 항문은 외견상 보이지 않는 시기
- 메타트로코포라(Metatrochophore)기 : 3일째 수조 중에서 제법 운동성을 나타내며 부유성으로 추광성을 지는 시기
- 넥토키타(Nectochaeta)기 : 부화 후 10일째부터 완전히 저착성으로 되어 연동운동을 하는 시기

10년간 자주 출제된 문제

4-1. 해수 중에 방란, 방정하여 수정이 일어나는 종류는?

① 꽃 게   ② 닭새우
③ 갯지렁이   ④ 넓적벌레

4-2. 발생도중에 트로코포라(Trochophora) 유생기를 거치는 것은?

① 갯지렁이   ② 문 어
③ 우렁쉥이   ④ 보리새우

|해설|

4-2
갯지렁이의 유생발달 순서
Prototrochophore → Metatrochophore → Nectochaeta

정답 4-1 ③   4-2 ①

---

1. 전복류

핵 심이론 01 전복의 서식환경 및 생태

① 서식환경

ⓐ 2월의 수심 25m의 수온이 12℃가 되는 등온선(Isotherm)을 경계로 북쪽에는 한류계, 남쪽에는 난류계가 분포한다.

- 한류계(북쪽1종) : 참전복(서해안의 어청도나 동해안의 울릉도 연안 양식에 알맞다)
- 난류계(남쪽5종) : 까막전복, 시볼트전복, 말전복, 오분자기, 마대오분자기

ⓑ 전복의 서식장소 : 전복은 주로 외양성 해역의 수심 20m의 해조류가 잘 발달되어 있는 바위지역에 서식한다.

- 해조류가 많이 번무하는 곳
- 외양수 영향을 받는 연안인 곳
- 수심 20m 내외인 곳
- 저질이 모래나 암반(암초)으로 되어 있어 풍파에도 수질혼탁이 적은 곳
- 막 부착한 전복의 치패는 바위 밑 또는 틈새 등의 은신처에 서식함
- 전복은 성장함에 따라 은신처를 찾아 보다 깊은 수심으로 이동한다.

※ 전복류의 서식 수심
- 오분자기 : 4m 이내의 천해
- 참전복 : 4~5m 이내의 천해
- 까막전복 : 4~10m 이내의 천해
- 시볼트전복 : 15m 이내의 천해
- 말전복 : 30~50m 이내의 천해

② 생태 및 습성
  ㉠ 서식 적정수온은 15~20℃이며, 산란기간은 가을철이다.
  ㉡ 암컷의 생식소는 짙은 녹색 또는 초록색이고 수컷은 담황색 또는 황백색을 띤다.
  ㉢ 전복은 알에서 성체까지의 완전 양식(각장 12cm, 약 250g)은 4~5년이 걸린다.
  ㉣ 전복은 수산생물 중 수명(12년)이 가장 긴 종이다.
  ㉤ 산란기간 동안 전복들은 무리를 짓는 습성이 있다.

1-1. 우리나라에 서식하는 전복류 중 한류계에 속하는 전복은?
① 말전복
② 참전복
③ 까막전복
④ 시볼트전복

1-2. 서해안의 어청도나 동해안의 울릉도 연안에서 양식하는데 가장 알맞은 전복의 종류는?
① 시볼트 전복
② 까막전복
③ 말전복
④ 참전복

1-3. 전복류의 자연서식장으로 적합하지 않은 것은?
① 외양성인 곳
② 암초가 많은 곳
③ 해수의 유통이 좋은 곳
④ 담수의 유입이 있는 부영양화된 곳

[해설]

1-1
한겨울의 저층수온이 12℃인 등온선을 경계로 하여 북쪽에는 한류계인 참전복, 남쪽에는 난류계가 분포하고 있다.

1-2
참전복은 한국 연안에 서식하는 전복류 중 겨울철 수온이 12℃ 이하인 해역에서도 서식이 가능한 종이다.

정답 1-1 ② 1-2 ④ 1-3 ④

핵심이론 02 전복의 산란과 채묘

① 참전복의 인공종자생산에 있어서 어미(모패)의 선정
  ㉠ 인공종자생산에서는 까막전복이나 참전복이 유리하다.
  ㉡ 성숙한 것으로 같은 중량의 어미를 구입할 경우, 큰 개체를 적게 준비하는 것보다 작은 개체를 많이 준비하는 것이 좋다.
  ㉢ 성숙기 적산수온은 500~1500℃ 범위이고 적산수온 범위 내에서는 수온이 증가할수록 산란 유발률이나 산란량이 증가한다.
  ㉣ 채란을 계획적으로 실현시키기 위해서는 수온 및 광주기 조절법을 이용해서 모패를 관리해야 한다.
  ㉤ 전복의 성숙된 난소는 짙은 녹색이며, 정소는 담황색이나 황백색이다.

② 참전복 인공종자생산에서 채란
  ㉠ 산란반응은 대부분 수컷이 10~20분 먼저 일어난 뒤에 암컷이 반응을 일으키게 된다.
  ㉡ 일반적인 산란 유도과정은 간출, 수온자극, 자외선조사 해수자극, 정충해수 첨가법, pH 상승, 과산화수소 첨가자극, 오존통기 해수방법 등이 있다.
  ㉢ 참전복을 채란할 때 산란반응률이 가장 높은 방법은 자외선 조사이다.
  ㉣ 완숙기 적산수온은 1,500℃ 정도로 외관상 암수구별이 가능하고, 실제적으로 채란이 가능하며 1,800℃ 부근까지 산란유발이 이루어진다.
    ※ 까막전복의 기초수온은 5.3℃, 적산수온은 1,800~3,500℃
  ㉤ 참전복은 수온 20℃에서 7~11월, 난류계는 수온 20~15℃에서 9~1월 사이가 산란기이다.
  ㉥ 참전복은 가온해수사육으로 5~6월에 조기산란시킨다.
  ㉦ 전복의 알은 침성란으로 밝은 녹색을 띤다.
  ㉧ 전복의 인공 채묘 시 유생의 부착기 재질은 경질 PVC와 PC, PE 등이 주를 이룬다.

2-1. 다음 전복의 모패 선정관리에 대한 내용 중 적합하지 않은 것은?

① 인공종자생산에서는 까막전복이나 참전복이 유리하다.
② 참전복은 가온해수사육으로 5~6월에 조기산란시킨다.
③ 참전복의 채란에 적합한 적산수온은 3,500℃ 이상이다.
④ 산란유발은 간출과 자외선조사, 해수자극을 병행하는 것이 옳다.

2-2. 까막전복의 성숙기까지의 적산수온은?

① 500~1,000℃
② 1,800~3,500℃
③ 5,000~8,000℃
④ 150~500℃

2-3. 참전복 인공종자생산에서 채란 및 유생관리에 관한 설명으로 틀린 것은?

① 일반적인 산란 유도과정은 간출, 수온자극, 자외선조사 해수자극 등이다.
② 자외선 조사효과는 동일조사량에서 암컷이 수컷보다 빠르게 방출된다.
③ 정충농도가 높으면 난막이 소실되므로 정충농도는 30만 개 내외/mL가 적당하다.
④ 수온 20℃에서 부유기간은 3~4일 내외이다.

2-4. 다음 중 참전복을 채란할 때 산란반응률이 가장 높은 방법은?

① 수온자극
② 간출자극
③ 자외선 조사
④ 정수 및 유수의 반복

해설

2-1
참전복의 채란에 적합한 적산수온은 500~1,500℃ 이상이다.

2-2
까막전복의 기초수온과 적산수온 : 5.3℃, 1,800~3,500℃

2-3
산란반응은 대부분 수컷이 10~20분 먼저 일어난 뒤에 암컷이 반응을 일으키게 된다.

2-4
자외선 조사 해수자극의 경우가 활성산소를 발생시켜 생식세포 방출을 촉진시키므로 가장 효과적인 방법이다.

정답 2-1 ③ 2-2 ② 2-3 ② 2-4 ③

핵심이론 **03** 전복의 유생관리

① 전복의 부화
  ㉠ 정충농도가 높으면 난막이 소실되므로 정충농도는 30만 개 내외/mL가 적당하다.
  ㉡ 수정된 알은 부화조 내에서 겹치지 않도록 골고루 분산시킨 다음에 부화시킨다.
  ㉢ 참전복은 수온이 20℃인 경우에 수정 후 약 10시간이면 부화하고, 24시간이 지나면 피면자 유생이 되는데, 빠른 것은 2~3일 후에 저서 포복생활로 들어간다.
  ㉣ 까막전복은 수온 16~17℃에서 부화 27~28시간 이후 Veliger 유생, 1주일 이후 착생 포복생활을 시작한다.
  ㉤ 전복 유생의 부유생활은 참전복 3~4일, 난류계 1주일 내외로 짧다.
  ㉥ 부유유생기에는 먹이를 줄 필요가 없다.
  ㉦ 저서생활로 들어가면서 먹이를 먹기 시작하므로 배양된 부착규조류를 먹이로 공급해야 한다.

② 전복 유생의 먹이(부화 직후에서 저서 초기)
  ㉠ 나비큘라(Navicula sp.)
  ㉡ 코코네이스(Cocconeis sp.)
  ㉢ 플렛티모나스(Platymonas sp.)
  ㉣ 암포라(Amphora sp.)
  ㉤ 니츠시아(Nitzschia sp.)

③ 저서 후기 먹이
  ㉠ 3~5mm : 갈파래, 미역쇠(소형 해조류)
  ㉡ 14~15mm : 미역, 대황의 유제, 갈파래의 부드러운 엽체
  ㉢ 15mm 이상 : 미역, 갈파래

3-1. 다음 중 유생의 부유생활기간이 가장 짧은 것은?

① 피조개
② 가리비
③ 새꼬막
④ 전 복

3-2. 다음 중 전복 유생의 먹이로 적당하지 않은 것은?

① *Navicula* sp.
② *Cocconeis* sp.
③ *Platymonas* sp.
④ *Chlorella* sp.

|해설|

3-1

유생의 부유생활
• 피조개 : 4주
• 가리비 : 40일
• 새꼬막 : 2~3주
• 참전복 : 3~4일(난류계 1주일 내외)

3-2

Chlorella sp.는 로티퍼, 알테미아의 먹이이다.
※ 유생시기에만 미세조류 섭취(전복, 성게, 해삼, 갯지렁이류)

정답 3-1 ④   3-2 ④

핵심이론 04 전복의 치패관리 등

① 참전복 양식에 있어서 초기 치패관리
ㄱ 치패는 성패보다 산소소비량이 많기 때문에 산소가 부족하면 안 된다.
ㄴ 치패는 7℃ 이하에서 먹이를 거의 먹지 않는다.
ㄷ 폐사율이 높은 시기는 주구각이 생길 무렵과 제1호흡공이 생길 때이다.
ㄹ 각장이 3cm 이상 되면 먹이가 부족하게 되므로 소형 해조류를 공급해 준다.
ㅁ 치패는 성체보다 산소소비량이 훨씬 많으므로 탱크 내 사육 해수를 교환하거나 교반해 주어야 한다.
ㅂ 3cm 크기의 전복 인공종자의 방류수심은 1~3m가 가장 적합하다.
ㅅ 기초수온이 7.6℃인 참전복의 실용적인 채란을 위해서는 20℃에서 105일 이상 사육해야 한다.
ㅇ 전복 종패의 크기가 1cm 되는 것을 방양할 때 생존율을 높이기 위해서 반드시 필요한 일은 은신처와 같은 방양시설을 만들어 주는 것이다.
ㅈ 전복종자의 방류효과를 높이기 위하여 설치하는 인공돌밭 조성의 목적은 서식장소의 확대, 숨는 장소의 제공, 해조류의 번식조장 등이다.
※ 전복초 : 전복의 인공방류 양성시설
② 전복의 이식을 위한 수송
ㄱ 11~12월의 초겨울과 3~4월의 이른 봄철이 적합하다.
ㄴ 가을철에 생산된 종자는 수송 용기 내의 온도조절을 10℃ 내외로 유지하고 충분한 습도를 유지할 수 있도록 하여야 한다.
ㄷ 온도가 낮을수록 공중활력은 커서 생존기간이 길다.

③ 기타 주요사항

　㉠ 위험기

　　• 알에서 부화된 유생의 대량 폐사가 일어나는 시기

　　• 담륜자 유생에서 피면자(Veliger) 유생으로 들어가는 시기

　　• 부착 직후 주구각이 생길 무렵과 제1호흡공이 생기기 직전의 각장 1~2mm인 무렵

　㉡ 피면자기 : 전복종자생산 중 치패의 폐사율이 가장 높은 시기

　㉢ 색인근 형성기 : 물리적 충격에도 강하고 유생을 걸러서 새로운 수조에 옮겨 채묘를 준비해야 하는 전복의 유생 발생단계

10년간 자주 출제된 문제

4-1. 전복 종패의 크기가 1cm 되는 것을 방양할 때 생존율을 높이기 위해서 반드시 필요한 일은?

① 은신처와 같은 방양시설을 만들어 줄 것
② 저위도 지방을 방양장으로 택할 것
③ 먹이 해조인 갈조류를 매일 줄 것
④ 수심이 깊은 곳을 택해서 방양할 것

4-2. 다음은 전복의 이식을 위한 수송에 대한 설명이다. 가장 바르게 된 것은?

① 환경변화에 약한 소형은 이식용 종자로 부적합하다.
② 장거리 육상 수송은 주로 해수 중 수송을 한다.
③ 온도가 낮을수록 공중활력은 커서 생존기간이 길다.
④ 수온이 낮은 12월~1월이 수송에 적합한 시기이다.

|해설|

4-1

종자의 크기가 클수록 방류 후의 생존율이 높으며, 종자의 크기가 20mm 이하인 것을 방류할 때는 종자방류용 양성장을 만들어 방류하면, 그대로 방류한 것에 비해서 1년 후의 생존율이 3배나 높다.

정답 4-1 ①　4-2 ③

핵심이론 05　전복의 양성

① 전복의 육상 양식장 적지조건

　㉠ 외양성인 해안으로 해수의 유통이 좋은 곳

　㉡ 장마나 홍수 시 담수의 영향이 적은 곳으로서 비중이 1.020 이상이 되는 곳

　㉢ 저질이 모래나 암반으로 되어 있어 풍파에도 수질 혼탁이 적은 곳

　㉣ 육상 또는 해상 교통이 편리한 곳

　㉤ 태풍 등 천재지변에 의한 피해가 없는 곳

　㉥ 수온변동이 심하지 않은 곳으로서 수온범위가 겨울철 최저 수온 8℃ 이상, 여름철 최고 수온 27℃를 넘지 않는 곳

　㉦ 수질 및 공해의 피해가 없는 곳

　㉧ 한전의 동력이 인입되어 있거나 가까운 곳

② 천해서식장에서 전복류에 적합한 환경조건

　㉠ 갈조류가 풍부한 곳

　㉡ 용존산소량이 3mg/L 이상인 곳

　㉢ 외양에 면한 암초지대

　㉣ 전복의 성숙에 가장 큰 영향을 미치는 요인은 수온이다.

　㉤ 참전복은 고위도 수역보다 저위도 수역에서 부화한 것이 성장이 빠르다.

③ 전복 배합사료의 필요조건

　㉠ 기호성이 좋고 높은 성장을 얻을 수 있을 것

　㉡ 수중에서 보형성이 좋고 방부성도 우수할 것

　㉢ 취급이 용이하고 경제성이 있을 것

　※ 참전복은 먹이 종류에 따라 성장이 달라서 갈조류(미역, 다시마, 톳)를 먹였을 때 가장 빠른 성장을 보이고, 녹조류 및 홍조류의 순으로 성장이 느리다.

5-1. 다음 중 일반적인 천해서식장에서 전복류에 적합한 환경 조건으로 요구되는 사항과 가장 관계가 먼 것은?

① 갈조류가 풍부한 곳

② 용존산소량이 3mg/L 이상인 곳

③ 외양에 면한 암초지대

④ 연중 수온이 5~15℃로 지속되는 곳

5-2. 다음 생물의 식성에 관한 설명으로 틀린 것은?

① 바지락의 부유유생은 Chlorella 등의 식물플랑크톤을 먹는다.

② 전복류는 부유생활 후 저서생활로 들어가면서 다시마 등의 갈조류를 주로 먹는다.

③ 게류는 부화한 다음 조에아(Zoea)기부터 먹이를 먹기 시작한다.

④ 성게류의 부화유생은 미소한 규조류를 먹는다.

〔해설〕

5-1

수온변동이 심하지 않은 곳으로서 수온범위가 겨울철 최저 수온 8℃ 이상, 여름철 최고 수온 27℃를 넘지 않는 곳

5-2

전복류는 부유생활 후 저서생활로 들어가면서 부착규조류와 같은 작은 조류를 먹고, 성장함에 따라 차차 큰 해조류를 먹는다.

정답 5-1 ④ **5-2** ②

2. 소 라

핵심이론 01 소라의 생태 및 특성

① 소라의 생태 등

　㉠ 소라는 암초지대에 수심이 2~5m인 곳에 많이 산다.

　㉡ 먹이를 먹는 기관인 치설이 있다(군부, 소라, 전복 등).

　　※ 바지락은 치설이 없다.

　㉢ 미역, 감태 등의 해조류와 갈조류, 홍조류, 석회조류를 잘 먹는다.

　㉣ 섭식활동은 해가 진 후 2시간이 가장 왕성하다.

　㉤ 경우에 따라서는 작은 동물도 먹이로 삼는다.

　㉥ 소라의 산란성기 수온은 23~24℃이다.

　㉦ 생식소는 5월 하순부터 8월까지 발달하고, 방란과 방정은 여름철에 한다.

② 소라의 가시

　㉠ 가시가 있는 것 : 염분 농도가 높은 외해에 산다.

　㉡ 가시가 없는 것 : 염분 농도가 낮은 곳, 현탁물이 비교적 많은 내해에 많다.

1-1. 소라의 생태의 관한 설명으로 맞는 것은?

① 소라는 암초지대에 수심이 2~5m인 곳에 많이 산다.
② 소라는 외양성 한대성 복족류이다.
③ 소라는 육식성으로 입 주위에는 잘 발달된 치설이 있다.
④ 일반적으로 수온이 15℃ 이상의 성장 휴지대가 만들어진다.

1-2. 다음 중 여과섭식동물이 아닌 것은?

① 피조개
② 참 굴
③ 소 라
④ 우렁쉥이

1-3. 다음 중 소라의 산란성기 수온은?

① 10~11℃
② 15~16℃
③ 23~24℃
④ 27~28℃

해설

1-1
서식장은 전복류와 거의 같으나 전복이 살 수 없는 소형 해조류가 많은 연안이라도 참소라는 살 수 있다.

1-2
피조개, 참굴, 우렁쉥이 등과 같은 동물은 여과섭식자로 부유물질을 여과섭식하여 수중에 떠다니는 유기물을 제거한다.

정답 1-1 ① 1-2 ③ 1-3 ③

핵심이론 02 소라의 종자생산 및 양성

① 소라의 종자생산

  ㉠ 산란유발법으로는 야간지수 후 자외선조사 해수 자극법이 널리 쓰인다.
  ㉡ 소라의 양성은 주로 방류에 의한 바닥식 양성방법을 이용한다.
  ㉢ 수정된 알의 수용밀도는 부화조 바닥면적 cm^2당 300개체 이하를 유지하는 것이 좋다.
  ㉣ 부유유생기간 동안에는 먹이를 주지 않는다.
  ㉤ 저서생활로 들어간 다음부터 *Navicula*, *Nitzschia* 등 부착규조류를 먹인다.

② 소라의 종자생산에 적합한 먹이 종류

  ㉠ *Navicula* sp.
  ㉡ *Cocconeis* sp.
  ㉢ *Amphora* sp.

③ 소라의 방류양성

  ㉠ 성장하면서 차차 깊은 곳으로 이동해 가며 생활한다.
  ㉡ 성장 수온기간이 길수록 좋다.
  ㉢ 일반적으로 수온 13℃ 이하인 상태가 오래 지속되면 성장휴지대가 만들어진다.
  ㉣ 종자의 방류량은 많아야 그 효과가 크다.

④ 방류한 소라의 성장

  ㉠ 1년 : 10~30mm
  ㉡ 2년 : 30~40mm
  ㉢ 3년 : 55~80mm
  ㉣ 4년 : 80~110mm

2-1. 소라의 종자생산에 관한 설명으로 틀린 것은?

① 산란 유발법으로는 야간지수 후 자외선조사 해수자극법이 널리 쓰인다.
② 소라의 양성은 주로 방류에 의한 바닥식 양성방법을 이용한다.
③ 수정된 알의 수용밀도는 부화조 바닥면적 cm²당 300개체 이하를 유지하는 것이 좋다.
④ 부유유생기간 동안에는 *Navicula*, *Nitzschia* 등 소형 저서 규조류를 먹인다.

2-2. 소라의 방류양성에 관한 내용으로 맞는 것은?

① 성장하면서 차차 얕은 곳으로 이동해 가면서 산다.
② 일반적으로 수온 13℃ 이하인 상태가 오래 지속되면 성장휴지대가 만들어진다.
③ 성장 수온기간이 긴 곳은 먹이 조달이 충분하지 못해 피해야 한다.
④ 종자의 방류량은 적어야 그 효과가 크다.

[해설]

2-2
① 성장하면서 차차 깊은 곳으로 이동해 가면서 생활한다.
③ 성장 수온기간이 길수록 좋다.
④ 종자의 방류량은 많아야 그 효과가 크다.

정답 2-1 ④ 2-2 ②

3. 해삼, 성게

핵심이론 01 해삼의 서식 및 특징

① 해삼의 서식
  ㉠ 해삼은 일반적으로 3~15m의 연해에 서식하고 있으며 물살이 고요하고 해조가 무성한 암초 해저 혹은 비교적 단단한 흙모래 해저에서 생활한다.
  ㉡ 수심이 얕은 곳에는 작은 해삼이 살고 수심이 깊어지면 해삼의 크기도 커진다.
  ㉢ 부유생활 후 저서생활로 들어가면 포복활동에 의한 이동을 한다.

② 해삼의 특성
  ㉠ 형태는 몸은 부드럽고 원통형으로 길고, 대개 흐릿하며 어두운 색깔을 띤다.
  ㉡ 표피 밑으로 현미경적인 작은 골편이 존재하는데, 종류에 따라 골편의 형태가 달라 종을 구별하는 중요한 기준이 된다.
  ㉢ 해삼의 활동은 일주기성이 있어 낮에는 그늘이 있는 곳에서 활동하지 않고 밤에 주로 활동한다.
  ㉣ 배설강에는 점착력이 강한 일종의 방어기관으로 알려져 있는 큐비에관(Tubules of Cuvier)을 가지고 있다.
  ㉤ 해삼의 성숙한 난소는 분홍색, 정소는 유백색이다.

③ 내만성 · 외해성 해삼의 특징
  ㉠ 내만성
    • 체색은 암청록색이 많고 황다갈색과 암다갈색도 있다.
    • 폴리씨낭이 두텁고 짧으며, 선단은 둔원형이다.
    • 수축성이 적다.
    • 저염분에 저항성이 강하다.
    • 알에 젤라틴 피물이 없다.

ⓛ 외해성
- 체색은 적색에 황갈색, 암적갈색의 반문이 있고 복부는 적색이다.
- 폴리씨낭은 가늘고 길며, 선단은 뾰족하다.
- 수축성이 심해서 구형 비슷하게 되는 경우도 있다.
- 저염분에 대한 저항이 약하다.
- 알에 두께 $25\mu m$ 내외의 젤라틴 피물이 있다.

1-1. 내만성 해삼의 특징으로서 맞는 것은?
① 저염분에 대한 저항성이 강하다.
② 폴리낭(Polian Vesicle)이 가늘고 길며 선단은 뾰족하다.
③ 수축성이 심해서 체형이 구형 비슷하게 되는 수도 있다.
④ 적색에 황갈색의 반문이 있고 복부는 적색이다.

1-2. 해삼의 서식장에 관한 설명으로 틀린 것은?
① 부유생활 후 저서생활로 들어가면 포복활동에 의한 이동을 한다.
② 내만성 해삼은 연안의 조간대로부터 수심 20m 정도 사이에서 서식한다.
③ 내만성 해삼은 저질이 순 개흙질인 곳에서 서식한다.
④ 수심이 얕은 곳에는 작은 해삼이 살고 수심이 깊어지면 차차 해삼의 크기도 커진다.

해설

1-2
③ 내만성 해삼은 저질이 순개흙질인 곳을 제외한 어느 장소에서나 서식한다.

정답 1-1 ① 1-2 ③

핵 심이론 02 해삼의 양식

① 채란용 수조와 어미의 관리
  ㉠ 어미 해삼은 생식소 중량지수가 높은 6~7월에 표면이 매끄럽고 외부에 상처가 없으며, 돌기가 크고 가지런하게 배치된 체중 150~250g 크기를 구입하여 사용한다.
  ㉡ 어미의 관리를 위한 수조에 해삼 어미를 50kg씩 수용하여 2차에 거친 여과해수를 공급하며, 1일 20%씩 환수한다.
  ㉢ 사육수온은 20~22℃ 내외를 유지시켜 주고, 에어레이션을 강하게 하여 용존산소량이 7~8mg/L가 되도록 유지한다.
  ㉣ 채란용 어미의 입식 초기 3일간은 배합사료를 먹이지 않고, 그 후 7일 정도 배합사료를 공급한 다음 채란에 가까워지면 먹이를 공급하지 않고 관리한다.
  ㉤ 배합사료는 해삼전용 배합사료, 지충이 분말, 펄 분말 등을 공급한다.

② 해삼의 종자생산
  ㉠ 암초나 해조가 있는 천연의 발생장에서 어린 것을 모아 종자로 사용하는 경우가 많다.
  ㉡ 투석 장소로는 염분이 너무 낮거나, 해수 유통이 지나치게 심한 곳, 부니가 거의 없는 곳은 피해야 한다.
  ㉢ 해삼은 수온 19℃ 이하에서는 성장이 아주 빠르나 20℃ 이상이 되면 성장이 정지되고, 고수온에서는 체중이 오히려 감소한다.
  ㉣ 자연종자 채집에는 섶 다발과 같은 채묘기를 사용한다.
  ㉤ 생식소가 발달하는 생물학적 최소형은 체중 60g 정도이고, 해삼의 산란기는 3~7월이지만 성기는 5~7월경이다.

ⓗ 해삼은 0~20℃가 적응 수온 범위이며, 온도가 28℃를 초과할 경우에는 햇빛을 가려주거나 환수하는 등 조치를 취해 온도를 낮추어야 한다.

ⓢ 산란자극을 유도하기 위하여 간출자극, 표면자극, 수온자극 순으로 산란을 유도한다.

ⓞ 부화 시 사육 수온은 25℃ 내외, 염분은 32‰, DO 7.5~8.0mg/L, 실내 조도는 550~1,300lx로 유지한다.

③ 해삼의 유생 변태

ⓐ 수정란은 180μm 정도로 10시간 후에 부화한다.

ⓑ 3일 정도 지나면 아우리쿨라리아(Auricularia)로 변태하여 먹이를 섭취한다.

ⓒ 부화 후 14일이 지나면 돌리올라리아(Doliolaria)로 성장한다.

ⓓ 펜타쿨라 : 부착규조류나 유기침전물을 섭식한다.

ⓔ 그 후 4~9일 지나 흰색의 반투명한 새끼해삼(15~20일)이 된다.

④ 해삼류의 식성

ⓐ 아우리쿨라리아기 부유유생 : 규조류나 와편모류 및 섬모충류

ⓑ 저서생활 : 부착규조류와 바다의 유기물 및 개흙질 등

2-1. 무척추동물 중 돌리올라리아(Doliolaria)의 유생기를 가지는 종은?

① 수 랑   ② 해 삼
③ 따개비   ④ 불가사리

2-2. 해삼의 종자생산에 관한 내용으로 바르게 설명된 것은?

① 자연발생 종자는 바위나 자갈이 분포하지 않는 저질에 주로 착생한다.
② 자연종자 채집에는 섶 다발과 같은 채묘기를 사용한다.
③ 부착생활기에는 먹이를 먹지 않기 때문에 장소에 상관없다.
④ 채묘기는 잡목가지로 만들어서 물에 자유롭게 띄워 놓는다.

2-3. 양식생물의 식성에 따른 주요 먹이의 종류가 틀린 것은?

① 멍게(우렁쉥이)류 : 식물플랑크톤, 연체동물 유생
② 꼬막류 : 유기물 찌꺼기, 소형 동·식물플랑크톤
③ 전복류 : 부착규조류, 대형 해조류
④ 해삼류 : 소형새우나 어류

│해설│

2-1

해 삼

수정란은 180μm 정도로 10시간 후에 부화하고, 3일 정도 지나면 아우리쿨라리아(Auricularia)로 변태하여 먹이를 섭취하며, 부화 후 14일이 지나면 돌리올라리아(Doliolaria)로 성장한다.

2-3

해삼류의 식성

• 아우리쿨라리아(Auricularia)기 부유유생 : 규조류나 와편모류 및 섬모충류
• 저서생활 : 부착규조류와 바다의 유기물 및 개흙질 등

정답 2-1 ② 2-2 ② 2-3 ④

① 해삼의 하면

  ㉠ 해삼은 여름철에 수온이 높아지면 하면(여름잠)을 한다.

  ㉡ 25℃ 이상에 바위나 자갈 밑의 수온 영향이 적은 곳에 은신한다.

  ㉢ 하면하는 동안에 나타나는 가장 뚜렷한 현상은 먹이를 거의 먹지 않아 소화관이 퇴화한다.

② 해삼의 재생력

  ㉠ 소화관이나 호흡수는 특히 재생력이 강하다.

  ㉡ 재생력은 계절에 따른 수온 변동과 깊은 관계가 있다.

  ㉢ 재생력을 이용한 양성의 목적은 소금에 절인 Konowata의 생산에 있다.

  ㉣ 호흡수나 소화관을 제거하면 2~3개월 만에 재생한다.

  ㉤ 수온이 높으면 재생률이 낮고 10월 이후 수온이 하강하면 소화관이 급격히 발달하고 재생력도 강해진다.

  ㉥ 소화관의 발달은 수온과 역상관 관계를 보이는데 수온이 가장 낮은 2월에 소화관은 가장 발달하고 수온이 가장 높은 8~9월에 가장 쇠퇴한다.

  ※ 투석식 양성장
    • 해삼이 서식하거나 번식을 하기에 좋은 산란장이다.
    • 먹이를 풍부하게 하며 하면기의 장소로도 양호하다.
    • 어두운 해저보다는 밝은 곳, 수심이 깊은 곳보다는 저조대의 수심이 얕은 곳이 해삼의 양성장 환경으로 적당하다.
    • 염분이 너무 낮거나 해수유동이 심한 곳, 부니가 거의 없는 곳은 적당하지 않다.

10년간 자주 출제된 문제

3-1. 다음 중 해삼의 하면수온은?

① 15℃ 이상 ② 20℃ 이상

③ 22℃ 이상 ④ 25℃ 이상

3-2. 해삼의 재생력에 관한 설명으로 틀린 것은?

① 재생력은 12월 이후 수온이 가장 낮을 때 빠르다.

② 소화관이나 호흡수는 특히 재생력이 강하다.

③ 재생력은 계절에 따른 수온변동과 깊은 관계가 있다.

④ 재생력을 이용한 양성의 목적은 소금에 절인 Konowata의 생산에 있다.

3-3. 다음 중 해삼의 재생력에 관한 내용으로 바르게 설명된 것은?

① 몸통을 종으로 절단하면 재생이 잘된다.

② 소화관의 재생력은 대단히 약하다.

③ 몸통을 횡으로 절단하면 몸의 뒷부분의 재생력이 강하다.

④ 표피의 재생은 배 부분은 약하다.

[해설]

3-1

해삼의 하면

25℃ 이상에 소화관이 극도로 작아지고 바위나 자갈 밑의 수온 영향이 적은 곳에 은신한다.

3-3

해삼의 재생력

소화관이나 호흡수의 재생력은 아주 강하여 제거해 낸 다음 2~3개월이 지나면 거의 정상이 된다. 몸통을 절단할 경우 횡으로 절단했을 때 재생력이 있다.

정답 3-1 ④ 3-2 ① 3-3 ③

① 성계의 분포

  ㉠ 남방계 3종 : 말똥성게, 분홍성게 및 보라성게로 우리나라의 중부 연안과 남해안에 특히 많다.

  ㉡ 북방계 : 북쪽말똥성게로서 우리나라 동해안에 분포하고 있다.

② 성계의 특징

  ㉠ 말똥성게 : 남방계의 3종 중에서 가장 천해성인 종으로서, 수심이 20m 되는 곳까지 분포하지만 4m보다 얕은 곳에 주로 많다.

  ㉡ 보라성게 : 남방계 3종 중에서 가장 심해성인 종류이다.

  ㉢ 분홍성게 : 수직 분포는 말똥성게와 보라성게의 중간으로서 수심 5m보다 얕은 곳에 주로 많다.

  ㉣ 북쪽말똥성게 : 수직 분포는 조간대에서부터 수심 35m 되는 곳까지 분포하는데, 우리나라에서 생산되는 산업종 중에서 가장 심해성인 종류이다.

  ※ 아리스토텔레스 등(Aristotle's Lantern)
   • 아리스토텔레스(B.C. 384~B.C. 322)가 성게를 연구하다 입 부분에서 저작기(씹는 기관)를 발견해 지금도 '아리스토텔레스의 등(Aristotle's Lantern)'으로 불린다.
   • 성게의 입은 석회질로 되어 있고, 해조류나 작은 생물을 갉아먹기에 적합하며 단단한 이빨이 5개나 있다.

③ 생 태

  ㉠ 말똥성게
   • 성숙한 난소는 적황색이지만 적색에 가깝고, 정소는 백색이다.
   • 방란, 방정은 수온이 13℃가 될 때부터 시작되어 수온이 내려갔다가 다시 상승해서 13℃가 되면 끝나는데, 산란기간은 12~4월 사이이지만 1~3월이 성기이다.

  ㉡ 분홍성게
   • 성숙한 생식소의 색깔은 적황색으로 황색에 가깝다.
   • 방란, 방정은 수온이 15℃ 정도 되는 10~12월 사이에 일어나지만, 10월 하순에서 11월 상순 사이가 성기이다.

  ㉢ 보라성게
   • 생식소의 색깔은 적황색의 중간색이다.
   • 방란, 방정은 수온이 23℃ 정도 되는 5~8월 사이에 일어나지만 7월이 성기이다.

  ㉣ 북쪽말똥성게
   • 성숙한 난소는 황갈색이나 정소는 황백색이다.
   • 방란, 방정은 수온이 20~25℃ 되는 7월부터 10월 사이에 일어나지만, 8~9월이 성기이다.

   ※ 말똥성게는 20mm 때 성숙하나 나머지는 30mm 정도에 성숙한다.

10년간 자주 출제된 문제

4-1. 성숙한 말똥성게의 생식소 색깔은?

① 난소 − 황색, 정소 − 황백색
② 난소 − 적색, 정소 − 백색
③ 난소 − 황색, 정소 − 백색
④ 난소 − 적색, 정소 − 황백색

4-2. 다음 중 분홍성게의 주산란기는?

① 1월부터 3월 사이
② 5월부터 7월 사이
③ 8월 상순부터 9월 하순 사이
④ 10월 하순부터 11월 상순 사이

4-3. 다음 성게 중 가장 심해성인 종류는?

① 보라성게   ② 분홍성게
③ 말똥성게   ④ 북쪽말똥성게

정답 4-1 ② 4-2 ④ 4-3 ④

① 발생과 성장

　㉠ 방란한 알은 침성란이다.

　㉡ 수정한 다음 1일이 지나면 포배기로서 부화하여 수면 가까이에 부상한다.

　㉢ 유생은 3~4일 만에 부유생활을 하는데 알맞은 에키노플루테우스(Echinopluteus)로 좌우대칭이다.

　㉣ 성게는 부유유생기에 먹이를 반드시 공급해야 하는 양식생물이다.

　㉤ 부유생활을 마치고 크기가 1mm 정도 되는 새끼성게로 저서생활에 들어간다.

　㉥ 부유생활에 소요되는 기간은 1~2개월이 된다.

② 식 성

　㉠ 부유생활을 하는 유생은 플랑크톤을 먹지만, 저서생활로 들어간 치자(稚子)는 각경이 약 3mm로 성장할 때까지는 부착규조류를 먹는다.

　㉡ 부유생활을 하고, 성체가 되면 식성은 초식성으로서 많은 해조류를 섭식하기도 한다.

　㉢ 먹이 가치는 갈조류나 홍조류보다 녹조류가 높다. 즉, 파래류를 먹는 성게(말똥성게)는 모자반을 먹는 것보다 성장이 빠르고 생식소의 색도 좋다.

　　※ 성게류(Echinoidea)의 부화유생의 먹이
　　　• Chlamydomonas sp.
　　　• Chaetoceros sp.
　　　• Nitzschia sp.

③ 이동과 서식장

　㉠ 배광성으로 낮에는 바위 그늘에 숨어 있지만, 밤에는 나와서 활동을 한다.

　㉡ 서식장은 연안의 자갈이 많거나 저질이 암초로 된 곳에 살며, 종류에 따라서는 내만성인 것도 있으나 일반적으로 외해에 면한 곳이거나 외해의 영향을 받는 연안에 주로 살고 있다.

④ 투 석

　㉠ 새 양성장을 개발하는 것과 기존 양성장을 효과적으로 이용하는 데 그 목적이 있다.

　㉡ 알맞은 양성밀도는 1m²당 45~60개체이다.

　㉢ 말똥성게의 경우 생식소 1kg짜리 50개 정도가 필요하다.

　　※ 운단의 가공 : 운단이란 성게 생식소를 가공한 것으로 성게 생식소(1kg)에 식염(건조품 100~150g)을 섞은 후 알코올(약 125mL)을 섞어 만든다.

10년간 자주 출제된 문제

5-1. 부유유생기에 먹이를 반드시 공급해야 하는 양식생물은?

① 소 라
② 전 복
③ 수 랑
④ 성 게

5-2. 성게류(Echinoidea)의 부화유생에 맞지 않는 먹이는?

① Chlamydomonas sp.
② Chaetoceros sp.
③ Nitzschia sp.
④ Calanus sp.

5-3. 유생은 좌우대칭으로 에키노플루테우스(Echinopluteus)라 하며, 부유생활을 하고, 성체가 되면 식성은 초식성으로서 많은 해조류를 섭식하기도 하는 것은?

① 해삼류
② 성게류
③ 전복류
④ 바다나리류

5-4. 양식생물과 부화유생의 명칭 연결이 틀린 것은?

① 성게 – 돌리올라리아
② 닭새우 – 필로소마
③ 전복 – 담륜자
④ 해삼 – 아우리쿨라리아

5-1

성게류의 플루테우스 유생을 에키노플루테우스라고 부른다. 플루테우스 유생시기에는 바다 위에서 부유생활을 하며 식물성 플랑크톤을 잡아먹는다.

성게류의 식성

- 부화유생 : 미소한 규조류
- 부화해서 변태할 때까지의 발생 초기 : 부유성 또는 부착성 규조류(*Nitzschia, Navicula, Skeletonema, Chlamydomonas* 등), 석회질을 함유한 고형물 찌꺼기나 생물의 파편 등
- 각경 1cm 이상되는 2년생 성게 : 일반적으로 녹조, 갈조, 홍조류를 주로 섭취
- 성체 : 부착성 규조류, 해조류 및 원생동물인 유공충 등

5-2

Calanus sp.(요각류)는 어류의 먹이가 된다.

5-4

① 성게 : 에키노플루테우스(*Echinopluteus*)

정답 5-1 ④ 5-2 ④ 5-3 ② 5-4 ①

제5절 ▶ 유영성 저서동물의 양식

1. 새우류

핵심이론 01 새우류 특징 및 생태

① 새우류 특징
　㉠ 우리나라에 서식하는 보리새우류 중에 양식 대상 종은 보리새우와 대하이다.
　㉡ 보리새우는 복부의 환절에 띠가 있고, 대하는 갑각이 매끈하고 가시가 없는 것이 특징이다.
　㉢ 보리새우와 대하는 암컷이 수컷보다 월등하게 커서 체장이 220mm 이상되는 대형종이고, 성장도 빨라서 1년 내에 어미가 된다.
　㉣ 보리새우류는 육식성이고, 대하는 잡식성이다.
　㉤ 대하는 유영하는 특성이 있고 성장이 빠르며 생존율이 비교적 높다.
　㉥ 보리새우는 잠입하는 습성이 있고, 대하는 뛰어오르는 습성이 있다.

② 보리새우의 분포와 서식
　㉠ 우리나라와 일본의 중부 이남에 분포한다.
　㉡ 동해의 영일만 이남 지역과 황해의 전북 연안 이하의 지역, 남해의 전 연안에 분포하고 있다.
　㉢ 주로 수심이 깊은 외해에서 살며, 월동장소는 수심이 보다 깊은 곳이다.

③ 대하의 분포와 서식
　㉠ 서식지는 우리나라 남해, 황해 연안과 중국의 연안이다.
　㉡ 월동장은 목포 서쪽 외해의 수심이 깊은 곳이다.
　㉢ 3월경 월동장에서 월동을 한 후 우리나라 연안(주 산란장은 서해 발해만 근해)과 중국 대륙 연안을 향해 회유해 올라가 산란한다.
　㉣ 알에서 부화한 유생은 연안 가까이 서식하여 성장하다가 가을이 되어 수온이 내려가면 남쪽의 월동장으로 회유해 간다.

ⓜ 우리나라 서해안에서 대하 월동장의 남쪽 한계는 북위 34°이다.

1-1. 우리나라 연안에서 대하의 주산란장으로 가장 적합한 곳은?

① 서해 발해만 근해
② 서해 중심해역 근해
③ 우리나라 서해안 쪽
④ 목포에서 100마일 근해

1-2. 다음 중 보리새우의 생활사 단계와 서식장소가 바르게 짝지어진 것은?

① 산란 - 외해
② 배·유생기 - 내해
③ 치하·유하기 - 외해
④ 성체 - 내해

1-3. 보리새우의 습성으로서 맞지 않은 것은?

① 군집성   ② 냉수성
③ 잠복습성   ④ 추류성

[해설]

1-3

보리새우의 습성 : 잠복성, 추류성 및 추광성, 군집성

정답 1-1 ① 1-2 ① 1-3 ②

핵심이론 02 새우류의 성숙과 산란

① 보리새우의 성숙과 산란

  ㉠ 우리나라 연안에 서식하고 있는 보리새우의 산란기는 6~9월경이고, 주산란기는 7~8월이다.
  ㉡ 교미는 탈피 직후의 연갑상태의 암컷과 경갑상태의 수컷 사이에서 이루어진다.
  ㉢ 암컷은 수컷으로부터 정협을 받아 이것을 저정낭에 저장한다.
  ㉣ 교미한 보리새우는 생식 보조기인 교미전을 갖는다.
  ㉤ 암컷은 탈피하면 교미전이나 정협이 껍데기와 몸에서 떨어져 나가고 다시 교미한다.
  ㉥ 보리새우는 교미를 여러 번 하며, 암컷의 교미 후 형태 변화는 날개 모양의 교미전이 붙게 된다.
  ㉦ 성숙한 난소의 빛깔은 청록색이다.
  ㉧ 산란은 대체로 외해나 외해 가까운 곳에서 하며 대부분 밤에 이루어진다.
  ㉨ 암컷은 유영각으로 수류를 일으켜 알을 물속에서 분산시킨다.
  ㉩ 유생시기에는 노플리우스(Nauplius), 조에아(Zoea), 미시스(Mysis) 및 포스트라바(Post Larva) 4단계를 거쳐 성체가 된다.

② 대하의 성숙과 산란

  ㉠ 대하의 난소는 좌우대칭으로 대부분은 중앙부터 분리되어 있으나, 난소의 중앙 위쪽을 달리고 있는 혈관과 같이 얇은 막에 의해 덮여져 있다.
  ㉡ 산란을 위해 월동장으로 회유해 가기 전인 가을에 교미한다.
  ㉢ 동부의 횡단면을 보면 거의 삼각형을 한 1쌍의 난소가 배근과 복근 사이에 끼어 있고, 좌우 난소는 배동맥과 장관을 둘러싸고 있다.
  ㉣ 난소의 성숙상태로 미숙은 무색, 중숙은 연녹색, 성숙한 난소는 청록색의 3단계로 구분된다.

ⓜ 암컷은 월동하기 전인 가을에 수컷으로부터 정자가 들어 있는 정협을 받아 저정낭에 저장한다.

ⓑ 대하는 교미를 한 번만 하며, 교미한 암컷은 보리새우와는 달리 생식보조기인 교미전을 갖고 있지 않다.

ⓐ 산란은 밤에 이루어지며, 산란할 때 보리새우와 마찬가지로 유영각을 움직여 수류를 일으켜 산란한 알을 물속에 분산시킨다.

ⓞ 대하의 산란성기는 4~5월이고, 채란시기는 5월이다.

2-1. 다음 중 새우류 유생의 변태과정 순서가 바르게 된 것은?

① 조에아 - 미시스 - 노플리우스
② 노플리우스 - 조에아 - 미시스
③ 미시스 - 조에아 - 노플리우스
④ 노플리우스 - 미시스 - 조에아

2-2. 보리새우과(科)의 보리새우와 대하의 교미행동에 대한 설명이 옳은 것은?

① 보리새우와 대하 모두 교미한 그 해 모두 산란을 마친다.
② 보리새우는 교미를 여러 번 하지만 대하는 한 번만 한다.
③ 교미 후 보리새우는 교미전이 없지만, 대하는 교미전을 가지고 있다.
④ 대하는 교미 후 바로 수정하여 알을 발생시킨다.

2-3. 보리새우와 대하에 대한 설명 중 틀린 것은?

① 보리새우의 주 산란기는 7~8월이고 대하는 4~5월이다.
② 난소의 색깔은 둘 다 청록색이다.
③ 보리새우는 잠입하는 습성이 있고, 대하는 뛰어오르는 습성이 있다.
④ 교미한 보리새우에는 교미전을 볼 수 없으나 대하는 교미전을 갖는다.

해설

2-1

새우류의 변태과정은 노플리우스, 조에아, 미시즈, 포스트라바 유생 순으로 변태과정을 거쳐 성장한다.

2-3

교미한 보리새우는 생식보조기인 교미전을 가지는데, 암컷은 탈피하면 교미전이나 정협이 껍데기와 함께 몸에서 떨어져 나가고 다시 교미하게 된다. 대하는 보리새우와는 달리 생식 보조기인 교미전을 갖고 있지 않다.

정답 2-1 ② 2-2 ② 2-3 ④

① 모하(어미새우) 관리

　㉠ 보리새우의 어미는 수온이 17~25℃가 되는 6~10월에 채포되나, 수온이 22~23℃인 7~8월에 많이 채포된다.

　㉡ 대하는 수온이 14℃인 4월 초순경부터 18℃가 되는 6월 초순경까지 산란을 위해 서해 연안으로 회유하는 것을 채포하여 산란용 모하로 사용해야 하나 양식기간의 연장을 위해서는 조기확보해야 한다.

　㉢ 우리나라에서 자연산 대하의 어미로서 채란할 수 있는 가장 빠른 시기는 4월경이다.

　㉣ 대하의 종자생산용 어미 확보시기는 5월 중순이다.

　　※ 일반적으로 보리새우 인공종자생산 시 볼 수 있는 불완전 산란이 가장 많은 시기는 8월 하순이고, 대하는 6월이다.

　㉤ 일반적으로 산란용 모하를 2톤 용량의 원형수조에 100마리의 밀도로 보관하여 관리한다.

　㉥ 보리새우의 채란용 어미를 겨울에서 봄 사이에 한 탱크에서 암수를 함께 사육한다.

　㉦ 수온은 운반 시 수온과 비슷한 16~18℃를 유지한다.

　㉧ 낮에는 여과해수로 환수시켜 주고 야간에는 환수를 하지 않는다.

　㉨ 먹이는 투여하지 않으며 약 2~3일간 안정시킨 후에는 가능한 한 단시일 내에 산란이 유발되도록 해야 한다.

② 채란과 부화

　㉠ 배양수조의 크기는 2~5톤의 원형수조와 100톤 내외의 대형수조를 이용하고 있다.

　㉡ 어미의 수용밀도는 소형수조에서는 3~4미/톤, 대형 수조에서는 1미/톤으로 한다.

　㉢ 인위적 산란 유발을 위하여 온도자극법을 많이 사용한다.

　　※ 온도자극법은 18~21℃인 온수를 첨가하여 수조의 수온을 2~3℃ 상승시키게 되면 산란이 유발되는데, 이때 첨가하는 해수는 3~5μm 여과지로 여과하여 자외선 살균기로 처리한 살균수를 사용하는 것이 좋다.

　㉣ 모하를 18~19시 사이에 부화수조에 옮겨 넣고 부화장을 완전 소등하면 21~24시 사이에 방란이 된다.

　㉤ 부화장에서 산란량은 45,000~160,000립으로 변화가 많다.

　㉥ 방란 직후 부화조 내의 어미를 수거한다.

　　• 소형수조인 경우 포기(Aeration)를 중지하고 난들이 침강한 후 수조의 용수를 약 1/2 이상 환수한다.

　　• 대형수조인 경우 포기를 가하여 난들이 골고루 분산되어 침전을 방지시킨다. 이들이 침전되면 부패되어 발생이 일어나지 않는다.

※ 보리새우 양식의 합리적인 경영을 위해서는 4월경에 채란 부화시키는 것이 가장 좋다.

10년간 자주 출제된 문제

3-1. 대하의 가장 알맞은 종자생산용 어미 확보시기는?

① 5월 중순　　　　　② 6월 중순
③ 7월 중순　　　　　④ 8월 중순

3-2. 일반적으로 보리새우 종자생산 시 볼 수 있는 불완전 산란이 가장 많은 시기는?

① 5월 하순　　　　　② 6월 하순
③ 7월 하순　　　　　④ 8월 하순

3-3. 우리나라에서 자연산 대하의 어미로서 채란할 수 있는 가장 빠른 시기는?

① 4월경　　　　　　② 6월경
③ 8월경　　　　　　④ 10월경

정답 3-1 ①　3-2 ④　3-3 ①

① 유생의 사육

㉠ 노플리우스기에서 미시스기까지

• 수조의 수온을 22~24℃로 유지하고, 치하로 변태한 후부터는 19~20℃로 내려 주어야 한다.

• 수질의 pH는 9.0 이하인 6.0~8.2, 비중은 1.020~1.024의 범위가 되도록 해 주어야 한다.

• 소형수조인 경우 매일 용수의 1/3~1/2을 환수해 주어야 한다.

• 대형수조는 매일 수조의 수위를 10~15cm씩 환수해 주어야 한다.

• 치하로 탈피를 한 후에 매일 15%씩 2회에 걸쳐 환수해 주어야 한다.

㉡ 부화한 유생은 강한 추광성이 있어서 밀집될 가능성이 많으므로 조도를 균일하게 유지해 주고, 수조의 바닥에 쌓인 먹이 찌꺼기와 배설물을 완전히 제거하는 동시에 벽면을 깨끗이 씻어 주어야 한다.

※ 급수에 쓰는 관으로 주철관, 강관, 납관, 구리관, 아연도금관 등은 쓰지 않는다.

㉢ 노플리우스기에는 운동이 비교적 활발하지만 저면에 가라앉아 많은 폐사율을 가져오므로 알맞은 물의 유동을 유지하여야 한다.

② 유생의 먹이

㉠ 부화 시에는 갖고 있는 난황에 의하여 영양이 공급되기 때문에 사료를 줄 필요가 없다.

※ 보리새우의 노플리우스 유생은 먹이를 공급할 필요가 없고, 대하의 부화유생이 처음으로 먹이를 섭취하는 시기는 조에아 단계이다.

㉡ 조에아 유생은 입이 작아서 먹이도 작은 것을 공급해 주어야 한다.

• 일반적으로 규조류를 배양하여 먹이로 사용한다.

• 부유규조류 중 *Nitzschia* sp., *Skeletonema costatum*, *Navicular* sp., *Chaetoceros gracilis* 등과 같은 미세한 규조류가 알맞다.

• 조에아 중기 이후에는 참굴 또는 진주담치, 따개비 등과 같은 조개류의 난이나 부유자패도 투여한다.

㉢ 미시스기, 전기 포스트라바 : Artemia

㉣ 후기 포스트라바 : 반지락 육질

※ 보리새우 유생기의 발육단계 중 다음번 탈피 시까지 그 기간이 가장 짧은 것은 노플리우스이다.

[보리새우와 대하의 유생 비교]

분 류	노플리우스	조에아	미시스	포스트라바
보리새우	2일 6회 탈피	4일 3회 탈피	3일 3회 탈피	2회 유영 → 저서
대 하	4일 6회 탈피	5일 3회 탈피	4일 3회 탈피	3회 유영 → 저서

10년간 자주 출제된 문제

4-1. 대하의 유생발달과정 중 조에아(Zoea)기의 탈피 횟수는?

① 1회　　② 3회　　③ 5회　　④ 6회

4-2. 대하의 유생 사육단계를 4단계로 나눌 경우 3번째 단계는?

① 조에아(Zoea)　② 미시스(Mysis)　③ 노플리우스(Nauplius)　④ 포스트라바(Post-Larva)

4-3. 보리새우 조에아기의 표준 먹이는?

① *Skeletonema costatum*
② *Branchionus plicatilis*
③ *Copepoda* sp.
④ *Artemia nauplii*

|해설|

4-2

대하의 유생 발달단계 순서
노플리우스 - 조에아 - 미시스 - 포스트라바

4-3

유생 사육 먹이
• 조에아기 : 해산규조류(*Skeletonema costatum*), 해산윤충류(*Brachionus plicatilis*), 부유성 규조류, 참굴의 알 및 유생
• 미시스기, 전기 포스트라바 : Artemia
• 후기 포스트라바 : 반지락 육질

정답 4-1 ②　4-2 ②　4-3 ①

① 대하 양성장의 적지 선정조건

　㉠ 교통이 편리하고 시설하기 쉬운 곳

　㉡ 환수가 용이하고 먹이생물의 공급이 쉬운 곳

　㉢ 해황 변동의 영향이 적으며 수질이 좋은 곳

　㉣ 양성지 시설에 있어 새우류가 잠입하기에 알맞은 깨끗하고 가는 모래질인 곳

② 제방식 양성지

　㉠ 양성지는 해수의 교환과 못 바닥을 어느 정도 활용할 수 있는가를 고려하여 설계한다.

　㉡ 양성지의 넓이는 성하로서 10~50톤을 생산하기 위한 양성지로서는 10,000m² 내외가 되는 유생지 1개 이상을 가지는 것이 기준이다.

　㉢ 수심이 2m 내외를 유지할 수 있도록 한다.

　㉣ 양성지의 바닥은 수문바닥보다 높게 한다.

　㉤ 못의 수문바닥은 대조 시의 평균 간조면보다 높게 만든다.

　㉥ 양성지의 바닥은 취수구를 향하여 0.3~0.5% 경사도를 유지하여 주어야 한다. 이는 수확 시의 용이한 수확과 효율적인 환수에 의하여 적정 용존산소량을 유지하기 위함이다.

③ 양성관리

　㉠ 대하가 양성지에서 양성되는 기간은 일반적으로 약 6개월 정도이다.

　㉡ 방양밀도는 일반적으로 1m²당 50미 내외를 방양하는 것이 좋다.

　㉢ 치하사육 또는 중간육성

　　• 종자를 넓은 양성지에 그대로 방양하면 치하가 섭이하기도 어렵고 사료의 손실량도 많아지므로 양성지 일부분의 양지바른 곳에 수심이 얕고 환수가 잘되는 곳을 선정하여 그물을 설치하여 구획을 하거나 둑을 만들어 일정한 기간 관리를 한 다음에 본양성지에 방양한다.

　　• 보리새우 종자를 양성장에 방양하기 전 그물 구획양성을 하였다가 방양하는 근본적인 이유는 섭이 훈련이다.

　㉣ 대하의 천연산 종자를 채집, 방양할 때 가장 적당한 종자의 체장은 40~50mm이다.

　㉤ 대하의 사료는 잡새우나 멸치 또는 기타 잡어, 오징어 등이 좋으나 잘 섭이하는 바지락 등의 조개류를 분쇄하여 주는 것이 좋다.

　㉥ 탈피 전에는 먹이를 먹지 않고 바지락의 내장부를 잘 먹는다.

　㉦ 오후 4시에서 야간에 가장 많이 먹고 먹이공급량도 주간보다 4.5배 많이 먹는다.

　㉧ 먹이 공급 횟수도 치하 때에는 1일에 수회 공급하나 2g 내외의 크기로 되면 낮에는 거의 먹이를 먹지 않기 때문에 일몰 후에 공급하고 그 횟수도 줄인다.

10년간 자주 출제된 문제

5-1. 대하양식장의 적지로 맞지 않은 것은?

① 육수의 영향을 적게 받는 곳
② 동력의 공급이 풍부한 곳
③ 해황 변동의 영향을 적게 받는 내만성
④ 외양에 면해 있어 파도의 영향을 직접 받는 곳

5-2. 다음 중 새우류 양성에서 제방식 양성지의 구비조건으로 맞는 것은?

① 못 바닥은 수문바닥보다 높고, 못의 수문바닥은 소조 시 평균 간조면보다 낮은 곳
② 수심 1m 내외를 유지할 수 있는 곳
③ 못의 바닥에 수문 쪽으로 향하여 물길을 만든 곳
④ 못 벽의 경사도가 약 15° 정도 되는 완만한 벽이 있는 곳

정답 5-1 ④ 5-2 ③

① 제방식 양성

　㉠ 해안에 둑을 쌓아 못을 만든 다음 해수간만의 차를 이용해서 수문으로부터 주배수를 하고, 이 못 안에 보리새우나 대하를 양성하는 것이다.

　㉡ 효율적 양성관리를 위하여 큰 호지를 분할하여 관리하고 여기에 수차 또는 기폭기를 설치하여 인위적으로 용존산소를 공급하는 시설이 필요하다.

　㉢ 자연먹이에 의존하기보다는 고가의 배합사료에 의존하여 양성한다.

　㉣ 방양밀도는 20~40미/m^2로 높으며, 평균생산량은 5,000~20,000kg/ha/년이다.

　㉤ 보리새우를 제방식 양성장에서 양성할 때 양성관리기간 중 가장 위험한 시기는 수온이 가장 높은 9월이다.

② 그물가두리식 양성

　㉠ 그물 구획이나 가두리를 만들어 그 속에 새우를 수용하여 기르면 경비가 적게 들어 소규모로도 가능한 양성방법이다.

　㉡ 우리나라에서는 거의 시행되지 않고 주로 일본에서 볼 수 있는 양성형태이다.

③ 수조식 양성

　㉠ 대형시설은 수조 속에 규조류 등 여러 식물 먹이생물이 자체 발생하여 수질을 안정시키기도 한다.

　㉡ 유생기 이후의 새우를 수조식으로 양성할 수 있다.

④ 순환여과식 양성

　㉠ 못 바닥에서 조금 떨어져 모래가 빠지지 않을 정도로 많은 간격을 가지는 지지대를 받치고, 이 위에다 모래를 깐 다음 통기장치에 의해 해수가 모래층을 통해 위에서 아래로 순환하도록 한 것이다.

　㉡ 면적과 물이 많이 필요하지 않으므로, 어느 곳에서든지 양식이 가능하다.

　㉢ 보리새우 양성 시 저질이 환원되는 것을 방지할 수 있는 가장 좋은 양성방법이다.

⑤ 양수식 양성

　㉠ 양식 용수를 양수기에 의해 공급한다.

　㉡ 수심이 얕은 부분은 주로 먹이터가 되고, 수심이 깊은 부분은 주로 잠입해서 쉬는 휴식처가 된다.

10년간 자주 출제된 문제

6-1. 각 종별 양성방법으로 적합하지 않은 것은?

① 대하 - 밧줄 수하식 양성
② 굴 - 연승 수하식 양성
③ 참가리비 - 귀매달기 수하식 양성
④ 해삼 - 투석식 양성

6-2. 보리새우 양성 시 저질이 환원되는 것을 방지할 수 있는 가장 좋은 양성방법은?

① 축제식
② 수조식
③ 그물가두리
④ 순환여과식

해설

6-1

대하의 양성방법
• 원시적인 조방식 양식, 집약식, 반집약식 및 초집약식 양식방법이다.
• 해수의 교류방법에 따른 분류
　- 간만조차형 : 제방식 양성, 그물가두리식 양식
　- 주수형 : 수조식 양식, 순환여과식 양식, 유수식 양식

정답 6-1 ① 6-2 ④

① 우리나라에서 닭새우의 주산지는 제주도 연안이다.
② 갑각류 중 부화시간이 일반적으로 가장 길다.
③ 닭새우 유생의 이름은 Phyllosoma(필로소마)이다.
④ 닭새우 유생 Phyllosoma의 적당한 먹이
    ㉠ 미소 Zooplankton
    ㉡ 브라인슈림프의 부화유생
    ㉢ Copepoda
⑤ 채롱을 이용하여 양성할 경우 방양량은 10~14kg/m³이 알맞다.

10년간 자주 출제된 문제

다음 중 닭새우 유생의 이름은?

① Nauplii
② Zoea
③ Phyllosoma
④ Megalopa

정답 ③

---

2. 게 류

① 꽃게의 특성
    ㉠ 꽃게는 기수성 갑각류로 단미류에 속하는 절족동물이다.
    ㉡ 양식 대상종은 대만에서 양식하고 있는 톱날꽃게와 일본에서 양식하고 있는 꽃게 등을 들 수 있다.
    ㉢ 서식장소는 간석지가 발달한 내만이나 내해성 연안에 많이 분포하고 있다.
    ㉣ 우리나라는 남해안에도 분포하나 간석지가 많이 발달하고 있는 서해안에 특히 많다.
    ㉤ 가을이 지나서 수온이 내려가면 수심이 깊은 곳으로 이동한다.
    ㉥ 수온이 15℃ 이하로 내려가면 저질 속에 잠입해서 동면한다.
    ※ 꽃게가 먹이를 거의 먹지 않는 수온의 기준은 15℃
    ㉦ 봄이 되어 수온이 상승하면 연안으로 다시 이동하여 산다.
    ㉧ 언제나 간조선 아래인 해수 중에서 많이 살고 있다.
    ㉨ 섭이나 성장에 알맞은 수온은 20℃ 이상이다.
② 꽃게의 성숙과 산란
    ㉠ 6월경에는 어미의 크기가 되어 성숙, 교미하지만 연내에 교미하지 못한 개체는 다음 해 6월경에는 성숙하여 교미한다.
    ㉡ 산란기는 5~10월 사이지만 산란성기는 6월과 7월이다.
    ㉢ 교미는 암컷이 탈피한 다음 탈피하지 않은 수컷이 암컷의 등 뒤쪽에서 포옹하는 모양으로 한다.
    ㉣ 암컷은 교미에 따라 수컷으로부터 받은 정자를 몸속의 저정낭에 저장하고 있다가 산란할 때 사용한다.
    ㉤ 알은 난소 내에서 수란관을 통하여 체외에 산출될 때 수정낭 속의 정충에 의하여 수정된다.

ⓗ 수정된 알은 복부의 제2~5부속지 안쪽의 가는 털에 고착시켜서 안고 다니게 된다.

ⓢ 산란량은 1년생은 약 100만립, 2년생은 약 200~400만립 정도이다.

ⓞ 먼저 산란한 알이 부화한 다음 15일이 지나면 다시 다음 산란을 한다.

1-1. 다음 중 갑각류의 단미류에 속하는 종류는?

① 집게류
② 꽃게류
③ 새우류
④ 보리새우류

1-2. 꽃게의 습성에 대한 설명으로 틀린 것은?

① 공식이 일어난다.
② 수조벽면을 기어오른다.
③ 수온이 15℃ 이하로 내려가면 먹이를 잘 먹는다.
④ 바닥의 모래에 잠입한다.

【해설】

1-1
게는 갑각류 십각목의 단미류에 속하는 절족동물이다.

정답 1-1 ② 1-2 ③

핵심이론 02 꽃게류 종자생산

① 어미의 선정과 관리

ⓐ 꽃게의 산란 적기는 6~7월이다.

ⓑ 포획한 게 중에서 외란의 상태가 담황색 또는 오렌지색으로 진행된 어미를 선정한다.

ⓒ 산란 직후의 외란은 황색으로 아주 선명하나 부화시기가 가까워지면 암흑색으로 된다.

ⓓ 암흑색인 알을 검경하여 알 내 조에아 유생이 움직이는 알을 포란하고 있는 어미를 선정한다.

ⓔ 알은 2~3일 사이에 부화한다.

ⓕ 탱크의 크기는 2ton($1 \times 2 \times 1$m) 정도로 여기에 어미 한 마리를 수용한 다음 부화할 때까지 먹이를 주지 않고 알맞은 수온과 비중을 유지하면서 관리한다.

※ 꽃게양식 시 어미 꽃게의 한쪽 눈을 잘라내 생식소 성숙을 유도하는 '안병절제'를 한다. 꽃게의 눈자루에는 생식소 호르몬 성숙을 억제하는 세포가 있기 때문에 한쪽 눈을 제거하면 생식소의 성숙속도가 2배로 빨라진다.

② 발생과 부화

ⓐ 산란 초기의 알은 황백색을 띠지만 발생이 진행됨에 따라 황색이 증가하며 발안 후부터는 차츰 어두워지기 시작하여 어두운 갈색이 된다.

ⓑ 부화 직전에는 어두운 흑갈색 또는 흑회색을 띠게 되며, 이때의 난경은 0.3~0.4mm 내외의 크기이다.

ⓒ 산란하여 부화될 때까지의 기간은 낙동강 하류 가덕도산 꽃게는 4월 초 평균수온 16.5℃에서 24일, 6월 중순 수온 22.3℃에서 약 15일 정도 걸린다.

ⓓ 꽃게의 부화 후 발생경과로 부화 직후인 유생은 제1령(Instar) 조에아 유생으로서 갑장이 0.6mm 내외가 된다. 이후 탈피, 성장하여 제4령 조에아 유생기를 지나 메갈로파 유생으로 변태한다.

ⓔ 부화는 아침에 일어나며, 부화한 조에아 유생은 주광성이 강하기 때문에 부화장 내의 조도를 균일하게 유지하여야 한다. 또 이를 이용해서 건강한 것만을 종자로 쓴다.

※ 꽃게 난의 부화 및 유생의 변태와 성질
부화 직후 제1령 조에아 → 3회 탈피 후 제4령 조에아기에 부유생활시기 → 메갈로파(3mm, 반저서생활 시작) → 치해(새끼게) → 제4기 새끼게(반저서생활 끝) → 제5기 새끼게(어미처럼 저서생활)

10년간 자주 출제된 문제

2-1. 발생단계 중 조에아(Zoea)의 시기를 거치는 것은?

① 해 삼 ② 조 개
③ 성 게 ④ 게

2-2. 꽃게 인공종자생산에 대한 설명 중 알맞은 것은?

① 산란성기는 10~11월이다.
② 안병절제를 통하여 성숙을 유도한다.
③ 수온 30℃에서 부화기간은 20일 정도이다.
④ 부화유생의 적정 수용밀도는 5~10만 마리/톤이다.

2-3. 꽃게의 종자생산에 관한 설명으로 가장 적합한 것은?

① 황색인 알을 검경하여 난(卵) 내 조에아 유생이 움직이는 알을 포란하고 있는 것을 어미로 한다.
② 2톤(1m×2m×1m) 크기의 탱크에 어미 10마리 정도로 수용한다.
③ 부화는 보통 해 지기 직전에 일어나므로 탱크 내의 해수는 지수 상태를 유지시킨다.
④ 부화한 조에아 유생은 주광성이 강하므로, 이를 이용해서 건강한 것만을 종자로 쓴다.

[해설]

2-1
양식생물의 유생의 발달과정
• 해삼 : 알 → 아우리쿨라리아 → 돌리올라리아 → 저서유생
• 진주조개 : 알 → 담륜자 → D상 유생 → 성숙 부유자패
• 성게 : 알 → 에키노플루테우스 → 새끼성게
• 꽃게 : 알 → 노플리우스 → 조에아 → 메갈로파
• 전복 : 알 → 담륜자 → 피면자 → 포복기 유생
• 닭새우 : 필로소마 → 푸에룰루스
• 보리새우 : 노플리우스 → 조에아 → 미시스 → 포스트라바

2-2
① 산란성기는 6~7월이다.
③ 낙동강 하류 가덕도산 꽃게는 4월 초 평균수온 16.5℃에서 24일, 6월 중순 수온 22.3℃에서 약 15일 정도 걸린다.
④ 부화유생은 3만 마리/ton당으로 적정하지만 고밀도로 사육 시 5~10만 마리/ton의 수용도 가능하다.

정답 **2-1** ④ **2-2** ② **2-3** ④

핵 심이론 03 꽃게 부화 유생사육

① 조에아 유생
  ㉠ 조에아 유생의 먹이는 로티퍼나 브라인 슈림프의 부화유생만으로도 좋으나, 윤충류, 따개비 유생, 굴유생 또는 천연산 소형 동물플랑크톤 등을 섞어 주는 것이 좋다.
    ※ 동남참게 종자생산 시 윤충류를 공급하기 시작하는 시기는 조에아 2기이다.
  ㉡ 사육농도는 50~100개체/L가 적당하며, 먹이의 농도는 조에아 유생의 10배 이상인 500~1,000개체/L 정도가 알맞다.
  ㉢ 사육에 알맞은 조도는 약 3,000lx이고, 사육해수의 수질은 급격한 변동이 없어야 한다.
  ㉣ 수온이 18~21℃에서는 16~18일, 22~25℃에서는 12일, 28~30℃에서는 9일만 메갈로파 유생으로 변태한다.

② 메갈로파 유생
  ㉠ 메갈로파 유생은 가위발이 생겨서 유영하는 이외에도 간혹 물체에 달라붙는다.
  ㉡ 메갈로파 유생 자체보다 대형인 먹이도 먹고 공식현상도 심하게 일어난다.
  ㉢ 먹이는 브라인 슈림프의 부화유생 이외에도 패류, 새우류, 어육 등을 잘게 끊어서 하루에 3회 이상 준다.
  ㉣ 꽃게의 양성과정에서 공식현상에 대한 원인과 대책
    • 양성조건이 나빠져 탈피하지 못하고 폐사한 개체는 대부분 식해되는 경우가 많다.
    • 저질 중에 쉽게 잠입할 수 있도록 저질관리를 해 준다.
    • 사육밀도를 낮추고 먹이를 충분히 준다.
  ㉤ 메갈로파로 되고 나서 5~11일 경과하면 치해로 변태한다.
  ㉥ 새끼게로 변태하면 점차 저서생활로 들어가기 때문에 바닥면적을 넓게 하고 바닥에는 모래를 깔아 주어 해수를 유수시키면서 사육한다.

③ 종자의 수송

   ㉠ 양식종자는 폴리에틸렌 용기에 해수와 종자를 넣고 산소를 공급하여 밀봉한 다음, 일정하게 저온을 유지하면서 수송한다.

   ㉡ 20L 폴리에틸렌 용기면에 해수 6~8L를 채운 다음 종자 5,000~10,000마리를 넣어 수송할 수 있다.

   ㉢ 수송 중의 수온은 10~15℃가 알맞으며 가능하면 자동온도조절장치를 해 주는 것이 좋다.

   ㉣ 항공편일 때에는 얼음이나 드라이아이스를 이용하여 온도를 조절한다.

   ㉤ 보리새우류의 종자를 수송하는 방법으로는 해조류나 왕겨 등을 이용하여 습도를 충분히 유지시킨 다음, 여기에 종자를 넣어서 수송하는 방법도 있다.

3-1. 다음 중 꽃게의 인공종자생산 시 조에아 시기의 먹이로 적당하지 않은 것은?

① 알테미아 시스트   ② 로티퍼
③ 굴유생   ④ 따개비유생

3-2. 꽃게의 양성과정 중에 일어나는 심한 공식현상을 방지하기 위해서 해주어야 할 가장 좋은 대책은?

① 유수식 시설로써 해수의 유통을 좋게 할 것
② 해수비중과 투명도를 알맞게 해 줄 것
③ 먹이를 여러 번 주고 해조류의 번식을 억제할 것
④ 사육밀도를 적게 해 주고 먹이를 충분히 줄 것

3-3. 참게 유생단계 중 반저서생활에 들어가며 공식현상이 나타나기도 하는 단계는?

① 조에아 4기   ② 메갈로파기
③ 미시스기   ④ 치 해

[해설]

3-2

먹이가 부족하거나 양성조건이 좋지 않으면 탈피한다 하더라도 체중이 늘어나지 않고, 때로는 탈피가 일어나지 않아 폐사하거나 공식현상이 일어나는데, 공식대책으로는 사육밀도를 적게 하여 주고 먹이를 충분히 주어 양성조건을 좋게 관리하여야 한다.

정답 3-1 ① **3-2** ④ **3-3** ②

① 양성 적지조건

   ㉠ 해수의 유통이 좋은 곳

   ㉡ 저질은 사질로 균일한 곳

   ㉢ 풍파의 영향이 적고 강우나 태풍의 피해가 없는 곳으로 폐수의 영향이 없는 곳

   ㉣ 겨울철 수온이 7℃ 이하로 장기간 내려가지 않는 곳

   ㉤ 종자와 사료의 구입이 용이하고 출하가 편리한 곳

   ㉥ 시설하기 용이하고 경비가 적게 드는 것

② 환경조건

   ㉠ 꽃게는 비교적 저비중에서 잘 견디지만 해수비중이 1.015 이하에서는 위험하다.

   ㉡ 겨울의 수온이 높을수록 좋으나 낮다고 하더라도 7~8℃ 이상이어야 한다.

   ㉢ 양성장의 크기는 500~1,000m² 되는 것이 편리하고, 간조 시에 간출하면 좋지 않다.

   ㉣ 바닥은 연한 모래질이 좋고 유기질이 없는 깨끗한 저질로서 사질층은 10cm 정도면 잠입하기에 충분하다.

   ㉤ 양성장의 수심은 30cm 이상 되어야 한다.

   ㉥ 주·배수를 너무 급격히 해 주면 저질 중에 잠입해 있던 꽃게의 발이 탈락해서 죽는 경우가 생긴다.

   ㉦ 포기를 위하여 수차를 회전시키는 일이 있는데 꽃게가 밤에 유영하면서 받치는 경우가 있어 좋지 않고 통기하는 것이 더 좋다.

③ 양성관리

   ㉠ 종자의 방양은 10월 이후 탈피가 끝난 다음 대형종자를 1m²당 11kg 정도 방양할 수 있으나, 치해인 경우 1m²당 3~5마리가 적당하다.

   ㉡ 먹이는 멸치, 정어리, 잡어, 패류, 잡새우 등이 주로 사용된다.

   ㉢ 먹이량은 방양량의 5~20%를 저녁 때 준다.

ⓔ 수온이 18℃ 이하로 내려가면 먹이를 먹는 양이 줄어들고 15℃ 이하로 되면 거의 먹이를 먹지 않는다.

ⓜ 10℃ 이상에서도 간혹 먹이를 조금씩 먹는 개체가 있으므로 조금씩 먹이를 주는 편이 좋다.

④ 양성법

　ㄱ 꽃게는 육식성이고, 잠입생활을 하며, 여러 번 탈피한다.

　ㄴ 양성법에는 조석간만의 차를 이용한 제방식 양성과 연안 바다에 설치한 가두리에 3~4cm의 꽃게를 방류하여 양성하는 방류재포식 양성이 있다.

10년간 자주 출제된 문제

꽃게의 서식장에 대한 설명으로 틀린 것은?

① 어린 게들은 간석지에서 성장한다.
② 꽃게의 주서식장은 천해의 사니질이다.
③ 꽃게는 유영력이 강해 이동이 심하다.
④ 수온이 내려가면 차차 수심이 얕은 곳으로 이동한다.

정답 ④

3. 문 어

핵심이론 01 문어의 특징 및 생태

① 문어의 특징

　ㄱ 문어의 피부에 있는 3종의 색소포는 보호색 기능을 가진다.
　　• Xanthophore(황색소포)
　　• Erythrophore(적색소포)
　　• Melanophore(흑색소포)

　ㄴ 문어는 닭새우를 먹고, 닭새우는 곰치를 괴롭히고, 곰치는 문어를 먹는다(상관관계).

　ㄷ 위급 시 빠른 이동과 먹물을 풍긴다.

② 문어의 생태

　ㄱ 8개의 팔을 가진다.

　ㄴ 참문어는 교접완을 가진다. 즉, 수컷의 오른쪽 3번째 팔이 교접완(생식팔)인데 교미 시 이 다리를 이용하여 정자를 암컷의 몸 안으로 넣는다. 또 문어의 암수를 구별할 수 있다(왼쪽 3번째보다 짧음).

　ㄷ 문어(*Enteroctopus dofleini*)는 10℃의 수온에서 서식하며 산란수온은 5~15℃이다.

　ㄹ 교미는 가을에 수심 20~100m에서 수시간 동안 한다.

　ㅁ 암컷의 산란은 4~6월에 수심 13~30m 정도의 낮은 연안에서 낳는다.

　ㅂ 2만~10만 개의 알을 며칠에 걸쳐서 낳으며, 부화는 온도에 따라서 5~7개월 또는 그 이상이 걸린다.

　ㅅ 부화한 유생은 물 표면으로 헤엄쳐 올라가 28~90일 동안 떠다니며 산다.

　ㅇ 바위동굴을 중심으로 살아가고, 여기에 알을 낳고 보호하며, 포식자로부터 도망칠 때도 이용한다.

　ㅈ 연체동물과 갑각류를 주로 먹는다(주로 게와 새우, 그 밖에도 달팽이, 물고기, 다른 문어 등).

③ 참문어의 수온 적응 범위

ㄱ 20~25℃ : 성장이 빠르고 활동적이다.

ㄴ 26℃ 이상 : 활동이 없다.

ㄷ 13℃ 이하 : 먹이를 먹지 않는다.

ㄹ 10℃ 이하 : 동면상태가 된다.

ㅁ 7℃ 이하 : 저항력이 약해 죽는다.

10년간 자주 출제된 문제

1-1. 문어류는 몇 번째 발이 생식완으로 되어 있는가?

① 왼쪽 둘째
② 오른쪽 셋째
③ 오른쪽 넷째
④ 왼쪽 셋째

1-2. 문어에 대한 설명 중 맞는 것은?

① 10개의 팔을 가진다.
② 암수 모두 생식팔(교접완)을 가진다.
③ 산란수온은 15~20℃로 낮은 편이다.
④ 보호색 기능을 가진다.

1-3. 다음 동물들 중 교접편을 가진 것은?

① 성 게
② 대 합
③ 참문어
④ 불가사리

1-4. 문어의 피부에 있는 3종의 색소포가 아닌 것은?

① Xanthophore
② Erythrophore
③ Melanophore
④ Pyrenophore

[해설]

1-2

① 8개의 팔을 가진다.
② 수컷의 오른쪽 3번째 팔이 생식팔이다.
③ 산란수온은 5~15℃이다.

정답 1-1 ② 1-2 ④ 1-3 ③ 1-4 ④

핵심이론 02 문어의 종자생산

① 문어의 인공종자생산

ㄱ 산란경에 양식장 안에 채란용 문어단지를 넣어 주어 채란하거나 해저에 채란용 문어단지를 넣어 채란한다.

ㄴ 채란용 문어단지를 종자생산용 탱크로 옮겨 부화될 때까지 관리한다.

ㄷ 부화유생사육 시 수온은 10~26℃, 비중 1.021 이상, 조도는 100~300lx가 알맞다.

② 문어종자생산 시 먹이

ㄱ 부유 유생기 : 줄새우류(Palaemon), 알테미아 유생

ㄴ 저서생활기 : 게(갑장 5~6mm) 유생, 새우유생을 주다가 다소 자라면 새우, 게, 조개류의 육질을 준다.

③ 문어종자방양 및 관리

ㄱ 종자는 큰 것일수록 수확시기가 빨라진다.

ㄴ 성장이 빠른 시기에 선도가 높은 먹이를 충분히 공급하면 성장이 빨라진다.

ㄷ 종자관리에서 주의할 것 중 하나는 먹이를 길들일 때 주는 먹이의 선도이다.

ㄹ 수온이 14℃ 이하가 되면 성장이 현저히 늦어진다.

ㅁ 문어 단지의 수가 적으면 육식성으로 공식이 있으므로 크기별로 선별한다.

ㅂ 세력권을 형성하는 습성이 있다. 이미 세력권이 형성된 곳에서 새로운 문어를 넣으면 공식이 일어나므로 되도록 동시에 방양하고, 부득이 문어를 넣어야 할 경우에는 다른 채롱에 일정기간 수용하여 먹이에 대한 습관을 들인 후 방양하여야 한다.

ㅅ 공식을 피하기 위해서 큰 것과 작은 것은 분리시키고 성질이 나쁜 것과 병든 문어 등은 발견하는 대로 즉시 잡아낸다.

◎ 문어가 탈출하지 못하도록 채롱의 관리문에 뚜껑을 달거나 별도의 처리를 한다.

ⓩ 문어는 저염분, 저수온에 약하므로 육수의 영향을 적게 받아 해수의 비중이 1.021 이상으로 변동이 적고 문어의 양성 적수온인 15~23℃인 기간이 긴 곳에 방양한다.

ⓩ 사육밀도(방양량)를 결정하는 가장 큰 요인은 용존산소량이다. 용존산소량이 2.5mg/L 이하가 되면 호흡에 지장이 있기 때문이다.

㋖ 문어의 방양밀도(kg/m^3)

$$= \frac{수확 시 밀도}{일간성장률 \times 양성일수 \times 생존율}$$

2-1. 참문어의 부유유생기 먹이로서 가장 알맞은 것은?

① 해산윤충류
② 조개류의 유생
③ 줄새우류(Palaemon)
④ 나비쿨라(Navicula)

2-2. 다음 중 문어의 사육밀도에 미치는 가장 큰 요인은?

① 용존산소량
② pH
③ 수 심
④ 염 분

2-3. 문어의 천연종자 확보와 가두리식 양성에 관한 설명으로 옳은 것은?

① 200~600g 내외 되는 소형인 것을 종자로 쓰는데, 연승 및 예망 등으로 어획한 것이 가장 좋다.
② 종자관리에서 주의할 것 중 하나는 먹이를 길들일 때 주는 먹이의 선도이다.
③ 많이 쓰이는 양성시설은 단지이다.
④ 사육밀도(방양량)를 결정하는 가장 큰 요인은 수온이다.

2-4. 400g 크기인 문어종자를 방양 후 60일간 양성하여 50 kg/m^3을 수확하였다면, 방양 당시의 밀도(kg/m^3)는?(단, 일간 성장률은 0.04, 생존율은 70%)

① 약 10
② 약 20
③ 약 30
④ 약 40

|해설|

2-1

참문어의 부유유생기 먹이 : 줄새우류, 알테미아유생

2-2

문어사육 관리 시 가장 큰 문제점 : 용존산소량(2.5mg/L 이하가 되면 호흡 시 지장)

2-4

문어의 방양밀도(kg/m^3) $= \dfrac{수확 시 밀도}{일간성장률 \times 양성일수 \times 생존율}$

$= \dfrac{50}{0.04 \times 60 \times 70\%} = 29.76$

정답 2-1 ③ 2-2 ① 2-3 ② 2-4 ③

핵심이론 03 문어의 양식

① 문어양식장 적지조건
- ㉠ 문어의 양성 적수온은 15~23℃ 내외의 기간이 긴 곳
- ㉡ 담수 영향이 적어 비중이 항시 1.021 이상이 되고 변동이 없는 곳
- ㉢ 파도가 적어 작업이 용이하고 시설유지가 가능한 곳
- ㉣ 해수유동이 적은 곳
- ㉤ 상자형 가두리에서 양식하기에 가장 적합함

② 문어양식의 장점
- ㉠ 성장이 빠르고, 맛이 좋다.
- ㉡ 생존율이 높고, 먹이 선택성이 적으며, 시장성이 높다.

③ 기타 주요사항
- ㉠ 문어를 남해안에서 양식할 때 춘계양식과 추계양식으로 구분하는 이유는 하계수온이 높기 때문이다.
- ㉡ 우리나라의 남해안에 문어를 양성하는 가장 알맞은 시기는 5~6월이고, 반드시 피해야 할 시기는 8월이다.
- ㉢ 문어양성 시 먹이는 게, 새우류의 갑각류, 조개류 등을 하루 어체중의 6~7%를 준다.

  ※ 오징어류의 서식 수심과 적수온은 20~130m, 10~18℃이다.

3-1. 우리나라의 남해안에 문어를 양성하는 가장 알맞은 시기는?

① 1~2월 ② 3~4월
③ 5~6월 ④ 7~8월

3-2. 문어를 남해안에서 양식할 때 춘계양식과 추계양식으로 구분해서 양식하는 이유는?

① 성장이 빠르기 때문
② 종자의 확보 때문
③ 하계수온이 높기 때문
④ 소유의 성기 때문

정답 3-1 ③ 3-2 ③

제1절　해조류 일반

1. 양식해조류

핵심이론 01　홍조류

① 홍조류의 분포 및 이용

　㉠ 대부분이 바다에 살며 적색 또는 적자색을 띠고 있다.

　㉡ 우리나라에서 나는 해조류의 절반 이상을 차지하고, 동·서·남해안과 제주도에 골고루 분포하고 있는데, 담수조류에 속하는 종류도 있다.

　㉢ 홍조류에는 김, 우뭇가사리, 풀가사리, 꼬시래기, 진두발, 비단풀, 개우무, 참지누아리 등이 있다.

　㉣ 홍조류에서 추출하는 강력한 점성을 지닌 카라기난이 있는데 알긴산의 기능보다 매우 우수하다.

　㉤ 우뭇가사리의 경우 한천을 만드는 주원료이기도 하다.

② 홍조류의 특징

　㉠ 핵·엽록체·미토콘드리아·액포 등의 분화된 세포 기관을 가진다(진핵생물).

　㉡ 엽록소 a와 d(일부) 외에 피코빌린계 색소로서 피코시아닌과 피코에리트린을 가지고 있어 광합성을 한다.

　㉢ 광합성 결과 체내에 저장되는 동화물질은 홍조녹말이다.

　㉣ 무성생식은 사분포자(四分胞子)에 의하고, 유성생식은 암수 배우자가 결합하여 만들게 되는 과포자(果胞子)에 의한다.

　㉤ 과포자

　　• 과포자체 세대는 홍조류만 가지는 세대이다.

　　• 홍조류의 암배우체에서 수정하여 만들어지는 포자로서, 핵상은 2n이다.

　　• 과포자는 홍조류의 자성 생식세포인 난에 해당하는 것으로 수정모를 가진다.

　㉥ 생식세포는 편모가 없고, 운동성이 없다.

　㉦ 김의 과포자는 유성생식에서 만들어진 것이다.

③ 유성생식

　㉠ 암수의 배우자가 접합되어 새로운 개체로 발생하는 번식을 유성생식이라고 하며 새로 생기는 유성포자를 접합자(接合子)라고 한다.

　㉡ 포자에는 난포자(卵胞子)와 과포자(果胞子)가 있다.

　　• 난포자는 난과 정자가 수정하는 세포를 말한다.

　　• 조과기라고 하는 독특한 기관에서 난자와 섬모가 없는 정자와의 수정에 의하여 다수의 포자를 만들어 내며 이 포자를 과포자라 부른다.

　　• 과포자는 김과 같이 암수의 배우자가 동일한 엽체에 생기는 경우를 자웅동주(암수한그루)라고 하며 별도로 다른 개체에 생기는 경우를 자웅이주(암수딴그루)라고 한다.

1-1. 카라기난의 원료가 될 수 있는 해조류는?

① 진두발　　　　　② 미 역
③ 톳　　　　　　　④ 청 각

1-2. 홍조류만 가지는 세대는?

① 배우체 세대　　　② 포자체 세대
③ 복상체 세대　　　④ 과포자체 세대

해설

1-1

카라기난은 홍조류(김, 우뭇가사리, 진두발 등)에서 추출하여 정제한 탄수화물이다. 미역, 톳은 갈조류이고, 청각은 녹조류이다.

정답 1-1 ①　1-2 ④

핵심이론 02 갈조류

① 갈조류의 분포 및 이용

　㉠ 대부분이 바다에서 산다.

　㉡ 조류 중 가장 발달된 체제를 갖고 있으며, 단세포나 군체인 것은 거의 없고 대부분이 사상체 또는 막대기·나뭇가지 모양 등의 형태로 나누어진다.

　㉢ 대표적으로 미역, 다시마, 톳, 감태, 모자반, 곰피 등이 갈조류에 속한다.

　㉣ 갈조류에서 알긴산을 추출하는데 이는 식물성 섬유질인 셀룰로스나 동물성 섬유질인 키틴질과 비견되는 성분이다.

　㉤ 알긴산의 원료로는 미역, 다시마, 감태, 대황 등이 있으며 이와 같은 성분은 위장의 소화작용에 기여하고 있다.

② 갈조류의 특징

　㉠ 세포 안에는 분화된 세포기관이 있다.

　㉡ 갈조류는 엽록체 내의 카로티노이드 색소에 의해서 엽체는 갈색을 띠고 있다.

　㉢ 동화색소로는 클로로필 a, c 외에 갈조소를 가진다.

　㉣ 광합성작용으로 탄수화물의 일종인 만니톨·라미나린 등을 생성·저장한다.

　㉤ 갈조류는 무성생식(포자), 유성생식(정난자 수정)이 모두 나타난다.

　㉥ 갈조류는 유주자, 단포자 등에 의한 무성생식과 배우자에 의한 유성생식으로 증식한다.

　㉦ 유성생식은 세대교체가 뚜렷한데, 동형 및 이형의 세대교체를 하는 것과 난생식을 하는 2n세대뿐인 것이 있다.

　㉧ 유주세포는 옆쪽에 길고 짧은 2개의 편모를 갖는다.

　㉨ 긴 편모는 깃꼴 구조를 하고 앞쪽에 뻗어 있으며, 짧은 편모는 채찍꼴 구조로 뒤쪽으로 뻗어 있다.

ⓩ 세포벽 물질은 셀룰로스 외에 알긴(Algin)이라고
하는 특유한 물질을 가지기도 한다.

ⓚ 갈조식물의 생활사는 일반적으로 4가지 형이 알려
져 있는데, 넓패형·채찍말형·다시마형·뜸부
기형이다.

2-1. 갈조류의 특징을 설명한 것 중 옳은 것은?

① 동화산물은 전분이다.
② 세포벽 물질은 셀룰로스 외에 알긴(Algin)이라고 하는 특유
한 물질을 가지기도 한다.
③ 모든 갈조류는 유성, 무성생식을 한다.
④ 색소체는 Chlorophyll a 및 c를 갖는다.

2-2. 알긴(Algin)산의 원료가 되는 해조가 속하는 문은?

① 홍조식물   ② 녹조식물
③ 남조식물   ④ 갈조식물

|해설|

2-1

① 동화산물은 라미나란(Laminaran), 유지 등이다.
③ 갈조류는 무성생식(포자), 유성생식(정난자 수정)이 모두 나
타난다.
④ 색소체는 엽록소 a와 c, 갈조소를 가지고 있다.

2-2

갈조류의 세포벽 물질은 셀룰로스 외에 알긴(Algin)이라고 하는
특유한 물질을 가지기도 한다.

정답 2-1 ②   2-2 ④

핵 심이론 03   녹조류

① 녹조류의 분포 및 이용

ⓐ 녹조류는 13.8%만이 해양에서, 나머지는 담수에
서 서식한다.

ⓑ 주로 얕은 바닷물 속에서 서식하며, 잎파래 같은
것은 비교적 깊은 바다 저층에서 대량 번식한다.

ⓒ 양적으로 풍부하여 한여름의 사멸기에는 연안으
로 밀려들어 녹조현상(Green Tide)을 일으켜 연안
오염의 주범이 되기도 한다.

ⓓ 녹조류에는 파래, 청각, 청태, 매생이 등이 있다.

ⓔ 녹조류는 크게 지질, 탄수화물, 단백질 성분으로
구성되며, 지질은 바이오디젤의 원료로, 탄수화물
은 바이오에탄올 및 바이오가스의 원료로 활용할
수 있다.

ⓕ 클로렐라, 파래 분말, 해캄을 이용한 바이오에탄
의 생산은 환경오염을 줄이면서 대체에너지를 생
산하는 유용한 연구가 되고 있다.

② 녹조류의 특징

ⓐ 핵·엽록체·미토콘드리아 등의 분화된 세포기관
을 가진다.

ⓑ 동화색소로는 엽록소 a와 b, 크산토필(Xantho-
phyll), 카로티노이드(Carotenoid) 등의 광합성
색소가 복합되어 있다.

ⓒ 유주세포는 끝에 2개나 4개 또는 그 이상의 길이가
같은 편모를 가진다. 편모는 모두 채찍꼴이다.

ⓓ 녹조식물은 포자 등에 의한 무성생식과 체세포의
접합 또는 생식세포의 결합에 의한 유성생식을 한
다(대부분 유성생식을 한다).

녹조류의 설명으로 옳지 않은 것은?

① 엽록소를 다량 함유하고 있어 왕성하게 광합성 작용을 하여 녹말을 만든다.

② 녹조류의 엽상체는 매우 투명한 녹색을 지니고 있다.

③ 광합성작용으로 탄수화물의 일종인 만니톨·라미나린 등을 생성, 저장한다.

④ 대부분 암수로 구분된 개체들로부터 발생한 생식세포에 의해 새로운 개체가 자라게 된다.

[해설]

③은 갈조류에 해당한다.

[정답] ③

---

1. 김

핵심이론 01 김의 생태

① 김의 생활사

유엽 → 엽체 → 배우체 세대(조과기, 조정기) → 수정 → 과포자 → 조가비에 잠입 → 사상체기 → 각포자 → 유엽 → 엽체 → 중성포자 → 엽체

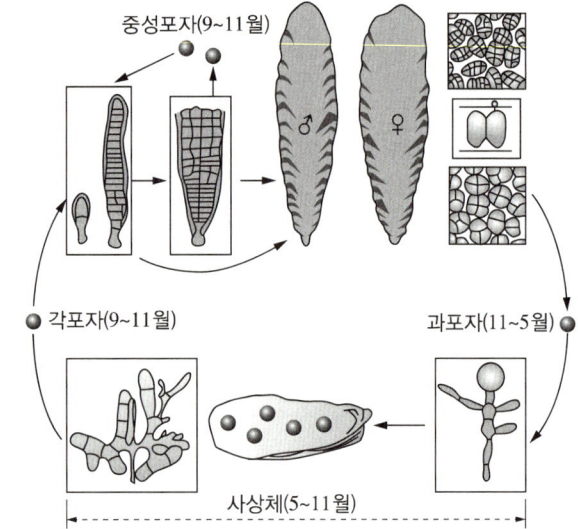

중성포자(9~11월)

각포자(9~11월)

과포자(11~5월)

사상체(5~11월)

㉠ 양식 대표 종인 참김은 바닷물 온도가 15℃ 이하인 겨울철이 생장기이다.

㉡ 배우체 세대 : 참김의 엽상체는 알(조과기)과 정자(조정기)를 한그루에 가지는 자웅동주이거나 정자만을 만드는 웅성체의 두 가지 형태가 있는데, 이 시기를 말한다.

㉢ 과포자체 세대 : 충분히 성장한 암배우체에 있는 조과기가 정자를 받아들여 수정하고 과포자를 만드는 시기이다.

㉣ 사상체기 : 성숙한 과포자가 바닷물에 방출되어 해저에 있는 조가비의 진주층을 뚫고 들어가 그 속에서 자라면서 여름철의 고수온기를 지내게 되는 시기이다.

ⓜ 각포자 : 수온이 24℃ 이하로 내려가기 시작하는 9월 하순~10월 초순에 사상체로부터 각포자가 방출되어 김발에 붙어 엽상체로 자라게 된다.

ⓗ 중성포자 : 김양식에 있어 한 번 채취로 끝나지 않고 여러 번 채취할 수 있는 것은 이 중성포자에 의한 번식 때문이다.

② 해수의 유동(조류, 파랑)이 김의 생육에 주는 영향
  ㉠ 김의 활발한 대사작용의 유지
  ㉡ 영양염 및 이산화탄소 공급
     김의 광합성작용 → 이산화탄소 소비 → 광합성 미약
  ㉢ 김 주위에 배출된 대사노폐물의 제거
  ㉣ 미세한 부니의 부착 방지
     ※ 김 양식장에서 일반적으로 해수 교환에 가장 큰 역할을 하는 것은 조석류이다.

③ 기타 주요사항
  ㉠ 김의 과포자가 생성되는 곳은 성숙한 엽체이다.
  ㉡ 김의 생활사 중 핵상(核相)이 단상(單相)인 것 : 엽체, 조과기, 조정기, 각포자
  ㉢ 김의 생체량 증감과 밀접한 관계를 이루는 것은 중성포자 형성시기이다.
  ㉣ 김의 생활사 중에서 복상체로 된 시기는 과포자낭과 사상체이다.
  ㉤ 중성포자를 방출한 후의 김의 엽형은 역삼각형이다.

1-1. 다음 중 중성포자를 방출하는 해조류는?
① 김
② 대 황
③ 다시마
④ 우뭇가사리

1-2. 9월경 수온이 24℃ 이하일 때 김발에 붙는 김포자는?
① 과포자
② 중성포자
③ 사상체
④ 각포자

1-3. 해수의 유동이 김에 주는 영향과 가장 거리가 먼 것은?
① 적정온도의 유지
② 영양염의 공급
③ 노폐물의 운반
④ 부니의 부착방지

1-4. 다음 중 김 양식장에서 일반적으로 해수교환에 가장 큰 역할을 하는 것은?
① 조석류
② 파랑류
③ 취승류
④ 하구류

1-5. 김의 생활사 중 핵상에 대한 내용이 옳은 것은?
① 과포자는 단상이다.
② 배우체는 복상이다.
③ 사상체는 단상이다.
④ 각포자는 단상이다.

1-6. 다음 중 김의 과포자가 생성되는 곳은?
① 사상체
② 성숙한 엽체
③ 중성포자
④ 유 엽

【해설】

1-2
수온이 24℃ 이하로 내려가기 시작하는 9월 하순~10월 초순에 사상체로부터 각포자가 방출되어 김발에 붙어 엽상체로 자라게 된다.

1-3
해수의 유동(조류, 파랑)은 김의 생육에 있어서 다음과 같은 영향을 준다.
• 김의 활발한 대사작용의 유지
• 영양염 및 이산화탄소 공급
  김의 광합성작용 → 이산화탄소 소비 → 광합성 미약
• 김 주위에 배출된 대사노폐물의 제거
• 미세한 부니의 부착방지

1-6
김의 과포자가 생성되는 곳은 성숙한 엽체이다.

정답 1-1 ① 1-2 ④ 1-3 ① 1-4 ① 1-5 ④ 1-6 ②

① 참김[*Pyropia tenera*(*Neopyropia tenera*)]
　㉠ 조간대에 부착하여 살고 있으며, 하구 부근에서부터 내만이나 외해까지 널리 분포한다.
　㉡ 하구 부근에 사는 것은 엽체가 얇고 부드러우며 품질이 좋다.
　㉢ 외해에 면한 고염분 수역에 사는 것은 세포막이 두텁고 딱딱하며 품질도 떨어진다.
　㉣ 해조 중 단백질 함유량이 가장 많다(함유량이 10~15%).
　㉤ 환경에 대한 적응성이 크고 형태변이가 많다.

② 큰참김(*P. tenera form tamatsuensis*)
　㉠ 일본 어민들에 의해 새로운 양식 품종으로 개발되었다.
　㉡ 성장속도가 빠르고 흰갯병에도 강하다.
　㉢ 파도가 센 곳에서 큰참김을 양식할 때 다른 품종에 비하여 실패하기 쉬운 원인
　　• 부착기의 발달이 늦고, 엽체에 비해 약하다.
　　• 파도가 센 곳에서 유실이 잘된다(파도에 약하다).
　　• 건조에 약해 고노출에 의한 피해가 있다.

10년간 자주 출제된 문제

2-1. 양식의 관점에서 볼 때 큰참김의 단점은?
① 파도에 약하다.　　　② 병해에 약하다.
③ 색택이 나쁘다.　　　④ 엽질이 거칠다.

2-2. 다음 해조 중 단백질 함유량이 가장 많은 것은?
① 홑파래　　　② 미 역
③ 참 김　　　④ 꼬시래기

해설

2-1
큰참김은 부착기의 발달이 늦고 엽체에 비하여 약하므로 파도가 센 곳에서는 유실이 잘되고 건조에 약해서 고노출 수층에는 잘 살지 못한다.

정답 2-1 ① 2-2 ③

① 방사무늬돌김[*Pyropia yezoensis*(*Neopyropia yezoensis*)]
　㉠ 조간대에서부터 저조선 조금 아래까지 부착하여 산다.
　㉡ 하구 쪽보다는 내만에서 외해 쪽을 향한 다소 고염분인 곳에 많다.
　㉢ 근래 들어 번식력이 강해 우리나라에서 양식김의 주 대상이 되고 있다.
　㉣ 양식김 중에서 염성(捻性)이 가장 강하다.
　㉤ 자웅동주이고, 중성포자를 가장 늦게까지 방출한다.
　㉥ 방사무늬김의 영양번식이 가장 왕성한 크기는 1~5cm이다.
　㉦ 참김, 큰참김, 방사무늬김, 모무늬돌김, 긴잎돌김을 같은 어장에서 양식할 때 자리바꿈으로 가장 많이 혼입하는 종이다.
　㉧ 방사무늬돌김, 방사무늬김은 영양 번식력이 강하여 자리바꿈에 우세한 품종이다.

> **자리바꿈의 정의와 원인**
> • 정의 : 어떤 특정의 품종을 선택하여 양식할 때 도중에 다른 품종으로 바뀌는 것
> • 원인 : 품종 간 영양번식력의 차이

② 큰방사무늬김(*P. yezoensis form narawaensis*)
　㉠ 큰참김처럼 일본 어민들에 의해 새로이 개발된 품종이다.
　㉡ 유엽이나 성엽 어느 것이나 매우 꼬여져 있고 특히 수중에서는 적자색을 띤다.
　㉢ 중성포자 방출기간은 비교적 길면서도 과포자 방출시기가 가장 늦다.

3-1. 양식 김 중에서 염성(捻性)이 가장 강한 김은?

① 참 김
② 방사무늬김
③ 둥근김
④ 짝 김

3-2. 김 양식장에서 참김과 방사무늬김 사이에 자리바꿈이 일 어나는 주된 원인은?

① 병해에 대한 저항성의 차이
② 환경에 대한 적응력의 차이
③ 영양번식성의 차이
④ 양식기간의 차이

3-3. 참김, 큰참김, 방사무늬김, 모무늬돌김, 긴잎돌김을 같은 어장에서 양식할 때 자리바꿈으로 가장 많이 혼입하는 종은?

① 참김 또는 큰참김
② 방사무늬김
③ 모무늬돌김
④ 긴잎돌김

해설

3-3
방사무늬김은 영양번식력이 강하여 자리바꿈에 우세한 품종 이다.

정답 3-1 ② 3-2 ③ 3-3 ②

핵심이론 04 김의 주요 양식종(3) : 둥근김, 둥근돌김, 긴잎돌김

① 둥근김(P. kuniedai)
  ㉠ 생육 환경이나 부착층 등은 참김과 비슷하여 내만 의 하구 어장에 많다.
  ㉡ 외해 어장에서는 퇴색이 심하다.
  ㉢ 봄에 대량 수확된다.
  ㉣ 2~3월에도 2차아(二次芽)에 의한 채묘가 가장 잘 되는 김 품종이다.
  ㉤ 김의 생활사 중에서 여름김(夏苔)으로서도 여름을 지난다.

② 둥근돌김
  ㉠ 몸 가장자리가 톱니 모양이다.
  ㉡ 둥근돌김은 엽체의 가장자리에 거치가 있다.

③ 긴잎돌김(P. pseudolinearis)
  ㉠ 빨리 성장하므로 연내에 생산이 가능하다.
  ㉡ 외양에 면한 조간대 상부의 바위에 착생한다.
  ㉢ 우리나라에서는 동해안·울릉도·독도 등에 분포한다.
  ㉣ 긴 대잎 모양으로 조생종이며, 자웅이주이다.
  ㉤ 2차아에 의한 번식이 없다.
  ㉥ 조생 품종으로서 생활사에서 중성포자를 만들 지 않는다.

4-1. 2~3월에도 2차아에 의한 채묘가 가장 잘되는 김품종은?

① 긴잎돌김
② 참 김
③ 방사무늬김
④ 둥근김

4-2. 양식 김에 대한 설명이 맞는 것은?

① 둥근돌김은 엽체의 가장자리에 거치가 있다.
② 잇바디돌김은 웅성이주이고 만생종이다.
③ 방사무늬돌김은 자웅이주이고 염성이 약하다.
④ 긴잎돌김은 자웅동주이고 만생종이다.

4-3. 긴잎돌김의 특색으로서 틀린 것은?

① 외양에 면한 조간대 상부에 있다.
② 중성포자에 의한 번식이 있다.
③ 긴 대잎 모양이다.
④ 자웅이주이다.

[해설]

4-1

긴잎돌김은 2차아(二次芽)에 의한 번식이 없고, 둥근김은 2차아에 의한 채묘가 가장 잘되는 김품종이다.

4-2

② 잇바디돌김은 자웅동주이고 조생종이다.
③ 방사무늬돌김은 자웅동주이고 염성이 강하다.
④ 긴잎돌김은 자웅이주이고 조생종이다.

김의 주요양식 품종별 특징

품 종 특 성	조기산			만기산
	참 김	방사무늬김	잇바디돌김	모무늬돌김
생육시기	가을~봄	가을~봄	가을~봄	가을~봄
착생수위	조간대	조간대, 점심대 상부	조간대	조간대
엽체두께 (μm)	25~30	25~40	35~55	50~75
엽체형태	댓잎형 → 타원형, 난형(卵形)	역(逆) 피침형 → 타원형	선형(扇形), 피침형	원형, 신장형 (腎臟形)
엽체색택	적록색	적록색	적갈색, 녹색	적갈색
성 형	자웅동주			자웅이주

4-3

긴잎돌김은 자웅이주이며 중성포자를 갖지 않는 것으로 알려져 있다.

정답 4-1 ④ 4-2 ① 4-3 ②

핵심이론 05 종자생산 시 사상체 배양의 개요

① 종자생산

  ㉠ 김 양식은 우수 종자의 적기 및 적량 생산에 좌우된다.

  ㉡ 김의 종자생산은 어장에서 채취한 성숙이 잘되고 우수한 엽상체(모조)에서 과포자를 받아 종자를 생산하거나 사상체의 배양방법을 이용한다.

  ㉢ 김 사상체 배양을 위한 포자는 과포자로, 조가비에 잠입하여 사상체로 자란다.

② 김 사상체 배양 환경조건

  ㉠ 광선(김 사상체의 성질과 조도 및 광주기)

   • 각포자낭 형성에는 단일작용이 있다고 인정한다.

   • 각포자의 방출은 15~24℃에서 이루어진다.

   • 사상체의 생장은 2,000~3,000lx에서 가장 좋다.

   • 무기질 사상체는 3,500lx가 최적 생장조도이다.

   • 2,000~4,000lx의 범위에서 자란 참김 사상체간에는 포자방출에 차이가 없다.

   • 고온 장일하에서는 가지가 많아지고, 고조도와 장일 하에서는 색이 붉다.

   • 고조도하에서는 사상체가 깊게 파고 들어간다.

   • 사상체 배양관리기간 중 조도(밝기)는 수온 상승에 따라 어둡게 한다.

   • 사상체 배양 중 한여름의 최고 수온일 때 밝기는 500lx 이하이다.

  ㉡ 수 온

   • 조가비에 과포자를 잠입시킬 때에는 10~15℃를 유지하고, 6월까지는 25℃ 이상이 되지 않도록 하며, 한여름에도 수온이 28℃를 넘지 않도록 관리한다.

   • 온도는 배양수조의 설치 위치나 수심 및 환기 또는 통풍 관리로 조절한다.

   • 사상체는 성장기인 초여름까지는 수온이 25℃ 이상 되면 성장이 늦어진다.

- 배양 후기인 가을철에는 수온이 23℃ 이하로 하강하면 성숙도가 빨라져서 각포자를 방출한다.
ⓒ 비 중
  - 과포자 배양기간 중 초기의 비중은 1.020~1.024 범위에 속해야 한다.
  - 1.020 이하의 비중은 과포자의 잠입을 저해하고 성장에 장해를 준다.
  - 기온이 상승하는 5월부터 고수온기인 7~8월에도 비중은 1.020~1.025(김의 생육에 가장 적당한 비중)를 유지하도록 해야 한다.
  - 과포자가 충분히 잠입한 것을 확인한 다음에는 2~3일마다 증발된 해수의 양만큼 담수로 보충시켜 적정 비중을 유지한다.
③ 김 조가비 사상체 배양장 조건
  ㉠ 조도와 온도의 변화가 비교적 적은 북향 건물이 좋다. 북향이 좋은 이유는 계절풍의 영향으로 물의 교체가 좋고 갯병이 적기 때문이다.
  ㉡ 창문을 많이 낸다.
  ㉢ 직사광선을 막는다.
  ㉣ 통풍이 잘되게 한다.

5-1. 김 사상체 배양을 위한 포자는?
① 각포자　　　　　　② 중성포자
③ 과포자　　　　　　④ 사분포자

5-2. 김의 부착층이 조간대(潮間帶) 내의 좁은 범위에 제한되는 이유와 가장 관계가 깊은 것은?
① 온 도　　　　　　② 광 선
③ 염 분　　　　　　④ 부착기질

5-3. 기존 건물을 이용하여 조가비 사상체를 배양할 때 가장 좋은 건물의 방향은?
① 북 향　　　　　　② 남 향
③ 동 향　　　　　　④ 서 향

해설

5-1
과포자 : 홍조류의 암배우체에서 수정하여 만들어진 포자로서, 김의 경우에는 조가비에 잠입하여 사상체로 자란다.

5-2
광선은 광합성에 절대로 필요하며, 김의 서식대를 결정짓는 요인이다.

5-3
조도와 온도의 변화가 비교적 적은 북향건물이 좋다.

정답 5-1 ③　5-2 ②　5-3 ①

① 조가비 사상체의 수하식(수직식) 배양방법

   ㉠ 김의 엽상체에서 방출되는 과포자를 직접 조가비 속에 잠입시켜 기르는 방법이다.

   ㉡ 패각을 깔아 과포자를 잠입시킨 후 육안으로 확인 후 수하연의 길이는 30cm 정도, 수하연과의 간격은 10cm 정도, 걸장과 걸장의 간격은 15~20cm 정도로 하여 수하하는 방법이다.

   ㉢ 수하식 배양법의 장점

   • 수온변화와 염분의 변화가 작다.

   • 대량 배양에 편리하다. 평면식에 비해 단위면적당 3~4배 정도 많은 양을 배양할 수 있다.

   ㉣ 수하식 배양법의 단점

   • 상하의 성장이 고르지 못하다.

   • 평면식보다 20~30일 정도 조기 배양해야 하므로 노력이 더 들어간다.

② 조가비 사상체의 평면식 배양

   ㉠ 수하식 배양방법과 같이 패각을 상자에다 평면으로 배열하여 배양하는 방법이다.

   ㉡ 배열하면 $3.3m^2$(1평)에 약 20상자를 배양할 수 있다.

   ㉢ 소규모로 개인이 어디서나 대량 배양을 할 수 있다.

   ㉣ 병해관리, 물갈이 등도 손쉽게 할 수 있다.

   ※ 인공해수로 김을 배양할 때 미량 금속이온의 흡수를 촉진시킬 목적으로 사용하는 것은 EDTA이다.

6-1. 조가비 사상체의 수하식 배양법의 장점이 아닌 것은?

① 수온 변화가 작다.
② 염분의 변화가 작다.
③ 대량 배양에 편리하다.
④ 병해가 발생하면 처리하기가 편리하다.

6-2. 조가비 사상체의 평면식 배양의 장점은?

① 소량배양이 가능하다.
② 과포자의 잠입이 균일하다.
③ 병해관리가 쉽다.
④ 수온변화가 작다.

해설

6-2

이 방식은 대량 배양을 할 수 있을 뿐만 아니라, 소규모로 개인이 어디서나 할 수 있고, 병해관리, 물갈이 등도 손쉽게 할 수 있는 이점이 있다.

정답 6-1 ④   6-2 ③

종자생산 시 유리 사상체(무기질 사상체) 배양

① 과포자의 발아체를 일정 기간 동안 배양용기에서 길러 유리 사상체를 이용하는 방법이다.

② 무기질 사상체 배양을 위한 모조 취급방법
　㉠ 붓으로 규조를 잘 씻어낸다.
　㉡ 가장자리에 색이 붉은 곳을 절편으로 취한다.
　㉢ 절편의 크기는 1cm² 정도가 알맞다.

③ 무기질 사상체 후기배양법
　㉠ 성숙 전 배양
　　• 전기에 고온, 장일하 배양에서 5개월 이후부터 매일 수회 병을 흔들어 준다.
　　• 종자생산에서 유리 사상체의 배양 시 가장 좋은 조건은 수온 18~25℃, 일조시간 13~14시간/1일 이다.
　㉡ 성숙 후 배양
　　• 채묘 30~40일 전 분산시켜 각포자 형성 준비를 시킨다.
　　• 각포자의 형성을 촉진하기 위하여 사상체를 세단분산한지 30~40일 후 15~20℃ 저온처리하면 3~4일 후 방출되고 6~7일 후 정점에 도달한다.

④ 무기질 사상체(유리 사상체) 배양의 이점
　㉠ 순수품종의 유지가 가능하며 소량의 김엽체에서도 다량의 순수 사상체를 배양할 수 있다.
　㉡ 지역별 어장에 적합한 품종을 선택할 수 있다.
　㉢ 매년 과포자를 구할 필요가 없으며 종자 소요량을 자유롭게 계획 생산할 수 있다.
　㉣ 노력이 적게 들고, 선발 육종을 간단하게 할 수 있다.
　㉤ 넓은 장소가 필요하지 않다(좁은 공간에서도 가능).
　㉥ 관리가 쉽고 경제적이다.
　㉦ 규조 및 병원균의 침범이 적다.
　㉧ 채묘시기를 쉽게 조절할 수 있다.

※ 무기질 사상체가 조가비 사상체보다 채묘시기를 조절하기 용이한 주 이유는 배양용기가 작아서 환경조절이 간단하기 때문이다.

⑤ 무기질 사상체를 조가비에 이식할 때의 주의사항
　배양수를 움직이지 않게 하고 조도는 이식 후 4~5일 정도는 500lx 정도로 어둡게 관리한다.

10년간 자주 출제된 문제

7-1. 다음 중 종자생산에서 유리 사상체의 배양 시 가장 좋은 조건은?
① 수온 18~25℃, 일조시간 13~14시간/1일
② 수온 15~20℃, 일조시간 8~10시간/1일
③ 수온 18~25℃, 일조시간 8~10시간/1일
④ 수온 15~20℃, 일조시간 13~14시간/1일

7-2. 유리 사상체(무기질 사상체) 배양에 대한 내용이 아닌 것은?
① 선택된 품종유지가 어렵다.
② 좁은 공간에서도 가능하다.
③ 병원균의 침입이 적다.
④ 채묘시기 조절이 용이하다.

7-3. 무기질(Free-Living) 김 사상체 배양의 특성으로 틀린 것은?
① 선발육종(選拔育種)을 간단하게 할 수 있다.
② 배양을 위한 넓은 장소가 필요하지 않다.
③ 과포자는 매년 구하여야 하나 채묘시기를 쉽게 조절할 수 있다.
④ 병의 침범이 적고 배양 관리가 쉽고 경제적이다.

7-4. 무기질 사상체의 후기배양에서 각포자의 형성을 촉진하기 위하여 사상체를 세단분산하는 적당한 시기는?
① 채묘하기 직전
② 채묘하기 6~7일 전
③ 채묘하기 30~40일 전
④ 채묘하기 90~100일 전

7-3

무기질 사상체(유리 사상체) 배양의 이점

- 노력이 적게 든다.
- 매년 과포자를 구할 필요가 없다.
- 선발 육종을 간단하게 할 수 있다.
- 넓은 장소가 필요하지 않는다.
- 관리가 쉽고 경제적이다.
- 규조 및 병의 침범이 적다.
- 채묘시기를 쉽게 조절할 수 있다.

정답 **7-1** ① **7-2** ① **7-3** ③ **7-4** ③

핵심이론 08 종자생산 시 사상체의 포자형성 관찰법

① **탈회법**

- ㉠ 조가비 사상체 패각을 약 1~1.5cm^2 크기로 쪼갠 후 표면의 불순물을 씻어낸다.
- ㉡ 시험관에 조각을 넣고 페레니액(Pereny)을 잠길 정도로 넣어 10~20분 탈회 후 물로 씻는다(흐르는 물 1일, 급할 때 20~30분).
  - 페레니액 혼합(5% 질산 4, 0.5% 크롬산 3, 95% 알코올 3)
  - 탈회액 혼합(10% 초산 4, 30% 포르말린 3, 95% 에틸알코올 3)
- ㉢ 칼끝으로 사상체 잠입면을 긁어 벗겨진 얇은 막을 검경한다.

② **연마법**

- ㉠ 사상체 패각을 갈아서 얇게 하여 관찰하는 방법이다.
- ㉡ 패각을 쪼개어서 얇은 소편으로 만든다.
- ㉢ 소편 뒷면(조가비의 표면)을 숫돌 또는 흐린 유리에 문질러 얇게 만든다.
- ㉣ 물에 씻은 후 메틸렌블루로 염색하여 검경한다.

8-1. 조가비 사상체의 검경법과 관련이 가장 먼 것은?

① 페레니액에 넣는다.
② 메틸렌블루로 염색한다.
③ 단단한 물체로 가루를 낸다.
④ 숫돌로 문질러 얇게 만든다.

8-2. 조가비 사상체를 탈회법으로 검경할 때의 조작이 아닌 것은?

① 조가비 표면의 불순물을 닦아낸다.
② 조가비를 페레니액에 10~20분간 넣어둔다.
③ 조가비의 표면을 숫돌에 가볍게 문지른다.
④ 벗겨진 얇은 막을 검경한다.

해설

8-2
③은 연마법의 설명이다.

정답 8-1 ③　8-2 ③

핵심이론 09 사상체 배양 시 과포자 잠입 확인방법 및 물갈이

① 과포자 잠입 확인방법

　㉠ 과포자 투입 후 3~4일쯤 지나면 과포자가 패각에 잠입하게 된다.

　㉡ 5~6일 후 현미경으로 보면 잠입상황을 확인할 수 있다.

　㉢ 잠입률은 현미경 100배 시야에 2~3개 정도가 보이면 충분하다.

　㉣ 잠입 초기에는 사상체가 적어 확인이 어려우므로 요오드용액, 메틸렌블루, 등 수용액으로 염색하여 해부 현미경 40~100배로 관찰하면 쉽게 잠입을 확인할 수 있다.

　㉤ 과포자 잠입이 확인되면 잠입밀도와 성장상태에 따라 광선조절을 하여야 한다.

　㉥ 세척 및 물갈이는 사상체를 육안으로 확인 후 실시하는 것이 좋다.

　㉦ 물갈이 후에는 환경변화로 인해 적변병이 발생할 우려가 있으니 세심한 관찰이 필요하다.

② 김의 조가비 사상체 배양에서 물갈이 시 유의점

　㉠ 물갈이를 할 때 가장 주의해야 할 일은 비중의 급변과 건조방지이다.

　㉡ 물갈이 후에 갑작스럽게 사상체의 색이 변했다면 비중의 급변상태를 먼저 점검해야 한다.

　㉢ 비 온 후·풍파가 심했던 후의 저비중 해수와 흐린 해수는 물갈이를 하지 않는다.

　㉣ 대조 시 밀물의 맑은 해수를 사용하고 클로로칼키와 차아염소산나트륨으로 소독 후 사용한다.

　㉤ 비중의 변화가 없도록 측정해 가며 천천히 물갈이한다.

　㉥ 물갈이 시 깨끗한 헝겊으로 조가비를 닦아주고 건조한다.

　㉦ 성숙기에는 자주 물을 갈아주어 각포자 형성을 촉진시킨다.

◎ 병치료를 위해 약품처리를 하면 그 후에 물갈이를 한다.

㉾ 보통 비료주기를 같이 한다.

9-1. 과포자의 잠입 상황을 현미경으로 확인할 때 적정기준은?(단, 배율에 의한 현미경의 시야를 기준으로 한다)

① 50배당 2~3개
② 150배당 1개
③ 100배당 2~3개
④ 100배당 20~30개

9-2. 다음 중 과포자의 잠입효과가 가장 좋은 것은?

① 방출 후 10분 경과된 것
② 방출 후 20분 경과된 것
③ 방출 후 30분 경과된 것
④ 방출 후 40분 경과된 것

9-3. 조가비 사상체를 배양하는 데 있어서 물갈이 후에 갑작스럽게 사상체의 색이 변한 일이 생겼다면 통상적으로 어떤 점을 먼저 점검해야 하는가?

① 비중의 급변상태
② 조도의 급변상태
③ 수온의 급변상태
④ 영양염 관계

|해설|

9-2

과포자의 잠입률은 방출 직후에는 100%이지만, 시간이 경과할수록 점점 떨어진다.

9-3

비중 변화로 인한 생리적 장해의 우려가 있으므로 미리 비중측정을 하여 그 차이를 줄이면서 천천히 갈아준다.

정답 9-1 ③ **9-2** ① **9-3** ①

핵심이론 10 김 사상체 배양관리 순기표

시기별	조도(lx)		수 온	비 중
	수하식	평면식		
접합포자 투입기 (2~3월)	3,000~5,000		10~15℃	1.020~1.024
사상체 영양생장기 (4~5월)	2,000~3,000	1,000~2,000	16~24℃	1.020~1.025
사상체 영양생장기 각포자낭 형성기 (5~6월)	1,000~2,000	700~1,200	18~25℃	1.025 (담수 보충)
각포자낭 증식기 (7~8월)	750~1,500	500~600	통풍 조절로 수온 28℃ 이상 상승 방지	1.020~1.025 (비중 관리 철저)
각포자 성숙기 (9월)	채묘시기를 결정하여 각포자가 성숙할 수 있도록 조도 조절	배양해수와 통풍조절로 수온 하강 방지		1.020~1.025 담수 등으로 자극 금지
채묘기 (10월)	• 수조 내에서 각포자가 자연방출되는 것에 주의한다. • 광선, 수온, 비중 등의 극단적 변동은 포자방출을 자극한다. • 패각 사상체를 운반할 때 건조되지 않도록 한다. • 채묘 전에 패각 사상체를 세척한다. • 각포자의 성숙 발달 정도를 매일 점검한다.			

10-1. 김조가비 사상체의 배양을 위한 채묘 시 과포자 붙임기에 가장 적합한 수온은?

① 1~5℃
② 5~10℃
③ 10~15℃
④ 15~25℃

10-2. 3월 중순~4월의 사상체 영양생장기의 관리 조건으로서 좋지 않은 것은?

① 조도 2,000~3,000lx(수하식)
② 조도 1,000~2,000lx(평면식)
③ 수온 16~24℃
④ 비중 1.020 이하

10-3. 9~10월의 채묘기 주의사항과 거리가 먼 것은?

① 극단적인 자극을 피할 것
② 건조되지 않도록 할 것
③ 채묘 전에 굴 껍데기를 깨끗이 씻을 것
④ 밤에 전등불을 켜서 밝게 할 것

[해설]

10-1
조가비에 과포자를 잠입시킬 때에는 10~15℃를 유지하고, 6월까지는 25℃ 이상이 되지 않도록 하며, 한여름에도 수온 28℃를 넘지 않도록 관리한다.

10-2
비중은 1.020~1.024이다.

정답 10-1 ③ 10-2 ④ 10-3 ④

핵심이론 11 종자생산 시 각포자 방출

① 사상체가 각포자낭을 만들기 시작하는 때는 주로 고수온기인 여름이다.
② 조가비 사상체에 각포자낭의 형성이 가장 왕성한 시기(최성기)는 7~8월이다.
③ 9월경 수온이 24℃ 이하일 때 김발에 붙는 김포자는 각포자이다.
④ 김의 각포자가 정상적으로 부착하는 최적수온 범위는 15~20℃이다.
⑤ 여름이 지나 수온이 25℃ 이하로 내려가기 시작하면 각포자낭이 성숙하여 각포자를 만들고, 각포자를 방출할 수 있는 방출공이 형성된다.
⑥ 배양장에서 김 사상체의 각포자는 하루 중 6~8시에 가장 많이 방출된다.
⑦ 자연상태에서 김 각포자의 방출이 가장 많은 조건은 수온 20~22℃의 대조 때이다.
⑧ 조가비 사상체의 각포자 방출은 각포자낭의 끝 개구부를 통하여 일제히 방출된다.

11-1. 김의 조가비 사상체에 각포자낭의 형성이 가장 왕성한 시기는?

① 3~4월 ② 5~6월
③ 7~8월 ④ 9~10월

11-2. 배양장에서 김 사상체의 각포자는 하루 중 언제 가장 많이 방출되는가?

① 3~4시 ② 6~8시
③ 12~13시 ④ 18~20시

11-3. 자연상태에서 김 각포자의 방출이 가장 많은 조건은?

① 수온 20~22℃의 대조 때
② 수온 20~22℃의 소조 때
③ 수온 25~28℃의 대조 때
④ 수온 25~28℃의 소조 때

11-4. 조가비 사상체의 각포자 방출상태를 바르게 설명한 것은?

① 각포자낭마다 개구부가 있어서 그 곳으로 방출된다.
② 조가비 안에서 방출된 포자가 석회질을 녹이면서 표면으로 나온다.
③ 각포자낭마다 모두 표면까지 올라와서 각각 독자적으로 방출된다.
④ 각포자낭의 끝 개구부를 통하여 일제히 방출된다.

|해설|

11-1
조가비 사상체에 각포자낭의 형성이 가장 왕성한 시기는 7~8월이다.

11-2
배양장에서 김 사상체의 각포자는 하루 중 6~8시에 가장 많이 방출된다.

11-3
자연상태에서 김 각포자의 방출이 가장 많은 조건은 수온 20~22℃의 대조 때이다.

정답 11-1 ③ **11-2** ② **11-3** ① **11-4** ④

핵심이론 12 김 사상체의 각포자 방출촉진 및 억제법

① 김 사상체의 각포자 방출촉진법

  ㉠ 저온처리 : 7~10일 전에 배양수의 수온을 10~20℃로 처리한다(대개 방출 시작 3~4일 만에 최고에 달함).

  ㉡ 단일처리 : 채묘 1주일 전 10~20℃에서 단일처리를 짧게 하여(명기 8시간, 암기 16시간) 포자의 성숙도를 촉진한다.

  ㉢ 물갈이처리 : 채묘 전에 수온 26℃ 이하의 해수로 1~2일마다 물갈이를 한다.

② 김 양식 시 각포자 방출억제법

  ㉠ 고온처리 : 통풍을 차단하고 수온 25~28℃를 유지하며, 배양해수를 많이 채워 일교차를 작게 한다.

  ㉡ 장일처리 및 연속명기(明期)처리 : 명기 15~16시간, 암기 8시간으로 밤에도 명기(조명)처리하여 암기를 주지 않는다(각포자낭의 형성과 방출을 다같이 억제).

  ㉢ 암흑처리 : 광선을 완전히 차단하여 6~7일간 암흑 속에 조가비를 둔다.

  ㉣ 100% 습도처리 : 조가비를 해수에서 들어내어 물에 젖은 채로 폴리에틸렌 주머니에 넣고 밀봉하여 100% 습도를 유지한다.

  ㉤ 고비중처리 : 비중 1.040~1.050으로 올려 고비중으로 10일 정도 배양하여 억제시킨다.

  ㉥ 온도처리 : 0~5℃ 정도로 유지하며 채묘하기 4~5일 전 정상 배양한다.

12-1. 다음 중 김 양식 시의 각포자 방출억제법이 아닌 것은?

① 고비중처리　　　　② 단일처리
③ 100% 습도처리　　④ 암흑처리

12-2. 김의 각포자 방출에 있어서 억제효과가 있는 것은?

① 비중 1.035 이하로 한다.
② 수온 27~28℃로 한다.
③ 단일처리(명기 8시간, 암기 11시간)한다.
④ 물갈이처리를 한다.

12-3. 각포자낭의 형성과 방출을 다 같이 억제하는 방법은?

① 온도처리　　　　② 암흑처리
③ 포화습도처리　　④ 연속명기처리

|해설|

12-1
물갈이처리(수온 26℃ 이하의 해수로 1~2일마다 물갈이), 저온처리(배양수의 수온을 10~20℃로 처리), 단일처리(명기 8시간, 암기 11시간)는 각포자 방출촉진법에 해당한다.

12-2
각포자 방출억제법은 100% 습도처리, 고비중처리, 연속명기처리, 수온 25~28℃ 고온처리, 암흑처리 등이 있다.

정답 12-1 ②　12-2 ②　12-3 ④

핵심이론 13 김 채묘(1) : 채묘의 개요

① 채묘의 개념

　㉠ 패각 사상체로부터 방출되는 김의 각포자를 그물발에 부착시키는 과정을 채묘라 한다.

　㉡ 채묘는 실내에서와 양식현장에서 이루어지는 경우의 두 가지 형태가 있다.

② 김 자연채묘의 적기

　㉠ 수온 22℃ 전·후에서 15℃로 하강하는 대조 시

　㉡ 대조 때 새벽에 물이 들기 시작하는 시기(여덟물 – 열물의 대조 때)

　　※ 김의 인공배양 시 1cm 내외의 유엽의 생장적온으로 가장 적합한 것은 11~13℃이다.

③ 조가비 사상체의 채묘환경

　㉠ 조가비 사상체의 채묘 시 과포자의 적정 투입량은 1개/mm²이다.

　㉡ 조가비에 과포자를 잠입시킬 때에는 10~15℃를 유지하고, 6월까지는 25℃ 이상이 되지 않도록 하며, 한여름에도 수온 28℃를 넘지 않도록 관리한다.

　　※ 인공채묘된 김발을 이식할 때 운반 도중 건조의 피해를 예방하기 위하여 임시시설을 하는데 그 임시시설의 적정 기간은 1~2주이다.

13-1. 김 종자생산과정 중 채묘작업이란 어떤 일을 의미하는가?

① 각포자의 투입
② 사상체의 배양
③ 각포자의 부착
④ 중성포자의 방출 촉진

13-2. 김 자연채묘(건홍)의 적기는?

① 수온 12~15℃가 되는 대조 시
② 수온 22℃ 전·후에서 15℃로 하강하는 대조 시
③ 수온 15℃ 이하에서 5~8℃까지의 기간
④ 수온 10℃ 전·후의 겨울철

|해설|

13-1

채묘란 사상체에서 방출된 각포자(단포자) 또는 각포자에서 발아한 어린 엽체로부터 나온 중성포자를 김발에 착생·발아시키는 전 과정을 말한다.

정답 13-1 ③ 13-2 ②

핵심이론 14 김 채묘(2) : 실내 채묘와 실외 채묘

① 실내(육상) 채묘
  ㉠ 자연적인 방출을 억제시키기 위하여 습도를 포화상태로 처리하여 보존한 패각 사상체에 2배 용량의 해수를 넣어 각포자액을 만들어서 그 속에 김발을 담가 채묘한다.
  ㉡ 효과적인 채묘를 위해 물레(지름 1.5m, 너비 1.5m)를 수조에 설치하여 회전시키면서 채묘한다.
    • 김의 회전식 채묘를 할 때 물레의 1분간 회전수는 10회가 좋다.
    • 1cm에 30개의 포자가 착생하면 발을 교체한다.
    • 보통 1일 평균 5회, 물레 1대당 100매 정도 채묘한다.
    • 유효 채묘시각은 6~11시까지이고, 채묘 직후 6~24시간 정도 해수에 담가 두었다가 본 양식장에 시설한다.
  ㉢ 실내 채묘의 장점 및 방법
    • 작업이 편리하고, 어장의 조건에 구애받지 않으며, 각포자의 부착 밀도를 조절하기 쉬운 이점이 있다.
    • 실내 수조 채묘는 가장 계획성 있게, 집약적으로 채묘할 수 있다.

② 실외(야외) 채묘
  ㉠ 양식현장에서 김발에 각포자를 붙이는 과정을 야외 채묘라 한다.
  ㉡ 효과적인 방법은 봉투식 채묘이나, 배양한 조가비 사상체를 매달아 채묘하기도 한다.
  ㉢ 무기질 사상체로써 봉투식 채묘를 할 때에는 채묘 예정일 1주일 전에 저온처리를 시작한다.
  ㉣ 봉투식 채묘의 이점
    • 1회에 대량으로 채묘할 수 있다.
    • 각포자가 비닐봉투 밖으로 나가지 않으므로 손실이 없다.

- 각포자의 부착밀도를 조절할 수 있다.
- 사상체 패각의 양이 적고 각포자가 균일하게 붙는다.
- 규조, 파래 등의 해적생물의 부착이 적고 어떤 어장에서도 채묘가 가능하다.

ㅁ 패각 사상체 매달기
- 성숙한 패각 사상체를 어장에 미리 설치한 발에 매달아, 패각에서 빠져 나오는 각포자가 발에 붙도록 유도하는 방법이다.
- 필요한 패각의 양은 그물발 1개(김발 20~30매)당 300~600개다.

※ 양식 김의 야외 인공채묘 시 패각 사상체를 비닐주머니에 달아서 매는 가장 큰 이유는 패각의 건조를 방지하기 위해서이다.

14-1. 김의 회전식 채묘를 할 때 물레의 회전속도는 얼마가 가장 적당한가?

① 5회전/분
② 10회전/분
③ 20회전/분
④ 60회전/분

14-2. 김의 인공채묘방법 중 가장 계획성 있고 집약적으로 채묘할 수 있는 채묘법은?

① 무기질 사상체에 의한 인공채묘
② 봉투식 야외인공채묘
③ 야외인공채묘
④ 육상탱크채묘

14-3. 김의 봉투식 채묘의 장점이 아닌 것은?

① 포자의 손실이 적다.
② 부착밀도를 조절할 수 있다.
③ 균일하게 포자가 붙는다.
④ 채묘된 것을 봉투 속에 그대로 넣어서 양식하여도 성장이 빠르다.

해설

14-1

김의 채묘를 회전식으로 할 때 폭 1.5m, 지름 1.5m인 물레의 1분간 회전수는 10회가 좋다.

정답 14-1 ② 14-2 ④ 14-3 ④

핵심이론 15 김발의 설치 및 관리(1) : 채묘 후의 김발 관리

① 김발의 노출 수위
- ㉠ 김발의 노출 수위는 김의 생육시기나 조석의 변동, 일사량의 계절적 변화에 따라 조절해야 한다.
- ㉡ 김은 일반적으로 바닷물 속에 잠겨 있을 때 잘 자라고, 노출되었을 때는 성장이 억제된다.
- ㉢ 김은 노출이 적으면 빨리 자라지만, 병해에 대한 저항력이 약해지므로, 적절한 관리가 필요하다.
  - ※ 김양식장이 검조소(檢潮所)와 인접했을 때의 노출선산출법은 표준 노출선과 현장 노출선의 평균값을 적용한다.

② 채묘 후 김발관리
- ㉠ 대조 시 : 성장이 빠르므로 김발을 낮게 유지한다.
- ㉡ 소조 시 : 성장이 느리므로 단련기회로 높게 관리한다.
- ㉢ 수온 10℃ 이하 : 동상 방지, 성장촉진을 위해 노출을 억제한다.
- ㉣ 봄 12~13℃ : 노출을 많이 하여 성장기간을 늘이고 황화현상을 예방한다.

③ 김 채묘작업이 끝난 후 발아층으로 김발을 올려 주는 요령
- ㉠ 발아층은 대조 때의 주간 4~5시간을 노출선으로 하는 것이 일반적이다.
- ㉡ 발올리기 시기를 늦추면 해적생물이 붙을 염려가 있다.
- ㉢ 해적생물이 많은 곳에는 3일 후, 그렇지 않은 곳은 5~7일 후에 올려 준다.

④ 김발의 조건
- ㉠ 물과 김발의 접촉각도가 작아야 한다.
- ㉡ 물의 흡수율이 높아야 한다.
- ㉢ 표면에 구멍, 요철이 많아야 한다.
- ㉣ 그러나 타해조류의 부착 방지를 위하여 김은 건조에 강하므로 김발은 건조가 쉽고 물과 접촉각도가 작아야 한다.

- ㉤ 김 양식장에서 따개비와 같은 해적생물의 부착을 방지하기 위해서는 수온이 22℃ 정도 이하로 내려갈 때까지 기다린 후 시설을 해야 한다.
  - ※ 포자가 기질과 접촉기회를 많이 가지게 하는 것이 중요하다.
  - ※ 김발의 발달순서 : 섶 → 떼발 → 지네발 → 그물발

10년간 자주 출제된 문제

15-1. 김발에서 사용되고 있는 발아층의 높이는?
① 0시간 노출
② 대조 때의 주·야간을 합쳐서 4시간 노출선
③ 대조 때의 주간 4~5시간 노출선
④ 소조 때의 주간 4시간 노출선

15-2. 봄철 수온이 12~13℃가 될 때 김발의 관리 요령은?
① 노출을 많이 시키고 부동은 적게 한다.
② 노출과 부동을 적게 한다.
③ 부동을 많이 시키고 노출을 적게 한다.
④ 노출과 부동을 많이 한다.

15-3. 김발관리가 바르게 된 것은?
① 종말기에는 노출을 적게 한다.
② 10℃ 이하에서는 노출을 적게 한다.
③ 채취한 뒤에는 발을 높인다.
④ 김 채취 2~3일 전에는 발을 낮춘다.

|해설|

15-1
발아층은 대조 때의 주간 4~5시간을 노출선으로 하는 것이 일반적이다.

정답 15-1 ③ 15-2 ① 15-3 ②

① 냉장김발의 개요

　㉠ 조간대에서 자라는 자연상태의 김은 건조에 매우 강하여, 결합수의 손실만 없으면 생육에 이상이 없다.

　㉡ 김의 어린싹은 저온에서 건조에 대한 내성이 강하여 장기간 보존했다가 양식에 사용할 수 있다. 이 특성을 김 양식에 응용한 것이 냉장김발이다.

② 냉장김발(냉동망)의 이용 목적

　㉠ 갯병대책 : 냉장김발의 활용으로 갯병 피해에 능동적인 대처가 가능하다.

　㉡ 양식기간의 연장 : 김발의 노후 문제가 없으므로 양식기간이 연장된다.

　㉢ 해적생물의 구제 : 채묘 시에 착생한 해적생물을 구제할 수 있다.

　㉣ 생산력 증가

③ 냉동씨발(종망)의 건조(되도록 짧은 시간)

　㉠ 맑게 개고 바람이 있는 썰물 때의 한낮에 김발이 말목에 설치된 그대로 한다.

　㉡ 냉동씨발은 냉장 전에 함수율 20~40%가 되도록 건조한다.

　㉢ 김 냉장발(냉동망)을 입고 전에 건조시키는 이유(목적)는 세포 내 결빙을 예방하기 위함이다.

④ 냉동김발 제작

　㉠ 냉동시기는 수온범위 13~18℃일 때가 좋다.

　㉡ 냉장 전 −20~−30℃ 저온에서 10시간 전후로 급속 동결시킨다.

　　※ 김 냉장씨발을 동결할 때 0℃에서 −20℃까지의 소요 시간은 10시간 정도가 적합하다.

　㉢ 급랭된 씨발을 −15~−25℃에 냉장보관한다.

　㉣ 부착밀도는 1cm당 300개체가 적당하다.

　㉤ 싹이 클수록 작업 중에 손상되기 쉬워 체장 3cm 내외의 엽체에 적당하다.

　㉥ 수분함량은 20~40%이다.

　㉦ 생존율은 81일 후 90~95%, 312일 후 80%이다.

10년간 자주 출제된 문제

16-1. 냉장김발(냉동망)의 이용 목적에 해당되지 않는 것은?

① 갯병대책
② 양식기간의 연장
③ 해적생물의 구제
④ 양식장의 입체적 이용

16-2. 냉동김발 제작에 대한 설명 중 틀린 것은?

① 냉동시기는 수온범위 13~18℃일 때가 좋다.
② 부착밀도는 1cm당 300개체가 적당하다.
③ 싹이 클수록 작업 중에 손상되기 쉬워 3cm 내외가 적당하다.
④ 수분함량은 10~20%, 보관온도는 −20~−30℃가 적당하다.

16-3. 냉동씨발은 입고하기 전에 함수율을 몇 % 정도로 건조시키는 것이 좋은가?

① 40~60%　　　　　② 20~40%
③ 8~10%　　　　　④ 15~20%

16-4. 다음 중 김의 냉장에 알맞은 온도는?

① −10~−15℃　　　② −15~−25℃
③ +5~−10℃　　　　④ −30℃ 이하

16-5. 김 냉장발(냉동망)을 건조시키는 이유와 가장 관련이 깊은 것은?

① 광합성작용
② 호흡작용
③ 갯병의 원인균체 폐사
④ 세포 내 결빙 예방

16-1

냉장김발의 장점

• 초기 김 갯병의 피해 극복
• 양식기간의 연장
• 해적생물의 구제
• 생산력 증가

16-2

저장온도 및 기간

• 냉장 전 -20~-30℃에서 10시간 전후로 급속 동결한다.
• 급랭된 씨발을 -15~-25℃에 냉장보관한다.
• 생존율은 81일 후 90~95%, 312일 후 80%이다.
• 수분함량은 20~40%가 되도록 한다.

16-5

생김은 엽상체 무게의 90% 이상이 수분으로 구성되어 있으며, 생김 상태로 냉동하면 세포조직이 파괴되므로, 수분 함유량이 20~40%가 되도록 건조시킨다.

정답 **16-1** ④ **16-2** ④ **16-3** ② **16-4** ② **16-5** ④

핵심이론 **17** 김발의 설치 및 관리(3) : 냉장김발 관리

① 냉장발 싹의 크기와 부착상태

　㉠ 5mm 이하의 어린싹은 적응성이 좋지 않다.

　㉡ 30~50mm가 되는 큰 싹은 채취가 빠르다.

　㉢ 싹이 크면 병든 것이 섞일 염려가 있다.

　㉣ 싹이 크고 성긴 것은 갯병 대체용, 만기 생산에 적합하다.

　㉤ 기준 이하 크기의 싹은 작업 도중 상할 염려는 적으나 저수온기에 성장이 잘 안 되고 첫 채취까지 걸리는 시간이 길다.

② 김 노출의 생리적 의의

　㉠ 노출에 따른 삼투압 변화가 2차아(중성포자)의 효율적 방출에 도움을 준다.

　㉡ 김에 해를 주는 파래, 규조 등을 제거한다.

　㉢ 붉은갯병을 예방한다.

　　※ 3월 이후 냉장발을 이용하여 양식기간을 연장하기 위해서는 발의 노출시간을 길게 한다.

③ 냉장발의 설치와 관리에 있어서 적정한 조치

　㉠ 출고한 김 냉장씨발(종망)은 밀봉상태로 4시간 이내에 운반하고 해수에 수용 후 설치한다.

　㉡ 출고 후 3~4시간 이내에 발을 설치한다.

　㉢ 생장촉진을 위해서 무노출 상태로 설치한다(건조에 대한 저항력을 높이기 위해).

　㉣ 3~4cm 크기의 싹은 12월 이후(어장 생태회복) 1~2월에 설치하는 것이 좋다.

　㉤ 1월 중, 하순의 저온기 때는 야간노출에 주의한다.

　㉥ 3월 이후 어기막에 냉장발을 사용해 어기를 연장한다.

　㉦ 뜬흘림발에 주로 사용한다.

17-1. 냉장발 싹은 크기와 부착상태에 따라서 냉장시기와 설치시기가 달라진다. 바르지 못한 것은?

① 5mm 이하의 어린싹은 적응성이 좋다.
② 30~50mm가 되는 큰 싹은 채취가 빠르다.
③ 싹이 크면 병든 것이 섞일 염려가 있다.
④ 싹이 크고 성긴 것은 갯병 대체용, 만기 생산에 적합하다.

17-2. 출고한 김 냉장씨발(종망)은 어떻게 처리하는가?

① 밀봉상태로 24시간 이상 상온체 방치 후 시설
② 밀봉된 것을 풀어서 완전해동 후 시설
③ 밀봉상태로 4시간 이내에 운반하고 해수에 수용 후 시설
④ 밀봉상태로 4시간 이상 지난 후 시설

「해설」

17-1

기준 이하 크기의 싹은 작업 도중 상할 염려는 적으나 저수온기에 성장이 잘 안 되고 첫 채취까지 걸리는 시간이 길다.

정답 17-1 ① 17-2 ③

핵실이론 18 김 양성관리(1) : 양성개요

① 양식장 환경

　㉠ 김 양식의 수온조건은 크게 김싹의 발아기와 엽상체의 성장기로 나누어진다.

　㉡ 중성포자는 23℃ 이하의 수온에서 김발에 부착하여 김싹(유엽)으로 자란다.

　㉢ 최적수온은 5~8℃로 이 수온이 유지되는 기간이 길면 수확도 증가한다. 김의 성장기 수온은 15℃ 이하이며, 4℃ 이하에서는 생장이 늦어진다.

　㉣ 유속은 20cm/sec 이상이고, 풍파가 센 곳, 정향류가 좋다.

　㉤ 김 양식 시 김 생육의 가장 적합한 비중은 1.018~1.025이다.

　㉥ 기타 영양염류 $100\mu g/L$ 이상, DO 90% 내외, COD 3ppm 이하이다.

② 김 양식장 적지 조건

　㉠ 하천수 유입이 다소 있는 해역

　㉡ 지주(支柱)를 세울 수 있는 천해

　㉢ 계절풍이 있는 조용한 해면

③ 김 양식장에 영향을 미치는 환경

　㉠ 강우나 강설은 산소와 탄산가스를 공급하는 중요 요인이다.

　㉡ 인(P)은 김의 초기 성장에 매우 중요한 역할을 한다.

　㉢ 질소(N)는 김 양식장에서 가장 중요한 염양염류이다.

18-1. 김의 생육상태로 판단할 때 발아기에 해당하는 수온은?

① 15~22℃

② 9~14℃

③ 5~8℃

④ 4℃ 이하

18-2. 보통의 해수에 있어 김 양식장의 가장 적당한 유속은?

① 20cm/sec

② 80cm/sec

③ 1m/sec

④ 10m/sec

18-3. 김 양식장에서 수온과 김 성엽의 성장관계를 바르게 설명한 것은?

① 15℃ 이상에서 가장 잘 자란다.

② 12~13℃에서 가장 잘 자란다.

③ 10℃ 이하가 좋고 4℃ 이하에서 가장 잘 큰다.

④ 5~8℃에서 가장 잘 크며 4℃ 이하에서는 성장이 늦다.

|해설|

18-1

김의 생장과정과 적수온의 관계

생장과정	발아기	성육기	생육 정지기
계 절	가을~초겨울	겨 울	봄
수온(적수온)	15~22℃ 전후	15℃ 이하 (5~8℃)	12~13℃

18-3

김의 성장기 수온은 15℃ 이하이나 최적수온은 5~8℃이고 이 수온이 유지되는 기간이 길면 수확도 증가한다. 4℃ 이하에서는 김의 생장이 오히려 늦어진다.

정답 18-1 ① 18-2 ① 18-3 ④

핵심이론 19 김 양성관리(2) : 철판산화도법

① 김 양식장에서 철판산화도법

　㉠ 해수유동 측정이 목적이다.

　㉡ 두께 0.8mm, 5×10cm 크기의 냉연강판을 15℃ 해수에 24시간 매달아 그 무게의 줄어듦을 조사하여 해수의 유동을 조사하는 방법이다.

　㉢ 철판산화도법에서 감량이 많다는 것은 해수의 유동이 많다는 것을 의미한다.

　㉣ 철판산화도법으로 해수의 유동상태를 측정할 때 보정치를 계산하기 위해 수온을 측정한다.

　㉤ 철판산화도법의 판정

　　• 수온 15℃, 24시간에 감량이 80mg 이하면 어장가치가 없다.

　　• 100mg 이상이면 어장가치가 있고, 150mg 이상이면 좋은 어장이다.

② 하구의 생산성이 높은 이유

　㉠ 강물에 의한 충분한 영양염 공급으로 영양염류가 풍부하다.

　㉡ 생산자가 풍부하다.

　㉢ 조류운동이 활발하다.

　㉣ 적정수온이 유지되고, 넓은 간석지가 형성된다.

19-1. 김 양식장에서 철판산화도법의 사용 목적은?

① 조류 방향 측정
② 영양염의 소비량 측정
③ 해수유동 측정
④ 광합성량 측정

19-2. 철판산화도법에서 감량이 많다는 것은?

① 해수 중에 탄산염이 많은 것이다.
② 해수 중에 투과되는 조사량이 많은 것이다.
③ 해수의 온도가 올라가기 때문이다.
④ 해수의 유동이 많기 때문이다.

19-3. 해수유동상태를 철판산화도법으로 측정하였을 때 철 감량이 최소한 어느 정도가 되어야 김 어장으로서 가치가 있는가?

① 50mg 이상   ② 80mg 이상
③ 100mg 이상   ④ 150mg 이상

19-4. 하구 부근에 좋은 김 어장이 형성되는 가장 중요한 요인은?

① 적정 수온유지와 적정 비중유지
② 적정 비중유지와 영양염 공급
③ 영양염 공급과 적정 수온유지
④ 해수유동과 적정 비중유지

해설

19-1

철판산화도법
두께 0.8mm, 5×10cm 크기의 냉연강판을 15℃ 해수에 24시간 매달아 그 무게의 줄어듦을 조사하여 해수의 유동을 조사하는 방법이다.

19-2

철판산화도법에서 감량이 많은 것은 해수의 유동이 많기 때문이다.

19-3

100mg 이상이면 어장으로서 가치가 있다.

정답 19-1 ③ 19-2 ④ 19-3 ③ 19-4 ③

핵심이론 20 김 양성관리(3) : 어장 시비법

① 해수시비법(海水施肥法)
  ㉠ 해조류가 생육하는 어장에 시비(施肥)하는 목적 : 수확량 증대, 병해예방, 품질향상
  ㉡ 김어장에서 해수시비법의 장단점

장 점	노력이 적게 든다.
단 점	• 조류에 의한 비료분 손실이 크다. • 효과범위가 뚜렷하지 않다. • 어디서나 같은 효과를 기대하기 어렵다.

② 엽면살포법
  ㉠ 시기 : 김발이 간조에 노출된 직후
  ㉡ 발아 후 40일 정도 된 김에 엽면살포하면 효과가 가장 크다.
  ㉢ 엽면살포법의 장단점

장 점	• 효과의 명확한 판단이 가능하고, 지시작업이 비교적 편하다. • 적은 양의 비료로 효과가 크고, 비료손실이 적다. • 일조시간이 풍부하고 낮에 효과가 크다. • 시비효과를 측정할 수 있고, 어느 양식장에서나 실시 가능하다.
단 점	• 노력이 많이 든다. • 간조 시에만 가능하다. • 약해가 생길 위험이 있다.

③ 시비요령
  ㉠ 김 양식장에 시비를 할 때 질소와 인의 비율은 7~10 : 1로 시비한다.
  ㉡ 김의 장기간 생장에 소비가 가장 많고 효과적인 비료 성분은 질산태질소(NO_3-N)이고 농도는 30ppm이다.
  ㉢ 김이 단기간에는 빨리 흡수하나 고농도에서는 저해작용이 있는 질소원은 암모니아태질소(NH_4-N)이다.
  ㉣ 김 양식장에 수온이 5℃ 이하일 때는 비료를 주었을 때 효과가 없다.

20-1. 김 양식의 엽면살포식 시비방법에서 가장 효과적인 것은?

① 김발이 노출된 직후
② 김발이 1~2시간 노출될 때
③ 김발이 3~4시간 노출될 때
④ 김발이 5~6시간 노출될 때

20-2. 다음 중 김에 엽면살포법으로 시비를 하여 가장 큰 효과를 거둘 수 있는 것은?

① 노화된 김
② 발아 후 40일 정도 된 김
③ 생리적 장애에 의한 갯병이 이미 생겼을 때
④ 붉은 갯병과 같은 병원성에 의한 갯병일 때

20-3. 김 양식장에서 소비가 가장 많은 비료분은?

① 규산염   ② 질산염
③ 인산염   ④ 칼슘염

20-4. 김 양식장에 시비를 할 때 질소와 인의 비율은 얼마인가?

① 3 : 1   ② 10 : 1
③ 1 : 1   ④ 30 : 1

|해설|

20-2
발아 후 40일 정도된 김에 엽면살포하면 효과가 가장 크다.

20-3
김의 장기간 생장에 소비가 가장 많고 효과적인 비료성분은 질산태질소(NO_3-N)이고 농도는 30ppm이다.

20-4
질소와 인의 비율은 7 : 1 내지 10 : 1의 범위로 주도록 하는 것이 좋다.

정답 20-1 ① 20-2 ② 20-3 ② 20-4 ②

핵심이론 21 김 양성관리(4)
: 김 양식 시 규조류에 의한 피해예방

① 김 양식장의 파래 구제목적을 위한 김발 관리요령

　㉠ 양식장의 정리를 잘해서 조류 소통을 좋게 하고, 밀식을 방지한다.

　㉡ 덮발에 의하여 채묘할 때에는 발의 수를 적게 한다.

　㉢ 채묘 초기에 발을 5~6시간 정도의 고노출선에 며칠간 매어 두면 파래는 죽는다.

　㉣ 채묘기에 규조류가 많이 붙으면 발을 30cm 정도 높여주거나 펌프로 세척한다.

　㉤ 파래가 1~2cm 정도 자랐을 때에는 발을 육상으로 올려서 24~48시간 건조시킨다.

　㉥ 건조처리는 바람이 있고 습기가 적은 낮에 실시한다(비, 이슬, 서리 등에 주의).

　㉦ 건조처리 후에는 무노출 상태로 1~2일 두었다가 본래의 발 높이에 매단다.

　㉧ 파래 김이 3cm 정도 자랐을 때 손으로 직접 뜯어낸다.

　㉨ 규조류가 많이 붙은 김을 제품으로 할 때에는 0.2% 탄산나트륨 용액에 10~30분간 담가 두었다가 물로 씻어 내면 효과적이다.

　㉩ 홑파래는 건조에 대한 저항력이 강하므로 구제가 어렵다.

② 기타 주요사항

　㉠ 10월 중에 김 양식장 주변에 해파리 대군이 나타나면 싹갯병이 잘 발생한다.

　㉡ 1월 중에 김을 채취한 다음에 김발의 높이는 이전보다 낮춘다.

　㉢ 덮발에 의한 씨발의 관리과정에서 김싹이 1mm 정도 자랐을 때 갑자기 투명도가 높고 해파리가 많이 나타났다면 가장 효과적인 대책은 단기 냉장이다.

21-1. 김 양식어장의 파래 구제법은?

① 채묘 초기에 발을 1시간 정도의 고노출선에 며칠간 매어 두면 파래는 죽는다.
② 파래가 5~6cm 정도 자랐을 때에는 발을 육상으로 올려서 3~4시간 건조시킨다.
③ 바람이 있고, 습기가 적은 날 건조처리를 실시한다.
④ 건조처리 후에는 노출상태로 1~2일 두었다가 본래의 발 높이에 매단다.

21-2. 김 양식 시 규조류에 의한 피해 예방 및 제거를 위한 조치법으로 틀린 것은?

① 양식장의 정리를 잘해서 조류 소통을 좋게 하고, 밀식을 방지한다.
② 덮발에 의하여 채묘할 때에는 발의 수를 많게 한다.
③ 채묘기에 규조류가 많이 붙으면 발을 30cm 정도 높여주거나 펌프로 세척한다.
④ 규조류가 많은 붙은 김을 제품으로 할 때에는 0.2% 탄산나트륨 용액에 10~30분간 담가 두었다가 물로 씻어 내면 효과적이다.

21-3. 덮발에 의한 씨발의 관리과정에서 김싹이 1mm 정도 자랐을 때 갑자기 투명도가 높고 해파리가 많이 나타났다면 다음 중 이때의 가장 효과적인 대책은?

① 고노출선으로 옮긴다.
② 단기 냉장을 한다.
③ 뜬흘림발로 전개한다.
④ 저노출선으로 옮긴다.

【해설】

21-1

파래 구제목적을 위한 김발 관리요령
① 채묘 초기에 발을 5~6시간 정도의 고노출선에 며칠간 매어 두면 파래는 죽는다.
② 파래가 1~2cm 정도 자랐을 때에는 발을 육상으로 올려서 24~48시간 건조시킨다.
④ 건조처리 후 무노출상태로 1~2일 두었다가 본래의 김발높이에 매단다.

21-3

김발의 단기 냉장은 파래나 규조의 구제, 병원생물의 번식 억제, 양식기간의 연장이 필요할 때 효과적이다.

정답 21-1 ③ **21-2** ② **21-3** ②

핵심이론 22 김 양성관리(5) : 뜬발양식

① **뜬발양식의 개요**

㉠ 김발을 항상 뜨도록 하여, 광합성 조건을 최대로 만들어 김 엽상체의 성장을 촉진시키는 양식방법이다.
㉡ 김의 건전한 생육과 품질을 향상시키기 위하여 생육기에 하루 2시간 정도 노출시킨다.
㉢ 해역의 환경수질조건이 좋은 곳은 수심이나 저질에 관계없이 시설이 가능하다.
㉣ 저질이 단단하여 양식시설을 고정시키기에 편리한 곳이 좋으며, 수심도 4~50m 범위가 가능하지만 깊을 필요는 없다.
㉤ 무노출 상태로 양식하기 때문에, 중성포자에 의한 2차 싹의 착생이 거의 없다.
㉥ 양식 도중에 김발의 생산력이 저하되면 대체 냉장발로 교체함을 전제로 한다.
㉦ 외양의 깊은 곳에 가장 알맞은 김양식 시설이다.
㉧ 지주식보다 어느 정도 외해의 풍파가 센 것이 좋다.
㉨ 흰갯병이 많이 발생한다.

② **뜬흘림발의 장단점**

장 점	• 포자가 충분히 많이 부착한 김발을 이용할 수 있다. • 수광시간을 길게 하여 단시간에 엽체를 생장시킬 수 있다. • 수심이 깊은 외해에서도 양식이 가능하다. • 파래, 규조의 부착이 없을 정도로 싹이 충분히 자란 김을 사용해서 양식한다.
단 점	• 노출 시 인력이 많이 들고 품질이 나쁘다. • 양식 중 중성포자에 의한 2차아 번식이 없으므로 김발의 수명이 짧다(늦가을~초겨울 : 2~3회 채취 가능, 겨울 : 3~4회 채취 가능). • 냉장발 교체 등의 번거로움이 있다.

③ **김 뜬흘림발 양성방법**

㉠ 싹이 충분히 자란 발을 사용한다(김싹의 크기는 6~10cm가 적당하다).
㉡ 포자가 조밀하게 붙어야 한다. 지주식 양식에서보다 뜬흘림발 양식에서 2차아의 번식이 적으므로 김의 싹을 빽빽이 붙여야 한다.

ⓒ 2~3회 채취 후 새로운 씨발로 교체한다.

ⓔ 뜬발양식을 할 때 착생포자는 cm²당 100~200개 정도가 적당하다.

> **뜬흘림발의 발 전개 요령**
> • 야외 채묘 시 → 20~30매 겹쳐 채묘한 것을 5~10일 후 10매 → 1차 전개
> • 15~20일 후(0.5cm 이하) 5매 → 2차 전개
> • 30~35일 후(1~3cm) → 3차 전개(본양식)

④ 김 부류식(뜬흘림발) 시설

사다리식	• 풍파가 적은 내만 사용이 가능하다. • 개개인이 소규모로 사용할 수 있다. • 작업이 간편하다.
연구조식	• 발의 내파성을 높인 것(뜬흘림발시설 중 내파성이 가장 높음)이다. • 시설규모를 자유롭게 조절할 수 있다.
강관식	막대한 자금 소요되나 반영구적(조류가 빠른 것)이다.

⑤ 뜬흘림발의 닻의 고정력

ⓐ 무른 저질에서는 닻손이 넓고 각도가 작을수록 좋다.

ⓑ 단단한 저질에서는 닻손이 좁고 길며 각도가 큰 것이 좋다.

ⓒ 수심에 대한 닻줄의 깊이는 길수록 좋다.

22-1. 김의 뜬발양식을 할 때 착생포자는 cm²당 얼마 정도가 적당한가?

① 500~700개
② 300~500개
③ 100~200개
④ 10~50개

22-2. 뜬흘림발의 단점과 관계가 깊은 것은?

① 2차아에 의한 번식
② 싹이 밀생한 발
③ 수광시간
④ 어장의 부영양화

22-3. 뜬발의 성질과 가장 거리가 먼 것은?

① 수광시간이 길다.
② 김발의 수명이 짧다.
③ 2차아에 의한 번식이 많이 있다.
④ 수심이 깊은 외해에서도 양식이 가능하다.

22-4. 뜬흘림발양식에 관한 다음 기술 중 틀린 것은?

① 2~3회 채취 후 새로운 씨발로 교체한다.
② 설치방법에는 강관식, 사다리식, 연구조식 등이 있다.
③ 양식 초기에 3~4시간의 노출이 필요하다.
④ 흰갯병이 많이 발생한다.

22-5. 다음 중 김 부류식(뜬흘림발) 시설이 아닌 것은?

① 강관식
② 사다리식
③ 연승식
④ 연구조식

|해설|

22-1
뜬발식은 말목식 양식용보다 더 많은 각포자를 부착시켜 착생포자가 100~200개/cm² 정도 되게 한다.

22-2
양식 중 2차 번식이 없으므로 김발의 수명이 짧다.

22-3
뜬발양식은 중성포자에 의한 2차아의 착생이 거의 없다.

22-4
뜬발양식은 무노출 상태로 양식한다. 최근에는 김의 건전한 생육과 품질을 향상시키기 위하여 생육기에 하루 2시간 정도 노출시킨다.

정답 22-1 ③ 22-2 ① 22-3 ③ 22-4 ③ 22-5 ③

① 김의 광합성에서 보상점

   ㉠ 보상점 : 300~500lx

   ㉡ 낮 : 광합성에서 생긴 산소(광합성량)와 호흡에 쓰이는 양(호흡량)이 같아지게 되는 광도

   ㉢ 영향 : 생명만 유지되고, 생장은 하지 않는다.

② 김의 호흡량

   ㉠ 생식세포 형성 시에는 광합성 생성당 40% 이상을 호흡으로 소비한다.

   ㉡ 체내 함수량이 감소하면 호흡량도 감소한다.

   ㉢ 노출시간을 조절하여 호흡량을 증가시키면 탄수화물도 감소한다.

   ㉣ 호흡작용에 의해 자체 에너지 소비율이 높기 때문에 양식에 있어 생식세포를 갖는 성숙한 김을 채취하는 것이 유리하다.

③ 기타 주요사항

   ㉠ 김 엽체의 성숙상태를 육안으로 판별하는 기준은 웅성부는 황백색이고 자성부는 적갈색이다.

   ㉡ 냉장씨발로서 만기 생산에 적합한 씨발은 싹이 성기고 큰 싹인 것이다.

   ㉢ 김 양식시설의 밀식 또는 난식은 조류소통 저해로 김 생육에 지장을 초래한다.

   ㉣ 김 그물발에 쓰이는 합성 섬유를 수지가공처리를 하는 직접적인 목적은 친수성 증진이다.

23-1. 김의 광합성에서 보상점은 얼마인가?

① 3~5lx

② 30~50lx

③ 300~500lx

④ 3,000~5,000lx

23-2. 김 양식시설의 밀식 또는 난식은 어떤 결과를 초래하는가?

① 책당 생산량이 높아짐

② 시설파손의 예방

③ 조류소통 저해로 김 생육에 지장을 줌

④ 해류가 계속 유입되어 빠른 성장을 도모

정답 23-1 ③ 23-2 ③

① 기생성 갯병

㉠ 붉은갯병 : 엽체의 군데군데에 붉은색 반점을 생성하고, 차차 반점이 커지면서 중심부는 담록색으로 주위는 붉은색으로 변한다. 고수온, 저비중에 의해 발병되기 쉬우나 간출시키거나 활성처리, 냉동에 의해 대처할 수 있다.

㉡ 호상균병 : 엽체의 병든 부분이 퇴색되고 흰색 반점이나 구멍이 생기며, 엽체는 유실된다. 밀식을 방지하고 조류 소통이 잘되게 하는 건전한 육묘 육성이 필요하다.

㉢ 사상세균부착증 : 엽체에 균사의 부착으로 생장이 저하되나, 노출시간을 늘려 예방할 수 있다.

㉣ 구멍갯병 : 엽체에 구멍이 뚫려 세포막만이 남게 되는 증상으로 충분한 노출과 냉동처리에 의해 회복되는 경우도 있다.

㉤ 녹반병 : 엽체에 원형의 선녹색, 내부는 백색으로 된 구멍이 뚫리는 증상으로 저비중, 고수온하에서 주로 발생한다. 노출시간을 길게 하여 관리하면 예방할 수 있다.

② 생리적 갯병

㉠ 의사흰갯병 : 엽체의 선단으로부터 작은 붉은색 반점이 생기고 그 후 전체적으로 흰색으로 되어 유실되는 증상으로 고노출로 관리하면 예방할 수 있다.

㉡ 흰갯병 : 엽체 전면이 붉게 되고 차츰 흰색으로 되어 유실되는 증상으로 고노출로 관리하면 예방할 수 있다.

㉢ 쪼그랑병 : 엽체가 요철을 가짐으로써 주름이 생기는 것으로 주요 원인은 수질오염으로 알려져 있다.

㉣ 규조부착증 : 규조류의 대량부착 등 경합생물의 부착과 활성 저하에 의해 발생하나 노출에 의해 예방할 수 있다.

㉤ 싹갯병 : 유엽이 저비중에 노출되어 생장 정지가 일어나는 증상으로 노출을 줄여 발병을 예방한다.

③ 김 부류식(뜬흘림발)양식에서 잘 발생하는 갯병의 대책
철저한 엽체관리, 김냉장발(냉동망) 대체, 밀식예방, 비료 주기, 조기 채취, 채취 후 김발 높이기, 냉장처리

④ 갯병 예방과 유기산 사용방법

㉠ 유기산 사용은 시기적으로는 보통 김 엽체가 1~3cm 내외로 성장하고 갯병 발생시기 직전에 실시하는 것이 바람직하다.

㉡ 유기산을 해수에 10~20배로 희석한 다음, 김발을 30초에서 1분 정도 침적해 주는 순간적 침적방법이 비교적 많이 쓰인다.

※ 김발을 구연산희석액에 담그면 싹갯병 예방, 저항성 향상, 해적 구제, 성장 촉진의 효과가 있다.

10년간 자주 출제된 문제

24-1. 김 부류식(뜬흘림발)양식에서 잘 발생하는 갯병의 대책에 해당되지 않는 것은?

① 조기 채취
② 발의 노출 수위를 높이는 장치 설치
③ 냉동망 대체
④ 김발을 1~2m 수심에 고정

24-2. 김양식 어장에서 뚜렷한 피해를 주지 않는 생물은?

① 매생이   ② 규조류
④ 따개비   ④ 단각류

|해설|

24-1
뜬흘림발에서 붉은 갯병 예방책
• 철저한 엽체관리, 비료 주기, 냉장처리, 조기 채취, 밀식예방, 채취 후 김발 높이기
• 좋은 품질의 김이 무노출, 수온 상승, 고수온의 지속, 염분 저하가 있을 때 발생함

24-2
단각류는 피해를 주지 않는다.

정답 24-1 ④ 24-2 ④

① 김뜯기(김의 채취)

  ㉠ 재래식인 말목식 김양식에서 초사리(김) 채취는 채묘 후 약 50일 전후, 뜬발양식에서는 15~20일 정도 지나면 가능하다.

  ㉡ 김은 갯병의 위험이 많으므로 될 수 있는 대로 일찍 채취하고, 그 뒤로부터는 대개 2~4주 간격으로 채취한다.

② 마른김 만들기

  ㉠ 채취한 원조를 잡태(주로 파래) 혼입도에 따라 구별한 다음, 민물로 잘 씻는다.

  ㉡ 과정은 전자동 제조과정으로 처리되는 경우가 많다.

  ㉢ 김 제조기계는 대개 한 설비당 3,000~5,000장/시간이다.

③ 보관과 열처리

  ㉠ 최초의 품질을 유지하도록 조치하는 것이 필요하다.

  ㉡ 열풍건조로 생산된 김이라도 대개는 10~15% 이상의 함수율을 가지기 때문에 장기간 보관 시 품질이 저하되기 쉽다.

④ 마른김의 제조과정

  양식김 → 김뜯기 → 세단 → 현탁 → 초제 → 탈수 → 건조 → 김떼기 → 결속 → 마른김

⑤ 마른김의 영양적 성분 : 단백질, 섬유질, 칼슘, 칼륨, 비타민 A, 비타민 B_{12}, 비타민 C 함유

25-1. 마른김의 제조과정을 올바른 순서대로 나열한 것은?

① 양식김 → 현탁 → 세단 → 김뜯기 → 초제 → 건조 → 김떼기 → 마른김

② 양식김 → 김뜯기 → 세단 → 현탁 → 초제 → 건조 → 김떼기 → 마른김

③ 양식김 → 김뜯기 → 현탁 → 세단 → 초제 → 건조 → 김떼기 → 마른김

④ 양식김 → 현탁 → 김뜯기 → 세단 → 초제 → 건조 → 김떼기 → 마른김

25-2. 마른김에 들어있는 비타민 성분이 아닌 것은?

① 비타민 A   ② 비타민 B_{12}

③ 비타민 C   ④ 비타민 E

［해설］

25-1

마른김의 제조과정

양식김 → 김뜯기 → 세단 → 현탁 → 초제 → 탈수 → 건조 → 김떼기 → 결속 → 마른김

25-2

마른김의 영양적 성분

단백질, 섬유질, 칼슘, 칼륨, 비타민 A, 비타민 B_{12}, 비타민 C 함유

정답 25-1 ② 25-2 ④

2. 미 역

미역의 분포 및 특징

① 서식생태

  ㉠ 우리나라의 전 연안에 분포한다.

  ㉡ 대체로 외해에 접하거나 가까운 수역의 바위에 부착하여 생육한다.

  ㉢ 미역은 내만의 입구나 그 인접한 수역 또는 조류가 빠르고 파랑의 영향이 있는 곳에 주로 분포한다.

  ㉣ 서식대는 저조선 아래의 조하대 지역이다.

    ※ 미역은 담수의 영향을 크게 받는 지역 또는 저질이 갯벌이나 모래로 된 지역에는 분포하지 않는다.

② 북방형 미역의 특징

  ㉠ 체장이 크고 포자엽이 있는 줄기가 길다.

  ㉡ 잎의 열각이 깊고, 엽편의 수가 적다.

  ㉢ 포자엽의 주름수가 6~20개로 많다.

  ㉣ 동해안의 깊은 곳이나 조류가 빠른 곳에 서식한다.

  ㉤ 엽편수가 체장에 비하여 적다.

  ㉥ 포자엽과 영양엽이 떨어져 있다.

③ 남방형 미역의 특징

  ㉠ 체장과 포자엽이 있는 줄기가 짧다.

  ㉡ 잎의 열각이 얕고 엽편수가 체장에 비해 많다.

  ㉢ 포자엽의 주름수가 2~4개로 적다.

  ㉣ 제주, 남해안 등지의 얕은 수심이나 조류가 빠르지 않은 곳에 서식한다.

  ㉤ 체장과 포자엽이 있는 줄기가 많다.

  ㉥ 포자엽과 영양엽이 이어져 있다.

1-1. 다음 중 북방형 미역의 특징이 아닌 것은?

① 포자엽의 주름수가 많다.
② 잎의 열각이 깊다.
③ 크기가 작고 줄기가 짧다.
④ 주로 외양역에 서식한다.

1-2. 남방형 미역의 특징이 아닌 것은?

① 엽장 및 줄기가 짧다.
② 얕은 수심에 서식한다.
③ 포자엽의 주름수가 적다.
④ 우상엽의 열각이 깊다.

해설

1-1
북방형 미역은 체장이 크고 포자엽이 있는 줄기가 크다.

1-2
남방형 미역은 잎의 열각이 얕다.

정답 1-1 ③ 1-2 ④

① 미역의 형태적 특성

   ㉠ 몸은 암갈색을 띠고 뿌리 · 줄기 · 잎의 구분이 뚜렷한 엽상체 식물이다.

   ㉡ 엽상부 전체 모양이 둥근 달걀 모양이며 중륵(中肋)이 발달해 있다.

   ㉢ 잎은 깃 모양으로 갈라지고 표면에 털집은 작은 점이 흩어져 있는 것처럼 보인다.

   ㉣ 엽상부의 중륵은 줄기로 이어지고 납작하며 기부에는 미역귀라고 불리는 포자엽을 형성하여 이곳에 포자가 형성된다.

   ㉤ 줄기는 편압된 타원형이고, 그 기부의 뿌리는 차상으로 여러 번 갈라져서 복잡하게 얽힌 모양을 하여 바위 등에 부착한다.

   ㉥ 생장점(생장대)은 줄기와 엽상부(잎)의 사이에 있다.

② 미역의 생태적 특성

   ㉠ 몸의 내부 구조는 표층, 피층, 수층의 3부분으로 되어 있다.

   ㉡ 표층은 작은 세포가 조밀하게 배열되어 있다.

   ㉢ 피층은 큰 세포로 된 유조직이고, 여기에 정맥선이 있다.

   ㉣ 속은 사상세포와 나팔관 세포로 되어 있고, 이들이 종횡으로 엉성하게 엉켜 있다.

   ㉤ 중륵의 내부는 특히 피층이 두껍다.

   ㉥ 포자엽이 성숙하면 표층세포가 상하 2개로 분열하여 상부세포는 측사가 되고 하부세포에서는 유주자낭이 분리된다.

   ※ 쇠미역은 다시마과에 속하는 1년생의 온대성 해조류이다.

2-1. 미역의 생장대가 있는 부분은?

① 잎과 줄기 사이
② 잎의 끝 부분
③ 줄기 중앙 부분
④ 줄기 기부 부근

2-2. 다음 설명에 해당하는 것은?

> 몸의 내부 구조는 표층, 피층, 속의 3부분으로 되어 있고, 표층은 작은 세포가 조밀하게 배열되어 있으며, 피층은 큰 세포로 된 유조직이고, 여기에 정맥선이 있다. 저조선 아래의 바위 위에 군락을 이루는 1년생 해조이다.

① 다시마
② 갈래곰보
③ 미 역
④ 청 각

해설

2-1

미역의 생장점은 줄기와 엽상부(잎)의 사이에 있다. 즉, 줄기에서 잎으로 이행하는 부분에 있다.

정답 2-1 ①   2-2 ③

---

① 미역은 포자체 세대와 배우체 세대가 모양이 다른 이형 세대교번을 하는 1년생 해조류이다.

② 봄부터 초여름까지 성숙하며, 포자엽에서 유주자를 방출하고, 모체는 소실된다.

③ 방출된 유주자는 바닥에 부착하여 곧 발아하며, 현미경적인 실모양의 배우체로 되지만, 여름철 고수온기에는 휴면한다.

④ 가을이 되면 암수 배우체에서 각각 알과 정자가 생겨 수정한다.

　㉠ 수 배우체 : 여러 개의 조정기가 만들어지며 하나의 조정기에서는 하나의 정자가 만들어진다.

　㉡ 암 배우체 : 1~수 개의 장란기가 만들어져 알을 1개씩 갖게 된다.

⑤ 수정란은 곧 발아하여 아포체로 되는데, 이것은 1층의 세포체로 되어 있으며, 자라서 육안으로 볼 수 있는 유엽(어린 엽상체)이 된다.

⑥ 이들은 수온이 낮은 늦가을에 자라기 시작하여 겨울부터 초봄 사이에 급속도로 자라서 무성하게 된다.

⑦ 미역 생활사의 순서

　포자엽 → 유주자 → ♀♂배우체 → 수정란 → 아포체 → 유엽(포자체)

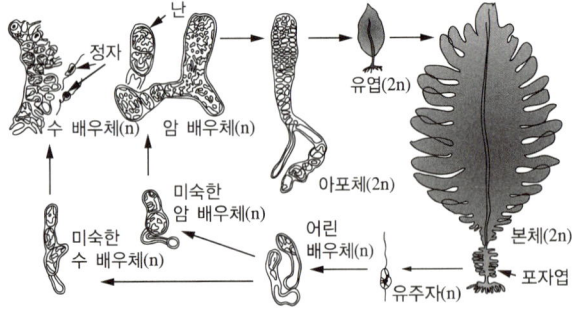

[미역의 생활사]

※ 유엽(늦가을) → 성장(봄, 겨울) → 포자엽 성숙(봄, 여름) → 유주자 방출(모체 손실) → 현미경적 실모양의 배우체 → 암수 배우체(가을) → 수정 후 수정란이 아포체가 되고 유엽으로 성장

3-1. 다음 해조류 중에서 배우체 세대와 포자체 세대가 서로 번갈아가는 이형세대교번 종류가 아닌 것은?

① 모자반　　　　　　② 김
③ 미 역　　　　　　④ 다시마

3-2. 미역의 생활사를 순서대로 나타낸 것은?

① 유주자 → 배우체 → 아포체 → 포자체
② 배우체 → 유주자 → 아포체 → 포자체
③ 유주자 → 포자체 → 배우체 → 아포체
④ 배우체 → 아포체 → 유주자 → 포자체

3-3. 미역의 수 배우체에서 정자가 만들어지는 상태는?

① 하나의 조정기에서 1~수 개의 정자가 형성된다.
② 수 배우체 1개에서 1개의 조정기와 1개의 정자가 만들어진다.
③ 하나의 조정기에서는 하나의 정자가 만들어진다.
④ 하나의 조정기에서는 수백 개의 정자가 동시에 형성된다.

[해설]

3-3

성숙된 수 배우체에서는 여러 개의 조정기가 만들어지며 조정기는 각각 1개의 정충을 갖고 암 배우체에서는 1~수 개의 장란기가 만들어져 알을 1개씩 갖게 된다.

정답 3-1 ①　3-2 ①　3-3 ③

① 미역 유주자

ㄱ 미역의 유주자는 포자체에서 생겨나는 생식세포이다.

ㄴ 강한 광선을 멀리하는 성질을 갖고 있다(주광성이 없다).

ㄷ 몸의 양끝에 길고 짧은 두 개의 섬모를 갖고 있으며 긴 섬모를 움직여 운동을 한다.

ㄹ 서양배의 형태(Pyriform)이다.

ㅁ 길이 $8\sim9\mu$(1마이크론(μ) = 1/1,000mm), 폭 $5\sim6\mu$이다.

ㅂ 미역의 유주자 방출시기는 봄철(4~6월)에 수온이 오르기 시작하여 $14℃$로 될 때부터 방출이 시작되어, 미역이 없어지는 $22℃$로 될 때까지 계속된다.

> **미역 유주자의 착생률**
> • 수온 $20℃$ 이하, 비중 1.020 이상일 때 착생률이 높다.
> • 수온 $25℃$ 이상, 비중 1.010 이하에서는 착생률이 매우 낮다.
> • pH 7.4~8.0일 때 착생률이 높다.
> • 유주자 착생력은 유영시간이 짧을수록, 조도는 500~1,000lx일 때 높다.

② 배우체의 발아 및 생장

ㄱ 배우체의 발아와 생장의 적수온은 $17\sim20℃$이고, $27℃$ 이상에서는 불가능하다.

ㄴ 발아한 배우체는 $23℃$까지는 생장을 하지만, 그 이상으로 되면 세포는 둥글게 되고, 세포막은 두꺼워져 휴면상태에 들어간다.

ㄷ 해수비중이 1.022~1.024 범위가 배우체 성장에 적합하다.

ㄹ 배양 중 수온이 $20℃$ 이하에서는 2,000~6,000lx 정도로 밝은 편이 성장에 좋다. $24℃$ 이상의 고온에서는 1,000lx 이하, $28℃$ 이상에서는 500lx 이하의 조도가 알맞다.

③ 배우체의 성숙과 아포체의 발아

ㄱ 아포체와 홑잎으로 된 유엽은 수온이 $15\sim17℃$일 때가 생장이 좋고, $10℃$ 이하에서는 늦어진다.

ㄴ 유엽의 성장이 진행됨에 따라 엽상부 가운데에 중륵(中肋)이 생기는데, 이때부터는 수온 $12\sim13℃$에서 잘 자란다.

> **미역의 배우체와 아포체의 성숙 및 발아조건**
> • 암수의 배우체는 수온 $20℃$ 이하에서 성숙하기 시작하고 포자체의 발아도 이루어진다.
> • 포자체의 생장은 $17℃$ 이하에서 좋다.
> • 포자체는 밝은 곳에서 잘 성숙하지만 어두운 곳(150lx)에서는 성숙하지 않는다.
> • 일조시간도 배우체의 성숙에 영향을 미치므로 단일처리를 하면 효과가 있다.
> • 비중은 1.020 이하이면 성숙이나 발아가 늦어진다.

10년간 자주 출제된 문제

4-1. 미역 유주자의 기술 중 잘못된 것은?

① 주광성(走光性, Phototaxis)이 없다.

② 2개의 편모로 헤엄친다.

③ 서양배의 형태(Pyriform)이다.

④ 성상(星狀)색소체를 가진다.

4-2. 미역 유주자의 착생률에 대한 설명 중 틀린 것은?

① 수온 $20℃$ 이하, 비중 1.020 이상일 때 착생률이 높다.

② 수온 $25℃$ 이상, 비중 1.010 이하에서는 착생률이 매우 낮다.

③ 주광성이 있어서 밝은 곳으로 모여든다.

④ pH 7.4~8.0일 때 착생률이 높다.

4-3. 다음 중 미역의 유주자 방출시기로 가장 알맞은 것은?

① 1~3월   ② 4~6월

③ 7~9월   ④ 10~12월

4-4. 미역의 배우체 배양에 관하여 틀린 것은?

① 배우체 성장의 적수온은 $17\sim20℃$이다.

② 배우체는 수온 $28℃$에서는 다 죽는다.

③ 해수비중이 1.022~1.024 범위가 배우체 성장에 적합하다.

④ 배양 중 수온이 $23℃$ 정도일 때의 조도는 1,000lx 정도로 조절한다.

4-5. 다음 중 미역 배우체의 발아 및 성장에 가장 알맞은 광선과 온도 조건은?

① 2,000~6,000lx, 20℃
② 1,000~2,000lx, 27℃
③ 2,000~6,000lx, 24℃
④ 1,000~2,000lx, 30℃

[해설]

4-1

미역 유주자의 모양은 서양배와 비슷하며 길이가 8~9μ(1마이크론(μ)=1/1,000mm), 폭이 5~6μ으로, 몸의 양끝에 길고 짧은 두 개의 섬모를 갖고 있으며 긴 섬모를 움직여 운동을 한다.

4-2

미역 유주자는 강한 광선을 멀리하는 성질을 갖고 있다.

4-4

배우체의 발아 및 생장

수온 17~20℃가 가장 좋고, 27℃ 이상에서는 발아하지 않는다. 발아되어 배우체로 된 것은 수온 23℃까지는 생장하지만 24~25℃ 이상이 되면 생장이 중지되고 세포는 두꺼운 세포막의 둥근 모양이 되어 휴면상태가 된다. 휴면상태의 배우체는 30℃의 고수온도 견딜 수 있다.

정답 4-1 ④ 4-2 ③ 4-3 ② 4-4 ② 4-5 ①

핵심이론 05 미역의 인공채묘

① 씨줄의 준비
　㉠ 미역의 채묘란 포자엽에서 나온 유주자를 채묘틀에 부착시키는 것이다.
　㉡ 씨줄은 채묘틀에 3~5mm 간격으로 감고, 잔털은 불로 살짝 태워 없앤다.
　㉢ 미역의 채묘에서 씨줄은 배양해수 ton당 2,500~3,000m 정도로 한다.
　㉣ 씨줄을 잘라서 끼울 때에는 어미줄의 지름보다 2~3cm 길게 끊어서 끼운다.
　㉤ 씨줄은 각종 합성섬유들 크레모나사 18 합사가 가장 경제적이고 채묘성적이 좋다.
　㉥ 씨줄틀로 가장 적당한 자재는 PVC 파이프이다.
② 포자엽 선발
　㉠ 포자엽은 충분히 성장하여 크고 두꺼운 것을 골라야 한다.
　㉡ 대체로 성숙도가 좋은 것은 광택이 있는 다갈색이나 흑갈색으로, 가장자리의 색이 짙고 부드러우며 점액이 많다.
③ 포자엽을 취급하는 요령
　㉠ 채취 즉시 깨끗한 해수에 씻는다.
　㉡ 시원한 그늘에서 말린다(음건처리는 미역의 채묘를 위한 예비작업에 해당한다).
　㉢ 너무 마른 때는 위를 덮어 준다.
④ 채묘순서
　㉠ 채묘통에 비중 1,020 이상의 깨끗한 해수를 채묘틀이 잠길 정도로 넣는다.
　㉡ 수온 20℃(채묘의 최적 온도 17~20℃) 이하 직사광선이 없는 밝은 곳에서 채묘한다(23℃ 이상 되지 않도록 주의).
　㉢ 야간 건조된 포자엽을 채묘통에 넣는다(5분 후 유주자가 방출).

② 약 30분 후 채묘틀을 건져 다른 배양 수조로 옮긴다.

⑩ 씨줄을 너무 오래(30~40분 이상) 채묘틀(유주자액)에 넣어 두면 포자엽에서 나온 타닌을 포함한 점액 때문에 유주자 착생률이 떨어진다.

⑤ 미역채묘와 종자생산을 위한 기구 및 장치

씨줄(종사), 채묘틀(씨줄틀), 채묘용, 배양용 수조, 해수여과 장치와 채광 및 차광 장치, 계측장치(수온계, 비중계, 조도계, 현미경)

미역양식에서 수온별 적온
- 유주자의 방출과 착생 : 17~20℃
- 배우체 발아 성장 적온 : 17~20℃
- 아포체 유엽의 성장 적온 : 15~17℃
- 줄기가 생긴 이후 : 12~13℃
- 성엽 : 5~10℃

5-1. 미역 포자엽을 음건(그늘말리기)한 후에 포자를 방출시키는 이유는?

① 자극에 의해 대향 방출시키기 위해
② 유주자의 착생률을 좋게 하기 위해
③ 축적된 유주자를 단시간에 대량 방출시키기 위해
④ 유주자의 운동성을 높이기 위해

5-2. 미역채묘를 할 때 포자엽을 담가두는 최적 시간은?

① 20~30분
② 30~40분
③ 50~60분
④ 1~2시간

5-3. 미역의 채묘조건으로 틀린 것은?

① 수온 18℃ 전후
② 비중 1.020 전후
③ 직사광선이 없는 밝은 곳
④ 채묘시간은 1시간 이상 유지

5-4. 다음 중 미역 인공채묘의 최적 온도는?

① 10~14℃
② 14~17℃
③ 17~20℃
④ 20~24℃

〈해설〉

5-1

음건처리는 미역의 채묘를 위한 예비작업에 해당되는 사항으로, 음건처리를 하는 목적은 공기 중에서 유주자 주머니에 삼투압의 변화를 주어 일시에 많은 양의 유주자를 방출시키기 위해서이다.

5-2

미역채묘를 할 때 유주자액에 씨줄을 30~40분 이상 담그면 타닌을 함유한 점액질이 유주자를 약하게 만들 뿐이므로 20~30분 담가두어야 한다.

5-4

환경조건 수온 : 채묘(17~20℃), 수확(15℃ 이하), 종어기(17~18℃)

정답 5-1 ③ 5-2 ① 5-3 ④ 5-4 ③

① 종자의 배양관리

　㉠ 초기(씨줄에 붙은 유주자가 발아하여 배우체로 자라는 시기)

　　• 배우체로 자라는 시기는 수온에 따라 조도를 2,000~5,000lx 정도로 조절한다.

　　• 채묘한 지 1주일 후에 물갈이를 한다.

　㉡ 중기 : 휴면기(성장 억제)

　　• 휴면기에 배우체가 떨어지는 것을 방지한다.

　　• 초기에 배우체의 세포 수가 암 배우체는 3~4개, 수 배우체는 12~13개로 되었을 때 성장을 억제시킨다.

　　• 23℃ 이상 되지 않도록 주의하고, 조도는 1,000lx 이하로 하며 증발 시 1일 1/3일씩 환수(환수가 없는 것이 원칙)한다.

　㉢ 말기(배우체 성숙)

　　• 8월 말 수온이 떨어지면 조도를 높인다.

　　• 물갈이를 자주하고 유수식으로 관리한다.

② 초기배양에서 배우체의 비료주기

　㉠ 수조에 약품을 직접 넣거나 한 번에 너무 많이 주면 오히려 약해가 생긴다.

　㉡ 미역종자 배양 중 조도와 물갈이가 충분하여 배우체가 건강할 경우에는 비료주기가 필요 없다.

　㉢ 만일 배우체의 건강상태가 좋지 않다면 물갈이 후에 해수 1L에 질산나트륨 0.1g(요소를 사용할 경우에는 1/3의 양), 제2인산나트륨 0.02g을 첨가한다.

③ 초기 관리

　㉠ 포자엽은 씨줄 1만m당 30~50kg 정도를 사용한다.

　㉡ 수온은 23℃를 초과하지 않도록 한다.

　㉢ 배우 초기에는 밝게(5,000~6,000lx) 유지한다.

　㉣ 수온상승과 더불어 조도를 차차 낮추어 준다.

　㉤ 수온과 조도와는 서로 보상관계가 있다. 즉, 미역 종자 배양 시 작업상 가장 유의해야 할 것은 광선조절이다.

　　※ 미역종자의 월하 배양 시 수온 25℃ 정도를 기준으로 하며, 적정 조도는 200~500lx가 적합하다.

　㉥ 1개월에 1, 2회 채묘틀의 상하를 바꾼다.

　㉦ 채묘 후 5~10일 간은 환수하지 않으며 발아 확인 후 매일 환수한다.

10년간 자주 출제된 문제

6-1. 미역종자 배양과정에서 수온이 높아짐에 따른 가장 우선적으로 대처해야 하는 것은?

① 틀을 자주 뒤바꾸어 준다.
② 물갈이를 자주 한다.
③ 시비를 하여 종자를 튼튼하게 한다.
④ 광선을 어둡게 관리한다.

6-2. 미역종자 배양에서 초기 관리로 잘못된 것은?

① 수온은 23℃를 초과하지 않도록 한다.
② 수온상승과 더불어 조도를 차차 높인다.
③ 조도는 처음은 5,000~6,000lx로 한다.
④ 1개월에 1, 2회 채묘틀의 상하를 바꾼다.

[해설]

6-2
수온상승과 더불어 조도를 차차 낮추어 준다.

정답 6-1 ④　6-2 ②

① 가이식의 필요성

　㉠ 직접적인 목적은 아포체나 유엽의 성장을 촉진시키기 위해서이다(배우체의 성숙과 수정이 좋다).

　㉡ 아포체를 가이식한 것이 본 양성시설을 한 것보다 성장이 빠르다.

　㉢ 부니와 잡생물의 제거작업 또는 싹녹음 예방을 위해서이다.

　㉣ 씨줄을 어미줄에 감는 작업을 할 때 종자의 손상을 줄일 수 있다.

　㉤ 아포체나 유엽은 굵은 어미줄에 붙어 있는 것보다 씨줄에 따로 붙어 있는 것이 광선도 잘 받고 조류 소통도 좋아 발아 및 성장이 빠르고 부니나 잡생물의 피해도 적다.

② 가이식 시기를 결정하는 요소 4가지

　㉠ 내만의 경우 22~23℃ 이하, 외해의 경우 20℃ 이하에서 가이식을 시작한다.

　㉡ 생장은 가이식이 빠를수록 아포체가 클수록 빠르다.

　㉢ 싹녹음을 피하기 위하여 11월까지는 가이식을 끝낸다.

　㉣ 조석상으로는 소조 직후가 가이식의 적기이다.

　　※ 미역의 가이식과정에서 가장 위험한 때는 소조의 물이 맑은 때이다.

③ 가이식 적지

　㉠ 조류 소통이 좋고 잡생물의 부착이 적은 곳

　㉡ 해안선 부근 비교적 투명도가 낮고 수온 변동이 적은 곳

④ 가이식 방법

　㉠ 가이식은 해수의 온도가 21℃ 이하로 내려가면 씨줄이 틀에 감긴 채로 해면 아래 2~4m에 매단다.

　㉡ 가이식은 아포체, 즉 종자가 규조류나 부니에 묻히지 않을 정도의 크기(5~10mm)로 자랄 때까지 한다.

⑤ 미역의 가이식 시 싹녹음이 잘 발생하는 경우

　㉠ 적조의 침해를 받았을 때(적조발생)

　㉡ 수온이 높고 맑은 외양수가 유입될 때

　㉢ 해수의 투명도가 높은 소조 때(큰 조석차)

　㉣ 갑작스러운 조도의 변화가 나타날 때

　㉤ 해파리떼가 많이 나타날 때

7-1. 미역의 가이식 적지 선정방법으로 틀린 것은?

① 조류의 소통이 좋은 곳
② 잡생물의 부착이 적은 곳
③ 외양수의 영향이 강한 곳
④ 해안선 가까이의 비교적 투명도가 낮고 수온 변동이 적은 곳

7-2. 미역 종자 가이식의 필요성에서 볼 때 그 비중이 가장 낮은 것은?

① 미역 종자의 배양수조나 탱크를 김의 인공채묘에서 빨리 이용하기 위해서
② 아포체나 유엽의 성장을 촉진시키기 위해서
③ 부니와 잡생물의 제거작업 또는 싹녹음 예방을 위해서
④ 씨줄을 어미줄에 감을 때의 종자 손상을 막기 위해서

7-3. 미역의 가이식 시에 나타나는 싹녹음의 주원인은?

① 수질오염
② 영양염 결핍
③ 외양수 유입
④ 잡생물 부착

[해설]

7-2

미역의 가이식 필요성
- 아포체나 유엽은 굵은 어미줄에 붙어 있는 것보다 씨줄에 따로 붙어 있는 것이 광선도 잘 받고 조류 소통도 좋아 발아 및 성장이 빠르고 부니나 잡생물의 피해도 적다.
- 부니나 잡생물의 제거작업 또는 싹녹음 예방을 위한 대피작업이 용이하다.
- 배우체의 성숙과 수정이 좋다.
- 유엽이 육안으로 확인되기 전에 어미줄에 감는 작업을 할 경우 부주의로 종자가 손상될 우려가 있다.

7-3

미역의 싹녹음이 잘 발생하는 경우는 외양수 침입, 적조, 소조 시 조석차가 없을 때, 해수유동이 적고 정체되어 투명도가 높을 때이다.

정답 7-1 ③ 7-2 ① 7-3 ③

핵심이론 **08** 미역의 양성

① 시기와 종자의 크기

　㉠ 가이식 2주 후 5~10mm로 성장했을 때 본 양성을 한다.

　㉡ 아포체의 발아가 늦어 수조 내에서 크기가 아직 0.5 mm 이하인 것일지라도, 바다의 수온이 20℃ 이하로 안정되었을 때에는 바로 본양성을 한다.

② 미역의 양성방법

　㉠ 뗏목식 : 비교적 조용한 내만에 조류의 방향과 평행하게 설치한다.

　㉡ 연승식 : 풍파가 심한 곳이나 외해에 접한 곳에 파도와 시설 방향이 평행하게 설치한다.

　㉢ 조립 연승식 : 내만 또는 외해와 접한 내만에 설치한다. 뗏목식과 연승식을 개량한 것이다.

　㉣ 수평 외줄식 : 전 작업을 가장 손쉽게 할 수 있고 밀식의 염려가 거의 없는 미역양식법으로 서해연안에 가장 적당하다.

③ 어미줄

　㉠ 씨줄에 붙은 유엽이 자라서 나뭇가지 모양의 부착기를 형성하여 단단히 착생할 수 있는 기질을 만들어 주기 위해 어미줄을 설치한다.

　㉡ 어미줄은 파도에 잘 견딜 수 있어야 한다.

　㉢ 어미줄은 구입이 손쉬운 폴리에틸렌계의 합성섬유로프가 주로 사용된다.

　㉣ 파도가 센 동해안 남부의 일부 해역에서는 타이어를 로프처럼 절개하여 대용하기도 한다.

　㉤ 로프의 굵기는 시설의 길이에 따라 지름 12~16mm로 한다.

　㉥ 어미줄을 설치하는 길이는 대체로 남해안에서는 2~3m, 동해안 북쪽에서는 0.5~1m를 기준으로 하여 조절한다.

　㉦ 양식장의 수심은 5~8m가 이상적이다.

※ 어장 1,000m²(1ha)을 기준으로 미역 양식시설의 적정시설 기준일 때 가장 적합한 어미줄의 길이는 약 2,000m이다.

④ 씨줄 붙이기

　ⓐ 씨줄을 어미줄에 붙일 때에는 씨줄이 건조되지 않도록 해야 한다.

　ⓑ 씨줄 붙이기에는 직접 어미줄에 감는 방식과 씨줄을 잘라서 어미줄에 끼우는 방식의 두 가지가 있다.

　ⓒ 감는 방식은 어미줄의 꼬임 방향과 반대 방향으로 감는 방식이 일반적으로 사용되고 있다.

[씨줄 붙이기 방식과 장단점]

씨줄 붙이기 방식	어미줄 1m당 씨줄의 길이	특징
1	1.5m	• 장점 : 마찰에 강하다. • 단점 : 씨줄이 허비되고, 밀식의 우려가 있다.
2	1.3m	• 장점 : 씨줄이 3보다 밀착한다. • 단점 : 발아율이 3보다 낮다.
3	1.2m	• 장점 : 초기 유엽의 성장 효율이 2보다 높다. • 단점 : 씨줄이 잘 밀착되지 못한다.
4	10cm	• 장점 : 씨줄이 적게 든다. • 단점 : 작업능률이 좋지 못하다.

어미줄의 시기별 깊이
• 남해안 : 2~3m, 동해안 : 0.5~1m
• 채묘틀을 가이식할 때(10월 말~11월 초) : 2m
• 본 이식을 할 때(11월 초~말) : 1.5m
• 완전 채취할 때(1월 초~3월 초) : 1.5~2.5m
• 채묘를 위해 포자엽 보관 깊이(2월 말~4월 말) : 2.5~3.5m
• 12~1월은 1m 수심층으로 둔다.

8-1. 일반적으로 미역의 본 이식시기는?

① 가이식 후 5mm 이하일 때
② 가이식 후 5~10mm로 성장했을 때
③ 가이식 후 15~20mm로 성장했을 때
④ 가이식 후 30~50mm로 성장했을 때

8-2. 다음 중 서해연안에 가장 적당하다고 생각되는 미역 양성 시설방법은?

① 전부동 그물발식
② 수평 외줄 연승식
③ 뗏목식
④ 조립연승식

8-3. 미역의 어미줄로 가장 많이 쓰이는 것은?

① 나일론　　　　② 사 란
③ 폴리에틸렌　　④ 실 크

해설

8-2
미역의 양성방법
• 뗏목식 : 비교적 조용한 내만에 조류의 방향과 평행하게 설치한다.
• 연승식 : 풍파가 심한 곳이나 외해에 접한 곳에 파도와 시설 방향이 평행하게 설치한다.
• 조립 연승식 : 내만 또는 외해와 접한 내만에 설치한다.

8-3
널리 보급되어 구입이 손쉬운 폴리에틸렌계의 합성섬유로프가 어미줄로 주로 사용되고 있다.

정답 8-1 ②　8-2 ②　8-3 ③

① **미역의 생장 특성을 이용한 수확의 방법**

　㉠ 일제 수확 : 수온이 비교적 높아 15℃ 이하가 되는 시간이 짧은 곳에서 종자가 드물 경우 또는 밀식이 되었더라도 대부분의 미역이 충분히 자랐을 때 일제히 채취한다.

　㉡ 솎음 수확 : 수온이 15℃ 이하인 기간이 긴 곳(50일 이상)에서 밀식된 미역은 일찍 자란 것부터 수확하는 방법이다.

　㉢ 잎자르기 수확

　　• 양성기간(수온이 15℃ 이하인 기간)이 길고 종자가 드물 경우에는 미역의 길이가 5~10cm 정도 남도록 줄기에서 생장대 윗부분만 수확한다.

　　• 남은 부분에서 재생이 가능하도록 하는 것으로서, 특히 엽체수가 적을 때에는 이 방법이 효과적이다.

　　• 15℃ 이하의 수온이 40일 이상 계속되고 어미줄 1m에 50주 이하인 때 수확한다.

> **미역의 재생력을 이용한 수확**
> • 잎자르기 수확방법을 이용한다.
> • 양성기간이 길고 종자가 드물 때 이용한다.
> • 절간생장의 원리를 이용한다.

② **조도 및 수온과 미역의 생장과의 관계**

　㉠ 생장 성기에 맑은 날씨가 많은 해에 풍작이 많다.

　㉡ 생장이 좋은 양식장으로는 15℃ 이하의 기간이 긴 외양쪽이 유리하다.

　㉢ 수온이 빨리 내려가는 곳은 조기생산을 하기 쉽다.

　㉣ 내만에서는 조기생산을 하기가 쉽다.

　㉤ 우리나라 동·서·남해안의 천연미역 채취시기를 결정하는 가장 중요한 요인은 수온이다.

③ **미역양식의 풍작**

　㉠ 수온이 높은 지방에서는 유주자의 발생시기와 배우체의 발아시기(5~7월)의 수온이 낮으면 다음해에 풍작이 된다.

　㉡ 추운 지방에서는 1, 2월의 수온이 평년보다 높을수록 좋고, 따뜻한 지방에서는 4, 5월의 수온이 낮은 해에 풍작이 되기 쉽다.

　㉢ 유주자의 방출기인 4, 5월과 아포체의 발아기인 9~10월에 폭풍 일수가 많으면 자연적으로 갯닦기가 되어 풍작이 된다.

　㉣ 엽체 성장 시기인 2~5월 동안에 맑은 날씨가 많은 해에는 풍작이 되기 쉽다.

④ **미역양식의 흉작** : 하구 부근에 있는 번식장에서는 배우체가 발생하는 5~6월과 아포체의 발아기인 9~10월에 비가 많아 비중이 1.022 이하의 상태가 오래 되면 흉작이 되기 쉽다.

9-1. 미역양식의 수확 요령으로 틀린 것은?

① 양성기간이 긴 곳에서 밀식된 미역은 되도록 자주 솎아서 채취한다.
② 양성기간이 짧은 곳에서 종자가 드물 경우에는 대부분의 미역이 충분히 자랐을 때 일제히 채취한다.
③ 양성시간이 짧은 곳에서는 밀식이 되었더라도 일제히 수확을 한다.
④ 양성기간이 길고 종자가 드물 경우에는 기부의 생장대까지를 수확한다.

9-2. 미역양식에서 잎자르기 수확을 하기에 알맞은 착생밀도와 수온의 기준은?

① 10℃ 이하의 수온이 30일 이상 계속되고 어미줄 1m에 100주 이하인 때
② 15℃ 이하의 수온이 40일 이상 계속되고 어미줄 1m에 50주 이하인 때
③ 15℃ 이하의 수온이 50일 이상 계속되고 어미줄 1m에 10주 이하인 때
④ 15~20℃ 기간이 40일 이상 계속되고 어미줄 1m에 20~30주 이하인 때

9-3. 천연 미역밭에서 미역과 경합관계에 있지 않은 것은?

① 대형 다년생 해조
② 암표(岩表)생물
③ 말잘피류
④ 소형 다년생 해조

해설

9-1
양성기간이 길고 종자가 드물 경우에는 미역의 길이가 5~10cm 정도 남도록 줄기에서 생장대 윗부분만 수확한다.

9-3
암표생물과 미역의 부착과는 관계가 없다. 단, 부착 후 미역 성장과정에 있어 먹이가 될 수는 있다.

정답 9-1 ④ 9-2 ② 9-3 ②

---

3. 다시마

핵심이론 01 다시마 생태

① 생태적 특징
  ㉠ 다시마는 미역처럼 무성세대인 포자체와 유성세대인 현미경적인 배우체가 세대교번을 하는 생활사는 같으나, 수명에는 차이가 있다.
  ㉡ 미역은 1년생이고, 다시마의 수명은 다년생으로 길게는 3~4년이다.
  ㉢ 다시마의 번식시기는 6월에서 다음해 3월까지의 장기간이고, 그 수명에 따라 유주자낭이 생기는 정도와 시기에 차이가 있다.
  ㉣ 유주자가 방출되면 유주자를 방출하는 부분은 녹아 없어지고, 봄에 남은 부분에서 다음해에 다시 엽상부가 자라난다.

② 다시마의 형태적 특징
  ㉠ 엽체의 내부 조직은 표층, 피층, 수층으로 구분된다.
  ㉡ 점액 강도는 피층세포에서 나타난다.
  ㉢ 잎의 중앙부분은 약간 두껍고 양 가장자리는 얇다.
  ㉣ 엽체의 비대생장은 표층에서 일어난다.
  ㉤ 가장 바깥층을 이루는 표층은 엽록체를 많이 가지는 작은 세포로 구성되어 세포분열기능을 오랫동안 지속하고 이 부분에서 비대생장이 일어난다.
  ㉥ 참다시마의 성숙한 잎기부는 둥글고 중대부가 매우 넓다.

> **해조류의 생장방식과 종**
> • 비대생장 : 비대생장은 수산식물에서는 없으나 다시마과의 식물에서는 이와 유사한 기능의 조직을 볼 수 있으며 다시마(표층), 감태에서 나타난다.
> • 확산생장 : 엑토가르푸스와 같은 사상체, 갈파래속, 넓적미역쇠속, 김속과 같은 막질엽상체, 불레기말속과 같은 다육질형에서 나타난다.
> • 개재생장 : 많은 갈조류와 일부의 홍조류에서 나타난다.
> • 정단(꼭대기)생장 : 갈조류의 모자반목, 딕티오타목 및 스파델라리아목과 대부분 진정홍조류에서 나타난다.

1-1. 다시마의 형태학적 특징에 대한 설명으로 틀린 것은?

① 엽체의 내부조직은 표층, 피층, 수층으로 구분된다.
② 엽체의 비대생장은 형성 표피에서 일어난다.
③ 엽면에는 미역과 같이 털집이 산재한다.
④ 점액 강도는 피층세포에서 나타난다.

1-2. 2년생 다시마의 잎이 비대생장을 하는 부분은?

① 피 층   ② 수 층
③ 표 층   ④ 점액강도

1-3. 미역과 동일한 세대교번을 하는 조류는?

① 김   ② 청 각
③ 톳   ④ 다시마

[해설]

1-1

다시마 잎의 중앙부분은 약간 두껍고 양 가장자리는 얇으며, 미역은 우상(羽狀)으로 갈라지고 표면에 많은 털집(毛叢)이 있는데, 육안으로는 작은 점이 흩어져 있는 것처럼 보인다.

정답 1-1 ③ 1-2 ③ 1-3 ④

핵심이론 02 다시마의 생활사

① 이형세대교번을 한다.

㉠ 다시마는 포자체 세대와 배우체 세대가 모양이 다른 이형세대를 가지는 다년생 해조류이다.

㉡ 이른 봄에 어린 엽체가 나타나서 그 해 여름에 성체가 된다.

② 포자체는 무성세대이다.

㉠ 유주자가 방출되는 부위는 포자낭반이다.

㉡ 자낭반의 주된 형성기는 7~9월이다.

㉢ 다시마 잎의 하부 줄기에서 상부의 잎끝까지 부분적으로 유주자 주머니가 생기는 부위는 잎의 중간에서 하부 잎부분이다.

> **다시마의 포자낭 형성**
> • 포자낭은 표층세포에 형성된다.
> • 포자낭반은 잎의 양면에 형성된다.
> • 포자낭반은 색이 짙어서 육안으로 식별된다.

③ 배우체는 유성세대이다.

㉠ 방출된 유주자는 바닥에 부착하여 곧 발아한다.

㉡ 유주자는 현미경적인 실모양의 작은 배우체로 자라며, 여름철 고수온기에는 휴면한다.

㉢ 배우체는 암수가 따로 있고 각각 알과 정자가 생겨 수정한다.

㉣ 배우체 배양 시의 수온은 16℃ 이하가 좋다.

㉤ 다시마의 종자 배양과정에서 수온은 13℃ 전후일 경우 배우체의 수정률이 가장 좋은 조도는 5,000 lx이다.

④ 아포체의 핵상은 2n이다.

㉠ 수정란은 곧 발아하여 아포체로 된다.

㉡ 아포체는 자라서 육안으로 볼 수 있는 유엽(어린 엽상체)이 된다.

㉢ 유엽은 수온이 낮은 늦가을에 자라기 시작하여 겨울부터 초봄 사이에 급속도로 자라서 무성하게 된다.

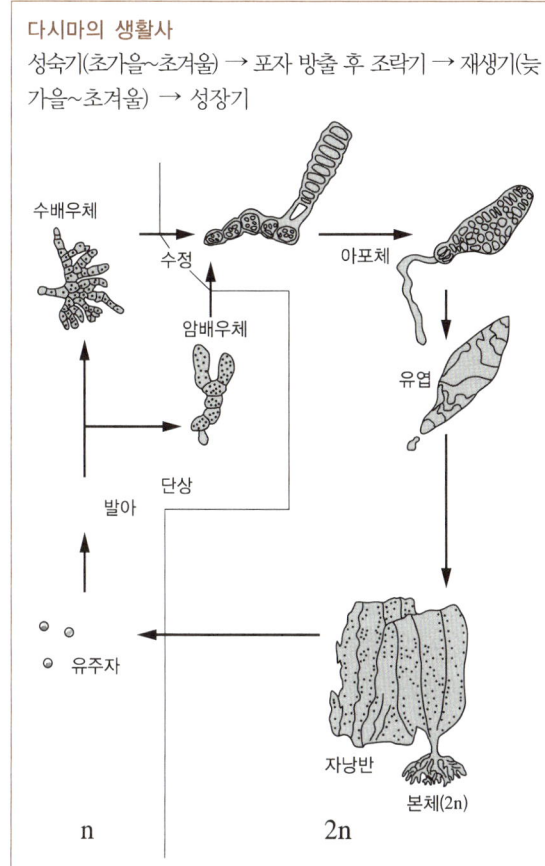

다시마의 생활사

성숙기(초가을~초겨울) → 포자 방출 후 조락기 → 재생기(늦가을~초겨울) → 성장기

수배우체

수정

암배우체

아포체

유엽

단상

발아

유주자

자낭반

본체(2n)

n   2n

2-1. 다시마의 생활사에 대한 설명으로 틀린 것은?

① 이형세대교번을 한다.
② 포자체는 무성세대이다.
③ 배우체는 유성세대이다.
④ 아포체의 핵상은 n이다.

2-2. 다시마의 생활사에 대한 설명 중 틀린 것은?

① 대형 해조이지만 미역처럼 1년생이다.
② 유주자는 현미경적인 작은 배우체로 자란다.
③ 배우체는 암수가 따로 있고 각각 알과 정자를 만든다.
④ 이른 봄에 어린 엽체가 나타나서 그 해 여름에 성체로 된다.

2-3. 다시마 자낭반의 주된 형성기는?

① 5~7월   ② 7~9월
③ 9~10월   ④ 10~11월

2-4. 다시마의 종자 배양과정에서 배우체의 수정률이 가장 좋은 조도는?(단, 수온은 13℃ 전후일 경우)

① 500lx   ② 2,000lx
③ 3,000lx   ④ 5,000lx

|해설|

2-1
아포체의 핵상은 2n이다.

2-2
다시마는 미역과 생활사는 같으나 수명에는 차이가 있다. 미역은 1년생이고, 다시마의 수명은 다년생으로 길게는 3~4년이다.

2-3
7월부터 형성되어 9월 하순경 성숙한 다시마의 엽체면에 구름모양 무늬의 자낭반이라는 것이 형성되어 여기서 무성(無性)의 포자인 유주자가 방출하게 된다.

정답 2-1 ④ 2-2 ① 2-3 ② 2-4 ④

① 모조는 봄에 엽장이 최대기에 있는 것을 택한다.

② 포자낭반이 전엽면적의 10% 이상을 차지하면 모조로 사용이 가능하다.

③ 모조의 그늘말리기(음건)는 24~48시간 정도 실시한다.

④ 모조의 포자방출은 해수에 담근 후 20~30분 정도 되어야 방출하는 경우가 많다.

⑤ 미역에 비해 포자의 발아율이 좋으므로 가능한 한 부착밀도를 높지 않게 한다.

⑥ 포자의 부유밀도가 미역의 1/2이라도 배우체의 부착밀도는 2배 이상이 된다. 따라서, 필요 이상의 많은 모조를 써서 배우체 부착밀도가 과밀하게 되지 않도록 한다.

⑦ 엽체를 꺼내고 씨줄틀을 넣고, 유주자가 충분히 부착하면 다른 수조로 옮겨 배양한다.

10년간 자주 출제된 문제

3-1. 다시마는 최소한 어느 정도 포자낭반이 형성되었을 때 모조로서 포자받기에 충분한가?

① 엽체 표면적의 절반 이상
② 엽체의 전표면에 고루 산재되어 있을 때
③ 엽체 표면적의 1/10 이상 차지하였을 때
④ 엽체의 하반부 중 중대부에 산재되어 있을 때

3-2. 다시마 포자의 부유밀도와 배우체의 부착밀도가 미역과 비교할 때 어떤 관계가 있는가?

① 포자의 밀도가 2배일 때 부착밀도는 1/2이 된다.
② 포자의 부유밀도가 1/2일 때 부착밀도는 2배가 된다.
③ 포자의 부유밀도나 부착밀도는 미역과 유사하다.
④ 포자의 부유밀도가 미역과 같을 때 부착밀도는 2배가 된다.

정답 3-1 ③ 3-2 ②

① 2년 양식

㉠ 천연·인공채묘한 종자를 뿌리묶기, 솎음, 잡해초 제거 등의 관리를 하여 2년간 양성 후 수확한다(9월(가을)에 채묘, 여름에 수확).

㉡ 비교적 수온이 낮은 곳에서 가능한 양성법이다.

㉢ 2년생 다시마 양식에서 10~12월에 재생이 시작되면, 생장대에서 30cm 정도 남기고 잎을 잘라내는데, 그 이유는 이끼벌레의 산란방지를 위해서이다.

㉣ 경제성 및 기술상 문제로 우리나라에 적합하지 않다.

② 촉성양식

㉠ 9월 하순에 인공채묘한 종자를 수조 내에서 조도, 온도 등을 조절하여 45일간 배양하여 수조 내 재생산을 마치고 바다수온 하강 시기에 본 양성을 한다(가을에 채묘, 여름에 수확).

㉡ 실온에서는 불가능하므로, 수온을 15~16℃로 조절할 수 있는 곳이어야 가능하다.

㉢ 촉성양식은 주로 참다시마를 대상으로 한다.

㉣ 2년생 다시마를 저수온기에 최대한 활용하여 단기간에 생장시키는 양식방법이다.

㉤ 다시마 양성법 중 성숙시기가 가장 빠르다.

㉥ 다시마 종자를 촉성배양법으로 배양하면 유주자 착생 후 10일 후 정도에 아포체가 나타난다.

㉦ 촉성배양을 위한 주요 영양염 : 질산나트륨($NaNO_3$), 염화철($FeCl_2$), 요오드칼륨(KI)

㉧ 조도 3,000~4,000lx, 18시간 명기로 투명한 수조에서 한다.

㉨ 물갈이는 20일 후 전량을 그 후 1주일마다 1/2씩 간다.

㉩ 속성으로 종자배양 시 투입하는 영양염류 중 질소(N)와 인(P)의 비는 7~10 : 1로 시비한다.

③ 억제배양양식

ㄱ 5~6월경에 인공 채묘한 배우체를 고수온기에 생장을 인위적으로 중지했다가 9~10월에 발아를 관리하여 바다수온이 18℃ 이하일 때 본 양성을 한다(5~6월에 채묘, 여름에 수확).

ㄴ 다시마 종자의 억제방법에서 채묘 후의 배양수온은 15℃이다.

ㄷ 미역종자 생산이 끝나고 그 수조에서 배양한 종자를 사용하여 12월 중에 양성을 시작할 수 있다.

ㄹ 억제배양하는 다시마의 종자를 월하시키는 데 가장 알맞은 조도는 800lx이다.

ㅁ 억제배양을 할 수 있는 여름철의 수조온도는 23℃ 이하이어야 한다.

ㅂ 억제배양양식은 수확기를 앞당길 수 있다.

※ 2년 양식, 촉성양식, 억제배양양식의 수확기는 여름이다.
※ 봄철에 채묘하여도 겨울철의 다시마양식은 가능하다.

10년간 자주 출제된 문제

4-1. 다시마 종자배양에 관하여 틀린 것은?

① 배우체 배양 시의 수온이 16℃ 이하가 좋다.
② 배우체는 암·수로 구별된다.
③ 속성으로 종자배양 시 투입하는 영양염류 중 인(P)과 질소(N)의 비는 대체로 10 : 1로 인을 많이 투입한다.
④ 봄철에 채묘하여도 겨울철의 다시마양식은 가능하다.

4-2. 다시마종자를 촉성배양법으로 배양하면 유주자 착생 후 어느 정도에 아포체가 나타나는가?

① 1주일 후　　　　　② 10일 후
③ 40일 후　　　　　④ 60일 후

4-3. 여름철에 다시마종자를 억제배양할 때 수조의 최대 온도는?

① 26℃ 이하　　　　② 23℃ 이하
③ 20℃ 이하　　　　④ 18℃ 이하

4-4. 다시마 양성법 중 성숙시기가 가장 빠른 것은?

① 2년 양식　　　　② 촉성양식
③ 억제배양 양식　　④ 1년 양식

4-5. 2년생 다시마를 저수온기에 최대한 활용하여 단기간에 생장시키는 양식방법은?

① 2년 양식　　　　② 촉성양식
③ 억제배양양식　　④ 억제양식

4-6. 2년생 다시마의 양식이 가능할 수 있는 주된 해황조건에 해당되는 것은?

① 9~13℃의 저수온기가 길다.
② 투명도가 15m 이상되는 시기가 많다.
③ 여름철 표층수온이 28℃이다.
④ 수심 12m 이상 깊이는 수온이 언제나 25℃ 이하이다.

4-7. 2년생 다시마 양식에서 10~12월에 재생이 시작되면, 생장대에서 30cm 정도 남기고 잎을 잘라내는데, 그 이유는?

① 재생이 잘되게 하기 위해
② 이끼벌레의 산란방지를 위해
③ 영양염의 절약하기 위해
④ 식량으로 이용하기 위해

4-8. 다음 중 억제배양하는 다시마의 종자를 월하시키는 데 가장 알맞은 조도는?

① 800lx　　　　　② 1,000lx
③ 1,200lx　　　　④ 1,400lx

[해설]

4-1

속성으로 종자배양 시 투입하는 영양염류 중 질소(N)와 인(P)의 비는 7~10 : 1로 시비한다.

4-3

한여름에는 수조의 하층 수온이 23℃ 이하 정도로 유지될 수 있는 곳에서만 가능하다.

4-4, 4-5

촉성양식은 다시마의 품질을 향상시키기 위해 고유배양액 속에서 수온과 조도를 조절하면서 배양하고, 바다의 수온이 하강할 때 이식, 양성하는 방법이다.

4-8

2주일이 경과한 후에는 배유체가 단세포 또는 2개 세포이더라도 조도를 700~800lx로 제한하여 월하 관리를 한다. 이와 같은 조건에서는 완전한 휴면은 하지 않는다.

정답 4-1 ③　4-2 ②　4-3 ②　4-4 ②　4-5 ②　4-6 ④　4-7 ②　4-8 ①

① 씨줄 붙이기

　㉠ 다시마를 어미줄에 착생시키는 밀도는 수확 시의 1m당 25~50개체를 기준으로 한다.

　㉡ 착생밀도가 높으면 품질이 저하되므로, 유엽 때부터 솎아 준다.

　㉢ 씨줄을 어미줄에 감는 방법보다 씨줄을 잘라서 어미줄에 30cm 간격으로 끼우는 방법이 효과적이다.

　㉣ 씨줄은 어미줄에서 1cm 정도 나오게 한다.

> **다시마양식 시 솎음**
> • 솎음은 1월 초부터 시작하는데 그 요령은 생장이 잘되고 부착기가 잘 뻗어서 고착이 잘된 것을 남기도록 한다.
> • 처음부터 너무 많이 솎아내면 경합이 없어서 성장이 나쁘다.
> • 솎을 때에는 곁에 있는 좋은 다시마가 상하지 않도록 주의하면서 솎을 다시마를 한 주먹씩 쥐고 가위로 줄기를 자른다.

② 양성시설

　㉠ 중층 수평 외줄식이 가장 유리하다.

　㉡ 다시마의 생산량이 어미줄 1m당 20~30kg에 달하므로, 어미줄에 큰 장력이 걸린다.

　㉢ 초기 때의 성장을 촉진시키기 위하여 어미줄에 추를 매다는 것이 중요하다.

③ 어미줄 설치 깊이 및 장소

　㉠ 어미줄을 설치하는 깊이는 3월까지는 수면 아래 약 1m, 4~5월에는 약 1.5m, 6~7월에는 약 2~2.5m, 8월에는 약 3~3.5m로 한다.

　㉡ 끝녹음을 방지하기 위해서 너무 깊게 설치하면, 다시마가 충실하지 못하게 된다.

　㉢ 어미줄을 설치하는 장소는 수심이 5~10m이고, 저질이 사니질로 닻의 고장력이 충분히 있는 곳이 좋다.

　㉣ 미역보다 더 생장력이 좋으므로, 영양염류가 풍부한 곳을 택해야 한다.

5-1. 다시마양식관리에 있어 솎음은 4~5월경에 친승 1m당 몇 개체가 남도록 해야 가장 좋은가?

① 70~100개체　　　② 50~70개체
③ 25~50개체　　　④ 100개체 이상

5-2. 참다시마의 양식관리에서 솎음의 요령으로 가장 적합한 설명은?

① 4~5월까지 두었다가 20~50개체/m가 되게 한 번에 솎아 주어야 손상이 적다.
② 1월초에 20~50개체/m가 되게 솎아 주고 탈락이 심해지면 다시 보충한다.
③ 처음부터 20~50개체/m로 드물게 솎아 주어야 성장이 잘 된다.
④ 몇 차례로 나누어서 솎아 주고 4~5월경 25~50개체/m가 되게 한다.

5-3. 다시마양성 시 생장, 성숙촉진 및 끝녹음의 방지를 위해서 다음과 같이 수위조절을 하였다면, 잘못된 것은?

① 가을에서 3월까지는 수면 아래 1m
② 봄의 4~5월에는 수면 아래 1.5m
③ 초여름의 6~7월에는 수면 아래 2~2.5m
④ 한여름의 8월에는 수면 아래 7~10m

해설

5-2

솎음은 1월 초부터 시작하는데, 그 요령은 생장이 잘되고 부착기가 잘 뻗어서 고착이 잘된 것을 남기도록 한다. 솎음은 일시에 많이 하게 되면 다시마가 서로 경합하지 않으므로 오히려 성장이 좋지 않게 되니 몇 차례 나누어 하되, 4~5월경 1m당 25~50개체가 남도록 한다. 솎을 때에는 곁에 있는 좋은 다시마가 상하지 않도록 주의하면서 솎을 다시마를 한 주먹씩 쥐고 가위로 줄기를 자른다.

5-3

양성수위조절
• 3월까지는 1m, 4~5월에는 1.5m, 6~7월에는 2~2.5m, 8월에는 3~3.5m 정도로 한다.
• 끝녹음 방지를 위해 너무 깊게 하면 다시마가 충실하지 못하게 된다.

정답 5-1 ③　5-2 ④　5-3 ④

① 다시마양식 시설장소

㉠ 조류가 다소 빠른 편이 생장에 좋다.

㉡ 저질은 자갈, 모래 등이 좋고 그다음은 사니질이 좋다.

㉢ 수심은 6~10m 정도가 적당하다.

㉣ 암초 또는 돌인 곳은 닻 대신에 대형 콘크리트 블록이나 멍을 사용하고, 닻줄이 바닥에 닿지 않도록 닻줄의 중간에 뜸을 달아 준다.

② 채취된 다시마의 건조장

㉠ 장시간 햇볕을 받을 수 있고 경사가 완만한 곳

㉡ 건조는 빠르나 색택이 검게 되는 철사질 건조장

㉢ 건조상태가 좋고 광택이 좋아지는 모래땅 건조장

㉣ 철사질의 억센 모래밭

※ 다시마 건조제품의 품질은 건조장의 지질에 따라 차이가 많다. 흙바닥은 색택이 손상된다.

③ 비대도

㉠ 다시마의 상품가치가 되는 주된 기준은 비대도이다.

㉡ 다시마 엽체의 상품성 가치를 나타내는 척도로서 엽체의 중량에 대한 엽면적(엽장×엽폭)의 비를 말하며, 단위는 mg/cm^2이다.

㉢ 다시마의 충실기 상태는 실용부분은 증대하나 엽장은 짧아진다.

④ 다시마의 기능성

㉠ 다시마의 맛을 내는 정미성분은 글루탐산나트륨이다.

㉡ 해조류 중 알긴산을 많이 함유하고 있다.

㉢ 알긴산은 미역, 다시마, 매생이 등에 많다.

6-1. 다시마양식 시설장소로 적합하지 않은 것은?

① 조류가 다소 빠른 곳

② 저질은 자갈, 모래, 사니질 지역

③ 수심은 6~10m 정도

④ 담수 유입이 잘되는 지역

6-2. 다시마의 상품가치가 되는 주된 기준은?

① 비대도   ② 엽체폭

③ 엽 장   ④ 엽 목

6-3. 다시마의 맛을 내는 정미 성분은?

① 글루탐산   ② 아스파트산

③ 알긴산   ④ 메티오닌

6-4. 다음 해조류 중 알긴산을 가장 많이 함유하고 있는 것은?

① 비단풀   ② 다시마

③ 채찍말   ④ 보리털

6-5. 다시마의 충실기 상태를 바르게 설명한 것은?

① 생장속도가 빨라지고 자낭반이 충실해진다.

② 실용부분은 증대하나 엽장은 짧아진다.

③ 엽장, 엽폭, 두께가 모두 최고치로 된다.

④ 충실기 직전에 수확한 것이 질이 좋다.

해설

6-1

다시마양식 시설장소

• 조류가 다소 빠른 편이 생장에 좋다.

• 저질은 자갈, 모래 등이 좋고 그다음은 사니질이 좋다.

• 수심은 6~10m 정도가 적당하다.

6-2

비대도

다시마 엽체의 상품성 가치를 나타내는 척도로서 엽체의 중량에 대한 엽면적(엽장 × 엽폭)의 비를 말하며 단위는 mg/cm^2이다.

6-4

알긴산은 미역, 다시마, 매생이 등에 많다.

정답 6-1 ④ 6-2 ① 6-3 ① 6-4 ② 6-5 ②

4. 기타 해조류 양식

(1) 우뭇가사리류

핵심이론 01 우뭇가사리의 생태 및 생활사

① 우뭇가사리의 생태
- ㉠ 우뭇가사리는 동형 세대교번을 하는 다년생 해조류이다.
- ㉡ 한천의 원료가 되는 홍조류에는 우뭇가사리와 꼬시래기 등이 있다.
- ㉢ 한천의 원료로 이용하는 엽상체는 암수 배우체와 사분 포자체이다.
- ㉣ 이들은 성숙하여 생식기집을 형성하지 않으면, 외관상 구별이 힘들다.
- ㉤ 연중 조간대 하부 아래의 암상에서 생육하지만, 조하대의 약 2~5m 부근의 수심에서 큰 군란을 형성한다.
- ㉥ 성체는 여름 장마철 이전에 수확하여 햇볕에 건조시켜 판매한다.

② 우뭇가사리의 생활사
- ㉠ 암수의 배우체가 따로 있다.
- ㉡ 포자에 편모가 없다. 즉, 편모가 없는 부동포자를 만드는 무성생식과 수정에 의한 유성생식을 한다.
  예 김, 우뭇가사리, 풀가사리, 해인초 등
- ㉢ 유성생식에 의하여 과포자를 만든다.
- ㉣ 포자방출은 16~18시에 많다.
- ㉤ 포자방출 성기는 여름(수온 21~27℃)이다.
- ㉥ 포복지에서 새싹이 나와 번식도 한다.
- ㉦ 사분포자체에서는 감수분열과정을 거친 사분포자가 방출되어 새로운 암수 배우체로 자라는 생활사를 반복한다.

10년간 자주 출제된 문제

1-1. 다음 해조류 중 동형 세대교번을 하는 것은?

① 우뭇가사리　　　　② 다시마
③ 미 역　　　　　　④ 톳

1-2. 우뭇가사리의 생태조건과 관련이 없는 것은?

① 포자방출은 16~18시에 많다.
② 조류가 크게 왕복운동하는 곳에 많다.
③ 포자의 방출 성기는 여름(수온 21~27℃)이다.
④ 12~2월 중의 수온과 생산의 풍흉은 역상관(逆相關) 관계이다.

1-3. 우뭇가사리의 생활사 설명에서 틀린 것은?

① 암수의 배우체가 따로 있다.
② 유성생식에 의하여 과포자를 만든다.
③ 사분포자(四分胞子)는 암 배우체로만 발아한다.
④ 포복지에서 새싹이 나와 번식도 한다.

해설

1-3
사분포자체에서는 감수분열과정을 거친 사분포자가 방출되어 새로운 암수 배우체로 자라는 생활사를 반복한다.

정답 1-1 ①　1-2 ④　1-3 ③

① 우뭇가사리가 주로 분포하는 지역

    ㉠ 암초지대가 발달한 곳

    ㉡ 반도의 동쪽 연안

    ㉢ 해수의 소통(왕복운동)이 잘되는 곳

    ㉣ 조가비가 섞인 억센 모래가 많은 곳

    ㉤ 연평균수온이 10~20℃ 이상인 곳

    ㉥ 비중이 1.015 이상인 곳

② 우뭇가사리류의 특징

    ㉠ 우뭇가사리는 다년생이기 때문에 연중 어디에서도 볼 수 있다.

    ㉡ 봄에 성장하기 시작하여 여름 동안 무성하였다가 가을에서 겨울 동안에는 쇠퇴한다.

    ㉢ 번식기가 지난 후 본체는 기부만 남고 유실되어 조락기에 들어간다.

    ㉣ 다음해 봄에 기부의 포복지에서 새로운 본체가 생겨나서 다시 생장기에 들어간다.

    ㉤ 사분포자체에서는 가시모양의 작은 가지가 주걱모양으로 납작하게 되고, 그 부분에 사분포자낭이 여러 개 만들어진다.

    ㉥ 가지를 잡고 당기면 세로로 길게 찢어지는 것은 근양사 때문이다.

    ㉦ 일반적으로 조체의 크기는 10~30cm 정도에 이르며, 형태의 변화가 심하다.

2-1. 우뭇가사리가 번식할 수 있는 적지가 아닌 것은?

① 연평균수온 10~20℃

② 비중 1.015 이상

③ 하천수가 유입되는 장소

④ 자연암반이 발달된 장소

2-2. 우뭇가사리가 주로 분포하는 지역과 거리가 먼 것은?

① 암초지대가 발달한 곳

② 반도의 동쪽 연안

③ 물의 왕복운동이 없는 조용한 곳

④ 조가비가 섞인 억센 모래가 많은 곳

2-3. 우뭇가사리류의 특징이 아닌 것은?

① 사분포자체에서는 가시모양의 작은 가지가 주걱모양으로 납작하게 되고, 그 부분에 사분포자낭이 여러 개 만들어진다.

② 다년생이기 때문에 가을, 겨울철에는 볼 수 없다.

③ 가지를 잡고 당기면 세로로 길게 찢어지는 것은 근양사 때문이다.

④ 일반적으로 조체의 크기는 10~30cm 정도에 이르며, 형태의 변화가 심하다.

2-4. 홍조류인 우뭇가사리가 다시 성장하기 시작하는 계절은?

① 봄   ② 여름

③ 가을   ④ 겨울

|해설|

2-1

하천수가 유입되는 곳이 아닌 해수의 소통(왕복운동)이 잘되는 곳이다.

2-2

해수의 소통이 잘되는 곳에 산다.

정답 2-1 ③   2-2 ③   2-3 ②   2-4 ①

① 암수 배우체(n)는 각각 난자세포와 정자세포를 만든다.

② 정자세포가 암 배우체에 도달하여 난자세포와 수정하게 된다.

③ 수정한 암 배우체는 과포자체(2n)로 되어, 성숙하면 과포자를 방출한다.

④ 우뭇가사리의 암수 배우체가 유성생식으로 처음 만드는 것은 과포자이다.

⑤ 우뭇가사리의 포자방출 최성기는 여름이다.

⑥ 방출된 과포자가 새로운 기질에 착생하여 사분포자체라는 새로운 개체로 자란다.

⑦ 사분포자체에서는 감수분열과정을 거친 사분포자(n)가 방출되어 새로운 암수 배우체로 자라는 생활사를 반복한다.

⑧ 우뭇가사리의 배우체와 사분포자체의 가장 뚜렷한 구별점은 생식기관(생식기 가지)의 모양이다.

⑨ 겨울에서 초봄까지는 암수 배우체가 많고, 봄에서 초여름까지는 성숙한 과포자체가 많이 나타난다.

⑩ 우뭇가사리의 번식에는 과포자, 사분포자에 의한 번식과 포복지 재생력에 의한 영양번식이 있다.

⑪ 자연상태에서는 이와 같은 유성생식보다는 포복지에 의한 무성생식이 활발하다.

3-1. 우뭇가사리의 번식에서 볼 수 없는 것은?

① 포자에 의한 번식
② 배아에 의한 번식
③ 재생력에 의한 영양 번식
④ 포복지에 의한 영양 번식

3-2. 우뭇가사리의 배우체와 사분포자체의 가장 뚜렷한 구별점은?

① 영양 번식력의 유무
② 생육시기의 차이
③ 내부조직의 차이
④ 생식기관(생식기 가지)의 모양

[해설]

3-1

우뭇가사리의 번식

과포자, 사분포자에 의한 번식과 포복지 재생력에 의한 영양번식에 의한 증식

3-2

생김새가 매우 비슷하므로 생식기관이나 핵상을 조사하지 않으면 서로 구별할 수가 없다.

정답 3-1 ② 3-2 ④

① 우리나라에서의 우뭇가사리 양식은 자연적으로 우뭇
   가사리 군락을 만드는 것에 의존한다.
② 해조류의 양식은 전체 생활사를 관리하지 않으므로,
   해조류숲을 만들거나 군락을 조성하는 개념이 강
   하다.
③ 우뭇가사리의 군락을 조성하기 위한 적절한 방법에는
   투석(구조물 또는 자연석)방법이 많이 쓰이며, 그 밖
   에 이식, 바위닦기가 있다.
④ 투 석
   ㉠ 주로 해조류의 부착면을 증가시키기 위하여 투석
      을 한다.
   ㉡ 우뭇가사리는 저조선 부근에서 점심대 20~30m
      깊이에 투석으로 증식시킬 수 있다.
⑤ 이 식
   ㉠ 우뭇가사리의 성숙한 모조를 새끼줄로 끼워서 바
      닥에 감아 주는 이식작업을 할 때 특별히 주의해야
      할 사항은 건조방지, 직사광선방지, 수온상승 억
      제, 이식시간의 단축의 4가지가 있다.
   ㉡ 우뭇가사리의 이식을 위하여 모조를 새끼에 끼워
      서 돌에 감아주는 작업은 하루 중 15시 이전에 마쳐
      야 한다.
⑥ 바위닦기 : 때때로 잡초 제거를 위해 시행하기도 한다.
⑦ 해조류에서 한천의 원료가 되는 것은 우뭇가사리, 풀
   가사리, 개우무, 새발, 꼬시래기, 가시우무, 비단풀,
   단박, 돌가사리, 석묵, 지누아리 등이다.

4-1. 우뭇가사리의 군락을 조성하기 위한 적절한 방법이 아닌 것은?

① 투 석　　　　　　② 바위닦기
③ 이 식　　　　　　④ 준 설

4-2. 점심대에 투석으로 증식시킬 수 있는 종류로 가장 적합한 것은?

① 풀가사리　　　　② 돌 김
③ 우뭇가사리　　　④ 꼬시래기

4-3. 다음의 해조류에서 한천의 원료가 되는 것은?

① 파래·청각
② 미역·다시마
③ 톳·모자반
④ 우뭇가사리·풀가사리

해설

4-3
한천의 원료가 되는 해조류는 모두 홍조류로서 많이 이용되고
있는 종류는 우뭇가사리, 풀가사리, 개우무, 새발, 꼬시래기, 가
시우무, 비단풀, 단박, 돌가사리, 석묵, 지누아리 등이다.

정답 4-1 ④　4-2 ③　4-3 ④

핵심이론 05 풀가사리

① 풀가사리의 생태(풀가사리의 좌)
- ㉠ 좌로써 영양번식을 한다.
- ㉡ 풀가사리의 포자는 반상체의 좌상태로 발아된다.
- ㉢ 모체에서 방출된 포자는 곧 발아하여 얇은 세포층으로 된 편평한 반상체인 좌로 된다.
- ㉣ 타원형으로 긴 지름이 4~8mm 정도이며, 인접한 것과 접착하기도 한다.
- ㉤ 좌의 형성은 7월 상·중순에 시작되고 10월 중에 그친다.
- ㉥ 수온이 낮아지면 좌에서 직립체가 발생하는데 발생 시기는 9월 상순~11월 하순이다.

② 풀가사리의 수직분포가 좁은 범위에 한정된 이유
- ㉠ 상층의 과소한 노출
- ㉡ 하층에서의 광선 부족 또는 하층에서의 타 해조와의 경합

③ 풀가사리의 증식방법
- ㉠ 투석 : 암반을 폭파하거나 투석을 하여 포자가 붙을 수 있는 새로운 착생면을 확대시켜 주는 방법이다.
- ㉡ 갯닦기
  - 포자 방출이 많은 시기에 앞서서 갯바위닦기(바위의 겉면을 깨끗이 닦아 주는 일)를 하여 해적이 될 수 있는 다른 해조류를 제거하는 방법이다.
  - 풀가사리는 가을에는 완전히 엽체가 소실되었다가, 겨울에 다시 나타나기 시작하므로 가을에 갯닦기를 한다.
  - 다년생 해조가 주대상이고, 1년생 해조는 주대상이 되지 않는다.
- ㉢ 포자(씨)뿌림

④ 식용 풀가사리의 채취는 성숙기가 되기 직전에 채취해야 한다.

10년간 자주 출제된 문제

5-1. 모체에서 방출된 포자는 곧 발아하여 얇은 세포층으로 된 편평한 반상체인 좌로 되는 해조류는 어느 것인가?

① 매생이·청각
② 미역·다시마
③ 참김·방사무늬김
④ 불등풀가사리·풀가사리

5-2. 풀가사리의 반상근에서 직립체가 돋아나는 시기는?

① 12~2월 　　　　② 9~11월
③ 6~8월 　　　　④ 3~5월

5-3. 풀가사리 반상체로부터 새싹의 생장을 촉진시키기 위한 갯닦기 시기는?

① 봄 　　　　② 여 름
③ 가 을 　　　　④ 겨 울

5-4. 유용 해조를 위한 갯닦기의 주대상이 되지 않는 것은?

① 대형 다년생 해조
② 소형 다년생 해조
③ 1년생 해조
④ 말잘피류

〔해설〕

5-2

수온이 낮아지면 좌에서 직립체가 발생하는데 발생시기는 9월 상순~11월 하순이다.

5-4

'갯닦기(바위닦기)'란 양식하는 해조류의 포자나 어패류의 어린 조개가 잘 붙을 수 있도록 바위의 겉면을 깨끗이 닦아 주는 일을 말한다. 다년생 해조가 주대상이고 1년생 해조는 주대상이 되지 않는다.

정답 5-1 ④ **5-2** ② **5-3** ③ **5-4** ③

(2) 꼬시래기

핵심이론 01 꼬시래기의 생태 및 서식

① 꼬시래기 생태

 ㉠ 몸통은 작은 쟁반모양의 뿌리에서 모여 나고 원기둥모양이다.

 ㉡ 촘촘하게 깃꼴로 갈라지고 가지는 한쪽으로 치우쳐 나기도 한다.

 ㉢ 몸에서 뻗어 나온 가지는 지름 1~2mm 정도의 철사모양으로 검은 빛을 띤 자주색 또는 짙은 갈색이다.

② 꼬시래기 서식지

 ㉠ 조간대의 돌·조개껍데기 등에 붙어사는데 특히 강물이 바다로 흘러드는 얕은 바닷가의 자갈이나 말뚝 등에서 번식하며, 외해의 암초 위에서도 자란다.

 ㉡ 내만에서는 큰 군락을 이루며 민물이 흘러드는 곳에는 간혹 매우 큰 개체들이 있다.

 ㉢ 서식장소에서 떨어진 몸통과 가지는 바닷속 어디나 떠돌아다닐 수 있고 그 사이 성장이 빨라서 보통의 붙어사는 식물체보다 더 커진다.

③ 꼬시래기의 이용

 ㉠ 한천, 카라기난의 원료, 식용으로 이용된다.

 ㉡ 천연 한천 제조 시에는 한천의 품질 향상, 수율 증가 등을 위해서 우뭇가사리류를 원조로 하면서 여러 가지 홍조류를 배합조로 사용한다.

 ㉢ 꼬시래기의 성분은 응고성이 낮은 점성을 띠고 있는데, 이 점질물을 화학 처리해서 응고성을 가지게 하여 한천을 만들게 된다.

① 꼬시래기 채묘
　㉠ 야외에서 채묘 적기(낭과의 성숙 적기)는 수온 20~24℃인 5월 중순~6월 중순이다.
　㉡ 성장 최성기는 7~8월로 수온 15℃ 이하이며, 11월 이후부터는 점차 성장의 저하를 나타내고 소멸되어서 기부만 남아서 월동한다.
　㉢ 경남 일대의 꼬시래기는 다년생이며, 간조선 하부에 생육한다.

② 꼬시래기의 포자방출 유도법
　㉠ 모조를 24시간 정도 담수에 담가 두었다가 해수로 옮겨준다.
　㉡ 2~4시간 음건시킨다.
　㉢ 햇볕에 1~2시간 정도 노출시킨 후 해수에 넣는다.
　㉣ 꼬시래기 포자방출 유도법 : 담수처리, 음건, 일건 등

③ 양식방법
　㉠ 담수의 유입이 있는 내만 양식장에 가장 적합한 양식 대상종이다.
　㉡ 포자를 적당한 양식 자재에 붙여서 양식하는 것과 강한 재생력을 이용하여 적당히 잘라서 재생시키는 방법이 있다.
　　• 모조를 절단하는 것을 로프에 끼워서 성육시킨다.
　　• 패각에 채묘해서 어장에 살포한다.
　　• 그물발에 채묘 또는 모조를 끼워서 성육시킨다.

2-1. 꼬시래기의 포자방출유도법으로 적당하지 않은 것은?
① 24시간 정도 담수에 담가 두었다가 해수로 옮겨 준다.
② 2~4시간 음건시킨다.
③ 햇볕에 1~2시간 정도 노출시킨 후 해수에 넣는다.
④ 수온을 42℃로 올려 준다.

2-2. 다음 중 담수의 유입이 있는 내만 양식장에 가장 적합한 양식 대상종은?
① 꼬시래기　　　　② 우뭇가사리
③ 다시마　　　　　④ 청 각

2-3. 꼬시래기의 양식방법에 해당되지 않는 것은?
① 모조를 절단하는 것을 로프에 끼워서 성육시킨다.
② 패각에 채묘해서 어장에 살포한다.
③ 그물발에 채묘 또는 모조를 끼워서 성육시킨다.
④ 인공반석을 이용해서 성육시킨다.

해설

2-1
꼬시래기 포자방출유도법 : 담수처리, 음건, 일건 등

2-3
양식방법
• 포자를 적당한 양식 자재에 붙여서 양식하는 방법
• 강한 재생력을 이용하여 엽체를 적당한 크기로 잘라서 로프에 끼워서 재생시키는 방법

정답 2-1 ④　2-2 ①　2-3 ④

(3) 청각, 감태

핵심이론 01 청 각

① 청각의 생태
- ㉠ 청각은 녹조식물의 청각과에 속하는 해조류로 종소명은 연약하다는 뜻이다.
- ㉡ 엽체는 자웅동주 또는 자웅이주이다.
- ㉢ 체장은 10~30cm, 3~5mm 정도이고 하부는 좀 더 굵은 편이다.
- ㉣ 부착기는 넓적하게 펼쳐져 있고 그곳에서 위로 직립한 줄기가 난다.
- ㉤ 줄기는 매우 굵으나 차차 가늘어지면서 차상으로 분기한다.
- ㉥ 분기한 가지는 대체로 다 같은 높이이므로 전체의 모양은 부채 모양이 된다.
- ㉦ 어릴 때에는 몸 표면에 무색의 솜털 같은 것이 있으나 차츰 탈락되어 없어진다.
- ㉧ 엽체의 내부 구조는 중심부에 무색의 수사가 복잡하게 엉켜져 있다.
- ㉨ 바깥쪽은 방망이 모양을 한 포낭이 울타리조직을 이루어 중심부를 둘러싸고 있다.
- ㉩ 포낭은 중심부의 사상에서 가지가 많이 나서 그 끝이 팽대하여 생긴 것이다.
- ㉪ 중심부의 사상조직이나 바깥쪽의 포낭으로 된 울타리 조직은 모두 하나로 이어져 있고, 그 사이에는 격막이 전혀 없는 낭상체 구조를 이루고 있는 것이 특색이다.

② 청각의 생활사
- ㉠ 청각은 세대교번을 하지 않으나 핵상의 교번은 한다.
- ㉡ 모체에서 방출된 단상(n)의 배우자는 접합을 해서 복상(2n)의 접합자가 되고, 이것은 그대로 자라서 복상의 모체로 된다.
- ㉢ 단상의 배우자는 모체의 배우자낭에서 배우자가 생길 때 일어나는 맨 첫 핵분열 시 감수분열을 하여 만들어진다.
- ㉣ 청각의 배우자낭은 암수이체의 경우와 암수동체의 경우가 있다.
- ㉤ 청각의 배우자낭이 나타나는 시기는 초여름에서 초겨울 사이이다.
- ㉥ 청각의 성숙 정도를 외관상 쉽게 구별할 수 없다.
- ㉦ 청각의 추출물에 강한 항생 및 구충 성분이 들어 있다.
- ㉧ 청각의 유체는 초겨울부터 나타나기 시작하여 늦은 봄에서 초가을까지 왕성하게 자라고, 늦은 가을부터 차차 쇠퇴하여 한겨울에는 완전히 소실된다.
  - ※ 청각의 성장이 가장 빠른 시기는 늦은 봄부터 여름의 고수온기이다.
- ㉨ 청각의 채묘 시 대상포자는 접합자이다(육안적인 유체).
  - ※ 청각의 생활사의 순서 : 청각 → 배우자낭 → 배우자 → 접합자 → 청각

1-1. 청각에 관한 설명 중 틀린 것은?

① 청각은 대부분의 해조류와 마찬가지로 세대교번을 하면서 성육번식한다.

② 청각의 배우자낭은 암수이체의 경우와 암수동체의 경우가 있다.

③ 청각의 배우자낭이 나타나는 시기는 초여름에서 초겨울까지다.

④ 청각의 성숙 정도를 외관상 쉽게 구별할 수 없다.

1-2. 세대교번을 하지 않는 해조류는?

① 미 역　　　　　　② 김

③ 다시마　　　　　　④ 청 각

1-3. 청각의 채묘 시 대상포자는?

① 과포자　　　　　　② 접합자

③ 유주자　　　　　　④ 수정란

1-4. 청각의 생활사의 순서이다. 맞는 것은?

① 청각 → 유주자 → 배우자 → 아포체 → 청각

② 청각 → 배우자낭 → 배우자 → 접합자 → 청각

③ 청각 → 과포자 → 중성포자 → 청각

④ 청각 → 유주자 → 접합자 → 배우체 → 청각

|해설|

1-1

청각은 세대교번을 하지 않는다.

1-2

세대교번을 하지 않는 종류 : 갈조류의 모자반, 톳, 녹조류의 청각

1-3

청각의 채묘 시 대상포자는 접합자이다.

1-4

청각의 생활사

2배체 암수의 성숙한 배우자체에서 감수분열이 일어나 반수의 배우자들이 방출되면 암수 배우자들이 만나서 배우자합일이 일어나게 된다. 이를 접합자라고 하며 이는 어린 유체로 자라고, 다시 암수 배우체로 자라는 생활사를 가진다.

정답 1-1 ① 1-2 ④ 1-3 ② 1-4 ②

핵심이론 02 감 태

① 다시마목 감태과에 속하는 해조이다.

② 주로 조하대의 깊은 곳에서 자란다.

③ 충분히 자라려면 2~3년을 필요로 하며, 충분히 자란 것은 1m 이상 되는 것도 있다.

④ 다년생으로 과도하게 채취했을 때 자원이 회복되는 시일이 오래 걸린다.

⑤ 주로 전복과 소라 등의 먹이가 되며, 닭새우류의 자원 유지와도 깊은 관계가 있다.

⑥ 알긴산이나 요오드, 칼륨을 만드는 주요 원료가 되며 채취하여 식용으로 이용되기도 한다.

2-1. 알긴산 원료로서 가장 적합한 해조류는?

① 진두발　　　　　　② 감 태

③ 지누아리　　　　　　④ 우뭇가사리

2-2. 감태에 대한 설명으로 틀린 것은?

① 알긴산의 원료가 되는 해조이다.

② 조간대 지역에서 군락을 형성한다.

③ 전복·소라 등의 먹이이며, 닭새우류의 자원유지와도 깊은 관계가 있다.

④ 다년생 해조로 과도하게 채취했을 때 자원이 회복되는 시일이 오래 걸린다.

|해설|

2-2

조간대 하부나 그보다 깊은 바다의 암석에 붙어 자란다.

정답 2-1 ② 2-2 ②

(4) 모자반, 곰피

핵심이론 01 모자반

① 모자반의 생태

  ㉠ 모자반은 갈조식물의 모자반과에 속하는 해조류로 부착기의 형태는 가반상이고, 줄기는 중심가지로부터 긴 가지를 많이 낸다.

  ㉡ 줄기는 삼각형 기둥모양으로 비틀어져 있다. 큰 것은 수 m에 달한다.

  ㉢ 잎의 모양은 주걱모양 또는 타원형이며, 잎의 중앙까지 약한 중륵이 있다.

  ㉣ 상부의 잎은 피침형이며 토니가 있고 중륵이 없고 색은 암황갈색이며 연하고, 엽면에 검은 점이 있다.

  ㉤ 모자반류는 형태적으로 가장 발달된 무리로 부착기, 줄기, 가지, 잎, 생식기 가지 등이 구별된다.

② 모자반의 생활사

  ㉠ 모자반은 유성생식과 무성생식(영양번식)으로 번식하는 생식기탁으로부터 수정란이 떨어져 나와 발아함으로써 이루어진다(다년생 해조류).

  ㉡ 해조류 중 형태적으로 가장 발달된 무리이면서 세대교번을 하지 않는다.

  ㉢ 배우체는 없고 포자체만 존재한다.

  ㉣ 모자반의 채묘는 3~4월경에 가능하며, 5~6월이면 유체는 5~10mm 길이의 유엽으로 자란다.

  ㉤ 어린 유엽은 짧은 줄기에서 몇 개의 두꺼운 떡잎이 우상으로 나오며, 9~10월이 되어 수온이 내려가면 유체의 길이는 11~12월에 최고 1~1.5m로 자라고, 다음 해 1~3월에는 1.5~2m 이상으로 생장한다.

  ㉥ 생식세포를 방출하고 난 4~5월경의 엽체는 수온 상승과 함께 녹아나가고, 부착기의 기부에서는 새로운 유엽이 형성되어 재생장한다.

10년간 자주 출제된 문제

1-1. 다음 해조류 중 형태적으로 가장 발달된 무리이면서 세대교번을 하지 않는 것은?

① 미역류   ② 우뭇가사리
③ 모자반류   ④ 감태류

1-2. 수산식물 중에서 형태적으로 가장 발달된 무리로 부착기, 줄기, 가지, 잎, 생식기 가지 등이 구별되는 종류는?

① 꼬시래기류   ② 우뭇가사리류
③ 지누아리류   ④ 모자반류

1-3. 다음 해조류 중 배우체는 없고 포자체만 존재하는 것은?

① 파 래   ② 미 역
③ 모자반   ④ 김

【해설】

1-3
모자반은 배우체가 없고 포자체만 존재한다.

정답 1-1 ③ 1-2 ④ 1-3 ③

핵심이론 02 곰 피

① 곰피의 생태

    ㉠ 곰피는 갈조식물의 다시마과에 속하는 해조류이다.

    ㉡ 줄기는 원주상이고 길이는 10~25cm, 굵기는 3~5mm이며 실질이다.

    ㉢ 단면에는 다소 불규칙하게 배열된 2층의 점액강도가 있다.

    ㉣ 잎 모양은 띠 모양이며 길이가 30cm~1m 또는 그 이상, 폭은 5~30cm이고, 대개는 단조인데 1회 우상으로 열편을 가지는 수도 있다.

    ㉤ 잎의 기부는 쐐기모양이고 주름이 있으며 가장자리에는 톱니가 있다.

    ㉥ 뿌리는 포복경을 가지고 사방으로 길게 뻗어나서 그 끝에 새로운 엽상체를 만든다.

② 곰피의 생활사

    ㉠ 줄기의 하단에서 나온 포복경의 끝에서 유체가 11월경에 나타나고 다음 해 가을까지 생장한다.

    ㉡ 포자를 방출하고 나면 엽상부는 쇠퇴하고, 겨울 동안 생장대에서 새로운 엽상부가 급히 자라나서 구엽상부를 밀어올리고 이 구엽은 차차 소실된다.

    ㉢ 자낭반은 가을에 형성되며 유주자 방출은 10월이 성기이다.

    ㉣ 곰피의 종자생산에서 채묘하기 위하여 성숙된 모조를 준비하기에 적당한 시기는 10~11월경이다.

    ㉤ 곰피의 종자관리 중 전기 배양관리 시 적합한 조도는 5,000~6,000lx이다.

2-1. 다음 중 일반적으로 가장 깊은 곳에서 분포·서식하는 해조류들로만 짝지어져 있는 것은?

① 미역, 모자반류
② 홑파래, 톳, 지충이
③ 파래, 바위수염
④ 곰피, 감태

2-2. 곰피의 종자생산에서 채묘하기 위하여 성숙된 모조를 준비하기에 적당한 시기는?

① 4~5월경
② 7~8월경
③ 10~11월경
④ 1~2월경

2-3. 곰피 종자관리 중 전기 배양관리 시 적합한 조도는?

① 2,000~3,000lx
② 3,500~4,500lx
③ 5,000~6,000lx
④ 8,000~9,000lx

|해설|

2-2
곰피의 종자생산에서 채묘하기 위하여 성숙된 모조를 준비하기에 적당한 시기는 10~11월경이다.

2-3
곰피의 종자관리 중 전기 배양관리 시 적합한 조도는 5,000~6,000lx이다.

정답 2-1 ④ 2-2 ③ 2-3 ③

(5) 톳

① 톳의 생태
- ㉠ 톳은 갈조식물의 모자반과에 속하며, 세대교번을 하지 않는다.
- ㉡ 톳은 유성세대만 있는 다년생 해조로 자웅이주이며 생식기 가지를 가진다.
- ㉢ 생식은 두 가지 방법으로 이루어지는데, 정자와 난자가 수정하여 새 개체를 만드는 유성생식과 포복지에 의해 새 개체를 만드는 영양번식을 한다.
- ㉣ 톳의 수명은 보통 3~4년 이상으로 알려져 있는데, 엄밀히 말하면 포복지에 의한 영양번식을 매년 되풀이하고 있는 것이다.

② 톳의 생육지로 적당한 장소(서식처)
- ㉠ 외양에 면한 해역으로 경사가 완만한 암초지대
- ㉡ 파도가 심하지 않고 요철이 많으며, 개흙이 약간 덮인 지대
- ㉢ 부착층 : 평균 수면에서 저조선 약 30cm 위쪽

③ 톳의 생활사
- ㉠ 생활사는 방출된 알과 정자가 수정하여 발생을 시작하면 어린 배가 가근세포로 착생하여, 여름에 유체로 자란다.
- ㉡ 톳 증식을 위한 씨뿌림의 대상이 되는 생식세포는 배이다.
- ㉢ 가을이 되면 육안적인 크기의 유체가 나타나서 겨울철에 성장을 하여 3~4월에 성체가 된다.
- ㉣ 조체는 외줄기이지만, 여러 개의 줄기를 가지는 것도 나타난다.
- ㉤ 톳의 정자와 난자가 형성되는 곳은 생식기집이다.
- ㉥ 5~6월에는 성숙하여 알과 정자를 방출한다.
- ㉦ 엽상체는 포복지가 3~4개 생기게 되면, 끝 부분에서 직립지가 생성되어 새로운 톳으로 자라고, 묵은 뿌리 부분은 없어진다.
- ◎ 톳의 번식방법에는 포복지에 의한 영양번식, 유성생식에 의한 번식, 재생력에 의한 번식이 있다.
- ㉧ 자연상태에서는 유배에 의한 번식보다는 포복지에 의한 영양번식이 우세하다.
- ㉨ 생식세포를 이용하여 증식을 하면 3년이 경과한 뒤에야 그 효과가 크게 나타난다.

1-1. 톳의 생활사를 설명한 것 중 틀린 것은?
① 배우체세대이며, 암수이주의 다년생이다.
② 겨울철에 성장을 하여 3~4월에 성체가 된다.
③ 조체는 여러 줄기를 갖는다.
④ 5월에 성숙하여 알과 정자를 배출한다.

1-2. 톳의 생활사에 대한 설명으로 옳은 것은?
① 자웅동주이며, 생식기 가지를 가진다.
② 무성세대만 있는 다년생 해조류이다.
③ 포복지에 의하여 새 개체를 만드는 영양번식을 한다.
④ 아형세대교번을 한다.

1-3. 톳의 영양번식과 가장 관련이 깊은 것은?
① 배 아
② 배아지
③ 포복지
④ 연쇄체

해설

1-2
① 자웅이주이며 생식기 가지를 가진다.
② 유성세대만 있는 다년생 해조류이다.
④ 동형 세대교번을 한다.

1-3
포복지에 의하여 새 개체를 만드는 영양번식을 한다.

정답 1-1 ① 1-2 ③ 1-3 ③

① 번식방법

ㄱ 톳의 종자생산은 유성생식과 포복지에 대한 영양
번식 방법이 있다.

ㄴ 유성생식에 의한 종자생산

• 성장이 느려 그 해에 종자로서의 활용이 어렵고
실내에서의 유배탈락 등의 문제점이 있다.

• 영양번식에 의한 증식은 단기간에 효과가 나타
나 그 해에 종자로 사용할 수 있다.

• 양식 후 친승에 부착된 포복지를 월하관리하여
종자를 이용함으로서 자연산 종자의 남획으로
해마다 감소하는 톳 자원의 보호와 시설물 재활
용이 가능하다.

• 톳은 영양번식성이 있어서 시설한 친승을 해마
다 바꿀 필요가 없다.

※ 톳의 수하식 양식에서 어미줄에 끼우는 재료는 포복지가
붙어 있는 줄기를 끼운다.

② 톳의 양식적지

ㄱ 자연산 톳이 서식하는 곳

ㄴ 풍파의 영향이 적고 조류 소통이 양호하며 영양염
이 풍부한 곳

ㄷ 투명도가 2~4m 정도로 약간 낮은 곳으로 최간조
시 수심이 2~3m 이상인 곳

ㄹ 부착성 해적생물의 번식이 적은 곳

③ 톳의 양식방법

ㄱ 조간대 지역의 갯닦이 : 지충이를 제거해 준다.

ㄴ 모조의 이식 관리 : 모조를 이식해 준다.

ㄷ 씨뿌림법 : 어린 배를 바위에 뿌려 준다.

④ 톳 양식에서 친승의 수심 조절

ㄱ 너무 깊게 관리하면 성장이 늦고 색택이 나쁘다.

ㄴ 초기에 수면 가까이 관리하면 종자의 유실이 많다.

ㄷ 너무 깊게 관리 시 부착생물에 의한 뿌리 식해로
포복지가 탈락된다.

ㄹ 해적생물이 많거나 유조가 많은 곳은 좀 깊게 관리
한다.

ㅁ 시설 초기에는 친승을 수심 1m 내외로 조정한다.

⑤ 채 취

ㄱ 5~7월 장마시기를 감안하여 채취시기를 결정
한다.

ㄴ 포복지가 상하지 않도록 5cm 정도 남기고 채취
한다.

⑥ 톳과 지충이의 성숙시기

ㄱ 톳과 지충이는 군락 형성에 서로 경쟁적인 관계에
있는 해조이다. 즉, 지충이는 톳과 거의 같은 수위
에 무성하게 군락을 이루어 톳의 증식에 해를 끼
친다.

ㄴ 지충이와 톳의 군락이 경합을 하게 되는 가장 주된
원인은 다년생 해조이다.

ㄷ 지충이 제거

• 시기 : 7~8월(톳 채취 이후, 지충이는 톳보다
1개월 정도 늦게 성숙)

• 방법 : 성숙기 전 톳의 서식처 및 인근에 있는
지충이까지 제거하여 포자의 방출, 침입을 막
는다.

2-1. 톳의 양식방법과 관계가 없는 것은?

① 조간대 지역의 갯닦이
② 모조의 이식 관리
③ 뜬흘림발에 의한 양식
④ 씨뿌림법

2-2. 톳의 증양식방법과 관계가 먼 것은?

① 지충이를 제거해 준다.
② 어린 배를 바위에 뿌려 준다.
③ 모조를 이식해 준다.
④ 채묘망에 유배를 붙여 준다.

2-3. 톳 양식에 관한 설명 중 옳은 것은?

① 톳은 조체가 크고 부력이 있어서 언제나 수면에 떠 있다.
② 톳은 영양번식성이 있어서 한번 시설한 친승을 해마다 바꿀 필요가 없다.
③ 톳은 미역보다 성장이 늦다.
④ 톳은 조수가 빠른 곳에서 주로 양식된다.

2-4. 톳과 거의 같은 수위에 무성하게 군락을 이루어 톳의 증식에 해를 끼치는 것은?

① 우뭇가사리　　　② 지충이
③ 모자반　　　　　④ 꼬시래기

〔해설〕

2-1
뜬흘림발은 김양식방법이다.

2-2
한 개의 모조로부터 분기하여 4~5개의 톳으로 성장하므로 증(增)양식이라고 부른다.

2-4
톳의 증산을 위해서는 톳의 순 군락을 조성하는 것이 가장 중요하며 생존경쟁이 가장 치열한 종에는 지충이가 있다.

정답 2-1 ③ **2-2** ④ **2-3** ② **2-4** ②

(6) 매생이, 홑파래

핵심이론 01　매생이

① 매생이의 생태
　㉠ 매생이는 녹조식물의 갈파래목, 매생이과, 매생이속에 속하는 해조류이다.
　㉡ 우리나라의 남해안 지역에 분포한다.
　㉢ 특유의 향기와 감미로 오래전부터 식용으로 애용되어 왔으나, 지주식 김 양식장의 부산물로 채취되어 극히 소량의 생산량에 지나지 않았다.
　㉣ 매생이는 김과 파래와 더불어 특유한 향기와 감미로 애용되는 녹조식물이다.
　㉤ 최근 양식방법이 발전하여 서남 해안을 중심으로 대규모 양식이 이루어지고 있다.

② 매생이의 생활사 등
　㉠ 생활사는 11월 중순에 유체가 나타나고 2월경에는 최성기에 들어가서 체장은 15~20cm쯤 되고 암석면 전체에 머리털 모양으로 밀생하게 된다.
　㉡ 조간대 지역에서 가장 높은 층에 생육하는 해조류이다.
　㉢ 김양식 기간 중 매생이는(보통 11월경) 수온 18℃ 전후 때 가장 많이 발생하여 발에 부착한다.
　㉣ 매생이가 자연 서식처에서 최대생장을 나타내는 시기는 2월경이다.

1-1. 매생이가 자연 서식처에서 최대생장을 나타내는 시기는?

① 10월 중순경
② 12월경
③ 2월경
④ 4월경

1-2. 조간대 지역에서 가장 높은 층에 생육하는 해조류는?

① 매생이
② 지충이
③ 서 실
④ 우뭇가사리

1-3. 김 양식기간 중 매생이는 수온 몇 ℃일 때 가장 많이 발생하여 발에 부착하는가?

① 23℃ 전후
② 21℃ 전후
③ 18℃ 전후
④ 15℃ 전후

[해설]

1-1

생활사는 11월 중순에 유체가 나타나고 2월경에는 최성기에 들어가서 체장은 15~20cm쯤 되고 암석면 전체에 머리털 모양으로 밀생하게 된다.

1-2

매생이는 조간대 지역에서 가장 높은 층에 생육하는 해조류이다.

1-3

매생이의 부착시기는 서식장소와 해에 따라 다소의 차이가 있으나, 보통 11월경 수온이 18℃ 전후일 때 유체가 나타난다.

정답 1-1 ③ 1-2 ① 1-3 ③

핵심이론 02 홑파래 생태 특징

① 유성세대와 무성세대가 번갈아 나타나는 세대교번을 한다.

② 포자체세대는 유주자를 방출한다.

③ 자연에 있어서 홑파래의 유주자가 가장 많이 방출되는 시기는 9월 상·중순경 대조 시의 아침이다.

④ 배우체는 자웅이주이다.

⑤ 암수 홑파래는 성숙기가 되면 각 세포에서 수많은 암수 배우자를 형성한다.

⑥ 엽상체는 배우체이며, 자웅이주인데 방출되는 배우자는 똑같다.

⑦ 성숙한 엽체에서 방출된 암수배우자는 접합하여 접합자를 형성하고 구상체로 자란다.

⑧ 배우자는 강한 (+) 주광성(走光性)인데, 접합자는 (-) 주광성이다. 방출 직후의 유주자는 배우자처럼 양성 주광성이 있다.

　※ 홑파래 배우자의 특징은 동형이며, 편모 2개, 안점 1개, (+) 주광성이다.

⑨ 접합자에서는 다시 유주자라는 새로운 형태의 생식세포를 만들고 이 유주자가 다시 눈에 보이는 홑파래로 자란다.

⑩ 유주자는 지름 $50{\sim}60\mu{\rm m}$ 정도의 구상체(球狀本)에서 9월에 방출되어 엽상체로 성장한다.

⑪ 파래속은 배우체와 포자체가 같은 모양을 서로 번갈아가며 나타내는 동형 세대교번을 하는 반면, 홑파래속은 다른 모양의 이형 세대교번을 보인다.

2-1. 다음 홑파래에 대한 내용 중 틀린 것은?

① 엽상체는 배우체이며 자웅이주인데 방출되는 배우자는 동형이다.

② 배우자는 강한 (+) 주광성(走光性)이며, 접합자는 (-) 주광성이다.

③ 접합자는 현미경적 사상체로 발아 생장하여 바위 그늘에 착생하거나 조가비에 잠입 월하한다.

④ 유주자는 지름 50~60μm 정도의 구상체(球狀本)에서 9월에 방출되어 엽상체로 성장한다.

2-2. 홑파래(*Monostroma*)의 생식세포와 그것이 나타내는 주광성 반응이 옳게 짝지어진 것은?

① 유주자 - 주광성(-)

② 배우자 - 주광성(-)

③ 접합자 - 주광성(-)

④ 휴면포자 - 주광성(+)

【해설】

2-1

③ 김 사상체에 관한 설명이다.

성숙한 엽체에서 방출된 암수 배우자는 접합하여 접합자를 형성하고 구상체로 자란다.

2-2

홑파래

암수 홑파래는 성숙기가 되면 각 세포에서 수많은 암수 배우자를 형성한다. 암수배우자는 어미세포로부터 튀어나와 접합하여 공 모양의 접합자((-)주광성)로 자란다. 접합자에서는 다시 유주자라는 새로운 형태의 생식세포를 만들고 이 유주자가 다시 눈에 보이는 홑파래로 자란다.

정답 **2-1** ③ **2-2** ③

핵 심이론 03 홑파래의 종자생산

① 홑파래의 인공채묘

㉠ 홑파래의 인공채묘과정에서 첫 번째로 해야 할 과정은 접합자 받기이다.

㉡ 채묘 때 광선을 차단하면서 채묘해야 한다(그늘말리기).

㉢ 모조를 여과 해수로 씻은 다음 하룻밤 어두운 곳에서 그늘말리기(음건)를 한다.

㉣ 음건 후 밝은 창가에서 배우자를 방출시킨다.

㉤ 채묘된 접합자판은 초기 저수온기에는 광선을 충분히 주어 생장을 촉진시키고, 고수온기에서는 약광하에서 휴면시킨다.

㉥ 홑파래의 배우자액을 받은 다음 위쪽에서 광선을 비추면 접합자는 주광성이므로 아래쪽으로 모인다.

※ 암처리하여 성숙된 홑파래의 구성체에서 유주자의 방출을 촉진시키는 방법은 수온 23~27℃에서 강한 광선(8,000~10,000lx)을 비추어 주는 것이다.

㉦ 접합자를 받는 채묘기로 폴리에틸렌 조면사를 사용한다.

㉧ 접합자를 받는 채묘기는 염화비닐판을 와이어 브러시나 샌드페이퍼로 문질러 판을 거칠게 한 것을 사용한다.

㉨ 홑파래의 인공채묘 과정 중 접합자를 받을 때 수조를 검은 비닐막으로 덮어 씌우는 주이유는 접합자가 고르게 고착되도록 하기 위해서이다.

㉩ 영양염을 첨가하면 접합자의 생장촉진보다 오히려 잡생물의 번식을 조장하게 된다.

※ 홑파래의 접합자판에 착생한 규조류를 구제하는 가장 좋은 방법은 하루에 1~2시간씩 며칠간 노출시키는 것이다.

② 홑파래 접합자 배양법

　㉠ 초기의 저수온기에는 광선을 충분히 주어 생장을 촉진시킨다.

　㉡ 잠생물 발생의 억제를 위하여 영양염을 첨가하지 않는다.

　㉢ 배양해수는 여과해수를 월 1회 전량 또는 절반으로 갈아준다.

　㉣ 채묘된 접합자판은 다른 대형 수조에 옮겨 배양한다.

③ 홑파래 양식의 발 설치 및 관리

　㉠ 들물이 발 높이에 달하였을 때의 수온이 23~27℃일 때 포자가 발에 잘 붙는다.

　㉡ 포자의 부착은 오전 중에 물이 나는 대조 시가 좋다.

　㉢ 발 수위는 주야 1일 평균 4~4.5시간 노출되는 곳이 적합하다.

　㉣ 일반적으로 유아기에는 잡조의 부착을 막으려고 발을 높게 설치하지만, 번성기에는 낮게 설치한다.

　㉤ 소조에서 대조로 되려는 시기에 채취하고 발은 내려준다.

　㉥ 동계의 최저 기온 시에는 발을 내려 준다.

　㉦ 12월 말에서 1월 초에는 최초 수위보다 30~40cm 정도 천천히 올려 준다.

3-1. 홑파래 양식에서 발에 채묘하는 종자의 첫 번째 단계로 가장 적합한 것은?

① 유주자　　　　　　② 접합자
③ 배우자　　　　　　④ 구상체

3-2. 홑파래의 접합자를 받는 방법으로 틀린 것은?

① 모조를 여과 해수로 씻은 다음 하룻밤 어두운 곳에서 그늘말리기를 한다.
② 음건 후 밝은 창가에서 배우자를 방출시킨다.
③ 부드러운 염화비닐판을 채묘기로 사용한다.
④ 접합자를 받는 채묘기로 폴리에틸렌 조면사를 사용한다.

3-3. 암처리하여 성숙된 홑파래의 구성체에서 유주자의 방출을 촉진시키는 방법은?

① 23~27℃에서 8,000~10,000lx의 강한 광선을 비추어 준다.
② 20~24℃에서 배양액을 자주 교반한다.
③ 200~400lx의 약한 광선을 연속 조명한다.
④ 1~2시간 접합자판을 음건하였다가 물에 넣어 준다.

3-4. 홑파래 양식의 발 설치 시의 유의사항으로 틀린 것은?

① 들물이 발 높이에 달하였을 때의 수온이 23~27℃일 때 포자가 발에 잘 붙는다.
② 포자의 부착은 오전 중에 물이 나는 대조 시가 좋다.
③ 해적 생물의 부착을 방지하기 위하여 발 높이를 매우 낮게 설치한다.
④ 발 수위는 주야 1일 평균 4~4.5시간 노출되는 곳이 적합하다.

해설

3-1
성숙한 엽체에서 방출된 암수배우자는 접합하여 접합자를 형성하고 구상체로 자란다. 즉, 홑파래의 인공채묘과정에서 첫 번째에 해야 할 과정은 접합자 받기이다.

3-3
실내에서는 암처리에 의해 충분히 성숙된 구상체를 수온 23~27℃에서 강한 광선(8,000~10,000lx)에 두었다가 30분에서 1시간 후에 대량 방출한다.

정답 3-1 ②　3-2 ③　3-3 ①　3-4 ③

양식장환경

제1절 양식방법별 시설 및 관리

1. 못 양식

핵심이론 01 정수식(지수식) 못 양식

① 가장 오래된 양식방법으로 연못이나 육상에 둑을 쌓아 못을 만들어 양성하는 방법이다.

ⓐ 물은 증발, 누수로 인해 줄어드는 양만큼 보충하도록 한다.

ⓑ 산소는 물 표면을 통해 공기 중에서 녹아 들어가는 것과 수초나 부유식물의 광합성 작용에 의해 공급되는 것이 있다.

ⓒ 수차나 에어레이션에 의한 산소공급을 늘려 사육밀도를 높이면 생산량을 늘릴 수 있다.

ⓓ 정수식 못 양식은 잉어, 미꾸라지, 메기, 가물치, 뱀장어 등 온수성 어류의 양식에 적합하다.

ⓔ 식물 플랑크톤의 광합성작용으로 인해 일간 용존산소량의 변화가 심하므로 여름철에는 급격한 용존산소량의 변화에 주의해야 한다.

ⓕ 새로운 어류를 방양하기 전에 못의 물을 빼고 바닥에 쌓인 노폐물을 제거한 다음 생석회를 뿌려서 건조한 뒤 사용해야 한다.

② 정수식 못 양식의 일반적 구조

ⓐ 못 둑

• 점토질 또는 점토가 섞인 사질이 좋으며, 보수력을 높이기 위해서는 못 둑의 가운데에 점토질의 강벽을 설치해 준다.

• 못 둑의 높이 1에 대하여 밑변은 1~1.5로 하며, 내부수면이 닿은 쪽은 2 정도로 경사도를 느리게 한다.

ⓑ 바 닥

• 배수구 쪽으로 향하여 경사지게 만들어 배수 시 물이 완전히 빠지게 한다.

• 보수력을 갖는 흙으로 바닥을 만드는 것이 경제적으로나 양식환경적으로 유리하다.

• 큰 못에서는 못의 한쪽에 배수구를 만들며, 포획을 용이하게 하기 위해 집수부를 만든다.

ⓒ 배수문

• 도피방지망을 설치하며, 되도록 표면적을 넓게 한다.

• 수문을 못 한쪽 가장 깊은 곳에 만들어 배수되는 물에 오물이 따라 나가도록 한다.

ⓓ 주수문 : 지형에 경사가 있어서 주수구 위치가 높을 때에는 주입되는 물줄기를 적절한 판자로 받쳐 물보라가 치게 하면 용존산소 증가에 도움이 된다.

ⓔ 옆물길 : 홍수 시 수위가 높아지는 것을 막기 위해서 못 둘레에 옆물길을 만든다.

ⓕ 물넘기 : 못 둑에 만들어 여분의 물이 배수되도록 해 준다.

10년간 자주 출제된 문제

다음 양식방법 중 가장 고전적인 방법은?

① 정수식 양식
② 유수식 양식
③ 가두리 양식
④ 순환여과식 양식

해설

정수식 양식(못 양식)

이 방법은 옛날부터 사용되어 온 가장 오래되고도 널리 시행되어 온 양어방법으로 논이나 저수지 등에서의 양식도 이에 속한다.

정답 ①

2. 가두리 양식

핵심이론 01 가두리 양식

① 비교적 수심이 깊은 내만에서 그물로 만든 가두리를 수면에 뜨게 하거나 수중에 매달아 어류 등을 기르는 방법으로 경비가 적게 든다는 장점이 있다.

② 용존산소의 공급과 대사 노폐물 교환은 그물코를 통하여 이루어진다.

10년간 자주 출제된 문제

가두리 양식장의 적지 조건으로 가장 적합한 것은?

① 가두리 근방에 수초가 없고 부영양호인 곳
② 가두리 내의 물의 순환과 DO 공급을 위해 풍랑이 심한 곳
③ 일조시간이 짧고 수온이 따뜻한 곳
④ 강우나 가뭄의 피해가 적고 교통과 동력시설이 편리한 곳

[해설]

가두리의 설치장소(적지)
• 일조시간이 길고 수온이 따뜻할 것
• 5m 이상 수심이 깊을 것
• 수면이 넓고 수량이 많을 것
• 영양염류가 적은 빈영양호인 곳
• 천재지변(홍수, 가뭄, 태풍)의 피해가 없을 것
• 물의 유동이 어느 정도 있는 곳
• 바닥에 수초가 없는 곳
• 교통이 편리한 곳

정답 ④

3. 순환여과식 양식

핵심이론 01 순환여과식 양식의 특징

① 특징 : 사육수를 정화하여 다시 사용하는 방식으로 고밀도 양식을 할 수 있다.

　㉠ 사육장치 : 사육조와 사육수 처리장치인 물 순화용 수로와 펌프, 침전조(찌꺼기 여과장치), 생물학적 질산화 여과조, 용해 유기물 제거장치, 소독장치, 산소보충장치 등이 필요하다.

　㉡ 일반적으로 새로 설치한 여과조의 질산화세균이 번식하여 여과기능을 나타내는 데 걸리는 시간은 약 2주일이다.

② 순환여과식의 장단점

장 점	단 점
• 소량의 물로 고밀도양식 가능 • 시설 시 장소나 위치에 제한이 없음 • 작은 면적에 대량생산 가능 • 열조절시설의 활용으로 어종 제한이 없음(열대성·냉수성) • 해적과 질병 대책이 용이 • 연중 생산, 연중 수확 가능 • 출하시기 조절 가능	• 초기 시설비가 많이 듦 • 시설관리를 위한 기술이 필요함 • 고밀도양식으로 인한 양식생물이 스트레스를 받음 • 생산력 향상을 위한 부가시설이 필요함

1-1. 순환여과식 양식의 특징이 아닌 것은?

① 물의 사용량을 절약할 수 있다.
② 고밀도 양식이 가능하다.
③ 초기 투자비용이 높다.
④ 배출수 처리가 복잡하다.

1-2. 순환여과식 양식의 장점이 아닌 것은?

① 용수량의 절약
② 다양한 어종의 양식
③ 시설투자비의 절약
④ 손쉬운 질병 대책

[해설]

1-1

물을 적게 쓰기 때문에 배출수 또한 적으므로 폐수처리가 간단해진다.

1-2

시설비가 많이 든다.

정답 1-1 ④ 1-2 ③

핵심이론 02 사육조 및 여과시설

① 순환여과식 양식시설을 구성하는 주요 구성요소
   ㉠ 사육수조 : 생물을 사육
   ㉡ 침전조(여과장치) : 고형물을 제거
   ㉢ 생물여과조 : 생물이 배출한 용존 암모니아 등 유해 물질을 분해
   ㉣ 소독조(자외선, 오존) : 수중의 유해 세균을 제거

② 사육수조
   ㉠ 고형물 찌꺼기가 잘 제거되도록 바닥이 경사진 것이 좋다.
   ㉡ 재질은 가볍고 튼튼하며, 이동이나 시설구조의 변형이 쉽고 청소가 쉬운 것을 택한다.
   ㉢ 형태는 사각형보다는 원형이나 원뿔형 등 찌꺼기가 잘 제거되도록 특별히 고안된 형태를 개발하여 사용하는 것이 좋다.

③ 물리적 여과조 : 과거에는 모래나 자갈 여과장치 등을 사용하였으나, 최근에는 새롭게 개발된 기기(드럼스크린 등)들이 많으므로 효율적으로 찌꺼기를 제거할 수 있는 여과장치를 선택하도록 한다.

④ 생물여과조 : 수중의 유해 용존물질을 분해하는 세균(아질산균, 질산균)이 서식하도록 하는 장소로 이들 세균이 부착할 수 있는 재질(여과재)이 필요하다(생물여과 시스템의 종류 : 살수여과, 침지여과, 회전원판여과, 역류여과 등).

⑤ 기타 부대시설 : 산소공급장치, 용존유기물 제거시설, 가온설비, 냉각설비 등

⑥ 순환펌프 : 순환펌프는 환수율을 유지할 수 있는 크기(12~21회전/일)로 하고, 단위시간당 다량의 물을 뿜어낼 수 있는 것을 선택한다.

순환여과식 장치에서 배설물의 물리적 제거를 하는 곳은?

① 사육조
② 침전조
③ 여과조
④ 저수조

|해설|

순환여과식 양식장 시설
- 사육조 : 원형을 많이 사용하며, 노폐물의 효율적인 제거를 위하여 바닥 경사를 10~15% 정도 둔다.
- 침전조 : 사육조에서 나오는 배출수에는 크고 작은 고형물이 섞여 있는데, 큰 고형물은 쉽게 가라앉으므로 직접 침전/분리시키는 곳이다.
- 생물여과조 : 물에 녹아 있는 무기질 암모니아를 질산화시켜 질산염으로 바꾸는 곳이다.

정답 ②

핵심이론 03 순환여과 사육시설의 구성과 배치

① 순환여과 사육시설의 구성
- ㉠ 사육수조
- ㉡ 고형 오물제거장치(침전조, 고형 오물 스크린여과기)
- ㉢ 용해 유기물제거장치(거품분리기)
- ㉣ 생물여과장치
- ㉤ 산소보충장치
- ㉥ 소독장치
- ㉦ 물 순환용 양수기
- ㉧ 가열 및 보온장치
- ㉨ 비상동력장치
- ㉩ 먹이공급장치
- ㉪ 비상경보장치 등

② 순환여과 사육시설 모식도

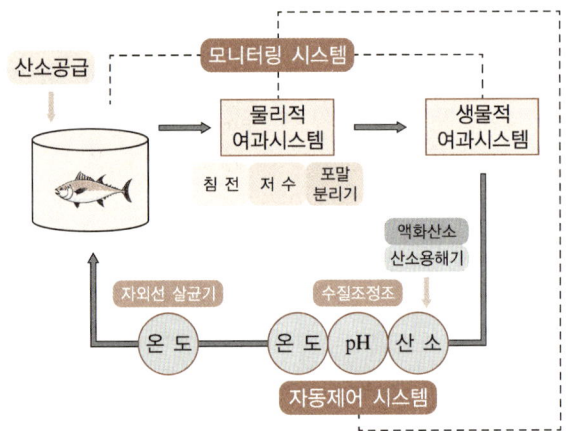

③ 순환여과식 양식 시 유의점
- ㉠ 정전 시 또는 기계고장 등에 대비하여 예비시설 구축
- ㉡ 처음 양식을 시작할 때는 서서히 수용량과 먹이량을 늘림
- ㉢ 불규칙한 먹이공급을 피함
- ㉣ 여과 능력에 한계가 와서 수질이 악화되면 1~2일에 한 번씩 대량 환수

ⓜ 설계시설 전문가에게 의뢰하여 기능을 정확히 점검하여 가동

ⓗ 사육 중 먹이량을 갑작스럽게 늘리지 말고, 10일 이상 서서히 늘려줌

순환여과식 양식을 할 경우 특별히 유의해야 할 점이 아닌 것은?

① 사육시설의 고장 시 긴급 대비 시설이 있어야 한다.
② 사육도중 사육어류의 먹이량을 갑자기 올려도 된다.
③ 여과식 양성 시설에 수용할 경우에 처음부터 너무 많은 양을 방양해서는 안 된다.
④ 정상적인 성장을 하고 있는 동안이라도 너무 과식시키는 일은 없어야 한다.

|해설|

사육생물의 수용량이나 먹이공급량이 갑자기 증가하면, 암모니아와 아질산 농도가 증가된다.

정답 ②

4. 유수식(육상) 양식

핵심이론 01 유수식(육상) 수조양식의 특징

① 수원이 충분한 계곡이나 하천을 이용하여, 사육지에 물을 연속적으로 흘려보내거나, 양수기로 물을 육상으로 끌어올려 육상수조에서 양식하는 방법이다.

② 유수식 양식의 적지는 수량이 풍부하고 유수가 가능하여 사육수조 안으로 계속해서 물을 흘려줄 수 있는 곳이다.

③ 주로 콘크리트 재질의 사육조가 많이 사용되며, 냉수성인 송어류 양식에 적합하다.

④ 해수어 양식에는 바다의 물을 대형펌프로 끌어올려 흘려보내는 방식을 많이 이용한다.

⑤ 물을 연속적으로 주입하여 어류가 필요로 하는 산소를 제공하고, 못 속에서 발생하는 다량의 대사 노폐물도 함께 배출시킨다.

⑥ 사육조를 통과하는 물의 양을 늘려 시설 내 환수율을 올리면 사육밀도를 높일 수 있다.

양식방법	시설의 구성	환경특성
정수식 못 양식	못 둑, 수문, 물넘기, 옆물길, 수차	• 저밀도양식 • 천연사료 + 배합사료 • 증발과 누수에 의한 물의 보충 • 자연정화에 의해 수질환경유지 • 잉어류, 메기류, 틸라피아 등
유수식 양식	수로식 사육조, 원형 사육조, 펌프장, 수차	• 고밀도양식 • 배합사료 물을 흘려보내는 방법으로 고형물 분리 제거 및 산소보충 • 냉수성 송어류, 온배수를 이용한 온수성 어류
가두리식 양식	뜸틀, 사육그물, 닻, 로프	• 고밀도양식 • 배합사료 • 자연정화 의존, 바닥에 노폐물이 쌓임 • 어장 노화 야기
순환 여과식 양식	사육조, 침전조, 여과조, 살균장치 등	• 고밀도양식 • 배합사료 • 수질관리는 침전조, 여과시설을 이용하여 물을 재이용 • 질병관리를 위한 소독시설 필요

1-1. 다음 설명 중 정수식(지수식) 양식의 특징이 아닌 것은?

① 생산량에 비하여 시설비나 면적이 적게 든다.
② 각종 다수 어류의 양성이나 종자생산에 이용된다.
③ 호소의 침수지대나 연안의 염분이 스며드는 저지대의 이용이 가능하다.
④ 호흡에 필요한 산소는 주로 공기 중의 산소가 물 표면을 통과하여 용해·공급된다.

1-2. 다음 중 가장 적극적인 수질관리가 필요한 양식법은?

① 정수식 양식
② 유수식 양식
③ 축제식 양식
④ 순환여과식 양식

〔해설〕

1-1

못 양식은 정수식(靜水式) 양식, 지중(地中) 양식이라고도 한다. 바닥이나 못 둑이 흙으로 된 상태 그대로 쓰기도 하나 콘크리트나 돌담으로 못 둑을 튼튼하게 하기도 한다. 못 양식에서는 배설물 등의 정화가 자체 정화능력에만 의존하므로 좁은 면적에 물고기를 너무 많이 넣으면 산소가 부족해지고, 배설물이 정화되지 못하여 못 바닥과 수질이 오염되므로 기르는 밀도가 낮고 따라서 면적당 생산량이 낮다.

1-2

순환여과식 양식장과 같은 폐쇄적인 양식장은 고도의 수처리시설을 필요로 한다.

정답 1-1 ① **1-2** ④

5. 혼합(복합)양식

핵심이론 01 복합양식의 특징

① 서로 다른 2종 이상의 양식어업 대상품종을 복합적으로 양식하는 어업으로 다종양식이라고도 한다.
② 최근 원양 및 연근해 어업의 생산량이 감소됨에 따라 증가하고 있는 양식 수산물 생산에 부응하고, 양식장의 밀식화 및 어장 면적의 협소화로 인해 겪고 있는 어려움을 어장의 입체적 사용을 통해 극복하여 안정적 생산체계를 갖출 수 있다.
③ 시장·군수 또는 자치구의 구청장의 면허를 받도록 규정하고 있다.

다음 어류 중 혼합양식이 가능한 종은?

① 가와찌붕어와 잉어
② 잉어와 붕어
③ 송어와 은어
④ 뱀장어와 메기

〔해설〕

혼합양식의 예 : 잡식성 잉어와 초식성 초어, 잉어와 백련 등

정답 ①

양식방법에 따라 수하식, 바닥식, 혼합식, 축제식 등 4가지로 분류한다.

양식방법	양식시설	주요 대상품종
수하식	연승식	해조류·패류·어류 등(미역·다시마, 미역·톳, 다시마·톳, 미역·다시마·톳, 미역·감태·우렁쉥이, 다시마·감태·우렁쉥이, 다시마·전복, 톳·전복, 미역·전복, 미역·가리비, 가리비·우렁쉥이, 전복·미역·다시마)
	건흥식과 연승식	해조류·패류(김·가리비)
바닥식	살포식	패류 중의 전복·어류 등의 해삼(해삼·성게)
	살포식과 투석식	패류(굴·바지락)
축제식		패류·어류 등(어류·해삼, 갑각류·해삼, 어류·전복)
혼 합	건흥식과 살포식	해조류·패류(김·바지락, 김·동죽, 김·개량조개, 파래·바지락)
	연승식과 천해투석식	해조류·패류(톳·전복, 다시마·감태·전복, 미역·감태·전복)
	침하식과 연승식	해조류·패류(전복·미역·감태, 전복·다시마·감태, 가두리식과 연승식 전복·미역·다시마)
	가두리식과 연승식	
	가두리식과 살포식	전복·해삼
	가두리식과 투석식	
	수평망식과 살포식	수평망식 굴과 그 밖의 패류
	가두리식	패류·어류 등

다음 중 패류양식업의 종류가 아닌 것은?(단, 양식산업발전법 시행령의 양식업 종류에 준한다)

① 가두리양식업
② 수하식양식업
③ 바닥식양식업
④ 축제식양식업

【해설】

패류양식업의 종류

• 가두리양식업 : 수중에 뜸·그물 등을 이용한 가두리시설을 설치하여 패류를 양식하는 사업
• 수하식양식업 : 수중에 뜸·밧줄·채롱(採籠) 등을 이용한 시설물을 설치하여 패류를 양식하는 사업
• 바닥식양식업 : 수면의 바닥을 이용하거나 수면의 바닥에 투석식 시설 등을 설치하여 패류를 양식하는 사업
※ 제1과목 제1장 핵심이론 04 양식업의 종류(양식산업발전법 시행령 제9조) 참고

정답 ④

6. 바다목장

① 바다목장의 개념 : 기르는 어업의 연장선상에서 대상
   종의 생산방류, 자원조성시스템을 입체적으로 조합
   하여 해역의 특성에 맞게 복합적인 자원조성 및 이용
   관리시스템을 확립함으로써 어업과 해양관광을 위
   한 다목적 자원조성을 추구하는 것을 의미한다.

② 바다목장의 조성
   ㉠ 어장조성 : 어장조성의 가장 기본적인 방법은 인
      공어초, 바다 숲 만들기 등을 들 수 있다. 주요
      대상종을 정하고 그 종이 원하는 은신처, 먹이장
      의 역할을 할 수 있는 구조물을 만들어 설치해야
      효과를 기대할 수 있다.
   ㉡ 대상종 선정기준
      • 대상 해역의 바다 환경에서 연중 생활이 가능
        한 종
      • 어업인 소득 증대를 위한 고급어종
      • 가능한 한 정착성인 종류를 선정
      • 생태계의 교란을 주지 않은 종

③ 자원조성
   ㉠ 바다목장 해역 내 자원조성을 위해서는 종자를 생
      산, 방류하여야 하는데, 건강한 종자 확보가 우선
      되어야 한다.
   ㉡ 종자의 방류 전 자연산 먹이와 자연환경에 대한
      순치를 위해 중간 육성한다.
   ㉢ 대상 종의 음향 순치를 통해 대상생물을 길들이도
      록 한다(수중음 송신과 함께 먹이공급).

④ 바다목장 관리
   ㉠ 바다목장화 수역에 '보호 수면'을 지정하여 바다목
      장이 형성될 수 있도록 관리가 필요하다.
   ㉡ 바다목장 어초어장 관리를 위하여 정기적으로 수
      중 조사를 해야 한다.

㉢ 부착생물의 생태와 물고기가 모여 있는 정도를 표
   본 조사하고, 수중 촬영이나 잠수 조사를 통해 인
   공어초의 보존상태나 관리상의 모든 문제점을 검
   토해야 한다.

7. 양식용 시설장비

핵심이론 01 양수용 기기류(펌프)

※ 펌프는 물을 낮은 곳에서 높은 곳으로 퍼 올려 양식장 내로 물을 공급하거나 양식장 시설 내의 물을 순환·재사용하는 데 사용하는 기기이다.

① 펌프의 종류
   ㉠ 원리 구조별 분류 : 원심펌프(Centrifugal Pump), 회전펌프(Rotary Pump), 왕복펌프(Reciprocating Pump), 공기 양수기(Airlift) 등이 있다.
   ㉡ 동력별 분류 : 모터펌프, 수동펌프, 기타 무동력펌프, 엔진펌프 등이 있다.
   ㉢ 사용 재질별 분류 : 주철제, 도금, 주강제, 고무 라이닝, 특수 합금, 테플론 및 플라스틱 펌프 등이 있다.

② 펌프의 선정조건
   ㉠ 1일 양수량에 따라 흡입구경, 토출구경을 결정한다.
   ㉡ 전양정 설정에 따라 펌프 용량 및 펌프 가동 전력 결정한다.
   ㉢ 흡입실 양정 및 토출량을 고려하여 횡축형일 경우 전양정에 따라 선택한다. 그 외에 소비 동력과 흡입구경, 양수량을 고려한다.
   ㉣ 취수용 펌프를 선택할 때 전양정이 6m 이하이고 흡입구경이 200mm 이상이면 사류펌프나 축류펌프를 선택한다.
   ㉤ 전양정이 20m 이상이고 흡입구경이 200mm 이하이면 원심 펌프를 선택한다.
   ㉥ 흡입실 양정이 6m 이상이고 구경이 1,500mm 이상이면 사류 또는 축류 펌프를 입형으로 선택한다.
      • 원심펌프
        - 임펠러 회전으로 물은 회전원심력에 의해 펌프 케이싱 속으로 보내지고 펌프의 토출구로 물이 밀려나가게 된다.
        - 양식장에서 사용되는 대부분의 양수기가 원심펌프에 해당하며, 벌류트펌프, 확산 원심펌프, 심정 터빈펌프 및 제트펌프가 있다.

• 회전펌프 : 펌프 내의 회전자가 압력이 낮은 곳에서 높은 곳으로 물을 밀어 올리는 펌프로, 수직축류펌프인 버티컬펌프 외에 프로펠러펌프, 재생 터빈펌프, 유동 베인펌프, 기어펌프, 엽판펌프, 신축관펌프 등이 있다.
• 왕복펌프 : 피스톤운동으로 물을 퍼 올리는 원리를 이용한 것으로 피스톤펌프는 소량의 물을 양수할 때 사용하고, 격막펌프는 에어펌프에 사용된다.
• 공기 양수기(기포펌프)
  - 양쪽이 뚫린 파이프와 기포주입장치로 구성되며, 공기 양수기 효율은 침수율에 따라 달라진다. 침수율이 클수록 양수능력이 높지만, 실용적인 최소 침수율은 80%이다.
  - 공기 양수기 사용 시 침수부 수심이 낮을 경우에는 에어 펌프를 사용하고 지하수와 같이 깊은 곳까지 공기를 보낼 때에는 고압 공기 압축기를 사용한다.
  - 양수, 시설 내 순환, 다량의 물처리 및 탈기(Degassing) 기능이 있으며, 관상어용 수조에 소형 공기 양수기가 널리 이용되고 있다.

10년간 자주 출제된 문제

양수고가 3.5m 이하에서 동력소비량 대비 양수량이 가장 많은 펌프형식은?

① 원심력펌프
② 축류펌프
③ 샤류펌프
④ 왕복펌프

[해설]
축류펌프는 유량이 대단히 크고 양정이 낮은 경우(보통 10m 이하)에 사용되는 것으로, 농업용의 양수 및 배수, 상수도 및 하수도용으로 많이 사용된다.

정답 ②

① 산소공급장치는 그 종류와 형태가 다양하므로, 사육시설의 형태와 크기에 적합한 것을 골라 사용한다.

　㉠ 링블로어 : 양어장에서 많이 사용하는 산소공급장치로, 여과조와 사육조에 설치되어 있다. 대기 중의 공기를 빨아들여서 날개차의 회전력에 의하여 공기압을 주어 수중의 분산기(에어스톤, 에어호스)를 이용하여 사육조로 공기를 공급하는 장치이다.

　㉡ 수 차
　　• 수차는 주로 못 양식에서 산소공급 또는 사육수의 순환을 위해 사용되는 장치이다. 플라스틱이나 알루미늄으로 제작된 날개가 붙어 있는 회전바퀴(수차 날개)로 이루어져 있다. 모터에 의해 회전 바퀴가 천천히 돌면서 물을 공기 중으로 튀게 하여 산소를 전달한다.
　　• 보통 수차 날개가 50cm일 때 모터의 동력은 1kW 정도가 필요하다.
　　• 수차에 사용되는 모터는 0.37~7.5kW까지 제작할 수 있다.
　　• 수차를 물에 띄우기 위해 스티로폼이나 플라스틱 부이(Buoy)를 사용할 수 있다.

　㉢ 루츠(Roots) 블로어 : 전력 공급이 되지 않는 곳이나 비상 시 사용하는 산소공급장치로 경운기나 엔진에 벨트를 걸어서 운전할 수 있는 장점이 있으며, 동력모터를 이용하여 운전하기도 한다.

　㉣ 산소 발생기
　　• 대기 중의 산소를 분리하는 방식으로, 가압 교태 흡착 방식인 PSA(Pressure Swing Adsorption) 산소 발생기를 이용하여 현장에서 산소를 생산할 수 있으나 비용이 많이 든다.

　　• PSA 시설은 시간당 산소를 0.5~10m^3 생산할 수 있으며, 순도 85~95%의 순수한 산소를 생산하기 위해서는 600~1,000kPa(90~150psi)에서 건조, 여과된 공기를 필요로 한다.
　　• 시설 사용 연한이 길어짐에 따라 생산되는 산소의 순도가 떨어질 수 있으며, 산소발생기의 오작동으로 인해 산소공급이 차단될 경우 이를 대체할 수 있는 비상용 산소공급장치를 갖추어야 한다.

　㉤ 액체산소
　　• 액체산소(LOX ; Liquefied OXygen)는 순도가 약 98~99%이다.
　　• 증류된 액화공기에 의해 상당한 양이 생산된다. 액체산소는 0.7513m^3/kg의 용적을 가지며, 1kg은 0.877L이다.
　　• 액체산소 1L는 1.14kg이다. 액체산소시설은 저장탱크, 증발기, 필터, 압력조절기로 구성된다.
　　• 5톤 이상의 대형 용기는 일정한 자격 요건을 갖춘 안전관리사가 필요하며, 시설 또한 안전관리기준에 적합한 시설을 갖추어야 한다.
　　• 일반적인 중소형 양어장에서는 내용적 180L, 300L, 500L의 다양한 용기를 사용할 수 있으며, 기화기를 통해 액체산소를 기체로 전환시켜 사용한다.
　　• 액체산소는 양식장에 비상용 산소공급원으로도 사용할 수 있다.

② 산소공급장치의 특징

종 류	용 도	특 징
링블로어	육상 수조식 양식장의 주요 산소공급장치, 1단(저압, 수심 낮음), 2단(고압, 수심 깊음)	• 기름이 없어서 공급되는 공기가 깨끗함 • 공기 흐름의 맥동 없이 연속적으로 공기 공급이 가능함 • 설치 시 방향의 제약을 받지 않음 • 유지 및 보수비가 적게 듦
수 차	정수식 못 양식	• 패들 깊이 : 10~15cm • 회전속도 : 80~90rpm
루츠 블로어	비상용	• 경운기를 이용하여 가동함 • 오일이 필요함 • 가격이 비쌈
산소 발생기	육상 수조 양식장, 현장에서 산소 생산	• 대기 중의 산소를 분리하여 사용함 • 설치비용이 많이 듦
액체산소	비상용, 육상 수조 양식장, 활어 운반용	• 저장탱크, 증발기, 필터압력조절기로 구성됨(기화기) • 5톤 이상의 대형 액화산소통이 설치된 경우 자격 요건을 갖춘 안전관리자가 필요함

10년간 자주 출제된 문제

Aeration에 대한 설명 중 틀린 것은?

① 공기와 물을 활발하게 접촉시키는 조작이다.
② 공기 중의 산소를 수중에 용해시키거나, 불필요한 가스와 휘발성 물질을 방산하는 것이다.
③ 활성오니 처리의 경우에는 산소이동과 혼합 교반 작용에도 매우 중요하다.
④ 산소의 흡수는 활성오니에 의한 무기성 물질의 산화, 오니의 감소와 함께 자기산화 등 생물·화학적 반응의 진행을 억제시킨다.

해설

에어레이션은 산소공급의 효과뿐만 아니라 물의 순환 및 대류와도 밀접한 관계가 있으므로 수차의 방향이나 에어 스톤의 위치 등을 잘 선택하여야 찌꺼기 배출에 방해가 되지 않고 배수구로 용존 산소량이 높은 물이 빠져나가는 것을 방지할 수 있다.

정답 ④

핵심이론 03 비상동력공급장치, 온도조절장치

① 비상동력공급장치
  ㉠ 발전기는 발전기 부분과 발전기를 구동하는 원동기로 구성되며, 양식장용 발전기는 주로 디젤엔진형의 교류(AC) 발전기가 이용된다.
  ㉡ 발전기 시동 전 준비사항
    • 배터리 자동충전기의 스위치가 연결상태로 되어 있는지와 배터리가 충전이 되어 있는지를 수시로 점검한다.
    • 연료 보충상태와 연료 필터를 수시로 점검하여 둔다.
    • 냉각수 보충상태를 항시 점검하고, 주 1회 이상 시운전해 본다.
    • 엔진 오일이 충분한지 오일 미터를 확인한다.

② 온도조절장치
  ㉠ 종에 따라 적정 수온에 차이가 있지만, 우리나라의 경우 수온을 적정 범위 내로 유지하기 위해서는 어떤 방법으로든 가온(加溫)해 주어야 한다.
  ㉡ 가온장치(보일러) 작동 전 점검사항
    • 보일러의 보충수 탱크를 점검하여 보충수가 충분한지 확인한다.
    • 보일러의 수면계를 점검하여 관 내에 물이 있는지 확인한다.
    • 연료탱크의 유면계 및 연료필터를 점검하여 연료 공급이 원활한지 확인한다.
    • 보일러 압력계, 안전밸브를 확인 및 점검한다.

① 먹이공급기의 종류와 기능
　㉠ 요구식 사료공급기
　　• 요구식 사료공급기는 양식장 물 위에 먹이통을 매달아 놓고, 먹이통에 물속과 연결된 막대를 매달아 놓은 형태이다.
　　• 물고기가 배가 고플 때 막대를 건드리면 통 속의 먹이가 떨어지도록 되어 있다.
　㉡ 조절식 사료공급기
　　조절식 사료공급기는 수조 안에 있는 어류 등 양식 대상종이 먹을 수 있는 양과 횟수를 미리 알아 기계를 조절하여 먹이를 주는 형태이다.
　㉢ 선별기
　　• 시판되고 있는 규격별 선별기(2mm, 2.5mm, 3mm, 3.5mm, 4mm, 4.5mm, 5mm, 5.5mm, 6mm, 7mm, 10mm)나 자체 제작한 것을 사용할 수도 있으나, 정교함과 경제성 면에서 시판되는 것을 사용하는 것이 좋다.
　　• 선별은 대상종의 크기에 적합한 선별기를 선택하여 큰 것과 작은 것으로 나누는 방식으로 한다. 노동력과 시간을 절약하기 위하여 어류 자동선별기(Automatic Sorting Machine)를 구입하여 사용할 수 있다.
　㉣ 부화기
　　• 건형부화기 : 긴 수조를 여러 칸으로 구획하고 각 구획에는 알을 담은 그릇(바닥이 망으로 된 것)을 5~6개 쌓고 물을 각 구획마다 아래에서 위로 흐르도록 설계되어 있다.
　　• 바스켓부화기 : 건형부화기의 알 그릇 대신 그물로 된 바구니(Basket)를 사용하는 방식

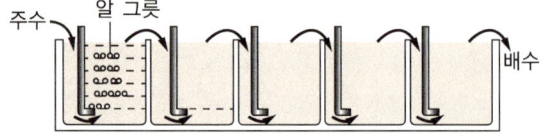

1. 양식장환경

환경요인	수질항목	비 고
생물학적 요인	각종 플랑크톤(동식물), 세균, 바이러스, 해적생물 등	직간접으로 영향을 줌
물리적 요인	수온, 밀도, 어는점, 염분도, 전기전도도, 탁도, 색도, 투명도, 총기체압 등	지형·지질적 요인의 영향을 받음
화학적 요인	DO, pH, 알칼리도, 경도, 이산화탄소, 질소화합물(암모니아, 아질산, 질산), 황화수소, 철, 중금속, 살충제 등	양식생물 대사활동에 영향을 줌

생물학적 요인은 양식장 안의 각종 플랑크톤, 유영동물, 저서 동·식물, 세균 등이 양식생물과 함께 양식환경에 영향을 미친다. 이들 생물이 자라는 과정에서 물리·화학적 요인과 관련하면서 변한다. 수중 생태계는 기초생산자와 소비자, 분해자로 구성되어 있다.
① 기초생산자
　㉠ 빛 에너지와 이산화탄소를 이용하여 유기탄소인 당을 생산(광합성)해 낼 수 있는 생물을 말한다.
　㉡ 수서환경의 기초생산자는 수생식물과 식물플랑크톤이다.
　㉢ 주로 동물플랑크톤 또는 초식성 어류의 먹이가 된다.
　㉣ 광합성을 통해 용존산소를 생산해 내는 역할을 한다.
　㉤ 식물플랑크톤에 의한 기초생산은 온도, 염분, 일조량 등과 같은 물리적 환경의 영향을 받는다.
② 소비자
　㉠ 1차 소비자
　　• 식물플랑크톤이나 해조류 등의 기초생산자를 먹이로 삼는 동물
　　• 동물플랑크톤과 바닥에 서식하는 저서동물 등
　㉡ 2차 소비자
　　다른 동물을 잡아먹는 동물로 생태계에서 먹이 대상 동물집단의 크기를 조절하는 역할을 한다.

③ 분해자

    ㉠ 동물의 사체나 먹이활동의 산물인 먹이 찌꺼기 등은 바닥에 서식하는 분해자에 의하여 재순환된다.

    ㉡ 저질에 서식하는 미생물은 주로 박테리아인데, 호기성 박테리아와 혐기성 박테리아로 나뉜다.

    ㉢ 혐기성 박테리아는 산소가 없거나 희박한 저질의 표층 밑에 분포하며, 유기물을 분해하여 식물의 광합성에 필요한 무기물로 만들어낸다.

    ㉣ 박테리아는 영양염류의 순환에 매우 중요한 역할을 하지만, 한편으로는 저질을 무산소 상태로 만들어 저질에 잠입하여 서식하는 무척추동물이 살 수 없는 환경을 만들기도 한다.

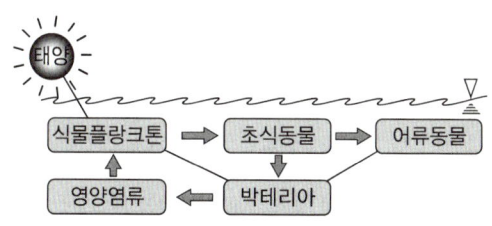

[수중 생태계의 구조]

10년간 자주 출제된 문제

생태계 구성 요소 중에서 분해자는?

① 박테리아   ② 식물플랑크톤
③ 동물플랑크톤   ④ 미세 조류

｜해설｜

생태계
- 비생물적 요소
- 생물적 요소
  – 분해자 : 생산자와 소비자의 사체와 배설물을 무기물로 분해하여 무기환경으로 되돌려 보내는 작용
    예 세균, 곰팡이, 버섯, 박테리아
  – 생산자 : 광합성을 하여 유기물을 생산하는 독립영양생물
    예 식물성 플랑크톤, 녹색 식물
  – 소비자 : 식물이나 다른 동물을 먹이로 하는 종속영양생물
    예 동물

정답 ①

핵심이론 02 물리화학적 환경

① 물리적 환경 : 물의 유동, 지형의 경사도, 수온, 수색, 투명도 등이 있으며, 그에 따라 양식 가능한 생물의 종류와 그 생물의 성장 단계 및 성장속도 등에 차이가 생긴다.

② 화학적 환경

    ㉠ 용존산소, 수소이온농도(pH), 영양염류, 황화수소, 비타민, 무기염류 등이 있으며, 양식생물의 생존과 성장에 크게 영향을 미친다.

    ㉡ 양식생물의 밀도가 높아지면 대사 노폐물로 인한 암모니아, 아질산염, 질산염, 황화수소 등의 농도가 높아져 양식장의 환경을 악화시킨다.

① 연안 및 해저의 지형
- ㉠ 남·서해안은 리아스식 해안으로 도서 및 만이 발달되어 있으며, 해저의 경사도가 완만하여 양식시설을 설치할 만한 곳이 많은 편이다.
- ㉡ 동해안은 수심이 깊고 해안의 굴곡이 거의 없으며, 해저는 암반으로 구성되어 양식시설이 어려워 육상탱크식 또는 바닥식 양식을 하는 편이 유리하다.

② 저 질

연안의 저질은 크게 펄질, 사니질, 암반으로 나뉘며, 저질에 따라 양식시설 및 양식 대상종이 결정된다.
- ㉠ 사질 : 넙치, 대합, 가리비 등
- ㉡ 사니질 : 피조개, 새조개, 새꼬막, 꼬막, 키조개 등
- ㉢ 암반 : 돔류, 전복, 소라 등

③ 하천의 유무
- ㉠ 하천은 염분과 밀접한 관계가 있으며, 협염성 종에게 직접적 타격을 줄 수 있다.
- ㉡ 하천을 통한 유기물 및 영양염류의 공급은 양식생물의 성장과 품질 향상에 도움을 줄 수 있다.
- ㉢ 부유 고형물을 많이 함유한 경우 투명도가 떨어져 해조류의 광합성 및 수산동물의 호흡에 영향을 끼칠 수 있다.

① 양식장 노화 : 배설물의 양과 먹이 찌꺼기의 양이 자연정화능력보다 많음으로 해서 용존산소가 결핍되어 호기성 세균 대신 혐기성 세균에 의해 황화수소, 메탄가스, 암모니아 및 황화물 등의 생물에 유해한 물질이 생성된다. 이로 인해 저질과 수질의 악화가 급격히 진행되어 양식 생산을 저하시키는 현상을 말한다.

② 대 책
- ㉠ 찌꺼기의 양이 자연정화(자정)능력을 벗어나지 않도록 주의한다.
- ㉡ 일정기간 양식을 중지하여 자정능력을 회복한다.
- ㉢ 객토 및 준설을 통해 환경을 개선한다.
- ㉣ 해저를 포기시킨다.
- ㉤ 양성밀도를 줄인다.

10년간 자주 출제된 문제

4-1. 천해의 이매패류 양식장에서 어장의 노화현상을 방지할 수 있는 방법으로 적합하지 않은 것은?

① 조류소통 개선　　　　② 밀식 방지
③ 먹이 공급　　　　　　④ 바닥 경운

4-2. 환경조건이 동일한 상태에서 다음 양식장을 같은 규모로 신설할 경우 어장노화를 가장 빨리 초래할 것으로 생각되는 양식방법은?

① 조피볼락의 가두리양식　② 김의 뜬흘림발양식
③ 우렁쉥이 밧줄수하식 양식　④ 피조개 바닥양식

해설

4-1

양식장의 노화 방지대책
- 배설물이나 먹이 찌꺼기 양의 자연정화능력을 벗어나지 않도록 한다.
- 양식생물의 밀도를 적정량으로 제한한다.
- 조류 소통에 방해가 되지 않도록 양식시설을 설치한다.

4-2

양식생물의 배설물뿐만 아니라 먹이 찌꺼기는 물의 유동에 의해 확산되거나 저질에 퇴적되면서 수질을 악화시켜 양식장의 노화현상의 원인이 된다.

정답 4-1 ③　4-2 ①

2. 양식장 환경관리

핵심이론 **01** 용 수

① 개방적 양식장의 수질관리
  - ㉠ 개방적 양식장의 수질환경은 인위적으로 조절하기에 불가능하다.
  - ㉡ 환경을 더 악화시키지 않도록 하는 것이 중요하다.
  - ㉢ 수질환경이 악화되었을 때에는 양식활동 감소, 양식장 등을 통해 관리한다.
  - ㉣ 외부로부터 유입되는 도시하수나 산업폐수에 대한 규제를 철저히 한다.
② 폐쇄적 양식장의 수질관리
  - ㉠ 물리적 여과
    - 기계적 여과라고도 하며, 크고 작은 고형물질을 제거하는 과정을 말한다.
    - 여과방법 : 침수 모래·자갈여과, 고압 모래 여과장치, 회전 드럼필터 등을 사용한다.
  - ㉡ 생물학적 여과
    - 물속에 부유해 있는 세균이나 여과 내의 재료와 그 밖의 배설물 등의 찌꺼기에 부착해 있는 세균에 의해서 노폐물을 분해해서 없애는 과정으로 무기화, 질산화, 탈질화과정으로 나누어진다.
    - 무기화과정 : 타가영양세균에 의해 질산유기화합물이 암모니아와 같은 무기물로 바뀌는 과정
    - 질산화과정 : 암모니아($Nitrosomonas$) → 아질산염($Nitrobacter$) → 질산염으로 바뀌는 과정
    - 탈질화 : 타가영양세균($Pseudomonas$)에 의해 질산염이 가스상태인 질소(N_2, N_2O)로 환원되는 과정

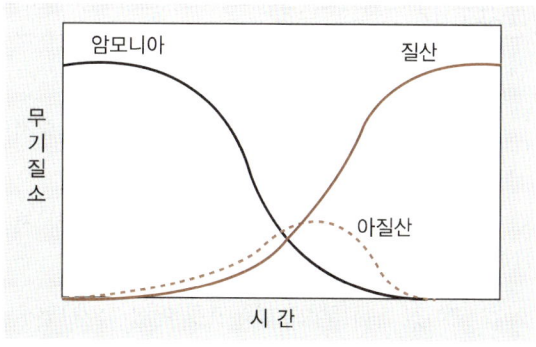

③ 소 독
  - ㉠ 용수 속의 병원미생물을 죽이기 위해 이용한다.
  - ㉡ 자외선조사 또는 오존처리에 의해 이루어진다.

10년간 자주 출제된 문제

다음 중 가장 적극적인 수질관리가 필요한 양식법은?
① 정수식 양식
② 유수식 양식
③ 축제식 양식
④ 순환여과식 양식

[해설]
순환여과식 양식장과 같은 폐쇄적인 양식장은 고도의 수처리시설을 필요로 한다.

정답 ④

---

① 저질의 채취방법

ㄱ 드레지식 : 기기 자체의 무게에 의해서 해저면을 일정한 거리로 끌어서 시료 채취

ㄴ 그래브식 : 어느 한 지점의 일정 면적의 저질을 집어 올리는 채취

ㄷ 코어식 : 원통형의 파이프를 저질 속에 박아서 퇴적된 층을 그대로 채취

② 저질 개선방법

방 법	대상지구	구체적 개선방법
객 토	황토 또는 환원성 저질	• 새로운 토사를 해저에 뿌린다. • 유해물질의 발생을 객토(또는 복토)로 덮는다.
바닥 갈이	단단하게 굳은 저질	불도저 및 배를 사용하여 해저토를 갈아서 뒤엎어 준다.
준 설	찌꺼기가 퇴적하고, 유해한 저토로 된 곳	작업선에 의해서 퇴적된 찌꺼기나 유해한 해감을 제거한다.
인공 간석	간석지 또는 모래사장	자연의 간석지나 모래사장에 여러 가지 인공적인 힘을 가하여 합리적인 간석지로 만든다.

ㄱ 객 토

• 조개류의 양식장으로 모래보다 펄의 성분이 많고 층이 깊은 곳

• 유기질이 많이 함유되어 있는 저질

ㄴ 바닥갈이

• 바닥이 딱딱해진 조개류 양식장의 저질을 연하게 한다.

• 환원상태인 저질을 갈아 줌으로써 산화를 촉진시킨다.

• 김 양식장에서는 저질에 함유된 영양염류의 용출을 촉진시킨다.

• 각종 유해생물을 제거한다.

• 굴이나 어류의 양식시설의 바닥에 퇴적된 고농도의 유기질 해감을 휘저어 산화촉진과 확산을 도모한다.

ㄷ 준 설

• 해수의 유동을 저해하고 있는 퇴적된 토사를 제거한다.

• 대량의 유기물을 함유하여 환원층이 발달한 바닥의 펄을 제거한다.

• 공장폐수 중에 함유되어 있는 유해물질이 축척된 바닥개펄을 제거한다.

• 수산생물의 성육에 알맞은 수심을 유지하기 위하여 해저의 지반을 파서 낮추거나 얕게 한다.

ㄹ 인공간석지 : 자연 간석지나 모래터를 개량하여 저서 생물의 초기의 발생이 잘되게 한다.

③ 수질(환경정책기본법 시행령 [별표 1])

ㄱ 수질환경기준

• 하천수질환경기준(다음 페이지 [표 1] 참조)

• 호소수질환경기준(다음 페이지 [표 2] 참조)

ㄴ 해수수질기준

• 생활환경기준항목

수소이온 농도(pH)	총대장균군 (총대장균군수/100mL)	용매추출유분 (mg/L)
6.5~8.5	1,000 이하	0.01 이하

• 생태기반 해수수질기준

등 급	수질평가 지수값 (Water Quality Index)
I (매우 좋음)	23 이하
II(좋음)	24~33
III(보통)	34~46
IV(나쁨)	47~59
V(아주 나쁨)	60 이상

[표1. 하천수질환경기준]

※ 생활환경기준

등급		기준							대장균군(군수/100mL)	
		수소 이온농도 (pH)	생물화학적 산소요구량 (BOD) (mg/L)	화학적 산소요구량 (COD) (mg/L)	총유기 탄소량 (TOC) (mg/L)	부유 물질량 (SS) (mg/L)	용존 산소량 (DO) (mg/L)	총인 (T-P) (mg/L)	총대장균군	분원성 대장균군
매우 좋음	Ia	6.5~8.5	1 이하	2 이하	2 이하	25 이하	7.5 이상	0.02 이하	50 이하	10 이하
좋음	Ib	6.5~8.5	2 이하	4 이하	3 이하	25 이하	5.0 이상	0.04 이하	500 이하	100 이하
약간 좋음	II	6.5~8.5	3 이하	5 이하	4 이하	25 이하	5.0 이상	0.1 이하	1,000 이하	200 이하
보통	III	6.5~8.5	5 이하	7 이하	5 이하	25 이하	5.0 이상	0.2 이하	5,000 이하	1,000 이하
약간 나쁨	IV	6.0~8.5	8 이하	9 이하	6 이하	100 이하	2.0 이상	0.3 이하		
나쁨	V	6.0~8.5	10 이하	11 이하	8 이하	쓰레기 등 이 떠 있지 않을 것	2.0 이상	0.5 이하		
매우 나쁨	VI		10 초과	11 초과	8 초과		2.0 미만	0.5 초과		

※ 사람의 건강보호기준

항목	기준값(mg/L)
카드뮴(Cd)	0.005 이하
비소(As)	0.05 이하
시안(CN)	검출되어서는 안 됨(검출한계 0.01)
수은(Hg)	검출되어서는 안 됨(검출한계 0.001)
유기인	검출되어서는 안 됨(검출한계 0.0005)
폴리클로리네이티드비페닐(PCB)	검출되어서는 안 됨(검출한계 0.0005)
납(Pb)	0.05 이하
6가크롬(Cr^{6+})	0.05 이하
음이온 계면활성제(ABS)	0.5 이하
사염화탄소	0.004 이하
1,2-디클로로에탄	0.03 이하
테트라클로로에틸렌(PCE)	0.04 이하
디클로로메탄	0.02 이하
벤젠	0.01 이하
클로로폼	0.08 이하
디에틸헥실프탈레이트(DEHP)	0.008 이하
안티몬	0.02 이하
1,4-다이옥세인	0.05 이하
폼알데하이드	0.5 이하
헥사클로로벤젠	0.00004 이하

[표2. 호소수질환경기준]

※ 생활환경기준

등급		수소 이온농도 (pH)	화학적 산소요구량 (COD) (mg/L)	총유기 탄소량 (TOC) (mg/L)	부유 물질량 (SS) (mg/L)	용존 산소량 (DO) (mg/L)	총인 (T-P) (mg/L)	총질소 (T-N) (mg/L)	클로로필-a (Chl-a) (mg/m³)	대장균군(군수/100mL)	
										총대장균군	분원성 대장균군
매우 좋음	Ia	6.5~8.5	2 이하	2 이하	1 이하	7.5 이상	0.01 이하	0.2 이하	5 이하	50 이하	10 이하
좋음	Ib	6.5~8.5	3 이하	3 이하	5 이하	5.0 이상	0.02 이하	0.3 이하	9 이하	500 이하	100 이하
약간 좋음	II	6.5~8.5	4 이하	4 이하	5 이하	5.0 이상	0.03 이하	0.4 이하	14 이하	1,000 이하	200 이하
보통	III	6.5~8.5	5 이하	5 이하	15 이하	5.0 이상	0.05 이하	0.6 이하	20 이하	5,000 이하	1,000 이하
약간 나쁨	IV	6.0~8.5	8 이하	6 이하	15 이하	2.0 이상	0.10 이하	1.0 이하	35 이하		
나쁨	V	6.0~8.5	10 이하	8 이하	쓰레기 등 이 떠 있지 않을 것	2.0 이상	0.15 이하	1.5 이하	70 이하		
매우 나쁨	VI		10 초과	8 초과		2.0 미만	0.15 초과	1.5 초과	70 초과		

※ 사람의 건강보호기준

항목	기준값(mg/L)
카드뮴(Cd)	0.005 이하
비소(As)	0.05 이하
시안(CN)	검출되어서는 안 됨(검출한계 0.01)
수은(Hg)	검출되어서는 안 됨(검출한계 0.001)
유기인	검출되어서는 안 됨(검출한계 0.0005)
폴리클로리네이티드비페닐(PCB)	검출되어서는 안 됨(검출한계 0.0005)
납(Pb)	0.05 이하
6가크롬(Cr^{6+})	0.05 이하
음이온 계면활성제(ABS)	0.5 이하
사염화탄소	0.004 이하
1,2-디클로로에탄	0.03 이하
테트라클로로에틸렌(PCE)	0.04 이하
디클로로메탄	0.02 이하
벤젠	0.01 이하
클로로폼	0.08 이하
디에틸헥실프탈레이트(DEHP)	0.008 이하
안티몬	0.02 이하
1,4-다이옥세인	0.05 이하
폼알데하이드	0.5 이하
헥사클로로벤젠	0.00004 이하

④ 유기물 오염 : 생물학적 산소요구량(BOD) 또는 화학적 산소요구량(COD)으로 나타냄

　ⓐ BOD
　　• 수중에 있는 유기물이 호기성 미생물에 의해 분해될 때 소비되는 용존산소량
　　　- 1단계 : 탄소화합물이 산화 완료할 때까지
　　　- 2단계 : 질소화합물이 산화 완료할 때까지
　　• 일반적으로 BOD는 제1단계를 말함
　　• 20℃에서 5일간 배양했을 때에 소비되는 용존산소량을 mg/L(ppm)로 나타냄

　ⓑ COD
　　• 수중 환원성 물질이나 유기물이 산화제(과망가니즈산칼륨 or 중크롬산칼륨)에 의해 화학적으로 산화할 때 요구되는 산소량
　　• 수중 유기물이나 환원성 물질의 양에 따라 변함
　　• 수질오염의 정도를 나타내는 지표
　　• 해수에서는 염분이 측정을 방해하므로 알칼리법으로 측정

　ⓒ 원유의 오염
　　• 해수에 유출된 기름은 해면에 기름막을 만들어 대기 중의 산소유입을 막는다.
　　• 해수 중에 유입된 기름은 박테리아에 의하여 서서히 분해된다.
　　• 기름을 제거하기 위한 유화제가 오히려 생물에 해를 줄 수도 있다.

　ⓓ 중금속 합성유기물의 오염
　　• 중금속은 자연에서 소멸되지 않으며, 먹이사슬을 통해 생물채 내에 농축
　　• 오염된 어패류를 먹음으로써 발생하는 공해병은 인명 피해 및 양식 생산물의 상품가치를 하락시킴
　　• 유기 염소화합물과 같은 물질은 식품으로서 규제기준이 정해져 있으며, 기준을 초과한 어패류는 판매를 규제하고 있다.

　ⓔ 농약의 오염
　　• 직접 수산생물에 피해를 줌
　　• 먹이 연쇄를 통해서 물의 자정능력을 저하시킴
　　• 농약의 어패류에 대한 급성 독성은 살충제 중에서도 유기염소제가 가장 강함

　ⓕ 수질오염의 영향 농도
　　• 치사량 : 일반적으로, 독물의 농도가 어느 정도 이상이 되면 생물은 이에 저항할 수가 없어 죽게 된다. 이러한 한계농도를 치사량이라 한다.
　　• 혐기량 : 어류와 같이 이동성을 가진 생물은 독성 물질이 위험한 구역에서 다른 곳으로 이동하게 된다. 이와 같이 동물이 이동하게 되는 농도를 혐기량이라 하는데, 치사량과는 상당한 차이가 있다.
　　• 불호량 : 어류는 혐기량보다 훨씬 낮은 농도의 폐수일 때에는 그 속에서 살 수 있다. 그러나 그 농도의 범위 내에서도 정상적인 수역에 비하면 어류의 수가 줄어드는 경우가 있는데, 이와 같이 군집밀도에 차이가 나타나는 한계농도를 불호량이라 한다.

2-1. 자연 간석지나 모래터를 개량하여 저서생물의 초기 발생이 잘되게 조성하는 저질 개선방법은?

① 객 토
② 준 설
③ 바닥갈이
④ 인공 간석지 조성

2-2. 어류 양식장에 사료를 과도하게 공급했을 때 나타나는 양어장의 수질 변동에 대한 설명 중 틀린 것은?

① 용존산소 낮아진다.
② BOD값이 높아진다.
③ COD값이 낮아진다.
④ 수중 부유물질 농도가 높아진다.

|해설|

2-1
저질 개선방법
• 객토 – 새로운 토사를 해저에 뿌림
• 바닥갈이 – 해저토를 갈아서 뒤엎어 줌
• 준설 – 퇴적된 찌꺼기나 유해한 해감 제거
• 인공 간석 – 인공적 힘을 가해 합리적 간석지 조성

정답 2-1 ④ **2-2** ③

핵심이론 03 적 조

① 정 의
  ㉠ 식물 플랑크톤이 일시적으로 대량 번식, 집적되어 물의 색이 변화하는 현상이다.
  ㉡ 편모조류와 녹색 편모조류 중의 김노디니움(*Gymnodinium* sp.), 코클로디니움(*Cochlodinium* sp.), 차토넬라(*Chattonella* sp.), 프로토고니오락스(*Protogonyaulax* sp.)는 어패류를 치사시키는 독소를 가지고 있다.

② 원 인
  ㉠ 수역의 부영양화
  ㉡ 물의 정체
  ㉢ 일사량의 증가
  ㉣ 수온의 상승
  ㉤ 육수 유입에 의한 염분저하
  ㉥ 해수의 상하교반, 해저 빈산소 수괴의 용출

③ 피 해
  ㉠ 적조생물에 의한 직접적 질식사
  ㉡ 독소, 2차적 황화수소, 메탄가스 등 유독물질에 의한 중독사
  ㉢ 어패류에 대해 독성물질의 축적
  ㉣ 플랑크톤 사후 용존산소부족 및 수질악화

④ 대 책
  ㉠ 합리적 수질 규제 및 영양염 제거 방안 마련
  ㉡ 수역 내의 양식장 적정 시설 및 관리
  ㉢ 양식생물의 일시 대피
  ㉣ 황토살포

10년간 자주 출제된 문제

적조가 일어나는 여러 원인 중 가장 중요하게 영향을 미치는 것은?

① 고수온
② 용존산소
③ 부영양화
④ 외양수와 내만수의 혼합

|해설|

육상으로부터 폐수의 유입, 양식장 확대에 따른 자가오염, 오염된 저질에서 영양염류의 용출 등이 증가하여, 해역이 부영양화함으로써 내만뿐만 아니라 연안에서도 발생하게 되었고, 시기도 연중 자주 발생하게 되었다.

정답 ③

제3절 수질관리

1. 수질요인과 관리

핵심이론 01 수 온

① 수온은 양식생물에 영향을 주는 가장 중요한 환경요인이다.
② 호흡률, 사료 전환효율, 동화작용, 성장, 행동 및 번식에 영향을 미친다.
③ 적정 온도 범위 내에서 수온이 높을수록 성장이 빠르다.
④ 연간 성장 적수온 기간이 비교적 길고, 적수온 범위 내에서 연교차가 작은 수역이 좋다.

구 분	적정수온	한계수온
열대성 어류	29~30℃	<15℃
온수성 어류	20~28℃	<0℃
냉수성 어류	15~20℃	>25℃

⑤ 측정법
  ㉠ 봉상온도계에 의한 측정
    • 0.1℃ 단위로 측정 가능
    • 채수현장에서 지면 또는 수면으로부터 1m 높이의 기온을 직사광선을 피하면서 측정
  ㉡ 전기온도계에 의한 측정 : 수심별 수온 측정과 연속적 수온 측정이 가능
  ㉢ 전도온도계에 의한 측정 : 정밀 측정이 가능하며, 난센 채수기에 장착하여 사용할 수 있음

양식생물에 영향을 미치는 수온에 관련된 설명 중 틀린 것은?

① 해양에서는 난해성, 한해성으로 담수에서는 열대성, 온수성, 냉수성으로 구분한다.

② 냉수성, 온수성, 열대성 중 어느 것이든지 그들의 적응범위의 온도 내에서는 낮은 편일수록 성장이 더 잘된다.

③ 생물이 적응할 수 있는 수온의 상하 한계는 종류에 따라 차이가 있고, 또 같은 종이라도 대를 거듭하여 적응시키면 그 한계가 상당히 변한다.

④ 생물을 성장시켜 생산하는 데 있어서 보다 중요한 일은 그들의 적정 성장수온을 얼마만큼 더 지속시켜 주느냐 하는 것이다.

|해설|

냉수성, 온수성, 열대성 중 어느 것이든지 그들의 적응범위의 온도 내에서는 높은 편일수록 성장이 더 잘된다.

정답 ②

핵심이론 02 염 분

① 염분은 물속의 용존이온농도를 측정한 것으로 바닷물 1kg에 포함된 고형물의 양을 g수로 표현한다.

② 천분율인 ppt로 나타내며 ‰와 같은 단위로 실용 염분농도 단위(psu ; Practical Salinity Unit)로 나타낸다.

③ 측정법

　㉠ 은(Ag) 적정법에 의한 염소량 측정

　　• 질산은($AgNO_3$) 적정법으로 염소량을 측정한 후 전환 계수를 사용하여 염분도를 환산

　　• 크롬산칼륨(K_2CrO_4)을 지시약으로 사용

　　• S(염분) = 1.80655 × Cl

　㉡ 굴절계를 이용한 측정 : 해수 중에 녹아 있는 염분의 양에 따라 빛의 굴절률이 변하는 원리를 이용

　㉢ 전기전도도를 이용한 측정

　　• 해수 중에 녹아 있는 염분의 양이 많을수록 전기전도율이 증가하는 원리를 이용

　　• 전기전도율을 현장에서 측정하여 총염분의 양으로 환산(단위는 psu)

　㉣ 비중계를 이용한 측정

　　• 비중이 높을수록 많이 뜨고 비중이 낮으면 가라앉는 원리를 이용

　　• 비중계는 표면에 기름기가 없어야 정확히 측정

　　• 비중은 수온에 따라 변화하므로 수온도 함께 측정하여 수온, 비중 대조표에서 염분을 환산

　㉤ 비중계의 종류

　　• A호(비중 1.000~1.030) : 일반용

　　• B호(비중 1.020~1.030) : 일반 해수용

　　• C호(비중 1.000~1.020) : 담수 및 하구용

전기전도도를 이용하여 염분을 측정할 때 측정치에 가장 크게 영향을 미치는 요소는?

① 수 온
② pH
③ 투명도
④ 색 도

[해설]

전기전도도는 온도차에 의한 영향이 크다.

정답 ①

핵심이론 03 용존산소(DO)

① 대기 중의 산소가 용해된 것이나, 수중식물의 광합성에 의해 공급된다.

② 용해도는 온도와 염분이 상승할수록 낮아진다.

③ 기압 하강, 고도 상승, 불순물 증가 등은 용해도를 감소시킨다.

④ 못 양식에 있어 낮에는 식물플랑크톤의 광합성에 의한 수중 산소포화도 증가, 밤에는 식물플랑크톤의 호흡으로 산소를 소비하기 때문에 새벽녘에는 용존산소가 낮아지게 된다.

⑤ 유기물이 축적되면 미생물의 분해작용으로 산소를 소비하여 용존산소가 부족하게 된다.

⑥ 온도가 상승할수록 대사율(산소소비율)은 증가한다.

⑦ 측정법

　㉠ 적정법(윙클러-아지드화나트륨변법)

　　• 시료를 BOD병에 넘치도록 가득 채운 다음 마개를 막는다.

　　• 황산망가니즈 용액($MnSO_4$) 1mL와 알칼리성 아이오딘화칼륨(KI)-아지드화나트륨(NaN_3)용액 1mL를 넣는다.

　　• 철 이온(Fe^{3+})이 100~200mg/L 포함된 시료는 황산을 첨가하기 전 플루오린화칼륨(KF) 1mL를 넣는다.

　　• 즉시 마개를 닫고 병을 수 회 회전시켜 섞은 뒤 2분 이상 정치한다.

　　• 황산(H_2SO_4) 2mL를 넣고 약 10초 동안 천천히 흔든다.

　　• 200mL 눈금 실린더를 사용하여 위 용액을 정확히 200mL 취하여 삼각 플라스크에 넣는다(분석용 시료 용액).

- 0.025M-$Na_2S_2O_3$ 용액으로 엷은 황색이 될 때까지 적정한다(a mL).
- 전분용액 1mL를 넣는다(황색에서 청색으로 변색).
- 계속해서 무색이 될 때까지 조심스럽게 적정하여 사이오황산나트륨($Na_2S_2O_3$)의 소비량을 읽는다(a mL).
- 윙클러-아지드화나트륨변법에 의한 용존산소량 측정에는 전체 시료량, 적정에 사용한 시료량, $MnSO_4$ 용액과 알칼리성 아이오딘화칼륨-아자이드화나트륨 용액의 첨가량, 0.025M-$Na_2S_2O_3$ 용액의 역가를 기입한다.
- 적정에 소비된 0.025M-$Na_2S_2O_3$ 용액의 양인 a(mL)는 횟수별로 기입한다.
ⓒ 전극법 : DO미터를 사용하여 측정한다.

3-1. 여름철 식물플랑크톤이 많이 발생한 못 속의 용존산소는 언제 가장 낮아지는가?
① 정 오
② 해뜨기 전
③ 해지기 전
④ 자 정

3-2. 채수 시 물과 공기의 접촉을 피해야 하는 측정항목은?
① 용존산소
② 화학적 산소 소비량
③ 수소이온 농도
④ 암모니아

|해설|

3-1

하루 동안의 용존산소량의 변화

수중의 녹색 식물도 광합성 작용에 의하여 수중의 이산화탄소를 소비하고 산소를 내놓기 때문에, 낮에는 식물성 플랑크톤이나 수초 등 식물이 많은 못이나 호소에서는 용존산소량이 많아진다. 흐린 날 또는 밤에는 반대로 식물의 호흡작용에 의하여 산소를 소비한다. 그래서, 여름철 못 속의 산소용존량은 낮에는 많아지고 밤에는 줄어드는 주야변화를 하는 것이 보통이며, 바람이 없고 흐린 날이 계속될 때에는 밤에 산소 결핍으로 양식어류의 대량 폐사를 당하는 일이 있으므로 주의해야 한다.

3-2

용존산소(DO) 측정방법 : 시료의 채수
- 공기와 접촉 방지 필요
- 교란 방지
- 압력, 온도변화 방지
- 기포 함유 방지

정답 3-1 ② **3-2** ①

① 해수의 pH는 8.0~8.3, 담수의 pH는 6~7 사이이다.

② 수초나 식물플랑크톤의 광합성작용으로 이산화탄소를 많이 사용하는 곳에서는 pH가 상승한다.

③ 정수식 못의 경우 pH는 아침에 5~6까지 떨어지지만, 오후가 되면 9 이상으로 상승한다.

④ 양식생물은 pH 6.5~9 범위에서 성장하기 적합하고, pH 4~6 또는 9~10에서는 어류가 생존할 수는 있지만 성장이나 번식하기는 어렵다.

⑤ 산성 또는 알칼리성 치사농도는 각각 pH 4와 pH 11이다.

⑥ 사육수의 pH가 떨어져 산성을 띠게 되면 석회를 뿌려 pH를 올릴 수 있다.

⑦ 순환여과식 시설 내에서 중탄산나트륨($NaHCO_3$)의 첨가로 pH를 안정화할 수 있다.

⑧ 측정법

　㉠ pH시험지를 이용하는 방법
　　• 리트머스 시험지 : 산성 - 붉은색, 알칼리성 - 푸른색
　　• 페놀프탈레인 : 산성 - 무색, 알칼리성 - 붉은색

　㉡ pH 미터를 이용하는 방법 : 유리전극과 비교 전극 사이에 전위차를 이용

10년간 자주 출제된 문제

양어장에서 pH와 용존산소는 어떤 관계가 있는가?

① 용존산소가 증가하면 pH도 증가한다.
② 용존산소가 감소하면 pH도 증가한다.
③ 용존산소가 증가하면 pH도 감소한다.
④ pH와 용존산소는 일정한 관계가 없다.

[해설]

• 노지 양식장의 경우 조류가 번성하면 pH 변화가 생긴다.
• 낮에는 광합성작용에 의하여 CO_2를 소비하고, O_2를 제공하므로 pH가 증가하고 용존산소도 증가한다.
• 야간에는 식물성 플랑크톤의 호흡작용에 의하여 CO_2를 제공하고, O_2를 소비하므로 pH는 감소하고 용존산소도 감소한다.

정답 ①

---

① 암모니아(Ammonia)

　㉠ 암모니아는 이온화된 암모니아 이온(NH_4^+)과 비이온화 암모니아(NH_3) 두 가지 형태를 가진다.

　㉡ ($NH_4^+ + NH_3$)을 총암모니아 또는 간단히 암모니아로 불린다.
　　• 총암모니아성 질소($NH_4^+ + NH_3-N$, TAN) 중 독성은 비이온화된 암모니아가 훨씬 유독
　　• pH가 하강하면 NH_4^+가 늘어나며 독성은 감소
　　• pH가 상승하면 NH_3가 늘어나며 독성은 증가
　　• pH가 1단위 상승하면 암모니아(NH_3)의 비율은 10배 상승하고, 독성은 10배 증가

　㉢ 비이온화 암모니아(NH_3)는 소량이라도 사육 생물에게 매우 강한 독성을 나타낸다.

　㉣ 높은 농도의 암모니아는 아가미에 손상을 입힌다.

　㉤ 온수성 어류가 냉수성 어류에 비해 암모니아 독성에 강하고 담수어가 해산어에 비해 암모니아 독성에 강하다.

　㉥ 안전한 범위의 NH_3-N값은 0.05mg/L 이하, TAN 기준일 경우 1.0mg/L 이하이다.

② 아질산염(Nitrite)

　㉠ 아질산염(NO_2-N)은 아질산이 이온화된 형태로, 비이온화 암모니아만큼이나 해롭다.
　　• 양식장에서 아질산염의 농도는 일반적으로 0.5~5mg/L
　　• 수온이 낮은 가을과 겨울에 치명적

　㉡ 순환여과식 시설에서 생물학적 여과조가 안정화되기 전에 대사 노폐물 및 사료 찌꺼기 등의 오염물질이 과부화 되거나 저수온으로 인해 나이트로박터균의 활동이 저하되어 여과조가 제 기능을 발휘하지 못하면 시설 내에 아질산염이 축적되어 어류에게 유해하다.

③ 질산염(Nitrate)

    ㉠ 아질산염과 마찬가지로 질산염도 수온이 낮아지는 가을철 양식장에 많이 축적된다.

    ㉡ 16℃ 미만의 온도에서는 탈질세균이 기능을 하지 못한다. 질산염은 물을 재사용하는 순환여과식 시설에서 문제가 되지만, 사육수의 환수나 탈질조 설치로 조절이 가능하다.

    ㉢ 질산염은 무기태질소화합물 중에서 독성이 가장 낮다.

5-1. 다음 중 어류가 암모니아 독성으로부터 영향을 가장 많이 받을 수 있는 수질조건은?

① 용존산소량이 높은 담수
② 용존산소량이 낮은 담수
③ 용존산소량이 높은 해수
④ 용존산소량이 낮은 해수

5-2. 물속에 용존되어 있는 이온화되지 않은 암모니아(NH_3)의 양은 pH가 1단위 증가할 때(예 pH 7 → 8) 어떻게 변하는가?

① 2배 정도 증가한다.
② 10배 정도 증가한다.
③ 1/10 정도 감소한다.
④ 1/2 정도 감소한다.

|해설|

5-1

암모니아 독성은 pH가 높은 알칼리성일수록 또한 수온이 높을수록 높아지고 용존산소가 높으면 감소한다.

정답 5-1 ④ **5-2** ②

핵심이론 06 탁도, 부유물질, 투명도

① 탁 도

    ㉠ 물속으로 빛이 통과하는 정도를 나타낸다.

    ㉡ 진흙 입자, 침니, 플랑크톤, 유색의 유기물 등과 같은 물질의 농도가 높을수록 높아진다.

    ㉢ 식물플랑크톤으로 인한 탁도는 어류의 생산량을 증가시키지만, 빛의 투과를 방해하여 수서식물의 성장을 방해할 수 있다.

    ㉣ 작은 어류와 척추동물의 아가미에 붙어 호흡을 방해하고 부화 중인 알에 침착하여 질식시킬 수 있다.

    ㉤ 시야확보가 되지 않아 어류의 먹이 섭취를 방해한다.

    ㉥ 여과시설이나 다른 배관시설을 막을 수 있다.

    ㉦ 세키디스크(30cm 흰색 원판)를 물속에 넣어 보이지 않을 때까지의 깊이를 측정한다.

② 부유물질(SS)

    ㉠ 입자 지름이 2mm 이하로 물에 용해되지 않는 물질을 말한다.

    ㉡ 오염된 물의 수질을 표시하는 지표이다.

    ㉢ 하천 등 자연수역에 방류되면 물의 탁도를 높이고 외관을 더럽히며, 그 중 생물분해 가능한 유기물질이 용존산소를 감소시킨다.

    ㉣ 측정법은 시료를 여과시켜서 고형물을 포집하고 건조시킨 후, 그 전후의 무게 차에 의해서 고형물의 농도를 구하고, mg/L 또는 ppm으로 나타낸다.

하천에서 오염물이 유입되는 유입점인 하류지역의 특징은?

① 용존산소농도가 높아지고 탁도가 낮다.
② 용존산소농도가 높아지고 탁도가 높다.
③ 용존산소농도가 낮아지고 탁도가 높다.
④ 용존산소농도가 낮아지고 탁도가 낮다.

|해설|

하천수는 하류로 흘러감에 따라 수질이 악화된다.

정답 ③

핵심이론 07 영양염류

① 식물플랑크톤과 해조류의 광합성을 위한 영양분(질소, 인, 규소 등)을 영양염류라 한다.
  ㉠ 해수에서는 질소, 인, 규소가 중요하다.
  ㉡ 담수에서는 질소, 인, 칼륨이 중요하다.
② 열대에는 적고, 온대·한대에는 많다.
③ 여름철에 적고, 겨울철에 많다.
④ 강의 하류에 많고, 상류에 적다.
⑤ 표층에 적고, 수심이 깊어질수록 많다.

10년간 자주 출제된 문제

7-1. 수계에서 환경의 조절 인자로서 매우 중요한 영양염류에 대한 설명으로 옳은 것은?

① 담수에서는 질소, 인, 칼슘이 부족하기 쉽다.
② 오래된 김양식장에서는 칼륨이 부족해지기 쉽다.
③ 해수에서 칼륨은 풍부하지만 규산염이 부족하기 쉽다.
④ 집약적 양식장에서 시비는 생산량 증대에 필수적이다.

7-2. 해수 중의 부족하기 쉬운 주요한 영양염류의 설명 중 가장 알맞은 것은?

① 주요 영양염류는 질소, 인, 칼륨염이다.
② 주요 영양염류는 인, 칼륨염, 규산염이다.
③ 질소, 인, 규산염이 중요한 영양염류이다.
④ 질소, 인, 칼륨염, 탄산염이 중요한 영양염류이다.

[해설]

7-2
  담수 : 질소, 인, 칼륨염

정답 **7-1** ③ **7-2** ③

2. 양식장 용수 관리

핵심이론 01 고형물 처리

① 침전지
  ㉠ 침전지는 클수록 좋고, 물이 체류하는 시간이 길수록 침전이 잘된다.
  ㉡ 바닥은 배수구를 향하여 경사지게 하고 배수구는 침전지 바닥의 가장 낮은 곳에 설치한다.
  ㉢ 침천지의 규격이 클수록 비용이 증가하기 때문에 라멜라 형태의 구조물을 설치하여 배출수의 체류 시간을 늘려 침전이 잘되도록 한다.
② 침지식 자갈여과
  ㉠ 침지식 자갈여과는 사육수 내 현탁 고형물을 자갈 알갱이의 표면 또는 자갈 사이의 틈 사이에 걸리게 하여 고형물을 제거하는 방법이다.
  ㉡ 고압 및 중력식 물리여과로 모래, 자갈, 비드(Bead) 등을 여과재료로 이용한다.
  ㉢ 여과효율은 자갈의 크기, 분포, 모양, 찌꺼기 등에 따라 차이가 난다.
  ㉣ 모래나 자갈 여과의 경우 막힘현상이 심하여 대규모 고밀도 양식시설에 사용하기에는 부적합하다.
③ 고속모래여과
  ㉠ 고속모래여과는 많은 양의 유입수를 처리하는 데 사용된다.
  ㉡ 펌프에 의한 압력으로 여과된 물은 50mg/L 현탁 고형물을 처리할 수 있으나, 중력여과장치를 사용할 경우 20mg/L 정도의 현탁 고형물을 처리할 수 있다.
  ㉢ 처리 상한선 이상의 현탁 고형물을 처리하면 여과상이 막히기 때문에 정기적으로 역류세척을 해주어야 한다.

④ 드럼스크린 필터

  ㉠ 고형물질 제거에 가장 효율적이다.

  ㉡ 60μm 이상의 고형물질을 제거하지만 거름망의 선택에 따라 40μm까지 제거할 수 있다.

  ㉢ 드럼스크린 설치 장소의 수위는 드럼스크린의 약 40%가 물에 잠길 수 있도록 유지하고, 찌꺼기 제거 효율은 5~25%로 한다.

  ㉣ 미세 고형물 제거에 사용되는 회전마이크로스크린은 일반적으로 15~60μm의 스크린망을 가지고 50~70% 효율을 가진다.

양어장에서 자연수의 미세현탁물을 제거하기 위해 일반적으로 사용하고 있는 모래여과방식에 관한 설명 중 틀린 것은?

① 가장 많이 쓰이는 모래여과재는 유효지름이 0.6mm이고, 일반적인 범위는 0.3~0.7mm, 균등계수는 1.4 이하이다.

② 고속여과의 결점을 보완한 연속 역세정 여과는 역여과 과정에서 중앙에 설치된 에어리프트 펌프에 의해서 여과층의 모래가 계속 세정되도록 함으로서 연속적인 여과가 가능하다.

③ 한 번 사용한 물을 찌꺼기 등의 고형물만 제거하고, 계속적으로 순환시켜 사용하는 순환여과양식장에서는 물속에 녹아 있는 유해물질을 빠르게 산화시켜야 한다.

④ 저수조로 오는 물은 모래, 자갈여과기를 거쳐 장기간 가동하게 되면 미세한 세사나 펄들이 저면에 쌓이기 때문에 이러한 물질을 쉽게 배출될 수 있도록 저면의 구배를 30~50%의 경사를 주는 것이 좋다.

정답 ④

핵심이론 02 용존물질 처리

① 거품분리기

  ㉠ 거품분리법은 폐쇄형 칼럼(Column)에서 상승하는 공기방울 표면에 용존 유기물을 제거하는 방법이다.

  ㉡ 공기방울은 액체 칼럼 위에서 거품을 만들고 축적된 유기노폐물은 생산된 거품과 함께 버려진다.

② 거품분리기의 장점

  ㉠ 파이프, 여과조, 펌프 등의 막힘현상이 감소된다.

  ㉡ 단백질과 고분자량 물질을 제거한다.

  ㉢ 부식물(Humic Substances) 제거를 통해 물의 정화력을 증가시킨다.

  ㉣ 포기를 증가시킨다.

  ㉤ 유기산 제거를 통해 pH를 안정화한다.

  ㉥ 저분자 유해미생물을 제거한다.

① 양식장의 배출수 규제 : 양식장의 배출수 규제는 물환경보전법에 의해 엄격히 규제되고 있다. 수산물 양식시설은 기타 수질오염원으로 분류되어 있으며, 가두리양식어장은 면허대상 모두, 양만장 또는 일반 양어장, 그리고 육상해 수양식 어업 중 수조식 양식어업시설은 수조 면적 합계 500m² 이상일 때 설치를 의무화한다.

② 수산물 양식시설 배출수 수질기준 설정 및 관리지침(환경부)

구 분	적용지역 기준	시설규모	평상시(순증가허용농도)		급이 시(순증가허용농도)	
			BOD, COD[1)](mg/L)	SS(mg/L)	BOD, COD[1)](mg/L)	SS(mg/L)
유수식 양식장 (송어)	청 정	30,000m³/day 이상	2 이하	3 이하	6 이하	10 이하
		30,000m³/day 이하	3 이하	5 이하	10 이하	14 이하
	가·나	30,000m³/day 이상	3 이하	5 이하	10 이하	14 이하
		30,000m³/day 이하	5 이하	8 이하	10 이하	16 이하
양만장 (뱀장어)	청 정	100m³/day 이상	BOD 40mg/L 이하, SS 40mg/L 이하(순간농도)			
		100m³/day 이하	BOD 60mg/L 이하, SS 60mg/L 이하(순간농도)			
	가·나	100m³/day 이상	BOD 70mg/L 이하, SS 70mg/L 이하(순간농도)			
		100m³/day 이하	BOD 80mg/L 이하, SS 80mg/L 이하(순간농도)			
수조식육상 양식시설	청 정	50,000m³/day 이상	2 이하	3 이하	5 이하	10 이하
		50,000m³/day 이하	2 이하	5 이하	10 이하	15 이하
	가·나	50,000m³/day 이상	2 이하	5 이하	10 이하	15 이하
		50,000m³/day 이하	3 이하	8 이하	10 이하	20 이하

1) 수조식 육상양식시설의 방류수 수질기준은 COD를 적용한다.
2) 유수식양식장(송어)의 청소 시 BOD 농도는 급이 시 기준치의 120%에 해당하는 농도를 적용한다.
3) 하천에 직접적인 영향을 미치지 않는 경우에는 배출수 기준을 조정할 수 있다.

3. 소독

핵심이론 01 자외선, 오존, 약품처리

① 특 징
- ㉠ 질병 발생이 감소할 수 있도록 병원성 미생물(박테리아, 바이러스, 곰팡이류, 기생충 등)의 농도를 적정 수준으로 낮추어 미생물 번식력을 불활성화하거나 사멸시키는 것을 말한다.
- ㉡ 소독방법에는 열소독, 염소처리, 자외선 조사, 그리고 오존처리방법이 있다.

② 자외선
- ㉠ 자외선 소독은 부화장, 공공수조, 그리고 양식장의 가온 배출수에서 어류 병원균을 통제하는 데 사용되는 방법이다.
- ㉡ 자외선은 바이러스, 세균, 곰팡이와 같은 많은 미생물을 통제하는 데 효과적이다.
  - 패류 종자생산시설에서 많이 사용하고 있다.
  - 세균을 사멸시키는 데 가장 활발한 파장은 200~280nm이다.
  - 유효파장에서 DNA가 자외선을 가장 강하게 흡수하여 미생물을 불활성화시킨다.
  - 자외선 반응기는 부유형(Suspended), 침지형(Submerged), 재킷형(Jacketed), 플루오린화탄소 폴리머 관에 물이 싸여 있는 형태로 나눌 수 있다.
  - 자외선은 수심 약 50cm 깊이까지 통과할 수 있으며, 투과율은 해수보다 담수에서 크다.
  - 양식용수의 자외선 살균 효율에 적합한 수심은 25cm 이하이다.

③ 오 존
- ㉠ 오존은 산화력이 강한 물질로 병원성 미생물의 원형질에 직접적으로 영향을 주어 사멸시킨다.
- ㉡ 오존은 탈취, 탁색, 탁도의 저하, 암모니아나 아질산의 산화 등에 효과가 있어 수질정화 목적으로도 사용된다.
- ㉢ 오존발생기를 사용하여 0.56~1.0mg/L의 농도로 1~5분 정도 반응시키면 대부분의 병원성 미생물이 죽는다.
  - 용존 유기물질과 입자성 유기물질의 농도가 높을수록 오존 효율은 감소한다.
  - pH가 낮을수록 산화력은 강화된다. 또 온도가 높을수록 미생물의 오존 살균력은 증가한다.
  - 오존은 매우 불안정한 가스이기 때문에 현장에서 발생시켜야 하고, 발생 즉시 사용해야 한다.
- ㉣ 오존제거
  - 오존은 어류와 무척추동물에게 유독하기 때문에 사육수로 사용하기 전에 반드시 제거한다.
  - 오존을 제거하지 않을 경우 어류 표피에서 기포가 발생하거나 여과조 내의 질산화세균이 파괴될 수 있다.
  - 오존을 제거하는 빠르고 경제적인 방법은 충전탑(Packed Column)을 사용하여 오존을 제거하는 것이다.

④ 약품처리 – 염소 소독
- ㉠ 여러 가지 화학용 소독제 중에 가장 저렴하고 쉽게 이용할 수 있는 것으로 염소가스(Cl_2), 차아염소산칼슘$[Ca(OCl)_2]$, 차아염소산나트륨(NaClO) 중에서 하나를 사용한다.
- ㉡ 염소화합물은 양어장에서 사용되기 전에 물에서 제거해야 한다.

1-1. 오존 발생기를 이용한 오존 소독에 관한 내용으로 가장 적절한 것은?

① 수중현탁물질이 많을수록 효능이 크다.

② 오존처리는 사육조 안에서 시행해야 한다.

③ 오존처리는 유기물을 분해하는 데는 효과가 없다.

④ 오존이 남아 있으면 사육 중의 어류나 무척추동물에 해를 끼친다.

1-2. 자외선으로 용수를 소독하는 방법에 관한 설명으로 옳은 것은?

① 자외선은 물속에 광화학반응을 일으켜 물 분자를 해리시켜 발생기 산소를 내어 미생물을 죽인다.

② 자외선을 쪼이고 물 속 미생물의 세포 내 DNA를 비활성화시켜 미생물을 죽인다.

③ 자외선은 파장이 짧으므로 투과 깊이가 깊어서 수심이 깊더라도 살균력에는 영향이 없다.

④ 자외선이란 파장 350~750nm의 빛을 말한다.

|해설|

1-1
수중에 남아있는 오존은 어류와 무척추동물에 직접 해를 끼치게 되며, 오존이 분해 될 때 형성된 산소는 물속에서 과포화상태로 되어서 양식동물에 기포병을 일으킬 수 있다.

1-2
자외선은 DNA를 불활성화 시킴으로써 직접적으로 물속의 미생물을 죽인다.

정답 1-1 ④ 1-2 ②

제1절　곰팡이성 질병

1. 곰팡이성 질병

핵심이론 01 곰팡이성 질병의 개념

① 곰팡이성 질병의 원인

　㉠ 진균병이라고도 하며, 물속에 널리 분포하고 있는 곰팡이를 비롯한 진균류가 양식생물에 기생하여 번식함으로써 발생한다.

　㉡ 이 질병은 아직 적절한 치료 대책이 없다.

　㉢ 원인이 되는 진균의 종류는 기생방법에 따라 외부기생성진균과 내부기생성진균으로 분류된다.

② 곰팡이성 질병의 분류

　㉠ 외부기생성진균 : 선별작업, 감염성 질병, 기생충의 기생에 의한 피부의 상처, 과밀사육에 의한 스트레스 등에 의해 몸 표면에 이상이 생기면 2차적으로 병원체인 곰팡이가 기생하여 질병을 일으키는 경우이다.

　㉡ 내부기생성진균 : 창자의 상처나 먹이를 통해서 감염되며 내장진균증(연어과 어류의 치어), 익티오포누스증(자연산 해수어류나 무지개송어에서 발병)이 있다.

[곰팡이성 질병의 종류]

질병명	원인 곰팡이 및 숙주(감염조직)
수생균병	*Achlya* spp. 열대어 표피 *Aphanomyces* spp. 열대어 표피 *Saprolegnia parasitica*(S. *Diclina type1*) 연어과 어류 체표/난
진균성 육아종증	*Aphanomyces piscicida*(syn., A. invadens) 은어 근육 *Branchiomyces sanguinis* 잉어 아가미 *Candida sake* 연어과 어류(송어, 숭어, 산천어 등)의 위 *Dermocystidium koi* 잉어 피부/근육 *Fusarium* spp. 새우류 아가미 *Haliphthoros milfordensis* 게류, 새우류, 전복 *Ichthyophonus hoferi* 담수어, 해산어 *Lagenidium* spp. 담수어, 갑각류 *Ochrochonis humicola* 해산어 자어 *Phoma* sp. 은어 자어
위장 진균증	*Saprolegnia diclina*(S. *Diclina type3*) 연어과 자어 위벽/복강
진균성 위염	*Saprolegnia diclina* 은어 위벽 *Trichomaris invadens* 게류 *Scytalidium infestans* 전갱이류/신장
항아리 곰팡이병	*Batrachochytrium dendrobatidis* 양서류

③ 아플라톡신 B₁ : 부패된 땅콩이나 옥수수 등에 생기는 아스페르길루스(*Aspergillus*)라는 곰팡이에서 생성되며, 섭취할 경우에 간암에 걸릴 수 있다.

1-1. 아플라톡신(Aflatoxin)은 무엇에 의한 독소인가?

① 곰팡이
② 세 균
③ 점균류
④ 바이러스

1-2. 통풍이 불량한 곳이나 습기가 많은 곳에 사료를 보관하면 곰팡이가 자라는데, 이것이 원인이 되어 생기는 병은?

① 간종양
② 궤양병
③ 등이뜸병
④ 척추만곡증

│해설│

1-1

아플라톡신은 간장에 심한 손상을 유발하는 곰팡이독소이다.

1-2

간암 유발물질인 아플라톡신은 동물에게 간경변, 간종양 또는 간세포의 괴사를 일으킨다.

정답 1-1 ① 1-2 ①

핵심이론 02 물곰팡이병(수생균병)

① 분류 : 진균병(편모균류)

② 주요 감염어 : 잉어와 무지개송어의 수정란에 부착하거나 뱀장어 치어에 발생한다.

③ 원인체

　㉠ 저수온에서 사프로레그니아 파라지티카(*Saprolegnia parasitica*)에 의해 발생한다.

　㉡ 사프로레그니아는 난균류(*Oomycetes*)의 일종이다.

　㉢ *Oomycetes*는 원래 진균으로 분류되었으나 여러 가지 특성이 진균보다는 갈조류와 비슷하여 현재는 *Phylum oomycota*(난균문)로 따로 분류한다.

　㉣ *Oomycetes*는 세포벽 성분이 주로 글루칸과 셀룰로오스로 이루어져 있어 키틴으로 세포벽이 구성된 진균과 다르다.

　㉤ 유주자(*Zoospore*)는 두 개의 편모를 가지고 있어 *Heterokont*의 *Motile spore*의 편모와 유사하다.

④ 발병원인

　㉠ 물곰팡이는 표피에 상처가 난 어체나 죽은 알에 기생한다.

　㉡ 외상(선별 또는 수송 시 생긴 상처 등) : 에로모나스균, 슈도모나스균의 감염으로 몸에 환부가 생긴 후 기생한다(상피세포의 상처가 생긴 부위에 발병한다).

　㉢ 기생충 : 물이, 닻벌레, 아가미 흡충, 피부 흡충 등 기생충이 몸 표면에 기생하여 부분적으로 괴사한다(사프로레그니아 기생).

　㉣ 변질된 사료 투여에 따른 궤양성 피부병도 원인이 된다.

　㉤ 해동기 수온의 변화가 심해지면 월동기간 동안 저항력이 약해진 어류에서 발생할 수 있다.

　㉥ 물곰팡이병의 발육환경은 수온 10~15℃에서 가장 많이 발생한다.

⑤ 증 상

　㉠ 외관적으로 아가미나 몸 표면에 균사체(곰팡이 덩어리)가 솜털 모양으로 나타난다.

　㉡ 체표에 병이 진행되는 경우 피부가 떨어져 나가고 진피가 노출되며, 쇠약해져서 죽는다.

　㉢ 특히 배 부분, 꼬리 부분 등에 기생하기 쉽고, 아가미에 기생하는 경우 병어(病魚)는 빨리 사망하는 일이 많다.

　㉣ 뱀장어의 먹이 길들이기 과정에서 잘 발생하며, 축양할 때나 치어일 때 몸 표면에 착생하여 피해를 준다.

　㉤ 감염어는 운동력이 둔해지고 식욕이 떨어진다.

⑥ 진 단

　㉠ 초기 환부는 몸 표면이 약간 융기되어 흰점(흰 반점)으로 보이다가 점점 커져서 솜뭉치같이 된 균사체 덩어리가 된다.

　㉡ 균사는 가지를 치고 있으며 길이가 1~3cm 전후이다.

　㉢ 균사(회백색)는 자라면서 서로 엉키고 수중의 플랑크톤, 세균 등 협착물이 부착되어 얼룩덜룩하게 보인다.

⑦ 치료 및 대책

　㉠ 이미 착생된 물곰팡이의 치료는 어려우나 몸표면에 상처가 나지 않도록 기생충 및 사육관리를 철저히 하면 포자 시 유주자의 발아 중지로 새로운 어체에 대한 기생을 방지할 수 있다.

　㉡ 수온이 상승(20℃ 이상)하면 자연 치유될 때가 많다.

물곰팡이(*Saprolegnia parasitica*)병의 발병 원인과 가장 거리가 먼 것은?

① 에로모나스균에 의해 감염된 어류
② 변질된 사료를 준 어류
③ 수온 25℃에서 기른 어류
④ 물이가 기생된 어류

해설

물곰팡이병의 발육환경은 수온 10~15℃일 때에 가장 많이 발생한다.

정답 ③

① 분류 : 진균병(편모균류)

② 주요 감염어 : 은어, 붕어, Blue Gill(파랑볼우럭), 가물치, 검정망둑(망둥어과), 숭어

③ 주요 원인균

　㉠ *Aphanomyces invadens* 또는 *A. piscicida*의 감염에 의한다.

　㉡ 유주자낭은 그 기저기부에 격벽이 없고 그 형상은 단순하며(동글거나 끝이 뾰족하다), 길이는 20~40μm이다.

　㉢ 유주자는 구형으로 그 길이는 대개 8~9μm으로 유주자낭에 일렬로 형성되어 유출될 때에 정점부에서 1차 휴면포자가 되는 아크리아형이다.

④ 증 상

　㉠ 감염된 은어는 특별한 외부 증상이 없이 사망하는 급성형, 안구·지느러미·항문과 그 주변·체표와 내장 및 복막에 출혈이 생기는 아급성형, 그리고 체표에 궤양이 형성되지만 쉽게 죽지 않는 만성형까지 다양하다.

　㉡ 근육 내에 들어온 균사는 유상피세포로 둘러싸이고 육아종을 형성하는 것이 특징이다.

질병 경과에 따른 분류

• 급성형 : 외부증상이 나타나지 않으면서 죽는 형
• 아급성형 : 외부증상이 나타나자마자 죽는 형
• 만성형 : 심한 장염과 지느러미 기부의 출혈이 나타나며, 오랫동안 계속적으로 죽는 비율이 증가되는 형
• 불현성형 : 병원균은 분리되나 겉으로 증상이 나타나지 않으며, 죽지도 않는 형

---

⑤ 진 단

　㉠ 병환부를 슬라이드 글라스 위에 눌러 관찰하면 그 안에 격벽이 없는 균사가 다수 번식하고 있는 것, 즉 병리조직학적으로 육아종이 형성되어 있는 것을 확인한다.

　㉡ 균학적으로는 원인진균을 단배양하고, 그 균을 GY 액체배지에 접종하여 25℃에서 3일간 배양한 것을 멸균수돗물에 옮기면 24~30시간 후에 유주자가 생산된다.

⑥ 대책 : 현재까지는 유용한 예방 치료법이 알려져 있지 않다.

10년간 자주 출제된 문제

균사에 의해 은어의 피부조직이 파괴되고 육아종을 형성하는 진균성 육아종의 원인생물은?

① *Candida salmonicola*
② *Ichthyophonus hoferi*
③ *Saprolegnia parasitica*
④ *Aphanomyces piscicida*

해설

진균성 육아종병은 *Aphanomyces piscicida*가 몸통의 근육에 기생하여 육아종을 형성하는 질병이다.

정답 ④

① 분류 : 진균병(불완전균류)

② 주요 감염어 : 갑각류에서 발생하며, 특히 보리새우에 큰 피해를 입힌다.

③ 원인균 : 주로 *Fusarium solani*이며, *Fusarium moniliforme*, *F. graminearum* 등도 있다.

ㄱ *F. solani*의 특징 : 격벽을 가지는 긴 피알리드(*Phialides*)의 선단에 분생자가 덩어리를 형성하고, 장기간 배양하면 후막포자가 형성된다.

ㄴ *F. moniliforme*의 특징 : 소분생자가 연쇄상으로 형성된다.

ㄷ *F. graminearum*의 특징 : 소분생자가 형성되지 않고 대분생자만을 생산하며, 적색의 색소를 생산한다.

④ 증 상

ㄱ 증상으로는 아가미가 흑색을 띤다.

ㄴ 아가미가 흑색이라고 전부 푸사리움증은 아니다.

※ *Haliphthoros*증의 경우에도 아가미의 흑화가 나타난다.

⑤ 진 단

ㄱ 아가미를 관찰하여 흑색증상이 있으면 그 부위를 현미경으로 검경하여 아가미의 내부에 격벽을 가지는 가는 균사의 존재를 확인한다.

ㄴ 확정 진단은 균을 배양하여 분생자의 형성 양식을 확인한다.

⑥ 대 책

ㄱ 저질의 유기물 축적에 의한 것이라면 물을 교환하고, 제올라이트를 살포한다.

ㄴ 생물학적 요인에 의한 경우 수산용 포르말린, 영양장애인 때는 아스코르빈산을 사료에 참가하여 경구 투여한다.

10년간 자주 출제된 문제

푸사리움증(*Fusarium*)의 설명으로 틀린 것은?

① 주 병원체는 *F. graminearum*이다.
② 갑각류에서 주로 발생한다.
③ 증상으로는 아가미가 흑색을 띤다.
④ 불완전균류이다.

[해설]

주 병원체는 *Fusarium solani*이며, *Fusarium moniliforme*, *F. graminearum* 등도 있다.

정답 ①

① 분류 : 진균병(접합균류)

② 주요 감염어 : 담수어류인 무지개송어, 해수어류인 방어 등에 감염되어 피해를 입히며, 그 병원체는 어류의 여러 장기와 근육에 기생한다.

③ 원인균

    ㉠ 원인체는 접합균강의 파리곰팡이목에 속하는 익티오포누스 호페리(*Ichthyophonus hoferi*)에 의하여 발병한다.

    ㉡ 이 병원체는 발육기, 전발아기, 발아-사상체기 및 번식기의 4단계 생활사를 가지고 있으며, 내부 장기에 수백 개의 핵을 가진 다핵구상체가 형성된다.

④ 증상 및 병리

    ㉠ 무지개송어는 외관적으로 몸 색깔이 검어지면 배가 부풀어 오르고 안구가 돌출되며, 성장이 느려진다.

    ㉡ 방어는 몸 색깔이 검어지며 살이 빠진 상태로 된다.

    ㉢ 해부해 보면 두 어종 모두 빈혈증과 함께 심장, 간, 신장 등 내부 장기에 흰색이나 붉은 색의 작은 결절들이 관찰된다.

⑤ 대 책

    ㉠ 유효한 치료방법이 밝혀지지 않았고, 이 질병은 경구섭취에 의하여 감염이 된다.

    ㉡ 무지개송어의 경우 일단 병이 발생한 경우에는 감염원을 배설하는 감염어나 죽은 개체를 모두 제거하고, 못을 말려 병이 만연하는 것을 방지한다.

    ㉢ 방어의 경우 드물게 7월경에 치어에 발생하는 경우가 있지만, 원인균의 발육온도가 20℃ 이하이므로 수온이 20℃를 넘으면 자연종식한다.

곰팡이병 익티오포누스는 양식 어류의 어떤 장기에 번식하여 어류를 죽게 하는가?

① 여러 가지 내부 장기에서 번식

② 뇌에서 번식

③ 피부에서 번식

④ 지느러미에서 번식

|해설|

병원체가 숙주의 내부 장기 및 근육에 기생한다. 즉 심장, 간, 신장 등 내부 장기에 흰색이나 붉은색의 작은 결절들이 관찰된다.

정답 ①

핵심이론 06 오크로코니스증(*Ochroconis* Infection)

① **분류** : 진균병(불완전균류)

② **주요 감염어** : 연어과 어류, 은연어, 무지개송어, 흑점줄전갱이, 참돔, 쏨뱅이, 쑤기미

③ **원인균**

  ㉠ *Ochroconis tshawytschae*와 *O. humicola*의 2종류가 알려져 있으며, 이들에 의한 최초의 발병은 미국의 연어과 어류이다(*O. humicola*에 기인하는 진균병은 무지개송어, 참돔 등의 해산치어에서 보인다).

  ㉡ 흑생진균으로 분류되고, 3격벽 4세포성의 분생자를 생산하는 *Ochroconis tshawytschae*와 1격벽 2세포성의 분생자를 생산하는 *O. humicola*의 2종류가 알려져 있다.

  ㉢ 분생자의 형성은 두 종 모두 난형 혹은 원통형이다. 이들 균의 배지 위에서의 집락은 자갈색에서 흑갈색을 띠며, 또한 분생자는 심포디오형으로 형성되는 분생자형성세포 선단의 작은 돌기 위에서 생산된다.

④ **증상(감염부위)** : 체표의 궤양 형성과 복수저류를 동반하는 복부팽만이 보이고, 부검에서는 신장이 심하게 증대되어 있는 것이 특징이다.

⑤ **병리(조직검사)**

  ㉠ 병어(病魚)의 신장 내에는 자갈색의 균사가 번식한다.

  ㉡ 병리조직학적으로는 거대육아종이 형성되어 있고, 그 내부에는 균사가 보인다.

  ㉢ *O. humicola*에 기인하는 진균병이 해산치어에 발생한 경우 외관적으로는 지느러미 기부 혹은 체측부 등에 궤양이 형성되는 정도이지만, 치어의 근육부 혹은 신장 등에는 균사의 발육이 보인다.

⑥ **진단** : 병환부의 압편표본 중에 다수의 무격벽 담갈색의 가는 균사가 보이는 흑색진균에 기인하는 진균병으로 진단된다.

⑦ **대책** : 유효한 대책은 알려져 있지 않다. 병에 걸린 물고기는 발견 즉시 제거하여 확산을 막는 것이 가장 중요하다.

10년간 자주 출제된 문제

다음 중 불완전균류 병에 속하지 않는 것은?

① 검은아가미병
② *Phoma*병
③ *Ochroconis*병
④ 효 모

[해설]

불완전균류의 대표적 질병에는 검은아가미병, *Phoma*병, *Ochroconis*병 등이 있다.

정답 ④

핵심이론 07 불완전효모균 Candida sp.에 의한 위팽창성 질병

① 송어류에 어종, 크기 및 계절에 관계없이 발병하는 만성적 질병으로 병어(病魚)는 먹이 섭취가 불량하여 죽게 된다.

② 병어는 복부가 심하게 팽창되어 정상적인 유영이 불가능하여 천천히 헤엄친다. 해부하면 위가 심하게 확장되어 이 때문에 복부가 부풀어 올랐다는 것을 알 수 있다.

③ 위 내부가 회갈색 액체로 충만되어 있을 뿐만 아니라 가스의 기포도 다량으로 발견된다.

10년간 자주 출제된 문제

7-1. 효모가 포함된 사료를 숭어에 먹였더니 위에 가스가 발생하여 복부가 팽창되었다. 다음 무슨 균과 관련이 있는가?

① *Ichthyophonus* sp.
② *Saprolegnia* sp.
③ *Candida* sp.
④ *Fusarium* sp.

7-2. 송어의 복부가 부풀어 오르고, 천천히 헤엄치는 것이 있어 해부하여 보니 위가 심하게 확장되어 있고, 위속에 회갈색의 액체와 기포가 많이 들어 있었다면 그 원인으로 생각되는 것은?

① *Saprolegnia* sp.
② *Candida* sp.
③ *Branchiomyces* sp.
④ *Dermocystium* sp.

[해설]

7-1
양식 무지개송어에서는 병원성 효모(*Candida sake*)에 의한 고창증(위확장증)이 있다.

정답 7-1 ③ 7-2 ②

제2절 기생충성 질병

1. 원충병

핵심이론 01 섬모충성 질병(1) : 백점병

① 담수어 백점병

㉠ 원인 : 저산소, 과밀사육에 의한 스트레스가 원인으로 백점충(*Ichthyophthirius multifiliis*)의 기생으로 생기는 질병이다.

• 섬모충이 어류의 몸 표면이나 아가미에 기생하면 하얀 점처럼 보이기 때문에 백점병이라 한다.

• 담수어 기생충 질병 중에서 가장 많은 피해를 준다.

• 발생시기 : 온수성 어류의 양어장에서는 봄이나 가을에, 냉수성 어류의 양어장에서는 연중 발생한다. 특히 치어에 있어서는 잉어, 금붕어, 비단잉어, 메기, 뱀장어, 송어 등이 있다.

※ 원충류에 의한 질병 : 백점병, 킬로도넬라, 트리코디나, 브루클리넬라, 스쿠티카증, 에피스틸리스병, 포자충 등

> **백점충**
> • 원생동물에 속하는 섬모충으로 0.5~1mm의 타원형이고 말굽형핵을 가진다.
> • 섬모로 어류의 피하층까지 들어가 피나 세포를 먹기에 약을 살포해도 효과가 없다.
> • 14~17.5℃에 잘 번식하고, 성숙하면 어류의 피하에서 나와 자충(보통 1,000마리 정도)을 만든다.

㉡ 섬모충의 형태 및 생활사

침입자충 – 영양체 – 피낭체 – 피낭자충

㉢ 증상

• 몸, 머리, 지느러미, 아가미에 이르기까지 지름 1mm 이하의 희고 작은 점이 보인다.

• 아가미에 기생되면 점액이 많이 분비되고 아가미 상피의 붕괴, 유착으로 호흡장애를 일으켜 죽게 된다.

• 백점충이 심하게 감염된 어류는 먹이를 잘 먹지 않으며 서서히 쇠약해져 사육조 가장자리에 힘없이 떠 있는 경우가 많다.

ⓔ 진 단
- 아가미, 꼬리지느러미 또는 몸 표면 조직을 떼어 내어 광학현미경으로 검경한다.
- 백점충 영양체는 크기가 크기 때문에 광학현미경 시야 40배에서도 발견할 수 있다.
- 말발굽 모양의 특이한 대핵과 섬모운동을 확인하여 진단한다.

ⓜ 치 료
- 다른 섬모충과는 달리 표피 조직 내(피하나 진피)에 침입해 있기 때문에 완전히 구제하기 어렵다.
- 잉어나 뱀장어는 수산용 포르말린을 20~30일마다 반복하거나 메틸렌블루(Methylene Blue)를 3ppm 농도가 되도록 3~4일 간격으로 3~4번 반복 살포한다.
- Brilliant Green을 0.1~0.2ppm이 되도록 살포하여 1~2일간 약욕하거나 수온을 높여 줄 수 있으면 26~30℃로 높여 준다.
- 송어는 병원충의 생활사를 이용한다. 병원충이 성숙하면 어체에서 탈락하므로 양어지의 수심을 낮게 하여 7~8일간 유수시키면서 피낭체가 물과 같이 흘러가도록 한다.

② 해수어 백점병
- ⓐ 원인균 : 크립토카리온 이리탄스(*Cryptocaryon irritans*)
- ⓑ 넙치, 돔류와 같은 해수 양식어에 기생한다.
- ⓒ 증 상
  - 감염된 아가미는 상피증생증으로 아가미 새엽 사이 유착이 일어나기 때문에 호흡곤란 증세가 보인다.
  - 점액이 과잉 분비되고 후에는 표피가 벗겨지며, 원충이 표피조직 내를 이동하기 때문에 그 자극으로 병어는 몸을 양어지 벽에 문지르는 증상이 나타난다.

1-1. 메기의 머리, 몸통, 지느러미, 아가미에 희고 작은 점이 관찰되는 질병의 원인은?

① *Ichthyophthirius multifiliis*
② *Heterobothrium tetrodonis*
③ *Heterosporis anguillarum*
④ *Amenophia orientalis*

1-2. 백점병에 대한 설명 중 적합하지 못한 것은?

① 해산어 백점충은 *Cryptocaryon irritans*이다.
② 담수어 백점충은 *Ichthyophthyrius multifilius*이다.
③ 담수어 백점충은 고수온기에 주로 유행한다.
④ 해산어 백점충은 저염분에 약한다.

1-3. 다음 중 담수 백점병 발생의 주원인이 되는 것은?

① 저산소, 과밀사육에 의한 스트레스
② 수온이 30℃ 전후로 상승되었을 때
③ 세균 감염으로 궤양이 생겼을 때
④ 1년 미만의 치어인 때

1-4. 양식어류에 기생하는 백점충(*Ichthyophthirius*)을 구제하기 힘든 이유는?

① 백점충은 내장에 기생하기 때문이다.
② 백점충은 피하나 진피에 기생하기 때문이다.
③ 지느러미의 기부에 기생하기 때문이다.
④ 아가미의 상피조직에 기생하기 때문이다.

1-5. 점액이 과잉 분비되고 후에는 표피가 벗겨지며 원충이 표피조직 내를 이동하기 때문에 그 자극으로 병어는 몸을 양어지 벽에 문지르는 증상이 나타나는 병은?

① 물이증
② 구두충증
③ 믹소볼루스병
④ 백점병

1-6. 마소텐으로서 구제대상이 되는 생물이 아닌 것은?

① 닻벌레
② 물벼룩
③ 흡충류
④ 백점병

1-7. 백점병의 원인이 되는 섬모충의 생활사를 올바르게 나열한 것은?

① 피낭자충 → 영양체 → 침입자충 → 피낭체
② 침입자충 → 영양체 → 피낭체 → 피낭자충
③ 영양체 → 침입자충 → 피낭체 → 피낭자충
④ 침입자충 → 피낭체 → 피낭자충 → 침입자충

해설

1-1

백점병
저산소, 과밀사육에 의한 스트레스가 원인으로 백점충(*Ichthyophthirius multifiliis*)의 기생으로 생기는 질병이다.

1-2

담수어 백점병 발생시기 : 온수성 어류의 양어장에서는 봄이나 가을에, 냉수성 어류의 양어장에서는 연중 발생한다.

1-4
섬모로 어류의 피하층까지 들어가 피나 세포를 먹기에 완전히 구제하기 힘들다.

※ 그동안 사용했던 말라카이트 그린은 1990년대 이후 발암성 물질로 알려져 식용어류에는 사용이 금지되었다.

정답 1-1 ① 1-2 ③ 1-3 ① 1-4 ② 1-5 ④ 1-6 ④ 1-7 ②

핵심이론 02 섬모충성 질병(2) : 킬로도넬라병

① 원 인

㉠ 외부 기생성 섬모충류인 킬로도넬라 피시콜라(*Chilodonella piscicola*) 또는 킬로도넬라 헥사스티카(*Chilodonella hexasticha*)가 원인균이다.

㉡ 담수어 아가미, 몸 표면 등에 기생함으로써 발병한다.

㉢ 조건성 병원체로서 잉어, 금붕어, 송어, 메기 등의 치어기에 대량 번식하는데 저수온에서 고밀도 사육이 번식조건이 된다.

② 형태 및 생활사

㉠ 킬로도넬라 피시콜라(*Chilodonella piscicola*)

• 한쪽 면은 볼록하고 다른 쪽면은 편평한 비대칭 난형이다.

• 좌측 9~15열, 우측 8~13열의 섬모열이 있는 섬모충으로 세포구를 어류의 표피조직에 삽입시켜 영양분을 흡수한다.

• 충의 뒤쪽 끝부분은 오목하게 파여 있다.

• 대핵과 소핵은 각각 하나씩 있으며, 2분열에 의해 증식한다.

• 환경이 악화되면 시스트를 형성하여 어체에 기생하지 않은 상태에서도 오랜 기간 생존할 수 있다.

• 봄철 수온이 5~10℃일 때 월동에 의해 어체가 약해졌거나 밀식이나 환경이 약화되면 잘 발생한다.

㉡ 킬로도넬라 헥사스티카(*Chilodonella hexasticha*)

• 담수성 열대어에 기생하는 킬로도넬라충으로 크기가 작다.

• 섬모열 수는 몸 오른쪽에 5~7개, 왼쪽에 7~9개로 적다.

• 뒤쪽 끝이 오목하게 파인 곳이 없다.

ⓒ 증 상

- 아가미 상피세포에 자극을 주어 상피 증생, 점액 과다분비로 호흡곤란을 일으킨다.
- 몸 표면에 기생하여 체표면 궤양을 일으킨다.
- 주된 증상은 호흡곤란, 삼투압 조절능력 파괴, 지느러미 갈라짐 등이 있다.

ⓔ 진단 : 아가미와 몸 표면 조직을 슬라이드 글라스에 올려 200~400배로 검경하여 충을 확인한다.

ⓜ 대 책

- 초기 감염은 발견하기 어려우므로 정기적인 검사가 필요하다.
- 수산용 포르말린 혹은 농염수를 이용한 약욕을 실시하여 충을 구제한다.

━━━ 10년간 자주 출제된 문제 ━━━

봄철 저수온기에 잉어, 송어류, 메기의 체표나 아가미에 기생, 많은 점액분비와 함께 대량 폐사되는 *Chilodonella*증의 원인과 치료 대책을 설명한 것 중 옳지 않은 것은?

① 좌측 9~15열, 우측 8~13열의 섬모열이 있는 섬모충으로 세포구를 어류의 표피조직에 삽입시켜 영양분을 흡수한다.
② 많이 기생한 아가미는 상피세포의 증식이 뚜렷하며, 새판은 유착되고 곤봉화 되어 그 상피세포는 변성·괴사한다.
③ 숙주특이성이 있으며, 증식 가능 온도는 21~30℃이며, 최적 온도는 25~27℃이다.
④ 조건성 병원체로서 잉어, 금붕어 등의 치어기에 대량 번식하는데, 저수온에서 고밀도 사육이 번식조건이 된다.

|해설|

킬로도넬라증(*Chilodonella*)
5~10℃에서 분열증식이 가장 활발하며 20℃ 이상에서는 사멸하는 것으로 알려져 있다.

정답 ③

핵심이론 03 섬모충성 질병(3) : 브루클리넬라병

① 원 인

ⓐ 외부 기생성 섬모충인 브루클리넬라 호스틸리스(*Brooklynella hostilis*)가 원인균이다.
ⓑ 담수어 킬로도넬라충과 형태가 매우 유사하나 해수어 아가미에 기생하고, 고수온에서 잘 발생한다는 점이 다르다.

② 형 태

ⓐ 배쪽 면은 평편하고 등쪽은 볼록하며, 왼쪽 섬모열 12~15개, 오른쪽 8~11개가 있으며 몸 후단부는 약간 오목하게 들어가 있다.
ⓑ 세포는 인두 1개, 대핵 1개, 13~22개의 소핵을 가지고 있다.

③ 증 상

ⓐ 감염은 아가미에 한정된다(담수어충과 다른 점).
ⓑ 세포구 인두를 이용해서 아가미 조직을 파괴시켜 조각 및 혈액을 먹는다.
ⓒ 아가미 점상출혈 또는 출혈 및 호흡곤란을 일으킨다.

④ 진단 : 아가미 일부분을 절취하여 슬라이드글라스 위에 놓고 100~400배로 검경한다.

⑤ 대책 : 수산용 포르말린을 이용하여 약욕한다.

━━━ 10년간 자주 출제된 문제 ━━━

브루클리넬라병에 대한 설명 중 적합하지 못한 것은?

① *Brooklynella hostilis*가 원인균이다.
② 고수온에 잘 발생한다.
③ 담수어 아가미에 기생한다.
④ 아가미 점상출혈 또는 출혈 및 호흡곤란을 일으킨다.

|해설|

해수어 아가미에 기생하고, 고수온에서 잘 발생한다.

정답 ③

① 원 인

　㉠ 외부기생성 섬모충의 일종인 트리코디나(*Trichodina*)충이 원인균이다.

　㉡ 담수어 및 해수어의 아가미, 몸 표면 등에 기생함으로써 생기는 병이다.

　㉢ 치어기에 잘 발생하며, 밀식(스트레스 발생)이나 수질악화와 같은 환경이 불량할 때 심하게 감염된다.

② 형 태

　㉠ 밀짚모자 모양의 형태로 섬모열은 몸 윗부분과 아랫부분의 가장자리에 집중되어 있다.

　㉡ 복면에 이빨 모양의 치설이 환상으로 배열되어 있다.

　㉢ 대핵은 말굽 모양이며, 2분법으로 분열·증식한다.

　㉣ 어체에서 이탈된 상태에서도 수일 동안 생존할 수 있다.

　㉤ 어류의 몸 표면, 아가미 상피에 기생하면서 수중의 세균이나 어류의 조직 부스러기를 먹고 산다.

③ 증 상

　㉠ 어류의 체표 및 아가미에 붙어 치설을 이용해 상피세포를 파괴시키는 등 심한 자극을 주어 점액(회백색) 과다분비, 호흡곤란, 상피세포탈락 등을 일으킨다.

　㉡ 심하면 힘없이 물 표면을 유영하거나 주수구 주변에 모여 있게 된다.

　㉢ 식욕부진으로 사료를 잘 먹지 않으며, 세균 등의 2차 감염에 의해 폐사한다.

④ 진단 : 몸 표면 및 아가미 조직을 긁어서 병원충을 100배 정도의 현미경으로 관찰할 수 있다.

⑤ 치료 : 수산용 포르말린으로 약욕 후 환수하거나, 비티오놀(Bithionol)을 경구 투여한다.

4-1. *Trichodina*증의 특징이라고 볼 수 없는 것은?

① 수중을 활발히 운동하며, 기생숙주를 옮기기도 한다.

② 아가미에 기생하면 병변은 생기나 호흡장애는 생기지 않는다.

③ 기생부위는 체표, 지느러미, 비공, 아가미 등이다.

④ 담수 및 해산어의 체표에 기생하면 피해가 크다.

4-2. 틸라피아의 체표가 회백색 점액으로 덮여있다. 다음 중 어느 것 때문인가?

① *Caligus* sp.의 기생

② *Saprolegnia* sp.의 기생

③ Nutritional Deficiency

④ *Trichodina* sp.의 기생

4-3. 트리코디나충병을 정확하게 진단하려면 어떤 방법이 가장 좋은가?

① 몸의 색깔을 보아 검은색으로 변화하는가의 여부

② 비늘이 탈락되고, 몸 표면이 충혈되는지 여부

③ 운동이 활발하지 않는가의 여부

④ 체표, 기생충 검색 확인

【해설】

4-1

트리코디나병 증상

• 어류의 몸 표면이나 아가미에 달라붙어 치설을 이용해 상피세포를 파괴시키는 등 심한 자극을 주며, 어류는 점액(회백색)을 과다분비하게 되고, 호흡곤란, 상피세포탈락 등의 증상을 나타내게 된다.

• 심하면 힘없이 물 표면을 유영하거나 주수구 주변에 모여 있게 된다.

• 식욕부진으로 사료를 잘 먹지 않으며, 세균 등의 2차 감염에 의해 폐사까지도 진행된다.

4-2

틸라피아 – 트리코디나증

외부 증상은 체표나 아가미가 약간 검은 듯하며 백탁하는 정도이므로 정확한 진단을 위해서는 아가미의 점액 일부를 검경해서 충체를 확인할 필요가 있다.

정답 4-1 ② 4-2 ④ 4-3 ④

① 원 인

　㉠ 스쿠티코실리아티다(*Scuticociliatida*)목에 속하
　　는 섬모충이다.

　㉡ 넙치를 비롯한 해수 양식어에 기생함으로써 발생
　　한다.

　㉢ 몸 표면 근육뿐만 아니라 아가미, 뇌 등 모든 내부
　　장기에 침입하여 기생한다.

　㉣ 우리나라 넙치에서 발생하는 스쿠티카충은 우로
　　네마 마리늄(*Uronema marinum*) 또는 미아미엔
　　시스 아비더스(*Miamiensis avidus*)이다.

② 형 태

　㉠ 충체는 타원형이고, 10~16개 섬모열이 있다.

　㉡ 충체 뒤쪽에 한 개의 긴 꼬리 섬모가 있고, 2분법에
　　의해서 분열·증식한다.

③ 증 상

　㉠ 초기에는 체색이 검어지고 체표가 희게 탈색된 모
　　양이 나타나며, 눈에 기생하면 눈이 백탁되고 안
　　구가 돌출된다.

　㉡ 시간이 지나면 근육에 큰 궤양과 출혈이 생기고,
　　심하면 몸의 일부가 잘려나가기도 한다.

　㉢ 뇌에 감염 시 비정상적인 유영행동을 하고, 아가
　　미 조직에 감염되면 단기간 내 실직조직을 파괴
　　하여 폐사된다.

④ 진단 : 몸 표면 궤양부위, 아가미 조직, 뇌 등의 내부
　　장기를 슬라이드글라스에 도말한 후 40~100배로 관
　　찰한다.

⑤ 대 책

　㉠ 밀식을 피하고 취수구와 배수구 전면을 청소한다.

　㉡ 초기에는 수산용 포르말린 약욕, 담수욕 및 황토
　　등으로 구제한다.

　㉢ 기생충이 내부 장기조직에까지 기생될 때는 치료
　　효과가 거의 없다.

10년간 자주 출제된 문제

스쿠티카증의 증상에 대한 설명으로 틀린 것은?

① 체색이 검어진다.
② 등지느러미가 결손된다.
③ 몸 표면에 흰점이 관찰된다.
④ 회전하면서 죽는다.

[해설]

초기에는 체색이 검어지고 체표가 희게 탈색된 모양이 나타나며,
눈에 기생하면 눈이 백탁되고 안구가 돌출된다.

정답 ③

섬모충성 질병(6) : 에피스틸리스병

① 원 인

　㉠ 에피스틸리스(*Epistylis*)속에 속하는 섬모충류이다.

　㉡ 담수어의 몸 표면 및 아가미에 부착하여 기생함으로써 발생한다.

② 형태 및 생활사

　㉠ 충체는 나뭇가지 모양으로, 자루 마디 앞쪽 끝에 종모양 본체가 연결된 형태이다.

　㉡ 충은 자루 마디를 이용해 어체(피부나 아가미)에 부착되며, 섬모운동을 이용해 세균이나 수중 유기물을 먹이로 한다.

　㉢ 유기물에 의한 오염이 심한 곳에 특히 잘 발생한다.

③ 증 상

　㉠ 심하면 체표가 얼룩져 보이고, 궤양으로 이어진다.

　㉡ 감염된 어류는 몸 표면에서 충을 떼어내기 위해 양어장 벽이나 바닥에 몸을 비비기 때문에 상처가 발생하여 에어로모나스 등과 같은 2차 감염이 나타난다.

　㉢ 아가미에 감염되면 호흡곤란이 일어나 폐사되기도 한다.

④ **진단** : 몸 표면을 긁어서 도말하거나 아가미조직 일부를 슬라이드글라스 위에 놓고 커버글라스로 압박하여 광학현미경 100배 시야에서 관찰한다.

⑤ **대책** : 수산용 포르말린 또는 농염수로 약욕한다.

10년간 자주 출제된 문제

에피스틸리스병에 대한 설명으로 틀린 것은?

① 담수어의 몸 표면 및 아가미에 부착하여 기생함으로써 발생한다.

② 유기물에 의한 오염이 심한 곳에 특히 잘 발생한다.

③ 아가미 조직에 감염되면 단기간 내 실직조직을 파괴하여 폐사된다.

④ 포르말린 25ppm을 투하한다.

[해설]

아가미에 감염되면 호흡곤란이 일어나 폐사되기도 한다.

정답 ③

① 원 인

○ 익티오보도 네카토르(*Ichthyobodo necator*)의 기생에 의해 발병한다.

○ 자·치어의 체표, 지느러미 및 아가미 표면에 기생하여 피해를 입힌다.

○ 이 충은 유일하게 담수·해수에서 동시에 생존하며 담수어, 기수어, 해수어에 기생한다.

○ 연어과 어류의 경우 담수에서 감염된 치어가 해수로 이동하여도 이 충이 죽지 않고 기생한다.

○ 우리나라에서는 주로 뱀장어, 메기, 틸라피아 등의 담수어와 해수어인 넙치의 치어에 발생한다.

② 형태 및 생활

○ 자유 유영충의 형태는 난형에서 타원형이고 편모 2개가 있으며, 2분법 분열(편모 4개)을 한다.

○ 몸의 전단부가 뾰족하게 되어 어체 표면을 뚫고 부착한다.

○ 2~29℃까지의 광범위한 수온에서 살 수 있으며, 자유 유형을 통해 수평적으로 전파를 한다.

○ 영양부족의 어류, 치어에 집중적으로 발생한다.

○ 밀식, 수질환경 악화 시 심하게 감염되어 폐사율이 높다.

③ 증 상

○ 점액이 과다분비로 등쪽에 점액이 군데군데 뭉쳐 있다.

○ 기생충을 떼어내기 위해 양식장 물체에 몸을 비비는 행동을 한다.

○ 심하면 균형감각을 상실하여 양식장 바닥에 가라앉아 있다.

○ 폐사원인은 아가미 및 상피세포의 파괴로 삼투압 조절기능 약화 및 식욕부진에 의한 영양실조이다.

④ 진단 : 몸 표면의 점액이나 아가미조직의 일부를 떼어 슬라이드 글라스에 얹어 광학현미경 시야 400배에서 관찰한다.

⑤ 대 책

○ 초기에는 수산용 포르말린 약욕으로 구제한다.

○ 초기 진단에 실패하면 급속도로 심해져 폐사한다.

10년간 자주 출제된 문제

익티오보도병에 대한 설명으로 맞지 않은 것은?

① 병원균은 *Ichthyobodo necator*이다.
② 이 충은 뱀장어, 메기, 틸라피아 등의 담수어에서만 기생한다.
③ 밀식, 수질환경 악화 시 심하게 감염되어 폐사율이 높다.
④ 포르말린 25ppm을 투하하여 구제한다.

[해설]

이 충은 담수·해수에서 동시에 생존하며 담수어, 기수어, 해수어에 기생한다. 우리나라에서는 뱀장어, 메기, 틸라피아 등의 담수어와 해수어인 넙치의 치어에 주로 발생한다.

정답 ②

① 원 인

　㉠ 아밀로오디늄 오셀라툼(*Amyloodinium ocella-tum*)의 기생에 의해 발병한다.

　㉡ 와편모 조류는 유독적조를 일으키는 원인생물이나 그중 일부는 적조와 관계없이 어류에 기생한다.

　㉢ 우리나라에서는 관상어나 돔류 아가미에 발생하여 피해를 준 적이 있다.

② 형태 및 생활사

　㉠ 해수어 아가미에 기생하는 충체는 난형으로 영양체(Trophot)라고 한다.

　㉡ 7~30℃까지의 광범위한 수온과 염분농도 7~31‰에서 살 수 있다.

　㉢ 발생 최적조건은 수온 25~30℃, 염분농도 14~31‰이다.

　㉣ 수온이 높을수록 생활사를 완성하는 데 걸리는 시간은 단축된다.

　㉤ 수온이 8℃ 이하나 35℃ 이상에서는 충체가 심한 타격을 입는다.

③ 증 상

　㉠ 호흡이 빨라지고 사료를 먹지 않으며, 몸을 양식장 벽에 비빈다.

　㉡ 아가미에 감염되면 심한 염증반응과 출혈이 나타나고 심해지면 아가미조직이 괴사된다.

④ 진 단

　㉠ 아가미의 일부를 떼어내어 슬라이드글라스 위에 얹고 커버글라스로 눌러서 광학현미경으로 40~100배로 관찰한다.

　㉡ 루골(Lugol)액을 떨어뜨려 검경한 충체는 원형 또는 타원형의 흑색으로 염색되어 보인다.

⑤ 대 책

　㉠ 담수욕을 이용한 약욕을 이용하여 어느 정도 구제할 수 있으나 효과는 낮은 편이다.

　㉡ 비교적 연약한 상태에 있는 유주포자를 살충하는 것이 가장 좋은 방법으로 유수량을 늘려 수중의 분열체 및 유주포자를 외부로 배출시켜 감염 기회를 낮추거나 필터를 이용하여 유입수를 처리한다.

10년간 자주 출제된 문제

아밀로오디늄병에 대한 설명으로 맞지 않은 것은?

① 병원균은 아밀로오디늄 오셀라툼(*Amyloodinium ocellatum*)이다.

② 수온이 높을수록 생활사를 완성하는 데 걸리는 시간은 단축된다.

③ 발생 최적조건은 수온 25~30℃, 염분농도 14~31‰이다.

④ 주요 증상으로 안구가 돌출된다.

|해설|

주요증상으로 호흡이 빨라지고 사료를 먹지 않으며, 몸을 양식장에 비빈다. 아가미에 감염되면 심한 염증반응과 출혈이 일어난다.

정답 ④

핵심이론 09 편모충성 질병(3) : 헥사미타병

① 원 인
　　㉠ 헥사미타 살모니스(*Hexamita salmonis*)가 원인 균이다.
　　㉡ 어류 창자에 기생하는 내부 기생충으로 숙주는 주로 연어과 어류(무지개송어)이다.

② 형태 및 생활사
　　㉠ 충체는 서양배, 난원형으로 핵 2개. 편모 3쌍이 몸 전반부를 향하고 1쌍의 편모가 후방부를 향해 있다.
　　㉡ 숙주의 장이나 유문수의 관 내부에 기생하며, 2분열하여 증식한다.
　　㉢ 포낭을 형성하여 숙주의 배설물과 함께 외부로 배출되어 어류에 경구적으로 감염된다.

③ 증 상
　　㉠ 식욕부진, 여윔, 선회운동, 복부팽만, 안구돌출 등이 나타난다.
　　㉡ 카타르성 장염을 유발시키므로 감염된 어류의 창자를 해부하면 창자 내에 끈끈한 노란 점액성 물질이 차 있다.

④ 진단 : 장을 절개하여 장 점막 및 점액을 슬라이드글라스에 도말하여 100~400배로 관찰한다.

⑤ 대책 : 사료에 비타민 C 첨가량을 높여 준다.

10년간 자주 출제된 문제

헥사미타병에 대한 설명으로 틀린 것은?

① 식욕부진, 여윔, 선회운동 등의 증상이 있다.
② 헥사미타 살모니스(*Hexamita salmonis*)가 원인균이다.
③ 우리나라에서는 주로 넙치에서 많이 발생한다.
④ 사료에 비타민 C의 첨가량을 높여 주어 치료한다.

[해설]
어류 창자에 기생하는 내부 기생충으로 우리나라에서는 연어과 어류인 무지개송어에서 많이 발생한다.

정답 ③

핵심이론 10 편모충성 질병(4) : 기타 트리파노소마충 (*Trypanosoma*), 크립토비아(*Cryptobia*)

① 원 인
　　㉠ 어류의 혈액에 기생하는 혈액 편모충은 크립토비아(*Cryptobia*)와 파동편모충(*Trypanosoma*)속에 속하는 종들이다.
　　㉡ 해수어와 담수어가 모두 감염될 수 있다.
　　㉢ 크립토비아는 2개의 편모를, 파동편모충은 하나의 편모만을 가지고 있다.

② 전염 및 생활사
　　㉠ 흡충과 거머리 따위의 흡혈 기생충을 통해 다른 물고기로 전염된다.
　　㉡ 파동편모충은 크립토비아와 거의 구분이 되지 않는다.
　　㉢ 우리나라에서는 자연산 메기의 혈액에서 트리파노소마충이 기생한다는 보고가 있다.
　　㉣ 공통적으로 연어과 어류에 피해가 크다.

③ 진 단
　　㉠ 병원체는 혈액에서 직접 확인되거나, 신장을 잘게 자른 표본에서 확인된다.
　　㉡ 성능이 좋은 현미경이나 위상차 조명으로 고배율에서 파동편모충이 오로지 하나의 편모만을 가진 것을 볼 수 있다.

④ 증상 및 대책
　　㉠ 심하게 감염된 경우 물고기는 무기력해지고, 반사작용이 크게 감소한다.
　　㉡ 매우 진전된 경우 손으로 물고기를 잡을 수 있으며, 이 때문에 "물고기 수면병"이라고도 한다.
　　㉢ 감염된 어류는 자신의 수평축 둘레를 회전하거나 머리를 아래로 숙이고 유영한다.
　　㉣ 차츰 살이 빠지고, 아가미가 창백해진다.
　　㉤ 아직 유효한 치료 대책이 수립되지 않았다.

10-1. 어류의 혈액기생충으로 짝지어진 것은?

① 오디니움 – 코스티아
② 브루크리넬라 – 익티오보도
③ 크립토비아 – 트리파노소마
④ 헥사미타 – 트리코디나

10-2. 무지개송어 치어 아가미에 기생하는 *Cryptobia branchialis*는 분류상 어디에 속하는가?

① 흡충강의 단세대 흡충
② 원생동물의 섬모충
③ 원생동물의 편모충
④ 원생동물의 포자충

[해설]

10-1
가장 널리 알려진 혈액 편모충은 크립토비아(*Cryptobia*)와 파동편모충(*Trypanosoma*)속에 속하는 종들이다.

정답 10-1 ③ 10-2 ③

핵 심이론 11 미포자충성 질병(1) : 글루게아병

① 원 인
  ㉠ 미포자충에 속하는 글루게아 플레코글로시(*Glugea plecoglossi*)가 원인균이다.
  ㉡ 양식 은어의 각종 내부 장기 결합조직에 기생하여 백색 과립상의 시스트를 만든다.

② 형태 및 생활사
  ㉠ 수중의 포자가 은어 속에 들어가면 포자원형질이 성장하여 영양체가 되며 계속적인 분열을 통해 수를 늘린다.
  ㉡ 영양체 내에 분열된 세포들은 다시 성숙한 포자(타원형)가 된다.

③ 증 상
  ㉠ 충은 숙주조직 내에서 지름 2mm 정도의 커다란 제노마(Xenoma)를 형성한다.
  ㉡ 해부 시 제노마 때문에 백색과립상(하얀 쌀알 같은 것)이 복강, 내부 장기에 퍼져 있다.
  ㉢ 심하게 감염된 어류는 제노마로 인해 몸 표면이 올록볼록해 보인다.
  ㉣ 이 병에 의해 죽지는 않으나 상품가치가 하락한다.

④ 진단 : 제노마를 떼어 커버글라스로 압박 후 400배에서 관찰한다.

⑤ 대 책
  ㉠ 초기에는 항생물질인 푸마질린(Fumagillin)을 경구적으로 투여한다.
  ㉡ 감염 후 10~26일 이내에는 수온을 29℃로 올려 5일간 사육한다(2회 반복).

다음 글루게아병의 설명으로 옳지 않은 것은?

① 원인균은 헤테로스포리스 앙길라룸(*Heterosporis anguil-larum*)이다.
② 충은 숙주조직 내에서 지름 2mm 정도의 커다란 Xenoma를 형성한다.
③ 초기에는 항생물질인 Fumagillin을 경구적으로 투여한다.
④ 심하게 감염된 어류는 제노마로 인해 몸 표면이 올록볼록해 보인다.

|해설|

원인균은 미포자충에 속하는 글루게아 플레코글로시(*Glugea plecoglossi*)이다.

정답 ①

핵심이론 12 미포자충성 질병(2) : 플리스토포라병

① **원 인**
  ㉠ 헤테로스포리스 앙길라룸(*Heterosporis anguil-larum*) 또는 플리스토포라 앙길라룸(*Pleistophora anguillarum*)이 원인균이다.
  ㉡ 뱀장어의 근육에 기생하여 발병하는 병이며, 근육이 융해되어 요철이 생기므로 요철병이라고도 한다.

② **형태 및 생활사**
  ㉠ 포자 원형질이 근육에 침입하여 원형체로 성장하여 분열을 통해 수를 늘린 후 포자 형성기에 들어간다.
  ㉡ 성숙포자는 타원형이다.

③ **증 상**
  ㉠ 뱀장어의 근육에 기생하여 몸 표면이 울퉁불퉁하게 된다.
  ㉡ 초기에는 사료를 먹지 않고 성장이 느리며, 상품가치가 하락하고, 심하면 폐사한다.

④ **진단** : 근육 요철부위 흰 반점 부위를 떼어내어 400배로 검경한다.

⑤ **대책** : 적절한 치료 대책이 없다.

뱀장어 *Heterosporis*증의 치료가 어려운 이유는?

① 근육에 Cyst(포낭)를 형성하고 있어서
② 창자에 Cyst를 형성하고 있어서
③ 골수에 Cyst를 형성하고 있어서
④ 진피층으로 충체가 잠입하여

|해설|

영양형 내에서 포자가 형성되면 Cyst는 붕괴되고 포자가 근섬유 외로 유출된다. 동시에 근섬유는 용해된다. Cyst가 많이 모여 형성되기 때문에 근육의 용해가 광범위하게 일어나고 그 부위가 오목하게 함몰된다. 근육이 용해된 부분에는 수많은 식세포가 모여들어 포자를 탐식하여 임파구의 침전이 현저하게 되고 뱀장어는 쇠약해져서 결국 죽게 된다.

정답 ①

① 원 인

ㄱ 원충류인 퍼킨서스 마리너스(*Perkinsus marinus*) 원인균이다.

ㄴ 굴, 바지락에 감염되며, 참굴은 버지니아 굴보다 감염률이 낮다.

② 증 상

ㄱ 성장이 느리고 육질의 탄력이 없으며, 흑색 색소로 인하여 굴 색깔이 약간 검게 변해 있다.

ㄴ 병원체는 결합조직과 상피세포에 주로 감염되며 20℃ 이상의 수온에서 증식 가능하다.

ㄷ 감염된 바지락은 입 부분이 패각에 붙어 있어 잘 떨어지지 않거나 녹아 없어져 있다. 또 육질부는 윤기와 탄력이 없고, 아가미나 입 부분 및 육질의 표면에 지름 1mm 정도의 유백색 결절이 여러 곳에 나타난다.

③ 진 단

ㄱ 병든 굴의 소화선, 바지락의 아가미를 슬라이드글라스에 놓고 커버글라스로 누른 다음 김자액이나 루골요오드액(Lugol's Iodine)에 염색한 후 현미경으로 관찰하면 특징적인 한 개의 공포가 한쪽에 치우쳐 있는 기생충의 영양체를 볼 수 있다.

ㄴ 감염된 조직을 떼어내어 플루이드 티오글리콜레이트 배지(Fluid Thioglycollate Medium)에 넣고 빛을 차단하고, 실온에서 채로 7~14일 정도 배양한 후 배지에서 조직을 꺼내 루골요오드액에 1~10분간 담근 후 위상차 현미경 또는 슬라이드글라스에 조직편을 놓고 커버글라스를 덮은 다음 광학현미경으로 보면 청색, 감청색 또는 녹색으로 염색된 영양체를 볼 수 있다.

④ 대 책

ㄱ 퍼킨서스충은 저염분과 저온에서는 번식이 억제된다.

ㄴ 9ppt 이하의 저염분 지역에서 양식하거나 수온이 15~20℃ 무렵에 수확하는 것이 좋다.

ㄷ 감염된 패류는 다른 지역에 이식해서는 안 된다.

10년간 자주 출제된 문제

13-1. 다음의 설명에 가장 적합한 것은?

> 굴의 전신성 병변을 일으키는 원충류로서 감염된 굴은 성장이 느리고 육질이 약해지며, 흑색 색소로 색깔이 검게 된다. 이전에는 곰팡이의 일종인 *Dermocystidium*으로 분류되었으나 생활사 연구로 *Apocomplexa*문에 속하는 것으로 알려져 있다.

① *Marteilioides* ② *Haprosporidium*
③ *Perkinsus* ④ *Bucepalus*

13-2. 굴의 퍼킨서스(*Perkinsus*)병에 관한 설명 중 옳은 것은?

① 이 질병은 5‰ 이하의 저염분에서 병세가 강해진다.
② 이 질병의 유행시기는 저수온기이며, 수온 15℃ 이하에서 질병이 만연한다.
③ 일반적으로 성장이 느리고 육질이 약해져 있으며, 흑색 색소로 인하여 굴 색깔이 약간 검게 변해 있다.
④ 곰팡이에 의한 질병이다.

|해설|

13-2
① 퍼킨서스충은 저염분과 저온에서는 번식이 억제된다.
② *Perkinsus* spp.의 증식은 20℃ 이상의 고수온기에 활발하여 병원성 및 폐사율이 최고치에 이른다.
④ 원충류인 퍼킨서스 마리너스(*Perkinsus marinus*)에 의한 질병이다.

정답 13-1 ③ 13-2 ③

① 원 인

　㉠ 미포자충의 일종인 참굴 마르테일리오데스 충무엔시스(*Marteilioides chungmuensis*)가 참굴의 난소에서 성숙하여 감염증을 일으킨다.

　㉡ 이 기생충은 난모세포의 세포질에 침투하여 알을 용해시키고 수정란의 발생과 분화에 이상을 초래하여 굴을 폐사시킨다.

　㉢ 감염률은 수온과 밀접한 관계가 있어 고수온기(8월)에는 64.3~100%이다.

② 증 상

　㉠ 감염된 알은 생식소 부근에 알 덩어리가 군데군데 뭉쳐져 있다.

　㉡ 작은 것의 크기는 2~3mm, 큰 것은 10~15mm 정도이며, 개수는 1~2개에서 15~20개인 개체도 있다.

　㉢ 생식소에 융기부가 생기기도 하나 정상굴과 구별이 어렵고, 융기부 이외 연체부는 탄력을 상실하여 물굴의 상태로 된다.

　㉣ 감염된 알은 80% 이상이 비정상적인 발생을 하며, D형 및 초기 각정기까지 발생한다. 외부의 각이 녹기 시작하여 연체부까지 녹아 폐사한다.

③ 진 단

　㉠ 병든 생식소를 떼어내어 슬라이드글라스 위에 놓고 커버글라스로 눌러 도말 표본을 만든 후 건조시켜 김자 염색 후 관찰한다.

　㉡ 감염초기는 강호염기성을 나타내고, 성숙된 것은 세포질 내에 2~6개의 기생체가 모여 한 개의 커다란 공포를 형성한다.

④ 대 책

　㉠ 치료 방법이 없으므로 확산 방지를 위해 개체를 새로운 어장에 이식하지 않아야 한다.

　㉡ 적정밀도로 사육하고 감염된 굴은 빨리 제거해야 한다.

10년간 자주 출제된 문제

참굴의 난소비대증에 대한 설명으로 옳지 않은 것은?

① 이 질병은 저온수기에 감염률이 크다.

② 감염된 알은 생식소 부근에 알 덩어리가 군데군데 뭉쳐져 있다.

③ 융기부 이외 연체부는 탄력을 상실하여 물굴의 상태로 된다.

④ 원인균은 마르테일리오데스 충무엔시스(*Marteilioides chungmuensis*)이다.

|해설|

감염률은 수온과 밀접한 관계가 있어 고수온기(8월)에는 64.3~100%이다.

정답 ①

2. 점액포자충성 질병

핵심이론 01 아가미점액포자충병

① 원 인
- ⊙ 믹소볼루스(*Myxobolus*)속 점액포자충류가 원인 균이다.
- ⓒ 잉어의 아가미 결합 조직에 기생함으로써 아가미 뚜껑이 열려 있는 것처럼 보인다.

② 생활사
- ⊙ 포자원형질(Sporoplasma)이 혈관을 타고 아가미 결합조직에 도달하여 분열·증식하여 영양체 (Plasmodium)로 성장한다.
- ⓒ 계속적인 세포분열로 많은 수의 포자세포(Sporoblast)가 성숙하여 포자(Spore)가 된다.

③ 증 상
- ⊙ 영양체가 아가미 새엽 조직 사이에 시스트가 크게 자란다.
- ⓒ 아가미 조직 주변 혈관 압박 및 과형성(Hyperplasia)이 일어난다.
- ⓒ 심하면 커다란 영양체로 인해서 아가미뚜껑이 제대로 닫히지 않으며, 이로 인해서 호흡곤란으로 폐사된다.
- ② 경감염의 경우 어류가 성장하면서 자연치유되는 경우도 있다.

④ 진 단
- ⊙ 힘없이 떠 다니는 치어의 아가미뚜껑을 열어보면 중감염된 어류는 하얀 시스트를 육안으로 볼 수 있다.
- ⓒ 정확한 진단을 위해 시스트를 절단해서 슬라이드 글라스로 압박하여 터트린 후 100~400배로 관찰하여 포자를 확인한다.

⑤ 대 책
- ⊙ 치어를 양어장에 넣기 전 사육지를 소독한다.
- ⓒ 감염전파자 역할을 할 수 있는 생물(실지렁이 등)을 사전에 구제하여 예방한다.
- ⓒ 푸마질린 등의 경구 투여에 의해 효과가 있다는 보고가 있다.

10년간 자주 출제된 문제

잉어의 아가미에 포자낭을 형성함으로써 폐사하기도 하는 질병은?
① *Cryptobia*증
② *Myxobolus*증
③ *Epistylis*증
④ *Trichophrya*증

[해설]
믹소볼루스(*Myxobolus*)속 점액포자충류가 잉어의 아가미 결합 조직에 기생함으로써 아가미뚜껑이 열려 있는 것처럼 보인다.

정답 ②

① 원 인
  ㉠ 장포자충(*Thellohanellus kitauei*)이 잉어의 장에 기생하여 발병한다.
  ㉡ 우리나라는 이스라엘잉어에 큰 피해를 입힌 바 있다.
② 형태 및 생활사
  ㉠ 장에 기생하는 영양체가 모여 커다란 혹과 같은 덩어리(성숙포자가 차 있음)를 형성한다.
  ㉡ 성숙포자는 앞 끝이 뾰족하고 뒤 끝은 둥그런 형태로 하나의 극량을 가지고 있다.
③ 증상 : 커다란 혹 덩어리로 인해 주변 장기의 압박 및 장 폐색이 일어나고, 높은 폐사율이 나타난다.
④ 진단 : 장을 해부하여 혹의 일부를 떼어내어 400배로 검경한다.
⑤ 대 책
  ㉠ 치어를 양어장에 넣기 전 양어지의 저질과 기구를 소독하여 감염형 포자를 없앤다.
  ㉡ 푸마질린 등의 경구 투여에 의해 효과가 있다는 보고가 있다.

```
━━━━━━ 10년간 자주 출제된 문제 ━━━━━━
```

장포자충병에 대한 설명으로 옳지 않은 것은?
① 잉어의 장에 기생하여 발병한다.
② 감염된 어류의 생식소 부근에 알 덩어리가 군데군데 뭉쳐져 있다.
③ 유효한 치료대책이 없다.
④ 원인균은 텔로하넬루스 키타우에이(*Thellohanellus kitauei*)이다.

[해설]
잉어의 장에 기생하는 영양체가 모여 커다란 혹과 같은 덩어리를 형성한다.

정답 ②

① 원 인
  ㉠ 믹소볼루스 세레브랄리스(*Myxobolus cerebralis*)가 원인균이다.
  ㉡ 무지개송어 자어 및 치어의 연골조직과 뇌, 척추 등의 중추신경계에 기생하여 발병한다.
  ㉢ 우리나라에서는 발병이 보고된 바가 없고 미국에서 무지개송어에 발병하였다.
② 형태 및 생활사
  ㉠ 실지렁이에서 배출한 방선포자충을 무지개송어가 섭취함으로써 감염된다.
  ㉡ 방선포자충의 포자 원형질은 장에서 아가미 및 척추 등과 같은 중추신경계의 연골부에 침입하여 영양체로 성장한다.
  ㉢ 성숙포자는 난형이며, 4개의 극낭과 포자 원형질로 되어 있다.
③ 증 상
  ㉠ 치어의 꼬리자루와 꼬리지느러미가 흑화된다(감염 후 2~8주).
  ㉡ 감염 2~3개월 후에는 선회현상이 나타나고 점차 척추만곡 현상이 나타나며, 사료를 먹지 못하여 폐사한다.
④ 진단 : 연골 부위를 조직표본으로 만들어 관찰한다.
⑤ 대책 : 우리나라에서는 발생하지 않은 병으로 활어 수입 시 검역을 철저히 해야 한다. 치료 대책은 없다.

점액포자충성 선회병에 대한 설명으로 옳지 않은 것은?

① 무지개송어 장에 기생하여 발병한다.
② 방선포자충을 무지개송어가 섭취함으로써 감염된다.
③ 유효한 치료 대책이 없다.
④ 믹소볼루스 세레브랄리스(*Myxobolus cerebralis*)가 원인균이다.

[해설]

믹소볼루스 세레브랄리스(*Myxobolus cerebralis*)가 무지개송어 자어 및 치어의 연골조직과 뇌, 척추 등의 중추신경계에 기생하여 발병한다.

정답 ①

핵심이론 04 믹시디움병

① 원 인
  ㉠ 점액포자충에 속하는 믹시디움 마츠이(*Myxidium matsui*)가 원인균이다.
  ㉡ 뱀장어의 아가미, 피부 및 신장 등에 기생하여 발병한다.
  ㉢ 종종 담낭 및 방광에서도 발견되며, 실뱀장어가 담수로 올라오는 시기에 감염되는 것으로 추정된다.
② 형태 및 생활사
  ㉠ 영양체는 다수의 포자를 형성하여 크기 2mm 정도까지 성장하며, 육안으로 흰 주머니처럼 보인다.
  ㉡ 성숙포자는 방추형으로 2개의 극낭(포자의 양쪽 끝)과 2개의 핵을 가진 포자 원형질이 있다.
③ 증 상
  ㉠ 신장에 중감염 시 복부팽만이 발생하고 폐사한다.
  ㉡ 피부에 감염 시 흰 깨를 뿌린 것과 같은 모양으로 상품가치를 하락시킨다(어류의 건강에는 큰 문제가 없다).
④ 진단 : 뱀장어의 아가미, 신장, 피부 등에 나타난 흰 반점 부위를 떼어내어 현미경 400배에서 포자를 확인한다.
⑤ 대책 : 유효한 치료 대책이 개발되어 있지 않다.

믹시디움병에 대한 설명으로 옳지 않은 것은?

① 뱀장어의 피부에 감염되면 폐사한다.
② 신장에 중감염 시 복부팽만이 발생하고 폐사한다.
③ 유효한 치료대책이 없다.
④ 믹시디움 마츠이(*Myxidium matsui*)가 원인균이다.

[해설]

피부에 감염 시 흰 깨를 뿌린 것과 같은 모양으로 어류의 건강에 큰 문제없고, 상품가치를 하락시킨다.

정답 ①

핵심이론 05 쿠도아병

① 원인 : 쿠도아(*Kudoa*)속에 속하는 여러 종들이 다양한 해수어의 근육, 위심강 또는 뇌에 기생하여 발병한다.

② 형태 및 생활사

　　㉠ 근섬유 내에 영양체가 기생하며, 성숙포자는 별 모양이다.

　　㉡ 포자는 4개의 각으로 되어 있고, 4개의 극낭이 같은 각도로 배열되어 꽃잎 모양이다.

③ 증 상

　　㉠ 어류가 생존 시 흰 점들이 박힌 듯 보이나 어체에 큰 피해는 없다.

　　㉡ 어류를 냉장상태로 보관하거나, 냉동 후 해빙할 경우 근육이 액화로 젤리처럼 물컹해져(충이 분비하는 단백질 분해효소가 감염 부위에 축적되기 때문) 상품가치가 하락한다.

④ 진단 : 뇌, 심근에 기생하는 경우 흰 반점 부위를 떼어내어 400배에서 관찰한다.

⑤ 대책 : 유효한 치료 대책이 개발되어 있지 않다.

> **기타 점액포자충병**
> • 렙토세카 코레아나(*Leptotheca koreana*) : 조피볼락의 신장에 기생
> • 세라토믹사(*Ceratomyxa*) : 넙치를 포함한 다양한 해수어의 쓸개에 기생

10년간 자주 출제된 문제

쿠도아병에 대한 설명으로 틀린 것은?

① 다양한 해수어의 근육, 위심강 또는 뇌에 기생하여 발병한다.

② 세라토믹사(*Ceratomyxa*)가 원인균이다.

③ 어류가 생존 시 흰 점들이 박힌 듯 보이나 어체에 큰 피해는 없다.

④ 유효한 치료 대책이 개발되어 있지 않다.

|해설|

원인균은 쿠도아(*Kudoa*)속에 속하는 여러 종들이다.

정답 ②

---

3. 연충병

> **연충병**
> 단생흡충류(*Monogenea*), 이생 흡충류(*Digenea*), 조충류(*Cestoda*), 선충류(*Nematoda*), 구두충류(*Acanthocephala*) 등이 있다.

핵심이론 01 단생흡충병(1) : 흡혈성 아가미 흡충병

※ 단생흡충류(*Monogenea*)는 편형동물문이고 중간숙주가 없다.

① 원 인

　　㉠ 디플로준(*Diplozoon*) : 잉어에 기생, 성숙하면 암수 2개체가 합쳐져 X자 형태

　　㉡ 마이크로코타일 세바스티스(*Microcotyle sebastis*) : 조피볼락에 기생

　　㉢ 헤테락신 헤테로서카(*Heteraxine heterocerca*) : 방어에 기생

　　㉣ 비바기나 타이(*Bivagina tai*) : 참돔에 기생

　　㉤ 헤테로보트늄 테트로도니스(*Heterobothrium tetrodonis*) : 복어에 기생

② 형태 및 생활사

　　㉠ 머리 위에는 2개의 흡반이 나 있으며, 후반 부착기에는 여러 개의 집게가 있어 아가미에 부착할 수 있다.

　　㉡ 암수한몸으로 엄지벌레에 의해서 수중으로 알이 배출된다(알은 필라멘트로 벽에 부착).

　　㉢ 부화하면 유영 가능한 애벌레(*Oncomiracidium*)는 섬모로 유영하다가 숙주의 아가미에 부착하여 성장한다.

　　㉣ 수온이 높을수록 부화와 성숙에 걸리는 시간이 짧다.

　　㉤ 저수온기에는 충체가 오랜 기간 생존하므로 겨울철에도 높은 감염률을 유지하는 경우가 많다.

③ 증 상
- ㉠ 흡혈성이므로 아가미가 창백하고, 식욕이 떨어져 사료를 잘 먹지 않는다.
- ㉡ 경감염의 경우에도 어류에 상당한 스트레스로 작용하여 면역력을 약화시키며, 2차 세균감염이 발생한다.

④ 진 단
- ㉠ 아가미조직의 일부를 떼어내어 해부현미경 또는 광학현미경으로 40배 시야에서 관찰한다.
- ㉡ 충체가 큰 경우는 육안으로도 관찰된다.

⑤ 대 책
- ㉠ 해수어는 담수욕, 담수어는 0.3%의 진한 식염수욕 또는 포르말린 약욕을 한다. 그러나 이러한 약욕법은 어류에 심한 스트레스와 노동력이 많이 필요하다.
- ㉡ 최근에는 프라지콴텔(Praziquantel)을 어류의 몸무게 1kg당 200mg을 사료에 섞어서 2~3회 경구 투입한다.

10년간 자주 출제된 문제

다음 기생충 중 어류의 아가미나 피부에 기생하여도 폐사에 주요한 영향을 미치는 원인이 되지 않는 종류는?

① 잉어의 피부 흡충
② 뱀장어의 슈도닥틸로기루스충
③ 붕어의 흑점충
④ 방어의 아가미 흡충

[해설]

흑점병 : 흔히 돌붕어라고 오인하곤 하는 병으로, 흡충류의 일종인 메타고니무스충의 피낭유충이 기생함으로써 비늘 및 지느러미에 발생한다. 유충의 배설물이 검은 반점으로 나타난다.

정답 ③

핵심이론 02 단생흡충병(2) : 아가미 흡충병

① 원인균
- ㉠ 닥틸로자이루스(*Dactylogyrus*) : 담수어, 농어, 기수어의 아가미에 기생
- ㉡ 슈도닥틸로자이루스(*Pseudodactylogyrus*) : 뱀장어에 기생

② 형태 및 생활사
- ㉠ 충의 머리 부분에 4개의 안점이 있고, 앞쪽에 4개의 분비선이 뿔같이 돌출되어 있다.
- ㉡ 흡형성 흡충류와 유사하나 충란이 삼각뿔 모양이고, 필라멘트가 없다.

③ 증 상
- ㉠ 아가미조직이 과형성되어 아가미 새엽 사이가 유착된다. 심하면 조직이 괴사된다.
- ㉡ 중감염된 어류는 호흡곤란으로 폐사된다.

④ 진단 : 아가미조직을 절단하여 해부현미경, 광학현미경의 저배율로 관찰한다.

⑤ 대 책
- ㉠ 수산용 포르말린, 마소텐 약욕은 어느 정도 구제되나 완전구제는 안 된다.
- ㉡ 어종에 따라 펜벤다졸, 프라지콴텔로 약욕한다.

2-1. *Dactylogyrus* 감염에 의한 해작용에 대한 설명 중 틀린 것은?

① 충체의 고착에 의한 자극과 영양섭취에 의한 숙주조직의 파괴

② 기생부위 부근 아가미의 유착, 아가미의 곤봉화

③ 아가미조직 내의 출혈, 모세혈관이나 연골조직의 파괴

④ 아가미에 기생하여 숙주조직을 붕괴, 번식 시 성충이 어체로부터 이탈되어 수중에서 산란

2-2. 아가미 흡충의 특징에 대한 설명이 틀린 것은?

① 종에 따라 담수어 또는 해수어에 감염된다.

② 숙주조직 또는 숙주의 혈액을 섭취한다.

③ 충체가 기생된 아가미는 곤봉화된다.

④ 아가미조직에서 기생된 충체가 탈락하면 숙주는 자연치유된다.

| 해설 |

2-1

아가미 흡충병 증상

• 아가미조직이 과형성되어 아가미 새엽 사이가 유착된다. 심하면 조직이 괴사된다.

• 중감염된 어류는 호흡곤란으로 폐사된다.

2-2

감염된 부위의 아가미조직은 과형성되어 아가미 새엽 사이가 유착되며, 좀더 진전하면 아가미조직의 괴사가 일어난다.

정답 2-1 ④ 2-2 ④

핵심이론 03 단생흡충병(3) : 자이로닥틸루스병

① 원 인

ㄱ 자이로닥틸루스(*Gyrodactylus*)가 원인균이다.

ㄴ 담수어, 해수어 체표나 아가미에 기생한다.

ㄷ 성충의 자궁 내에 있는 자충의 자궁 내에 다시 손자충이 들어 있어 삼대충이라고도 한다.

② 형태 및 생활사

ㄱ 앞쪽에 2개의 분비선이 뿔같이 돌출되어 있다.

ㄴ 1쌍의 큰 갈고리, 여러 개의 작은 가시들이 부착에 사용된다.

ㄷ 갈고리 구조물은 어류 조직에 깊게 박히지 않기 때문에 이동할 수 있다.

ㄹ 다른 단생흡충류와 다르게 태생이며, 성숙 충체의 자궁에 애벌레(자충)가 있다.

ㅁ 이 자충은 성충으로부터 나오면 즉시 어체의 표면에 붙어 기생하므로 단시간 내에 중간염으로 발전될 수 있다.

③ 증 상

ㄱ 감염 부위 출혈, 궤양 형성, 점액 과다분비한다.

ㄴ 지느러미가 많이 손상되며, 에어로모나스증을 동반하는 경우가 있다.

④ 진 단

ㄱ 어류의 표피를 긁어 도말하거나 아가미조직을 떼어 40~100배 현미경으로 관찰한다.

ㄴ 성충 내에서 갈고리 구조물을 가지고 있는 자충을 확인한다.

⑤ 대 책

ㄱ 프라지콴텔을 이용하여 약욕한다.

ㄴ 치료효과는 높지 않으나 포르말린 약욕을 한다.

어류의 외부 기생충으로 담수산 온수성 어종의 피부나 지느러미에 주로 기생하며, 성충의 자궁 내에 있는 자충의 자궁 내에 다시 손자충이 들어있어 삼대충이라고도 불리는 단생충은?

① 베네데니아
② 헤테로보스리움
③ 자이로닥틸루스
④ 프로테오세팔루스

해설

3대충이라는 별명을 갖고 있는 태생 흡충은 *Gyrodactylus*이다.

정답 ③

핵 심이론 04 단생흡충병(4) : 해수어 피부 흡충병

① 원 인
  ㉠ 베네데니아(*Benedenia*)속 또는 네오베네데니아(*Neobenedenia*)속의 원인균이다.
  ㉡ 해수어 아가미 및 피부에 기생하는 질병이다.

② 형태 및 생활사
  ㉠ 충체 전단에 2개의 접시 모양 흡반이 있고, 뒤쪽에 1개의 흡반형 부착기가 있다.
  ㉡ 뒤쪽 흡반 중앙에는 2쌍의 갈고리와 1쌍의 작은 나사가 있다.
  ㉢ 충란은 삼각뿔 형태이며, 부착끈을 이용해 양식장의 벽에 부착해 있다가 시간이 지나면 부화유충이 나와 다시 어류에 부착하여 기생한다.

③ 증 상
  ㉠ 가두리망에 비비는 행동으로 상처가 발생하여 2차 감염을 일으키며, 점액을 과다분비한다.
  ㉡ 출혈·궤양 등이 나타나고, 충체는 어류의 점액, 혈액, 상피세포 등을 먹고 산다.

④ 진단 : 어류의 몸 표면을 긁어 슬라이드글라스에 놓고 해부현미경이나 광학현미경으로 관찰한다.

⑤ 대 책
  ㉠ 담수욕으로 구제한다. 그러나 담수욕의 어려움과 어류에 많은 스트레스를 주는 단점이 있다.
  ㉡ 프라지콴텔의 경구투여에 의한 효과 보고가 있다.

해수어 피부 흡충병의 특징에 대한 설명이 틀린 것은?

① 해수어의 아가미 등에 감염된다.
② 숙주조직 또는 숙주의 혈액을 섭취한다.
③ 충난은 삼각뿔 형태이며, 부착끈을 이용해 양식장의 벽에 부착해있다.
④ 포르말린 약욕을 한다.

[해설]

담수욕의 어려움과 어류의 많은 스트레스를 주는 단점이 있으나, 담수욕으로 구제한다.

정답 ④

핵심이론 05 이생흡충병(1) : 디플로스토뮴병

① 원 인

㉠ 디플로스토뮴(*Diplostomum*)속 이생흡충류의 피낭유충이 담수어 안구조직에 기생하여 발생한다.

㉡ 기타 이생충병

- 메타고니무스(*Metagonimus*) : 붕어, 잉어, 은어의 비늘이나 표피에 피낭유충이 기생하여 숙주의 멜라닌 흑색소가 모여 검게 보이게 됨으로써 흑점병을 유발한다.
- 파라데온타시릭스(*Paradeontacylix*) : 잿방어의 혈관에 기생한다.

※ 이생흡충류는 단생흡충류와 달리 생활사를 완수하기 위해 반드시 중간숙주가 필요하다. 또 암수한몸이며, 부착을 위해 2개의 흡반이 있다.

② 형태 및 생활사(디플로스토뮴)

㉠ 이 충의 종숙주는 어류를 먹고 사는 조류이다.

㉡ 조류의 창자에 기생하는 성충에서 배출된 충란이 수중에서 부화하여 부화유생(미라시듐, *Maracidium*)이 된다.

㉢ 부화유생은 다슬기 등 패류를 1차 중간숙주로 하여 이들의 생식선에서 주머니 상태로 스포로시스트가 된 후 발육하여 입과 소화관을 지닌 레디아 유충(*Redia*)으로 변태한 후 유미유충(서카리아, *Cercaria*)이 된다.

㉣ 유미유충이 어류의 표피를 뚫고 들어가 안구조직으로 이동하여 피낭유충(메타서카리아, *Metacercaria*)이 된다.

③ 증 상

㉠ 피낭 애벌레가 안구에 기생하여 어류의 시력에 큰 손상을 준다.

㉡ 감염된 어류는 사료를 먹지 못해서 약해지고 폐사(야생어류인 종숙주에 잘 포식된다)한다.

④ 진단 및 대책

　　㉠ 안구 조직을 해부하여 육안이나 해부현미경으로
　　　확인한다.

　　㉡ 유효한 치료 대책이 없다.

디플로스토뮴병의 특징에 대한 설명이 틀린 것은?

① 해수어의 아가미 등에 감염된다.
② 이 충의 종숙주는 어류를 먹고 사는 조류이다.
③ 피낭유충은 유미유충이 어류의 표피를 뚫고 들어가 안구 조직으로 이동하여 된다.
④ 유효한 치료 대책이 없다.

|해설|

이생흡충류의 피낭 유충이 담수어 안구 조직에 기생하여 발생한다.

정답 ①

핵심이론 06　이생흡충병(2) : 대합의 흡충병

① 원인 및 생활사

　　㉠ 바시거속(*Bacciger harengulae*)의 충이 원인균
　　　이다.

　　㉡ 대합의 생식소나 아가미에 유미유충이 감염된다.

　　㉢ 이흡충의 종숙주인 전어나 벤댕이의 장에 기생하고 있는 성충이 해수 중에 산란한 알이 부화유충으로 변태된다.

　　㉣ 제1중간 숙주인 대합, 바지락, 맛조개 등이 부화유충을 먹으면 이들 조개류의 생식소에 들어가 스포로시스트로 자란다.

　　㉤ 스포로시스트는 긴 오이 모양과 같은 원통형이며, 그 속에 미숙한 유미유충과 성숙한 유미유충이 들어있다.

　　㉥ 성숙한 유미유충은 제2중간숙주인 보리새우나 밀새우에 들어가 피낭유충이 된다.

　　㉦ 이등갑각류를 종숙주가 섭취하면 종숙주의 장 속에서 성충이 되어 산란한다.

② **진단** : 생식소를 슬라이드글라스 위에 놓고 압편표본이나 병리조직표본을 만들어 광학현미경상에서 유미유충(나뭇가지 모양의 스포로시트)을 확인한다.

6-1. *Bacciger harengulae*충이 기생하지 않는 것은?

① 전 복

② 대 합

③ 맛조개

④ 바지락

6-2. 대합의 흡충류인 바시거(*Bacciger*)속 기생충의 스포로시스트 기생 부위는?

① 소화기관과 아가미

② 중장선과 장자

③ 생식소와 아가미

④ 소화기관과 새입정액

|해설|

6-1

제1중간 숙주인 대합, 바지락, 맛조개 등이 부화유충을 먹으면 이들 조개류의 생식소에 들어가 스포로시스트로 자란다.

정답 6-1 ① 6-2 ③

핵심이론 07 조충병 : 잉어 흡두조충병

> **조 충**
> 머리 마디 한 개+수천 개의 체절로 구성되어 각각의 체절에 암컷 생식기와 수컷 생식기가 함께 있으며, 따로 소화관 구조가 없이 체표면으로 영양분을 흡수한다.

① 원인 : 보트리오세팔루스(*Bothriocephalus*) 조충이 잉어의 창자에 기생하여 발생한다.

② 형태 및 생활사

　㉠ 머리 부분에 2개의 오목한 흡구로 장벽에 부착한다.

　㉡ 엄지벌레(성충)가 알을 산란 → 수중에서 육구유충으로 부화 → 제1중간숙주인 검물벼룩 감염(프로서코이드 애벌레) → 검물벼룩을 잉어가 먹어 감염 → 유충은 숙주조직으로 싸여져 프로서코이드유충이 된다.

　㉢ 종숙주인 대형어류나 다른 척추동물이 충에 감염된 어류를 섭취하면 종숙주의 소화기관 내에서 성충이 된다.

③ 증상 : 경감염인 경우 식욕부진, 중감염 시 장폐색 및 주변장기 압박에 의한 폐사가 되기도 한다.

④ 진단 : 어류의 장을 종으로 절개하면 긴 충체를 육안으로 볼 수 있다.

⑤ 대책 : 사료에 비치오놀 또는 프라지콴텔을 혼합하여 경구투입한다.

잉어 흡두조충병의 특징에 대한 설명이 틀린 것은?

① 잉어의 아가미에 기생한다.

② 제1중간숙주는 검물벼룩이다.

③ 검물벼룩을 잉어가 먹어 감염되면 유충은 숙주 조직으로 싸여져 프로서코이드유충이 된다.

④ 심하면 장폐색 및 주변장기 압박에 의한 폐사가 되기도 한다.

[해설]

보트리오세팔루스(*Bothriocephalus*) 조충이 잉어의 창자에 기생하여 발생한다.

정답 ①

핵심이론 08 선충병 : 뱀장어 부레 선충병, 철사충병

선 충

형태가 가늘고 긴 원통형으로 암수가 따로 존재하며, 주로 수중의 작은 갑각류를 중간 숙주로 하여 어류에 기생한다.

① 뱀장어 부레 선충병

  ㉠ 원인균 : 앙길리콜라 크라수스(*Anguillicola crassus*) 충이 뱀장어 부레에 기생하여 발생한다.

  ㉡ 형태 및 생활사

  성충이 부레 안에 산란 → 충란이 부화하여 소화관을 거쳐 수중으로 배출 → 유생은 검물벼룩에 먹힘(제3기 애벌레) → 검물벼룩을 뱀장어가 먹으면 부레로 이동하여 성충이 된다.

  ㉢ 증 상

  • 몸의 평형을 잃고 발작적인 유영을 하거나 몸을 거꾸로 두는 일이 있다.

  • 충들은 부레벽에 부착하여 혈액을 먹고 살며, 혈관확장·염증반응·부레벽 손상 등의 증상이 나타난다. 중감염 시 부레벽이 파열되어 복막염으로 폐사하기도 한다.

  ㉣ 진단 : 뱀장어의 부레를 절개하여 충체를 해부현미경으로 관찰한다.

  ㉤ 대책 : 물벼룩(중간숙주)을 포르말린 및 트리클로로폰으로 구제하면 예방할 수 있다.

② 철사충병

  ㉠ 원인 : 필로메트로이데스 시프리니(*Philometroides cyprini*)가 잉어의 비늘 밑 피하조직에 기생하여 발생한다.

  ㉡ 형태 및 생활사

  • 암컷은 붉은색을 띠고, 5~6월경 충체의 일부를 밖으로 노출시킨 후 충체가 터지면서 제1기 유생(애벌레)을 수중으로 배출한다.

  • 유생이 검물벼룩에 먹혔다가 잉어가 섭취하면 어체 내에서 성숙한다.

ⓒ 증 상
- 충체 자체에 의한 피해는 뚜렷하지 않으나, 세균 등의 2차 감염이 발생할 수 있다.
- 어체를 뚫고나온 상처 때문에 상품가치 하락이 더 큰 피해를 준다.

ⓔ 진단 : 충의 산란기 때 붉은색 반점이 보이는 부분에서 충체를 핀셋으로 빼내 검출한다.

ⓕ 대책 : 중간숙주인 물벼룩을 제거한다.

10년간 자주 출제된 문제

8-1. 뱀장어의 부레병(부레 선충병)을 일으키는 기생충은?

① *Anguillicola* sp.
② *Bothriocephalus* sp.
③ *Philometroides* sp.
④ *Proteocephalus* sp.

8-2. 부레병에 걸려 있는 어류의 행동 및 외부증상을 가장 잘 설명한 것은?

① 몸을 못가의 돌, 그 밖의 물체에 비벼댄다.
② 바닥 또는 표면 가까이에서 꼬리를 겹치고 기댄다.
③ 아가미딱지(뚜껑)를 많이 벌리고 자주 호흡한다.
④ 몸의 평형을 잃고 발작적인 유영을 하거나 몸을 거꾸로 두는 일이 있다.

|해설|

8-1
앙길리콜라 크라수스(*Anguillicola crassus*)충이 뱀장어 부레에 기생하여 발생한다.

정답 8-1 ① **8-2** ④

> **구두충**
> 머리 부위에 가시가 많은 것이 특징이고 암수가 분리되었으며, 조충류와 같이 소화기관이 없어 체표로 영양분을 흡수한다.

① 원인 : 롱기콜룸 파그로소미(*Longicollum pagrosomi*)가 참돔의 장에 기생하여 발생한다.

② 형태 및 생활사
ⓐ 암컷이 수컷에 비해서 크다.
ⓑ 충체 앞쪽 끝에 난 많은 가시(주둥이)로 장벽에 깊숙이 박혀 있으며, 체표 전체를 통해서 영양분을 흡수한다. 생활사는 밝혀져 있지 않다.

③ 증상 : 영양부족, 장관폐색 및 탈장 등의 현상이 발생한다.

④ 진단 : 장을 해부하여 육안으로 벌레를 확인한다.

⑤ 대책 : 유효한 대책이 없다.

10년간 자주 출제된 문제

참돔의 롱기콜룸병을 일으키는 기생충은?

① *Longicollum pagrosomi*
② *Anguillicola crassus*
③ *Bothriocephalus*
④ *Proteocephalus* sp.

|해설|

롱기콜룸 파그로소미(*Longicollum pagrosomi*)가 참돔의 장에 기생하여 발생한다.

정답 ①

4. 기생성 갑각류의 질병

핵심이론 01 닻벌레병

① 원 인
- ㉠ 닻벌레(*Lernaea cyprinacea*)가 담수어 근육에 몸의 앞부분을 침투시켜 기생한다.
- ㉡ 수온 14℃ 이상에서 번식되며, 고수온일수록 번식력이 빠르다.

② 형태 및 생활사
- ㉠ 머리 부위가 변형(긴 갈고리 모양)되어 근육 및 아가미에 깊이 박혀 기생한다.
- ㉡ 충체 뒷부분에 2줄의 긴 알주머니가 있다.
- ㉢ 알에서 부화한 유생은 노플리우스 유생(자유 유영)으로 시작하여 코페포디드기(어체 표면에서 기생하는 시기)를 거쳐 성충이 된다.
- ㉣ 수컷과 암컷이 교미 후 수컷은 죽고, 암컷만 어류에 기생한다.

③ 증 상
- ㉠ 치어나 작은 어류는 충체가 몸을 뚫고 들어가서 피해가 크다.
- ㉡ 침투한 충을 떼어내기 위해 몸을 양식장 벽이나 바닥에 비비므로 궤양이 생기고 2차 감염의 우려가 있다.

④ 진단 : 어체 표면을 육안으로 관찰한다.

⑤ 대 책
- ㉠ 알에서 깨어나는 유충을 죽이기 위해(수온 14℃ 전후의 봄에) 2주 간격으로 마소텐(Masoten)을 양어장 사육수에 살포 및 수산용 포르말린으로 약욕한다.
- ㉡ 성충은 구제가 어렵다.

10년간 자주 출제된 문제

1-1. 닻벌레(*Lernaea cyprinacea*)에 대한 설명 중 틀린 것은?

① 닻벌레는 *Nauplius* 시기에는 자유 유영생활을 하고 *Copepodid* 1기 때부터 숙주에 기생한다.
② 수온 14℃ 이상에서 번식되며, 고수온일수록 번식력이 빠르다.
③ 구강 내 기생이 피해가 가장 크다.
④ 닻벌레의 변태 과정 중 어체 표면에서 기생하는 시기는 노플리우스(*Nauplius*)이다.

1-2. 성충구제가 가장 어려운 기생충은?

① 닻벌레　　　　　　② 물 이
③ 트리코디나충　　　④ 아가미흡충

[해설]
1-1
닻벌레는 코페포디드(*Copepodid*) 유생기에 어체 표면에서 기생하여 어체의 영양분을 섭취한다.

정답 1-1 ④　1-2 ①

① 원인 : 에르가실루스(*Ergasilus*)속 또는 슈도에르가실루스(*Pseudoergasilus*)속에 속하는 기생성 요각류가 담수어 및 기수어 아가미에 기생하여 발병한다.

② 형태 및 생활사

   ㉠ 갈고리 모양의 제2촉각(안테나가 변형되어 집게 모양)을 이용하여 아가미에 부착한다.

   ㉡ 한번 기생하면 이동하지 않으며, 상피세포나 점액을 먹는다.

   ㉢ 암컷은 몸 뒤쪽에 2줄의 긴 알주머니를 갖고 있다.

   ㉣ 알에서 부화한 노플리우스 유생은 코페포디드 유생을 거쳐 성충이 된다.

   ㉤ 수컷과 암컷이 교미 후 수컷은 죽고, 암컷만 어류에 기생한다.

③ 증 상

   ㉠ 아가미 조직의 염증반응과 출혈 등이 있고, 혈관이 막히거나 아가미 새엽의 위축 등이 발생한다.

   ㉡ 기생의 자극으로 아가미 상피세포나 점액세포가 증식하여 호흡장애가 발생한다.

④ 대책 : 노플리우스 유생기 때(애벌레가 부화하는 시기)에 포르말린으로 약욕한다.

10년간 자주 출제된 문제

에르가실루스병에 대한 설명 중 틀린 것은?

① 알에서 부화한 노플리우스 유생은 코페포디드 유생을 거쳐 성충이 된다.

② 상피세포나 점액을 먹는다.

③ *Longicollum pagrosomi*충이 해수어에 기생하여 발병한다.

④ 기생충의 변태 과정 중 어체 표면에서 기생하는 시기는 코페포디드이다.

정답 ③

① 원인 : 칼리구스(*Caligus*)속에 속하는 요각류가 해수어 아가미나 체표에 기생하여 발병한다.

② 형태 및 생활사

   ㉠ 암컷, 수컷 모두 기생하고, 암컷의 크기가 더 크다.

   ㉡ 두흉부가 납작한 접시 모양으로 흡반이 있어 흡착이 용이하다.

   ㉢ 큰 턱은 톱니 모양으로 숙주의 조직을 갉아먹는다.

③ 증 상

   ㉠ 사료를 잘 먹지 않고, 몸 색깔이 검어진다(체색 흑화).

   ㉡ 감염 부위에 심한 염증이 나타나고, 상처를 통한 2차 감염이 쉽게 일어난다.

④ 진단 : 육안으로 충체를 확인할 수 있다.

⑤ 대책 : 마소텐 또는 수산용 포르말린으로 약욕을 한다.

10년간 자주 출제된 문제

칼리구스병에 대한 설명 중 옳지 않은 것은?

① 증상은 사료를 잘 먹지 않고, 몸 색깔이 검어진다.

② 큰 턱은 톱니 모양으로 숙주의 조직을 갉아먹는다.

③ 이 충은 담수어 아가미나 체표에 기생하여 발병한다.

④ 마소텐 약욕으로 구제한다.

해설

칼리구스(*Caligus*)속에 속하는 요각류가 해수어 아가미나 체표에 기생하여 발병한다.

정답 ③

① 원인 : 아르굴루스(*Argulus*)속에 속하는 새미류가 담수어의 체표면, 지느러미, 아가미에 기생하여 발생한다.

② 형태 및 생활사

　㉠ 몸은 납작하고 둥근 원형이며, 등쪽이 단단한 갑각에 둘러싸여 있다.

　㉡ 복부에는 1쌍의 흡반구조와 유영에 적합한 다리가 있다.

　㉢ 입 부위에 날카로운 침 모양의 부속지와 빨대구조가 있다.

　㉣ 이 충은 많은 시간을 수중에서 보낸다. 즉, 항상 어류에 붙어 기생하지 않는다.

　㉤ 성숙한 암컷은 양식장 벽 또는 다른 물체 위에 알을 낳으며 알은 끈적한 물질에 의해 부착해 있다.

　㉥ 부화한 유충은 2~3일 이내에 숙주를 찾아 기생한다.

③ 증 상

　㉠ 감염어는 양식지에 몸을 비비거나 물 위로 뛰어오른다.

　㉡ 점액분비가 많아지고 체표의 출혈 반점 및 상피세포의 괴사가 나타난다.

　㉢ 치어는 이 충에 의해 폐사하기도 한다.

④ 진단 : 육안으로 어류의 몸 표면을 보면 관찰할 수 있다.

⑤ 대책 : 마소텐 또는 수산용 포르말린으로 약욕하여 구제한다.

기타 기생성 갑각류의 질병
- 클라벨라(*Clavella*) : 조피볼락 지느러미 기생
- 알레라(*Alella*) : 돔류 아가미 기생
- 등각류(*Isopoda*) : 체표, 아가미뚜껑 기생

기생성 갑각류의 질병과 원인균의 연결로 옳지 않은 것은?

① 닻벌레(*Lernaea cyprinacea*) - 해수어 근육에 기생
② 클라벨라(*Clavella*) - 조피볼락 지느러미 기생
③ 알레라(*Alella*) - 돔류 아가미 기생
④ 등각류(*Isopoda*) - 체표, 아가미뚜껑 기생

｛해설｝

닻벌레(*Lernaea cyprinacea*)는 담수어 근육에 몸의 앞부분을 침투시켜 기생한다.

정답 ①

1. DNA바이러스 질병

DNA Virus 질병	RNA Virus 질병
• 림포시스티스병(LCDV)	• 바이러스 출혈성 패혈증(VHS)
• 바이러스성 상피증생증	• 전염성 췌장 괴사증(IPN)
• 채널메기 바이러스병(CCVD)	• 바이러스성 신경괴사증(VNN)
• 연어 입 종양병 바이러스(OMV)	• 잉어 봄 바이러스병(SVCV)
• 굴 면반바이러스(OVVD)	• 전염성 조혈기 괴사증(IHN)
• 잉어 POX병	• 바이러스성 복수증
• 홍다리얼룩새우 바큘로바이러스병(MBV)	• 넙치 랍도바이러스 감염증(HIRRV)
• 참돔 이리도바이러스병(RSIV)	
• 바이러스성 중장선 괴사병	
• 흰 반점 바이러스병	
• 바이러스성 적혈구괴사증(VEN)	

10년간 자주 출제된 문제

1. 어류의 주요 바이러스병 중에서 원인 바이러스가 DNA 바이러스군에 해당하는 것은?

① 바이러스 출혈성 패혈증(VHS)
② 전염성 췌장 괴사증(IPN)
③ 바이러스성 신경괴사증(VNN)
④ 채널메기 바이러스병(CCVD)

2. DNA Virus에 의한 질병과 관계가 있는 것은?

① 바이러스성 출혈성 패혈증(VHS)
② 바이러스성 적혈구괴사증(VEN)
③ 전염성 췌장괴사증(IPN)
④ 넙치 랍도바이러스병(HRV)

3. RNA Virus에 속하는 것은?

① LCDV
② RSIV
③ CCV
④ VHS

4. Genome이 RNA가 아닌 바이러스성 질병은?

① CCV
② SVC
③ IPN
④ IHN

5. RNA Virus가 아닌 것은?

① IPNV
② SVCV
③ HIRRV
④ FHV

《해설》

1

DNA Virus병
• 림포시스티스병(LCDV)
• 바이러스성 상피증생증
• 채널메기 바이러스병(CCVD)
• 연어 입 종양병 바이러스(OMV)
• 굴 면반바이러스(OVVD)
• 잉어 POX병
• 홍다리얼룩새우 바큘로바이러스병(MBV)
• 참돔 이리도바이러스
• 바이러스성 중장선 괴사병
• 흰 반점 바이러스병
• 바이러스성 적혈구괴사증(VEN)

2

①, ③, ④는 RNA Virus에 의한 질병이다.

4

채널메기 바이러스병(CCV)은 DNA 바이러스성 질병이다.

정답 1 ④ 2 ② 3 ④ 4 ① 5 ④

핵심이론 01 채널메기 바이러스병(CCV, CCVD ; Channel Catfish Virus Disease)

① 원 인
- ㉠ 헤르페스바이러스(*Herpes* Virus)의 일종이다.
- ㉡ 수온 25~30℃의 고수온기(여름)에 5~7cm 크기의 메기류 자어나 치어가 주 감염대상이다(증식적온은 30℃).

② 증 상
- ㉠ 나선운동 또는 물 표면에 수직으로 매달린 것처럼 힘없이 떠 있다.
- ㉡ 질병이 진행되면 지느러미, 몸통 표면 및 꼬리 부분에 출혈증상이 나타난다.
- ㉢ 아가미 색깔은 옅어지고, 빈혈증상이 나타나기도 한다.
- ㉣ 안구돌출, 복부팽만 및 항문확장의 증상도 관찰된다.
- ㉤ 해부하면 신장의 색깔이 옅어지고, 비대해져 있으며 신장, 비장 및 간, 골격근에는 출혈이 보인다.
- ㉥ 위는 확장되고 점액이 괴어 있으며, 복강에는 황색의 체액이 차 있다.

③ 대책 : 사육 수온을 10℃ 정도 서서히 낮춘다(27℃라면 17℃로).

10년간 자주 출제된 문제

채널메기 바이러스병의 유행 시기는?

① 봄   ② 여 름
③ 가 을   ④ 겨 울

[해설]

수온 25~30℃의 고수온기에 감염 후 3~4일이면 증상이 나타난다.

정답 ②

핵심이론 02 림포시스티스병(*Lymphocystis* Disease)

① 원 인
- ㉠ 이리도바이러스(*Iridoviridae*)에 속하는 림포시스티스 바이러스이다.
- ㉡ 발병 시기는 일반적으로 6~7월에 심하게 유행된다.
- ㉢ 바이러스는 25℃에서 가장 잘 자라며, 감염된 세포는 정상 세포의 수백 배 크기로 비대화 된다.
- ㉣ 우리나라에서는 넙치, 조피볼락, 농어, 방어, 참돔 등에서 발견되었으며, 담수 및 열대어에서도 발견된다.

② 특성 및 생활사
- ㉠ 해수 어류의 두부, 지느러미, 꼬리부, 몸의 체표에 크고 작은 물집 모양의 흰 덩어리(종양)가 서로 합쳐져 흰색의 혹이 형성된다.
- ㉡ 이 물집 모양의 환부는 피부결합조직 세포가 바이러스의 감염으로 인해 거대 세포로 변한 것으로 림포시스티스 세포(*Lymphocystis* Cell)라고 하며, 이 세포로 이루어진 증상의 질병을 림프낭종병(*Lymphocystis* Disease)이라고 한다.
- ㉢ 종양은 하얀색을 띠고 있으나 때로는 혈액이 유출되어 붉게 보이는 부분도 있다.
- ㉣ 직접적으로 대량 폐사되는 경우는 없고, 시일이 지나면 자연 치유되는 경우도 많지만, 모세혈관의 파열로 인하여 2차적으로 세균이 감염되면 전신적인 패혈증으로 죽는 경우도 생긴다.

③ 증 상
- ㉠ 두부, 몸체, 꼬리부, 지느러미 등에 림포시스티스 세포가 모여 입체적인 종양을 형성한다.
- ㉡ 광선의 난반사로 어체상에서 유백색으로 보인다.
- ㉢ 림포시스티스 세포는 표피뿐만 아니라 근육, 간장, 난소, 장에서도 형성된다.

② 방어의 경우 세포 주변에 검은 색소 세포가 모여들어 검게 보이기 때문에 흑점병이라고도 한다.

⑩ 감염된 어류는 식욕이 떨어지거나 활력이 약해지는 등의 현상은 거의 보이지 않고 폐사하는 경우도 거의 없다.

⑪ 외관상 뚜렷한 환부가 관찰되므로 상품가치가 하락한다.

④ 진 단

㉠ 체표나 지느러미에 형성된 물집 모양의 병소를 확인함으로써 추정 진단이 가능하다.

㉡ 초기 감염기 확인을 위하여 유전자증폭법(Polymerase Chain Reaction, PCR)법을 이용한 조기 진단도 가능하다.

⑤ 대 책

㉠ 적절한 치료제는 아직 개발되어 있지 않다.

㉡ 감염된 어류를 25℃ 이상으로 가온 사육한 후 담수를 첨가한 저비중의 해수에서 장기간 시일이 지나면 자연 치유되는 경우도 있다.

① 원 인

　㉠ 원인균은 이리도바이러스이다. 최초에 참돔에서 분리되었기 때문에 참돔 이리도바이러스(RSIV ; Red Sea Bream Iridovirus)라고도 한다.

　㉡ 직경 200~240nm의 크기로 정육각형이고 외피가 있다.

　㉢ 고온수기에 돔류(참돔이나 돌돔)뿐만 아니라 방어, 농어 등의 해수어에서 발병된다.

② 특성 및 증상

　㉠ 이 질병은 어체의 성장도와 무관하게 발병되며 감염에 따른 폐사율이 높다.

　㉡ 감염된 어류는 피부의 색이 검어지고 몸 표면・아가미나 위심강 내의 출혈, 내부 장기의 색깔이 옅어지며, 비장 비대증상이 나타난다.

　㉢ 병리조직학적으로는 비장, 심장, 신장, 간 및 아가미조직에 이형비대세포(과립상으로 염색)가 형성되는 것이 특징이다.

③ **진단방법** : 비장조직을 슬라이드 글라스 사이에 넣고 눌러 으깬 후 김자염색하면 이형비대세포를 확인할 수 있다. 또 항혈청을 이용한 형광형체법, 유전자검사법 등이 있다.

④ 대 책

　㉠ 감염원, 감염경로가 확인되지 않아 유효한 대책이 없다.

　㉡ 최근에는 한국형 돌돔 이리도바이러스의 유전자 및 이를 이용한 백신이 등록되었으므로 조만간 이리도바이러스 백신의 생산이 가능할 것이다.

외부로는 체색흑화 또는 퇴색, 체표나 지느러미 출혈, 안구의 경미한 돌출과 출혈, 아가미의 퇴색을 관찰할 수 있고, 내부적으로는 점상출혈과 비장의 비대가 관찰되며, 비장의 스탬프 표본을 만들어 김자염색을 하면 이형비대세포가 관찰되어 간편하게 진단을 할 수 있는 질병은?

① 조피볼락의 버나바이러스 감염증
② 참돔의 이리도바이러스 감염증
③ 자주복의 구부궤양증
④ 넙치의 랍도바이러스 감염증

|해설|

참돔의 이리도바이러스병 진단방법

비장조직을 슬라이드 글라스 사이에 넣고 눌러 으깬 후 김자염색(Giemsa Stain)하면 이형비대세포를 확인할 수 있다. 또 항혈청을 이용한 형광형체법, 유전자검사법 등이 있다.

정답 ②

바이러스성 적혈구 괴사증
(VEN ; Viral Erythrocytic Necrosis)

① VEN바이러스는 분리 배양할 수는 없지만, 그 형태는 지름이 140~330nm의 정이십면체이고, 이리도바이러스과의 특징에 부합한다.
② VEN은 대구, 청어에서 가장 먼저 발견되었고 최근에는 대서양산 연어, 태평양산 연어, 송어 등 20종 이상의 어류에서도 보고되고 있다.
③ 혈액도말표상에서 적혈구의 바이러스 감염부분은 호염기성의 세포질 내 봉입체로 쉽게 관찰된다.

10년간 자주 출제된 문제

바이러스성 적혈구괴사증(VEN)의 감염대상 어류가 아닌 것은?

① 연 어   ② 송 어
③ 청 어   ④ 잉 어

|해설|

VEN은 대구, 청어에서 가장 먼저 발견되었고, 최근에는 대서양산 연어, 태평양산 연어, 송어 등 20종 이상의 어류에서도 보고되고 있다.

정답 ④

바이러스성 상피증생증
(Epidermal Hyperplasia)

① 원인 및 특성
  ㉠ 넙치 헤르페스바이러스(*Herpesvirus*)가 원인균이다.
  ㉡ 해산어인 넙치, 조피볼락, 참돔 등의 종자 생산과정에서 발생한다.
  ㉢ 주요 감염시기는 부화 후 10~30일 사이이며, 감염 수온은 15~25℃이다.
  ㉣ 폐사가 일어나는 어체의 크기는 7~10mm의 부화 자어이다.
② 증 상
  ㉠ 몸 표면 및 지느러미가 불투명하게 변하고 지느러미 끝 부분이 말려들어가는 증상이 나타난다.
  ㉡ 식욕부진, 체색흑화, 소화관 위축, 복부함몰, 성장부진 등이 나타내는 경우도 있다.
  ㉢ 병든 부분을 관찰하면 정상 세포보다 몇 배 이상 공 모양으로 증생된 상피세포의 덩어리를 볼 수 있다. 즉, 상피세포의 이상 증식이 특징이므로 상피증생증이라 한다.
  ㉣ 표피 이외의 다른 조직에는 변화가 보이지 않는다.
③ 진단 : 표피의 상피세포 이상 증식을 현미경으로 확인한다.
④ 대 책
  ㉠ 뚜렷한 치료법이 없다.
  ㉡ 예방을 위해 종자 생산 사육수를 오존이나 자외선으로 살균한다.

해산어에서 발생되는 바이러스 감염증의 일종으로 병원체는 헤르페스바이러스이고 감염어는 지느러미 및 체표에 특징적인 증상이 나타나며, 이상이 생긴 환부를 관찰하면 수많은 공 모양의 세포가 관찰된다. 표피세포의 이상증식을 특징으로 하는 이 병은?

① 폭스바이러스병
② 림프낭종증
③ 입종양병
④ 상피증생증

【해설】

헤르페스바이러스(*Herpesvirus*)가 원인균으로 현미경으로 병든 부분을 관찰하면 정상세포보다 몇 배 이상 공 모양으로 증생된 상피세포의 덩어리를 볼 수 있다. 즉, 상피세포의 이상 증식이 특징이므로 상피증생증이라 한다.

정답 ④

핵심이론 06 잉어의 POX병(Pox Disease of Carp)

① 원인 및 특성
- ㉠ 병원체는 헤르페스바이러스(*Herpesvirus*)로 겨울철에 유행된다.
- ㉡ 병리조직학적으로 상피종이라 한다.
- ㉢ 우리나라 잉어, 금붕어, 비단잉어에서도 관찰된다.
- ㉣ 바이러스는 외피를 지니고, 지름은 113mm 정도이다.
- ㉤ 치명적이진 않지만 상품가치가 떨어진다.

② 증상 : 잉어의 머리, 몸, 꼬리, 지느러미의 표피세포에서 일어나는 종양성 증식으로 융기된 흰색에서부터 연한 분홍색을 띤 조금 딱딱한 느낌의 종양(유두종, Papilloma)이 생기는 병이다.

③ 진단
- ㉠ 병력, 증상, 해부, FHM 세포 배양에서 세포변성 효과 형태로 추정할 수 있다.
- ㉡ 확정진단을 위해서 바이러스 중화시험을 실시하여야 한다.
- ㉢ 바이러스가 분리되지 않을 때는 전자현미경에 의한 관찰이 필요하다.

④ 대책 : 방역 및 잉어의 구제와 격리가 필요하다.

잉어에 유두종(Papilloma)을 일으키는 경우 Virus가 주원인이 되는데 이 병은?

① SVC
② POX
③ EVE
④ VEN

【해설】

잉어의 POX병 증상

잉어의 머리, 몸, 꼬리, 지느러미의 표피세포에서 일어나는 종양성 증식으로 융기된 흰색에서부터 연한 분홍색을 띤 조금 딱딱한 느낌의 종양(유두종, Papilloma)이 생기는 병이다.

정답 ②

핵심이론 07 잉어의 헤르페스바이러스병 (KHVD ; Koi Herpesvirus Disease)

① 원 인

　⊙ Koi Herpesvirus에 의한 질병으로 고수온기에 감염된다.

　ⓛ 잉어(Cyprinus Carpio) 및 비단잉어(Koi Carp, Ghost Carp) 등 각종 변종에 전염성이 있는 급성 바이러스혈증을 초래할 수 있는 헤르페스바이러스 감염증이다.

② 질병발생과 증상

　⊙ 16~25℃에서 폐사가 발생하지만 주로 22~24℃에서 심하게 나타나며, 15℃ 이하 26℃ 이상의 수온에서는 폐사가 나타나지 않는다.

　ⓛ KHV에 감염된 잉어류는 쇠약, 안구함몰과 피부퇴색이 나타난다.

　ⓒ 감염이 심화되면 호흡곤란, 무기력, 평형감각 상실과 이에 의한 발광(發狂) 유영이 나타나기도 하며, 특히 아가미 퇴색 및 궤양이 관찰된다.

　ⓔ 아가미에는 편모충이나 섬모충 등에 의한 원충성 질병과 활주세균에 의한 혼합감염이 나타난다.

③ 대 책

　⊙ 자외선 소독 및 50℃ 이상에서 1분간 열처리로 불활성화한다.

　ⓛ 수온을 26℃ 이상으로 높인다.

10년간 자주 출제된 문제

잉어의 헤르페스 Virus(KHVD)병이 가장 많이 발생하는 수온은?

① 30℃ 이상　　　　② 24~29℃
③ 22~24℃　　　　④ 10℃ 이하

「해설」

16~25℃에서 폐사가 발생하지만 주로 22~24℃에서 심하게 나타나며, 15℃ 이하 26℃ 이상의 수온에서는 폐사가 나타나지 않는다.

정답 ③

핵심이론 08 입 종양병(Herpesvirus Salmonis Disease)

① 원 인

　⊙ 헤르페스바이러스(*Herpesvirus*)의 일종인 입종양병바이러스(OMV ; Oncorhynchus Masou Virus)의 감염에 의해 발병한다.

　ⓛ 숙주는 연어과 어류이다.

② 특 성

　⊙ 치어에 감염되면 종양은 생기지 않고 40~50%의 폐사가 발생하기도 한다.

　ⓛ 증식온도는 10~15℃이고, 20℃ 이상이면 증식이 잘 안 된다.

　ⓒ RTG-2(연어과 어류에서 유래) 세포에서는 10~15℃ 때 5~7일이면 다핵거대세포(합세포체)를 형성하는 세포변성효과가 발생한다.

③ 증 식

　⊙ 초기에는 간에 괴사가 나타나고 몸 표면에 괴양이 형성된다.

　ⓛ 4~5개월 후에는 두부나 입술 및 꼬리 등에 종양이 형성된다.

④ 대책 : 고수온(20℃ 이상)에서 사육한다.

2. RNA 바이러스 질병

핵심이론 01 바이러스성 출혈성 패혈증 (VHS ; Viral Hemorrhagic Septicemia)

① 원 인
- ㉠ 원인 바이러스는 RNA Virus의 일종인 랍도바이러스에 속하며, 바이러스성 출혈성 패혈증 바이러스(VHS Virus)로 불린다.
- ㉡ 유럽의 무지개송어 양식장에서 처음 보고되었으나, 연어과 어류 치어(稚魚), 성어(成魚)에서도 발병된다. 또 담수어류에서보다 해산어에서의 발병 빈도와 피해가 증가하고 있다.
- ㉢ RTG-2, FHM 세포에서 배양하면 6~18℃가 증식할 수 있는 온도이며, 14℃에서 가장 잘 증식된다. 20℃ 이상에서는 활성이 없어진다.
- ㉣ 감염세포는 위축되고 구형화되는 세포변형효과를 나타낸다.
- ㉤ VHS가 발생한 양어지에는 개흙이나 수중동물 등에 바이러스가 잔존하여 감염원이 된다.

② 발 병
- ㉠ VHS는 수온이 8℃ 이하일 때부터 발생하며 15℃ 이상 올라가면 병세가 약화된다(14℃에서 가장 잘 자란다).
- ㉡ 감염된 물고기는 수온이 올라가면 죽지 않고 보균어로 된다.
- ㉢ VHS는 감염 후 1~2주일 후에 증세가 나타나며, 진행 상태에 따라 급성형, 만성형, 신경형으로 분류된다.
- ㉣ 일반적으로 5cm 전후의 치어에서부터 300g 정도의 성어에서도 발병되나, 자어나 친어에서의 발병은 드물다.

③ 증 상
- ㉠ 행동 특징은 힘없이 물 흐름이 약한 곳에서 머리를 물 표면에 내 놓고 매달린 상태로 있다가 가라앉는다. 심하면 못의 바닥이나 배수구로 향하여 나선운동이나 선회운동을 하며, 수면 위로 뛰어 오르기도 한다.
- ㉡ 외관상 특징은 몸 색깔이 검어지고 눈이 충혈되며, 복부가 팽만해지고 입천장에 출혈이 나타난다.
- ㉢ 내부증상 특징은 먹지 않아서 창자가 비어 있고, 초기의 간은 충혈되어 붉게 보이나 심하면 색깔이 옅어지고 점상의 출혈이 나타난다.
- ㉣ 초기의 신장은 충혈되어 있으나 심하면 회색을 띠고 팽창하여 커 보인다.
- ㉤ 결합조직, 내부지방조직, 창자, 부레 등에서 출혈이 나타난다.

④ 진단 : 항혈청에 의한 중화시험, 면역학적 진단법이나 바이러스 유전자 검출방법으로 확정·진단한다.

⑤ 예방 및 대책
- ㉠ 아직 치료법은 없다.
- ㉡ 치어 수입 시 독립된 못에 격리시켜 발병 여부를 확인하여야 한다.

1-1. 바이러스병 중 무지개송어에서 주로 발병하며, 최근 해산어류에서도 발병하여 문제가 되는 병은?

① 바이러스성 출혈성 패혈증
② 림포시스티스병
③ 바이러스성 복수증
④ 바이러스성 상피증생증

1-2. 다음 중 바이러스성 패혈증(VHS)을 일으키는 바이러스가 가장 잘 자라는 수온은?

① 4℃   ② 9℃
③ 14℃   ④ 19℃

｜해설｜

1-1

유럽의 무지개송어 양식장에서 처음 보고되었으나, 최근 담수어류에서보다 해산어에서의 발병 빈도와 피해가 증가하고 있다.

1-2

RTG-2, FHM 세포에서 배양하면 6~18℃가 증식할 수 있는 온도이며, 14℃에서 가장 잘 증식된다. 20℃ 이상에서는 활성이 없어진다.

정답 1-1 ① 1-2 ③

핵심이론 02 전염성 조혈기 괴사증(IHN ; Infectious Hematopoietic Necrosis)

① 원 인
　㉠ 원인 바이러스는 *Rhabdovirus*에 속하며, 총의 탄환과 같은 형태를 가진 전염성 조혈기 괴사증 바이러스(IHNV ; Infectious Hematopoietic Necrosis Virus)이다.
　㉡ 미국의 홍연어 양어장에서 처음 발병되었다. 무지개송어 치어에 대한 피해가 크며, 약 80% 이상의 폐사율을 보인다.
　㉢ 13~18℃ 사이에서 잘 증식하며 10℃보다 낮아지면 질병의 진행이 느려지고, 20℃ 이상에서는 질병의 진행은 빨라지나 폐사율이 줄어든다.

② 질병발생과 증상
　㉠ 활동성이 약해지고 회전운동이나 못 바닥에 가라앉으며, 결국 폐사한다.
　㉡ 간, 비장, 신장에 빈혈증상이 생기고 위, 창자에는 우유나 물과 같은 액체가 들어 있다.
　㉢ 치어는 몸에 선상 또는 V자상의 출혈을 한다.
　㉣ 진행된 어류는 몸 색깔이 검어지고 근육과 지느러미기부에 출혈이 보이고, 실 모양의 불투명한 점액변이 항문에 붙어 있다.
　㉤ 복수(腹水)에 의한 복부팽만이 관찰되며, 안구돌출이 일어난다.
　㉥ 콩팥 전반에 걸쳐 점상 출혈이 나타난다.
　㉦ 조혈기관인 신장과 비장에 가장 심한 괴사가 일어난다.

③ 진 단
　㉠ 양어장의 질병발생 과정과 병력, 어류 증상, 해부검사, 배양세포감염시험 결과로 추정 진단한다.
　㉡ 항혈청을 이용한 면역학적 진단법으로 신장조직의 압인 표본, 동결절편을 사용한 항체법 등이 있다.

④ 대 책
- ㉠ 유효한 치료방법이 없으므로 외부로부터의 병원체 유입을 차단하고 소독을 철저히 한다.
- ㉡ 물고기 알이나 종자(또는 자체 생산한 알)를 구입하면 요오드 25ppm에서 15분간 담가둔다.
- ㉢ 부화 시 부화용수는 자외선으로 살균하고 사육기구는 살균한다.
- ㉣ 종자의 사육 수온은 15~18℃ 이상으로 올린다.

10년간 자주 출제된 문제

2-1. 연어류 IHN 바이러스병의 증상이 아닌 것은?

① 만성적인 질병에서는 복부는 정상이나 안구돌출증상이 보인다.
② 빈혈증상이 간, 비장, 신장에 생긴다.
③ 불투명한 점액변을 항문에 달고 다닌다.
④ 치어는 몸에 V자상의 출혈을 한다.

2-2. 전염성 조혈기 괴사증(IHN)의 증상으로 특징 지을 수 없는 것은?

① 실 모양의 점액변이 항문에 붙어 있다.
② 복부가 팽만된다.
③ 콩팥 전반에 걸쳐 점상 출혈이 나타난다.
④ 몸 색깔은 변하지 않는다.

|해설|

2-1

전염성 조혈기괴사증(IHN) 증상
- 활동성이 약해지고 회전운동이나 못 바닥에 가라앉으며 결국 폐사한다.
- 간, 비장, 신장에 빈혈증상이 생기고 위, 창자에는 우유나 물과 같은 액체가 들어 있다.
- 치어는 몸에 선상 또는 V자상의 출혈을 한다.
- 진행된 어류는 몸 색깔이 검어지고 근육과 지느러미기부에 출혈이 보이고, 실 모양의 불투명한 점액변이 항문에 붙어 있다.
- 복수(腹水)에 의한 복부팽만이 관찰되며, 안구돌출이 일어난다.
- 콩팥 전반에 걸쳐 점상 출혈이 나타난다.
- 조혈기관인 신장과 비장에 가장 심한 괴사가 일어난다.

2-2
진행된 어류는 몸 색깔이 검어지고 근육과 지느러미기부에 출혈이 보이고, 실 모양의 불투명한 점액변이 항문에 붙어 있다.

정답 2-1 ① 2-2 ④

핵심이론 03 전염성 췌장괴사증(IPN ; Infectious Pancreatic Necrosis)

① 원인 및 특징
- ㉠ 병원체는 버나바이러스(Birnavirus)에 속하는 전염성 췌장괴사증 바이러스(IPNV ; Infectious Pancreatic Necrosis Virus)이다.
- ㉡ 수직 및 수평감염에 의하여 전염된다.
- ㉢ 주로 무지개송어가 부화된 지 수 주일 이내에 발병하며, 췌장조직의 괴사가 심함에 의하여 붙여진 병명이다.
- ㉣ 감염경로는 보균 친어를 통한 수직 감염과 물속 병원체가 아가미, 몸 표면 또는 장기를 통하여 감염되는 수평감염이 있다.

② 질병발생과 증상
- ㉠ IPN은 보통 1g 이하(8주령 이하)의 어류에 주로 감염되어 피해를 준다.
- ㉡ 발병하면 매일 폐사 개체가 나타나며, 병원성이 강한 바이러스의 경우 100%의 폐사율을 나타낸다.
- ㉢ 초기에 죽는 개체는 특별한 외부증상 없이 나선형 운동을 하다가 바닥에 가라앉아 죽는다.
- ㉣ 후기에 죽는 개체는 몸 색깔이 검은색이 되고, 안구돌출, 복부팽만, 지느러미 기부와 복부에 출혈이 나타난다.
- ㉤ 실 모양의 끈끈한 배설물이 항문에 길게 달고 다니는 것도 있다.
- ㉥ 해부해보면 내장(간, 비장, 췌장)의 빈혈과 유문수에 점상출혈이 보인다.
- ㉦ 장에는 먹이 소화물이 없고 점액상 물질(유백색)이 들어 있다.

③ 진 단
- ㉠ 양어장의 질병발생 환경조건, 종자구입과정, 어류증상, 해부검사 등을 종합하여 추정·진단한다.
- ㉡ 주화세포에 감염시켜 배양세포의 감염특성을 확인하여 확정·진단을 한다.

ⓒ 세포변성 효과와 항혈청을 이용한 면역학적 진단법과 유전자검사법 등이 있다.

④ 대 책

ⓐ 유효한 치료 방법이 없으므로 예방에 힘써야 한다.

ⓑ 수직감염을 막기 위해 잠복감염된 친어를 검출하여 제거한다.

ⓒ 수평감염을 막기 위해 수정란을 양어장의 가장 상류에서 관리하고 모든 기구를 소독한다.

3-1. 다음 중 연어, 송어류에 발병되는 IHN, IPN, VHS의 공통되는 외부 증상은?

① 안구백탁
② 지느러미부식
③ 체색흑화
④ 척추만곡

3-2. 무지개송어의 전염성 췌장괴사증(IPN)과 관계가 먼 것은?

① 위장의 카타르성 염증이 생긴다.
② 초기에 죽는 개체는 나선형 운동을 하다가 바닥에 가라앉아 죽는다.
③ 50g 이상 크기의 어류에 감염된다.
④ 체색이 검어진다.

3-3. 바이러스의 감염 여부를 알 수 없는 무지개송어의 종자를 도입하여 양어지에 넣으려고 한다. 어느 곳에 넣는 것이 어병 예방의 관점에서 가장 합리적인가?

① 물이 깨끗한 가장 상류의 양어지에
② 물이 깨끗한 중간에 있는 양어지에
③ 물이 깨끗한 가장 하류의 양어지에
④ 물이 깨끗하다면 어디에 넣어도 상관없다.

해설

3-1
연어과 어류에서 발병되는 IHN, IPN, VHS의 공통되는 증상은 복부팽창, 몸 표면이 검어지는 체색흑화 등이 있다.

3-2
보통 1g 이하(8주령 이하)의 어류에 주로 감염되어 피해를 준다.

정답 3-1 ③   3-2 ③   3-3 ③

핵심이론 04 잉어의 봄 바이러스병 (SVC ; Spring Viremia of Carp)

① 원 인

ⓐ *Rhabdovirus*에 속하는 잉어 봄 바이러스(SVCV ; Spring Viremia of Carp Virus)로 부화 다음 해의 치어에 주로 감염된다.

ⓑ 수온 7℃ 이상일 때 발병하기 시작하여 약 20℃까지 유행하며, 17℃ 전후에서 가장 심하게 발병한다.

ⓒ 주로 잉어과 어류에 복수(腹水)를 일으키는 질병으로 '전염성 복수증'으로 불리며, 무지개송어에서도 감염 사례가 있다.

ⓓ 20℃ 이상의 수온에서는 폐사율이 감소하여 자연 치유된다.

② 질병발생과 증상

ⓐ 감염 초기에는 잉어는 낙차에 의하여 물이 떨어지는 곳(主水口)에 모이는 경향이 있으며 옆으로 드러눕는 행동을 한다.

ⓑ 외관상 근육에 점상출혈, 체색흑화, 안구돌출, 아가미 빈혈, 복부팽만 및 항문이 발갛게 되거나(발적), 돌출이 관찰된다.

ⓒ 해부하여 관찰하면 장 내에 염증과 그 붕괴물, 농양이 포함된 염증을 확인할 수 있으며, 부레의 벽에 심한 출혈이 보인다.

잉어 봄 Virus병(SVC)의 증상은?

① 근육에 점상출혈
② 발광, 선회
③ 아가미 부식
④ 카타르성 위장염

[해설]

증 상
• 발병 초기에는 자극에 대한 반응이 둔해지고, 유영도 완만해진다.
• 외관상으로 체색 흑화, 복부팽만, 안구돌출, 피부의 출혈, 빈혈, 항문확장, 염증 등의 증상을 나타낸다.

정답 ①

핵심이론 05 넙치 랍도바이러스병 (HRV ; Hirame Rhabdovirus infection)

① 원인 및 특징
  ㉠ 원인 바이러스는 넙치 랍도바이러스(HRV ; Hirame Rhabdovirus)로서 연어과 어류의 전염성 조혈기 괴사 바이러스(IHNV)와 유사한 특성을 가지고 있다.
  ㉡ 크기는 70×175nm 정도 되는 총알 모양의 RNA 바이러스이다.
  ㉢ 이 질병은 병든 넙치에서 병원체인 랍도바이러스가 분리되었기 때문에 붙여진 이름이다.
  ㉣ 감성돔, 참돔, 조피볼락, 등의 해수어류와 담수어류인 무지개송어에도 감염성이 있다.
  ㉤ 일반적으로 수온 10~16℃에서 사육하는 양식장의 넙치 치어 및 성어에서 잘 발생하지만 폐사율은 20%로 낮은 편이다.
  ㉥ 사육온도 10℃ 이하인 겨울철에 발생하면 높은 누적 폐사율을 나타낸다.
  ※ 랍도바이러스병의 전파는 주로 바이러스에 감염된 어류로부터 방출된 바이러스가 물을 통해 전달되므로 초기 감염은 아가미, 식도, 위점막과 점액분비 조직을 통해 일어난다.

② 증 상
  ㉠ 감염어는 지느러미나 체표에 출혈증상이 나타난다.
  ㉡ 배에 물이 차서 부풀어 오르고 근육 내에 출혈 또는 울혈이 특징적으로 관찰된다.
  ㉢ 아가미 빈혈, 생식선 발적, 담낭의 황색화와 팽만 증상이 관찰되는 경우도 있다.
  ㉣ 해부해 보면 신장과 비장 조직의 괴사 및 장출혈이 관찰된다.

③ 진단방법 : 세포배양법, 항혈청을 이용한 면역화학법, 유전자를 이용한 PCR법 등으로 진단이 가능하다.

④ 예방대책
  ㉠ 폐사하는 개체가 나타나면 조기에 폐사어를 제거하고 사육밀도를 낮추며, 사육수조의 환수량을 높여 준다.

ⓛ 수온을 15℃ 이상으로 상승시키면 바이러스의 병원성이 떨어져 폐사율이 감소된다.

ⓒ 수온이 20℃ 이상이 되면 감염어가 자연 치유되는 경우도 있다.

10년간 자주 출제된 문제

5-1. 넙치의 랍도바이러스병에 대한 설명이 틀린 것은?

① 병어는 체색흑화, 안구돌출, 복수 등이 생긴다.
② 발병과 수온과는 밀접한 관계가 없다.
③ HRV라고 불린다.
④ 원인 바이러스는 RNA 바이러스에 해당한다.

5-2. 넙치의 체색이 장기간 검어졌다면 다음 중 어떠할 경우 주로 일어날 수 있는 병인가?

① 변질된 사료를 장기가 투여하였을 때
② 배합사료와 생사료를 혼합하여 투여하였을 때
③ 생사료만 투여하였을 때
④ 배합사료만 투여하였을 때

5-3. 감염성 질병이 의심되는 넙치에서 원인 병원균 혹은 바이러스를 순수하게 분리하기 위해 먼저 사용해야 할 부위는?

① 신 장
② 아가미
③ 난 소
④ 피 부

[해설]

5-1

이 병은 넙치가 400~500g으로 성장한 겨울철에 잘 발병되며, 수온이 20℃ 이상이 되면 감염어가 자연치유되는 경우도 있으므로 수온을 20℃ 이상으로 상승시키면 폐사율 감소에 효과적이다.

5-2

어병 발생 원인

과밀사육에 의한 스트레스, 변질·부패사료의 섭취에 의한 소화기관의 장애, 어체 표면 상처발생, 영양결핍, 수질악화 등

5-3

해부하면 신장과 비장조직의 괴사 및 장출혈이 관찰된다.

정답 5-1 ② 5-2 ① 5-3 ①

제4절 세균성 질병

1. 그람음성 세균성 질병

핵심이론 01 그람양성과 그람음성

① 세균은 그람염색(Gram Stain)에 의해 그람양성과 그람음성으로 나뉜다. 이 염색상의 차이는 세포벽의 구조적 차이에 기인한다.

② 염료에 의해 진한 청자색으로 염색되는 세균을 그람양성 세균이라고 한다.

③ 염료에 의해 붉게 염색되는 세균을 그람음성 세균이라고 한다.

10년간 자주 출제된 문제

1-1. 세균의 그람염색성이 양성과 음성으로 나누어지는 원인은 세균의 어느 부분의 차이에서 기인하는가?

① 핵
② 세포질
③ 세포벽
④ 편 모

1-2. 그람음성의 어류 병원세균이 아닌 것은?

① *Vibrio* sp.
② *Renibacterium* sp.
③ *Flavobacterium* sp.
④ *Pseudomonas* sp.

[해설]

1-1

그람염색성은 세포벽의 구성에 따라 구별되며, 양성/음성이라고 해서 전기적 성질과 관련이 있는 것이 아니고 형태학적 차이에서 기인한다.

1-2

레니박테리움 살모니나럼(*Renibacterium salmoninarum*)균 크기는 $1.0 \times 1.5 \mu m$의 그람양성 간균으로 운동성이 없으며 비항산성이다.

정답 1-1 ③ 1-2 ②

① 원 인

ㄱ 장내 세균에 속하는 에드워드시엘라 타르다(*Edwardsiella tarda*)균에 의해서 발병하며, 몸 표면에 편모를 가진 주모성 균으로 그람음성인 간균이다.

ㄴ 비단잉어, 메기, 금붕어, 뱀장어, 틸라피아 등의 담수어와 참돔, 넙치, 농어 등의 해수어에 의해 유행하며, 여름철에 발생되는 대표적인 질병이다.

ㄷ 증식온도의 범위는 15~42℃이고 잘 자라는 온도는 30℃이며, 수온이 14℃ 이하로 내려가면 잘 생장하지 않는다.

에드워드병이 잘 유행하는 이유
- 밀식에 의해 배설물과 먹이 찌꺼기가 잘 배출되지 못하기 때문에
- 먹이생물에 의한 감염으로 감염된 먹이를 장기간에 걸쳐 투여하기 때문에
- 기생충 감염으로 체표에 상처가 나고, 이 상처를 통하여 병원균이 침입하기 때문에

---

② 증 상

ㄱ 뱀장어

- 배 부분과 꼬리지느러미가 붉어지고 항문이 부어오르면서 붉어지며, 복강까지 구멍이 뚫리는 증상을 나타내기도 한다.
- 지느러미가 붉어지므로 붉은 지느러미병과 비슷하나 에드워드병에 걸린 뱀장어의 출혈 범위가 더 넓고 증상이 심하다.
- 해부해 보면 신장, 간, 창자, 복부에 궤양이 생겨 있고 악취가 나며, 농이 나온다.
- 이 병은 5월에서 10월 말경까지 발병하나 성행하는 시기는 고수온기인 여름철이다.
- 실뱀장어의 먹이 붙임을 위하여 실지렁이를 6~7일간 투입할 무렵에 많이 발생한다.
- 실뱀장어는 연못의 물 표면을 힘없이 헤엄쳐 다니며, 몸 색깔이 희고 항문이 돌출된다.

ㄴ 틸라피아

- 물 표면을 힘없이 헤엄치거나 눕는다.
- 몸통이나 꼬리자루 부근이 붉은색을 띠며 환부가 부풀어 오른다.
- 배에 물이 차서 배가 부르고 출혈이 있어 항문이 돌출되기도 한다.
- 해부해 보면 간, 신장, 비장, 부레의 장기에 흰점 등의 병소가 보이고 이 흰점의 결합조직에는 세균에 둘러싸여 있다.

ㄷ 참 돔

- 머리, 몸통의 피부에 출혈을 동반한 궤양환부가 나타난다.
- 간, 비장, 신장에 다수의 작은 흰점이 관찰된다.

ㄹ 넙 치

- 보통 고온수기에 발생빈도가 높으나 겨울철 종자생산지에서도 발병한다.
- 몸 색깔이 검어지고 배에 물이 차서 부풀어 오르며, 심하면 창자가 항문 밖으로 돌출된다.
- 복수는 뿌옇거나 노르스름하다.
- 초기에는 비장, 신장이 부어 있고, 진행되면 간과 신장에 유백색의 종양이 관찰된다.

※ 복수에 의한 복부팽만, 체색흑화, 탈장, 간과 신장 등에 유백색 농양 형성 등의 증상을 나타낸다.

③ 진 단

ㄱ 피부와 지느러미에 심한 충혈이 나타나는데 기적병과 그 증상이 비슷하여 구별이 매우 힘들다.

ㄴ 해부학적으로 간과 신장에 크고 작은, 다수의 세균감염에 의한 흰점이 관찰될 수 있으나 다른 질병에도 나타나므로 절대적일 수 없다. 따라서 세균검사가 필요하다.

ㄷ 세균검사는 신장이나 비장에서 병원균을 일반 한천 배지에 배양하면 분리가 된다.

④ 대 책

　　㉠ 바이트릴, 아쿠아옥소린 같은 화학요법제가 감수성이 있다.

　　㉡ 내성균주 발현이 비교적 많으므로 약효가 미진할 시에는 항생제 감수성 테스트를 하여 약제를 선택하여야 한다.

　　㉢ 사육밀도를 낮추고 환수율 조절과 사료찌꺼기 제거 등의 사육관리를 한다.

10년간 자주 출제된 문제

2-1. 뱀장어에 유행하는 Edward병의 유행시기는?

① 봄　　　　　　　　　② 가 을
③ 여 름　　　　　　　　④ 겨 울

2-2. 복수에 의한 복부팽만, 체색흑화, 탈장, 간과 신장 등에 유백색 농양 형성 등의 증상을 나타내는 넙치 질병은?

① 비브리오균
② 에드워드병
③ 연쇄구균증
④ 아가미 부식병

|해설|

2-1
에드워드병은 5월에서 10월 말경까지 발병되나 성행하는 시기는 고수온기인 여름철이다.

2-2
비단잉어, 메기, 금붕어, 뱀장어, 틸라피아 등의 담수어와 참돔, 넙치, 농어 등의 해수어에 유행되는 병으로서 여름철에 발생되는 대표적인 질병이다.

정답 2-1 ③　2-2 ②

핵심이론 03 비브리오 앙길라룸에 의한 감염병

① 원 인

　　㉠ 병원체는 비브리오 속에 속하는 비브리오 앙길라룸(*Vibrio anguillarum*)균이다.

　　㉡ 이 균은 리스토넬라(*Listonella*)속으로 재분류되었으나 여전히 비브리오로 쓰인다.

　　㉢ 한 개의 편모를 가지고 있으며, 운동성이 활발하다.

② 발 병

　　㉠ 염분이 함유되거나 유기물이 많은 오염된 해수를 좋아한다.

　　㉡ 주로 발병하는 시기는 6~8월로서 수온 20~30℃일 때 가장 많이 발생하고 수온 10℃ 이하인 때는 발병률이 적다.

　　㉢ 발병어는 성별, 크기와 관계없이 연중 발생된다.

　　㉣ 해수어인 넙치, 조피볼락, 방어, 돔류, 복어 등과 담수 및 해수 모두 서식이 가능한 뱀장어, 송어, 연어, 은어 등에서 발병한다.

③ 증 상

　　㉠ 뱀장어

　　　• 식욕이 없어 거의 먹지 않고 동작이 느려지며, 수면 가까이에서 힘없이 떠다닌다.

　　　• 진행되면 평형기관의 기능이 상실되고, 비정상적인 유영을 하다가 죽는 개체도 있다.

　　　• 기적병(붉은 지느러미병)과 같이 몸 표면이 적색으로 변하는 증상이 나타난다.

　　　• 몸 표면, 근육조직에 출혈 또는 궤양이 생기므로 일명 궤양병이라 한다.

　　　• 안구내면 및 눈 주위 출혈, 안구돌출, 항문이 염증으로 인하여 붉게 변하고 확장될 수 있다.

　　　• 빈혈로 아가미가 회백색으로 변하고, 가슴지느러미에서 출혈이 일어나기도 한다.

ⓛ 조피볼락 치어

- 뱀장어와 증상이 거의 비슷하다.
- 해부해보면 복막, 위, 신장, 비장, 등에 점상출혈이 나타나고, 장관에 염증이 일어나기도 한다.
- 유행되는 시기는 7~8월이나 9~10월인 가을에도 발생하며, 수온 범위는 20~30℃이다.

④ 진 단

㉠ 어체 표면을 보고 쉽게 진단을 내릴 수 없고 세균학적 진단이 필요하다.

㉡ 세균 분리에는 선택배지인 TCBS나 BTB티폴한천배지를 사용한다.

⑤ 대 책

㉠ 피부 기생충에 의한 상처, 선별 작업 시 비늘탈락, 고밀도 사육에 의해 어체의 점막이 벗겨지면 쉽게 발병할 수 있다.

㉡ 이 병은 잠복기가 일정하지 않으며, 환경이 악화되거나 원거리 수송 시 폐사할 수 있다.

㉢ 무지개송어의 경우 친어가 보균어로 판단되면 알 표면에 병원균이 오염될 수 있으므로 유기 요오드제에 약욕시켜 소독한다.

㉣ 일반적으로 테트라사이클린과 옥시테트라사이클린을 먹이에 섞어 투여한다.

3-1. 다음 중 기적병과 같이 몸 표면이 적색으로 변하는 증상을 나타내는 질병은?

① 백점병
② 트리코디나병
③ 비브리오병
④ 피부믹시디움병

3-2. 비브리오병에 관한 설명으로 틀린 것은?

① 비브리오속에 속하는 바이러스성 질병이다.
② 담수 및 해산어 모두에 발병한다.
③ 몸 표면, 근육조직에 출혈 또는 궤양이 생기므로 일명 궤양병이라고 한다.
④ 주로 발병하는 시기는 6~8월로서 수온 20~30℃일 때이다.

|해설|

3-1
기적병(붉은 지느러미병)의 증상과 같이 몸 표면, 근육조직에 출혈 또는 궤양이 생기며, 안구내면 및 눈 주위 출혈, 안구돌출, 항문이 염증으로 인하여 붉게 변하고 확장될 수 있다.

3-2
① 비브리오속에 속하는 세균성 질병이다.

정답 3-1 ③ **3-2** ①

① 원 인
  ㉠ 비브리오 하베이(*Vibrio harveyi*)의 감염에 의한다.
  ㉡ 우리나라에서는 여름철 고수온기에 주로 양식 넙치에서 발병한다.
  ㉢ 양 끝이 둥그스름하며 단모균이다.
  ㉣ 병원균은 TCBS 배지상에서 황색 또는 녹색의 집락을 형성한다.

② 증 상
  ㉠ 탈장, 복부팽만(복수), 간 및 장관 출혈 증상을 보여 에드워드병과 유사한 특징이 있다.
  ㉡ 조피볼락에서는 몸 표면에 궤양이 생기고 입 주변이 붉게 변한다.

③ 진 단
  ㉠ 육안으로 추정 진단하는 것은 매우 어렵다.
  ㉡ 해부를 통해 내부증상을 관찰한다.

④ 치료 : 테트라사이클린과 설파제 및 옥솔린산이 효과적이다.

10년간 자주 출제된 문제

양식 넙치에 여름철 고수온기에 발생하는 질병으로서 탈장, 복부팽만, 간 출혈을 나타내며 병원균은 TCBS 배지상에서 황색 또는 녹색의 집락을 보이는 병은?

① 적점병
② 에드워드병
③ 하베이병
④ 연쇄구균병

│해설│

탈장, 복부팽만(복수), 간 및 장관 출혈증상을 보여 에드워드병과 유사한 특징이 있다.

정답 ③

---

① 원 인
  ㉠ 원인균은 비브리오 익티오엔테라이(*Vibrio ichthyoenteri*)이다.
  ㉡ 넙치의 종자생산 시 부화 후 2주일 무렵 착저기에 들어간 치어에서 많이 발생한다.
  ㉢ 먹이생물의 배양과 함께 증식된 *V. ichthyoenteri*가 로티퍼 및 알테미아의 체내·외에 부착하여 먹이공급 시 넙치 자어로 섭취된 후 장 상피에 증식하면서 감염된다.

② 증 상
  ㉠ 초기에는 장의 후반부에 회백색의 물질로 가득 찬 백탁 증상이 관찰되고, 먹이를 먹지 않는다.
  ㉡ 장 전반부의 일부 및 직장에 카타르성 염증이 생긴다.
  ㉢ 소화관의 병소에는 콤마상 또는 단간균이 침입하여 증식해 있다.
  ㉣ 복부가 함몰되고 장관 조직이 박리되며 대량 폐사한다.

③ 진단 : 부화 후 27~30일 정도 경과 시 치어의 소화관이 희게 되어 보이면 이 병으로 진단할 수 있다.

④ 대 책
  ㉠ 넙치의 초기 먹이인 로티퍼나 알테미아의 배양 시에 오염이 되지 않도록 한다.
  ㉡ 클로렐라와 로티퍼의 사육해수는 여과하여 병원균이 없는 해수로 사용해야 한다.
  ㉢ 고수온에서는 병원균의 증식률이 높아지므로 온도를 하향조절하여 배양한다.
  ㉣ 먹이생물을 넙치 자어에 바로 먹이지 말고, 항생제 희석액에 1~2시간 정도 담가서 급이한다.

5-1. 넙치에서 장관백탁증을 일으키는 병원균은?

① *Vibrio harvey*
② *Vibrio ichthyoenteri*
③ *Streptococcus iniae*
④ *Lactococcus garvieae*

5-2. 넙치의 세균성 장관백탁증 증상이 아닌 것은?

① 감염 초기에 장의 후반부에 경미한 백탁증상을 나타낸다.
② 장의 전반부의 일부 및 직장에 카타르성 염증이 생긴다.
③ 장의 관공 내에 소화물이 가득 차 있다.
④ 소화관의 병소에는 콤마상 또는 단간균이 침입하여 증식해 있다.

[해설]

5-1
원인균은 비브리오 익티오엔테라이(*Vibrio ichthyoenteri*)이다.

5-2
넙치의 장관백탁증 증상
• 초기에는 장의 후반부에 회백색의 물질로 가득찬 백탁증상이 관찰되고, 먹이를 먹지 않는다.
• 장 전반부의 일부 및 직장에 카타르성 염증이 생긴다.
• 소화관의 병소에는 콤마상 또는 단간균이 침입하여 증식해있다.
• 복부가 함몰되고 장관조직이 박리되며 대량 폐사한다.

정답 5-1 ② **5-2** ③

핵심이론 06 세균성부식병(아가미부식병, 지느러미부식병, Flexibacter Columnaris)

① **원인 및 특징**

ㄱ 원인균은 점액세균류의 일종인 플라보박테리움 콜룸나레(*Flavobacterium columnare*)이다.
ㄴ 아가미부식병, 지느러미부식병, 입부식병, 피부의 콜룸나리스병 등으로 함께 불린다.
ㄷ 비단잉어, 금붕어, 뱀장어, 미꾸라지 등 담수어에서 아가미, 지느러미, 피부에 감염되어 발병한다.
ㄹ 발육온도는 5~40℃이며, 적정온도는 25~30℃이다.
ㅁ 호기성인 이 병원균은 산소와 가장 많이 접촉하는 아가미나 지느러미에서 잘 자란다.
ㅂ 수생균에 감염되면 아가미에 점액이 증가하여 산소 이용률을 감소시키게 된다.

※ 수질의 악화, 낮은 산소 용존율, 높은 암모니아 농도 등이 원인이 된다.

② **증 상**

ㄱ 지느러미나 몸통에 감염되어 발병했을 경우에는 곰팡이병과 비슷해 보이지만 콜룸나리스병은 감염부위에 균사가 보이지 않는다.
ㄴ 각 지느러미, 주둥이, 아가미의 끝단이나 체표에 세균의 죽은 덩어리인 황색 부착물이 나타나며, 원인세균은 환부에서 기둥 모양의 집락을 형성한다.
ㄷ 아가미에 감염되면 보통 아가미의 괴사 및 순환장애를 일으키고 심한 경우에는 아가미의 출혈 때문에 전신적인 빈혈상태에 빠진다.

• 초기에는 아가미 끝이나 일부분만이 하얗게 되고 또는 아가미뚜껑에 황백색의 작은 부착물이 보이며 점액의 이상분비를 일으킨다.
• 진행되면 아가미뚜껑에 출혈이 보이고, 검붉은 색이 되며 작은 출혈점이 많이 나타난다.

- 더 진행되면 아가미가 부분적으로 회백색으로 되고 중심이 회색이나 황색으로 되어 썩기 시작한다.
ㄹ 지느러미부식병에 걸리면 초기에 지느러미 가장자리나 몸 표면의 일부에 황색 또는 회백색의 작은 반점이 부착된 것과 같이 보인다.
  - 진행되면 부위가 점차 커져 주변 상피조직이 파괴된다.
  - 더 진행되면 지느러미 몸 표면이 부식되어 육안으로 너덜너덜하게 보인다.
  - 꼬리부분에서 시작하여 몸통 쪽으로 확대되어 궤양이 생긴다.
ㅁ 피부에 감염되면 체표에 백색, 담황색의 부착물이 보인다.
  - 진행하면 체표가 흰 점막으로 둘러싸이고 비늘이 빠진다. 또한 점막의 박리가 발생하고 흰 누더기를 걸친 것처럼 보인다.
  - 몸을 부비고, 흔들거린다. 또한 수면에 떠 있고 정지하는 이상 유영을 보인다.
  - 처음부터 피부감염이 되는 경우가 있지만, 지느러미부식병이나 아가미부식병 등이 선행되는 경우도 있다.
ㅂ 병든 어류는 산소결핍과 수질변화에 약하며 저녁과 밤 사이에 물 위를 헤엄쳐 다니다 죽게 된다.
ㅅ 이 병을 촉진하는 요인으로는 외상, 원충류, 닻벌레 등의 기생충에 의한 아가미 손상, 치어에 고형사료를 주었을 때 발생하는 아가미 손상 등이 있다.
③ 진 단
㉠ 외관상 별다른 변화가 없지만 아가미뚜껑이 약간 열려 있다. 붉은 아가미가 부분적으로 결손되어 있고, 침해당한 부분이 회백색으로 보이며 펄이 부착되어 아가미가 썩은 것 같이 보인다.

㉡ 아가미가 부패한 곳의 주변부나 회백색 부분을 떼어내 염색하지 않고 슬라이드글라스에 도말하여 400~1,000 배 정도 배율의 현미경으로 보면 활주운동을 하는 장간균 형태의 병원균을 확인할 수 있다.
㉢ 지느러미부식병의 확진을 위해서는 PCR법을 이용한다.
④ 대 책
㉠ 병원균인 플라보박테리움 콜룸나레는 아쿠아울트라, 설파제, 앰피실린 등에 감수성이 있어 7~8일간 경구 투여 또는 약욕으로도 치료할 수 있다.
㉡ 선별이나 수송 시 상처가 나지 않도록 한다.

6-1. 아가미부식병에 대한 설명이 틀린 것은?

① 용존산소가 부족한 경우 많이 발생한다.

② 증상이 심한 경우에는 아가미의 출혈 때문에 전신적인 빈혈 상태에 빠진다.

③ 원인균은 *Flavobacterium columnare*이다.

④ 보통 아가미의 괴사 및 순환장애를 일으킨다.

6-2. 뱀장어에 Columnaris병이 유행하는 시기는?

① 이른 봄

② 초여름~초가을

③ 가을~겨울

④ 겨울~봄

6-3. 뱀장어에 유행되는 콜룸나리스병의 수온에 따른 감염어 폐사율의 설명이 옳은 것은?

① 수온 5℃ 이하에서 폐사율이 가장 높다.

② 수온 5~10℃에서 폐사율이 가장 높다.

③ 수온 15~15℃에서 폐사율이 가장 높다.

④ 수온 20~25℃에서 폐사율이 가장 높다.

|해설|

6-1

호기성인 이 병원균은 산소와 가장 많이 접촉하는 아가미나 지느러미에서 잘 자라지만, 수중 용존산소가 많으면 어체 표면에도 자라나서 그 피해는 더욱 심할 수가 있다.

6-2

병은 주로 초여름~초가을 사이에 발생하지만 겨울철 난방을 하는 양어지에서도 찾아볼 수 있다. 여름에 1년 된 잉어에게서 이 질병이 관찰되면 아주 빠르게 확산되고 치사율 또한 아주 높다.

6-3

발육온도는 약 5~40℃이며, 적정온도는 약 25~30℃이다.

정답 6-1 ① **6-2** ② **6-3** ④

핵심이론 07 해수어부식병(활주세균증)

① 원인 및 특징

㉠ 원인균은 플렉시박터 마리티무스(*Flexibacter maritimus*)이고, 최근 테나시바큘럼 마리티엄(*Tenacibaculum maritimum*)이라는 세균종명으로 제안되었다.

㉡ 그람음성 장간균으로 호기성 세균이며 활주운동을 한다. 따라서 해산어 활주세균증이라고도 한다.

㉢ 숙주는 참돔, 돌돔, 조피볼락, 넙치 등의 해수어에 발병한다.

㉣ 발육온도는 15~37℃이며, 25~28℃에서 가장 잘 자란다.

② 증 상

㉠ 주로 지느러미, 주둥이 주변, 아가미가 붉게 변하며 궤양증상이 나타난다.

㉡ 돔류의 치어는 체색이 검게 변하고, 1~2년생인 어류에서도 머리, 몸통, 지느러미가 붉어지면서 출혈과 궤양이 생기며 꼬리지느러미가 부식되는 경우도 있다.

㉢ 넙치의 경우 지느러미의 출혈이 나타나고, 진행되면 근육층이 노출된다.

㉣ 넙치가 3~4cm의 치어인 경우 초기에는 체색이 검어지고, 힘없이 떠다니기도 하는데, 이때 아가미는 부식되어 있고, 병이 진행되면 황백색으로 변하면서 조직이 붕괴되고 괴사되어 붉게 변하기도 한다.

③ 진 단

㉠ 지느러미 등의 변색된 부분이나 부식된 부분을 현미경으로 관찰한다.

㉡ 사이토파가(*Cytophaga*)는 배지에 해수를 첨가하여 지느러미나 몸통부위 환부, 간, 신장을 도말 배양하여 황색의 집락을 확인한다.

④ 대 책

    ㉠ 가두리에 나가기 전 치어 시기에는 수조 내에서 사육되므로 옥시테트라사이클린을 경구 투여하여 치료할 수 있다.

    ㉡ 먹이를 잘 먹지 않는 저수온기에는 사육밀도를 낮추어 준다.

7-1. 해수어부식병(활주세균증)의 특징으로 옳지 않은 것은?

① 플렉시박터 마리티무스(*Flexibacter maritimus*)가 원인균이다.

② 조피볼락 체표나 아가미 상피에서 급격히 번식하여 상피세포를 붕괴시킨다.

③ 병원균은 15℃부터 18℃ 사이에 가장 잘 자라지만 보다 낮은 수온에서도 서서히 증식하여 병을 일으킨다.

④ 병이 진행되면 아가미는 황백색으로 변하면서 조직이 붕괴되고 괴사되어 붉게 변하기도 한다.

7-2. 넙치에 안구돌출이 일어난 경우 그 원인이 될 수 없는 것은?

① 에드워드병   ② 활주세균병

③ 비브리오병   ④ 연쇄구균병

|해설|

7-1

발육온도는 15~37℃이며, 25~28℃에서 가장 잘 자란다.

7-2

활주세균병 증상

• 주로 지느러미, 주둥이 주변, 아가미가 붉게 변하며 궤양증상이 나타난다.

• 돔류의 치어는 체색이 검게 변하고, 1~2년생인 어류에서도 머리, 몸통, 지느러미가 붉어지면서 출혈과 궤양이 생기며 꼬리지느러미가 부식되는 경우도 있다.

• 넙치의 경우 지느러미의 출혈이 나타나고, 진행되면 근육층이 노출된다.

• 넙치가 3~4cm의 치어인 경우 초기에는 체색이 검어지고, 힘없이 떠다니기도 하는데, 이때 아가미는 부식되어 있고, 병이 진행되면 황백색으로 변하면서 조직이 붕괴되고 괴사되어 붉게 변하기도 한다.

정답 7-1 ③ 7-2 ②

핵심이론 08 운동성 에로모나스 감염병(솔방울병), 뱀장어 기적병

① 원인 및 특징

    ㉠ 원인균은 에로모나스 하이드로필라(*Aeromonas hydrophila*)이다.

      ※ *Aeromonas*균에 의하여 발병되는 병명 : 솔방울병, 잉어 적반병, 송어 절창병 등

    ㉡ 그람음성 간균으로서 한 개의 편모에 의해 활발한 운동을 한다.

    ㉢ 잉어, 금붕어, 송어, 틸라피아, 가물치, 메기 등의 담수어에서 발병한다.

    ㉣ 복강에 체액이 괴어 팽만하고 비늘주머니에 체액이 고이기 때문에 비늘이 일어나고 심해지면 모든 비늘이 일어나는 것처럼 보여 솔방울병이라고 한다.

    ㉤ 발육온도는 5~40℃이며, 28℃에서 가장 잘 자란다.

    ㉥ 담수 환경의 악화(사육용수의 하천수 사용 등)와 스트레스(수온 급변)가 주 발병원인이다.

② 증 상

    ㉠ 몸 표면 여러 곳에 내출혈이 일어나 출혈과 출혈반점이 나타난다.

    ㉡ 복강에 체액이 괴어 팽만하고 비늘주머니에 체액이 고이게 되면 온 몸의 비늘이 일어난다.

    ㉢ 에로모나스는 비교적 높은 수온에서 약하며 초기 감염에서 온몸의 비늘이 일어날 때까지는 약 4~6주일이 소요되며 전신 증상이 나타난 후 약 1주일이 경과하면 폐사된다.

    ㉣ 내부 증상으로는 창자의 출혈이 현저하게 나타난다.

    ㉤ 안구돌출과 항문이 붉어지고 머리를 위로 향하여 힘없이 떠다니다 죽게 된다.

> **뱀장어 붉은 지느러미병(기적병)**
> - 에로모나스 하이드로필라(*Aeromonas hydrophila*)에 의한 질병이다.
> - 사료투여와 무관하게 수면 위로 떠오르거나 양어장 가장자리에 힘없이 움직인다.
> - 가슴지느러미, 꼬리지느러미, 복부피부, 항문 등이 붉은색으로 변하고, 복부에 출혈반점이 나타난다.
> - 주로 소화기관 내로 병원균이 침입하여 증식하고 장점액의 이상분비를 유도하며 병원체에 의한 독소에 의하여 장염이 발생하고 전신으로 퍼지면서 패혈증으로 죽게 된다.

③ 진 단

 ㉠ 외부 증상으로 대략적인 진단이 가능하나 다른 질병과 구분하기가 어렵다.

 ㉡ 병든 물고기의 복수 또는 소화관에서 에로모나스균을 분리배양하여 여러 가지 성상검사를 하여 진단한다.

④ 치 료

 ㉠ 수질이 양호한 사육환경과 비타민 등이 첨가된 품질 좋은 사료를 공급한다.

 ㉡ 에로모나스균은 아쿠아옥솔린, 클로람페니콜, 네오마이신 등의 항생제를 경구 투여한다.

 ㉢ 항생물질을 지속적으로 사용하면 내성이 생기기 때문에 약제 감수성 시험을 한 후에 감수성이 높은 약제를 선택하여 사용해야 한다.

8-1. 잉어에 감염된 솔방울병에 대한 설명 중 옳은 것은?

① 유수지에서 발병률이 높다.
② 급격한 수온 증가 시에 발병률이 높다.
③ 전신에 증세가 나타난 후 1주일 정도 지나면 죽기 시작한다.
④ 복부가 팽만하여 안구는 합입된다.

8-2. *Aeromonas*균에 의하여 뱀장어에 나타나는 질병은?

① 기적병   ② 절창병
③ 적점병   ④ 솔방울병

|해설|

8-1

에로모나스는 초기 감염에서 온몸의 비늘이 일어날 때까지는 약 4~6주일이 소요되며 전신증상이 나타난 후 약 1주일이 경과하면 폐사된다. 비교적 수온이 낮은 시기에 많이 유행하고, 봄에 비늘이 거꾸로 일어서는 솔방울병이라고도 하며, 안구는 돌출된다.

8-2

기적병 또는 지느러미적병이고도 하며, 원인균은 *Aeromonas hydrophila*이고 오래 전부터 우리나라에 많이 유행해 온 뱀장어의 대표적인 세균성 질병이다. 지느러미와 복부가 붉게 변하는 특징이 있다.

정답 8-1 ③ **8-2** ①

① 원인 및 특징

   ⊙ 원인균은 에로모나스 살모니시다(*Aeromonas sal-monicida*)이다.

   ⓛ 연어과 어류의 특유한 병원균이었으나, 현재는 잉어과 어류에서도 검출되고 있다.

   ⓒ 그람음성균이며 비운동성인 단간균으로서 크기는 $1 \times 1.7 \sim 2.0 \mu m$ 정도이다.

   ⓔ 무지개송어에 감염되면 4~5일부터 어류는 죽기 시작하며 밀식된 양어장일수록 많은 병어를 관찰할 수 있다.

   ⓜ 병원균은 감염된 어류, 보균어와 접촉, 오염된 환경수에 의해 전파된다.

   ⓗ 몸 표면의 피부상처, 소화관, 아가미를 통해 감염된다.

> 정형 에로모나스 살모니시다인 연어과 어류와 비정형 에로모나스 살모니시다인 금붕어, 잉어 등의 담수어류와 대구, 조피볼락 등 연쇄구균증이 일단 발병하면 치료가 잘 되지 않는 이유
> - 사료 중에 병원균이 있어 염증을 일으키고 있는 장관 내에 항시 정착하여 증식을 반복하기 때문이다.
> - 유효한 약제일지라도 투약방법이 적절하지 못했기 때문이다. 또한 염증으로 장내 pH가 상승하여 약제의 흡수가 나빠지기 때문이다.
> - 병어의 뇌에도 병소를 형성하기 때문에 약제를 투여해도 뇌까지 전달하지 못한다.
> - 환부가 육아종으로 변해 그 속에 병원균이 있기 때문이다. 해수어류 등에서 발병한다.

② 증 상

   ⊙ 감염된 연어류나 송어는 몸 표면이 둥그스름하게 융기된 부위가 형성되어 이 환부가 부풀어 올라 부스럼같이 되므로 부스럼병(Furunculosis)이라 한다.

   ⓛ 초기 송어는 먹이는 잘 먹으나 진행됨에 따라 힘없이 양어장 가장자리에 떠 있다.

   ⓒ 몸통의 피부에 침입한 병원균이 근육 내에 병원소를 만들고 세균을 증식하여 근육이 녹고 혈관이 터지면서 부풀어 오른다. 그 융기된 환부가 터지고 궤양이 형성되면 다른 병원체의 침입이 쉬워진다.

   ⓔ 아가미에 침입한 병원균은 다른 내장기관으로 이동해 피해를 준다.

   ⓜ 먹이를 통해 침입한 병원균은 위와 장에 혈액이 섞인 많은 양의 점액분비를 유도하는 카타르성 염증을 일으킨다.

   ⓗ 일반적으로 비장이 비대해지고, 신장은 반유동체인 덩어리로 되기도 한다.

> **종합적인 증상**
> - 팽윤환부를 형성하고, 근육이 융해되면 출혈이나 장액이 나온다.
> - 피부창상이 주요 감염문호가 되어 팽윤환부가 붕괴, 궤양화된다.
> - 아가미를 통해서 감염되는 경우는 새박판 상피나 모세혈관까지 세균집락이 형성되고 혈액장애나 조직의 붕괴를 일으킨다.
> - 피부에 융기된 환부(부스럼)가 생긴다.
> - 장을 통하여 감염시키면 심한 카타르성 염증을 일으킨다.
> - 절창병은 산장, 비장 및 간장을 심하게 손상시킨다.
> - 외관상 별다른 증상이 없이 급사한다.
> - 죽기 전에는 먹이를 먹지 않는 것이 보통이다.
> - 자어에서는 거의 감염되지 않고 성어에서 감염된다.

   ⓢ 우리나라 양식장에서 발견된 조피볼락의 증상

      • 몸통, 아가미뚜껑, 주둥이, 배지느러미 아래쪽에 궤양 및 출혈증상이 보인다.

      • 특별한 증상없이 체색이 검게 변하여 죽는 경우도 있다.

      • 소화관이 붉게 변하고(입속으로 침입한 균에 의한 출혈증상 때문), 위와 장관에 혈액이 섞인 점액이 가득 차 있다(카타르성 염증).

③ 진 단

   ⊙ 부스럼이 발생한 어류는 환부, 신장 등의 조직 도말 표본을 현미경으로 관찰하여 비운동성 간균의 확인으로 추정 진단한다.

ⓛ P-레닐렌다이아민이 함유된 선택비지에서 암자색 Colony가 나타나면 절창병으로 판단한다. 최근에는 PCR을 이용한 유전자 염기 서열분석을 이용하여 빠르게 판단한다.

④ 대 책

㉠ 발안란 등의 종자 구입 시 소독(유효 아이오딘 농도 50ppm에서 15분간)한다.

㉡ 보균어의 스트레스를 가중시켜 물속으로 병원균을 방출하는 요인은 15℃ 이상의 수온, 용존산소 부족, 수질오염 등이므로 사육 시 주의한다.

㉢ 플로르페니콜(Florfenicol), 옥시테트라사이클린(Oxytetracycline), 옥솔린산(Oxolinic Acid) 등을 경구 투여하면 치유된다.

9-1. 절창병의 설명으로 틀린 것은?

① 원인균이 생산하는 독소에 의한 패혈증이 감염어류의 폐사 원인이다.
② 원인균은 Leucocidin이 주성분인 강력한 내독소를 생산한다.
③ 장을 통하여 감염시키면 심한 카타르성 염증을 일으킨다.
④ 절창병은 산장, 비장 및 간장을 심하게 손상시킨다.

9-2. 송어에 유행하는 Furunculosis(부스럼병)의 주요 증상은?

① 피부의 점액분비가 많아진다.
② 피부에 점상출혈을 볼 수 있다.
③ 피부에 융기된 환부가 생긴다.
④ 피부에 다수의 흰 결절이 생긴다.

［해설］

9-1
부스럼병의 원인균은 *Aeromonas salmonicida*이다.

9-2
감염된 연어류나 송어는 몸 표면이 둥그스름하게 융기된 부위가 형성되어 이 환부가 부풀어 올라 부스럼같이 되므로 부스럼병(Furunculosis)이라 한다.

정답 9-1 ② 9-2 ③

핵 심이론 10 뱀장어 적점병

① 원인 및 특징

㉠ 병원균은 슈도모나스 앙길리셉티카(*Pseudomonas anguilliseptica*)이다.

㉡ 이 세균은 호염성으로, 유행되는 곳은 염전 지역의 양어장이며, 염분이 전혀 없는 곳은 증식이 불가능하다.

㉢ 감염된 물고기를 손으로 쥐면 피가 묻어나온다(출혈이 표피층에 나타나기 때문).

㉣ 지느러미나 항문이 쉽게 붉어지지 않는 것이 붉은 지느러미병과 다른 점이다.

㉤ 표피에 바늘로 찌른 것 같은 점상 출혈이 뚜렷하게 나타난다.

② 증 상

㉠ 뱀장어의 표피에 바늘로 찌른 것 같은 점상출혈이 뚜렷하게 나타난다.

㉡ 진행되면 점상출혈 부위가 융합되어 붉은 반점이 생긴다.

㉢ 그 외에는 지느러미의 출혈, 간장의 울혈, 비장의 퇴색위축, 신장의 위축, 장관의 발적, 복막의 출혈 반점 등이 나타난다.

③ 진 단

㉠ 병원균에 감염되어도 잠복기가 약 1주일 이상 되므로 육안으로 판정할 수 있을 때는 이미 병원균이 각 장기 속에 퍼져 있으므로 치료가 어렵다.

㉡ 조기에 발견하였을 경우 옥솔린산을 경구 투여한다.

㉢ 사육 수온을 25℃ 이상 유지시키면 자연치유된다.

㉣ 사육수에 염분이 함유되지 않게 담수화한다.

10-1. 다음 중 뱀장어의 적점병의 증세와 관계가 가장 먼 것은?

① 지느러미 출혈
② 장관의 뚜렷한 카타르성염
③ 복막에 점상 출혈
④ 내장의 모세혈관 확장

10-2. 뱀장어가 적점병에 걸리면 출혈반점이 어느 부위에 나타나는가?

① 근육층
② 비늘낭 속
③ 안 구
④ 피하조직

[해설]

10-1

뱀장어 적점병 증상
• 뱀장어의 표피에 바늘로 찌른 것 같은 점상출혈이 뚜렷하게 나타난다.
• 진행되면 점상출혈 부위가 융합되어 붉은 반점이 생긴다.
• 그 외에는 지느러미의 출혈, 간장의 울혈, 비장의 퇴색위축, 신장의 위축, 장관의 발적, 복막의 출혈반점 등이 나타난다.

10-2
표면에 바늘로 찌른 것과 같은 점상의 출혈이 다수 관찰되는 질병으로 출혈은 표피하층(피하조직)에서 나타난다.

정답 10-1 ② 10-2 ④

핵심이론 11 백운병(슈도모나스병)

① 원인 및 특징
  ㉠ 슈도모나스 플루오레센스균(*Pseudomonas fluorescens*)이 원인균이다.
  ㉡ 그람음성균인 간균으로서 겨울~봄(발병적수온 15~20℃)까지 저수온기에 사육수조에서 간혹 발생한다.

② 증 상
  ㉠ 잉어, 금붕어 등에서 몸 표면에 점액이 다량 분비되어 백운 상태(하얀 구름)로 보인다.
  ㉡ 어종에 따라 비늘 일어남이 관찰되기도 하는데 감염부위는 녹황갈색으로 변색, 탈락되며 지느러미의 출혈도 보인다.
  ㉢ 병어는 힘없이 수조 가장자리나 수면을 떠다니며, 몸 전체에 점액이 많이 분비되어 두꺼워져 백운상태로 보인다. 몸 표면이나 지느러미에 출혈점과 복수가 나타나고 병원균은 간, 혈액, 복수, 콩팥 등에서 분리 배양된다.
  ㉣ 양식 방어에 피부가 퇴색하고 아가미뚜껑이 출혈되며 지느러미 부식과 체표 피고름을 함유한 팽윤 환부가 생겨 궤양을 형성하기도 한다. 부검해서 보면 창자는 팽만되어 담황색으로 보이며, 직장은 희게 부패한다. 수온이 낮을 때는 복수증이 나타난다.
  ㉤ 백점병과 그 증상이 비슷하나, 백점병과 차이가 있다면 흰 반점이 약간 더 크고 탁하다는 것이다.

③ 진단 : 병이 진행됨에 따라 점액, 비늘주머니액, 복강액, 혈액, 간, 콩팥, 이자 등의 각 장기에서 많은 수의 간균을 검출할 수 있다.

④ 대 책
  ㉠ 사육밀도를 줄이고 사육환경의 악화를 막아 주며 (수심을 깊게, 수온의 급격한 변동 방지) 수질을 좋게 유지해 준다.
  ㉡ 그람음성간균인 슈도모나스와 플루오레센스에 강한 항균제를 경구 투여 혹은 약욕시킨다.
  ㉢ 백점병과 동일한 치료법으로 치료가 가능하다.

11-1. 월동장의 잉어가 *Pseudomonas fluorescens*에 감염되었을 때 나타나는 주요 증상은?
① 점액의 과다 분비로 인한 체표의 백운 증상
② 새판의 곤봉화, 울혈, 액류의 형성
③ 안구돌출, 항문의 확장과 출혈
④ 신장과 간, 비장에 흰점 형성

11-2. 잉어의 *Pseudomonas*균에 의한 세균 백운병을 예방하는 방법은?
① 선별을 자주하여 같은 크기의 잉어를 수용한다.
② 수질을 관리하고 수용밀도를 감소시켜 주어야 한다.
③ 고수온기에 발병하는 경향이 높으므로, 발병 시에는 수온은 10℃ 전후로 낮추어야 한다.
④ 염분이 미치는 양식지에서 유행하므로 염분이 없는 물로 환수해야 한다.

해설

11-1
힘없이 수조 가장자리나 수면을 떠다니며, 몸 전체에 점액이 많이 분비되어 두꺼워져 백운 상태로 보인다. 몸 표면이나 지느러미에 출혈점과 복수가 나타나고 병원균은 간, 혈액, 복수, 콩팥 등에서 분리 배양된다.

11-2
백운병 예방대책
• 사육밀도를 줄이고 사육환경의 악화를 막아 주며(수심을 깊게, 수온의 급격한 변동 방지) 수질을 좋게 유지해 준다.
• 그람음성간균인 슈도모나스와 플루오레센스에 강한 항균제를 경구 투여 혹은 약욕시킨다.
• 백점병과 동일한 치료법으로 치료가 가능하다.

정답 11-1 ① **11-2** ②

핵심이론 **12** 포토박테리움병(*Photobacterium*)

① 원인 및 특징
  ㉠ 우리나라 해수어에 피해를 주는 원인균은 포토박테리움 담셀라 피시사이다(*Photobacterium damselae* Subsp. *Piscicida*)이다.
  ㉡ 감염된 어류의 내장에 유백색 점 모양의 결절을 형성하기도 하기 때문에 유결절증이라고도 한다.
  ㉢ 방어를 포함하여 돌돔, 참돔, 감성돔, 넙치 등의 해수어류에 발병된다.
  ㉣ 수온이 20~25℃인 여름철에 강우량이 많아서 염분농도가 낮을 때 주로 유행되는 질병이다.
  ㉤ 그람음성의 비운동성 단간균(0.6~1.2 × 0.8~2.6 μm)이다.

② 증 상
  ㉠ 병의 진행이 대단히 빠르고 감염어는 먹이를 먹지 않으며 무리에서 이탈하여 밑바닥에 가라앉아 그대로 죽는다.
  ㉡ 체색은 검어지고 비늘이 2~3장 박리되어 검게 보이는 것 외에 체표에는 아무런 증세가 보이지 않으나 비장과 심장에는 많은 수의 작은 흰 점이 관찰된다.
  ㉢ 심장, 간, 췌장, 장간막, 복막, 부레, 아가미 등에도 소수의 작은 흰 점이 형성되기도 한다.

③ 진 단
  ㉠ 정확한 진단을 위해 세균학적 검사가 필요하고 혈액 도말 표본이나 환부의 압인 표본을 이용하여, 단염색으로 양극 염색성을 나타내는 단간균이 많이 관찰되면 유결절증으로 진단할 수 있다.
  ㉡ 확정진단에는 형광항체법 또는 DNA-DNA Hybridization 등의 방법을 사용하고, 최근에는 PCR 법에 의한 유전자 검출법도 사용하고 있다.

④ 대 책

　　㉠ 감염어의 이동을 제한하고, 감염어나 폐사어를 빨리 제거하는 방역처리가 필요하다.

　　㉡ 화학요법으로 테트라사이클린 또는 암피실린을 경구투여한다.

핵심이론 13 리케차병 및 예르시니아병

① 리케차병

　㉠ 원인 및 특징

　　• 원인균은 그람음성의 피시리케차 살모니스(*Picirickettsia salmonis*)이다.

　　• 이 병원균은 숙주의 세포 내에서만 증식이 가능하고 세포 밖에서는 오래 생존할 수 없다.

　　• 주로 연어과 어류에서 발병한다.

　㉡ 증 상

　　• 체색이 검어지고, 아가미가 창백하며 빈혈이 나타난다.

　　• 복강에 출혈이 있고 비장이 커져 있으며 간에 백색 결절이 발견된다.

　㉢ 진단 : 세포 배양 후 세포의 이상을 관찰하거나 PCR를 통해 진단한다.

　㉣ 대 책

　　• 우리나라에 발생한 적이 없고, 유효한 치료 대책이 없다.

　　• 종자나 알의 수입 시 검역을 철저히 한다.

② 예르시니아병(구적병)

　㉠ 원인 및 특징

　　• 원인균은 그람음성의 막대 모양인 예르시니아 루커리(*Yersinia ruckeri*)이다.

　　• 무지개송어의 치어, 송어류를 포함한 다른 어류에서도 발병한다.

　㉡ 증 상

　　• 체색이 검어지고 입 주변에 출혈증상이 있으며 눈이 돌출된다.

　　• 해부하면 내부 장기에도 출혈증상이 나타난다.

　㉢ 대 책

　　• 항생제 감수성을 통해 선택된 항생제로 치료한다.

　　• 우리나라에 발생한 적이 없으므로 수입 시 검역을 철저히 한다.

10년간 자주 출제된 문제

다음 구적병의 설명으로 옳지 않은 것은?

① 구적병의 원인균은 피시리케차 살모니스(*Piscirickettsia salmonis*)이다.

② 무지개송어의 치어, 송어류 등에서 발병한다.

③ 감염어는 체색이 검어지고 입 주변에 출혈 증상과 눈이 돌출된다.

④ 항생제 감수성을 통해 선택된 항생제로 치료한다.

〔해설〕

피시리케차 살모니스(*Piscirickettsia salmonis*)는 리케차병의 원인균이고, 예르시니아병의 원인균은 예르시니아 루커리(*Yersinia ruckeri*)이다.

정답 ①

핵심이론 14 냉수병(Cold-water Disease, 미병병)

① **원인 및 특징**

　㉠ 원인균은 *Flavobacterium psychrophilum*로, 은연어(*Onchorhynchus kisutch*)로부터 분리되었다.

　㉡ 'Cold-water Disease', 'Low Temperature Disease' 또는 'Peduncle Disease' 등으로 불린다.

　㉢ 그람음성, 호기성 장간균으로 활주운동을 하며, 밝은 노란색(Bright Yellow)의 집락을 형성하며, $5℃$에서 성장하지만 $26℃$에서는 성장하지 않는다.

　㉣ 주로 연어, 송어류, 뱀장어, 잉어에서 나타나며 최근에는 은어에서도 발생하였다.

② **증상 및 병리**

　㉠ 미병병(꼬리자루병) : 무지개송어나 은연어 치어의 미병부(꼬리부 피부)에 세균의 증식으로 궤양이 생기므로 미병병이라고도 한다.

　㉡ 무지개송어자어증후군(RTFS) : 육안적 증상은 내장에만 생기므로 내장냉수병이라고도 한다.

　㉢ 은어의 성어 : 아가미와 내장의 빈혈 이외에 현저한 증상은 없다.

　㉣ 유럽산 뱀장어, 잉어는 매우 무기력하며, 지느러미, 복부, 복강 및 부레 표면의 출혈, 장관의 염증, 항문 주위의 수포가 관찰된다.

③ **진 단**

　㉠ 저수온기에 발생하며, 미병부의 병변으로 추정 진단한다.

　㉡ 어체 표면에는 병원체가 없고 피하, 근육, 내장, 혈액 등에서 분리하여 순수배양하여도 집락의 형태에 변화가 많다.

　㉢ 항혈청을 이용한 응집반응과 형광항체법으로 진단한다.

④ **대책** : $26℃$ 이상에서는 거의 발육하지 않으므로 수온을 높여 사육한다.

무지개송어나 은연어 치어의 꼬리부 피부에 세균의 증식으로 궤양이 생기므로 미병병(Peduncle Disease)으로 불리는 병의 원인은?

① *Flavobacterium psychrophilum*
② *Flavobacterium branchiophlia*
③ *Pseudomonas fluorescens*
④ *Streptococcus faecalis*

[해설]

이 균은 은연어(*Onchorhynchus kisutch*)로부터 분리되었다. 이 질병은 'Cold-water Disease', 'Low-Temperature Disease' 또는 'Peduncle Disease' 등으로 불린다.

정답 ①

2. 그람양성 세균성 질병

핵심이론 01 연쇄구균병

① 원인 및 특징

　㉠ 스트렙토코쿠스속에 속하는 여러 가지 균(*Strepto coccus* sp.)에 의한 감염증이다.

　㉡ 우리나라에 피해를 입히는 병원균은 스트렙토코쿠스 이니에(*Streptococcus iniae*), 락토코쿠스 가르비에(*Lactococcus garvieae*), 스트렙토코쿠스 파라우베리스(*Streptococcus parauberis*)이다.

　㉢ 운동성이 없는 구형으로 보통 2개 또는 그 이상의 세균이 연결된 사슬형태를 지닌다.

　㉣ 증식온도는 10~45℃이고 적온은 20~37℃이다.

　㉤ 틸라피아, 뱀장어, 무지개송어 등의 담수어와 넙치, 조피볼락, 참돔, 방어 등 해수어류에도 발병한다.

　㉥ BHI 한천배지에 25℃에서 24시간 배양하면 지름 0.5mm 정도의 정원형이고 주변이 매끈하며 중앙이 약간 솟은 흰색 집락을 형성한다.

　㉦ 자랄 수 있는 염분 농도는 0~7‰이다.

② 증상

　㉠ 체색흑화, 안구돌출과 안구주위의 출혈, 아가미뚜껑 내측 출혈, 복수에 의한 복부충만 등이 있다.

　㉡ 만성으로 진행되면 지느러미가 붉어지거나 표피가 벗겨지기도 하며 꼬리자루에 농창 및 궤양이 형성된다.

　㉢ 해부 시 유문수, 간, 비장, 신장, 창자 등 출혈이 관찰된다.

　㉣ 뇌 감염 시, 콧구멍에 농이 있고, 발광하는 듯한 유영 운동을 보이기도 한다.

　㉤ 간장이나 신장의 병변, 복수가 찬다는 점에서 본 병은 에드워드병과 유사하지만, 에드워드병에서는 주요 장기에 결절이 나타나지만 연쇄구균증에서는 결절이 형성되지 않는다.

※ 넙치에 안구돌출이 일어난 경우 : 에드워드병, 비브리오병, 연쇄구균병

③ 진 단

　㉠ 전형적 증상인 안구돌출, 아가미뚜껑 내부출혈을 관찰한다. 또한 병원체 분리, 확인도 필요하다.

　㉡ 순수 분리된 세균은 그람염색 양성과 카탈레이스와 옥시데이스 음성반응으로 진단할 수 있다.

　㉢ BHI(Brain Heart Infusion) 한천배지에 의한 세균집락관찰, PCR을 이용한 유전자검사 등이 있다.

④ 대 책

　㉠ 수평감염으로 먹이를 통한 것과 접촉에 의한다. 따라서 양식 밀도를 낮추고, 수질관리를 잘하며 선도가 좋은 먹이를 공급해야 한다.

　㉡ 치료법으로는 항생제 경구 투여가 이용되며, 투약 전 단식을 시켜 약물의 흡수효과를 높인다.

　㉢ 약물로는 보통 에리트로마이신, 스피라마이신, 옥시테트라사이클린 등이 사용된다.

1-1. 방어의 세균성 질병으로 *Lactococcus*균의 감염에 의한 연쇄구균증의 피해가 크다. 이 병이 쉽게 치유되지 않는 이유는?

① 병원체가 쉽게 내성균으로 변하기 때문이다.
② 환부가 육아종으로 변해 그 속에 병원균이 있기 때문이다.
③ 이 병원균이 혈액 내에서 포자를 형성하기 때문이다.
④ 이 병원균이 근육 내에서 협막을 만들기 때문이다.

1-2. 연쇄구균 감염에 의한 대표적 증상이 아닌 것은?

① 아가미 부식과 상피 탈
② 안구돌출과 안구출혈
③ 아가미뚜껑의 출혈
④ 꼬리자루의 궤양 형성

[해설]

1-1

연쇄구균증이 일단 발병하면 치료가 잘되지 않는 이유

• 사료 중에 병원균이 있어 염증을 일으키고 있는 장관 내에 항시 정착하여 증식을 반복하기 때문이다.
• 유효한 약제일지라도 투약방법이 적절하지 못했기 때문이다. 또한 염증으로 장내 pH가 상승하여 약제의 흡수가 나빠지기 때문이다.
• 병어의 뇌에도 병소를 형성하기 때문에 약제를 투여해도 뇌까지 전달하지 못한다.
• 환부가 육아종으로 변해 그 속에 병원균이 있기 때문이다.

1-2

연쇄구균증의 외부 증상

• 안구돌출과 안구 주위의 출혈
• 복부의 점상출혈
• 아가미뚜껑의 내벽의 출혈
• 꼬리자루의 궤양 형성

정답 1-1 ② 1-2 ①

① 원인 및 특징

   ㉠ 레니박테리움 살모니나럼(*Renibacterium sal-moninarum*)이다.

   ㉡ 크기는 $1.0 \times 1.5 \mu m$의 그람양성 간균으로 운동성이 없으며 비항산성이다.

   ㉢ 원인균은 저수온기 겨울철에 유행되며 수온범위는 7~15℃ 이내로 수온이 낮아지면 질병의 진행이 느려진다.

   ㉣ 연어과 어류에서 발병하나 우리나라에서는 감염 사례가 없다.

② 증 상

   ㉠ 복부의 팽만, 체색흑화, 안구 주변의 출혈, 안구돌출, 배수구 부근에 힘없이 모여 있다가 사망한다.

   ㉡ 외부 증상이 없는 개체를 해부하면 신장과 그 외 장기에 백점 및 백반상의 병소가 형성되기도 한다.

   ㉢ 배 속에는 물이 차있고 신장은 부풀어 있으며 황백색의 반점이 보인다. 반점 속에는 그람양성인 작은 막대모양의 세균이 관찰된다.

③ 진 단

   ㉠ 육안으로 어체 표면을 관찰해서 그 원인을 쉽게 판별할 수 없다.

   ㉡ 병어의 신장조직의 도말표본을 그람염색하면 그람양성인 쌍간균이 관찰된다.

   ㉢ 병원균의 분리에는 CSA배지나 KDM-2배지가 사용된다.

   ㉣ 항원과 항혈청에 의한 침강반응, 간접 형광항체시험, 직접 형광항체시험 등에 의하여도 진단된다.

   ㉤ 카탈레이스, 옥시데이스에 각각 양성과 음성을 나타낸다.

④ 대 책

   ㉠ 숙주의 세포 내에도 세균이 기생하기 때문에 치료가 어렵다.

   ㉡ 종자, 수정란을 수입할 시 철저한 검역이 필요하다.

   ㉢ 무병이 증명된 어류 또는 수정란을 구입하는 것이 유일한 대책이다.

10년간 자주 출제된 문제

2-1. 연어과 어류의 세균성 신장병(BKD)의 주요 증상은?

① 신장과 그 외 장기에 백점 및 백반상의 병소 형성
② 두부, 등, 꼬리지느러미에 두터운 점액막 형성
③ 체표 전면에 점상출혈과 모세혈관 확장
④ 아가미 표면에 팽윤된 환부 형성

2-2. 어류의 세균성 질병과 원인균을 바르게 연결한 것은?

① 방어 유결절증 – *Nocardia kampachi*
② 연어 세균성 신장병 – *Renibacterium salmoninarum*
③ 방어 활주세균증 – *Flavobacterium columnare*
④ 뱀장어 적점병 – *Photobacterium damselae* subsp. *Piscicida*

[해설]

2-1

이 질병이 상당히 진행된 물고기는 배가 부풀어 오르고 몸 색깔이 검어지며 눈이 돌출되고 체표에 점상출혈이 생긴다. 해부해 보면 뱃속에는 물이 차 있고 신장은 부풀어 있으며, 특히 황백색의 반점이 눈에 띈다.

2-2

연어과 양식어류의 신장에 감염되어 연어를 폐사시키는 병원균은 *Renibacterium salmoninarum*이다.

정답 2-1 ① 2-2 ②

핵심이론 03 노카디아(Nocardia)증

① 원인 및 특징

　㉠ 원인균은 *Nocardia seriolae*로, 산성에 약한 그람 양성의 사상균이다.

　㉡ 방선균과의 세균에 의해 발생한다.

　㉢ 유행시기는 7월부터 다음 해 2월까지이며, 가장 심한 시기는 9~10월이다.

　㉣ 방어, 전갱이 등 해산어류에 있어 여름에서 초가을에 가장 많이 발병한다.

② 증 상

　㉠ 감염된 어류는 힘없이 물 표면을 서서히 유영을 하며, 어체 쇠약, 안구돌출 및 복부팽만 등의 증상이 나타난다.

　㉡ 질병이 진행되면 근육, 아가미 및 내부 전 장기에 다양한 크기의 결절이 확인된다.

　㉢ 방어에서는 아가미에만 큰 결절이 생길 때도 있다.

　㉣ 피부에 홀 같은 작은 돌기나 반구형의 농양이 생길 수 있다. 해산어인 경우 피부나 아가미 또는 내장에 농양이 형성된다. 담수어에도 감염되는 경우가 있다.

　㉤ 양만장 부근이 해수에서는 1주일 이상 생존하고 어육추출물이 100ppm 정도 첨가된 해수 중에서는 3개월 이상 생존한다.

　㉥ 부영양화 또는 양식에 의한 자가 오염이 진행된 해역에 균이 정착할 가능성이 있다.

　㉦ 병든 가물치의 주요 외부 증상은 복부가 팽만하고 항문의 발적이 관찰되며 내부 증상은 간, 비장 및 신장에 많은 결절이 나타나며 간에 출혈과 비장 조직과 신장의 비대가 관찰된다.

③ 진단 : Primer를 사용한 PCR 방법으로 확인한다.

④ 대 책

　㉠ 테트라사이클린계의 항생물질에 감수성이 있고, 약제에 의한 치료법은 아직 없다.

　㉡ 현재로서는 병어(病魚)를 조기에 발견하여 제거하므로 확대를 막는다.

　㉢ 양식장을 청결하게 하고, 제반 위생적인 조치를 취하는 것이 예방법이다.

3-1. 방어를 양식하던 중 폐사가 생기기 시작하여 관찰해 보니 피부에 혹 같은 작은 돌기나 반구형의 농양이 생겨 있었다면 감염균은?

① *Vibrio anguillalum*

② *Nocardia seriolae*

③ *Edwardsiella tarda*

④ *Aeromonas hydrophila*

3-2. *Nocardia*증의 주 증상은?

① 출 혈

② 내장기관의 염증

③ 지느러미의 부식

④ 피부 및 내장의 작은 결절

|해설|

3-1

노카디아(Nocardia)증은 방어에서는 아가미에만 큰 결절이 생길 때도 있다. 해산어인 경우 피부나 아가미 또는 내장에 농양이 형성된다. 담수어에도 감염되는 경우가 있다.

3-2

노카디아(Nocardia)증

• 육상탱크방식의 넙치양식장에서 처음 확인된 질병이다.

• 병세의 진행은 비교적 완만하나 장기간에 걸쳐 계속적으로 폐사하므로 폐사율은 15%나 되어 적지 않은 피해를 준다.

• 빈사상태의 병어는 체표에 점재성의 출혈반과 융기성의 농양이 다소 생기며, 때로는 구순부가 짓무른 개체도 보인다.

• 해부하면 비장과 신장에 백색 결절의 병변이 보이며, 백색 결절은 아가미, 심장에 생기기도 한다. 균은 분지한 사상균으로서 항산성은 약하다.

정답 3-1 ② 3-2 ④

핵심이론 01 단백질

① 단백질의 개요

　㉠ 단백질은 아미노산으로 구성된 복합 유기화합물이며 에너지원이다.

　㉡ 어류는 사료를 통해 섭취한 단백질은 아미노산으로 분해되어 세포 내에서 재사용된다.

　㉢ 필수아미노산은 아르기닌, 히스티딘, 아이소류신, 류신, 라이신, 메티오닌, 페닐알라닌, 트레오닌, 트립토판, 발린이다.

② 아미노산의 결핍

　㉠ 트립토판(Tryptophane)의 결핍 : 연어과 어류에서 등뼈가 굽어지는 현상, 즉 척추전만증(Lordosis) 또는 척추만곡증이 나타난다.

　㉡ 라이신(Lysine)의 결핍 : 등지느러미가 썩어 문드러지는 현상, 검은꼬리증후군이 발생함과 아울러 어류가 평형을 유지하지 못하게 한다.

　㉢ 필수아미노산의 결핍은 성장을 저하시키거나 전혀 성장이 되지 않게 한다.

　㉣ 아르기닌(Arginine) 이외의 모든 필수아미노산의 결핍은 눈의 수정체에 백내장(Cataract)이 생기게 할 수도 있다.

③ 아미노산의 과다

　㉠ 과다한 류신(Leucine)에 의하여 성장이 억제된다.

　㉡ 페닐알라닌 또는 트레오닌량의 과다 그리고 발린(Valine)의 함량이 3% 이상인 경우 사료의 효율이 저하된다.

　※ 조단백(Crude Protein)의 결핍 : 성장과 활력이 둔화되며 기생충에 쉽게 감염되며, 거의 모든 어류가 수면 가까이에 떠오른다.

홍연어와 무지개송어의 먹이에 필수아미노산이 결핍되면 여러 가지 증세가 나타나는데 그 중 트립토판이 결핍된 사료를 계속 투여할 경우 많이 나타나는 것은?

① 아가미 점액분비

② 지느러미 부식

③ 안구돌출

④ 척추만곡

[해설]

트립토판이 결핍된 사료를 먹인 연어과 어류는 등뼈가 굽어지는 증상을 나타내지만 트립토판을 먹이면 회복된다.

정답 ④

핵심이론 02 지 질

① 지질의 개요
  ㉠ 중요한 에너지원이며, 피하조직에서 보호막이나 단열물질, 지용성 비타민의 흡수, 세포막 형성, 지방성 호르몬과 담즙형성, 체내 에너지 축적 등의 기능이 있다.
  ㉡ 필수지방산에는 오메가 3(EPA, DHA)와 오메가 6가 있다.
② 필수지방산의 결핍 증상
  ㉠ EPA 결핍
    • 참돔(자어, 치어), 농어 : 등뼈 굽음
    • 보리새우(어미) : 난소 발달 저해
  ㉡ DHA 결핍
    • 참돔(자어, 치어) : 수증
    • 넙치(자어, 치어) : 백화, 활력 저하
    • 넙치(자어, 치어, 성어) : 스트레스 내성 저하
    • 보리새우(어미) : 난소 발달 저하
    • 새우류 : 스트레스 내성 저하
③ 인지질 결핍 : 은어의 종자생산 과정에서 인지질이 부족하면 등뼈가 휘어지거나 꼬리자루가 구부러지는 증상이 나타난다.

10년간 자주 출제된 문제

괄호 안에 해당하는 불포화지방산은?

참돔의 자어 및 치어에 필수지방산인 (   )이 부족하면 등뼈가 굽어진다.

① 티아민   ② EPA
③ DHA   ④ 엽 산

해설

중요한 지방산의 명칭
• 포화지방산 : 카프릭산(Capric Acid), 라우르산(Lauric Acid), 미리스트산(Myristic Acid), 스테아르산(Stearic Acid)
• 불포화지방산(필수지방산) : 올레산, 리놀레산, 리놀렌산, 아라키돈산, EPA, DHA

정답 ②

핵심이론 03 변성된 지방에 의한 영양성 질병

① 연어, 송어류
  ㉠ 지방을 과잉 투여하면 간에 지방 침윤이 나타난다.
  ㉡ 산패된 지방을 투여하면 그 독성 때문에 폐사한다.
  ㉢ 송어양식장에 체색의 흑화가 발생되고, 힘없이 배수구에 모여 있으며 아가미빈혈을 일으키고 수일 안에 폐사한다.
② 잉 어
  ㉠ 산화 지방을 장기간 투여하면 등여윔병이 발생한다.
  ㉡ 비타민 E를 사료에 첨가하여 투여하면 치료된다.
③ 방어, 넙치
  ㉠ 멸치를 생사료로 주면 멸치지방의 산화로 혈구 파괴, 간세포의 위축 및 부분 괴사, 신장과 비장의 세로이드 축적이 일어난다.
  ㉡ 간은 빈혈증상으로 회백색이 되며 진행되면 안구 돌출, 체색흑화가 일어난다.
④ 참돔 : 지질이 변성되면 내장을 둘러싸고 있는 지방세포가 황갈색으로 변하면서 황지증이 된다.

10년간 자주 출제된 문제

잉어의 등여윔병이 발생되는 주된 원인은?

① 단백질 부족
② 흡충류의 기생
③ 산화된 지방의 독성
④ 질소가스의 포화도가 높을 때

해설

등여윔병
• 원인 : 산화지방에 의한 영양장애로 비타민 E가 결핍된다.
• 증상 : 먹이를 먹여도 여위어 간다. 성장 저하, 안구 돌출, 복수, 빈혈, 등지느러미의 위축, 아가미의 유착 등으로 죽어간다.
• 대책 : 산화지방의 독성 때문에 발생 → 비타민 E 사료 투여 → 1~2개월 만에 치료, 이때 먹이가 산화되지 않도록 주의한다.

정답 ③

① 비타민 B_1의 결핍

    ㉠ 티아미나아제 : 생사료에 함유된 효소로 비타민 B_1을 파괴시켜 연어나 송어는 폐사되고, 방어는 지느러미 출혈이 나타난다.

    ㉡ 잉어는 연어나 송어보다 비타민 B_1의 결핍을 잘 견디나 장기간 결핍 시 폐사된다.

    ㉢ 유수식 양어장에서는 온수성 어류도 연어나 송어와 같이 3~4주 만에 30~40%가 결핍증이 나타난다.

    ㉣ 비타민 B_1의 결핍은 주로 신경계의 이상(경련과 신경질적인 이상 유영)을 유발한다.

        • 연어과 어류 : 양어장에서 돌진유영, 회전, 수면 위로 높이 뛰어오르는 증상을 보이다가 전신 경련을 일으킨 후 수중에 조용히 가라앉는다.

        • 메기 : 평형감각상실, 수초에 눕기, 수직으로 서기, 약간의 소리나 진동에도 놀라는 증상을 보인다.

        • 몇 차례 반복되면 죽는다.

    ㉤ 뱀장어 : 체색암화, 유영 이상, 지느러미 출혈

    ㉥ 치료 : 사료에 효모나 비타민 B_1을 첨가하면 회복된다.

② 비타민 B_2의 결핍

    ㉠ 피부염을 일으켜 성장장애가 발생한다.

    ㉡ 무지개송어 : 성장둔화와 눈, 코, 아가미뚜껑의 출혈을 일으킨다.

    ㉢ 송어류 : 안구 및 수정체의 혼탁화를 일으키고 심하면 실명된다.

    ㉣ 잉어치어 : 20일 전후부터 식욕상실, 신경과민상태가 되고 6주 정도가 지나면 지느러미 기부에 출혈이 발생하고 폐사한다.

    ㉤ 메기, 뱀장어 : 식욕부진, 성장정지, 지느러미 충혈 및 출혈, 피부염, 눈의 혼탁 현상 등이 나타난다.

    ㉥ 치료 : 비타민 B_2를 사료에 첨가해 주면 회복된다.

어류가 가지고 있는 티아미나아제는 어떤 비타민 부족현상을 야기시키는가?

① 비타민 A   ② 비타민 B_1

③ 비타민 B_{12} ④ 비타민 C

[해설]

티아미나아제 : 생사료에 함유된 효소로 비타민 B_1을 파괴시켜 연어나 송어는 폐사되고, 방어는 지느러미 출혈이 나타난다.

정답 ②

① 비타민 C의 결핍

 ㉠ 등뼈가 굽어져서 기형어가 생긴다(골격의 기형화).

 ㉡ 안구가 돌출된다.

 ㉢ 근육에 출혈점이 나타난다.

 ㉣ 채널메기 : 성장감소, 척추만곡, 질병에 대한 저항성 약화 등이 나타난다.

 ㉤ 무지개송어 : 척추만곡증, 성장이 억제되고 뼈가 굽어져서 기형이 되며, 해부 시 각 장기에 출혈점과 장내 혈액이 고여 있다.

 ㉥ 틸라피아 : 몸 색깔이 옅어지고, 등뼈 휘어짐이 나타난다.

② 비타민 E의 결핍

 ㉠ 잉어 등여윔병

  • 원인 : 장기 보관하거나 보관부주의로 산화 지방이 생긴 사료를 장기 투여 시 발생

  • 증상 : 성장저하, 안구돌출, 복수, 빈혈, 등지느러미의 위축, 아가미의 유착 등으로 폐사

  • 대책 : 비타민 E를 50mg/100g 비율로 사료에 섞어 투여

 ㉡ 잉어 외에 연어, 송어, 금붕어 등에서도 발생한다.

 ※ 비타민 B$_{12}$: 많은 어종에 있어 장내 미생물에 의하여 합성되는 비타민으로서 결핍증상이 좀처럼 일어나지 않는 비타민류이다.

10년간 자주 출제된 문제

Vitamin C의 결핍으로 무지개송어에 나타나는 주된 결핍 증상은?

① 안구돌출   ② 간의 위축

③ 지느러미 응혈   ④ 척추만곡증

해설

무지개송어의 경우에 비타민 C 부족 시 성장이 억제되고 뼈가 굽어져서 기형이 된다.

정답 ④

	비타민	증 세
수용성	아스코르브산 (Ascorbic Acid, 비타민C)	척추측만, 척추전만, 콜라겐 생성 저해, 연골변성, 모세혈관 파열, 출혈성 안구돌출, 근육 내 출혈, 부종, 빈혈, 식욕부진
	B$_{12}$	혈액장애, 적혈구파열, 성장부진, 빈혈
	비오틴 (Biotin, 비타민 H)	피부병변(푸른점액), 근육위축, 경련, 적혈구 파열, 성장부진, 꼬리지느러미의 위축
	콜린(Choline)	성장부진, 복부 팽대 및 몸체의 색깔이 옅어짐, 신장과 장의 출혈, 간에 중성지방 축척, 안구돌출증
	엽산(Folic Acid, 비타민 M)	성장부진, 기면상태, 꼬리지느러미의 부식, 체색흑화, 대적혈구성빈혈
	이노시톨(Inositol)	성장부진, 위 팽대 및 위가 빈 상태가 많아짐
	나이아신(Niacin)	식욕부진, 위와 결장에 부종이 발생, 휴식중의 근육강직현상, 피부출혈, 피부병변, 빈혈
	판토텐산 (Pantothenic Acid)	아가미곤봉화, 식욕부진, 성장부진, 아가미의 삼출액, 핀헤드(Pinhead)가 생성됨
	피리독신 (Pyridoxine, 비타민 B$_6$)	신경장애, 빈혈, 식욕부진, 복강의 부종, 가쁜 호흡, 아가미뚜껑의 굴곡
	리보플라빈 (Riboflavin, 비타민 B$_2$)	수정체혼탁, 시력저하, 체색흑화, 빈혈, 성장부진, 복부의 벽에 층화현상
지용성	비타민 A	망막변질, 안구돌출, 수정체변위, 탈색, 부종, 성장부진, 성장불량, 각막연화
	비타민 D	성장부진, 장에서 칼슘 및 인의 흡수가 비정상적
	비타민 E	근육이상증세, 이자와 간에 세로이드 생성, 부종, 성장부진, 소적혈구빈혈, 아가미가 뭉침
	비타민 K	패혈증, 간, 췌장 및 아가미가 회색으로 되고, 아가미, 눈, 지느러미의 기부, 혈관조직에 출혈이 야기

10년간 자주 출제된 문제

어류의 영양소와 결핍증의 연결이 옳지 않은 것은?

① Vitamin E – 근이영양증

② Vitamin A – 성장불량, 각막연화

③ Vitamin C – 척추변형

④ Vitamin B – 평형감각 상실 및 흥분

정답 ④

① 연어과 어류

    ㉠ 당뇨병 증상 : 탄수화물을 과잉 투여하면 혈당을 조절하는 인슐린 양이 적어 당뇨증상이 나타난다.

    ㉡ 글리코겐 과다증 : 탄수화물의 장기간 투여에 의해 간에 글리코겐이 축적되어 간이 퇴색되고 폐사율이 증가된다.

    ㉢ 사료배합 시 비타민류를 첨가하면 피해를 예방할 수 있다.

② 뱀장어

    ㉠ 점결제로서 감자의 알파화 녹말을 사용하면 간 비대와 지방함유량이 증가되어 지방간이 형성된다.

    ㉡ 이런 현상이 발생되면 알파화 녹말이 아닌 다른 점결제를 사용한다.

    ㉢ 방어의 경우 점결제로 밀의 글루테닌을 전체 사료 중 5% 이내로 첨가하면 소화도 잘되고 병도 예방된다.

7-1. 연어, 송어류의 간에 글리코겐이 과잉 축적되어 글리코겐 간이 되었고, 간이 퇴색되었다면 이 경우 주로 관계되는 영양소는?

① 비타민   ② 지 질
③ 단백질   ④ 탄수화물

7-2. 다음 (   )에 들어갈 병증은?

> 육식성 어류인 연어, 송어류에 다량의 탄수화물을 투여하면 (   )증상이 나타나는데, 이것은 혈당을 조절하는 인슐린의 양이 적기 때문이다.

① 당 뇨   ② 녹 간
③ 황 지   ④ 등여윔

│해설│

7-1
글리코겐과다증 : 탄수화물의 장기간 투여에 의해 간에 글리코겐이 축적되어 간이 퇴색되고 폐사율이 증가된다.

7-2
당뇨병 증상 : 탄수화물을 과잉 투여하면 혈당을 조절하는 인슐린 양이 적어 당뇨증상이 나타난다.

정답 7-1 ④   7-2 ①

제6절 해조류 질병

1. 김의 갯병

핵심이론 01 김의 갯병

① 김의 갯병 종류
  ㉠ 기생성 갯병 : 붉은갯병, 호상균, 사상체균 부착병, 녹반병, 구멍갯병
  ㉡ 생리적 갯병(비기생성) : 흰갯병, 의사흰갯병, 싹갯병, 암종병, 쪼그랑병

② 생리적 갯병의 원인
  ㉠ 수온, 바람, 광합성, 파랑, 병원균 등
  ㉡ 겨울철 수온이 높을 때, 조류 소통이 나쁠 때, 외양수침입, 소조 시 노출이 적을 때, 각종 해조류가 영양염류 흡수, 밀식 시, 수조 시 물이 맑고 햇빛이 강할 때, 날씨가 따뜻하고 바람이 없는 소조 때

③ 비기생성(생리적) 갯병의 특징
  ㉠ 엽상체의 뿌리부분에서 발생한다.
  ㉡ 생리적으로 기상, 수온, 조석, 노출 등에 의해 약해진다.
  ㉢ 엽상체의 잎 부분이 쭈그러지는 현상이 나타난다.
    ※ 양식초기에 김 갯병이 발생하기 가장 쉬운 조건은 수온 22℃에서 비교적 장기간에 걸쳐 13℃로 하강할 때이다.

1-1. 다음 중 기생성 갯병과 관계없는 것은?
① 흰갯병(白腐病)
② 붉은갯병(赤腐病)
③ 녹반병(綠班病)
④ 호상균병(壺狀菌病)

1-2. 조석과 기상조건으로 인한 김의 갯병이 가장 많을 때는?
① 날씨가 춥고 바람이 심한 대조 때
② 비바람이 있었던 직후의 대조 때
③ 날씨가 춥고 바람이 분 소조 때
④ 날씨가 따뜻하고 바람이 없는 소조 때

해설

1-1
흰갯병, 의사흰갯병, 싹갯병, 암종병, 쪼그랑병 등은 생리적 갯병이다.

1-2
수조 시 물이 맑고 햇빛이 강할 때, 날씨가 따뜻하고 바람이 없는 소조 때 갯병이 많이 발생한다.

정답 1-1 ① 1-2 ④

① 원인균 및 특징

　㉠ 조균류에 속하는 붉은갯병균인 피튬 포르피래(*Pythium porphyrae*)이다.

　㉡ 병원균의 균사는 가로막(격벽)이 없고 내부에는 과립이 있으나 색소체는 없다.

　㉢ 이 균은 엽체에 침입하는 즉시 엽체 내의 세포 내용물을 영양분으로 하여 성장하기 때문에 감염된 숙주세포는 죽게 된다.

　㉣ 이 균은 살아있는 세포에만 침입한다.

　㉤ 수온이 10℃ 이상에서는 균사체의 성장이 빠르고 유주자를 형성하나 이보다 저온에서는 조란기를 형성하며, 저비중에서는 균사체의 성장과 구낭의 형성이 좋아진다.

　㉥ 균사체는 질소, 인산 등의 영양염류가 풍부한 해수 중에서 성장과 유주자의 형성이 좋아진다.

② 증 상

　㉠ 엽체의 둥글고 붉게 녹슨 모양으로 반점이 생기는 병이며, 매년 10~12월에 걸쳐 발생한다.

　㉡ 엽체의 군데군데에 붉은색 반점을 생성하고 차차 반점이 커지면서 중심부는 담황색으로 주위는 붉은색으로 변한다.

　㉢ 엽체의 여러 곳에 구멍이 생기거나 떨어져나가 엽체가 수축이 되든지, 전부가 김발에서 떨어져 나간다.

　㉣ 초기에는 퇴색된 작은 반점이 나타나고 점점 커져 둥근 원형반점이 된다.

　㉤ 이 원형반점은 녹황색, 담황색으로 되면서 점차 퇴색하고 탈색된 반점부위는 김엽체에서 탈락된다.

　㉥ 초기에는 반점이 크게 자란 엽체에서 발견되나 점차 작은 엽체, 유엽, 모든 엽체에서 보인다. 또 밑부분에 많고 끝부분에 적게 생긴다.

③ 발생환경

　㉠ 수온이 12~15℃, 그 이상 수온이 상승하는 경향이 있거나 김발의 노출이 적을 때(특히 부류식 양식), 기후가 따뜻하고 바람이 없으면 잘 발생한다.

　㉡ 하천의 유입이 많은 곳 또는 비가 많이 온 후 해수의 염분이 저하되었을 때 잘 발생한다.

④ 진단 : 김 엽체의 병든 부분을 현미경으로 보면 균사가 김세포를 뚫고 종횡으로 뻗어나고, 관통당한 김 세포는 죽어서 수축하고, 색깔은 적자색에서 청록색, 백색으로 변하는 것을 관찰할 수 있다.

⑤ 대 책

　㉠ 고수온, 저비중에 의해 발병되기 쉬우나 간출시키거나 활성처리, 냉동에 의해 대처할 수 있다.

　㉡ 균사체는 건조에 약하므로 수온이 10℃ 이하로 내려갈 때까지 생장을 억제시키고 채취 가능한 김은 수확한다.

　㉢ 양식장의 시비를 억제한다(부영양화는 병원균 발육을 촉진).

10년간 자주 출제된 문제

다음 중 김 양식기간에 발생하는 갯병으로 병원균에 의한 것은?

① 흿갯병　　　　　　② 싹갯병
③ 붉은갯병　　　　　④ 암종병

［해설］

조균류에 속하는 붉은갯병균(*Pythium porphyrae*)에 의해서 발병한다.

정답 ③

① 원인균 및 특징
　ⓐ 조균류에 속하는 호상균의 일종인 오피디옵시스(*Opidiopsis*)이다.
　ⓑ 숙주세포 내에 기생하며 영양흡수를 위한 헛뿌리가 없고 균체가 유주낭으로 발육하며 유주자가 2개의 편모를 가진다.
　ⓒ 호상균은 광염성으로 노출에 대한 저항성이 강하여 6시간 노출시켜도 발생한다.
　ⓓ 호상균은 다 자란 잎보다는 어린 잎, 김 엽체, 과포자, 사상체 등에 기생한다.

② 증 상
　ⓐ 엽체의 병든 부분이 퇴색되고 흰색반점이나 구멍이 생기며 엽체는 유실된다.
　ⓑ 엽체의 끝부분부터 담녹색, 황백색으로 변하며 세포가 붕괴되어 잎 길이가 짧아지게 된다.
　ⓒ 엽체의 특정부분에 많이 기생할 때 엽체에 주름이 생기거나 부분적으로 붕괴되어 구멍이 생기고 광택이 떨어져 품질이 저하된다.

③ 발생환경
　ⓐ 김발설치 후 20~30일 경과한 10월 하순부터 11월 상순에 잎 길이가 2~10mm인 어린잎에 기생하여 발병한다.
　ⓑ 수온이 15~20℃에서 가장 잘 발생하고, 5℃ 이하에서 번식이 억제된다.
　ⓒ 주로 11~12월에 잘 발생하며, 1월 이후 저수온기에는 거의 발생하지 않는다.

④ 진단 : 기생된 김엽체를 저배율의 현미경으로 관찰하면 김 세포에서 엷은 황록색의 광택이 있는 원형의 균체를 관찰할 수 있다.

⑤ 대 책
　ⓐ 노출이나 동결에 강하나, 고온(30℃ 전후)에 약하다.
　ⓑ 감염된 김발은 철거하여 제거한다.
　ⓒ 밀식을 방지하고 조류소통이 잘되게 하는 건전한 육묘 육성이 필요하다.

10년간 자주 출제된 문제

조균류에 의해 발병하며 병세가 진행되면 끝부분부터 담록색 또는 황백색으로 변하여 녹아버리는 김의 갯병은?
① 호상균병
② 붉은갯병
③ 사상세균부착증
④ 흰갯병

[해설]
② 붉은갯병 : 붉은반점(엽체 내부에 녹청 → 담황색)
③ 사상세균부착증 : 엽체는 생장이 좋지 않고, 퇴색하여 조숙
④ 흰갯병 : 엽상체의 끝부분이 희게 탈색

정답 ①

① 원인 및 특징
  ㉠ 김 엽체에서 분리되는 마이크로코커스(*Micro-coccus*)속, 슈도모나스(*Pseudomonas*)속 및 비브리오속의 세균이 우점적으로 분리된다.
  ㉡ 녹반병은 염분이 많은 상태에서 많이 발생한다.

② 증 상
  ㉠ 김 엽체에 원형의 선녹색, 내부는 백색으로 된 구멍이 뚫리는 증상으로 가장자리부터 허물어지다가 엽체 전체가 쪼그라드는 증상을 나타낸다.
  ㉡ 극히 어린 김에는 거의 감염되지 않으며, 어린 잎과 다 자란 잎에 잘 발생한다.
  ㉢ 초기에는 엽체의 위쪽에 붉은색, 담홍색의 반원형 반점이 생기며 엽체면에 돌출되어 붕괴되면 녹색의 반점으로 된다.
  ㉣ 진행되면 작은 반점은 녹색의 원반으로 되고 중앙부는 퇴색되어 흰색으로 된다.

③ 진행환경
  ㉠ 11~12월경에 저비중, 수온이 높을 때 부영양화된 어장에서 잘 발생한다.
  ㉡ 비가 온 후 또는 엽체를 채취하고 난 후에 잘 발생한다.

④ 진단 : 엽체에 생기는 붉은색의 작은 반점과 반원상으로 돌출된 수포모양으로 진단이 가능하다.

⑤ 대 책
  ㉠ 유기물 오염이 적은 양식지에 시설한다.
  ㉡ 엽체 표면의 세균 번식을 억제하기 위해 노출시간(직사광선)을 길게 한다.

세균에 의해 발생되는 갯병은?

① 흰갯병
② 녹반병
③ 싹갯병
④ 암종병

정답 ②

핵심이론 05 구멍갯병

① 원 인
- ㉠ 저염분 상태에서 모래나 토사 등에 의한 자극이 엽체 표면에 상처를 일으키고 여기에 균이 감염되어 발생한다.
- ㉡ 저염분의 영양하에서 기계적인 자극이 원인이 되어 발생한다.

② 증 상
- ㉠ 김의 성장기인 11~12월에 엽체의 윗부분에 구멍이 뚫려 세포막만 남게 되는 증상이다.
- ㉡ 구멍의 가장자리는 청록색을 띠고, 중앙부는 붕괴되어 구멍으로 된다.

③ 발생환경
- ㉠ 담수영향을 받기 쉬운 하구 가까이의 양식장에서 잘 발생한다.
- ㉡ 강수량이 많아 토사가 흘러들어온 후 많이 발생한다.

④ 진단 : 녹반병과 증상이 유사하나 구멍갯병은 염분이 적은 상태에서 발생하고, 녹반병은 염분이 많은 상태에서 발생한다.

⑤ 대 책
- ㉠ 김발을 비중이 높은 장소로 이동시킨다.
- ㉡ 충분한 노출과 냉동처리에 의해 회복되는 경우도 있다.

10년간 자주 출제된 문제

김 갯병 중 저염분의 영양하에서 기계적인 자극으로 생기는 것은?

① 구멍갯병
② 흰갯병
③ 붉은갯병
④ 싹갯병

「해설」

구멍갯병은 저염분 상태에서 모래나 토사 등에 의한 자극이 엽체 표면에 상처를 일으키고 여기에 균이 감염되어 발생한다.

정답 ①

핵심이론 06 사상세균부착증, 규조부착증

① 사상세균부착증
- ㉠ 원인균 : 사상세균의 일종
- ㉡ 증 상
  - 엽체에 균사의 부착으로 생장이 저하되고, 퇴색한다.
  - 심하면 엽체 전체가 쪼그라들고 가장자리부터 허물어진다.
  - 환경 : 풍량이 적은 내만 안쪽이나 하구어장
  - 노출시간을 늘리면 예방할 수 있다.

② 규조부착증
- ㉠ 규조류의 대량부착 등 경합생물의 부착과 활성저하에 의해 발생한다.
- ㉡ 노출시간을 늘려 예방한다.

10년간 자주 출제된 문제

김의 병해에서 점액성인 *Leucothrix mucor*에 의하여 발병하는 것은?

① 호상균
② 녹반병
③ 붉은갯병
④ 사상세균부착증

「해설」

부착성 사상세균(*Leucothrix mucor*) 해조류에서 처음으로 분리된 착생세균으로 주로 미역과 김 엽체에 부착하여 녹반병의 원인이 되는 종이다.

정답 ④

핵심이론 07 흰갯병

① 원 인
  ㉠ 노출부족, 광선부족 등에 의한 생리적 장애로 발생한다.
  ㉡ 조류소통, 수온 등도 발병에 영향을 끼친다.
  ㉢ 재래식 김발(나뭇가지, 대나무 등)을 사용한 양식에서 많이 발생한다.

② 증 상
  ㉠ 엽체 전면이 붉게 되고 차츰 흰색으로 되어 유실된다.
  ㉡ 병든 김은 뿌리가 약하고, 엽체에는 탄력성이 없다.
  ㉢ 파래, 갈파래 등 김 이외의 해조류에는 발병되지 않으며, 전염성도 없다.

③ 발생환경
  ㉠ 11월 중순~12월 하순까지 낮 동안 노출수위가 높을 때 김발의 아래층에 길게 자란 엽체의 끝 부분에 잘 발생한다.
  ㉡ 안쪽에 있는 김발과 육지 쪽에 있는 김발에 잘 발생한다.

④ 진단 : 병든 부분을 현미경으로 관찰하면 죽은 부분의 세포만 발견된다.

⑤ 대 책
  ㉠ 낮 동안 간조 때 김 엽체가 2~3시간 정도 노출되게 관리한다.
  ㉡ 조류가 원활하도록 김발을 설치한다.

의사흰갯병
엽체의 선단으로부터 작은 붉은색 반점이 생기고 그 후 전체적으로 흰색으로 되어 유실되는 증상으로 고노출로 관리하면 예방할 수 있다.

의사흰갯병	흰갯병
• 발의 높이와는 관계가 없다.	• 낮은 발에서 발생한다.
• 성엽, 유엽, 유아 어느 것이나 병이 들고 회복이 늦어 어기말까지 계속 전염성이 있다.	• 웃자란 엽체에서 많이 발생하며 곧 회복, 전염성은 없다.
• 밀식 시 많이 발생한다.	• 밀식이 발생의 원인은 아니나 병 발생 후 밀식하면 심해진다.

7-1. 노출이 불충분하고 광선이 부족할 때 생기는 갯병은?
① 흰갯병　　　　　② 싹갯병
③ 쪼그랑병　　　　④ 암종병

7-2. 김의 흰갯병과 의사흰갯병을 뚜렷이 구별할 수 있는 특징은?
① 엽체의 색　　　　② 전염성
③ 엽체의 크기　　　④ 발병부위

[해설]

7-1
흰갯병은 재래식 김발을 사용한 양성에서 많이 발생한 병으로 김발의 아래쪽에 길게 잘 자란 김의 엽체에 심하게 발병되며, 병변부의 김 세포 내에 기생충이 관찰되지 않고 죽은 세포로 된 반점이 만들어지고 노출부족, 광선부족 등에 의한 생리적 장애로 생기는 질병이다.

7-2
의사흰갯병과 흰갯병의 차이는 발 높이, 성엽 및 유아기, 전염성, 밀식의 차이에서 차이가 있다.

정답 7-1 ①　7-2 ②

① 개념 및 원인

ㄱ 개념 : 김의 어린 잎 시기에 성장이 정지되고 엽체가 탈락 소실되어 채묘를 다시 해야 하는 질병으로 어린잎 시기의 질병을 통틀어 싹갯병이라 한다.

ㄴ 원인 : 김의 활성을 저하시키는 요인 즉, 투명도가 높은 해수, 규조류가 많이 포함된 해수, 저비중 또는 고비중의 해수 등이 일정기간 계속되어 생리적 장애를 일으킨다.

② 증 상

ㄱ 초기에 병든 부위가 약간 붉은 반점으로 보이고, 점차 흰색으로 변한다.

ㄴ 어린 잎의 끝 부분과 뿌리부분에 발생되어 엽체가 탈락되고 유실된다.

ㄷ 형태적으로 정상에 가까우나 부분적으로 배열에 이상이 있어서 그 때문에 엽체에 잔주름이 생긴다.

③ 발생환경

ㄱ 9월 하순~10월 상순에 규조류가 많은 해수가 정체하기 쉬운 오목한 곳에 잘 생긴다.

ㄴ 외양수의 영향이 강한 고염분의 지역이나 외양으로부터 비정상적으로 투명도가 높은 해수가 유입되어 높은 수위가 유지되는 지역에 잘 생긴다.

※ 김싹이 3~5cm 정도 자란 씨발을 5장씩 포개서 관리하는 중에 싹갯병의 증상이 보이면(단, 이때의 수온 변화는 순조롭게 하강하고 있다) 즉시 뜬흘림발이나 지주식으로 전개한다.

④ 대 책

ㄱ 외양수 영향을 받는 곳, 규조류가 잘 발생하는 해역을 피하여 김발을 설치한다.

ㄴ 냉동발은 싹갯병을 검사하여(저장실에 넣기 전에) 감염되지 않은 김발을 넣는다.

8-1. 김양식장에서 발생하는 갯병 중 생리적 장해로 인한 갯병은?

① 싹갯병   ② 붉은갯병

③ 호상균병   ④ 사상세균부착증

8-2. 김싹이 3~5cm 정도 자란 씨발을 5장씩 포개서 관리하는 중에 싹갯병의 증상이 보이면 어떻게 해야 하는가?(단, 이때의 수온 변화는 순조롭게 하강하고 있다)

① 빨리 뜬흘림발이나 지주식으로 전개한다.

② 고노출선으로 옮겨서 단련시킨다.

③ 시비를 하여 김을 건강하게 한다.

④ 단기냉동실로 옮겨서 싹갯병을 피해야 한다.

|해설|

8-1

김의 갯병 종류

• 기생성 갯병 : 붉은갯병, 호상균, 사상세균부착증, 녹반병, 구멍갯병

• 생리적 갯병(비기생성) : 흰갯병, 의사흰갯병, 싹갯병, 암종병, 쪼그랑병

8-2

유아가 너무 많이 착생할 경우 싹갯병이 발생할 우려가 있다.

정답 8-1 ①   8-2 ①

① 엽체가 요철을 가짐으로서 주름이 생기는 것으로 주요 원인은 수질오염으로 알려져 있다.
② 세포의 모양은 정상에 가까우나 배열에 이상이 있어서 엽체에 잔주름이 많이 생기는 병이다.
③ 1~5mm 되는 유아에서도 많이 볼 수 있으며 발생구역이 넓고 원인도 명백하지 않다.
④ 병반부 엽체 체취, 유기산을 처리한다.

10년간 자주 출제된 문제

김의 병해에서 형태적으로 정상에 가까우나 부분적으로 배열에 이상이 있어서 그 때문에 엽체에 잔주름이 생기는 갯병은?
① 싹갯병
② 암종병
③ 쪼그랑병
④ 붉은갯병

정답 ③

[김의 갯병 정리]

갯병명	기생성			
	붉은갯병	호상균병	녹반병	규조류 부착증
증 상	붉은반점(엽체 내부에 녹청 → 담황색)	잎끝에서 붉게 되었다가 담녹 → 황백색	엷은 녹색반점, 중앙부 백색으로 변함	규조착생, 부류식 양식에서 많이 발생
발생 원인	노출부족, 붉은갯병균 (Pythium)의 기생	호상균의 기생	세균, 고수온기의 강우 시 발생	규 조
대 책	해황변화에 따른 적정한 노출선 유지	초기 : 냉동망	고노출, 유기산 처리	노출, 냉장, 유기산 처리

갯병명	비기생성		
	흰갯병	싹갯병	쪼그랑병
증 상	잎끝부터 붉은색 → 백화 → 유실	싹의 끝이 꼬부라지고 흰색으로 변함	엽체에 잔주름이 생기는 병
발생 원인	노출부족, 해수교환 불량	일조과다, 무풍, 난기계속, 적조, 고온	혹한기에 발생하며 원인 불명
대 책	고노출, 조기채취, 어장이동, 유기산 처리	밀식예방(좋은 환경에 옮김)	병반부 엽체 채취, 유기산 처리

2. 김의 사상체 병해

① 시기 : 4~6(8)월에 발생하며, 전염성이 없다.
② 원인 : 광선과 온도의 불균형에서 오는 영양염 부족과 생리장애이다.
③ 증상 : 조가비가 전면적으로 황녹색을 띠다가 차츰 백색으로 변하여 결국 사멸한다.
④ 치료 : 영양제 첨가, 조도처리(광선을 2,000lx 이하로 조금 어둡게)를 한다.

10년간 자주 출제된 문제

김 사상체에 병해 징조가 나타났을 때 영양제 첨가로써 쉽게 치유되는 병은?
① 적변병
② 닭 살
③ 녹변병
④ 황반병

해설

녹변병의 치료는 영양제 첨가 또는 조도처리(광선을 조금 어둡게)를 한다.

정답 ③

핵심이론 02 닭살(상어살)병

① 시기 : 6~9월에 발생하며, 전염성이 없다.
② 원인 : 탄산칼슘이 조가비 표면에 침착(각포자가 방출 지점), 고비중, 조도과다 등
③ 증상 : 패각이 상어 껍질처럼 까실까실하고 광택이 없어진다.
④ 치료 : 비중 1.020 이하로 낮추고 물갈이, 세척을 한다.
⑤ 예방 : 물갈이를 자주함과 동시에, 담수보충, 청소, 광선 조절(약간 어둡게)을 해 준다.

10년간 자주 출제된 문제

김 사상체의 닭살병의 주된 원인은?
① 해수 중의 영양염 부족
② 탄산칼슘의 침착
③ 호염성 세균감염
④ 규조류의 부착

[해설]

탄산칼슘이 김 사상체 배양의 조가비 표면에 침착하여 나타난다.

정답 ②

핵심이론 03 적변병

① 시기 : 4~6월에 발생하며, 부분적인 전염성이 있다.
② 원인 : 어둡고 통풍이 나쁜 배양장에서 발생한다. 고수온, 조도 급변 시 발생한다.
③ 증 상
　㉠ 병반부가 적갈색 반점이 생기고 오렌지색으로 변하며 녹화(綠花)된다.
　㉡ 조가비 전면 또는 부분적으로 부정형으로 나타난다.
　㉢ 미끈미끈하고 썩는 냄새가 난다.
④ 치료 및 대책
　㉠ 해수에 넣은 채로 일광처리(직사광선을 20~30분간 쬔다)한다.
　㉡ 물을 새로 갈고 조도를 3,000lx 정도로 밝게 해 주고, 통풍이 좋도록 배양장을 유지한다.
　㉢ 담수에 1~2일 담근다.
　㉣ 물갈이 후, 차아염소산나트륨 1~5ppm으로 살균하고 영양제를 첨가한다.
　㉤ 수하식의 경우 수하면의 수조 밑바닥에 닿지 않게 한다.

10년간 자주 출제된 문제

김 사상체가 병으로 죽을 때 처음에 나타나는 색은?
① 붉은색　　　　　② 녹 색
③ 황 색　　　　　④ 백 색

[해설]

적변병은 4~6월에 어둡고 통풍이 나쁜 배양장에 잘 발생하고 병반부가 미끈미끈하고 특유의 썩는 냄새가 나며, 병반부에 적갈색 반점이 생긴다.

정답 ①

① 녹반병
  ㉠ 시기 : 저비중, 고수온하에서 주로 발생한다.
  ㉡ 증상 : 녹색의 반점
  ㉢ 치료 : 물갈이, 일광처리(직사광선 15~20분)
② 백반병(구갑병)
  ㉠ 발병 : 7~8월에 사상균에 의하여 발병한다. 수질 상태 불량 시 발병한다.
  ㉡ 증상 : 전체가 다소 연하게, 검게 보이는 사상체가 많다. 거북이등 모양으로 하얀줄이 그어진다.
  ㉢ 치료 : 물갈이 또는 햇빛을 쪼여 일광욕을 시켜준다(직사광선).

① 시기 : 6~8월에 패각(貝殼)으로서 사상체를 배양할 때 호염성 세균에 의해 생긴다.
② 원인
  ㉠ 1차 : 호염성 세균에 의하여 발병하며 전염성이 강하다.
  ㉡ 2차 : 고수온, 고염분, 통풍불량, 조가비의 불순물의 부패로 인한 수질 변화 등으로 발병한다.
③ 증상
  ㉠ 초기에는 작은 황색의 반점이 생기고 점차 확대되면 녹색으로 변한 후 백색으로 변한다.
  ㉡ 병반부와 건전부 사이는 적갈색이다.
④ 치료 및 대책
  ㉠ 담수처리(5~7일)를 한다.
  ㉡ 일광처리(직사광선이 비쳐 지나치게 밝지 않게), 수온이 너무 높지 않게 하고, 비중은 20 이하로 유지하며, 미리 마이신 1/10,000~1/200,000을 준다.

[김 사상체 병해의 종류와 대책]

구 분 종 류	발생시기 및 병의 진행	원 인	결 과	치료 및 예방
녹변병	• 4~6(8)월 • 생리적 장애 • 전염성 없음	• 광선온도의 불균형 • 영양분 부족	황녹색 → 백색으로 변함	• 영양제 첨가 • 조도 낮게 조절
닭살	전염성 없음	• 과포자 농밀 • 탄산칼슘이 조가비 표면에 침착(沈着)	까실까실하고 광택이 없어짐	• 세척, 물갈이(비중 1.018~1.020) • 조도조절, 시비
적변병	• 4~6월 • 부분적인 전염성이 있음	• 어둡고 통풍이 되지 않는 곳 • 환수 세척 시 환경극변	• 적갈색 → 오렌지색 → 녹화(綠花) • 부분적 부정형 • 미끈미끈하고, 썩는 냄새가 남	• 일광처리(20~30분) • 물갈이(차아염소산나트륨 5ppm) • 통풍 및 조도조절
녹반병	• 6~8월 • 병의 진행이 느림	• 잘자란 사상체 • 농 밀	녹색의 반점	• 물갈이 • 일광처리(15~20분)
백반병 (백변병)	7~8월	• 조도불량 • 사상균에 의함	거북등 모양의 불규칙 흰무늬	• 물갈이 • 직사광선
황반병	• 6~8월 • 호염성 세균 • 전염성 강함	• 고수온, 고염분 • 수질 변화 • 통풍 불량	• 작은 황색 반점 • 황색 – 녹색 – 백색 – 투명	• 일광처리 • 담수처리(5~7일) • 마이신(1/10,000~1/200,000) 및 차아염소산나트륨 처리(10ppm)

※ 김 사상체 병해인 녹반병과 황반병의 가장 큰 차이는 전염성의 유무이다.

10년간 자주 출제된 문제

패각(貝殼)으로서 사상체를 배양할 때 호염성 세균에 의해 생기는 병으로 전염성이 강하고 가장 무서운 것은?

① 적변병(赤變病)
② 녹변병(綠變病)
③ 녹반병(綠斑病)
④ 황반병(黃斑病)

《해설》

황반병 원인
• 1차 : 호염성 세균에 의하여 발병하며 전염성이 강하다.
• 2차 : 고수온, 고염분, 통풍불량, 조가비의 불순물의 부패로 인한 수질 변화 등으로 발병한다.

정답 ④

3. 김의 해적생물

핵심이론 01 파 래

① 부착시기
  ㉠ 수온이 22.5℃ 이상일 때 건홍을 하였거나, 건홍수위가 낮았을 때 많이 부착된다.
  ㉡ 조류소통이 나쁜 곳에 발이 밀식되었을 때 많이 부착된다.
② 구제방법
  ㉠ 태양광 조사 및 건조
    • 채묘 초기에 발을 5~6시간 이상 고노출선에 몇 일간 매어 둔다.
    • 파래가 1~2cm 정도 자랐을 때는 바람이 있고 습기가 적은 날 발을 육상으로 건져 올려 24~48시간 건조시킨다.
    • 건조처리 후에는 노출하지 않은 상태로 1~2일 두었다가 본래의 발 높이에 매단다.
  ㉡ 약품처리에 의한 구제
    • 구연산 등의 유기산을 사용하여(1% 이내의 용액에 20~25분간 침지) 구제한다.
    • 약품처리 시 김에 미치는 피해 등을 고려하여 사용에 신중을 기한다.

10년간 자주 출제된 문제

김 양식어장의 파래 구제법은?

① 채묘 초기에 발을 1시간 정도의 고노출선에 몇 일간 매어 두면 파래는 죽는다.
② 파래가 5~6cm 정도 자랐을 때는 발을 육상으로 올려서 3~4시간 건조시킨다.
③ 바람이 있고, 습기가 적은 날 건조처리를 실시한다.
④ 건조처리 후에는 노출 상태로 1~2일 두었다가 본래의 발 높이에 매단다.

정답 ③

① 부착시기 : 11월 하순에서 12월 하순경 수온이 18℃ 이하로 내려가면 부착되기 시작한다.

② 구제방법

   ㉠ 부착수위는 5~6시간 노출선이므로 3시간 노출선까지 발의 수위를 내려 며칠 간 고정시켜 두면 좋다.

   ㉡ 일기가 따뜻해지면 김이 약해지기 쉽고, 갯병이 발생할 수 있으므로 발을 빨리 높여 주어야 한다.

10년간 자주 출제된 문제

김 양식기간 중 매생이는 수온 몇 ℃일 때 가장 많이 발생하여 발에 부착하는가?

① 23℃ 전후
② 21℃ 전후
③ 18℃ 전후
④ 15℃ 전후

【해설】

11월 하순에서 12월 하순경 수온이 18℃ 이하로 내려가면 부착되기 시작한다.

정답 ③

① 부착시기

   ㉠ 따개비의 번식기는 5~10월 사이에 몇 번의 주기가 있고, 유생은 외해에서 밀려오며, 저비중인 곳에 서식한다.

   ㉡ 김발을 너무 빨리 설치했을 때 잘 부착되고, 특히 수온이 23~25℃일 때 산란이 왕성하다.

② 구제방법

   ㉠ 22℃ 이하가 되면 산란이 중지되므로 수온이 22℃ 이하로 내려갔을 때 건홍하여 예방한다.

   ㉡ 이미 부착된 발은 손으로 제거해 주도록 한다.

10년간 자주 출제된 문제

김 양식어장에서 뚜렷한 피해를 주지 않는 생물은?

① 매생이
② 규조류
③ 단각류
④ 따개비

【해설】

김의 대표적인 해적생물로는 따개비, 규조류, 파래류, 매생이 등이 있다.

정답 ③

① 부착시기 : 조류가 나쁘고, 비중이 낮은 해역에서 많이 발생한다.
② 구제방법
　　㉠ 양식장을 잘 정리하여 조류소통을 좋게 하고, 밀식을 방지한다.
　　㉡ 9~10월 강우량이 많은 해에는 김발을 높게 설치한다.
　　㉢ 죽홍(덮발)에 의해 채묘할 때는 발의 수를 적게 한다.
　　㉣ 채묘기에 규조류가 많이 붙으면 발을 30cm 정도 높여 준다.
　　㉤ 냉장을 하면 제거된다.

10년간 자주 출제된 문제

김 양식 시 규조류에 의한 피해 예방 및 제거를 위한 조치법으로 틀린 것은?
① 양식장의 정리를 잘해서 조류소통을 좋게 하고, 밀식을 방지한다.
② 덮발에 의하여 채묘할 때에는 발의 수를 많게 한다.
③ 채묘기에 규조류가 많이 붙으면 발을 30cm 정도 높여 주거나, 펌프로 세척한다.
④ 규조류가 많이 붙은 김을 제품으로 할 때는 0.2% 탄산나트륨 용액에 10~30분간 담가 두었다가 물로 씻어 내면 효과적이다.

|해설|

죽홍에 의해 채묘할 때는 발의 수를 적게 한다.

정답 ②

4. 미역의 병충해

핵심이론 01 　바늘구멍병(점박이)

① 원인 및 증상
　　㉠ 원인생물은 저서성 요각류인 하르팍티코이다(Harpacticoida)로 알려져 있다.
　　㉡ 미역엽체에 직경 0.5~1.5mm 정도의 바늘구멍이 산재하는 병증이 나타난다.
　　㉢ 구멍이 생기는 부분은 엽체의 중앙이지만, 심한 경우에는 중륵(中肋)과 줄기에도 생긴다.
　　㉣ 엽체에 생긴 구멍은 거의 같은 간격으로 한 줄 또는 집단을 이루며, 불규칙하게 흩어져서 생기는 경우는 드물다.
② 발생환경
　　㉠ 발생 초기에는 양식 성기가 지난 2~3월 이후부터 양식 말기에 주로 발생한다.
　　㉡ 최근에는 12월부터 발생하기 시작하여 3~4월경까지 전 양식기간에 걸쳐 발생하고 있다.
　　㉢ 와류현상이 있는 곳, 조류의 소통이 나빠서 해수 교환이 원활하지 못한 어장의 중심부 또는 담수의 영향을 전혀 받지 않는 외양에 위치한 어장일수록 잘 발생한다.
③ 구제방법
　　㉠ 12월경에 병증이 나타나면 즉시 잎자르기를 하거나 솎음 등을 실시하여 조류의 소통을 원활하게 만들어 주어 병해생물의 번식을 억제한다.
　　㉡ 비교적 밝은 곳인 수심 1~2m에서 많이 발생하므로 친승의 수심을 3m 이심으로 한다.
　　㉢ 비중이 낮은 곳에 약하기 때문에 1,010에서 3~4분 또는 완전담수에서는 5~8초 만에 죽으므로 담수처리를 하는 것이 가장 이상적이다.

미역 바늘구멍의 원인생물은?

① 조균류
② 등각류
③ 요각류
④ 히드라충

[해설]

바늘구멍병의 원인생물은 저서성 요각류인 하르팍티코이다(Har-pacticoida)로 알려져 있다.

정답 ③

핵심이론 02 녹반병

① 원인 및 증상
  ㉠ 엽체의 죽은 표층세포를 통해 비브리오(*Vibrio*)속, 슈도모나스(*Pseudomonas*)속, 모락셀라(*Moraxella*)속 등에 속하는 세균이 증식함으로써 발생한다.
  ㉡ 감염 초기에는 엽체의 아랫부분에 녹색의 반점이 나타나지만, 크기가 점점 커지면서 반점 부분이 붕괴되어 테두리가 녹색을 띤 구멍이 만들어진다.

② 발생환경
  ㉠ 양식시설물의 간격이 너무 좁아 해수 교환이 나쁜 양식장에서 잘 발생한다.
  ㉡ 양식장에 생활하수나 산업폐수 등이 유입되면 세균의 번식이 잘되어 발병한다.

③ **구제방법** : 육지에서 오염원이 흘러들어 오는 곳을 피해 조류의 소통이 잘되도록 양식시설을 정리한다.

① 원인 및 증상

　㉠ 채취가 거의 끝날 무렵인 3월 이후에 줄기 또는 중륵에 생기는 질병으로, 단각류의 일종인 세이니나 자포니카가 원인생물이다.

　㉡ 기생된 부위는 볼록 솟아 있으며, 많이 기생하였을 경우 엽체가 밑부분에서 떨어져 나가거나 중륵에서 엽체가 좌우로 갈라지기도 한다.

② **구제방법** : 엽체의 채취가 끝나 갈 무렵일수록 피해가 심하기 때문에 적기에 엽체를 채취하여 피해를 줄이도록 한다.

10년간 자주 출제된 문제

미역속구멍병의 원인생물은?

① 조균류
② 규조류
③ 단각류
④ 히드라충

[해설]

단각류의 일종인 세이니나 자포니카가 원인생물이다.

정답 ③

---

① **종류** : 다시마류에 착생 또는 기생하는 해적생물의 종류는 대단히 많지만, 가장 많이 발생하는 종은 강장동물의 일종인 히드라충이다.

② **발병시기** : 일반적으로 5월 이전 수온이 14~15℃ 이하일 때는 해적생물이 없으나, 점차 수온이 상승하게 되는 6월 이후에 피해가 생긴다.

③ 구제방법

　㉠ 착생한 것이 실질적으로 피해를 주기 전에 10일 간격으로 2회 정도 약품처리를 실시한다.

　㉡ 농약의 일종인 DDVP 유제를 해수로 2,000배 희석한 용액에 다시마 엽채를 5분간 담근다.

10년간 자주 출제된 문제

다시마 양식의 해적생물은?

① 히드라
② 매생이
③ 규조류
④ 파 래

[해설]

다시마류에 착생 또는 기생하는 해적생물의 종류는 대단히 많지만, 가장 많이 발생하는 종은 강장동물의 일종인 히드라충이다.

정답 ①

제1절　수 계

1. 수계의 구분

핵심이론 01 부영계

① 깊이에 따른 분류(수직구분)

　㉠ 표층대

　　• 수심 200m까지의 수층으로, 상부의 진광대를 포함한 유광층이 해당된다.

　　• 기초생산의 대부분이 일어나고, 생물이 가장 많이 서식한다.

　　• 수온이 높고, 계절과 지역에 따라 환경변화가 크다.

　㉡ 중층대

　　• 수심 200~1,000m 사이의 수층으로, 박광대가 포함된다.

　　• 기초생산이 매우 적어 생물은 주로 표층에서 내려오는 유기물에 의존한다.

　　• 수심에 따른 온도 변화가 크다.

　㉢ 저층대 : 수심 1,000~4,000m 사이의 수층으로, 광선이 거의 투과되지 않는 층이다.

　㉣ 심층대

　　• 수심 4,000m 이상의 수층으로, 무광층이다.

　　• 수온이 매우 낮고, 염분은 거의 일정하다.

② 광선의 세기에 따른 분류(수직구분)

　㉠ 유광층

　　• 광합성작용이 가능한 광선이 투과되는 수층이다.

　　• 진광층 : 광합성량(생산량) > 호흡량(소비량)

　　• 박광층 : 광합성량(생산량) < 호흡량(소비량)

　㉡ 무광층 : 광선이 거의 투과되지 않아 광합성이 불가능한 수층이다.

　㉢ 보상점과 보상심도

　　• 보상점 : 광합성량(생산량) = 호흡량(소비량)

　　• 보상심도 : 보상점의 깊이를 말한다.

③ 수평구분

　㉠ 연안역

　　• 해안선으로부터 바깥쪽으로 수심 200m가 되는 곳까지의 해역으로, 대륙붕 위의 구역에 해당된다.

　　• 수온과 염분의 변화가 크고, 대부분이 유광층이다.

　　• 광염·광온성 생물이 서식한다.

　　• 영양염류가 풍부하여 좋은 어장이 형성된다.

　㉡ 외양역

　　• 연안역의 바깥쪽 해역으로, 염분 및 투명도가 높고 일정하다.

　　• 표층에는 협염·협온성 생물이 많이 분포한다.

　　• 일반적으로 영양염이 적어서 기초 생산력이 낮다.

④ 염분 농도(psu, ‰)에 따른 구분

　㉠ 해수 : 25~40psu

　㉡ 기수 : 0.5~25psu

　㉢ 담수 : 0.5psu 이하

10년간 자주 출제된 문제

1-1. 다음 중 광합성 작용은 일어나고 있으나 생산량이 소비보다 적은 수층은?

① 유광층　　　　　② 무광층

③ 박광층　　　　　④ 보상층

1-2. 기수역의 염분 범위는?

① 0.5psu 이하　　　② 25~0.5psu

③ 40~25psu　　　　④ 40psu 이상

정답 1-1 ③　1-2 ②

① **조상대(비말대)** : 물보라에 의해 부정기적으로 적셔지는 부분으로, 소수의 생물이 서식한다(보라털, 갯강구 등).

② **조간대**
  ㉠ 밀물과 썰물에 따라 주기적으로 물에 잠겼다가 노출되는 부분이다.
  ㉡ 환경조건의 변화가 심하다.
  ㉢ 기초생산력이 높다.
  ㉣ 생물상이 다양하다.
  ㉤ 조수웅덩이(Tide Pool)

③ **천해대(조하대, 대륙붕)**
  ㉠ 항상 물속에 잠겨 있는 부분으로, 수심 200m까지의 해저면이다.
  ㉡ 상부천해계
    • 수심 50m까지로, 기초생산력이 높다.
    • 많은 종의 저서동물의 생활장소이다.
    • 유영동물의 산란장, 치어의 생육장소이다.
  ㉢ 하부천해계 : 수심 50~200m까지로, 보상심도가 나타난다.

④ **심해대**
  ㉠ 수심 200m보다 깊은 모든 생태역이다.
  ㉡ 점심해대(200~3,000m)
  ㉢ 심해대(3,000~6,000m)
  ㉣ 초심해대(6,000m 이상)

2. 수계의 환경

① **빛**
  ㉠ 적색 계열(장파장)일수록 빠르고, 청색 계열(단파장)일수록 느리고 깊숙이 투과한다.
  ㉡ 해조류의 수직분포에 큰 영향을 준다.
  ㉢ 일반적으로 적색 광선이 풍부한 곳은 녹조식물, 청색 광선이 풍부한 곳은 홍조식물이 유리하다.

② **온도**
  ㉠ 수산생물의 번식, 성장, 분포에 큰 영향을 주고, 해양생물의 대사와 성장속도를 조절한다.
  ㉡ 해조류의 수평분포에 큰 영향을 준다.
  ㉢ 일반적으로 적온 범위 내에서는 수온이 높으면 성장이 빠르고, 낮으면 느리다.

③ **염분(수산생물의 삼투압 조절)**
  ㉠ 담수어류
    • 담수보다 삼투압이 높아 수분이 체내로 들어오려는 경향이 있다.
    • 콩팥이 발달하여 묽은 오줌을 많이 배출한다.
    • 아가미에서 염분을 흡수한다.
  ㉡ 해산어류
    • 해수보다 삼투압이 낮아 수분이 체외로 빠져나가려는 경향이 있다.
    • 해수를 소량 먹으며, 아가미의 염세포를 통해 염분을 배출한다.
    • 소량의 짙은 오줌을 배출한다.
  ㉢ 연골어류 : 체액에 다량의 요소가 함유되어 있어 체액의 삼투압이 해수보다 높아 담수어와 같은 삼투압 조절을 한다.

④ **영양염류**
  ㉠ 담수에서는 질소, 인, 칼륨이 제한 성분이다.
  ㉡ 해수에서는 질소, 인, 규소가 제한 성분이다.
  ㉢ 연안역, 찬 해역일수록 풍부하다.

⑤ 용존산소

　　㉠ 온도, 염분이 낮을수록 용존산소량이 증가한다.

　　㉡ 수온이 10℃ 상승하면 어류의 산소소비량은 2~3
　　　배 증가한다.

⑥ 수소이온농도(pH)

　　㉠ 해수는 pH 8.0~8.3으로 약알칼리성이다.

　　㉡ 광합성이 활발하면 pH는 증가한다.

⑦ 간출 : 간조 시 조간대가 대기 중에 일정 시간 노출되는
　　현상으로 조간대 상부의 돌김, 파래류 등 그 영향을
　　받는다.

⑧ 해수유동 : 바닷물이 일정한 속도와 방향으로 움직이
　　는 현상을 말한다.

⑨ 저질 : 저서동물은 서식하는 저질에 따라 주로 바위와
　　같은 암반에 사는 종류와 모래나 갯벌 같은 곳에 서식
　　하는 종류로 나뉜다.

10년간 자주 출제된 문제

**1-1. 녹조류가 얕은 곳에 많고, 홍조류가 깊은 곳에 많이 생육
하는 이유는?**

① 녹조류는 강광을 선호하고, 홍조류는 약광을 선호하므로
② 녹조류는 고온에서 성장을 잘하고, 홍조류는 저온에서 성장
　을 잘하므로
③ 녹조류는 녹색광을 광합성에 이용하기 어려우나, 홍조류는
　녹색광을 광합성에 이용할 수 있으므로
④ 홍조류는 단일조건을 선호하고, 녹조류는 장일조건을 선호
　하므로

1-2. 다음 중 해조류의 수평분포를 결정하는 주요 환경요소는?

① 광 선　　　　　　　② 염 분
③ 수 온　　　　　　　④ 수 심

[해설]

1-1
일반적으로 녹조류는 장파장을, 갈조류나 홍조류는 단파장을 흡
수하여 광합성을 한다.

1-2
해조류의 수평분포를 결정하는 주요 요인은 수온이다. 특히, 수온
이 최저인 시기의 평균수온의 등온선과 관계가 있다.

정답 1-1 ③　1-2 ③

핵심이론 02 생물적 환경

① 기초생산력(1차생산력) : 해양에서 단위시간 내에 생산
　되는 유기물의 총량

② 먹이생물

　㉠ 먹이생물로 중요한 동물플랑크톤

　　• 윤형동물문 브라키오누스

　　• 절지동물문 갑각류 중 새각류 : 알테미아, 물
　　　벼룩

　　• 요각류의 모든 종, 연갑류의 곤쟁이류, 부유성
　　　단각류 및 난바다곤쟁이류(유파우시아류)

　　• 모악동물문 화살벌레류 : 수괴지표생물로 모두
　　　해산

　　• 원생동물문 미색류 : 살파류, 바다술통류, 유
　　　형류

　㉡ 식물플랑크톤은 모두가 먹이생물이지만, 규조
　　류와 황갈편조류가 특히 중요하다.

　㉢ 동물플랑크톤 중 가장 많은 수를 차지하는 것은
　　요각류이다.

③ 해적생물

　㉠ 유용 수산생물을 잡아먹는 생물

　㉡ 먹이와 생활장소를 둘러싸고 수산생물과 경쟁관
　　계에 있는 생물

　㉢ 수산생물에 기생하여 번식과 성장을 저해하는
　　생물

　㉣ 어선 및 양식시설물을 오손함으로써 생산 감소를
　　초래하는 생물

④ 적조생물

　㉠ 황갈편조식물문 규조류 : 스켈레토네마, 케토세
　　로스

　㉡ 황적편조식물문 와편모조류 : 김노디니움, 페리디
　　니움, 세라튬, 코클로디니움, 프로로센트룸, 야광
　　충, 고니아울락스, 알렉산드륨

　㉢ 라피도조류 : 차토넬라, 헤테로시그마

ⓔ 유글레나문 : 유글레나, 유트레프티엘라

ⓜ 남조식물문 : 트리코데스뮴, 아나베나

※ 마비성 패류독을 일으키는 적조생물 : *Alexandrium spp.*, *Pyrodinium spp.*, *Gymnodinium catenatum*

10년간 자주 출제된 문제

2-1. 다음 중 가장 유독한 적조생물은?

① *Peridinium* sp.
② *Chaetoceros* sp.
③ *Gymnodinium* sp.
④ *Skeletonema* sp.

2-2. 수괴의 생태학적 지표종으로 알려진 동물은?

① 환형동물
② 편형동물
③ 모악동물
④ 윤형동물

해설

2-1

마비성 패류독을 일으키는 적조생물

• *Alexandrium* spp.
• *Pyrodinium* spp.
• *Gymnodinium catenatum*

2-2

요각류와 모악동물은 한반도 주변에서 연안수괴, 외양수괴, 혼합수괴 등을 구분하는 지표종으로 이용되기도 한다.

정답 2-1 ③ 2-2 ③

3. 수계의 생태

핵심이론 01 수계생물 사회

① 생태계

ⓖ 생물 상호 간에 끊임없이 물질이 순환되면서 평형을 유지하여 안정된 계

ⓛ 소비자 : 식물이나 다른 동물을 먹이로 하는 종속영양생물 예 동물

ⓒ 생산자 : 광합성을 하여 유기물을 생산하는 독립영양생물 예 식물성 플랑크톤, 녹색식물

ⓔ 분해자 : 사체와 배설물을 무기물로 분해하여 무기환경으로 되돌려 보내는 작용 예 세균, 곰팡이, 버섯, 박테리아

② 생물군집

ⓖ 생태계 내의 다양한 개체군이 모여 이룬 생물사회

ⓛ 공간적 요소 : 따로살기, 텃새 등

ⓒ 비공간적 요소 : 성, 나이, 종속관계 등

③ 개체군

ⓖ 동일한 시기에 일정한 장소를 차지하여 사는 동종 개체들의 모임

ⓛ 개체군의 특성 : 밀도, 출생률, 사망률, 연령분포, 성장곡선 등

10년간 자주 출제된 문제

생태계 구성요소 중에서 분해자는?

① 박테리아   ② 식물플랑크톤
③ 동물플랑크톤   ④ 미세조류

해설

• 소비자 : 식물이나 다른 동물을 먹이로 하는 종속영양생물 예 동물
• 생산자 : 광합성을 하여 유기물을 생산하는 독립영양생물 예 식물성 플랑크톤, 녹색식물
• 분해자 : 사체와 배설물을 무기물로 분해하여 무기환경으로 되돌려 보내는 작용
예 세균, 곰팡이, 버섯, 박테리아

정답 ①

① 협동관계(+, +) : 상리공생(집게–말미잘, 산호–공생 해조류)

② 상해관계(–, –)

③ 착취관계 : 포식(+, –), 기생(–, +)

④ 편리관계(+, 0) : 편리공생(조개–속살이게, 대합–대합속살이게)

⑤ 편해관계(–, 0) : 편해공생(한쪽은 불이익, 다른 한쪽은 아무런 영향 없음)

⑥ 중립관계(0, 0)

※ 이익(긍적적, +), 불이익(부정적, –), 무이해(중립적, 0)의 요소

10년간 자주 출제된 문제

생물 상호관계에서 약육강식에 해당되는 관계는?

① 협동관계
② 상해관계
③ 착취관계
④ 편해관계

정답 ③

제2절 수산생물의 생리

1. 호 흡

핵심이론 01 수산식물의 호흡

① 생물체 내에서 생물학적 산화에 의해 영양물질을 분해하여 생활에 필요한 에너지를 얻는 과정을 말한다.

② 산소를 소비하고, 이산화탄소·물·기타 무기물을 방출한다.

③ 빛을 받는 동안은 광합성과 호흡을 동시에 하고 밤에는 호흡만 하게 된다.

④ 수온이 높고, 해수 유동이나 파도가 없을 때는 호흡이 증가하여 산소 부족현상을 초래한다.

① 호흡의 기구

  ㉠ 호흡기관으로는 갯지렁이류의 촉각, 갑각류와 어류의 아가미, 표유류의 허파 등이 있다.

  ㉡ 몸이 작고 체제가 단순한 동물은 체표면을 통한 확산에 의해서 가스 교환이 가능하다.

② 호흡색소

  ㉠ 호흡기관에서 산소와 결합하여 조직과 세포에 산소를 운반하는 단백질

  ㉡ 헤모글로빈

   • 철 함유

   • 포유류, 어류, 해삼, 연갑류, 갑각류, 피조개

   • 어류에서는 혈구에, 그 밖의 동물에서는 혈장 속에 녹아 있다.

  ㉢ 헤모시아닌

   • 구리 함유

   • 새우, 게, 조개, 오징어, 문어 등의 혈장 속에 녹아 있다.

   • 환원 상태에서는 무색이고, 산화되면 푸르게 변한다.

2. 영양생리

핵심이론 **01** 식성의 구분

① 먹이 종류에 따른 구분

  ㉠ 초식성 : 전복, 소라, 성게, 초어 등

  ㉡ 육식성 : 다랑어, 방어, 갈치, 오징어, 상어 등

  ㉢ 잡식성 : 정어리, 멸치 등

② 먹이 섭취방법에 따른 구분

  ㉠ 여과식성 : 조개류, 우렁쉥이, 멸치, 정어리 등

  ㉡ 포식성 : 다랑어, 오징어, 방어 등

  ㉢ 퇴적물식성 : 해삼, 갑각류 등

  ㉣ 부식성 : 갯지렁이, 새우, 게 등

③ 해조류의 영양소 흡수기관 : 해조류는 완전히 물속에 잠겨 생활하므로 몸의 표면에서 영양분을 흡수하는 한편, 동화작용이나 호흡작용도 몸의 표면에서 이루어진다.

10년간 자주 출제된 문제

육식성 어류로 짝지어지지 않은 것은?

① 초어, 은어
② 다랑어, 갈치
③ 톱상어, 별상어
④ 가다랑어, 붕장어

│해설│

초어는 초식성이고, 은어는 성장함에 따라 육식성에서 초식성으로 식성이 변한다.

정답 ①

① 식성변동

  ㉠ 보리새우, 대하

  • 조에아(Zoea)기에는 식물플랑크톤을 여과섭식

  • 미시스(Mysis)기에는 동물플랑크톤

  • 후기유생기에는 바닥 소형동물

  ㉡ 은 어

  • 바다에서 겨울을 나는 어린 시기에는 미세부유
    생물

  • 봄~여름 강을 거슬러 올라올 때는 수서곤충

  • 강 상류에 도달한 이후에는 규조류, 남조류

  ㉢ 갯장어 : 어릴 때 저서동물, 성장 후 어류

  ㉣ 갈치 : 어릴 때 플랑크톤, 성장 후 저서동물과 어
    류, 고령이 되면 거의 어류만 섭이

② 식성에 따른 섭이기구

  ㉠ 입의 크기(가자미목 어류)

  • 넙치, 물가자미, 돌가자미 등은 입이 크다(어류,
    갑각류 주식).

  • 참가자미, 문치가자미 등은 입이 작다(갯지렁
    이류).

  ㉡ 아가미판

  • 길고 빽빽 : 정어리, 전어, 숭어(미세먹이 여과
    섭식)

  • 짧고 드물게 되어 있으며, 예리한 치상돌기를 가
    짐 : 육식성, 어식성 어류

  • 아가미판(새파) 퇴화 : 붕장어, 아귀

제3절 척추동물

1. 어류의 형태 및 분류

핵심이론 01 원구류

① 특 징

  ㉠ 턱이 없어 무악류라 부르며, 입이 둥글어 원구류라
    고도 한다.

  ㉡ 가장 원시적인 종류이다.

  ㉢ 표피, 비늘, 짝지느러미가 없다.

② 종류 : 칠성장어, 다묵장어, 칠성말배꼽, 먹장어(곰장
  어) 등

───── 10년간 **자주 출제된 문제** ─────

다음 중 원구류가 아닌 것은?

① 칠성장어
② 먹장어
③ 붕장어
④ 다묵장어

해설

뱀장어류 : 뱀장어, 붕장어, 곰치, 갯장어, 바다뱀 등

정답 ③

핵심이론 02 연골어류

① 특 징
- ㉠ 턱이 발달하고, 강한 이빨을 가진 종이 많다.
- ㉡ 꼬리지느러미가 대부분 부정형으로, 상엽이 크다.
- ㉢ 방패비늘(이빨과 동일한 과정으로 형성)이 있다.
- ㉣ 부레, 허파가 없다.
- ㉤ 체내수정을 한다.
- ㉥ 배지느러미의 일부분에서 변화·형성된 정교한 교미기가 있다.

② 종류 : 상어류, 가오리류 등

연골어류의 특징이 아닌 것은?

① 상어, 가오리, 은상어와 같이 뼈가 연골로 된 물고기를 말한다.
② 부레 또는 허파를 가지지 않는다.
③ 꼬리지느러미는 대부분 정형이다.
④ 배지느러미의 일부분에서 변화·형성된 정교한 교미기가 있다.

정답 ③

핵심이론 03 경골어류

① 특 징
- ㉠ 양턱이 있다.
- ㉡ 대부분 비늘이 있다.
- ㉢ 아가미 4쌍, 아가미구멍은 1쌍이다(아가미덮개로 보호).
- ㉣ 대부분 부레가 있다.
- ㉤ 난생이 대부분이지만, 난태생과 태생도 있다.
- ㉥ 척색은 거의 경골화된 등뼈로 대치되어 있으며, 뇌는 5개의 부분으로 나누어진다.

② 종류 : 청어, 잉어, 뱀장어, 연어, 메기, 철갑상어 등

다음 중 경골어류의 특징이 아닌 것은?

① 척색은 거의 경골화된 등뼈로 대치되어 있으며, 뇌는 5개의 부분으로 나누어진다.
② 처음 출현한 것은 이첩기 이후이다.
③ 대부분의 종은 피부를 보호하는 비늘이 있다.
④ 새열은 4~5쌍이며 아가미뚜껑으로 덮여 있다.

[해설]

약 4억년 전에 지구상에 출현하여 현재 척추동물 중에서는 가장 다양한 종을 가지고 있다.

정답 ②

① 방추형
  ㉠ 빠르게 헤엄치기 좋은 체형이다.
  ㉡ 운동력이 강한 원양회유성 어류가 많다.
  ㉢ 머리가 뾰족하고, 꼬리자루가 좁으며, 꼬리지느러미가 갈라져 있다.
  ㉣ 참치 등
② 측편형
  ㉠ 좌우가 납작한 형태이다.
  ㉡ 등지느러미와 뒷지느러미가 길고, 가슴지느러미는 몸통 윗부분에 붙어 있다.
  ㉢ 입이 작고, 눈이 크며, 주둥이가 짧다.
  ㉣ 돔, 가자미, 개복치 등
③ 편평형
  ㉠ 상하로 납작하고, 바닥에 서식하는 저서성 어류가 속한다.
  ㉡ 가오리, 아귀 등
④ 장어형
  ㉠ 둥글고 긴 몸체에 꼬리는 가늘고 뾰족하며 둥글다.
  ㉡ 뱀장어 등
⑤ 구형 : 몸이 둥근 복어류가 속하고, 운동력이 약하다.

10년간 자주 출제된 문제

체형에 관한 설명으로 옳지 않은 것은?
① 측편형은 좌우로 좁혀진 형태의 어류를 말한다.
② 편평형은 좌우로 폭이 넓어진 형이다.
③ 구형인 어류의 대표종은 복어이다.
④ 방추형은 운동력이 강한 저서성 어류에서 많이 볼 수 있다.

정답 ④

① 피 부
  ㉠ 대부분 비늘과 점액질로 덮여 있고, 몸을 보호하는 역할을 한다.
  ㉡ 감각기관이 분포하여 물속에 녹아 있는 화학물질을 감지하고, 호흡도 일부 담당한다.
  ㉢ 피부에는 색소포가 많다.
  ㉣ 비늘과 점액질로 차단 등을 하여 삼투압을 조절한다.
  ㉤ 다른 동물과 같이 표피와 진피 2층으로 구성되어 있다.
② 비 늘
  ㉠ 물고기의 생활사, 즉 어떻게 살아가는지 알 수 있는 지표가 된다.
  ㉡ 송어처럼 빠르게 운동하고, 물살이 센 곳에 사는 어류는 작고 많은 비늘을 갖고 있다.
  ㉢ 비늘이 나타내는 나이테 모양으로 연령 및 계군을 추정할 수 있다.
  ㉣ 비늘이 없는 원구류는 피부에 탄력이 있고 점액질이 많아 물마찰을 줄이고, 기생충 부착을 방지한다.
  ㉤ 비늘구조
    • 방패비늘 : 주로 연골어류
    • 코스민비늘 : 화석어류가 가지는 비늘
    • 굳은비늘 : 철갑상어 및 동갈치
    • 둥근비늘 : 대부분 경골어류로, 코스민비늘에서 유래
    • 빗비늘 : 보통 가시줄기가 있는 경골어류

③ 지느러미

    ㉠ 수직방향의 한 개로 된 홑지느러미(등지느러미, 뒷지느러미, 꼬리지느러미)는 좌우회전을 방지하고 방향 전환, 유영 추진의 역할을 한다.

    ㉡ 좌우 한쌍으로 된 짝지느러미(가슴지느러미, 배지느러미)는 좌우 균형, 운동 정지, 방향 전환, 보행의 역할을 한다.

    ㉢ 원구류의 지느러미는 주름진 모양으로 다소 퇴화되어 있다.

④ 옆 줄

    ㉠ 수온과 수질의 변화를 감지하여 등온선이나 염분의 수역을 찾아 이동할 수 있다.

    ㉡ 압력, 촉각 등의 감각작용을 담당한다.

10년간 자주 출제된 문제

어류는 수온과 수질의 변화를 감지할 수 있어서 등온선이나 염분의 수역을 찾아서 이동할 수 있다. 이를 감지할 수 있는 기관은?

① 아가미
② 옆 줄
③ 입
④ 콧구멍

정답 ②

---

2. 어류의 생태

핵심이론 01 어류의 생식

① 무성생식

    ㉠ 알과 정자와는 무관한 생식

    ㉡ 단세포동물(분열), 자포동물, 다모류(출아와 분열), 해면동물(아구) 등

② 유성생식

    ㉠ 알과 정자에 의한 생식

    ㉡ 여러 가지 성질을 가진 유전자가 각기 다른 조합으로 결합하는 확률을 높이기 때문에, 생물이 긴 세대에 걸쳐 환경변화에 적응하면서 종족을 보존하는 데 유리하다.

    ㉢ 암수분화하는 양성생식과 암컷만으로 이루어지는 단위생식이 있다.

    ㉣ 단위생식은 로티퍼, 물벼룩 등에서 볼 수 있다.

③ 무성·유성 세대교번 : 일부 원생동물, 자포동물, 흡충류, 우렁쉥이 등

① 출생률

ㄱ 부성란 > 점착란·침성란

ㄴ 강해성 > 강하성

ㄷ 고연령 > 저연령

ㄹ 밀도가 낮은 계군 > 밀도가 높은 계군

② 산 란

ㄱ 산란기 연 1회, 산란기간 중 1회 산란 : 무지개송어, 빙어, 은어, 연어, 자주복, 칠성장어, 문어, 미꾸라지(단, 연어, 은어, 빙어, 칠성장어, 문어 등은 산란 후 사망) 등

ㄴ 산란기 연 1회, 산란기간 중 수회 산란 : 참돔, 감성돔, 송사리, 금붕어, 넙치, 꽃게 등

ㄷ 산란기 연중, 수회 산란 : 구피 등 열대어류

ㄹ 단일성 어류 : 가을과 겨울에 산란(수온 하강 시)

· 어류 : 은어, 연어, 송어, 문치가자미, 대구, 무지개송어, 볼락, 농어 등

· 전복류, 우렁쉥이 등

ㅁ 장일성 어류 : 봄과 여름에 산란(수온 상승 시)

· 어류 : 참돔, 감성돔, 넙치, 조기, 자주복, 잉어, 붕어 등

· 패류 : 참굴, 피조개, 새꼬막, 바지락 등

· 갑각류 : 줄새우, 보리새우, 대하, 꽃게 등

┌─────────────────────────────┐
│ **10년간 자주 출제된 문제** │
└─────────────────────────────┘

일생에 여러 번 산란하는 동물은?

① 은 어

② 빙 어

③ 뱀장어

④ 구 피

정답 ④

3. 주요 양식어류의 생활사

① 전기자어 : 부화 직후부터 난황을 흡수할 때까지의 시기

② 후기자어 : 난황을 모두 흡수하고, 물속에 있는 먹이를 잡아먹기 시작하는 때부터 각 지느러미가 분화되기까지의 시기

③ 치어 : 후기자어기 이후 종의 특징을 갖추게 되는 시기로, 체색이나 무늬는 아직 성어와 다르다.

④ 미성어 : 체형이나 반문 등은 성어와 거의 유사하지만, 성적으로는 미숙한 상태인 시기

⑤ 성어 : 성적으로 완전히 성숙하여 생식능력을 갖는 시기

※ 생물학적 최소형(Biological Minimum Size) : 생물학적으로 재생산을 할 수 있는 초기 연령(Age at First Repro-duction) 또는 몸의 크기를 말하는데, 성성숙 최소 크기라고도 한다.

┌─────────────────────────────┐
│ **10년간 자주 출제된 문제** │
└─────────────────────────────┘

생물학적 최소형(Biological Minimum Size)을 결정하는 가장 중요한 요건은?

① 어장에의 가입

② 색채의 구비

③ 생식능력의 구비

④ 종 특징의 완성

해설

생물학적 최소형(Biological Minimum Size) : 생물학적으로 재생산을 할 수 있는 초기 연령(Age at First Reproduction) 또는 몸의 크기를 말하는데, 성성숙 최소 크기라고도 한다.

정답 ③

① 유기회유
  ㉠ 유영력이 미약한 자어나 치어가 산란장에서 성육
     장으로 표류하면서 이동
  ㉡ 뱀장어 등

② 성육회유
  ㉠ 치어가 유영력을 갖추고 적극적으로 색이장으로
     이동
  ㉡ 쥐치류, 방어, 꽁치 등

③ 색이회유
  ㉠ 미성어기와 성어기가 적온 범위 내에서 먹이를
     찾아 이동
  ㉡ 정어리, 꽁치, 고등어, 전갱이 등

④ 산란회유
  ㉠ 산란을 위한 안전한 장소를 찾아 이동
  ㉡ 강하성 어류
     • 산란을 위해 바다에서 강으로 올라가는 어종
     • 연어, 산천어, 은어, 황어 등
  ㉢ 소하성 어류
     • 산란을 위해 강에서 바다로 내려가는 어종
     • 뱀장어 등

⑤ 회유조사를 위한 표지방법 : 체부분절단법, 착색법,
   표지표식법, 유전적 표지법

10년간 자주 출제된 문제

산란을 위하여 바다에서 강으로 올라오는 습성을 갖는 어종은?

① 연 어   ② 잉 어
③ 뱀장어   ④ 미꾸라지

|해설|

산란회유
• 강하성 어류 : 연어, 산천어, 은어, 황어
• 소하성 어류 : 뱀장어

정답 ①

제4절 무척추동물

1. 무척추동물의 형태와 분류

핵심이론 01 연체동물

① 특 징
  ㉠ 먹이를 섭이하기 위한 치설을 가지고 있다(단, 조
     개류는 치설이 없음).
  ㉡ 호흡기관 : 외투강(내장낭과 외투막 사이의 빈 공
     간), 외투막(일부가 분화해 몸을 둘러싸는 막)을
     갖는다.
  ㉢ 오징어류, 문어류를 제외한 것들 발생 시 플랑크톤
     생활을 하는 담륜자(Trochophore)와 피면자(Veli-
     ger)유생단계의 변태과정을 거쳐 성체로 된다.
  ㉣ 몸은 머리, 발 내장낭, 외투막으로 구분한다.

② 종 류
  ㉠ 복족류
     • 고등류 : 패각 높이 10cm, 산란기 6~8월, 암수
       딴몸
     • 전복류 : 오분자기, 말전복, 시볼트전복, 까막전
       복(난류종), 참전복(한류성)
     • 머리에는 촉각과 눈이 있고, 입에는 치설이 있으
       며, 대부분 초식성이다.
     • 신관은 좌우 1쌍이나 한쪽은 배설기, 다른 한쪽
       은 생식수관의 역할을 한다.
  ㉡ 부족류(조개류)
     • 치설이 없고, 폐각근·결정간·중장샘이 발달
       했다.
     • 식성 : 플랑크톤 또는 유기쇄설물을 섭이한다.
     • 배설기관 : 신관(보야누스기관)
     • 아가미 : 원새, 사새, 판새, 격새(죽막새)
     • 바지락 : 산란기(5~9월), 서해
     • 대합 : 산란기(5~10월), 조류를 이용하여 이동하
       는 습성이 있다.

- 가리비, 키조개류
  - 발과 전패각근이 퇴화하였고, 후패각근이 발달하였다(패주 = 패각근 : 1개).
  - 가리비류의 패주는 식품산업상 매우 중요하다.
- 굴, 진주조개
  - 발이 퇴화하였고, 족사부착생활을 한다.
  - 조개관자(폐각근)가 1개이다.
- 참 굴
  - 산란기(5~8월), 성전환, 부유기간(20일), 수중방란
  - 담륜자 → 벨리저기(D형 유생 → 각정기) → 부유기
- 피조개
  - 산란기(6~10월), 방사륵(42~43줄)
  - 수관이 없어 깊이 들어가지 못한다.
  - 부착생활 → 저서생활

ⓒ 두족류
- 연체동물 중 체제가 가장 발달했다.
- 변태과정이 없다(직달발생을 한다).
- 1회 생식을 한다.
- 수명 : 1~1.5년
- 암수딴몸이고, 산란기 연안에 모여 산란한다.
- 모두 해산이며, 모두 육식성이다.
- 순환계 폐쇄형으로 아가미 기부 가까이 새심장이 있다.
- 십완류
  - 오징어 : 오른쪽 네 번째 긴 팔(제4우완) - 촉완(교접완)
  - 꼴뚜기 : 왼쪽 네 번째 팔(제4좌완) - 교접완
  - 살오징어(난해성) : 수명 1년, 포란수(50만개)

- 팔완류
  - 지느러미가 없다.
  - 오른쪽 세 번째 팔(제3우완) - 교접완
  - 참문어(온대성, 7℃) : 문어 중 양식 대상종
  - 저수온, 저염분에 약하다.
  - 낙지, 쭈꾸미, 문어 등

10년간 자주 출제된 문제

분류학상 연체동물에 속하지 않는 것은?
① 해파리류
② 조개류
③ 고둥류
④ 문어류

[해설]
해파리류는 분류학상 강장동물(자포동물)문에 속한다.

정답 ①

① 갑각류의 특징

　㉠ 몸은 좌우대칭이고, 체절적 구조이며, 자웅이체이다.

　㉡ 키틴, 탄산칼슘으로 된 외골격을 가진다(탈피).

　㉢ 체내수정, 난생 또는 난태생, 단위생식을 하는 종도 있다.

　㉣ 종류가 가장 많고, 수산생물 중 중요한 것은 모두 갑각류에 포함되어 있다.

　㉤ 호흡 : 체표면, 아가미, 기관

　㉥ 몸의 형태 : 머리, 가슴, 배로 나뉘며, 머리와 가슴이 합쳐 두흉부가 형성된 것이 많다.

　㉦ 꼬리를 제외한 각 체절은 1쌍이고, 부속지를 가진다.

② 종 류

　㉠ 새각류

　　• 갑각류 중 가장 원시적인 종류이다.

　　• 부속지 : 유영, 섭식, 호흡 등의 기능을 한다.

　　• 1쌍의 복안을 가지며, 유영할 때 몸의 방향을 정한다.

　　• 아르테미아, 물벼룩류, 풍년새우 등

　㉡ 요각류

　　• 바다와 담수에서 부유생활을 하며, 약 7,500종이 있다.

　　• 미세 식물플랑크톤을 섭이한다.

　　• 어류의 중요 먹이, 수괴지표플랑크톤, 해양환경 분석에 매우 중요한 무리이다.

　　• 해양, 기수, 담수 등의 모든 수계 생태계의 먹이 연쇄에서 중요한 위치를 차지한다.

　　• 닻벌레 등

　㉢ 새미류

　　• 담수나 해산 어류의 피부나 새강, 양서류에 기생하여 피를 빨아 먹는다.

　　• 물이 등

　㉣ 만각류

　　• 순수 해산종만 포함되어 있는 무리이다.

　　• 따개비류 등

　㉤ 연갑류

　　• 갑각류의 3/4 정도가 포함된다.

　　• 20개의 체절로 구성되어 있다(머리 5, 가슴 8, 배 7).

　　• 복안은 대부분 눈자루(안병)를 가진다(단, 등각류와 단각류는 눈자루 없음)

　　• 곤쟁이류, 등각류(바다잔벌레류), 단각류(옆새우류), 난바다곤쟁이류(유파우시아류), 십각류(왕게, 집게, 젓새우 등) 등

　㉥ 새우류

　　• 대하 : 수명 만 1년

　　• 도화새우

　　　– 포란종(포란시기 8~11월)

　　　– 성장함에 따라 성전환(생후 2년째 길이 약 10cm 모두 수컷, 이후 암컷으로 성전환)

　　　– 수명 4~5년

　　• 보리새우

　　　– 노플리우스 → 조에아 → 미시스 → 포스트라바

　　　– 노플리우스기 다음 탈피 시까지의 기간이 짧다.

　　　– 보리새우의 조에아기 먹이 : 식물플랑크톤

　㉦ 집게류

　　• 대부분 해산으로, 새우와 게의 중간적 특징을 가진다.

　　• 두흉부 13마디, 배부 6마디로 형성되어 있다.

　　• 좌우대칭이 아니다.

　　• 조에아 → 글라우코토에 → 성체

◎ 게 류

- 노플리우스 → 조에아 → 메갈로파 → 성체
- 소수의 담수산 종은 페디스토마의 중간숙주가 된다.
- 꽃게 : 유생 발생 시 처음부터 조에아기로 부화하는 종류

10년간 자주 출제된 문제

2-1. 새우류의 발생단계가 아닌 것은?

① 노플리우스
② 미시스
③ 메갈로파
④ 조에아

2-2. 분류학상 따개비가 속하는 것은?

① 갑각류
② 복족류
③ 이매패류
④ 극피동물

[해설]

2-1
보리새우의 발생단계 : 노플리우스 → 조에아 → 미시스 → 포스트라바

2-2
따개비는 조간대에 서식하는 갑각류이다.

정답 2-1 ③ 2-2 ①

핵심이론 03 극피동물

① 특 징

㉠ 유생기는 좌우대칭이며, 변태를 거듭하여 저서생활로 들어간다.

㉡ 모두 해수산이며, 성체기에는 5개의 대칭면을 가지는 방사대칭이다.

㉢ 재생력이 강하고, 변태한다.

② 종 류

㉠ 해삼류

- 좌우대칭이며, 표피 밑에 미세한 골편이 산재한다.
- 입 : 관족이 변형한 촉수로 둘러 싸여 있다.
- 식도는 석회질로 싸여 있고, 소화관이 길다.
- 재생력이 매우 강하므로 인위적으로 빼내 젓갈로 이용 가능하다.
- 호흡기관 : 호흡수
- 암수딴몸으로, 생식공은 입 부근의 등 쪽에 열려 있다.
- 아우리쿨라리아(부유생활) → 돌리올라리아 → 펜타쿨라
- 배설강에는 점착력이 강한 일종의 방어기관이 있다(큐비에관과 같은 수많은 맹관을 가짐).
- 온대~한대성으로 수온 18~19℃ 이상에서는 휴면한다.

㉡ 성게류

- 유생기(에키노플루테우스)에는 좌우대칭으로 부유생활을 하고, 성체가 되면 초식성 해조류를 섭이한다.
- 반구상, 난원형, 둥근 모양이다.
- 암수딴몸이다.
- 북쪽말똥성게
  - 가장 심해성인 종류이다.

- 몸은 골판으로 싸여 있고, 불가사리와 같은 5방사대칭이다.
- 가시는 몸 부위에 따라 길이가 다르고, 이동에 사용한다.
- 몸 위에는 항문, 아래에는 입이 있다.
- 항문 주위에는 5개의 생식판, 위에는 생식공이 있다(이 부근에는 천공판도 있어 해수의 흡수·배출을 조절함)
- 아리스토텔레스 : 석회질 이빨로 된 저작기

ⓒ 불가사리류
- 유문수가 있다.
- 식성 : 육식성(동물성)
- 암수딴몸으로, 난생이다.
- 유 생
  - 비핀나리아 : 부유생활, 강한 재생력
  - 오피오플루테우스 : 거미불가사리의 유생
- 관족으로 패각을 열고, 패류의 육질을 식해하는 수산동물이다.

10년간 자주 출제된 문제

극피동물과 그 유생의 연결이 옳지 않은 것은?
① 해삼 – 아우리쿨라리아
② 성게 – 에키노플루테우스
③ 불가사리 – 돌리올라리아
④ 거미불가사리 – 오피오플루테우스

【해설】
③ 불가사리 – 비핀나리아

정답 ③

핵 심이론 04 의충동물

① 특 징
  ㉠ 모래나 진흙에 U자 모양의 구멍을 파고 산다.
  ㉡ 몸은 원기둥 모양이고, 구문부가 몸통보다 길며, 두 가닥으로 갈라진 것도 있다.
  ㉢ 입 부분을 모래에 내밀고 성모를 움직여 먹이를 섭이한다.
  ㉣ 암수딴몸이며, 유생(담륜자)은 갯지렁이 유생과 닮았다.
  ㉥ 혈관계 : 폐쇄혈관계
  ◎ 배설기 : 신관
② 종류 : 개불, 보넬리아 등

핵심이론 05 환형동물

① 특 징
- ㉠ 동규적 체절 : 몸에 고리 모양의 크기가 같은 마디가 연속적으로 배열되어 있다.
- ㉡ 동규적 체절 구조로 인해 땅을 잘 팔 수 있다.
- ㉢ 몸은 좌우대칭으로 원통형이고, 몸 표면은 큐티쿨라로 덮여 있다.
- ㉣ 각 체절에 측각(옆다리)을 갖고, 일부는 부속지를 가지지 않는다.
- ㉤ 암수한몸 혹은 암수딴몸이다.
- ㉥ 모래 틈에 사는 중형 저서동물 : 대표생물 갯지렁이류
- ㉦ 각 체절에는 1쌍의 신관이 있어 배설작용을 한다.
- ㉧ 피부호흡을 하거나, 아가미를 가지는 것도 있다.

② 종 류
- ㉠ 갯지렁이류(다모류), 지렁이류(빈모류), 거머리류 등
- ㉡ 우산석회관갯지렁이 : 양식시설이나 해수 취수시설에 부착하여 취수를 방해한다.

제5절 해조류

1. 해조류의 분류 및 생태

핵심이론 01 남조식물(남조류)

① 특 징
- ㉠ 편모가 없고, 원시핵을 가진다.
- ㉡ 단세포체 또는 군체, 드물게는 사상형의 다세포체이다.
- ㉢ 뚜렷한 엽록체가 없고, 엽록소 a와 피코빌린색소를 가진다.
- ㉣ 저장물질 : 남조전분

② 종류 : 미크로시스티스, 아나베나, 트리코데스뮴 등

핵심이론 02 홍조식물(홍조류)

① 특 징

　㉠ 극히 일부는 단세포체 또는 군체이고, 대부분은 다세포체이다.

　㉡ 엽록소 a, 엽록소 d, 카로틴, 크산토필, 피코발린 색소를 가진다.

　㉢ 세포벽 : 셀룰로스, 펙틴 외 한천, 카라기난

　㉣ 저장물질 : 홍조녹말

② 종류 : 참김, 우뭇가사리, 불등풀가사리, 진두발, 도박, 지누아리, 석묵, 가시우무 등

10년간 자주 출제된 문제

해조류를 분류하는 데 가장 중요한 기준이 되는 것은?

① 광합성색소의 조성
② 수 심
③ 수 온
④ 포 자

해설

해조류가 외관상 녹색, 갈색, 홍색으로 보이는 것은 광합성색소의 양 및 종류에 따라 달리 표현되기 때문이다.

정답 ①

핵심이론 03 갈조식물(갈조류)

① 특 징

　㉠ 모두 다세포이고, 해조류 중 개체가 가장 잘 분화되어 있다.

　㉡ 엽록소 a, 엽록소 c, 카로틴, 크산토필, 특히 중요한 푸코크산틴색소를 가진다.

　㉢ 세포벽 : 셀룰로스, 알긴

　㉣ 광합성 동화산물 : 라미나린, 만니톨(탄수화물)

② 종류 : 고리매, 미역쇠, 미역, 감태, 곰피, 대황, 쇠미역사촌, 다시마, 모자반, 지충이, 톳 등

10년간 자주 출제된 문제

다음 해조류들 중 광합성 동화산물이 다른 것은?

① 청 각
② 미 역
③ 매생이
④ 가시파래

해설

미역은 갈조류이고, 나머지는 녹조류이다.
• 홍조류 : 홍조녹말
• 갈조류 : 라미나린과 만니톨
• 녹조류 : 녹말

정답 ②

핵심이론 04 녹조식물(녹조류)

① 특 징

　　㉠ 육상의 고등식물과 가장 가깝다.

　　㉡ 단세포, 군체, 다세포체, 단핵성, 다핵성이다.

　　㉢ 엽록소 a, 엽록소 b, 카로틴, 카로티노이드색소
　　　를 가진다.

　　㉣ 저장물질 : 녹말

　　㉤ 담수산이 90% 이상이다.

② 종류 : 매생이, 갈파래류, 홑파래류, 옥덩굴류, 청각
　　류 등

10년간 자주 출제된 문제

다음 중 엽록소(Chlorophyll) a, b와 가장 관계가 깊은 조류는?

① 녹조류
② 갈조류
③ 홍조류
④ 남조류

해설

② 갈조류 : Chlorophyll a, c
③ 홍조류 : Chlorophyll a, d
④ 남조류 : Chlorophyll a

정답 ①

---

2. 주요 해조류의 번식과 생활사

핵심이론 01 김

① 특 징

　　㉠ 주요 양식종 : 참김, 방사무늬돌김, 모무늬돌김,
　　　잇바다돌김

　　㉡ 우리의 식용 : 엽상체는 단상(n)이고, 유성세대인
　　　배우체로, 가을에 나타나 봄에 없어진다.

　　㉢ 성숙하면 엽상체 끝 혹은 가장자리에 황백색 무늬
　　　(정자를 만들어 내는 생식기관인 조정기반)가 나
　　　타난다.

　　㉣ 암 생식기관의 모임인 조과기반은 적자색으로
　　　나타난다.

　　㉤ 엽상체에서 떨어져 나온 과포자는 고수온기 조가
　　　비에 잠입해 균사 모양의 사상체로 자란다.

② 생활사

　　과포자(2n, 무성세대) → 사상체(2n, 무성세대) → 각
　　포자(n, 유성세대) → 배우체(n, 유성세대)

10년간 자주 출제된 문제

고수온기 패각 속에서 사상체로 지내는 해조류는?

① 김
② 파 래
③ 모자반
④ 청 각

해설

사상체기 : 과포자가 해저에 있는 조가비의 진주층을 뚫고 들어가 그 속에서 자라면서 여름철의 고수온기를 보내는 시기

정답 ①

핵심이론 02 미 역

① 특 징

　　㉠ 1년생이며, 이형 세대교번을 한다.

　　㉡ 몸의 내부구조는 표층, 피층, 속 3부분으로 나
　　　뉜다.

　　㉢ 피층 : 큰 세포로 된 유조직으로, 여기에 점액선이
　　　있다.

　　㉣ 속은 사상세포로 되어 있다.

　　㉤ 유주자 : 미역 포자체에서 생겨나는 생식세포

② 생활사

　　포자체(2n, 무성세대) → 유주자(n, 유성세대) → 배
　　우체(n, 유성세대) → 포자체·아포체(2n, 무성세대)

10년간 자주 출제된 문제

다음 중 미역의 포자체에서 생겨나는 생식세포는?

① 배우자
② 중성포자
③ 유주자
④ 수정란

정답 ③

핵심이론 03 다시마

① 특 징

　　㉠ 몸은 부착기, 줄기, 엽상부로 구분이 뚜렷하고, 대
　　　나뭇잎 모양이다.

　　㉡ 잎의 성장은 엽상부와 줄기부 사이의 생장대에서
　　　일어난다.

　　㉢ 잎에 부분적으로 자낭반이 생겨 두드러기처럼 엽
　　　면이 부풀어 오른다.

　　㉣ 방출된 유주자는 배우체를 거쳐 새 다시마가 된다.

　　㉤ 아이오딘(요오드)을 공급하고, 라미닌(특수 아미
　　　노산)은 혈압 강하작용을 한다.

② 생활사

　　포자체(2n, 무성세대) → 유주자(n, 유성세대) → 배
　　우체(n, 유성세대) → 포자체(2n, 무성세대)

① 특 징

　㉠ 한천원료 : 우뭇가사리, 풀가사리

　㉡ 생식세포와 운동성이 없다.

　㉢ 사분포자체와 암수딴몸의 배우체는 동형 세대교
　　 번하며, 서로 구별이 힘들다.

　㉣ 다년생으로 봄·여름에 무성했다가 가을·겨울에
　　 쇠퇴한다.

　㉤ 번식기가 지난 후 본체는 하부만 남고 유실조락기
　　 에 들어간다.

　㉥ 이듬해 봄에 기부의 포복지에서 새로운 본체가 생
　　 겨 다시 생장기에 들어간다.

② 생활사

　과포자(2n, 무성세대) → 사분포자체(2n, 무성세대)
　→ 사분포자(n, 유성세대) → 배우체(n, 유성세대) ⇒
　동형세대교번

10년간 자주 출제된 문제

우뭇가사리(*Gelidium amansii*)에 대한 설명 중 틀린 것은?

① 다년생이다.

② 사분포자 또는 과포자를 형성한다.

③ 난류성이다.

④ 세대교번을 하지 않는다.

[해설]

우뭇가사리는 동형 세대교번을 하는 다년생 해조류이다.

정답 ④

---

① 감태류

　㉠ 감 태

　　• 다년생 해조류이다.

　　• 제주도, 남해안에서 동해안 남부에 이르는 점심
　　　대에 군락을 형성한다.

　　• 알긴산을 많이 생산한다.

　㉡ 곰 피

　　• 동해안 특산이며, 영남지방 근해에서 서식한다.

　　• 영양번식을 하는 것이 특징이다.

　㉢ 대 황

　　• 1년생은 감태와 비슷하나 2년생부터 줄기 끝이
　　　두 가닥으로 갈라지는 점이 다르다.

　　• 울릉도와 독도에 서식한다.

② 모자반류

　㉠ 배우체가 없고, 포자체만 존재한다.

　㉡ 체제분화가 잘 되어 있다.

　㉢ 형태적으로 가장 발달한 무리로, 세대교번을 하
　　 지 않는다.

　㉣ 몸의 구조는 부착기, 줄기, 가지, 잎, 기포, 생식기
　　 탁 등으로 나뉜다.

③ 파래류

　㉠ 조간대에서 바위, 돌, 나무 등에 붙어산다.

　㉡ 연중 볼 수 있는 가장 보편적인 녹조식물이다.

　㉢ 광염성으로 영양염 유입이 많은 조간대 상부에 주
　　 로 번성한다.

　㉣ 단상 암수배우체, 복상 포자체가 서로 교대로 동형
　　 세대교번한다.

10년간 자주 출제된 문제

다음 중 제주도에서 많은 생산량을 보이며 다년생인 해조류는?

① 매생이　　　　　　　② 돌 김

③ 꼬시래기　　　　　　④ 감 태

정답 ④

핵심이론 06 해조류 특징에 따른 분류

① 영양번식을 하는 종류 : 우뭇가사리, 서실, 꼬시래기, 곰피, 옥덩굴, 청각(중성포자에 의한 번식 : 김, 단위 발생 : 헛가지말) 등

② 채취하는 시기
  ㉠ 겨울 : 김, 풀가사리, 지누아리, 미역, 미역쇠 등
  ㉡ 여름 : 우뭇가사리, 가시우무, 비단풀류(석묵), 다시마(파래는 여름을 제외하고 연중) 등

③ 세대교번
  ㉠ 동형 세대교번
    • 홍조류 : 김을 제외한 전부
    • 갈조류 : 헛가지말류
    • 녹조류 : 전부
  ㉡ 이형 세대교번
    • 홍조류 : 김
    • 갈조류 : 헛가지말류를 제외한 전부
  ㉢ 세대교번하지 않는 것
    • 홍조류 : 없음
    • 갈조류 : 모자반, 지충이, 톳 등
    • 녹조류 : 청각

④ 수 명
  ㉠ 1년생
    • 홍조류 : 김, 지누아리 등
    • 갈조류 : 미역, 쇠미역 등
    • 녹조류 : 홑파래, 청각 등
  ㉡ 2년생 : 다시마
  ㉢ 다년생 : 그 외 전부

10년간 자주 출제된 문제

수산식물 중 여름에 채취하는 것은?

① 다시마   ② 미 역
③ 김   ④ 톳

[해설]
다시마는 7월 중순~9월 상순이 최적 채취시기이다.

정답 ①

3. 해조류의 이용

핵심이론 01 해조류의 이용

① 홍조류
  ㉠ 김, 우뭇가사리는 식용 재료로 이용하는 가장 품질이 좋은 종이다.
  ㉡ 진두발은 민간요법에서 고혈압 등의 치료약으로도 사용한다.

② 갈조류
  ㉠ 다시마는 예로부터 우리나라를 비롯한 일본, 중국에서 식용으로 해 왔으며 특히 중국에서는 아이오딘 공급원으로서 식용이라기보다는 오히려 약용으로 소중하게 여겨져 왔다. 혈압강하 작용을 하는 라미닌이라는 아미노산과 글루탐산 등 각종 아미노산이 다량 함유되어 있어 수요가 크게 늘어나고 있다.
  ㉡ 미역은 다시마와 마찬가지로 대량의 칼슘과 아이오딘 성분을 포함한 영양 식품이다.
  ㉢ 모자반과 같은 대형 갈조 군락은 해중림을 조성하여, 어류와 패류 등 유용 수산동물자원의 서식처와 산란장으로 이용됨으로써 해양생태계 유지에 매우 중요한 기능을 담당하고 있다.
  ㉣ 감태는 알긴산의 원료로, 모자반속과 함께 우리나라에서는 가장 큰 해조이며, 조하대에서 바다숲을 형성하고 있고, 전복과 소라 등의 먹이가 된다.

③ 녹조류
  ㉠ 물에 사는 미생물과 동물의 먹이가 되며 어떤 종류는 식품 첨가물로 대량 생산하기 위해 산업적으로 배양된다.
  ㉡ 청각은 부영양 환경에서도 양호하게 생장하므로 부영양 해역에서 질산염과 인산염의 제거에 효과적으로 이용할 수 있다.

※ 녹조류와 육상식물이 모두 녹색을 띠는 것은 몸에 풍부하게 들어있는 Chlorophyll a, b가 다량의 여러 가지 보조색소에 의해 가려지지 않기 때문이다.

1. 플랑크톤의 생태

핵심이론 01 플랑크톤의 정의와 분류

① 플랑크톤(Plankton) : 수중이나 수면에 떠다니며 물의 흐름대로 생활하는 부유생물(浮遊生物)을 말한다.

② 영양상태에 따른 분류

  ㉠ 식물플랑크톤 : 남조류는 담수, 규조류는 해수에서 수량이 가장 풍부하다.

  ㉡ 동물플랑크톤 : 원생동물, 해파리, 고둥·조개류 유생, 갑각류 등이 있으며, 요각류가 해수에서 수량이 가장 풍부하다.

③ 크기에 따른 구분

구 분	크 기	종 류
극초미소 플랑크톤 (Femtoplankton)	0.02~0.2μm	부유성 세균
초미소 플랑크톤 (Picoplankton)	0.2~2.0μm	세균, 소형 편모조류
미소 플랑크톤 (Nanoplankton)	2~20μm	규조류, 편모조류
소형 플랑크톤 (Microplankton)	20~200μm	규조류, 편모조류
중형 플랑크톤 (Mesoplankton)	0.2~20mm	대형 규조류, 소형 동물플랑크톤
대형 플랑크톤 (Macroplankton)	2~20cm	동물플랑크톤, 자치어, 어란
초대형 플랑크톤 (Megaloplankton)	20cm 이상	해파리

④ 생활사에 따른 구분

  ㉠ 종생(평생) 플랑크톤

  • 전 생활사 동안 부유생활을 한다.

  • 익족류, 요각류, 규조류, 와편모조류, 화살벌레 등

  ㉡ 정기성(일시) 플랑크톤

  • 생활사 중 일부만 부유생활을 한다.

  • 저서생물 및 유영동물의 알과 유생, 어린고기, 집게의 유생 등

⑤ 서식처에 따른 구분

  ㉠ 담수플랑크톤과 해양플랑크톤

  ㉡ 연안성 플랑크톤과 원양성 플랑크톤

  ㉢ 온수성 플랑크톤과 냉수성 플랑크톤

10년간 자주 출제된 문제

중형 플랑크톤(Mesoplankton)의 크기는?

① 2~20μm

② 20~200μm

③ 0.2~20mm

④ 2~20cm

정답 ③

핵심이론 02 동물플랑크톤

① 동물플랑크톤의 크기는 약 $2\mu m$의 작은 원생동물에서 20mm의 해파리까지 다양하다.
② 원생동물, 모악동물, 윤형동물(윤충류), 절지동물(갑각류, 요각류 등), 자포동물(해파리류) 등이 있다.
③ 표층뿐만 아니라 수심 10,000m 이상의 깊은 곳에도 분포한다.
④ 낮에는 깊은 층으로 이동하고 밤에는 표층으로 올라오는 수직이동을 한다.
⑤ 식물플랑크톤을 섭취하는 1차 소비자이며, 어류 등 다른 중소형 플랑크톤의 먹이가 된다.
⑥ 동물플랑크톤의 계절변화는 식물플랑크톤의 크기 및 양의 변화와 수온, 염분 등의 영향을 받는다.

───── 10년간 자주 출제된 문제 ─────

일반적으로 동물플랑크톤의 일주기 수직이동에 관한 설명으로 옳은 것은?

① 낮에는 표층해면으로, 밤에는 중·심층으로 수직이동한다.
② 밤에는 표층해면으로, 낮에는 중·심층으로 수직이동한다.
③ 상·하층의 수직이동을 하지 않고, 일정 수층에 머문다.
④ 밤·낮의 수직이동이 일정치 않고, 이동하고 싶을 때 자유롭게 한다.

정답 ②

핵심이론 03 식물플랑크톤

① 식물플랑크톤은 약 $0.2\mu m$의 남조류부터 수 백μm에 달하는 규조류까지 크기가 다양하다.
② 돌말류, 편모조류, 남조류 등이 있다.
  ※ 먹이생물로 중요한 종류는 규조류와 황갈편조류이다.
③ 물이 탁한 연안에서는 30m이내, 투명도가 높은 외양에서는 수심 100m까지 분포한다.
④ 몸이 점액이나 한천질에 싸여 있어 자체 비중을 가볍게 한다.
⑤ 엽록소를 가지고 있어 스스로 광합성을 통해 에너지를 생성한다.
⑥ 식물플랑크톤의 1차 생산을 좌우하는 요인에는 빛, 수온, 영양염류, 미량원소 등이 있다.
  ※ 해양에서 식물플랑크톤의 생산력을 제한하는 가장 주된 요소 : 영양염류
⑦ 한대해역에서는 초여름에, 온대해역에서는 봄과 가을 두 번에 걸쳐 대번식이 일어난다.

───── 10년간 자주 출제된 문제 ─────

해양에서 식물플랑크톤의 생산력을 제한하는 가장 주된 요소는?

① 용존산소
② 조 석
③ 해 류
④ 영양염류

정답 ④

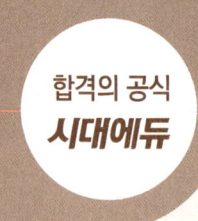
교육이란 사람이 학교에서 배운 것을 잊어버린 후에 남은 것을 말한다.

– 알버트 아인슈타인 –

PART **02**

과년도+최근
기출복원문제

제1과목 어류양식학

01 자주복을 양성하고자 할 때 m³당 치어의 방양밀도는?

① 9~14마리

② 6~9마리

③ 4~6마리

④ 2~4마리

해설

자주복의 방양밀도(m³당)

• 치어기 : 9~14마리

• 100~300g : 6~9마리

• 300~500g : 4~6마리

• 500g 이상 : 2.5~4마리

02 무지개송어 양식장 용수의 이상적인 용존산소량은?

① 2~3mg/L

② 4~5mg/L

③ 6~7mg/L

④ 10~11mg/L

해설

이상적인 용존산소량은 10~11mg/L이며, 적어도 7mg/L 이상이어야 한다.

03 조피볼락에 대한 설명 중 틀린 것은?

① 12~2월에 교미한다.

② 3~4월에 알이 수정된다.

③ 체내수정을 한다.

④ 출산수온은 22~26℃이다.

해설

④ 출산수온은 17~20℃이다.

04 양식업의 가장 중요한 목적은?

① 미끼용 어류 또는 기타 동물의 생산

② 유기 폐기물의 재생

③ 인류의 식량 생산

④ 산업용 재료 또는 원료 생산

해설

수산 양식업의 가장 기본적이고 중요한 목적은 인류의 식량자원 생산에 있다.

05 200kg의 넙치에게 900kg의 사료를 공급하여 700kg으로 성장시켰을 경우 사료계수는?

① 1.6

② 1.7

③ 1.8

④ 1.9

해설

$$사료계수 = \frac{사료\ 공급량}{증육량}\ (단,\ 증육량 = 수확\ 시\ 중량 - 방양\ 시\ 중량)$$

$$= \frac{900}{700 - 200} = 1.8$$

06 참돔 자 · 치어 사육에 대한 설명이 틀린 것은?

① 수정란은 수온 20℃ 전후에서 약 45시간 만에 부화한다.

② 알의 침하 방지를 위해 해수의 비중을 알의 비중보다 낮게 한다.

③ 갓 부화된 자어의 크기는 대부분 2.0~2.3mm이다.

④ 부화 후 30~40일을 전후하여 공식 방지를 위해 치어의 선별과 먹이 공급시기 등을 조절한다.

해설
알은 비중이 1.0245이므로 알이 가라앉지 않도록 해수의 비중이 그 이상으로 되게 한다.

07 조피볼락 종묘생산 시 부화된 알테미아를 영양강화한 후에 공급하는 것은 주로 어떤 영양소를 보충하기 위해서인가?

① 비타민 A   ② 포화지방산
③ 필수아미노산   ④ DHA

해설
알테미아는 해산 어류의 필수지방산으로 알려진 고도불포화지방산이 부족하기 때문에 유화 오일을 써서 영양강화를 하여 사용한다.

08 다음 중 넙치 자어를 사육하기에 가장 적절한 수온 범위는?

① 5~10℃   ② 10~15℃
③ 15~20℃   ④ 20~25℃

해설
넙치 자어 사육 수온은 16~19℃이다. 부화 직후에는 수정란 관리 수온과 동일하게 15~16℃로 하고, 그 이후부터 매일 0.5~1℃씩 상승시켜 부화 후 3~7일째부터 적정 사육 수온인 18℃ 전후를 유지한다.

09 영양소인 단백질에 함유된 질소(N) 성분의 평균값은?

① 약 11%
② 약 16%
③ 약 21%
④ 약 26%

해설
단백질은 질소를 평균 16% 함유하고, 기타 탄소, 산소, 수소, 황(S), 인(P), 철(Fe), 동(Cu) 등을 함유하고 있다.

10 금붕어의 선별 기준으로 가장 거리가 먼 것은?

① 몸길이와 체고
② 각 지느러미의 모양
③ 비늘의 투명성과 불투명성
④ 눈의 크기

해설
금붕어 변이의 기준이 되는 형질
• 몸길이와 체고
• 각 지느러미 모양과 길이
• 체 색
• 등지느러미의 유무
• 비늘의 투명성, 불투명성
• 눈의 돌출 여부
• 머리 혹의 유무

11 넙치 양성 시 적수온 범위인 15~26℃에서 수조의 환수율이 하루에 10~12회전일 때 m²당 양성밀도로 가장 적합한 것은?

① 1~5kg

② 5~15kg

③ 20~30kg

④ 30~40kg

해설
사육적 수온인 20~25℃ 범위 내에서는 2시간에 1회전의 환수의 경우 바닥면적 1m²당 5~15kg 정도가 적당하다.

12 어류 유생사육에 필요한 먹이생물인 로티퍼(Rotifer)의 배양과 먹이공급 방법에 대한 내용 중 적합하지 않은 것은?

① 로티퍼 1마리가 먹는 클로렐라의 양은 하루에 약 20~30만 개체이다.

② 빵효모로 로티퍼를 배양할 경우 채취한 즉시 유생의 먹이로 사용한다.

③ L-type 로티퍼는 수온을 20~25℃로 배양한다.

④ S-type 로티퍼는 수온을 25~30℃로 배양한다.

해설
빵 효모는 해수 자치어의 영양 요구에 적합하지 않기 때문에 필수 지방산을 강화하여 함유시킨 유지 효모를 사용한다.

13 체중이 0.2~2g 사이의 뱀장어 명칭은?

① 실뱀장어

② 검둥뱀장어

③ 새끼뱀장어

④ 렙토세팔루스

해설
성장에 따른 뱀장어의 명칭
• 실뱀장어(백자) : 0.15g 전후, 투명할 때
• 검둥뱀장어(흑자) : 0.2~2g, 검게 된 것
• 새끼뱀장어 : 2~100g, 미성어, 양중물(일본)
• 성만(식용장어) : 150g 이상, 식용가능한 것

14 먹이생물로 주로 공급되는 알테미아(Artemia)의 발달 단계는?

① 휴면란(Resting Egg)

② 미시스(Mysis)

③ 조에아(Zoea)

④ 노플리우스(Nauplius)

해설
알테미아는 부화 직후의 유생이 영양가가 가장 높다.

15 잉어 양식에 있어서 사용 수량당 생산량이 가장 많은 양식방법은?

① 지수 양식

② 방류재포양식

③ 유수식 양식

④ 순환여과식 양식

16 1m³당 적절한 무지개송어 치어의 방양밀도는?(단, 수온 15℃, 개체당 무게는 4g 내외임)

① 300~400마리

② 400~600마리

③ 600~900마리

④ 900~1,300마리

17 틸라피아의 전수컷 생산에 사용되는 약품은?

① Ethyltestosterone

② Giemsa R-66

③ Human Chorionic Gonadotropin

④ Estradiol-17β

> **해설**
> 에틸테스토스테론(Ethyltestosterone)과 메틸테스토스테론(Me-thyltestosterone)으로 사료 1kg당 50~60mg만큼 섞어 약 1개월간 먹였을 때 모두 수컷으로 된다.

18 생산성 향상을 위해 전 수컷 집단생산이 필요한 어종은?

① 미꾸라지

② 무지개송어

③ 넙 치

④ 틸라피아

> **해설**
> 틸라피아는 F₁의 잡종으로 수컷만을 생산해서 성장속도와 대형 어체로 이익을 올릴 수 있다.

19 뱀장어(참장어)에 대한 설명으로 틀린 것은?

① Leptocephalus를 잡아서 기른다.

② 어미 한 마리는 700~1,300만 개 전후의 알을 낳는다.

③ 실뱀장어는 1마리의 무게가 0.15g 정도이다.

④ 수온이 27~28℃ 정도로 높으면 잘 자란다.

> **해설**
> 우리나라에서 양식되는 뱀장어의 종자는 전량 자연에서 종자인 실뱀장어를 채포하여 양식하는 것이다. 그러한 이유는 뱀장어는 담수에서 성장하여 성숙하게 되면 바다에 내려가서 산란 부화하는 강해성 어류로서 Leptocephalus(뱀장어 유생)는 산란장인 서부 태평양의 깊은 바다를 떠나서 쿠로시오 해류를 따라 6개월~1년 정도 부유생활을 하면서 우리나라 연안의 육지 가까이 와서 어미 형태와 같은 둥근 꼴의 실뱀장어로 변태하기 때문이다.

20 어류양식과정 중 일반적으로 단백질이 가장 많이 요구되는 시기는?

① 치어기

② 성어기

③ 산란기

④ 부화기

> **해설**
> 어릴수록 단백질 요구량이 증가한다.

21 참담치의 서식장으로 적합하지 않은 곳은?

① 해수의 비중이 높은 외양성 암초

② 간조선에서부터 수심 10m 정도 되는 곳

③ 조류가 빠른 수역의 단단한 고형물이 있는 곳

④ 조류의 소통이 느리고 파도가 적은 내만

해설

진주담치 서식장

서식장은 해수비중이 높은 고함수역인 외양에 면해 있는 연안의 암초지대이고, 서식 수심은 조간대의 저조선(低潮線) 부근에서부터 수심 40m되는 곳까지이나, 수심이 5~10m 되는 곳에 많이 살고 있다.

22 가리비 양성장 선정에 있어서 지표종으로만 짝지어진 것은?

① 갯지렁이 – 염통성게 – 미더덕

② 사미류(거미불가사리류) – 보라성게 – 따개비류

③ 미더덕 – 붕냅치류 – 별불가사리

④ 연잎성게 – 갯지렁이 – 둑중개류

23 서식지 저질의 특성이 다른 양식생물은?

① 대 합

② 바지락

③ 개량조개

④ 왕우럭

해설

대합, 바지락, 개량조개는 펄 바닥에서, 왕우럭은 연한 개흙질로 된 물길 같은 곳에 많이 서식한다.

24 귀매달기식 양성법으로 양성이 가능한 종은?

① 전 복

② 키조개

③ 진주조개

④ 우렁쉥이

해설

진주조개의 모패를 양성하는 2가지 방법 : 채롱식, 귀매달기식

25 클로렐라(Chlorella)는 어느 분류군에 속하는 먹이생물인가?

① 녹조류

② 갈조류

③ 남조류

④ 홍조류

해설

클로렐라는 녹조류(綠藻類)의 일종으로 하나의 세포로 하나의 개체를 이룬다.

26 분홍성게의 주산란기는?

① 1월부터 3월 사이

② 5월부터 7월 사이

③ 8월 상순부터 9월 하순 사이

④ 10월 하순부터 11월 상순 사이

27 문어에 대한 설명 중 맞는 것은?

① 10개의 팔을 가진다.
② 암수 모두 생식팔(교접완)을 가진다.
③ 산란수온은 15~20℃로 낮은 편이다.
④ 보호색 기능을 가진다.

해설
① 8개의 팔을 가진다.
② 수컷의 오른쪽 3번째 팔이 생식팔이다.
③ 산란수온은 5~15℃이다.

28 적조(Red Tides 또는 Harmful Algal Blooms)에 대한 가장 근본적인 대책은?

① 양식장을 옮기거나, 양식 대상종을 피난시킨다.
② 화학약품 등을 사용하여 적조생물이 발생하기 시작하는 초기에 제거한다.
③ 해저의 오염된 개흙을 미리 제거해 준다.
④ 질소나 인 등이 수역 내에 유입되는 양을 줄인다.

해설
적조의 대책

발생 방지	과도한 부영양의 해소	질소, 인의 부하규제와 유기오염니(有機汚染泥)의 제거
	자극물질의 제거	유기물, 중금속 등 수질, 저질의 정화
	천해매립의 제한	매립에 의한 정체 수역의 출현, 공사에 동반된 저니 교반에 의한 재용출, 새로운 부하의 유입 등의 방지
피해 방제	예고와 조기발견	발생기구의 해명, 감시·예보태세의 정비
	적조 생물의 회수	흡취, 파괴, 부작용에 주의
	폐사대책	피해기구의 해명, 차단, 도피, 양식기구의 개량

29 바지락 서식처로 적합하지 않은 곳은?

① 태풍, 홍수 등에 의한 지반변동이 없는 곳
② 간출시간 2~3시간 정도 되는 곳부터 수심 3~4m 사이인 곳
③ 지반이 안정되고 해수유통이 좋고 환원층이 발달한 곳
④ 먹이생물이 많은 곳

해설
바지락의 서식장(양성장)
• 육수의 영향이 있는 조용한 내만
• 태풍, 홍수 등에 의한 지반변동이 거의 없는 곳
• 간출 3시간에서 수심 3~4m인 곳
• 해수유통이 좋고 환원층의 발달이 적은 곳
• 먹이생물이 많은 곳
• 해수비중이 1.018~1.027인 곳

30 전복의 모패 선정관리에 대한 내용 중 틀린 것은?

① 인공종묘생산에서는 까막전복이나 참전복이 유리하다.
② 참전복은 가온해수사육으로 5~6월에 조기 산란시킨다.
③ 참전복의 채란에 적합한 적산수온은 3,500℃ 이상이다.
④ 산란유발은 간출과 자외선조사, 해수자극을 병행하는 것이 좋다.

해설
③ 참전복의 채란에 적합한 적산수온은 500~1,500℃ 이상이다.

31 꼬막의 주서식지에 관한 내용으로 올바른 것은?

① 조하대~30m

② 조하대~50m

③ 간조 시 노출되는 조간대

④ 조간대~조하대 10m

해설
- 꼬막 : 가장 천해성으로 조간대에 서식
- 새꼬막 : 조간대로부터 10m에 서식(1~5m에 주로 서식)
- 피조개 : 간조선으로부터 50m에 서식(2~20m에 주로 서식)
- 큰이랑 피조개 : 수 m~30m에 서식

32 멍게(우렁쉥이)와 관련된 내용이 아닌 것은?

① 물렁증

② 자웅이체

③ 척 색

④ 신티올(Cynthiol)

해설
우렁쉥이는 암수한몸이다.

33 보리새우의 종묘생산 시 볼 수 있는 불완전산란이 가장 많은 시기는?

① 5월 하순

② 6월 하순

③ 7월 하순

④ 8월 하순

34 키조개의 산란용 모패를 보호하기 위한 금어기는?

① 1~2월

② 4~5월

③ 7~8월

④ 10~11월

해설
키조개의 산란 성기는 6월 하순부터 8월 상순까지이다.

35 다음 중 방양효과가 가장 큰 참가리비 종묘의 각장은?

① 3.0cm ② 2.0cm

③ 1.0cm ④ 0.5cm

36 기초수온이 7.6℃인 참전복의 실용적인 채란을 위해서는 20℃에서 며칠 이상 사육해야 하는가?

① 55일 ② 75일

③ 95일 ④ 105일

해설
참전복의 적산수온 500~1,500℃로 1,500℃를 넘으면 실용적인 채란이 가능하다.
적산수온 = [(일일 평균 수온 – 성숙 기초 수온) × 사육 일수]
$$사육일수 = \frac{1,300}{20 - 7.6}$$

31 ③ 32 ② 33 ④ 34 ③ 35 ① 36 ④ 정답

37 양식생물의 식성에 따른 주요 먹이의 종류가 틀린 것은?

① 멍게(우렁쉥이)류 : 식물플랑크톤, 연체동물 유생

② 꼬막류 : 유기물 찌꺼기, 소형 동·식물 플랑크톤

③ 전복류 : 부착규조류, 대형해조류

④ 해삼류 : 소형 새우나 어류

해설
해삼류의 식성
• 오리쿨라리아(Auricularia)기 부유유생 : 규조류나 와편모류 및 섬모충류
• 저서생활 : 부착규조류와 바다의 유기물 및 개흙질 등

38 400g 크기인 문어종묘를 방양 후 60일간 양성하여 50kg/m³을 수확하였다면, 방양 당시의 밀도(kg/m³)는?(단, 일간 성장률은 0.04, 생존율은 70%)

① 약 10

② 약 20

③ 약 30

④ 약 40

해설
문어의 방양밀도(kg/m³)

$$= \frac{\text{수확 시 밀도}}{(\text{일간성장률} \times \text{양성일수} \times \text{생존율})}$$

$$= \frac{50}{0.04 \times 60 \times 0.7} = 29.76$$

39 패류 유생의 먹이로서 이용될 수 없는 종은?

① 클로렐라(Chlorella)

② 나비쿨라(Navicula)

③ 케토세로스(Chaetoceros)

④ 알테미아(Artemia)

해설
알테미아의 내구란을 부화시켜 나온 노플리우스를 어류 자어기, 갑각류 유생의 먹이로 사용한다.

40 단련종굴의 생산과정을 4단계로 나눌 때 3단계에 해당하는 것은?

① 채묘예보

② 해적구제

③ 단 련

④ 채 묘

해설
단련종굴의 생산과정 : 채묘예보 → 채묘 → 단련 → 해적구제

41 인공해수로 김을 배양할 때 미량 금속이온의 흡수를 촉진시킬 목적으로 사용하는 것은?

① 비타민 B_{12}
② 글루탐산염
③ 황화나트륨
④ EDTA

해설
작은 아미노산인 EDTA는 화학적으로 금속이나 미네랄에 결합하는 성질이 있다. 이런 과정을 킬레이션(Chelation)이라 한다.

42 인공채묘된 김발을 이식할 때 운반 도중 건조의 피해를 예방하기 위하여 임시시설을 하는데 그 임시시설의 적정기간은?

① 1~2일
② 3~7일
③ 1~2주
④ 3주 이상

43 우리나라 동·서·남해안의 천연미역 채취시기를 결정하는 가장 중요한 요인은?

① 영양염
② 염 분
③ 조 류
④ 수 온

해설
미역은 수온이 낮은 늦가을에 자라기 시작하여 겨울부터 초봄 사이에 급속도로 자라서 무성하게 된다.

44 청각의 채묘 시 대상 포자는?

① 과포자
② 접합자
③ 유주자
④ 수정란

해설
모체에서 방출된 단상의 배우자는 합체하여 복상의 접합자로 되고 이것은 그대로 자라서 복상의 모체로 된다.

45 양식 김에 대한 설명이 맞는 것은?

① 둥근돌김은 엽체의 가장자리에 거치가 있다.
② 잇바디돌김은 웅성이주이고 만생종이다.
③ 방사무늬돌김은 자웅이주이고 염성이 약하다.
④ 긴잎돌김은 자웅동주이고 만생종이다.

해설
② 잇바디돌김은 자웅동주이고 조생종이다.
③ 방사무늬돌김은 자웅동주이고 염성이 강하다.
④ 긴잎돌김은 자웅이주이고 조생종이다.

김의 주요양식 품종별 특징

품종 특성	조기산			만기산
	참 김	방사무늬김	잇바디돌김	모무늬돌김
생육시기	가을~봄	가을~봄	가을~봄	가을~봄
착생수위	조간대	조간대, 점심대 상부	조간대	조간대
엽체두께 (μm)	25~30	25~40	35~55	50~75
엽체형태	댓닢형 → 타원형 난형(卵形)	역(逆)피침 형 → 원형	선형(扇形), 피침형	원형, 신장형 (腎臟形)
엽체색택	적록색	적록색	적갈색, 녹색	적갈색
성형 (性形)	자웅동주			자웅이주

46 미역 포자엽을 음건(그늘말리기)한 후에 포자를 방출시키는 주 이유는?

① 자극에 의해 대향 방출시키기 위해
② 유주자의 착생률을 좋게 하기 위해
③ 축적된 유주자를 단시간에 대량 방출시키기 위해
④ 유주자의 운동성을 높이기 위해

해설
공기 중에서 유주자 주머니에 삼투압의 변화를 주어 일시에 많은 양의 유주자를 방출시키기 위해

47 김 생활사 중 핵상에 대한 내용이 옳은 것은?

① 과포자는 단상이다.
② 배우체는 복상이다.
③ 사상체는 단상이다.
④ 각포자는 단상이다.

해설
핵상이 단상인 것 : 엽체, 조과기, 조정기, 각포자
김 생활사

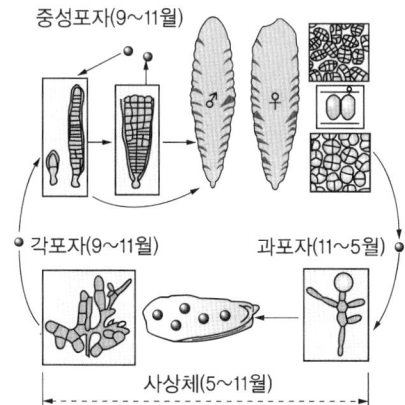
중성포자(9~11월)
각포자(9~11월)   과포자(11~5월)
사상체(5~11월)

48 풀가사리의 수직분포가 좁은 범위에 한정된 이유와 가장 거리가 먼 것은?

① 상층의 과소한 노출
② 하층에서의 광선 부족
③ 하층에서의 타 해조와의 경합
④ 파도에 대한 적응력 약화

해설
풀가사리는 조간대 상부에 서식, 파도 및 노출에 강하다.

49 미역종묘 배양에서 초기 관리로 잘못된 것은?

① 수온은 23℃를 초과하지 않도록 한다.
② 수온상승과 더불어 조도를 차차 높인다.
③ 조도는 처음은 5,000~6,000lx로 한다.
④ 1개월에 1, 2회 채묘틀의 상하를 바꾼다.

해설
수온상승과 더불어 조도를 차차 낮추어 준다.

50 3월 중순~4월의 사상체 영양생장기의 관리조건으로써 좋지 않은 것은?

① 조도 2,000~3,000lx(수하식)
② 조도 1,000~2,000lx(평면식)
③ 수온 16~24℃
④ 비중 1.020 이하

해설
사상체 배양관리조건

시기별	조도(lx)		수 온	비 중
	수하식	평면식		
사상체 영양생장기 (4~5월)	2,000~3,000	1,000~2,000	16~24℃	1,020~1,025

51 다음 중 억제 배양하는 다시마의 종묘를 월하시키는 데 가장 알맞은 조도는?

① 800lx
② 1,000lx
③ 1,200lx
④ 1,400lx

해설
2주일이 경과한 후에는 배유체가 단세포 또는 2개의 세포이더라도 조도를 700~800lx로 제한하여 월하관리를 한다. 이와 같은 조건에서는 완전한 휴면은 하지 않는다.

52 다시마의 상품가치가 되는 주된 기준은?

① 비대도
② 엽체 폭
③ 엽 장
④ 엽 목

해설
비대도
다시마 엽체의 상품성 가치를 나타내는 척도로서 엽체의 중량에 대한 엽면적(엽장×엽폭)의 비를 말하며 단위는 mg/cm^2이다.

53 톳의 정자와 난자가 형성되는 곳은?

① 자낭반
② 포자엽
③ 생식기집
④ 엽체 전체

54 곰피의 종묘생산에서 채묘하기 위하여 성숙된 모조를 준비하기에 적당한 시기는?

① 4~5월경
② 7~8월경
③ 10~11월경
④ 1~2월경

55 다음 김 부류식(뜬흘림발)시설 중 내파성이 가장 높은 것은?

① 사다리식
② 강관식
③ 연구조식
④ 뒤집기식

해설
뜬 흘림발 3가지 설치방법과 특색

사다리식	• 풍파가 적은 내만 사용 • 개개인이 소규모 가능 • 작업이 간편
연구조식	발의 내파성을 높인 것
강관식	막대한 자금 소요되나 반영구적(조류가 빠른 것)

56 다시마의 형태학적 특징에 대한 설명으로 틀린 것은?

① 엽체의 내부 조직은 표층, 피층, 속으로 구분된다.
② 엽체의 비대 생장은 형성 표피에서 일어난다.
③ 엽면에는 미역과 같이 털집이 산재한다.
④ 점액 강도는 피층세포에서 나타난다.

해설
다시마 잎의 중앙부분은 약간 두껍고 양 가장자리는 얇으며, 미역은 우상(羽狀)으로 갈라지고 표면에 많은 털집(毛叢)이 있는데 육안으로는 작은 점이 흩어져 있는 것처럼 보인다.

57 다음 표는 김의 채묘 일자와 수온이 13℃로 된 날을 기록한 것이다. 가장 흉작이 예상되는 것은?

구 분	채묘일	수온 13℃로 된 날
가	9월 25일	11월 28일
나	10월 3일	11월 13일
다	10월 4일	11월 24일
라	10월 10일	11월 28일

① 가   ② 나
③ 다   ④ 라

해설
채묘 후 고수온의 기간이 가장 길다.

58 우뭇가사리가 번식할 수 있는 적지가 아닌 것은?

① 연평균 수온 10~20℃
② 비중 1.015 이상
③ 하천수가 유입되는 장소
④ 자연 암반이 발달된 장소

해설
우뭇가사리 : 협염성

59 2년생 다시마를 저수온기에 최대한 활용하여 단기간에 생장시키는 양식방법은?

① 2년 양식
② 촉성양식
③ 억제배양양식
④ 억제양식

해설
촉성양식은 다시마의 품질을 향상시키기 위해 고유배양액 속에서 수온과 조도를 조절하면서 배양하고, 바다의 수온이 하강할 때 이식, 양성하는 방법이다.

60 김 양식 시의 각포자 방출억제법이 아닌 것은?

① 고비중처리
② 단일처리
③ 100% 습도처리
④ 암흑처리

해설
각포자 방출억제법
• 고온처리 : 통풍을 차단하여 수온 25~28℃ 유지토록 하며 배양 해수를 많이 채워 일교차를 적게 한다.
• 장일처리 및 연속 명기(明期)처리 : 명기 15~16시간, 암기 8시간으로 밤에도 명기처리하여 조절 관리한다.
• 암흑처리 : 광선을 완전히 차단하는 방법으로 한계는 6~7일간으로 채묘 예정일에 유의하여야 하며, 한편 포자낭 성숙관리법에도 해당된다.
• 100% 습도처리 : 패각을 해수에서 건져내어 폴리에틸렌 주머니에 넣은 후 밀봉 보관하며, 미성숙된 포자낭이 성숙된다.
• 고비중처리 : 비중 1.040~1.050으로 배양하여 억제시키며 처리 기간은 10일 전후로 한다.
• 온도처리 : 0~5℃ 정도로 유지하며 채묘하기 4~5일 전 정상 배양한다.

61 일반적으로 산소가 가장 많이 녹아 있는 곳에 사는 어류는?

① 온수 지수 환경에서 사는 어류

② 온수 유수 환경에서 사는 어류

③ 냉수 유수 환경에서 사는 어류

④ 냉수 지수 환경에서 사는 어류

해설
냉수성 어류는 용존산소량이 낮은 곳에서 잘 견디지 못한다.

62 패류양식어업의 종류가 아닌 것은?(단, 수산업법 시행령의 양식어업 종류에 준한다)

① 가두리 양식어업

② 수하식 양식어업

③ 바닥식 양식어업

④ 축제식 양식어업

해설
양식어업의 종류(양식산업발전법 시행령 제9조제2항)
패류양식어업의 종류
• 가두리 양식어업 : 수중에 뜸・그물 등을 이용한 가두리시설을 설치하여 패류를 양식하는 어업
• 수하식 양식어업 : 수중에 뜸・밧줄・채롱(採籠) 등을 이용한 시설물을 설치하여 패류를 양식하는 어업
• 바닥식 양식어업 : 수면의 바닥을 이용하거나 수면의 바닥에 투석시설 등을 설치하여 패류를 양식하는 어업
※ 법 개정으로 양식업의 종류가 수산업법에서 양식산업발전법으로 이동

63 다음 중 사육수조에서 고형 오물의 제거 시 가장 영향을 주는 주요 요인은?

① 수조 내 질소화합물의 비율

② 수용된 물고기의 성별

③ 사육수조의 크기

④ 사육수의 수온

64 해수의 염소량을 측정해서 염분량으로 환산하는 식으로 옳은 것은?

① $S = 1.805Cl$

② $S = 1.80655Cl$

③ $S = 0.03 + 1.80655Cl$

④ $S = 0.30 + 1.805Cl$

65 산소소비에 관여하는 요소는?

① 세균에 의한 유기물의 산화

② 질산염의 환원

③ 식물플랑크톤의 광합성

④ 대기에서의 산소용해

해설
산소요구량
• 생물학적 산소요구량 : 호기성 생물이 유기물을 산화하는 데 필요한 산소요구량
• 화학적 산소요구량 : 화학적 산화제(과망간산, 칼륨)에 의한 산화 시 필요한 산소요구량

66 공기양수기에서 실용적인 최소 침수율은?

① 약 40%

② 약 60%

③ 약 80%

④ 약 100%

해설
실용적인 최소 침수율은 80% 정도이며, 100%일 때 양수능력이 가장 크다.

67 순환여과식 사육장치에서 필요없는 시설은?

① 사육조

② 부유조

③ 1차 침전조

④ 생물여과조

해설
순환여과식 사육장치
- 사육조 : 어류·패류를 실제로 기르는 곳
- 침전조(침강조) : 고형물, 배설물 침전·제거
- 생물여과조 : 질산화세균을 이용해 암모니아, 아질산을 질산으로 산화
- 그 외 기계여과조, 소독·살균장치(UV·오존), 펌프, 산소공급 장치 등

68 외부로부터 새로운 물을 공급할 때 여러 가지 잡물을 걸러내기 위한 물리적인 여과의 목적으로 모래, 자갈 여과조가 유효하게 쓰이고 있다. 이때, 여과조가 막히는 것을 방지하기 위해서 사용하는 자갈에 대한 설명으로 가장 적합한 것은?

① 여과재 사이에 큰 공간이 생길 수 있도록 큰 자갈을 사용한다.

② 여과용 자갈은 크기와 관계없이 여과조에 가득 채운다.

③ 여과용 자갈은 크고 작은 것을 적당히 섞어서 사용한다.

④ 여과용 자갈은 입자가 작은 것만 골라서 사용한다.

69 개방적 수질환경을 띠고 있는 것은?

① 정수식 못양식

② 유수식 수조 양식

③ 순환여과 양식

④ 식물플랑크톤 배양

해설
양식방법

폐쇄식 양식법	• 정수식(지수식, 못양식, 지중양식) • 반순환식 • 순환여과식
개방식 양식법	• 유수식 • 가두리식 • 바닥식(살포식) • 수하식(로프식) • 뗏목식 • 말목식 • 방류-재포식 • 나뭇가지식

70 0.01M NaOH의 농도를 ppm으로 나타내면?

① 400ppm

② 40ppm

③ 4ppm

④ 0.4ppm

해설

NaOH 1M = 40g/L

0.01M속에 들어 있는 NaOH량은

$x$mg/L = 0.01mole/L × 40g/1mole × 1,000mg/g

= 400mg/L = 400ppm

71 옆 물길이 필요한 양어장은?

① 저수지 양어

② 댐호 양어

③ 순환여과식 양어

④ 가두리 양어

72 다음 중 대규모 간석지가 형성되기 위한 조건과 가장 거리가 먼 경우는?

① 대량의 모래질흙 또는 점토질이 하천수에 의해 운반되는 경우

② 외해와의 물교류가 적은 내해이거나 만(灣)일 경우

③ 간만의 차가 크기 때문에 먼 곳까지 바닥이 노출되었다가 물속으로 잠기는 경우

④ 유속이 빠르고 고운(깨끗한)모래가 많은 경우

73 부영양화의 발생 및 진행이 촉진되는 조건은?

① 물이 머무는 시간이 짧을 것

② 물의 교환율이 높을 것

③ 식물플랑크톤이 잘 자라며 유속이 느릴 것

④ 산소농도의 변동범위가 작을 것

해설

호수의 영양상태에 따른 분류

• 빈영양호 : 영양염류가 적어 식물플랑크톤의 양이 적고 맑은 호수

• 부영양호 : 영양염류가 풍부해 식물플랑크톤의 양이 많고 혼탁한 호수

74 생물학적 여과를 시작하면 비교적 초기과정에서 아질산염이 일시적으로 많이 나타나는 이유는?

① 처음에 어류가 아질산을 많이 내기 때문에

② 질산세균은 번식하기 힘든 세균이기 때문에

③ pH의 영향 때문에

④ *Nitrosomonas*가 *Nitrobacter*보다 먼저 번식하기 때문에

해설

양식 동물에 해로운 암모니아는 나이트로소모나스에 의하여 아질산염으로 산화되고, 아질산염은 나이트로박터에 의해서 독성이 훨씬 적은 질산염으로 산화된다.

75 양식생물의 대사와 성장과정에서 일어나는 노폐물에 의한 오염된 수질을 정화 처리하면서 사용한 물을 다시 사용하여 양식하는 폐쇄적 양식장의 대표적인 예는?

① 송어류의 유수식 양식장
② 순환여과식 양식장
③ 그물가두리식 양식장
④ 바닥 양식장

해설
배출수를 정화시키는 순환식 양식장과 같은 수처리를 이용한 폐쇄 순환양식 시스템이 있다.

76 적조에 관한 설명으로서 가장 적합한 것은?

① 내만의 연안에서만 발생한다.
② 강우와 직접 관계가 반드시 있다.
③ 고수온기에만 발생한다.
④ 적조생물의 종에 따라 피해에 차이가 있다.

해설
적조발생의 원인과 규모는 해역의 물리·화학적 환경 특성과 발생하는 식물플랑크톤의 종류에 따라 차이가 있다.

77 일반적으로 양어지에서 가스병을 예방할 수 있는 질소가스의 상한농도로 가장 적합한 것은?

① 100%
② 110~115%
③ 145~150%
④ 160~165%

해설
증 상
• 어류의 머리, 몸, 지느러미 표면에 기포가 생긴다.
• 양식 어류의 조직, 기관, 복강, 혈관 내에 기포가 생겨 장애를 일으킨다.
예방대책
• 질소가스 포화도 130% 이상의 용수는 양어용수로 부적당하다. 120% 전후의 용수는 충분히 기폭시켜서 115% 이하로 감소시킨다.
• 양어장이나 수조에 많은 수초가 있을 때는 수초를 제거하거나 강한 빛을 가려준다.

78 ( ) 안에 적합한 내용으로 짝지어진 것은?

해수 내 COD는 주로 (A)법으로 측정하며, 이때 소비되는 (B)에 대응하는 산소량을 ppm으로 나타낸 것이다.

① A : 알칼리　　　B : 산화제
② A : 산성　　　　B : 산화제
③ A : 알칼리　　　B : 환원제
④ A : 산성　　　　B : 환원제

해설
COD 측정방법
산화제인 과망가니즈산칼륨을 알칼리성에서 반응시키는 방법(알칼리법)과 산성에서 반응시키는 방법(산성법)이 있다. 해수에서는 염분이 측정을 방해하므로 알칼리법으로 측정한다.

79 오존 발생기를 이용한 오존 소독에 관한 내용으로 가장 적절한 것은?

① 수중현탁물질이 많을수록 효능이 크다.
② 오존처리는 유기물을 분해하는 데는 효과가 없다.
③ 오존처리는 사육조 안에서 시행해야 한다.
④ 오존이 남아 있으면 사육 중의 어류나 무척추동물에 해를 끼친다.

해설
수중에 남아 있는 오존은 어류와 무척추동물에 직접 해를 끼치게 되며, 오존이 분해될 때 형성된 산소는 물속에서 과포화상태가 되어서 양식동물에 기포병을 일으킬 수 있다.

80 질소화합물이 아닌 것은?

① 암모니아
② 인
③ 아질산염
④ 질산염

해설
수중에서의 질소는 주로 질소가스(N_2), 아질산(NO_2^-), 질산(NO_3^-) 및 암모니아(NH_3, NH_4^+)의 형태로 존재한다.

---

81 아가미 부식병 증상에 대한 설명으로 옳지 않은 것은?

① 아가미에 황색 부착물이 보인다.
② 아가미는 울혈로 암적색을 띤다.
③ 아가미 조직이 붕괴된다.
④ 아가미뚜껑의 출혈과 함께 아가미뚜껑이 부식된다.

해설
아가미 부식병 증상
• 아가미 부식병에 감염되면 보통 아가미의 괴사 및 순환장애를 일으키고 심한 경우에는 아가미의 출혈 때문에 전신적인 빈혈 상태에 빠진다.
• 초기에는 아가미 끝이나 일부분만이 하얗게 되고 또는 아가미뚜껑에 황백색의 작은 부착물이 보이며 점액의 이상분비를 일으킨다.
• 진행되면 아가미뚜껑에 출혈이 보이고, 검붉은색이 되고 작은 출혈점이 많이 나타난다.
• 더 진행되면 아가미가 부분적으로 회백색으로 되고 중심이 회색이나 황색으로 되어 썩기 시작한다.

82 틸라피아의 체표가 회백색 점액으로 덮여 있다. 다음 중 어느 것 때문인가?

① *Caligus* sp.의 기생
② *Saprolegnia* sp.의 기생
③ Nutritional Deficiency
④ *Trichodina* sp.의 기생

해설
틸라피아 – 트리코디나증
외부증상은 체표나 아가미가 약간 검은 듯 하며 백탁하는 정도이므로 정확한 진단을 위해서는 아가미의 점액일부를 검경해서 충체를 확인할 필요가 있다.

---

83 DNA Virus에 속하는 것은?

① IPNV
② VHSV
③ IHNV
④ OMV

해설

DNA Virus 질병과 RNA Virus 질병

DNA Virus 질병	RNA Virus 질병
• 림포시스티스병(LCDV) • 바이러스성 상피증생증 • 채널메기 바이러스병(CCVD) • 연어 입종양병 바이러스(OMV) • 굴 면반바이러스(OVVD) • 잉어 POX병 • 홍다리얼룩새우 바큘로바이러스병(MBV) • 참돔 이리도바이러스병(RSIV) • 바이러스성 중장선괴사병 • 흰반점바이러스병 • 바이러스성 적혈구괴사증(VEN)	• 바이러스 출혈성 패혈증(VHS) • 전염성 췌장괴사증(IPN) • 바이러스성 신경괴사증(VNN) • 잉어봄 바이러스병(SVCV) • 전염성 조혈기괴사증(IHN) • 바이러스성 복수증 • 넙치 랍도바이러스감염증(HIRRV)

84 전염속도가 빠르고 대량폐사를 일으켜 지속적인 감시와 관리가 필요한 수산동물질병으로 수산생물질병관리법에서 정한 수산동물전염병에 해당하지 않는 것은?

① 노랑머리병
② 타우라증후군
③ 흰반점병
④ 흑점병

해설

수산동물전염병이란 노랑머리병, 잉어 봄 바이러스병, 잉어헤르페스바이러스병, 참돔이리도바이러스병, 바이러스성출혈성패혈증, 유행성궤양증후군, 타우라증후군, 흰반점병과 그 밖에 전염속도가 빠르고 대량폐사를 일으켜 지속적인 감시 및 관리가 필요한 수산동물질병으로서 해양수산부령으로 정하는 것을 말한다.

85 김양식장에서 발생하는 갯병 중 생리적 장해로 인한 갯병은?

① 싹갯병
② 붉은갯병
③ 호상균병
④ 사상세균부착증

해설

김의 갯병 종류
• 기생성 갯병 : 붉은갯병, 호상균, 사상세균부착증, 녹반병, 구멍갯병
• 생리적 갯병(비기생성) : 흰갯병, 의사흰갯병, 싹갯병, 암종병, 쪼그랑병

86 복수에 의한 복부팽만, 체색흑화, 탈장, 간과 신장 등에 유백색 농양 형성 등의 증상을 나타내는 넙치 질병은?

① 비브리오병
② 에드워드병
③ 연쇄구균증
④ 아가미 부식병

해설

비단잉어, 메기, 금붕어 뱀장어, 틸라피아 등의 담수어와 참돔, 넙치, 농어 등의 해수어에 유행되는 병으로서 여름철에 발생되는 대표적인 질병이다.

87 조균류(藻菌類)에 의해 발생되는 갯병은?

① 붉은갯병
② 흰갯병
③ 싹갯병
④ 쪼그랑병

해설

붉은갯병 원인균
조균류에 속하는 붉은 갯병균인 피튬 포르피래(*Pythium por-phyrae*)이다.

88 송어의 Furunculosis를 일으키는 병원균은?

① *Aeromonas hydrophila*

② *Aeromonas salmonicida*

③ *Pseudomonas fluorescens*

④ *Pseudomonas anguilliseptica*

해설
감염된 연어류나 송어는 몸 표면이 둥그스름하게 융기된 부위가 형성되어 이 환부가 부풀어 올라 부스럼같이 되므로 부스럼병(Furunculosis)이라 한다. 원인균은 에로모나스 살모니시다(*Aeromonas salmonicida*)이다.

89 방어의 세균성 질병으로 *Lactococcus*균의 감염에 의한 연쇄구균증의 피해가 크다. 이 병이 쉽게 치유되지 않는 이유는?

① 병원체가 쉽게 내성균으로 변하기 때문이다.

② 환부가 육아종으로 변해 그 속에 병원균이 있기 때문이다.

③ 이 병원균이 혈액 내에서 포자를 형성하기 때문이다.

④ 이 병원균이 근육 내에서 협막을 만들기 때문이다.

해설
연쇄구균증이 일단 발병하면 치료가 잘되지 않는 이유
• 사료 중에 병원균이 있어 염증을 일으키고 있는 장관 내에 항시 정착하여 증식을 반복하기 때문이다.
• 유효한 약제일지라도 투약방법이 적절하지 못했기 때문이다. 또한 염증으로 장내 pH가 상승하여 약제의 흡수가 나빠지기 때문이다.
• 병의 뇌에도 병소를 형성하기 때문에 약제를 투여해도 뇌까지 전달하지 못한다.
• 환부가 육아종으로 변해 그 속에 병원균이 있기 때문이다.

90 폐사어를 부검하였을 때 용존산소 결핍증으로 볼 수 없는 증상은?

① 죽은 고기는 대부분이 입을 닫고 있었다.

② 아가미가 충혈되어 있었다.

③ 아가미의 혈관이 확장되어 있었다.

④ 몸에서 용혈현상을 볼 수 있었다.

91 틸라피아가 항문에 길게 배설물을 달고 다닌다면 그 원인으로 가장 적합한 것은?

① 과식으로 인한 소화불량 때문이다.

② 에드워드병에 감염되었기 때문이다.

③ 배합사료만으로 사육했기 때문이다.

④ 사료의 비타민이 부족했기 때문이다.

해설
에드워드병 – 틸라피아
• 물 표면을 힘없이 헤엄치거나 눕는다.
• 몸통이나 꼬리자루 부근이 붉은색을 띠며 환부가 부풀어 오른다.
• 배에 물이 차서 배가 부르고 출혈이 있어 항문이 돌출되기도 한다.
• 해부해 보면 간, 신장, 비장, 부레의 장기에 흰점 등의 병소가 보이고 이 흰점의 결합조직에는 세균이 둘러싸여 있다.

92 무지개송어의 전염성 췌장괴사증(IPN)과 관계가 먼 것은?

① 위장의 카타르성 염증이 생긴다.

② 초기에 죽는 개체는 나선형 운동을 하다가 바닥에 가라앉아 죽는다.

③ 50g 이상 크기의 어류에 감염된다.

④ 체색이 검어진다.

해설
IPN은 보통 1g 이하(8주령 이하)의 어류에 주로 감염되어 피해를 준다.

93 다음 중 비바기나충이 주로 기생하는 어류는?

① 금붕어

② 송 어

③ 참 돔

④ 넙 치

해설

단생류의 단후흡반류 Microcotyle과에 속하는 *Bivagina tai* 가 원인 기생충이다.

94 잉어의 아가미에 포자낭이 형성되어 죽는 질병은?

① Trichophyra증

② Myxobolus증

③ Cryptocaryon증

④ Epistylis증

해설

점액포자충병
• 병원체 : Myxobolus
• 발생 : 수온이 20℃ 이상으로 되는 초여름에 잉어치어에 잘 걸리는 질병으로 주로 아가미에 기생한다.

95 방어를 양식하던 중 폐사가 생기기 시작하여 관찰해 보니 피부에 혹 같은 작은 돌기나 반구형의 농양이 생겨 있었다면 감염균은?

① *Vibrio anguillalum*

② *Nocardia seriolae*

③ *Edwardsiella tarda*

④ *Aeromonas hydrophila*

해설

방어, 전갱이 등 해산어류에 있어 여름에서 초가을에 가장 많이 발병한다.

96 편성 병원균의 특징이 아닌 것은?

① 병원성이 강함

② 침지공격이 성립하지 않음

③ 환경수 중에 보통은 존재하지 않음

④ 예방대책은 방역 및 면역임

해설

편성병원체와 조건성 병원체

구 분	편성 병원체 (절대 병원체)	조건성 병원체 (기회성 병원체)
병원성	강 함	약 함
주사에 의한 치사량	10~10⁴CFU/마리	10⁷CFU 이상/마리
침지에 의한 감염실험	성립된다.	성립하지 않는다.
환경수중의 존재	보통은 존재하지 않는다.	보통은 상재균이다.
발병을 결정 하는 요인	숙주의 면역성	숙주의 조합적 저항력
주요 예방대책	방역, 면역	건강관리

97 어류에 물곰팡이가 기생하여 발병하는 조건은?

① 수온 변화가 있으면 연중 계속해서 발병한다.
② 상피세포에 상처가 생긴 부위에만 발병한다.
③ 위장 장애가 있어서 염증이 생길 때 발병한다.
④ 수온이 높아지면 언제나 발병할 수 있다.

해설
물곰팡이는 표피에 상처가 난 어체나 죽은 알에 기생한다.

98 (   ) 안에 해당하는 불포화지방산은?

참돔의 자어 및 치어에 필수지방산인 (   )이 부족하면 등뼈가 굽어진다.

① 티아민　　　　② EPA
③ DHA　　　　　④ 엽 산

해설
중요한 지방산의 명칭
• 포화지방산 : 카프릭산(Caprylic Acid), 라우릭산(Lauric Acid), 미리스틱산(Myristic Acid), 스테아르산(Steric Acid)
• 불포화지방산(필수지방산) : 올레산, 리놀레산, 리놀렌산, 아라키돈산, EPA, DHA

99 냉수성 어류에 유행되는 Virus성 질병은 많은 어류를 폐사시키는데, 이러한 폐사를 최소한으로 감소시킬 수 있는 방법은?

① 신선한 사료를 투여한다.
② 항생물질 같은 약을 투여한다.
③ pH를 일정하게 유지시킨다.
④ 사육수온보다 수온을 높인다.

100 연쇄구균 감염에 의한 대표적 증상이 아닌 것은?

① 아가미 부식과 상피 탈락
② 안구돌출과 안구출혈
③ 아가미뚜껑의 출혈
④ 꼬리자루의 궤양 형성

해설
연쇄구균증의 외부 증상
• 안구돌출과 안구 가장자리의 출혈
• 복부의 점상출혈
• 아가미뚜껑의 내벽의 출혈
• 꼬리자루의 궤양 형성

제1과목 어류양식

01 채널메기의 인공부화 시 부화 수온에 따른 부화 소요일로 가장 적합한 것은?

① 수온 19℃에서 10일, 30℃에서 3일
② 수온 20℃에서 11일, 30℃에서 4일
③ 수온 21℃에서 10일, 30℃에서 5일
④ 수온 22℃에서 11일, 30℃에서 6일

해설

채널메기 알의 부화
• 인공부화 시 수온 21℃에서 10일, 30℃에서 5일 걸린다.
• 25~28℃가 최적 부화수온으로 부화는 6일 걸린다.

02 다음 중 잉어 양식 시 먹이를 제일 많이 주어야 하는 수온은?

① 10~15℃
② 15~20℃
③ 20~25℃
④ 25~30℃

해설

잉어와 수온과의 관계
• 10℃ 전후부터 먹이를 찾기 시작하고, 약 15℃부터 활발한 먹이활동을 시작한다.
• 18℃ 정도에서 산란과 부화를 한다.
• 25~28℃ 전후가 최적성장 수온으로 가장 잘 먹고 잘 자란다.
• 30℃ 이상에서는 식욕이 감퇴하여 먹이를 잘 먹지 않는다.

03 다음은 어떤 어류를 설명한 것인가?

비늘은 소형으로 피하에 매몰되어 있고, 겨울철 수온이 5℃ 이하가 되거나 여름철 수온이 상승하면 흙속으로 잠입하고, 난은 반점성난이며 수초에 부착시키지만 떨어지기 쉽다. 부화 직후 3~4mm인 자어를 약 10일간 양성하여 5~10mm로 기르는 과정이 초기 종묘의 육성이다.

① 잉 어
② 미꾸라지
③ 송 어
④ 가물치

04 뱀장어 양식장의 수질 변화를 미리 예상하는 방법이 아닌 것은?

① pH 9.5 이상이 10일 이상 계속될 때
② pH 7.0 이하가 계속될 때
③ 투명도가 10일 이상 30cm로 계속될 때
④ 로티퍼의 대형개체 비율이 증가하고, 하란을 가진 암컷이 1mL당 10마리 이상 될 때

해설

뱀장어 양식장의 수질 변화를 미리 예상하는 방법
• 암모니아 3ppm 이상 검출
• pH가 9.5 이상이거나 7.0 이하의 산성일 때
• 현미경상 윤충류가 많을 때

05 무지개송어 친어의 성숙검사주기를 설명한 내용 중 맞는 것은?

① 친어는 하루에 한 번씩 검사한다.
② 친어는 2~3주일에 한 번씩 검사한다.
③ 친어는 1주일에 한 번씩 검사한다.
④ 많은 수가 성숙하게 되면 과숙 방지를 위하여 2~3주에 두 번씩 검사한다.

해설
무지개송어 친어의 성숙검사는 1주일에 한 번씩 검사하고, 성숙한 최성기에는 일주일에 두 번씩 성숙상태를 검사한다.

06 넙치의 학명(Scientific Name)으로 올바른 것은?

① *Cyprinus carpio*
② *Anguilla japonica*
③ *Paralichthys olivaceus*
④ *Pagrus major*

해설
① 잉어
② 뱀장어
④ 참돔

07 방어 치어가 유조에서 가장 많이 잡히는 체장은?

① 10~20mm
② 40~50mm
③ 60~70mm
④ 100~120mm

08 참돔에 대한 설명 중 틀린 것은?

① 참돔의 수정란은 지름이 0.8~1.2mm 정도 되는 분리부성란이다.
② 종묘사육장은 겨울 수온이 10℃ 이하로 내려가는 곳은 피하는 것이 좋다.
③ 부화 후 30~40일을 전후하여 성장이 빠른 숙성어가 나타나면서 공식현상이 일어나기 시작한다.
④ 2차 성징의 경우 암컷은 검은빛이 강하고 머리가 각진 형태이고, 수컷은 붉은빛이 강하고 머리가 둥글다.

해설
산란기에 성숙한 암컷은 두부가 둥글고 몸 색깔이 붉은색으로 짙어지며, 성숙한 수컷은 두부가 날카롭고 몸 색깔은 검은색을 띠어 암수구분이 가능하다.

09 순환여과식 양어에 대한 설명으로 틀린 것은?

① 여과의 효과에는 생물학적 여과를 적극적으로 돕는 일이 포함된다.
② 여과조는 호기성 세균의 서식장소를 적극적으로 제공해 주는 것을 필요로 한다.
③ 여과조를 통과해서 나오는 물의 용존산소량은 들어갈 때보다 많아진다.
④ 여과조에서는 유기물의 무기화 결과 암모니아를 질산으로 변화시킨다.

해설
여과조를 통과한 물은 호기성 세균의 산소 소모로 용존산소량이 아주 낮기 때문에 사육조로 유입되기 전에 충분히 포기시켜 주어야 한다.

10 다음 중 물속에 수용하지 않고도 안전하게 수송이 가능한 것은?

① 방어의 치어
② 송어의 발안란
③ 참돔의 치어
④ 은어의 치어

해설
열 차단된 상자에 알을 넣고 습도를 충분히 유지해주면서 온도변화를 막으면 5일간 99% 이상 생존이 가능하므로 물을 넣지 않고도 안전하게 운반할 수 있다.

11 양어사료에서 지용성 비타민이 아닌 것은?

① 비타민 A
② 비타민 C
③ 비타민 E
④ 비타민 K

해설
• 지용성 비타민 : A, D, E, K
• 비타민 C는 수용성 비타민이다.

12 일반적으로 식용어 양식을 위해 3cm 정도의 조피볼락을 가두리에서 양성할 때, 방양밀도로 가장 적절한 것은?

① 1m³당 2~6kg
② 1m³당 7~10kg
③ 1m³당 11~15kg
④ 1m³당 16~20kg

13 다음 중 방어 양식에 관련한 내용으로 가장 거리가 먼 것은?

① 방어의 사료효율은 어릴 때에는 낮고, 자라면서 높아진다.
② 우리나라에서의 방어 양식은 그물가두리를 이용하는 방식을 선호한다.
③ 방어는 먹이를 먹을 때 표층에 모여 다투어 받아먹으며, 바닥에 떨어진 먹이를 주워 먹는 일은 극히 드물다.
④ 일본은 이미 인공종자생산에 성공하여 양식 방어를 전 세계로 수출하고 있으며, 최근에 우리나라도 인공종자생산을 실험적으로 성공하였다.

해설
방어의 사료효율은 커갈수록 낮아진다.

14 양어사료에서 존재할 수 있는 식물성 유해물질이 아닌 것은?

① 대두의 트립신 저해인자
② 피틴산
③ 글루코시놀레이트
④ 리보플라빈

해설
리보플라빈은 비타민 B_2이다.

15 비타민류 중에서 결핍 시 어류의 척추변형, 상처회복의 지연, 내출혈과 외출혈 및 지느러미 부식, 아가미 섬유연골의 만곡 등의 증세를 보이는 것은?

① 비타민 C

② Biotin

③ 엽 산

④ 비타민 K

16 잉어 양식을 위한 저수지의 조건으로 적합하지 않은 것은?

① 바닥이 무르지 않고 수심이 1~4m인 곳

② 일조시간이 짧은 곳

③ 화물차의 출입이 가능한 곳

④ 너무 크면 관리가 어렵기 때문에 1~10ha 정도 되는 곳

17 유수식 양식장에서 잉어의 치어를 사육 시 일반적인 1일 사료공급 회수로 가장 적합한 것은?

① 1~3회

② 3~5회

③ 10~12회

④ 15~18회

18 현재 완전양식이 보편화되지 않은 어종은?

① 뱀장어

② 연 어

③ 송 어

④ 미꾸라지

19 자연상태인 바다에서 넙치 산란기로 가장 적당한 것은?

① 1월경
② 3월경
③ 5월경
④ 7월경

해설
우리나라 연안에서 자연산란시기는 5~6월로 수심 20~50cm의 조류의 흐름이 좋은 사니질이나 모래 또는 암초지대에서 산란한다.

20 다음 중 가장 광염성인 어류는?

① 동자개
② 잉 어
③ 붕 어
④ 틸라피아

해설
대부분의 틸라피아는 초식성이며, 광염성이다.

제2과목 ▶ 무척추동물양식

21 우리나라산 바지락의 서식제한요인 중 비중이 가장 큰 것끼리 묶어진 것은?

① 수온, 부유토
② 지반의 변동, 부유토
③ 염분, 수온
④ 용존산소량, pH

해설
바지락 서식제한요인
• 부유토 침하량(0.5g/L 이상 : 분포제한요인으로 작용)
• 저질의 입자조성(패각 모양에 영향)
• 지반, 토질의 안정성(지반의 변동 여부가 가장 중요한 요인으로 작용)

22 생물학적 여과조에서 일어나는 여과단계가 순서대로 표기된 것은?

① 무기물화작용 – 탈질화작용 – 질산화작용
② 탈질화작용 – 무기물화작용 – 질산화작용
③ 탈질화작용 – 질산화작용 – 무기물화작용
④ 무기물화작용 – 질산화작용 – 탈질화작용

해설
생물학적 여과
물속에 녹아있는 유독한 암모니아 등을 무독한 물질로 변화시키기 위해 미생물(질산, 아질산 박테리아)을 이용하는데, 무기물화과정과 질산화과정 및 탈질화과정을 통하여 물을 정화한다.

23 해산무척추동물 인공종묘생산 시 조개류 부유유생 사육에 가장 많이 사용되는 방법은?

① 유수식

② 지수식

③ 반유수식

④ 순환여과식

해설
일반적으로 조개류 부유유생기는 환경저항능력(충격 및 기타 환경 변화)이 낮기 때문에 지수식으로 사육 후 환경 저항력이 생기면 환수 및 유수 관리한다.

24 진주담치는 채묘한 다음 채묘기를 옮겨서 관리하는데, 그 이유는?

① 종묘를 단련시키기 위해

② 수출용 종묘를 만들기 위해

③ 종묘의 크기를 고르게 하기 위해

④ 해적생물의 부착을 방지하기 위해

해설
수확 시의 크기를 균일하게 하기 위하여 채묘된 진주담치 치패를 수심이 다소 깊은 수층으로 옮겨 두었다가 일정 기간 경과 후 다시 양성 수층으로 옮겨 양성한다.

25 다음 양식생물 중 치설이 있는 생물은?

① 소 라

② 대 합

③ 보리새우

④ 해 삼

해설
치설은 바지락처럼 조개껍데기를 쌍으로 가지고 있는 이매패류를 제외한 연체동물의 입에 있는 먹이를 먹는 기관이다.

26 현재 우리나라의 새우 양식장에서 수확한 활새우류의 수송방법으로 가장 많이 사용되는 것은?

① 활어 수조차에 수용하여 운반한다.

② 상자에 얼음과 함께 넣어서 운반한다.

③ 마취제를 사용하여 마취한 후 운반한다.

④ 산소가 들어있는 비닐봉지에 넣어서 운반한다.

27 다음 중 부유유생의 크기가 가장 대형인 종은?

① 피조개

② 키조개

③ 참가리비

④ 큰이랑피조개

해설
키조개의 부유유생은 0.56mm로 조개류의 부유유생 중에서 가장 크다.

28 부유기간에 먹이생물이 필요 없는 종류는?

① 참 굴

② 바지락

③ 가리맛

④ 전 복

해설
전복의 부유유생은 부유기간에는 먹이를 먹지 않으나, 3~4일 지나면 저서생활로 들어가기 시작하면서 먹이를 먹게 되므로 미리 먹이배양 파판을 준비해야 한다.

29 굴 종패 단련을 하는 목적과 거리가 먼 것은?

① 해적생물을 구제하기 위하여
② 환경변화에 대한 저항력을 강하게 하기 위하여
③ 양성 시 폐사율을 낮추기 위하여
④ 치패탈락을 방지하기 위하여

해설
종패 단련의 목적
채묘 후 채묘상에 그대로 방치하면 성장이 계속되어 패각 연변이 얇어지고, 약해져 파손되기 쉬워 종굴로서 부적당하므로 종패를 단련하여 환경에 대한 저항력을 강하게 하고, 취급 시 탈락방지, 폐사율 감소, 양성 시 성장이 빠른 종자의 생산이 가능하도록 한다.

30 참가리비의 양성관리 중 부착생물 제거방법으로 적합한 것은?

① 기온이 높을 때 담수에 담아 제거한다.
② 기온이 낮을 때 해수에 담아 제거한다.
③ 기온이 높을 때 노출하여 제거한다.
④ 기온이 낮을 때 담수에 담아 제거한다.

해설
가리비는 공중활력, 고온 및 담수에 대한 저항이 약하기 때문에 부착생물이 많이 착생하는 시기에는 깊은 수층에 수하시켜 관리한다.

31 기초수온 10℃를 기준으로 참굴의 산란 적산수온은?

① 200℃
② 600℃
③ 1,000℃
④ 1,400℃

32 우리나라의 양식생산고 중 가장 많은 양을 차지하고 있는 것은?

① 해조류
② 어 류
③ 갑각류
④ 패 류

해설
우리나라 품종별 해면양식 생산량(2024년 기준)
• 해조류 : 1,720,921톤(76.5%)
• 패류 : 419,969톤(18.7%)
• 어류 : 81,987톤(3.6%)
• 갑각류 : 7,766톤(0.3%)
• 기타 수산동물 : 18,200톤(0.8%)

33 보리새우의 부화유생이 최초로 먹이를 먹는 시기는?

① 미시스기
② 조에아기
③ 노플리우스기
④ 포스트라바기

해설
보리새우류의 먹이생물

노플리우스	조에아	미시스	포스트라바
필요 없음	• 부유성 규조류, 부착 규조류, 해산 윤충류 • 참굴의 알, 따개비 유생 • 저서기에는 바지락, 잡새우, 배합사료		

34 참전복의 유생 사육 및 초기치패 관리에 관한 설명으로 옳지 않은 것은?

① 참전복은 20℃에서 수정되면 11시간 이내에 담륜자가 된다.

② 참전복 유생의 부유기간은 수온이 낮은 경우에는 3일 내외, 수온이 높은 경우에는 8일 내외이다.

③ 참전복의 부착치패의 먹이는 소형의 나비큘라, 암포라 등이다.

④ 부착치패의 초기성장을 위해서 규조류가 많이 발생하는 합성수지의 투명파판을 사용한다.

해설
② 참전복 유생의 부유기간은 수온이 높은 경우에는 3일 내외, 수온이 낮을 경우에는 8일 내외이다.

35 먹이생물 배양의 주요 조건이 아닌 것은?

① 조 도   ② 배양액
③ 온 도   ④ 엽록소

해설
식물성 먹이생물 배양조건
• 성장에 필요한 영양염의 공급
• 적절한 조도
• 적절한 온도의 유지
• 가스교환과 영양염의 고른 이용
• 플랑크톤의 균일한 분포를 위한 교반장치

36 폐쇄식 양성에 속하는 것은?

① 채롱식 양성   ② 수하식 양성
③ 바닥식 양성   ④ 나뭇가지식 양성

해설
개방식 양식법
유수식, 가두리식, 바닥식(살포식), 수하식(로프식), 뗏목식, 말목식, 방류-재포식, 나뭇가지식

37 참굴 양식 시 풍파가 강한 곳에 적합한 양성시설은?

① 뗏목 수하식
② 뜸통형 로프 수하식
③ 말목 수하식
④ 우산형 수하식

해설
수하식 양식
말목식 · 뗏목식 · 로프(밧줄)식 등이 있다.
• 말목식(또는 간이 수하식) : 물이 얕은 연안에 말목을 박고, 그 위에 나무를 걸쳐서 수하연을 매달아 양식하는 방법인데, 시설이 간단하여 굴의 종자생산에 많이 이용된다.
• 뗏목식 : 대나무 · 쇠파이프 등으로 뗏목을 만들고 그 아래에 합성수지로 만든 뜸통을 달아서 부력을 크게 한 것에다 수하연을 매단 것인데, 이 방법은 시설비가 많이 들기 때문에 굴 양식이 시작된 초기에는 많이 쓰였으나 현재는 거의 쓰이지 않는다.
• 로프식 : 연승식(連繩式)이라고도 하는데, 수면에 로프를 뻗쳐 뜸통을 달아 뜨게 하고, 양끝을 닻으로 고정시킨 다음 이 로프에 수하연을 매단 것이다. 파도에 견디는 힘이 크기 때문에 내만(內灣)뿐 아니라 비교적 외해에도 설치할 수 있다.

38 문어 양성수조에 종묘를 추가 방양하고자 할 때 옳은 방법은?

① 기존의 개체보다 큰 개체를 넣는다.
② 기존의 개체수보다 많은 개체수를 넣는다.
③ 기존의 개체수와 크기에 관계없이 넣는다.
④ 기존의 개체를 새로운 사육수조에 함께 넣는다.

해설
세력권이 형성된 곳에서 새로운 종자를 넣으면 새 종자의 크기가 다소 크더라도 먹이를 제대로 먹지 못하고 죽는다. 따라서 새로운 종자를 추가 방양 시 먼저 있던 종자를 잡아내어 함께 다시 방양한다.

39 다음 중 주로 사용되는 전복의 산란 유발방법과 가장 거리가 먼 것은?

① 수 온
② 간 출
③ 자외선 조사해수
④ 호르몬 주사

해설
전복의 채란에 쓰이는 인위적 자극
수온 자극, 간출 자극 및 자외선 조사해수 자극, 정충해수 첨가법, pH 상승, 과산화수소 첨가 자극, 오존통기 해수방법 등
※ 호르몬주사는 어류산란촉진에 많이 이용된다.

40 다음 중 종묘를 천연채묘에 의존하는 비율이 높은 양식종은?

① 우렁쉥이
② 흰다리새우
③ 전 복
④ 바지락

해설
바지락의 채묘방법
바지락 채묘는 부착기에다 부착시켜 채묘할 수 없기 때문에 치패가 바닥에 모일 수 있도록 도와주고 그들의 유실을 방지해서 치패를 생산해야 한다. 간석지에 나뭇가지나 대나무 등을 세워주거나 기타방법으로 해수의 흐름들을 완만하게 조절하여 치패들을 많이 바닥에 가라앉혀 채묘하는 완류식 채묘를 한다.

41 김의 생활사가 옳은 것은?

① 과포자 → 사상체 → 각포자 → 엽체(유엽성엽) → 과포자
② 각포자 → 사상체 → 과포자 → 엽체(유엽성엽) → 각포자
③ 사상체 → 각포자 → 과포자 → 엽체(유엽성엽) → 사상체
④ 사상체 → 과포자 → 각포자 → 엽체(유엽성엽) → 사상체

해설
김의 생활사

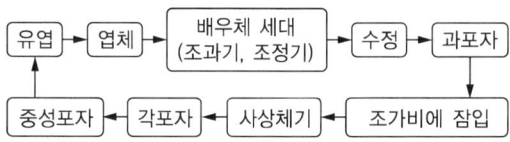

42 다음 양식 김 중 염성(捻性)이 가장 강한 종류는?

① 긴잎돌김
② 짝 김
③ 방사무늬김
④ 참 김

해설
방사무늬돌김은 자웅동주이고 염성이 강하다.

43 미역의 포자엽으로부터 유주자를 받을 시 단안현미경 100배 시야에서 최소 몇 개 정도의 활발한 유주자가 관찰되면 되는가?

① 10~20개   ② 30~50개

③ 50~100개   ④ 100~200개

해설

채묘 시 포자엽의 적정 사용량
포자액 1방울을 현미경(100배)으로 보았을 때 활발히 움직이는 유주자가 30~50개 있으면 적당하다.

44 톳의 번식효과를 높이기 위해서 제거에 주력해야 하는 대상종은?

① 우뭇가사리   ② 풀가사리

③ 지충이   ④ 모자반

해설

지충이는 톳과 함께 조간대 중부에서 하부에 서식하는 경쟁 해조류로 성장과 산란시기가 톳보다 빨라 증식에 유리한 생태적 특징을 갖고 있다.

45 미역의 유주자 방출에 대한 설명으로 적합하지 않은 것은?

① 줄기 양 가장자리에 주름이 생겨 포자엽이 되며, 유주자의 주머니가 된다.

② 봄철에 14℃ 이상 될 때 방출이 시작된다.

③ 유주자의 방출은 17~22℃일 때 왕성하다.

④ 유주자의 방출은 27℃일 때까지 계속된다.

해설

유주자는 봄철에 수온이 오르기 시작하여 14℃가 될 때부터 방출이 시작되어, 미역이 없어지는 22℃가 될 때까지 계속된다.

46 톳의 생활사와 생태에 대한 설명으로 옳지 않은 것은?

① 유성생식에 의한 개체번식을 한다.

② 포복지에 의한 영양번식을 한다.

③ 다년생 해조이다.

④ 수심이 깊은 조하대에만 분포한다.

해설

톳은 갈조식물로 조간대 하부에 서식한다.

47 극피동물과 연체동물이 해조류를 먹는 현상을 무엇이라 하는가?

① 식 해

② 포식자

③ 피식자

④ 갯녹음

해설

② 포식자 : 다른 동물을 먹이로 하는 동물
③ 피식자 : 먹이연쇄에서 먹이가 되는 유기체
④ 갯녹음 : 산호가 수온의 급격한 변화로 하얗게 죽어가는 현상 (백화현상)

48 다시마 양식에서 씨줄붙이기의 간격으로 적절한 것은?

① 10~25cm

② 30~45cm

③ 50~65cm

④ 70~85cm

해설

씨줄을 잘라서 어미줄에 30cm 간격으로 끼우는 방법이 효과적이다.

49 5mm 이하의 어린싹이 착생한 씨발을 냉장발로 사용할 때의 장점은?

① 출고 후에 성장이 빠르다.
② 입고작업이 손쉽다.
③ 출고 후에 적응이 빠르다.
④ 출고 후에 갯병에 안 걸린다.

50 김 육상채묘 시 각포자의 부착에 필요한 조도는?

① 0~50lx
② 100~200lx
③ 300~500lx
④ 800~1,000lx

51 바다숲을 구성하는 대형 해조류는?

① 구멍갈파래
② 모자반
③ 김
④ 우뭇가사리

해설
모자반과 같은 대형 갈조 군락은 해중림을 조성하여, 어류와 패류 등 유용 수산동물자원의 서식처와 산란장으로 이용됨으로써 해양 생태계 유지에 매우 중요한 기능을 담당하고 있다.

52 기생성 갯병이 아닌 것은?

① 붉은갯병
② 녹반병
③ 의사흰갯병
④ 사상세균부착증

해설
김의 갯병 종류
• 기생성 갯병 : 붉은갯병, 호상균, 사상세균부착증, 녹반병, 구멍갯병
• 생리적 갯병(비기생성) : 흰갯병, 의사흰갯병, 싹갯병, 암종병, 쪼그랑병

53 뜬흘림발로 양식하기 위한 조건이 아닌 것은?

① 2차아에 의한 번식이 많으므로, 냉장발을 사용할 필요가 없다.
② 포자가 충분히 많이 붙은 발을 사용한다.
③ 파래, 규조 등의 착생생물이 부착할 염려가 없을 정도로 싹이 충분히 자란 발을 사용한다.
④ 해역의 특성에 맞추어 시설 및 설치가 가능하다.

해설
뜬흘림발의 장단점

장 점	• 포자가 충분히 많이 부착한 김발을 이용할 수 있다. • 수광시간을 길게 하여 단시간에 엽체를 생장시킬 수 있다. • 외해에서도 양식이 가능하다. • 파래, 규조의 부착이 없을 정도로 싹이 충분히 자란 김을 사용해서 양식한다.
단 점	• 노출 시 인력이 많이 들고 품질이 나쁘다. • 양식 중 2차 번식이 없으므로 김발의 수명이 짧다 (늦가을~초겨울 : 2~3회 채취 가능, 겨울 : 3~4회 채취 가능). • 냉장발 교체 등의 번거로움이 있다.

54 해조류가 양식어장에 시비(施肥, 비료주기)하는 목적과 가장 거리가 먼 것은?

① 조기생산
② 수확량 증대
③ 병해예방
④ 품질향상

해설
시비의 목적
유아 발육 증진, 수확량 증대, 품질향상, 병해예방

55 우리나라 남서해안에서 상업적으로 주로 양식되고 있는 종으로 짝지어진 것은?

a. 참 김	b. 방사무늬돌김
c. 모무늬돌김	d. 비단잎돌김
e. 긴잎돌김	f. 둥근돌김
g. 쿠니에다돌김	h. 잇바디돌김
i. 카타다돌김	j. 패돌김

① b, c, h
② b, d, e
③ c, d, h
④ h, i, j

56 미역이나 다시마의 연승수하식 시설에 대한 설명으로 틀린 것은?

① 파도의 저항이 비교적 크기 때문에 조용한 내만에 시설한다.
② 풍파가 심한 곳이나 외해에 면한 양식장에 많이 쓰인다.
③ 파도의 방향과 시설방향이 평행하도록 한다.
④ 조류가 빠른 곳에는 바람보다 조류에 치중해서 시설한다.

해설
미역의 양성방법
• 뗏목식 : 비교적 조용한 내만, 조류의 방향과 평행하게 설치
• 연승식 : 풍파가 심한 곳이나 외해에 접한 곳, 파도와 시설 방향이 평행하게 설치
• 조립연승식 : 내만 또는 외해와 접한 내만에 설치

57 말목식(지주식) 양식에서보다 뜬흘림발 양식에서 각포자의 착생밀도를 높여야 하는 주된 이유는?

① 도중에 탈락이 잘 되므로
② 2차아의 번식이 적으므로
③ 해적생물의 부착이 많으므로
④ 김의 성장이 빠르므로

해설
뜬흘림발의 장단점

장 점	• 포자가 충분히 많이 부착한 김발을 이용할 수 있다. • 수광시간을 길게 하여 단시간에 엽체를 생장시킬 수 있다. • 외해에서도 양식이 가능하다. • 파래, 규조의 부착이 없을 정도로 싹이 충분히 자란 김을 사용해서 양식한다.
단 점	• 노출 시 인력이 많이 들고 품질이 나쁘다. • 양식 중 2차 번식이 없으므로 김발의 수명이 짧다 (늦가을~초겨울 : 2~3회 채취 가능, 겨울 : 3~4회 채취 가능). • 냉장발 교체 등의 번거로움이 있다.

58 다음 김의 병해 중 생리적 갯병인 것은?

① 붉은갯병

② 호상균병

③ 암종병

④ 녹반병

59 일반적으로 미역의 본이식시기는?

① 가이식 후 5mm 이하일 때

② 가이식 후 5~10mm로 성장했을 때

③ 가이식 후 15~20mm로 성장했을 때

④ 가이식 후 30~50mm로 성장했을 때

60 미역 양식에서 포자엽 사용량의 설명으로 올바른 것은?

① 씨줄 1만 m당 포자엽 5~10kg 준비

② 씨줄 1만 m당 포자엽 10~20kg 준비

③ 씨줄 1만 m당 포자엽 20~30kg 준비

④ 씨줄 1만 m당 포자엽 30~50kg 준비

제4과목 수산생물

61 산호초(Coral Reef)의 형성과 관련이 없는 것은?

① 평균 해수온이 20℃ 이상

② 북위 30°~남위 30°

③ 주산셀라(Zooxanthellae)

④ 용승류(Upwelling)

62 기수역(汽水域)의 염분농도 범위는?

① 0.5‰ 이하

② 25~0.5‰

③ 40~25‰

④ 40‰ 이상

63 해양생태계에서 환원자에 속하는 것은?

① 해조류

② 박테리아

③ 식물플랑크톤

④ 동물플랑크톤

해설

해양생태계

• 생산자 : 식물플랑크톤과 해조류

• 소비자

– 제1차 소비자 : 동물플랑크톤과 고둥류

– 제2차 소비자 : 육식성 동물플랑크톤이나 소형어류

– 제3차 소비자 : 대형어류

• 분해자 및 환원자 : 종속영양세균이나 균류

64 다음 중 가장 하등한 동물은?

① 유즐동물

② 자포동물

③ 완족동물

④ 해면동물

해설

측생동물인 해면동물은 몸의 구조가 간단하여 가장 원시적인 후생동물이다.

65 수산식물 중 여름에 채취하는 것은?

① 다시마

② 미 역

③ 김

④ 톳

해설

다시마는 7월 중순~9월 상순이 최적 채취시기이다.

66 플랑크톤의 이동과 계절변화에 대한 설명으로 틀린 것은?

① 동물플랑크톤은 표층뿐만 아니라 수심 10,000m 이상의 깊은 곳에도 분포한다.

② 일반적으로 동물플랑크톤은 낮에는 표층에 올라오고 밤에는 깊은 곳에 내려가서 생활한다.

③ 플랑크톤의 계절변화는 수온, 염분, 영양염류 등의 환경요인과 생물 상호간의 관계에 의해 유발된다.

④ 온대해역에서는 1년 중 대부분 봄과 가을 두 번에 걸쳐 식물플랑크톤의 대번식이 일어난다.

해설

동물플랑크톤 대부분 밤에는 표층으로, 낮에는 깊은 층으로 주야로 일주기 수직이동을 한다.

67 일반적인 해조류의 주된 영양소 흡수기관은?

① 뿌 리

② 줄 기

③ 몸 표면 전체

④ 뿌리와 줄기

68 아르테미아(*Artemia* sp.)에 관한 설명으로 틀린 것은?

① 염분이 거의 없는 호수에서 채집한다.
② 우기(雨期)에 염분이 낮아지면 부화, 성장하고 건기에는 알을 낳는다.
③ 다른 양식생물의 초기 유생의 중요한 기초 먹이가 된다.
④ 촉각에 의해 미세플랑크톤, 불활성 유기물, 세균, 원생동물 등을 여과하여 섭취한다.

해설
아르테미아는 세계 각지의 염분이 높은 염호나 연안에 서식한다.

69 해조류를 분류하는 데 가장 중요한 기준이 되는 것은?

① 광합성 색소의 조성
② 수 심
③ 수 온
④ 포 자

해설
해조류가 외관상 녹색, 갈색, 홍색으로 보이는 것은 광합성 색소의 양 및 종류에 따라 표현된 것이다.

70 다음 식물플랑크톤 중 먹이생물로 중요한 종이 아닌 것은?

① 나비쿨라
② 코코네이스
③ 니치아
④ 김노디니움

해설
④ 김노디니움은 적조를 일으킨다.
①·②·③ 나비쿨라, 코코네이스, 니치아 등은 부착규조류로 전복의 초기 먹이생물로 중요한 종이다.

71 연골어류의 특징이 아닌 것은?

① 상어, 가오리, 은상어와 같이 뼈가 연골로 된 물고기를 말한다.
② 부레 또는 허파를 가지지 않는다.
③ 꼬리지느러미는 대부분 정형이다.
④ 배지느러미의 일부분에서 변화·형성된 정교한 교미기가 있다.

해설
연골어류의 꼬리지느러미는 대부분 부정형으로 상엽이 큰 점, 비늘은 방패비늘로 이빨과 구조가 유사한 점, 부레와 유문수가 없고 창자는 짧지만, 안쪽이 나선판을 가지고 있는 점 등이 특징이다.

72 수괴의 생태학적 지표종으로 알려진 동물은?

① 환형동물
② 편형동물
③ 모악동물
④ 윤형동물

해설
요각류와 모악동물은 한반도 주변에서 연안수괴, 외양수괴, 혼합수괴 등을 구분하는 지표종으로 이용되기도 한다.

73 갯녹음현상과 관련이 없는 것은?

① 성 게
② 무절석회조류
③ 어류의 대량번식
④ 백화현상

해설

갯녹음

수중의 해조류가 사라지고 무절석회조류의 번성으로 각종 수산생물이 서식처를 잃게 되어 바다가 사막처럼 변하는 현상(백화현상)이다. 해조류를 먹는 성게와 같은 조식동물들의 과도한 번성과 엘리뇨현상에 따른 난류세력의 확장 등과 같은 해수 온도 상승, 환경오염 등에 의한 부유물 발생 등이 주요 원인이다.

74 뱀장어가 점액을 분비하는 이유와 가장 거리가 먼 것은?

① 몸 표면을 미끄럽게 하여 물과의 마찰을 적게 한다.
② 환경조건이 좋을 때 분비한다.
③ 기생생물의 부착을 방지한다.
④ 체내 삼투압을 조절한다.

해설

뱀장어의 점액

• 마찰력을 줄여서 상처를 입지 않고 펄이나 돌 틈, 자갈밭을 마음대로 돌아다닐 수 있는 윤활유 역할을 한다.
• 점액성분 속에는 항생물질이 섞여 있어 지저분한 환경에서 세균이 번식하는 것을 막아준다.
• 삼투압을 조절하는 기능과 방수기능을 갖고 있다.

75 실뱀장어의 습성과 가장 거리가 먼 것은?

① 야행성이다.
② 담수로 향하는 성질이 있다.
③ 주광성이 없다.
④ 대조 시에 많이 소상하는 편이다.

해설

실뱀장어는 주광성이 있다.

76 어류의 몸 옆면에 세로로 뻗어 있는 옆줄의 기능은?

① 압력, 촉감 등의 감각작용을 담당한다.
② 소화작용을 담당한다.
③ 시각작용을 담당한다.
④ 배설작용을 담당한다.

해설

수류의 압력·유속·방향을 알 수 있다.

77 다음 중 광합성작용은 일어나고 있으나 생산량이 소비보다 적은 수층은?

① 유광층
② 무광층
③ 박광층
④ 보상층

바다 속의 층은 유광층(Euphotic Zone, 투광층), 박광층(Disphotic Zone, 약광층), 무광층(Aphotic Zone, 암흑층)으로 나뉜다.
- 유광층 : 바다에서 식물플랑크톤과 해조류가 광합성을 할 수 있을 정도의 햇빛을 받는 수심, 즉 약 200m까지의 깊이를 말한다. 식물플랑크톤의 1일 광합성량과 호흡량이 같아지는 심도로, 광합성량이 호흡량을 상회하는 표수층이다. 유광층은 보이는 기능부터 영양생성층 또는 유기물 생산층이라고도 부른다. 유광층의 하한의 작은 육수나 내만(內灣)에서는 수개이다.
- 박광층 : 광합성을 하기에는 햇빛이 불충분한 깊이를 말하는데, 유광층에서부터 수심 약 1,000m 되는 곳까지 이른다. 맑은 외양에서는 200∼1,000m 수층이 이에 해당하며, 주야수직이동을 하는 동물플랑크톤이나 어류가 낮에는 이곳에 모여 있다.
- 무광층 : 빛이 들어오지 않는 지역으로 바다의 대부분이 여기에 속한다. 무광층에서는 광합성을 할 수 없으므로 식물의 성장이 불가능하다. 무광층은 탁도에 따라서 깊이가 다르며, 연안에서는 수 m의 수심부터, 외양에서는 수백 m의 수심부터 무광층이 나타난다.

78 꼬리부분에 토막지느러미를 가지고 있지 않은 종류는?

① 고등어
② 삼 치
③ 참다랑어
④ 전갱이

전갱이는 등·뒷지느러미와 꼬리지느러미 사이에 토막지느러미가 없으나, 가라지류는 1개의 분리된 토막지느러미를 갖는다.

79 다음의 동물 무리 중에서 종류가 가장 많은 것은?

① 강장동물
② 환형동물
③ 연체동물
④ 극피동물

③ 연체동물 : 조개류, 달팽이, 소라, 문어, 낙지, 오징어 등
① 강장동물 : 해파리, 말미잘, 산호충류(珊瑚蟲類) 등
② 환형동물 : 지렁이류, 갯지렁이류, 거머리류 등
④ 극피동물 : 불가사리, 성게, 해삼 등

80 극피동물의 설명으로 틀린 것은?

① 참해삼은 몸 빛깔이 서식처에 따라 암록색, 갈색, 암흑색 등으로 변화가 심하고, 동북아시아 해역에서 산출되는 대표적인 식용해삼이다.
② 아무르불가사리는 몸 색깔이 연한 보라색 또는 황백색이지만 변화가 심하다. 체강 내에 가스를 충만시켜 부유하면서 조류 등을 따라 대이동을 하기도 한다.
③ 보라성게는 거의 원형에 가까운 반구형으로 비교적 소형이며, 몸 빛깔은 연한 녹색이다.
④ 대부분 바다나리류는 고착생활을 한다.

보라성게
껍데기 지름 2.5∼6cm, 높이 1∼3cm이며, 몸통은 두껍고 편평하다. 보대에는 5∼8개의 관족구멍이 활모양으로 줄지어 있다. 가시는 강하고 큰데, 끝이 뾰족하고 큰 가시는 길이가 껍데기 지름과 거의 같다. 빛깔은 껍데기와 가시 모두 보라색을 띤다.

81 가정에서 수돗물을 받아 가정용 수조에 즉시 사용할 경우 수돗물 소독약인 클로로칼키를 중화시키는 데 사용하는 약품명은?

① Furan제
② Sulfa제
③ Mineral제
④ Hypo제

해설
Sodium Thiosulfate(티오황산나트륨, 하이포, HYPO)
공업용 용도로는 사진접착제, 유지의 표백제, 피혁용, 염료합성, 환원제, 수돗물의 염소분인 클로로칼키(살균제)의 제거, 중금속이나 사이안화수소의 해독제, 사진의 정착(할로겐화은을 녹임), 요오드 적정 등에 사용된다.

82 pH 미터로 pH를 측정할 때 가장 흔하게 쓰이는 주 전극은?

① 수소 전극
② 퀸하이드론 전극
③ 유리 전극
④ 안티몬 전극

해설
pH는 보통 유리 전극 및 비교 전극으로 된 pH 미터를 사용하여 수치를 측정한다.

83 다른 섬모충과 달리 표피조직 내에 침입하기 때문에 완전한 구제가 힘든 기생충에 의한 질병은?

① 킬로도넬라병
② 트리코디나병
③ 백점병
④ 에피스틸리스병

해설
섬모로 어류의 피하층까지 들어가 피나 세포를 먹기에 약을 살포해도 효과가 없다.

84 하천에서 오염물이 유입되는 유입점 하류부분은 어떻게 되는가?

① 용존산소 농도가 변하고 희석에 의해 탁도가 낮아진다.
② 용존산소 농도가 변하고 희석에 의해 탁도가 높아진다.
③ 용존산소 농도가 높고 희석에 의해 탁도가 높아진다.
④ 용존산소 농도가 낮고 희석에 의해 탁도가 낮아진다.

해설
하천수는 하류로 흘러감에 따라 수질이 악화된다.

85 윙클러-아지드화나트륨 변법에 의한 용존산소 정량 시 산소병 용량 101mL, 0.01N 티오황산나트륨 용액의 $F=1.02$, 적정치 8.50mL일 때 용존산소량은?

① 5.42mg/L

② 6.94ppm

③ 7.38mg/L

④ 8.50ppm

86 봄철 잉어에 세균성 질병이 유행되는 조건은?

① 병원균이 없는 맑은 물에 숙주인 잉어가 있으면 발병된다.

② 숙주인 잉어와 수중산소가 충분하면 발병된다.

③ 수중 pH가 8.0일 때 발병된다.

④ 잉어와 병원균이 있고 수질이 악화되면 발병된다.

해설
세균성 질병의 특징
어떤 한 종류의 병원성 세균이 특정한 어종에만 감염되어 질병이 발생하기도 하지만, 대체로 한 종류의 병원성 세균이 여러 어종에 감염되어 질병을 일으킨다.

87 염분량을 측정할 때 사용하는 시약은?

① $AgNO_3$(질산은) 및 K_2CrO_4(크롬산칼륨)

② $NaOH$(수산화나트륨) 및 $CaCl_2$(염화칼슘)

③ $MnCl_2$(염화망가니즈) 및 $Na_2S_2O_3$(티오황산나트륨)

④ HCl(염산) 및 $MnCl_2$(염화망가니즈)

해설
식염 정량
크롬산칼륨과 질산은을 이용하여 시료 중의 식염의 양을 측정하는 것이다.

88 윙클러-아지드화나트륨 변법에 의한 용존산소량 정량 조작 시 적정종점의 변색은?

① 적색 → 청색

② 무색 → 청색

③ 청색 → 무색

④ 청색 → 보라

89 염분(psu)과 염소량(Cl)의 관계식으로 맞는 것은?

① $S(psu) = 1.80655 \times Cl(‰)$

② $S(psu) = 1.8022 \times Cl(‰)$

③ $S(psu) = 0.03 + 1.805 Cl(‰)$

④ $S(psu) = 2.80566 \times Cl(‰)$

해설
염소량을 측정하면 염분은 계산에 의해서 구할 수 있다.

90 $CaCO_3$mg/L의 단위를 쓰는 것은?

① 경 도

② 황산염

③ 증발잔류물

④ 칼 륨

해설
경 도
물의 세기 정도, 물속에 용존하고 있는 이산화칼슘, 이산화망간, 이산화철 등의 2가 양이온 금속이온의 함량을 이에 대응하는 $CaCO_3$mg/L으로 환산표시한 값

정답 85 ② 86 ④ 87 ① 88 ③ 89 ① 90 ①

91 체표가 울퉁불퉁한 뱀장어를 가끔 볼 수 있는 이러한 병어는 상품가치의 저하와 성장장해를 가져온다. 원인은 무엇인가?

① 피부 흡충인 Gyrodactylus의 기생
② 포자충 Myxobolus의 근육 내 포자낭 형성
③ 포자충 Hetetrosporis의 근육 내 기생
④ 구두충 Acanthocephalus의 장내 기생에 의한 복부 팽만

해설

요철병
• 병원체 : 헤테로스포리스(*Heterosporis anguillarum*)
• 증 상
  – 1~2년생 뱀장어의 근육 내에 기생하여 근육을 연속적으로 융해시켜 등쪽의 근육이 여위어지는 현상이 나타남
  – 감염된 기생충의 포자형성이 끝나면 시스트가 붕괴되면서 포자가 숙주의 근육조직 내에 확산되고 시스트 내의 단백질 분해 효소에 의하여 근육조직이 융해됨
• 감염어종 : 뱀장어

92 양식 어류의 질병을 진단하는 데 안구돌출은 몇 가지 병의 중요한 증상이 된다. 어떤 병이 이와 같은 증상을 나타내는가?

① 백점병
② 비브리오병
③ 수생균병
④ 아가미 흡충증

해설

① 백점병 : 섬모충이 어류의 몸 표면이나 아가미에 기생하면 하얀 점처럼 보이기 때문에 백점병이라 한다.
③ 수생균병 : 외관적으로 아가미나 몸 표면에 균사체(곰팡이 덩어리)가 솜털모양으로 나타난다.
④ 아가미 흡충증 : 아가미조직이 과형성되어 아가미 새엽 사이가 유착되며, 심하면 조직이 괴사된다.

93 생사료가 해산어의 성장에 유리하기 때문에 먹이로 많이 사용하지만, 이때 간이나 복강 내 황갈색의 반문이 생기는 경우가 있다. 그 원인은?

① 생사료 중에 함유된 혈액성분이 축적됨으로
② 생사료 중의 뼈성분이 내장기관에 손상을 초래함으로
③ 냉동한 생사료의 불완전한 해동으로 인한 저온장애
④ 생사료의 냉동 중 생긴 산화된 지방의 조직 내 축적

94 뱀장어가 *Dermocystium*에 감염되었을 때의 치료대책으로 수온을 변화시켜 아가미에 만들어진 영양체를 붕괴시키는 방법이 있다. 이때 적용되는 수온은?

① 15℃　　　② 20℃
③ 25℃　　　④ 30℃

해설

치료 및 대책
수온상승에 따라 자연치유되는 경우가 있다.

95 육안적으로 체표만 관찰해서는 쉽게 진단할 수 없는 병은?

① 수생균병
② 궤양병
③ 닻벌레병
④ 아가미 부식병

해설

외관상 별다른 변화가 없지만, 아가미뚜껑이 약간 열려 있다. 붉은 아가미가 부분적으로 결손되어 있고 침해당한 부분이 회백색으로 보이며, 펄이 부착되어 아가미가 썩은 것 같이 보인다.

96 닻벌레(*Lernaea cyprinaces*)에 대한 설명 중 틀린 것은?

① 닻벌레는 *Nauplius* 시기에는 자유유영생활을 하고 *Copepodid* 1기 때부터 숙주에 기생한다.

② 닻벌레의 수컷은 교미 후 죽고, 암컷이 숙주에 고착·기생한다.

③ 숙주 특이성이 낮다.

④ 닻벌레는 아가미와 피부에만 기생한다.

해설
머리 부위가 변형(긴 갈고리모양)되어 근육 및 아가미에 깊이 박혀 기생한다.

97 다음 중 시료 보존 시 가장 변질되기 쉬운 것은?

① 칼슘, 마그네슘량 　② 영양염류

③ 염 분 　　　　　　④ 부유물질

해설
영양염류와 유기물성분은 미생물에 의해 단시간에 영향을 받기 때문에 시료 보존 시 변질되기 쉽다.

98 암모니아성 질소(NH_3-N)의 황갈색 발색제(發色劑)는?

① Nessler 시약

② Indophenol 용액

③ EDTA 용액

④ O-tolidine 용액

해설
네슬러 시약
요드화제2수은칼륨(K_2HgI_4)의 강알칼리성 용액으로, 미량의 암모니아에 의해서도 황색 또는 황갈색으로 착색되므로 암모니아의 검출시약으로 사용된다.

99 갑각류에서 두흉갑이나 몸 표면의 외골격에 비정상적으로 칼슘염이 모여 생기는 지름 0.5~2.0mm 정도의 둥근 흰색 반점과 큐티클층의 색소포가 확산되어 몸 색깔이 분홍색에서 적갈색으로 변하는 증상을 보이는 질병은?

① 비브리오병

② 검은 아가미병

③ 흰반점 바이러스병

④ 바이러스성 중장선 괴사병

100 양식 중인 돌돔이나 방어가 겉으로 보이는 증상이 없음에도 불구하고 수면을 발광 유영 및 경련을 일으키면서 사망한다면 다음 중 그 원인이라 할 수 있는 것은?

① *Diplostomum* sp.

② *Clinostomum* sp.

③ *Metagonimus* sp.

④ *Galactosmum* sp.

제1과목 | 어류양식학

01 가공형태에 따른 사료의 종류가 아닌 것은?

① 건조사료

② 가루사료

③ 크럼블사료

④ 미립자사료

해설

사료의 분류

• 수분의 함량에 따라 : 습사료, 반습사료, 건조사료

• 가공형태에 따라 : 가루사료, 반죽사료, 펠릿사료, 압출성형사료, 크럼블사료, 미립자사료 등

02 다음 어류 중 구중(口中) 부화하는 어류는?

① 조피볼락

② 틸라피아

③ 초 어

④ 감성돔

해설

틸라피아는 구중부화(Mouth Breeder)를 하는 어류이기 때문에 수정된 알을 입에 품어서 입안에서 부화시킨다.

03 넙치 부화 자어를 20~50m³ 수조에서 사육할 때 적당한 수용밀도(개체/1,000L)는?

① 1,000

② 5,000

③ 20,000

④ 40,000

해설

넙치의 부화 직후 길이는 2.5~3.0mm, 자어의 수용밀도는 수량 1,000L당 20,000마리 전후이다. 에어레이션을 해주고 조도는 10,000lx 이내, 수온은 18℃ 전후로 한다.

04 선발육종(Selective Breeding)에서 가장 많이 쉽게 취급하는 형질은?

① 관상성

② 내병성

③ 성장력

④ 산란력

해설

선발육종에서 사용되는 주요 형질은 사료전환효율, 성장률, 사망률(질병에 대한 저항력), 육질 등이 주요 대상 형질이 된다.

05 틸라피아의 생태에 관한 사항으로 틀린 것은?

① 우리나라 남부의 경우 야외 못에서는 여름철 3~4개월 정도 밖에 사육할 수 없다.

② 주로 식물식성이며, 광범위한 염분 농도에 견디는 종류들이 있다.

③ 저산소 농도에 강해 고밀도로 양식할 수 있다.

④ 사육밀도가 낮으면 성장은 빠르나 번식은 억제된다.

해설
일반적으로 못 양식을 할 때는 번식력이 너무 강하기 때문에 초고밀도로 사육하여 번식을 억제하도록 한다.

06 어류에서 뇌하수체를 추출한 후 보관하는 방법으로 맞는 것은?

① 증류수에 넣어 보관한다.

② 아세톤에 건조시켜 보관한다.

③ 포르말린에 고정시켜 보관한다.

④ 링거액(생리식염수)에 보관한다.

해설
뇌하수체를 다량으로 준비할 때나 또는 쓰고 남은 것이 있을 때는 이것을 아세톤으로 처리하여 말려두면 1년은 사용할 수 있다.

07 넙치알의 특성은?

① 분리침성란

② 분리부성란

③ 점착부성란

④ 점착침성란

08 무지개송어를 양식할 수 있는 용수의 최저 용존산소량은?

① 5mg/L

② 7mg/L

③ 11mg/L

④ 15mg/L

해설
이상적인 용존산소량은 10~11mg/L이며, 적어도 7mg/L 이상이어야 한다.

09 자주복의 부화 후 공식현상이 생기기 시작하는 크기는?

① 부화 직후의 전장 2.6~2.9mm

② 전장 5mm 전후

③ 치아가 발달한 전장 50mm 전후

④ 먹이활동이 활발한 전장 100mm 전후

해설
복어의 부화·발육과정에서 투쟁습성이 나타나는 시기는 부화 후 20일(체장 5mm 전후)이고, 가장 심한 크기는 10~25mm이며, 이 시기를 지내면 상당히 줄어든다.

10 참돔에 대한 설명으로 맞는 것은?

① 산란기의 성숙한 암컷은 머리가 둥글고 검은색을 띤다.

② 22℃에서의 부화시간은 84시간 정도이다.

③ 알은 일반 해수에서 분리침성란이다.

④ 부화 후 운동력과 시각이 발달하면 먹이를 선택적으로 먹는다.

해설
① 산란기의 성숙한 암컷은 머리가 둥글고, 몸 색깔이 붉은색으로 짙어진다.
② 부화일수는 14℃일 때 8시간, 18℃일 때 54시간, 22℃일 때 35시간 소요된다.
③ 수정란은 분리부성란이다.

11 미꾸리의 생활 습성에 대한 설명으로 가장 거리가 먼 것은?

① 아가미호흡과 창자호흡을 한다.
② 수심이 깊은 곳을 선호한다.
③ 산란 후 항문 옆에 타원형의 흰 자국이 생긴다.
④ 산란기는 5~8월이다.

해설
흐름이 약하고 진흙이 많은 평지의 수로, 저수지, 늪, 논 등에 서식한다.

12 조피볼락 종묘 생산 시, 출산 후 약 10일간 공급하는 로티퍼의 밀도는?(단, 사육수 mL당 로티퍼의 수를 의미함)

① 2~3개체
② 20~30개체
③ 200~300개체
④ 2,000~3,000개체

해설
먹이를 처음 공급하는 시기는 출산 직후로 로티퍼를 공급한다. 로티퍼는 2~3개체/mL를 유지하고 산출 후 5~15일간 공급한 후 알테미아를 배합사료와 함께 공급한다.

13 실뱀장어 사육에서 인공 배합사료 사용의 장점은?

① 먹이에 의한 오염이 적어 수질관리가 용이하다.
② 먹이에 의한 에드워드병의 감염이 없다.
③ 일반적으로 초기 성장이 우수하다.
④ 일반적으로 실지렁이보다 기호성이 좋다.

해설
인공배합사료의 이용 시는 에드워드병의 위험이 없으나, 먹이 선호도가 떨어지고 수질오염의 문제가 있다.

14 은어 종묘 생산 시 초기사육의 적수온은?

① 5~10℃
② 10~15℃
③ 15~20℃
④ 25~30℃

해설
초기의 사육 적수온은 15~20℃이며, 13℃ 이하에서는 먹이를 먹지 않는다.

15 사료 중 지방질의 변질 방지를 위해 첨가하는 성분은?

① 탄수화물
② 단백질
③ 비타민 C
④ 비타민 E

해설
비타민 E(토코페롤) : 지방산의 항산화제(산화방지제)로 작용한다.

16 사료 내에 부족할 경우 빛 공포증, 백내장, 피부병 및 지느러미 출혈증상이 나타나는 영양소는?

① 비타민 B_2
② 비타민 B_{12}
③ 비타민 C
④ 비타민 A

해설
② 비타민 B_{12} : 소적혈구증 빈혈, 적혈구 파괴, 경미한 성장 감소
③ 비타민 C : 척추 변형, 내, 외출혈 및 지느러미 부식, 아가미 섬유 연골의 만곡
④ 비타민 A : 성장부진, 눈 손상, 빈혈, 과잉 섭취, 성장부진, 빈혈, 지느러미 침식

17 어류의 성숙촉진 또는 산란유발과 가장 거리가 먼 것은?

① 간출(노출)자극

② 수온자극

③ 광주기 조절자극

④ HCG주사

해설
간출(노출)자극은 일반적으로 패류의 인공종자 생산 시 사용되는 산란자극법이다.

18 조피볼락의 친어관리 및 생태에 관한 내용으로 틀린 것은?

① 친어 대상은 자연에서 포획한 것 또는 종묘생산 하여 양식된 것으로 한다.

② 교미시기의 사육 수온은 10~13℃로 유지한다.

③ 출산시기의 사육 수온은 13~15℃로 유지한다.

④ 친어의 교미 후 즉시 체내에서 미성숙란의 수정 이 이루어진다.

해설
조피볼락의 생식형태
수컷이 먼저 성숙하여 12~2월(13℃)에 교미가 이루어지고 알이 성숙 후 체내수정은 3~4월에 이루어지며, 4월 중순에서 5월에 걸쳐 자어가 산출된다.

19 일반적으로 사용되고 있는 잉어알 부화병의 크기 는?

① 지름 10~15cm, 높이 50~60cm

② 지름 20~30cm, 높이 30~40cm

③ 지름 35~40cm, 높이 20~30cm

④ 지름 50~60cm, 높이 10~15cm

해설
잉어알 부화병의 크기는 지름 10~15cm, 높이 50~60cm 정도의 부화병에 5만~10만 개의 알을 부화시킬 수 있다.

20 난황의 크기가 크고 부화 자어의 입이 커서 부화된 자어에게 동물성 플랑크톤을 먹이로 공급하지 않 아도 되는 어종은?

① 잉 어

② 붕 어

③ 송 어

④ 은 어

21 성게류 부화유생의 먹이로 틀린 것은?

① Clamydomonas sp.

② Chaetoceros sp.

③ Nitzschia sp.

④ Calanus sp.

해설
Calanus sp.(요각류)는 어류의 먹이가 된다.

22 후기 채묘한 굴을 단련상에 옮겨 단련시키는 주된 목적은?

① 성장 억제

② 공중활력 증강

③ 원반당 부착밀도 조절

④ 해적생물에 의한 피해 방지

해설
채묘 후 채묘상에 그대로 방치하면 따뜻한 시기이기 때문에 조가비가 지나치게 자라 두께가 얇고 약해져서 파손되기 쉽다.

23 우리나라에서 대하나 흰다리새우를 양성하는 일반적인 방법은?

① 제방식(축제식)

② 나뭇가지식

③ 채롱식

④ 바닥식

해설
우리나라의 서해안에서 숭어, 농어, 감성돔, 새우류의 양식에 주로 사용되는 축제식 양식장은 규모가 큰 못 양식의 한 예이다.

24 채묘된 진주담치 치패를 수심이 다소 깊은 수층으로 옮겨 두었다가 일정 기간 경과 후 다시 양성 수층으로 옮겨 양성하는 주목적은?

① 수확 시의 크기를 균일하게 하기 위하여

② 성장을 촉진하기 위하여

③ 해적생물의 부착을 방지하기 위하여

④ 대량 폐사를 방지하기 위하여

25 진주조개가 동면으로 들어가는 수온은?

① 8℃   ② 10℃

③ 13℃   ④ 15℃

해설
진주조개의 수온별 생태
• 8℃ 이하 : 서식한계수온(위험수온)
• 13℃ 이하 : 동면
• 15℃ 이상 : 운동 활발
• 15~30℃ : 서식적온
• 20~25℃ : 최적수온

26 우리나라 성게류 중 가장 깊은 바다에서 사는 종은?

① 북쪽말똥성게

② 분홍성게

③ 보라성게

④ 말똥성게

해설
북쪽말똥성게 : 조간대에서 35m, 우리나라 산업종 중 가장 심해성이다.
② 분홍성게 : 남방종 중에서 가운데 5m 내외
③ 보라성게 : 심해성(남방종 중)
④ 말똥성게 : 천해성, 주로 4m 내외

27 라마르크대합과 비교하여 대합의 형태적 특징을 가장 잘 나타낸 것은?

① 외투막돌기는 가늘게 분기하여 복잡하다.
② 패각의 무늬는 성장한 후에는 변화가 없다.
③ 입수관 구연부에 있는 촉수의 구조가 단조롭다.
④ 패각의 두께가 두꺼운 편이다.

해설
대합과 라마르크대합의 구별
※ 라마르크대합은 좁쌀무늬조개와 섞여 산다.
• 대합 : 입수관 구연부에 있는 촉수의 구조가 단조롭고 패각의 두께가 얇으며, 각폭의 팽출 정도가 완만하고 패각의 무늬가 성장 후에도 변화가 심하다. 정문이 없으며, 천해쪽에 많이 산다.
• 라마르크대합 : 촉수의 구조가 가늘게 분기하여 복잡하다. 대합이 내만성으로 해수 비중이 낮은 하구 가까이 물길 같은 곳에 많이 볼 수 있는 반면, 라마르크대합의 주서식장은 외해에 면한 곳으로 비중의 호적 범위가 대합보다 높다.

28 인공종묘 생산 시 부유유생 시기에 먹이생물을 공급하지 않아도 되는 종은?

① 성 게
② 해 삼
③ 피조개
④ 멍게(우렁쉥이)

해설
부유유생 기간에는 먹이를 먹지 않고, 부착생활로 들어간 다음부터 먹이를 먹기 시작한다.

29 산란시기에 성숙한 암컷만으로 인공종묘생산이 가능한 양식생물은?

① 전 복　　　　② 참 굴
③ 보리새우　　④ 진주조개

해설
자연에서 채집된 보리새우의 성숙한 채란용 어미는 이미 교미한 것이므로 수컷은 필요 없고 암컷만 확보하면 된다. 양식용 종자는 이른 봄에 자연산의 성숙한 어미를 잡아 인공부화시키고, 치하기를 지나 2cm쯤 되면 사육지에 방양한다.

30 참가리비 바닥양식장의 지표종이 아닌 것은?

① 아기군부
② 옆새우류
③ 대형 혹히드라충류
④ 개우렁쉥이류

해설
참가리비 바닥양식장의 지표종
아기군부, 감마루스, 대형 히드라조아, 다모환충, 거미불가사리, 염통성게류, 원색류 등

31 키조개의 서식환경에 대한 설명으로 옳은 것은?

① 서식 수심은 간조선 아래의 지반이 비교적 낮은 곳
② 저질은 모래질이 50~80% 되는 곳
③ 해수비중은 1.0200 이하인 곳
④ 저질 중에 족사로 부착하여 수평으로 몸을 지지할 수 있는 곳

해설
키조개의 서식환경
• 내만에 서식하며 조간대에서 수심 40m에 분포
• 저질은 모래질이 50~80%
• 해수비중 1.020~1.024

32 꽃게의 성장과정에서 저서생활을 시작하는 시기는?

① 메갈로파기(3mm)

② 5기 치해(1~2cm)

③ 11기 치해(9cm)

④ 조에아기

> **해설**
> **꽃게의 성장과정**
> 부화 직후 제1령 조에아 → 3회 탈피 후 제4령 조에아기에 부유생활 시기 → 메갈로파(3mm, 반저서생활 시작) → 치해(새끼게) → 제4기 새끼게(반저서생활 끝) → 제5기 새끼게(어미처럼 저서생활)

33 보리새우가 먹이를 먹기 시작하는 단계는?

① 노플리우스

② 조에아

③ 메갈로파

④ 미시스

> **해설**
> **보리새우류의 먹이생물**
>
> | 노플리우스 | 조에아 | 미시스 | 포스트라바 |
> |---|---|---|---|
> | 필요 없음 | • 부유성 규조류, 부착 규조류, 해산 윤충류
• 참굴의 알, 따개비 유생
• 저서기에는 바지락, 잡새우, 배합사료 | | |

34 참전복을 이식할 경우 환경조건에 따른 성장에 관한 내용으로 옳은 것은?

① 환경조건이 좋은 수역에서는 패각이 얇아진다.

② 환경조건이 좋은 수역에서는 패각이 원형에 가깝다.

③ 온대수역 내의 저위도 지역보다 고위도 지역에서 성장이 더 잘된다.

④ 자갈밭과 암반지대에서의 전체 생산량은 차이가 없다.

> **해설**
> 참전복은 한류계로 패각은 얇고 긴 타원형으로서 어릴 때는 껍질에 3~4조의 줄을 나타낸다. 서식환경이 좋고 먹이가 많은 곳의 전복은 패각이 얇고 성장이 빠르며 크게 자란다. 그러나 환경이 좋지 않은 곳에서는 패각에 요철이 많고 두꺼울 뿐만 아니라 성장이 늦다.

35 양식용 먹이생물의 조건으로 틀린 것은?

① 대량 배양이 가능해야 한다.

② 운동성이 활발한 것일수록 좋다.

③ 칼로리의 함량이 높을수록 좋다.

④ 쉽게 소화되어야 한다.

> **해설**
> **먹이생물의 조건**
> • 증양식 대상생물이 먹는 생물일 것
> • 증양식 대상생물의 구경(입의 크기)에 알맞은 크기일 것
> • 운동력이 너무 빠르지 않아 자치어가 포식하기에 알맞을 것
> • 저렴한 경비로 대량 배양이 용이할 것
> • 대상생물의 정상적인 성장이 가능하도록 영양적인 면에서 가치가 있을 것
> • 섭이 후 소화, 흡수가 용이할 것
> • 비병원성 생물이어야 할 것
> • 언제든지 필요한 때에 사용 가능하도록 계속적인 안정배양이 가능할 것

36 연안 양식장의 부영양화 방지대책을 세울 때 질소 화합물과 함께 가장 문제가 되는 것은?

① 인 　　　　② 철
③ 규 소 　　　④ 비타민류

인은 수질오염과 부영양화의 주원인인 조류의 성장을 돕는 역할을 한다.

37 우리나라에서 산업적으로 이용되는 이매패류 중 가장 대형인 종은?

① 참가리비
② 큰우럭
③ 벗 굴
④ 키조개

키조개는 진주조개목 키조개과에 속하는 대형 어패류이다.

38 진주조개에 소핵을 수술했을 때 일반적인 양성기간은 약 몇 개월인가?

① 2~4개월
② 5~7개월
③ 8~10개월
④ 11~13개월

수술 후 수확까지 양성시간
• 정핵, 소핵 : 5~7개월
• 중핵 : 1년 반
• 대핵 : 2년 반

39 참전복 수용양성에 적합하지 않은 장소는?

① 육수가 유입되어 영양염이 풍부한 곳
② 오염 해수의 영향을 받지 않는 깨끗한 곳
③ 암초지대로서 그 주변에 사니질이 없는 곳
④ 지형이 천연적으로 재해를 방지할 수 있는 곳

전복 방류 양어장의 조건
• 파랑이 많고 조류가 빠른 곳
• 해조류의 번식이 많은 외양성 암초지대
• 하천수나 오염해수의 영향이 없는 곳
• 천연재해를 방지할 수 있는 곳
• 종자나 먹이의 확보가 쉬운 곳

40 우럭의 종묘생산 및 양성과정에 대한 설명으로 틀린 것은?

① 유생의 부착성이 약해 천연에선 완류식 채묘가 가장 좋다.
② 간출시간 1~2시간으로 얕은 곳이 치패관리장으로 가장 좋다.
③ 방양에 알맞은 종묘의 크기는 약 20mm이고, 밀도는 $1m^2$당 25~30개체이다.
④ 양성장은 하구 부근으로 연한 개흙질이 많고 간출 시간이 2~4시간인 곳이 좋다.

치패관리는 항상 해수 중에 잠기는 얕은 곳이 좋다.

41 미역의 초기 종묘배양 시 조도의 조건으로 적합한 것은?

① 수온이 19~20℃일 때 3,000~4,000lx

② 수온이 22~24℃일 때 3,000~4,000lx

③ 수온이 19~20℃일 때 5,000~6,000lx

④ 수온이 22~24℃일 때 5,000~6,000lx

해설

미역 종자기의 시기별 수온 및 조도

초 기	20℃ 전후 3,000~4,000lx
중 기	• 24~25℃ → 500lx 이하 • 25~27℃ → 200~500lx
종 기	• 24℃ → 500~1,000lx • 23~24℃ → 2,000~3,000lx • 20℃ → 4,000lx 이상

42 한천의 원료로 주로 사용되는 해조류가 아닌 것은?

① 우뭇가사리　　② 꼬시래기

③ 개우무　　　　④ 잎파래

해설

한천의 원료가 되는 해조류

모두 홍조류로서 많이 이용되고 있는 종류는 우뭇가사리, 개우무, 새발, 꼬시래기, 가시우무, 비단풀, 단박, 돌가사리, 석묵, 지누아리 등이다.

43 미역 배우체의 휴면온도 기준은?

① 5℃ 이하　　　② 10℃ 이하

③ 20℃ 이상　　　④ 24℃ 이상

해설

미역 배우체의 휴면

배우체는 수온이 23℃ 이상이면 휴면상태에 들어간다. 가능한 25℃ 정도로 유지하고 통풍을 충분히 해주는 것이 좋으며, 고수온에 강해 조도를 낮추면 28℃에서도 생존할 수 있다. 단, 고수온에서는 수조의 미세동물과 기타 유기물이 죽어 수질이 나빠질 수 있고, 이로 인해 미역에 악영향을 미칠 수 있다.

44 김 각포자 방출촉진법에 대한 설명으로 옳은 것은?

① 배양수의 비중을 1.040~1.050으로 조절한다.

② 배양수의 수온을 10~20℃로 저온처리한다.

③ 채묘 1주일 전부터 광선을 받는 시간을 늘려준다.

④ 조가비를 해수에서 들어내어 100% 습도처리한다.

해설

각포자 방출촉진법

• 온도처리(저온처리) : 10~20℃로 두며, 7~10일 전에 처리한다. 대개 방출시작 3~4일 만에 최고에 달함

• 단일처리 : 채묘 1주일 전 단일처리를 짧게 하여(명기 8시간, 암기 16시간) 포자의 성숙도를 촉진하는 방법

• 물갈이처리 : 채묘 전에 배양해수를 수온 25℃ 이하로 유지하며, 1~2일마다 환수시킴

45 유리사상체를 조가비에 이식할 때의 주의사항으로 옳은 것은?

① 배양수를 움직이지 않게 하고, 조도는 이식 후 4~5일 정도는 500lx 정도로 어둡게 관리한다.

② 배양수를 자주 흔들어 주고, 조도는 이식 후 4~5일 정도는 500lx 정도로 어둡게 관리한다.

③ 통기 배양을 하면서, 조도는 이식 후 4~5일 정도는 3,000lx 정도로 밝게 관리한다.

④ 배양수를 움직이지 않게 하고, 조도는 이식 후 4~5일 정도는 3,000lx 정도로 밝게 관리한다.

46 다시마 종묘배양에 관한 설명으로 틀린 것은?

① 배우체 배양 시의 수온은 16℃ 이하가 좋다.

② 배우체는 암수로 구별된다.

③ 속성으로 종묘배양 시 투입하는 영양염류 중 인 (P)과 질소(N)의 비는 10 : 1로 하여 인을 많이 투입한다.

④ 봄철에 채묘하여도 겨울철에 다시마 양식이 가능하다.

속성으로 종자배양 시 투입하는 영양염류 중 질소(N)와 인(P)의 비는 7~10 : 1로 시비한다.

47 생활사에서 중성포자를 만들지 않는 김은?

① 참 김   ② 둥근김

③ 방사무늬김   ④ 긴잎돌김

해설
긴잎돌김은 잇바디돌김과 마찬가지로 자웅이주이며, 중성포자를 갖지 않는 것으로 알려져 있다.

48 홑파래가 자연상태에서 가장 좋은 성숙 정도를 보이는 조건은?

① 강한 광선과 장일조건하에서

② 약한 광선과 단일조건하에서

③ 강한 광선과 단일조건하에서

④ 약한 광선과 장일조건하에서

해설
수온 23℃, 8,000lx의 강한 광선, 장일조건, 자연상태에서 4, 5월

49 톳과 혼성군락을 형성하여 잡해조로 여겨지는 해조류는?

① 지충이

② 감 태

③ 다시마

④ 미 역

해설
성숙기 전 톳의 서식처 및 인근에 있는 지충이까지 제거하여 포자의 방출, 침입을 막는다.

50 김사상체의 각포자 방출억제방법이 아닌 것은?

① 암흑처리

② 고비중처리

③ 냉장처리

④ 물갈이처리

해설
각포자 방출억제법
• 고온처리 : 통풍을 차단하여 수온 25~28℃를 유지토록 하며, 배양해수를 많이 채워 일교차를 적게 한다.
• 장일처리 및 연속 명기(明期)처리 : 명기 15~16시간, 암기 8시간으로 밤에도 명기처리로 조절 · 관리한다.
• 암흑처리 : 광선을 완전히 차단하는 방법으로 한계는 6~7일간으로 채묘 예정일에 유의하여야 하며, 한편 포자낭 성숙관리법에도 해당된다.
• 100% 습도처리 : 패각을 해수에서 건져내어 폴리에틸렌 주머니에 넣은 후 밀봉 보관하며, 미성숙된 포자낭이 성숙된다.
• 고비중처리 : 비중 1.040~1.050으로 배양하여 억제시키며, 처리기간은 10일 전후로 한다.
• 온도처리 : 0~5℃ 정도로 유지하며, 채묘하기 4~5일 전 정상 배양한다.

51 미역양식의 수확방법에 대한 설명으로 틀린 것은?

① 양성기간이 긴 곳에서 밀식된 미역은 되도록 자주 솎음채취를 한다.

② 양성기간이 짧은 곳에서 종묘가 적을 경우 미역이 충분히 자랐을 때 일제히 채취한다.

③ 양성기간이 짧은 곳에서 종묘가 밀식된 미역은 솎음채취를 한다.

④ 양성기간이 길고 종묘가 적을 경우 기부의 생장대를 남기는 잎자르기 채취를 한다.

해설
미역의 수확
- 잎자르기 : 양성기간이 길고(20~40일 이상) 종자가 드물 때 → 미역길이가 5~10cm 넘어 생장대 윗부분만 수확
- 솎음채취 : 양성기간이 길고(15℃ 이하) 종자가 밀생할 때
- 일제수확 : 수온이 높아 15℃ 이하가 얼마 안 남았을 때

52 강우가 계속되어 해수 비중이 낮아졌을 때 김발의 관리 요령은?

① 발의 높이를 낮추고 고정시킨다.

② 발의 높이를 높이고 고정시킨다.

③ 발을 수면에 띄우는 정도로 유지한다.

④ 김은 해수 비중의 영향을 받지 않으므로 발의 높이를 조절하지 않는다.

53 자연상태에서 김 각포자의 방출이 가장 많은 조건은?

① 수온 20~22℃의 대조 시

② 수온 20~22℃의 소조 시

③ 수온 25~28℃의 대조 시

④ 수온 25~28℃의 소조 시

54 카라기난(Carrageenan)의 원료가 될 수 있는 해조류는?

① 진두발   ② 미 역

③ 톳   ④ 청 각

해설
카라기난은 홍조류(김, 우뭇가사리, 진두발 등)에서 추출하여 정제한 탄수화물이다.
① 진두발 : 홍조류
②·③ 미역, 톳 : 갈조류
④ 청각 : 녹조류

55 다시마 양성 시 생장, 성숙촉진 및 끝녹음 방지를 위한 양성수위 조절방식으로 적합하지 않은 것은?

① 가을에서 3월까지는 수면 하 1m

② 봄인 4~5월에는 수면 하 1.5m

③ 초여름인 6~7월에는 수면 하 2~2.5m

④ 한여름인 8월에는 수면 하 7~10m

해설
양성수위 조절
- 3월에는 1m,
- 4~5월에는 1.5m,
- 6~7월에는 2~2.5m
- 8월에는 3~3.5m
- 끝녹음 방지를 위해 너무 깊게 하면 다시마가 충실하지 못하게 된다.

56 미역생장의 최적수온 범위는?

① 2~5℃   ② 5~10℃

③ 9~18℃   ④ 15~20℃

해설
미역양식에서 수온별 적온
- 배우체 발아 성장적온 : 17~20℃
- 아포체 유엽의 성장적온 : 15~17℃
- 중륵이 생긴 이후 : 12~13℃
- 성엽 : 5~10℃

57 김 양식장이 검조소(檢潮所)와 인접했을 때의 노출선 산출법은?

① 표준노출선 산출법을 적용한다.

② 현장노출선 산출법을 적용한다.

③ 표준노출선과 현장노출선의 평균치를 적용한다.

④ 조견표에 의한 보정 후 현장노출선을 적용한다.

58 북방형 미역의 특징이 아닌 것은?

① 포자엽의 주름 수가 많다.

② 우상엽의 열각이 깊다.

③ 줄기가 짧다.

④ 주로 외양역에 서식한다.

해설

남방형과 북방형 미역의 비교

구 분	남방형	북방형
엽장(전체장)	소 형	대 형
전체장에 대한 줄기의 길이	짧다.	길다.
성실엽 위치 (포자엽)	영양엽과 이어져 있다.	줄기의 밑부분에 떨어져 있다.
성실엽수	적다(2~4).	많다(6~20).
우상엽 상태	잎의 굴곡이 얕고, 그 수가 많음	잎의 굴곡이 깊고, 그 수가 적음
서식수심	얕다.	깊다.
분 포	남해안, 제주	동해안

59 김의 건묘 육성기준이 되고 있는 4~5시간의 노출은 김엽체의 상태변화로 볼 때 어떤 의미를 갖는가?

① 노출로 인하여 생육 촉진이 가장 잘된다.

② 쇠약하기 직전까지의 한계에 가까운 노출시간이다.

③ 회복될 수 없는 상태로 쇠약하게 되는 노출시간이다.

④ 노출을 하지 않은 때와 큰 차이가 없다.

60 우뭇가사리의 번식방법이 아닌 것은?

① 포복지에 의한 번식

② 유성생식에 의한 번식

③ 재생력에 의한 번식

④ 유주자에 의한 번식

해설

우뭇가사리의 번식

과포자, 사분포자에 의한 번식과 포복지 재생력에 의한 영양번식에 의한 증식

61 바다에 유기성 오염물질 유입 시 나타나는 자정작용에 관한 내용으로 틀린 것은?

① 유기물의 산화분해에는 미생물이 관여한다.
② 유기물의 성질에 따라서 산화분해의 정도가 다르다.
③ 유속이 빠르고, 파도가 있을 때는 대기로부터의 산소공급량이 증가한다.
④ 자정작용은 수온의 영향을 받지 않는다.

해설

수온이 높아질수록 DO(용존산소량)는 감소하는데, 그 이유는 수온이 높아질수록 산소가 물에 잘 녹지 못하기 때문이다. 그러므로 수온이 높아지면 DO가 낮아져서 호기성 미생물이 오염물질을 분해시키는 데 필요한 산소가 부족하게 되어 자정작용이 제대로 일어나지 못한다. 산소가 부족하면, 산소를 필요로 하는 생물은 질식하여 죽고 혐기성 미생물이 유기물질을 분해하는데, 이때 메탄가스나 황화수소가 발생되어 악취가 나게 된다.

62 염분을 측정할 때 주로 사용하는 시약은?

① $AgNO_3$ 및 K_2CrO_4
② $NaOH$ 및 $CaCl_2$
③ $MnCl_2$ 및 $NaCl$
④ HCl 및 $MnCl_2$

해설

식염 정량

K_2CrO_4(크롬산칼륨)과 $AgNO_3$(질산은)을 이용하여 시료 중의 식염의 양을 측정하는 것이다.

63 틸라피아를 운반하거나 옮긴 후의 수질관리방법으로 가장 적합한 것은?

① 용존산소량은 2mg/L 정도로 낮게 4~5일간 유지한다.
② 용존산소량은 적어도 5~6mg/L 정도 높게 유지한다.
③ 용존산소량은 포화농도 가까이 올려야 한다.
④ 용존산소량과는 관계없고 수온만 25~26℃로 유지하면 된다.

해설

틸라피아의 포획이나 운반 시 그 후의 대책(이유)

• 용존산소의 양이 높으면 호기성 세균의 번식이 조장되므로 어류를 취급한 뒤 3~4일간 용존산소량을 2mg/L 또는 그 이하로 낮게 유지시킨다.
• 수송한 치어를 수용 시에는 사전에 수용할 사육지의 용존산소량 및 수온을 확인하여야 하는데 용존산소는 포화 이상, 수온은 적온(26~30℃)이 되도록 한다.

64 어류의 혈액 내 메트헤모글로빈의 양이 증가하여 산소 운반능력을 감소시키는 요인은?

① 유기태질소
② 암모니아성 질소
③ 아질산성 질소
④ 질산성 질소

해설

아질산염이 어류의 체내에 들어오면 혈중의 헤모글로빈에 작용하여 헤모글로빈은 산소를 결합할 수 없는 상태의 메트헤모글로빈으로 되어 혈액의 산소 수송능력을 저하시켜 때로는 폐사에 이르게 된다.

65 COD 측정치와 수질의 관계에서 COD값이 증가하면?

① 오염원이 되는 물질이 증가한다.
② 오염원이 되는 물질이 감소한다.
③ 오염원이 되는 물질이 변화가 없다.
④ 오염원이 되는 물질과 일정한 관계가 없다.

해설
유기물이 많을수록, 즉 물 오염이 심할수록 그만큼 산화에 필요한 산소량도 증가한다. COD가 클수록 그 물은 심하게 오염되었다는 것이다.

66 콘크리트로 제작된 양어장의 특징이 아닌 것은?

① 임의의 구조물을 만들 수 있다.
② 내화성, 내수성이 크다.
③ 구조물의 개조가 용이하다.
④ 수중공사가 가능하다.

해설
구조물의 개조가 쉽지 않다.

67 하천수의 수질조사를 위해 채수지점을 선정하고자 한다. 다음 중 채수지점으로 타당성이 가장 낮은 것은?

① 하천이 굽어지는 지점
② 지류가 합류되는 전후 지점
③ 공장폐수가 합류되는 전후 지점
④ 수위 관측소가 있는 지점

해설
이상적인 채수지점은 단면의 모든 점이 동일한 농도이며, 항상 동일한 농도의 시료를 얻을 수 있는 지점이다.

68 원심펌프를 사용 중인 양식장에서 필요한 소요 유량보다 유량이 적을 것으로 예측되었을 경우에 마련할 대책으로 가장 적합한 것은?

① 스트레이너, 풋밸브 등 흡입배관을 확인, 이물질을 제거한다.
② 양정계산을 다시 해보고 필요시 배관을 더 큰 지름으로 교체한다.
③ 유량이 더 큰 펌프로 교체하고 한 대를 더 설치하여 병렬운전을 고려한다.
④ 케이싱 링을 확인하고 필요시 교체한다.

69 독성물질의 농도가 어느 정도 이상이 되면 어류는 저항할 수가 없어 죽게 된다. 이러한 한계농도를 뜻하는 말은?

① 치사량
② 혐기량
③ 불호량
④ 반치사량

해설
② 혐기량 : 물속의 유해성분에 따라 어류가 기피행동을 일으키는 값이다.
③ 불호량 : 혐기량보다 희박하면 그 속에 들어가는 경우는 있지만, 개체나 군체가 다같이 정상적인 행동을 하지 않는 경우의 농도이다.
④ 반치사량 : 어떤 조건하에서 시험동물수의 50%를 사망에 이르게 할 정도의 약물의 양. 일반적으로 LD_{50}이라고 한다.

70 호수 내에서 조류(Algae)가 많이 번성한 경우 낮 동안의 pH 변화는?

① 일정하게 유지된다.
② 상승한다.
③ 하강한다.
④ 하강하다 다시 상승한다.

해설
낮에는 조류의 광합성으로 이산화탄소 소모에 의한 pH상승, 밤에는 호흡작용으로 pH감소

71 유해독소를 가지고 있어서 적조를 일으키면 막대한 피해를 초래하는 식물플랑크톤은?

① 케토세로스(Chaetoceros)
② 크켈레토네마(Skeletonema)
③ 나비쿨라(Navicula)
④ 김노디니움(Gymnodinium)

해설
유해 적조생물(적조가 어폐류를 폐사시킬 수 있는 물질을 생산)
Cochlodinium polykrikoidas, *Gymnodinium mikimotoi* 및 *Chattonella* sp.에 의한 적조

72 괄호 안에 알맞은 것은?

> 개방적 양식장의 물리적 환경요인에는 계절풍, 파도, 광선, (　　), 수색, (　　), 양식장의 지형, 저질 구성 등이 있다.

① 황화수소, 염분
② 용존산소, 영양염류
③ pH, 암모니아
④ 수온, 투명도

해설
개방적 양식장의 환경 특성
• 물리적 환경요인 : 계절풍, 파도, 광선, 수온, 수색, 투명도, 양식장의 지형, 저질구성 등
• 화학적 환경요인 : 염분, 용존산소, 수소이온농도(pH), 영양염류, 황화수소, 비타민, 무기염류 등
• 생물학적 환경요인 : 양식장 안의 각종 플랑크톤, 유영동물, 저서동식물, 세균 등

73 순환여과식 양어장 용수처리에서 기여도가 가장 큰 생물은?

① 세 균　　　　② 플랑크톤
③ 원생동물　　④ 조 류

해설
순환여과식 양어장의 수질관리 중 생물학적 여과는 물속에 부유해 있는 세균이나 여과조 내의 여과재료와 그 밖의 배설물 등의 찌꺼기에 부착해 있는 세균에 의해서 노폐물을 분해해서 없애는 과정이다.

74 수중 용존산소 농도에 대한 설명으로 틀린 것은?

① 물속의 염분이 높을수록 많이 용해될 수 있다.
② 기압이 높을수록 많이 용해될 수 있다.
③ 포화농도 – 현재농도 = 부족농도가 클수록 많이 용해될 수 있다.
④ 물 온도가 낮을수록 많이 용해된다.

해설
물속의 염분 또는 오염물이 적을수록 많이 용해될 수 있다.

75 수질의 pH를 증가시키는 원인이 되는 것은?

① 광합성
② 호 흡
③ 질산화작용
④ 메탄발효

76 순환여과조의 여과능력이 부족하다고 판단될 때 수행할 수 있는 작업으로 가장 적합한 것은?

① 순환여과조에 여과재를 더 첨가한다.
② 사육생물을 늘린다.
③ 산소를 줄인다.
④ 사료 공급량을 증가시킨다.

77 양어지를 만들 장소의 토질이 점토질이거나 점토가 섞인 모래질이면 보수력이 강하여 못을 만드는 데 적합하지만, 모래가 많은 곳에서는 누수가 심하므로 못 둑의 가운데에 점토질의 강벽(Core)을 설치하여 누수를 막는다. 이때 못 둑의 높이가 1인 경우 적절한 못 둑의 경사를 위한 밑변의 길이는?

① 1.0~1.5
② 2.5~3.5
③ 4.5~6.5
④ 7.5~8.5

78 생물학적 여과의 3단계를 순서에 맞게 나열한 것은?

① 무기물화과정 → 질산화과정 → 탈질화과정
② 탈질화과정 → 무기물화과정 → 질산화과정
③ 질산화과정 → 탈질화과정 → 무기물화과정
④ 질산화과정 → 무기물화과정 → 탈질화과정

79 지수 양어지에서 용존산소의 저하와 더불어 발생하는 가장 유독한 가스는?

① 탄산가스
② 이산화탄소
③ 황화수소
④ 일산화탄소

80 원형수조에서 오물 제거에 가장 효과적인 배수장치는?

① 스탠드 파이프식 배수장치
② 벤투리 배수장치
③ 원뿔형 중앙 배수장치
④ 슬라이드식 배수장치

81 OMVD의 외부 증상으로 맞지 않는 것은?

① 안구돌출
② 체색흑화
③ 복부 점상출혈
④ 백색결절

해설

연어의 바이러스병(*Oncorhynchus masou* virus, OMVD)
• 원인 : *Oncorhynchus masou* virus
• 증상 : 안구돌출, 체색흑화, 복부 점상출혈

83 어류의 주요 바이러스병 중 원인 바이러스가 DNA 바이러스군에 해당하는 것은?

① 바이러스 출혈성 패혈증(VHS)
② 전염성 췌장 괴사증(IPN)
③ 바이러스성 신경괴사증(VNN)
④ 채널메기 바이러스병(CCVD)

해설

DNA Virus 질병과 RNA Virus 질병

DNA Virus 질병	RNA Virus 질병
• 림포시스티스병(LCDV) • 바이러스성 상피증생증 • 채널메기 바이러스병(CCVD) • 연어 입종양병 바이러스(OMV) • 굴 면반바이러스(OVVD) • 잉어 POX병 • 홍다리얼룩새우 바큘로바이러스병(MBV) • 참돔 이리도바이러스병(RSIV) • 바이러스성 중장선괴사병 • 흰반점바이러스병 • 바이러스성 적혈구괴사증(VEN)	• 바이러스 출혈성 패혈증(VHS) • 전염성 췌장괴사증(IPN) • 바이러스성 신경괴사증(VNN) • 잉어봄 바이러스병(SVCV) • 전염성 조혈기괴사증(IHN) • 바이러스성 복수증 • 넙치 랍도바이러스감염증(HIRRV)

82 출혈성 환부를 나타내는 질병이 아닌 것은?

① *Vibrio*병
② *Pseudomonas*병
③ *Edward*병
④ *Columnaris*병

해설

점액세균류의 일종인 *Flexibacter columnaris*균은 양식어류의 아가미나 지느러미를 부식시킨다.

84 *Columnaris* 병원균의 특징은?

① 산소가 있는 환경에서만 자란다.
② 어류의 뇌조직에서만 기생한다.
③ 저수온이 되면 많이 발생된다.
④ 편모로 독특한 활주운동을 한다.

해설

호기성인 이 병원균은 산소와 가장 많이 접촉하는 아가미나 지느러미에서 잘 자란다.

85 은어 연쇄구균증의 외부 증상이 아닌 것은?

① 안구 주위의 출혈

② 복부의 점상출혈

③ 아가미뚜껑의 출혈

④ 비늘의 탈락과 진피의 노출

해설

연쇄구균증의 외부 증상

• 안구돌출과 안구 가장자리의 출혈

• 복부의 점상출혈

• 아가미뚜껑의 내벽의 출혈

• 꼬리자루의 궤양 형성

86 감염성 질병이 의심되는 넙치에서 원인 병원균 혹은 바이러스를 순수하게 분리하기 위해 먼저 사용하여야 할 조직 부위는?

① 신 장   ② 아가미

③ 난 소   ④ 피 부

해설

해부하면 신장과 비장조직의 괴사 및 장출혈이 관찰된다.

87 지느러미의 부식을 특징적인 증세로 나타내는 질병은?

① 에드워드병

② 적점병

③ 비브리오병

④ 콜럼나리스병

해설

각 지느러미, 주둥이, 아가미의 끝단이나 체표에 세균의 죽은 덩어리인 황색 부착물이 나타나며, 원인세균은 환부에서 기둥모양의 집락을 형성한다.

88 아가미흡충의 특징에 대한 설명이 틀린 것은?

① 종에 따라 담수어 또는 해수어에 감염된다.

② 숙주의 조직 또는 혈액을 섭취한다.

③ 충체가 기생된 아가미는 곤봉화된다.

④ 아가미조직에서 기생된 충체가 탈락하면 숙주는 자연치유된다.

해설

아가미조직이 과형성되어 아가미 새엽 사이가 유착되며, 심하면 조직이 괴사된다.

89 무지개송어의 지느러미에 타원형의 백점이 보이는 경우 기생되었을 확률이 가장 높은 것은?

① *Myxobolus* sp.

② *Argulus* sp.

③ *Neodiplostomum* sp.

④ *Ichthyophthirius* sp.

해설

백점병은 저산소, 과밀사육에 의한 스트레스가 원인으로 백점충(*Ichthyophthirius multifiliis*)의 기생으로 생기는 질병이다.

90 원충류인 *Amyloodinium ocellatum*은 세계 각국의 수족관에서 관찰되며, 감염어의 종류도 많다. 이 기생충의 생태에 관한 설명으로 틀린 것은?

① 번식은 분열에 의한다.
② 번식수온은 23~27℃이다.
③ 수온 20℃ 이하에서는 거의 분열하지 않는다.
④ 비중이 1.035~1.042이고, pH가 8.2 이상일 때 잘 발생한다.

91 뱀장어의 기적병을 일으키는 병원체는?

① *Edwardsiella tarda*
② *Aeromonas hydrophila*
③ *Streptococcus iniae*
④ *Vibrio anguillarum*

해설
① 에드워드병
③ 연쇄구균병
④ 비브리오 앙귈라룸에 의한 감염병

92 자라의 등에 백색의 반점이 형성되는 백반병의 원인균은?

① *Candida* sp.
② *Fusarium* sp.
③ *Mucor* sp.
④ *Scytalidium* sp.

해설
접합균류의 털곰팡이과의 털곰팡이 *Mucor* sp.가 자라의 피부에 기생하여 생긴다.

93 연어과 어류의 바이러스병이 아닌 것은?

① 허피스바이러스병
② 바이러스성 선회병
③ 바이러스성 출혈성 패혈증
④ 바이러스성 복수증

해설
바이러스성 복수증은 주로 잉어과 어류에 복수(復水)를 일으키는 질병으로 '전염성 복수증'으로 불리며, 무지개송어에서도 감염 사례가 있다.

94 저염분 해수에서의 기계적인 자극이 원인이 되어 양식 김에 발생하는 질병으로, 엽체에 구멍이 생기는 공통점 때문에 녹반병과 혼동하기 쉬운 갯병은?

① 흰갯병　　　　　② 구멍갯병
③ 의사흰갯병　　　④ 호상균병

해설
녹반병과 증상이 유사하나 구멍갯병은 염분이 적은 상태에서 발생하고, 녹반병은 염분이 많은 상태에서 발생한다.

90 ④　91 ②　92 ③　93 ④　94 ②　[정답]

95 염분이 들어있는 사육수로 뱀장어를 양식하면 해마다 풍토병처럼 끊이지 않고 발병되는 세균성 질병은?

① 아가미 썩음병

② 에드워드병

③ 붉은지느러미병

④ 적점병

> **해설**
> 이 세균은 호염성으로 유행되는 곳은 염전지역의 양어장이며, 염분이 전혀 없는 곳은 증식이 불가능하다.

96 수조에 양식 중인 어류가 회전운동과 수평운동을 심하게 하는 경우 그 이유로 가장 타당한 것은?

① 용존산소가 부족했을 때

② 알칼리도가 높았을 때

③ 농약성분이 주입되었을 때

④ 동물성 플랑크톤이 많이 발생되었을 때

97 넙치의 랍도바이러스병에 대한 설명이 틀린 것은?

① 병어는 체색흑화, 안구돌출, 복수 등이 생긴다.

② 발병과 수온은 밀접한 관계가 없다.

③ HRV라고 불린다.

④ 원인 바이러스는 RNA바이러스에 해당한다.

> **해설**
> 이 병은 넙치가 400~500g으로 성장한 겨울철에 잘 발병되며, 수온이 20℃ 이상이 되면 감염어가 자연치유되는 경우도 있으므로 수온을 20℃ 이상으로 상승시키면 폐사율 감소에 효과적이다.

98 연어과 어류의 등뼈가 굽어지는 증상은 어떤 영양성분이 결핍되면 나타나는가?

① 라이신
② 트립토판

③ 메티오닌
④ 티아미나아제

> **해설**
> 트립토판(Trytophan)의 결핍
> 연어과 어류에서 등뼈가 굽어지는 현상, 즉 척추전굴증 또는 척추만곡증이 나타난다.

99 김의 흰갯병에 대한 설명으로 옳은 것은?

① 높이가 높은 발에서 잘 발생한다.

② 유엽, 유아에서 잘 발생한다.

③ 전염성이 있다.

④ 밀식상태가 아니라도 발병한다.

> **해설**
> 흰갯병
> • 낮은 발에서 발생
> • 웃자란 엽체에서 많이 발생하며 곧 회복
> • 전염성은 없다.
> • 밀식이 발생의 원인은 아니나 병 발생 후 밀식하면 심해진다.

100 방어, 전갱이 등 해산어류에게 아가미 및 표피에 결절을 형성하는 형태로서 질병을 일으키는 병원체는?

① *Flexibactor*병

② 궤양병

③ 노카르디아병

④ 슈도모나스병

> **해설**
> 노카르디아(*Nocardia*)증은 방어에서는 아가미에만 큰 결절이 생길 때도 있으며, 해산어인 경우 피부나 아가미 또는 내장에 농양이 형성되고 담수어에도 감염되는 경우가 있다.

제1과목 어류양식학

01 무지개송어 치어 200kg을 방양하여 100일 동안 600kg로 성장하였다. 이때 사료량이 800kg일 경우 사료효율(%)은?(단, 폐사개체 없음)

① 83
② 17
③ 66
④ 50

해설

$$사료효율(\%) = \frac{증육량}{사료\ 공급량} \times 100 = \frac{600 - 200}{800} \times 100$$
$$= 50\%$$

02 사료성분 중 지방과 비타민류의 산화방지를 위해 사용되는 항산화제가 아닌 것은?

① BHT
② 레시틴
③ α-토코페롤
④ α-녹말

해설

항산화제
• 천연항산화제 : 레시틴, 토코페롤, 고시폴, 세사몰 등
• 합성항산화제 : BHA, BHT, PG, NDGA 등
※ 녹말은 사료 제조 시 점착제로 사용된다.

03 잉어의 성장 적수온은?

① 14~17℃
② 18~20℃
③ 21~24℃
④ 25~28℃

해설

25~28℃ 전후가 최적성장수온으로 가장 잘 먹고 잘 자란다.

04 잉어 양식에 대한 설명으로 옳은 것은?

① 가을철 수온이 내려가는 시기에 산란한다.
② 알은 부상성 점착란이다.
③ 종묘생산 당해 연도에 최대 약 3cm 크기의 소형 종묘생산이 가능하다.
④ 종묘생산 후 이듬해에 800~1,000g의 식용어 생산이 가능하다.

해설

① 잉어의 산란기는 5~6월경으로 봄철의 장일환경과 수온 상승이 자극이 되어 성숙이 진행되어 산란에 이른다.
② 알은 점착 분리란이다.
③ 소형종자생산은 산란용 친어가 산란한 알로부터 부화된 치어를 30~40일 사육하여 체장 3~4cm, 체중 0.6~1.5g의 치어를 생산하는 것이다.

05 *Anguilla anguilla*의 원산지는?

① 일 본   ② 필리핀

③ 인 도   ④ 유 럽

해설
뱀장어는 크게 *Anguilla*와 *Japonica*로 나누어진다.
• *Anguilla*는 원산지가 유럽, 북미이며, 눈이 크고 굵기에 비해 길이가 짧다.
• *Japonica*는 원산지가 한국, 일본, 중국, 동남아 등에 서식하여 극동산이라 한다.

06 염색체 공학기법으로 생산된 우량형질 개체의 해외 유출 방지를 위해 가장 중요하게 요구되는 기술은?

① 불임화   ② 기형방지

③ 성장증대   ④ 내병성 강화

해설
염색체 공학을 이용한 배수체 불임화 기술로 재생산 및 육종기술 유출을 방지한다.

07 현재 인공종묘생산에서 치어기의 먹이로 기수산 로티퍼를 사용하는 어종은?

① 연 어   ② 은 어

③ 송 어   ④ 메 기

해설
기수산 로티퍼(클로렐라나 유지와 먹이면 생존율이 좋다)를 부화 후 1~2일부터 100일간 먹이며, 성장함에 따라 물벼룩, 노른자, 알테미어, 배합사료 등을 공급하다가 120~150일 후 0.5g이 되면서 부터는 배합사료만을 공급한다.

08 넙치 사육에서 수온에 따른 내용이 바르게 연결된 것은?

① 10℃ 이하 – 폐사

② 15~20℃ – 치어사육의 적수온

③ 20~25℃ – 식욕감퇴

④ 30℃ 이상 – 산란

09 우리나라에 이스라엘잉어(향어)가 도입된 연도는?

① 1955년   ② 1963년

③ 1973년   ④ 1982년

해설
외래종 도입순서
• 1955년 틸라피아(태국)
• 1963년 초어, 백련어(일본), 1965년 무지개 송어(미국)
• 1972년 채널메기(미국), 1973년 향어(이스라엘)

10 배합사료의 장점에 대한 설명으로 틀린 것은?

① 관리와 공급이 쉽고, 자동사료공급기의 사용으로 인건비를 절약할 수 있다.

② 상온(20~25℃)에서 1년 이상의 장기저장이 가능하다.

③ 사료 공급량과 투여방법을 조절함으로써 생산량을 쉽게 조정해 나갈 수 있다.

④ 생사료에 비하여 사료의 공급과 가격이 안정적이다.

해설
인공배합사료의 장점
• 관리와 공급이 쉽고, 자동사료공급기의 사용으로 인건비를 절감
• 사료에 따라서 상온(20~25℃)에서 3개월 정도 저장가능
• 사료공급과 가격이 안정적임
• 사료공급량과 투여방법 조절로 생산량의 조절 가능
• 어류의 사료 공급량을 적당히 조절함으로써 질병발생의 억제

11 다음 중 실뱀장어의 소하가 가장 많을 때는?

① 대조 시의 일몰 때부터 2~3시간 이내에 만조가 될 때

② 저녁 때(밤)의 소조 시

③ 낮부터 계속 비가 오는 날

④ 북동풍이 불 때

12 산란기 잉어 수컷의 성징이 아닌 것은?

① 체표가 거칠어진다.

② 가슴지느러미 가장자리 큰 줄기에 돌기가 많아진다.

③ 꼬리지느러미의 크기가 작아진다.

④ 몸이 단단해진다.

해설

산란기 잉어의 암수 구별

• 암컷 : 배가 불러오고, 몸 표면이 부드러워진다. 특히 항문근처가 부드럽게 부풀어 있고, 배를 약간만 눌러도 알이 쉽사리 흘러나온다.

• 수컷 : 몸이 단단하고, 몸 표면이 거칠어진다. 특히 몸 전체의 촉감이 거칠거칠하며, 가슴지느러미 안쪽상부와 아가미뚜껑 위에 좁쌀 같은 추성(돌기)이 많이 솟아 있어서 이를 각각 식별할 수 있다.

13 조피볼락의 자어사육시설 관리에 있어 자어의 안정을 유도하기 위한 수조의 표층 조도로 가장 알맞은 것은?

① 50~100lx

② 150~200lx

③ 250~300lx

④ 300~350lx

14 MS-222로 무지개송어를 마취시키려고 한다. 가장 적당한 농도는?

① 10~50ppm

② 100~150ppm

③ 300~350ppm

④ 400~450ppm

해설

MS-222를 0.1~0.15‰를 사용하거나 퀴날딘(Quinaldine) 0.01~0.02‰로 마취

15 넙치의 생물학적 최소형의 크기로 적절한 것은?

① 수컷 10cm, 암컷 30cm

② 수컷 20cm, 암컷 30cm

③ 수컷 30cm, 암컷 40cm

④ 수컷 45cm, 암컷 50cm

해설

생물학적 최소형

• 암컷 : 체장 36~45cm 체중 450~1,000g

• 수컷 : 체장 30~40cm 체중 300~700g

16 비단잉어의 빨간색을 짙고 선명하게 하기 위해서 사용하는 색상사료의 원료 중 청록색 나선형의 남조류인 것은?

① *Chlorella vulgaris*

② *Chaetoceros calcitrans*

③ *Spirulina platensis*

④ *Nannochloris oculata*

①・④ 녹조류
② 규조류
패류 종자생산 시 사용되는 먹이

분 류	종 류	섭취생물
규조류	Skeletonema	해산 갑각류와 유생 및 치패
	Thalassiosira	해산 갑각류, 패류유생 및 치패
	Phaeodactylum	해산 갑각류, 패류유생 및 치패, 알테미아
	Chaetoceros	해산 갑각류, 패류유생 및 치패, 알테미아
	Nizshia	전복 치패
황색 편모조류	Isochrysis	해산 갑각류, 패류유생 및 치패, 알테미아
	Pavlova	패류유생 및 치패, 알테미아, 로티퍼
녹색 편모조류	Tetraselmis	해산 갑각류, 패류유생 및 치패
	Platymonas	알테미아, 로티퍼
	Pyramimonas	패류유생 및 치패
	Micriminas	패류유생 및 치패
녹조류	Dunaliella	패류유생 및 치패, 알테미아, 로티퍼
	Chlamydomonas	패류유생 및 치패, 로티퍼
	Chlorella	로티퍼, 알테미아
	Nannochloris	해산 새우, 패류유생 및 치패, 알테미아
남조류	Spirulina	해산 새우유생, 패류치패, 알테미아, 로티퍼

17 양식을 위한 자연산 방어 종묘의 선택으로 틀린 것은?

① 겉보기에 살이 쪄 있는 것을 선택한다.

② 먹이 붙임이 쉬운 큰 종묘를 선택한다.

③ 몸 빛깔은 황록색을 띠고 있는 것을 선택한다.

④ 떼를 지어서 유영하는 것들을 선택한다.

방어 종자 구입 시 유의할 점
• 둥글둥글하게 살이 쪄 있을 것
• 어체 크기가 고른 것
• 기생충의 기생이 없는 것
• 몸 빛깔은 황록색을 띠고 있는 것
• 다른 개체와 떼를 지어서 정상적인 유영을 하고 있는 것
• 운반하기 편하게 종자의 크기가 8~30g 정도 되는 것

18 로티퍼의 생산을 감소시키는 원인생물이 아닌 것은?

① 에어로모나스속

② 슈도모나스속

③ 유플로테스속

④ 우로네마속

슈도모나스속은 로티퍼의 증식을 높인다.

19 돌돔 자ㆍ치어 사육의 설명으로 틀린 것은?

① 수온 21~22℃에서 수정 후 약 29~30시간 만에 부화한다.

② 부화 후 40일까지 효모와 클로렐라를 먹인다.

③ 돌돔 난의 크기는 약 0.77~0.98mm이다.

④ 수온 20℃에서 부화 후 3일이 지나면 난황을 거의 흡수한다.

해설

돌돔 자ㆍ치어 사육
· 투명한 구형의 분리부성란, 유구 1개를 가짐, 크기는 0.77~0.98 mm
· 21~22℃에서 29~30시간 만에 부화, 20℃에서 부화 후 3일이 지나면 난황을 거의 흡수하고 입이 열림
· 부화 후 3~20일 : 빵효모, 클로렐라로 영양강화된 로티퍼를 공급
· 부화 후 14~38일 : 알테미아 유생
· 부화 후 30일 : 배합사료

20 산란기간 중에 암컷이 1회만 산란하는 종은?

① 참 돔　　② 넙 치

③ 금붕어　　④ 자주복

해설

산란기간
· 산란기가 연 중 1회로, 산란기간 중에 암컷이 1회만 방란ㆍ방정을 하는 종 : 연어과어류, 자주복, 문치가자미 등
· 1년에 1회의 산란기간 중에 반복해서 방란, 방정을 하는 종 : 참돔, 금붕어, 넙치, 놀래기, 붉바리, 자바리, 자리 등
· 연중 특정기간을 가지지 않고 방란ㆍ방정을 하는 종 : 제브라피시, 구피, 가다랑어 등

21 다음 중 한류성 양식생물로 짝지어진 것은?

① 참소라 – 참가리비

② 참가리비 – 멍게(우렁쉥이)

③ 대합(백합) – 멍게(우렁쉥이)

④ 피조개 – 참소라

22 양식생물과 부화유생의 연결이 틀린 것은?

① 닭새우 – 필로소마

② 성게 – 돌리올라리아

③ 전복 – 담륜자

④ 해삼 – 아우리쿨라리아

해설

② 성게 : 에키노플루테우스(Echiropluteus)

23 먹이생물인 규조류의 배양속도를 현장에서 가장 편리하고 쉽게 측정할 수 있는 방법은?

① 침전부피 측정법

② 건조중량 측정법

③ 세포수 산정법

④ HPLC 측정법

해설

세포수 측정법
일정 부피의 시료를 채취한 뒤 혈구계수판(Hemocytometer)이나 자동 세포계수기를 사용하여 현미경으로 세포수를 직접 계수한다. 이 방법은 절차가 간단하고, 정확한 세포밀도(Cells/mL)를 파악할 수 있어 적정 급이량 산출에 활용할 수 있다.

24 개량조개에 대한 설명으로 틀린 것은?

① 발생 시 해수비중이 1.022~1.024 정도가 좋다.

② 치패의 이식장소는 간출시간이 긴 만조선 부근이 좋다.

③ 종묘의 방양은 3~4월경이 좋다.

④ 채취시기는 12월에서 익년 4월경이 좋다.

해설
일반적으로 모래질이 비교적 많은 곳에 치패가 많이 발생한다.

25 식물플랑크톤의 실내 배양조건으로 틀린 것은?

① 과도한 CO_2 공급은 배양수의 산성화를 초래할 수 있다.

② 배양을 유지하기 위해 첨가해야 할 주영양염은 Cu, Mn, Co 등이다.

③ 광원은 형광등, 메탈할라이드램프 등의 인공조명을 이용한다.

④ 일반적으로 시험관 또는 삼각플라스크에서 배양할 때의 조도는 1,000lx 정도면 적당하다.

해설
② 배양을 유지하기 위해 첨가해야 할 주영양염은 N, P, K, Si 등이다.

26 참소라의 산란성기 수온은?

① 10~11℃

② 15~16℃

③ 23~24℃

④ 27~28℃

해설
생식소는 5월 하순부터 8월까지 발달하고 방란과 방정은 여름철에 하는데, 산란성기의 수온은 23~24℃이다.

27 참담치의 인공채묘에 대한 내용으로 적합하지 않은 것은?

① 암수 성비(性比)를 고려하여 큰 개체, 작은 개체를 충분히 확보한다.

② 채란용 모패는 수온이 6℃ 내외의 순환해수에 수용한다.

③ 수정이 끝나면 여분의 정자 및 이물질을 제거하고, 수정란을 여과해수로 깨끗이 씻는다.

④ 부화 후 7일째부터 먹이를 공급한다.

해설
하루 만에 담륜자로 부화, 2일 후 D상 자패로 되고 물리적 충격에 강해 환수, 먹이투여를 한다.

28 키조개 양식에 관한 설명으로 틀린 것은?

① 치패는 간출선 전후해서 모래질이 50~80%인 곳에 많다.

② 바닥에 착생한 치패를 이식, 관리할 경우에는 m^2 당 100개체 이하로 하는 것이 좋다.

③ 간조선 근처 사니질에 종묘를 균일하게 뿌려 양성한다.

④ 간석지 양성인 경우, 해적구제 외에 간출 시 잡물을 제거한다.

해설
간조선 근처 저질에 조류와 평행하게 구멍을 미리 만들어 모심기식으로 하나하나 심는다.

29 패류가 부유생활을 끝내고 저서생활로 들어가는 유생단계는?

① 담륜자 유생
② D상 유생
③ 소형각정기 유생
④ 성숙 유생

해설
대부분의 패류는 산란·수정한 다음 일정한 기간 부유생활을 하고, 이 성숙 유생기를 지나 저서생활로 들어가는데, 이것을 치패라고 한다.

30 단련종굴의 장점이 아닌 것은?

① 환경변화에 대한 저항력이 강하다.
② 탈락되는 치패수가 적다.
③ 양성기간이 짧다.
④ 크기가 커서 취급이 쉽다.

해설
단련종굴의 장점
• 크기가 작아 취급이 간편하다.
• 취급 시 탈락 개체수가 적다.
• 양성 시 저항력이 강해 폐사율이 적다.
• 양성기간이 짧다.
• 계획적 양식이 가능하다.
• 육질 중 생식소 발달이 늦다.
• 본양성에서 성장이 좋다.
• 환경적응력이 좋다.

31 대하가 우리나라 서해의 산란장에 도달하는 시기는?

① 2~3월
② 4~5월
③ 7~8월
④ 10~12월

해설
대하는 월동회유 전인 가을에 교미한다. 즉, 수컷으로부터 정협을 받아 저정낭에 저장하고 교미전은 가지지 않는다. 남해 연안에 4월경 성숙개체가 보이고 성숙난은 청록색으로 쉽게 구분된다.

32 굴 부착치패에 대한 설명으로 틀린 것은?

① 후기 채묘분은 채묘한 다음 약 2주일이 지나면 곧 단련상으로 옮겨 단련시킨다.
② 종굴 부착상태는 채묘기의 위쪽 면에만 균일하게 붙어 있는 것이 좋다.
③ 전기 채묘분도 후기 채묘분처럼 단련시켜 단련종굴로 쓸 수 있다.
④ 단련종굴은 폐사율이 낮고 발육이 좋아 양성기간이 짧다.

33 다음 중 전복의 자원조성을 위한 관리방법에서 가장 효과가 있는 것은?

① 투 석
② 정 지
③ 객 토
④ 갈 이

해설
감태, 미역 등 먹이생물 조성을 위한 패조류를 투석한다.

34 비(非)단련 종굴의 채묘 이후 본 수하까지의 소요기간은?

① 1개월
② 3개월
③ 6개월
④ 9개월

해설
• 비단련 종굴 : 5~6월 채묘 → 7~8월 수하 → 8~2월 양성 → 3~5월 수확
• 단련 종굴 : 8~9월 채묘 → 10~5월 단련 → 6~7월 수하 → 8~11월 양성 → 12~4월 수확

35 전복의 종묘 수송방법에 대한 설명으로 옳지 않은 것은?

① 일반적으로 공기 중에 노출시킨 채 수송한다.

② 기온이 낮을수록 생존율이 높지만, 영하의 날씨에는 수송이 불가능하다.

③ 수송용기에 해조류를 깐 다음 치패를 해조류에 붙여 수송한다.

④ 수송용기는 습도와 보온이 유지되어야 한다.

해설
온도가 낮을수록 공중활력이 커서 생존기간이 길다.

36 키조개에 대한 설명으로 틀린 것은?

① 산란성기는 6월 하순부터 8월 상순까지이다.

② 성숙 부유유생의 크기는 각고 0.135mm, 각장 0.144mm로 작은 편이다.

③ 주로 패주(폐각근)가 가식부위로 선호된다.

④ 종묘의 방양시기는 3~5월 사이가 가장 적합하다.

해설
키조개 부유유생은 현재 알려진 조개류의 부유유생 중에서 크기가 가장 크다.

37 로프(간승)의 길이가 100m이고 뜸통의 간격이 4m인 로프양성시설을 5대 설치하는 데 필요한 뜸통의 총수는?

① 95개

② 100개

③ 125개

④ 130개

38 보리새우와 대하의 교미행동에 대한 설명으로 옳은 것은?

① 보리새우와 대하 모두 교미한 그해 산란을 마친다.

② 보리새우는 교미를 여러 번 하지만, 대하는 한 번만 한다.

③ 교미 후 보리새우는 교미전이 없지만, 대하는 교미전을 가지고 있다.

④ 대하는 교미 후 바로 알을 수정하여 발생시킨다.

39 양성과정 중 이동성이 가장 큰 이매패류는?

① 대 합

② 꼬 막

③ 우 럭

④ 개량조개

해설
대합은 이동력이 강하여 양식의 경우 각별히 주의해야 한다.

40 참소라의 방류양성에 관한 내용으로 옳은 것은?

① 성장하면서 차차 얕은 곳으로 이동한다.

② 일반적으로 수온 13℃ 이하인 상태가 오래 지속되면 성장휴지대가 만들어진다.

③ 적정 성장 수온이 장기간 유지되는 곳은 먹이조달이 충분하지 못해 피해야 한다.

④ 종묘의 방류량은 적어야 그 효과가 크다.

해설
① 소라는 성장하면서 깊은 곳으로 이동하는 경향이 있다.
③ 성장 수온 기간이 길수록 성장에 유리하고, 먹이 조달 기회도 많다.
④ 방류효과는 일정 밀도 이상에서 최대치가 되며 너무 적으면 효과가 미미하고, 너무 많으면 먹이경쟁이 심화된다.

41 다음 중 미역 초기배양에서 배우체의 비료주기에 대한 내용으로 가장 적합한 것은?

① 배우체가 건강할 경우에도 비료주기는 반드시 필요하다.

② 비료는 해수 1L에 질산나트륨 0.02g, 제2인산나트륨 0.1g을 첨가한다.

③ 수조에 약품을 직접 넣거나 한꺼번에 너무 많이 주면 오히려 약해가 있다.

④ 물갈이 전에 약품을 처리하여야 한다.

해설
① 미역종자 배양 중 조도와 물갈이가 충분하여 배우체가 건강할 경우에는 비료주기가 필요없다.
② 만일 배우체의 건강상태가 좋지 않을 때 처리하게 된다면 물갈이 후에 해수 1L에 질산나트륨 0.1g(요소를 사용할 경우에는 1/3의 양), 제2인산나트륨 0.02g을 첨가한다.

42 김의 조가비 사상체에 각포자낭 형성이 시작되는 시기는?

① 3~4월

② 5~6월

③ 7~8월

④ 9~10월

해설
김의 각포자낭의 형성이 시작되는 시기는 5~6월이다.

43 양식 김 자리바꿈의 주된 원인은?

① 유아의 영양번식력 차이

② 유성생식의 유무

③ 무성생식의 유무

④ 성엽의 생식기간 차이

해설
김의 자리바꿈
어떤 특정의 품종을 선택 양식할 때 도중에 다른 품종으로 바뀌는 것으로 품종 간의 영양 번식력의 차이에 의해서 발생한다.

44 다시마의 포자낭 형성에 대한 설명으로 틀린 것은?

① 포자낭은 표층세포에 형성된다.

② 포자낭이 형성된 부분은 약간 함몰된다.

③ 포자낭반은 잎의 양면에 형성된다.

④ 포자낭반은 색이 짙어서 육안으로 식별된다.

45 자연산 유용 해조류의 증식방법과 거리가 먼 것은?

① 투 석

② 암반폭파

③ 객 토

④ 갯닦기

해설
자연산 해조의 증식률을 돕기 위하여 포자 방출이 많은 시기에 앞서 갯바위닦기를 하여 해적이 될 수 있는 다른 해조류를 제거하는 방법이 있고, 또 암반을 폭파하거나 투석을 하여 포자가 붙을 수 있는 새로운 착생면을 확대시켜 주는 방법도 있다.

46 김 유리사상체 배양에 대한 내용으로 틀린 것은?

① 매년 과포자를 구할 필요가 없다.
② 선발육종을 간단하게 할 수 있다.
③ 배양을 위한 넓은 장소가 필요하다.
④ 규조 및 병의 침해가 적다.

> **해설**
> 배양을 위한 넓은 장소가 필요하지는 않다.

47 미역의 생활사에서 식용으로 하는 시기는?

① 배우체(配偶體)
② 포자체(胞子體)
③ 웅성체(雄性體)
④ 자성체(雌性體)

> **해설**
> 미역은 포자체 세대와 배우체 세대가 모양이 다른 이형 세대교번을 하는 1년생 해조류이며 우리가 식용으로 하는 시기는 포자체이다.

48 다음 중 김 유리사상체의 영양생장만을 위한 조건으로 가장 적합한 것은?

① 13~14시간 명기, 수온 25℃ 이하
② 8~10시간 명기, 수온 25℃ 이하
③ 연속조명, 수온 10℃
④ 암흑처리, 수온 10℃

> **해설**
> 무기질 사상체의 영양생장을 위한 배양조건
> • 온도 : 18~25℃
> • 광선 : 2,000~3,000lx
> • 광주기 : 장일조건, 1일 13~14시간 명기

49 김 양식장의 해적생물로 부착성 규조류인 것은?

① *Licmophora*
② *Ceinina*
③ *Hydrozoa*
④ *Bryozoa*

> **해설**
> ③ 히드로충류, ④ 태형동물

50 풀가사리의 착생과 생장에 가장 적합한 노출수위는?

① 무노출선
② 2시간 노출선
③ 4시간 노출선
④ 8시간 노출선

51 냉동발의 입고 시 김 엽체의 수분 함유율로 가장 적합한 정도는?

① 8~10%
② 20~40%
③ 40~60%
④ 60~80%

> **해설**
> 냉동발 입고요령
> 함수율이 20~40%가 되도록 건조시킨 후 폴리에틸렌 내한성 봉투로 호흡억제와 과도한 노출방지를 위해 밀봉 후 -20~-30℃에서 10시간 급속 동결 후 -15~-25℃에서 냉장 보관한다.

52 청각 후기양성 시 수심별 생장도 및 양성효과를 비교할 때 가장 좋은 수심은?

① 1m

② 2m

③ 3m

④ 4m

53 다시마 양식방법 중 경제성 및 기술상 문제로 우리나라에 적합하지 않은 것은?

① 촉성종묘배양에 의한 1년 양식

② 억제종묘배양에 의한 1년 양식

③ 고온 적응 품종에 의한 양식

④ 2년 양식

해설
2년 양식
인공 또는 천연채묘에 의해서 종자를 육성하여 솎음, 뿌리묶기, 잡물제거 등 관리를 하여 2년간 양성 후 채취하는 방법이다. 수온이 비교적 낮은 곳에서는 가능하나 경제성 및 기술적 문제가 있다.

54 김의 분류기준이 될 수 없는 것은?

① 엽체 가장자리 톱니의 유무

② 세대교번의 유무

③ 생식세포의 분열양식

④ 자웅성

해설
김은 종류에 관계없이 세대교번을 한다.

55 김 양식장의 수온과 생장과의 관계로 틀린 것은?

① 해수온도 15~23℃는 김 채묘와 발아기간에 해당된다.

② 0.5~1.5cm 정도의 유엽은 5~7℃에서 가장 잘 자란다.

③ 기온이 −2℃ 이하로 하강하면 노출된 김은 동해를 받기 쉽다.

④ 김 양식의 종말기 수온이 15℃가 되면 생산이 한계에 달한다.

해설
② 1cm 내외 유엽의 생장 적온은 11~13℃이다.

56 양식법이 주로 영양번식에 의존하는 것은?

① 미 역

② 다시마

③ 김

④ 톳

해설
톳은 포복지에 의하여 새 개체를 만드는 영양번식을 한다.

57 김의 생장온도에 관한 내용으로 틀린 것은?

① 발아기 적온 : 15~22℃

② 생장기 적온 : 5~8℃

③ 생장기 하한 : 4℃ 전후

④ 말기 적온 : 15℃ 전후

해설
김의 생장과정과 적수온의 관계

생장과정	발아기	성육기	생육정지기
계 절	가을~초겨울	겨 울	봄
수온 (적수온)	15~22℃	15℃ 이하 (5~8℃)	12~13℃

58 미역의 가이식 시 나타나는 싹녹음의 주원인은?

① 수질오염　　② 영양염 결핍
③ 외양수 유입　④ 잡생물 부착

해설
싹녹음 시기
외양수 침입, 적조 발생, 조석 간만의 차가 적을 시기(11월)

59 다음 중 서해연안에 가장 적당하다고 생각되는 미역 양성시설방법은?

① 전부동 그물발식　② 수평외줄연승식
③ 뗏목식　　　　　④ 조립연승식

해설
미역의 양성방법
• 뗏목식 : 비교적 조용한 내만, 조류의 방향과 평행하게 설치
• 연승식 : 풍파가 심한 곳이나 외해에 접한 곳, 파도와 시설 방향이 평행하게 설치
• 조립연승식 : 내만 또는 외해와 접한 내만에 설치

60 매생이에 대한 설명으로 틀린 것은?

① 일반적으로 매생이 접합자의 발아 및 생장은 저온, 저광량의 조건하에서 빠르게 나타난다.
② 갈파래목 갈파래과 매생이속에 속하는 녹조식물이다.
③ 유성생식뿐만 아니라 단위생식도 이루어진다.
④ 육상 인공채묘 시 유주자 방출은 냉동보관하는 모조의 함수율보다는 성숙상태에 따라 달라진다.

해설
① 접합자는 운동하고 있을 때 마이너스의 주광성을 가지며, 용기 안의 암소가 모여 착생한다. 착생한 접합자는 그 안점을 명확히 볼 수 있고 바로 발아를 시작한다.
② 매생이는 녹조식물의 갈파래목, 매생이과, 매생이속에 속하는 해조류이다.

제4과목　양식장환경

61 다음 적조생물 중 규조류에 속하는 것은?

① *Gymnodinium*속
② *Prorocentrum*속
③ *Noctiluca*속
④ *Skeletonema*속

해설
적조생물
• 규조류 : *Skeletonema*속, *Chaetoceros*속, *Nitzschia*속 등
• 편모조류 : *Gymnodinium*속, *Prorocentrum*속, *Heterosigma*속, *Noticula*속

62 호수의 부영양화(Entrophication)란?

① 호수의 대장균의 수가 증가하는 현상
② 호수의 수질이 향상되는 현상
③ 호수의 무기물이 감소하는 현상
④ 호수의 영양염류 함유량이 증가하는 현상

63 식물성 플랑크톤이 진하게 발생한 노지 양어지에서 여름철 해 뜰 무렵에서 맑은 날 오후의 일반적인 pH 변화는?

① pH가 높아진다.
② pH가 낮아진다.
③ 변화가 없다.
④ pH가 낮아졌다가 높아진다.

해설
식물성 플랑크톤의 광합성으로 이산화탄소 소모 및 용존산소 공급에 의한 pH 상승

64 공기양수기(Air Lift)에 관한 내용이 바르게 설명된 것은?

① 침수율이 클수록 양수능력이 낮다.
② 침수부의 깊이가 작을 때는 공기압축기(Air Compressor)를 써야 한다.
③ 실용적인 최소 침수율은 80% 정도이다.
④ 이 장치는 에어레이션(Aeration)의 효과를 내지 않는다.

해설
실용적인 최소 침수율은 80% 정도이며, 100%일 때 양수능력이 가장 크다.

65 일반적인 물속에서의 동물의 산소소비에 대한 설명으로 틀린 것은?

① 동물의 산소소비는 온도가 상승함에 따라 증가한다.
② 동물 개체당 산소소비량은 큰 개체일수록 많다.
③ 단위체중당 산소소비량은 대형으로 성장할수록 많다.
④ 먹이를 소화하는 동안은 더 많은 산소를 소비한다.

해설
단위체중당 산소소비량을 보면 어체가 작을수록 수치가 커진다.

66 해수의 비중을 비중계로 측정할 때 동시에 함께 측정하여야 하는 것은?

① 탁 도
② 수 온
③ 플랑크톤량
④ 용존산소량

해설
비중을 측정할 때에는 온도계를 사용하여 수온을 측정한다.

67 다음 중 물속에 살고 있는 동물에게 강한 독성물질로 해를 끼치는 무기질소의 상태는?

① NH_4^+　　　　② NH_3
③ NO_2　　　　④ NO_3

해설
질소의 화학적 특징

형 태	이 름	비 고
NH_3^-	질산태	식물의 주된 영양소
NH_4^+	암모늄태	부식으로부터 생성
NH_3	암모니아가스	공기 중에 0.05ppm 존재, 부식으로부터 형성, 고농도 시 생리장해 유발
$-NH_2$	아미노 그룹	단백질의 구성물질, 식물로부터 합성
NH_2^-	아질산	질산태가 환원될 때 형성
N_2O, NO, NO_2	질산화물	통기성이 나쁜 토양에서 질산태로부터 형성

68 정수식 양어지에 인위적으로 산소공급을 해야 할 때 하루 중 산소공급이 가장 필요한 시간은?

① 해지기 직전　　　② 해가 진 직후
③ 해뜨기 직전　　　④ 해가 뜬 후 오전

해설
밤사이 식물플랑크톤 및 수생식물의 호흡에 의한 산소 소비 증가

69 정수용(正數用) 여과재인 활성탄의 주기능은?

① 이온교환　　　② 흡 착
③ 침 전　　　　④ 응 집

해설
흡착을 이용한 여과방식에는 활성탄 흡착과 거품분리가 있다.

70 양식용수로 사용되는 지하수의 일반적인 특징과 가장 거리가 먼 것은?

① 연중 수온이 고르다.
② 용존산소가 풍부하다.
③ 화학적 오염의 우려가 적다.
④ 해적생물의 유입이 적다.

해설
지하수의 특징
• 유속이 느리다 : 자정속도가 느리다.
• 수온은 연중 일정하다.
• 염류들이 많이 용해(CO_2에 의해서) → 경도가 가장 높다.
• 국지적인 환경조건의 영향이 크다.
• 유기물의 분해가 미생물의 작용에 의한다.
• 용존산소가 거의 없다.
• 하천수의 DO는 전달현상에 의해 풍부하지만, 지하수는 DO가 거의 없다.

71 수중의 질산화반응에 관한 내용이 옳지 않은 것은?

① 순환여과식 양식장의 수질정화에서 주로 이용되는 원리이다.
② 대표적 질산화 박테리아는 *Nitrosomonas* sp.와 *Nitrobacter* sp.이다.
③ 질산 유기화합물이 암모니아로 바뀌는 과정이다.
④ 생물학적 여과에 속한다.

해설
질산화과정
암모니아성 질소가 호기성 조건에서 질산화미생물에 의해 아질산성 질소를 거쳐 질산성 질소로 변화하는 과정

72 해수의 질산염 측정 시 사용하는 환원제는?

① 설파닐산

② 아미노나프톨술폰산

③ 카드뮴

④ 주 석

해설
카드뮴환원법
질산성 질소를 카드뮴─구리 환원칼럼을 통과시켜 아질산성 질소로 환원시키고 이를 측정하여 총질소를 정량하는 방법

73 윙클러법으로 용존산소 분석 시 사용되는 지시약의 주성분은?

① 티오황산나트륨 ② 녹 말

③ 탄산마그네슘 ④ 염화망가니즈

해설
종말점은 녹말용액(Starch Solution)으로 결정한다.

74 활성오니법 처리에 대한 설명이 옳지 않은 것은?

① 사육조와 활성오니 반응조를 겸하는 경우가 일반적이다.

② 양어지 속에서 활성오니가 잘 성장하기 위해서는 태양광선이 필요하다.

③ 수심이 깊어야 수량이 많아져서 질산화세균이 부유하는 데 유리하다.

④ 활성오니 생물을 현탁시키기 위해서는 강한 에어레이션을 쉬지 않고 계속해야 한다.

해설
활성오니법에서는 이 활성오니와 그 생존에 필요한 용존산소 및 미생물대사의 기질 등 3가지 요소가 최적 상태에 있는 것이 필요하다.

75 다음의 각 지점에서 채수를 하고자 한다. 채수지점으로 가장 적합하지 않은 곳은?

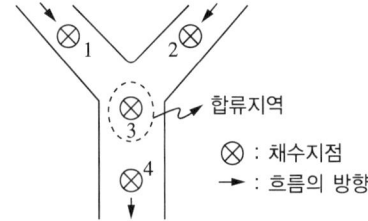

① 1지점 ② 2지점

③ 3지점 ④ 4지점

해설
하천본류와 하천지류가 합류하는 경우에는 합류 이전의 각 지점과 합류 후 충분히 혼합된 지점에서 각각 채수한다.

76 틸라피아 양식에서 수심이 70~100cm 또는 그 이상일 때의 바닥 경사율로 적합한 것은?

① 0.5~1% ② 5~10%

③ 15~20% ④ 25~30%

해설
바닥 경사율
• 수심이 얕을 때 : 5~10%
• 수심이 70~100cm 이상일 때 : 15~20%

77 담수에서 부족하기 쉬워 제한요인으로 작용하는 영양염류는?

① 질소, 인, 칼륨
② 질소, 인, 규산
③ 규산, 칼륨, 칼슘
④ 인, 칼슘, 칼륨

수중식물이 이용하는 영양염류는 많지만 담수에서는 질소, 인, 칼륨이 부족하기 쉬우며, 해양에서는 칼륨은 풍부하지만 규산염이 부족하기 쉽다.

78 수질조사법에 관한 설명으로 옳은 것은?

① BOD는 시수 중에 있는 유기물을 호기성 미생물이 분해, 산화할 때 소비하는 산소량이다.
② COD는 시수 중에 무기물이 화학물질에 의해 환원될 때 소비되는 산소량이다.
③ 경도의 측정에는 시수 중에 칼륨이온과 나트륨이온의 총량을 염화칼슘의 양으로 환산하는 방법이 있다.
④ pH 비색 측정법 중 지시약 BTB는 산성쪽으로 청색을 나타낸다.

② COD는 수중의 오염물이 화학적인 산화제에 의해 분해될 때 소비되는 산소량을 ppm 단위로 표시한 것이다.
③ 경도측정에는 물속에 들어있는 Ca와 Mg 전량을 측정하는 전경도와 Ca만을 측정하는 Ca경도 측정방법이 있다.
④ pH 비생 측정법 중 지시약 BTB는 중성에는 초록색, 염기성에는 파랑색, 산성에는 노란색으로 반응한다.

79 다음 양식업 중 신고어업에 해당하는 것은?

① 해조류 양식업
② 복합양식업
③ 외해양식업
④ 육상종묘생산업

양식산업발전법에 따른 양식업 및 수산종자산업육성법에 따른 수산종자생산업

양식업의 면허	• 해조류 양식업 : 수하식 양식업, 바닥식 양식업 • 패류 양식업 : 가두리 양식업, 수하식 양식업, 바닥식 양식업 • 어류 등 양식업 : 가두리 양식업, 축제식 양식업, 바닥식 양식업 • 복합양식업 : 수하식 양식업, 바닥식 양식업, 혼합양식업, 축제식 양식업 • 협동양식업 • 외해양식업 : 가두리 양식업 • 내수면양식업 : 조방양식업, 가두리 양식업, 수하식 양식업, 바닥식 양식업, 축제식 양식업
양식업의 허가	• 육상해수양식업 : 육상수조식 해수양식업, 육상 축제식 해수양식업 • 육상 등 내수양식업 : 육상수조식 내수양식업, 그밖의 내수양식업
수산종자 생산업의 허가	육상수조식 수산종자생산업, 육상축제식 수산종자생산업, 밧줄식 수산종자생산업, 말목식 수산종자생산업, 뗏목식 수산종자생산업

※ 저자의견 : 양식산업발전법 및 수산종자산업육성법 제정에 따라 정답이 없는 문항으로, 앞으로 출제가 된다면 해설과 같은 내용을 토대로 문제가 재구성될 것으로 예상됨

80 pH 5인 수계는 pH 7인 수계보다 몇 배 더 산성인가?

① 1배
② 10배
③ 100배
④ 1,000배

pH가 1단위 낮아질 때마다 산성도(수소이온 농도)는 10배 증가한다.

81 닻벌레병에 관한 설명으로 옳은 것은?

① 감염어는 몸을 양식장 바닥이나 벽에 비비기 때문에 궤양이 생길 수 있다.

② 암컷과 수컷이 교미한 후 수컷만이 기생하며, 암컷은 산란 후 죽는다.

③ 안테나가 변형된 집게를 사용하여 어류의 아가미에 기생한다.

④ 해산어의 근육에 닻벌레 몸의 앞부분을 침투시켜 기생하는 질병이다.

해설

침투한 충을 떼어내기 위해 몸을 양식장 벽이나 바닥에 비비므로 궤양이 생기고, 2차 감염의 우려가 있다.

82 신장과 간, 비장에 백점 및 백색결절의 병소를 형성하는 질병이 아닌 것은?

① Bacterial Kidney Disease(BKD)

② *Pseudotuberculosis*

③ *Ichthyophonus*증

④ *Streptococisis*

해설

연쇄구균병

스트랩토코커스속에 속하는 여러 가지 균(*Streptococcus* sp.)균에 의한 감염증이다. 해부 시 유문수, 간, 비장, 신장, 창자 등 출혈이 관찰된다.

83 넙치가 안구돌출과 아가미뚜껑 내부에 출혈을 보이는 이유로 가장 적합한 것은?

① *Myxobolus* sp.의 기생

② *Streptococcus* sp.의 기생

③ 장내 흡충류의 기생

④ *Pseudodactylogyrus* sp.의 기생

해설

연쇄구균병 증상

• 체색흑화, 안구출혈 및 돌출, 아가미뚜껑 내 출혈, 복수에 의한 복부충만 등이 있다.

• 만성적으로 진행되면 지느러미가 붉어지거나 표피가 벗겨지기도 하며 꼬리자루에 농창 및 궤양이 형성된다.

84 어류의 바이러스 감염증과 각각의 외관 증상 또는 병리학적 변화가 알맞게 연결되지 않은 것은?

① 무지개송어의 전염성 췌장 괴사증 – 체색 흑화, 복부 팽만, 흰색의 점액변

② 넙치의 랍도바이러스감염증 – 근육 내 출혈, 복부 팽만

③ 잉어의 허피스바이러스성 유두종 – 만성, 양성의 표피세포 증생

④ 방어의 바이러스성 복수증 – 망막 및 신경계세포의 괴사

해설

버나바이러스가 원인으로 양식산 넙치, 농어, 방어, 볼락류의 복부가 부풀어 오르는 증상을 보이며, 수온이 20℃ 이상 상승되고 어체가 성장하면서 자연적으로 소멸되는 경향이 있는 질병은 바이러스성 복수증이다.

85 3대충이라는 별명을 갖고 있는 태생 흡충은?

① *Gyrodactylus*

② *Bivagina*

③ *Benedenia*

④ *Heteraxine*

해설

Gyrodactylus

어류의 외부 기생충으로 담수산 온수성 어종의 피부나 지느러미에 주로 기생하며, 성충의 자궁 내에 있는 자충의 자궁 내에 다시 손자충이 들어있어 삼대충이라고도 불리는 단생충이다.

86 무지개송어 등의 어류에서 척추만곡증이 나타나는 것은 어떤 영양소가 부족하여 일어나는 병인가?

① 비타민 A　　　　② 비타민 B_2

③ 비타민 C　　　　④ Fe

해설

무지개송어에 비타민 C 결핍 시

척추만곡증, 성장이 억제되고 뼈가 굽어져서 기형이 되며, 해부 시 각 장기에 출혈점과 장내 혈액이 고이게 된다.

87 다음 중 김 양식기간에 발생하는 갯병으로 병원균에 의한 것은?

① 흰갯병　　　　　② 싹갯병

③ 붉은갯병　　　　④ 암종병

해설

조균류에 속하는 붉은갯병균(*Pythium porphyrae*)에 의해서 발병한다.

88 에드워드병에 관한 설명으로 옳지 않은 것은?

① 넙치 및 뱀장어에서 주로 볼 수 있으며, 타 어종에서도 드물게 관찰할 수 있다.

② 원인세균은 *Edwardsiella ictaluri*로 SS 한천배지에 배양하였을 때 특징적인 흑색집락을 형성한다.

③ 뱀장어에서 개복하였을 때 신장 및 간장의 농양을 볼 수 있으며, 넙치에서는 복수저류에 의한 복부팽만과 탈장을 들 수 있다.

④ 어체를 개복하면 특징적인 악취가 나는데, 이는 원인세균이 생성하는 황화수소(H_2S)에 의한 것이다.

해설

장내 세균과에 속하는 에드워드시엘라 타르다(*Edwardsiella tarda*)균에 의해서 생기는 병으로 몸 표면에 편모를 가진 주모성균으로 그람음성인 간균이다.

89 무지개송어에서 전염성조혈기괴사증(IHN)이 주로 나타나는 시기는?

① 부화 후~8주된 치어

② 6개월 정도의 치어

③ 1년어

④ 2년어

해설

미국의 홍연어 양어장에서 처음 발병되었으며, 무지개송어 치어에 대한 피해가 크며 약 80% 이상의 폐사율을 보인다.

90 기수지역의 뱀장어 양식장에서 잘 발생하며, 온몸의 표면에 바늘로 찌른 것과 같은 점상의 출혈이 다수 관찰되는 질병의 원인균은?

① *Edwardsiella ictaluri*

② *Pseudomonas anguilliseptica*

③ *Pseudomonas fluorescens*

④ *Aeromonas salmonicida*

해설
① 채널메기의 장패혈증
③ 백운병
④ 부스럼병(절창병)

91 세균의 그람염색성이 양성과 음성으로 나누어지는 원인은 세균의 어느 부분의 차이에서 기인하는가?

① 핵   ② 세포질

③ 세포벽   ④ 편 모

해설
세균은 그람염색에 의해 그람양성과 그람음성의 두 그룹으로 나뉘며, 이 염색상의 차이는 세포벽의 구조적 차이에 기인한다.

92 다음 어류질병 중 폐사율은 낮으나 감염어의 상품 가치를 떨어뜨려 경제적인 손실을 주는 질병은?

① 림포시스티스병

② 바이러스성 상피증생증

③ 전염성조혈기괴사증

④ 채널메기바이러스병

해설
감염된 어류는 식욕이 떨어지거나 활력이 약해지는 등의 현상은 거의 보이지 않고 폐사하는 경우도 거의 없으며, 외관상 뚜렷한 환부가 관찰되므로 상품가치가 하락한다.

93 뱀장어의 아가미가 전면에 걸쳐 초콜릿색으로 변하였다면 그 원인으로 가장 적합한 것은?

① 아가미 부식병

② 아가미 흡충 기생

③ 수중에 염분 출현

④ *Methaemoglobin*증

해설
아질산염은 적혈구를 파괴시키고 헤모글로빈의 철을 산화시켜 메트헤모글로빈(*Methaemoglobin*)이라 불리는 안정한 상태로 만들어 산소운반능력을 없애기 때문에 독성이 있다. 이 과정에 의해 아가미와 혈액이 갈색으로 변한다.

94 어류의 체표나 아가미에 기생하지 않는 병원성 기생충은?

① *Trichodina* sp.

② *Chilodonella* sp.

③ *Ichthybodo* sp.

④ *Hexamita* sp.

해설
Hexamita sp.는 어류의 창자에 기생하는 내부기생충이다.

95 뱀장어가 적점병에 걸리면 출혈반점이 어느 부위에 나타나는가?

① 근육층

② 비늘낭속

③ 안 구

④ 피하조직

해설
감염된 물고기를 손으로 쥐면 피가 묻어나온다(출혈이 표피층에 나타나기 때문).

96 뱀장어 기적병의 증상이 아닌 것은?

① 죽은 어체를 모아서 보면 악취가 나고, 항문이 확대·돌출되어 있고 그 가장자리가 종창되어 있다.

② 가슴지느러미, 꼬리지느러미, 복부 피부, 항문 등이 붉게 변한다.

③ 장에 박리성 카다르성염이 생긴다.

④ 간은 강한 울혈을 일으키고 암적색을 띠며, 간세포는 지방변성을 일으키는 경우가 많다.

해설

뱀장어 붉은 지느러미병(기적병)
• 에로모나스 하이드로필라(*Aeromonas hydrophila*)에 의한 질병이다.
• 사료투여와 무관하게 수면 위로 떠오르거나 양어장 가장자리에 힘없이 움직인다.
• 가슴지느러미, 꼬리지느러미, 복부피부, 항문 등이 붉은색으로 변하고, 복부에 출혈반점이 나타난다.
• 주로 소화기관 내로 병원균이 침입하여 증식하고 장 점액의 이상 분비를 유도하며, 병원체에 의한 독소에 의하여 장염이 발생하고 전신으로 퍼지면서 패혈증으로 죽게 된다.

97 급성구구부종병(Acute Peristome Edema Disease)과 관련없는 것은?

① 입 주변 함몰구에 최초로 부종이 생긴다.

② 감염해삼의 80% 이상이 내장을 토출한다.

③ 감염 5~6일이 경과하면 감염해삼의 90% 이상이 폐사한다.

④ 이 병은 대부분 기생충과 세균의 혼합감염에 의해 발생빈도가 높다.

해설
질병원은 *Coronaviridae*로 유형은 바이러스이다.

98 김의 붉은갯병이 발생하는 주요인은?

① 저수온과 고비중

② 고수온과 저비중

③ 고노출과 저수온

④ 해양오염

해설

붉은갯병의 원인
• 고수온기 12~15℃ 또는 그 이상, 특히 소조 시 수온상승의 경향이 있다.
• 간출이 적을 때 즉, 소조 시 김망의 발 설치를 낮게 한다.
• 무간출의 부류망식, 그리고 하천수 유입이 많은 곳, 호우로 저염분일 때 많이 발생한다.

99 전염성조혈기괴사증(IHN)의 특징적인 증상이 아닌 것은?

① 실모양의 점액변이 항문에 붙어 있다.

② 복부가 팽만된다.

③ 콩팥 전반에 걸쳐 점상출혈이 나타난다.

④ 몸 색깔이 변하지 않는다.

해설
진행된 어류는 몸 색깔이 검어지고 근육과 지느러미기부에 출혈이 보이며, 실모양의 불투명한 점액변이 항문에 붙어 있다.

100 균사에 의해 은어의 피부조직이 파괴되고 육아종을 형성하는 진균성 육아종의 원인생물은?

① *Candida salmonicola*

② *Ichthyophonus hoferi*

③ *Saprolegnia parasitica*

④ *Aphanomyces piscicida*

해설
진균성 육아종병은 *Aphanomyces piscicida*가 몸통의 근육에 기생하여 육아종을 형성하는 질병이다.

제1과목 어류양식

01 유수양식의 장점이 아닌 것은?

① 단위면적당의 생산이 높다.
② 생산어의 포획이 쉽다.
③ 사육면적이 소단위로 되어 관리하기 쉽다.
④ 사육수의 소요가 타 양식에 비해 적다.

해설
유수양식의 적지는 수량이 풍부하고 유수가 가능하여 사육수조 안으로 계속해서 물을 흘려줄 수 있는 곳으로 사육수의 소요가 타 양식에 비해 많다.

02 다음 중 가두리 양식 대상 어종으로서 적합성이 가장 낮은 것은?

① 넙 치
② 조피볼락
③ 방 어
④ 참 돔

해설
넙치는 저서어종으로 가두리 양식 대상종으로 적합하지 않다.

03 양어사료로 잘 이용되는 백색어분은 어떠한 구분에 의해 정해지는 것인가?

① 원료어종에 따라 정해진다.
② 제조과정에 따라 정해진다.
③ 제조한 지역에 따라 정해진다.
④ 골분이 많아 함유됨에 따라 정해진다.

해설
대구, 명태 등 백색어를 원료로 한 어분은 근육 색소나 지방질의 함량이 적어서 가공 및 저장의 과정에서 변색이 적고 담색을 띠므로 백색어분이라고 한다. 한편, 정어리, 고등어 등 회유성 적색어를 원료로 한 어분은 같은 조건으로 처리하더라도 갈색을 띠기 때문에 갈색어분이라고 한다.

04 뱀장어 양식장에서 수질오염을 줄이기 위한 방법으로 틀린 것은?

① 먹지 않은 먹이는 뱀장어가 다 먹을 때까지 수조에 넣어 둔다.
② 먹이에 적절한 점착제를 첨가하여 점착력을 강화시킨다.
③ 먹이를 과도하게 주지 않으며, 투입한 사료가 즉시 다 먹히도록 한다.
④ 먹이붙임할 때, 먹이 그릇을 설치하여 5~6일 후에 한 군데서 주도록 한다.

해설
먹고 남은 먹이나 유실된 먹이의 분해가 늦어지면 저질 및 수질관리에 힘이 든다.

05 넙치 알의 특성이 옳은 것은?

① 분리부성란
② 응집성 부성란
③ 분리침성란
④ 부착성 침성란

해설
어란의 특성
• 침성부착란 : 잉어, 금붕어, 은어
• 분리부성란 : 초어, 참돔, 넙치, 농어
• 분리침성란 : 산천어, 무지개송어, 연어

06 다음 양식시설 중 방어양식과 가장 거리가 먼 것은?

① 축제식
② 망사절식(그물차단식)
③ 지수식
④ 가두리식

해설
지수식 양식
물이 흐르지 않고 고여 있는 상태에서 증발이나 누수에 의한 수량 감소분만 보충수로 공급하는 양식방법으로 잉어, 미꾸라지, 메기, 가물치, 뱀장어 등 온수성 어류의 양식에 적합하다.

07 상업적 양식에서 참돔 자어기의 최초 먹이로 가장 좋은 것은?

① 브라인 슈림프
② 코페포다
③ 로티퍼
④ 클로렐라

해설
참돔 자어 먹이 공급
코페포다의 노플리우스가 가장 좋다고 하지만 대량 배양이 힘들어 초기 먹이로는 로티퍼를 주고, 자어의 성장에 따라 입 크기에 알맞은 아르테미아 유생이나 배합사료를 적절히 병용하여 공급하는 것이 좋다.

08 몸무게 1kg당 채널메기의 산란량은?

① 2,200~3,300개
② 4,400~5,500개
③ 990~11,000개
④ 6,600~8,800개

해설
산란용 암컷의 크기는 체중 1.3~1.8kg으로 1kg당 보통 8,000립 정도의 알을 낳는다.

09 미꾸라지 인공채란 시 뇌하수체 주사액의 1마리당 적정량은?

① 1mL
② 0.1mL
③ 10mL
④ 2mL

해설
미꾸라지 호르몬 주사
호르몬 주사액은 친어가 20g 정도일 때 1마리당 0.1mL 정도 복강 주사한다.

10 그물차단식으로 방어를 양식할 때 적합한 가두리 형태는?

① 사각형 가두리
② 6각형 가두리
③ 8각형 가두리
④ 원형 가두리

해설
방어는 회유성 어종으로 활동성이 강하여 원형 가두리가 적합하다.

11 다음 중 온수성 어류가 아닌 것은?

① Tilapia

② Bluegill

③ Salmon

④ Sweetfish

해설

Salmon(연어)은 냉수성 어류이다.

12 뱀장어 양식에서 양중물이란 몇 g의 뱀장어를 말하는가?

① 10g 미만

② 10~30g

③ 40~50g

④ 60~70g

해설

실뱀장어 10~30g되는 양성용 종자를 양중물이라고 하는데, 흔히 양어장에서 이 시기부터 배합사료를 이용하여 성어까지 양성하게 된다.

13 기수산 로티퍼 중에서 대형(Large-type)에 대한 특징을 바르게 설명한 것은?

① 피갑장의 크기는 160~340μm이며, 주머니 모양이다.

② 아열대지역에 서식한다.

③ 후두극의 형태는 극이 뾰족하다.

④ 최적 수온범위는 28~30℃ 범위이다.

해설

기수산 로티퍼 L형(Large-type)

• 130~340μm 크기로 주머니 모양으로 온대지역의 20~25℃의 범위를 좋아한다.

• 3.85~4.44g 정도이며 후두극이 둥글다.

14 우리나라에서 방어양식이 크게 발달하지 못하는 가장 큰 이유는?

① 판로문제

② 사료문제

③ 수온문제

④ 질병문제

해설

우리나라는 계절별, 지역별 수온 변화가 심하여 회유성 어종인 방어 양식이 크게 발달하지 못하였다.

15 활어 운반 시 어류를 굶기는 이유는?

① 어체의 크기를 줄이기 위하여

② 몸의 대사기능을 활성화시키기 위하여

③ 어체의 체중이 감소할 것이므로 필요 없는 사료를 절약하기 위하여

④ 호흡량을 줄이기 위하여

해설

활어 운반 시 대사기능의 저하를 위해 수온을 낮추고 먹이를 주지 않는다.

16 지질에 관한 설명으로 틀린 것은?

① 사료 내의 지질은 가용 에너지 함량이 높기 때문에 중요한 에너지 자원이다.

② 지질은 에테르, 클로로폼 등의 유기용매에는 잘 녹지 않는다.

③ 어류의 필수지방산과 지용성 비타민의 공급원이 되기도 한다.

④ 체내에서 지용성 비타민의 흡수, 체조직과 세포막 구성 등의 역할을 한다.

해설
② 지질은 에테르, 클로로폼 등의 유기용매에 잘 녹는다.

17 자연에서 참돔의 산란시기는?

① 1~3월
② 7~9월
③ 4~6월
④ 11~12월

해설
참돔의 산란시기는 수온이 15~17℃가 되는 4~6월경이다.

18 다음 중 로티퍼가 초기 치어사육의 사료로 사용되기에 최적인 어종은?

① 메 기
② 뱀장어
③ 은 어
④ 송 어

해설
• 메기의 초기 먹이 : 물벼룩
• 뱀장어, 송어의 초기 먹이 : 실지렁이

19 다음 중 넙치의 양성 적수온범위는?

① 5~10℃
② 15~26℃
③ 28~32℃
④ 11~14℃

해설
넙치
• 서식수온 : 10~27℃
• 적수온 : 15~26℃

20 어류 3배체 유도를 위한 염색체 조작방법은?

① 제1난할을 억제
② 제2난할을 억제
③ 제1극체의 방출을 억제
④ 제2극체의 방출을 억제

해설
• 3배체 : 제2극체의 방출을 억제 시 유도되는 개체
• 4배체 : 수정란의 제1난할을 억제 시 유도되는 개체

21 다음 중 호흡공의 수가 가장 많은 전복류는?

① 참전복

② 말전복

③ 까막전복

④ 오분자기

해설

오분자기는 크기가 작고, 호흡공의 수가 6~9개로 6개 이하인 다른 종과 쉽게 식별된다.

22 양식패류의 이동력 때문에 도피방지시설이 필요한 양식장은?

① 진주담치 양식장

② 피조개 양식장

③ 키조개 양식장

④ 대합 양식장

해설

대합은 성장하면서 수심이 깊은 곳으로 이동해 가는 습성이 있기 때문에 도피방지시설이 필요하다.

23 우리나라에서 현재 양식되고 있는 한류성 가리비의 이름과 양식이 주로 성행되고 있는 수역이 바르게 짝지어진 것은?

① 비단가리비 – 서해안

② 참가리비 – 동해안

③ 해가리비 – 동해안

④ 참가리비 – 남해안

24 보리새우의 유생 발생단계 순서가 옳은 것은?

① 노플리우스 → 조에아 → 미시스 → 후기 유생

② 조에아 → 노플리우스 → 미시스 → 후기 유생

③ 미시스 → 조에아 → 노플리우스 → 후기 유생

④ 조에아 → 미시스 → 노플리우스 → 후기 유생

25 우렁쉥이(멍게) 양성법으로 적합하지 않은 것은?

① 블록을 이용한 투석식

② 살포식

③ 말목침설식

④ 수하식

해설

우렁쉥이는 부착생활을 하는 생물로 살포식 양성법은 적합하지 않다.

26 보리새우의 유생기 중 먹이를 공급할 필요가 없는 시기는?

① 노플리우스

② 포스트라바

③ 조에아

④ 미시스

해설

노플리우스기에는 체내의 영양분인 난황으로 생활하기 때문에 먹이는 필요하지 않다.

27 다음 양식 생물 중에서 양성장의 수심범위가 가장 깊은 것은?

① 굴
② 진주담치
③ 새꼬막
④ 피조개

해설
④ 피조개 : 20m 이내
① · ② · ③ 굴, 진주담치, 새꼬막 : 10m 이내

28 피조개 유생의 분포는 다음 중 어디에 속하는가?

① 표층 분포형
② 중층 분포형
③ 저층 분포형
④ 균일 분포형

해설
피조개의 유생은 저층에 많고 표층 가까이로 가면 급격히 적어진다.

29 굴양식에 소요되는 생산비에서 구입 채묘 시와 자가 채묘 시에 나타나는 이익과 원가가 크게 다른데 여기에 가장 큰 영향을 미치는 것은?

① 구입 채묘비용
② 채묘연 제작비
③ 감가상각비
④ 양식 수확량

30 우럭종묘를 방양하는 적절한 시기는?

① 2~3월
② 12~1월
③ 7~8월
④ 4~5월

해설
우럭종자의 방양
• 종자는 1년 정도된 각장 약 20mm인 것이 알맞다.
• 방양방법은 대나무나 막대기로 8cm의 구멍을 만들어 하나하나 간석지에 심어 준다.
• 방양밀도는 m²당 25~30개체 정도가 알맞다.
• 종자를 방양하는 시기는 4~5월이 가장 좋다.

31 진주 가공 과정 중 마지막 단계인 4단계는?

① 연 조
② 염 색
③ 천 공
④ 흠빼기

해설
가공 순서 : 천공 → 흠 빼기 → 염색 → 연조

32 보리새우의 조에아를 사육할 때 주어야 할 배양한 *Skletonema*의 알맞은 먹이농도는?

① 10×10cells/mL
② 10×10^2cells/mL
③ 10×10^3cells/mL
④ 10×10^4cells/mL

33 전복 수정란의 성질은?

① 분리부성란
② 분리침성란
③ 부착란
④ 중심란

해설
전복의 알은 물속에서 서로 붙지 않고 가라앉는 특성을 가진다.

34 수심이 얕은 간석지에 적당한 패류 채묘시설은?

① 고정식 채묘시설
② 부동식 채묘시설
③ 뗏목식 채묘시설
④ 연승식 채묘시설

해설
②, ③, ④는 수심이 깊은 곳의 채묘시설로 알맞다.

35 교미를 한 후 암컷의 체내에 정자를 보관하고 있는 종류는?

① 성 게
② 소 라
③ 해 삼
④ 보리새우

해설
보리새우의 암컷은 수컷으로부터 정협을 받아 이것을 저정낭에 저장한다.

36 문어의 양성법으로 가장 적절한 방법은?

① 그물가두리
② 육상 수조
③ 순환여과
④ 상자형 가두리

해설
문어의 양성시설에는 육상의 시멘트 수조나 천해의 구획 등도 있으나 일반적인 것은 상자형 가두리이다.

37 까막전복의 성숙 기초수온은?

① 4.3℃
② 5.3℃
③ 6.3℃
④ 7.3℃

해설
까막전복의 기초수온과 적산수온 : 5.3℃, 1,800~3,500℃

38 굴 양성장의 관리방법으로 적합하지 않은 것은?

① 해적생물을 구제해 준다.
② 저질을 개선해 준다.
③ 해수의 유통을 원활하게 해 준다.
④ 다년간 연작한다.

해설
④ 다년간 연작 시 다량의 배설물로 양식장 노화현상이 발생할 수 있으므로 양성장의 휴직년제 도입 등이 필요하다.

39 해삼과 관련이 없는 것은?

① 아우리쿨라리아

② 하 면

③ 운 단

④ 재 생

해설
③ 운단은 성게의 방언이다.
① 해삼 유생의 변태 : 아우리쿨라리아 → 돌리올라리아 → 펜타크툴라 → 새끼 해삼
② 해삼의 하면 : 수온이 높은 시기(25℃ 이상)에 소화관이 작아져 최소로 되는 시기
④ 해삼의 재생 : 소화관이나 호흡수의 재생력이 매우 강해 제거해도 원상태로 재생한다.

40 다음 중 유생형으로서 가장 맛이 좋은 세계적인 산업종은?

① 넓적굴

② 올림피아굴

③ 참 굴

④ 벗 굴

41 김 포자가 잘 붙기 위한 김발의 조건이 아닌 것은?

① 표면에 접하는 물의 접촉 각도가 작아야 한다.

② 물의 흡수율이 커야 한다.

③ 재료의 표면에 요철이 적어야 한다.

④ 재료의 표면에 구멍이 많아야 한다.

해설
김발의 조건
• 건조가 쉽고 물과 김발의 접촉 각도가 작아야 한다.
• 물의 흡수율이 높아야 한다.
• 표면에 구멍, 요철이 많아야 한다.

42 다시마 생활사 중에서 식용으로 이용하는 세대는?

① 배우체

② 포자체

③ 낭과체

④ 아포체

해설
다시마는 다년생 해조류로 현미경적인 크기인 배우체 세대와 우리가 먹는 대형 엽체인 포자체 세대를 가지고 있다.
※ 다시마의 생활사
　성숙기(초가을 ~ 초겨울) → 포자 방출 후 조락기 → 재생기(늦가을 ~ 초겨울) → 성장기

43 톳에 대한 설명으로 틀린 것은?

① 톳의 생육지대는 외양에 면한 평탄한 또는 경사가 완만한 암반이다.

② 톳은 콘크리트나 매끈한 암면이 노출된 곳에 잘 붙는다.

③ 수정란은 늦은 여름부터 초가을 사이에 발생한다.

④ 이탈된 어린 배의 착생력은 2일 후에 완전히 없어진다.

> **해설**
> ② 톳은 콘크리트나 여문 바위에는 잘 안 붙고 매끈한 암면이 노출된 곳에서는 착생이 좋지 않다.

44 남방형 미역의 특징이 아닌 것은?

① 포자엽의 주름수가 6~20개로 많다.

② 영양엽과 포자엽이 접근해 있고 줄기가 짧다.

③ 잎의 열각이 얕고, 열편수가 체장에 비해 많다.

④ 조류가 빠르지 않은 제주와 남해안에 많이 분포한다.

> **해설**
> ① 남방계 미역은 포자엽의 주름수가 2~4개 정도이다.

45 다음 해조류 중 생활사가 다른 것은?

① 미 역

② 다시마

③ 모자반

④ 감 태

> **해설**
> 모자반은 해조류 중 형태적으로 가장 발달된 무리이면서 세대교번을 하지 않는다.

46 김의 생리적인 갯병이 아닌 것은?

① 흰갯병

② 녹반병

③ 싹갯병

④ 암종병

> **해설**
> 김의 갯병
> • 생리적 갯병(비기생성) : 흰갯병, 의사흰갯병, 싹갯병, 암종병, 쪼그랑병
> • 기생성 갯병 : 붉은 갯병, 호상균, 사상체균 부착병, 녹반병, 구멍 갯병

47 김 사상체 성장이 억제되는 수온은?

① 15℃

② 20℃

③ 24℃

④ 27℃

> **해설**
> 각포자 방출억제법 − 고온처리
> 통풍을 차단하고 수온을 25~28℃로 유지토록 하여 사상체 성장을 억제한다.

48 저염분에서 토사 등의 기계적 자극으로 생기는 김의 갯병은?

① 흰갯병

② 붉은갯병

③ 구멍갯병

④ 쪼그랑병

해설
구멍갯병의 원인
저염분 상태에서 모래나 토사 등에 의한 자극이 엽체 표면에 상처를 일으키고 여기에 변형균이 감염되어 생긴다.

49 우리나라 울릉도 연안의 특산 해조류로 최근 경북 동해안의 영덕 연안에서도 군락이 발견되고 있는 것은?

① 곰 피

② 넓미역

③ 모자반

④ 대 황

50 조가비 사상체의 각포자낭지에 대한 설명으로 적합하지 않은 것은?

① 9~10월에 많이 형성된다.

② 조가비의 표면을 향해서 자란다.

③ 조가비의 표면에서 개구한다.

④ 각포자낭은 1렬로 연결되어 가지로 된다.

해설
사상체가 각포자낭을 만들기 시작하는 때는 주로 고수온기(7~8월)인 여름이다.

51 해조류 중 갈조류에 해당하지 않는 것은?

① 톳

② 감 태

③ 미 역

④ 우뭇가사리

해설
④ 우뭇가사리는 홍조류에 해당된다.

52 김의 맛을 내는 성분으로 가장 거리가 먼 것은?

① 알라닌

② 글루탐산

③ 라미나란

④ 글리신

해설
③ 라미나란 : 갈조류에서 생합성 되는 저장 다당류이다.

53 김 양식장의 가치를 판단하는 COD 수치의 기준은?

① 3~4ppm

② 10~20ppm

③ 30~40ppm

④ 100ppm

해설
김 양성장은 COD가 3ppm 이하인 곳이 적당하다.

54 미역 양성시설 방법 중 풍파가 심한 곳이나 외해에 면한 양식장에서 많이 이용되는 것은?

① 연승식
② 뗏목식
③ 조립연승식
④ 그물연승식

55 과포자(Carpospore)란?

① 조정기(造精器)에서 수정되어 만들어진 포자
② 사상체(絲狀體)에서 만들어지는 포자
③ 조과기(造果器)에서 만들어지는 포자
④ 유엽에서 만들어지는 포자

56 김 적변병에 대한 설명이 틀린 것은?

① 사상체가 자라고 있는 곳에 적갈색 또는 오렌지색 병반을 형성한다.
② 조가비의 표면이 미끄럽고 특유의 상한 냄새가 난다.
③ 수온이 높은 7~8월에 집중적으로 발생한다.
④ 방제법은 조가비를 해수에 넣고 차아염소산나트륨 5ppm으로 처리하면 병반이 녹색으로 된다.

57 촉성배양방법으로 생산한 다시마 종묘를 경제적으로 양성할 수 있는 기간은?

① 10~3월
② 10~5월
③ 12~7월
④ 1~7월

58 해조류 중 포자체와 배우자체가 동형인 것은?

① 곰 피
② 김
③ 미 역
④ 파 래

59 우뭇가사리의 생활사와 생태에 대한 설명으로 옳은 것은?

① 이형 세대교번을 한다.
② 암수의 배우체가 유성 생식으로 과포자를 만든다.
③ 성장기, 번식기, 조락기를 되풀이하는 1년생이다.
④ 조간대 상부의 바위 위에서 생육한다.

해설
① 동형 세대교번을 한다.
③ 다년생 해조류이다.
④ 조간대 하부 아래의 암상에서 생육한다.

60 다음 그림에서 미역의 잎자르기 수확을 할 때 자르는 부위는?

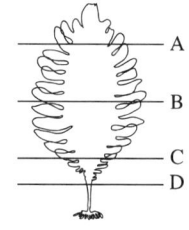

① A　　② B
③ C　　④ D

해설
미역의 잎자르기

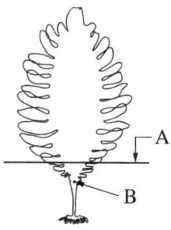

A : 자르는 부위
B : 생장점

제4과목　수산생물

61 대하는 분류학상 다음 중 어디에 속하는가?

① 구각류
② 열각류
③ 유우파우시아류
④ 십각류

해설
대하(*Penaeus chinensis*)는 표피가 키틴질로 둘러싸인 갑각류이며, 절지동물문 > 연갑강 > 십각목 > 보리새우과로 분류된다.
※ 십각류 : 새우, 보리새우, 바닷가재, 가재, 게 등

62 잉어류에 속하지 않는 어류는?

① 미꾸라지
② 모래무지
③ 황 어
④ 쏘가리

해설
쏘가리는 농어목 꺽지과의 민물고기이다.

63 우렁쉥이(멍게)의 분류학적 위치는?

① 의색강
② 두색강
③ 육질강
④ 미색강

64 생물권을 크게 3개로 나눌 경우 해당되지 않는 것은?

① 대기권
② 환경권
③ 육 권
④ 수 권

65 해양 저서동물 분포에 가장 큰 영향을 미치는 것은?

① 수 온
② 염 분
③ 저질의 종류
④ 수소이온농도

해설
저서동물은 그들이 서식하는 기질에 따라 주로 바위와 같은 암반에 사는 종류와 모래나 뻘같은 곳에 서식하는 종류로 나누어진다.

66 해양에서 식물플랑크톤의 생산력을 제한하는 가장 주된 요소는?

① 용존산소
② 조 석
③ 해 류
④ 영양염류

해설
식물의 광합성에 필요한 기본 물질은 물과 이산화탄소, 영양염류이다. 물과 이산화탄소는 해양에 풍부하기 때문에 부족한 경우는 드물지만 영양염류는 광합성이 활발해지면 부족하여 생물 생산이 제한된다. 따라서 영양염류를 생물제한성분이라고도 한다.

67 무생물적 환경요인 중에서 해양생물의 번식, 성장 및 분포에 가장 크게 영향을 미치는 것은?

① 빛
② 온 도
③ 염 분
④ 용존산소

해설
수온은 생물의 분포에 영향을 미치는 중요한 물리적 요인이며, 수산 생물의 번식, 성장 및 분포에 가장 큰 영향을 미칠뿐만 아니라 해양 생물의 대사와 성장 속도를 조절한다.

68 난의 보호를 패류의 샛강 내에 의탁시키는 종류는?

① 참중고기
② 참붕어
③ 큰가시고기
④ 짱뚱어

해설
참중고기 : 산란기는 4∼6월로, 암컷은 이 시기에 산란관을 길게 내어 담수산 이매패의 샛강에 산란을 한다.

69 다음 중 Chlorophyll a, b와 가장 관계가 깊은 조류는?

① 녹조류
② 갈조류
③ 홍조류
④ 남조류

해설
② 갈조류 : Chlorophyll a, c
③ 홍조류 : Chlorophyll a, d
④ 남조류 : Chlorophyll a

70 요각류 중 닻벌레(Lernaea)의 Copepodite 유생은 몇 기(期)까지 있는가?

① 1기
② 3기
③ 5기
④ 7기

71 한천의 원료가 되는 해조류는?

① 우뭇가사리
② 진두발
③ 청 각
④ 비단풀

해설
한천의 원료가 되는 홍조류에는 우뭇가사리와 꼬시래기 등이 있다.

72 다음 중 냉수성이며 수심 200~200m의 중·저층에 분포, 서식하는 것은?

① 명 태
② 청 어
③ 복 어
④ 조 기

73 해삼에 관한 설명으로 틀린 것은?

① 몸은 원통형으로 길고 그 두 끝에 입과 항문이 열려 있으며 좌우대칭이다.
② 수온이 25℃ 이상되는 시기에는 소화관이 가장 작아지고 하면기에 들어간다.
③ 해삼은 일반적으로 암수한몸이며, 유생은 비핀나리아라고 한다.
④ 배설강에는 점착력이 강한 큐비에관이라는 수많은 맹관을 가진 종류도 있다.

해설
해삼은 암수딴몸이며, 유생은 아우리쿨라리아, 돌리올라리아, 펜타크툴라의 유생기를 가진다. 비핀나리아는 불사가리류의 유생기 명칭이다.

74 경골어류의 심장은 어떻게 구성되어 있는가?

① 1심방 1심실
② 1심방 2심실
③ 2심방 1심실
④ 2심방 2심실

해설
연체동물의 심장은 2심방 1심실의 심장을 가지며, 경골어류의 심장은 1심방 1심실로 되어 있다.

75 갈조식물에 속하지 않는 것은?

① 미 역
② 감 태
③ 다시마
④ 진두발

해설
진두발은 홍조식물에 속한다.

76 오징어류가 유영생물(Nekton)로 분류되는 이유는?

① 번식력

② 운동력

③ 생산력

④ 적응력

해설

유영동물은 유영력을 가진 동물 집단으로 해양의 흐름이나 파도 등에 영향을 받지 않고 자신의 운동기관을 이용하여 자유롭게 유영하는 동물을 말한다. 오징어류는 외투강 속으로 물을 끌어들인 후, 이 물을 누두를 통해 분사하여 재빨리 이동할 수 있다.

77 다음 중 적조의 주원인생물이 되는 것으로만 나열된 것은?

① 해조류, 갑각류, 원생동물

② 와편모조류, 규조류, 원생동물

③ 모악류, 갑각류, 와편모조류

④ 피낭류, 모악류, 와편모조류

해설

전 세계적으로 적조를 일으키고 있는 종수는 대략 200여종 정도가 보고되고 있는데, 우리나라 적조 주원인생물로는 편조류와 규조류가 대부분이며, 원생동물인 섬모충도 있다.

78 다음 중 어류의 발광 기본물질은?

① Lamphredin

② Hirudin

③ Thiamin

④ Luciferin

79 어류의 산소소비량에 대한 설명이 옳은 것은?

① 수온이 높아지면 증가한다.

② 큰 개체가 어린 개체에 비하여 단위 체중당 소비량이 많다.

③ 어종에 관계없이 수온, 체중에 따라 일정하다.

④ 운동량과 관계가 없다.

해설

② 작은 개체가 큰 개체에 비하여 단위 체중당 소비량이 많다.

③ 어종 및 수온, 체중에 소비량이 다르다.

④ 운동량이 많을수록 소비량이 많다.

80 고수온기 패각 속에서 사상체로 지내는 해조류는?

① 김

② 파 래

③ 모자반

④ 청 각

해설

김의 생활사 – 사상체기

과포자가 해저에 있는 조가비의 진주층을 뚫고 들어가 그 속에서 자라면서 여름철의 고수온기를 지내는 시기이다.

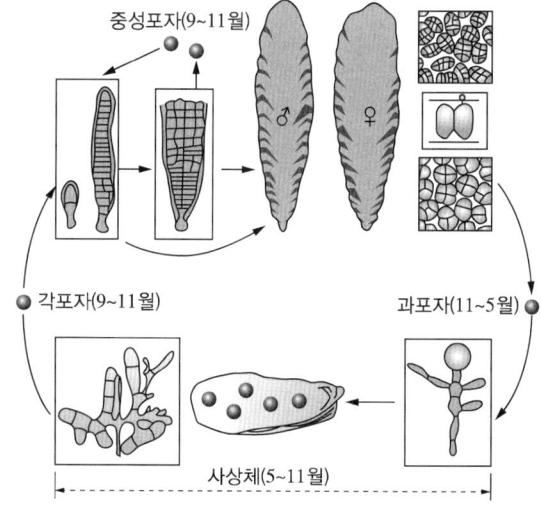

81 시간의 경과에 따라 변하기 쉬운 성분에 대한 취급법으로서 가장 적절한 것은?

① 냉암소 보존
② 급랭처리
③ 미생물 활동억제제 첨가
④ 즉시 분석

해설
시간의 경과에 따라 변하기 쉬운 성분은 시료 확보 즉시 분석하여 측정값에 오류가 없도록 한다.

82 염소(Cl)량 16.5‰인 해수의 염분값(psu)은?

① 18.6
② 24.2
③ 29.8
④ 32.4

해설
S(염분) = $1.80655 \times$ Cl
= 1.80655×16.5‰ ≒ 29.8‰(psu)

83 채수 직후 측정할 수 없을 경우 고정 조작을 해야 하는 것은?

① 염 분
② BOD
③ DO
④ 경 도

해설
DO 측정 시 유의사항
• DO 측정은 현장에서 하는 것을 원칙으로 하며, 불가능 시 용존산소를 고정하거나 분석실까지 신속히 운반한다.
• 시료 운반 시 채취용기에 시료를 가득 채워 대기 중의 산소가 운반 중 용해되는 것을 방지한다.
• 시료 운반 시 시료용기를 별도 용기에 보관하여 채취 시 시료온도보다 낮추어, 온도 상승에 따른 시료 중 용존산소의 탈기를 방지한다.

84 Vibrio병에 관한 설명 중 틀린 것은?

① 뱀장어, 송어, 은어에만 발병된다.
② 장관에 염증이 일어난다.
③ 수온 10℃ 이하인 때는 발병률이 낮다.
④ 발병어는 성별, 크기와 관계없이 연중 발생된다.

해설
비브리오(Vibrio)병은 어류 및 패류에서 발병하며 거의 모든 해수 어류가 감수성이 있는 것으로 보인다.

85 Trichodina충에 의한 뱀장어의 피해로 가장 적합한 것은?

① 아가미의 혈관이 막혀서 순환장애를 일으킨다.
② 아가미에 흰점이 생기므로 먹이를 먹지 않는다.
③ 아가미에 붉은 점이 생기므로 운동력이 강해진다.
④ 아가미 상피의 조직이 파괴된다.

해설
트리코디나(Trichodina)병 증상
어류의 몸 표면이나 아가미에 달라붙어 치설을 이용해 상피세포를 파괴시키는 등 심한 자극을 주어, 어류는 점액(회백색)을 과다 분비하게 되고, 호흡곤란, 상피세포 탈락 등의 증상을 나타내게 된다.

86 뱀장어의 기적병은 어떤 증세를 나타내는가?

① 구강 내 출혈이 가장 뚜렷하다.
② 장관 내에서는 카타르성 염이 나타난다.
③ 간장과 신장에는 병변이 나타나지 않는다.
④ 체색이 흑변이 되고 안구가 돌출된다.

해설
뱀장어 기적병 증상
기적병의 특징은 장내에서 증식한 병원균이 생산하는 세균의 독소에 기인하여 염증이 생기고 혈액으로 전신에 확산되어 전신장애를 일으킨다.

87 잉어의 적반병이 솔방울병과 구별되는 특징적인 병증은?

① 비늘이 거꾸로 일어선다.
② 안구가 튀어 나온다.
③ 창자가 출혈되어 발적증상을 나타낸다.
④ 식욕이 없어지고, 헤엄도 치지 못한다.

88 단생류(Monogenea)에 포함되지 않는 것은?

① 닥틸로자이러스
② 베네데니아
③ 헤테락신
④ 메타고니무스

해설
메타고니무스는 흡충류에 포함된다.

89 다음 기생충 중에서 새미류에 포함되는 충은?

① 르네아(Lernaea)충
② 아르굴루스(Argulus)충
③ 칼리구스(Caligus)충
④ 로시넬라(Rocinela)충

90 시료수의 운반과 보존 중 특히 5℃ 이하의 냉암소에 보존하여야 하는 분석 대상 항목은?

① DO   ② COD
③ BOD   ④ pH

해설
BOD는 시료 채취 즉시 시험하여야 하며, 즉시 시험이 불가할 경우에는 0~10℃ 냉암소에 보존하여 가능한 한 신속히 시험하여야 한다.

91 송어류의 아가미가 곤봉화되고 유착되는 원인에는 세균성 감염과 영양결핍으로 인한 경우가 있는데, 영양결핍인 경우에는 아가미의 기저부에서 증상이 시작되는 것이 특징이다. 무엇이 부족하면 이러한 영양결핍성 아가미병(Nutritional Gill Disease)이 발생하는가?

① 엽 산
② 아스코빅산
③ 판토테닉산
④ 비타민 E

92 외부 기생충의 구충을 위하여 개발된 구충제는?

① 테트라사이클린

② 비치오놀

③ 독시사이클린

④ 엔보네이트

①, ③ 세균성 질병 치료를 위한 항생제

93 pH 측정용 전극의 취급법으로 옳은 것은?

① 유리전극을 깨끗이 닦아 말려서 보관한다.

② 전극 끝에 오물이 묻었을 경우는 유기산이나 무수알코올로 씻는다.

③ 보관 시 증류수나 완충액에 액침한다.

④ 보조전극의 전해액 주입구병은 전해액 주입 시에만 연다.

94 다음 시약들 중에서 일광에 의하여 변하기 쉬운 것은?

① 질산은, 과망가니즈산칼륨

② 염화바륨, 탄산수소나트륨

③ 염화칼륨, 염화나트륨

④ 탄산수소나트륨, 염화칼륨

질산은, 과망가니즈산칼륨은 일광에 의해 변하기 쉬우므로 갈색병에 담아 냉암소에 보관한다.

95 염분 20‰인 해수의 20℃ 포화용존산소량은 8.07 mg/L이다. 이 해수의 DO가 9.20mg/L이면 포화도는 약 얼마인가?

① 148.4%

② 114.0%

③ 74.2%

④ 54.4%

• 포화용존산소량 : Ds
• 시료의 용존산소량 : DM
• 시료의 포화율(%) = (DM/Ds) × 100
$$= (9.20/8.07) \times 100 ≒ 114.0\%$$

96 수질분석에 있어 현장에서 채수할 때 측정하지 않아도 될 항목은?

① pH

② 수 온

③ 용존산소

④ 염 분

다른 요소에 비해 시간 경과에 따른 변화량이 극히 적다.

97 능성어 바이러스병의 설명이 틀린 것은?

① 병원체는 DNA 바이러스에 속하며 크기는 75nm 정도이다.

② 능성어의 크기에 관계없이 질병을 일으킨다.

③ 이 병에 걸린 능성어는 몸 색깔이 검게 변하며 이상유영을 하다가 몸이 휘어진 채 가두리 바닥 이나 수면에 누워서 죽게 된다.

④ 뇌출혈, 비장 및 담관이 부어오르며, 간과 소화관 에 출혈이 나타난다.

해설
① 병원체는 RNA바이러스에 속하며 크기는 25~30nm 정도이다.

98 과망가니즈산칼륨 – 산성법에 의한 COD 측정에 필요하지 않은 시약은?

① H_2SO_4

② $Na_2C_2O_4$

③ $KMnO_4$

④ AS_2O_3

해설
과망가니즈산칼륨 – 산성법에 의한 COD 측정법
• 시료에 과망가니즈산칼륨($KMnO_4$)을 첨가한 후 가열하여 유기 물을 산화시킨다.
• 반응 후 남은 과망가니즈산칼륨을 수산나트륨($Na_2C_2O_4$)으로 환 원시킨다.
• 남은 수산나트륨을 과망가니즈산칼륨으로 역적정하여 유기물 산화에 소모된 과망간산칼륨 양을 계산한다.
• 계산된 과망가니즈산칼륨 양에 상당하는 산소의 양을 계산한다.

99 양식 은어의 근육에 감염되어 육아종을 형성하는 것이 특징인 곰팡이는?

① *Ichthyophonus* sp.

② *Saprolegnia* sp.

③ *Aphanomyces* sp.

④ *Candidia* sp.

100 해산어류 양식장 사육수의 COD를 측정하려고 한 다. 이때 시료의 전처리방법으로 옳은 것은?

① $AgSO_4$ – 염소이온 제거

② HCl – pH 중화작용

③ EDTA – 나트륨 이온 제거

④ 가열시간 단축 – 무기물 산화 방지

제1과목 어류양식학

01 인공종묘생산 시 부화 후 먹이생물 단계를 거치지 않고 처음부터 인공배합사료를 공급하는 종묘생산 방법이 일반적인 어종은?

① 무지개송어
② 넙 치
③ 은 어
④ 참 돔

해설

부화한 자어가 난황을 모두 소비하고 수면으로 떠오르는 시기에 먹이를 주어야 한다. 초기 먹이로는 실지렁이, 계란 노른자 찐 것, 돼지의 생간 등을 갈아 주며, 입붙임용 인공배합사료를 함께 공급한다.

02 잉어종묘생산 시 숙성이의 발생원인과 거리가 먼 것은?

① 양성밀도가 너무 높은 경우
② 사료를 충분하게 자주 공급한 경우
③ 사료 주는 시간이 고르지 못한 경우
④ 질병이 발생한 경우

해설

어류의 숙성이 발생원인
먹이 부족 시, 먹이 입자가 클 때, 고밀도 사육 시, 먹이 급이시간이 일정하지 않을 때, 질병 발생 시

03 UGF(미지 성장인자)의 효과를 위해서 쓰일 수 있는 사료의 성분은?

① 효 모
② 어 분
③ 비타민 C
④ 무기염류

해설

사료용 효모는 비타민 B군이 많고 UGF가 존재하며, 건조물 중의 40% 이상이 단백질로서 영양이 우수하다.

04 유럽장어의 특징에 대한 설명으로 옳은 것은?

① 기생충에 잘 감염되지 않는다.
② 체장이 길어 소비자가 좋아하지 않는다.
③ 고수온에 강하여 폐사율이 낮다.
④ 공식에 의한 폐사가 우리나라 뱀장어(참장어) 보다 많다.

해설

유럽장어의 특징
• 극동산 뱀장어(참장어)보다 낮은 온도에서도 잘 성장한다.
• 기생충에 잘 감염되며 고수온 시 폐사율이 높다.
• 공식에 의한 폐사가 극동산 뱀장어(참장어)보다 많다.

05 넙치의 자·치어 사육에 대한 설명이 적합하지 않은 것은?

① 부화자어를 20~50m³ 수조에서 사육하면 좋다.

② 자어 수용밀도는 소형 수조의 경우 수량 1톤당 1만 마리 전후이다.

③ 사육용수는 여과한 해수를 사용하며, 방양한지 약 일주일이 지나면 물을 교환하기 시작하고 점차 환수량을 증가시킨다.

④ 에어레이션을 계속하고 광선은 적절히 차단하여 많은 날에는 1,000lx 이내로 하고, 수온은 18℃ 전후로 유지한다.

해설

자어의 수용밀도는 해수 1톤당 2만 마리 전후이다.

06 참돔의 부화 후 3~4일경 먹이로서 적합하지 않은 것은?

① 코페포다의 노플리우스 유생

② 로티퍼

③ 아르테미아

④ 성게 유생

해설

참돔 치어의 먹이 공급

• 부화 후 3~4일경 : 코페포다의 노우플리우스 유생, 성게 유생, 로티퍼

• 5~6일 후 : 참굴 유생, 윤충류, 소형 코페포다

• 10일 후 : 아르테미아

• 20일 후 : 다모류의 유생, 새우나 까나리의 어육

07 배합사료의 단백질 원료원으로 잘 이용되지 않는 것은?

① 어 분   ② 대두박

③ 전 분   ④ 육분 및 육골분

해설

전분은 탄수화물 원료원이다.

①, ④ 동물성 단백질원

② 식물성 단백질원

08 틸라피아의 성전환 호르몬제로 사용되는 것은?

① 메틸테스토스테론

② 고나도트로핀

③ 뇌하수체

④ MS-222

해설

틸라피아의 성전환

사료 kg당 메틸테스토스테론과 에틸테스토스테론을 50~60mg 섞어서 약 1개월간 공급

②, ③ 산란촉진제

④ 마취제

09 양식 가능 어류 중 산란을 위해 모천 회귀하는 어류는?

① 뱀장어

② 연 어

③ 농 어

④ 숭 어

해설

• 소하성 어류 : 해양에서 생활을 하다가 산란기가 되면 강을 거슬러 올라가서 산란하는 어종으로는 연어, 송어 등이 있다.

• 강하성 어류 : 강에서 살다가 산란기가 되면 바다에 가서 산란하는 어류로는 뱀장어가 대표적이다.

10 다음 중 염분의 변화에 가장 잘 견디는 어류는?

① 틸라피아

② 방 어

③ 잉 어

④ 메 기

틸라피아는 저산소, 수질, 염분 등 환경변화에 대하여 저항력이 강한 어종이다.

11 넙치의 종묘생산에 관한 설명으로 옳은 것은?

① 자연에서 산란기는 10월경 수온 13~16℃ 정도가 시기이다.

② 산란용 친어는 2~3년 정도되어 막 성숙된 친어가 좋다.

③ 부화 자어는 완전 착저 이후 배합사료 먹이붙임을 시작한다.

④ 부화 자어는 30일 정도에서 오른쪽 눈이 왼쪽으로 옮겨 간다.

• 자연에서 산란기는 5, 6월경 수온 13~17℃ 정도가 시기이다.
• 자연산 친어 중에서는 충분히 성숙된 것을 고르며, 양식상 친어는 4년생 이상의 성숙 상태가 양호한 것이 좋다.
• 부화 자어의 착저 전부터 초기 배합사료(미립자사료)를 아르테미아와 함께 공급하여 먹이붙임을 시작한다.

12 조피볼락 종묘생산 시 어미의 주산출시간대는?

① 06~09시

② 12~15시

③ 18~21시

④ 21~익일 03시

산출은 밤 9시에서 새벽 2시 사이(주산출시간은 밤 10~12시경)이다.

13 조피볼락 자어에 대한 설명으로 틀린 것은?

① 출산 직후에는 난황이 커서 표층에 주로 유영한다.

② 추광성을 가진다.

③ 초기 먹이로 로티퍼와 아르테미아를 같이 먹을 수 있다.

④ 출산 후 70일 정도면 30mm 정도의 치어로 성장한다.

조피볼락은 난태생어로 출산 직후 자어의 난황은 거의 흡수되었으며 추광성을 띠어 수조의 표층을 유영한다.

14 잉어의 식성과 사료 공급방법으로 틀린 것은?

① 대두박, 콘글루텐밀 등 식물성 사료원도 잘 이용한다.
② 위가 있으므로 하루에 2번 규칙적으로 사료를 공급한다.
③ 사료의 1일 공급량과 횟수는 어체중, 수온, 환경에 따라 다르다.
④ 잡식성으로 다른 어종에 비해 탄수화물에 대한 소화능력이 뛰어나다.

해설
잉어의 사료 공급방법
위가 없는 특성 때문에 하루 여러 번 지속적으로 공급되어야 최적의 성장이 이루어진다.

15 세계 양식 역사에 있어서 보다 활발한 양식활동이 이루어지기 시작한 시기는?

① 16세기　　　　② 17세기
③ 18세기　　　　④ 19세기

해설
1757년 야코비가 송어의 인공수정 부화에 성공함으로써 양식의 새 기원이 열렸으나 활발한 양식활동은 19세기에 들어와서부터라고 할 수 있다. 19세기 프랑스에서는 송어를 인공 부화시켜 하천에 방류, 국립양어장 및 굴 양식장을 만들었으며, 미국에서는 대서양의 강에서 서식하는 섀드를 앨라배마강에 이식 성공하였다.

16 자주복의 알은 채란 후 수일 동안은 난의 수정 여부의 확인이 어렵다. 4~5일이 지난 후 수정란의 색깔은?

① 자 색　　　　② 황 색
③ 유백색　　　　④ 흑 색

해설
수정란은 광택을 갖는 유백색이며 미수정란은 자색 또는 황색으로 변색한다.

17 가와치붕어의 식성에 관한 특징으로 옳은 것은?

① 창자 길이가 길며, 식물플랑크톤을 잘 먹는다.
② 창자 길이가 길며, 어린 물고기를 잘 먹는다.
③ 창자 길이가 짧으며, 식물플랑크톤을 잘 먹는다.
④ 창자 길이가 짧으며, 어린 물고기를 잘 먹는다.

해설
가와치붕어(떡붕어)는 창자 길이가 길며, 주로 식물성 플랑크톤인 녹조류와 규조류를 섭식한다.

18 은연어 종묘의 사육 적온은?

① 7~9℃
② 10~12℃
③ 13~18℃
④ 19~22℃

19 100g의 잉어에게 1kg의 사료를 먹여 700g으로 성장시켰을 때 사료효율은?

① 55% ② 60%

③ 65% ④ 70%

$$사료효율(\%) = \frac{증육량}{사료공급량} \times 100$$

$$= \frac{700g - 100g}{1,000g} \times 100$$

$$= 60\%$$

제2과목 **무척추동물양식학**

21 식물플랑크톤 배양에 대한 설명으로 가장 적합한 것은?

① 일반적으로 배양온도는 18~22℃가 적합하다.

② 해수산 플랑크톤의 배양에는 SK 배지를, 담수산 플랑크톤 배양에는 f/2 배지를 사용한다.

③ 배양 가능 온도범위 내에서는 온도가 높을수록 배양속도가 느려진다.

④ 배양 중인 식물플랑크톤은 충격에 약하므로 용기가 흔들리지 않도록 해야 한다.

② 플랑크톤 배양에는 주로 f/2, Conwy 배지 등이 사용된다.

③ 배양 가능 온도범위 내에서 온도가 높을수록 배양속도가 빨라진다.

④ 침강현상방지 및 CO_2 공급을 위해 주기적으로 흔들어 주거나 포기하여 혼합해 준다.

20 미꾸리의 생태에 관한 설명으로 틀린 것은?

① 산란기는 6월 전후로 주로 비가 오고 난 뒤 맑은 날에 많이 산란한다.

② 알은 점착성란으로 25℃에서 약 40시간 후에 부화한다.

③ 수컷의 등지느러미 아래에는 긴 혹이 있다.

④ 암컷의 가슴지느러미는 수컷보다 1.5배 정도 크다.

수컷의 가슴지느러미는 몸통 부분이 약간 두텁게 부풀었다. 2~3 기조가 길게 신장되어 끝이 뾰족한 반면, 암컷의 가슴지느러미는 끝이 둥글고 짧다.

22 양식동물의 유생기에 적합한 먹이생물로서 갖추어야 할 조건이 아닌 것은?

① 크기가 적당해야 한다.

② 영양이 풍부해야 한다.

③ 빠른 운동력을 가져야 한다.

④ 소화가 잘되어야 한다.

먹이생물의 조건

• 소화가 잘될 수 있어야 한다.

• 영양가가 충분하여야 한다.

• 유생의 입의 크기에 맞는 적당한 크기여야 섭취가 가능하다.

• 먹이생물의 운동성이 너무 빨라 유생이 잡아먹기에 어려움이 있다면 먹이생물로서 이용이 불가능하다.

• 독성이 없어야 한다.

• 모양이 삐죽삐죽한 것보다 원형이 좋다.

• 냄새, 색깔 등이 유생의 선호도에 합당하면 좋다.

• 인위적으로 배양할 경우 배양밀도가 낮다면 경제적인 측면에서 대량배양을 불가능하다.

23 멍게(우렁쉥이)와 관련이 없는 것은?

① 피 낭
② 자웅이체
③ 신티올(Cynthiol)
④ 올챙이형 유생(Tadpole Larva)

해설
우렁쉥이는 자웅동체이다.

24 전복류에 대한 설명으로 틀린 것은?

① 우리나라에서 주요한 산업종은 참전복, 까막전복, 시볼트전복 등이다.
② 얕은 곳에서 사는 종일수록 환경변화에 대한 적응력이 강하고 활동성이 있다.
③ 말전복은 가장 천해인 수심 4~5m, 참전복은 수심 30~50m에서 주로 서식한다.
④ 외해성이고 암초가 많은 수역에서 주로 서식한다.

해설
참전복은 천해인 수심 4~5m, 말전복은 수심 30~50m에서 주로 서식한다.

25 자연산 진주조개가 치패기에 주로 서식하는 수심은?

① 1m ② 3m
③ 5m ④ 10m

해설
자연산 진주조개는 10m 이하에 서식하며 부착층은 1m 내외 표층으로 치패기는 3m, 성패기는 5~7m에서 수하한다.

26 참가리비의 유생 및 유생사육에 대한 설명으로 옳지 않은 것은?

① 수정 4일 후에 부화해서 담륜자가 된다.
② 담륜자 시기에 다른 유생사육 탱크로 옮겨 패각이 형성될 때까지 관리한다.
③ 유생사육밀도는 mL당 10개체 이하로 유지하고 사육해수는 2일마다 전량 환수한다.
④ D형 유생까지 5~7일 소요되고 이때가 물리적인 충격에 가장 약하다.

해설
D형 유생까지 5~7일 소요되고 이때가 물리적인 충격에 강해지므로 곧 물을 교환한 후 먹이를 준다.

27 소라양식에 대한 내용으로 적절한 것은?

① 부유유생의 먹이로는 부유성 규조류가 적합하다.
② 수용에 의한 양성 시 먹이 종류에 따른 먹이효율은 차이가 없다.
③ 방류 후에는 홍조류를 주로 먹이로 섭취한다.
④ 성숙한 생식소의 경우 난소는 짙은 녹색, 정소는 유백색이다.

해설
① 저서생활로 들어간 다음부터 부착성 규조를 먹인다.
② 수용에 의한 양성 시 대황이 우뭇가사리나 모자반에 비해 먹이효율이 좋다.
③ 방류 후에는 갈조류를 주로 먹이로 섭취한다.

23 ② 24 ③ 25 ② 26 ④ 27 ④ **정답**

28 양식상 저질 유기물질의 변화 중 유독물질과 관계가 가장 적은 것은?

① 암모니아(NH_3)

② 이산화탄소(CO_2)

③ 황화수소(H_2S)

④ 메탄(CH_4)

29 이매패류 중 주로 패주(폐각근)를 식용으로 이용하는 종으로 짝지어진 것은?

① 담치, 대합

② 참가리비, 키조개

③ 피조개, 꼬막

④ 굴, 진주조개

30 참가리비 치패의 중간 육성관리 내용으로 적합하지 않은 것은?

① 조용한 내만에서 육성관리한다.

② 수용밀도를 알맞게 조절한다.

③ 채롱의 흔들림이 적도록 시설한다.

④ 빠른 성장을 위해 표층 가까이에 수하한다.

31 양식 대상종의 인공종묘생산에 관한 내용으로 틀린 것은?

① 채란용 어미의 선정시기는 산란기의 전기에 비해 중기나 후기가 좋다.

② 연령이 많은 어미는 산란 양은 많지만 부화성적이 나쁜 경우가 많다.

③ 이매패류는 D상 유생기부터 먹이 공급을 시작한다.

④ 새우류의 노플리우스 유생기에는 먹이를 먹지 않는 것으로 알려져 있다.

32 내만의 참굴 양성장에서 노화방지를 위해 필요한 안정수면적은?(단, 실제 수하 수면적 대비 필요면적을 말함)

① 5배

② 10배

③ 20배

④ 30배

33 대합류의 이동에 대한 설명으로 옳지 않은 것은?

① 성장기에는 깊은 곳으로 이동한다.

② 이동은 유속이 매초 3~8cm 이상일 때 많이 일어난다.

③ 수온이 높은 8월에는 거의 이동하지 않는다.

④ 간만의 차가 큰 곳에서는 소조 시에도 이동한다.

해설
수온이 높은 여름철, 대조 시에 이동이 많이 일어난다.

34 굴류 가운데 난생형인 것은?

① 벗 굴

② 올림피아굴

③ 강 굴

④ 넓적굴

해설
• 유생형 : 벗굴, 넓적굴, 올림피아굴
• 난생형 : 참굴, 바윗굴, 강굴 등

35 채묘시설과 생물종의 연결이 맞지 않은 것은?

① 고정식 채묘시설 – 참굴

② 밧줄수하식 채묘시설 – 참가리비

③ 침설수하식 채묘시설 – 피조개

④ 부동식 채묘시설 – 바지락

해설
바지락은 비부착성 패류로 부유생활기를 지난 다음 바닥에 침강할 때 거기에다 완류장치를 해 주어 그들의 침강을 촉진시켜 채묘한다 (완류식 채묘).

36 새우류의 종묘생산에 관한 설명으로 옳은 것은?

① 후기 유생기(Post Larva)까지 변태할 동안에 사육수는 여과해서 자주 환수한다.

② 후기 유생기(Post Larva)가 지나면서 하루에 전 사육수의 약 1/5 정도씩 갈아 주고 통기는 하지 않는다.

③ 시멘트 못을 사용하고 내면은 방수도료제를 바른 후 수질의 안정을 위해 바로 사용한다.

④ 급수용 배관으로 주철관, 강관, 납관, 구리관, 아연도금관 등은 쓰지 않는다.

해설
①, ② 부유 생활을 하는 기간에는 사육 해수를 교환하지 않고 저서 생활로 들어간 다음부터 사육해수를 환수하는데, 하루에 1/5 정도씩 해 주고, 사육 중에는 계속해서 통기한다.
③ 방수도료제를 바른 후에는 장기간 해수를 채워서 해로운 물질을 완전히 용출시킨 다음 사용한다.

37 대합의 개방식 양성장을 선정할 때 가장 중요한 조건은?

① 먹이생물

② 지 형

③ 교 통

④ 기 상

해설
대합의 개방식 양성장 선정 시 이동이 심하기 때문에 외해쪽의 저질이 자갈이나 암석과 같은 것으로 되어 있거나, 외해쪽 수심이 급격히 깊어져서 수심 7~8m 이상되는 곳이 좋다.

38 참전복의 생식소가 발달하기 시작하는 기초수온은?

① 5.3℃
② 7.6℃
③ 9.4℃
④ 10.0℃

39 바지락 서식 적지에 대한 설명으로 옳은 것은?

① 육수의 영향을 받지 않는 파도가 조용한 내만
② 간출시간이 5시간 정도 되는 곳부터 수심 8~10m 사이
③ 환원층이 발달된 곳
④ 태풍, 홍수 등에 의한 지반변동이 거의 없는 곳

<u>해설</u>
바지락의 서식장(양성장)
• 육수의 영향이 있는 조용한 내만
• 태풍, 홍수 등에 의한 지반변동이 거의 없는 곳
• 간출시간이 3시간 정도이고, 수심 3~4m인 곳
• 해수 유통이 좋고 환원층의 발달이 적은 곳
• 먹이생물이 많은 곳
• 해수 비중이 1.018~1.027인 곳

40 문어의 사육밀도에 가장 크게 영향을 미치는 환경 요인은?

① 용존산소량
② pH
③ 수 심
④ 염 분

<u>해설</u>
문어 사육 관리 시 가장 큰 문제점 : 용존산소량(2.5mg/L 이하가 되면 호흡 지장)

제3과목 해조류양식학

41 다시마의 종묘생산에서 촉성배양을 위한 주요 영양염이 아닌 것은?

① 질산나트륨(NaNO₃)
② 염화철(FeCl₂)
③ 요오드칼륨(KI)
④ 황산망가니즈(MnSO₄)

42 조가비 사상체의 배양을 하는 데 있어서 물갈이 후에 갑작스럽게 사상체의 색이 변한 일이 생겼다면 일반적으로 제일 먼저 점검해야 하는 것은?

① 비중의 급변 상태
② 조도의 급변 상태
③ 수온의 급변 상태
④ 영양염 관계

<u>해설</u>
비중 변화로 인한 생리적 장애의 우려가 있으므로 미리 비중 측정을 하여 그 차이를 줄이면서 천천히 갈아 준다.

43 미역의 형태학적 특징에 대한 설명으로 가장 거리가 먼 것은?

① 엽면에는 털집이 산재한다.
② 포자엽은 엽체의 한정된 부위에만 형성된다.
③ 생장대는 잎의 끝부분에 존재하고 정단생장한다.
④ 엽체의 내부 구조는 표층, 피층, 속의 3층으로 되어 있다.

<u>해설</u>
생장대는 줄기와 엽상부(잎)의 사이에 있다.

44 큰참김, 참김, 방사무늬김, 큰방사무늬김, 긴잎돌김을 같은 어장에서 양식했을 때 자리바꿈에 가장 우세한 김은?

① 큰참김
② 참 김
③ 방사무늬김
④ 큰방사무늬김

해설
방사무늬김은 영양 번식력이 강하여 자리바꿈에 우세한 품종이다.

45 미역에 대한 설명으로 틀린 것은?

① 우리나라의 전 연안에 분포한다.
② 이형 세대교번을 한다.
③ 생장점이 몸 끝부분에 있다.
④ 저수온기에 잘 자란다.

해설
미역의 생장점은 줄기와 엽상부(잎)의 사이에 있다.

46 청각의 생식을 이용한 종묘생산방법의 설명으로 가장 적합한 것은?

① 무성생식으로만 가능하다.
② 유성생식으로만 가능하다.
③ 단위생식으로만 가능하다.
④ 무성생식 및 유성생식 둘 다 가능하다.

해설
청각은 접합자(유성생식)와 분리수사(무성색식)에 의한 종자생산 방법이 있다.

47 다음 중 과포자의 잠입효과가 가장 좋은 것은?

① 방출 직후
② 방출 후 20분 경과된 것
③ 방출 후 30분 경과된 것
④ 방출 후 40분 경과된 것

해설
과포자의 잠입률은 방출 직후에는 100% 잠입하지만, 시간이 경과할수록 잠입률이 점점 떨어진다.

48 매생이의 육상 인공채묘 시 유주자의 대량 방출이 시작되는 시기는?

① 배양 48시간 이후부터
② 배양 36시간 이후부터
③ 배양 24시간 이후부터
④ 배양 12시간 이후부터

해설
매생이 인공채묘 시 모조를 채묘 수조에 수용한 후 48시간 정도 경과 후 현미경으로 유주자의 방출량을 검사한 다음 채묘할 그물망을 수조에 담근다.

49 우뭇가사리의 과포자체와 사분포자체의 가장 뚜렷한 구별점은?

① 영양 번식력의 유무
② 생육시기의 차이
③ 내부조직의 차이
④ 생식기탁(생식기 가지)의 모양

52 미역 양성장은 미역이 성장 최적 온도의 범위를 오래 유지할수록 좋다. 다음 중 미역의 성장 최적 온도범위로 가장 적합한 것은?

① 0~5℃
② 5~10℃
③ 15~20℃
④ 20~25℃

50 흑산도 지방에서는 자연산 미역이 7월경에야 채취할 수 있게 성장하는데 그 이유는?

① 물이 맑기 때문이다.
② 영양염이 적기 때문이다.
③ 저수온기와 수온 상승기가 늦기 때문이다.
④ 서식대가 깊기 때문이다.

53 김의 생식방법과 생식세포와의 관계를 바르게 연결한 것은?

① 무성번식 – 중성포자
　유성번식 – 각포자, 과포자
② 무성번식 – 각포자, 중성포자
　유성번식 – 과포자
③ 무성번식 – 과포자, 중성포자
　유성번식 – 각포자
④ 무성번식 – 각포자, 과포자
　유성번식 – 중성포자

해설
김의 생활사

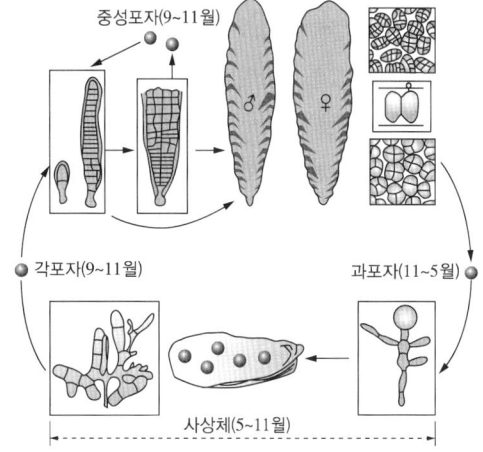

51 해조류의 서식에 관여하는 생물학적 요인이 아닌 것은?

① 식해압력(Grazing Pressure)
② 균과 박테리아의 활동
③ 자리다툼(Competition Substrate)
④ 조석의 주기적 변동

해설
조석의 주기적 변동은 물리적 요인에 속한다.

54 김 야외채묘의 경우 부착한 각포자가 건조에 대한 저항력이 생기고, 발아에 유리한 김발의 관리는?

① 채묘 직후부터 노출시킨다.

② 채묘 1일 후부터 노출시킨다.

③ 채묘 2~3일 후부터 노출시킨다.

④ 채묘 4~5일 후부터 노출시킨다.

해설

김 야외채묘

• 주의할 점은 채묘 중 패각이 직사광선에 5분 이상 노출되지 않도록 관리하고, 김발이 노출되거나 너무 가라앉으면 포자 부착률이 낮아지므로 수면 아래 10~15cm 깊이가 되도록 조절해 준다.

• 채묘 후 3~4일경 김발을 형광 현미경이나 광학 현미경으로 검경하여 포자 부착이 확인되면 채묘 시에 사용한 비닐을 벗기고 김발에 붙은 이물질을 세척한 후 제자리에서 4주간 육묘를 한 다음 본양성(분망) 시설을 한다.

55 미역양식의 씨줄로 많이 사용되는 섬유는?

① 폴리비닐계

② 사란계

③ 나일론계

④ 폴리에틸렌계

56 다음 중 김 양식장에서 일반적으로 해수 교환에 가장 큰 역할을 하는 것은?

① 조석류

② 파랑류

③ 취송류

④ 하구류

57 다시마의 품질을 향상시키기 위해 특수한 배양액 속에서 수온과 조도를 조절하면서 배양하고, 바다의 수온이 하강할 때 이식, 양성하는 양식법은?

① 2년 양식

② 억제배양양식

③ 촉성양식

④ 월하양식

해설

촉성양식 : 9월 하순에 인공채묘한 종자를 수조 내 조도, 온도 등을 조절하여 45일간 배양한 후에, 수조 내에서 재생산을 마치고 바다수온 하강시기에 본 양성한다.

58 김속 식물의 일반적인 생물학적 특성으로 가장 거리가 먼 것은?

① 긴잎돌김은 자웅이주이다.

② 잇바디돌김의 가장자리에는 톱니 모양의 거치가 있다.

③ 김의 사상체는 포자체 세대를 말한다.

④ 모무늬돌김은 중성포자를 방출한다.

해설

잇바디돌김, 모무늬돌김은 중성포자에 의한 번식이 없다.

59 김엽체에 미량 금속원소의 흡수를 촉진하는 물질은?

① Vitamin B_{12}

② EDTA

③ Gibberellin

④ NH_4-N

해설
작은 아미노산인 EDTA는 화학적으로 금속이나 미네랄에 결합하는 성질이 있다. 이런 과정을 킬레이션(Chelation)이라고 한다.

60 김발의 노출 및 건조에 대한 설명으로 틀린 것은?

① 매일 2시간 정도의 노출은 광합성 활력을 증가시킨다.

② 건조도 90% 정도의 전처리 건조에도 광합성 회복은 가능하다.

③ 발아체는 발육해 감에 따라 건조에 대한 저항력이 약해진다.

④ 낮보다 밤에 노출했을 때 생장이 빠르고 채취량이 많아지는 경향이다.

해설
③ 발아체는 발육해 감에 따라 건조나 내각 등 환경변화에 더 강해진다.

61 다음 중 생물 부착막 여과와 가장 거리가 먼 것은?

① 살수식 여과

② 침수식 여과

③ 회전원판식 여과

④ 활성오니식 여과

해설
여과조의 종류
• 생물막 여과조
  – 살수 여과조
  – 침수 여과조
  – 회전식 생물 여과조
• 현탁 생물 여과조
  – 활성오니 시스템
  – 유동층 여과조

62 가두리 양식장의 적지조건으로 가장 적합한 것은?

① 가두리 근방에 수초가 없고 부영양호인 곳

② 가두리 내의 물의 순환과 DO 공급을 위해 풍랑이 심한 곳

③ 관리의 편이성을 위해 수면이 좁은 곳

④ 강우나 가뭄의 피해가 작고 교통과 동력시설이 편리한 곳

해설
가두리의 설치장소(적지)
• 일조시간이 길고 수온이 따뜻할 것
• 5m 이상 수심이 깊을 것
• 수면이 넓고 수량이 많을 것
• 영양염류가 적은 빈영양호인 곳
• 천재지변(홍수, 가뭄, 태풍)의 피해가 없을 것
• 물의 유동이 어느 정도 있는 곳
• 바닥에 수초가 없는 곳
• 교통이 편리한 곳

63 다음 사육장치의 이름은?

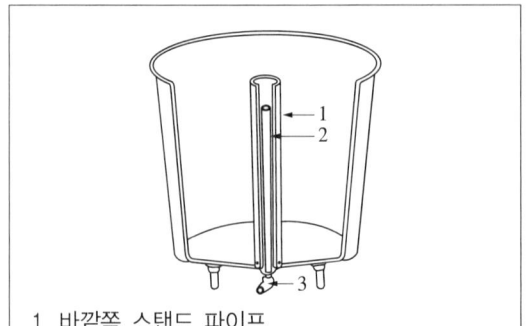

1. 바깥쪽 스탠드 파이프
2. 안쪽 스탠드 파이프
3. 배수 파이프

① 물넘기장치
② 순환 수류장치
③ 공기 양수장치
④ 벤투리 배수장치

해설

벤투리 배수장치
원형수조의 중앙에 2중의 스탠드 파이프를 시설하고, 바깥쪽 파이프의 밑부분에는 고형물이 들어갈 수 있도록 구멍을 뚫어 놓은 장치로, 못 속의 물이 일정한 속력으로 회전하면 사료찌꺼기나 배설물이 못의 중앙으로 모여 두 파이프 사이로 들어오고, 이때 안쪽의 파이프를 들어 올리면 배수구로 빠져나가 수질을 효율적으로 유지할 수 있다.

64 순환여과 양식의 사육수 처리과정에서 거품이 해주는 주요한 기능은?

① 기계적 여과
② 물리적 흡착
③ 생물학적 여과
④ 물의 소독

65 다음 질산화과정에 관여하는 세균으로 적절한 것은?

암모니아 → 아질산 → 질산
　　　　　ⓐ　　　　ⓑ

① ⓐ *Nitrobacter*　　ⓑ *Nitrosomonas*
② ⓐ *Nitrobacter*　　ⓑ *Pseudomonas*
③ ⓐ *Nitrosomonas*　　ⓑ *Nitrobacter*
④ ⓐ *Pseudomonas*　　ⓑ *Nitrosomonas*

66 유기태질소가 세균에 의해 산화된 최종 질소화합물은?

① NH_3　　　　② NO_2^-
③ NO_3^-　　　　④ NH_4^+

해설

질산화(Nitrification)과정
암모니아(NO_4^+) → 아질산염(NO_2^-) → 질산염(NO_3^-)
　　　Nitrosomonas　　　　*Nitrobacter*

67 양식장의 용존물질을 제거하는 데 가장 효율적인 방법은?

① 드럼필터
② 모래, 자갈
③ 스크린망
④ 포말분리

해설

④ 포말분리 : 폐수처리방법의 일종으로 배수 중에 공기를 불어넣어 부상하는 거품을 제거함으로써 그 표면에 부착된 용존물질 등을 제거하는 방법이다.
①, ②, ③은 크고 작은 고형 물질을 제거에 효과적인 방법이다.

68 황화수소가 많은 곳의 저질은 어떤 색을 띠는가?

① 황갈색

② 회 색

③ 녹 색

④ 검은색

해설
황화수소가 축적되면 저질의 색깔이 검어지면서 악취가 발생한다.

69 자연생산력에 영향을 미치는 영양염류 중 해양에서 부족하기 쉬운 것은?

① 질소, 인, 규산

② 질소, 인, 칼륨

③ 질소, 인, 칼슘

④ 질소, 인, 비타민

해설
담수에서 부족하기 쉬운 영양염류 : 질소, 인, 칼륨

70 어류는 옆줄이나 체표에 온도를 감지하는 감각기관이 있어 민감하게 외부 수온 변화에 반응한다. 이때 수온 변화가 발생했을 때, 반응하기 시작하는 온도 차이는?

① 0.03℃

② 0.3℃

③ 1℃

④ 3℃

71 양식장 배출수의 유기물이나 환원성 물질의 양에 따라 변하는 값이며, 수질오염 정도를 나타내는 지표로 사용되는 수질요인은?

① DO

② NH_3^+-N

③ COD

④ SS

해설
③ COD : 수중 환원성 물질이나 유기물이 산화제에 의해 화학적으로 산화할 때 요구되는 산소량
① DO : 용존산소량
② NH_3^+-N : 암모니아성 질소
④ SS : 현탁 · 부유물질

72 Winkler Azid 변법에서 산의 작용은?

① I_2가 산성에서 NaI로 되게 한다.

② $Mn(OH)_2$를 H_2MnO_3로 되게 한다.

③ H_2MnO_3를 $MnSO_4$로 되게 한다.

④ KI에서 I_2를 유리시킨다.

73 다음 그림과 같은 장치를 무엇이라 하는가?

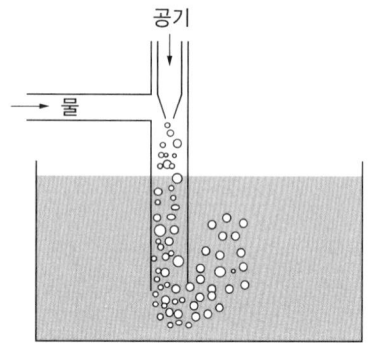

① 확산 에어레이션 장치
② 하향류 에어레이션 장치
③ 벤투리관 에어레이션 장치
④ T자관 에어레이션 장치

74 여름철 바람이 없는 고요한 날 양어지의 어류가 호흡곤란을 일으키는 주된 요인은?

① 공기 중의 산소가 녹아들기 어렵기 때문
② 어류가 더 많은 산소를 소비하기 때문
③ 물 전체에 걸쳐 질소가스가 많아지기 때문
④ 수온이 갑자기 높아지기 때문

해설
바람이 없는 고요한 날에는 양어지의 깊은 곳에 산소가 부족하지만, 공기와 접촉하는 표면에는 공기 중의 산소가 녹아 들어가 용존산소량이 높아진 얇은 수층이 생기므로, 산소가 더 녹아 들어가는 것을 막는 효과를 낸다. 그러나 바람이 부는 날에는 산소가 많은 표층의 물을 그 아래의 산소가 부족한 물과 섞이게 하여 공기와 접촉되는 면의 물속의 용존산소량이 계속 낮아지므로, 공기 중의 산소가 빠르게 물속으로 녹아 들어간다.

75 다음 중 넙치의 육상 수조식 양어장의 적지가 아닌 곳은?

① 태풍이나 파도의 영향이 적은 곳
② 풍파에도 수질 혼탁이 적은 곳
③ 담수의 유입이 있으며 염분의 변화가 크지 않은 곳
④ 판매시장이 가까운 곳

해설
하천수의 유입 등에 의한 염분의 극단적인 저하가 작은 곳이어야 한다.

76 김 양식장에서 COD가 높은 경우 일어나는 생리적 현상으로 가장 적합한 것은?

① 영양염이 많으므로 생육이 좋다.
② 생리적 장애에 의한 암종병이 생기거나 엽체가 녹아 없어진다.
③ 광선이 차단되므로 호흡장애가 있다.
④ 수온의 상승요인이 되어 김잎의 끝녹음이 생긴다.

해설
김 엽상체의 일부분이 쭈그러드는 현상이 나타나며, 폐수가 주요 원인으로 COD가 4ppm 이상 시 발생하기 쉽다.

77 어류 사육수 중의 총암모니아 독성은 pH와 수온에 따라 다르다. 어떤 관계인가?

① 수온과 pH가 낮을수록 T-NH₃ 독성은 높다.

② 수온과 pH가 높을수록 T-NH₃ 독성은 높다.

③ 수온이 높고 pH가 중성일 때 T-NH₃ 독성은 높다.

④ pH가 높고 수온이 낮을수록 T-NH₃ 독성은 높다.

78 수중의 용존산소 변화에 대한 설명으로 옳은 것은?

① 같은 염분에서는 수온이 올라가면 증가한다.

② 같은 수온에서는 염분이 올라가면 증가한다.

③ 공기와의 접촉 면적이 넓을수록 산소 이동이 증가한다.

④ 바람이 고요할 때 공기 중의 산소 이동이 유리하다.

해설

①, ② 용존산소는 수온이 올라가거나, 염분 등의 용존물질이 증가하면 줄어든다.

④ 바람이 고요할 때는 표층수와 저층수의 정체로 산소 이동이 원활하지 못하다.

79 다음 그림에서 순환여과식 양식장 내 질산화과정 중 무기질소의 시간 경과에 따른 변화 형태이다. 번호 순서대로 무기질소 형태를 나열한 것은?

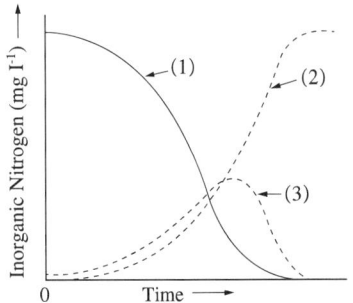

① NH₄-N, NO₂-N, NO₃-N

② NH₄-N, NO₃-N, NO₂-N

③ NO₂-N, NO₃-N, NH₄-N

④ NO₂-N, NH₄-N, NO₃-N

해설

• NH₄-N : 암모니아성 질소

• NO₃-N : 질산성 질소

• NO₂-N : 아질산성 질소

질산화과정 : 암모니아(나이트로소모나스) → 아질산염(나이트로박터) → 질산염

80 물을 교환하지 않고, 산소를 보충하지 않는 상태의 정수식 양어지에서 잉어의 최대 수용량은?(단, 양어지의 수면적은 5~10ha 규모이다)

① 100~200g/m²

② 300~500g/m²

③ 600~800g/m²

④ 900~1,000g/m²

해설

물을 교환하지 않는 상태에서 잉어의 최대 수용량은 1m²당 약 500g이다.

81 연어과 어류의 세균성 신장병(BKD)을 설명한 내용과 가장 거리가 먼 것은?

① 신장과 장관의 괴사는 심하나 육아종성 염증은 없다.

② 병원균은 *Renibacterium salmoninaram*이고 Gram양성균이다.

③ 증상은 체색흑화, 복부 팽만, 안구 가장자리의 심한 출혈과 안구가 돌출한다.

④ 송어, 연어 등의 어류에서 유행하는 난치병 중의 하나이다.

해설
해부해 보면 배 속에는 물이 차 있고 신장은 부풀어 있으며, 특히 황백색의 반점이 눈에 띈다.

82 오존처리에 대한 설명으로 옳지 않은 것은?

① 해수 중에서 Br과 반응하여 옥시던트로 된다.

② 옥시던트는 병원 미생물뿐만 아니라 어류에도 유해하다.

③ 오존처리장치는 직접 사육 수조에 설치하는 것이 효과적이다.

④ 오존처리법으로 사육수의 미생물을 관리할 수 있다.

해설
수중에 남아 있는 오존은 어류와 무척추동물에 직접 해를 끼치게 되며, 오존이 분해될 때 형성된 산소는 물속에서 과포화 상태로 되어서 양식동물에 기포병을 일으킬 수 있다.

83 Ichthyophonosis의 증상으로 옳지 않은 것은?

① 치어의 체색흑화

② 중증어의 복부 팽만

③ 장관의 결절 형성

④ 안구의 돌출

해설
감염된 어류는 체색흑화와 여윔이 나타나며, 심해지면 복부 팽만과 각 내부 장기와 근육에 백점이나 결절이 관찰된다.
※ 저자의견 : 국가교육과정(양식생물질병 교과서)에는 무지개송어의 안구돌출도 증상으로 기술하고 있음

84 양식 김의 세균 감염에 의해 발생되는 갯병은?

① 흰갯병

② 녹반병

③ 싹갯병

④ 암종병

해설
김의 갯병 종류
• 기생성 갯병 : 붉은 갯병, 호상균, 사상체균 부착병, 녹반병, 구멍갯병
• 생리적 갯병(비기생성) : 흰갯병, 의사흰갯병, 싹갯병, 암종병, 쪼그랑병

85 연쇄구균증에 대한 설명으로 틀린 것은?

① 병원균이 주로 피부를 통하여 감염된다.

② 병원균은 그람양성의 연쇄구균이다.

③ 담수어류 및 해산어류에 발병된다.

④ 병어는 체색이 검어지고 지느러미 기부에 농창이 형성된다.

해설
수평 감염으로 먹이를 통한 것과 접촉에 의한다.

86 감염어의 항문에 변을 달고 다니는 증상을 보이지 않는 질병은?

① EHN
② IHN
③ YTA
④ IPN

해설
② IHN(전염성 조혈기괴사증) : 질병이 진행된 물고기는 몸의 색깔이 검어지고 근육과 지느러미기부에 출혈이 관찰되며, 항문에 불투명하고 끈끈한 배설물이 달려 있는 증세가 특징이다.
④ IPN(전염성 췌장괴사증) : 몸의 색깔이 점차 검은색으로 변하며, 개체에 따라서는 복부 팽만, 안구 돌출, 지느러미 기부와 배쪽에 출혈이 나타난다. 그리고 실 모양의 끈끈한 배설물이 항문에 길게 붙어 있는 개체도 있다.

87 에드워드병에 감염된 틸라피아의 증상은?

① 지느러미가 부식된다.

② 내장이 붕괴된다.

③ 근육이 붕괴된다.

④ 혈액이 용해된다.

해설
에드워드병 – 틸라피아
• 물 표면을 힘없이 헤엄치거나 눕는다.
• 몸통이나 꼬리자루 부근이 붉은색을 띠며 환부가 부풀어 오른다.
• 배에 물이 차서 배가 부르고 출혈이 있어 항문이 돌출되기도 한다.
• 해부해 보면 간, 신장, 비장, 부레의 장기에 흰점 등의 병소가 보이고 이 흰점의 결합조직에는 세균이 둘러싸여 있다.

88 뱀장어에 Columnaris병이 유행하는 시기는?

① 이른 봄
② 초여름~초가을
③ 가을~겨울
④ 겨울~봄

해설
병은 주로 초여름~초가을 사이에 발생하며 수온이 15℃ 이하가 되면 자연치유되나 겨울철 난방을 하는 양식장에서는 연중 발병할 수 있다.

89 외부로는 체색흑화 또는 퇴색, 체표나 지느러미에 출혈, 안구의 경미한 돌출과 출혈, 아가미의 퇴색을 관찰할 수 있고, 내부적으로는 점상 출혈과 비장의 비대가 관찰되며, 비장의 스탬프 표본을 만들어 김 자염색을 하면 이형 비대세포가 관찰되어 간편하게 진단을 할 수 있는 질병은?

① 조피볼락의 버나바이러스 감염증

② 참돔의 이리도바이러스 감염증

③ 자주복의 구부궤양증

④ 넙치의 랍도바이러스 감염증

해설
참돔의 이리도바이러스병 진단방법
비장조직을 슬라이드 글라스 사이에 넣고 눌러 으깬 후 김 자염색을 하면 이형 비대세포를 확인할 수 있다. 또 항혈청을 이용한 형광형체법, 유전자검사법 등이 있다.

90 방어에 감염된 연쇄구균증이 쉽게 치료되지 않는 원인은?

① 균체가 협막을 갖고 있기 때문에
② 약물을 투여하면 균체가 피낭체를 형성하기 때문에
③ 병원균이 전신으로 확산되기 때문에
④ 환부에 육아종성 염증이 형성되기 때문에

91 Saprolegnia병은 2차적으로 일어난다. 이 병의 일차적인 원인으로 볼 수 없는 것은?

① 외부 기생충의 기생
② 체표의 염증이나 외상
③ 치어의 조기 방양
④ 어체의 쇠약과 수온 변화

해설
수생균병 발병원인
선별작업, 감염성 질병, 기생충의 기생에 의한 피부의 상처, 과밀사육에 의한 스트레스 및 수온 변화 등에 의해 몸 표면에 이상이 생기면 2차적으로 병원체인 곰팡이가 기생하여 질병을 일으킨다.

92 송어에 유행하는 부스럼병의 주요 증상은?

① 피부에 점액 분비가 많아진다.
② 피부에 점상 출혈을 볼 수 있다.
③ 피부에 융기된 환부가 생긴다.
④ 피부에 다수의 흰 결절이 생긴다.

해설
감염된 연어류나 송어는 몸 표면이 둥그름하게 융기된 부위가 형성되어 이 환부가 부풀어 올라 부스럼같이 되므로 부스럼병(Furunculosis)이라고 한다.

93 황반병의 만연과 가장 밀접한 관계가 있는 것은?

① 고염분   ② 저조도
③ 영양염   ④ 저수온

해설
황반병의 원인
• 1차 : 6~8월 패각사상체 배양 시 호염성 세균에 의하여 발병
• 2차 : 고수온, 고염분, 통풍 불량, 조가비의 불순물의 부패로 인한 수질 변화 등

94 담수어류 및 관상어에 발생하는 솔방울병 원인균은?

① *Streptococcus*균
② *Edwardsiella*균
③ *Aeromonas*균
④ *Staphylococcus*균

해설
① 연쇄구균병
② 에드워드병
④ 포도상구균

95 수면병에 관한 설명으로 옳지 않은 것은?

① 담수양식 무지개송어의 전염성 질병이다.
② 병어는 수조 바닥에 몸을 옆으로 하여 누워 있는데 이는 부레의 손상에 기인한 것이다.
③ 안구 돌출 증상이 있다.
④ 복부 팽만 증상이 있다.

96 뱀장어의 부레병(부레 선충병)을 일으키는 기생충은?

① *Anguillicola* sp.
② *Bothriocephalus* sp.
③ *Philometroides* sp.
④ *Proteocephalus* sp.

> **해설**
> **뱀장어 부레 선충병 원인균**
> 앙귈리콜라 크라수스(*Anguillicola crassus*)충이 뱀장어 부레에 기생하여 발생한다.
> ② 잉어 흡두조충
> ③ 철사충병
> ④ 조충병

97 무지개송어 치어 아가미에 기생하는 *Cryptobia branchialis*가 분류상 속하는 것은?

① 흡충강의 단세대 흡충
② 원생동물의 섬모충
③ 원생동물의 편모충
④ 원생동물의 포자충

98 방어의 생사료로서 냉동 까나리가 사용된다. 장기간 보존한 후 투여했을 때 안구 돌출, 혈구 파괴, 간의 빈혈 등이 나타나는 이유는?

① 까나리의 변형으로
② 까나리의 지방이 산화되었으므로
③ 까나리의 단백질이 감소하므로
④ 까나리가 동결되므로

99 크립토카리온 이리탄스(*Cryptocaryon irritans*)가 기생하지 않는 어류는?

① 감성돔
② 넙 치
③ 메 기
④ 참 돔

> **해설**
> 크립토카리온 이리탄스(*Cryptocaryon irritans*)은 해수어 백점병의 원인균이다.

100 넙치의 장 내용물이 황색점액으로 충만되었다. 다음 중 어떤 병원체 감염에 의한 것인가?

① Infectious Pancreatic Necrosis Virus(IPNV)
② *Yersinia ruckeri*
③ *Vibrio*
④ *Hexamita*

> **해설**
> ① 주로 연어, 송어류에 발생하는 전염성 췌장괴사증바이러스
> ② 주로 연어, 송어류에 발생하는 구적병의 원인균
> ④ 주로 연어, 송어류에 발생하는 헥사미타병의 원인균

제1과목 ● 어류양식학

01 넙치종묘생산 시 수온을 18℃로 한다면 변태가 끝나는 시기는 대략 부화 후 며칠 정도인가?

① 7일

② 10일

③ 20일

④ 35일

해설

넙치의 변태

18℃의 경우 부화 후 30일경에 11mm 정도가 되면 변태를 시작하며, 35일경 체장 14mm 전후로 성장하면서 변태를 끝낸다.

02 조피볼락 자어 사육 시 수심을 1~1.5m로 관리할 때 가장 적합한 수조의 표층 조도는?

① 50lx 이하

② 50~100lx

③ 100~200lx

④ 200~500lx

해설

조피볼락 자어 사육 시 빛의 밝기

직사광선을 피하여 수조 내 부착생물의 번식을 억제하고, 자어의 안정을 유도하기 위하여 수조를 차광하여 수조의 표층 조도가 50~100lx 정도가 되도록 조정한다.

03 동양계 잉어양식에서 대형 종묘생산에 대한 설명이 옳은 것은?

① 3cm 정도 되는 소형 종묘로부터 체장 5~7cm 전후, 체중 20g의 큰 종묘를 생산하는 과정이다.

② 3cm 정도 되는 소형 종묘로부터 체장 15~20cm, 체중 50~100g의 큰 종묘를 생산하는 과정이다.

③ 10cm 정도 되는 소형 종묘로부터 체장 20~30cm, 체중 100~200g의 큰 종묘를 생산하는 과정이다.

④ 10cm 정도 되는 소형 종묘로부터 체장 30cm 전후, 체중 300g의 큰 종묘를 생산하는 과정이다.

해설

잉어의 생산 크기 및 사용목적에 따른 구분

• 소형 종자생산 : 산란용 친어가 산란한 알로부터 부화된 치어를 30~40일 사육하여 체장 3~4cm, 체중 0.6~1.5g의 치어를 생산하는 것이다.

• 대형 종자생산 : 소형 종자에서 동양계는 50~100g(15~20cm), 이스라엘 잉어는 200g 이상 키운다.

• 식용어 양성 : 15~20cm인 것을 800~1,000g까지 사육, 유럽계는 1.5~2kg까지 사육한다.

04 아르테미아 알을 부화하는 데 알맞은 수온과 염분은?

① 수온 28℃ 전후, 염분농도 20~25‰

② 수온 28℃ 전후, 염분농도 25~30‰

③ 수온 25℃ 전후, 염분농도 20~25‰

④ 수온 25℃ 전후, 염분농도 25~30‰

해설

아르테미아 부화

부화 용수로는 보통 담수를 섞어 비중 1.020 정도(25~30‰), 수온 28℃ 전후로 유지한다.

※ 부화 용수의 염분과 수온은 아르테미아 내구란의 종류에 따라 다르므로 상품통의 용기에 적혀 있는 설명에 따라 조절한다.

1 ④ 2 ② 3 ② 4 ② **정답**

05 유전자 이식기술 적용 시 포유류에 비해 어류의 장점이 아닌 것은?

① 체외 수정
② 많은 수의 배우자
③ 긴 세대기간
④ 동형 접합성 클론 확립

해설

어류는 포유류에 비해 체외 수정을 하므로 배의 조작이 쉽고, 염색체 조작이 가능하므로 배수체 및 복제기술 적용이 훨씬 용이하다. 또한, 배 발생과 1세대의 길이가 훨씬 짧아 수정란부터 성체까지의 전 과정에 걸친 유전자 기능 조사도 용이하다. 또한, 다량의 배우자를 만들기 때문에 유전자 이식을 위한 재료를 쉽게 확보할 수 있는 장점이 있다.

06 다음 중 전 세계적으로 가장 광범위한 지역에서 양식되는 어류는?(단, 생산량 기준은 아님)

① 방 어　　② 복 어
③ 숭 어　　④ 참 돔

해설

숭어는 태평양, 대서양, 인도양의 온대·열대 해역에 광범위하게 분포하며 주로 연안에 서식하나 기수나 담수에서도 생존이 가능하다.

07 양어사료에 섞인 지방의 산화방지제로 주로 사용하는 것은?

① 비타민 E
② 비타민 B
③ 비타민 C
④ 비타민 K

해설

산화방지제
비타민 E(γ-토코페롤), BHA, BHT, 레시틴 등

08 출하 전 참돔의 체색을 유지하기 위하여 배합사료에 혼합하여 공급하는 것은?

① 새우류
② 전갱이
③ 까나리
④ 멸 치

해설

참돔의 체색흑화방지를 위하여 가두리 양식장에 빛을 차단하기 위한 차광 네트를 설치하거나 체색을 나타내는 카로티노이드계(아스타크산틴) 색소가 다량 함유된 냉동 새우 등을 출하하기 직전에 체색 조절을 위해 공급한다.

09 은어 양식 시 사료를 공급할 때 유의해야 할 점으로 틀린 것은?

① 배합사료를 먹일 때에는 5% 정도의 식용유를 첨가한다.
② 수온이 26℃ 이상으로 올라가면 낮에만 사료를 준다.
③ 자동공급기를 사용할 때에도 항상 공급량의 과부족을 관찰하면서 조절한다.
④ 여름철에는 사료가 쉽게 변질되므로 한꺼번에 많이 구입하지 말아야 한다.

해설

수온이 26℃ 이상 올라가면 낮에 사료를 줄이고 아침·저녁에 수온이 내려갈 때 많이 준다.

10 하루 중 잉어의 산란이 주로 이루어지는 때는?

① 자정을 전후해서

② 새벽부터 오전 중에

③ 오후부터 일몰 전에

④ 일몰 후 초저녁에

해설

잉어의 산란
- 산란은 수온이 18℃ 정도 되는 봄철에 시작(5월 중순)한다.
- 산란은 이른 새벽에 시작하여 아침 일찍 끝나며, 늦어도 오전 중에는 마친다.

11 어류의 성장에 따른 사료 공급 기준으로 가장 적합한 것은?(단, 비율은 체중에 대한 사료 공급량)

① 어체가 클수록 비율을 높인다.

② 대소에 관계없이 일정한 비율로 준다.

③ 어릴 때는 비율을 높게 하고 성장할수록 낮춘다.

④ 서식 수온범위 내 수온이 높을수록 비율이 낮아진다.

해설

① 어체가 클수록 포식량은 증가하지만, 체중당 사료 비율은 낮아진다.
② 어류의 섭이량은 종류, 크기, 수온과 수질, 먹이 종류 등에 따라 다르다.
④ 수온이 높을수록 포식량이 증가한다.

12 잉어 500kg을 초기 입식하여 60일 후 750kg을 수확하였다. 이때 사료의 공급량이 500kg(건중량 기준)일 때 사료계수와 사료효율은?(단, 폐사된 개체와 사료의 소실은 없음)

① 1.0, 100%

② 1.5, 75%

③ 2.0, 50%

④ 2.5, 25%

해설

- 사료계수 = $\dfrac{\text{사료 공급량}}{\text{증육량}}$

$= \dfrac{500}{750-500} = 2$

(단, 증육량 = 수확 시 중량 - 방양 시 중량)

- 사료효율(%) = $\dfrac{1}{\text{사료계수}} \times 100$

$= \dfrac{1}{2} \times 100 = 50\%$

13 미꾸리 인공채란 시 암컷의 선택조건으로 틀린 것은?

① 복부가 붉은색을 띠고 투명감을 주는 것

② 복부가 매끄럽고 백색 반점이 있는 것

③ 배가 부르고 약간 밑으로 처진 것

④ 복부가 부드럽고 항문 부분이 붉은 것

해설

암컷은 복부가 팽만하고 약간 투명한 붉은색을 띠는 개체를 사용하며 포획해서 2~3일 이내에 채란하면 수정률을 높일 수 있다.

14 다음 중 냉수성 어류인 무지개송어의 양식에서 가장 성장이 빠른 수온범위는?

① 4~7℃

② 7~10℃

③ 10~15℃

④ 15~20℃

해설

무지개송어 성장 적수온 : 10~20℃(평균 15℃)
※ 일반적으로 어류는 적수온 범위 내에서 온도가 높을수록 성장이 빠르다.

15 양식의 잡종 유도에 관련된 설명으로 틀린 것은?

① 초기 생존율이 낮다.

② 일반적으로 성장률이 높다.

③ 생식력이 크다.

④ 이론적으로 1 : 1이나 실제로는 성비가 일정하지 않다.

해설

잡종의 특징

일반적으로 초기 생존력이 낮고, 불임인 경우가 많아 매번 인위적으로 처리해야 하는 단점이 있다.

16 방어 양식용 종묘에 대한 설명으로 틀린 것은?

① 종묘는 클수록 먹이 길들이기가 좋다.

② 겉보기에 둥글둥글하게 살이 쪄 있는 것이 좋다.

③ 사육 가두리에서 다른 개체와 떼를 지어서 유영하는 것이 좋다.

④ 어체의 크기가 일정한 것이 좋다.

해설

방어종자 구입 시 유의할 점

• 둥글둥글하게 살이 쪄 있을 것
• 어체 크기가 고른 것
• 기생충의 기생이 없는 것
• 몸 빛깔은 황록색을 띠고 있는 것
• 다른 개체와 떼를 지어서 정상적인 유영을 하고 있는 것
• 운반하기 편하게 종자의 크기가 8~30g 정도되는 것

17 일반적인 넙치종묘생산에서 자어의 최초 먹이생물로 주로 이용되는 것은?

① 코페포다   ② 로티퍼
③ 아르테미아   ④ 섬모충

해설

발육에 따라 로티퍼, 아르테미아 유생, 배합사료의 순으로 준다.

18 실뱀장어 취급법으로 틀린 것은?

① 채포된 실뱀장어는 즉시 25~28℃에 수용하여 최적 성장이 되도록 한다.

② 채포된 실뱀장어는 염분 0.7% 정도의 사육수에 넣어 삼투 조절을 시킨다.

③ 채포된 실뱀장어는 m^2당 200~300g 정도로 방양한다.

④ 채포된 실뱀장어는 안정시킨 후 약욕시켜 사육지에 수용한다.

해설

실뱀장어를 수집하였거나 중간종자를 구입하여 양식장 내에 가져오면, 사육지에 방양하기 전에 반드시 약욕을 실시한다. 일반적으로 수송 시와 같은 온도의 물을 채운 후 충분히 포기시키며 주로 소금을 이용하여 약욕한다.

19 활어 운반 시 주로 냉각 마취를 이용하는 어류는?

① 뱀장어
② 잉 어
③ 송 어
④ 연 어

20 무지개송어의 해수 사육에 대한 설명으로 옳은 것은?

① 치어기 무지개송어는 해수에서 잘 큰다.

② Vibrio균에 의한 피해를 입는다.

③ 성장이 늦어진다.

④ 성숙현상이 일어나지 않는다.

해설

무지개송어를 해수 사육하면 성장이 매우 빠르고 육질도 우수하여 상품성이 향상되며 담수에서 발생하는 여러 가지 질병이나 기생충이 없어지는 반면, 비브리오(Vibrio)균에 의해 피해를 입는 경우가 있다.

21 진주조개의 종묘생산에 관한 설명으로 옳은 것은?

① 족사의 부착력이 약해서 채묘하기가 비교적 어렵다.

② 부유 유생이 많은 시기는 8월 하순~9월 상순 사이이다.

③ 치패의 각장이 약 20mm 정도인 때가 채롱으로 옮기는 데 가장 적합하다.

④ 대체로 각장 30mm 이상 성장하여야만 종묘로서 사용할 수 있다.

> **해설**
> ① 족사의 부착력이 강해서 채묘하기가 비교적 쉽다.
> ③ 치패의 각장이 약 10mm 정도인 때가 채롱으로 옮기는 데 가장 적합하다.
> ④ 대체로 각장 20mm 이상 성장하여야만 종자로서 사용할 수 있다.

22 2cm 크기의 전복 종패를 방양할 때 생존율을 높이기 위해서 반드시 필요한 사항은?

① 둥근 형태의 전복을 택할 것

② 새로운 방양시설(전복초)을 할 것

③ 저위도 지방에 방류할 것

④ 홍조류를 일정한 기간 동안 먹일 것

> **해설**
> 종자의 크기가 클수록 방류 후의 생존율이 높으며, 종자의 크기가 20mm 이하인 것을 방류할 때는 종자 방류용 양성장(전복초)을 만들어 방류하면, 그대로 방류한 것에 비해서 1년 후의 생존율이 3배나 높다.

23 피조개 부유 유생에 관한 설명으로 틀린 것은?

① 남해안의 경우 주로 8월 중순부터 9월 중순 사이에 많이 나타난다.

② 일반적으로 중층보다 깊은 수심에 많이 분포한다.

③ 부유기간은 수온이 25℃ 내외의 경우 약 1주일 정도이다.

④ 와류현상이 있는 곳에 부유 유생이 많다.

> **해설**
> 부유기간은 수온에 따라 다르며, 20℃ 정도에서는 약 4주일이 걸리지만 수온 25℃ 정도에서는 약 3주일이 소요된다.

24 무척추동물 부유 유생 사육 시 먹이생물이 갖추어야 할 일반적인 조건이 아닌 것은?

① 적당한 크기와 모양

② 부착성

③ 영양성

④ 대량 배양의 용이성

> **해설**
> **먹이생물이 갖추어야 할 일반적인 조건**
> • 적당한 크기
> • 먹기 적합한 모양
> • 잡아먹기 수월한 운동성
> • 대량 배양 용이
> • 충분한 영양가
> • 소화, 흡수 용이
> • 비병원성
> • 맛, 색깔, 냄새 등 생물의 기호 적합

25 바지락 성패의 서식 적지로서 적합하지 않은 곳은?

① 육수의 영향을 받는 파도가 조용한 내만

② 해수와 유기물의 원활한 순환을 위해 지반 변동
이 활발한 곳

③ 해수의 유통이 좋고 환원층의 발달이 적은 곳

④ 썰물 시 2~3시간 노출되는 곳부터 수심 3~4m
사이로 먹이생물이 많은 곳

> **해설**
> 바지락의 서식장(양성장)
> • 육수의 영향이 있는 파도가 조용한 내만
> • 태풍, 홍수 등에 의한 지반 변동이 거의 없는 곳
> • 간출 3시간에서 수심 3~4m인 곳
> • 해수 유통이 좋고 환원층의 발달이 적은 곳
> • 먹이생물이 많은 곳

26 참담치의 채묘시설로 가장 적합한 것은?

① 침설식
② 조위망식
③ 완류식
④ 말목수하식

> **해설**
> 참담치의 서식처는 수심이 깊은 외해로서, 비중이 높고 조류가
> 빠른 곳이기 때문에 해황 변동이 심하여 채묘시설로는 침설식이
> 알맞다.

27 키조개에서 이용가치가 가장 큰 부위는?

① 전폐각근
② 후폐각근
③ 생식소
④ 패 각

> **해설**
> 키조개의 전폐각근은 각정 가까이에 있고 작으나, 후폐각근은 아
> 주 크고 몸의 중앙 부근에 있다.

28 대합 양식장의 조건으로 적합하지 않은 것은?

① 지반이 평탄하고 변동이 없는 곳

② 담수의 영향을 받지 않는 곳

③ 수온 12~28℃ 범위를 유지하는 곳

④ 조류의 소통이 좋고 대조 시 5시간 이하 노출되는
곳으로부터 수심 4~6m되는 곳

> **해설**
> 대합은 내만성으로 담수의 영향이 있는 하구 가까이의 물길에서
> 주로 서식한다.

29 부착동물이나 비부착성 저서조개류의 종묘 방양량
과 가장 밀접한 관계가 있는 환경요인은?

① 먹이 발생량

② 수 온

③ 용존산소량

④ 해수의 유통

> **해설**
> 종자의 원활한 성장을 위해서는 먹이가 필수적이므로 먹이 발생량
> 에 따라 방양량을 조절하도록 한다.

30 전복종묘가 상처를 입었을 때 가장 치명적인 손상 부위는?

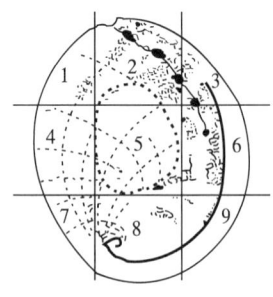

① 1   ② 3
③ 4   ④ 5

해설

2, 5, 7, 8부분에 상처가 났을 때에는 위험하고, 특히 중앙부인 5에 상처가 났을 때에는 치명적이다.

31 부유 유생기에 먹이를 반드시 공급해야 하는 양식 생물은?

① 소 라
② 전 복
③ 수 랑
④ 성 게

해설

성게의 경우 1~2개월의 부유생활을 하며 플랑크톤을 섭식한다. ①, ②, ③은 부유생활이 2~3일 정도로 짧으며 저서생활로 들어가면서 부터 먹이를 공급한다.

32 수하식 굴 양성장의 노화현상에 대한 대책으로 볼 수 없는 것은?

① 밀식방지
② 수하연 수하 깊이 조절
③ 양성장의 휴식년제 도입
④ 안정수면적의 충분한 확보

해설

굴 양식장 노화현상에 대한 대책
• 일정 기간 양성을 중지하거나 양성밀도 줄이기
• 바닥 침전물 제거
• 윤작 등

33 해삼의 서식장에 관한 설명으로 틀린 것은?

① 부유생활 후 저서생활로 들어가면 포복활동에 의한 이동을 한다.
② 내만성 해삼은 연안의 조간대로부터 수심 20m 정도 사이에서 서식한다.
③ 내만성 해삼은 저질이 순개흙질인 곳에서 서식한다.
④ 수심이 얕은 곳에서 작은 해삼이 살고 수심이 깊어지면 해삼의 크기도 점차 커진다.

해설

내만성 해삼은 저질이 순개흙질인 곳을 제외한 어느 장소에서나 서식한다.

34 새우류 양성 시 저질이 환원되는 것을 방지할 수 있는 가장 좋은 양성법은?

① 축제식
② 수조식
③ 그물 가두리식
④ 순환여과식

해설

순환여과식 양식

양식생물의 대사와 성장과정에서 일어나는 노폐물에 의한 오염된 수질을 정화처리하면서 사용한 물을 다시 사용하는 방식

35 우리나라 새우양식에 대한 내용으로 적합하지 않은 것은?

① 과거에는 보리새우나 대하를 주로 양식하였으나 바이러스에 의한 폐사로 인해 흰다리새우로 주 양식 대상종이 바뀌었다.
② 새우양식은 축제식, 육상 수조식을 주로 사용하며, 이 중 축제식 양성을 통한 생산량이 더 많다.
③ 최근 사육기술의 개발로 해산종인 큰징거미새우가 도입되어 양식되고 있다.
④ 최근의 새우양식에서 친환경 바이오플락 기술을 적용한 양식이 증가하고 있다.

해설

큰징거미새우는 민물종이다.

36 우리나라 무척추동물 양식현장에서 먹이생물로 배양, 활용되고 있지 않은 종류는?

① *Chaetoceros gracilis*
② *Skeletonema costatum*
③ *Isochrysis galbana*
④ *Gonyaulax catenella*

해설

*Gonyaulax catenella*는 적조생물로 먹이생물로는 활용하지 않는다.

37 참담치의 산란임계온도는?

① 6℃   ② 8℃
③ 10℃   ④ 14℃

해설

참담치의 산란임계온도는 10℃이며, 채란용 모패의 수용수온은 6℃ 내외가 알맞다.

38 보리새우의 습성으로 틀린 것은?

① 군집성
② 냉수성
③ 잠복습성
④ 추류성

해설

보리새우의 습성
- 플랑크톤기의 수직 분포
- 잠복습성
- 추류성
- 추광성
- 군집성
- 난해성

39 참가리비 채묘 치패의 관리방법으로 틀린 것은?

① 치패는 각장이 7~8mm로 되면 부착기에서 떼어 채롱에 옮겨 관리한다.
② 수하 양성용 치패는 크기가 클수록 좋다.
③ 치패관리시설은 파도의 영향을 적게 받아야 한다.
④ 부착기에서 떨어지는 치패를 수용관리하는 중간 양성과정은 필요 없다.

해설
저서생활로 들어가면 바닥에 부유하는 펄, 저산소 또는 시기적으로 높은 수온 때문에 많은 양의 폐사가 일어나므로, 부착기에서 떨어지는 치패를 수용관리하는 중간 육성의 과정이 필요하다.

40 참굴의 후기 산란 적정수온은?

① 13~16℃
② 17~20℃
③ 22~25℃
④ 26~28℃

해설
참굴의 전기 산란기의 수온은 18~19℃이고, 후기 산란기의 수온은 약 24℃ 내외이다.

제3과목 해조류양식학

41 청각의 양식방법에 대한 설명으로 옳은 것은?

① 타이드 풀(Tide Pool) 같은 곳에 청각을 절단해서 살포한다.
② 미역연승식과 같은 요령으로 시설한다.
③ 패각에다 접합자를 채묘해서 살포한다.
④ 인공반석을 이용한 양성을 한다.

42 점심대에 투석으로 증식시킬 수 있는 종류로 가장 적합한 것은?

① 풀가사리
② 돌 김
③ 우뭇가사리
④ 꼬시래기

해설
우뭇가사리 서식대
일반적으로 우뭇가사리는 간조선 이하에서부터 30~40m까지의 암초상에 착생하여 분포한다.

43 다음 중 일반적인 양식환경에서 김 냉장발을 출고 후 어장에 설치하는 시간으로 가장 적절한 것은?

① 1시간 이내
② 3~4시간 이내
③ 8~12시간 이내
④ 24시간 이내

해설
밀봉 상태로 4시간 이내 운반하고 해수에 수용 후 시설

44 미역종묘 배양 시 초기 관리사항으로 옳은 것은?

① 수온은 23~25℃를 유지한다.

② 광선은 2,000lx 이하로 한다.

③ 암수 배우체는 각각 3개와 10개 세포 이하로 생장시킨다.

④ 물 환수는 1일 1회 실시한다.

해설
① 수온은 20℃ 전후가 좋으며 23℃ 이상이 되지 않도록 한다.
② 밝기는 1,000~6,000lx 사이로 조절하며 보통 3,000~4,000 lx가 알맞다.
④ 채묘 후 5~10일간은 환수하지 않으며 발아 확인 후 매일 환수한다.

45 김 양식장에서 양식종의 자리바꿈이 일어나는 주 원인은?

① 내병성(耐病性)의 차이

② 영양 번식력의 차이

③ 채묘시기의 차이

④ 노출의 차이

해설
김의 자리바꿈
어떤 특정의 품종을 선택 양식할 때 도중에 다른 품종으로 바뀌는 것으로 품종 간의 영양 번식력의 차이에 의해서 발생한다.

46 미역, 다시마 양식에서 어미줄의 수위 조절과 관계가 가장 깊은 것은?

① 생 장

② 시설물 유지

③ 해적생물 제거

④ 품 질

47 지충이와 톳의 군락이 경합을 하게 되는 주된 원인으로 틀린 것은?

① 유생의 출현시기가 유사하다.

② 모두 포복지를 이용하여 무성생식이 가능하다.

③ 지충이와 부착층이 넓다.

④ 지충이와 톳은 거의 동일한 수위에 군락을 이룬다.

해설
톳은 유성생식과 포복지에 의한 무성생식이 가능하나, 지충이는 포복지에 의한 무성생식이 불가능하다.

48 냉동고에 넣을 김 냉동 종망(씨발)의 적정 함수율은?

① 12% 이하

② 20~40%

③ 50~60%

④ 90% 이상

해설
김 냉장발(냉동망)을 입고 전 세포 내 결빙 예방을 위해 함수율 20~40% 되도록 건조한다.

49 김 양식과 관련한 설명 중 틀린 것은?

① 소조 때 조류 소통이 나쁘면 김이 생리적으로 약해지기 쉽다.

② 적정범위 내에서 수온이 높아지면 생리활동이 왕성해지고 영양염을 많이 소비한다.

③ 겨울에 따뜻한 날씨가 오래되면 해수의 대류가 잘 이루어져 생장에 좋다.

④ 김발의 밀식은 물의 흐름을 방해하여 생리적인 장애가 발생하기 쉽다.

해설
겨울철 따뜻한 날씨가 오래되면 해수의 대류가 잘 이루어지지 않는다.

50 미역 양식시설 중 조립연승식의 특징을 가장 잘 나타낸 것은?

① 뗏목식과 연승식을 개량한 것이다.

② 말목식과 연승식을 접목한 것이다.

③ 채롱식과 뗏목식을 접목한 것이다.

④ 김 그물발(망홍)을 개량한 것이다.

해설
미역 양성방법 중 조립연승식은 뗏목식과 연승식을 개량한 것으로 내만 또는 외해와 접한 내만에 설치한다.

51 현재까지 우리나라에서 서식이 확인되지 않고 있는 다시마 종류는?

① 개다시마

② 다시마

③ 애기다시마

④ 오호츠크다시마

52 김의 엽록체에 포함되어 있지 않은 것은?

① Chlorophyll a

② Chlorophyll b

③ β−carotene

④ c−phycoerythrin

해설
Chlorophyll b는 녹조류의 엽록체에 포함되어 있는 엽록소이다.

53 양식 관점에서 큰참김의 단점은?

① 엽체 탈락이 쉽다.

② 병해에 약하다.

③ 색택이 나쁘다.

④ 수확량이 적다.

해설
큰참김은 성장속도가 빠르고 색택이 좋으며 흰갯병에도 강하나, 부착기의 발달이 늦고 엽체에 비하여 약하므로 파도가 센 곳에서는 유실이 잘되고 건조에 약해서 고노출 수층에는 잘 살지 못한다.

54 다시마 양식시설 장소로 적합하지 않은 것은?

① 조류가 다소 빠른 곳

② 저질은 자갈, 모래, 사니질 지역

③ 수심 6~10m 정도인 곳

④ 담수 유입이 잘되는 지역

해설

다시마 양식시설 장소

· 조류가 다소 빠른 편이 생장에 좋다.

· 저질은 자갈, 모래 등이 좋고 그 다음은 사니질이 좋다.

· 수심은 6~10m 정도가 적당하다.

· 해수 비중은 1.020~1.025 범위로 담수의 유입이 심하지 않은 곳이 좋다.

55 김발을 노출시키지 않았을 때 나타나는 현상은?

① 색택이 좋다.

② 생장이 좋다.

③ 염성(捻性)이 강해진다.

④ 2차아의 착생률이 높아진다.

해설

김발 노출의 장점

· 노출에 따른 삼투압 변화가 2차아(중성포자)의 효율적 방출에 도움

· 김에 해를 주는 파래, 규조 등을 제거

· 붉은 갯병 예방

※ 일반적으로 무노출 시 영양염의 공급으로 성장이 빠르며, 노출 시 성장이 억제된다.

56 김의 인공채묘방법 중 가장 계획성 있고 집약적으로 채묘할 수 있는 채묘법은?

① 무기질사상체에 의한 인공채묘

② 봉투식 야외인공채묘

③ 야외인공채묘

④ 육상탱크채묘

해설

육상탱크채묘

수조 바닥에 패각사상체를 깔고 수조에 물레를 설치하여 회전시키면서 채묘하는 방법으로 계획적이고 집약적으로 채묘할 수 있는 방법이다.

57 다시마 양성관리 시 4~5월경 어미줄(친승) 1m당 남겨야 할 적절한 개체수는?

① 70~100개체

② 50~70개체

③ 25~50개체

④ 100개체 이상

해설

다시마를 어미줄에 착생시키는 밀도는 수확 시의 1m당 25~50개체를 기준으로 한다.

58 생식세포를 이용하여 증식을 하면 3년이 경과한 뒤에야 그 효과가 크게 나타나는 해조류는?

① 돌 김   ② 톳

③ 자연산 미역   ④ 꼬시래기

해설

톳은 생식세포에 의해 증식을 하면 3년 정도 이후에 효과가 나타나지만 영양 번식에 의한 증식은 당년에 효과가 나타나므로 톳서식장 보호관리가 중요하다.

59 참김(*Porphyra tenera*)과 둥근김(*P. kuniedai*)의 분류상 가장 주된 차이점은?

① 자웅성
② 생식세포의 분할방식
③ 생활사
④ 엽연(葉緣)의 톱니 유무

해설
과포자에 의한 사상체의 형성으로 여름을 지나는 참김의 생활사 외에 무성생식을 반복하며 둥근 엽체(여름김)를 이루고 여름을 지나는 특이한 생활사를 함께 가진다.

60 양식장에서 김이 건전하게 성육하는 데 필요한 1일 노출시간은?

① 8~10시간
② 6~8시간
③ 4~6시간
④ 2~4시간

제4과목 **양식장환경**

61 김 양식장에 영향을 미치는 환경에 관한 설명으로 틀린 것은?

① 강우나 강설은 산소와 탄산가스를 공급하는 중요 요인이다.
② 인(P)은 김의 초기 성장에 매우 중요한 역할을 한다.
③ 아황산가스를 함유한 안개는 김의 성장을 촉진시킨다.
④ 질소(N)는 김 양식장에서 가장 중요한 영양염류이다.

해설
김 성육관리의 발 수위는 2~4시간 노출이 필요하며 농무 시 공기 중에 산재한 아황산가스가 안개로 인하여 황산으로 변하게 되어 세포를 파괴하고 병해를 유발하므로 발을 노출시키지 않도록 수위 조절을 해 준다.

62 생물학적 여과에 이용되는 질산화 세균의 특징으로 옳은 것은?

① 자가영양세균
② 타가영양세균
③ 혐기성 세균
④ 고온성 세균

해설
질산화과정 : 양식동물의 대사물질인 암모니아를 여과조 속의 자가영양세균에 의해서 분해하는 과정

63 다음 중 양식시설의 수질오염 저감방안으로 가장 거리가 먼 것은?

① 육성어용 저오염 사료의 개발·사용이 필요하다.

② 시설 내에 사육어류의 건강 상태가 양호하도록 관리해야 한다.

③ 사료 허실과 어장 주변의 부영양화를 방지해야 한다.

④ 부유물질 제거를 위하여 화학적 응집침전지를 설치해야 한다.

해설
화학적 응집침전지는 응집제의 독성에 의해 생물에게 해를 끼칠 우려가 있다.

64 가두리 양식장의 노화방지책으로 가장 우선적인 것은?

① 먹이 과잉 공급 방지

② 양식생물 수용량 조절

③ 저질 경운

④ 휴식년제 도입

해설
양식장의 노화를 방지하기 위해서는 배설물이나 먹이 찌꺼기의 양이 자연정화(자정)능력을 벗어나지 않도록 하는 것이 중요하다.

65 수중의 영양염류와 관련이 가장 없는 내용은?

① 일반적으로 동물플랑크톤의 영양분으로 이용된다.

② 수생식물에 의해 흡수 이용된다.

③ 너무 많으면 수질을 악화시킬 수 있다.

④ 수중 유기물질의 분해로 공급된다.

해설
① 일반적으로 식물플랑크톤의 영양분으로 이용된다.

66 다음 중 수질을 가장 많이 오염시키는 경우는?

① 100g짜리 10마리를 수용했을 때

② 50g짜리 20마리를 수용했을 때

③ 10g짜리 100마리를 수용했을 때

④ 5g짜리 200마리를 수용했을 때

해설
어린 개체일수록 체중 대비 자가소화력이 높고 대사활동량이 증가한다.

67 노지 양어지에서 플랑크톤의 발생 정도를 측정하는 데 많이 이용되는 손쉬운 방법은?

① 탁도 측정

② DO 측정

③ 투명도 측정

④ 클로로필 측정

68 보상 깊이는 보통 투명도의 몇 배 정도인가?

① 투명도와 같다.

② 2배 정도이다.

③ 4배 정도이다.

④ 6배 정도이다.

해설
보상 깊이
물속에서 식물의 광합성 생산과 호흡량이 같아지는 깊이로, 보통 투명도의 2배 정도이다.

69 자외선과 오존을 이용한 사육수 소독에 대한 설명으로 틀린 것은?

① 오존을 쬐면 사육수 내 미생물 세포의 DNA를 불활성화시켜 생물을 죽인다.

② 물속에 현탁되어 있는 용존물질의 양에 따라 살균효과가 달라진다.

③ 오존처리를 한 물은 반드시 탈오존처리를 하여 사육조로 보내야 한다.

④ 자외선 소독은 유생사육 및 먹이생물의 배양 시 많이 사용된다.

해설
① 자외선 조사 시 사육수 내 미생물 세포의 DNA를 불활성화시켜 생물을 죽인다.

70 수증의 오염지표 중 화학적 지표가 아닌 것은?

① BOD
② SS
③ COD
④ DO

해설
② SS는 부유물질량으로 물리적 지표에 속한다.

71 일반적으로 담수 정수식 양어지에서 수질관리 사항으로 크게 중요하지 않은 것은?

① 수소이온농도 측정
② 비중 측정
③ 암모니아농도 측정
④ 용존산소량 측정

해설
② 사육수가 담수이므로 비중의 변화는 거의 없다고 볼 수 있다.

72 다음 중 기본형 에어레이션 장치가 아닌 것은?

① 낙차 에어레이션 장치
② 표면 에어레이션 장치
③ 벤투리관 에어레이션 장치
④ 확산 에어레이션 장치

해설
벤투리 포기장치
물이 나오는 파이프의 끝에 알맞게 좁힌 파이프를 연결하여 물이 나올 때 공기를 함께 흡입하여 물속으로 내려 보내면 기포가 생기는 장치

73 순환여과식에서 사육수의 NH_3를 측정하는 이유로 가장 적합한 것은?

① NH_3가 인체에 매우 해로우므로
② NH_3의 오염은 알칼리성을 의미하므로
③ NH_3는 분해가 완료된 안정한 화합물이므로
④ NH_3는 오염을 추정하는 중요한 지표이므로

해설
NH_3(암모니아)는 양식생물의 대사산물 및 유기물 분해산물로 양식생물에게 강한 독성을 나타낸다.

74 어류 양식장에 사료를 과도하게 공급하였을 때 나타나는 양어장의 수질 변동에 대한 설명으로 틀린 것은?

① 용존산소 값이 낮아진다.
② BOD 값이 높아진다.
③ COD 값이 낮아진다.
④ 수중 부유물질 농도가 높아진다.

해설
③ COD 값이 높아진다.

75 다음 중 원형지의 주수구 설치로 가장 좋은 것은?

① 탱크의 중앙에 물이 낙하하도록 설치한다.
② 탱크의 가장자리와 같은(평행한) 방향으로 물이 주입되도록 설치한다.
③ 미관상 보기 좋게 수면 아래로 주입수 파이프를 설치한다.
④ 가장자리 가까이에서 낙하시키도록 설치한다.

해설
탱크의 가장자리와 같은 방향으로 주수구를 설치하여 물의 회전을 유도한다.

76 순환여과식 양식장에서 고형 오물을 제거하는 방식에 해당하는 것은?

① 살수여과방식
② 스크린 여과방식
③ 생물여과방식
④ 활성 오니여과방식

해설
물리적 여과방식
크고 작은 고형 물질을 제거하는 과정으로 물리적 여과방법에는 주로 침수 모래·자갈 여과, 고압 모래 여과장치, 회전 드럼 스크린 여과 장치 등이 있다.

77 질산화과정 중 암모니아를 산화시키는 세균은?

① *Nitrosomonas* sp.
② *Nitrobacter* sp.
③ *Pseudomonas* sp.
④ *Bacillus* sp.

해설
질산화(Nitrification)과정
암모니아(NO_4^+) → 아질산염(NO_2^-) → 질산염(NO_3^-)
　　Nitrosomonas　　　　*Nitrobacter*

78 냉수성 어류의 성장이 잘되는 수온은?

① 5℃ 내외   ② 10℃ 내외

③ 15℃ 내외   ④ 25℃ 내외

79 어류가 배설하는 암모니아는 주로 어떻게 변하여 어류에게 거의 무해하게 되는가?

① 암모니아 → 초산염 → 질산염

② 암모니아 → 질산염 → 초산염

③ 암모니아 → 아질산염 → 질산염

④ 암모니아 → 질산염 → 아질산염

> **해설**
> **질산화(Nitrification)과정**
> 암모니아(NO_4^+) → 아질산염(NO_2^-) → 질산염(NO_3^-)
>   *Nitrosomonas*   *Nitrobacter*

80 물의 경도에 관한 설명으로 틀린 것은?

① 수중의 Ca^{2+}, Mg^{2+} 합계량을 이에 대응하는 탄산 칼슘의 ppm으로 표시한다.

② EDTA로 적정해서 구할 수 있다.

③ 물을 끓여 주면 탄산염으로 침전되어 HCO_3^- 이 온을 모두 제거할 수 있다.

④ 경도가 높은 물은 보일러 용수로 사용하기 적합 하지 않다.

> **해설**
> ③ 영구경도는 물속의 Ca, Mg 이온이 황산염, 염산염으로 존재하 므로 끓여도 연수가 될 수 없는 경수이다.

81 여름철 수온이 20~25℃일 때 강우량이 많아서 염 분농도가 낮아질 때 방어에 주로 유행하는 질병은?

① 에드워드병

② 림포시스티스병

③ 슈도모나스병

④ 류결절증

> **해설**
> 류결절증은 수온 20~25℃인 여름철에 방어를 비롯하여 돌돔, 참돔, 감성돔, 넙치 등의 해수어류에 발병된다.

82 어류의 조충병을 일으키는 원인 기생충이 아닌 것 은?

① *Bothriocephalus opsariichthydis*

② *Proteocephalus plecoglossi*

③ *Callotetrarhynchus niponica*

④ *Philometra lateolabracis*

> **해설**
> *Philometra lateolabracis*는 생식선 선충증으로 양식 참돔에 많이 기생한다.

83 수중 내 질소가스가 약 몇 % 이상이 될 때 가스병에 걸릴 위험이 높은가?

① 60% ② 80%

③ 100% ④ 120%

해설

가스병
• 증 상
 – 어류의 머리, 몸, 지느러미 표면에 기포가 생긴다.
 – 양식어류의 조직, 기관, 복강, 혈관 내에 기포가 생겨 장애를 일으킨다.
• 예방대책
 – 질소가스 포화도 130% 이상의 용수는 양어 용수로 부적당하다. 120% 전후의 용수는 충분히 기폭시켜서 115% 이하로 감소시킨다.
 – 양어장이나 수조에 많은 수초가 있을 때는 수초를 제거하거나 강한 빛을 가려 준다.

84 어류의 림포시스티스병의 병리조직학적 특징이 아닌 것은?

① 감염세포의 비대
② 불규칙한 봉입체 존재
③ 신경세포의 공포화
④ 세포질의 호염기성

해설

③ 신경세포의 공포화는 바이러스성 신경괴사증(VNN ; Viral Nervous Necrosis)의 특징적인 증상이다.

85 방어나 넙치에 있어서 *Streptococcus* sp.가 감염되어 질병이 발병할 때 특징적인 증상은?

① 꼬리 및 가슴지느러미의 부식
② 아가미판의 곤봉화
③ 안구 돌출과 안구 가장자리의 출혈
④ 피부에 궤양 병소 형성

해설

연쇄구균병 증상
• 체색흑화, 안구 출혈 및 돌출, 아가미뚜껑 내 출혈, 복수에 의한 복부충만 등이 있다.
• 만성적 진행되면 지느러미가 붉어지거나 표피가 벗겨지기도 하며 꼬리자루에 농창 및 궤양이 형성된다.
• 해부 시, 유문수 · 간 · 비장 · 신장 · 창자 등 출혈이 관찰된다.

86 뱀장어 적점병 병원체인 *Pseudomonas anguil-liseptica*의 형태와 배양 성상에 대한 설명이 틀린 것은?

① 배양온도 25℃ 이상에서는 운동성이 약해진다.
② 그람양성균으로 크기는 $0.4 \times 2\mu m$ 정도이며, 1개의 편모를 갖는다.
③ 식염 0.5~1.0%를 함유한 배지에서 발육이 잘 된다.
④ 은어, 미꾸라지, 블루길은 본균에 대해 비교적 높은 감수성을 나타낸다.

해설

호기성 Gram음성의 세균으로 1개의 편모에 의하여 빠른 운동성을 가진다.

87 양식장에서 유결절증(Pseudotuberculosis)이 주로 발생(유행)하는 수온은?

① 15~18℃

② 20~25℃

③ 26~30℃

④ 30~33℃

해설

유결절증(Pseudotuberculosis)은 수온 20~25℃인 여름철 강우량이 많아서 염분농도가 낮을 때 주로 유행되는 질병이다.

88 양어장 금붕어의 비늘이 서고 안구가 돌출되었으며 복강에 물같은 액체가 고여 팽만되었다. 다음 중 어떤 균과 가장 관계가 있는가?

① *Aeromonas* sp.

② *Pseudomonas* sp.

③ *Edwardsiella* sp.

④ *Vibrio* sp.

해설

복강에 체액이 고여 팽만하고 비늘주머니에 체액이 고이기 때문에, 비늘이 일어나고 심해지면 모든 비늘이 일어나는 것처럼 보여 솔방울병이라고 한다.

89 백점충(*Ichthyophthirius multifiliis*)의 생리, 형태에 관한 설명으로 틀린 것은?

① 충체는 난원형이며, 대핵은 말굽형으로 영양을 관장한다.

② 피낭체에서 분열된 섬모자충은 서양배 모양이다.

③ 번식 시 생산되는 자충의 수와 크기는 수온과 밀접한 관계가 있고, 고온일수록 크기는 커지지만 수는 적어진다.

④ 번식 수온은 6~25℃이다.

해설

③ 수온이 높을수록 자충까지의 소요시간이 짧아지며 생성률은 높아진다.

90 김 사상체에 병해 징조가 나타났을 때 영양제 첨가로 쉽게 치유되는 병은?

① 적변병　　　　　　② 닭 살

③ 녹변병　　　　　　④ 황반병

해설

녹변병

녹변병의 원인은 광선과 온도의 불균형에서 오는 영양염 부족과 생리장애로 영양제 첨가 및 조도를 낮게 조절하면 쉽게 치유된다.

91 외부 기생성 물곰팡이에 의한 어류 질병 발생과 관련된 내용으로 적합한 것은?

① 상피세포에 상처가 생긴 곳에 발생한다.
② 위장에 염증이 생겨 허약할 때 발생한다.
③ 수온이 높은 양어장에 발생률이 높다.
④ 외상이 없는 건강한 어류에도 곰팡이가 접촉하면 발생한다.

해설
물곰팡이는 표피에 상처가 난 어체나 죽은 알에 기생한다.

92 연어, 송어류의 등여윔병을 치료하기 위해서 보충해야 하는 영양소는?

① Vitamin A
② Vitamin B₁
③ 글루테닌산
④ Vitamin E

해설
등여윔병의 원인과 치료 : 산화 지방에 의한 영양장애로 비타민 E를 투여하여 치료한다.

93 채널메기 바이러스병의 유행시기는?

① 봄 ② 여 름
③ 가 을 ④ 겨 울

해설
수온이 25~30℃가 되는 고수온기에 감염 후 3~4일이면 증상이 나타난다.

94 뱀장어의 근육에 *Heterosporis* sp.가 기생하면 어떤 증상이 나타나는가?

① 등이 굽어진다.
② 어체가 울퉁불퉁해진다.
③ 어체가 여윈다.
④ 어체가 회백색으로 변한다.

해설
Heterosporis sp. 증상
뱀장어의 근육에 기생하여 몸 표면이 울퉁불퉁하게 된다.

95 뱀장어의 체표점액 내에 포함되어 있는 물질로서 세균에 대한 용균작용, 응집작용, 살균작용에 관여하여 병원균의 체내 침입을 저지시키는 것은?

① 글루테닌
② 메티오닌
③ 시아릭산
④ 시스틴

해설
뱀장어의 점액에 있는 시아릭산은 세균의 용균, 응집, 살균작용이 있어 병원균의 뱀장어 체내 침입을 막는다.

96 전염성 췌장괴사병(IPN)과 전염성 조혈기괴사병(IHN)에서 공통적으로 보이는 증상이 아닌 것은?

① 송어류에서 발병한다.

② 치어의 복부에 V자 출혈이 나타난다.

③ 병어는 체색이 검어지며 안구가 돌출된다.

④ 발병 말기에는 발광하며 복부에 긴 분변을 달고 다닌다.

해설
V자 출혈은 전염성 조혈기괴사병(IHN)에서 보이는 증상이다.

97 다음 중 잉어의 피부에 궤양이 형성되는 주된 이유로 가장 적절한 것은?

① Gyrodactylus병 때문이다.

② Aeromonas병 때문이다.

③ IPN병 때문이다.

④ Epistylis병 때문이다.

98 다시마 양식의 해적생물로 가장 큰 피해를 주는 것은?

① 히드라충류

② 매생이

③ 규조류

④ 파 래

해설
다시마의 해적생물 : 히드라충류, 이끼벌레류

99 바이러스성 질병과 원인 바이러스 발육 최적 온도가 맞지 않는 것은?

① VHS Virus : 14~15℃

② IHN Virus : 12~15℃

③ IPN Virus : 12~14℃

④ SVS Virus : 28~30℃

해설
수온이 7℃ 이상일 때 발병하기 시작하여 약 20℃까지 유행하며, 17℃ 전후에서 가장 심하게 발병한다. 20℃ 이상의 수온에서는 폐사율이 감소하여 자연치유된다.

100 해삼의 위궤양증에 관한 설명으로 맞지 않는 것은?

① 폐사율이 90% 이상이다.

② 수온이 높은 여름철에 주로 발생한다.

③ Doliolaria Stage가 주감염단계이다.

④ 부적절한 사료 및 고밀도 사육에 의해 발생하는 세균성 질병이다.

해설
해삼 위궤양증 증상 : Auricularia에서 Doliolaria로 변태하는 동안 사망한다.

제1과목 어류양식

01 어류의 영양소 대사에 관한 설명으로 틀린 것은?

① 사료단백질의 이용률과 단백질 함량은 지수적인 관계에 있다.

② 탄수화물은 혈액 및 간에서 조금만 저장되고, 주로 에너지원으로 사용된다.

③ 지방은 장내에서 분해되어 지방산과 글리세린으로 흡수되고, 장관부에서 재합성된다.

④ 사료 중에 탄수화물이 부족하면 체내 단백질이 분해되어 에너지원으로 쓰이기 때문에 체중이 감소한다.

해설
탄수화물은 양식어종에 필수영양소는 아니지만, 사료에 전혀 첨가하지 않은 경우에는 에너지 생산과 탄수화물에서 유도되는 생물학적으로 중요한 구성성분을 합성하기 위해 단백질과 지질 등의 다른 영양소들이 대신 사용된다.

02 아미노산 중 미각물질에 속하는 것은?

① 메티오닌(Methionine)

② 라이신(Lysine)

③ 글리신(Glycine)

④ 아르기닌(Arginine)

03 유럽잉어의 품종 개량에 이용되는 주된 방법은?

① 돌연변이

② 비육관리

③ 선발육종

④ 배수성 유전

해설
유럽잉어의 품종 개량은 잡종화나 선발육종을 이용한다. 독일에서 자연잉어를 인위적으로 개량한 것으로 독일잉어 또는 이스라엘잉어라고도 불리며, 향어가 대표적이다.

04 주로 절개법으로 채란하는 어종은?

① 잉 어

② 미꾸라지

③ 넙 치

④ 연 어

해설
절개채란법(개복법)
• 어미의 배를 갈라 알을 받는 방법이다.
• 보통 어미가 산란한 다음 죽는 물고기(연어, 송어 등)는 대부분 이 방법으로 채란한다.

05 참돔 양식 시 일어나는 흑화현상(黑化現象)에 대처한 체색 조정방법 중 가장 효과가 좋은 방법은?

① 사육수심을 10~20m 정도 깊게 해서 사육한다.
② 새우류를 사료에 섞어 먹인다.
③ 살아 있는 까나리, 멸치 등을 먹인다.
④ 굴, 홍합 등의 신선한 패류를 먹인다.

[해설]
양식 참돔의 경우 표층의 강한 광에 의해 체색이 흑화되는 것을 방지하기 위해 카로티노이드 색소가 다량 함유된 냉동 크릴새우 등을 출하 직전에 공급한다.

06 양어지에서 혼합양식 시 먹이경쟁이 될 수 있는 어종은?

① 블루길과 배스
② 초어와 백련
③ 초어와 뱀장어
④ 백련과 떡붕어

[해설]
블루길과 베스는 먹이연쇄 혼합양식 시 효과가 높지만, 백련과 떡붕어(가와찌붕어)는 혼합양식 시 먹이경쟁이 발생할 수 있다.

07 활어의 대량운반 시 주의사항으로 옳지 않은 것은?

① 배설물로 인해 운반용기 내의 수질이 오염되지 않도록 한다.
② 산소 과다에 의한 스트레스로 몸 조직 속에 상처가 나지 않도록 한다.
③ 운반 도중 생리활성이 떨어지지 않도록 운반 전에 충분히 먹이를 공급한다.
④ 운반 도중 수온 상승에 의한 폐사 발생이 일어나지 않도록 한다.

[해설]
활어 운반을 위한 기본원리는 대사기능을 낮추기 위해 운반 전 2~3일 동안 어류를 굶기고, 운반용수의 온도를 낮게 유지시키는 것이다.

08 양식용수의 여과에 관한 설명으로 옳은 것은?

① 여과층에서 분해박테리아가 노폐물을 분해시키며, 부산물로 산소를 방출한다.
② 여과층을 새로 만들어 쓸 때 여과세균은 자연상태에 어디에나 있기 때문에 즉시 여과효과가 있다.
③ 여과층에서 아질산 분해세균은 암모니아를 이용하여 생존한다.
④ 여과층에서 노폐물이 분해되기 위하여 다량의 CO_2가 필요하다.

[해설]
① 분해박테리아는 노폐물을 분해하는 과정에서 부산물로 이산화탄소를 방출한다.
② 여과층을 새로 만들어 쓸 때 여과세균(질화세균)이 여과층에 정착하는 데 시간이 필요하며, 초기에는 여과효과가 거의 없다.
④ 노폐물 분해는 암모니아를 산화시키는 생물학적 과정이므로, 다량의 O_2가 필요하다.

09 인공수정법과 주로 이용되는 어종 간의 연결이 옳은 것은?

① 건식법 – 은어

② 건식법 – 잉어

③ 등조법 – 연어

④ 습식법 – 송어

해설
② 잉어 : 등조법
③·④ 연어, 송어 : 건식법

11 다음 중 실뱀장어가 가장 많이 소상하는 시간대는?

① 간조 시 일몰 후 2~3시간

② 만조 시 일몰 후 2~3시간

③ 조석에 관계없이 야간에

④ 조석에 관계없이 주간에

해설
실뱀장어 소상시기
3~4월경 수온이 8~10℃로 올라가서 하천과 해수의 수온차가 없을 때는 주로 밤에 활발하게 올라오지만 대조 시의 만조 때, 특히 일몰부터 2~3시간 이내에 만조가 될 때나 비가 오거나 흐릴 때는 하루의 시간과 관계없이 만조 시에 많이 올라온다.

12 방어 양식시설 중 아직 실용화 단계에 이르지 못하고 있는 것은?

① 육상유수식   ② 제방식

③ 그물차단식   ④ 그물가두리식

10 넙치 식용어 양성에 있어 먹이와 성장에 관한 설명으로 틀린 것은?

① 초기 방양 시 하루 중 먹이 주는 횟수는 3~4회이다.

② 성장함에 따라서 하루에 2번(아침과 해질 무렵에) 주는 것이 좋다.

③ 수온이 10℃ 이하로 되면 먹이양은 급격히 상승한다.

④ 하루에 먹이 주는 양은 체중비율에 따른다.

해설
수온 10~25℃ 사이에서는 수온이 높아질수록 섭이량도 증가하지만, 10℃ 이하의 낮은 수온하에서는 먹이 먹는 상태를 보며 먹이양을 줄인다.

13 다음 중 가두리 양식장의 조건으로 가장 바람직한 곳은?

① 조용하고 잔잔한 수면으로 물의 흐름이 없는 곳

② 유기물질이 풍부한 부영양의 호수

③ 수량이 풍부하고, 물의 흐름이 아주 빠른 곳

④ 수면이 넓어 수량이 많고, 영양염류가 적은 곳

해설
가두리 양식장의 적지
• 일조시간이 길고, 수온이 따뜻한 곳
• 5m 이상으로 수심이 깊은 곳
• 수면이 넓고, 수량이 많은 곳
• 영양염류가 적은 빈영양호인 곳
• 천재지변(홍수, 가뭄, 태풍 등)의 피해가 없는 곳
• 물의 유동이 어느 정도 있는 곳
• 교통이 편리한 곳

14 미꾸라지 양식시설 중 가장 고려해야 할 점은?

① 산소보충시설

② 먹이대시설

③ 도피의 방지

④ 어병 발생

해설
미꾸라지는 땅을 파고드는 습성이 있어 도피하기 쉬우므로 도피 방지에 유의해야 한다.

15 무지개송어의 부화기에서 알 10만개가 소비하는 산소량이 1시간당 0.5L이다. 주입수와 배출수의 용존산소량이 각각 10mL/L, 6mL/L일 때 필요한 주수량은?

① 115L

② 125L

③ 135L

④ 145L

해설

$$주수량 = \frac{10만개가\ 소비하는\ 산소량}{주입수의\ 용존산소량 - 배출수의\ 용존산소량}$$

$$= \frac{500}{10-6} = 125L$$

16 조피볼락에 대한 설명으로 맞는 것은?

① 조피볼락은 우리나라 남해안의 자연수온에서는 월동이 불가능하다.

② 조피볼락은 양볼락과의 볼락아과에 속하며 일명 우럭이라고 한다.

③ 조피볼락은 체외수정을 하는 종이다.

④ 조피볼락은 어초 등에 수정란을 붙이는 부착성을 가지고 있다.

해설
조피볼락
• 성장 적수온은 18~27℃, 서식한계수온은 7~30℃로 우리나라의 겨울철 저수온에 대해 다른 양식종보다 강하다.
• 조피볼락은 체내수정으로 새끼를 출산한다.

17 넙치의 종묘 생산 시 공식현상이 가장 심하게 일어나는 시기는?

① 부화 후 20일째인 전장 3mm인 때

② 착저하기 전 눈이 오른쪽으로 돌아가려고 할 때

③ 착저 후 오른쪽 눈이 왼쪽으로 돌아간 변태 완료 후부터

④ 전장 25mm 이후부터 50mm의 크기일 때

해설
자치어의 전장 25~50mm 내외일 때 치어의 활력 차이, 공간경쟁과 먹이경쟁 등으로 인해 공식현상이 일어나므로 선별을 실시해야 한다.

18 틸라피아(역돔)의 생태적 습성이 아닌 것은?

① 주로 잡식성이다.

② 환경의 변화에 대한 저항성이 강하다.

③ 번식력이 아주 강하다.

④ 수컷이 암컷보다 빨리 자란다.

해설
① 틸라피아는 초식성이다.

19 방어는 어느 과에 속하는 어족인가?

① 정어리과(科)

② 전갱이과

③ 삼치과

④ 청어과

해설
방어(*Seriola quinqueradiata*)는 경골어류강 농어목 전갱이과에 속하는 해산어류이다.

20 시비양어 대상어로서 가장 적합한 어종은?

① 잉 어

② 가와치붕어

③ 뱀장어

④ 은 어

해설
붕어 사육 시 물벼룩 등의 천연먹이 발생을 촉진시켜 시비하면 생산량 증대의 효과를 볼 수 있다.

21 참굴의 채묘예보를 할 때 유생 채집방법을 잘못 설명한 것은?

① 수평채집 시 수심은 30cm 깊이가 좋다.

② 수평채집 거리는 약 100m 정도 한다.

③ 2m 깊이에서 위로 수직채집을 하기도 한다.

④ 간조 시에 채집해야 한다.

해설
굴 유생 채집방법 : 매일 만조 시 유생채집망을 사용하여 수면으로부터 30cm 깊이에서 수평으로 10~100m가량 끌어서 채집하거나, 2m 깊이에서 수직으로 끌어서 채집한다.

22 다음 조개류 중 이동이 가장 심한 종은?

① 피조개

② 전 복

③ 소 라

④ 가리비

해설
가리비의 경우 환경변화나 기타 위협 시 패각을 강하게 여닫으면서 이동하는 특성이 있다.

23 전복을 계측할 때, 각 측정 부위의 명칭은?

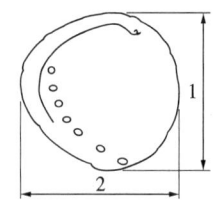

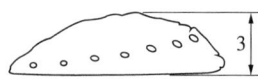

① 각장(1), 각폭(2), 각고(3)
② 각폭(1), 각장(2), 각고(3)
③ 각고(1), 각폭(2), 각장(3)
④ 각폭(1), 각고(2), 각장(3)

24 서식장의 환경변화에 가장 강한 종류는?

① 백 합　　　② 우 럭
③ 참 굴　　　④ 가리비

해설
우럭은 연안의 하구 가까이에 많이 사는 종으로, 환경변화에 대한 저항성이 다른 종에 비해 매우 강하다.

25 보리새우 부화유생에 먹이를 처음으로 주어야 하는 시기는?

① Nauplius기　　② Mysis기
③ Zoea기　　　　④ Post larva기

해설
노플리우스기에는 난황으로부터 영양분을 흡수하므로 먹이를 주지 않고, 조에아기부터 먹이를 공급한다.

26 제방식 양성법으로 많이 양성하는 것은?

① 가리비
② 흰다리새우
③ 백 합
④ 우렁쉥이

해설
제방식 양성법으로 많이 양성하는 것은 흰다리새우로, 최근에는 BFT(바이오플락)시스템을 도입하여 양성하는 경우도 많다.

27 문어의 인공종묘 생산 시 부유생활기에 대한 설명으로 옳지 않은 것은?

① 공식현상이 일어난다.
② 빛이 있는 곳에 잘 모인다.
③ 알테미아의 부화유생을 먹이로 공급한다.
④ 수온 25℃에서 1개월 동안 부유생활을 한다.

해설
부유생활기에는 밝은 곳에 잘 모이고 부유성 먹이를 먹지만, 저서생활에 들어가면 야행성이 되고 공식현상도 일어난다.

28 다음 중 굴 연승수하식 양성에서 가장 많은 비중을 차지하는 원가 항목은?(단, 3ha, 60대 시설인 경우)

① 인건비

② 사료비

③ 종묘비

④ 유류비

29 참가리비의 습성에 대한 설명으로 틀린 것은?

① 가리비는 온대성 2매패이다.

② 외양성이며, 수심 10~40m에 많이 분포한다.

③ 서식처는 저층의 유속이 비교적 빠른 곳으로, 저질은 사력질을 좋아한다.

④ 성숙기는 3월에서 5월 사이이며, 4월경이 산란 성기이다.

해설
① 참가리비는 한해성 2매패이다.

30 수하식 양성방법 중 성장이 일정하지 않은 것은?

① 연승식

② 뗏목식

③ 말목식

④ 투석식

31 다음 중 전복의 산란 자극방법으로 가장 많이 사용되는 것은?

① 음건자극

② 담수 주입자극

③ 뇌하수체호르몬 주사

④ 자외선 조사 해수자극

해설
전복의 산란 자극방법
수온자극, 간출자극 및 자외선 조사 해수자극 등이 있으며, 현재는 간출과 자외선 조사 해수 자극을 병행하는 방법이 가장 효과적으로 널리 사용되고 있다.

32 부착성에 따라 유사한 생태적 특성을 보이는 종끼리 짝지어진 것은?

① 참굴 - 피조개

② 진주조개 - 참가리비

③ 바지락 - 새꼬막

④ 우렁쉥이 - 진주담치

해설
④ 우렁쉥이와 진주담치는 모두 부착성 패류이다.
• 부착성 패류 : 굴류, 담치류, 우렁쉥이 등
• 일시부착성 패류 : 꼬막류, 가리비류, 키조개 등
• 비부착성 패류 : 대합류, 바지락류, 개량조개, 우럭 등
• 포복성 패류 : 전복류, 해삼, 소라, 성게류 등

33 피조개 양성장이 갖추어야 할 사항으로 옳지 않은 것은?

① 해수의 유통이 좋을 것
② 먹이생물의 번식량이 많을 것
③ 수심이 얕을 것
④ 표층의 지질이 사니질일 것

해설
피조개의 서식수심은 저조선에서 50m 되는 곳이지만, 저조선 가까이에서는 서식량이 극히 적고, 수심 2~3m에서 20여m 되는 곳에 주로 분포한다.

34 우렁쉥이의 인공채묘 시 주의할 사항으로 옳은 것은?

① 산란된 난은 부하채묘조에 옮길 때 1차 난세척이 필요하다.
② 유미형 유생은 산란 후 3일째 아침이면 보인다.
③ 부하조와 채묘조는 광도를 낮게 하는 것이 좋다.
④ 채란 후의 환수는 주입수에 큰 염려를 할 필요가 없다.

해설
① 채란용 탱크에서 채란한 것을 그대로 부착기까지 사육한다.
② 유미형 유생은 산란 후 약 1일이면 보인다.
④ 방란·방정할 때까지는 유수량을 늘리고, 방란·방정 직후에는 지수상태를 유지하며, 수정이 끝나면 유수량을 다시 늘린다.

35 0.02g에 이른 새우 종묘를 1,000m²에 m²당 50마리씩 방양하여 1일 먹이공급률을 300%로 한다면 4일간의 총공급량은?

① 6kg   ② 12kg
③ 18kg   ④ 4kg

해설
1,000m² × 50마리 × 0.02g × 3 × 4일 = 12,000g = 12kg

36 다음 중 전복 양식용 먹이로서 먹이효과가 가장 좋은 해조는?

① 톳
② 미 역
③ 갈파래
④ 애기풀가사리

해설
전복의 먹이로는 갈조류가 가장 좋으며, 특히 먹이효과가 좋은 해조는 미역이나 미역쇠이다.

37 패류 양식시설을 밀식했을 때 일어나는 일반적인 현상은?

① 수확시기가 빨라지고, 품질이 저하된다.
② 양성기간이 짧고, 비만이 나빠진다.
③ 성장이 늦고, 생산량이 줄어든다.
④ 겨울에 생식소가 발달한다.

해설
패류 양식시설을 밀식하면 일반적으로 대상생물의 성장과 비육이 저하되고, 질병이나 기생충이 번질 경우 전체 집단에 피해를 줄 수 있다.

38 해삼 양식에서 투석의 역할로 알맞지 않은 것은?

① 산란장 제공
② 여름잠 장소 제공
③ 풍부한 먹이 제공
④ 원활한 조류소통 제공

> **해설**
> 투석은 해삼의 생활이나 번식을 하기에 알맞은 곳을 만들어 주고, 먹이를 풍부하게 하며, 여름잠 장소가 될 뿐만 아니라 산란장을 만드는 효과도 있다.

39 따개비가 많은 곳에서 굴을 채묘할 경우 부착치패 수의 조사과정에서 채묘에 가장 적합한 시기는?

① 굴의 부착수는 증가하고, 따개비의 부착수가 줄어들 때
② 따개비의 부착수가 전혀 보이지 않을 때
③ 굴의 부착수가 줄어들기 시작할 때
④ 따개비와 굴의 부착수가 같이 증가할 때

40 굴의 생산 증가를 위한 어장의 환경 개선방법으로 가장 거리가 먼 것은?

① 어장의 저질을 갈아 준다.
② 어장 내의 굴을 세척한다.
③ 어장에 철사나 잡물들을 투기하지 않는다.
④ 밀식을 하지 않는다.

> **해설**
> 굴의 세척은 어장의 환경 개선과는 관계가 없다.

제3과목 해조류양식

41 미역의 채묘를 위한 예비작업에 해당하는 사항은?

① 고염분처리
② 저온처리
③ 담수처리
④ 음건처리

> **해설**
> 포자엽을 음건처리하여 공기 중에서 유주자낭의 삼투압에 변화를 주면 일시에 많은 양의 유주자를 방출시킬 수 있다.

42 김발에 나타나는 다음 해적생물들 중 건조에 약한 것은?

① 따개비
② 파래류
③ 매생이
④ 돌말류(규조류)

> **해설**
> **파래 구제법** : 파래는 건조에 약하므로 바람이 있고, 습기가 적은 날 건조처리를 통해 구제한다.

---

43 김 양식에서 봉투식 야외 인공채묘의 장점에 해당되지 않는 것은?

① 해적생물의 부착이 적다.
② 각포자의 손실이 적다.
③ 각포자가 균일하게 붙는다.
④ 해황에 관계없이 채묘할 수 있다.

해설
④는 실내채묘의 장점이다.

44 김 양식장에서 발생하는 갯병 중 생리적 갯병이 아닌 것은?

① 싹갯병   ② 붉은갯병
③ 암종병   ④ 흰갯병

해설
김 갯병의 종류
• 기생성 갯병 : 붉은갯병, 호상균, 사상세균부착증, 녹반병, 구멍갯병 등
• 생리적 갯병(비기생성) : 흰갯병, 의사흰갯병, 싹갯병, 암종병, 쪼그랑병 등

45 홍조류의 세포막 주요 성분은?

① 한 천
② 알긴산
③ 피코비린
④ 셀룰로스

해설
피코비린은 엽록체 색소로, 갈조류의 세포벽에서 셀룰로스 외에 알긴이라고 하는 특유한 물질을 가지기도 한다.

46 미역의 포자엽을 취급하는 요령으로 틀린 것은?

① 채취 즉시 깨끗한 해수에 씻는다.
② 시원한 그늘에서 말린다.
③ 깨끗한 해수에 넣어서 운반한다.
④ 너무 마른 때는 위를 덮어 준다.

해설
③ 해수에 넣어서 운반할 경우 운반 중 계획되지 않은 유주자 방출의 우려가 있다.

47 톳의 생활사를 옳게 설명한 것은?

① 세대교번을 하지 않고 포복지에 의한 영양번식을 한다.
② 세대교번을 하지 않고 배아지(胚芽枝)에 의한 영양번식을 한다.
③ 세대교번을 하고 포복지에 의한 영양번식을 한다.
④ 세대교번을 하고 배아지에 의한 영양번식을 한다.

해설
갈조식물의 모자반과에 속하는 톳은 세대교번을 하지 않고, 유성생식과 포복지에 의한 영양번식을 한다.

48 해조류 양식에서 채묘 대상이 포자(또는 유주자)가 아닌 것은?

① 톳   ② 파 래
③ 미 역   ④ 매생이

해설
톳의 영양번식에 의한 증식은 단기간에 효과가 나타나 당년에 종자로 사용할 수 있는 크기까지 도달하므로, 양식 후 친승에 부착된 포복지를 월하관리하여 종자를 이용하면 자연산 종자의 남획으로 인해 해마다 감소하는 톳 자원의 보호와 시설물의 재활용이 가능하다.

43 ④ 44 ② 45 ① 46 ③ 47 ① 48 ① **정답**

49 광합성 생성물이 전분(Starch)인 것은?

① 녹조류   ② 갈조류

③ 홍조류   ④ 남조류

해설

광합성 산물
- 녹조류 : 전분(녹말)
- 갈조류 : 만니톨, 라미나린
- 홍조류 : 홍조녹말
- 남조류 : 남조녹말

50 뜬흘림발에서 붉은갯병이 발생했을 때의 대책이 아닌 것은?

① 냉장한다.

② 고노출로 옮긴다.

③ 김을 빨리 채취한다.

④ 시비를 하여 건강하게 한다.

해설

붉은갯병 : 기생성 갯병으로, 엽체의 군데군데에 붉은색 반점이 나타나고, 차차 반점이 커지면서 중심부는 담록색으로, 주위는 붉은색으로 변한다. 고수온 · 저비중하에서 발병하기 쉽지만 노출, 활성처리, 냉장 등으로 대처할 수 있다.

51 냉동씨발은 입고하기 전에 함수율을 몇 % 정도로 하는 것이 좋은가?

① 8~10%   ② 15~20%

③ 20~40%   ④ 40~60%

해설

생김은 엽상체 무게의 90% 이상이 수분으로 구성되어 있어 생김 상태로 냉동하면 세포조직이 파괴되므로, 수분함유량이 20~40%가 되도록 건조시킨다.

52 홍조류가 엽체에 함유한 색소가 아닌 것은?

① 루테인

② 클로로필 a

③ 클로로필 b

④ 피코시아닌

해설

홍조류는 엽록소 a와 d(일부) 외에도 피코시아닌과 피코에리트린이라는 피코빌린계 색소를 가지고 있어, 이를 통해 광합성을 한다.
※ 클로로필 b는 녹조류에 함유되어 있다.

53 동 · 남 · 서해안과 제주도의 모든 연안에 분포하는 종류는?

① 대 황   ② 미 역

③ 감 태   ④ 뜸부기

해설

① 대황 : 울릉도 일대
③ 감태 : 제주 및 남해안, 울릉도 일대
④ 뜸부기 : 서해안 및 남해안 일대

54 자연산 미역의 흉작이 예상되는 해황은?

① 아포체의 발아기에 비가 많을 때

② 2~5월에 맑은 날씨가 계속될 때

③ 4, 5월에 폭풍일수가 많을 때

④ 10, 11월에 폭풍일수가 많을 때

55 김의 생활사에서 여름철에 해당하는 것은?

① 배우체

② 사상체

③ 엽상체

④ 중성포자

해설

김의 생활사

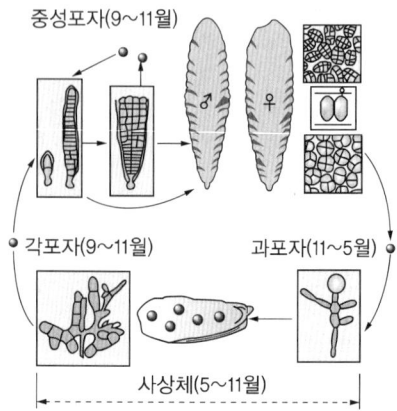

중성포자(9~11월)

각포자(9~11월)　　과포자(11~5월)

사상체(5~11월)

※ 사상체기 : 과포자가 해저에 있는 조가비의 진주층을 뚫고 들어가 그 속에서 자라면서 여름철의 고수온기를 보내는 시기

56 다시마의 씨줄붙이기 간격으로 적당한 것은?

① 10~20cm

② 20~35cm

③ 30~45cm

④ 45~60cm

57 무기질 사상체를 조가비에 이식할 때 처음 1주일간 어둡게 해 주어야 하는 이유는?

① 기포가 생기는 것을 방지하려고

② pH가 높아지지 않게 하려고

③ 광산화현상을 방지하려고

④ 생장호르몬의 파괴를 방지하려고

58 우뭇가사리의 이식에 대한 내용으로 옳지 않은 것은?

① 우뭇가사리는 한 번 건조되면 포자 방출능력이 거의 없어지므로 이식 시 건조에 주의하여야 한다.

② 이식작업 시 될 수 있는 대로 직사광선을 피하고, 수온 상승을 방지할 필요가 있다.

③ 포자 방출이 가장 많이 되는 시각이 12시경이므로 되도록 오전에 완료하는 것이 좋다.

④ 이식은 포자를 가진 우뭇가사리를 새끼줄 등에 끼워 돌에 감아 투석하거나, 해저의 바위에 감아 주는 방식을 이용한다.

해설

우뭇가사리는 16~18시에 포자를 많이 방출하므로 이식을 위해 모조를 새끼에 끼워 돌에 감아 주는 작업은 하루 중 15시 이전에 마치도록 한다.

59 김의 조가비 사상체는 어장의 조건에 따라 적기에 채묘할 수 있도록 시기를 조절해야 하는데 조절할 사항으로 적합하지 않은 것은?

① 수온이 21~23℃가 되도록 온도처리를 한다.
② 2,000~3,000lx의 밝기로 8~10시간 광선처리를 한다.
③ 비닐주머니에 넣어 −10℃가 되도록 동결보존한다.
④ 약품처리를 하여 건조시켜 보관한다.

해설
조가비 사상체의 채묘시기 조절(각포자 방출)
• 온도처리 : 보통 낮의 수온이 21~23℃일 때 각포자가 많이 나오므로 배양해수를 줄이고 통풍이 잘되게 한다.
• 광선처리 : 낮의 길이를 8~10시간, 조도를 2,000~3000lx로 하여 4~5일간 두면 성숙이 촉진된다.
• 동결보존 : 비닐주머니에 조가비 사상체가 해수에 잠기도록 넣어 밀봉한 후 −10℃ 이하로 동결보존한 것을 해동하면, 4~5일 만에 각포자가 대량으로 나온다.

60 다시마 생활사의 한 부분에 대한 설명이다. ( ) 안에 알맞은 것은?

> 다시마의 배포자는 수시간~1일 후에 발아관을 내고 최초의 배포자 내에 있던 내용물은 발아관을 통해서 새로운 ( )의 세포로 이동한다.

① 포자체
② 아포체
③ 엽 체
④ 배우체

61 갈조류의 강(Class)을 분류하는 주된 기준은?

① 생활사의 차이
② 무성포자의 종류
③ 서식수심
④ 색소성분의 차이

62 극피동물과 그 유생의 연결이 옳은 것은?

① 해삼 − 비핀나리아
② 성게 − 에키노플루테우스
③ 불가사리 − 아우리쿨라리아
④ 바다나리 − 오이코플류라

해설
① 해삼 : 아우리쿨라리아
③ 불가사리 : 비핀나리아

63 다음 양식 대상생물 중 용존산소가 가장 큰 수역에 서식하는 어류는?

① 잉 어
② 연 어
③ 틸라피아
④ 초 어

해설
연어는 냉수성 어류로, 나머지 어류에 비해 용존산소가 높은 수역에 서식한다.

64 적조 발생을 야기하는 요인과 가장 거리가 먼 것은?

① 해역의 부영양화

② 염분 상승

③ 상층과 하층 간의 대류의 감소

④ 충분한 태양 광선에너지

해설

적조의 발생원인 : 부영양화, 수온 상승, 자극물질 유입, 염분 농도 저하, 해수 정체

65 재연성 변태는 다음 어느 어종에서 볼 수 있는가?

① 뱀장어

② 학공치

③ 당멸치

④ 보리멸

해설

재연성 변태란 자치어기 때 조상의 형태를 나타낸 후 성어의 형태로 변하는 것으로 넙치, 가자미, 학공치 등이 있다.

66 어류는 수온과 수질의 변화를 감지할 수 있어서 등온선이나 염분의 수역을 찾아서 이동할 수 있다. 이를 감지할 수 있는 기관은?

① 아가미

② 옆줄

③ 입

④ 콧구멍

67 모악동물(화살벌레)의 설명으로 옳지 않은 것은?

① 몸은 머리, 몸통, 꼬리의 세 부분으로 나뉘어 있다.

② 이들은 턱 주변의 강한 털로 먹이를 잡는다.

③ 대부분이 담수산이며, 담수산 동물플랑크톤에서 중요하다.

④ 해양환경을 파악하는 지표생물로 이용되기도 한다.

해설

③ 모악동물은 해수산이다.

68 김 양식에 있어 서식대가 겹쳐 피해를 주는 해조류는?

① 파래류

② 미역류

③ 톳류

④ 청각류

69 일생에 여러 번 산란하는 동물은?

① 은어

② 빙어

③ 뱀장어

④ 미꾸라지

해설

은어, 빙어, 뱀장어 등은 모두 1회 산란 후 생을 마감한다.

※ 강하성 및 소하성어류는 대부분 산란 후 생을 마감한다.

70 엽록소의 구성에서 고등식물과 가장 가까운 식물군은?

① 홍조식물

② 녹조식물

③ 갈조식물

④ 남조식물

71 경골어류에 속하는 것은?

① 칠성장어

② 괭이상어

③ 두톱상어

④ 철갑상어

해설
① 원구류, ②·③ 연골어류

72 조수웅덩이(Tide Pool) 생물상의 특징 설명이 옳은 것은?

① 녹조류가 서식하는 것이 특징이다.

② 홍조류가 가장 많이 서식하는 것이 특징이다.

③ 갈조류가 가장 많이 서식하는 것이 특징이다.

④ 어류가 살지 않는 것이 특징이다.

해설
일반적으로 녹조류, 갈조류, 홍조류 순으로 서식수심이 깊어진다.

73 알긴을 가장 많이 가지고 있는 식물은?

① 갈파래

② 서 실

③ 김

④ 감 태

해설
알긴은 갈조류의 세포막을 구성하는 다당류이다.

74 규조류에 대한 설명으로 적합하지 않은 것은?

① 생활가능수온은 −15~36℃이다.

② 해양생태계에서 1차 생산자로서 중요하다.

③ 번식수온은 3~16℃이다.

④ 주로 해수에만 존재한다.

해설
④ 규조류는 담수와 해수에 널리 분포한다.

75 태양광선 중 수온의 상승과 가장 관계가 깊은 것은?

① 자외선

② 청색광선

③ 황색광선

④ 적외선

해설
적외선은 가시광선이나 자외선에 비해 강한 열작용을 하는 것이 특징이며, 이로 인해 열선이라고도 한다.

76 육식성 어류로 짝지어지지 않은 것은?

① 초어, 은어

② 다랑어, 갈치

③ 톱상어, 별상어

④ 가다랑어, 붕장어

해설
초어는 초식성이고, 은어는 성장함에 따라 육식성에서 초식성으로 식성이 변한다.

77 다음 십각류 중에서 우리나라에서의 서식범위가 바르게 연결된 것은?

① 대하 – 동해에서 남해 동부 연안까지

② 닭새우 – 황해에서 보하이만까지

③ 왕게 – 제주도에서 일부 남해 연안까지

④ 털게 – 영일만에서 동해 북부 연안까지

해설
① 대하 : 서해와 남해
② 닭새우 : 제주도 연안
③ 왕게 : 동해 남부

78 생물을 분류하는 데 있어서 기본단위는?

① 문(門)

② 강(綱)

③ 목(目)

④ 종(種)

해설
생물 분류의 기본단위는 종으로, 생물은 다음과 같이 분류한다.
종 – 속 – 과 – 목 – 강 – 문 – 계

79 일반적으로 동물플랑크톤의 일주기 수직이동에 관한 설명으로 옳은 것은?

① 낮에는 표층해면으로, 밤에는 중·심층으로 수직이동한다.

② 밤에는 표층해면으로, 낮에는 중·심층으로 수직이동한다.

③ 상·하층의 수직이동을 하지 않고, 일정 수층에 머문다.

④ 밤·낮의 수직이동이 일정치 않고, 이동하고 싶을 때 자유롭게 한다.

80 해양 외에서도 서식하고 있는 것은?

① 말미잘류

② 성게류

③ 개맛류

④ 집게류

81 호수에 관한 설명으로 틀린 것은?

① 여름철에는 성층현상을 나타낸다.

② 가을에는 순환이 일어난다.

③ 호수에 조류가 대량 번식하면 용존산소 농도가 높아져 수질이 좋아진다.

④ 성층을 이룰 때 수심에 따른 물의 수온구배와 DO의 농도구배는 같은 모양이다.

해설

조류가 대량 번식하면 물의 표면을 덮어 햇빛을 차단하고, 죽은 조류의 분해로 인해 산소소비량이 급속히 늘어난다. 그 결과 산소 부족으로 인해 수중생물이 대량으로 폐사하거나 강바닥에서 황화수소가스가 발생하여 물이 썩는 부영양화현상이 일어난다.

82 18℃인 담수의 용존산소포화량은 6.81mL/L이다. 18℃인 어느 담수시료의 용존산소량이 4.77mL/L로 측정되었다면 이 시료의 산소포화도는?

① 70% ② 0.7%

③ 143% ④ 1.43%

해설

시료의 포화율(%) = (DM/Ds) × 100

= (4.77/6.81) × 100 ≒ 70%

※ 시료의 용존산소량 : DM

포화용존산소량 : Ds

83 병원균에 따라서는 어류의 연령에 관계없이 감염하는 것과 그렇지 않은 것이 있다. 다음 중 자어에서는 거의 감염되지 않고 성어에 감염되기 쉬운 것은?

① 은어의 비브리오병

② 뱀장어의 에드워드병

③ 연어의 세균성 신장병

④ 송어의 절창병

해설

송어의 절창병은 당년생이나 성어에서도 볼 수 있으나, 일반적으로 고연령어에 많이 발병한다.

84 시료수 중의 부유입자물질의 양을 측정하는 데 일반적으로 사용되는 여과지 공경(孔逕)의 크기는?

① $2\mu m$

② $1.2\mu m$

③ $0.45\mu m$

④ $0.12\mu m$

85 뱀장어의 믹시디움(Myxidium)증의 증상은?

① 이 병에 걸린 뱀장어는 가슴지느러미의 출혈, 항문의 확장을 보인다.

② 입을 벌린 채 먹이를 먹지 않고, 수면을 힘없이 헤엄쳐 다닌다.

③ 아가미의 표면이 거칠게 보인다.

④ 표피하에 기생하는 경우에는 체측이 포자낭으로 백점상의 반점이 나타난다.

86 해수에서 염소량으로부터 총염분량을 계산하는 식은?

① S(염분량) = 0.80655 × Cl(염소량)

② S(염분량) = 1.80655 × Cl(염소량)

③ S(염분량) = 0.03 × Cl(염소량)

④ S(염분량) = 1.03 × Cl(염소량)

87 참돔에 *Microcotyle* sp.가 감염되었을 때 병어에서 관찰되는 가장 뚜렷한 증상은?

① 체색의 흑화

② 회전유영

③ 체표의 궤양 형성

④ 아가미의 색깔이 창백해짐

해설

Microcotyle sp. : 흡혈성 아가미 흡충으로, 감염 시 아가미 색깔이 창백해지고, 식욕이 떨어져 사료를 잘 먹지 않는다.

88 호수의 pH를 변화시키는 요인과 가장 거리가 먼 것은?

① 식물성 플랑크톤의 광합성작용

② 공기 중의 탄산가스 용해

③ 소금의 용해

④ 알칼리성 폐수의 유입

해설

공기 중의 탄산가스가 수중에 용해되면 pH가 하강하고, 수초나 식물플랑크톤의 광합성작용에 의해 이산화탄소가 많이 소비되는 곳에서는 pH가 상승한다.

89 패류 양식장의 부착생물로 문제가 되고 있는 진주 담치가 부착할 때 분비하는 강력한 수중접착력을 가진 물질은?

① 점 액

② 족 사

③ 섬 모

④ 부착기

해설

부착기에 이른 유생은 면반이나 발과 같은 운동기관을 이용하여 부착장소를 찾으며, 부착장소가 정해지면 족사샘에서 분비물을 내어 부착하게 된다.

90 어류의 장관 점막 상피세포 안이나 장관 속에 기생하면서 유문수나 장의 앞부분에 카타르성 염증을 일으키기도 하며, 담낭이나 부레로 이동하여 평형감각을 잃게 하는 증상을 보이는 기생충성 질병은?

① 핵사미타병

② 익티오보도병

③ 크립토비아병

④ 아밀로오디늄병

해설

핵사미타병

• 어류 창자에 기생하는 내부기생충이 원인으로 식욕 부진, 여윔, 선회운동, 복부 팽만, 안구 돌출 등이 나타나며, 카타르성 장염을 유발시킨다.

• 감염된 어류의 창자를 해부하면 창자 내에 끈끈하고 노란 점액성 물질이 차 있는 것을 볼 수 있다.

91 인도페놀법에 의하여 암모니아 양을 측정하는 데 사용되는 흡광도광도계의 파장은?

① 320nm

② 440nm

③ 630nm

④ 720nm

92 윙클러-아지드화나트륨 변법에 의한 용존산소량 측정을 하기 위해 고정용 시약 조제 시 사용되지 않는 시약은?

① $MnCl_2 \cdot 4H_2O$

② $Na_2S_2O_3 \cdot 5H_2O$

③ NaOH

④ KI

해설

윙클러-아지드화나트륨 변법의 시약

• 고정용 시약 : 황산망가니즈($MnSO_4$) 또는 염화망가니즈($MnCl_2 \cdot 4H_2O$), 알칼리성 아이오딘화칼륨(KI), 아지드화나트륨(NaN_3) 또는 수산화나트륨(NaOH)

• 적정용 시약 : 티오황산나트륨($Na_2S_2O_3 \cdot 5H_2O$)

93 에로모나스, 슈도모나스 및 비브리오균들에 의한 지느러미 부식병의 치료에 사용하는 Aminogly-coside계 항생물질은?

① Chloramphenicol

② Neomycin

③ Tetracycline

④ Nitrofurantoin

94 다음 설명에 해당하는 곰팡이성 질병은?

> 접합균강 파리곰팡이목에 속하며 발육 시 전발아기, 발아 및 사상체기, 번식기의 4단계 생활사를 거치는 동안 사상체가 형성된다. 이 사상체로부터 사상체포자가 나와서 체내의 다른 부위로 전파되고, 다핵구상체로 되어 다른 개체로의 전염이 일어난다. 무지개송어나 방어 등에서 발병하고 내부 장기의 결절 형성이 특징적이다.

① 킬로도넬라증

② 아파노마이세스증

③ 칸디다증

④ 익티오포누스증

95 용존유기탄소를 시험할 때 현탁성분을 제거하는 방법은?

① 밀리포아($45\mu m$)를 이용한 여과

② GF/F여과지를 이용한 여과

③ 유리여과기 G2를 사용한 여과

④ 원심분리기를 이용한 분리

96 시료 보존 시 함량 변화가 가장 심한 것은?

① 암모니아성 질소
② 질산성 질소
③ 인 산
④ 규 산

해설
암모니아성 질소(NH_3-N)는 질산화반응(Nitrification)에 의해 아질산성 질소(NO_2-N)와 질산성 질소(NO_3-N)로 변한다.

97 수질오염에 관한 연결이 옳게 짝지어지지 않은 것은?

① BOD 수치 증가 – 용존산소 결핍 – 부패성 수역의 형성
② 부유물질 증가 – 정체수역에서의 침강 – 저질 악화
③ 영양염류 증가 – 부영양화 – 적조 발생
④ 더운 배수 증가 – pH 변화 – 냄새나는 물고기의 발생

해설
pH 변화와 냄새나는 물고기의 발생과의 상관관계는 낮다.

98 IPN, VHS, IHN, SVC와 같은 어류의 바이러스병에서 공통적으로 나타나는 증세는?

① 복부 팽만, 발광적인 운동
② 항문에 황색 점액변
③ 안구 돌출, 체색 흑화
④ 아가미 손상, 호흡 급변

해설
IPN, VHS, IHN, SVC의 공통증상은 안구 돌출과 몸 표면이 검어지는 체색 흑화 등이다.

99 다음 ( )에 알맞은 것은?

> 연어, 송어류에 장기간 ( )을 투여하면 간에 글리코겐이 과잉축적되어 글리코겐과다증이 나타난다.

① 단백질
② 지 방
③ 탄수화물
④ 비타민

해설
글리코겐과다증 : 탄수화물의 장기간 투여에 의해 간에 글리코겐이 축적되어 간이 퇴색되고, 심하면 폐사한다.

100 수온 25℃ 전후 15~25g 정도인 새우에 가장 많이 발생하고, 아가미에 흑색 또는 갈색의 반점이 발생하며, 때로는 복부근육 특히 제6복절이 희게 변하게 되는 질병은?

① 바이러스성 중장선 괴사병
② 흰반점 바이러스병
③ 비브리오병
④ 바큘로 바이러스병

제1과목 어류양식학

01 발안율이 80%인 경우 발안란 20만립(粒)을 확보하고자 할 때 1마리 평균 2,500립(粒)짜리 송어친어의 필요한 마릿수는?

① 75마리

② 100마리

③ 125마리

④ 150마리

해설

$$2,500 \times \frac{8}{10} \times x = 200,000$$

$$x = 200,000 \times \frac{10}{8} \times \frac{1}{2,500} = 100$$

02 방어 양식에 있어서 종묘 생산시기에 크기별로 선별을 철저히 하여 사육하는 가장 중요한 이유는?

① 먹이를 절약하기 위하여

② 성장을 빠르게 하기 위하여

③ 상호 공식에 따른 감소를 방지하기 위하여

④ 기생충의 예방을 위하여

해설

선별 시 공식 방지를 위하여 대·중·소 세 군으로 구분하고, 다시 특대·특소로 구분하여 수용한다.

03 틸라피아 양식에서 수컷만을 만들어 기를 수 있는 방법은?

① 저밀도 사육

② 메틸테스토스테론 투여

③ 수온 조절 사육

④ 시비(施肥) 사육

해설

에틸테스토스테론(Ethyltestosterone)과 메틸테스토스테론(Methyl-testosterone)을 사료 1kg당 50~60mg 섞어 약 1개월간 먹이면 모두 수컷이 된다.

04 양식 가능 어류 중 정착성 어류가 아닌 회유성 어류로만 묶인 것은?

① 방어, 쏨뱅이

② 볼락, 뱀장어

③ 참다랑어, 방어

④ 넙치, 조피볼락

해설

회유성 어종 : 참다랑어, 방어, 뱀장어 등

05 자연조건에서 우리나라 돌돔의 산란기는?

① 1~4월

② 5~7월

③ 8~10월

④ 11~12월

06 다음 중 뱀장어 양식에 있어 사료를 가장 많이 먹을 수 있는 조건은?(단, 사료의 양은 자기 몸무게에 대한 비율로 한다)

① 수온이 높고, 어체가 클 때
② 수온이 높고, 어체가 작을 때
③ 수온이 낮고, 어체가 클 때
④ 수온이 낮고, 어체가 작을 때

해설
일반적으로 어류는 수온이 높을수록 포식량이 증가하고, 어체가 클수록 포식량은 증가하지만 체중당 사료비율은 낮아진다.

07 실뱀장어의 소상에 대한 설명으로 틀린 것은?

① 일몰 때부터 2~3시간 이내에 만조가 되면 활발하게 올라온다.
② 비가 오거나 흐릴 때에는 하루의 시간과 관계없이 간조 시 많이 올라온다.
③ 8~10℃ 이하의 수온에서는 소상활동이 크게 제한되고, 하천과 해수의 수온차가 없어져야만 활발하게 올라온다.
④ 3~4월 수온이 8~10℃ 이상으로 올라가서 하천과 해수의 수온차가 없어지거나 하천수의 수온이 더 높아지면 수온의 영향은 없어지고 그 대신 조석의 영향이 커진다.

해설
② 비가 오거나 흐릴 때에는 하루의 시간과 관계없이 만조 시 많이 올라온다.

08 연어과 어류의 해수사육에 대한 설명으로 적절한 것은?

① 수생균 발생을 억제시킬 수 있다.
② 알과 어린 치어기 때부터 해수에 적응시킨다.
③ 친어의 성숙을 억제시켜 빠른 성장을 유도한다.
④ 해수에서는 수온이 높게 상승해도 성장시킬 수 있다.

해설
해수사육 시에는 담수사육 시 발생할 수 있는 여러 가지 질병이나 기생충이 없어지는 반면, 비브리오균에 의한 피해를 입는 경우가 있다.

09 넙치의 인공종묘 생산에 대한 설명으로 옳지 않은 것은?

① 양식산 친어 암컷은 만 3년, 수컷은 만 2년이면 친어로서 사용 가능하다.
② 암컷 친어는 3~4년 이상된 것을 선택하는 것이 바람직하다.
③ 산란수조의 친어 수용밀도는 $1m^2$당 1~2마리가 적당하다.
④ 알의 수집은 물과 함께 바닥으로 침전·배수되는 알을 망으로 수집한다.

해설
넙치알은 분리부성란이다.

10 그물가두리에서 테에 그물감을 바로 붙이면 충격을 받았을 때 잘 찢어지고, 그물이 더러워졌을 때 그물을 갈아 주기도 곤란하다. 따라서 그물감은 일단 테두리줄에 붙이고 그 테두리줄을 테에다 묶는다. 이때 테두리줄의 길이는 테의 길이보다 몇 % 정도 길게 하는 것이 좋은가?

① 5% ② 10%
③ 15% ④ 20%

11 로티퍼가 고밀도로 되면 배양수의 갑작스러운 변화로 대량 폐사가 일어나는데 그 원인이 아닌 것은?

① 용존산소 증가
② 암모니아 농도 증가
③ COD 증가
④ 현탁물질 증가

> **해설**
> 로티퍼가 고밀도가 되면 급격한 산소 소모로 인해 용존산소가 감소한다.

12 자주복에 대한 설명으로 적합하지 않은 것은?

① 알은 침성부착란이다.
② 알에는 구형의 작은 유구가 많이 모인 한 개의 큰 유구군이 있다.
③ 산란기는 지역에 따라 다르지만 대개 봄~여름에 걸쳐 산란한다.
④ 저염분에 대한 내성이 약하다.

> **해설**
> ④ 저염분에 대한 내성이 강하다.

13 어류에 있어서 지질과 지방산의 기능으로 틀린 것은?

① 지용성 비타민 흡수
② 세포막 형성
③ 헤모글로빈 합성
④ 지방성 호르몬과 담즙 형성

> **해설**
> 지질과 지방산은 지용성 비타민의 흡수, 체 구성 및 보호, 세포막 형성, 지방성 호르몬과 담즙 형성, 체내 에너지 축적 등의 역할을 한다.
> ※ 헤모글로빈 합성은 무기질의 기능이다.

14 어류 양성과정에서 붉은색을 회복시켜 상품가치를 향상시키고자 새우류를 먹이에 첨가해 주는 종은?

① 넙 치
② 참 돔
③ 황 복
④ 조피볼락

> **해설**
> 참돔의 일반적인 양성방법으로는 체색이 흑화될 수 있으므로, 체색 조절을 위해 카로티노이드 색소가 다량 함유된 냉동 크릴새우 등을 출하하기 직전에 공급한다.

15 넙치 친어의 암수 구별에 대한 설명으로 맞는 것은?

① 수컷은 생식공이 가늘고 길며, 붉지 않다.

② 수컷은 생식공이 둥글고, 붉다.

③ 암컷은 생식공이 가늘고 길며, 푸르다.

④ 암컷은 생식공이 둥글고, 푸르다.

16 미꾸리의 당년생 사육에서 하루에 공급하는 적정 먹이양으로 가장 적합한 것은?

① 체중의 0.5~1%

② 체중의 2~5%

③ 체중의 6~10%

④ 체중의 11~20%

해설

당년생 치어의 육성 시 하루에 공급하는 먹이양은 체중의 2~5%로 하고, 이를 2~3회로 나누어 준다.

17 무지개송어의 치어 선별(Grading)에 대한 설명으로 옳은 것은?

① 치어가 약 5~20g일 때는 1개월에 한 번 정도 선별한다.

② 치어가 약 30g 이상 자랐을 때부터는 선별이 필요 없다.

③ 선별기로는 주로 그물망을 이용한다.

④ 5g 미만의 어린 치어는 선별하지 않아도 된다.

해설

송어의 선별 : 5~20g일 때는 한 달에 1번, 20g일 때 1번, 70~80g 일 때 1번 막대선별기(상자바닥에 일정 간격으로 막대를 배열한 선별장치)를 이용해 선별한다.

18 다음 관상어류 중 난생(卵生)인 것은?

① 소드테일

② 플래티

③ 몰 리

④ 수마트라

해설

난생 관상어류 : 제브라다니오, 수마트라, 실버샤크 등

※ 태생 송사리과 : 구피, 소드테일, 플래티, 몰리 등

19 다음 중 잉어의 최적 산란 수온범위로 가장 적합한 것은?

① 13~15℃

② 18~20℃

③ 23~25℃

④ 26~28℃

20 잉어의 습성에 대한 설명으로 틀린 것은?

① 예정일에 산란시키기 쉽다.

② 숙성이가 없고 성장이 고르다.

③ 산소결핍에 약하고, 월동 중에 몸무게의 감소가 크다.

④ 영양실조 또는 소화기 장애에 의한 질병이 많다.

해설

잉어의 숙성이 발생조건

• 먹이 부족 시

• 먹이입자가 클 때

• 고밀도 사육 시

• 먹이 급이시간이 일정하지 않을 때

• 질병 발생 시

21 양식장의 노화가 일어나는 원인의 설명으로 가장 적절한 것은?

① 해조류 양식장에서는 같은 장소에서 오랫동안 양식을 계속하면 노화가 일어난다.

② 외양의 암반지역에 전복을 대량 방류하면 노화가 일어나기 쉽다.

③ 조류소통이 나쁜 굴 양식장이 많은 곳에서는 노화가 일어나기 쉽다.

④ 양식밀도를 적절하게 조정한 어류 양식장이라도 사료의 찌꺼기에 의해 노화는 일어난다.

해설
양식장의 노화를 방지하기 위해서는 배설물이나 먹이찌꺼기의 양이 자연정화(자정)능력을 벗어나지 않도록 하는 것이 가장 중요하다.

22 완숙기로 되는 참전복의 적산수온은?

① 750℃

② 1,000℃

③ 1,250℃

④ 1,500℃

해설
참전복의 적산수온
• 성숙기 적산수온은 500~1500℃ 범위로 모패의 비만 및 영양상태, 모패관리 시 먹이생물의 영양 가치에 따라 차이가 난다.
• 완숙기 적산수온은 1,500℃ 정도로 외관상 암수구별이 가능하고, 실제적으로 채란이 가능하며 1,800℃ 부근까지 산란유발이 이루어진다.

23 참가리비 채묘 적기의 유생에 대한 설명 중 가장 거리가 먼 것은?

① 주 출현시기는 4월 하순에서 6월 하순경이다.

② 부유유생은 표층에 많고, 중층과 저층 사이에 적다.

③ 유생의 출현시간은 굴보다 짧고, 육지에서보다 멀리 떨어져 있다.

④ 유생의 각장이 220~240μm일 때가 채묘 적기이다.

해설
② 부유유생은 표층에 적고, 중층과 저층 사이에 많다.

24 다음 중 적온에서 수정 후 부화가 가장 빨리 일어나는 종은?

① 참전복   ② 참 굴

③ 진주조개   ④ 피조개

해설
③ 진주조개 : 부화까지 약 4시간
② 참굴 : 부화까지 약 6시간
① 참전복 : 부화까지 약 11시간
④ 피조개 : 부화까지 약 18시간

25 진주조개의 생태에 관한 설명으로 옳지 않은 것은?

① 산란기는 7~9월이다.

② 부유유생의 부착수층은 6~8m 사이이다.

③ 수정 후 2~3주가 지나면 부착기에 들어간다.

④ 양식 시 수온이 15℃ 이하로 내려가면 월동장으로 이동한다.

해설
일반적으로 부유유생은 와류가 생기는 곳에 많고, 대체로 2~4m보다 얕은 수층에 많은 편이다.

26 종묘를 생산할 때 부유유생기에는 먹이를 주지 않아도 되는 종류는?

① 우렁쉥이　　② 보리새우
③ 대 하　　　④ 문 어

> **해설**
> 우렁쉥이는 부유유생기에 먹이를 먹지 않고, 부착생활에 들어간 다음부터 먹이를 먹기 시작한다.

27 양식굴 수하연에 부착성 해적생물인 진주담치의 치패가 많이 부착했을 때 성장하기 전에 조치해야 하는 것은?

① 이 동　　　② 제 거
③ 온수처리　　④ 약품처리

> **해설**
> 진주담치의 치패가 많이 부착됐을 경우에는 성장하기 전에 온수처리나 노출처리를 해야 하는데, 공기 중에 노출시켜 1시간 반 정도 햇볕을 쬐면 진주담치의 대부분이 폐사한다.

28 꽃게의 양성장과 양성관리에 관한 설명으로 올바른 것은?

① 양성장 바닥은 연안 모래질이 좋고, 사질층은 20cm 정도면 된다.
② 양성장의 수심은 20cm 내외로 되어야 한다.
③ 치해(어린 꽃게)를 양성하는 경우, 방양밀도는 1m²당 3~5마리가 좋다.
④ 먹이는 값이 싼 잡어로서 선도가 좋은 것이면 되고, 먹이양은 방양중량의 5~20%를 오전에 준다.

> **해설**
> ① 바닥은 연안 모래질이 좋고, 사질층은 10cm 정도면 된다.
> ② 양성장의 수심은 30cm 이상 되어야 한다.
> ④ 먹이는 값이 싼 잡어로서 선도가 좋은 것이면 되고, 먹이양은 방양중량의 5~20%를 저녁에 준다.

29 다음 패류 중 성숙 부유유생의 크기가 가장 큰 종은?

① 참가리비
② 대 합
③ 담 치
④ 키조개

> **해설**
> 키조개 성숙 부유유생의 크기는 각고 약 0.558mm, 각장 약 0.522mm로 매우 큰 편이다.

30 비부착성 이매패류인 우럭에 대한 설명으로 옳은 것은?

① 환경변화에 대한 저항성이 매우 약하다.
② 육수가 유입되는 하구 부근으로서 간출시간 2~4시간대인 간석지에 많다.
③ 바지락이나 대합의 발생지보다 개흙질이 적은 곳에 많이 산다.
④ 저서생활로 들어간 30mm가량의 치패는 치패관리장으로 옮겨 관리한다.

> **해설**
> ① 연안의 하구 가까이에 사는 종으로, 환경변화에 대한 저항성이 매우 강하다.
> ③ 바지락이나 대합의 발생지보다 개흙질이 많은 곳에 많이 산다.
> ④ 저서생활로 들어간 10mm가량의 치패는 치패관리장으로 옮겨 관리한다.

31 먹이로 많이 이용되고 있는 *Brachionus plicatilis*는 분류상 어디에 속하는가?

① 편형동물
② 윤형동물
③ 환형동물
④ 절지동물

해설
Brachionus plicatilis : 기수산 윤충류로 은어, 참돔, 광어 등 어류의 초기 먹이생물

32 꽃게의 유생사육에 대한 설명으로 알맞지 않은 것은?

① 유생 사육수온은 20~27℃이다.
② 조에아 유생기의 적정 염분 농도는 21% 이상이다.
③ 조에아 유생기에는 밀집에 의한 공식과 폐사가 발생한다.
④ 메갈로파로 되고 나서 사육수온에 따라 5~11일이 되면 치해로 변태한다.

해설
③ 메갈로파 후반기에는 부착성이 강해져 유생의 밀집에 의한 공식과 폐사가 발생한다.

33 서해안의 어청도나 동해안의 울릉도 연안에서 양식하기에 가장 알맞은 전복의 종류는?

① 시볼트전복
② 까막전복
③ 말전복
④ 참전복

해설
시볼트전복, 까막전복, 말전복은 난류계이므로 어청도나 울릉도 지역의 양식 대상종으로는 적합하지 않다.

34 다음 중 꼬막류의 생식생태에 대한 설명으로 가장 적합한 것은?

① 꼬막류 성숙이 가장 빠른 종은 천해성인 꼬막으로서 7월 중에 대부분 산란을 마친다.
② 꼬막류는 난소나 정소의 색으로서 암컷과 수컷의 구분이 안 된다.
③ 큰이랑피조개와 피조개는 꼬막류 중에서 성숙기가 가장 빠르며, 6월에 산란을 마친다.
④ 새꼬막의 산란기는 피조개에 비해 다소 늦어 10월이 주 산란기이다.

해설
② 꼬막류는 난소나 정소의 색을 통해 암수를 육안으로 쉽게 구별할 수 있다.
③ 큰이랑피조개와 피조개는 꼬막류 중에서 성숙기가 가장 늦으며, 8~9월이 주 산란기이다.
④ 새꼬막의 산란기는 꼬막에 비해 다소 늦어 7~8월이 주 산란기이다.

35 참굴 양성방법인 밧줄수하식 양성의 특징으로 가장 거리가 먼 것은?

① 성장이 비교적 균일한다.
② 시설비와 일손이 적게 든다.
③ 저질에 매몰될 우려가 없다.
④ 해면을 입체적으로 이용한다.

해설
② 시설비와 일손이 많이 든다.

36 참담치의 자연산란 성기는?

① 12~3월
② 3~5월
③ 6~8월
④ 9~11월

37 대합 성숙 유생의 각장 크기로 가장 적절한 것은?

① 190μm 내외
② 250μm 내외
③ 280μm 내외
④ 300μm 내외

38 전복용 배합사료의 필요조건이 아닌 것은?

① 기호성이 좋고, 높은 성장을 얻을 수 있을 것
② 수중에서 보형성이 좋고, 방부성도 우수해야 할 것
③ 크기는 관계없으나, 모양이 둥근 것
④ 취급이 용이하고, 경제성이 있을 것

39 다음 중 로티퍼(*Brachionus plicatilis*)의 먹이로 가장 알맞은 것은?

① *Skeletonema costatum*
② *Chlorella* sp.
③ *Artemia* sp.
④ *Navicula* sp.

해설
로티퍼 1마리가 먹는 클로렐라의 양은 하루에 약 20~30만 개체이다.

40 난생형 굴이 아닌 것은?

① 바윗굴
② 털 굴
③ 벗 굴
④ 강굴 또는 갈굴

해설
굴의 분류
• 유생형 : 벗굴 등
• 난생형 : 참굴, 바윗굴, 강굴 등

41 다음 중 미역 유주자의 중기배양 조건으로 틀린 것은?

① 수온은 17~20℃ 유지

② 비중은 1.022~1.024 유지

③ 수온 23℃가 되면 1,000lx 유지

④ 물갈이는 10~14일에 1회 실시

> **해설**
> ① 수온은 23℃ 이하 유지

42 김 냉장발 사용 시 장점이 아닌 것은?

① 초기 갯병피해 극복

② 양식어장 면적 확대

③ 해적생물 구제

④ 김 생산량 증대

> **해설**
> 냉장발의 장점
> • 초기 갯병피해 극복
> • 양식기간 연장
> • 해적생물 구제
> • 생산력 증가

43 김 양식장 선정 시 고려할 조건이 아닌 것은?

① 바닥은 일반적으로 펄이나 사니질로 된 곳이 좋다.

② 조류의 소통이 잘되는 곳이 좋다.

③ 수심이 깊을수록 좋다.

④ 변성가스 공급방식

44 다음 중 담수의 유입이 있는 내만 양식장에 가장 적합한 양식 대상종은?

① 꼬시래기

② 우뭇가사리

③ 다시마

④ 청 각

> **해설**
> 꼬시래기 서식지
> 조간대의 돌·조개껍데기 등에 붙어사는데, 특히 강물이 바다로 흘러드는 얕은 바닷가의 자갈이나 말뚝 등에서 번식하며, 외해의 암초 위에서도 자란다. 내만에서는 큰 군락을 이루며, 민물이 흘러드는 곳에 간혹 매우 큰 개체들이 있다.

45 미역종묘의 배양관리 설명으로 틀린 것은?

① 초기에 온도 상승과 함께 조도를 낮추어 준다.

② 1주일에 1회 채묘틀의 상하를 바꾸어 준다.

③ 가을에 성숙을 촉진시키기 위해서 직사광선을 받게 한다.

④ 일반적으로 비료주기를 하지 않는다.

46 다시마의 양성법에 대한 설명으로 옳은 것은?

① 2년양식은 비교적 수온이 높은 곳에서 가능한 양성법이다.

② 촉성양식은 주로 개다시마를 대상으로 한다.

③ 억제배양양식은 수확기를 앞당길 수 있다.

④ 2년양식, 촉성양식, 억제배양양식의 수확시기는 가을이다.

해설
① 2년양식은 비교적 수온이 낮은 곳에서 가능한 양성법이다.
② 촉성양식은 주로 참다시마를 대상으로 한다.
④ 2년양식, 촉성양식, 억제배양양식의 수확시기는 여름이다.

47 다음 중 미역 인공채묘의 최적 온도는?

① 10~14℃

② 14~17℃

③ 17~20℃

④ 20~24℃

48 다음 중 김 조가비 사상체의 가장 일반적인 성숙 촉진방법은?

① 연속명기처리

② 단일처리

③ 냉장처리

④ 시비(施肥)

해설
각포자 주머니의 분열수가 적을 때는 단일처리를 하면 효과가 있고, 반대로 연속명기처리를 하면 성숙이 억제된다.

49 청각의 성장이 가장 빠른 시기는?

① 늦은 봄부터 여름의 고수온기

② 봄과 가을

③ 겨울의 저수온기

④ 가을과 겨울 사이

50 냉장김발을 설치할 때의 주의사항으로 볼 수 없는 것은?

① 출고 후 되도록 빨리 바다에 설치한다.

② 처음 3~4일은 노출을 시키지 않는다.

③ 출고한 씨발은 곧바로 해수에 담가서 충분히 물을 흡수시킨다.

④ 밀봉한 주머니는 출고 즉시 풀어서 바다로 운반한다.

해설
밀봉한 주머니는 출고 즉시 바다로 운반하여 봉지에서 꺼내 겹쳐진 그대로 해수에 담가 분리한 뒤에 펼쳐서 설치한다.

51 다음 생물 중 김포자의 부착을 방해하며 김 양식의 주요 해적생물이 되는 것은?

① 매생이   ② 요각류

③ 군 소   ④ 히드라충

해설
김의 해적생물로는 따개비, 규조류, 파래류, 매생이 등이 있다.

46 ③ 47 ③ 48 ② 49 ① 50 ④ 51 ①   정답

52 세대교번하는 종들로 짝지어진 것은?

① 톳과 납작파래

② 미역과 우뭇가사리

③ 모자반과 다시마

④ 감태와 청각

해설
• 세대교번하는 종 : 납작파래, 다시마, 감태, 미역, 우뭇가사리 등
• 세대교번하지 않는 종 : 청각, 모자반, 톳 등

53 남방형 미역의 특징이 아닌 것은?

① 엽장 및 줄기가 짧다.

② 얕은 수심에 서식한다.

③ 포자엽의 주름수가 적다.

④ 우상엽의 열각이 깊다.

해설
남방형과 북방형 미역의 비교

구 분	남방형	북방형
엽장(전체장)	소 형	대 형
전체장에 대한 줄기의 길이	짧다.	길다.
성실엽 위치 (포자엽)	영양엽과 이어져 있다.	줄기의 밑부분에 떨어져 있다.
성실엽수	적다(2~4).	많다(6~20).
우상엽 상태	잎의 굴곡이 얕고, 그 수가 많음	잎의 굴곡이 깊고, 그 수가 적음
서식수심	얕다.	깊다.
분 포	남해안, 제주	동해안

54 각포자 발아와 유아의 건강을 돕고, 유아에서 중성 포자 방출을 촉진하기 위한 발아관리법이 아닌 것은?

① 실내채묘는 감모율과 잔존율을 고려하여 1cm당 각포자 30개 정도를 붙인다.

② 채묘포자는 직사광선에 노출시키고 채묘시간을 짧게 하여 건조에 대한 저항력을 키운다.

③ 인공채묘된 김발을 이식 시 2, 3일 이내에 운반 가능하도록 수송계획을 세운다.

④ 채묘 시 착생한 포자가 건조에 대한 저항력이 생길 때까지 노출이 안 되도록 관리한다.

해설
② 채묘포자는 건조에 대한 저항력이 생길 때까지 직사광선에 노출이 안 되도록 관리한다.

55 김 조가비 사상체의 배양 시 물갈이에 대한 설명으로 옳은 것은?

① 물갈이는 대체로 2개월에 1회 정도로 실시한다.

② 물갈이 시 조가비는 살균을 위해 가능한 건조시킨다.

③ 물갈이 시 비료주기도 함께 한다.

④ 병 치료를 위하여 약품처리를 했을 경우 약효가 저하되므로 물갈이를 하지 않는다.

해설
물갈이 시 가장 주의해야 할 일은 비중의 급변과 건조 방지이며, 병 치료를 위해 약품처리를 했을 경우에는 물갈이를 한다.

56 청각에 대한 설명으로 틀린 것은?

① 추출물에 강한 항생 및 구충 성분이 들어 있다.
② 세대교번을 한다.
③ 유체는 초겨울에 출현하기 시작한다.
④ 배우자낭이 출현하는 시기는 초여름에서 초겨울 사이이다.

해설
청각은 세대교번이 아닌 핵상교번을 한다.

57 톳의 양식방법과 관계가 없는 것은?

① 조간대 지역의 갯닦기
② 모조의 이식관리
③ 뜬흘림발에 의한 양식
④ 씨뿌림법

해설
뜬흘림발에 의한 양식은 김의 양식방법이다.

58 주광성이 있는 포자는?

① 미역의 유주자
② 청각의 접합자
③ 홑파래의 유주자
④ 톳의 배포자

59 참다시마의 형태를 바르게 설명한 것은?

① 성숙한 잎의 기부는 둥글고, 중대부가 매우 넓다.
② 뿌리는 윤생하고 잎은 피침형이다.
③ 성숙한 잎의 기부는 쐐기형이고, 중대부는 조금 넓다.
④ 성숙한 잎의 기부는 난형이고, 중대부는 피침형 이다.

해설
잎의 기부는 둥글고, 잎의 가장자리에는 파도 모양의 큰 주름이 있다.

60 다음 중 자웅이주인 김은?

① 방사무늬김
② 둥근돌김
③ 참 김
④ 긴잎돌김

해설
긴잎돌김 : 긴 댓잎 모양으로 조생종이며, 자웅이주이다.

61 폐쇄적 양식장의 생물학적 여과과정이 아닌 것은?

① 소독(Disinfection)

② 무기화(Mineralization)

③ 질산화(Nitrification)

④ 탈질화(Denitrification)

> **해설**
> 생물학적 여과의 유해물질 분해단계 : 유기물의 무기화과정(1단계) → 질산화과정(2단계) → 탈질화과정(3단계)

62 뱀장어 양식에서 물 만들기란?

① 수온을 올려 성장에 최적의 온도를 유지시키는 것

② 윤충류를 많이 발생시켜 먹이생물을 풍부하게 만드는 것

③ pH를 조절하여 최적의 pH를 유지시키는 것

④ 남조류를 발생시켜 청록색 물을 만드는 것

> **해설**
> 뱀장어 양어장(양만장)의 물 만들기
> 남조류를 주체로 하는 식물성 부유생물을 발생시켜 그 밀도나 활력을 좋게 유지하기 위한 작업이다.

63 사육조 내의 찌꺼기나 오물을 수류에 따라 효과적으로 제거하기 위해 흔히 사용되는 장치는?

① 벤투리 배수장치

② 스크린 드럼필터

③ 에어 리프트

④ 사이펀 배수

> **해설**
> 벤투리 배수장치는 원형수조의 중앙에 2중의 스탠드 파이프를 시설하고, 바깥쪽 파이프의 밑부분에는 고형물이 들어갈 수 있도록 구멍을 뚫어 놓은 장치로, 못 속의 물이 일정한 속력으로 회전하면 사료찌꺼기나 배설물이 못의 중앙으로 모여 두 파이프 사이로 들어오고, 이때 안쪽의 파이프를 들어 올리면 배수구로 빠져나가 수질을 효율적으로 유지할 수 있다.

64 순환여과식 시설에 순환용으로 자주 사용되는 펌프류는?

① 제트펌프　　　　② 버티칼펌프

③ 벌류트펌프　　　　④ 기어펌프

65 관상용 어류 사육을 위한 소형 수조에 사용하며, 찌꺼기 등 고형 오물이 여과조의 표층에 끼게 되어 빈번한 역류세척을 해야 하는 단점을 가진 여과조는?

① 역여과 침수식 여과조

② 정여과 침수식 여과조

③ 수평류 침수식 여과조

④ 회전식 생물여과조

66 양식장 시설재료의 일반적 조건이 아닌 것은?

① 개 · 보수작업이 용이한 콘크리트 재질을 사용한다.

② 사용환경에 대하여 안정하고, 내구성이 있어야 한다.

③ 구하기 쉽고, 값이 싸야 한다.

④ 사육생물에 해가 없어야 한다.

해설
양식시설용 재료가 갖추어야 할 일반적 조건
• 사용목적에 알맞은 공학적 성질을 가져야 한다.
• 사용환경에 대하여 안정하고, 내구성이 있어야 한다.
• 주위에서 구하기 쉽고, 값이 싸야 한다.
• 사육하고자 하는 생물에 해가 없어야 한다.

67 수온 20℃, 염분 0‰일 때의 용존산소의 포화량은?

① 약 11mg/L   ② 약 9mg/L

③ 약 7mg/L   ④ 약 5mg/L

해설
순수한 물의 용존산소 포화량은 1기압, 20℃에서 약 9mg/L로, 압력에 정비례하고, 온도에 반비례한다.

68 순환여과식 양어장 내 수질관리를 위한 활성오니법에 대한 내용으로 옳은 것은?

① 질산화 세균은 절반 정도가 항상 공기 중에 노출되도록 한다.

② 수심을 얕게 하여 질산화 세균의 성장을 촉진한다.

③ 활성오니가 잘 성장하기 위해서는 태양의 직사광선을 차단해야 한다.

④ 활성오니생물은 그 특성상 에어레이션하지 않아도 사육수에 잘 현탁된다.

해설
활성오니법은 활성오니와 활성오니의 생존에 필요한 용존산소 및 미생물대사의 기질 등 세 가지 요소를 최적 상태로 유지하는 것이 중요하다.

69 수역의 부영양화 현상에 관한 설명으로 옳지 않은 것은?

① 외부로부터 영양염류의 유입 때문에 일어난다.

② 조류의 생산량이 빠르게 증가한다.

③ 조류의 번식 결과 저층수의 용존산소량이 급격히 증가한다.

④ 조류들의 사후분해 결과 영양염류를 재공급하게 된다.

해설
부영양화의 진행이 높은 수역의 표층에서는 식물플랑크톤의 광합성에 의해 산소가 과포화되는 경우가 있는 반면에, 여름철 호소나 내만의 저층에서는 무산소층이 생긴다.

70 가스병 발생범위 중 단시간 내 치명적인 장애를 일으키는 가스병(Gas Disease)이 발생할 수 있는 수중 질소포화도는?

① 60% ② 90% 이상

③ 115% 이상 ④ 130% 이상

해설

가스병 예방대책
• 질소포화도 130% 이상의 용수는 양어용수로 부적당하다.
• 120% 전후의 용수는 충분히 기폭시켜 115% 이하로 감소시킨다.

71 윙클러-아지드화나트륨 변법이 주로 쓰이는 것은?

① 질소 측정 ② 암모니아 측정

③ 아질산 측정 ④ 용존산소 측정

72 자가오염에 대한 설명으로 틀린 것은?

① 조방적 양식의 배설물들은 자정작용의 범위 내에서 정화되므로 자가오염의 가능성이 아주 적다.

② 오염이 심해지면 BOD 수치가 감소한다.

③ 자가오염 한계는 산소공급량이 소비량보다 부족할 때 일어난다.

④ 유기물 오염으로 저층에 황화수소가 발생한다.

해설

BOD(생물화학적 산소요구량)
오수 중의 오염물질(유기물)이 미생물에 의해 분해되어 안정된 물질(무기물, 물, 가스 등)로 변할 때까지 소비되는 산소량으로, 수치가 높을수록 오염이 심하다는 것을 의미한다.

73 양어용수로 이용할 지하수에 함유되어 있는 탄산가스, 질소, 철 성분 등을 손쉽게 제거할 수 있는 일반적인 방법은?

① 포기(Aeration)

② 응집침전제 첨가

③ 모래여과

④ 고온처리

74 흙으로 못둑을 만들 때, 못의 내부 수면이 닿는 쪽 경사는 둑의 높이 1에 대하여 밑변을 어느 정도로 하는 것이 좋은가?

① 0.1~0.5 ② 0.5~1.0

③ 1.0~1.5 ④ 2.0~2.5

해설

못의 내부 수면이 닿는 쪽의 경사는 둑의 높이 1에 대해 밑변을 1.5 정도로 하는 것이 좋다.

75 연안 가두리 양식장의 저질이 검게 변한 이유로 가장 적합한 것은?

① H_2S가 저질 중의 철이온과 결합하였기 때문

② 메탄가스가 발생하였으므로

③ 저질 내 무기물이 축적이 되어서

④ 호기성 세균의 작용이 왕성하여서

해설

황화수소가 많은 곳에서는 혐기성 세균의 작용이 왕성하고, 독한 냄새와 함께 저질 색깔이 검게 변하는데, 이는 어류나 패류 등에 매우 유독하다.

76 김의 생장에 필요한 영양과 이산화탄소의 공급을 위하여 일반적으로 필요한 해수의 흐름은 초당 어느 정도가 되어야 하는가?

① 1cm 내외
② 5cm 내외
③ 10cm 내외
④ 20cm 내외

77 양어용수 정화처리방법 중 생물학적 방법에 속하는 것은?

① 오존처리법
② 활성오니여과법
③ 자외선소독법
④ 스크린처리법

해설
활성오니여과법 : 오니와 호기성 미생물을 혼합하여 포기함으로써 생물학적으로 용수를 정화하는 처리방법

78 COD에 관한 설명으로 옳지 않은 것은?

① 수중의 피산화성 물질 중 주로 유기물질의 양을 나타내는 척도가 된다.
② 강력한 산화제를 일정한 조건하에 시수에 작용시켜 소비되는 산화제량을 산소해당량으로 표시한 것이다.
③ 사용되는 산화제는 주로 과망가니즈산칼륨과 중크롬산칼륨이다.
④ 중크롬산칼륨법이나 과망가니즈산칼륨법은 어떤 시수의 경우에도 거의 같은 값이 나온다.

79 어류가 배설하는 주요 대사산물은?

① NO_2
② NO_3
③ N_2
④ NH_3

해설
어류는 단백질 분해의 부산물인 암모니아(NH_3)의 대부분을 아가미를 통해 직접 몸 밖으로 배출한다.

80 pH 8 부근의 해수에서 탄소이온의 주요한 형태로 가장 적합한 것은?

① CO_2
② H_2CO_3
③ HCO_3^-
④ $CaCO_3$

해설
pH에 따라 수중에서 존재하는 HCO_3^-, CO_2, CO_3^- 의 상태가 달라진다.

pH	CO_2	HCO_3^-	CO_3^-
5	94%	6%	0%
6	70%	30%	0%
7	20%	80%	0%
8	3%	96%	1%
9	0%	93%	7%
10	0%	70%	30%
11	0%	19%	81%

81 송어의 고창증에 관한 설명으로 가장 적합한 것은?

① 병어의 식욕이 감퇴되는 증세가 없는 것이 특징이다.
② 송어의 위 속에 이상증식된 효모의 발효작용에 의한 병이다.
③ 복부에 체액이 고이는 병이다.
④ 물곰팡이의 이상증식에 의한 것이다.

해설
양식 송어의 고창증(위확장증)은 병원성 효모(Candida Sake)에 의해 발병한다.

82 넙치 랍도바이러스병(Hirame Rhabdoviral Disease)의 증상 및 질병 특성이 아닌 것은?

① 근육 내 출혈이 특징적 증상이다.
② 발병수온은 20℃ 이상이다.
③ 감성돔, 참돔, 방어 치어에서도 강한 병원성을 나타낸다.
④ 신장의 조혈조직에 핵농축을 동반한 현저한 괴사가 관찰된다.

해설
사육온도 10℃ 이하인 겨울철에 발생하며, 수온을 15℃ 이상으로 상승시키면 바이러스의 병원성이 억제되어 폐사율이 감소한다.

83 림포시스티스병(Lymphocystis Disease)에 걸린 해수 어류의 체표에서 볼 수 있는 Lymphocystis 세포는 다음 중 어느 세포가 병원체에 감염되어서 일어난 병변인가?

① 진피의 상피세포
② 근육의 근섬유아세포
③ 피부의 결합조직세포
④ 체표모세관의 혈액세포

해설
림포시스티스병(림프낭종병)의 물집 모양 환부는 피부의 결합조직세포가 바이러스의 감염으로 인해 거대 세포로 변한 것으로, 림포시스티스세포(Lymphocystis Cell)라고 한다.

84 뱀장어의 복부 지느러미가 붉어졌다면 다음 중 어떤 원인에 의한 병으로 판단할 수 있는가?

① *Epistylis* sp.의 감염
② *Flavobacterium columnare*의 감염
③ *Aeromonas hydrophila*의 감염
④ *Streptococcus* sp.의 감염

해설
① 담수어의 몸 표면이나 아가미에 부착하여 기생함으로써 발병하며, 심하면 체표가 얼룩져 보이고, 궤양으로 이어진다.
② 지느러미부식병에 걸리면 병 초기에 지느러미 가장자리나 몸 표면의 일부에 황색 또는 회백색의 작은 반점이 나타난다.
④ 체색 흑화, 안구 돌출, 안구 주위의 출혈, 아가미뚜껑 내측 출혈, 복수에 의한 복부 충만 등이 나타난다.

85 *Nocardia seriolae* 균에 의하여 양식 방어가 폐사하는 주 증상은?

① 내장에 결절을 형성한다.
② 꼬리지느러미의 괴사와 붕괴가 일어난다.
③ 온몸에 출혈이 일어난다.
④ 아가미뚜껑 내측에 심한 출혈이 발생한다.

해설
노카르디아증의 증상 : 질병이 진행되면 근육, 아가미 및 내부 전 장기에 다양한 크기의 결절이 확인된다.

86 6~9월경 김 사상체에 호염성 세균이 감염되어 생기는 질병은?

① 적변병   ② 백반병
③ 황반병   ④ 녹반병

해설
③ 황반병 : 6~8월에 패각으로 사상체를 배양할 때 호염성 세균에 의해 발병한다.
① 적변병 : 4~6월에 발병위험이 있고, 부분적인 전염성이 있다.
② 백반병 : 7~8월에 사상균에 의해 발병한다.
④ 녹반병 : 저비중·고수온하에서 주로 발병한다.

87 방어의 장관에 심한 염증이 확인되었다. 그 원인으로 가장 적절한 것은?

① 해수의 염분 농도(Salinity)가 높기 때문이다.
② 해수의 pH가 높기 때문이다.
③ *Lactococcus garvieae*의 감염 때문이다.
④ 고밀도 양식 때문이다.

88 넙치, 조피볼락, 참돔 등의 종묘 생산과정에서 주로 발생하는 질병으로, 지느러미 및 체표가 불투명하게 변하고, 이상이 생긴 환부를 관찰하면 수많은 공 모양의 세포가 관찰된다. 표피세포의 이상증식을 특징으로 하는 이 질병의 이름은?

① 폭스바이러스병
② 림프낭종증
③ 입종양병
④ 상피증생증

해설
상피증생증
헤르페스바이러스(Herpesvirus)가 원인균이며, 현미경으로 환부를 관찰하면 정상세포보다 몇 배 이상으로 증생된 공 모양의 상피세포 덩어리를 볼 수 있다.
※ 상피세포의 이상증식이 특징이므로 상피증생증이라 한다.

89 기수지역 뱀장어 양식장에서 매년 유행하며 체표에 심한 점상 출혈이 나타나는 질병은?

① 뱀장어 기적병
② 뱀장어 적점병
③ 뱀장어 에드워드병
④ 비브리오병

해설
뱀장어 적점병(赤點病)은 온몸의 표피에 바늘로 찌른 것 같은 점상 출혈이 뚜렷하게 나타나는 질병이다.

90 수중 산소의 결핍 때문에 생기는 어류의 병리에 대한 설명으로 틀린 것은?

① 폐사어의 아가미는 충혈된다.

② 아가미판의 호흡상피가 부종을 일으킨다.

③ 아가미혈관이 확장된다.

④ 혈액의 산성도가 낮아져 혈액의 응고를 촉진시킨다.

해설
산소 결핍 시에는 혈액의 산성도가 높아져 산성혈증으로 인해 폐사할 수 있다.

91 잉어, 금붕어 등의 담수어에 자주 발생하며, 비늘주머니에 체액이 괴기 때문에 비늘이 일어서고 복수에 의해 복부가 팽만하는 외관증상을 보이는 세균성 질병의 원인 병원체는?

① *Aeromonas hydrophila*

② *Aeromonas salmonicida*

③ *Vibrio anguillarum*

④ *Renibacterium salmoninarum*

해설
② *Aeromonas salmonicida* : 연어류나 송어의 몸 표면에 둥그스름하게 융기된 부위가 형성되고, 환부가 부풀어 올라 부스럼같이 되는 병원균

③ *Vibrio anguillarum* : 해수어인 넙치·조피볼락·방어·돔류·복어 등과, 담수 및 해수에서 모두 서식이 가능한 뱀장어·송어·연어·은어 등에서 발병하는 병원균

④ *Renibacterium salmoninarum* : 연어과 양식어류의 신장에 감염되어 폐사시키는 병원균

92 연어과 어류에 IHNV가 감염되어 발병했을 때의 외부소견으로 틀린 것은?

① 옆으로 눕는 회전운동을 한다.

② 체색의 흑변이 있다.

③ 불투명한 점액 같은 똥을 항문에 달고 다닌다.

④ 신경질적인 발광운동을 한다.

해설
전염성 조혈기 괴사증(IHN)의 증상
• 활동성이 약해지고, 회전운동을 하거나 못 바닥에 가라앉으며, 결국 폐사한다.
• 간, 비장, 신장에 빈혈증상이 생기고 위, 창자에는 우유나 물과 같은 액체가 들어 있다.
• 치어는 몸에 선상 또는 V자상의 출혈이 나타난다.
• 병이 진행된 어류는 몸 색깔이 흑화되고, 근육과 지느러미 기부에 출혈이 나타나며, 실 모양의 불투명한 점액변이 항문에 붙어 있다.
• 복수(復水)에 의한 복부 팽만이 관찰되고, 안구 돌출이 일어난다.
• 콩팥의 전반에 걸쳐 점상 출혈이 나타난다.
• 조혈기관인 신장과 비장에 가장 심한 괴사가 일어난다.

93 방어에 쿠도아충이 주로 기생하는 부위는?

① 아가미
② 뇌
③ 심 장
④ 근 육

94 IHN(Infectious Hematopoietic Necrosis)의 특징과 관계없는 것은?

① 주로 치어에 피해를 준다.

② 감염어는 복수가 차고 안구는 돌출한다.

③ 신장 조혈조직의 심한 괴사를 일으킨다.

④ 원인바이러스는 *Birnaviridae* 에 속한다.

해설
원인바이러스는 *Rhabdovirus* 에 속한다.

95 볼락(조피볼락)류에 주로 기생하는 아가미흡충은?

① 비바기나충

② 마이크로코타일충

③ 헤테락신충

④ 닥티러지러스충

해설
① 비바기나충 : 참돔

③ 헤테락신충 : 방어

④ 닥티러지러스충 : 담수어, 농어, 기수어 등

96 연쇄구균증에 관한 설명이 아닌 것은?

① 일본에서는 백신이 개발된 후로 피해가 감소하였다.

② 방어에서는 주로 *Lactococcus garvieae*의 감염에 의한다.

③ 전형적인 조건성 병원체이다.

④ 외관상 이상이 없으나, 해부해 보면 신장에 백색 결절이 관찰된다.

해설
④는 노카르디아증에서 관찰되는 현상이다.

※ 연쇄구균병의 증상

• 체색 흑화, 안구 출혈 및 돌출, 아가미뚜껑 내 출혈, 복수에 의한 복부 충만 등이 나타난다.

• 만성적으로 진행되면 지느러미가 붉어지거나 표피가 벗겨지기도 하고, 꼬리자루에 농창 및 궤양이 형성된다.

• 해부 시 유문수, 간, 비장, 신장, 창자 등에 출혈이 관찰된다.

97 갯병에 걸린 엽체의 부착기(뿌리)가 끈기가 있어서 엽체가 쉽게 유실되지 않는 것은?

① 호상균병

② 붉은갯병

③ 흰갯병

④ 의사흰갯병

98 티아미나아제에 의하여 파괴되는 영양소는?

① Vitamin A

② Vitamin B_1

③ Vitamin C

④ Vitamin E

99 수산용 의약품의 사용에 관한 설명으로 옳지 않은 것은?

① 적정한 경구 투약시기는 대략 1일 폐사율이 총사육마릿수의 0.1% 전후일 때가 알맞다.

② 약제 투여 전에는 하루 정도 굶기는 것이 효과적이다.

③ 휴약기간이 5일인 약품을 6월 3일까지 투여하였을 경우, 6월 8일부터 출하가 가능하다.

④ 법으로 잔류허용 기준치가 설정되어 있는 약품은 출하 시 약품의 잔류허용 기준치를 넘지 않으면 안전하므로 출하해도 무방하다.

100 패류에 기생하는 연충류인 *Bacciger harengulae* 충이 기생하지 않는 생물종은?

① 전 복

② 대 합

③ 맛조개

④ 바지락

해설
여과습식하는 종인 대합, 맛조개, 바지락 등이 부화유충을 먹으면 조개류의 생식소에 들어가 스포로시스트로 자란다.

제1과목 어류양식학

01 참돔 종묘 생산에 대한 설명으로 옳은 것은?

① 참돔의 주 산란시기는 7~9월이다.

② 성숙한 수컷은 머리가 둥글다.

③ 알에서 갓 부화한 자어는 운동력과 시각을 가진다.

④ 알의 비중은 1.0245 정도로 해수 비중을 그 이상으로 유지한다.

해설
① 주 산란기는 4~7월이다.
② 성숙한 수컷은 머리가 날카롭고, 몸 색깔은 검은색이다.
③ 자어는 부화 5~6일 후 운동력과 시각이 발달하고, 선택적인 먹이섭이를 한다.

02 다음 중 넙치의 성장 적수온으로 가장 적합한 것은?

① 8~10℃

② 10~15℃

③ 18~23℃

④ 26~30℃

03 방류재포양식에 관한 설명으로 틀린 것은?

① 연어의 어린 종묘를 생산하여 방류 후 회귀한 것을 포획하였다.

② 전복 종묘를 연안 암반지대에 방류하여 성장 후 포획하였다.

③ 방류재포양식은 대개 방류자가 수확하여 처분할 수 있는 권리를 가진다.

④ 방류재포양식에서는 우수 종묘 확보를 위한 친어 육종시설이 필수적이다.

해설
방류재포양식이란 연어와 같은 회귀성 어류의 어린 치어를 방류하고, 성어가 되어 돌아오면 잡는 방식이나, 전복 등 연안정착성 생물을 일정 구역에 방류하고 관리하여 다시 잡는 방식 등을 말한다.
※ 대개 방류자가 수확하여 처분할 수 있는 권리를 가진다.

04 채널메기의 산란기 성징에 대한 설명으로 옳지 않은 것은?

① 암컷의 복부는 불룩하여 표면이 거칠다.

② 암컷의 생식공 부위가 붉게 부어오른다.

③ 수컷의 두부 머리 폭이 몸통 부분보다 넓어진다.

④ 수컷의 생식공이 크게 돌출한다.

해설
채널메기의 산란기 성징
• 수컷 : 두부에 강한 근육이 생기고, 머리의 폭이 몸통부보다 넓으며, 생식공은 크게 돌출된다.
• 암컷 : 복부가 불룩하고, 알이 있는 부분을 만져 보았을 때 부드러움이 느껴지며, 생식공 부위가 붉게 부어오른다.

05 냉동생사료 선도의 육안적 식별법에 대한 설명이 틀린 항목은?

① 냉동어의 체표가 살짝 건조되고, 옅은 황색을 띠는 것을 선택한다.

② 냉동어의 중심부에 붉은색이 있으면 선도를 의심할 필요가 있다.

③ 냉동어에서 불쾌한 냄새가 나며, 손가락으로 냉동어를 살짝 눌러 물이 스며 나오는 것은 피한다.

④ 냉동어의 해동 시 육질이 탄력이 있는 것을 선택한다.

해설
선도가 떨어지면 비늘이 떨어지거나 벗겨지고, 색이 변하며, 광채를 잃는다. 또한 표피에 점액물질이 분비되어 미끈거리며, 악취와 비린내가 심하게 난다.

06 수온 15~17℃일 때 자주복 알의 부화일수는?

① 약 3일

② 약 5일

③ 약 10일

④ 약 15일

07 은어의 종묘 생산 시 주된 먹이로 이용되는 것은?

① *Monochrysis* sp.

② *Navicula* sp.

③ *Chlorella* sp.

④ *Brachionus* sp.

해설
은어 자어는 부화 직후 체구가 매우 작아 먹이 입자의 크기가 중요하므로 로티퍼(*Brachionus* sp.)가 주된 초기 먹이로 사용된다.
① · ② 규조류로 패류의 종자생산이나 사육에 주로 활용한다.
③ 은어의 직접적인 먹이보다는 로티퍼나 아르테미아의 먹이생물 배양용으로 활용한다.

08 평균체중이 100g 되는 어류종묘 10,000마리에 펠릿사료 6,000kg을 공급하여 100% 생존하였으며, 평균 600g의 어류를 수확하였다면 이때의 사료계수는?

① 0.9

② 1.2

③ 1.8

④ 2.4

해설

$$사료계수 = \frac{사료 \ 공급량}{증육량} \ (단, \ 증육량 = 수확 \ 시 \ 중량 - 방양 \ 시 \ 중량)$$

$$= \frac{6,000,000g \div 10,000마리}{600g - 100g} = 1.2$$

09 암수의 성장 차이가 나는 양식어류로, 수컷의 성장이 크고 빠른 것은?

① 메기류

② 넙 치

③ 틸라피아

④ 농 어

해설
성숙기에 달한 틸라피아의 암컷은 왕성한 번식력으로 인해 성장이 저해되기 때문에 수컷이 암컷보다 성장이 빠르며, 그 차이가 현저하게 나타난다.

10 다음 중 잉어가 사료를 가장 많이 먹는 수온은?

① 10~15℃

② 20~23℃

③ 24~28℃

④ 30~33℃

해설
잉어는 12~13℃에서 먹이를 먹기 시작하며, 수온이 상승함에 따라 섭이양이 증가하지만, 30℃ 이상에서는 오히려 섭이양이 줄어든다.

11 우리나라산 뱀장어(*Anguilla japonica*)에 비해 유럽산 뱀장어(*Anguilla anguilla*)의 특징으로 옳지 않은 것은?

① 유럽산 뱀장어가 기생충에 잘 감염되며 폐사율이 높다.

② 같은 연령에서 보면 체장이 우리나라산 뱀장어보다 짧다.

③ 공식에 의한 소모가 우리나라산 뱀장어보다 많다.

④ 고수온에서 우리나라산 뱀장어보다 성장이 좋고 발병률이 낮다.

> **해설**
> 유럽장어의 특징
> • 극동산 뱀장어(*Anguilla japonica*)보다 낮은 온도에서도 잘 성장한다.
> • 기생충에 잘 감염되며, 고수온에서 폐사율이 증가한다.
> • 공식에 의한 폐사가 극동산 뱀장어(*Anguilla japonica*)보다 많다.

12 송어 양식을 할 수 있는 용수(담수)의 최저 용존산소량은?

① 15mg/L
② 11mg/L
③ 7mg/L
④ 5mg/L

> **해설**
> 송어 양식을 위한 이상적인 용존산소량은 10~11mg/L이고, 적어도 7mg/L 이상이어야 한다.

13 사료의 첨가물 중 연어, 송어류의 체색이나 육질의 색을 좋게 하기 위해 사용되는 착색제는?

① CMC
② α-토코페롤
③ 새우가루
④ 글리신

> **해설**
> 착색제란 횟감의 질과 관상어의 색깔이 선명해지도록 첨가하는 물질로 연어, 송어류 등의 경우, 육질을 붉게 하기 위해 아스타산틴(갑각류 껍데기)을 사료에 첨가한다.
> ① CMC : 점착제
> ② α-토코페롤 : 산화방지제
> ④ 글리신 : 먹이유인물질

14 종묘의 운반 시 냉각마취운반법이 많이 쓰이는 어류는?

① 잉 어
② 뱀장어
③ 초 어
④ 송 어

> **해설**
> 뱀장어의 경우 운반 전에 4℃의 물로 냉각마취하고, 피부호흡을 할 수 있도록 습도를 유지한 후에 그물바닥으로 된 플라스틱 발포제의 방온용기에 넣어 운반한다.

15 조피볼락에 대한 설명으로 거리가 먼 것은?

① 우리나라에서 육상 수조양식 생산량이 제일 많은 어종이다.

② 활동성이 적은 정착성 어류이다.

③ 3~4월에 알이 수정된다.

④ 5월경에 새끼를 출산한다.

> **해설**
> 육상 축양장의 대표적 양식품종은 넙치이고, 조피볼락은 해상 가두리양식의 주요 생산품종이다.

16 수산동물 중 미국에서 최초로 생명물질 특허가 취득된 종은?

① 참 굴
② 틸라피아
③ 채널메기
④ 무지개송어

17 교미에 의해서 체내수정이 이루어지는 어종은?

① 넙 치
② 조피볼락
③ 돌 돔
④ 능성어

해설
조피볼락의 생식형태 : 수컷이 먼저 성숙하여 12~2월(13℃)에 교미가 이루어지고, 3~4월에 알이 성숙한 후 체내수정이 이루어지며, 4월 중순에서 5월에 걸쳐 자어가 산출된다.

18 유수식으로 넙치알을 부화시킬 때 난의 적정 밀도는?(단, 수조깊이는 40cm 이상, 에어레이션을 함)

① 1~2개/mL
② 5~10개/mL
③ 20~50개/mL
④ 50~100개/mL

해설
수정란은 대략의 계수를 하고, 에어레이션장치를 한 부화조 안에 1mL당 1~2개의 밀도로 수용한다.

19 방어 양식에서 좋은 종묘를 구할 때, 유의할 점이 아닌 것은?

① 겉보기에 둥글둥글하게 살이 쪄 있는 것이어야 한다.
② 몸 빛깔은 청록색을 띠고 있는 것이어야 한다.
③ 사육 가두리 내에서 다른 개체와 떼를 지어서 정상적인 유영을 하고 있는 것이어야 한다.
④ 어체의 크기가 고른 것이어야 한다.

해설
방어종자 구입 시 유의할 점
• 둥글둥글하게 살이 쪄 있는 것
• 몸 빛깔은 황록색을 띠고 있는 것
• 다른 개체와 떼를 지어서 정상적인 유영을 하고 있는 것
• 기생충의 기생이 없는 것
• 어체 크기가 고른 것
• 운반하기 편하게 종자의 크기가 8~30g 정도 되는 것

20 무지개송어의 알을 수온 10℃ 전후에서 부화시킬 때 발안기가 되는 시기는 수정 후 며칠 정도인가?

① 4일 이후
② 8일 이후
③ 12일 이후
④ 16일 이후

해설
약 10℃ 전후에서 16일이 지나면 발안기가 된다.

21 보리새우의 Nauplius기 유생의 영양 섭취방법은?

① 자체 내의 난황으로 성장한다.
② 부유규조류 등 미세 Plankton을 섭취한다.
③ Brine Shrimp의 Nauplius를 섭취한다.
④ 바지락 등 패류를 잘게 썰어 준 것을 섭취한다.

해설
Nauplius기에는 자체 난황에 의하여 영양이 공급되기 때문에 먹이 공급이 필요가 없고, 조에아 유생기부터 부유성 규조류, 부착규조류, 해산윤충류, 참굴의 알, 따개비 유생 등을 먹이로 공급한다.

22 부착 직후의 참굴과 따개비의 식별기준으로 가장 올바른 것은?

① 모양과 색깔
② 크기와 시기
③ 수층과 군집성
④ 수역과 주광성

해설
참굴의 부착치패는 대합 모양으로 적갈색이지만, 따개비의 경우 장난형으로 황색이어서 쉽게 구분이 가능하다.

23 생식소 절개방법으로 수정이 가능한 조개들로 짝 지어진 것은?

① 담치, 진주조개
② 가리비, 피조개
③ 대합, 왕우럭
④ 참굴, 개량조개

24 우렁쉥이(멍게)의 산란 성기 적수온은?

① 18~22℃
② 13~17℃
③ 8~12℃
④ 3~7℃

25 전복류의 저서생활 초기에 맞지 않은 먹이는?

① *Amphora* sp.
② *Cocconeis* sp.
③ *Chlorella* sp.
④ *Navicula* sp.

해설
전복류의 저서생활 초기에는 배양된 부착규조류를 먹이로 공급해야 하는데, 대표적인 먹이로는 나비큘라(*Navicula* sp.), 코코네이스(*Cocconeis* sp.), 암포라(*Amphora* sp.), 니츠시아(*Nitzschia* sp.) 등이 있다.

26 까막전복(둥근전복)의 완숙에 필요한 적산수온은?

① 5,500℃
② 3,500℃
③ 2,500℃
④ 1,500℃

해설
까막전복의 기초수온은 5.3℃이고, 적산수온은 1,800~3,500℃이다.

27 양성용 종굴로서 가장 알맞은 크기는?

① 1~2mm

② 3~18mm

③ 20~35mm

④ 43~58mm

28 우리나라에서 진주조개의 피한장과 양성장이 반드시 필요한 주 이유는?

① 폐사를 방지하고, 성장을 촉진하기 위해

② 양식장을 넓게 활용할 필요가 있기 때문에

③ 수확장소와 양성장이 각각 다르기 때문에

④ 수산업법에 규정되어 있기 때문에

29 진주조개의 생존하한수온으로 맞는 것은?

① 6℃

② 8℃

③ 10℃

④ 12℃

해설

진주조개의 수온별 생태

• 8℃ 이하 : 서식한계수온(위험수온)

• 13℃ 이하 : 동면

• 15℃ 이상 : 운동 활발

• 15~30℃ : 서식적온

• 20~25℃ : 최적수온

30 키조개 종묘의 방양에 관한 내용으로 옳은 것은?

① 조간대에 방양한다.

② 종묘는 그 크기가 각장 2~3mm 되는 것이 알맞다.

③ 방양시기는 9~10월 사이가 적당하다.

④ 방양 시에는 종묘 하나하나를 모심기하는 것과 같이 심는다.

해설

키조개의 종자 방양은 3~5월경에 각장 5~10cm(만 1년산), 10~20개체/m²의 종자를 해수의 흐름과 평행하게 모심기 하듯이 하나하나씩 심는다.

31 전복의 상처 위치를 표시한 아래 그림에서 가장 폐사율이 큰 부위로 묶어진 것은?

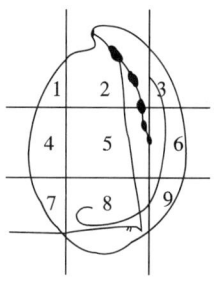

① 1, 2, 6, 9

② 2, 3, 4, 6

③ 2, 6, 7, 9

④ 2, 5, 7, 8

해설

2, 5, 7, 8 부분에 상처가 났을 때 위험하고, 특히 중앙부인 5에 상처가 났을 때는 치명적이다.

32 바지락 치패의 방양방법 중 석시법에 대한 설명으로 옳은 것은?

① 배를 타고 먼 바다로 나가 방양하는 방법
② 바닥에 모심기를 하듯이 꼽아 방양하는 방법
③ 만조의 정조 때 배를 이용하여 방양하는 방법
④ 간출된 다음 종묘를 방양하는 방법

해설

바지락 종자의 방양법(살포법)
• 석시법
  − 간출된 다음 종자를 방양하는 방법이다(간출된 다음 종패를 직접 살포).
  − 고르고 정확하게 방양할 수 있으나, 일손이 많이 필요하다.
• 조시법
  − 만조 시와 정조 시에 배를 이용하여 종자를 방양하는 방법이다.
  − 살포가 편리하지만, 골고루 살포할 수가 없다.

33 개량조개의 종묘 방양 시 주의할 점으로 올바른 것은?

① 양성장은 육수의 영향을 많이 받는 곳으로 한다.
② 방양을 위한 수송 시 공기 노출에 주의해야 한다.
③ 장기간 수송 시에는 2년 이하의 소형이 알맞다.
④ 방양시기는 한겨울이나 여름이 좋다.

해설

① 양성장은 육수의 영향을 직접 받지 않는 곳으로 한다.
③ 장시간 수송 시에는 2년 이상의 대형이 알맞다.
④ 방양시기는 한겨울이나 여름보다는 이른 봄이 좋다.

34 대하양식에 있어서 광합성세균(PSB)의 효능으로 적절하지 못한 것은?

① 수질의 정화 및 안정
② 수중의 암모니아 제거
③ 내병성 강화
④ 저질 개선

해설

광합성세균의 효능
• 수질의 정화 및 안정
• 수중의 암모니아 제거
• 사료로서의 활용
• 내병성 강화

35 보리새우 양식에 있어서 Zoea기의 먹이로 적합하지 않은 것은?

① *Skeletonema* sp.
② 부유성 규조류
③ 참굴의 알 및 유생
④ Rotifer

해설

조에아 유생기부터 부유성 규조류, 부착규조류, 해산윤충류, 참굴의 알, 따개비 유생 등을 먹이로 공급한다.

36 참전복의 종묘 생산 시 폐사율이 가장 높은 시기는?

① 저서 후기

② 트로코포라 유생기

③ 제1호흡공이 생기기 직전

④ 각장 3~4mm 정도의 해조류 섭식시기

해설

참전복의 종자 생산 시 폐사율은 부착 직후 주구각이 생길 무렵과 제1호흡공이 생기기 직전인 각장이 1~2mm 무렵에 가장 높다.

37 수하식 양성법의 설명이 아닌 것은?

① 먹이 섭취시간을 늘려 성장을 촉진한다.

② 성장이 비교적 균일하고, 저질에 매몰되지 않는다.

③ 해면을 입체적으로 이용할 수 있다.

④ 타 양성법과 비교하여 시설비가 적게 들고 수확성이 높다.

해설

④ 타 양성법과 비교하여 시설비와 일손이 많이 든다.

38 진주조개 양성장 중 화장어장이라고 하는 것은?

① 채묘가 잘되는 어장

② 진주의 빛깔이나 광택이 우수해지는 어장

③ 폐사가 심하게 일어나는 어장

④ 겨울철 월동이 가능한 어장

해설

화장어장 : 피착은 늦지만, 진주의 빛깔과 광택이 우수해지는 어장

39 참가리비의 산란수온은?

① 5~6℃

② 8~9℃

③ 14~16℃

④ 21~23℃

해설

참가리비의 산란임계온도는 8℃이며, 산란기간은 비교적 짧은 편이다.

40 다음 중 조용한 내만에서 수하식으로 가리비 양식을 할 경우 일반적으로 성장이 가장 빠른 방식은?

① 채롱식

② 귀매달기식

③ 편평칸막이식

④ 원통칸막이식

41 톳의 증양식 방법과 관계가 먼 것은?

① 지충이를 제거해 준다.

② 어린 배를 바위에 뿌린다.

③ 모조를 이식한다.

④ 채묘망에 유배를 붙인다.

해설

톳의 증양식 방법

• 조간대 지역의 갯닦이 : 지충이를 제거해 준다.

• 씨뿌림법 : 어린 배를 바위에 뿌려 준다.

• 모조의 이식관리 : 모조를 이식해 준다.

42 굵은 자갈이나 돌 등이 산재한 간석지에서 양식 가능성이 가장 높은 종은?

① 청 각 　　　　② 곰 피

③ 풀가사리 　　　④ 톳

43 미역의 유엽이 생장하는 방법은?

① 정모생장

② 정단생장

③ 주연생장

④ 절간생장

해설

절간생장이란 줄기의 마디 사이에서 일어나는 생장으로, 이러한 재생원리를 이용하여 미역 잎자르기 수확을 할 수 있다.

44 미역의 해황과 생산량 간의 설명으로 틀린 것은?

① 수온이 높은 지방에서는 배우체 발아시기에, 수온이 낮으면 다음 해에 풍작이 된다.

② 추운 지방에서는 1, 2월의 수온이 평년보다 높을 수록 생산량이 증가한다.

③ 유주자 방출기와 아포체 발아기에 폭풍일수가 많으면 다음 해 작황에 해롭다.

④ 2~5월 동안에 맑은 날씨가 많은 해에 풍작이 된다.

해설

유주자 방출기인 4~5월과 아포체 발아기인 9~10월에 폭풍일수가 많으면 자연적으로 갯닦기가 되어 풍작이 된다.

45 다시마 종묘의 억제방법에서 채묘 후의 배양수온은?

① 5℃ 　　　　② 10℃

③ 15℃ 　　　　④ 20℃

46 김 양식어장의 파래 구제법은?

① 채묘 초기에 발을 1시간 정도의 고노출선에 며칠 간 매어 둔다.

② 파래가 5~6cm 정도 자랐을 때는 발을 육상으로 올려서 3~4시간 건조시킨다.

③ 바람이 있고, 습기가 적은 날 건조처리를 실시한다.

④ 발을 건조처리 후에 노출상태로 1~2일 두었다가 본래의 발 높이에 매단다.

해설
① 채묘 초기에 발을 5~6시간 정도의 고노출선에 몇 일간 매어 두면 파래가 죽는다.
② 파래가 1~2cm 정도 자랐을 때는 발을 육상으로 올려서 24~48시간 건조시킨다.
④ 건조처리 후에는 노출하지 않은 상태로 1~2일 두었다가 본래의 발 높이에 매단다.

47 다시마의 형태학적 특징에 대한 설명으로 틀린 것은?

① 엽체의 내부조직은 표층, 피층, 속으로 구분된다.

② 엽체의 비대생장은 형성표피에서 일어난다.

③ 엽면에는 미역과 같이 털집이 산재한다.

④ 점액 강도는 피층세포에서 나타난다.

해설
다시마 잎의 중앙 부분은 약간 두껍고 양 가장자리는 얇으며, 미역은 우상(羽狀)으로 갈라지고 표면에 많은 털집(毛叢)이 있는데, 육안으로는 작은 점이 흩어져 있는 것처럼 보인다.

48 촉성양식에서 다시마의 수조 내 촉성 배양기간은?

① 약 30일

② 약 45일

③ 약 60일

④ 약 75일

해설
촉성양식 : 9월 하순에 인공채묘한 종자를 수조 내 조도, 온도 등을 조절하여 45일간 배양한 후에, 수조 내에서 재생산을 마치고 바다수온 하강시기에 본 양성한다.

49 갈조류 미역과에 속하는 대형 해조류로서 저조선 하의 점심대에서 바다숲을 형성하고 있어 전복, 소라 등의 초식동물의 먹이와 어류의 생육장으로 매우 중요한 역할을 하는 것은?

① 감 태 　　　　② 잘 피

③ 톳 　　　　　④ 풀가사리

해설
감태는 갈조식물 다시마목 미역과에 속하며, 점심대의 해중림을 형성하여 전복·소라 등의 먹이 공급 및 닭새우류의 자원 유지, 어류 생육장으로서 역할을 한다.

50 우뭇가사리의 번식방법은?

① 과포자, 단포자, 포복지, 재생

② 과포자, 사분포자, 포복지, 재생

③ 단포자, 사분포자, 포복지. 유주자

④ 과포자, 중성포자, 유주자, 재생

해설
우뭇가사리의 번식 : 과포자와 사분포자에 의한 번식과, 포복지 재생력에 의한 영양번식을 통한 증식이 있다.

51 사상체 외에 여름김 형태로 여름을 지내는 김은?

① 참 김

② 둥근김

③ 방사무늬김

④ 긴잎돌김

52 김의 웅성이주가 바르게 설명된 것은?

① 자웅동주가 보통인데, 웅성체만으로 된 개체도 간혹 있다.

② 웅성부만 가장자리에 발달하고, 자성부는 아래쪽에 있다.

③ 웅성부가 자성부보다 비율이 크다.

④ 웅성부는 먼저 성숙하고, 자성부는 뒤에 성숙한다.

53 김 포자가 조가비에서 방출되는 것을 억제하는 방법이 아닌 것은?

① 고비중처리

② 100% 습도처리

③ 암흑처리

④ 연속명기처리

54 김의 퇴색현상에 가장 크게 영향을 미치는 색소는?

① 클로로필 a, b

② 카로티노이드와 클로로필 b

③ 클로로필 a와 피코에리드린

④ 피코에리드린과 피코시아닌

해설
김 퇴색현상의 원인은 김의 색소인 클로로필 a와 피코에리드린의 양이 적고, 전 질소량과 단백질 함량이 적기 때문이다.

55 3월 이후 냉장발을 사용하여 양식기간을 연장하기 위한 방법으로 가장 적합한 것은?

① 발의 노출시간을 길게 한다.

② 발의 노출시간을 단축한다.

③ 발을 수면에 부동한다.

④ 발의 수광량을 많이 해 준다.

해설
3월 이후 냉장발을 이용하여 양식 시 갯병 예방을 위해 발의 노출시간을 길게 한다.

56 조가비 사상체의 각포자 방출상태를 바르게 설명한 것은?

① 각포장낭지의 끝 개구부를 통하여 방출된다.

② 각포자낭마다 개구부가 있어서 그곳으로 방출된다.

③ 조가비 안에서 방출된 포자가 석회질을 녹이면서 표면으로 나온다.

④ 각포자낭지마다 모두 표면까지 올라와서 각각 독자적으로 방출된다.

57 김 부류식(뜬흘림발) 시설 중 내파성이 가장 높은 것은?

① 사다리식　　② 강관식

③ 연구조식　　④ 뒤집기식

해설

뜬흘림발의 설치방법과 특색

사다리식	• 풍파가 적은 내만에서 사용 • 개개인이 소규모로 설치 가능 • 작업이 간편
연구조식	발의 내파성을 높인 것
강관식	막대한 자금이 소요되나 반영구적으로 사용 가능 (조류가 빠른 곳)

58 김의 수조채묘 시 고려할 사항이 아닌 것은?

① 각포자의 방출량이나 방출일자의 조절 여부

② 방출된 각포자가 빠른 시간 내에 고르게 부착되는가의 여부

③ 해수 유동과 온도의 변화 여부

④ 부착된 각포자의 발아관리가 용이한가 여부

해설

수조채묘는 실내채묘로 작업이 편리하고, 어장의 조건에 구애받지 않으며, 각포자의 부착밀도를 조절하기가 쉬운 장점이 있다.

59 미역의 초기 종묘 배양의 조건이 옳지 않은 것은?

① 수온은 17~20℃를 유지한다.

② 1주일에 1회 정도 채묘틀의 상하를 바꿔 준다.

③ 물갈이는 7~10일에 1회 정도로 한다.

④ 배양을 시작할 때 조도는 1,000lx 이하로 유지한다.

해설

미역의 초기 종자 배양 시 조도는 1,000~6,000lx 정도가 좋은데, 보통 3,000lx 정도로 실내의 밝기가 균일하도록 하고, 초기 배양관리를 하면서 휴면시킬 수 있는 크기에 도달하면 조도를 1,000lx 이하로 낮춰 지나친 성장을 억제한다.

60 김 양식장에서 참김과 방사무늬김 사이에 자리바꿈이 일어나는 주된 원인은?

① 병해에 대한 저항성의 차이

② 환경에 대한 적응력의 차이

③ 영양번식성의 차이

④ 양식기간의 차이

해설

방사무늬김은 영양번식력이 강하여 자리바꿈에 우세한 품종이다.

61 질산화와 탈질화 과정에 관여하는 세균의 이름을 순차적으로 나타낸 것은?

① 니트로소모나스 – 슈도모나스 – 니트로박터
② 슈도모나스 – 니트로소모나스 – 니트로박터
③ 니트로박터 – 니트로소모나스 – 슈도모나스
④ 니트로소모나스 – 니트로박터 – 슈도모나스

해설

생물학적 여과의 과정
• 무기화 과정 : 타가영양세균은 양식동물이 배설한 질산 유기화합물을 에너지원으로 이용하여 생활하면서 질산 유기화합물을 암모니아와 같은 간단한 무기물로 바꾼다.
• 질산화 과정 : 암모니아가 니트로소모나스에 의해 아질산염으로 바뀌고, 아질산염은 니트로박터에 의해 질산염으로 바뀐다.
• 탈질화 과정 : 자가영양세균인 슈도모나스는 질산염을 이용하여 생활하고, 질산염을 가스상태의 질소(N_2, N_2O)로 환원시켜 대기로 내보내 순환수 속의 질산염을 제거한다.

62 잉어 양식을 위한 저수지의 조건이 아닌 것은?

① 바닥이 평탄하고, 갈수기에도 수면적이 만수면적의 1/2 이상으로 넓게 유지되는 곳
② 바닥이 무르고, 수심이 8~10m인 곳
③ 일조시간이 긴 곳
④ 가을에 완전배수가 가능한 곳

해설

정수식 양식장의 적지
• 바닥이 평탄한 곳
• 갈수기에 마를 시 수면적이 만수면적의 1/2 이상 유지되는 곳
• 가을에 완전배수가 가능한 곳
• 바닥이 무르지 않고, 수심이 1~4m인 곳(2m가 최적)
• 일조시간이 긴 곳
• 소형차가 들어올 수 있는 곳

63 뱀장어 양어지 내 물 변화에 대한 설명으로 옳지 않은 것은?

① 수온 17~20℃ 범위에서 자주 발생한다.
② 남조류인 미크로시스티스가 주체인 못에서 잘 일어난다.
③ 못 내 동물플랑크톤 비율이 최소 23% 이상이다.
④ 물 빛깔이 청록색에서 암갈색, 황갈색, 황록색, 유백색 또는 투명에 가까운 물빛으로 변한다.

64 양어지 내 물에 산소가 녹아들어 가는 속도와 양에 비례하는 요소가 아닌 것은?

① 물과 공기의 접촉면적 증가
② 수온의 상승
③ 대기압력의 증가
④ 포기량의 증가

해설

용존산소는 수온이 올라가거나 염분 등의 용존물질이 증가하면 줄어든다.

65 BOD에 관한 설명으로 옳지 않은 것은?

① 생화학적 산소요구량이다.
② 수중 유기물질의 양을 나타내는 지표가 된다.
③ 시수를 25℃에서 5일간 배양했을 때의 산소소비량으로 구한다.
④ 1단계와 2단계 BOD로 구별하고 있다.

해설

③ 시수를 20℃에서 5일간 배양했을 때의 산소소비량으로 구한다.

66 순환여과식 시스템 내 물리적 여과방법이 아닌 것은?

① 고속 모래 여과법
② 침수 모래-자갈 여과법
③ 회전드럼필터법
④ 자외선 조사법

해설
자외선 조사법은 소독방법에 속한다.

67 순환여과식 양식시스템 내 생물여과조에서 어류의 노폐물이 분해되는 과정으로 옳은 것은?

① 암모니아 - 질산염 - 아질산염
② 암모니아 - 아질산염 - 질산염
③ 아질산염 - 질산염 - 암모니아
④ 아질산염 - 암모니아 - 질산염

해설
질산화(Nitrification)과정
암모니아(NO_4^+) → 아질산염(NO_2^-) → 질산염(NO_3^-)
　　Nitrosomonas　　　Nitrobacter

68 식물플랑크톤이 많이 이용하는 영양염류 중 주로 바다에서 부족하지 않은 것은?

① 질 소
② 규 소
③ 인
④ 칼 륨

해설
식물플랑크톤이 이용하는 영양염류는 많지만 해수에서는 질소, 인, 규소가 부족하기 쉽고, 담수에서는 규소는 풍부하지만 칼륨이 부족하기 쉽다.

69 원심력을 이용한 펌프로 짝지어진 것은?

① 벌류트펌프, 심정터빈펌프
② 재생터빈펌프, 축류수직펌프
③ 피스톤펌프, 격막펌프
④ 기어펌프, 엽판펌프

해설
원심펌프 : 임펠러의 회전으로 인한 원심력에 의해 물은 펌프케이싱 속으로 보내지고 펌프의 토출구로 밀려나가게 된다. 양식장에서 사용되는 대부분의 양수기는 원심펌프에 해당하며, 그 종류로는 벌류트펌프, 확산원심펌프, 심정터빈펌프 및 제트펌프 등이 있다.

70 양식장에서 화학적인 변화를 일으키지 않고 가장 효과적으로 살균할 수 있는 자외선 파장은?

① 153nm
② 253nm
③ 353nm
④ 453nm

71 자외선 조사효과에 영향을 미치지 않는 요인은?

① 용존유기물의 양
② 미생물의 양
③ 자외선의 수중 투과깊이
④ 자외선의 잔류 정도

물속에 현탁되어 있는 용존유기물량이 많으면 자외선의 투과력이 감소하여 효과가 떨어진다.

72 뱀장어의 노지 양식장에서 수질이 악화되면 뱀장어 생리기능의 조화가 깨진다. 이때 가장 두드러지게 나타나는 변화는?

① 먹이 부족으로 공식이 심해진다.
② 밝은 곳을 피하는 행동을 보이게 된다.
③ 무리에서 벗어나서 물 표면을 유영하게 된다.
④ 식욕이 줄어든다.

73 노지 지수식 양어지의 수중 용존산소량이 증가하는 조건으로 옳은 것은?

① 바람이 없는 고요한 날
② 염분이 높아질 때
③ 수온이 낮을 때
④ 노폐물이 증가할 때

① 바람이 없는 고요한 날에는 공기 중의 산소가 물속에 녹아들기 어렵다.
② 용존산소는 수온이 올라가거나 염분 등의 용존물질이 증가하면 줄어든다.
④ 유기물이 축적되면 미생물에 의한 분해작용에 산소가 소비되어 용존산소가 줄어든다.

74 적조 발생과 그 피해에 관한 설명으로 옳은 것은?

① 수중의 용존산소 증가로 수산생물의 생산성이 증가한다.
② 적조생물의 사후에 환경 악화를 유발한다.
③ 물의 유속 증가, 일사량의 감소, 수온 하강 등이 적조 발생의 주원인이 된다.
④ 남조류인 미크로시스티스가 주요 원인 플랑크톤이다.

적조 발생은 수중의 큰 생태적 변동을 의미하고, 적조현상 자체 또한 수산생물에 막대한 피해를 입히는 경우가 많다.
※ 적조의 피해 : 질식사, 중독사, 어패류의 유독화, 사후 환경 악화

75 여름철 식물플랑크톤이 많이 발생한 못 속의 용존산소는 언제 가장 낮아지는가?

① 정 오
② 해 뜨기 직전
③ 해 지기 직전
④ 자 정

못 양식 시 낮에는 식물플랑크톤의 광합성에 의해 수중 산소포화도가 증가하지만, 밤에 식물플랑크톤의 호흡에 산소가 소비되기 때문에 새벽녘에는 용존산소량이 굉장히 낮아진다.

76 1차 여과에 속하는 것은?

① 녹아 있는 암모니아 등 유해물질을 분해·여과하여 비교적 무해한 질산염 등을 만드는 생물학적 여과

② 축적된 질산염 등을 다시 분해하는 생물학적 여과

③ 고형 오물을 분리·제거하는 과정

④ 소량의 추가보충수로 축적된 질산염을 희석하는 과정

해설

1차 여과란 물리적 여과로, 크고 작은 고형 물질을 제거하는 과정이다. 물리적 여과방법에는 주로 침수 모래·자갈 여과나 고압 모래 여과장치 등이 많이 쓰여 왔지만, 최근 유럽에서는 회전드럼필터의 사용이 많아지고 있다.

77 양식장 바닥갈이로 얻을 수 있는 긍정적인 효과가 아닌 것은?

① 각종 유해생물을 제거한다.

② 해수의 유동을 저해하는 퇴적된 토사를 제거한다.

③ 김 양식장에서는 저질의 영양염류 용출을 촉진한다.

④ 바닥이 딱딱해진 조개류 양식장의 저질을 부드럽게 한다.

해설

②는 준설의 효과이다.

바닥갈이(해저경운)

• 목적 : 유기물이 퇴적된 저토의 표층을 경운기로 휘젓고 뒤집어 유기물에 풍부한 부니(浮泥)를 확산·제거하고, 저토 표층으로 산소를 용입시켜 유기물 분해를 촉진한다.

• 효 과
 – 바닥이 딱딱해진 패류양식장의 저질을 연하게 한다.
 – 환원상태인 저질을 갈아 줌으로써 산화를 촉진한다.
 – 김 양식장에서는 저질에 함유된 영양염류의 용출을 촉진시킨다.
 – 잘피류, 종믹 등의 유해생물을 제거한다.
 – 굴이나 어류의 양식시설의 바닥에 퇴적되어 있는 높은 농도의 유기질 해캄을 휘저어 산화를 촉진시키며, 확산을 도모한다.

78 각 수질 항목과 측정방법이 옳지 않은 것은?

① pH – 유리전극법

② 용존산소 – 윙클러법

③ COD – 알칼리법

④ BOD – 비색관법

해설

④ BOD : 윙클러법

79 순환여과 양식시설에서 사용되는 산소공급장치가 아닌 것은?

① U자관 트랩

② 벤투리관 에어레이션장치

③ 블로펌프

④ 거품분리장치

해설

거품분리장치는 폐쇄형 칼럼(Columm)에서 상승하는 공기방울 표면의 용존유기물을 제거하는 장치이다.

80 지중(池中) 양식에서 사육지 쪽의 못둑 경사도(둑 높이 : 둑밑변)는 얼마로 하는 것이 좋은가?

① 1 : 0~0.5

② 1 : 1.0~1.5

③ 1 : 2.0~2.5

④ 1 : 3.0~3.5

해설

못의 내부 수면이 닿는 쪽의 경사는 둑의 높이 1에 대해 밑변을 1.5 정도로 하는 것이 좋다.

81 김 갯병 중 생리적인 장해로 발생하는 것은?

① 구멍갯병

② 호상균병

③ 싹갯병

④ 붉은갯병

해설

김 갯병의 종류

• 기생성 갯병 : 붉은갯병, 호상균, 사상세균부착증, 녹반병, 구멍갯병 등

• 생리적 갯병(비기생성) : 흰갯병, 의사흰갯병, 싹갯병, 암종병, 쪼그랑병 등

82 뱀장어에 기적병(붉은지느러미병)을 일으키는 세균은?

① *Aeromonas salmonicida*

② *Aeromonas hydrophila*

③ *Pseudomonas fluorenscens*

④ *Pseudomonas anguilliseptica*

해설

① *Aeromonas salmonicida* : 절창병원균

③ *Pseudomonas fluorenscens* : 백운병원균

④ *Pseudomonas anguilliseptica* : 적점병원균

83 뱀장어에 기적병이 가장 많이 발생하는 시기는?

① 12월~1월

② 4월~5월

③ 8월~9월

④ 수온 25℃ 이상일 때

84 아래의 경우를 영양성 질병에 의한 것으로 판단할 때, 다음 중 원인으로 가장 적합한 것은?

연어, 송어가 갑자기 경련을 일으키고, 신경질적이며 양어지 끝에서 끝까지 돌진하여 상처를 입거나 같은 방향으로 회전하기도 한다. 때로는 수면 위 20~30cm 정도의 높이로 뛰어오르면서 전신경련을 일으키다 수중에 조용히 가라앉은 후 서서히 회복하여 정상 상태로 다닌다. 이러한 증상이 계속되면 고기는 죽는다.

① 탄수화물 과잉 투여

② 산화지방 투여

③ 비타민 B_1 결핍증

④ 단백질 결핍증

해설

비타민 B_1의 결핍은 주로 신경계의 이상(경련과 신경질적인 이상 유영)을 유발한다.

85 월동장의 잉어가 *Pseudomonas fluorescens*에 감염되었을 때 나타나는 주요 증상은?

① 점액의 과다분비로 인한 체표의 백운증상

② 새판의 곤봉화, 울혈, 맥류의 형성

③ 안구 돌출, 항문의 확장과 출혈

④ 신장과 간, 비장에 흰점 형성

86 진균류 중 고등균류에 해당하지 않는 것은?

① 편모균류
② 자낭균류
③ 담자균류
④ 불완전균류

해설
진균류에는 편모균류, 접합균류, 자낭균류, 담자균류, 불완전균류로 구분하지만, 편모균류와 접합균류는 하등균류라 하고, 나머지 균류는 고등균류라 한다.

87 다음 질병 중 원인이 되는 세균의 분류학적 위치가 나머지 셋과 다른 것은?

① 세균성 아가미병
② 세균성 냉수병
③ 담수어의 부식병
④ 세균성 신장병

해설
④ 세균성 신장병 : *Renibacterium salmoninarum*
① 세균성 아가미병 : *Favobacterium blanchiphilum*
② 세균성 냉수병 : *Flavobacterium psychrophilum*
③ 담수어의 부식병 : *Flavobacterium clumnare*

88 닻벌레충의 생활사에 관한 설명으로 옳지 않은 것은?

① 수온 9~15℃에서 주로 번식한다.
② 암컷은 일생 동안 10회 이상 산란한다.
③ 일생 동안 총산란수는 5,000개이다.
④ 노플리우스로 부화한다.

해설
닻벌레충은 일반적으로 수온 14℃ 이상에서 번식하며, 고수온일수록 번식력이 증가한다.

89 김 사상체 병해에 대한 설명으로 옳은 것은?

① 녹반병은 4~6월 통풍이 나쁜 배양장에서 발생한다.
② 적변병은 배양수에 항생제를 넣어서 배양하면 좋아진다.
③ 황반병은 생리적 장해이므로 영양제 첨가로 해결된다.
④ 백반병의 치료는 물갈이를 하는 것으로도 가능하다.

해설
① 녹반병은 6~8월 잘 자란 사상체의 농밀로 발생한다.
② 적변병은 일광처리, 물갈이, 통풍 및 조도 조절을 하면 좋아진다.
③ 황반병은 세균성 장애이므로 항생제를 투여한다.

90 참돔 눈의 각막이 불투명하게 백탁되었다면 어떠한 병을 의심할 수 있는가?

① 바이러스성 질병
② Vibrio병
③ 물곰팡이병
④ Mycobacterium병

91 참돔이나 넙치에 유행하는 Lymphocystis병의 병원체가 속하는 것은?

① Iridovirus

② Rhabdovirus

③ Birnavirus

④ Nodavirus

해설

림포시스티스병의 병원체인 림포시스티스바이러스는 이리도바이러스과(Iridoviridae)에 속하며 우리나라에서는 넙치, 조피볼락, 농어, 방어, 참돔 등에서 발견되었고, 담수 및 열어에서도 발견된다.

92 복수에 의한 복부 팽만, 체색 흑화, 탈장, 간과 신장 등에 유백색 농양 형성 등의 증상이 나타나는 넙치의 질병은?

① 비브리오병

② 에드워드병

③ 연쇄구균증

④ 아가미부식병

해설

비단잉어, 메기, 금붕어 뱀장어, 틸라피아 등의 담수어와 참돔, 넙치, 농어 등의 해수어에 유행되는 병으로서 여름철에 발생되는 대표적인 질병이다.

93 무지개송어가 선회병을 일으키는 원인은?

① *Myxobolus artus*

② *Myxobolus buri*

③ *Myxobolus toyamai*

④ *Myxobolus cerebralis*

해설

점액포자충성 선회병 : 믹소볼루스 세레브랄리스(*Myxobolus cerebralis*)가 원인균으로, 무지개송어 자어 및 치어의 연골조직과 뇌, 척추 등의 중추신경계에 기생하여 발병한다.

94 무지개송어가 항문에 길게 분(배설물)을 달고 다닐 때 주요 원인으로 볼 수 있는 것은?

① 신선한 사료를 장기간 투여했기 때문이다.

② 비타민이 부족한 배합사료를 투여했기 때문이다.

③ 배합사료만을 투여했기 때문이다.

④ Virus병에 감염되었기 때문이다.

해설

전염성 조혈기괴사증(IHN) 및 전염성 췌장괴사증(IPN)에서 공통적으로 나타나는 증상이다.

95 연어과 어류의 세균성 신장병의 원인균은?

① *Aeromonas salmonicida*

② *Renibacterium salmoninarum*

③ *Flexibacter maritimus*

④ *Pseudomonas* sp.

해설

연어과 어류의 세균성 신장병의 병원균은 그람양성균인 *Renibacterium salmoninarum*이다.

① *Aeromonas salmonicida* : 부스럼병(철창병)

③ *Flexibacter maritimus* : 해수어부식병(활주세균증)

④ *Pseudomonas* sp. : 슈도모나스병

96 다음에서 설명하는 원인 기생충은?

> 충체 크기는 0.8~2×0.2~0.4mm, 난생 머리에 4개의 돌출부가 있음. 전단부에 2쌍의 안점이 있음, 후부에 14개의 작은 갈고리와 중앙에 2개의 큰 갈고리를 가짐

① 잉어 아가미 흡충
② 잉어 피부 흡충
③ 방어 아가미 흡충
④ 베네데니아충

해설
잉어 아가미 흡충 : 난생의 단후흡반류인 *Dactylogyrus vastator*

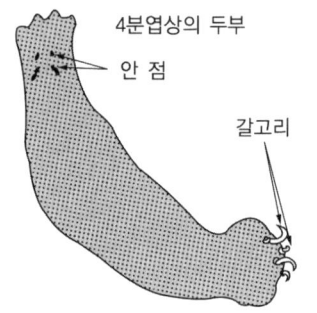

4분엽상의 두부
안 점
갈고리

97 연어류 췌장병에 관한 설명으로 옳지 않은 것은?

① 대서양연어에서 처음 발생하였다.
② 수직감염으로만 발병한다.
③ 수온이 상승할 때 발병하면 급성으로 진행된다.
④ 원인 바이러스는 *Salmonid alphavirus*이다.

해설
② 수직 또는 수평으로 감염된다.

98 Virus가 주원인이 되어 잉어에 유두종(Papilloma)을 일으키는 병은?

① SVC
② POX
③ EVE
④ VEN

해설
잉어의 POX병 : 잉어의 머리, 몸, 꼬리, 지느러미의 표피세포에서 일어나는 종양성 증식으로 융기된 흰색 내지 연한 분홍색을 띤 조금 딱딱한 느낌의 종양(Papilloma, 유두종)이 생기는 병이다.

99 어류의 아가미 과형성(Hyperplasia) 시 나타나는 병변과 관계가 없는 것은?

① 아가미가 유착되어 곤봉화가 일어난다.
② 어류의 저항력 감소로 병원균이 침입해 아가미가 부식된다.
③ 아가미에 부니나 광물질이 부착되면 질식사한다.
④ 비장과 신장에 큰 장애를 준다.

해설
아가미 흡충 및 아가미 점액포자충 등에 의해 아가미 과형성이 생길 수 있는데, 발병 시 새엽 사이의 유착 등이 일어나며, 심하면 조직이 괴사하는 경우도 있다.

100 방어를 양식하던 중 폐사가 생기기 시작하여 관찰해 보니 피부에 혹 같은 작은 돌기나 반구형의 농양이 생겨 있었다면 감염균은?

① *Vibrio anguillalum*
② *Nocardia seriolae*
③ *Edwardsiella tarda*
④ *Aeromonas hydrophila*

해설
*Nocardia seriolae*에 의한 병은 방어, 전갱이 등의 해산어류에서 여름과 초가을에 가장 많이 발병하며, 감염 시 피부에 혹 같은 작은 돌기나 반구형의 농양이 나타난다.

제1과목 **어류양식**

01 일반적으로 뱀장어는 어느 정도의 상품크기를 기준으로 하여 성장시키는가?

① 80~100g

② 100~120g

③ 150~250g

④ 300~400g

해설

강에서 잡은 실뱀장어를 양식장에서 6~12개월 성장시켜 150~250g일 때 출하한다.

02 다음 어류 중 양식 시 인공채란 방법으로 채란하는 빈도가 가장 낮은 것은?

① 초 어

② 연 어

③ 무지개송어

④ 방 어

해설

방어는 해수어류 중 양식 생산량이 비교적 많은 종이지만, 아직 양식산 종묘는 대부분 자연산에 의존하고 있다.

03 맑은 날 한낮에 양어지에서 식물성 플랑크톤이 대량 폐사하여 물 변화가 일어났을 때의 주된 원인은?

① 섬모충류의 대량번식

② 윤충류의 대량번식

③ 산소부족

④ 탄산가스 부족

해설

광합성이 급진적으로 일어나 탄산가스 부족으로 식물플랑크톤이 대량 폐사한다.

04 참돔을 양식하는 데 있어 알아두어야 할 사항으로 틀린 것은?

① 양성 시 하루에 조금씩 여러 번에 걸쳐 먹이를 주는 것이 좋다.

② 사료는 멸치나 정어리가 좋다.

③ 부화 후 초기 사료는 로티퍼가 적합하다.

④ 종묘생산 시 3번의 대량폐사 시기가 있다.

해설

참돔 양성용 먹이로는 주로 배합사료가 사용되고 있으며, 일부에서는 생사료를 직접주거나 모이스트 펠릿 형태로 주는 경우도 있다. 생사료는 먹이의 허실이 많기 때문에 대부분의 참돔 양식에서는 배합사료가 적합하다.

05 대부분의 양식산 해산어류의 초기 부화 자어가 최초로 섭취하는 먹이생물은?

① 물벼룩(Daphnia)
② 로티퍼(Rotifer)
③ 아르테미아(Artemia)
④ 클로렐라(Chlorella)

해설
자어 초기의 먹이로는 요각류(코페포다 등)가 적합하지만, 대량 확보가 힘들기 때문에 대량 배양이 용이한 로티퍼를 먹이로 사용한다.

06 다음 중 양식용 방어의 종묘(치어)로 좋지 않은 것은?

① 외견상 둥글둥글하게 살이 쪄 있는 것
② 머리 부분이 크게 보이며 몸 전체의 색깔이 검은 색을 띠고 있는 것
③ 체색은 황록색을 띠며, 기생충이 없는 것
④ 가두리 내에서 다른 개체와 떼를 지어서 유영하고 있는 것

해설
방어 종자 구입 시 유의할 점
• 둥글둥글하게 살이 쪄 있을 것
• 몸 빛깔은 황록색을 띠고 있는 것
• 다른 개체와 떼를 지어서 정상적인 유영을 하고 있는 것
• 기생충의 기생이 없는 것
• 어체 크기가 고른 것
• 운반하기 편하게 종묘의 크기가 8~30g 정도되는 것

07 어류 운반 시 계절적으로 저온인 경우가 좋은 가장 근본적인 이유는?

① 먹이가 필요치 않다.
② 배설물 제거가 필요 없다.
③ 신진대사가 느리다.
④ 어병 발생이 적다.

해설
활어 운반의 기본 원리
• 대사기능저하(저온유지, 먹이공급 중단)
• 산소 보충
• 오물 제거

08 육종의 형질 중 불연속변이에 속하는 것은?

① 크 기
② 무 게
③ 형 태
④ 혈액형

09 조피볼락 자어의 사육환경 조건으로 가장 거리가 먼 것은?

① 환수는 정지 또는 약한 유동상태로 유지한다.
② 사육수에는 클로렐라를 첨가시켜 준다.
③ 사육수온은 15~18℃로 하는 것이 좋다.
④ 실내 조도는 10,000lx를 유지해 준다.

해설
실내 조도는 수조 내의 부착생물의 번식을 억제하고, 자어의 안정을 유도하기 위하여 수조를 차광하여 수조의 표층 조도가 50~100lx정도가 되도록 조정한다.

10 수중 영양염류가 사육에 별 도움을 주지 않는 양식법은?

① 붕어의 지중 양식
② 넙치의 가두리 양식
③ 초어의 저수지 양식
④ 백련의 지중 양식

해설
정수식 양식(못 양식, 지수식 양식, 지중 양식)
연못이나 육상에 둑을 쌓아 못을 만들거나, 바다에 제방을 만들어 천해의 일부를 막고 양성하는 방법으로 영양 염류가 충분히 있어야 생산이 많아진다.

11 무지개송어 부화조의 수온이 12℃일 때, 알의 발안기와 부화에 소요되는 일수로 적합한 것은?

① 13일, 약 24일
② 14일, 약 29일
③ 17일, 약 30일
④ 19일, 약 36일

해설
수온에 따른 무지개송어 알의 발안기까지 소요일수

수온	6℃	7℃	8℃	9℃	10℃	11℃	12℃	13℃
일수	30	25	21	18	16	14	13	12

수온에 따른 무지개송어 알의 부화 소요일수

수온	1.66℃	4.4℃	7.2℃	10.2℃	12.8℃	15.6℃
일수	–	80	48	31	24	19

12 가두리 축양의 대상 종으로 적합하지 않은 것은?

① 미꾸라지
② 잉 어
③ 메 기
④ 방 어

해설
가두리에서 축양할 수 있는 동물은 잉어, 송어, 메기, 방어, 돔류, 그 밖에 여러 가지가 있다. 뱀장어, 미꾸라지, 틸라피아, 보리새우류 등은 적합하지 않다.

13 실뱀장어가 하천을 소상하는 시간이 가장 왕성한 때는?

① 밤 11시부터 2~3시간 사이
② 일몰시부터 2~3시간 사이 만조시
③ 일출시부터 2~3시간 사이 간조시
④ 낮 11시부터 2~3시간 사이

해설
뱀장어 소상시기
• 수온 : 8~10℃가 되어 하천수와 비슷해지거나 하천의 수온이 더 높아지면 수온의 영향은 없으며, (3~4월) 처음 올라 올 때는 큰 영향을 준다.
• 조석 : 대조시의 만조 때
• 일몰 : 해가 지고 2~3시간 이내의 만조 때
• 달이 없는 밀물 때

14 다음 중 넙치 자어 사육에 가장 적합한 수온은?

① 8℃ 전후
② 12℃ 전후
③ 18℃ 전후
④ 25℃ 전후

해설
일반적으로 넙치 자어의 사육수온은 16~19℃이며 수온이 높을수록 성장이 빨라 사육 성적이 좋아진다.

15 방어의 양식에 관한 설명이 틀린 것은?

① 종묘로서는 5, 6월에 잡히는 체장 4cm, 체중 0.5g 이상되는 것이 적당하다.
② 방어가 특히 좋아하는 사료는 까나리이다.
③ 방어의 사료효율은 어릴 때는 낮으나 커지면 높아지는 경향이 있다.
④ 방어 성장에 알맞은 수온은 18~27℃이다.

해설
사료효율은 커갈수록 낮아진다.

16 잉어알의 부화적온과 부화일수가 가장 적합하게 연결된 것은?

① 15℃ - 3.2일
② 20℃ - 4.2일
③ 25℃ - 5.2일
④ 30℃ - 6.2일

해설
잉어알의 부화 소요일수
• 15℃ : 6일
• 20℃ : 4.2일
• 25℃ : 3일
• 30℃ : 2.1일

17 식용 잉어 치어 사육 시 선별을 하는 주이유는?

① 암수구별을 하기 위하여
② 산란 부화를 마친 어미를 분리시키기 위하여
③ 붕어 기차 잡어류를 골라내기 위하여
④ 큰 것과 작은 것을 분리시키기 위하여

해설
치어를 취양(取揚)해서 판매하지 않으면 사육 밀도가 높으므로 이후의 성장에 지장이 있을 뿐 아니라 숙성어가 많이 생겨서 공식에 의한 감모가 심해진다. 이때가 되면 취양하여 크기별로 선별하고 분양하게 되는데, 크기별로 3cm 이하, 3~4cm, 5~6cm 그리고 6cm 이상의 등급으로 가격을 정하여 판매한다.

18 넙치 알의 특징으로 옳은 것은?

① 분리부성란
② 침성란
③ 부착란
④ 반침성란

해설
어란의 특성
• 침성부착란 : 잉어, 금붕어, 은어
• 분리부성란 : 초어, 참돔, 넙치, 농어
• 분리침성란 : 산천어, 무지개송어, 연어

19 점착제로 잘 이용되지 않는 원료는?

① 밀가루
② α-녹말
③ CMC
④ 어 분

해설
어분은 주된 단백질원이다.

20 다음 어류 중 먹이를 하루에 여러 번 나누어서 주어야 하는 종은?

① 무지개송어
② 잉 어
③ 뱀장어
④ 메 기

해설
잉어는 사료를 1일 10회 이상 주어야 할 필요성이 있는 어류이다. 잉어의 경우 위가 없는 특성 때문에 하루에도 여러 번 지속적으로 공급되어야 최적의 성장이 이루어진다.

15 ③ 16 ② 17 ④ 18 ① 19 ④ 20 ② **정답**

21 라마르크대합과 같은 곳에서 잘 사는 종류는?

① 담 치
② 키조개
③ 가리비
④ 좁쌀무늬조개

해설
라마르크대합은 외해에 면한 곳에 주로 서식한다.

22 성숙한 꽃게의 교미에 대한 설명이 옳은 것은?

① 어릴 때부터 짝을 정하여 교미한다.
② 암컷이 탈피 직후의 수컷과 교미한다.
③ 수컷이 탈피 직후의 암컷과 교미한다.
④ 암수가 같이 탈피를 한 후 교미한다.

해설
교미는 암컷이 탈피한 다음 탈피하지 않은 수컷이 암컷의 등 뒤쪽에서 포옹하는 모양으로 한다.

23 참굴의 유생은 다음의 어느 분포층에 속하는가?

① 저층 분포층
② 하층 분포층
③ 중층 분포층
④ 표층 분포층

해설
부유 유생의 분포 상태는 유속, 조석, 염분 등에 따라 달라지나 성층의 형성이 정상적인 경우에는 표층 가까이에 분포하는 경우가 많은 편이다.

24 식물체에서 볼 수 있는 셀룰로스(투니신)를 함유하는 종은?

① 해 삼
② 해파리
③ 우렁쉥이
④ 피조개

해설
우렁쉥이
피낭은 식물체에서 볼 수 있는 셀룰로스와 비슷한 동물성 셀룰로스(투니신)를 함유하며, 뿌리와 같은 것으로 부착생활을 하는 특수한 동물이다.

25 대하 양식장에 대한 설명 중 틀린 것은?

① 육수의 영향을 적게 받는 곳을 선택하여야 한다.
② 수심은 최소 2m 이상을 유지할 수 있어야 하고 가능하면 10m 이상이 좋다.
③ 못바닥은 수문을 향해 경사가 있게 만든다.
④ 해수의 주배수가 잘되어 연중 최고 만조시에도 해수가 제방을 넘지 않게 해야 한다.

해설
수심은 최소 1m 이상 유지할 수 있어야 하고, 가능하면 2m 정도가 좋다.

26 굴의 속별 생식양식을 잘못 연결한 것은?

① *Ostrea* 속 – 자웅동체, 유생형

② *Crassostrea* 속 – 자웅이체, 난생형

③ *Pyncnodonta* 속 – 자웅이체, 난생형

④ *Mytilus* 속 – 자웅이체, 난생형

해설

Mytilus 속은 홍합속이다.

27 참전복의 자연 서식지로 맞는 것은?

① 저질이 암석으로 담수의 유입이 풍부한 곳

② 저염분이면서 수온이 연중 20℃ 이상인 조간대

③ 유기물 유입이 풍부한 저질이 자갈인 지역

④ 대황이나 감태가 많이 서식하는 외해성인 지역

해설

전복류는 외양성이고 암초가 많은 수역에 사는 패류이기 때문에 해수가 깨끗하고 해조류, 특히 갈조류가 많이 번식하는 곳에 주로 서식한다.

28 다음 중 대조 시 5~6시간 간출하는 지반에 치패가 침강하는 것은?

① 대 합

② 개량조개

③ 큰우럭

④ 키조개

29 수하식 양성 방법에 해당하지 않는 것은?

① 송지식

② 침설식

③ 뜸틀식

④ 귀매달기 수하양성

해설

송지식은 간석지 또는 수심이 얕은 내만인 천해에 나뭇가지를 세우고 참굴을 부착시켜 양성하는 방법이다.

30 다음 중 참전복의 성숙기 적산수온은?

① 300~500℃

② 500~1,500℃

③ 1,500~3,500℃

④ 3,500℃ 이상

해설

참전복의 적산수온

• 성숙기 적산수온은 500~1500℃ 범위로 모패의 비만 및 영양상태, 모패관리 시 먹이생물의 영양 가치에 따라 차이가 난다.

• 완숙기 적산수온은 1,500℃ 정도로 외관상 암수구별이 가능하고, 실제적으로 채란이 가능하며 1,800℃ 부근까지 산란유발이 이루어진다.

31 채묘기의 설치 수심이 가장 깊어야 하는 종은?

① 진주담치

② 새꼬막

③ 진주조개

④ 피조개

해설

피조개 유생은 저층에 많고, 표층 가까이 가면 급격히 적어진다.

26 ④ 27 ④ 28 ① 29 ① 30 ② 31 ④ **정답**

32 수량의 수조 양성에 대한 설명으로 옳은 것은?

① 수용밀도가 높으면 성장률이 높다.

② 종묘의 크기는 1mm 이상으로 한다.

③ 수온이 11℃ 이하이면 먹이를 주지 않는다.

④ 성장할수록 개체 크기에 대한 먹이 공급 비율은 상대적으로 높다.

해설
① 수용밀도가 높으면 성장률이 낮다.
② 종묘의 크기는 5mm 이상으로 한다.
④ 성장할수록 개체 크기에 대한 먹이 공급 비율은 상대적으로 낮다.

33 대형 굴 양성용 뗏목에 사용되는 수하연의 길이는?

① 5m
② 9m
③ 15m
④ 18m

해설
굴 양성용 뗏목에 사용되는 수하연은 크기에 따라 3~9m이다(대형인 경우 9m).

34 우리나라에서의 참굴 양성 방법과 가장 거리가 먼 것은?

① 바닥 양성
② 채롱 수하식 양성
③ 밧줄 수하식 양성
④ 나뭇가지 양성

해설
채롱 수하식은 가리비류, 진주조개 등의 양성에 주로 사용한다.

35 새꼬막 저착기 치패의 특징이 아닌 것은?

① 방사늑수가 31개 내외이다.

② 껍데기의 색은 황색이다.

③ 패각근이 뚜렷하지 않다.

④ 각장은 $280 \sim 320 \mu m$ 정도이다.

해설
새꼬막 저착기 치패의 껍데기 색은 백색이다.

36 보리새우 유생사육에 알맞은 규조류의 먹이 농도는?

① 100cell/mL
② 1,000cell/mL
③ 10,000cell/mL
④ 100,000cell/mL

해설
먹이를 주는 양은 스켈레토네마인 경우, 10,000cell/mL 정도가 알맞다.

37 우리나라에 분포하는 전복류 중 한류계는?

① 참전복
② 까막전복
③ 말전복
④ 시볼트전복

해설
우리나라에 분포하는 전복류
• 한류 : 참전복
• 난류 : 까막전복, 시볼트전복, 말전복, 오분자기, 마대오분자기

38 다음 중 남해안산 문어의 성장에 가장 좋은 양성기간은?

① 3~4월   ② 5~6월

③ 7~8월   ④ 9~10월

해설
문어의 양성 적수온은 15~23℃로 5~6월과 10~11월이 가장 좋다.

39 굴 채묘에 앞서 제일 먼저 해야 할 것은?

① 채묘기 설치
② 수온 조사
③ 부착유생수 조사
④ 부유유생수 조사

해설
참굴은 수온이 10℃(기초 수온) 이상에서 암컷의 난모 세포와 수컷의 정모 세포에서 각각 난자와 정자가 형성된다.

40 다음 중 가리비의 침설식 수하 양성장으로서 가장 알맞은 수심은?

① 0~20m   ② 30~60m

③ 70~100m   ④ 100~120m

41 김 양식에 있어 실내 채묘의 장점에 해당되는 것은?

① 해황에 영향을 많이 받는다.
② 각포자의 부착밀도를 조절할 수 있다.
③ 조가비 사상체의 성숙 정도에 관계없이 채묘할 수 있다.
④ 각포자의 방출 시간 조절이 어렵다.

해설
실내 채묘는 작업이 간편하고, 어장의 조건에 구애 받지 않으며, 각포자의 부착 밀도를 조절하기 쉽다.

42 톳 수하식 양식에서 어미줄에 감아주는 가는 연사에 붙어 있는 것은?

① 모조의 줄기를 절단한 것
② 수정란에서 배양된 유아
③ 포복지가 붙어 있는 모조
④ 포복지에서 나온 새싹을 끊어서 꽂은 것

해설
톳의 수하식 양식에서 어미줄에 끼우는 재료는 포복지가 붙어 있는 줄기를 끼운다.

43 미역양식에서 해당 단계의 온도 범위가 가장 넓은 것은?

① 유엽 생장기
② 유주자 발아기
③ 배우체 착생기
④ 배우체 생장기

44 다음 중에서 세대교번을 하지 않는 종류는?

① 홑파래   ② 청 각

③ 미 역   ④ 김

해설
세대교번을 하지 않는 종류 : 갈조류의 모자반류, 톳, 녹조류의 청각

45 우뭇가사리 양식에 대한 설명으로 옳지 않은 것은?

① 포자가 집중적으로 방출하는 시기에 투석하며, 대개 5~8월이 적당하지만 모자반류의 밀집된 군락이 소실되고 난 후에 너무 늦지 않는 것이 좋다.

② 투석수심은 대부분의 경우에 지역마다 큰 군락을 이루는 우뭇가사리 서식수역이 있으므로 이곳 수심을 인근 지역의 기준으로 하면 안전하다.

③ 우뭇가사리는 착생기질을 잘 가리기 때문에 반드시 표면이 거칠지 않은 것이 좋다.

④ 자연적으로 조장이 형성되어 있는 곳과 연계되어야 하고 부착된 생육 상황을 확인하여 연차적으로 투석하는 것이 좋다.

해설
③ 우뭇가사리의 착생은 표면이 거친 것이 좋다.

46 비기생성(생리적) 갯병의 특징이 아닌 것은?

① 엽상체의 뿌리부분에서 발생한다.

② 생리적으로 기상, 수온, 조석, 노출 등에 의해 약해진다.

③ 흰갯병과 싹갯병이 있다.

④ 엽상체의 잎부분이 쭈그러지는 현상이 나타난다.

해설
생리적 갯병은 종류에 따라 엽상체의 다양한 부분에서 발생한다.

47 큰방사무늬김의 특징에 대한 설명으로 옳은 것은?

① 일본에서 개발된 종이다.

② 수중에서 녹색을 띤다.

③ 20cm 이상 자라면 파형무늬가 없어진다.

④ 중성포자를 방출하지 않는다.

해설
큰방사무늬김
• 일본 어민들이 새로 개발한 품종이다.
• 유엽과 성엽 둘다 매우 꼬여져 있고, 특히 수중에서는 적자색을 띤다.
• 중성포자 방출기간은 비교적 길면서도 과포자 방출시기가 가장 늦다.

48 다음 중 영양번식력이 강하여 자리바꿈에 가장 우세한 것은?

① 참 김

② 둥근돌김

③ 방사무늬김

④ 모무늬돌김

해설
방사무늬김은 영양 번식력이 강하여 자리바꿈에 우세한 품종이다.

49 쇠미역에 대한 설명으로 바른 것은?

① 미역과 같이 포자엽이 있다.

② 자낭반에서 유주자를 만든다.

③ 엽체는 다시마와 같이 다량의 점액을 가진다.

④ 주로 조간대 상부에 서식한다.

해설
쇠미역
• 미역과는 달리 포자엽이 없고, 다시마처럼 엽체의 자낭반에서 유주자가 방출된다.
• 엽체가 노성함에 따라서 구멍이 뚫린다.
• 미역이나 다시마와는 달리 끈적끈적한 점액은 나오지 않는다.
• 주로 저조선 이하에서 서식한다.

51 모자반속과 함께 우리나라에서는 가장 큰 해조이며, 조하대에서 바다숲을 형성하고 있고, 전복과 소라 등의 먹이가 되며, 알긴산의 원료로 중요한 종은?

① 톳   ② 미 역

③ 감 태   ④ 다시마

해설
감태는 갈조식물 다시마목 미역과에 속하며, 점심대의 해중림을 형성하여 전복·소라 등의 먹이 공급 및 닭새우류의 자원 유지, 어류 생육장으로서 역할을 한다.

52 미역 배우체의 생장 적온은?

① 17~20℃

② 20~30℃

③ 23~25℃

④ 25~27℃

해설
미역양식에서 수온별 적온
• 배우체 발아 성장 적온 : 17~20℃
• 아포체 유엽의 성장 적온 : 15~17℃
• 중륵이 생긴 이후 : 12~13℃
• 성엽 : 5~10℃

50 조가비에서 김의 각포자 방출을 억제시킬 수 있는 방법으로 적절하지 않은 것은?

① 비중을 1.040~1.050으로 올려 10일 정도 고비중 처리한다.

② 조가비를 들어내어 물에 젖은 채로 다른 용기에 넣고 100% 습도를 유지한다.

③ 광선을 완전히 차단하여 암흑 속에 조가비를 둔다.

④ 배양수 수온을 10~20℃로 유지시켜 둔다.

해설
④ 배양수 수온을 0~5℃ 정도로 유지시켜 둔다.

53 하구역에 위치한 김 양식장의 유리한 환경조건은?

① 저수온과 영양염

② 수중광량과 영양염

③ 고수온과 저비중

④ 고수온과 영양염

54 김의 붉은갯병에 관한 설명 중 틀린 것은?

① 병원균의 균사는 가로막이 없고 내부에는 과립이 있으나 색소체는 없다.

② 병엽을 검경하면 균사가 세포를 뚫고 종횡으로 뻗는 것을 관찰할 수 있다.

③ 쇠녹빛의 둥근반점이 커지거나 재감염에 의해 작은 반점이 많아진다.

④ 생육 중에 붉은색을 띠고 광택이 없어지나 유실되지는 않는다.

> **해설**
> 엽체의 군데군데에 붉은색 반점을 생성하고, 차차 반점이 커지면서 중심부는 담록색으로 주위는 붉은색으로 변한다.

55 다시마의 종묘생산에 관한 설명으로 적절하지 못한 것은?

① 6월 초에 채묘하여 여름의 휴면기를 거쳐 11월초에 양성을 시작한다.

② 9월 하순에 채묘하여 약 40일 동안 배양한 종묘로 11월 초에 양성을 시작하는 것도 있다.

③ 가을에 기온과 수온이 내려간 후 종묘를 배양해도 생산은 늦어지지 않는다.

④ 종묘의 배양은 수온 15~16℃가 적당하다.

> **해설**
> 늦어진 종묘로 양성할 경우에는 여름까지 충실한 다시마가 되지 못하므로, 여름 동안에 성장시켜 다음 해에 수확하는 2년 양식을 해야 한다.

56 다음은 2년생 다시마의 생장주기 곡선으로 성숙시기를 표시하는 그림이다. 성숙시기를 나타낸 번호는?

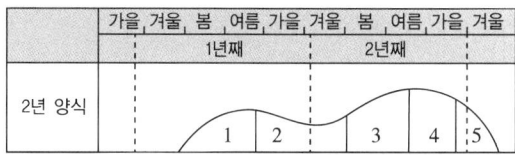

① 1과 3

② 1과 4

③ 2와 4

④ 3과 5

> **해설**
> 다시마 양식방법
>
>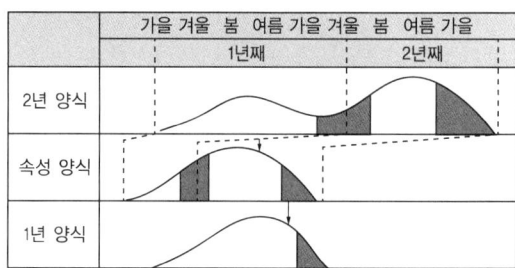
>
> 곡선은 다시마 생장주기, 색 부분은 성숙기, 화살표는 채취기를 나타낸다.

57 김 양식장에서 따개비와 같은 해적생물의 부착을 방지하기 위해서는 수온이 어느 정도 이하로 내려갈 때까지 기다려서 시설을 해야 하는가?

① 12℃

② 17℃

③ 22℃

④ 27℃

> **해설**
> 따개비는 수온이 23~25℃일 때 산란이 왕성하고 22℃ 이하가 되면 산란이 중지되므로 22℃ 이하로 내려가면 발을 설치하도록 한다.

58 미역의 잎자르기 수확은 미역의 어떤 특성을 이용한 것인가?

① 개재생장
② 정단생장
③ 끝녹음
④ 세대교번

해설
잎자르기 수확
남은 부분에서 재생이 가능하도록 하는 것으로서, 특히 엽체수가 적을 때에는 이 방법이 효과적이다.

59 중성포자를 방출하는 해조류는?

① 김
② 대 황
③ 다시마
④ 우뭇가사리

60 일반적으로 김엽체가 자연 상태에서 노출되는 시간으로 가장 적합한 것은?

① 1시간 이하
② 1~2시간
③ 4~5시간
④ 6~7시간

해설
발아층은 대조 때의 주간 4~5시간 노출선으로 하는 것이 일반적이다.

제4과목 수산생물

61 외양 생태계에서 표면수온의 계절변동이 가장 큰 위도는?

① 고위도 지방
② 중위도 지방
③ 저위도 지방
④ 극 지방

해설
위도별 수심에 따른 수온 변화

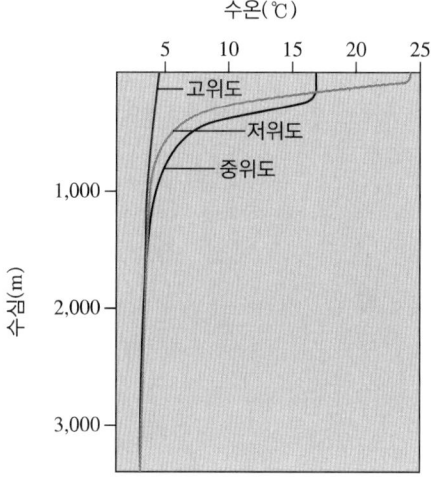

62 다음 수산동물 중 가장 발달된 무리에 속하는 것은?

① 두족류
② 미색류
③ 갑각류
④ 해삼류

해설
미색동물에 속하는 군체성 우렁쉥이류(멍게류)는 유성생식과 무성생식을 하는 가장 고등한 무척추동물에 속한다.

63 다음 중 괄호 안에 들어갈 단어로 가장 적합한 것은?

> 삼치, 방어, 가다랑어, 새치류(類) 등은 밀집생활(密集生活)을 하는 정어리류(類), 고등어, 전갱이와 같은 어류를 통째로 먹는다. 이와 같은 식성을 가진 것들을 ( )어류라 한다.

① 잡식성(雜食性)
② 육식성(肉食性)
③ 초식성(草食性)
④ 기생성(寄生性)

64 호흡 색소인 헤모사이아닌을 가진 것은?

① 어 류　　　　② 해 삼
③ 새 우　　　　④ 피조개

해설
구리(Cu)를 함유하는 헤모사이아닌은 새우, 게, 조개, 오징어, 문어 등의 혈장 속에 녹아 있으며, 환원 상태에서 무색이고, 산화되면 푸르게 변한다.

65 고래류의 설명으로 틀린 것은?

① 대왕고래는 남극해와 북극해에 많고 우리나라 근해에도 나타난다.
② 귀신고래는 과거에 북태평양에서도 살았으나 지금은 북대서양에서만 살고 있다.
③ 향고래는 북위 50°와 남위 50° 사이의 난류 수역에 살고, 주로 낙지, 오징어와 같은 두족류를 먹고 산다.
④ 밍크고래는 수염고래류 중 가장 작으며 가슴지느러미에 있는 폭이 넓은 흰색무늬가 있는 것이 특징이다.

해설
② 귀신고래는 북대서양과 북태평양 모두에 분포하였으나 대서양 계군은 포경으로 인해 1700년대 중반에 멸종되었고, 현재는 서북태평양 계군과 동부태평양 계군에 존재한다.

66 세대교번을 하지 않는 해조류는?

① 파 래　　　　② 미 역
③ 청 각　　　　④ 다시마

해설
톳, 모자반, 청각은 세대교번을 하지 않는다.

67 다음 갑각류 중 십각류(Decapods)에 속하지 않는 것은?

① 왕 게　　　　② 집 게
③ 젓새우　　　　④ 풍년새우

해설
풍년새우는 새각류에 속한다.

68 외양의 특색을 가장 잘 나타낸 것은?

① 서식하는 생물의 종류가 매우 다양하다.
② 염분 및 투명도의 변화폭이 매우 크다.
③ 무기영양염류가 풍부하여 수산업상 매우 중요하다.
④ 생산력이 일반적으로 낮다.

해설
외양역은 육지로부터 멀리 떨어져 있어서 연안보다 염분농도나 투명도가 높고 일정하다. 그러나 일반적으로 영양염이 적어서 기초 생산력이 낮다.

69 분류학상 원구류에 속하지 않는 것은?

① 다묵장어　　　② 칠성장어
③ 붕장어　　　　④ 먹장어

해설
붕장어는 경골어류(뱀장어류)에 속한다.

70 어류의 체색에 대한 설명으로 맞는 것은?

① 은어, 틸라피아 등의 생식시기에 나타나는 혼인색은 주로 암컷에서 나타난다.
② 어류의 체색은 일반적으로 한대지방의 어류에서 다양하게 나타난다.
③ 심해어류의 체색은 주로 검은색 또는 보라색 계통이다.
④ 체색의 변화는 광선과는 무관한 것이다.

해설
① 은어, 틸라피아 등의 생식시기에 나타나는 혼인색은 주로 수컷에서 나타난다.
② 어류의 체색은 일반적으로 열대지방의 어류에서 다양하게 나타난다.
④ 체색의 변화는 어류의 종류, 주변 환경, 먹이의 종류, 광선 및 행동에 따라 다르게 나타나며, 주변 환경에 따라 일시적으로 몸 빛깔이 변화되기도 한다.

71 해양에서 종생 플랑크톤(Holoplankton)에 속하지 않는 것은?

① 집게의 zoea 유생
② 요각류
③ 규조류
④ 와편모조류

해설
게나 새우와 같은 십각류(Decapoda)와 따개비류의 성체는 저서 생활을 하지만, 그들의 유생은 일시적으로 부유 생활을 한다.

72 동물플랑크톤에 대한 설명이 아닌 것은?

① 식물플랑크톤보다 크고, 대개 1mm 이상으로 육안으로 볼 수 있다.

② 갑각류, 원생동물, 모악동물, 윤충류 등이 있다.

③ 주로 밤에는 깊은 층으로 낮에는 표층으로 이동하는 수직이동을 한다.

④ 식물플랑크톤을 먹고 사는 1차 소비자이다.

해설
③ 밤에는 바다 표면 가까이로 올라오고, 낮에는 일정 수심으로 내려간다.

73 원색동물에 속하는 것은?

① 새 우

② 산 호

③ 불가사리

④ 우렁쉥이

해설
원색동물문에는 우렁쉥이와 미더덕 등이 속한다.

74 저장물질로 라미나린 및 만니톨을 가지는 해조류는?

① 파 래

② 가시우무

③ 다시마

④ 김

해설
갈조식물의 광합성 동화 산물 : 라미나린, 만니톨

75 참김의 생활사에 대한 설명으로 틀린 것은?

① 9~10월에 양식장의 발에 포자가 부착하여 성장한다.

② 5~8℃에서 가장 잘 성장한다.

③ 수중의 영양염류에 관계없이 성장하는 특색을 갖는다.

④ 사상체(絲狀體)의 상태로 여름을 지난다.

해설
③ 식물플랑크톤이나 해조류 등은 영양염류에 의존하여 생활한다.

76 다음 중 서식지가 오직 바다인 동물은?

① 극피동물

② 원생동물

③ 절지동물

④ 연체동물

해설
극피동물
일반적으로 표피에 석회질로 된 가시가 있어 극피동물이라 하며, 체벽에 석회질로 된 골판 또는 골침을 가지고 있다. 대부분 해조식성, 육식성이며 재생력이 강하며 모두 해수산이고, 유생 시기에는 부유 생활을 한다.

77 복족류 중 참전복 유생의 부유생활 기간은?

① 2~4일

② 1~2주

③ 2~3주

④ 3주 이상

79 게류의 유생변태를 바르게 적은 것은?

① 조에아 – 노플리우스 – 미시스

② 노플리우스 – 메갈로파 – 미시스

③ 노플리우스 – 조에아 – 메갈로파

④ 조에아 – 메갈로파 – 노플리우스

78 참김의 수정 후 생활사는?

① 과포자 – 사상체 – 중성포자 – 각포자 – 배우체

② 과포자 – 사상체 – 각포자 – 중성포자 – 배우체

③ 각포자 – 사상체 – 과포자 – 중성포자 – 배우체

④ 각포자 – 과포자 – 사상체 – 중성포자 – 배우체

해설

김의 생활사

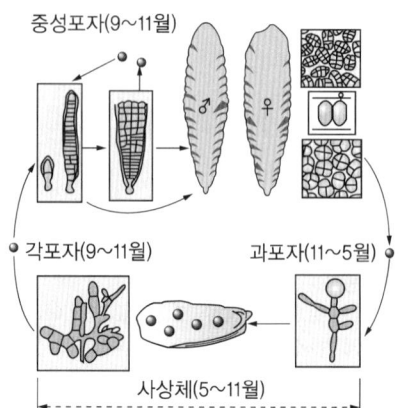

80 적조현상(赤潮現像)에 관한 설명으로 틀린 것은?

① 수중의 환경변화로 플랑크톤이 일시에 대량 번성하여 발생한다.

② 유독성 플랑크톤인 경우 양식장 같은 곳에 큰 피해를 준다.

③ 물의 색깔이 변한다.

④ 우리나라에서는 겨울철에 가장 심하게 발생한다.

해설

우리나라에서는 여름철에 가장 심하게 발생한다.

81 지름이 10m이고 사육수의 수심이 1m인 원형수조에 수용된 어류를 옥시테트라사이클린 200ppm으로 약욕할 때 필요한 약품의 살포량은?

① 5.0kg

② 15.7kg

③ 20.0kg

④ 52.8kg

해설
- 약품의 살포량(g) = 수량(t) × 약품농도(ppm)
- 원형수조의 수량 = 원의 넓이 × 수심
  = 5 × 5 × 3.14 × 1 = 78.5톤
∴ 약품의 살포량 = 78.5 × 200 = 15,700g = 15.7kg

82 가온시설로 운영되는 양만장에서 연중 발생하는 질병으로 뱀장어 해부 시 역겨운 냄새가 나고 항문이 부어오르면서 빨갛게 변하는 증상을 보이는 질병은?

① 적점병

② 에드워드병

③ 비브리오병

④ 붉은지느러미병

해설
에드워드병
증식온도는 15~42℃이지만, 가장 잘 자라는 온도는 30℃ 정도이며, 수온이 14℃ 이하로 내려가면 거의 발육하지 않는다. 가온시설로 운영되는 양만장에서는 연중 발생할 수 있는 질병으로 배 부분과 지느러미가 붉어지고, 항문이 부어오르며 빨갛게 변한다.

83 0.1N 염산용액을 조제하여 표정하니 정확한 농도는 0.102N이었다. 이 용액의 factor는?

① 10.2

② 1.02

③ 0.102

④ 0.0102

해설
factor = 실제농도/표기농도
 = 0.102/0.1 = 1.02

84 시료수를 유리병에 넣고 보존해서는 안 되는 항목은?

① 용해성 인산

② 질산성 질소

③ pH

④ 규산염

해설
영양염 분석을 위한 시료는 플라스틱 용기에 넣어 보관한다. 유리 용기는 용해가 쉬워 규산에 의한 오염 가능성이 있어 유리 용기는 영양염 시료를 보관하는 데 사용하지 않도록 한다(해수공정시험 기준).

85 양식 굴을 대량 폐사시키는 원인균은?

① *Dermocystidium* sp.

② *Vibrio* sp.

③ *Cercaria* sp.

④ *Mycelial* sp.

86 익티오포누스증에 걸린 각 어류의 증세로 올바른 것은?

① 잉어에는 소화기관에 기생하여 카타르성 장염을 일으킨다.

② 무지개송어에서는 주로 아가미에 기생하여 상피 점막을 파괴한다.

③ 잉어의 위속에 기생하여 가스를 발생시키므로 위가 팽만된다.

④ 무지개송어의 간장에 크고 작은 여러 가지의 결절이 생긴다.

해설

해부해 보면 빈혈증과 함께 심장, 간, 신장 등 내부 장기에 흰색이나 붉은 핵의 작은 결절들이 관찰된다.

87 혐기성박테리아나 원생동물의 역할로 분해되어 발생하는 생성물과 가장 거리가 먼 것은?

① H_2S　　　　② CH_4

③ NH_3　　　　④ NO_3

해설

물속에서 혐기성미생물로 인해 유기물이 분해되면 메탄(CH_4), 이산화탄소(CO_2) 그 외 NH_3, H_2S가 발생하여 악취가 난다.

88 성충이 되면 말굽모양의 대핵을 가지는 것은?

① 트리코디나(*Trichodina*)

② 이크티오프티리우스 멀티필리스(*Ichthyophthirius multifiliis*)

③ 키로도넬라 시프리니(*Chilodonella ciprini*)

④ 트리코프리아(*Trichophrya*)

해설

원생동물에 속하는 섬모충으로 0.5~1mm의 타원형이고 말굽형핵을 가진다.

89 전복의 식해성 해적생물에 속하는 것은?

① 가오리

② 꽃 게

③ 소 라

④ 보리새우

90 IPN 바이러스병을 바르게 설명한 것은?

① 랍도바이러스(Rhabdovirus)과에 속한다.

② 보균어를 친어로 사용하였을 때 난을 통하여 수직감염이 일어날 수 있다.

③ 병의 진행속도는 빨라서 감염 후 수온 12~14℃일 때 1~2일 만에 발병, 사망한다.

④ 수직으로 회전운동을 하며 이후 1~2일이 지나면 사망한다.

해설

② 감염경로는 보균 친어를 통한 수직 감염과 물속 병원체가 아가미, 몸 표면 또는 장기를 통하여 감염되는 수평감염이 있다.

① 버나바이러스(Birnavirus)에 속하는 전염성췌장 괴사증 바이러스로 주로 무지개송어가 부화된 지 수주일 이내에 발병하며 췌장조직의 괴사가 심하여 붙여진 병명이다.

④ 부화된 지 수주일 이내에 발병하며 초기에 죽는 개체는 특별한 외부증상 없이 나선형운동을 하다가 바닥에 가라 앉아 죽는다.

91 연어, 송어류의 사료 함량 중 가장 적당한 탄수화물 사료 첨가량은?

① 어체중 kg당 1일 40% 이상

② 어체중 kg당 1일 30% 이상

③ 어체중 kg당 1일 12~15%

④ 어체중 kg당 1일 4.5~6.0%

92 비중계로 염분을 측정할 때 필수적인 기구가 아닌 것은?

① 뷰 렛　　② 수온계

③ 실린더　　④ 비중계

해설
뷰렛은 적정 등에서 액체의 부피를 측정하는 기구이다.
비중은 수온에 따라 변화하므로 수온도 함께 측정하여 수온, 비중 대조표에서 염분을 환산한다.

93 굴의 퍼킨서스병을 진단하기 위하여 사용되는 염색약은?

① Methylene Blue액

② Lugol액

③ Crystal Violet액

④ Safranin액

해설
병든 굴의 소화선을 슬라이드 글라스에 놓고 커버글라스로 누른 다음 김자액이나 루골의 아이오딘액(Lugol's Iodine)에 염색한 후 현미경으로 관찰하면 특징적인 한 개의 공포가 한쪽에 치우쳐 있는 기생충의 영양체를 볼 수 있다.

94 뱀장어 양식장 수질을 조사하려고 채수를 한 후 Nessler 시약을 넣어 20분 후 확인해 보니 짙은 황갈색으로 변색되어 있었다. 이 경우 변색된 원인이 되는 것은?

① 암모니아태 질소

② 아질산태 질소

③ 질산태 질소

④ 용존산소

95 해수의 용존산소량이 일반적으로 담수보다 적은 이유는?

① 수량이 상대적으로 많기 때문에

② 수심이 너무 깊기 때문에

③ 염화물 등으로 농도가 크기 때문에

④ 수온이 담수보다 높기 때문에

해설
용존산소
• 대기 중의 산소가 용해된 것이나, 수중식물의 광합성에 의해 공급된다.
• 용해도는 온도와 염분이 상승할수록 낮아진다.
• 기압 하강, 고도 상승, 불순물 증가 등은 용해도를 감소시킨다.

96 Trichlorofon으로 쉽게 치료되는 질병은?

① 포자충병

② 백점병

③ 아가미흡충

④ 물곰팡이병

97 다음 중 시험수를 채수한 후 가장 빨리 분석해야 하는 항목은?

① 수소이온농도
② 부유물질
③ 총질소
④ 염소 이온

해설
pH값은 온도에 따라 변하기 때문에 채수 후 빨리 분석해야 한다.

98 시료수에 미생물 발생 억제제를 첨가해서는 안 되는 항목은?

① 암모니아
② 아질산염
③ 생물화학적 산소소비량
④ 화학적 산소소비량

해설
수중에 있는 유기물이 호기성 미생물에 의해 분해될 때 소비되는 용존 산소량으로 20℃에서 5일간 배양했을 때에 소비되는 용존 산소량을 mg/L(ppm)로 나타낸다.

99 양어장에서 pH와 용존산소는 어떤 관계가 있는가?

① 용존산소가 증가하면 pH도 증가한다.
② 용존산소가 감소하면 pH는 증가한다.
③ 용존산소가 증가하면 pH는 감소한다.
④ pH와 용존산소는 일정한 관계가 없다.

해설
노지 양식장의 경우 조류가 번성하면 pH 변화가 생긴다.
낮에는 광합성 작용에 의하여 CO_2를 소비하고, O_2를 제공하므로 pH가 증가하고 용존산소도 증가한다.
야간에는 식물성플랑크톤의 호흡작용에 의하여 CO_2를 제공하고, O_2를 소비하므로 pH는 감소하고 용존산소도 감소한다.

100 전기전도도를 이용하여 염분을 측정할 때 측정치에 가장 크게 영향을 미치는 요소는?

① 수 온
② pH
③ 투명도
④ 색 도

해설
전기전도도는 온도차에 의한 영향이 크다.

제1과목 · 어류양식학

01 은어 양식에 대한 설명으로 옳은 것은?

① 수온 12~20℃에서 부화한다.

② 부화 적수온에서 5일 만에 부화한다.

③ 수정란은 해수에서 부화시킨다.

④ 부화 자어의 초기 먹이로 알테미아를 공급한다.

해설

② 부화 적수온에서 14~20일 만에 부화한다.

③ 수정란은 흐르는 담수 또는 기수에서 부화한다.

④ 부화 자어의 초기 먹이로는 로티퍼를 공급한다.

02 우리나라에서 무지개송어의 성장을 계속적으로 높게 유지할 수 있도록 공급하기에 가장 적합한 수원은?

① 계곡수

② 댐호수

③ 일반 하천수

④ 지하수

해설

무지개송어의 빠른 성장을 위하여 수온은 가급적 연중 변화 폭이 적고 비교적 높은 수온을 유지하여야 한다. 이에 지하수가 가장 적절하다.

03 다음 조건에서 사료효율은?

- 실험최초 시 : 평균무게 1kg 100마리
- 실험종료 시 : 평균무게 2kg 99마리
- 실험기간 중 1마리 폐사 : 폐사개체의 무게 1.4kg
- 총사료 공급량 : 200kg

① 49.0%

② 49.2%

③ 49.7%

④ 50.0%

해설

$$사료효율(\%) = \frac{증육량}{사료공급량} \times 100$$

$$= \frac{(99 \times 2 + 1.4) - (100 \times 1)}{200} \times 100$$

$$= 49.7\%$$

04 무지개송어 양식을 위한 먹이 공급의 설명으로 틀린 것은?

① 1일분의 먹이를 1회에 한꺼번에 주지 않고 2회로 나누어 준다.

② 먹이가 바닥에 떨어지기 전에 다 받아먹을 수 있는 정도로 천천히 조금씩 주어야 한다.

③ 100% 충분히 먹었을 때 사료의 효율이 가장 높다.

④ 수온이 갑자기 너무 높아지거나 너무 낮아졌을 때는 먹이 주는 양을 감소시켜야 한다.

해설

70~80%가 충분히 먹었다고 했을 때 먹이를 중단하면 사료 효율이 좋고 수질관리에도 좋다.

05 알테미아(Artemia) 알 부화에 대한 설명으로 옳은 것은?

① 건조된 알의 직경은 0.2~0.24mm 정도이다.
② 염분농도는 10‰ 이하가 좋다.
③ 부화 pH는 산성일수록 좋다.
④ 부화 수온은 15℃ 이하로 유지한다.

해설
알테미아 부화
부화 용수로는 보통 담수를 섞어 비중 1.020 정도(25~30‰), pH 7~9, 수온 28℃ 전후로 유지한다.
※ 부화 용수의 염분과 수온은 알테미아 내구란의 종류에 따라 다르므로 상품통의 용기에 적혀 있는 설명에 따라 조절한다.

06 황복 수정란의 발생, 부화 및 전기 자어 사육 시 가장 적합한 염분농도는?

① 약 0.5‰ 이하
② 약 10‰ 이하
③ 약 20‰ 이하
④ 약 30‰ 이하

해설
황복은 강으로 올라와 알을 낳는 종으로 수정란의 발생, 부화 및 전기 자어 사육 시 약 0.5‰ 이하의 염분농도가 적합하다.

07 조피볼락의 새끼 출산은 하루 중 주로 언제 일어나는가?

① 04~06시
② 09~10시
③ 18~20시
④ 22~24시

08 틸라피아 가두리 양식의 장점이 아닌 것은?

① 번식억제
② 토지부족 해결
③ 고밀도사육
④ 품종개량

해설
틸라피아 가두리 양식의 장점
수면의 효율적 이용, 토지부족 해결, 고밀도 양성 가능, 사료효율이 높음, 관찰용이, 번식억제, 수확용이, 시설비가 적음, 보관이 쉬움, 초기 투자가 적음

09 다음 사료 형태 중 수질오염을 예방하는 데 가장 좋은 사료는?

① MP사료
② EP사료
③ Paste사료
④ Crumble사료

해설
EP사료는 양식어업인이 주로 사용하는 생사료(냉동생선사료)와 분말사료(생선을 가구로 만든 사료)가 가라앉아 양식장 주변 바다를 오염시키는 것과 비교하면 환경 친화적인 사료로 평가된다.

10 조피볼락의 출산시기 판단에 관한 내용으로 가장 거리가 먼 것은?

① 항문, 생식구 및 비뇨돌기는 약간 팽출되어 있는 상태로 그 주변부는 담청색을 띠고 있는 개체가 많은 경우 출산시기가 어느 정도 남은 것임

② 항문으로부터 비뇨돌기에 이르기까지 거의 동일하게 팽출되지만 생식구의 선단부는 팽출되어 있지 않으며 항문으로부터 비뇨돌기에 걸쳐 자색이나 암청색의 색을 보일 때는 출산시기가 가까워진 것임

③ 배가 부르고 머리에 추성이 생기며, 움직임이 둔한 경우 출산이 많이 남아 있음

④ 항문, 생식구 및 비뇨돌기 주변은 현저히 팽출하여 그 주변 부위의 색깔은 암청색 또는 암자색을 나타낼 경우 출산 직전임

> **해설**
> ③ 조피볼락의 출산시기 추정과 관련없는 내용이다. 출산이 가까워지면 아가미 개폐 운동이 평소보다 심해지고 출산 2~3일 전부터는 일몰 전후가 되면 수조를 배회하는 행동을 하게 된다.

11 실뱀장어의 소상과 관련된 설명으로 틀린 것은?

① 주로 밤에 소상한다.
② 대조 시에 많이 소상한다.
③ 수온이 낮은(8℃ 이하) 이른 봄에 많이 소상한다.
④ 담수가 내려가는 데 소상한다.

> **해설**
> 실뱀장어는 3~4월경 수온이 8~10℃로 올라가서 하천과 해수의 수온차가 없을 때, 주로 밤에 활발하게 소상한다. 대조시의 만조 때 특히 일몰 때부터 2~3시간 이내에 만조가 될 때 비가 오거나 흐릴 때에는 하루의 시간과 관계없이 만조시에 많이 소상한다.

12 Fish Culture와 같은 뜻으로 쓰이는 용어는?

① Fish Management
② Fish Farming
③ Hatching
④ Propagation

13 실뱀장어를 기르는 데 수온을 어느 정도로 유지하는 것이 가장 좋은가?

① 12~13℃
② 15~16℃
③ 20~22℃
④ 26~27℃

14 잉어를 유수식으로 사육한 경우 단위 면적당 생산량은 수량에 따라 다르나 보통은 $1m^2$당 몇 kg 정도인가?

① 10~30kg
② 40~200kg
③ 500~1,000kg
④ 1,000~1,500kg

> **해설**
> 잉어 유수식 양식
> • 수량이 풍부하고 유수가 있는 곳으로, 수온이 15℃ 이상(1일 평균 수온으로 오전 10시에 측정)으로 4개월 이상 유지되는 곳이어야 한다.
> • 단위면적당 생산량은 $1m^2$당 40~200kg이며, 100~200kg 정도 되는 종묘부터 750~1,000kg까지 기를 수 있다.

15 다음 중 수산자원의 조성이나 야생동물의 보호관리 등 자연자원의 관리에 속하는 것은?

① 양 식   ② 어 업

③ 축 양   ④ 증 식

해설
① 양식 : 경제적 가치가 있는 생물을 인위적으로 번식·성장시켜 수확하는 것
② 어업 : 수산동식물을 포획·채취하는 사업
③ 축양 : 살아 있는 수산동물을 적절한 시설 안에서 일시적으로 보관하는 일

16 다음 중 양성한 넙치 친어로부터 채란하고자 할 때 친어의 수용밀도가 가장 적당한 것은?

① $1m^2$당 1~2마리

② $1m^2$당 3~4마리

③ $1m^2$당 5~6마리

④ $1m^2$당 7~8마리

17 돌돔의 해상가두리 양식에 있어 양성관리로 가장 거리가 먼 내용은?

① 입식 후 전장 10cm 정도까지는 EP와 MP 사료를 혼용하여 1일 1~2회 공급한다.

② 겨울철 저수온기(12~4월)에도 매일 1~2회 사료를 공급한다.

③ 사육밀도는 초기 입식 시(전장 5~7cm) 톤당 500~1,500마리 수용한다.

④ 18℃ 이상에서는 성장이 양호하지만, 그 이하에서는 둔화된다.

해설
돔류는 수온 10℃ 전후에 소화율이 급격히 떨어진다. 이 시기에 사료를 투여하면 장내에서 머무르는 시간이 길어져 세균증식에 의해 위나 장에 복수가 차고 충혈이 발생하여 폐사되는 경우가 있으므로 이 시기에는 가능한 사료를 줄인다.

18 사료계수에 대한 내용을 맞게 설명한 것은?

① 어체 1단위 무게만큼 증가시키는 데 필요한 사료의 무게 단위

② 사료효율과 같은 의미

③ 숫자가 높을수록 좋은 사료를 뜻함

④ 증육량을 공급한 사료의 백분율로 나타내는 것

해설
• 사료계수 $= \dfrac{\text{사료 공급량}}{\text{증육량}}$

  (단, 증육량 = 수확 시 중량 – 방양 시 중량)

• 사료효율(%) $= \dfrac{1}{\text{사료계수}} \times 100$

               $= \dfrac{\text{증육량}}{\text{사료 공급량}} \times 100$

19 참돔의 양식에 있어서 먹이를 주는 방법으로 가장 좋은 것은?

① 조금씩 여러 번에 걸쳐 나누어 준다.

② 하루 중 아침과 저녁 무렵 2회에 걸쳐 준다.

③ 매일 오전 10시 기준으로 그날 투입량을 한꺼번에 준다.

④ 2~3일 만에 한 번씩 대량으로 준다.

해설
참돔은 먹이를 조금씩 장시간에 걸쳐 먹기 때문에, 하루에 조금씩 여러번에 걸쳐 나누어 준다. 바닥에 떨어진 먹이는 먹지 않으므로, 먹이가 바닥에 떨어지지 않도록 주의해야 한다.

20 넙치의 산란에 대한 다음 내용 중 가장 거리가 먼 것은?

① 산란기의 수온은 11~17℃이고, 산란성기의 수온은 13~17℃이다.

② 넙치의 산란은 오후 1~5시경에 가장 활발하게 일어난다.

③ 넙치는 다회 산란을 하며, 약 2~3개월에 걸쳐 수회의 산란을 행한다.

④ 친어사육조의 암수 비율은 암컷 1마리에 대하여 수컷은 1.5~2마리가 되도록 하는 것이 일반적이다.

해설
넙치의 산란은 일몰부터 자정에 걸쳐서는 활발하지 못하며, 하루 중 새벽 0~3시에 가장 활발히 일어난다.

21 다음 조개류의 유생 중 자연상태에서 부유생활 기간이 가장 긴 것은?

① 참 굴

② 피조개

③ 참가리비

④ 진주담치

해설
③ 참가리비 : 8℃ 전후에서 약 40일
① 참굴 : 23℃ 전후에서 약 14일
② 피조개 : 20℃ 전후에서 약 28일
④ 진주담치 : 15℃ 전후에서 약 25일

22 멍게(우렁쉥이)의 서식장으로 적당하지 않은 곳은?

① 수온 범위가 5~24℃인 곳

② 외해의 영향을 많이 받는 곳

③ 수심 20m 내외로 저질이 암초 또는 자갈로 형성된 곳

④ 여름철 강우 등으로 염분이 낮은 곳

해설
④ 해수의 비중이 비교적 높은 외해가 적당하다.

23 다음 중 조개류의 인공종묘 생산 시 먹이의 가치가 가장 큰 것은?

① 스켈레토네마(Skeletonema)

② 모노크리시스(Monochrysis)

③ 키토세로스(Chaetoceros)

④ 녹티루카(Noctiluca)

24 전복류의 성숙에 대한 설명으로 옳은 것은?

① 전복의 성숙된 난소는 선홍색이며 정소는 황백색이다.

② 전복의 성숙에 가장 큰 영향을 미치는 요인은 염분이다.

③ 까막전복의 성숙기초수온은 5.3℃이다.

④ 참전복의 성숙에 필요한 적산수온은 3,500℃이다.

해설

① 전복의 성숙된 난소는 짙은 녹색이며 정소는 담황색이나 황백색이다.

② 전복의 성숙에 가장 큰 영향을 미치는 요인은 수온이다.

④ 참전복의 성숙에 필요한 적산수온은 500~1,500℃이다.

25 진주담치의 채묘에 관한 설명으로 옳은 것은?

① 채묘장소는 파도가 있는 외해역이 좋다.

② 채묘시설은 침설식을 많이 쓴다.

③ 부착층은 주로 표층으로부터 1~2m 수층이다.

④ 고른 종패 부착을 위해 채묘연 이동을 금지한다.

해설

진주 담치의 부착층은 표층으로부터 1~2m 수층으로 수하식이 알맞다.

①, ②, ④는 참담치에 대한 설명이다.

26 참굴의 채묘예보에 대한 설명으로 옳은 것은?

① 부유유생의 조사는 매일 간조시에 실시한다.

② 참굴의 부유유생의 부착 직전의 크기는 0.7mm이다.

③ 채묘예보는 따개비 유생의 부착수가 점점 감소하는 시기가 적당하다.

④ 유생 채집망은 5m 깊이에서 수평으로 끌어서 채집한다.

해설

① 부유유생 조사는 매일 만조시에 실시한다.

② 참굴의 부유유생의 부착 직전의 크기는 약 0.3mm이다.

④ 유생 채집은 수면으로부터 30cm 깊이에서 수평으로 끌어서 채집한다.

27 조위망식 양성을 가장 맞게 설명한 것은?

① 그물과 말목으로 간석지를 막고 그 안에 종패를 방양하여 양성하는 방법이다.

② 양성생물이 도망하지 못하도록 그물로 만든 가두리를 수중에 매달아 양성하는 방법이다.

③ 그물로 천해의 일부나 전부를 막고 물의 교환은 간만에 의한 해수의 조차를 이용하여 양성하는 방법이다.

④ 개방식 양성법 중에서 가장 발달한 양성법이다.

해설

② 그물가두리 양성

③ 제방식 양성

④ 수하식 양성

24 ③ 25 ③ 26 ③ 27 ① 정답

28 전복용 배합사료의 조건으로 틀린 것은?

① 기호성이 좋고 높은 성장률을 얻을 수 있는 것
② 수중에서 잘 풀려 전복이 먹기 용이할 것
③ 취급이 쉽고 방부성도 우수할 것
④ 경제성이 있을 것

② 수중에서 보형성이 좋을 것

29 꼬막류 중에서 수심이 가장 깊은 곳에서 양성 가능한 종류는?

① 꼬 막
② 새꼬막
③ 피조개
④ 큰이랑피조개

③ 피조개 : 간조선으로부터 50m에 분포(2~20m에 주로 서식)
① 꼬막 : 가장 천해성으로 조간대에 서식
② 새꼬막 : 조간대로부터 10m에 서식(1~5m에 주로 서식)
④ 큰이랑피조개 : 수m~30m에 서식

30 다음 양식생물 중 부유유생 기간이 가장 긴 종류는?

① 닭새우
② 키조개
③ 참가리비
④ 보리새우

닭새우는 약 8~11개월 동안 필로소마기로 부유생활을 한다.

31 부착기에 도달한 피조개 유생의 일반적인 평균 각장 크기는?

① 200μm 내외
② 230μm 내외
③ 360μm 내외
④ 540μm 내외

32 무척추동물 중 돌리올라리아(Doliolaria)라는 유생기를 가지는 종은?

① 수 랑
② 해 삼
③ 따개비
④ 불가사리

해 삼
수정란은 180m 정도로 10시간 후에 부화하고, 3일 정도 지나면 아우리클라리아(Auricularia)로 변태하여 먹이를 섭취하며, 부화 후 14일이 지나면 돌리올라리아(Doliolaria)로 성장한다.

33 다음 중 이동력이 강하여 양식 시 각별히 주의해야 할 종은?

① 바지락
② 대 합
③ 피조개
④ 키조개

대합은 이동성이 강하여 일정한 간격마다 말목을 세운 다음, 그물이나 대나무 등을 사용해 바닥에서부터 30cm 이상, 바닥 밑으로 20cm 정도 되도록 조위망시설을 하여 양식한다.

34 피조개 서식장으로 알맞지 않은 곳은?

① 해저의 물길 같은 곳
② 육수의 영향을 받지 않는 곳
③ 파도의 영향을 적게 받는 내만
④ 저질이 개흙질로 된 부드러운 곳

② 육수의 영향을 어느 정도 받는 곳

35 보리새우의 발육단계 순서로 맞는 것은?

① 배 → 유생 → 유하 → 약년 → 치하 → 성체
② 배 → 유생 → 치하 → 유하 → 약년 → 성체
③ 배 → 치하 → 유하 → 유생 → 약년 → 성체
④ 배 → 유하 → 유생 → 약년 → 치하 → 성체

36 꼬막의 바닥양성에 대한 설명으로 옳은 것은?

① 조간대에서부터 조하대 사이에서 양성한다.
② 저질은 모래질로, 다소 붉은색을 띤 회백색이 좋다.
③ 해조류가 많은 곳은 좋지 않다.
④ 해수의 흐름이 거의 없는 내만에 양성한다.

① 조간대에서 양성한다.
② 저질은 펄질로 저질의 색이 다소 녹색을 띤 회백색이 좋다.
④ 해수의 흐름이 좋은 곳에서 양성한다.

37 단련종굴의 생산과정을 4단계로 나눌 때 3단계에 해당하는 것은?

① 채묘예보
② 해적구제
③ 단 련
④ 채 묘

단련종굴의 생산과정 : 채묘예보 → 채묘 → 단련 → 해적구제

38 발생 도중에 트로코포라(Trochophora) 유생기를 거치는 것은?

① 갯지렁이
② 문 어
③ 우렁쉥이
④ 보리새우

해설
갯지렁이의 유생발달 순서
프로토트로코포라(Prototrochophore) → 메타트로코포라(Metatrochophore) → 넥토키타(Nectochaeta)

39 바지락 치패 발생장에 대한 설명으로 옳지 않은 것은?

① 하천수의 유입으로 인한 육수의 영향을 받는 간석지
② 해수가 정체하지 않고 지속적으로 유동이 있는 곳
③ 모래질이 많은 곳
④ 태풍, 홍수 등에 의한 지반 변동이 거의 없는 곳

해설
치패가 많이 발생하는 곳은 방파제 부근이나 하구의 삼각주 또는 간석지의 섶발 부근 등과 같이 와류가 생기거나 흐름이 완만한 곳이다.

40 전복류의 생활사 중 성장단계와 먹이의 연결이 옳지 않은 것은?

① 부유 생활기 – 소형 부착 규조류
② 저서 초기 – 부착 규조류
③ 저서 후기 – 부착 규조 또는 소형 해조류
④ 저서 후기 이후 – 해조류

해설
부유 유생 기간에는 먹이를 먹지 않고, 저서 초기부터 먹이를 먹기 시작한다.

제3과목 해조류양식학

41 다음은 어느 김의 특성을 설명한 것인가?

> 30cm 이상이 되면 역삼각형으로 되는 것이 이 품종의 기본형이다. 좌우의 가장자리는 불균등하게 자라서 한 쪽으로 굽어지는 경향이 있고 발에 붙었을 때 꼬여져 있다. 2, 3월이 되지 않으면 과포자를 형성하지 않는다.

① 참 김
② 둥근돌김
③ 큰참김
④ 큰방사무늬김

42 우뭇가사리의 번식 방법에 해당되지 않는 것은?

① 포복지 번식
② 재생 번식
③ 사분포자 번식
④ 구상체 번식

해설
우뭇가사리의 번식
• 과포자, 사분포자에 의한 번식
• 포복지 재생력에 의한 영양 번식에 의한 증식

43 세대교번을 하지 않는 해조류는?

① 미 역 ② 김

③ 다시마 ④ 청 각

세대교번을 하지 않는 종류 : 갈조류의 모자반, 톳, 녹조류의 청각

44 미역과 넓미역의 암수 배우체를 배양하여 교잡시키면 어떻게 되는가?

① 미역의 형질이 대부분 우성으로 나타난다.

② 넓미역의 형질만이 우성으로 나타난다.

③ 종이 다르므로 교잡이 되지 않는다.

④ 미역과 넓미역의 중간적인 형질이 많이 나타난다.

넓미역은 고수온에 강하고 다시마와 비슷한 형태를 지니며, 제주도의 한정된 지역에서 자란다. 식감이 부드러워 쌈으로 식용가능한 일년생 해조류이다.

45 2년생 다시마의 양식이 가능한 해황 조건은?

① 9~13℃의 저수온기가 길다.

② 투명도가 15m 이상되는 시기가 많다.

③ 여름 표층수온이 28℃이다.

④ 수심 12m 이상의 수온이 언제나 25~26℃ 이하이다.

46 미역의 채묘 적온은?

① 15℃ 전후

② 17~20℃

③ 20~23℃

④ 23℃ 이상

미역 양식에서 수온별 적온
• 배우체 발아 성장 적온 : 17~20℃
• 아포체 유엽의 성장 적온 : 15~17℃
• 중륵이 생긴 이후 : 12~13℃
• 성엽 : 5~10℃

47 김 냉장씨발을 동결할 때 0℃에서 −20℃까지의 소요 시간으로 가장 적합한 것은?

① 수 초 이내

② 수 분 정도

③ 10시간 정도

④ 2~3일 정도

냉장발 동결, 저장온도 및 기간
• 냉장 전 −30~−20℃에서 10시간 전후 급속동결
• 급랭된 씨발을 −25~−15℃에 냉장보관

48 주광성을 갖는 것은?

① 미역의 유주자

② 김의 과포자

③ 우뭇가사리의 사분포자

④ 홑파래의 배우자

해설

홑파래의 배우자는 강한 (+)주광성이며, 접합자는 (−)주광성이다.

49 김의 사상체에서 만들어진 포자는?

① 각포자

② 과포자

③ 사분포자

④ 중성포자

해설

김의 생활사

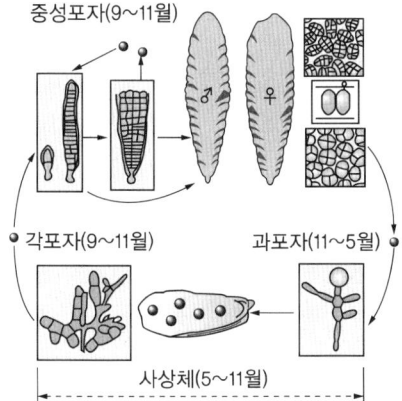

중성포자(9~11월)

각포자(9~11월)   과포자(11~5월)

사상체(5~11월)

50 미역 종묘의 가이식 필요성에서 볼 때 그 비중이 가장 낮은 것은?

① 미역 종묘의 배양수조나 탱크를 김의 인공채묘에 빨리 이용하기 위해

② 아포체나 유엽의 성장을 촉진시키기 위해

③ 부니와 잡생물의 제거 작업 또는 싹녹음 예방을 위해

④ 씨줄을 어미줄에 감을 때의 종묘 손상을 막기 위해

해설

미역의 가이식 필요성

• 아포체나 유엽은 굵은 어미줄에 붙어 있는 것보다 씨줄에 따로 붙어 있는 것이 광선도 잘 받고 조류 소통도 좋아 발아 및 성장이 빠르고 부니나 잡생물의 피해도 적다.

• 부니나 잡생물의 제거작업 또는 싹녹음 예방을 위한 대피 작업이 용이하다.

• 배우체의 성숙과 수정이 좋다.

• 유엽이 아직 육안으로 확인되기 전에 어미 줄에 감는 작업을 할 때 부주의로 종묘가 손상될 우려가 있다.

51 양식장에서 자연채묘를 할 때의 각포자 방출 주기는?

① 4일

② 7일

③ 14일

④ 30일

52 냉장발의 급속 동결 온도와 저장 온도는?

① 급속 동결 온도 −30~−20℃, 저장 온도 −5~0℃

② 급속 동결 온도 −30~−20℃, 저장 온도 −25~−15℃

③ 급속 동결 온도 −45~−30℃, 저장 온도 −5~0℃

④ 급속 동결 온도 −45~−30℃, 저장 온도 −25~−15℃

해설

냉장발 동결, 저장온도 및 기간

• 냉장 전 −30~−20℃에서 10시간 전후 급속동결

• 급랭된 씨발을 −25~−15℃에 냉장보관

53 김의 맛을 내는 아미노산 성분이 아닌 것은?

① 글리신

② 알라닌

③ 글루탐산

④ 다이메틸설파이드

해설

다이메틸설파이드는 해산물 비린내 등의 악취 유발 물질이다.

55 톳의 경쟁해조로서 증식에 직접적으로 영향을 미치는 해조는?

① 개서실

② 진두발

③ 패

④ 모자반

56 외양의 깊은 곳에 가장 알맞은 김양식 시설은?

① 섶

② 뜬흘림발

③ 뜬발(지네발)

④ 뜬발(그물발)

해설

뜬흘림발 장단점

장 점	• 포자가 충분히 많이 부착한 김발을 이용할 수 있다. • 수광 시간을 길게 하여 단시간에 엽체를 생장시킬 수 있다. • 외해에서도 양식 가능하다. • 파래, 규조의 부착이 없을 정도로 싹이 충분히 자란 김을 사용해서 양식한다.
단 점	• 노출 시 인력이 많이 들고 품질이 나쁘다. • 양식 중 2차 번식이 없으므로 김발의 수명이 짧다(늦가을~초겨울 : 2~3회 채취 가능, 겨울 : 3~4회 채취 가능). • 냉장발 교체 등의 번거로움이 있다.

54 우리나라에서 양식되고 있는 해조류를 나열한 것 중 옳지 않은 것은?

① 모무늬돌김, 매생이, 톳

② 큰참김, 꼬시래기, 미역

③ 다시마, 잇바디돌김, 납작파래

④ 방사무늬돌김, 해인초, 톳

해설

해인초는 우리나라에서 양식되고 있는 종이 아니다.

57 김 종묘 배양장에 대한 설명으로 옳은 것은?

① 가능한 직사광선이 잘 들어올 수 있도록 한다.

② 수온 변화를 방지하기 위해 가능한 한 통풍이 되지 않도록 한다.

③ 조도와 온도의 변화가 비교적 적은 북향 건물이 좋다.

④ 수조의 깊이는 수하식과 평면식 모두 80cm 내외가 적당하다.

해설

김 조가비 사상체 배양장 조건

• 조도와 온도의 변화가 비교적 적은 북향 건물이 좋다.

• 창문을 많이 낸다.

• 직사광선을 막는다.

• 통풍이 잘되게 한다.

58 다시마 양성 시 시기별로 수위조절을 하는 방법이 틀린 것은?

① 가을에서 3월까지는 수면하 1m

② 봄 4~5월에는 수면하 1.5m

③ 여름 6~7월에는 수면하 2~2.5m

④ 한 여름의 8월에는 수면하 8~10m

해설

양성수위 조절

3월에는 1m, 4~5월에는 1.5m, 6~7월에는 2~2.5m, 8월에는 3~3.5m

59 미역은 여름철 고수온기에 어떤 상태인가?

① 현미경적인 암, 수의 배우체 상태

② 유엽 상태

③ 노쇠한 엽체 상태

④ 휴면포자 상태

해설

미역 생활사

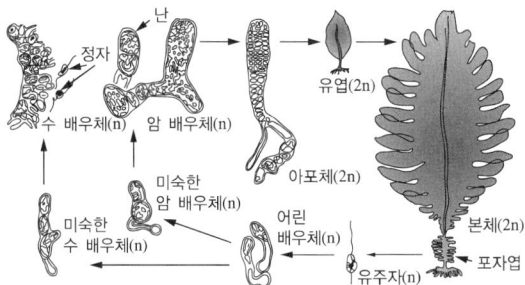

유엽(늦가을) → 성장(봄, 겨울) → 포자엽 성숙(봄, 여름) → 유주자 방출(모체 손실) → 현미경적 실모양의 배우체 → 암·수배우체(가을) → 수정 후 수정란이 아포체가 되고 유엽으로 성장한다.

60 긴잎돌김의 특성은?

① 조생종이다.

② 색택이 나쁘다.

③ 질이 부드럽다.

④ 자웅동주이다.

해설

긴잎돌김은 자웅이주이고 조생종으로 중성포자를 만들지 않는다.

61 자연 간석지나 모래터를 개량하여 저서 생물의 초기 발생이 잘되게 조성하는 저질 개선 방법은?

① 객 토   ② 준 설
③ 바닥갈이   ④ 인공간석

해설

저질개선 방법
• 객토 : 새로운 토사를 해저에 뿌림
• 바닥갈이 : 해저토를 갈아서 뒤엎어 줌
• 준설 : 퇴적된 찌꺼기나 유해한 해캄 제거
• 인공간석 : 인공적 힘을 가해 합리적 간석지 조성

62 순환여과식 양식에 대한 설명이 틀린 것은?

① 물의 사용량을 절약할 수 있다.
② 고밀도 양식이 가능하다.
③ 초기 투자비용이 높다.
④ 해적생물과 질병에 대한 대책이 어렵다.

해설

해적생물과 질병에 대한 대책이 용이하다.

63 물 속에 용존되어 있는 이온화되지 않은 암모니아(NH_3)의 양은 pH가 1단위 증가할 때(예 pH 7 → 8) 어떻게 변하는가?

① 2배 정도 증가한다.
② 10배 정도 증가한다.
③ 1/10 정도 감소한다.
④ 1/2 정도 감소한다.

64 순환여과식 양식시스템 내 생물여과조의 질산화 작용에 가장 적합한 pH 범위는?

① 5~6
② 6~7
③ 7~8
④ 8~9

65 고속모래여과에 대한 설명으로 옳은 것은?

① 여과용량이 적기 때문에 양식장보다는 실험실 등에서만 이용된다.
② 여과능력은 여과조의 표층에서만 일어난다.
③ 여과능력은 여과 재료의 표면적에 비례한다.
④ 여과효율을 높이기 위해서는 자주 역세척을 해야 한다.

해설

처리 상한선 이상의 현탁 고형물을 처리하면 여과상이 막히기 때문에 정기적으로 역류세척을 해야 한다.

66 원형지를 이용한 은어양식에서 못 중앙을 향한 바닥의 경사도로 가장 적합한 것은?

① 1/1~1/5
② 1/6~1/14
③ 1/15~1/25
④ 1/50~1/100

해설

원형지의 경사도는 1/15~1/25 정도로 하여 찌꺼기 제거 효율을 높인다.

67 수생식물들의 광합성 작용이 왕성할 때의 수질변화에 대한 설명이 아닌 것은?

① 수소이온농도가 낮아진다.
② 총탄산량이 감소한다.
③ 질산염, 인산염량이 감소한다.
④ 용존산소가 증가한다.

해설
광합성 작용으로 이산화탄소를 많이 사용하므로 수소이온농도(pH)는 높아진다.

68 순환여과식 양식 시설에서 축적된 질산염을 분해하는 여과 단계는?

① 1차 여과
② 2차 여과
③ 3차 여과
④ 4차 여과

해설
생물학적 여과의 유해물질 분해 단계
유기물의 무기물화(1단계) → 질산화 작용(2단계) → 탈질화 작용(3단계)

69 다음 중 인위적으로 먹이공급을 해 주어야 하는 양식 방법은?

① 바닥 양식
② 밧줄식 양식
③ 가두리 양식
④ 수하식 양식

70 해수 내 녹아 있는 기체 중 가장 높은 농도를 나타내는 것은?

① 질 소
② 산 소
③ 이산화탄소
④ 아르곤

해설
물에 대한 기체의 용해도
• 물에 잘 녹는 기체 : 암모니아, 염화수소, 이산화황
• 물에 조금 녹는 기체 : 이산화탄소 등
• 물에 잘 녹지 않는 기체 : 질소, 산소, 수소, 공기 등

71 독성 물질에 의한 생물의 이동 및 도피를 유발케 하는 농도는?

① 치사농도
② 혐기농도
③ 불호농도
④ 만성농도

해설
② 혐기농도 : 어류와 같이 이동성을 가진 생물이 독물의 위험한 구역에서 다른 곳으로 이동하게 되는 농도
① 치사농도 : 독물의 농도가 어느 정도 이상이 되면 생물은 이에 저항할 수가 없어 죽게 되는 농도
③ 불호농도 : 어류는 혐기량보다 훨씬 낮은 농도의 폐수일 때에는 그 속에서 살 수 있다. 그러나 그 농도의 범위 내에서도 정상적인 수역에 비하면 어류의 수가 줄어드는 경우가 있다. 이와 같이 군집 밀도에 차이가 나타나는 한계 농도

72 어류의 고밀도 양식 시 환경오염을 가장 최소화할 수 있는 양식방법은?

① 가두리 양식
② 유수식 양식
③ 정수식 지중 양식
④ 순환여과식 양식

해설
사육수를 정화하여 다시 사용하는 방식으로 환경오염을 최소화하여 고밀도로 양식할 수 있다.

73 파이프 안의 물이 아래로 흘러내리면서 공기를 함께 흡인하여 물속으로 혼합시키는 에어레이션 장치는?

① 벤투리관 에어레이션
② 표면 에어레이션
③ 확산 에어레이션
④ U자관 에어레이션

74 양어장 용수로써 지하수를 이용할 때 일반적으로 반드시 실시해야 할 작업은?

① 가 온
② 냉 각
③ 에어레이션
④ 중 화

해설
지하수는 질소포화도가 높으므로 충분히 폭기시켜 가스 포화도를 감소 시키도록 한다.

75 다음 유해물질 중 가장 낮은 농도로도 양식어류에 유독한 것은?

① 암모니아
② 이산화탄소
③ 아질산
④ 황화수소

76 수중의 암모니아 생성 및 독성에 대한 설명으로 틀린 것은?

① 암모니아는 어류의 아가미를 통해 주로 배설된다.
② 이온화된 암모니아가 이온화되지 않은 암모니아보다 더 높은 독성을 나타낸다.
③ 수중 용존산소 농도가 증가하면 이온화되지 않은 암모니아 독성이 감소된다.
④ 해수에서는 담수에 비해 암모니아 독성에 대한 피해가 일반적으로 높다.

해설
이온화되지 않은 암모니아가 이온화된 암모니아보다 더 높은 독성을 나타낸다.

77 은어 양식에서 면적이 100m²이고, 수심이 1m이면 1분간 어느 정도 이상의 용수가 확보되어야 하는가?(단, 시간당 0.3회 환수를 기준으로 한다)

① 0.05m³   ② 0.10m³
③ 0.25m³   ④ 0.5m³

해설
• 수조 전체 수량 = 100m³
• 시간당 환수량 = 100 × 0.3 = 30m³
• 분당 환수량 = 30/60 = 0.5m³

78 수중의 용존산소에 대한 설명으로 틀린 것은?

① 용존산소량은 수온이 올라가거나, 염분 등의 용존 물질이 증가하면 감소한다.
② 공기 중의 산소가 물속에 들어가는 속도는 공기와 물 표면의 접촉 면적에 반비례한다.
③ 용존산소량이 낮을 때는 에어레이션의 효과가 잘 나타나나, 포화상태에서는 용존산소량을 더 높이는 데 큰 힘이 든다.
④ 식물플랑크톤에 의해서 여름철 못 속의 용존산소량은 낮에는 많아지고, 밤에는 줄어드는 주야 변화를 하는 것이 일반적이다.

해설
② 공기 중의 산소가 물속에 들어가는 속도는 공기와 물 표면의 접촉 면적에 비례한다.

79 천해 양식장에서 적조를 일으키는 대표적인 식물플랑크톤은?

① 갈조류
② 와편모조류
③ 허족충류
④ 유공충류

해설
우리나라에서 적조를 일으키는 대표적 식물플랑크톤은 와편모조류인 *Cochlodinium* sp.이다.

80 질산화과정 동안의 질소 농도(N-농도) 변화를 나타낸 그림에서 (D)에 적합한 것은?

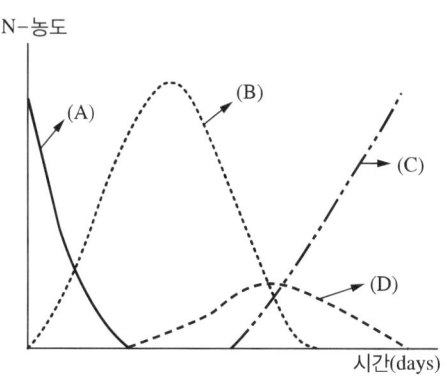

① 유기태 질소
② 암모니아성 질소
③ 아질산성 질소
④ 질산성 질소

해설
유기태 질소(A) → 암모니아성 질소(B) → 아질산성 질소(D) → 질산성 질소(C)

81 연어과 어류에서 발병되고 있는 *Renibacterium salmoninarum*에 의한 세균성 신장병에서 균의 성상과 관련 없는 것은?

① 비운동성, 비항산성 균이다.
② Gram 음성의 간균으로 대부분 간상을 띤다.
③ 카탈라제, 옥시다제에 각각 양성과 음성을 나타낸다.
④ 분리배지로는 CSA배지, KDM-2배지 등이 사용된다.

해설
크기는 1.0×1.5m의 그람 양성 간균으로 운동성이 없으며 비항산성이다.

82 잉어에 산화지방을 장기간 투여하면 등여윔병이 발생하는데, 이 병을 예방 및 치료하려면 사료에 무엇을 투여해야 하는가?

① 설파메사진
② 옥솔린산
③ 아쿠아프라빈
④ 비타민 E

해설
비타민 E의 주된 기능은 항산화 작용을 통해 세포막을 구성하는 불포화지방산의 과산화를 막아주는 것이다.

83 세균성 질병 감염 시 내부 장기에 흰 반점을 형성하지 않는 것은?

① *Photobacterium damselae* subsp. *piscicida*
② *Edwardsiella tarda*
③ *Listonella anguillarum*
④ *Renibacterium salmoninarum*

84 RNA Virus에 속하지 않는 것은?

① Togavirus
② Reovirus
③ Myxovirus
④ Adenovirus

해설
Adenovirus는 DNA Virus로 주로 육상 동물에게 질병을 유발한다.

85 송어의 Furunculosis를 일으키는 병원균은?

① *Aeromonas hydrophila*
② *Aeromonas salmonicida*
③ *Pseudomonas fluorescens*
④ *Pseudomonas anguilliseptica*

해설
감염된 연어류나 송어는 몸 표면이 둥그스름하게 융기된 부위가 형성되어 이 환부가 부풀어 올라 부스럼같이 되므로 부스럼병(Furunculosis)이라 한다. 원인균은 에로모나스 살모니시다(*Aeromonas salmonicida*)이다.

86 진균류에 속하는 곰팡이로 물고기에 기생하여 균사체를 이루는 것은?

① 물곰팡이
② 털곰팡이
③ 거미줄곰팡이
④ 푸른곰팡이

물곰팡이는 표피에 상처가 난 어체나 죽은 알에 기생한다.

87 *Nocardia seriolae* 균에 감염된 방어의 특징적인 증상은?

① 주둥이의 탈락
② 아가미의 결절
③ 지느러미의 흑변
④ 안구의 백탁

노카르디아(Nocardia)증은 방어에서는 아가미에만 큰 결절이 생길 때도 있다. 해산어인 경우 피부나 아가미 또는 내장에 농양이 형성된다. 담수어에도 감염되는 경우가 있다.

88 DNA Virus가 아닌 것은?

① LCDV
② RSIV
③ CCV
④ VHSV

DNA Virus
• 림포시스티스병(LCDV)
• 참돔 이리도바이러스병(RSIV)
• 채널메기 바이러스병(CCVD)

89 송어류에 유행하는 전신적인 전염병인 절창병의 증상은?

① 체표의 비늘이 일어선다.
② 피부에 융기된 부스럼이 생긴다.
③ 신장에 큰 1개의 결절이 생긴다.
④ 창자에 종류를 형성한다.

감염된 연어류나 송어는 몸 표면이 둥그스름하게 융기된 부위가 형성되어 이 환부가 부풀어 올라 부스럼같이 되므로 부스럼병(Furunculosis)이라 한다.

90 양식 어류가 복부를 수면에 노출시키면서 운동하는 모습이 관찰된다면 어떤 경우인가?

① 먹이를 많이 먹었을 경우
② 부레가 파열되었을 경우
③ 점액포자충에 감염되었을 경우
④ 복수가 많이 고여 있을 경우

91 송어 치어에 발병하여 많은 피해를 주는 OMV의 증상, 해부학적 특징, 병리조직학적 특징에 대한 설명이 아닌 것은?

① 간장의 부분적 백색화 혹은 전체의 퇴색
② 복수의 증가, 빈혈, 심근경색
③ 체색흑화, 안구돌출, 안와, 하악, 지느러미 기부에 출혈
④ 간장에 심한 괴사, 거대세포의 형성, 심장근육의 수종 형성

92 무지개송어의 전염성 췌장괴사증(IPN)과 관계가 먼 것은?

① 위장의 카타르성 염증이 생긴다.
② 초기에 죽는 개체는 나선형 운동을 하다가 바닥에 가라앉아 죽는다.
③ 50g 이상 크기의 어류에 감염된다.
④ 체색이 검어진다.

해설
IPN은 보통 1g 이하 (8주령 이하)의 어류에 주로 감염되어 피해를 준다.

93 어패류의 병원균으로 내열성이 약하여 60℃에서 사멸하고 호기성이며, 형광성 색소를 형성하는 일이 많아 일명 형광균이라 불리는 세균무리는?

① 비브리오
② 에로모나스
③ 슈도모나스
④ 플렉시박터

94 조가비 사상체에 녹변장해가 생기는 원인과 가장 관계가 깊은 것은?

① 규조 발생
② 저비중
③ 영양 부족
④ 온도 상승

해설
녹변병 원인
광선과 온도의 불균형에서 오는 영양염 부족과 생리장애이다.

95 절창병에 대한 설명 중 틀린 것은?

① 급성은 대개 외부증상이 없다.
② 피부, 아가미, 먹이를 통하여 감염된다.
③ 온수성 어류에 잘 나타난다.
④ 체표에 농창을 형성한다.

해설
원인균은 에로모나스 살모니시다(*Aeromonas salmonicida*)로 연어, 송어류(냉수성어류)에 감염된다.

96 어류의 혈액에 기생하여 빈혈증과 잠자는병(SLEE-PING SICKNESS)증을 일으키는 원인충은?

① *Trypanosoma* sp.
② *Cryptobia* sp.
③ *Eimeria* sp.
④ *Myxobolus* sp.

97 어류 질병의 원인이 되는 섬모충이 아닌 것은?

① 백점충
② 트리코디나충
③ 스쿠티카충
④ 익티오보도

익티오보도는 편모충이다.

99 공장폐수 등의 수질 오염이 원인이 되는 갯병은?

① 흰갯병
② 붉은갯병
③ 암종병
④ 싹갯병

암종병
거대세포로 된 다층 증식조직이 눈으로 볼 때 돌출하고 그 조직이 증가함으로써 생기는 병으로 엽체가 쪼그라들고 성장이 억제되며, 광택이 없어지고 암황갈색으로 되어 미끈한 기가 없어진다. 주로 공장 폐수가 많은 곳에서 많이 발생하나 그 원인은 아직 명확하게 밝혀지지 않고 있다.

98 방어의 세균성 질병으로 *Lactococcus*균의 감염에 의한 연쇄구균증의 피해가 크다. 이 병이 쉽게 치유되지 않는 이유는?

① 병원체가 쉽게 내성균으로 변하기 때문이다.
② 환부가 육아종으로 변해 그 속에 병원균이 있기 때문이다.
③ 이 병원균이 혈액 내에서 포자를 형성하기 때문이다.
④ 이 병원균이 근육 내에서 협막을 만들기 때문이다.

연쇄구균증이 일단 발병하면 치료가 잘되지 않는 이유
• 사료 중에 병원균이 있어 염증을 일으키고 있는 장관 내에 항시 정착하여 증식을 반복하기 때문이다.
• 유효한 약제일지라도 투약방법이 적절하지 못했기 때문이다. 또한 염증으로 장내 pH가 상승하여 약제의 흡수가 나빠지기 때문이다.
• 병어의 뇌에도 병소를 형성하기 때문에 약제를 투여해도 뇌까지 전달하지 못한다.
• 환부가 육아종으로 변해 그 속에 병원균이 있기 때문이다.

100 어류의 혈액기생충으로 짝지어진 것은?

① 오디니움 – 코스티아
② 브루크리넬라 – 익티오보도
③ 크립토비아 – 트리파노조마
④ 헥사미타 – 트리코디나

가장 널리 알려진 혈액 편모충은 크립토비아(Cryptobia)와 파동편모충(Trypanosoma) 속에 속하는 종들이다.

제1과목 **어류양식학**

01 식물성 Plankton이 많이 발생하는 못에 양식하기 적합하지 않은 어종은?

① 무지개송어

② 잉 어

③ 백 련

④ 뱀장어

해설
무지개송어는 냉수성 어종으로 식물플랑크톤이 많이 발생하는 못에서 양식하기에는 적합하지 않으며 주로 유수식으로 양식한다.

02 어류양식 시 사료 섭취량에 관한 설명 중 틀린 것은?

① 용존이산화탄소 농도가 높아지면 증가한다.

② 일반적으로 수온이 높을수록 증가한다.

③ 용존산소량이 감소하면 포식량도 감소한다.

④ 체중이 증가하면 단위체중당 사료 섭취량은 감소한다.

해설
용존 이산화탄소 농도가 높아지면 포식량은 감소한다.

03 해상가두리에서 4~5cm 크기의 조피볼락 종묘의 사육 시 가두리 표면적당 일반적인 적정 사육밀도는?

① m^2당 약 100~500마리

② m^2당 약 700~1,000마리

③ m^2당 약 1,000~2,000마리

④ m^2당 약 2,000~3,000마리

해설
일반적으로 4~5cm의 종묘는 가두리 표면적 m^2당 약 700~1000마리, 약 8cm 내외로 성장하면 300~500마리로 조정한다.

04 넙치 치어 20,000마리(마리당 3g)를 구입하여 14개월간 양성하면서 까나리 등의 생사료를 80톤 공급하여 성어 20톤을 생산하였을 경우 사료효율은?

① 약 15%

② 약 20%

③ 약 25%

④ 약 30%

해설

$$사료효율(\%) = \frac{증육량}{사료공급량} \times 100$$

$$= \frac{20,000,000 - (20,000 \times 3)}{80,000,000} \times 100$$

$$\fallingdotseq 24.9\%$$

05 양식 어류 사료 내 탄수화물에 대한 설명으로 거리가 먼 것은?

① 육식성 어류의 경우 알파(α)화된 전분의 소화흡수량이 초식성보다 높다.
② 에너지원으로 이용된다.
③ 점착제로서의 역할도 한다.
④ 소화 흡수된 여분의 탄수화물은 지방으로 변성되어 체내에 저장된다.

해설
육식성이 강할수록 탄수화물보다는 단백질을 더 쉽게 이용할 수 있도록 생리적으로 적응되어 있다.

06 다음 중 위가 없는 어류는?

① 무지개송어   ② 뱀장어
③ 메 기   ④ 잉 어

해설
잉어의 경우 위가 없는 특성 때문에 하루 여러 번 지속적으로 먹이를 공급한다.

07 뱀장어 양식 시 실지렁이를 먹이로 공급하는 시기는?

① 렙토세팔루스
② 실뱀장어
③ 검둥뱀장어
④ 새끼뱀장어

해설
실뱀장어의 먹이 붙임
먹이 붙임은 실뱀장어를 수용 후 약 10배 정도의 실지렁이를 먹이고 난 다음 배합사료로 바꾸는 것이 바람직하다.

08 다음 ( ) 안에 적합한 용어는?

양식의 과정은 ( )과 ( )으로/로 구분될 수 있다.

① 어미생산 – 양성
② 어미생산 – 방류
③ 종묘생산 – 방류
④ 종묘생산 – 양성

09 해수양식을 위해 체중 100g 정도 되는 은연어를 해수에 순치시킨다면 가장 적당한 순치기간은?

① 1일간
② 3일간
③ 7일간
④ 10일간

해설
100g 정도 되는 은연어의 치어는 해수양식을 위해 먹이를 주지 않고 해수에 3일에 걸쳐서 순치시킨다.

10 잉어의 대형 종묘 생산은 3~4cm 정도 되는 소형 종묘를 어느 정도의 크기로 키우는 과정인가?

① 5~10cm
② 10~15cm
③ 15~20cm
④ 25~30cm

해설

잉어의 대형 종묘 생산
3~4cm 정도 되는 소형 종묘를 15~20cm 정도로 키우며, 식용어 양성에 주로 이용된다.

11 숙성이가 생기는 원인이 아닌 것은?

① 사료량의 부족
② 수온의 이상 상승
③ 사료의 부적당한 크기
④ 사료 공급 방법의 미숙

해설

어류의 숙성이가 생기는 원인
• 먹이가 부족할 때
• 먹이 알갱이가 클 때
• 먹이가 고르지 못할 때
• 고밀도로 사육할 때
• 먹이 급이 시간이 일정하지 않을 때
• 질병이 발생할 때

12 잉어 치어를 물벼룩이 발생된 못에 옮겨서 본격적인 성장을 시키고 싶다. 1m²당 몇 마리를 방양하면 치어 성장이나 경제적인 면에서 타당성이 있는가?

① m²당 약 10~20마리
② m²당 약 20~90마리
③ m²당 약 100~200마리
④ m²당 약 400~700마리

13 어류 먹이생물의 조건으로 틀린 것은?

① 유생의 입의 크기에 적당해야 한다.
② 대량배양이 용이해야 한다.
③ 영양가가 있는 것이어야 한다.
④ 운동성이 빨라야 한다.

해설

먹이생물의 조건
• 소화가 잘될 수 있어야 한다.
• 영양가가 충분하여야 한다.
• 유생의 입의 크기에 맞는 적당한 크기라야 섭취가 가능할 것이다.
• 먹이생물의 운동성이 너무 빨라 유생이 잡아먹기에 어려움이 있다면 먹이생물로서 이용이 불가능할 것이다.
• 독성이 없어야 할 것이다.
• 모양이 삐죽삐죽한 것보다 원형이 좋다.
• 냄새, 색깔 등이 유생의 선호도에 합당하면 좋다.
• 인위적으로 배양할 경우 배양밀도가 낮다면 경제적인 측면에서 대량배양은 불가능하다.

14 참돔 종묘 생산 시 치어의 먹이로 적합하지 않은 것은?

① 로티퍼
② 코페포다 유생
③ 성게 유생
④ 클로렐라

해설

부화 후 먹이
• 3일경 먹이로는 Copepoda의 Nauplius가 가장 좋으나 다량확보가 가능한 Trochophore, 윤충류를 공급한다.
• 5~6일 후 자어는 운동력과 시각이 발달하고 선택적으로 먹이섭이를 한다. 이때는 참굴유생, 윤충류, 소형 Copepoda를 공급한다.
• 10일 후는 Artemia의 Nauplius를 먹는다.
• 20일 경과하면 수조 바닥에 침하하여 치어기에 들어간다. 이때는 갯지렁이 등 다모류의 유생을 잘 먹고 새우나 까나리 등의 어육을 갈아서 준다.

15 은어를 사육하기 위해 사각형 못을 만들려고 할 때 유의할 점으로 거리가 가장 먼 것은?

① 바닥의 경사를 1/100 이하로 한다.
② 배수부에는 집수부를 만들어 배수 포획할 수 있게 한다.
③ 대량의 주·배수가 쉽게 될 수 있도록 배수구를 크게 만든다.
④ 못의 모서리는 둥글게 하여 물과 함께 찌꺼기가 정체하는 곳이 없도록 해야 한다.

해설
① 바닥의 경사는 1/50~1/20으로 한다.

16 조피볼락의 자어에서 추광성을 나타내기 시작하는 시기는?

① 출산 직후
② 출산 1주 후
③ 출산 2주 후
④ 출산 3주 후

해설
출산 직후 자어는 5.5~7.5mm 전후에 난황이 거의 흡수되었고 추광성을 띠어 수조의 표층을 유영한다.

17 넙치 수정란 채란에 가장 널리 사용되는 방법은?

① 천연어미로부터 인공채란하는 방법
② 천연어미로부터 호르몬 주사에 의해 인공채란하는 방법
③ 양성어미로부터 자연산란에 의한 방법
④ 양성어미로부터 호르몬주사 후 자연산란에 의한 방법

18 숭어의 생태에 대한 설명으로 옳은 것은?

① 가을철 강에서 산란하고 바다로 내려간다.
② 하천에서 부화한 치어는 플랑크톤이나 미세한 생물체를 먹고 산다.
③ 친어는 외해에서 산란한다.
④ 바다에서 부화한 치어는 2년이 지나야 강으로 올라온다.

해설
숭어는 온대와 열대지방에 널리 분포하는 해산 어류로 염분에 대한 적응성이 커서 담수나 해수 모두에서 양식할 수 있으며 성숙한 치어는 12월경 바다에서 산란한다.

19 식물성 먹이생물을 배양하기 위하여 고려되는 3가지 측면 중 기술적 측면에 속하지 않는 것은?

① 먹이생물의 단일종 분리 및 순수 배양
② 배지의 영양강화
③ 용기의 선택과 세척
④ 멸균과 교반

해설
식물성 먹이생물을 배양하기 위하여 고려되는 3가지 측면
• 기술적인 측면 : 배양 용기의 선택, 세척, 단일종으로 분리, 순수 배양, 배지 제작, 멸균 교반 등에 관한 내용
• 화학적인 측면 : 영양 요구, 배지의 영양 강화 등에 관한 사항
• 물리적 측면 : 배양 시의 빛, 온도, 염분 등에 관한 환경요인

20 무지개송어 친어 사육 시 먹이의 양에 대한 설명이 옳은 것은?(단, 일반적으로 큰 식용어의 섭취량 기준임)

① 산란 후 1개월부터 다음 산란 전 2개월까지는 30%
② 산란 전 2개월에서 산란기까지는 50%
③ 산란 기간 중에는 70%
④ 산란을 촉진하기 위해 산란 2~3일 전부터는 100%

해설
무지개송어 친어의 먹이 주는 양
• 산란 후 1개월부터 다음 산란 전 2개월 70%
• 산란 전 2개월에서 산란기까지는 50%
• 산란기간 중에는 30%
• 산란기~산란 후 1개월까지는 50%, 산란 2~3일 전에 사료 공급증가

21 전복의 해적생물이 아닌 것은?

① 수 랑
② 농 어
③ 문 어
④ 민꽃게

해설
전복의 해적생물
• 어류 : 가오리, 곰치, 농어, 상어, 붕장어, 도미 등
• 갑각류 : 민꽃게 등
• 극피동물 : 불가사리(성게는 먹이경쟁생물)
• 연체동물 : 문어 등

22 십완류에 속하는 종은?

① 참문어
② 꼴뚜기
③ 주꾸미
④ 낙지

해설
두족류
• 십완류 : 오징어, 꼴뚜기
• 팔완류 : 문어, 낙지, 쭈꾸미

23 해삼의 하면기 소화관 발달 상태를 가장 옳게 나타낸 것은?

① 회 복
② 쇠 퇴
③ 발 달
④ 정 체

해설
해삼의 하면기
수온이 25℃ 이상으로 높은 시기에는 먹이를 거의 먹지 않거나 먹는다 하더라도 그 양이 얼마 되지 않아서 소화관이 퇴화된다.

24 종묘 방양에 대한 설명으로 가장 거리가 먼 것은?

① 양성계획에 따라 알맞은 방양시기와 양을 결정해야 한다.

② 종묘의 방양은 수온이 상승할 때가 좋다.

③ 방양량은 양성법 및 양성장의 환경조건을 따른다.

④ 부착성 동물은 유영 동물에 비해 방양밀도가 낮다.

해설
부착성 동물이나 비부착성 잠입 동물은 유영 동물에 비해 방양밀도가 높다.

25 대하 종묘 생산 시 먹이를 처음으로 먹기 시작하는 유생시기는?

① Nauplius Stage

② Zoea Stage

③ Mysis Stage

④ Post Larva Stage

해설
노플리우스기(Nauplius Stage)에는 체내에 난황이 있으므로 난황이 완전히 흡수되기까지는 먹이를 섭취하지 않고 조에아기(Zoea Stage)부터 먹이를 섭취한다.

26 피조개의 실내채묘를 위한 산란유발 자극으로 거리가 먼 방법은?

① 온도 자극

② 전기 자극

③ 생식소 첨가

④ 간출 자극

27 양식생물과 유생기의 이름이 잘못 짝지어진 것은?

① 보리새우 – 미시스 유생

② 멍게(우렁쉥이) – Tadpole 유생

③ 가리비 – D상 유생

④ 참굴 – 노우플리우스 유생

해설
노플리우스는 갑각류(게, 새우, 따개비) 등의 유생기이다.

28 멍게(우렁쉥이)의 산란과 발생과정에 대한 설명으로 틀린 것은?

① 겨울철에 산란한다.

② 수정란은 수중에 부유한다.

③ 알은 하루 지나면 올챙이형 유생이 된다.

④ 올챙이형 유생은 물체에 부착한 다음 꼬리부분은 몸체에 흡수된다.

해설
꼬리부분이 흡수되면 유영력이 없어지고 저층으로 내려가서 부착돌기에 의해 부착하게 된다.

29 진주조개의 패각청소에 대한 설명으로 틀린 것은?

① 수술패의 성장이나 폐사 방지를 위해 필요하다.
② 굴 및 따개비류의 제거가 효과적이다.
③ 수온 15℃ 이상의 온도에서 2회 이상해 주는 것이 적당하다.
④ 진주의 성장에는 좋지 않은 영향을 준다.

해설
진주조개의 패각청소는 수술 패의 성장이나 폐사 방지 및 진주의 성장 등의 장점이 있다.

30 닭새우 Phyllosoma기의 적당한 먹이가 아닌 것은?

① 미소 Zooplankton
② 알테미아의 부화유생
③ Copepoda
④ *Paclova lutheri*

해설
닭새우의 식성
• 부화한 필로소마(Phyllosoma)기 : 식물플랑크톤이나 미소 동물 플랑크톤
• 푸에룰루스(Puerulus)기 : 요각류
• 치하기 이후 : 육식성, 육질, 고둥류, 조개류, 때로는 식물찌꺼기 등을 섭취

31 우럭(패류) 종묘의 방양에 관한 설명으로 틀린 것은?

① 종묘는 1년 정도된 각장 약 20mm 내외인 것이 알맞다.
② 한 개체씩 구멍을 만들어 간석지에 심어 준다.
③ 밀도는 m^2당 200~250개체 정도가 알맞다.
④ 방양시기는 4~5월이 가장 좋다.

해설
방양밀도는 m^2당 25~30개체 정도가 알맞다.

32 최적 수온하에서 해삼 유생의 부유유영 기간으로 가장 알맞은 것은?

① 1주   ② 2주
③ 3주   ④ 4주

33 단련종굴의 장점이 아닌 것은?

① 탈락이 적다.
② 크기가 작아서 취급이 쉽다.
③ 저항력이 강해 폐사율이 낮다.
④ 성장이 억제되어 양성기간이 길어진다.

해설
발육이 좋아 양성기간이 짧다.

34 방양 시 종묘를 한 개체씩 바닥의 저질에 모심기하 듯이 심어야 하는 조개는?

① 대 합
② 새조개
③ 키조개
④ 큰이랑피조개

35 가리비 양성장 선정에 있어서 지표종으로만 짝지 어진 것은?

① 갯지렁이 – 염통성게 – 미더덕
② 사미류(거미불가사리류) – 보라성게 – 따개비류
③ 미더덕 – 붕넙치류 – 별불가사리
④ 연잎성게 – 갯지렁이 – 둑중개류

> **해설**
> 사미류, 갯지렁이류, 염통성게, 미더덕 등은 가리비 양성장을 선정
> 할 때 지표생물로 참고할 수 있다.

36 우럭(패류)의 종묘생산에서 양성까지의 설명으로 적절하지 않은 것은?

① 채묘는 완류식 시설로서 채묘하는 것이 효과적 이다.
② 치패 관리는 항상 해수 중에 잠기는 얕은 곳이 좋다.
③ 양성장은 저질이 공기 중에 노출이 되지 않는 곳이 적합하다.
④ 식해동물의 피해는 그물을 덮어주면 효과를 볼 수 있다.

> **해설**
> 양성장은 육수의 유입이 있는 하구 부근으로서 개흙질이 많아
> 저질이 비교적 연하고 간출 시간이 2~4시간 정도인 지역이
> 알맞다.

37 생물의 식성에 관한 설명으로 틀린 것은?

① 바지락의 부유 유생은 Chlorella 등의 식물플랑 크톤을 먹는다.
② 전복류는 저서생활 초기에는 다시마 등의 갈조류 를 주로 먹는다.
③ 게류는 부화한 다음에 조에아(Zoea)기부터 먹이 를 먹기 시작한다.
④ 성게류의 부화 유생은 미소한 규조류를 먹는다.

> **해설**
> 전복류는 저서 생활 초기 부착성규조 등을 주로 먹는다.

38 굴 양식장 노화현상으로 인해 저질에서 발생하는 대표적인 유독물질은?

① NH_3 ② CH_4
③ H_2S ④ CO_2

> **해설**
> 배설물과 바닥의 찌꺼기 등이 쌓이면 혐기성 세균의 분해 과정의
> 산물인 황화수소(H_2S)등이 축적되어 저질의 색깔이 검어지면서
> 악취가 발생한다.

39 피조개 바닥 양성장으로 적합하지 않는 곳은?

① 자연산 모패가 많이 서식하고 있는 곳

② 저질은 니질로서 해조류가 많이 번식하고 있는 곳

③ 수온변동이 적고 수심 3~20m 정도 되는 곳

④ 해적 생물의 피해가 적은 곳

해설

해조류가 많은 곳은 해수의 유통이 좋지 않아 성장이 늦을 뿐만 아니라, 사후 부패되면 환경을 악화시켜 수확할 때에도 지장이 있다.

40 이동이 심한 조개류의 양성시설로 적합한 방식은?

① 제방식

② 그물가두리식

③ 조위망식

④ 나뭇가지식

해설

조위망식 양성

그물과 말목으로 간석지를 막고 그 안에 종패를 방양하여 양성하는 방법으로 조개류 중 이동이 심한 대합과 같은 종류를 양성할 때 쓰인다.

41 다음 중 김발 냉장 시 최상의 씨발을 얻을 수 있는 조건은?

① 싹부착이 1cm당 300개 이상으로서 30~50mm 크기인 것

② 싹부착이 1cm당 300개 이상으로서 5~10mm 크기인 것

③ 싹부착이 1cm당 300개 이하로서 30~50mm 크기인 것

④ 싹부착이 1cm당 300개 이하로서 5~10mm 크기인 것

42 우뭇가사리와 관련이 없는 것은?

① 사분포자

② 과포자

③ 중성포자

④ 포복지

해설

우뭇가사리의 번식

• 과포자, 사분포자에 의한 번식

• 포복지 재생력에 의한 영양 번식에 의한 증식

43 방사무늬김의 세대교번에 있어서 감수분열이 일어나는 시기는?

① 엽체에서 조과기를 만들 때

② 조과기가 수정할 때

③ 과포자가 사상체로 발아할 때

④ 각포자낭에서 각포자가 생길 때

44 참김, 큰참김, 방사무늬김, 모무늬돌김, 긴잎돌김을 같은 어장에서 양식할 때 자리바꿈으로 가장 많이 혼입하는 종은?

① 참김 또는 큰참김

② 방사무늬김

③ 모무늬돌김

④ 긴잎돌김

해설
방사무늬김은 영양 번식력이 강하여 자리바꿈에 우세한 품종이다.

45 다음 중 김 양식장의 환경조건으로서 가장 좋은 조건은?

① 유속 10cm/sec 이상, 풍파가 적은 곳, 정향류

② 유속 10cm/sec 이상, 풍파가 센 곳, 왕복류

③ 유속 20cm/sec 이상, 풍파가 적은 곳, 와류

④ 유속 20cm/sec 이상, 풍파가 센 곳, 정향류

해설
유속이 빠른 해수는 영양염류의 공급 및 기타 이물질 제거에 좋다.

46 미역 유주자의 착생에 대한 설명으로 틀린 것은?

① 수온 20℃ 이하, 비중 1.020 이상일 때 착생률이 높다.

② 수온 25℃ 이상, 비중 1.010 이하에서는 착생률이 매우 낮다.

③ 주광성이 있어서 밝은 곳으로 모여든다.

④ pH 7.4~8.0일 때 착생률이 높다.

해설
③ 유주자는 음광성으로 빛을 피하고 어두운 곳에 착생해야 정상적인 부착과 발아가 이루어진다.

47 김 양성 시 김발의 관리에 관한 내용으로 틀린 것은?

① 김의 생장을 촉진시키기 위해서는 무노출 상태로 두는 것이 좋다.

② 김발의 노출은 김의 활력을 감소시켜 색택이 저하된다.

③ 조류의 소통이 빠른 대조 때에는 생장을 돕기 위하여 김발을 낮게 관리한다.

④ 채취 2, 3일 전부터 김발을 높여 색택과 광택을 좋게 한다.

해설
② 노출을 시킨 발의 김은 색깔과 광택이 향상된다.

48 다음 홍조류 중 염분농도가 다소 낮은 곳에서도 생육하는 종류는?

① 도 박　　　　　② 우뭇가사리

③ 풀가사리　　　　④ 꼬시래기

해설
꼬시래기 서식지
조간대의 돌·조개껍데기 등에 붙어사는데 특히 강물이 바다로 흘러드는 얕은 바닷가의 자갈이나 말뚝 등에서 번식하며, 외해의 암초위에서도 자란다.

49 미역종묘의 월하 배양관리 시 적정조도는?(단, 수온 25℃ 정도를 기준으로 한다)

① 암흑처리　　　　② 200~500lx

③ 1,000lx 전후　　④ 2,000lx 전후

해설
수온이 25℃ 이하이면 500~1,000lx가 적당하며 26~27℃ 이상에서는 200~500lx 정도를 유지시키는 것이 생존율에 좋다.

50 배양장에서 김 사상체의 각포자는 하루 중 언제 가장 많이 방출되는가?

① 3~4시　　　　② 6~8시

③ 12~13시　　　④ 18~20시

51 덮발에 의한 씨발의 관리 과정에서 김싹이 1mm 정도 자랐을 때 갑자기 투명도가 높고 해파리가 많이 나타났다면, 이때의 가장 효과적인 대책은?

① 고노출선으로 옮긴다.

② 단기 냉장을 한다.

③ 뜬흘림발로 전개한다.

④ 저노출선으로 옮긴다.

52 무기질(Free-living) 김 사상체 배양의 특성으로 틀린 것은?

① 선발육종(選拔育種)을 간단하게 할 수 있다.

② 배양을 위한 넓은 장소가 필요하지 않다.

③ 과포자는 매년 구하여야 하나 채묘시기를 쉽게 조절할 수 있다.

④ 병의 침범이 적고 배양 관리가 쉽고 경제적이다.

> **해설**
> 무기질 사상체(유리 사상체) 배양의 이점
> • 노력이 적게 든다.
> • 매년 과포자를 구할 필요가 없다.
> • 선발 육종을 간단하게 할 수 있다.
> • 넓은 장소가 필요하지 않는다.
> • 관리가 쉽고 경제적이다.
> • 규조 및 병의 침범이 적다.
> • 채묘시기를 쉽게 조절할 수 있다.

53 양식법이 주로 영양번식에 의존하는 종류는?

① 미 역　　　　② 다시마

③ 김　　　　　④ 톳

> **해설**
> 유성생식은 성장이 느려 당년에 종묘로서의 활용이 어렵고 실내에서의 유배탈락 등의 문제점이 있으며 영양번식에 의한 증식은 단기간에 효과가 나타나 당년에 종묘로 사용할 수 있다.

54 감태의 생태에 대한 설명으로 틀린 것은?

① 가을~겨울에 포자엽에서 유주자가 방출된다.

② 봄부터 어린 엽체가 출현한다.

③ 2~6월이 주생장시기이다.

④ 다년생이다.

> **해설**
> 가을에서 겨울에 엽면에서 유주자가 방출된다.

55 김발 관리가 바르게 된 것은?

① 종말기에는 노출을 적게 한다.

② 10℃ 이하에서는 노출을 적게 한다.

③ 채취한 뒤에는 발을 높인다.

④ 김 채취 2~3일 전에는 발을 낮춘다.

해설
수온이 10℃ 이하로 되면 성장촉진과 동상방지를 위하여 초기 관리에 비해 노출을 적게 한다.

56 모자반의 암, 수 배우자가 형성되는 기관은?

① 자낭반　　　　② 포자엽

③ 포 낭　　　　④ 생식기집

57 다시마를 저수온기에 최대한 활용하여 단기간에 생장시키는 양식방법은?

① 2년 양식

② 촉성양식

③ 억제배양양식

④ 억제양식

해설
촉성 양식은 다시마의 품질을 향상시키기 위해 고유배양액 속에서 수온과 조도를 조절하면서 배양하고, 바다의 수온이 하강할 때 이식, 양성하는 방법이다.

58 다시마 종묘를 촉성배양법으로 배양하면 유주자 착생 후 어느 정도에 아포체가 나타나는가?

① 1주일 후　　　　② 10일 후

③ 40일 후　　　　④ 60일 후

59 미역 유주자에 대한 내용으로 틀린 것은?

① 유주자는 발아하여 현미경적인 작은 배우체로 되어 여름을 지낸다.

② 2개의 편모로 헤엄친다.

③ 서양배의 형태(Pyriform)이다.

④ 성상(星狀)색소체를 가진다.

60 해조류의 생장방식과 종들이 바르게 짝지어진 것은?

① 확산생장 – 우뭇가사리, 지누아리

② 개재생장 – 끈말, 진두발

③ 정단생장 – 갈파래, 김

④ 비대생장 – 다시마, 감태

해설
④ 비대생장 : 비대생장은 수산식물에서는 없으나 다시마(표층), 감태와 같은 다시마과의 식물에서는 이와 유사한 기능의 조직을 볼 수 있다.

① 확산생장 : 엑토가르푸스와 같은 사상체, 갈파래속, 넓적미역쇠속, 김속과 같은 막질엽상체, 불레기말속과 같은 다육질형

② 개재생장 : 많은 갈조류와 일부의 홍조류

③ 정단(꼭대기)생장 : 갈조류의 모자반목, 딕티오타목 및 스파델라리아목과 대부분 진정홍조류에서 나타난다.

61 순환여과식 사육지에서 사육수의 정화처리 순서로 가장 좋은 것은?

① 여과 → 침전 → 소독
② 침전 → 소독 → 여과
③ 침전 → 여과 → 소독
④ 소독 → 침전 → 여과

62 은어 사육을 위하여 콘크리트 사각형 사육지를 만들려고 할 때의 주의사항 중 적합하지 않은 것은?

① 바닥은 1/50~1/20의 경사를 만든다.
② 대량의 주·배수가 쉽게 될 수 있도록 주·배수구를 크게 만든다.
③ 물을 회전시키기 위해서는 주수하는 물이 벽에 부딪히도록 하고 배수구는 못의 중앙에 설치한다.
④ 배수부에는 집수부를 만들어 배수포획을 할 때 집어할 수 있게 한다.

해설
못의 네 귀는 둥글게 하여 물과 함께 찌꺼기가 정체하는 곳이 없도록 해야 한다.

63 어류의 암모니아 독성에 관한 설명으로 옳지 않은 것은?

① 담수에서보다 해수에서 독성이 강하게 나타난다.
② 용존산소량이 증가할 때 독성이 감소한다.
③ 어류는 주로 항문을 통해서만 암모니아를 배설한다.
④ 종에 따른 선택적인 영향을 나타내지 않고 모든 어중에 영향을 끼친다.

해설
어류는 주로 아가미를 통해서 암모니아를 직접 배출한다.

64 공기 양수기의 양수능력이 가장 좋을 때는 언제인가?

① 수면에 배출구가 닿았을 때
② 기포주입 장치가 모두 물속에 있을 때
③ 기포 주입구가 수면에 닿았을 때
④ 긴 로드를 연결하여 사용하였을 때

해설
공기 양수기 효율은 침수율에 따라 달라진다. 침수율이 클수록 양수 능력이 높지만, 실용적인 최소 침수율은 80%이다.

65 오존을 이용한 해산어 양식장 사육수 살균 시 독성을 나타낼 수 있는 용존 물질은?

① 아이오딘(요오드)
② 질 소
③ 탄 소
④ 카드뮴

66 수중의 이산화탄소에 관한 설명으로 옳은 것은?

① 수중의 경도가 높으면 수질이 불안정하다.
② 물속의 이산화탄소는 용존산소와 서로 비례적인 입장에 있다.
③ 물속에서 그 농도가 높아도 어류의 산소운반능력 에는 영향이 없다.
④ 수중의 경도가 낮으면 물속의 이산화탄소는 탄산 으로 되어 물을 산성화시킨다.

67 환경조건이 동일한 상태에서 양식장을 같은 규모 로 신설할 경우 어장노화를 가장 빨리 초래할 것으 로 생각되는 양식방법은?

① 조피볼락의 가두리 양식
② 김의 뜬흘림발 양식
③ 우렁쉥이 밧줄수하식 양식
④ 피조개 바닥 양식

해설
양식 생물의 배설물뿐만 아니라 먹이 찌꺼기는 물의 유동에 의해 확산되거나 저질에 퇴적되면서 수질을 악화시켜 양식장의 노화 현상의 원인이 된다.

68 침투수를 집수하는 경우 집수관 내부의 평균유속 은 초당 어느 정도를 유지하는가?

① 100cm 이하
② 200cm
③ 300cm
④ 500cm 이상

69 수질 측정방법의 연결이 틀린 것은?

① 용존산소 – 윙클러법
② 암모니아성질소 – 인도페놀법
③ 염분도 – 질산은적정법
④ 수소이온농도 – 격막전극법

해설
격막전극법은 용존산소측정방법이다.

70 기기 자체의 무게에 의해서 해저면을 일정한 거리 로 끌어서 시료를 채취하는 채니 방법은?

① 그래브식
② 드레지식
③ 코어식
④ 아자이드식

해설
① 그래브식 : 어느 한 지점의 일정 면적의 저질을 집어 올리는 채취방법으로서 소형 저서 생물상의 조사에 주로 활용한다.
③ 코어식 : 원통형의 파이프를 저질 속에 박아서 퇴적된 층을 그대로 채취하는 방법이다.

71 순환여과양식장 사육수 내 용존유기물(DOM ; Dis-solved Organic Matter)에 대한 설명으로 거리가 먼 것은?

① 거품(포말) 분리법으로 제거할 수 있다.
② 주로 마이크로스크린 여과로 제거한다.
③ 수질의 산성화와 연관이 있다.
④ 자외선 흡광도 측정으로 농도를 검측할 수 있다.

해설
사육수 내 미세부유물질을 제거하는데 쓰인다.

72 다음 중 양식장 수질 오염 시 직접적인 조사 대상 항목과 가장 거리가 먼 것은?

① BOD
② DO
③ 암모니아
④ 나트륨

73 적조가 일어나는 여러 원인 중 가장 중요하게 영향을 미치는 것은?

① 고수온
② 용존산소
③ 부영양화
④ 외양수와 내만수의 혼합

해설
적조의 원인
육상으로부터의 폐수 유입, 양식장 확대에 따른 자가 오염, 오염된 저질에서 영양 염류의 용출 등으로 해역이 부영양화함으로써 적조 생물이 대량번식하여 발생한다.

74 양식장에서 볼 수 있는 황화수소의 작용에 대한 설명으로 가장 옳은 것은?

① 환수량이 많은 유수식양식장 사육조에서 발생한다.
② 물의 유통이 잘되는 장소에서 발생한다.
③ 산소의 공급량이 증가하면 황화수소의 축적량도 늘어난다.
④ 축적되면 저질의 색깔이 검어지면서 악취가 발생한다.

해설
양식장에서 양식생물의 배설물과 바닥의 찌꺼기 등이 쌓이면 혐기성 세균의 분해 과정의 산물인 황화수소 등이 축적되어 저질의 색깔이 검어지면서 악취가 발생한다.

75 담수에서 중요시 되지 않는 영양염류는?

① 질 소
② 인
③ 규 소
④ 칼 륨

해설
• 담수 : 질소, 인, 칼륨
• 해수 : 질소, 인, 규소

76 개방적 양식장에 속하지 않는 것은?

① 수조식 양식장
② 나뭇가지식 양식장
③ 바닥식 양식장
④ 수하식 양식장

해설
양식방법

폐쇄식 양식법	• 정수식(지수식, 못양식, 지중양식) • 반순환식 • 순환여과식
개방식 양식법	• 유수식　　　　• 가두리식 • 바닥식(살포식)　• 수하식(로프식) • 뗏목식　　　　• 말목식 • 방류−재포식　　• 나뭇가지식

77 다음 중 어류 부화장이나 배양장에서 많은 용량의 유입수를 처리하는 데 이용되는 물리적 여과장치로 가장 적합한 것은?

① 살수여과장치
② 침수여과장치
③ 거품분리제거장치
④ 고속모래여과장치

해설
고속모래여과장치 : 많은 양의 유입수를 처리하는 데 사용되며, 펌프에 의한 압력으로 여과된 물은 50mg/L 현탁 고형물을 처리할 수 있다.

72 ④　73 ③　74 ④　75 ③　76 ①　77 ④　**정답**

78 양식장에 석회를 살포하면 유해 생물을 구제하는 효과가 있다고 한다. 석회의 이러한 주역할에 대한 설명이 옳은 것은?

① 공기 중의 산소의 용해
② 이산화탄소 제거에 의한 pH 상승
③ 중금속 이온의 수산화물 생성
④ 유화물의 불용성 증가

79 수중의 용존산소량에 영향을 가장 많이 미치는 요인은?

① 기 압
② 수 온
③ 부유물질
④ 수소이온농도

해설
수온이 낮을수록 기체의 용해도는 증가한다.

80 생물학적 여과에 대한 설명으로 틀린 것은?

① 생물학적 여과의 주목적은 물속에 녹아 있는 암모니아를 제거하기 위함이다.
② 질산화과정에 관여하는 세균은 호기성 세균이다.
③ 여과기능이 잘 일어나기 위해서는 충분한 산소가 보급되어야 한다.
④ 생물여과조는 옥외에 햇볕이 잘 드는 곳에 설치하여야 한다.

해설
생물여과조는 수중의 유해 용존물질(암모니아)을 분해하는 세균(아질산균, 질산균)이 서식하도록 하는 장소로 이들 세균이 부착할 수 있는 재질(여과재)이 필요하다.

제5과목 **수산질병학**

81 참돔의 눈 가장자리가 붉어졌다면 어떤 원인에 의한 병으로 판단되는가?

① *Hexamita* 충의 기생 때문에
② 아가미흡충의 기생 때문에
③ *Vibrio* sp.의 감염 때문에
④ *Mycobacterium* sp.의 감염 때문에

해설
① 어류 창자에 기생하는 내부기생충으로 숙주는 주로 연어과 어류(무지개송어)이다.
② 흡혈성으로 아가미 창백하고, 식욕이 떨어져 사료를 잘 먹지 않는다.
④ 박테리아감염에 의한 지느러미 부식, 무기력, 운동저하 등이 나타난다.

82 뱀장어 에드워드병의 주증상은?

① 안구가 돌출된다.
② 배 부분과 지느러미가 붉어지고, 항문이 종창되며 농이 나오고, 복부에 구멍이 생긴다.
③ 피부의 퇴색, 아가미 뚜껑의 출혈, 지느러미 탈락과 체표에 피와 고름을 함유한 팽윤환부가 형성된다.
④ 점액의 과다 분비로 두부, 등, 꼬리지느러미에 두터운 점액막이 생긴다.

해설
에드워드병 – 뱀장어
• 배 부분과 꼬리지느러미가 붉어지고 항문이 부어오르면서 붉어지며, 복강까지 구멍이 뚫리는 증상을 나타내기도 한다.
• 지느러미가 붉어지므로 붉은 지느러미병과 비슷하나 에드워드병에 걸린 뱀장어의 출혈범위가 더 넓고 증상이 심하다.

83 틸라피아의 항문이 붉게 돌출되었다. 어떤 병인가?

① 수생균의 감염에 의한 것
② Edward병의 감염에 의한 것
③ 장내 흡충류의 기생에 의한 것
④ *Ichthyoponus*의 감염에 의한 것

해설
에드워드병 – 틸라피아
• 물 표면을 힘 없이 헤엄치거나 눕는다.
• 몸통이나 꼬리자루 부근이 붉은색을 띠며 환부가 부풀어 오른다.
• 배에 물이 차서 배가 부르고 출혈이 있어 항문이 돌출되기도 한다.

84 채란용 어미고기를 죽이지 않고 체내 병원 미생물의 감염 유무를 확인하려고 할 때 적용할 수 없는 방법은?

① PCR법
② ELISA법
③ 혈액검사법
④ 조직검사법

85 Nocardia증의 주증상은?

① 출 혈
② 내장기관의 염증
③ 지느러미의 부식
④ 피부 및 내장의 작은 결절

해설
노카르디아증 증상
질병이 진행되면 근육, 아가미 및 내부 전 장기에 다양한 크기의 결절이 확인된다.

86 닻벌레의 유충이 성체형으로 되면서 어류에 기생하기 시작하는 수온은?

① 수온 10℃
② 수온 13℃
③ 수온 15℃
④ 수온 17℃

87 잉어의 봄 Virus(SVC)병이 발생하는 수온은?

① 30℃ 이상
② 24~29℃
③ 13~20℃
④ 10℃ 이하

해설
수온 7℃ 이상일 때 발병하기 시작하여 약 20℃까지 유행하며, 17℃ 전후에서 가장 심하게 발병한다.

88 *Pseudomonas anguilliseptica*가 주원인인 뱀장어의 질병은?

① 기적병　　　　② 적점병
③ 절창병　　　　④ 솔방울병

해설
① 기적병원균 – *Aeromonas hydrophila*
③ 절창병원균 – *Aeromonas salmonicida*

89 싹갯병의 발병원인과 가장 거리가 먼 것은?

① 싹의 밀생으로 인한 생장 둔화
② 많은 담수의 일시적 유입
③ 고기온이나 강풍 시 노출 과다
④ 기생 생물의 착생

해설
싹갯병은 생리적 갯병이다.

90 연어과 어류의 세균성 신장병(BKD)의 주요 증상은?

① 신장과 그 외 장기에 백점 및 백반상의 병소 형성
② 두부, 등, 꼬리지느러미에 두터운 점액막 형성
③ 체표 전면에 점상출혈과 모세혈관 확장
④ 아가미표면에 팽윤된 환부 형성

91 일반적인 세균염색법으로 염색을 하였을 때 그람음성균은 어떤 색으로 염색되는가?

① 청 색
② 자 색
③ 빨간색
④ 황 색

해설
청자색으로 염색되는 세균을 그람양성, 붉게 염색되는 세균을 그람음성 세균이라고 한다.

92 뱀장어의 어체 근육에 기생하였을 때 근육이 융해되고 체표면에 요철이 생기는 질병은?

① *Ichthyophonus*증
② *Ichthyobodo*증
③ *Microsporidium*증
④ *Heterosporis*증

해설
미포자충병(요철병)
헤테로스포리스 앙귈라룸(*Heterosporis anguillarum*) 또는 플레이스토포라 앙귈라룸(*Pleistophora anguillarum*)이 원인균으로 뱀장어의 근육에 기생하여 발병하는 병이며, 근육이 융해되어 요철이 생기므로 요철병이라고도 한다.

93 넙치, 참돔, 방어, 조피볼락, 농어 등 해산어류의 두부, 지느러미, 꼬리, 몸 표면에 작은 물집 모양의 환부가 형성되고, 병어는 잘 죽지 않으나 상품가치를 잃게 하는 이리도바이러스에 속하는 병명은?

① 바이러스성 신경 괴사증
② 바이러스성 상피증생증
③ 림포시스티스병
④ 참돔 이리도바이러스병

94 원충류의 내외부 구조를 관찰하는 데 일반적으로 사용되는 방법이 아닌 것은?

① 김자염색법
② 도은염색법
③ 트리판블루염색법
④ 고모리트리크롬염색법

해설
트리판블루염색법은 세포의 생사를 판정하는 데 이용한다.

95 폐사어를 부검하였을 때 용존산소 결핍증으로 볼 수 없는 증상은?

① 죽은 고기는 대부분이 입을 닫고 있었다.
② 아가미가 충혈되어 있었다.
③ 아가미의 혈관이 확장되어 있었다.
④ 몸에서 용혈현상을 볼 수 있었다.

해설
죽은 고기는 대부분 입을 벌리고 있다.

96 뱀장어에 곰팡이성 질병을 일으키지 않는 것은?

① *Dermocystium anguillae*
② *Branchiomyces sanguinis*
③ *Saprolegnia* sp.
④ *Ochroconis tshawytschae*

해설
*Ochroconis tshawytschae*는 연어과 어류에서 발병한다.

97 방어를 양식 시 장기간 냉동된 까나리를 투여했는데 안구돌출, 혈구파괴, 울혈 등의 증상이 나타났다. 그 주된 이유로 가능성이 가장 높은 것은?

① 저장된 까나리의 근육에 세균이 번식했기 때문이다.
② 까나리에 단백질량이 감소되었기 때문이다.
③ 까나리의 지방이 산화되었기 때문이다.
④ 까나리가 동결되어 세포가 파괴되었기 때문이다.

98 김의 갯병 중 병원체에 의한 감염성 질병과 관련이 없는 것은?

① 흰갯병(白腐病)
② 붉은갯병(赤腐病)
③ 녹반병(綠班病)
④ 호상균병(壺狀菌柄)

해설
김의 갯병 종류
• 기생성 갯병 : 붉은 갯병, 호상균, 사상체균 부착병, 녹반병, 구멍 갯병
• 생리적 갯병(비기생성) : 흰갯병, 의사흰갯병, 싹갯병, 암종병, 쯔그랑병

99 Virus성 질병의 종류와 감염대상 어류와의 관계가 잘못된 것은?

① Trout – IPN
② Salmon – VHS
③ Catfish – CCVD
④ Carp – IHN

해설
IHN은 연어, 송어류에서 발병한다.

100 금붕어에 궤양병을 일으키는 원인 세균이 아닌 것은?

① *Aeromonas hydrophila*
② *Aeromonas salmonicida*
③ *Renibacterium salmoninarum*
④ *Flavobacterium columnare*

해설
③ *Renivacterium salmoninarum* : 연어과 어류의 세균성 신장병
① *Aeromonas hydrophila* : 기적병(솔방울병)
② *Aeromonas salmonicida* : 궤양병
④ *Flavobacterium columnare* : 부식병

※ 산업기사의 경우 2021년부터 CBT(컴퓨터 기반 시험)로 진행되어 수험자의 기억에 의해 문제를 복원하였습니다. 실제 시행문제와 일부 상이할 수 있음을 알려드립니다.

제1과목 어류양식

01 다음 중 무지개송어 자어가 견딜 수 있는 염분농도로 가장 적절한 것은?

① 14‰까지
② 15~20‰
③ 21~25‰
④ 26~30‰

해설
무지개송어 해수 적응력은 아가미 염세포의 수에 비례한다. 크기별 염분 적응력은 자어는 14‰, 1년 미만 치어는 15~19‰, 150~200g 정도되면 완전 해수에 적응한다.

02 다음 어류 중 양식 시 인공 채란 방법으로 채란하는 빈도가 가장 낮은 것은?

① 초 어
② 연 어
③ 무지개송어
④ 방 어

해설
방어는 해수어류 중 양식 생산량이 비교적 많은 종이지만 아직 양식산 종묘는 대부분 자연산에 의존하고 있다.

03 금붕어의 초기 선별기준으로 가장 좋은 것은?

① 체색
② 두장/체장
③ 체고/체장
④ 꼬리형태

해설
금붕어의 선별
• 먼저 모양이 나쁜 것을 골라낸다. 특히 붕어 꼬리를 한 것은 일찍 골라낸다.
• 빛깔이 나타난 뒤에는 흰색인 것을 골라낸다.

04 무지개송어의 경우 사료 중에 Mg가 부족하면 나타나는 증세가 아닌 것은?

① 성장부진
② 사망률 증가
③ 백내장
④ 골격이상

해설
③ 백내장은 Zn결핍 시 잘 나타난다.
무지개송어 Mg 결핍증상 : 식욕저하, 성장 저하, 폐사 증가, 경련 및 이상 유영, 척추골 변형 등

05 순환여과식 사육장치의 구성요소가 아닌 것은?

① 사육조
② 침전조
③ 생물 여과조
④ 원형지

해설
순환여과식 사육장치
• 사육조 : 어류·패류를 실제로 기르는 곳
• 침전조(침강조) : 고형물, 배설물 침전·제거
• 생물여과조 : 질산화세균을 이용해 암모니아, 아질산을 질산으로 산화
• 그 외 기계여과조, 소독·살균장치(UV·오존), 펌프, 산소공급장치 등

06 해산 어류 중 양식장의 수온이 10℃ 이하이거나 28℃ 이상의 환경에서 양식장 저면의 사니질 속에 매몰하는 습성이 있는 어종은?

① 방 어   ② 꽁 치
③ 자주복   ④ 참 돔

07 어류 운반 시 계절적으로 저온인 경우가 좋은 가장 근본적인 이유는?

① 먹이가 필요치 않다.
② 배설물 제거가 필요 없다.
③ 신진대사가 느리다.
④ 어병 발생이 적다.

해설
활어 운반의 기본 원리 : 대사기능저하(저온유지, 먹이공급 중단), 산소 보충, 오물 제거

08 조피볼락 자어의 사육환경 조건으로 가장 거리가 먼 것은?

① 환수는 정지 또는 약한 유동상태로 유지한다.
② 사육수에는 클로렐라를 첨가시켜 준다.
③ 사육수온은 15~18℃로 하는 것이 좋다.
④ 실내 조도는 10,000lx를 유지해 준다.

해설
실내 조도는 수조내의 부착생물의 번식을 억제하고, 자어의 안정을 유도하기 위하여 수조를 차광하여 수조의 표층 조도가 50~100lx 정도가 되도록 조정한다.

09 다음 중 순환여과식 양식법의 장점과 가장 거리가 먼 것은?

① 적은 수량(水量)으로도 양식이 가능하다.
② 노폐물 제거와 수질정화가 용이하다.
③ 계절의 영향을 적게 받는다.
④ 사료량이 적게 든다.

해설
순환여과식 양식은 양어시설 안의 물을 정화수조를 통과시키고 또한 산소를 주입하도록 하여 사육지에서 사용된 물을 재사용하여 고밀도로 고기를 기르는 방식이다. 면적과 용수가 많이 필요하지 않아도 된다는 장점이 있으나 많은 자금과 고도의 기술이 필요하다.

장 점	• 임의 수온조절이 용이 • 작은 용적으로 많은 생산 • 적은 양의 물로 양식 가능 • 어류의 관리, 관찰이 간편
단 점	• 고도의 양식기술이 요구됨 • 시설비가 많이 듦 • 어병이 발생하기 쉬움 • 영양을 고루 갖춘 고급 사료가 필요

10 유수양식의 장점이 아닌 것은?

① 단위면적당의 생산이 높다.
② 생산어의 포획이 쉽다.
③ 사육면적이 소단위로 되어 관리하기 쉽다.
④ 사육수의 소요가 타 양식에 비해 적다.

해설
유수식 양식의 적지는 수량이 풍부하고 유수가 가능하여 사육수조 안으로 계속해서 물을 흘려 줄 수 있는 곳으로 사육수의 소요가 타 양식에 비해 많다.

11 뱀장어 양식에서 양중물이란 몇 g의 뱀장어를 말하는가?

① 10g 미만
② 10~30g
③ 40~50g
④ 60~70g

해설
실뱀장어 10~30g이 되는 양성용 종묘를 양중물이라고 하는데, 흔히 양어장에서 이 시기부터 배합사료를 이용하여 성어까지 양성하게 된다.

12 무지개송어의 부화기에서 알 10만 개가 소비하는 산소량이 1시간당 0.5L이다. 주입수와 배출수의 용존산소량은 각각 10mL/L, 6mL/L일 때 필요한 주수량은?

① 115L
② 125L
③ 135L
④ 145L

해설

$$주수량 = \frac{10만개가 \ 소비하는 \ 산소량}{(주입수의 \ 용존산소량 - 배출수의 \ 용존산소량)}$$
$$= \frac{500}{10-6} = 125$$

13 틸라피아(역돔)에 대한 생태적 습성이 아닌 것은?

① 주로 잡식성이다.
② 환경의 변화에 대한 저항성이 강하다.
③ 번식력이 아주 강하다.
④ 수컷이 암컷보다 빨리 자란다.

해설
틸라피아는 초식성이다.

14 잉어 양식을 위한 저수지의 조건으로 적합하지 않은 것은?

① 바닥이 무르지 않고 수심이 1~4m인 곳
② 일조시간이 짧은 곳
③ 화물차의 출입이 가능한 곳
④ 너무 크면 관리가 어렵기 때문에, 1~10ha 정도 되는 곳

해설
정수식 양식의 적지
• 바닥이 평탄한 곳
• 갈수기 물이 마를 시 수면적의 면적의 1/2이 유지되는 곳
• 가을에 완전 배수가 가능한 곳
• 바닥이 무르지 않고 수심이 1~4m(2m가 최적)
• 일조시간이 긴 곳
• 소형차가 들어올 수 있는 곳

15 다음 중 방어 양식에 관련한 내용으로 가장 거리가 먼 것은?

① 방어의 사료효율은 어릴 때에는 낮고, 자라면서 높아진다.
② 우리나라에서의 방어 양식은 그물가두리를 이용하는 방식을 선호한다.
③ 방어는 먹이를 먹을 때 표층에 모여 다투어 받아 먹으며, 바닥에 떨어진 먹이를 주워 먹는 일은 극히 드물다.
④ 일본은 이미 인공종자생산에 성공하여 양식 방어를 전 세계로 수출하고 있으며, 최근에 우리나라도 인공종자생산을 실험적으로 성공하였다.

해설
방어의 사료효율은 커갈수록 낮아진다.

16 양어사료에서 지용성 비타민이 아닌 것은?

① 비타민 A

② 비타민 C

③ 비타민 E

④ 비타민 K

해설
② 비타민 C는 수용성 비타민이다.
지용성 비타민 : A, D, E, K

17 다음 중 유영동물의 양식방법이 아닌 것은?

① 지수식

② 뜬발식

③ 유수식

④ 가두리식

해설
② 뜬발식은 해조류에서 쓰이는 양식방법이다.
유영동물의 양식방법 : 유수식, 가두리, 순환여과식, 지수식 등

18 잉어알의 특성은?

① 분리성 부성란

② 분리성 점착란

③ 침강성 점착란

④ 침강성 부성란

해설
잉어의 알은 침강성 점착란이어서 물가의 수초 또는 조류 등의 고체에 달라붙어 부화한다.

19 뱀장어 양식장에서 pH의 저하를 막기 위해 주입하는 것은?

① 질 산

② 아질산

③ 탄산칼슘

④ 염화나트륨

해설
뱀장어 고밀도 양성지에서는 pH가 급격하게 하락하는 것을 막기 위하여 탄산칼슘을 투입하여 조절한다.

20 우리나라에서 양식 중인 무지개송어에 대한 설명으로 틀린 것은?

① 연어과에 속한다.

② 열대성 어류이다.

③ 육봉화하여 성장과 번식을 한다.

④ 산간 계곡의 맑은 찬물에 산다.

해설
무지개송어는 연어과에 속하며, 냉수성 어류로 하천에서 태어나 바다에 내려가지 않고 담수에서 육봉화하여 산다. 산간 계곡의 맑은 찬물에 살며 산란연령은 2, 3년을 넘어야 한다.

21 다음 중 호흡공 수가 가장 많은 전복류로 옳은 것은?

① 참전복
② 말전복
③ 까막전복
④ 오분자기

해설
오분자기는 크기가 작고, 호흡공의 수가 6~9개로 6개 이하인 다른 종과 쉽게 식별된다.

22 교미를 한 후 암컷의 체내에 정자를 보관하고 있는 무척추동물은?

① 성 게
② 소 라
③ 해 삼
④ 보리새우

해설
보리새우의 암컷은 수컷으로부터 정협을 받아 이것을 저정낭에 저장한다.

23 보리새우 부화 유생에 먹이를 처음으로 주어야 하는 시기로 옳은 것은?

① Nauplius기
② Mysis기
③ Zoea기
④ Post larva기

해설
보리새우 먹이 공급
노플리우스기에는 난황으로부터 영양분을 흡수하므로 먹이를 주지 않고 조에아기부터 먹이는 공급한다.

24 참가리비의 습성에 대한 설명으로 옳지 않은 것은?

① 참가리비는 온대성 2매패이다.
② 외양성이며 수심 10~40m에 많이 분포한다.
③ 서식처는 저층의 유속이 비교적 빠른 곳으로 저질은 사력질을 좋아한다.
④ 성숙기는 3월에서 5월 사이이며, 4월경이 산란 성기이다.

해설
① 참가리비는 한해성 2매패이다.

25 패류의 채묘 방법 중 잘못 짝지어진 것은?

① 참굴 – 고정식 채묘
② 피조개 – 침설 수하식 채묘
③ 바지락 – 완류식 채묘
④ 대합 – 침설 고정식 채묘

해설
④ 대합 : 완류식 채묘

26 다음 중 생활사가 바르게 나열된 것은?

① 해삼 : 아우리쿨라리아 → 돌리올라리아 → 새끼 해삼
② 진주조개 : 벨리저 → D형 유생 → 성숙유생 → 치패
③ 꽃게 : 조에아 → 미시스 → 메갈로파 → 치게
④ 보리새우 : 조에아 → 노플리우스 → 미시스 → 치하

해설
② 진주조개 : D상 유생 → 각정기 유생 → 완숙한 유생→ 치패
③ 꽃게 : 노플리우스 → 조에아 → 메갈로파 → 치게
④ 보리새우 : 노플리우스 → 조에아 → 미시스 → 포스트라바

27 부화 직전의 꽃게 외란의 색으로 가장 적절한 것은?

① 검은색　　　② 황 색
③ 암 색　　　④ 황백색

해설
산란 초기의 알은 황백색 → 황색 → 발안 후 어두운색 → 부화 직전에는 검은색

28 수온과 해삼의 관계를 가장 올바르게 설명한 것은?

① 수온과 소화관의 발달은 관계없다.
② 수온이 낮아지면 해삼의 재생력은 감소한다.
③ 수온이 낮아지면 해삼의 소화관은 발달한다.
④ 수온이 높아지면 해삼의 먹이 섭취율은 증가한다.

해설
수온이 19℃ 이하로 내려가면 해삼의 소화관은 활동기가 되고 10℃ 이하이거나 연간 최저수온기가 되면 소화관이 최대로 발달한다. 해삼의 하면 임계수온은 19℃로 큰 개체일수록 더 낮은 수온에서 하면에 들어간다.

29 다음 꼬막(Anadara)류 중 수심이 제일 깊은 곳에서 서식하는 종류는?

① 꼬 막
② 새꼬막
③ 피조개
④ 큰이랑피조개

해설
③ 피조개 : 간조선으로부터 50m에 분포(2~20m에 주로 서식)
① 꼬막 : 가장 천해성으로 조간대에 서식
② 새꼬막 : 조간대로부터 10m에 서식(1~5m에 주로 서식)
④ 큰이랑 피조개 : 수m~30m에 서식

30 인공종묘생산을 할 때 채란용 어미의 선택에 관한 내용으로 옳지 않은 것은?

① 성숙연령에 도달하기 직전의 것을 선택한다.
② 영양상태가 좋고 성숙이 충실한 것을 선택한다.
③ 선택 시기는 산란기의 전기나 중기가 좋다.
④ 채포나 운반할 때 시달리지 않은 것이 좋다.

해설
어미는 반드시 성숙연령에 도달한 것을 사용해야 한다.

31 다음 중 남해안산 문어의 성장에 가장 좋은 양성기간은?

① 3~4월   ② 5~6월

③ 7~8월   ④ 9~10월

해설
문어의 양성 적수온은 15~23℃로 5~6월과 10~11월이 가장 좋다.

32 새꼬막 저착기 치패의 특징이 아닌 것은?

① 방사늑수가 31개 내외이다.

② 껍데기의 색은 황색이다.

③ 패각근이 뚜렷하지 않다.

④ 각장은 280~320μm 정도이다.

해설
껍데기의 색은 백색이다.

33 굴 채묘에 앞서 제일 먼저 해야 할 것은?

① 채묘기 설치

② 수온 조사

③ 부착유생수 조사

④ 부유유생수 조사

해설
참굴은 수온이 10℃(기초수온) 이상에서 암컷의 난모세포와 수컷의 정모세포에서 각각 난자와 정자가 형성된다.

34 먹이생물 배양의 주요 조건이 아닌 것은?

① 조 도

② 배양액

③ 온 도

④ 엽록소

해설
식물성 먹이생물 배양조건
• 성장에 필요한 영양염의 공급
• 적절한 조도
• 적절한 온도의 유지
• 가스교환과 영양염의 고른 이용
• 플랑크톤의 균일한 분포를 위한 교반장치

35 부유기간에 먹이생물이 필요 없는 종류는?

① 참 굴

② 바지락

③ 가리맛

④ 전 복

해설
전복의 부유유생은 부유기간에는 먹이를 먹지 않으나, 3~4일 지나면 저서생활로 들어가기 시작하면서 먹이를 먹게 되므로, 미리 먹이배양 파판을 준비해야 한다.

36 문어 양성 수조에 종묘를 추가 방양하고자 할 때 옳은 방법은?

① 기존의 개체보다 큰 개체를 넣는다.

② 기존의 개체수보다 많은 개체수를 넣는다.

③ 기존의 개체수와 크기에 관계없이 넣는다.

④ 기존의 개체를 새로운 사육수조에 함께 넣는다.

해설
세력권이 형성된 곳에서 새로운 종묘를 넣으면 새 종묘의 크기가 다소 크더라도 먹이를 제대로 먹지 못하고 죽는다. 따라서 새로운 종묘를 추가 방양 시 먼저 있던 종묘를 잡아내어 함께 다시 방양한다.

37 전복의 암수 생식소 색깔은?

암 컷	수 컷
① 초록색	선홍색
② 초록색	담황색
③ 선홍색	담황색
④ 선홍색	초록색

해설
전복 암·수 생식소 색깔은 초록색(암컷)과 담황색(수컷)이다.

38 참가리비의 자연 채묘 시 유생이 부착하는 시기는 산란 후 며칠 정도인가?

① 약 10일   ② 약 14일

③ 약 21일   ④ 약 40일

39 진주조개 양식 시 월동이 가능한 하한 수온은?

① 5℃   ② 8℃

③ 10℃   ④ 13℃

40 꼬막류의 서식 분포가 얕은 곳부터 순서대로 나열된 것은?

① 꼬막 – 새꼬막 – 피조개

② 꼬막 – 피조개 – 새꼬막

③ 피조개 – 새꼬막 – 꼬막

④ 새꼬막 – 피조개 – 꼬막

해설
꼬막류 서식장 수심
• 꼬막 : 가장 천해성으로 조간대에 서식
• 새꼬막 : 조간대로부터 10m에 서식(1~5m에 주로 서식)
• 피조개 : 간조선으로부터 50m에 분포(2~20m에 주로 서식)

36 ④   37 ②   38 ④   39 ④   40 ①   정답

41 김양식장에서 발생하는 갯병 중 생리적 갯병이 아닌 것은?

① 싹갯병

② 붉은 갯병

③ 암종병

④ 흰갯병

> **해설**
> 김의 갯병 종류
> • 기생성 갯병 : 붉은 갯병, 호상균, 사상체균 부착병, 녹반병, 구멍갯병
> • 생리적 갯병 : 흰갯병, 의사흰갯병, 싹갯병, 암종병, 쪼그랑병

42 미역의 포자엽을 취급하는 요령으로 틀린 것은?

① 채취 즉시 깨끗한 해수에 씻는다.

② 시원한 그늘에서 말린다.

③ 깨끗한 해수에 넣어서 운반한다.

④ 너무 마른 때는 위를 덮어 준다.

> **해설**
> 해수에 넣어서 운반할 경우 운반중 계획되지 않은 유주자 방출 우려가 있다.

43 남방형 미역의 특징이 아닌 것은?

① 포자엽의 주름수가 6~20개로 많다.

② 영양엽과 포자엽이 접근해 있고 줄기가 짧다.

③ 잎의 열각이 얕고, 열편수가 체장에 비해 많다.

④ 조류가 빠르지 않은 제주와 남해안에 많이 분포한다.

> **해설**
> 남방계 미역은 포자엽의 주름수가 2~4개 정도이다.

44 다음 해조류 중 갈조류에 해당하지 않는 것은?

① 톳

② 감 태

③ 미 역

④ 우뭇가사리

> **해설**
> 우뭇가사리는 홍조류에 해당된다.

45 냉장 김발을 제작하기에 적합한 김 엽체의 길이는?

① 1cm 내외

② 2cm 내외

③ 3cm 내외

④ 4cm 내외

> **해설**
> 싹이 클수록 작업 중에 손상되기 쉬워 3cm 내외가 적당하다.

46 해수 유동이 김에 미치는 영향과 가장 거리가 먼 것은?

① 영양염 및 이산화탄소의 공급
② 배출된 대사 노폐물의 제거
③ 활발한 대사 작용의 유지
④ 광합성률의 감소

해설
해수의 유동(조류, 파랑)이 김의 생육에 미치는 영향
• 김의 활발한 대사작용의 유지
• 영양염 및 이산화탄소 공급
• 김 주위에 배출된 대사노폐물의 제거
• 미세한 부니의 부착 방지

47 다음 중에서 세대교번을 하지 않는 종류는?

① 홑파래
② 청 각
③ 미 역
④ 김

해설
세대교번을 하지 않는 종류 : 갈조류의 모자반, 녹조류의 청각

48 재생력을 이용하여 양식할 수 있는 해조류는?

① 김
② 다시마
③ 우뭇가사리
④ 홑파래

해설
우뭇가사리의 번식
• 과포자, 사분포자에 의한 번식
• 포복지 재생력에 의한 영양 번식에 의한 증식
※ 포복지에 의한 번식종 : 곰피, 우뭇가사리류, 톳, 옥덩굴류

49 김어장에서 해수시비법(海水施肥法)의 장점은?

① 조류에 의한 비료분의 손실이 크다.
② 효과범위가 그다지 뚜렷하지 않다.
③ 각 어장마다 시비의 기준이 다르다.
④ 시비에 노력이 적게 든다.

해설
해수시비법

장 점	노력이 적게 든다.
단 점	• 조류에 의한 비료분 손실이 크다. • 효과범위가 뚜렷하지 않다. • 어디서나 같은 효과를 기대하기가 어렵다.

50 다음 중 김발에 붙기 시작할 때 발을 저노출선에 며칠간 고정시켜 주면 구제되는 김의 해적 생물은?

① 따개비
② 규조류
③ 파래류
④ 매생이

해설
김의 해적 생물 : 따개비, 규조류, 파래류, 매생이 등
• 매생이 포자는 주광성이고 부착층이 김보다 높다.
• 부착하면 김발을 저노출선에 며칠간 고정(일기가 따뜻해지면 김이 약해지기 쉽고 갯병 염려가 있으므로 발을 빨리 높여 준다).

51 다음 중 영양번식력이 강하여 자리바꿈에 가장 우세한 것은?

① 참 김   ② 둥근돌김

③ 방사무늬김   ④ 모무늬돌김

해설
방사무늬김은 영양 번식력이 강하여 자리바꿈에 우세한 품종이다.

52 미역 배우체의 생장 적온은?

① 17~20℃   ② 20~30℃

③ 23~25℃   ④ 25~27℃

해설
미역 양식에서 수온별 적온
• 배우체 발아 성장 적온 : 17~20℃
• 아포체 유엽의 성장 적온 : 15~17℃
• 중륵이 생긴 이후 : 12~13℃
• 성엽 : 5~10℃

53 사상체도 가지지만 엽상체의 기부만 남아 여름을 지내는 여름김의 형태도 나타나는 김의 종은?

① 참 김   ② 둥근김

③ 긴잎돌김   ④ 방사무늬김

54 톳의 번식효과를 높이기 위해서 제거에 주력해야 하는 대상종은?

① 우뭇가사리
② 풀가사리
③ 지충이
④ 모자반

해설
지충이는 톳과 함께 조간대 중부에서 하부에 서식하는 경쟁 해조류로 성장과 산란시기가 톳보다 빨라 증식에 유리한 생태적 특징을 갖고 있다.

55 바다숲을 구성하는 대형 해조류는?

① 구멍갈파래
② 모자반
③ 김
④ 우뭇가사리

해설
모자반과 같은 대형 갈조 군락은 해중림을 조성하여, 어류와 패류 등 유용 수산동물자원의 서식처와 산란장으로 이용됨으로써 해양 생태계 유지에 매우 중요한 기능을 담당하고 있다.

56 미역의 유주자 방출에 대한 설명으로 적합하지 않은 것은?

① 줄기 양 가장자리에 주름이 생겨 포자엽이 되며 유주자의 주머니가 된다.

② 봄철에 14℃ 이상될 때 방출이 시작된다.

③ 유주자의 방출은 17~22℃일 때 왕성하다.

④ 유주자의 방출은 27℃일 때까지 계속된다.

해설
유주자는 봄철에 수온이 오르기 시작하여 14℃가 될 때부터 방출이 시작되어, 미역이 없어지는 22℃가 될 때까지 계속된다.

57 미역의 좋은 포자엽 조건에 해당하지 않는 것은?

① 성숙도가 좋은 것

② 가장자리 색이 연한 것

③ 포자엽이 크고 두꺼운 것

④ 부드러우며 점액이 많은 것

해설
미역의 좋은 포자엽 고르기
포자엽은 충분히 성장하여 크고 두꺼운 것을 골라야 한다. 대체로 성숙도가 좋은 것은 광택이 있는 다갈색이나 흑갈색으로, 가장자리가 색깔이 짙고 부드러우며 점액이 많다.

58 다시마의 종묘 생산 시 포자엽 유주자 방출 자극법으로 가장 좋은 방법은?

① 그늘 말리기

③ 수온 상승법

③ 과산화수소수법

④ 자외선 조사 해수자극법

해설
다시마의 종묘 생산 시 포자엽 유주자 방출 자극법으로 가장 좋은 방법은 그늘 말리기 후 물에 담그는 방법이다.

59 세포벽에 알긴(Algin)이라고 하는 특유한 물질을 가지기도 하여 산업적으로 매우 유용한 해조류는?

① 남조식물

② 녹조식물

③ 갈조식물

④ 홍조식물

해설
갈조식물의 세포벽에는 셀룰로스 외에 알긴을 함유하는 종류가 많아 산업적으로 유용하게 쓰인다.

60 김의 과포자 배양 초기 비중은?

① 1.012~1.016

② 1.016~1.020

③ 1.020~1.024

④ 1.024~1.028

61 다음 중 경골어류에 속하는 것은?

① 칠성장어

② 괭이상어

③ 두툽상어

④ 철갑상어

해설
① 칠성장어 : 원구류
②・③ 괭이상어, 두툽상어 : 연골어류

62 생물을 분류하는 데 있어서 기본 단위는?

① 문(門)

② 강(綱)

③ 목(目)

④ 종(種)

해설
생물 분류의 기본단위는 종으로 다음과 같이 분류한다.
종 – 속 – 과 – 목 – 강 – 문 – 계

63 해양 저서동물 분포에 가장 큰 영향을 미치는 것은?

① 수 온

② 염 분

③ 저질의 종류

④ 수소이온농도

해설
저서동물은 그들이 서식하는 기질에 따라 주로 바위와 같은 암반에 사는 종류와 모래나 뻘 같은 곳에 서식하는 종류로 나누어진다.

64 고수온기 패각 속에서 사상체로 지내는 해조류는?

① 김

② 파 래

③ 모자반

④ 청 각

해설
김의 생활사

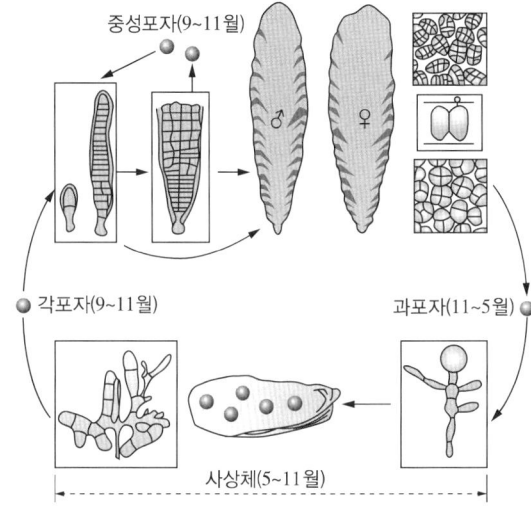

사상체기 : 과포자가 해저에 있는 조가비의 진주층을 뚫고 들어가 그 속에서 자라면서 여름철의 고수온기를 지내게 되는 시기이다.

65 다음 중 어류의 회유조사를 위한 표지방법이 아닌 것은?

① 체부분 표지법

② 착색법

③ 표지 부착법

④ CPUE 법

해설
• 표식방법 : 체부분 절단법, 착색법, 표지 표식법, 유전적 표지법
• CPUE(Catch Per Unit Effort) : 단위노력당 어획량으로 자원량 지수로 사용

66 다음 수산생물 중에서 광염성 생물은?

① 오징어

② 망둥어

③ 우뭇가사리

④ 가리비

해설
주로 조간대나 기수역에서 발견되는 생물들이 광염성 생물이며, 저조선 아래에 서식하는 생물들이 협염성 생물이다.

67 모악동물(화살벌레)의 설명 중 옳지 않은 것은?

① 몸은 머리, 몸통, 꼬리의 세 부분으로 나뉘어 있다.

② 이들은 턱 주변의 강한 털로써 먹이를 잡는다.

③ 대부분이 담수산이며 담수산 동물플랑크톤에서 중요하다.

④ 해양 환경을 파악하는 지표 생물로 이용되기도 한다.

해설
모두 해산이며 요각류 다음으로 양이 많다.

68 생물학적 최소형(Biological Minimum Size)을 결정하는 가장 중요한 요건은?

① 어장에의 가입

② 색채의 구비

③ 생식능력의 구비

④ 종 특징의 완성

해설
생물학적 최소형(Biological Minimum Size)
생물학적으로 재생산을 할 수 있는 초기 연령(Age at First Reproduction) 또는 몸의 크기를 뜻하며, 성 성숙 최소 크기라고도 한다.

69 일반적인 해조류의 주된 영양소 흡수기관은?

① 뿌 리

② 줄 기

③ 몸 표면 전체

④ 뿌리와 줄기

해설
해조류는 완전히 물속에 잠겨 생활하는 까닭에 몸의 표면에서 영양분을 흡수하는 한편 동화작용, 호흡작용도 몸의 표면에서 이루어진다.

70 우뭇가사리(*Gelidium amansii*)에 대한 설명 중 틀린 것은?

① 다년생이다.

② 사분포자 또는 과포자를 형성한다.

③ 난류성이다.

④ 세대교번을 하지 않는다.

해설
우뭇가사리는 동형 세대교번을 하는 다년생 해조류이다.

71 해양에서 종생플랑크톤(Holoplankton)에 속하지 않는 것은?

① 집게의 Zoea 유생
② 요각류
③ 규조류
④ 와편모조류

해설
게나 새우와 같은 십각류(Decapoda)와 따개비류의 성체는 저서 생활을 하지만, 그들의 유생은 일시적으로 부유 생활을 한다.

72 동물플랑크톤에 대한 설명이 아닌 것은?

① 식물플랑크톤보다 크고, 대개 1mm 이상으로 육 안으로 볼 수 있다.
② 갑각류, 원생동물, 모악동물, 윤충류 등이 있다.
③ 주로 밤에는 깊은 층으로 낮에는 표층으로 이동 하는 수직이동을 한다.
④ 식물플랑크톤을 먹고 사는 1차 소비자이다.

해설
밤에는 바다 표면 가까이에 올라오고, 낮에는 일정 수심에 내려 간다.

73 원색동물에 속하는 것은?

① 새 우   ② 산 호
③ 불가사리   ④ 우렁쉥이

해설
원색동물문에는 우렁쉥이와 미더덕 등이 속한다.

74 뱀장어가 점액을 분비하는 이유와 가장 거리가 먼 것은?

① 몸 표면을 미끄럽게 하여 물과의 마찰을 적게 한다.
② 환경 조건이 좋을 때 분비한다.
③ 기생생물의 부착을 방지한다.
④ 체내 삼투압을 조절한다.

해설
뱀장어의 점액
• 마찰력을 줄여서 상처를 입지 않고 펄이나 돌 틈, 자갈밭을 마음 대로 돌아다닐 수 있는 윤활유 역할을 한다.
• 점액 성분 속에는 항생물질이 섞여 있어 지저분한 환경에서 세균 이 번식하는 것을 막아 준다.
• 삼투압을 조절하는 기능과 방수기능을 갖고 있다.

75 극피동물의 설명으로 틀린 것은?

① 참해삼은 몸 빛깔이 서식처에 따라 암록색, 갈색, 암흑색 등으로 변화가 심하고, 동북아시아 해역 에서 산출되는 대표적인 식용 해삼이다.
② 아무르불가사리는 몸 색깔이 연한 보라색 또는 황백색이지만 변화가 심하다. 체강 내에 가스를 충만시켜 부유하면서 조류 등을 따라 대이동을 하기도 한다.
③ 보라성게는 거의 원형에 가까운 반구형으로 비교 적 소형이며, 몸 빛깔은 연한 녹색이다.
④ 대부분 바다나리류는 고착생활을 한다.

해설
보라성게
껍데기 지름 2.5~6cm, 높이 1~3cm이다. 몸통은 두껍고 편평하 다. 보대에는 5~8개의 관족 구멍이 활모양으로 줄지어 있다. 가시 는 강하고 크데, 끝이 뾰족하고 큰 가시는 길이가 껍데기 지름과 거의 같다. 빛깔은 껍데기와 가시 모두 보라색을 띤다.

76 연골어류의 특징이 아닌 것은?

① 상어, 가오리, 은상어와 같이 뼈가 연골로 된 물고기를 말한다.

② 부레 또는 허파를 가지지 않는다.

③ 꼬리지느러미는 대부분 정형이다.

④ 배지느러미의 일부분에서 변화·형성된 정교한 교미기가 있다.

> **해설**
> 연골어류의 꼬리지느러미는 대부분 부정형으로 상엽이 큰 점, 비늘은 방패 비늘로 이빨과 구조가 유사한 점, 부레와 유문수가 없고 창자는 짧지만 안쪽이 나선판을 가지고 있는 점 등이 특징이다.

77 어류의 부레에 대한 설명으로 옳지 않은 것은?

① 창자가 발달해서 생겨난 것이다.

② 기원적으로 순환 기관과 관계가 있다.

③ 부력을 조절하는 기능을 가지고 있다.

④ 일부 종은 소리를 증폭하는 기능을 갖는다.

> **해설**
> 부레는 기원적으로 호흡 기관과 관계있으며, 창자가 발달해서 생겨난 것이다. 경골 어류는 대부분 부레로 부력을 조절하는 기능을 가지고, 일부 종은 청각 기관과 연결되어 소리를 증폭하는 기능 및 산소 저장기로서 호흡 기능을 가진다.

78 생물 상호관계에서 포식, 기생 등과 같이 생물 한쪽에는 이익을 주고, 다른 쪽에는 불이익을 주는 관계는?

① 협동관계

② 상해관계

③ 착취관계

④ 편리관계

> **해설**
> 착취관계에는 포식과 기생의 두 가지가 있다.

79 해수 어류 중에서 가장 많은 종이 속하는 무리는?

① 농어류

② 대구류

③ 아귀류

④ 연어류

> **해설**
> 해수 어류 중에서 가장 많은 종이 속하는 무리는 농어류이다.

80 남극 크릴새우로 잘 알려져 있으며, 고래의 먹이생물로 유명한 것은?

① 멸치

② 아르테미아

③ 요각류

④ 난바다곤쟁이류

> **해설**
> 크릴새우의 학명은 *Euphausia superba*이며 난바다곤쟁이류(유파우시아류)의 일종이다. 크릴새우는 갑각류강 > 연갑류아강 > 난바다곤쟁이목(유파우시아류)에 속하며 *Euphausia superba*와 *Euphausia pacifica* 등이 있다.

76 ③ 77 ② 78 ③ 79 ① 80 ④ [정답]

81 참돔에 *Microcotyle* sp.가 감염되었을 때 병어에서 관찰되는 가장 뚜렷한 증상은?

① 체색의 흑화
② 회전 유영
③ 체표의 궤양형성
④ 아가미의 색깔이 창백해짐

해설
Microcotyle sp. : 흡혈성 아가미 흡충으로 감염 시 아가미가 창백하고, 식욕이 떨어져 사료를 잘 먹지 않는다.

82 18℃인 담수의 용존산소포화량은 6.81mL/L이다. 18℃인 어느 담수 시료의 용존산소량이 4.77mL/L로 측정되었다면 이 시료의 산소포화도는?

① 70%
② 0.7%
③ 143%
④ 1.43%

해설
시료의 포화율(%) = (DM/Ds) × 100
                  = (4.77/6.81) × 100 ≒ 70%
여기서, Ds : 포화용존산소량, DM : 시료의 용존산소량

83 염소(Cl)량 16.5‰인 해수의 염분값은?

① 18.6
② 24.2
③ 29.8
④ 32.4

해설
S(염분) = 1.80655 × Cl
        = 1.80655 × 16.5‰ ≒ 29.8‰(psu)

84 Trichodina충에 의한 뱀장어의 피해로 가장 적합한 것은?

① 아가미의 혈관이 막혀서 순환장애를 일으킨다.
② 아가미에 흰점이 생기므로 먹이를 먹지 않는다.
③ 아가미에 붉은 점이 생기므로 운동력이 강해진다.
④ 아가미 상피의 조직이 파괴된다.

해설
트리코디나(Trichodina)병 증상
어류의 몸 표면이나 아가미에 달라붙어 치설을 이용해 상피세포를 파괴시키는 등 심한 자극을 주어, 어류는 점액(회백색)을 과다 분비하게 되고, 호흡곤란, 상피세포탈락 등의 증상을 나타내게 된다.

85 혐기성 박테리아나 원생동물의 역할로 분해되어 발생하는 생성물과 가장 거리가 먼 것은?

① H_2S
② CH_4
③ NH_3
④ NO_3

해설
물속에서 혐기성미생물로 인해 유기물이 분해되면 메탄(CH_4), 이산화탄소(CO_2) 그외 NH_3, H_2S가 발생하여 악취가 난다.

86 다음 중 물의 오염지표로서 가장 중요한 것은?

① 동식물플랑크톤

② 암모니아태질소

③ 탄산가스

④ 알칼리도

해설

물이 유기성 질소로 오염된 경우 점차 부패, 발효, 산화 등에 의하여 분해되어 우선 암모니아를 생성하므로 암모니아성 질소는 물의 오염도를 나타내는 하나의 지표로 쓰이게 된다.

87 넙치의 랍도바이러스병 예방책으로 가장 적당한 것은?

① 포르말린 처리

② 식염수 처리

③ 15℃ 이상 가온 처리

④ 담수 처리

해설

수온을 15℃ 이상으로 상승시키면 바이러스의 병원성이 떨어져 폐사율이 감소된다.

88 시료 20mL를 사용하여 어떤 성분을 정량한 결과 28μg이 함유되어 있었다. 이 성분의 ppm 농도는?(단, 시료비중은 1로 본다)

① 28ppm

② 2.8ppm

③ 14ppm

④ 1.4ppm

해설

1ppm은 $1\mu g/mL(=1mg/L)$

$$ppm = \frac{물질의\ 질량}{시료의\ 질량} = \frac{28}{20} = 1.4ppm$$

89 해수의 투명도를 측정하는 데 이용하는 기구는?

① 난센병

② 세키디스크

③ 바라스 샘플러

④ 포렐시약

해설

투명도는 물, 특히 육수나 해수의 투명한 정도를 나타내는 값으로 세키판(Secchi Disc)이라고 하는 투명도판으로 측정한다.

90 다음 약제 중 항생물질이 아닌 것은?

① 옥시테트라사이클린

② 에리스로마이신

③ 옥소린산

④ 설파메라진

해설

③ 옥소린산 : 퀴놀론계 합성 항균제

① 옥시테트라사이클린 : Tetracycline계

② 에리스로마이신 : Macrolide계

④ 설파메라진 : Sulfonamide계

91 성충이 되면 말굽모양의 대핵을 가지는 것은?

① 트리코디나(*Trichodina*)
② 익티오프티리우스 멀티필리스(*Ichthyophthirius multifiliis*)
③ 키로도넬라 시프리니(*Chilodonella ciprini*)
④ 트리코프리아(*Trichophrya*)

해설
원생동물에 속하는 섬모충으로 0.5~1mm의 타원형이고 말굽형 핵을 가진다.

92 익티오포누스증에 걸린 각 어류의 증세로 올바른 것은?

① 잉어에는 소화기관에 기생하여 카타르성 장염을 일으킨다.
② 무지개송어에서는 주로 아가미에 기생하여 상피 점막을 파괴한다.
③ 잉어의 위속에 기생하여 가스를 발생시키므로 위가 팽만된다.
④ 무지개송어의 간장에 크고 작은 여러 가지의 결절이 생긴다.

해설
해부해 보면 빈혈증과 함께, 심장, 간, 신장 등 내부 장기에 흰색이나 붉은 핵의 작은 결절들이 관찰된다.

93 양어장에서 pH와 용존산소는 어떤 관계가 있는가?

① 용존산소가 증가하면 pH도 증가한다.
② 용존산소가 감소하면 pH는 증가한다.
③ 용존산소가 증가하면 pH도 감소한다.
④ pH와 용존산소는 일정한 관계가 없다.

해설
• 노지 양식장의 경우 조류가 번성하면 pH 변화가 생긴다.
• 낮에는 광합성 작용에 의하여 CO_2를 소비하고, O_2를 제공하므로 pH가 증가하고 용존산소도 증가한다.
• 야간에는 식물성플랑크톤의 호흡작용에 의하여 CO_2를 제공하고, O_2를 소비하므로 pH는 감소하고 용존산소도 감소한다.

94 닻벌레(*Lernaea cyprinaces*)에 대한 설명 중 틀린 것은?

① 닻벌레는 Nauplius 시기에는 자유 유영생활을 하고 Copepodid 1기 때부터 숙주에 기생한다.
② 닻벌레의 수컷은 교미 후 죽고, 암컷이 숙주에 고착, 기생한다.
③ 숙주 특이성이 낮다.
④ 닻벌레는 아가미와 피부에만 기생한다.

해설
머리 부위가 변형(긴 갈고리모양)되어 근육 및 아가미에 깊이 박혀 기생한다.

95 암모니아성 질소(NH_3-N)의 황갈색 발색제(發色濟)는?

① Nessler 시약
② Indophenol 용액
③ EDTA 용액
④ O-tolidine 용액

해설
네슬러(Nessler) 시약
아이오딘화제2수은칼륨(K_2HgI_4)의 강알칼리성 용액으로, 미량의 암모니아에 의해서도 황색 또는 황갈색으로 착색되므로 암모니아의 검출시약으로 사용된다.

96 윙클러-아지드화나트륨 변법에 의한 용존산소량 정량 조작 시 적정종점의 변색은?

① 적색 → 청색

② 무색 → 청색

③ 청색 → 무색

④ 청색 → 보라

97 어느 한 지점에 일정 면적의 지질을 집어 올리는 채취방법으로 소형 저서 생물의 조사에 활용하는 채니 방법은?

① 코어식

② 드레지식

③ 전동식

④ 그래브식

> **해설**
> **저질의 채취 방법**
> • 드레지식 : 기기 자체의 무게에 의해서 해저면을 일정한 거리로 끌어서 시료 채취
> • 그래브식 : 어느 한 지점의 일정 면적의 저질을 집어 올리는 채취
> • 코어식 : 원통형의 파이프를 저실 속에 박아서 퇴적된 층을 그대로 채취

98 그람 염색을 하여 세균을 구분할 때, 기준이 되는 것은?

① 핵의 유무

② 협막의 유무

③ 선모의 유무

④ 세포벽의 유무

> **해설**
> 그람 염색 후 세포벽의 유무에 의해 양성과 음성으로 구분 짓는다.

99 다음에서 설명하는 내용과 관계가 깊은 사료내 성분은?

> • 잉어에 장기 투여 시 등여윔병이 발생한다.
> • 비타민 E를 50mg/100g 비율로 사료에 첨가하여 공급하면 치유된다.

① 산화지방

② 산화구리

③ 산화철

④ 산화단백질

> **해설**
> 장기 보관하거나 보관부주의로 산화 지방이 생긴 사료를 잉어에 장기 투여시 등여윔병이 발생하며, 비타민 E를 50mg/100g 비율로 사료에 첨가하여 공급하면 치유된다.

100 다음 중 유기물에 의한 오염 정도를 알 수 있게 해 주는 것은?

① BOD

② pH

③ RPM

④ SS

> **해설**
> BOD(생화학적 산소요구량) : 수중에 있는 유기물이 호기성 미생물에 의해 분해될 때 소비되는 용존 산소량으로 유기물의 오염의 정도를 알 수 있게 해 주는 대표적인 척도이다.

01 총중량 100kg의 잉어에게 400kg의 사료를 먹여 500kg으로 성장시켰다고 하면 이때의 사료계수는?

① 0.5 ② 1.0

③ 1.5 ④ 2.0

해설

사료계수

= 사료 공급량/증육량(단, 증육량 = 수확 시 중량 – 방양 시 중량)

$$= \frac{400kg}{500kg - 100kg} = 1$$

02 미꾸라지의 성어 양성 시 적당한 방양밀도는?

① 100m²당 5~9kg

② 100m²당 10~15kg

③ 100m²당 16~20kg

④ 100m²당 21~25kg

03 크럼블(Crumble)사료에 대한 내용으로 가장 적합한 것은?

① 생사료를 주원료료 하여 공급 직전 제조한다.

② 주로 치어에 주는 사료이다.

③ 출하 직전 맛을 좋게 하기 위하여 주는 사료이다.

④ 보통 직경 3, 5, 7mm의 3가지로 생산된다.

해설

크럼블(Crumble)사료

치어용(稚魚用) 초기 배합사료로 펠릿(Pellet)보다 입자 크기를 작게 만든 것으로 주로 연어나 송어 부화장 등에서 치어를 먹이 길들일 때 쓰인다.

04 1m²당 무지개송어의 치어의 적정 방양밀도는?(단, 수온 15℃, 개체당 무게는 4g 내외임)

① 300~400마리

② 400~600마리

③ 600~900마리

④ 900~1,300마리

05 부화 후 5~6일이 지난 참돔 자어의 초기 먹이로 가장 적합한 것은?

① 로티퍼

② 성게유생

③ 굴 D상 유생

④ 코페코다 노플리우스 유생

해설

대부분의 해산어의 자어 초기의 먹이로는 요각류(코페포다 등)가 적합하지만, 대량으로 확보하기가 힘들기 때문에 대량 배양이 용이한 로티퍼나 성게의 유생, 굴의 D상 유생 등을 먹이로 사용한다.

06 협염성 어류는?

① 뱀장어

② 무지개송어

③ 방 어

④ 숭 어

해설

뱀장어, 숭어는 생에 주기에 따라 바닷물과 민물을 오가는 어류이고, 무지개송어는 연어과 어류로 광염성 어류다.

07 은연어의 사육 적정 수온은?

① 8~10℃

② 10~12℃

③ 13~18℃

④ 20~22℃

08 산소보충을 하지 않은 상태에서 정수식 못양식으로 잉어를 양성하려고 한다. 물을 교환하지 않은 상태에서의 잉어의 최대 수용량은?

① 1m²당 약 500g

② 1m²당 약 100g

③ 1m²당 약 1000g

④ 1m²당 약 1500g

09 어류 양식용 배합사료 성분 중 고려되어야 할 주요 영양소는?

① 단백질 – 지질 – 탄수화물 – 항산화제

② 단백질 – 지질 – 탄수화물 – 무기질

③ 점착제 – 지질 – 탄수화물 – 무기질

④ 점착제 – 지질 – 탄수화물 – 항산화제

해설

사료 성분에 고려되어야 할 주요 영양소

• 단백질 : 양식 어류의 몸을 구성하는 가장 기본이 되는 성분

• 탄수화물 : 에너지원

• 지방 및 지방산 : 에너지원 및 생리 활성 물질

• 무기 염류 및 비타민 : 대사 과정 중의 촉매 및 활성 물질

• 기타 첨가제 : 점착제, 항생제, 항산화제, 착색제, 먹이 유인 물질, 기타 호르몬 등

10 식성이 다른 어류는?

① 넙 치

② 방 어

③ 숭 어

④ 자주복

해설

넙치, 방어, 자주복의 식성은 육식성이고 숭어의 식성은 잡식성이다.

11 생식세포인 정자와 난자는 일반적으로 몇 배수체인가?

① 반수체

② 2배체

③ 3배체

④ 4배체

해설
생식세포(정자와 난자)는 감수분열을 통해 만들어지며, 이 과정에서 염색체 수가 절반(반수체, 1n)으로 감소한다. 수정이 일어나면 반수체인 정자와 난자가 결합하여 2배체인 수정란(2n)이 되어 정상 개체와 동일한 염색체 수를 갖게 된다.

12 산란 유도를 위해 사용하는 호르몬과 관련이 없는 것은?

① 뇌하수체

② HCG

③ 클로로폼

④ 고나도트로핀

해설
클로로폼(Chloroform)은 탄소와 염소로 이루어진 화합물로 마취제 등으로 사용되었다.

13 방양된 잉어 치어의 해적생물이 아닌 것은?

① 메 기

② 베 스

③ 백 련

④ 물 새

해설
백련은 연꽃으로 해적생물과는 상관이 없다.

14 은어의 부화 직후 사육밀도는 수량 1m³당 몇 마리인가?

① 5,000~10,000마리

② 10,000~30,000마리

③ 30,000~50,000마리

④ 150,000~200,000마리

15 수온 15~26℃에서 넙치 성어 양성 시 환수율이 하루에 10~12회전일 때 m²당 양성밀도로 가장 적합한 것은?

① 1~5kg

② 5~15kg

③ 20~30kg

④ 30~40kg

16 먹이생물이 갖추어야 할 조건이 아닌 것은?

① 적정한 크기 및 모양을 갖추어야 한다.

② 영양 성분이 확보되어야 한다.

③ 대량 배양이 용이해야 한다.

④ 빠른 운동성을 가져야 한다.

> **해설**
> 먹이생물의 조건
> • 증양식 대상 생물이 먹는 생물일 것
> • 증양식 대상 생물의 구경(입의 크기)에 알맞은 크기일 것
> • 운동력이 너무 빠르지 않아 자치어가 포식하기에 알맞을 것
> • 저렴한 경비로 대량 배양이 용이할 것
> • 대상생물의 정상적인 성장이 가능하도록 영양적인 면에서 가치
> 가 있을 것
> • 섭이 후 소화, 흡수가 용이할 것
> • 비병원성 생물이어야 할 것
> • 언제든지 필요한 때에 사용 가능하도록 계속적인 안정배양이
> 가능할 것

17 조피볼락 출산 후 자어에게 먹이를 처음 공급하는 시기는?

① 출산 직후

② 출산 50일 후

③ 출산 19일 후

④ 출산 30일 후

> **해설**
> 조피볼락은 난태생어로 출산 직후 자어의 난황은 거의 흡수된
> 상태로 출산 직후 로티퍼를 공급한다.
> • 로티퍼 공급 시기 : 출산 후 15일경까지
> • 아르테미아 공급시기 : 출산 후 3~4일 지나서 주면서 30일경
> 까지
> • 인공 배합사료 시기 : 출산 후 10일째부터 공급

18 은어나 송어류의 성숙조절에 주로 이용되는 것은?

① 수 온

② 광주기

③ 염 분

④ pH

19 넙치양식의 자어 관리에 대한 설명으로 틀린 것은?

① 자어가 난황을 흡수하고 입이 열리면 즉시 사육 조로 옮긴다.

② 자어의 수용 밀도는 해수 1,000L당 20,000마리 전후이다.

③ 광선량은 10,000lx 이내로 한다.

④ 사료는 부화 초기에는 로티퍼를 주고 후기에는 알테미아를 준다.

> **해설**
> 자어의 변태가 완료되고 바닥에 가라앉아 저서생활에 들어가기
> 전에 사육조로 옮긴다.

20 틸라피아가 우리나라에 처음 도입된 연도와 수입 국은?

① 1965년, 일본

② 1955년, 태국

③ 1958년, 대만

④ 1968년, 중국

21 조개류의 비만도(Condition Index)를 가장 잘 설명한 것은?

① 각내 용적분의 연체부 건조 중량에 1,000을 곱한 값

② 각내 용적분의 연체부 생식소 중량에 1,000을 곱한 값

③ 각내 용적분의 패각 중량에 1,000을 곱한 값

④ 각내 용적분의 연체부 글리코겐 축적량에 1,000을 곱한 값

해설

$$비만도 = \frac{육중량(g)}{각장(mm) \times 각고(mm) \times 각폭(mm)} \times 1,000$$

22 피조개의 D상 유생과 보리새우 조에아 유생의 공통점은?

① 저서생활을 시작한다.

② 발과 안점이 발달한다.

③ 부화 후 처음으로 먹이를 먹는다.

④ 난에서 부화한 직후의 유생기이다.

해설

이매패류는 D상 유생기부터 먹이 공급을 시작한다. 새우류의 노플리우스 유생기에는 먹이를 먹지 않고 조에아 유생기부터 먹이를 먹는 것으로 알려져 있다.

23 먹이생물인 클로렐라(Chlorella)가 속하는 분류군은?

① 녹조류   ② 갈조류

③ 남조류   ④ 홍조류

해설

클로렐라는 녹조류의 일종으로 하나의 세포로 하나의 개체를 이룬다.

24 수심이 20m 되는 곳에서 참가리비를 채묘할 때 가장 알맞은 채묘수층은?

① 수면으로부터 6m 깊이까지

② 중층으로부터 저층부근까지

③ 저층으로부터 2m까지

④ 중층 부근

해설

채묘 장소의 수심은 20~40m의 깊은 곳으로, 부착기 치패는 주로 중층에 있다.

25 참굴 종패의 단련 목적이 아닌 것은?

① 성장억제 및 저항력 강화

② 취급 시 탈락방지 및 양성 시 폐사율의 감소

③ 양성 시 부착 및 식해 생물의 피해 감소

④ 양성 시 성장속도의 증가

해설

부착 및 식해 생물은 양성 장소와 관련 있는 내용이다.
단련의 목적(장점)

• 크기가 작아 취급이 용이하다.
• 취급 시에 탈락 개체가 적다.
• 성장이 빠르고 폐사율이 낮다.
• 양식을 계획화할 수 있다.
• 발육이 좋아 양성기간이 짧다.
• 환경변화에 대한 저항력이 강하다.

26 굴의 고정식 채묘 방법에 속하는 것은?

① 말목식 채묘   ② 뗏목식 채묘

③ 연승수하식 채묘   ④ 부동식 채묘

해설

참굴의 채묘방법

• 고정식 채묘(말목식 채묘) : 수심이 얕은 간석지에 길이 15m, 폭 1.5m, 높이 1.5m 되게 채묘상을 만들고 1.8m의 채묘연을 채묘상에 절반 걸쳐서 채묘
• 부동식 채묘[뗏목 또는 밧줄(연승) 수하식] : 수심이 깊은 곳에서 뗏목이 패각 채묘연을 참굴 부착층에 수직으로 수하하여 채묘

27 기수(沂水)의 염분 범위는?

① 0.5psu 이하

② 0.5~25psu

③ 10~20psu

④ 40~25psu

해설
염분 농도(psu)
• 해수 : 25~40psu
• 기수 : 0.5~25psu
• 담수 : 0.5psu 이하

28 생식방법이 다른 굴은?

① 참 굴

② 강 굴

③ 바윗굴

④ 벗 굴

해설
• 유생형 : 벗굴, 넓적굴, 올림피아굴
• 난생형 : 참굴, 바윗굴, 강굴

29 전복 해상가두리(2.4×2.4×2.5m)의 m²당 종묘(각 장 2~3cm)의 최초 입식 밀도는?

① 500마리

② 1,000마리

③ 3,000마리

④ 5,000마리

30 참가리비의 자원보호를 위해 채취금지기간을 설정 한다면 가장 알맞은 시기는?

① 3~5월

② 6~8월

③ 9~12월

④ 1~3월

해설
참가리비는 3~5월 사이가 성숙시기로 4월경이 산란 성기이다.

31 양식생물의 식성에 따른 주요 먹이의 종류가 틀린 것은?

① 멍게(우렁쉥이)류 : 식물플랑크톤, 유기쇄설물

② 꼬막류 : 유기쇄설물, 소형식물플랑크톤

③ 전복류 : 부착규조류, 대형해조류

④ 해삼류 : 소형 새우나 어류

해설
해삼류의 식성
• 부유유생기 : 규조류나 와편모류, 섬모충류
• 저서생활기 : 부착규조나 바닥의 유기질 및 개흙질

32 전복의 인공종묘생산 시 사용되는 산란자극법과 가장 거리가 먼 것은?

① 간출자극

② 자외선조사자극

③ 전조개류

④ 과산화수소자극

해설
전복의 채란에 쓰이는 인위적 자극
수온자극, 간출자극 및 자외선조사해수자극, 정충해수첨가법, 과산화수소첨가자극 등

33 대합류의 종묘생산을 위한 자연채묘방법으로 알맞은 것은?

① 수하식 채묘
② 침설고정식 채묘
③ 완류식 채묘
④ 로프식 채묘

해설
부착력이 없는 바지락이나 대합 등은 부유생활기를 지난 다음 바닥에 침강할 때 거기에 완류장치를 해 주어 그들의 침강을 촉진시켜 채묘한다.

34 참가리비에 대한 설명으로 옳은 것은?

① 참가리비의 산란임계 온도는 15℃이다.
② 성숙한 생식소는 암컷이 황백색, 수컷이 유백색이다.
③ 한류계로서 부유유생 기간이 7일 정도이다.
④ 우리나라 동해안에 주로 분포하며, 수심이 20~25m 되는 곳에 많이 서식한다.

해설
① 참가리비의 산란임계 온도는 8℃이다.
② 성숙한 생식소는 암컷이 선홍색(적갈색), 수컷이 유백색이다.
③ 한류계로서 부유유생 기간이 35~40일 정도이다.

35 개량조개의 발생에 가장 적당한 수온 범위는?

① 22~28℃
② 10~25℃
③ 15~20℃
④ 5~15℃

해설
개량조개의 발생에 알맞은 온도는 22~28℃이고 알맞은 비중은 1.022~1.024이다.

36 문어 종묘에 대한 설명으로 틀린 것은?

① 수온이 14℃ 이하가 되면 성장이 현저히 늦어진다.
② 성장이 빠른 시기에 선도가 높은 먹이를 충분히 공급하면 성장이 빨라진다.
③ 종묘가 성장할수록 일간성장속도가 빨라진다.
④ 종묘는 큰 것일수록 수확시기가 빨라진다.

해설
종묘는 일반적으로 작은 것일수록 성장이 빠르고, 큰 것일수록 늦다.

37 진주담치의 학명은?

① *Mytilus coruscus*
② *Crenomytilus grayanus*
③ *Scapharca subcrenata*
④ *Mytilus edulis*

해설
① *Mytilus coruscus* : 참담치
② *Crenomytilus grayanus* : 동해담치
③ *Scapharca subcrenata* : 새꼬막

38 전복류의 산란생태에 관한 설명으로 옳은 것은?

① 생식소가 성숙하면 난소는 담황색 또는 황백색을 띠고 정소는 짙은 녹색을 띤다.

② 까막전복은 수온이 16~17℃인 경우 수정 후 27~28시간이 지나면 패각이 생겨 저서포복생활로 들어간다.

③ 참전복의 성숙 기초 수온은 7.6℃이고, 적산수온이 500~1500℃이면 성숙기에 들어간다.

④ 참전복은 저위도 수역보다 고위도 수역에서 부화 후 성장이 빠르다.

해설
① 생식소가 성숙하면 난소는 짙은 녹색 띠고 정소는 담황색 또는 황백색을 띤다.
② 까막전복은 수온이 16~17℃인 경우 수정 후 27~28시간이 지나면 패각이 생기고 피면자기로 되어 선회하면서 부유하며 약 1주일 가까이 되면 저서포복생활로 들어간다.
④ 참전복은 고위도일수록 성장이 나쁘다.

39 바지락 양식에 관한 설명으로 틀린 것은?

① 유생의 착저 시 모래 등에 아주 작은 족사를 이용하여 부착 후 잠입생활에 들어간다.

② 채묘는 잠입생활 직전 부착기질에 부착시켜 채묘한다.

③ 석시법은 간출된 다음 종묘를 방양하는 것을 말한다.

④ 치패가 많이 발생하는 곳은 육수의 영향을 받는 간석지를 중심으로 한 수역이다.

해설
바지락 착저기 유생은 족사의 부착력이 약하기 때문에 부착기에 부착시켜 채묘한다는 것은 불가능하다.

40 우리나라에서 닭새우의 주산지는?

① 제주도 연안
② 거제도 연안
③ 울릉도 연안
④ 연평도 연안

제3과목 해조류양식학

41 다음 중 미역의 어미줄로 가장 많이 쓰이는 것은?

① 나일론
② 사 란
③ 폴리에틸렌
④ 실 크

해설
종래에는 값이 싼 새끼줄 등을 사용했으나 여러 단점이 있어 손쉽게 구할 수 있고 널리 보급된 폴리에틸렌 로프 등과 같은 합성섬유 로프를 많이 사용한다.

42 김이 생육하는 데 필요한 원소 중 결핍되기 쉬운 원소가 아닌 것은?

① 질 소
② 인
③ 철
④ 칼 륨

해설
해수에서 칼륨은 풍부하다.

43 김 양식방법 중 2차아(芽)의 부착이 적은 것은?

① 뜬흘림발(부류식)

② 떼발(염홍)

③ 뜬발(부동식)

④ 섶(일본홍)

해설
뜬흘림발(부류식) 양성은 노출시키지 않는 상태로 양성하기 때문에 중성 포자에 의한 2차아의 착생이 거의 없다.

44 김의 실내 채묘 시 조도의 관계가 가장 큰 것은?

① 포자의 부착력과 관계가 있다.

② 포자의 방출량과 관계가 있다.

③ 착생 후 발아율과 관계가 있다.

④ 착생 후 생장률과 관계가 있다.

45 참김과 둥근돌김의 분류상 가장 주된 차이점은?

① 자웅성

② 생식세포의 분할방식

③ 생활사

④ 가장자리의 톱니 유무

해설
둥근돌김은 엽체의 가장자리에 톱니(거치)가 있다.

46 다음 중 김의 냉동씨발을 입고할 때의 함수율로 가장 적정한 것은?

① 10%~15%

② 20%~40%

③ 40%~60%

④ 0%~10%

해설
생김을 그대로 냉동하면 세포 내의 수분이 얼어서 세포가 상하기 때문에, 수분함량이 20~40%가 되게 건조시킨다.

47 다시마의 종묘 배양과정에서 배우체의 수정률이 가장 좋은 조도는?(단, 수온은 13℃ 전후일 경우)

① 500lx

② 2000lx

③ 3000lx

④ 5,000lx

48 김이 생리적으로 약해지는 요인이 아닌 것은?

① 대조 때 조류 소통이 좋다.

② 겨울에 수온이 높아져 해수의 대류가 잘 안 된다.

③ 소조 때에 물이 맑아서 갑작스럽게 광선이 강해진다.

④ 채묘가 농밀하게 되거나 김발이 밀식된다.

해설
대조 때 조류 소통이 좋으면 김에 필요한 영양염류 및 탄산 공급이 원활하여 잘 자란다.

49 몸 가장자리가 톱니 모양으로 된 것은?

① 둥근김

② 방사무늬김

③ 긴잎돌김

④ 둥근돌김

해설

둥근돌김은 엽체의 가장자리에 톱니(거치)가 있다.

51 톳의 생식세포 방출과 수정에 관한 설명으로 틀린 것은?

① 난이 방출되는 시각은 주간의 간조 때에 시작된다.

② 정자 방출은 광선과 아무 상관이 없으나 난의 방출은 광선이 없으면 방출하지 않는다.

③ 난은 방출되면 점질에 싸인 채로 모체의 생식기 가지에 붙어 있으면서 수정을 한다.

④ 난과 정자가 방출되는 수온 범위는 19~20℃가 되는 5월 하순경부터 시작된다.

해설

난의 방출은 광선과 무관하나 정자는 광선이 없으면 방출이 안 된다.

50 미역의 종묘생산에 있어 가이식의 필요성에 해당 되지 않는 것은?

① 아포체가 육안적인 크기로 될 때까지는 가이식한 것이 본 양성 시설을 한 것보다 성장이 빠르다.

② 부니와 잡생물의 제거 작업 또는 싹녹음 예방을 위한 대피 작업이 용이하다.

③ 배우체의 성숙과 수정은 오랫동안 계속 일어나기 때문에 배우체가 씨줄틀과 떨어져 있는 것이 좋다.

④ 씨줄을 어미줄에 감는 작업을 할 때 종묘의 손상을 줄일 수 있다.

해설

배우체의 성숙과 수정이 오랫동안 계속 일어나기 때문에 배우체가 씨줄틀에 밀접해 있는 것이 유리하다.

52 다음 중 절단한 꼬시래기의 모조를 살포하여 부유하면서 성장하기에 가장 적합한 양식적지는?

① 기수호나 타이드 풀

② 조간대의 모래밭

③ 조간대의 자갈밭

④ 하구 부근의 기수구역

해설

꼬시래기의 재생력에 의한 양식

• 꼬시래기를 10~20cm로 잘라 그물이나 로프에 끼워서 양식한다.

• 기수호나 타이드 풀에 절단한 것을 그대로 뿌려두면 떠다니면서 성장하기도 한다.

53 모자반 양식 시 가이식의 조건으로 가장 적합한 것은?

① 수온 : 13~17℃, 수심 : 1.5m

② 수온 : 18~24℃, 수심 : 0.5m

③ 수온 : 8~10℃, 수심 : 1.5m

④ 수온 : 20~26℃, 수심 : 0.5m

해설

모자반 가이식

시기는 수온 15~16℃, 유엽이 3~4mm 정도로 성장했을 때로 수심은 투명도에 따라 달라진다.

54 북방형 미역의 특징이 아닌 것은?

① 포자엽의 주름수가 많다.

② 우상엽의 열각이 깊다.

③ 줄기가 짧다.

④ 주로 외양역에 서식한다.

해설

남방형과 북방형 미역의 비교

구 분	남방형	북방형
엽장(전체장)	소 형	대 형
전체장에 대한 줄기의 길이	짧다.	길다.
성실엽 위치 (포자엽)	영양엽과 이어져 있다.	줄기의 밑부분에 떨어져 있다.
성실엽수	적다(2~4).	많다(6~20).
우상엽 상태	잎의 굴곡이 얕고, 그 수가 많음	잎의 굴곡이 깊고, 그 수가 적음
서식수심	얕다.	깊다.
분 포	남해안, 제주	동해안

55 미역 생활사의 순서로 맞는 것은?

① 포자엽 → 유주자 → ♀,♂배우자 → 접합자 → 아포체 → 유엽

② 포자엽 → 유주자 → 접합자 → ♀,♂배우자 → 아포체 → 유엽

③ 유주자 → 포자체 → ♀,♂배우자 → 접합자 → 아포체 → 유엽

④ 유주자 → ♀,♂배우자 → 유엽체 → 접합자 → 아포체 → 포자

해설

미역의 생활사

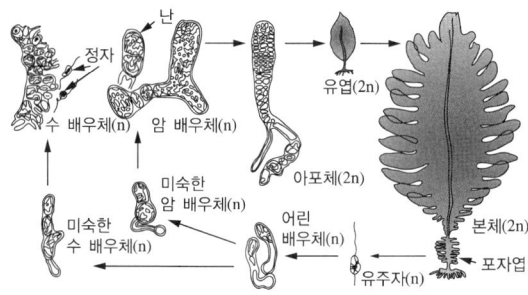

56 카라기난의 원료가 되는 해조류가 속하는 식물군은?

① 홍조식물

② 남조식물

③ 녹조식물

④ 갈조식물

해설

카라기난은 홍조류(Rhodophyceae)에서 추출하여 정제한 탄수화물이다.

57 미역종묘 배양과정에서 수온상승에 따라 가장 우선적으로 대처해야 하는 것은?

① 틀을 자주 뒤바꾸어 준다.

② 물갈이를 1주일에 2회 이상으로 한다.

③ 시비를 자주하여 종묘를 튼튼하게 한다.

④ 광선을 어둡게 관리한다.

해설

미역종묘의 배양관리

• 초기에 온도 상승과 함께 조도를 낮추어 준다.

• 1주일에 1회 채묘틀의 상하를 바꾸어 준다.

• 일반적으로 비료주기를 하지 않는다.

58 다시마의 엽장별 생육 단계에 있어 나타나는 형질 특징에 대한 설명으로 틀린 것은?

① 엽장 1~5cm에서는 미역과 매우 비슷하게 열각이나 주름이 없다.

② 엽장 10~20cm에서는 양 가장자리에 주름이 조금 생기고 용무늬가 나타난다.

③ 엽장 2~2.5m에서는 주름이 없어지고 끝녹음이 멈춘다.

④ 엽장 3~3.5m에서는 포자낭반이 나타난다.

해설

다시마는 유체기, 생장기, 성숙기를 거쳐 끝녹음시기가 되면 엽체가 도리어 짧아지게 된다.

59 김 자연채묘(건홍)의 적기는?

① 수온 12~15℃가 되는 대조 시

② 수온 22℃ 전·후에서 15℃로 하강하는 대조 시

③ 수온 15℃ 이하에서 5~8℃까지의 기간

④ 수온 10℃ 전·후의 겨울철

60 다음 표는 김의 채묘 일자와 수온이 13℃로 된 날을 기록한 것이다. 가장 흉작이 예상되는 것은?

	채묘일	수온 13℃로 된 날
가	9월 25일	11월 28일
나	10월 3일	11월 13일
다	10월 4일	11월 24일
라	10월 10일	11월 28일

① 가　　　　　　② 나

③ 다　　　　　　④ 라

해설

채묘 후 고수온의 기간이 가장 길다.

61 양어장의 수질 문제에 큰 비중을 차지하는 암모니아는 다음 어느 것에서 유래하는가?

① 단백질
② 탄수화물
③ 지 방
④ 비타민

해설
어류는 체내에서 단백질이 에너지로 사용될 때 생성되는 암모니아를 아가미로 직접 배출함으로서 소모되는 에너지가 상대적으로 적다.

62 다음 중 과망가니즈산칼륨법과 중크롬산칼륨법으로 측정하는 것은?

① BOD
② COD
③ 염소이온농도
④ 경 도

해설
COD(화학적 산소요구량)
수중 환원성물질이나 유기물이 산화제(과망간산칼륨 또는 중크롬산칼륨)에 의해 화학적으로 산화할 때 요구되는 산소량

63 순환여과식 양식장의 고형 오물제거 시설로 침전조를 이용한 방법을 택했을 때, 다음 설명 중 틀린 것은?

① 사육조에서 나오는 배출수에 섞여 있는 고형물 중 작은 입자는 물이 빠르게 흐르게 되는 곳에서는 침전하지 않는다.
② 침전조는 클수록 또 침전조에서 물이 머무르는 시간이 적을수록 침전이 잘된다.
③ 사육조에서 나오는 물을 침전시키는 제1차 침전조는 사육조와 생물여과조 사이에 설치해야 한다.
④ 침전조로 들어가는 물은 표면 가까이에서 들어가게 하고, 나가는 물도 표면 가까이에서 빠져 나가게 하면 바닥에 일단 침전된 찌꺼기가 다시 떠오르는 것을 방지할 수 있다.

해설
침전조는 클수록 좋고 침전조에서 물이 머무는 시간이 길수록 침전효과가 높으나 많은 면적을 필요로 한다.

64 다음 중 pH를 측정하는 가장 실용적이고 정확한 방법은?

① pH 미터에 의한 전극 측정법
② pH 지시용액에 의한 비색 측정법
③ 아카누마 비중계에 의한 측정법
④ 네슬러 발색법에 의한 특정법

해설
pH미터는 유리전극과 비교 전극사이에 전위차를 이용하는 방법으로 비교적 간단하고 정확하게 pH를 측정할 수 있다.

65 질산화과정에 관여하는 질산화세균의 특징으로 옳은 것은?

① 종속영양세균 - 호기성세균
② 독립영양세균 - 호기성세균
③ 종속영양세균 - 혐기성세균
④ 독립영양세균 - 혐기성세균

해설
질산화세균(나이트로소모나스, 나이트로박터)은 독립영양세균으로 호기성세균이다.

66 수중 이산화탄소와 용존산소 농도에 대한 설명으로 틀린 것은?

① 지수식 못 양식장 내 이산화탄소와 용존산소 농도의 하루 중 변화는 비례적 관계이다.
② 수중 이산화탄소 농도는 사육생물의 호흡에 의해 증가한다.
③ 용존산소 포화농도는 염분에 반비례한다.
④ 이산화탄소 농도의 증가는 사육수의 산성화를 초래한다.

해설
일반적으로 지수식 못양식에 있어 낮에는 식물플랑크톤의 광합성에 의한 용존산소 증가 및 이산화탄소가 감소하고 밤에는 식물플랑크톤의 호흡으로 산소를 소비하기 때문에 새벽녘에는 용존산소가 낮아지고 이산화탄소가 증가하게 된다.

67 탈질과정(Denitrification)에 대한 설명으로 틀린 것은?

① 질산화과정에 발생한 질산염을 제거하는 공정이다.
② 타가영양 세균인 슈도모나스(Pseudomonas) 등의 활동으로 이루어진다.
③ 탈질과정을 통해 H_2와 H_2O가 생성된다.
④ 용존산소량이 무산소에서 1.0mg/L로 증가하면 탈질효율은 증가한다.

해설
용존산소가 0.5mg/L 이상 증가하면 탈질효율이 감소한다.

68 일반적으로 물 속에 녹아 있는 산소의 양은 공기 중의 산소량에 비해 얼마 정도인가?

① 약 1/3000
② 약 1/300
③ 약 1/30
④ 약 1/3

69 옆 물길이 필요한 양어장은?

① 저수지 양어
② 방류재포 양어
③ 순환여과식 양어
④ 가두리식 양어

해설
못(저수지) 양어지의 경우 홍수 때 수위가 높아져 물이 못 둑을 넘게 되어 파괴되는 일이 있어 이를 방지하기 위해 못 속에 필요 이상의 물이 들어가지 않도록 양어지 둘레에 옆물길을 만들거나 둑의 일부분을 낮게 하여 이곳으로 물이 넘어가도록 물넘기를 설치한다.

70 다음 중 수질을 가장 많이 오염시키는 경우는?

① 100g짜리 10마리를 수용했을 때
② 50g짜리 20마리를 수용했을 때
③ 10g짜리 100마리를 수용했을 때
④ 5g짜리 200마리를 수용했을 때

해설
어릴수록 자기 체중에 대한 먹이의 비율이 커진다.

71 양식장의 입지 조건에 대한 분류상 지형적 입지 조건에 해당하지 않는 것은?

① 연안 및 해저 지형
② 교 통
③ 저 질
④ 강의 유무

해설
교통은 양식장 입지 조건 분류상 산업적 조건에 해당된다.
양식장 입지 조건에 대한 분류상 산업적 입지 조건 : 교통, 인력, 관광여가산업, 정책 및 개발 계획

72 일반적으로 담수순환여과시스템에서 새로 설치한 여과조의 질산화세균이 번식하여 여과기능을 나타내기 시작하는 데 걸리는 시간은?(단, 수온은 15℃ 이상임)

① 약 1주일
② 약 2주일
③ 약 1달
④ 약 2달

73 정수식 못 양식장 등의 저질환경을 확인하기 위한 퇴적물 입도분석 시 사용할 수 있는 저질 채취기가 아닌 것은?

① 드레지
② 익스트루더
③ 스미스-맥킨 타이어
④ 에크만 바지

해설
익스트루더는 사료나 식품을 압출하여 가공하는 기계를 말한다.

74 굴 양식장의 수질 환경요인 중 부적합한 조건은?

① 화학적 산소 요구량 2ppm 이하인 수질
② 용존산소 포화율 85% 이상의 수질
③ 부유물질량 25ppm 이하의 수질
④ 수소이온 농도 5.0~6.0인 수질

해설
수소이온 농도 5~6인 수질은 약산성 수질로 굴양식으로 부적합하다.

75 양어지의 환경을 개선하기 위하여 경운(바닥갈이)을 할 경우 기대되는 효과는?

① 산소 공급의 억제
② 유해생물의 증가
③ 저질의 환원을 촉진
④ 호기성 분해의 촉진

해설
해저경운(바닥갈이)
유기물이 퇴적된 저토의 표층을 경운기로 휘젓고 뒤집어 유기물에 풍부한 부니(浮泥)를 확산 제거하는 것과 저토 표층으로 산소를 용입시켜 유기물 분해를 촉진한다.

76 고속모래여과(Rapid Sand Filter)의 설명 중 옳은 것은?

① 생물학적 여과방법이다.
② 가압펌프를 이용하는 여과장치이다.
③ 중력에 의한 모래 여과장치이다.
④ 용존물질을 제거하는 것이 1차적인 목적이다.

해설
고속모래여과
• 고속모래여과는 물리적 여과방법으로 많은 양의 유입수를 처리하는 데 사용된다.
• 펌프에 의한 압력으로 여과된 물은 다량의 현탁 고형물을 처리할 수 있다.
• 처리 상한선 이상의 현탁 고형물을 처리하면 여과상이 막히기 때문에 정기적으로 역류세척을 해 주어야 한다.

77 오존 발생기를 이용한 오존 소독에 관한 내용으로 가장 적절한 것은?

① 수중현탁물질이 많을수록 효능이 크다.
② 오존처리는 유기물을 분해하는 데는 효과가 없다.
③ 오존처리는 사육조 안에서 시행해야 한다.
④ 오존이 남아 있으면 사육 중의 어류나 무척추동물에 해를 끼친다.

해설
• 용존 유기 물질과 입자성 유기 물질의 농도가 높을수록 오존 효율은 감소한다.
• 오존은 탈취, 탁색, 탁도의 저하, 암모니아나 아질산의 산화 등에 효과가 있어 수질 정화 목적으로도 사용된다.
• 오존은 어류와 무척추동물에게 유독하기 때문에 사육수로 사용하기 전에 반드시 제거해야 한다.

78 양식 시설 재료 중 성질이 다른 것은?

① 콜타르   ② 주철
③ 알루미늄   ④ 시멘트

해설
콜타르는 주재료의 방부제 등으로 쓰이는 부재료이다.

79 해수 유동이 김에 미치는 긍정적 영향이 아닌 것은?

① 영양염 및 이산화탄소 공급
② 김의 대사 촉진
③ 대사 노폐물의 제거
④ 미세 부니의 지속적 공급

해설
해수의 유동 김의 생육에 미치는 영향
• 김의 활발한 대사작용의 유지
• 영양염 및 이산화탄소 공급
• 김 주위에 배출된 대사 노폐물의 제거
• 미세한 부니의 부착 방지

80 양식장 내 양수고가 3.5m 이하이고 배관 지름 300mm 이상의 경우 가장 적합한 펌프 형식은?

① 원심력 펌프   ② 축류펌프
③ 사류펌프   ④ 왕복펌프

해설
축류펌프는 유량이 대단히 크고 양정이 낮은 경우(보통 10m 이하)에 사용되는 것으로, 농업용의 양수 및 배수, 상수도 및 하수도용으로 많이 사용된다.

81 뱀장어 적점병은 수온과 밀접한 관계가 있는 세균성 질병이다. 이 병의 주유행 수온은?

① 7℃

② 17℃

③ 27℃

④ 37℃

해설

적점병 유행시기

봄에서 초여름까지, 25℃ 이상이 되면 자연치유된다.

82 에드워드병의 증상이라고 볼 수 없는 것은?

① 신장이 부종을 일으키고 농이 나온다.

② 지느러미와 복부가 붉은 지느러미의 증상과 같이 붉어진다.

③ 항문의 가장자리가 위축 함몰된다.

④ 심한 병증의 어류는 복수가 고인다.

83 연쇄구균 감염에 의한 대표적 증상이 아닌 것은?

① 아가미 부식과 상피 탈락

② 안구돌출과 안구출혈

③ 아가미뚜껑의 출혈

④ 꼬리자루의 궤양 형성

해설

연쇄구균 감염 증상

• 아가미 부식과 상피 탈락 증상은 기생성 질병에서 주로 관찰된다.

• 연쇄구균증의 외부 증상

• 안구돌출과 안구 가장자리의 출혈

• 복부의 점상출혈

• 아가미 뚜껑의 내벽의 출혈

• 꼬리자루의 궤양 형성

84 OMVD의 외부 증상으로 맞지 않는 것은?

① 안구돌출

② 체색흑화

③ 복부 점상출혈

④ 백색결절

해설

연어의 허피스바이러스병(Oncorhynchus masou virus disease, OMVD)

• 원인 : Oncorhynchus masou virus

• 외부 증상 : 안구돌출, 체색흑화, 아래턱 아랫면과 복부 점상출혈

85 은어 치어의 부레 내에 먼저 침입하여 번식하고, 차츰 전신에 감염되어 생명을 잃게 하는 병은?

① 고창증(*Candida sake*)

② 포마증(*Phoma* sp.)

③ 진균성육아종증(*Aphanomyces piscicida*)

④ 내장진균증(*Saprolegnia diclina*)

해설

포마증(*Phoma* sp.)

곰팡이성 질병으로 은어 치어의 아가미에 침입하여 전신 감염을 일으키는 불완전균류인 *Phoma* sp.에의 발생

86 겨울철 유수식 잉어지에서 잉어의 체표, 지느러미 등에 회백색의 점액물질이 덮여 있는 것이 관찰되었다면, 이 병과 발생과 관련이 가장 깊은 균은?

① *Pseudomonas anguilliseptica*
② *Aeromonas salmonicida*
③ *Flavobacterium columnare*
④ *Pseudomonas fluorescens*

해설

Pseudomonas fluorescens(백운병) 증상
잉어, 금붕어 등에서 몸 표면에 점액이 다량 분비되어 백운 상태(하얀 구름)로 보인다. 어종에 따라 비늘 일어남이 관찰되기도 하는데 감염부위는 녹황갈색으로 변색, 탈락되며 지느러미의 출혈도 보인다.
① *Pseudomonas anguilliseptica* : 뱀장어 적점병
② *Aeromonas salmonicida* : 절창병
③ *Flavobacterium columnare* : 콜룸나리스병(세균성부식병)

87 방어에 감염된 연쇄구균증이 쉽게 치료되지 않는 원인은?

① 환부에 세균을 내포하는 육아종염이 생겨서
② 병원균이 혈관 내에서 포낭을 형성하여
③ 환부의 세균은 쉽게 내생포자를 만들기 때문에
④ 병원균이 세포 내에 기생하기 때문에

88 *Vibrio anguillarum* 균에 대한 설명이 옳은 것은?

① 뱀장어에만 유행한다.
② 해산어에만 유행한다.
③ 담수어나 해산어 모두에 유행한다.
④ 상처난 돔에만 유행한다.

해설

Vibrio anguillarum : 해수어인 넙치, 조피볼락, 방어, 돔류, 복어 등과 담수 및 해수 모두 서식이 가능한 뱀장어, 송어, 연어, 은어 등에서 발병

89 노출이 불충분하고 광선이 부족할 때 생기는 갯병은?

① 흰갯병
② 싹갯병
③ 쪼그랑병
④ 암종병

해설

흰갯병 : 노출부족, 광선부족 등에 의한 생리적 장애로 발생한다.

90 헤테로스포리스 앙귈라륨(*Heterosporis anguillarum*)은 어떤 어류에 기생하는가?

① 금붕어
② 메 기
③ 뱀장어
④ 송 어

해설

뱀장어의 근육에 기생하여 발병하는 병이며, 근육이 융해되어 요철이 생기므로 요철병이라고도 한다.

91 김 사상체 병해인 녹변병과 황반병의 가장 큰 차이는?

① 전염성의 유무
② 광선의 불균형
③ 온도의 불균형
④ 조도 부족

해설

녹변병과 황반병

구 분	녹변병	황반병
발생시기 및 병의 진행	• 4~6~(8)월 • 생리적 장해 • 전염성 없음	• 6~8월 • 호염성 세균 • 전염성 강함
원 인	• 광선온도의 불균형 • 영양분 부족	• 고수온, 고염분 • 수질 변화 • 통풍 불량
결 과	황녹색-백색으로 변함	• 작은 황색 반점 • 황색-녹색-백색-투명
치료 및 예방	• 영양제 첨가 • 조도 낮게 조절	• 일광처리 • 담수처리(5~7일) • 마이신(1/10,000~1/200,000) 및 차아염소산나트륨처리(10ppm)

92 감염성 질병이 의심되는 넙치에서 원인 병원균 혹은 바이러스를 순수하게 분리하기 위해 먼저 사용하여야 할 조직 부위는?

① 신 장
② 아가미
③ 난 소
④ 피 부

해설

해부하면 신장과 비장 조직의 괴사 및 장출혈이 관찰된다. 일반적으로 세균검사는 신장이나 비장에서 병원균을 일반 한천 배지에 배양하면 분리가 된다.

93 바이러스의 감염 여부를 알 수 없는 무지개송어의 종묘를 도입하여 양어지에 넣으려고 한다. 어느 곳에 넣는 것이 어병예방의 관점에서 가장 합리적인가?

① 물이 깨끗한 가장 상류의 양어지
② 물이 깨끗한 중간에 있는 양어지
③ 물이 깨끗한 가장 하류의 양어지
④ 물이 깨끗하다면 위치에 관계없음

94 굴의 면반바이러스병과 관련없는 것은?

① OVVD
② DNA Virus
③ 각장 $170\mu m$ 이상에서는 전혀 발생하지 않는다.
④ 주감염시기는 3월에서 5월이다.

해설

굴 면반바이러스병(OVVD : Oyster Velar Virus Disease)
DNA 바이러스인 이리도바이러스에 속하는 바이러스로 참굴의 유생에 주로 감염, 각장 $170\mu m$ 이하에서는 전혀 발생하지 않으며 $170~190\mu m$에서 주로 발생한다.

95 해산어 종묘생산 시 육상사육시설에서 문제가 되는 *Oodinium* 류에 관한 설명으로 틀린 것은?

① 영양형의 초기는 서양배 모양이고, 후기는 구형이다.
② 크기는 $20~120\mu m$로 한 쪽에 부착기를 지니고 있다.
③ 주로 아가미에 기생하지만 피부, 지느러미에도 기생한다.
④ 성숙하면 어체의 아가미나 피부에 부착한 채로 2분열하여 증식한다.

해설

성숙한 영양체는 숙주에서 이탈하여 양식장 저질이나 기구에 달라붙어 분열한다.

96 어류의 기생성의 편모충에 해당하지 않는 것은?

① *Trypanosoma carassii*

② *Hexamita salmonis*

③ *Amyloodinium ocellatum*

④ *Brooklynella hostliis*

해설
*Brooklynella hostliis*는 섬모충에 해당된다.

97 어류가 가지고 있는 티아미나제는 어떤 비타민 부족 현상을 야기시키는가?

① 비타민 A ② 비타민 B_1

③ 비타민 B_{12} ④ 비타민 C

해설
티아미나제 : 생사료에 함유된 효소로 비타민 B_1 파괴시켜 연어나 송어는 폐사되고, 방어는 지느러미 출혈이 나타난다.

98 수서동물의 질병발생 유발 요인과 가장 거리가 먼 것은?

① 풍향의 변동

② 수온의 변동

③ 강수량의 증가

④ 사육수의 교환

해설
질병 발생은 밀식, 용존산소, 적정 수온 이상의 고수온, 많은 강수량 및 변패 사료 등의 스트레스에 의한 경우가 많다.

99 냉수성 어류에 유행되는 Virus성 질병은 많은 어류를 폐사시키는데, 이러한 폐사를 최소한으로 감소시킬 수 있는 방법은?

① 신선한 사료를 투여한다.

② 항생물질 같은 약을 투여한다.

③ pH를 일정하게 유지시킨다.

④ 사육수온보다 수온을 높인다.

100 넙치에 노카르디아병이 유행되면 어떤 증상을 보이는가?

① 아가미가 유착된다.

② 간에 심한 출혈이 일어난다.

③ 신장에 백색 결절이 형성된다.

④ 표피에 백색 결절이 형성된다.

해설
넙치의 노카르디아병
감염되면 체표에 7~15mm의 결절상 융기가 생기는데 눈이 없는 쪽에 생긴 경우는 엷은 적색을 띤다. 아가미에 백색의 반점이 생기고 특히 비장과 신장에 백색 결절이 명료하게 생성된다.

제1과목

제1과목 **어류양식학**

01 방어의 최적 성장수온으로 가장 적합한 것은?

① 8~12℃

② 13~18℃

③ 18~25℃

④ 28~32℃

해설

생활 수온은 10~29℃이며, 최적 수온은 18~25℃이다.

02 MP(Moisture Pellet)사료에 대한 설명으로 틀린 것은?

① 균일한 품질을 유지하기 어렵다.

② 물에 뜨기 때문에 사료의 허실이 적고 관찰이 용이하다.

③ 일반적으로 EP(Extruded Pellet) 사료에 비해 생산 및 관리 경비가 높다.

④ 장기 보관이 어려우며 수질 악화 우려가 높다.

해설

② MP사료는 물에 가라앉기 때문에 사료의 허실이 많다.

03 다음 중 우리나라의 냉수성 어류의 성장에 가장 적절한 수원(水源)조건은?

① 연중 수온 범위가 5~10℃로 유지되는 호소수를 이용할 수 있는 곳

② 연중 수온 범위가 0~18℃인 계곡수를 이용할 수 있는 곳

③ 연중 수온 범위가 0~20℃인 하천수를 이용할 수 있는 곳

④ 연중 수온 범위가 12~18℃인 지하수를 이용할 수 있는 곳

04 참돔의 일반적인 자연산란 시기는?

① 1~3월

② 4~6월

③ 7~9월

④ 10~12월

해설

참돔의 일반적인 자연산란 시기는 수온이 15~17℃ 되는 4~6월경

05 물벼룩 발생을 위한 작업은 잉어의 산란예정 약 며칠 전에 시작하는 것이 적당한가?

① 3~4일

② 7~8일

③ 10~14일

④ 20~30일

06 방류재포 양식에 해당하는 것은?

① 송어를 연안의 가두리에서 양식
② 참돔 치어를 연안에 방류
③ 조피볼락을 축제식 양식장에서 양성
④ 하천에서 연어성어의 수확

해설

방류재포 양식이란 연어와 같이 회귀성 어류의 어린 치어를 방류하고 성어가 되어 돌아오면 잡는 방식, 전복 등 연안 정착성 생물을 일정구역에 방류하고 관리하여 다시 잡는 방식 등을 말한다. 대개 방류자가 수확하여 처분할 수 있는 권리를 가진다.

07 못 양식과 비교해서 가두리를 이용한 탈라피아 양식의 단점은?

① 토지부족의 해결책이 될 수 있다.
② 고밀도 사육이 가능하다.
③ 인공사료를 잘 이용하면 사료효율이 향상된다.
④ 사료 저장소, 부화장 그리고 가공시설이 별도로 필요하다.

해설

틸라피아 가두리 양식의 장점
수면의 효율적 이용, 토지부족 비결, 고밀도 양성 가능, 사료효율이 높음, 관찰용이, 번식 억제, 수확용이

08 무지개송어의 수정란이 발안기까지 도달하는 소요 일수는?(단, 부화수온은 10℃ 정도이다)

① 12일
② 14일
③ 16일
④ 18일

해설

약 10℃ 전후에서 16일이 지나면 발안기가 된다.

09 다음 어종 중 육상수조에서 주로 양성이 이루어지는 것은?

① 감성돔
② 조피볼락
③ 넙 치
④ 참 돔

해설

넙치는 저서성(바닥생활) 어종으로, 좁은 공간에서도 잘 적응하고 스트레스가 적어 육상수조(순환여과식·유수식 수조) 양식에 가장 알맞다.

10 조피볼락의 친어 관리 및 생태에 과한 내용으로 틀린 것은?

① 친어 대상은 자연에서 포획한 것 또는 종묘 생산하여 양식된 것으로 한다.
② 교미 시기의 사육 수온은 10~13℃로 유지한다.
③ 출산 시기의 사육 수온은 13~15℃로 유지한다.
④ 친어의 교미 후 즉시 체내에서 미성숙란의 수정이 이루어진다.

해설

조피볼락의 생식형태
수컷이 먼저 성숙하여 12~2월(13℃)에 교미가 이루어지고 알이 성숙 후 체내 수정은 3~4월에 이루어지며, 4월 중순에서 5월에 걸쳐 자어가 산출된다.

11 참돔이나 넙치 등의 자·치어 사육에 필요한 관리 사항으로 가장 거리가 먼 것은?

① 자어 사육수조에 *Chlorella* 첨가

② 조도의 조절

③ 영양염류 첨가

④ 에어레이션 조절

해설
영양염류의 첨가는 해조류나 미세조류 배양 시 필요하다.

12 다음 관상어 중 시클리드과 어류로 바르게 짝지어진 것은?

① 베타, 키싱구라미

② 엔젤피시, 디스커스

③ 수마트라, 네온테트라

④ 네온테트라, 지브라피쉬

해설
관상어 종류
• 난태생 송사리과 : 구피, 플레티, 몰리 등
• 시클리드과 : 니그로, 디스커스, 엔젤피시 등
• 카라신과 : 네온테트라, 피라냐, 라미노즈테트 등
• 잉어과 : 잉어, 수마트라, 제브라 다니오, 실버샤크 등
• 메기과 : 안시, 코리도라스, 하스타투스 등
• 아나반티과 : 베타, 키싱구라미 등

13 미꾸리 성숙란의 색깔은?

① 회 색

② 암록색

③ 황 색

④ 암갈색

14 체중 0.2g인 실뱀장어 50kg에 배합사료 50,000 kg을 공급하여 체중 200g인 뱀장어 50.05톤을 생산하였다면 사료계수는?

① 2.0

② 50%

③ 1.0

④ 200%

해설
사료계수
= 사료 공급량/증육량(단, 증육량 = 수확 시 중량 − 방양 시 중량)
$$= \frac{50,000kg}{50,050kg - 50kg} = 1$$

15 황복의 생태 특성에 대한 설명으로 틀린 것은?

① 산란기는 지역에 따라 4월 중순에서 6월 초순이다.

② 산란기 적수온은 15~20℃이다.

③ 바다에서 산란한다.

④ 간장, 난소, 비장 등에 강한 독성이 있다.

해설
황복은 강으로 올라와 알을 낳는 종으로 수정란의 발생, 부화 및 전기 자어 사육 시 약 0.5‰ 이하의 염분농도가 적합하다.

16 뱀장어용 EP사료에 대한 설명으로 틀린 것은?

① 부상 사료이다.

② 사료 제조과정 중 고온·고압을 가하여 만든다.

③ 어분의 함량이 반죽사료보다 높다.

④ 알파(α) 전분을 쓰지 않는다.

해설

일반적으로 뱀장어용 EP사료는 반죽사료에 쓰이는 분말사료보다 어분함량이 낮다.

17 암컷 친어의 산란수에 대한 설명으로 틀린 것은?

① 미꾸리 체장 10~14cm, 5,000~8,000개

② 채널메기 체중 1kg당 2,000~3,000개

③ 은어 체중 100g당 50,000개

④ 참돔 체중 1kg당 70,000개

해설

채널메기 산란용 암컷의 크기는 체중 1.3~1.8kg으로 1kg당 보통 8,000개 정도의 알을 낳는다.

18 양식 어류 사육 중 먹이 공급량을 감소시켜야 할 경우가 아닌 것은?

① 주수량이 감소했을 때

② 사육생물의 크기가 일정하지 않을 때

③ 수온의 변화가 심해졌을 때

④ 약욕 또는 못을 옮겼을 때

해설

사육생물의 크기가 일정하지 않은 경우

먹이 부족 시, 먹이 입자가 클 때, 고밀도 사육 시, 먹이 급이 시간이 일정하지 않을 때, 질병발생 시 일반적으로 양식 어류가 스트레스를 받을 경우 소화불량 등을 고려하여 먹이 공급량을 감소시켜 준다.

19 영양소인 단백질에 함유된 질소(N) 성분의 평균 함량은?

① 약 11%

② 약 16%

③ 약 21%

④ 약 26%

20 활어 운반에 대한 설명 중 틀린 것은?

① 안정적인 운반을 위해 성장 적수온을 유지한다.

② 겨울철 뱀장어, 가물치 등은 물 없이 운반할 수 있다.

③ 운송 전 절식이 필요하다.

④ 대사 노폐물의 관리가 필요하다.

해설

활어 운반의 기본 원리

대사기능저하(저온유지, 먹이공급 중단), 산소 보충, 오물 제거

21 알테미아의 부화 특징으로 틀린 것은?(단, 부화에 따른 환경조건은 일정하다)

① 수온이 증가할수록 산소소비량이 증가한다.

② 부화율에 영향을 가장 크게 미치는 요인은 난질이다.

③ 염분이 높을수록 내구란의 부화에 소요되는 시간이 짧아진다.

④ 차아염소산나트륨으로 외각을 제거하여 부화율을 높이기도 한다.

해설
부화 용수로는 보통 담수를 섞어 비중 1.020 정도(25~30‰), pH 7~9, 수온은 28℃ 전후로 유지

※ 부화 용수의 염분과 수온은 알테미아 내구란의 종류에 따라 다르므로 상품통의 용기에 적혀 있는 설명에 따라 조절한다.

22 피조개의 채묘에 대한 설명으로 틀린 것은?

① 부유유생과 부착치패가 출현하는 시기는 8~9월이다.

② 성숙유생은 저층에는 적고 표층으로 가까이 갈수록 급격하게 많아진다.

③ 채묘장소가 수심이 깊은 경우 밧줄식 채묘시설을 한다.

④ 채묘기는 그물망 채묘기를 많이 사용한다.

해설
피조개 유생은 저층에 많고 표층 가까이로 가면 급격히 적어진다.

23 채묘 예보 시에 부착치패수를 조사할 수 없는 종류는?

① 진주담치

② 대 합

③ 피조개

④ 참 굴

해설
부착력이 없는 바지락이나 대합 등은 부유생활기를 지난 다음 바닥에 침강할 때 거기에다 완류장치를 해 주어 그들의 침강을 촉진시켜 채묘한다.

24 참굴 자연채묘에 대한 설명으로 틀린 것은?

① 부유유생 출현기에 매일 만조 시 유생을 채집하여 유생기별로 계수한다.

② 부착기가 가까워지면 매일 수심별로 부착치패수를 계수한다.

③ 채묘일은 부착수가 차차 증가하고 있을 때로 한다.

④ 따개비와 굴의 부착수가 함께 증가하면 채묘기 투입이 가능하다.

해설
채묘기 투입은 따개비 유생의 부착수가 점점 감소하는 시기가 적당하다.

25 참문어의 양식에 대한 설명으로 옳지 않은 것은?

① 저서생활기에는 공식현상이 나타난다.

② 세력권을 형성한다.

③ 수컷의 왼쪽 세 번째 팔은 생식완이다.

④ 부유생활기에는 밝은 곳을 좋아한다.

해설
수컷의 오른쪽 세 번째 팔이 생식완이다.

26 소라의 종묘 생산에 적합하지 않는 먹이생물은?

① Navicula sp.

② Cocconeis sp.

③ Amphora sp.

④ Skeletonema sp.

소라는 복족류로 부착성 규조가 먹이생물로 적합하다.
④ Skeletonema sp.는 해산 갑각류의 유생 및 치패먹이로 적합하다.

27 다음 중 피조개의 산란임계온도로 가장 적합한 것은?

① 16℃

② 20℃

③ 23℃

④ 26℃

28 전복 인공 종묘생산과 관련된 내용으로 틀린 것은?

① 품종은 까막전복이나 참전복이 유리하다.

② 참전복은 가온해수사육으로 5~6월에 조기 산란시킨다.

③ 참전복의 채란에 적합한 적산수온은 3,500℃ 이상이다.

④ 산란유발은 간출과 자외선조사해수 자극을 병행하는 것이 좋다.

③ 참전복의 채란에 적합한 적산수온은 1,500℃ 정도이다.

29 우리나라에 서식하는 전복류 중 한류계에 속하는 전복은?

① 말전복

② 참전복

③ 까막전복

④ 시볼트전복

우리나라에 분포하는 전복류
• 한류 : 참전복
• 난류 : 까막전복, 시볼트전복, 말전복, 오분자기, 마대오분자기

30 양식생물의 유생 발달과정이 잘못된 것은?

① 진주조개 : 알 → 담륜자 → D상 유생 → 성숙부유자패

② 대하 : 알 → 노우플리우스 → 미시스 → 조에아 → 포스트라바

③ 전복 : 알 → 담륜자 → 피면자 → 포복기 → 유생

④ 해삼 : 알 → 아우리쿨라리아 → 돌리올라리아 → 저서유생

② 대하 : 알 → 노우플리우스 → 조에아 → 미시스 → 포스트라바

31 우리나라 서해안에 있어 대하 월동장의 남쪽 한계는 북위 몇 도(°)인가?

① 30°　　　　② 34°

③ 38°　　　　④ 40°

32 수하식 굴 양식장(수하연 길이 9m)에 있어서 안정성 있는 보상심도(Compensation Depth)는 수면으로부터 몇 m 이상이면 좋은가?

① 4　　　　② 6

③ 8　　　　④ 10

굴 양식장에서 성층 형성 기간에 보상심도가 수하연의 길이에 미치지 못하는 경우가 있는데, 그보다 깊은 곳의 굴은 성장이 정지되기 때문에 이와 같은 곳은 양성장으로 좋지 않다.

33 생태적으로 일시 부착성 동물에 속하는 것은?

① 참 굴

② 피조개

③ 진주담치

④ 대 합

• 부착성 동물 : 참굴, 진주담치
• 비부착성 동물 : 대합

34 진주조개에 핵과 세포의 수술에 대한 내용으로 틀린 것은?

① 생식세포가 충만한 모패를 선별하여 수술한다.

② 세포는 외투막 절편을 말하며 여기에 사용하는 모패를 세포패라고 한다.

③ 삽핵 위치는 생식소와 장관, 소화맹낭 부근을 택한다.

④ 핵은 세리핵, 이핵, 소핵, 중핵, 대핵 등으로 나눈다.

생식세포가 충만한 모패는 수술이 힘들뿐만 아니라 이상 진주가 되기 쉽다. 좋은 진주를 만들기 위해서는 생식 세포의 발달억제, 알빼기로 모패를 처리한다.

35 큰우럭의 종묘생산과 양성에 관한 내용 중 맞는 것은?

① 부착력이 강하기 때문에 부착기로 채묘한다.

② 각장 5mm 이상이 되면 방류용 종묘로 쓸 수 있다.

③ 저질은 연안 개흙질인 곳이 좋으며, 개흙질의 비율은 약 7% 이하인 곳이 알맞다.

④ 방양 시 종묘의 방양밀도는 $1m^2$당 50~100개체가 가장 알맞다.

① 비부착성 동물(부착력이 매우 약함)로 부착기로 채묘한다는 것은 불가능하다.
② 각장 10mm 이상이 되면 방류용 종묘로 쓸 수 있다.
④ 방양 시 종묘의 방양밀도는 $1m^2$당 10~20개체가 가장 알맞다.

36 자연채묘 시 수온 23~25℃ 범위에서 산란 후 부착시기까지 약 2주일이 소요되는 종은?

① 참가리비
② 전 복
③ 피조개
④ 참 굴

37 문어 수확 시 밀도가 1m³당 50kg이었고, 60일간 양성하는 사이의 생존율은 70%, 일간 성장률은 0.04이었다. 이 경우 가장 적절한 방양밀도(kg/m³)는?

① 10 ② 20
③ 30 ④ 40

해설
문어의 방양밀도(kg/m³)

$$= \frac{\text{수확 시 밀도}}{\text{(일간성장률} \times \text{양성일수} \times \text{생존율)}}$$

$$= \frac{50}{0.04 \times 60 \times 70\%} = 29.76$$

38 저서성 해적생물의 피해를 가장 적게 받는 양식법은?

① 수하식
② 나뭇가지식
③ 투석식
④ 우산형식

해설
수하식 양식의 특성
• 성장이 비교적 균일함
• 해적에 의한 피해가 적음
• 해면의 입체적 이용 가능

39 다음 중 대합류의 수확시기를 결정하는 기준으로 관련성이 가장 적은 것은?

① 계 절
② 육질의 비만
③ 각장과 각고의 비
④ 크 기

해설
수확기는 육질의 비만기를 고려하여 결정하지만, 일반적으로 가격이 가장 비싼 겨울철에 수확하는 경우가 많다. 패각 전체로 판매할 경우 클수록 무게가 무겁기 때문에 유리하다.

40 새우 축제식의 양식장의 수질관리에 대한 설명으로 틀린 것은?

① 파래와 같은 녹조류가 번식하는 것을 막는다.
② 양성지의 양성기간이 길어지면 저질이 산화상태가 되므로 저질의 산화방지가 중요하다.
③ 황화수소 발생을 막기 위해 산화철제를 투입한다.
④ 용존산소를 높이기 위해 수차나 스크루 등을 설치한다.

해설
양성지의 양성기간이 길어지면 저질이 환원상태가 되므로 저질의 환원방지가 중요하다.

41 미역에 대한 설명으로 틀린 것은?

① 우리나라의 전 연안에 분포한다.
② 이형 세대교번을 한다.
③ 생장점이 몸 끝부분에 있다.
④ 저수온기에 잘 자란다.

해설
미역의 생장점은 줄기와 엽상부(잎)의 사이에 있다.

42 참김의 성숙 초기에 엽체의 가장자리가 황백색으로 되는 이유는?

① 웅성부가 먼저 성숙했기 때문
② 자성부가 먼저 성숙했기 때문
③ 낭과 부분이 형성되었기 때문
④ 주성포자가 방출되었기 때문

해설
김 엽체의 웅성부는 황백색이고 자성부는 적갈색이다.

43 다시마의 생장형식은?

① 확산생장
② 개재생장
③ 정단생장
④ 정모생장

44 무기질 사상체로서 봉투식 채묘를 할 때에는 며칠 전에 저온 처리를 시작하는가?

① 채묘 예정일 1주일 전
② 채묘 예정일 2주일 전
③ 채묘 예정일 3주일 전
④ 채묘 예정일 4주일 전

45 김 양식장에서 소비가 가장 많은 비료분은?

① 규산염
② 질산염
③ 인산염
④ 칼슘염

해설
해수 중 가장 많이 소비되는 것은 질소 성분으로 시비할 때 질소와 인의 비율은 약 10:1의 범위로 주도록 하는 것이 좋다.

46 다시마 양식방법 중 경제성 및 기술상 문제로 우리 나라에 적합하지 않은 것은?

① 촉성종묘배양에 의한 1년 양식
② 억제종묘배양에 의한 1년 양식
③ 고온 적응 품종에 의한 양식
④ 2년 양식

해설
2년 양식
인공 또는 천연채묘에 의해서 종묘를 육성하여 솎음, 뿌리 묶기, 잡물 제거 등 관리를 하여 2년간 양성 후 채취하는 방법이다. 수온 이 비교적 낮은 곳에서 가능하나 경제성 및 기술적 문제가 있다.

47 엽면 살포법으로 김 양식장에 시비를 할 때 가장 효과적인 시기는?

① 발이 노출된 직후
② 노출 후 엽체가 건조됐을 때
③ 발이 물에 잠기기 직전
④ 발이 수면에 부동할 때

해설
엽면 살포법
김의 광합성 활성도와 영양분 흡수율이 가장 높은 시점인 간조 노출 직후에 시비함으로써 비료 흡수를 극대화하는 기술로 일조시 간이 길고 빛이 강한 낮에 그 효과가 더 크다.

48 톳과 혼성군락을 형성하여 잡해조로 여겨지는 해 조류는?

① 지충이   ② 감 태
③ 다시마   ④ 미 역

해설
톳의 증산을 위해서는 톳의 순군락을 조성하는 것이 가장 중요하며 생존경쟁이 가장 치열한 종에는 지충이가 있다.

49 미역 양식에 있어 씨줄붙이기에 대한 설명으로 옳은 것은?

① 씨줄을 어미줄에 감아서 붙이면 어미줄에 밀착되 기 때문에 아포체의 성장에 도움이 된다.
② 씨줄을 어미줄에 감는 방법은 씨줄끼우기 방법보 다 씨줄이 적게 소요된다.
③ 씨줄감기 방법은 감기 작업 중에 아포체나 유엽 의 손실이 많다.
④ 씨줄을 잘라서 끼울 때에는 어미줄의 지름보다 2~3cm 길게 끊어서 끼운다.

해설
① 아포체나 유엽은 굵은 어미줄에 붙어 있는 것보다 씨줄에 따로 붙어 있는 것이 광선도 잘 받고 조류 소통도 좋아 발아 및 성장이 빠르고 부니나 잡생물의 피해도 적다.
② 씨줄을 어미줄에 감는 방법은 씨줄끼우기 방법보다 씨줄이 많이 소요된다.
③ 씨줄을 어미줄에 감는 작업을 할 때 종묘의 손상을 줄일 수 있다.

50 미역 종묘 가이식 시기를 결정하는 요소로 옳지 않은 것은?

① 내만의 경우 22~23℃ 이하, 외해의 경우 20℃ 이하에서 가이식을 시작한다.
② 생장은 가이식이 빠를수록 또 그 때의 아포체가 클수록 빠르다.
③ 싹녹음을 피하기 위하여 9월 하순까지는 가이식 을 끝낸다.
④ 조석상으로는 소조 직후가 가이식의 적기이다.

해설
싹녹음을 피하기 위하여 11월까지는 가이식을 끝낸다.

51 냉장씨발의 입고 시 수온상으로 본 적절한 시기는?

① 4℃ 이하
② 18~13℃
③ 22~15℃
④ 8~5℃

52 냉동발을 입고 전에 건조시키는 주목적은?

① 발아 억제
② 삼투압 증진
③ 병원균 번식억제
④ 세포의 결빙 방지

생김을 그대로 냉동하면 세포내의 수분이 얼어서 세포가 상하기 때문에, 수분 함량이 20~40%가 되게 건조시킨다.

53 청각 종의 분류기준이 되기도 하며, 암배우자낭 또는 수배우자낭을 형성하는 부분의 명칭은?

① 생식기낭
② 포 낭
③ 배우체
④ 자낭반

54 다시마의 양식 시 어미줄 설치 장소로 적합하지 않은 곳은?

① 수심 6~10m 정도인 곳
② 저질이 사니질로 닻의 고정력이 충분한 곳
③ 영양염류가 풍부한 곳
④ 시설 장소는 조류가 다소 느린 곳

조류가 다소 있는 곳이 영양염 공급 및 이산화탄소 공급, 노폐물, 부니 부착 방지 효과가 좋다.

55 미역 가이식 시 싹녹음의 원인과 가장 거리가 먼 것은?

① 적조 발생
② 큰 조석차(소조 기준)
③ 외양수의 침입
④ 식해동물 발생

미역의 가이식 시 싹녹음이 잘 발생하는 경우
• 적조의 침해를 받았을 때(적조발생)
• 수온이 높고 맑은 외양수가 유입될 때
• 해수의 투명도가 높은 소조 때(큰 조석차)
• 갑작스런 조도의 변화 때

56 조가비 사상체의 평면식 배양의 장점은?

① 대량배양이 가능하다.
② 과포자의 잠입이 균일하다.
③ 병해관리가 쉽다.
④ 수온변화가 적다.

소규모로 개인이 어디서나 할 수 있으며 큰 자금이 필요하지 않을 뿐 아니라 병해관리, 물갈이 등도 손쉽게 할 수 있다.

57 해조류의 문별 주요 광합성색소와 주요 저장 탄수화물이 바르게 짝지어진 것은?

① 남조식물문 – Chorophyll a, 피코시아닌 – 크리소라미나린
② 녹조식물문 – Chlorophyll a와 b – 녹말
③ 갈조식물문 – Chlorophyll a와 c – 파라밀론
④ 홍조식물문 – Chlorophyll b와 c – 라미나린

58 다음의 그림에 나타난 우뭇가사리의 가지 이름은?

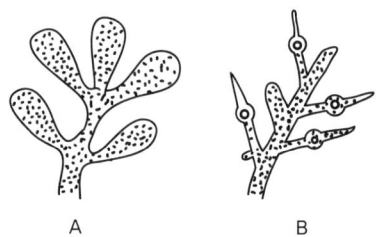

A   B

① A : 낭과가지, B : 포복지
② A : 낭과가지, B : 사분포자가지
③ A : 사분포자가지, B : 포복지
④ A : 사분포자가지, B : 낭과가지

59 김 생엽체의 흡광곡선에서 파장 500~600nm에 피크를 보이는 주색소는?

① 클로로필 a
② 피코시아닌
③ 피코에리트린
④ β – 카로틴

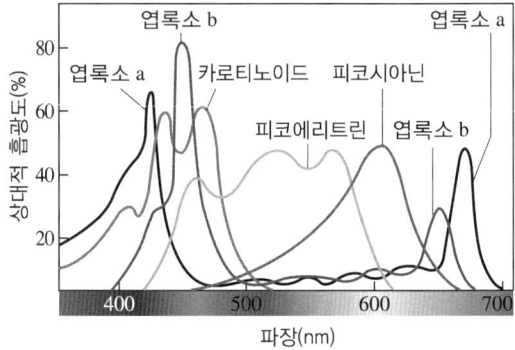
60 김 각포자 방출촉진법에 대한 설명으로 옳은 것은?

① 배양수의 비중을 1.040~1.050으로 조절한다.
② 배양수의 수온을 10~20℃로 저온 처리한다.
③ 채묘 1주일 전부터 광선을 받는 시간을 늘려준다.
④ 조가비를 해수에서 들어내어 100% 습도 처리한다.

61 정수식 못양식에서 어류의 수용밀도를 정하는 주 기준은?

① 물의 교환율

② 수 심

③ 표면적

④ 주수구의 크기

해설

정수식 양식에서는 대체로 물의 깊이와 관계없이 그 표면적에 비례하여 양식 생물의 양이 결정된다.

62 순환여과식 양식에서 3차 여과에 대한 설명으로 옳은 것은?

① 찌꺼기를 분리시키는 과정

② 무해한 질산염 등을 만드는 생물학적 여과

③ 축적된 질산염 등을 다시 분해하는 생물학적 여과

④ 유해 병원성 세균을 줄이는 과정

해설

생물학적 여과의 유해물질 분해 단계

유기물의 무기물화(1단계) → 질산화 작용(2단계) → 탈질화 작용(3단계)

63 수로형 수조에서 물의 흐름을 고르게 하기 위하여 설치하는 것은?

① 소류판

② 정류판

③ 배수판

④ 분리판

64 용액 1L에 $AgNO_3$ 18.0g이 녹아 있을 경우 이 용액의 N 농도는?(단, $AgNO_3$의 분자량 = 170)

① 0.212N

② 0.106N

③ 0.056N

④ 0.162N

해설

18g/L × N/170g = 0.106N/L

65 공기 양수기(Air Lift)의 능률에 관여하는 가장 주된 요인은?

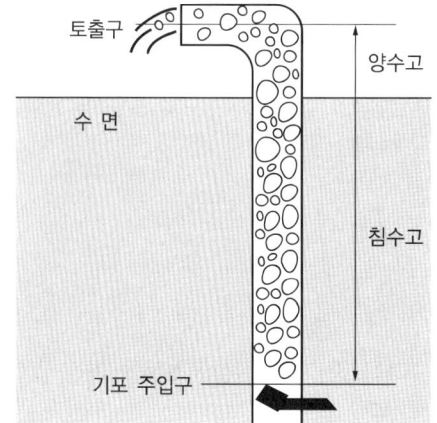

① 침수율

② 기포주입구경

③ 기포세기

④ 토출구경

해설

공기 양수기 효율은 침수율에 따라 달라진다. 침수율이 클수록 양수 능력이 높지만, 실용적인 최소 침수율은 80%이다.

66 다음 중 적조발생의 기초요인(직접적인 요인)과 가장 거리가 먼 것은?

① 영양염
② 일조량
③ 수 온
④ 용존산소

해설
식물 플랑크톤이 일시적으로 대량 번식, 집적되어 물의 색이 변화하는 현상으로 용존산소와는 직접적인 원인 관계가 없다.

67 독소를 가지고 어패류에 해를 주는 적조생물은?

① *Chattonella*
② *Skeletonema*
③ *Navicula*
④ *Chaetoceros*

해설
편모조류와 녹색 편모조류 중의 김노디니움(*Gymnodinium* sp.), 코클로디니움(*Cochlodinium* sp.), 샤토넬라(*Chattonerla* sp.), 프로토고니오락스(*Protogonyaulax* sp.)는 어패류를 치사시키는 독소를 가지고 있다.

68 다음 중 자외선 살균소독을 가장 많이 이용하는 것은?

① 종묘생산 시설의 용수
② 잉어 양성장
③ 폐수처리를 위한 전처리
④ 뜬발 양식장

해설
종묘생산 시 대상 개체의 저항력이 매우 약한 시기로 살균소독수를 이용 세균 및 바이러스를 제거하여 생산 효율을 높인다.

69 여과과정 중 암모니아를 아질산염으로 바꾸는 주 역할을 하는 세균은?

① *Aeromonas*균
② *Pseudomonas*균
③ *Nitrobacter*균
④ *Nitrosomonas*균

해설
질산화(Nitrification)과정
암모니아(NO_4^+) → 아질산염(NO_2^-) → 질산염(NO_3^-)
　　　　　Nitrosomonas　　　*Nitrobacter*

70 어류의 암모니아 독성이 가장 강해지는 조건은?

① 높은 용존산소
② 높은 pH
③ 낮은 염분
④ 경도가 높은 물

해설
수온과 pH가 높을수록 $T-NH_3$ 독성은 높아진다.

71 순환여과 시스템에서 활성탄의 주기능은?

① 용존유기물의 흡착
② 박테리아의 멸균
③ pH 조절
④ 암모니아의 산화

흡착을 이용한 여과 방식에는 활성탄 흡착과 거품 분리의 2가지가 있다.

72 일반적인 고밀도 뱀장어 사육의 수질관리로 가장 적합한 것은?

① 매일 못물의 10~30%를 갈아주고 수차를 이용하여 산소를 보충한다.
② 수차를 이용하여 산소만 보충한다.
③ 매일 2시간마다 약 50%의 물을 갈아준다.
④ 매일 2번에 걸쳐 100%의 물을 갈아준다.

고밀도 사육지는 수차 등에 의한 산소를 보충하고 배설물의 제거와 수질관리는 근본적으로 활성오니법을 이용한 수질정화가 이루어지며 pH의 급격한 하락을 막기 위해서 탄산칼슘을 투입하여 매일 10~30%환수를 실시하여 수질을 유지한다.

73 다음 중 적조생물로서 보편적이기는 하나 그로 인한 피해가 가장 적은 것은?

① 규조류
② 녹색편모조류
③ 황색편모조류
④ 와편모조류

74 수질분석을 위한 시료채취 시 옳지 않은 것은?

① 시료 채취 용기는 시료를 채우기 전 시료로 3회 이상 세척 후 사용한다.
② 시료 채취 용기에 시료를 채울 때 시료의 교란이 일어나서는 안 된다.
③ 가능한 한 공기와 접촉시간을 길게 한다.
④ 부유물질 함유 시료는 균일성이 유지될 수 있도록 채취해야 한다.

가능한 한 공기와 접촉시간을 짧게 한다.

75 BOD는 1, 2단계로 구분하고 있다. 1단계는 주로 어떤 화합물의 산화가 완료될 때까지의 산소량인가?

① 인화합물
② 탄소화합물
③ 질소화합물
④ 염소화합물

BOD : 수중에 있는 유기물이 호기성 미생물에 의해 분해될 때 소비되는 용존산소량
• 1단계 : 탄소화합물이 산화 완료할 때까지
• 2단계 : 질소화합물이 산화 완료할 때까지
일반적으로 BOD는 제1단계를 말하며, 20℃에서 5일간 배양했을 때에 소비되는 용존산소량을 mg/L(ppm)로 나타낸다.

76 양식장 저질을 채취하는 데 사용되는 채니방법이 아닌 것은?

① 드레지(Dredge)식
② 뮬러(Muller)식
③ 그래브(Grab)식
④ 코어(Core)식

해설
저질의 채취 방법
• 드레지식 : 기기 자체의 무게에 의해서 해저면을 일정한 거리로 끌어서 시료 채취
• 그래브식 : 어느 한 지점의 일정 면적의 저질을 집어 올리는 채취
• 코어식 : 원통형의 파이프를 저실 속에 박아서 퇴적된 층을 그대로 채취

77 흐리고 바람이 불지 않은 고요한 날이 계속되면 양어지 속의 용존산소가 부족해져서 어류가 폐사하는 현상이 일어나는데 그 원인이 아닌 것은?

① 식물의 호흡작용 때문
② 공기 접촉 표면에 산소 농도가 높은 얇은 표층이 생성되기 때문
③ 상하의 물이 잘 섞이지 않기 때문
④ 수온이 내려가기 때문

해설
바람이 없는 고요한 날에는 양어지의 깊은 곳에는 산소가 부족하지만, 공기와 접촉하는 표면에는 공기 중의 산소가 녹아 들어가 용존 산소량이 높게 된 얇은 수청이 생기므로, 산소가 더 녹아 들어가는 것을 막는 효과를 낸다. 그러나 바람이 부는 날에는 산소가 많은 표층의 물을 그 아래의 산소가 부족한 물과 섞이게 하여 공기와 접촉되는 면의 물속의 용존산소량이 계속 낮아지므로, 공기 중의 산소가 빠르게 물속으로 녹아 들어간다.

78 다음 중 환경여건으로 보아 황화수소가 발생할 가능성이 가장 적은 곳은?

① 저수지
② 정수식양어지
③ 해안의 기수호
④ 해조류 양식장

해설
황화수소는 유기물이 많이 쌓이는 저수지, 양어지, 기수역의 바닥, 하수구 등에 주로 발생한다.

79 사육조 내 용존 유기물을 제거하는 방법은?

① 침전분리방식
② 기계적 필터분리방식
③ 거품분리방식
④ 생물여과처리방식

해설
거품분리법은 폐쇄형 칼럼(Columm)에서 상승하는 공기 방울 표면에 용존 유기물을 제거하는 방법이다. 공기 방울은 액체 칼럼 위에서 거품을 만들고 축적된 유기 노폐물은 생산된 거품과 함께 버려진다.

80 수중 염소(Cl)의 양을 측정하는 방법이 아닌 것은?

① 은 적정법
② 전기전도도법
③ 비중 측정법
④ 알칼리법

해설
염소량 측정법
은적정법, 굴절계를 이용한 측정, 전기전도도법, 비중 측정법

81 잉어 POX병은 상피종으로서 겨울철에 유행되는데 그 병원체는 어떤 바이러스인가?

① Parvovirus

② Adenovirus

③ Herpesvirus

④ Poxvirus

해설

잉어 POX병

• 병원체는 헤르페스바이러스(Herpesvirus)로 겨울철에 유행된다.

• 병리조직학적으로 상피종이라 한다.

• 잉어의 머리, 몸, 꼬리, 지느러미의 표피 세포에서 일어나는 종양성 증식으로 융기된 흰색 내지 연한 분홍색을 띤 조금 딱딱한 느낌의 종양(유두종, Papilloma)이 생기는 병이다.

82 김갯병 대책으로 냉동망(냉장발)양식 과정 중 사세포율을 조사하는 데 쓰이는 시약명은?

① 메틸렌블루

② 에오진

③ 엘리스로신 B

④ 페레니액

해설

냉동 김발에 발아한 싹은 모두 건강한 것이 좋고, 죽었거나 활력이 떨어진 세포가 많이 섞인 것은 냉동 효과가 없으므로, 냉동시키기 전에 에리스로신(Erythrosin) 염색법으로 싹의 건강도를 판별하는 것이 좋다.

83 새우류의 바이러스질병 중 원인바이러스가 RNA Virus에 속하는 것은?

① 전염성피하조혈기괴사증바이러스(IHHNV)

② 흰반점바이러스(WSSV)

③ 간췌장파보바이러스(HPV)

④ 노랑머리바이러스(YHV)

84 잉어의 아르굴루스(*Argulus*) 속에 속하는 기생성 갑각류에 관한 설명으로 틀린 것은?

① *Argulus* sp.가 어체에 기생하는 시기는 Copepodid 제2기 때부터이다.

② *Argulus*의 자침에 찔린 작은 어류는 독성이 강하여 죽는다.

③ *Argulus*의 활동기는 저수온이며 12~4월에 활발히 부화한다.

④ *Argulus*의 기생은 어체에 심한 Stress를 주며, 어체를 벽에 문지르는 증세를 보인다.

해설

번식기는 여름부터 가을까지이며 1마리에 수십 마리에서 수백 마리까지 기생할 때도 있다.

85 방어, 전갱이 등 해산어류의 아가미 및 표피에 결절을 형성하는 질병의 원인 병원체는?

① Flexibacter병

② 궤양병

③ 노카르디아병

④ 슈도모나스병

해설

노카르디아병(Nocardia)

• 질병이 진행되면 근육, 아가미 및 내부 전 장기에 다양한 크기의 결절이 확인된다.

• 방어에서는 아가미에만 큰 결절이 생길 때도 있다.

• 피부에 홀 같은 작은 돌기나 반구형의 농양이 생길 수 있다.

• 해산어인 경우 피부나 아가미 또는 내장에 농양이 형성된다.

86 잉어봄바이러스병(SVC)의 증상은?

① 피부의 점상출혈

② 발광, 선회

③ 아가미 부식

④ 카타르성 위장염

해설
- 발병 초기에는 자극에 대한 반응이 둔해지고, 유영도 완만해진다.
- 외관상으로 체색 흑화, 복부팽만, 안구돌출, 피부의 출혈, 빈혈, 항문확장, 염증 등의 증상을 나타낸다.

87 연쇄구균증에 대한 설명으로 틀린 것은?

① 병원균이 주로 피부를 통하여 감염된다.

② 병원균은 그람양성의 연쇄구균이다.

③ 담수어류 및 해산어류에 발병된다.

④ 병어는 체색이 검어지고 지느러미 기부에 농창이 형성된다.

해설
감염 경로는 수평적 감염으로 먹이를 통한 것과 접촉에 의한 것이 있다. 특이 병원균은 양식장 주변 바닥의 개흙이나 물속에 존재할 가능성이 높으며, 주로 해수어의 생사료의 체내에서 연쇄구균이 검출되는 경우가 많다.

88 다음 중 뱀장어의 적점병의 증세와 관계가 가장 먼 것은?

① 지느러미 출혈

② 장관의 뚜렷한 카타르성염

③ 복막에 점상출혈

④ 내장의 모세혈관 확장

해설
뱀장어 적점병 증상
- 뱀장어 온몸의 표피에 바늘로 찌른 것 같은 점상 출혈이 뚜렷하게 나타남으로 붙여진 병명이다.
- 진행되면 점상출혈 부위가 융합되어 붉은 반점이 생긴다.
- 그 외에 지느러미의 출혈, 간장의 울혈, 비장의 퇴색위축, 신장의 위축, 장관의 발적, 복막의 출혈반점 등이 나타난다.

89 송어의 체색이 검어지고 물고기가 힘없이 배수구에 모여 있으며, 아가미는 빈혈증을 나타내는 경우, 그 원인으로 가장 가능성이 높은 것은?

① 변질된 사료를 장기간 투여하였을 때

② 배합사료와 생사료를 혼합하여 투여하였을 때

③ 생사료만 투여하였을 때

④ 배합사료만 투여하였을 때

해설
사료 중 지질의 산화는 필수지방산이 파괴되거나 조직 속의 해독성분을 고갈 또는 독성 물질을 생성함으로서 영양성 질병을 유발시킨다. 송어양식장에서는 체색의 흑화가 발생되고, 힘없이 배수구에 모여 있으며 아가미빈혈을 일으키고 수일 안에 폐사한다.

90 굴의 부세팔루스병에 대한 설명으로 틀린 것은?

① 굴 생식소에 기생하여 생식소를 압박한다.

② 원인은 연충류에 속하는 부세팔루스속 기생충이다.

③ 기생충의 기생률은 새로운 굴 양식장일수록 높다.

④ 감염된 굴은 황색을 띤 굴이 많이 발견된다.

해설
기생충의 기생률은 오래된 굴 양식장일수록 높다.

91 *Flavobacterium psychrophilum* 균은 주로 어류의 치어기에 감염하여 많은 피해를 낸다. 다음 중 주요 감염대상 어종은?

① 넙 치
② 잉 어
③ 방 어
④ 연 어

해설

저수온성 활주세균증
활주세균에 속하는 세균인 *Flavobacterium psychrophilum*의 감염에 의한 것으로 냉수성 어류 또는 저수온기의 뱀장어나 참돔, 방어 등의 아가미나 체표에 감염되어 아가미병이나 궤양병을 일으킨다.

92 (   ) 안에 가장 적합한 것은?

> 양식 어류의 몸 표면에 작은 기포가 부착되거나, 안구 가장자리, 지느러미, 복강, 창자 내에 기포가 나타나면 (   )으로 진단한다.

① 암모니아 중독증
② 아질산 중독증
③ 가스병
④ 산소 결핍증

93 어류에 기생하는 섬모충이 아닌 것은?

① *Cryptocaryon irritans*
② *Ichthyophthirius multifilis*
③ *Ichthyobodo necator*
④ *Chilodonella piscicola*

해설

*Ichthyobodo necator*는 편모충이다.

94 양식 뱀장어에서 피하에 적점 모양의 출혈이 생기고 손으로 만져 보니 피가 묻어 나왔다. 어떤 균에 감염되었는가?

① *Edwardsiella tarda*
② *Aeromonas hydrophila*
③ *Pseudomonas anguilliseptica*
④ *Vibrio anguillarum*

해설

③ *Pseudomonas anguilliseptica* : 뱀장어 적점병
① *Edwardsiella tarda* : 에드워드병
② *Aeromonas hydrophila* : 운동성 에로모나스 패혈증
④ *Vibrio anguillarum* : 비브리오 앙귈라룸에 의한 감염병

95 솔방울병에 관한 설명으로 맞는 것은?

① 담수 및 해수어류에 발병되는 병이다.
② 그램 양성구균이 병원균이다.
③ 수온이(5~18℃) 낮은 시기에 많이 유행된다.
④ 양식장의 수질과는 관계없이 발병한다.

해설

• 잉어, 금붕어, 송어, 틸라피아, 가물치, 메기 등의 담수어에서 발병한다.
• 그램 음성간균이 병원균이다.
• 담수환경의 악화(사육용수의 하천수 사용 등)와 스트레스(수온 급변)가 주발병원인이다.

96 어류의 심장, 비장 및 아가미 등에서 다수의 세균집락으로 이루어진 작은 백색점이 관찰되고, 수온 20~25℃인 여름철 강우량이 많아서 염분농도가 낮을 때 주로 유행되는 질병은?

① 돔류의 콜럼나리스병
② 방어의 연쇄구균증
③ 방어의 슈도모나스병
④ 방어의 유결절증

97 다음 중 재래식 김발을 사용한 양성방법에서 많이 발생하는 병으로 김발의 아래쪽에 길게 잘 자란 김의 엽체에 심하게 발병되며, 병변부의 김 세포 내에 기생충이 관찰되지 않고 죽은 세포로 된 반점이 만들어지고, 노출부족, 광선부족 등에 의한 생리적 장애로 생기는 질병은?

① 흰갯병
② 싹갯병
③ 붉은갯병
④ 동 상

98 병이 진행되면 환부는 약해져서 병원균, 혈액, 조직 붕괴물 등이 혼합된 암적색의 농즙이 고이고, 주변부의 표피로 진행되어 파괴된 후 피고름이 나온다. 무슨 병의 증상인가?

① 솔방울병
② 부식병
③ 부스럼병
④ 궤양병

99 어류의 주요 바이러스병 중 원인 바이러스가 DNA 바이러스에 해당하는 것은?

① 바이러스출혈성 패혈증 바이러스(VHSV)
② 전염성 췌장괴사증 바이러스(IPNV)
③ 바이러스성 신경괴사증 바이러스(VNNV)
④ 채널메기 바이러스병 바이러스(CCVDV)

해설

DNA virus 질병과 RNA virus 질병

DNA virus 질병	RNA virus 질병
• 림포시스티스병(LCDV) • 바이러스성 상피 증생증 • 채널메기 바이러스병(CCVD) • 연어 입종양병 바이러스(OMV) • 굴 면반바이러스(OVVD) • 잉어 POX병 • 홍다리얼룩새우 바큘로바이러스병(MBV) • 참돔 이리도바이러스병(RSIV) • 바이러스성 중장선괴사병 • 흰반점 바이러스병 • 바이러스성 적혈구괴사증(VEN)	• 바이러스 출혈성 패혈증(VHS) • 전염성 췌장괴사증(IPN) • 바이러스성 신경괴사증(VNN) • 잉어봄 바이러스병(SVCV) • 전염성 조혈기괴사증(IHN) • 바이러스성 복수증 • 넙치 랍도바이러스감염증(HIRRV)

100 어류에 물곰팡이가 기생하여 발병하는 조건은?

① 수온 변화가 있으면 연중 계속해서 발병한다.
② 상피세포에 상처가 생긴 부위에만 발병한다.
③ 위장 장애가 있어서 염증이 생길 때 발병한다.
④ 수온이 높아지면 언제나 발병할 수 있다.

해설

물곰팡이는 표피에 상처가 난 어체나 죽은 알에 기생한다.

제1과목 어류양식

01 다음 중 잉어 숙성이의 출현을 방지하기 위한 조치 사항으로 옳지 않은 것은?

① 선별을 자주한다.
② 먹이를 자주 준다.
③ 방양밀도를 높인다.
④ 먹이의 크기를 알맞게 한다.

해설
숙성이 발생원인
• 먹이 부족
• 먹이 입자가 클 때
• 고밀도 사육 시
• 먹이 급이 시간이 일정 하지 않을 때
• 질병 발생 시

02 다음 어류 인공수정 방법 중에서 정자의 양이 적은 경우 주로 쓰는 방법으로 옳은 것은?

① 건식법
② 습식법
③ 침지법
④ 등조법

해설
등조법 : 알과 정자의 양이 적어서 건식을 이용하기에 불편할 때 쓰인다. 어류의 체액이 염분농도와 같은 삼투압을 가지도록 염류를 물에 녹여 만든 등조액에 알과 정자를 넣고 수정시키는 방법이다.

03 다음 중 틸라피아에 관한 사항으로 맞지 않는 것은?

① 체색은 환경에 따라 변화가 심하다.
② 산란은 30℃ 이상에서만 이루어진다.
③ 아프리카 동해안이 원산지이나 우리나라에서는 태국에서 처음 수입하였다.
④ *Tilapia*속, *Sarotherodon*속, *Oreochromis*속의 세가지 속으로 분류되어진다.

해설
② 산란은 23~28℃ 범위에서 이루어진다.

04 다음 중 유수식 양식의 장점이 아닌 것은?

① 생산어의 포획이 쉽다.
② 단위면적당 생산이 높다.
③ 사육수의 소요가 타 양식에 비해 적다.
④ 사육면적이 소단위로 되어 관리하기 쉽다.

해설
유수식 양식의 적지는 수량이 풍부하고 유수가 가능하여 사육수조 안으로 계속해서 물을 흘려줄 수 있는 곳으로 사육수의 소요가 타 양식에 비해 많다.

05 대부분의 양식산 해산어류의 초기 부화 자어가 최초로 섭취하는 먹이생물은?

① 물벼룩
② 로티퍼
③ 아르테미아
④ 클로렐라

해설
자어 초기의 먹이로는 요각류(코페포다 등)가 적합하지만, 대량으로 확보하기가 힘들기 때문에 대량 배양이 용이한 로티퍼를 먹이로 사용한다.

06 뱀장어 양식에서 양중물이란 몇 g의 뱀장어를 의미하는가?

① 10g 미만   ② 10~30g

③ 40~50g   ④ 60~70g

해설
실뱀장어 10~30g 되는 양성용 종묘를 양중물이라고 하는데, 흔히 양어장에서 이 시기부터 배합사료를 이용하여 성어까지 양성하게 된다.

07 활어의 대량운반 시 주의사항에 대한 설명으로 옳지 않은 것은?

① 배설물로 인해 운반용기 내의 수질이 오염되지 않도록 한다.

② 운반 도중 수온 상승에 의한 폐사 발생이 일어나지 않도록 한다.

③ 산소 과다에 의한 스트레스로 몸 조직 속에 상처가 나지 않도록 한다.

④ 운반 도중 생리활성이 떨어지지 않도록 운반 전에 충분히 먹이를 공급한다.

해설
활어 운반을 위한 기본 원리는 대사기능을 낮추기 위해 운반 전 2~3일 동안 어류를 굶기고, 운반용수의 온도를 낮게 유지시키는 것이다.

08 넙치 종자생산 시 공식현상이 가장 심하게 일어나는 시기로 가장 옳은 것은?

① 부화 후 20일째인 전장 3mm인 때

② 전장 25mm 이후부터 50mm의 크기일 때

③ 착저 하기 전 눈이 오른쪽으로 돌아가려고 할 때

④ 착저 후 오른쪽 눈이 왼쪽으로 돌아간 변태완료 후부터

해설
자치어의 공식은 전장 25~50mm 내외에서 치어의 활력차이, 공간경쟁과 먹이경쟁 등으로 인하여 공식현상이 일어나므로 선별을 실시하여야 한다.

09 미꾸라지 인공채란 시 뇌하수체 주사액의 1마리당 적정 주입량으로 옳은 것은?

① 0.1mL   ② 1mL

③ 2mL   ④ 10mL

해설
미꾸라지 호르몬 주사
호르몬 주사액은 친어가 20g 정도일 때 1마리당 0.1mL 정도 복강애 주사한다.

10 다음 중 지질에 대한 설명으로 옳지 않은 것은?

① 어류의 필수지방산과 지용성 비타민의 공급원이 되기도 한다.

② 지질은 에테르, 클로로폼 등의 유기용매에는 잘 녹지 않는다.

③ 사료 내의 지질은 가용 에너지 함량이 높기 때문에 중요한 에너지 자원이다.

④ 체내에서 지용성 비타민의 흡수, 체조직과 세포막의 구성 등의 역할을 한다.

해설
② 지질은 에테르, 클로로폼 등의 유기용매에 잘 녹는다.

11 넙치의 학명(Scientific Name)으로 올바른 것은?

① *Cyprinus carpio*

② *Anguilla japonica*

③ *Paralichthys olivaceus*

④ *Pagrus major*

> **해설**
> ① 잉어, ② 뱀장어, ④ 참돔

12 뱀장어 양식장의 수질 변화를 미리 예상하는 방법이 아닌 것은?

① pH 9.5 이상이 10일 이상 계속될 때

② pH 7.0 이하가 계속될 때

③ 투명도가 10일 이상 30cm로 계속될 때

④ 로티퍼의 대형개체 비율이 증가하고, 하란을 가진 암컷이 1mL당 10마리 이상 될 때

> **해설**
> 뱀장어 양식장의 수질 변화를 미리 예상하는 방법
> • 암모니아 3ppm 이상 검출
> • pH가 9.5 이상이거나 7.0 이하의 산성일 때
> • 현미경상 윤충류가 많을 때

13 다음 중 방어 양식에 관련한 내용으로 가장 거리가 먼 것은?

① 방어의 사료효율은 어릴 때에는 낮고, 자라면서 높아진다.

② 우리나라에서의 방어 양식은 그물가두리를 이용하는 방식을 선호한다.

③ 방어는 먹이를 먹을 때 표층에 모여 다투어 받아먹으며, 바닥에 떨어진 먹이를 주워 먹는 일은 극히 드물다.

④ 일본은 이미 인공종자생산에 성공하여 양식 방어를 전 세계로 수출하고 있으며, 최근에 우리나라도 인공종자생산을 실험적으로 성공하였다.

> **해설**
> ① 방어의 사료효율은 커갈수록 낮아진다.

14 잉어 양식을 위한 저수지의 조건으로 적합하지 않은 것은?

① 바닥이 무르지 않고 수심이 1~4m인 곳

② 일조시간이 짧은 곳

③ 화물차의 출입이 가능한 곳

④ 너무 크면 관리가 어렵기 때문에, 1~10ha 정도 되는 곳

> **해설**
> 정수식 양식의 적지
> • 바닥이 평탄한 곳
> • 갈수기 마를시 수면적의 면적의 1/2이 유지되는 곳
> • 가을에 완전 배수가 가능한 곳
> • 바닥이 무르지 않고 수심이 1~4m(2m가 최적)
> • 일조시간이 긴 곳
> • 소형차가 들어올 수 있는 곳

15 무지개송어 부화조의 수온이 12℃일 때, 알의 발안기와 부화에 소요되는 일수로 적합한 것은?

① 13일, 약 24일

② 14일, 약 29일

③ 17일, 약 30일

④ 19일, 약 36일

해설

수온에 따른 무지개송어 알의 발안기까지 소요일수

수 온	6℃	7℃	8℃	9℃	10℃	11℃	12℃	13℃
일 수	30	25	21	18	16	14	13	12

수온에 따른 무지개송어 알의 부화 소요 일수

수 온	1.66℃	4.4℃	7.2℃	10.2℃	12.8℃	15.6℃
일 수	–	80	48	31	24	19

16 다음 중 참돔 가두리 양식장의 적지조건에 대한 설명으로 옳지 않은 것은?

① 해수의 유동이 좋은 수역

② 해수온이 연중 10~15℃를 유지하는 수역

③ 하천수의 유입에 의한 비중 변동이 없는 곳

④ 사료의 공급, 양성어의 출하 등이 편리한 곳

해설

② 참돔은 20~28℃ 범위에서 성장이 가장 빠르고, 15~19℃까지 성장이 가능하다.

17 다음 중 어류사료에 대한 설명으로 옳지 않은 것은?

① 사료계수가 높을수록 사료가치가 적어진다.

② 단백질 내 아미노산의 요구량은 어종에 따라 큰 차이가 있다.

③ 어분 외의 단백질 원으로 대두박, 육골분, 혈분 등이 사용된다.

④ 단백질원으로 배합사료 내 어분의 함량이 점점 더 높아지고 있다.

해설

어분의 공급량 제한 및 가격상승으로 대체 사료의 연구를 통해 어분함량을 줄이는 추세이다.

18 어류의 축양에 대한 설명 중 틀린 것은?

① 축양은 생존율을 높이는데 그 목적이 있다.

② 축양은 살아 있는 수산동물을 적절한 시설 안에서 일시적으로 보관하는 일이다.

③ 가두리에서 축양할 수 있는 동물은 잉어, 송어, 메기, 은어, 방어, 돔 등이 있다.

④ 다량의 어류를 넣어 1~2일 이상의 축양을 위해서는 에어레이션 장치와 오물제거를 위한 장치가 필요하다.

해설

축양은 성장이 목적이 아니라 살아있는 수확물을 일시적으로 보관하는 일로, 안전하고 건강하게 원래 상태로 유지시키는 일이 필요하다.

19 양식사료의 펠릿사료를 제작할 때 점착제로 첨가 되지 않는 것은?

① 셀룰로스

② CMC(Carboxy Methyl Cellulose)

③ 알지네이트(Alginate)

④ 아스타크산틴(Astaxanthin)

아스타크산틴(Astaxanthin)은 β-카로틴등과 같이, 연어, 이크라, 새우·게류의 붉은 색 등 자연계에 존재하는 적색 색소인 카로티노 이드의 하나로 항산화력을 가진 물질이다.

20 미꾸리의 종묘생산에 대한 설명으로 옳지 않은 것은?

① 뇌하수체 호르몬 주사에 의한 인공채란법에 의 한다.

② 5월부터 8월 사이에 주로 산란한다.

③ 암컷은 가슴지느러미가 길고 끝이 날카로운 모양 이다.

④ 성숙란의 색은 황색이며 반투명하다.

가슴지느러미가 길고 끝이 날카로우면 수컷, 둥글면 암컷이다.
미꾸리 암수 구분

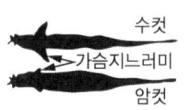  

수컷   암컷

수컷 특징	암컷 특징
몸은 비교적 작다.	몸은 비교적 큰 편이다.
체형은 원추형 같은 방추형이다.	체형은 원통형 같은 방추형이며 복부가 발달하였다.
가슴지느러미는 비교적 크며 끝단이 방 빗자루형으로 되어 있다.	지느러미는 일반적으로 작고 특히 가슴지느러미가 작은데 전단이 둥글다.
등지느러미의 말단 양측에 육질이 톡 튀어나온 살점이 보인다.	등지느러미의 말단에는 튀어나온 살점이 없다.
산란기에도 복부가 비대하지 않고 민숭하다.	산란기에 있어서는 복부가 현저하게 비대하여 동그스름하다.
거동이 활발하게 헤엄치며 도망가는 데도 동작이 극히 활발하다.	거동은 수컷에 비하여 다소 느린 편이며 도피 동작도 활발하지 못하다.

제2과목 무척추동물양식

21 다음 중 우렁쉥이의 채란에서 부착할 때까지 소요 되는 기간으로 옳은 것은?

① 2~3일간   ② 7~10일간

③ 12~22일간   ④ 22~25일간

우렁쉥이 인공 종묘 생산은 채란에서 부착까지의 기간이 2~3일로 짧고, 부유 기간 동안에 먹이를 먹지 않기 때문에 종묘 생산이 매우 쉽다.

22 다음 중 참전복 채란 시 산란자극 효과가 가장 높은 것은?

① 수온자극

② pH자극

③ 정충자극

④ 자외선 조사 해수자극

자외선 조사 해수 자극의 경우 활성산소를 발생시켜 생식세포 방출을 촉진시키므로 가장 효과적인 방법이다.

23 다음 중 간석지에서 조위망을 시설한 다음 그 안에 종자를 방양하여 양성하는 패류로 옳은 것은?

① 대 합   ② 전 복

③ 피조개   ④ 바지락

대합류의 이동습성과 관계된 관리방법
• 내만에 방양한다.
• 조위망 등으로 조위시설을 한다.
• 깊은 곳으로 이동한 대합을 양성장에 다시 골고루 뿌려 준다.

24 다음 중 소라 종자로서 알맞은 크기와 그 크기까지의 소요 기간으로 가장 옳은 것은?

① 각고 1cm, 만 6개월
② 각고 1cm, 만 1년
③ 각고 3cm, 만 6개월
④ 각고 3cm, 만 1년

해설
소라 종자로서 알맞은 크기는 각고 3cm정도로 이 크기까지 소요되는 기간은 만 1년 정도가 된다.

25 다음 전복류 중 호흡공 수가 가장 많은 전복은?

① 참전복
② 말전복
③ 까막전복
④ 오분자기

해설
오분자기는 크기가 작고, 호흡공의 수가 6~9개로 6개 이하인 다른 종과 쉽게 식별된다.

26 다음 중 참전복의 성숙기 적산수온은?

① 300~500℃
② 500~1,500℃
③ 1,500~3,500℃
④ 3,500℃ 이상

해설
참전복의 적산수온
• 성숙기 적산수온은 500~1500℃ 범위로 모패의 비만 및 영양상태, 모패관리 시 먹이생물의 영양 가치에 따라 차이가 난다.
• 완숙기 적산수온은 1,500℃ 정도로 외관상 암수구별이 가능하고, 실제적으로 채란이 가능하며 1,800℃ 부근까지 산란유발이 이루어진다.

27 새우류의 유생기 중 먹이를 공급할 필요가 없는 시기는?

① 조에아
② 미시스
③ 포르트라바
④ 노플리우스

해설
노플리우스기에는 체내의 영양분인 난황으로 생활하기 때문에 먹이는 필요하지 않다.

28 다음 중 해삼과 관련되지 않은 내용은?

① 하 면
② 재 생
③ 운 단
④ 아우리쿨라리아

해설
③ 운단은 성게의 방언이다.
① 해삼의 하면 : 수온이 높은 시기(25℃ 이상)에 소화관이 작아져 최소로 되는 시기
② 해삼의 재생 : 소화관이나 호흡수의 재생력이 매우 강해 제거해도 원상태로 재생한다.
④ 해삼 유생의 변태 : 아우리쿨라리아 → 돌리올라리아 → 펜타크툴라 → 새끼 해삼

29 굴 양성장의 관리방법으로 옳지 않은 것은?

① 다년간 연작한다.
② 저질을 개선해준다.
③ 해적생물을 구제해준다.
④ 해수의 유통을 원활하게 해준다.

해설
① 다년간 연작 시 다량의 배설물로 양식장 노화현상이 발생할 수 있으므로 양성장의 휴직년제 도입 등이 필요하다.

30 참가리비의 습성에 대한 설명으로 옳지 않은 것은?

① 가리비는 온대성 이매패이다.

② 외양성이며 수심 10~40m에 많이 분포한다.

③ 성숙기는 3월에서 5월 사이이며, 4월경이 산란 성기이다.

④ 서식처는 저층의 유속이 비교적 빠른 곳으로, 저질은 사력질을 좋아한다.

해설
① 참가리비는 한대성 이매패이다.

31 다음 중 피조개 양성장이 갖추어야할 조건으로 옳지 않은 것은?

① 수심이 얕을 것

② 해수의 유통이 좋을 것

③ 표층의 지질이 사니질일 것

④ 먹이생물의 번식량이 많을 것

해설
피조개의 서식수심은 저조선에서 50m되는 곳이지만, 저조선 가까이에서는 서식량이 극히 적고 수심 2~3m에서 20여m 되는 곳에 주로 분포한다.

32 새꼬막 저착기 치패의 특징이 아닌 것은?

① 패각근이 뚜렷하지 않다.

② 껍데기의 색은 황색이다.

③ 방사늑수가 31개 내외이다.

④ 각장은 280~320 μ m 정도이다.

해설
② 껍데기의 색은 백색이다.

33 해산무척추동물 인공종묘 생산 시 조개류 부유유생 사육에 가장 많이 사용되는 방법은?

① 유수식

② 지수식

③ 반유수식

④ 순환여과식

해설
일반적으로 조개류 부유유생기는 환경저항능력(충격 및 기타 환경변화)이 낮기 때문에 지수식으로 사육 후 환경저항력이 생기면 환수 및 유수 관리한다.

34 부유기간에 먹이생물이 필요 없는 종류는?

① 참 굴

② 전 복

③ 가리비

④ 바지락

해설
전복의 부유유생은 부유기간에는 먹이를 먹지 않으나, 3~4일 지나면 저서생활로 들어가기 시작하면서 먹이를 먹게 되므로, 미리 먹이배양 파판을 준비해야 한다.

35 먹이생물 배양의 주요 조건이 아닌 것은?

① 조 도

② 온 도

③ 배양액

④ 엽록소

해설
식물성 먹이생물 배양조건
• 성장에 필요한 영양염의 공급
• 적절한 조도
• 적절한 온도의 유지
• 가스교환과 영양염의 고른 이용
• 플랑크톤의 균일한 분포를 위한 교반장치

36 문어 양성 수조에 종묘를 추가 방양하고자 할 때 옳은 방법은?

① 기존의 개체보다 큰 개체를 넣는다.

② 기존의 개체수보다 많은 개체수를 넣는다.

③ 기존의 개체수와 크기에 관계없이 넣는다.

④ 기존의 개체를 새로운 사육수조에 함께 넣는다.

> **해설**
> 세력권이 형성된 곳에서 새로운 종묘를 넣으면 새 종묘의 크기가 다소 크더라도 먹이를 제대로 먹지 못하고 죽는다. 따라서 새로운 종묘를 추가 방양시 먼저 있던 종묘를 잡아내어 함께 다시 방양한다.

37 수온과 해삼의 관계를 가장 올바르게 설명한 것은?

① 수온과 소화관의 발달은 관계없다.

② 수온이 낮아지면 해삼의 재생력은 감소한다.

③ 수온이 낮아지면 해삼의 소화관은 발달한다.

④ 수온이 높아지면 해삼의 먹이 섭취율은 증가한다.

> **해설**
> 수온이 19℃ 이하로 내려가면 해삼의 소화관은 활동기가 되고 10℃ 이하이거나 연간 최저수온기가 되면 소화관이 최대로 발달한다. 해삼의 하면 임계수온은 19℃로 큰 개체일수록 더 낮은 수온에서 하면에 들어간다.

38 인공종묘생산을 할 때 채란용 어미의 선택에 관한 내용으로 옳지 않은 것은?

① 성숙연령에 도달하기 직전의 것을 선택한다.

② 영양상태가 좋고 성숙이 충실한 것을 선택한다.

③ 선택 시기는 산란기의 전기나 중기가 좋다.

④ 채포나 운반할 때 시달리지 않은 것이 좋다.

> **해설**
> ① 어미는 반드시 성숙연령에 도달한 것을 사용해야 한다.

39 전복 종묘생산 중 치패의 폐사율이 가장 높은 시기는?

① 부유기

② 피면자기

③ 담륜자기

④ 주구각이 생길 무렵

> **해설**
> 사육과정 중 대량 폐사 시기
> 부착 직후 주구각이 생길 무렵과 제1호흡공이 생기기 직전인 각장이 1~2mm 무렵이다.

40 부화 직전의 꽃게 외란의 색으로 가장 적절한 것은?

① 녹 색

② 황 색

③ 검은색

④ 황백색

> **해설**
> 산란 초기의 알은 황백색 → 황색 → 발안 후 어두운색 → 부화 직전에는 검은색

41 다음 중 우뭇가사리의 포자 방출 최성기로 옳은 것은?

① 봄
② 여 름
③ 가 을
④ 겨 울

해설
포자의 방출 성기는 여름(수온 21~27℃)이다.

42 김 사상체의 병해 중 황반병 발생의 직접적인 원인으로 옳은 것은?

① 호염성 세균에 의해서 발생한다.
② 배양장의 나쁜 시설이 원인이 되어 발생한다.
③ 탄산칼슘이 조개껍질의 표면에 침착하여 발생한다.
④ 광선과 온도의 불균형이 원인이 되어 영양부족으로 발생한다.

해설
수온 상승기(주로 여름철) 고염분 환경에서 호염성 세균의 번식 활발하여 발생한다.

43 다음 중 다시마 양성 시 씨줄붙이기에 대한 설명으로 옳지 않은 것은?

① 씨줄은 어미줄에서 1cm 정도 나오게 한다.
② 착생밀도가 높으면 품질이 저하되므로, 유엽 때부터 솎아준다.
③ 다시마를 어미줄에 착생시키는 밀도는 수확시의 1m당 10개체 이하 기준으로 한다.
④ 씨줄을 어미줄에 감는 방법보다, 씨줄을 잘라서 어미줄에 끼우는 방법이 효과적이다.

해설
③ 다시마를 어미줄에 착생시키는 밀도는 수확 시의 1m당 25~50개체를 기준으로 한다.

44 다음 중 갈조식물에 주로 많이 함유된 유용 물질로 옳은 것은?

① 한 천
② 알긴산
③ 피코빌린
④ 카라기난

해설
① · ③ · ④ 홍조류

45 다음 중 톳에 대한 설명으로 옳지 않은 것은?

① 수정란은 늦은 여름부터 초가을 사이에 발생한다.
② 이탈된 어린 배의 착생력은 2일 후에 완전히 없어진다.
③ 톳은 콘크리트나 매끈한 암면이 노출된 곳에 잘 붙는다.
④ 톳의 생육지대는 외양에 면한 평탄한 또는 경사가 완만한 암반이다.

해설
③ 톳은 콘크리트나 여문 바위에는 잘 안 붙고 매끈한 암면이 노출된 곳에는 착생이 좋지 않다.

46 김 사상체의 성장이 억제되는 수온으로 알맞은 것은?

① 15℃

② 20℃

③ 24℃

④ 27℃

해설
각포자 방출억제법 – 고온처리
통풍을 차단하고 수온을 25~28℃로 유지토록 하여 사상체 성장을 억제한다.

48 다음 그림에서 미역의 잎자르기 수확을 할 때 자르는 부위로 옳은 것은?

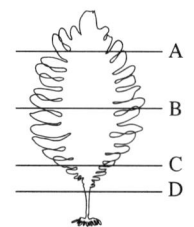

① A   ② B

③ C   ④ D

해설
미역의 잎자르기

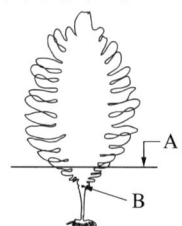

A : 자르는 부위
B : 생장점

47 미역 양성방법 중 풍파가 심한 곳이나 외해에 면한 양식장에서 주로 많이 사용되는 방법은?

① 연승식

② 뗏목식

③ 조립연승식

④ 그물연승식

해설
미역의 양성방법
• 뗏목식 : 비교적 조용한 내만, 조류의 방향과 평행하게 설치
• 연승식 : 풍파가 심한 곳이나 외해에 접한 곳, 파도와 시설 방향이 평행하게 설치
• 조립연승식 : 내만 또는 외해와 접한 내만에 설치

49 미역의 채묘를 위한 예비작업에 해당하는 것으로 옳은 것은?

① 저온처리

② 음건처리

③ 저염분 처리

④ 고염분 처리

해설
포자엽을 음건처리하여 공기 중에서 유주자낭에 삼투압의 변화를 주어 일시에 많은 양의 유주자를 방출시킬 수 있다.

50 김의 생활사가 옳은 것은?

① 과포자 → 사상체 → 각포자 → 엽체(유엽성엽)
  → 과포자

② 각포자 → 사상체 → 과포자 → 엽체(유엽성엽)
  → 각포자

③ 사상체 → 각포자 → 과포자 → 엽체(유엽성엽)
  → 사상체

④ 사상체 → 과포자 → 각포자 → 엽체(유엽성엽)
  → 사상체

해설

김의 생활사

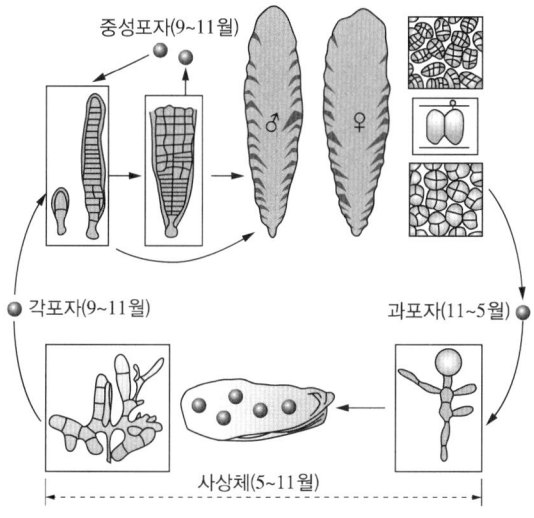

중성포자(9~11월)

각포자(9~11월)

과포자(11~5월)

사상체(5~11월)

51 다음 중에서 세대교번을 하지 않는 종류는?

① 김   ② 청 각
③ 미 역   ④ 홑파래

해설
톳, 모자반, 청각은 세대교번을 하지 않는다.

52 다시마의 종묘 생산에 관한 설명으로 적절하지 못한 것은?

① 6월 초에 채묘하여 여름의 휴면기를 거쳐 11월초에 양성을 시작한다.

② 9월 하순에 채묘하여 약 40일 동안 배양한 종묘로 11월 초에 양성을 시작하는 것도 있다.

③ 가을에 기온과 수온이 내려간 후 종묘를 배양해도 생산은 늦어지지 않는다.

④ 종묘의 배양은 수온 15~16℃가 적당하다.

해설
늦어진 종묘로 양성할 경우에는 여름까지 충실한 다시마가 되지 못하므로, 여름 동안에 성장시켜 다음 해에 수확하는 2년 양식을 해야 한다.

53 톳의 번식효과를 높이기 위해서 제거에 주력해야 하는 대상종은?

① 우뭇가사리   ② 풀가사리
③ 지충이   ④ 모자반

해설
지충이는 톳과 함께 조간대 중부에서 하부에 서식하는 경쟁 해조류로 성장과 산란시기가 톳 보다 빨라 증식에 유리한 생태적 특징을 갖고 있다.

54 기생성 갯병이 아닌 것은?

① 붉은갯병   ② 녹반병
③ 의사흰갯병   ④ 사상세균부착증

해설
김의 갯병 종류
• 기생성 갯병 : 붉은갯병, 호상균, 사상세균부착증, 녹반병, 구멍갯병
• 생리적 갯병(비기생성) : 흰갯병, 의사흰갯병, 싹갯병, 암종병, 쪼그랑병

55 일반적으로 미역의 본이식 시기는?

① 가이식 후 5mm 이하일 때

② 가이식 후 5~10mm로 성장했을 때

③ 가이식 후 5~20mm로 성장했을 때

④ 가이식 후 30~50mm로 성장했을 때

해설
본이식 : 가이식 2주후, 아포체가 5~10mm 성장했을 때 실시

56 해수유동이 양식 김에 주는 영향이 아닌 것은?

① 해수의 pH가 하강한다.

② 미세한 부니의 부착을 방지한다.

③ 영양염 및 이산화탄소를 공급한다.

④ 양식 김의 활발한 대사작용을 유지한다.

해설
해수의 유동(조류, 파랑)이 김의 생육에 미치는 영향
• 김의 활발한 대사작용의 유지
• 영양염 및 이산화탄소 공급
• 김 주위에 배출된 대사노폐물의 제거
• 미세한 부니의 부착 방지

57 다음 중 김발에 붙기 시작할 때 발을 저노출선에 며칠간 고정시켜 주면 구제되는 김의 해적생물은?

① 따개비

② 규조류

③ 파래류

④ 매생이

해설
김의 해적 생물로는 따개비, 규조류, 파래류, 매생이 등이다.
• 매생이 포자는 주광성이고 부착층이 김보다 높다.
• 부착하면 김발을 저노출선에 며칠간 고정(일기가 따뜻해지면 김이 약해지기 쉽고 갯병 염려가 있으므로 발을 빨리 높여줌)

58 냉장 김발을 제작하기에 적합한 김 엽체의 길이는?

① 1cm 내외

② 2cm 내외

③ 3cm 내외

④ 4cm 내외

해설
싹이 클수록 작업 중에 손상되기 쉬워 3cm 내외가 적당하다.

59 다음 중 영양번식력이 강하여 자리바꿈에 가장 우세한 것은?

① 참 김

② 둥근돌김

③ 방사무늬김

④ 모무늬돌김

해설
방사무늬김은 영양번식력이 강하여 자리바꿈에 우세한 품종이다.

60 톳 수하식 양식에서 어미줄에 감아주는 가는 연사에 붙어 있는 것은?

① 모조의 줄기를 절단한 것

② 수정란에서 배양된 유아

③ 포복지가 붙어 있는 모조

④ 포복지에서 나온 새싹을 끊어서 꽂은 것

해설
톳의 수하식 양식에서 어미줄에 끼우는 재료는 포복지가 붙어 있는 줄기를 끼운다.

61 생물학적 최소형(Biological Minimum Size)과 가장 관계가 밀접한 사항은?

① 어장에의 가입

② 색체 구비

③ 생식능력 구비

④ 먹이섭식 가능

해설

생물학적 최소형(Biological Minimum Size)
생물학적으로 재생산을 할 수 있는 초기 연령(Age at First Repro-duction) 또는 몸의 크기를 뜻하며 성성숙 최소 크기라고도 한다.

62 해삼의 성숙한 난소 색깔은?

① 백 색

② 분홍색

③ 청 색

④ 흑 색

63 아가미호흡과 함께 보조적 수단으로 창자호흡을 하는 종류는?

① 뱀장어   ② 가물치

③ 미꾸라지   ④ 망둑어

해설

미꾸라지 : 아가미호흡(공기호흡)을 하나 충분하지 않을 때는 창자호흡을 한다.

64 생태계(Ecosystem)의 3가지 구성요소가 아닌 것은?

① 생산자

② 소비자

③ 부식자

④ 분해자

해설

생태계의 구성 : 생물 상호간에 끊임없이 물질이 순환되면서 평형을 유지하여 안정된 계로 생산자, 소비자 분해자로 구성된다.
• 소비자 : 식물이나 다른 동물을 먹이로 하는 종속영양생물
  예 동물
• 생산자 : 광합성을 하여 유기물을 생산하는 독립영양생물
  예 식물성 플랑크톤, 녹색 식물
• 분해자 : 사체와 배설물을 무기물로 분해하여 무기환경으로 되돌려 보내는 작용
  예 세균, 곰팡이, 버섯, 박테리아

65 외양 생태계에서 표면수온의 계절변동이 가장 큰 위도는?

① 고위도 지방

② 중위도 지방

③ 저위도 지방

④ 극 지방

해설

위도별 수심에 따른 수온 변화

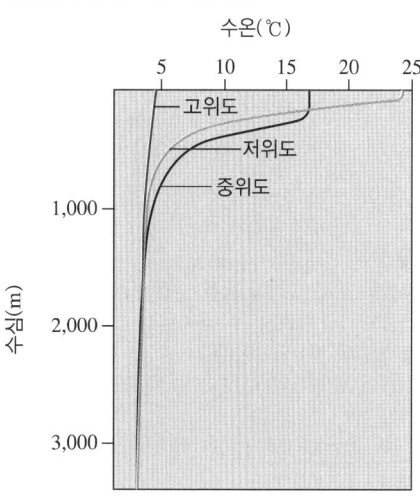

66 다음 양식대상 생물 중 용존산소가 가장 큰 수역에 서식하는 어류에 속하는 것은?

① 잉 어　　　　② 연 어
③ 메 기　　　　④ 틸라피아

해설
연어는 냉수성 어류로 나머지 어류에 비해 용존산소가 높은 수역에 서식한다.

67 다음 중 경골어류로 옳은 것은?

① 칠성장어　　　② 괭이상어
③ 두툽상어　　　④ 철갑상어

해설
① 칠성장어 : 원구류
②·③ 괭이상어, 두툽상어 : 연골어류

68 다음 중 어류의 체색에 대한 설명으로 옳은 것은?

① 체색의 변화는 광선과는 무관한 것이다.
② 심해어류의 체색은 주로 검은색 또는 보라색 계통이다.
③ 어류의 체색은 일반적으로 한대지방의 어류에서 다양하게 나타난다.
④ 은어, 틸라피아 등의 생식시기에 나타나는 혼인색은 주로 암컷에서 나타난다.

해설
① 체색의 변화는 어류의 종류, 주변 환경, 먹이의 종류, 광선 및 행동에 따라 다르게 나타나며, 주변 환경에 따라 일시적으로 몸 빛깔이 변화되기도 한다.
③ 어류의 체색은 일반적으로 열대지방의 어류에서 다양하게 나타난다.
④ 은어, 틸라피아 등의 생식시기에 나타나는 혼인색은 주로 수컷에서 나타난다.

69 다음 중 잉어류에 속하지 않는 어류는?

① 황 어
② 쏘가리
③ 미꾸리
④ 모래무지

해설
② 쏘가리 : 농어목 꺽지과의 민물고기

70 무생물적 환경요인 중에서 해양생물의 번식, 성장 및 분포에 가장 영향을 미치는 요인으로 옳은 것은?

① 빛
② 수 온
③ 염 분
④ 용존산소

해설
수온은 생물의 분포에 영향을 미치는 중요한 물리적 요인이며, 수산생물의 번식, 성장 및 분포에 가장 큰 영향을 미칠 뿐만 아니라 해양생물의 대사와 성장 속도를 조절한다.

71 경골어류의 심장 구성으로 옳은 것은?

① 1심방 1심실

② 1심방 2심실

③ 2심방 1심실

④ 2심방 2심실

해설
연체동물의 대부분은 2심방 1심실의 심장을 가지며, 경골어류의 심장은 1심방 1심실로 되어 있다.

72 어류의 산소소비량에 대한 설명으로 옳은 것은?

① 운동량과 관계가 없다.

② 수온이 높아지면 증가한다.

③ 어종에 관계없이 수온, 체중에 따라 일정한다.

④ 큰 개체가 어린 개체에 비하여 단위 체중당 소비량이 많다.

해설
① 운동량이 많을수록 소비량이 많다.
③ 어종 및 수온, 체중에 따라 산소소비량이 다르다.
④ 작은 개체가 큰 개체에 비하여 단위 체중당 소비량이 많다.

73 다음 해산식물 중 갈조류에 속하는 것은?

① 청 각   ② 감 태

③ 김   ④ 우뭇가사리

해설
대형 갈조류 : 미역, 다시마, 감태 등

74 산호초(Coral Reef)의 형성과 관련이 없는 것은?

① 평균 해수온이 20℃ 이상

② 북위 30°~남위 30°

③ 주산셀라(Zooxanthellae)

④ 용승류(Upwelling)

해설
④ 용승류는 저층의 풍부한 영양염류를 공급하여 좋은 어장을 형성하는 데 기여한다.
산호초(Coral Reef)
열대나 아열대의 얕은 바다에 형성된 주로 조초산호의 유해가 모여서 생긴 석회질의 암초 또는 섬을 말한다. 조초산호는 적도를 중심으로 북위 30°에서 남위 30°에 한정되어 분포하며 수온이 적어도 20℃ 이상인 바다에서 생육한다. 수심 50m 미만에서 자라며, 20m 미만의 맑은 해수역에서 잘 발달한다. 산호 개체 하나하나의 내부에는 엄청난 숫자의 미세한 단세포 조류(식물플랑크톤-주산셀라)들이 서식하고 있다.

75 플랑크톤의 이동과 계절변화에 대한 설명으로 틀린 것은?

① 동물플랑크톤은 표층뿐만 아니라 수심 10,000m 이상의 깊은 곳에도 분포한다.

② 일반적으로 동물플랑크톤은 낮에는 표층에 올라오고 밤에는 깊은 곳에 내려가서 생활한다.

③ 플랑크톤의 계절변화는 수온, 염분, 영양염류 등의 환경요인과 생물 상호간의 관계에 의해 유발된다.

④ 온대해역에서는 1년 중 대부분 봄과 가을 두 번에 걸쳐 식물플랑크톤의 대번식이 일어난다.

해설
동물플랑크톤 대부분 밤에는 표층으로, 낮에는 깊은 층으로 주야로 일주기 수직이동을 한다.

76 다음 식물플랑크톤 중 먹이생물로 중요한 종이 아닌 것은?

① 나비쿨라
② 코코네이스
③ 니치아
④ 김노디니움

해설
④ 김노디니움은 적조의 주요 원인 생물이다.
①·②·③ 나비쿨라, 코코네이스, 니치아 등은 부착규조류로 전복의 초기 먹이생물로 중요한 종이다.

77 어류의 몸 옆면에 세로로 뻗어 있는 옆줄의 기능은?

① 압력, 촉감 등의 감각작용을 담당한다.
② 소화작용을 담당한다.
③ 시각작용을 담당한다.
④ 배설작용을 담당한다.

해설
수류의 압력·유속·방향을 알 수 있다.

78 새우류의 발생단계가 아닌 것은?

① 노우플리우스
② 미시스
③ 메갈로파
④ 조에아

해설
• 새우류 : 노플리우스 → 조에아 → 미시스 → 포스트라바
• 게류 : 노플리우스 → 조에아 → 메갈로파 → 성체

79 다음 중 일생 동안 부유생활을 하는 것은?

① 완족류
② 유폐류
③ 이족류
④ 이새류

해설
성체로 부유생활을 하는 대표적인 종류로는 익족류와 이족류가 있다.

80 다음 중 어류의 회유조사를 위한 표지방법이 아닌 것은?

① 체부분 표지법
② 착색법
③ 표지 부착법
④ CPUE법

해설
표식방법 : 체부분 절단법, 착색법, 표지 표식법, 유전적 표지법
④ CPUE(Catch Per Unit Effort) : 단위노력당 어획량으로 자원량 지수로 사용된다.

81 pH 미터로 pH를 측정할 때 가장 흔하게 쓰이는 주전극은?

① 수소 전극

② 퀸하이드론 전극

③ 유리 전극

④ 안티몬 전극

해설

pH는 보통 유리 전극 및 비교 전극으로 된 pH 미터를 사용하여 수치를 측정한다.

82 전기전도도를 이용하여 염분을 측정할 때 측정치에 가장 크게 영향을 미치는 요소는?

① 수 온

② pH

③ 투명도

④ 색 도

해설

전기전도도는 온도차에 의한 영향이 크다.

83 해수의 투명도를 측정하는 데 이용하는 기구는?

① 그래브

② 임호프관

③ 난센채수기

④ 세키디스크

해설

④ 세키디스크 : 30cm 흰색 원판(Secchi Disc)을 물속에 넣어 보이지 않을 때까지의 깊이를 측정한다.

① 그래브 : 어느 한 지점의 일정 면적의 저질을 집어 올리는 채취하는 장치

② 임호프관 : 사육수의 부유물질(ss)을 측정하는 장치

③ 난센채수기 : 특정 깊이의 해수 또는 담수의 샘플을 얻는 장치

84 물속의 용존산소 농도에 영향을 미치지 않는 것은?

① 온 도

② 기 압

③ 습 도

④ 불순물의 농도

해설

용존산소

대기 중의 산소가 용해 또는 수중 식물의 광합성에 의해 공급되며 용해도는 온도와 염분이 상승할수록 낮아진다. 기압 하강, 고도 상승, 불순물 증가 등은 용해도를 감소시킨다.

85 다음 중 어류에 발생하는 가스병의 주요 원인 기체로 가장 옳은 것은?

① 질 소

② 일산화탄소

③ 이산화탄소

④ 암모니아가스

해설

가스병

• 원 인

－ 지하수나 우물물에 질소 가스가 함유된 물을 사용하여 어류를 직접 사육하였을 때

－ 수온 변화, 일조 등에 물속의 산소량이 급격히 증가, 감소되었을 때

• 예방대책

－ 질소 가스 포화도 130% 이상의 용수는 양어용수로 부적당하므로 120% 전후의 용수는 충분히 기폭시켜서 115% 이하로 감소시킨다.

－ 양어장이나 수조에 많은 수초가 있을 때는 수초를 제거하거나 강한 빛을 가려준다.

86 잉어의 비늘이 거꾸로 일어서는 솔방울병의 병원 균으로 옳은 것은?

① *Vibrio*균
② *Nocardia*균
③ *Aeromonas*균
④ *Pseudomonas*균

해설

*Aeromonas*균에 감염된 잉어는 복강에 체액이 괴어 팽만하고 비늘주머니에 체액이 고이기 때문에 비늘이 일어나고 심해지면 모든 비늘이 일어나는 것처럼 보여 솔방울병이라고 한다. 초기감염에서 온몸의 비늘이 일어날 때까지는 약 4~6주일이 소요되며 전신증상이 나타난 후 약 1주일이 경과하면 폐사된다.

87 염소(Cl)량 16.5‰인 해수의 염분값(psu)로 옳은 것은?

① 18.6
② 26.2
③ 29.8
④ 33.4

해설

$S(염분) = 1.80655 \times Cl$
$= 1.80655 \times 6.5‰$
$≒ 29.8‰(psu)$

88 다음 중 시료수의 운반과 보존 중 특히 5℃ 이하의 냉암소에 보존하여야 하는 분석 대상 항목으로 옳은 것은?

① DO
② pH
③ BOD
④ COD

해설

BOD는 생물학적 산소요구량으로 시료채취 즉시 시험하여야 하며 즉시 시험이 불가할 경우에는 0~10℃ 냉암소에 보존하여 미생물의 활성을 억제, 가능한 신속히 시험하여야 한다.

89 생물학적 여과조에서 일어나는 여과단계가 순서대로 표기된 것은?

① 무기물화작용 – 탈질화 작용 – 질산화 작용
② 탈질화 작용 – 무기물화작용 – 질산화 작용
③ 탈질화 작용 – 질산화 작용 – 무기물화작용
④ 무기물화작용 – 질산화 작용 – 탈질화 작용

해설

생물학적 여과

물속에 녹아있는 유독한 암모니아 등을 무독한 물질로 변화시키기 위해 미생물(질산, 아질산 박테리아)을 이용하는데, 무기물화과정과 질산화과정 및 탈질화과정을 통하여 물을 정화한다.

90 18℃인 담수의 용존산소포화량은 7.81mL/L이다. 18℃인 어느 담수 시료의 용존산소량이 5.48mL/L로 측정되었다면 이 시료의 산소포화도는?

① 70%
② 0.7%
③ 143%
④ 1.43%

해설

시료의 포화율(%) $= (DM/Ds) \times 100$
$= (5.48/7.81) \times 100 ≒ 70\%$

여기서, 포화용존산소량 : Ds
시료의 용존산소량 : DM

91 갑각류에서 두흉갑이나 몸 표면의 외골격에 비정상적으로 칼슘염이 모여 생기는 지름 0.5∼2.0mm 정도의 둥근 흰색 반점과 큐티클층의 색소포가 확산되어 몸 색깔이 분홍색에서 적갈색으로 변하는 증상을 보이는 질병은?

① 비브리오병

② 검은 아가미병

③ 흰반점 바이러스병

④ 바이러스성 중장선 괴사병

92 양식 어류의 질병을 진단하는데 안구돌출은 몇 가지 병의 중요한 증상이 된다. 어떤 병이 이와 같은 증상을 나타내는가?

① 백점병

② 비브리오병

③ 수생균병

④ 아가미 흡충증

해설

① 백점병 : 섬모충이 어류의 몸 표면이나 아가미에 기생하면 하얀 점처럼 보이기 때문에 백점병이라 한다.

③ 수생균병 : 외관적으로 아가미나 몸 표면에 균사체(곰팡이 덩어리)가 솜털모양으로 나타난다.

④ 아가미 흡충증 : 아가미조직이 과형성되어 아가미 새엽 사이가 유착되며, 심하면 조직이 괴사된다.

93 다음 중 비브리오(Vibrio)병에 관한 설명으로 옳지 않은 것은?

① 장관에 염증이 일어난다.

② 뱀장어, 송어, 은어에만 발병된다.

③ 수온 10℃ 이하인 때는 발병률이 낮다.

④ 발병어는 성별, 크기와 관계없이 연중 발생된다.

해설

② 어류 및 패류에서 발병하며 거의 모든 해수어류가 감수성이 있는 것으로 보인다.

94 뱀장어 기적병의 증상으로 가장 옳은 것은?

① 구강내 출혈이 가장 뚜렷하다.

② 체색이 흑변이 되고 안구가 돌출된다.

③ 장관내에서는 카타르성염이 나타난다.

④ 간장과 신장에는 병변이 나타나지 않는다.

해설

뱀장어 기적병 증상

기적병의 특징은 장내에서 증식한 병원균이 생산하는 세균의 독소에 기인하여 염증이 생기고 혈액으로 전신에 확산되어 전신장해를 일으킨다.

95 다음 설명 중 (가)에 들어갈 말로 알맞은 것은?

연어, 송어류에 장기간 (가)을 투여하면 간에 글리코겐이 과잉 축적되어 글리코겐 과다증이 나타난다.

① 지 방   ② 단백질

③ 비타민   ④ 탄수화물

해설

글리코겐 과다증 : 탄수화물의 장기간 투여에 의해 간에 글리코겐이 축적되어 간이 퇴색되고 폐사율이 증가된다.

96 지름이 10m이고 사육수의 수심이 1m인 원형수조에 수용된 어류를 옥시테트라사이클린 200ppm으로 약욕할 때 필요한 약품의 살포량은?

① 5.0kg

② 15.7kg

③ 20.0kg

④ 78.5kg

해설
- 약품의 살포량(g) = 수량(t) × 약품농도(ppm)
- 원형수조의 수량 = 원의 넓이 × 수심
  = 5 × 5 × 3.14 × 1 = 78.5톤
- ∴ 약품의 살포량 = 78.5 × 200 = 15,700g = 15.7kg

97 담수에 기생하는 요각류 중 *Ergasilus*가 닻벌레에 비해 사망률이 높은 이유로 가장 적절한 것은?

① 아가미에 기생하여 호흡곤란을 일으키므로

② 체표에 기생하여 체표에 궤양이 형성되므로

③ 구강 내에 기생하여 먹이 섭취가 곤란하므로

④ 기생에 따른 스트레스로 어체가 쇠약해지기 때문

해설
에르가실루스병 증상
- 아가미 조직의 염증반응과 출혈 등이 있고, 혈관이 막히거나 아가미 새엽의 위축 등이 발생한다.
- 기생의 자극으로 아가미 상피세포나 점액세포가 증식하여 호흡 장애가 발생한다.

98 다음 중 수중의 암모니아 측정에 이용하는 방법은?

① 비탁법

② 이온전극법

③ 중량분석법

④ 불꽃광도법

해설
이온전극법(Electrochemical Analysis)
시료 중의 분석대상 이온의 농도(이온활량)에 감응하여 비교전극과 이온전극 간에 나타나는 전위차를 이용하여 목적 이온의 농도를 정량하는 방법으로서 시료 중 음이온(Cl^-, F^-, NO_2^-, NO_3^-, CX^-) 및 양이온(NH_4^+, 중금속이온 등)의 분석에 이용된다.

99 넙치의 랍도바이러스병 예방책으로 가장 적당한 것은?

① 포르말린처리

② 식염수처리

③ 15℃ 이상 가온처리

④ 담수처리

해설
수온을 15℃ 이상으로 상승시키면 바이러스의 병원성이 떨어져 폐사율이 감소된다.

100 시료수를 유리병에 넣고 보존해서는 안 되는 항목은?

① 용해성 인산

② 질산성 질소

③ pH

④ 규산염

해설
영양염 분석을 위한 시료는 플라스틱 용기에 넣어 보관한다. 유리 용기는 용해가 쉬워 규산에 의한 오염 가능성이 있어 유리 용기는 영양염 시료를 보관하는 데 사용하지 않도록 한다(해수공정시험 기준).

제1과목 어류양식학

01 넙치의 부화 자어를 20m³ 정도의 수조에서 사육 시 자어의 적정 수용밀도는?

① 수용적 100L당 10,000마리

② 수용적 1,000L당 5,000마리

③ 수용적 1,000L당 10,000마리

④ 수용적 1,000L당 20,000마리

해설

넙치의 자어의 수용밀도는 수량 1,000L당 20,000마리 전후이다. 에어레이션을 해주고, 조도는 10,000lx 이내, 수온은 18℃ 전후로 유지한다.

02 사료 내 지방산 산화를 방지하기 위한 영양소는?

① 비타민 A   ② 비타민 D

③ 비타민 E   ④ 비타민 K

해설

비타민 E(토코페롤) : 지방산의 항산화제(산화방지제)로 작용한다.

03 100g짜리 잉어 100마리가 10kg의 사료를 섭취하여 모두 150g으로 성장했을 때의 사료효율은?

① 40%   ② 45%

③ 50%   ④ 55%

해설

• 사료효율(%) $= \dfrac{\text{증육량}}{\text{사료공급량}} \times 100 = \dfrac{50g}{100g} \times 100 = 50\%$

• 잉어 1마리의 사료 공급량 = 10,000g/100마리 = 100g

• 증육량(모두 150g으로 성장) = 150g − 100g = 50g

04 지용성 비타민이 아닌 것은?

① 비타민 A

② 비타민 C

③ 비타민 D

④ 비타민 E

해설

② 비타민 C는 수용성 비타민이다.

지용성 비타민 : 비타민 A, D, E, K

05 미꾸라지의 초기 종묘 육성을 설명한 내용으로 틀린 것은?

① 3m² 정도의 비교적 작은 수조를 이용한다.

② 1m²당 100~200마리를 방양하는 것이 보통이다.

③ 부화 직후 3~4mm인 자어를 약 10일간 양성하여 5~10mm 되게 기르는 과정이다.

④ 부화 후 약 3일이 지나면 먹이를 먹기 시작하는데, 이 때 로티퍼 또는 작은 물벼룩을 준다.

해설

② 1m²당 2,000~4,000마리를 비교적 적은 수조에서 양성한다.

06 무지개송어의 채란 및 수정에 관한 설명으로 옳지 않은 것은?

① 수정란은 광선에 민감하다.

② 수정은 대개 건식법이 이용된다.

③ 11월경부터 이듬해 3월까지 산란한다.

④ 일반적으로 인공채란 시 배를 갈라 채란한다.

> **해설**
> 일반적으로 손으로 짜는 압착법과 공기를 이용한 공기 채란법이 있다.

07 해수순치가 불가능한 종은?

① 메 기

② 은연어

③ 틸라피아

④ 무지개송어

> **해설**
> ③ 틸라피아는 낮은 용존산소와 담수에서 해수에 이르기까지 광범위한 염분 농도에도 잘 견디는 등 환경의 변화에 대하여 저항력이 강한 어종이다.
> ②·④ 은연어, 무지개송어는 연어과 어류로 해수 순치가 가능한 어종이다.

08 넙치 종묘 생산에 관한 설명으로 옳지 않은 것은?

① 자연에서 산란기는 5월경, 수온 11~17℃ 때이다.

② 산란용 친어는 고령어보다 3년 내지 4년어가 좋다.

③ 부화 자어는 30일 정도에서 오른쪽 눈이 왼쪽으로 옮겨간다.

④ 부화 자어의 먹이는 알테미아 부화유생, 로티퍼, 배합사료 순으로 공급한다.

> **해설**
> ④ 부화 자어의 먹이는 로티퍼, 알테미아 부화유생, 배합사료 순으로 공급한다.

09 일반적으로 국내에서 종묘생산 시 어소나 알받이를 사용하지 않는 어종은?

① 은 어

② 잉 어

③ 가물치

④ 무지개송어

> **해설**
> 무지개송어 종묘(종자) 생산 시 일반적으로 손으로 짜는 압착과 공기를 이용한 공기 채란법을 사용하여 채란하며, 채란된 난은 등조액으로 세척 후 정액을 짜서 인공수정한다.

10 자주복의 생태에 대한 설명으로 옳지 않은 것은?

① 알은 분리부성란이다.

② 봄에서 여름에 걸쳐 산란한다.

③ 산란장은 조류가 있는 연안의 모래질 바닥이다.

④ 알에는 작은 유구가 많이 모인 한 개의 큰 유구군이 있다.

> **해설**
> ① 알은 침성부착란이다.

11 0.15~1kg 정도의 방어를 사육할 때 적합한 가두리 그물코의 크기는?

① 7절
② 10절
③ 15절
④ 18절

해설

방어 종묘를 가두리에 수용할 때 성장함에 따라 차차 그물코의 크기가 큰 것으로 바꿔준다.

방어크기에 따른 망목의 크기

양식시간	어체중(g)	망목의 크기
체포직후	10 이하	무결절망, 랏셀망 (90~120경)
당년 양성 6월~7월 상순	13~14	18절
7월 상순~8월 상순	40~150	10절
8월 상순~12월 하순	150~1,150	7절
2년 양성 1월 상순~12월 하순	1,150~4,800	7절

12 잉어 양식에서 친어지와 겸용으로 사용할 수 있는 못은?

① 부화지
② 산란지
③ 월동지
④ 치어지

13 은어의 종묘 생산 시 로티퍼를 공급하는 기간은?

① 약 20일간
② 약 50일간
③ 약 70일간
④ 약 100일간

해설

기수산 로티퍼(클로렐라나 유지와 먹이면 생존율이 좋다)를 부화 후 1~2일부터 100일간 먹인다. 성장함에 따라 물벼룩, 노른자, 물벼룩 작은 것, 알테미아, 배합사료 등을 공급하다가 120~150일 후 0.5g이 되면서부터는 배합사료만을 공급한다.

14 넙치의 종묘 생산 중 채란에 관한 설명으로 옳지 않은 것은?

① 자연산 친어의 채란량은 어획 시 상태에 따라 달라진다.
② 광주기 및 수온의 인위적 조절에 의한 수정란 확보 기술개발의 확립은 연중 인공종묘 생산을 가능하게 하였다.
③ 산란기에 성숙한 친어가 산란하지 않을 경우, 배란과 성숙을 촉진시키는 호르몬제를 주사하여 1~2일간 완전성숙을 기다려 채란, 채정한다.
④ 양성 친어의 자연산란에 의한 방법은 수조에 친어를 수용하여 장기간 양성한 후에 자연산란을 시키는 방법으로 계획생산이 어렵다.

해설

넙치 자연산란에 의한 방법

수조 등에 친어를 수용하고 장기간 양성한 다음 자연산란을 유도하는 방법으로, 이 방법은 건강한 난을 확보하는 좋다. 장기간에 걸쳐 양성, 관리해야하는 어려움이 있으나 계획 종묘생산이 가능하여 널리 보급되어 있다.

15 초어와 백련의 가장 큰 차이점은?

① 식 성
② 크 기
③ 원산지
④ 산란습성

해설

초어와 백련의 가장 큰 차이는 식성으로, 백련은 식물성 플랑크톤을, 초어는 수초를 주로 섭식한다.

16 일반적인 어류 양식사업의 전체 운영경비 중에서 가장 큰 비중을 차지하는 것은?

① 사료비
② 인건비
③ 시설관리비
④ 종묘구입비

해설

일반적인 어류 양식사업의 전체 운영경비 중에서 가장 큰 비중을 차지하고 있는 것은 재료비이다. 즉, 직접 재료비인 시설비와 간접 재료비인 사료대가 양식 생산 비용의 대부분을 차지한다. 해조류 양식이나 수하식 패류 양식을 할 때는 자연의 생산력을 이용하므로 사료비가 불필요하다.

17 송어류의 양식을 위한 조건으로 옳은 것은?

① 부화적온은 15℃ 전후이다.
② 내수성 어류이므로 수온이 10℃ 이하에서 성장이 가장 좋다.
③ 송어의 알은 처음에는 환경변화에 강하지만 부화시기가 가까우면 약해진다.
④ 무지개송어 약 150~200g 되는 것은 해수에서도 정상 사육이 가능하다.

해설

① 부화적온은 10℃ 전후이다.
② 일반적으로 수온은 15℃ 전후에서 성장이 좋다.
③ 송어류의 알은 수정 후 진동, 충격 및 광선 등 자극에 매우 약하며 눈이 생길 때(발안기, 알을 운반하기에 가장 알맞은 시기)가 되면 저항력이 생기나 광선에는 주의가 요구된다.

18 살아 있는 수산동물을 적절한 시설 안에서 일시적으로 보관하는 일은?

① 축 양
② 배 양
③ 양 성
④ 종묘 생산

해설

축양의 개념 및 예

• 축양의 개념 : 살아 있는 수산 동물을 적절한 시설 안에서 일시적으로 보관하는 것
• 축양의 예
  – 양식용 종묘, 자원 조성용 종묘를 생산하여 운반 전 보관할 때
  – 활어 횟집과 낚시터에 큰 어류를 산 채로 공급할 때
  – 양식 또는 어업 생산물을 산 채로 최종소비지까지 운반 후 축양할 때
  – 다량으로 어획한 수산물을 가격이 낮은 시기에 보관하고자 할 때

19 방어의 성장에 알맞은 수온은?

① 7~8℃
② 13~14℃
③ 18~25℃
④ 31℃ 이상

20 채널메기의 사육 시 사료공급에 관한 설명으로 옳지 않은 것은?

① 치어는 방양 직후부터 먹이를 주어야 한다.
② 성어의 공급량은 1일에 몸무게의 약 10% 정도로 한다.
③ 여름철 너무 더운 때에는 몸무게의 1.5~2% 정도의 사료량이 적합하다.
④ 먹이는 아침·저녁으로 시원할 때에 주지만 봄과 가을의 서늘할 때는 저녁에만 준다.

해설

② 사료공급량은 1일에 몸무게의 3~6% 정도로 하는데, 성장에 따라 양을 줄인다.

21 우리나라에서 자연산 대하의 어미로서 채란할 수 있는 가장 빠른 시기는?

① 4월 경
② 6월 경
③ 8월 경
④ 10월 경

해설
우리나라 서해안의 산란군 대하는 3월 하순 북상회유를 시작하여 4월에 우리나라 서해연안으로 북상한다.

22 참가리비 양식 시 성장에 대한 설명으로 옳지 않은 것은?

① 양성 깊이는 표층과 저층보다는 중층이 알맞다.
② 큰 종묘가 작은 종묘에 비해 양성기간동안 성장이 빠르다.
③ 양성 시 적정수온 범위 내에서는 수온이 높은 곳일수록 성장이 빠르다.
④ 조용한 내만의 경우, 귀매달기 수하식에 비해 채롱 수하식으로 양성한 것이 성장에 좋다.

해설
조용한 내만인 경우에는 채롱 수하식에 비해 귀매달기 수하식으로 양성하면 참가리비의 성장이 현저하게 빠르다.

23 전복 육상 양성장의 적지조건으로 옳지 않은 것은?

① 수질의 변화가 적은 곳
② 담수의 영향이 적은 곳
③ 겨울철 수온이 5℃를 넘지 않는 곳
④ 저질이 모래나 암반으로 되어 있는 곳

해설
참전복의 먹이 섭취활동이나 성장은 온도와 밀접한 관계가 있다. 수온 7℃ 이하에서는 운동이 아주 둔하고 먹이를 거의 먹지 않는다.

24 이매패류의 유생시기에서 저서생활을 위해 발달하는 운동기관은?

① 발
② 면 반
③ 섬 모
④ 인 대

해설
② 면반(Velum) : 담륜자와 D형 유생에서 나타나는 섬모성 기관으로, 부유생활 시 유영 및 먹이섭취를 담당한다.
③ 섬모(Cilia) : 초기 유생단계에서 유영 및 여과에 사용되지만, 저서생활에는 적합하지 않다.
④ 인대(Ligament) : 패각의 개폐를 돕는 조직으로, 운동기관이 아니라 관절 역할을 한다.

25 전복의 이식을 위한 수송에 관한 설명으로 옳은 것은?

① 장거리 육상 수송은 주로 해수 중 수송을 한다.
② 환경변화에 약한 소형 개체는 이식용 종묘로 부적합하다.
③ 온도가 낮을수록 공중활력은 커서 생존기간이 길다.
④ 수온이 낮은 12월~1월이 수송에 가장 적합한 시기이다.

해설
① 장거리 육상 수송인 경우에는 공기 중에 노출시켜하는 것이 일반적이다.
② 이식용 종묘로서는 가능한 한 소형일수록 유리하고, 대형인 것은 성장률이 나쁠 뿐만 아니라 이식한 뒤 새로운 환경에 대해서도 적응력이 약하다.
④ 이식 시기는 3~5월경이 가장 적합한 시기이다.

26 대합의 자연채묘 시 주로 이용하는 방식은?

① 부등식 ② 말목식

③ 완류식 ④ 침설고정식

해설

부착력이 없는 바지락이나 대합 등은 부유생활기를 지난 다음 바닥에 침강할 때 거기에다 완류장치를 해주어 그들의 침강을 촉진시켜 채묘한다.

27 생식방법이 유생형에 속하는 것은?

① 강 굴 ② 참 굴

③ 넓적굴 ④ 버지니아굴

해설

• 유생형 : 벗굴, 넓적굴, 올림피아굴
• 난생형 : 참굴, 바윗굴, 강굴, 버지니아굴 등

28 천해의 생태구역 중 수산생물의 양식장으로 이용되는 곳에 관한 설명으로 옳은 것은?

① 양성장으로 이용되는 곳은 조간대, 상천해대, 중천해대 및 하천해대이다.

② 바닥양성장은 종류에 따라 조간대, 상천해대, 중천해대 중에서 선정된다.

③ 나뭇가지, 탱크, 못 및 조위망 양성장은 주로 조간대, 상천해대에서 선정된다.

④ 수하양성장은 조간대, 상천해대, 중천해대 중에서 선정된다.

해설

① 양성장으로 이용되는 곳은 조간대 및 천해대 상부이다.
③ 나뭇가지, 탱크, 못 및 조위망 양성장은 주로 조간대에 선정한다.
④ 수하양성장은 천해대 상부에서 선정된다.

29 전복초란 무엇인가?

① 성장이 가장 빠른 전복

② 번식용으로 사육하는 전복

③ 전복의 저서초기 먹이생물

④ 전복의 인공방류 양성시설

해설

전복초(礁 ; 암초 초)

30 대합의 치패 발생장은?

① 펄질이 많고 와류가 없는 조용한 지역

② 외해에 면한 수심이 깊고 고비중인 지역

③ 하구역 부근으로서, 대조 시 5~6시간 노출지역

④ 수심이 수 m 되는 곳에서부터 30여 m 되는 곳까지 수심이 깊은 지역

해설

대합류의 치패가 발생하는 곳은 하구의 삼각주 부근으로 모래질이 많고 대조시 5~6시간 노출되는 지반이 비교적 높은 곳이다.

31 진주양식에 있어서 세포패란?

① 수술을 끝낸 진주조개

② 수술하지 않은 대형 진주조개

③ 진주핵을 수확한 후의 대형조개

④ 수술용의 외투막 절편에 사용하는 진주조개

해설

세포는 외투막 절편을 말하며 여기에 사용하는 모패를 세포패라고 한다.

32 식물플랑크톤 배양에 대한 설명으로 옳은 것은?

① 일반적으로 배양온도는 18~22℃가 적합하다.

② 해수산 플랑크톤의 배양에는 SK배지를, 담수산 플랑크톤 배양에는 f/2 배지를 사용한다.

③ 배양 가능 온도범위 내에서는 온도가 높을수록 배양 속도가 느려진다.

④ 배양 중인 식물플랑크톤은 충격에 약하므로 용기가 흔들리지 않도록 해야 한다.

해설
② 플랑크톤 배양에는 주로 f/2, Conwy 배지 등이 사용된다.
③ 배양 가능 온도 범위 내에서 온도가 높을수록 배양 속도가 빨라진다.
④ 침강현상방지 및 CO_2 공급을 위해 주기적으로 흔들어 주거나 포기하여 혼합해 준다.

33 피조개 종묘 생산을 위한 유생용 먹이와 가장 거리가 먼 것은?

① *Isochrysis* sp.

② *Cyclotella nana*

③ *Brachionus plicatilis*

④ *Chaetoceros simplex*

해설
피조개는 소형 식물플랑크톤을 여과 섭식한다. ④는 동물플랑크톤으로 유생용 먹이로 적절하지 않다.

34 내만의 참굴 양성장에서 노화 방지를 위해 필요한 안정수면적은?(단, 실제 수하 수면적 대비 필요면적을 말한다)

① 5배   ② 10배

③ 20배   ④ 30배

35 양성 시 부착생활을 하는 양식생물에 속하지 않는 것은?

① 참 굴

② 진주담치

③ 진주조개

④ 참가리비

해설
참가리비는 일시부착성 패류로, 부착 후 2개월 정도가 지나 6~15mm 정도로 성장하면, 족사를 끊고 바닥에 가라앉아 저서생활을 하게 된다.

36 멍게(우렁쉥이)의 특성으로 옳지 않은 것은?

① 피 낭

② 자웅이체

③ 신티올(Cynthiol)

④ 올챙이형 유생(Tadpole Larva)

해설
② 우렁쉥이는 자웅동체이다.

37 다음 꼬막류 중 평균 방사늑수가 가장 적은 종은?

① 꼬 막

② 피조개

③ 새꼬막

④ 큰이랑피조개

해설
꼬막류의 방사늑수 및 수직 분포

구 분	최대각장크기	방사늑수	수직분포
꼬 막	4.11	17~18	조간대
새꼬막	7.24	30~34	조간대~10m
큰이랑피조개	11.40	36~41	수 m~30m
피조개	11.80	42~43	간조선, 수 m~50m

38 여과 섭식 동물이 아닌 것은?

① 소 라
② 참 굴
③ 피조개
④ 멍게(우렁쉥이)

해설
소라는 저서 생활로 들어가면 부착성 규조 및 해조류 등을 먹는다.

39 꽃게의 양성과정에서 공식현상의 원인과 방지대책으로 옳지 않은 것은?

① 탈피 직후에는 식해가 줄어든다.
② 사육밀도를 낮추고 먹이를 충분히 준다.
③ 저질 중에 쉽게 잠입할 수 있도록 저질관리를 해야 한다.
④ 양성조건이 나빠져 탈피를 못하고 폐사한 개체는 대부분 식해되는 경우가 많다.

해설
① 탈피 직후 식해되는 경우가 많다.

40 키조개의 바닥양성 시 종묘 방양 특징을 가장 올바르게 설명한 것은?

① 간석지에 균일하게 뿌린다.
② 석시법으로 바닥에 방양한다.
③ 정조시에 조시법으로 고르게 뿌린다.
④ 종묘를 모심기하는 것과 같이 심는다.

해설
키조개의 종묘 방양
3~5월경 각장 5~10cm(만 1년산), 10~20개체/㎡로 심은 종묘가 해수의 흐름과 평행하게 모심기 하듯 하나하나씩 심는다.

제3과목 해조류양식학

41 김 사상체의 생장단계를 올바르게 나열한 것은?

| A : 영양 생장기 |
| B : 각포자 방출기 |
| C : 각포자 형성기 |
| D : 각포자낭 증식기 |

① A-B-C-D
② A-C-B-D
③ A-C-D-B
④ A-D-C-B

42 톳과 지충이의 성숙시기에 관한 내용으로 옳은 것은?

① 두 종류가 같은 시기에 성숙한다.
② 톳이 1개월 정도 먼저 성숙한다.
③ 지충이가 1개월 정도 먼저 성숙한다.
④ 지충이가 2개월 정도 먼저 성숙한다.

해설
• 톳과 지충이의 성숙시기 : 톳과 지충이는 군락 형성에 서로 경쟁적인 관계에 있는 해조이다. 즉, 톳과 지충이는 거의 같은 수위에 무성하게 군락을 이루어 톳의 증식에 해를 끼친다.
• 지충이 제거
 – 시기 : 7~8월(톳 채취이후, 지충이는 톳보다 1개월 정도 늦게 성숙)
 – 방법 : 성숙기 전 톳의 서식처 및 인근에 있는 지충이까지 제거하여 포자의 방출, 침입을 막는다.

43 남방형 미역의 특징은?

① 엽각이 깊다.

② 줄기가 길다.

③ 포자엽의 주름수가 많다.

④ 포자엽과 영양엽이 붙어있다.

해설

남방형과 북방형 미역의 비교

구 분	남방형	북방형
엽장(전체장)	소 형	대 형
전체장에 대한 줄기의 길이	짧다.	길다.
성실엽 위치 (포자엽)	영양엽과 이어져 있다.	줄기의 밑부분에 떨어져 있다.
성실엽수	적다(2~4).	많다(6~20).
우상엽 상태	잎의 굴곡이 얕고, 그 수가 많음	잎의 굴곡이 깊고, 그 수가 적음
서식수심	얕다.	깊다.
분 포	남해안, 제주	동해안

44 미역 배우체의 성숙과 아포체 발아에 적합한 온도는?

① 9~12℃

② 13~16℃

③ 17~20℃

④ 21~24℃

해설

미역 양식에서 수온별 적온

• 배우체 발아 성장 적온 : 17~20℃
• 아포체 유엽의 성장 적온 : 15~17℃
• 중륵이 생긴 이후 : 12~13℃
• 성엽 : 5~10℃

45 2년 양식방법에 따른 다시마의 생장주기 곡선에서 성숙시기를 나타낸 기호는?

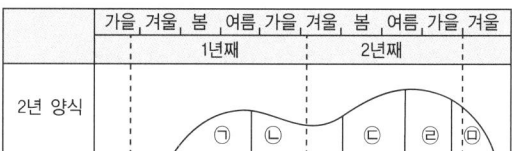

① ㄱ, ㄷ

② ㄱ, ㄹ

③ ㄴ, ㄹ

④ ㄷ, ㅁ

해설

다시마 양식방법과 그 생활사

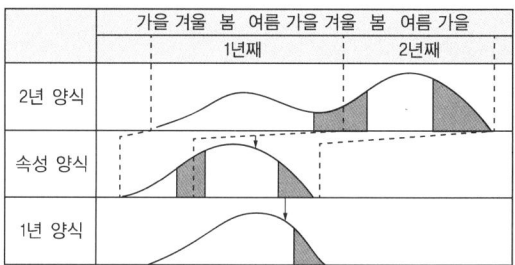

곡선은 다시마 생장주기, 색 부분은 성숙기, 화살표는 채취기를 나타낸다.

46 냉장발의 장점이 아닌 것은?

① 양식기간의 연장

② 2차아에 의한 번식

③ 해적생물의 구제

④ 초기의 김 갯병 피해 극복

해설

냉장발의 장점

• 초기 김 갯병의 피해 극복
• 양식기간의 연장
• 해적생물의 구제
• 생산력 증가

47 무기질 사상체가 조가비 사상체보다 채묘시기를 조절하기가 용이한 이유는?

① 배양조건이 단순하므로

② 배양기간을 단축할 수 있으므로

③ 환경조건의 변화에 더 민감하게 반응을 하므로

④ 배양용기가 작아서 환경 조절이 간단하므로

48 다시마의 생활사에 관한 설명으로 옳지 않은 것은?

① 아포체의 핵상은 n이다.

② 이형 세대교번을 한다.

③ 포자체는 무성세대이다.

④ 배우체는 유성세대이다.

해설
아포체의 핵상은 2n이다.

49 다시마의 유주자가 방출되는 부위는?

① 배우체

② 자성반

③ 조과기

④ 포자낭반

해설
9월 하순경 성숙한 다시마의 엽체면에 구름 모양 무늬의 자낭반이 형성되며 여기서 무성(無性)의 포자인 유주자가 방출된다.

50 청각의 채묘 시 대상 포자는?

① 접합자

② 수정란

③ 과포자

④ 유주자

해설
청각은 접합자(유성생식)와 분리수사(무성생식)에 의한 종묘생산 방법이 있다.

51 노성한 김의 엽장(葉長)이 짧아지고 엽폭(葉幅)이 넓어지는 이유는?

① 세포의 횡분열이 많으므로

② 세포의 종분열이 정지되므로

③ 엽체의 끝부분이 성숙하여 유실되므로

④ 파랑에 의하여 엽체의 끝부분이 잘 떨어져 나가므로

52 미역 포자엽을 음건(그늘말리기)한 후에 포자를 방출시키는 주 이유는?

① 유주자의 운동성을 높이기 위해

② 유주자의 착생율을 좋게 하기 위해

③ 자극에 의해 단속적으로 방출시키기 위해

④ 공기 중에 둠으로써 유주자를 축적되도록 하여 단시간에 대량 방출시키기 위해

해설
공기 중에서 유주자 주머니에 삼투압의 변화를 주어 일시에 많은 양의 유주자를 방출시키기 위해

53 김 양식장에서 간접적인 피해요인으로서 부영양화가 되면 일어나는 현상은?

① 과밀한 부착이 생긴다.

② 녹변병이나 적변병이 발생된다.

③ 김 및 파래의 성장이 저해된다.

④ 유해생물의 번식 촉진과 세균의 부착률이 높아진다.

54 다시마의 상품가치가 되는 주된 기준은?

① 엽 장

② 엽 목

③ 비대도

④ 엽체 폭

해설

비대도

다시마 엽체의 상품성 가치를 나타내는 척도로서 엽체의 중량에 대한 엽면적(엽장×엽폭)의 비를 말하며 단위는 mg/cm²이다. 다시마의 충실기 상태는 실용부분은 증대하나 엽장은 짧아진다.

55 미역의 가이식에 관한 설명으로 옳은 것은?

① 외해에서 17~18℃에 이르는 기간이 좋다.

② 대조 직후에 시작하여야 성장이 잘 된다.

③ 수온 23℃에서 크기는 1mm 이하의 유아가 좋다.

④ 내만에서는 20℃ 이하에서 시작하여 18℃ 전후에 한다.

해설

가이식 적기

• 수온 : 외양은 20℃에서 17~18℃로 떨어질 때, 내만은 20℃ 전후

• 아포체 크기 : 20℃에서 2mm 전후, 21℃에서 20℃로 떨어질 때 400~500μm

• 싹녹음 시기 : 외양수 침입, 적조 발생, 조석 간만의 차가 적을 시기(11월)

• 조석상 : 소조 직후에 가이식을 한 다음, 다음 소조까지 충분히 성장시킨다.

56 냉장발의 설치와 관리에 있어서 적절한 조치가 아닌 것은?

① 씨발은 밀봉한 채로 어장에 운반한다.

② 출고 후 3, 4시간 이내에 발을 설치한다.

③ 발을 겹쳐서 그대로 해수에 담가 불린 뒤 펼쳐서 설치한다.

④ 1월 중·하순(수온 10℃ 이하)에는 유아가 적게 붙어있는 씨발을 설치한다.

해설

냉장발의 설치와 관리에 있어서 적정한 조치

• 출고한 김냉장 씨발(종망)은 밀봉상태로 4시간 이내 운반하고 해수에 수용 후 설치한다.

• 출고 후 3~4시간이내에 발을 설치한다.

• 생장촉진을 위해서 무노출 상태로 설치한다(건조에 대한 저항력을 높이기 위해).

• 3~4cm 크기의 싹은 12월 이후(어장 생태회복) 1~2월에 설치하는 것이 좋다.

• 1월 중·하순의 저온기때는 야간노출에 주의한다.

• 3월이후 어기막에 냉장발을 사용해 어기를 연장한다.

57 자연상태에서 김 각포자의 방출이 가장 많은 조건은?

① 수온 20~22℃의 소조 시

② 수온 20~22℃의 대조 시

③ 수온 25~28℃의 소조 시

④ 수온 25~28℃의 대조 시

58 평균 기온을 웃도는 따뜻한 겨울이 계속될 때 유리한 김 양식장은?

① 북 향　　　　② 남 향
③ 서 향　　　　④ 동 향

해설
북향이 좋은 이유는 계절풍의 영향으로 물의 교체가 좋고 갯병이 적기 때문이다.

59 풀가사리의 직립체 발생 시기는?

① 1월 상순~3월 하순
② 3월 상순~5월 하순
③ 9월 상순~11월 하순
④ 11월 상순~1월 하순

해설
수온이 낮아지면 좌에서 직립체가 발생하며, 발생시기는 9월 상순~11월 하순이다.

60 조가비 사상체를 탈회법으로 검경할 때의 조작이 아닌 것은?

① 벗겨진 엷은 막을 검경한다.
② 조가비 표면의 불순물을 닦아낸다.
③ 조가비의 표면을 숫돌에 가볍게 문지른다.
④ 조가비를 페레니액에 10~20분간 넣어둔다.

해설
③ 조가비의 표면을 숫돌에 문지르는 방법은 연마법으로 검경할 때의 조작이다.

제4과목 양식장환경

61 가두리 양식장의 노화 방지책으로 가장 우선적인 것은?

① 저질 경운
② 휴식년제 도입
③ 먹이 과잉 공급 방지
④ 양식생물 수용량 조절

해설
양식장의 노화를 방지하기 위해서는 배설물이나 먹이 찌꺼기의 양이 자연정화(자정)능력을 벗어나지 않도록 하는 것이 중요하다.

62 다음의 광선 중 수중에 가장 먼저 흡수되는 파장대는?

① 녹 색　　　　② 적 색
③ 청 색　　　　④ 보라색

해설
광선은 수중에서 적색 계열(장파장)일수록 흡수가 빠르고, 청색 계열(단파장)일수록 느리고 깊숙이 투과한다.

63 순환여과식 어류양식 시설에서 대사노폐물의 생물화학적 분해가 주로 이루어지는 것은?

① 여과조　　　　② 사육조
③ 침전조　　　　④ 저수조

해설
여과조에서의 여과과정
물에 녹아있는 암모니아와 같은 대사노폐물이 *Nitrosomonas*에 의해 아질산염으로 분해되고, 아질산염이 *Nitrobacter*에 의해 질산염으로 분해된다.

64 일반적으로 BOD는 제1단계의 BOD를 취하며 일정 기간과 일정 수온에서 용존산소의 감량으로 표시할 때의 기간과 수온은?

① 15℃에서 5일간
② 20℃에서 5일간
③ 15℃에서 10일간
④ 20℃에서 10일간

해설
BOD : 수중에 있는 유기물이 호기성 미생물에 의해 분해될 때 소비되는 용존 산소량
• 1단계 : 탄소화합물이 산화 완료할 때까지
• 2단계 : 질소화합물이 산화 완료할 때까지
일반적으로 BOD는 제1단계를 말하며, 20℃에서 5일간 배양했을 때에 소비되는 용존산소량을 mg/L(ppm)로 나타낸다.

65 순환여과식에서 사육수의 NH_3를 측정하는 이유로 가장 적합한 것은?

① NH_3가 인체에 매우 해로우므로
② NH_3의 오염은 알칼리성을 의미하므로
③ NH_3는 분해가 완료된 안정한 화합물이므로
④ NH_3는 오염을 추정하는 중요한 지표이므로

해설
어류는 단백질 분해의 부산물인 암모니아(NH_3)의 대부분을 아가미를 통하여 직접 몸 밖으로 배출한다.

66 다음 중 무독성 적조에 의해 어류가 폐사하는 현상의 가장 주된 원인은?

① 세균의 발생
② 유기물의 증가
③ 질소화합물 증가
④ 산소와 헤모글로빈 결합 장해

해설
무독성 적조생물의 대량 번식 뒤 해저에서 가라앉은 사체들의 분해과정에서 산소를 소비하여 빈산소 상태가 된다.

67 경운(바닥갈이)의 목적이 아닌 것은?

① 환원상태인 저질의 산화를 촉진시킨다.
② 물의 유통이 잘 되게 하여 내만의 어류 양식장에 먹이생물을 공급한다.
③ 바닥이 딱딱해진 패류 양식장의 저질을 연하게 한다.
④ 김 양식장의 저질에서 영양염류의 용출을 촉진시킨다.

해설
바닥갈이의 목적
• 바닥이 딱딱해진 조개류 양식장의 저질을 연하게 한다.
• 환원 상태인 저질을 갈아 줌으로써 산화를 촉진시킨다.
• 김 양식장에서는 저질에 함유된 영양 염류의 용출을 촉진 시킨다.
• 각종 유해 생물을 제거한다.
• 굴이나 어류의 양식 시설의 바닥에 퇴적되어 있는 고농도의 유기질 해캄을 휘저어 산화 촉진과 확산을 도모한다.

68 다음 중 여과형식이 다른 것은?

① 살수식 여과조
② 침수식 여과조
③ 회전식 여과조
④ 활성오니 여과조

해설
여과조의 종류
• 생물막 여과조 : 살수 여과조, 침수 여과조, 회전식 생물여과조
• 현탁 생물여과조 : 활성오니 시스템, 유동층 여과조

69 순환여과조의 여과 능력이 부족하다고 판단될 때 수행할 수 있는 작업으로 가장 적합한 것은?

① 산소를 줄인다.
② 사육생물을 늘린다.
③ 사료 공급량을 증가시킨다.
④ 순환여과조에 여과재를 더 첨가한다.

해설
수중의 유해 용존 물질을 분해하는 세균(아질산균, 질산균)이 서식하도록 하는 장소로 이들 세균이 부착할 수 있는 재질(여과재)이 필요하다.

70 수중 산소를 소비하는 반응은?

① 질산염의 환원
② 대기에서의 산소 용해
③ 식물 플랑크톤의 광합성
④ 세균에 의한 유기물의 산화

해설
세균에 의한 유기물의 산화 과정에서 산소를 소비한다.

71 양식 어류의 고형 오물 배설량에 영향을 미치는 요인이 아닌 것은?

① 어체 성분
② 사료 공급량
③ 사료의 성분
④ 사료의 소화율

해설
어류의 고형 오물 배설량은 섭이한 먹이나 사료에 의해 결정된다.

72 염분도를 조사할 때 측정값에 영향을 미치는 요인이 아닌 것은?

① 비 중
② 온 도
③ 용존산소량
④ 전기전도도

해설
염분측정법
• 비중계를 이용한 측정 : 비중이 높을수록 많이 뜨고 비중이 낮으면 가라앉는 원리를 이용하여 측정하며, 비중은 수온에 따라 변화하므로 수온도 함께 측정하여 수온, 비중 대조표에서 염분을 환산한다.
• 전기전도도를 이용한 측정 : 해수 중에 녹아 있는 염분의 양이 많을수록 전기 전도율이 증가하는 원리를 이용한다.
• 굴절계를 이용한 측정 : 해수 중에 녹아 있는 염분의 양에 따라 빛의 굴절률이 변하는 원리를 이용한다.
• 은적정법에 의한 염소량 측정 : 질산은 적정법으로 염소량을 측정하여 전환 계수를 사용하여 염분도를 환산한다.

73 정수식(지수식) 양식의 특징이 아닌 것은?

① 생산량에 비하여 시설비나 면적이 적게 든다.

② 각종 담수 어류의 양성이나 종묘 생산에 이용된다.

③ 호소의 침수지대나 연안의 염분이 스며드는 저지대의 이용이 가능하다.

④ 호흡에 필요한 산소는 주로 공기 중의 산소가 물 표면을 통과하여 용해·공급된다.

해설

가장 오래된 양식방법으로 연못이나 육상에 둑을 쌓아 못을 만들어 양성하는 방법이다. 정수식 양식에서는 배설물 등의 정화가 자체 정화능력에만 의존하므로 좁은 면적에 물고기를 너무 많이 넣으면 산소가 부족해지고, 배설물이 정화되지 못하여 못 바닥과 수질이 오염되므로 기르는 밀도가 낮고 따라서 면적당 생산량이 낮다. 즉, 생산량에 비해 시설비나 면적이 크게 든다.

74 양식장 여과시설의 설명으로 올바른 것은?

① 여과층의 두께가 얇을 때에는 상대적으로 입자의 크기가 작은 여과재를 이용한다.

② 고압모래여과기는 수용하는 여과재가 적어 지수식에 비해 많은 여과 면적이 필요하다.

③ 모래여과조의 청소는 사육수가 흘러가는 같은 방향으로 수압을 높여서 세척한다.

④ 모래여과기는 여과재의 여과층이 두꺼울수록 여과층이 잘 막히지 않는다.

해설

② 지수식에 비해 적은 여과 면적이 필요하다.

③ 모래여과조의 청소는 사육수가 흘러가는 반대 방향으로 수압을 높여서 역세척한다.

④ 모래여과기는 여과재의 여과층이 두꺼울수록 여과층이 잘 막힌다.

75 다음 질산화과정의 각 반응에 관여하는 세균으로 옳은 것은?

| 암모니아 ────→ 아질산 ────→ 질산 |
| (ㄱ) (ㄴ) |

① ㄱ : *Nitrobacter*   ㄴ : *Nitrosomonas*

② ㄱ : *Nitrobacter*   ㄴ : *Pseudomonas*

③ ㄱ : *Nitrosomonas*   ㄴ : *Nitrobacter*

④ ㄱ : *Pseudomonas*   ㄴ : *Nitrosomonas*

76 틸라피아를 원형수조에서 양성할 때 탱크 내 오물을 잘 제거하고, 사육하는 어류의 적절한 운동을 제공하기 위한 유속으로 옳은 것은?

① 초당 0.5~1.0m

② 초당 3.5~5.0cm

③ 초당 7.5~10.0cm

④ 초당 20cm 이상

77 원심펌프를 사용 중인 양식장에서 필요한 소요 유량보다 유량이 적을 것으로 예측될 경우 대책은?

① 케이싱 링을 확인하고 필요시 교체한다.

② 유량이 더 큰 펌프로 교체하고 한 대를 더 설치하여 병렬운전을 고려한다.

③ 스트레이너, 풋밸브 등 흡입배관을 확인하고 이물질을 제거한다.

④ 양정계산을 다시 해 보고 필요시 배관을 더 큰 지름으로 교체한다.

78 해양에서 영양염의 과다한 공급으로 인한 부영양화(Eutrophication) 현상으로 발생되는 생물학적 변화와 가장 거리가 먼 것은?

① 식물플랑크톤의 출현량을 만성적으로 증가시킨다.
② 단시간 내의 폭발적인 식물플랑크톤 현존량의 증가현상을 촉발한다.
③ 해저면보다 상부층에서 자라는 해조류의 성장을 가속시킨다.
④ 생분해성 물질의 생물 농축으로 인한 지구적 증류(Global Distillation)를 강화한다.

해설
영양염은 식물플랑크톤 및 해조류 등의 광합성에 필수적인 요소이다.

79 다음 중 정수식 양어장에서 양식하는 경우 어류의 수용밀도와 관계가 가장 적은 것은?

① 수 온   ② 수 심
③ 어 종   ④ 사료 공급량

해설
정수식 양식에서는 대체로 물의 깊이와 관계없이 그 표면적에 비례하여 양식 생물의 수용밀도가 결정된다.

80 해수 중의 염분 함량을 나타내는 단위는?

① ppb   ② ppm
③ psu   ④ rpm

해설
염 분
바닷물 1kg에 녹아 있는 용존물질의 g질량의 비로 나타내며, 'psu' 또는 '‰'의 단위를 사용한다.

제5과목 수산질병학

81 담수어의 피부 흡충증에 관한 설명으로 옳지 않은 것은?

① 원인충은 1회에 25개의 알을 낳는다.
② 충체의 돌출부에는 점액선이 열려있다.
③ 원인충은 숙주를 떠나면 3~5일 만에 죽는다.
④ 이 질병은 어체의 연령과 크기에 관계없이 연중 발생한다.

82 해산 백점충이 담수산 백점충과 다른 점은?

① 분열에 의하여 번식한다.
② 대핵과 소핵을 가지고 있다.
③ 30℃의 높은 수온에서 잘 번식한다.
④ 분류상 원생동물의 섬모충류에 속한다.

해설
담수 백점충과 해산 백점충의 비교

구 분	담수 백점충	해산 백점충
번식적온	14~18℃(저온성)	25~30℃(고온성)
기생기간	7일	3일
수중에 이탈 후 감염 자충이 생기기까지 소요기간	1일(빠름)	7일(느림)
수중에서의 숙주 없이 생존기간	1~2일 내에 숙주에 부착하지 못하면 사멸됨	

83 전염성조혈기괴사증(IHN)의 특징적인 증상이 아닌 것은?

① 복부가 팽만된다.
② 몸 색깔이 변하지 않는다.
③ 실 모양의 점액변이 항문에 붙어있다.
④ 콩팥 전반에 걸쳐 점상 출혈이 나타난다.

해설
진행된 어류는 몸 색깔이 검어지고 근육과 지느러미기부에 출혈이 보이며, 실모양의 불투명한 점액변이 항문에 붙어 있다.

84 바이러스성 출혈성 패혈증에 관한 설명으로 옳은 것은?

① 국내산 넙치에도 발생하여 피해가 크다.
② 부화 후 1~2주 이내에 가장 피해가 크다.
③ 유럽의 대서양 연어 양식에 치명적인 피해를 입히고 있다.
④ 해산어에서 많이 발생하며, 최근에는 담수산 관상어에서도 발견된다.

[해설]
② 바이러스성 질병으로 자어나 친어에서 발병된 것을 볼 수 없고, 빈혈이 심하며 감염 후 1~2주 후에 증세가 나타난다.
③ 유럽의 무지개송어에서 유행된 바이러스병으로 피해가 크다.
④ 최근에는 해수어류 양식장에서도 발생되어 새로운 문제가 되고 있다.

85 *Photobacterium damselae* subsp. *piscicida*균에 의하여 발생되는 방어의 세균성 결절증의 증상으로 옳은 것은?

① 등뼈 내에 작은 결절이 생긴다.
② 근섬유 내에 작은 결절이 생긴다.
③ 신장, 간, 췌장에 작은 결절이 생긴다.
④ 피부와 지느러미에 작은 결절이 생긴다.

[해설]
• 감염어는 먹이를 먹지 않고 무리에서 이탈하여 밑바닥에 가라앉아 그대로 죽는다.
• 체색은 검어지고 비늘이 2~3장 박리되어 검게 보이는 것 외의 체표에는 아무런 증세가 보이지 않으나 비장과 신장에는 많은 수의 작은 흰점이 관찰된다.
• 신장, 간, 췌장, 장간막, 복막, 부레, 아가미 등에도 소수의 작은 흰점이 형성되기도 한다.

86 새우류의 병원성 바이러스 중 DNA 바이러스가 아닌 것은?

① WSSV
② IMNV
③ SEMBV
④ HHNBV

[해설]
새우류의 바이러스 질병

DNA 바이러스	RNA 바이러스
• IHHNV(전염성 필하조혈기 괴사증)	• REO(간췌장 레오상 바이러스)
• HPV(간췌장 파보유사 바이러스)	• BP(보리새우류 바큘로바이러스)
• LPV(Lymphoid Parvo-like Virus)	• MBV(홍다리얼룩새우 바큘로바이러스)
• BPV(Baculovirus Penaei type Virus)	• BMN(바큘로바이러스성 중장선 괴사병)
• MBV(Penaeus monodon type Baculoviruses)	• IMNV(Infectious Myonecrosis Virus)
• BMNV(Baculoviral Midgut gland Necrosis Virus)	• TSV(Taura Syndrome Virus)
• WSSV(흰반점바이러스), SEMBV, RV-PJ, HHNBV	• YHV(Yellow Head Virus)

87 세균의 세포소기관 중 그람염색성을 양성과 음성으로 나누는 기준이 되는 것은?

① 핵
② 편 모
③ 세포질
④ 세포벽

[해설]
세균은 그람염색에 의해 그람양성과 그람음성의 두 그룹으로 나뉜다. 이 염색상의 차이는 세포벽의 구조적 차이에 기인한다.

88 금붕어에 궤양병을 일으키는 주 병원균은?

① *Vibrio anguillarum*
② *Flexibacter maritimus*
③ *Aeromonas salmonicida*
④ *Pseudomonas anguilliseptica*

해설
① *Vibrio anguillarum* : 해수어인 넙치, 조피볼락, 방어, 돔류, 복어 등과 담수 및 해수 모두 서식이 가능한 뱀장어, 송어, 연어, 은어 등에서 발병한다.
② *Flexibacter maritimus* : 음성그램 장간균으로 호기성 세균이며 활주운동을 하며 참돔, 돌돔, 조피볼락, 넙치 등의 해수어에 발병한다.
④ *Pseudomonas anguilliseptica* : 뱀장어 적점병의 원인균으로 온몸의 표피에 바늘로 찌른 것 같은 점상 출혈이 뚜렷하게 나타남으로 붙여진 병명이다.

89 방어나 돔에 *Vibrio* 균이 감염되면 안구가 돌출하는 주 이유는?

① 안구 저변에 물이 고인다.
② 안구와 안구 저변에 혹이 생긴다.
③ 안구 내에 병원체가 생산한 가스가 고인다.
④ 안구와 안구 저변에 출혈성 염증이 생긴다.

90 2차적으로 감염되는 질병인 Saprolegnia병의 1차적 원인이 아닌 것은?

① 치어의 조기 방양
② 외부 기생충의 기생
③ 체표의 염증이나 외상
④ 어체의 쇠약과 수온 변화

해설
곰팡이성 질병의 분류
• 외부기생성진균 : 선별작업, 감염성질병, 기생충의 기생에 의한 피부의 상처, 과밀사육에 의한 스트레스 등에 의해 몸 표면에 이상이 생기면 2차적으로 병원체인 곰팡이가 기생하여 질병을 일으키는 경우이다.
• 내부기생성진균 : 창자의 상처나 먹이를 통해서 감염되며 내장곰팡이병(연어과 어류의 치어), 익티오포누스증(자연산 해수어류나 무지개송어에서 발병)이 있다.

91 양식 미역의 바늘구멍병 원인은?

① 히드라충류
② 세니마목 단각류
③ 비브리오속 세균
④ 하르팍티코이다목 요각류

해설
바늘구멍병 원인
하르팍티코이다(Harpacticoida)목에 속하는 저서성 요각류인 파라탈레스트리스(*Parathalestris*) 또는 아메노피아(*Amenophia*)가 기생하여 엽체를 먹어치우기 때문에 구멍이 생긴다.

92 균사에 의해 은어의 피부조직이 파괴되고 육아종을 형성하는 진균성 육아종의 원인생물은?

① *Ichthyophonus hoferi*

② *Candida salmonicola*

③ *Saprolegnia parasitica*

④ *Aphanomyces piscicida*

해설

① *Ichthyophonus hoferi* : 담수어류인 무지개송어, 해수어류인 방어 등에 감염되어 피해를 입히며, 그 병원체는 어류의 여러 장기와 근육에 기생한다.

② *Candida salmonicola* : 송어류에 어종, 크기 및 계절에 관계없이 발병하는 만성적 질병으로 병어는 먹이 섭취가 불량하여 죽게 된다.

③ *Saprolegnia parasitica* : 연어과 어류 체표나 난에 감염되어 발병한다.

93 양어장의 금붕어를 감염시켜 비늘이 서고 안구를 돌출시키며 복강에 물 같은 액체가 고여 팽만하는 증상을 일으키는 세균은?

① *Vibrio* sp.

② *Aeromonas* sp.

③ *Edwardsiella* sp.

④ *Pseudomonas* sp.

해설

담수어류 솔방울병

*Aeromonas hydrophila*에 감염된 담수어류는 복수가 많이 차고 비늘주머니에 체액이 고이게 되어 온몸의 비늘이 일어나 솔방울병이라 부르기도 한다. 또한 몸 표면 여러 곳에 출혈이 일어나 출혈반점이 나타나고 눈이 튀어나오기도 한다. 내부증상으로는 창자의 출혈이 현저하게 나타난다.

94 잉어의 허피스바이러스병이 가장 잘 발생하는 수온은?

① 15℃ 이하   ② 22~27℃

③ 27~30℃   ④ 30℃ 이상

해설

16~25℃에서 폐사가 발생하지만 주로 22~24℃에서 심하게 나타나며, 15℃ 이하 26℃ 이상의 수온에서는 폐사가 나타나지 않는다.

95 김 사상체에 병해 징조가 나타났을 때 영양제 첨가로 쉽게 치유되는 병은?

① 닭 살   ② 적변병

③ 녹변병   ④ 황반병

해설

• 적변병 : 고수온, 조도급변 시 발생한다.

• 녹변병 : 광선과 온도의 불균형에서 오는 영양염 부족과 생리장애로 전염성은 없다.

• 황반병 : 호염성 세균에 의하여 발병하며 전염성이 강하다.

96 양식장에서 유결절종(Pseudotuberculosis)이 주로 발생 및 유행하는 수온은?

① 15~18℃   ② 20~25℃

③ 26~30℃   ④ 30~33℃

해설

수온 20~25℃인 여름철에 강우량이 많아서 염분농도가 낮을 때 주로 유행하는 질병이다.

97 신장과 간, 비장에 백점 및 백색 결절의 병소를 형성하는 질병이 아닌 것은?

① Streptococcosis

② Ichthyophonosis

③ Pseudotuberculosis

④ Bacterial Kidney Disease(BKD)

해설

연쇄구균병

스트랩토코쿠스 속에 속하는 여러 가지 균(*Streptococcus* sp.)균에 의한 감염증이다. 체색흑화, 안구출혈 및 돌출, 아가미뚜껑 내출혈, 복수에 의한 복부충만 등이 있으며, 해부 시 유문수·간·비장·신장·창자 등 출혈이 관찰된다.

98 양어용 초기사료에 필수지방산인 EPA가 부족할 때, 등뼈가 휘어지는 증상을 나타내는 어류는?

① 넙 치   ② 방 어

③ 참 돔   ④ 조피볼락

해설

필수지방산의 결핍증상

• EPA 결핍

  – 참돔(자어, 치어), 농어의 EPA 결핍 : 등뼈굽음

  – 보리새우(어미)의 EPA 결핍 : 난소 발달 저해

• DHA 결핍

  – 참돔(자어, 치어)의 DHA 결핍 : 수증

  – 넙치(자어, 치어)의 DHA 결핍 : 백화, 활력저하

  – 넙치(자어, 치어, 성어)의 DHA 결핍 : 스트레스 내성 저하

  – 보리새우(어미)의 DHA 결핍 : 난소 발달 저하

  – 새우류의 DHA 결핍 : 스트레스 내성 저하

99 세균성 질병의 예방법에 관한 설명으로 옳은 것은?

① 고밀도로 단기간 사육해서 상품화한다.

② 수온변화를 피하기 위하여 순환여과식으로 사육한다.

③ 구입한 고기를 약욕시킨 후, 기존의 어류와 혼합 양성시킨다.

④ 모든 기구와 사육수조를 소독하고 구입한 고기도 약욕시킨다.

100 어류의 기생충 중 다음과 같은 발육과정을 거치는 것은?

Coracidium → Procercoid → 성 충

① 구두충

② 사상충

③ 부레선충

④ 흡두조충

해설

흡두조충

성충이 산란한 알은 수중에서 육구 유충(Coracidium)으로 부화되며, 이를 제1중간 숙주가 먹으면 체내에서 프로서코이드(Procercoid) 유충이 된다. 제1중간 숙주가 제2중간 숙주인 어류에게 먹혀 감염된다. 유충은 숙주조식으로 싸여져 프레로서코이드(Plerocercoid) 유충이 된다. 종숙주인 대형 어류 등이 감염된 어류를 포식하면 종숙주의 소화관 내에서 성충으로 자라게 된다.

제1과목 어류양식

01 다음 중 유수식 양식의 장점이 아닌 것은?

① 생산어의 포획이 쉽다.
② 단위면적당 생산이 높다.
③ 사육수의 소요가 타 양식에 비해 적다.
④ 사육면적이 소단위로 되어 관리하기 쉽다.

해설
유수식 양식의 적지는 수량이 풍부하고 유수가 가능하여 사육수조 안으로 계속해서 물을 흘려줄 수 있는 곳으로 사육수의 소요가 타 양식에 비해 많다.

02 사료계수에 대한 설명으로 가장 옳지 않은 것은?

① 사료계수가 높을수록 양식 비용이 적게 든다.
② 양식동물의 무게를 1단위 증가시키는 데 필요한 사료의 무게 단위이다.
③ 사료계수는 건조 사료 기준인지 습중량 기준인지 명확해야 한다.
④ 현재 시판되는 완전 균형 사료로 어류를 사육 시에 1.5 전후의 사료계수를 나타낸다.

해설
① 사료계수가 낮을수록 양식 비용이 적게 든다.

03 뱀장어 양식에서 양중물이란 몇 g의 뱀장어를 의미하는가?

① 10g 미만
② 10~30g
③ 40~50g
④ 60~70g

해설
실뱀장어 10~30g 되는 양성용 종묘를 양중물이라고 하는데, 흔히 양어장에서 이 시기부터 배합사료를 이용하여 성어까지 양성하게 된다.

04 양어사료에서 지용성 비타민이 아닌 것은?

① 비타민 A
② 비타민 C
③ 비타민 E
④ 비타민 K

해설
② 비타민 C는 수용성 비타민이다.
지용성 비타민 : A, D, E, K

05 대부분 양식산 해산어류의 초기 부화 자어가 최초로 섭취하는 먹이생물은?

① 물벼룩(Daphnia)
② 클로렐라(Chlorella)
③ 아르테미아(Artemia)
④ 로티퍼(Rotifer)

해설
자어 초기의 먹이로는 요각류(코페포다 등)가 적합하지만, 대량으로 확보하기가 힘들기 때문에 대량 배양이 용이한 로티퍼를 먹이로 사용한다.

06 무지개송어 부화조의 수온이 12℃일 때, 알의 발안기와 부화에 소요되는 일수로 적합한 것은?

① 13일, 약 24일

② 14일, 약 29일

③ 17일, 약 30일

④ 19일, 약 36일

> **해설**
> 수온에 따른 무지개송어 알의 발안기까지 소요일수

수 온	6℃	7℃	8℃	9℃	10℃	11℃	12℃	13℃
일 수	30	25	21	18	16	14	13	12

> 수온에 따른 무지개송어 알의 부화 소요 일수

수 온	1.66℃	4.4℃	7.2℃	10.2℃	12.8℃	15.6℃
일 수	–	80	48	31	24	19

07 틸라피아에 대한 생태적 습성으로 옳지 않은 것은?

① 주로 잡식성이다.

② 번식력이 아주 강하다.

③ 수컷이 암컷보다 빨리 자란다.

④ 환경의 변화에 대한 저항성이 강하다.

> **해설**
> ① 틸라피아는 초식성이다

08 지질에 관한 설명으로 옳지 않은 것은?

① 사료 내의 지질은 가용 에너지 함량이 높기 때문에 중요한 에너지 자원이다.

② 지질은 에테르, 클로로폼 등의 유기용매에는 잘 녹지 않는다.

③ 어류의 필수지방산과 지용성 비타민의 공급원이 되기도 한다.

④ 체내에서 지용성 비타민의 흡수, 체조직과 세포막 구성 등의 역할을 한다.

> **해설**
> ② 지질은 에테르, 클로로폼 등의 유기용매에는 잘 녹는다.

09 미꾸리의 종묘생산에 대한 설명으로 옳지 않은 것은?

① 뇌하수체 호르몬 주사에 의한 인공채란법에 의한다.

② 5월부터 8월 사이에 주로 산란한다.

③ 암컷은 가슴지느러미가 길고 끝이 날카로운 모양이다.

④ 성숙란의 색은 황색이며 반투명하다.

> **해설**
> 가슴지느러미가 길고 끝이 날카로우면 수컷, 둥글면 암컷이다.
> 미꾸리 암수 구분

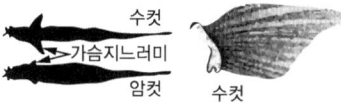

수컷 특징	암컷 특징
몸은 비교적 작다.	몸은 비교적 큰 편이다.
체형은 원추형 같은 방추형이다.	체형은 원통형 같은 방추형이며 복부가 발달하였다.
가슴지느러미는 비교적 크며 끝단이 방 빗자루형으로 되어 있다.	지느러미는 일반적으로 작고 특히 가슴지느러미가 작은데 전단이 둥글다.
등지느러미의 말단 양측에 육질이 툭 튀어나온 살점이 보인다.	등지느러미의 말단에는 튀어나온 살점이 없다.
산란기에도 복부가 비대하지 않고 민숭하다.	산란기에 있어서는 복부가 현저하게 비대하여 동그스름하다.
거동이 활발하게 헤엄치며 도망가는 데도 동작이 극히 활발하다.	거동은 수컷에 비하여 다소 느린 편에 도피 동작도 활발하지 못하다.

10 다음 중 주로 절개법으로 채란하는 어종은?

① 잉 어 ② 넙 치

③ 연 어 ④ 조피볼락

> **해설**
> 절개채란법(개복법)
> • 어미의 배를 갈라 알을 받는 방법이다.
> • 보통 어미가 산란한 다음 죽는 물고기(연어, 송어 등)는 대부분 이 방법으로 채란한다.

11 다음 양식시설 중 방어 양식과 가장 거리가 먼 것은?

① 축제식
② 지수식
③ 가두리식
④ 그물차단식

해설
지수식 양식
물이 흐르지 않고 고여 있는 상태에서 증발이나 누수에 의한 수량 감소분만 보충수로 공급하는 양식방법으로 잉어, 미꾸라지, 메기, 가물치, 뱀장어 등 온수성 어류의 양식에 적합하다.

12 넙치의 학명(Scientific Name)으로 올바른 것은?

① *Cyprinus carpio*
② *Anguilla japonica*
③ *Paralichthys olivaceus*
④ *Pagrus major*

해설
① 잉어, ② 뱀장어, ④ 참돔

13 넙치 알의 특성이 옳은 것은?

① 분리부성란
② 응집성 부성란
③ 분리침성란
④ 부착성 침성란

해설
어란의 특성
• 침성부착란 : 잉어, 금붕어, 은어
• 분리부성란 : 초어, 참돔, 넙치, 농어
• 분리침성란 : 산천어, 무지개송어, 연어

14 잉어의 산란용 친어관리로 적합하지 않은 것은?

① 산란용 친어는 3~4월경에 암수를 분리한다.
② 산란용 친어의 먹이는 단백질과 지방이 적은 것이 좋다.
③ 암컷은 산란기가 가까워지면 가슴지느러미 가장자리의 큰 줄기에 거친 돌기가 나타난다.
④ 산란용 친어를 분리 수용할 때 건강상태를 관찰하여 수용하는 것이 좋다.

해설
산란기가 가까워오면 암컷은 배가 불러오고 몸 표면이 부드러워지면 수컷은 단단하고 몸 표면이 거칠어진다. 특히, 수컷의 가슴지느러미 가장자리에 있는 큰 줄기에는 거친 돌기가 나타난다.

15 어류의 축양에 대한 설명 중 틀린 것은?

① 축양은 생존율을 높이는 데 그 목적이 있다.
② 축양은 살아 있는 수산동물을 적절한 시설 안에서 일시적으로 보관하는 일이다.
③ 가두리에서 축양할 수 있는 동물은 잉어, 송어, 메기, 은어, 방어, 돔 등이 있다.
④ 다량의 어류를 넣어 1~2일 이상의 축양을 위해서는 에어레이션 장치와 오물제거를 위한 장치가 필요하다.

해설
축양은 성장이 목적이 아니라 살아있는 수확물을 일시적으로 보관하는 일로, 안전하고 건강하게 원래 상태로 유지시키는 일이 필요하다.

16 다음 중 조피볼락을 이용하여 종묘생산을 할 때 출산자어의 최초 수용밀도로 가장 적당한 것은?

① m³당 1,000~2,000마리
② m³당 3,000~4,500마리
③ m³당 5,000~7,500마리
④ m³당 8,000~10,000마리

해설

조피볼락 사육밀도

(단위 : 마리/m³)

출산 후 처음	전 장		
	1cm	2cm	3cm
5,000~7,500	4,000	2,300	2,000

17 생물 운반 시 냉각마취운반법이 많이 쓰이는 어류는?

① 연 어
② 넙 치
③ 뱀장어
④ 무지개송어

해설

냉각마취운반
뱀장어의 경우 운반 전에 4℃의 물로 냉각마취하고, 피부호흡을 할 수 있도록 습도를 유지한 후에 그물바닥으로 된 플라스틱 발포제의 방온용기에 넣어 운반한다.

18 다음 중 양식생물 관리의 기본요건이 아닌 것은?

① 알맞은 환경 조성
② 충분한 먹이 공급
③ 질병과 해적으로부터 보호
④ 경제성 있는 대상종 선택

해설

알맞은 환경, 충분한 먹이공급, 질병과 해적으로부터 보호를 양식생물 관리의 3대 기본 요건이라 한다.

19 참돔에 대한 설명 중 틀린 것은?

① 참돔의 수정란은 지름이 0.8~1.2mm 정도 되는 분리부성란이다.
② 종묘사육장은 겨울 수온이 10℃ 이하로 내려가는 곳은 피하는 것이 좋다.
③ 부화 후 30~40일을 전후하여 성장이 빠른 숙성어가 나타나면서 공식현상이 일어나기 시작한다.
④ 2차 성징의 경우 암컷은 검은빛이 강하고 머리가 각진 형태이고, 수컷은 붉은빛이 강하고 머리가 둥글다.

해설

산란기에 성숙한 암컷은 두부가 둥글고 몸 색깔이 붉은색으로 짙어지며, 성숙한 수컷은 두부가 날카롭고 몸 색깔은 검은색을 띠어 암수구분이 가능하다.

20 실뱀장어 사육에 대한 설명으로 가장 옳지 않은 것은?

① 저수온에 매우 약하므로 외부 온도가 낮을 때 공기 노출에 주의한다.
② 실뱀장어는 삼투압 조절 기능이 강하므로 직접 담수에 수용한다.
③ 원지의 수온은 하루에 4~5℃ 정도 올려 4~5일 후에는 25~28℃ 정도 되도록 한다.
④ 실지렁이를 먹이로 사용할 경우 에드워드 병원균을 옮길 수 있으므로 주의한다.

해설

실뱀장어는 삼투압 조절 기능이 약하므로 직접 담수에 수용하기보다 소금이나 해수를 넣어 염분이 7psu 정도 되도록 하는 것이 안전하다.

21 가리비 인공종자생산에 대한 설명으로 옳지 않은 것은?

① 참가리비의 산란 임계온도는 8℃ 정도이다.

② D형 유생은 물리적인 충격에 약하므로 지수상태로 관리하며 부착 이후 먹이를 공급한다.

③ 부착 시기 가까이 되면 흑색인 안점이 아가미 원기의 뒤쪽에 나타난다.

④ 부착치패는 각장 3cm 정도가 되면 종자로서 알맞기 때문에 이때까지 수하시켜 관리한다.

해설
D형 유생기는 물리적인 충격에 강해지므로, 곧 물을 교환 후 먹이를 준다.

22 다음 중 생활사가 바르게 나열된 것은?

① 해삼 : 아우리쿨라리아 → 돌리올라리아 → 새끼 해삼

② 진주조개 : 벨리저 → D형 유생 → 성숙유생 → 치패

③ 꽃게 : 조에아 → 미시스 → 메갈로파 → 치게

④ 보리새우 : 조에아 → 노플리우스 → 미시스 → 치하

해설
② 진주조개 : D상 유생 → 각정기 유생 → 완숙한 유생 → 치패
③ 꽃게 : 노플리우스 → 조에아 → 메갈로파 → 치게
④ 보리새우 : 노플리우스 → 조에아 → 미시스 → 포스트라바

23 먹이생물 배양의 주요 조건이 아닌 것은?

① 조 도 ② 배양액

③ 온 도 ④ 엽록소

해설
식물성 먹이생물 배양조건
• 성장에 필요한 영양염의 공급
• 적절한 조도
• 적절한 온도의 유지
• 가스교환과 영양염의 고른 이용
• 플랑크톤의 균일한 분포를 위한 교반장치

24 채묘기의 설치 수심이 가장 깊어야 하는 종은?

① 진주담치 ② 새꼬막

③ 진주조개 ④ 피조개

해설
피조개 유생은 저층에 많고, 표층 가까이 가면 급격히 적어진다.

25 식물체에서 볼 수 있는 셀룰로스(투니신)를 함유하는 종은?

① 해 삼 ② 해파리

③ 우렁쉥이 ④ 피조개

해설
우렁쉥이
피낭은 식물체에서 볼 수 있는 셀룰로스와 비슷한 동물성 셀룰로스(투니신)를 함유하며, 뿌리와 같은 것으로 부착생활을 하는 특수한 동물이다.

26 문어 양성 수조에 종묘를 추가 방양하고자 할 때 옳은 방법은?

① 기존의 개체보다 큰 개체를 넣는다.

② 기존의 개체수보다 많은 개체수를 넣는다.

③ 기존의 개체수와 크기에 관계없이 넣는다.

④ 기존의 개체를 새로운 사육수조에 함께 넣는다.

해설
세력권이 형성된 곳에서 새로운 종묘를 넣으면 새 종묘의 크기가 다소 크더라도 먹이를 제대로 먹지 못하고 죽는다. 따라서 새로운 종묘를 추가 방양 시 먼저 있던 종묘를 잡아내어 함께 다시 방양한다.

27 해삼 양식에서 투석의 역할로 알맞지 않은 것은?

① 산란장 제공

② 원활한 조류소통 제공

③ 풍부한 먹이 제공

④ 여름잠 장소 제공

해설
투석은 해삼의 생활이나 번식을 하기에 알맞은 곳을 만들어 주고, 먹이를 풍부하게 하며, 여름잠 장소가 될 뿐만 아니라 산란장을 만드는 효과도 있다.

28 0.02g에 이른 새우 종묘를 1,000m²에 m²당 50마리씩 방양하여 1일 먹이공급률을 300%로 한다면 4일간의 총공급량은?

① 6kg　　　　② 18kg

③ 12kg　　　　④ 4kg

해설
1,000m² × 50마리 × 0.02g × 3 × 4일 = 12,000g = 12kg

29 진주담치의 수정란 이후 발생 과정으로 옳은 것은?

① D상 유생 → 각정기 유생 → 부착기 유생 → 담륜자

② 각정기 유생 → 부착기 유생 → 담륜자 → D상 유생

③ 담륜자 → D상 유생 → 각정기 유생 → 부착기 유생

④ 부착기 유생 → 담륜자 → D상 유생 → 각정기 유생

해설
진주담치는 봄에 주로 산란하고 수정란은 1일이 지나면 담륜자, 수정 후 2일이면 D상 유생, 이후 각정기, 부착기 유생으로 된다.

30 다음 중 교미 후 암컷의 체내에 정자를 보관하고 있는 종은?

① 성 게　　　　② 소 라

③ 문 어　　　　④ 보리새우

해설
보리새우의 암컷은 수컷으로부터 정협을 받아 이것을 저정낭에 저장한다.

31 해산무척추동물 인공종묘생산 시 조개류 부유유생 사육에 가장 많이 사용되는 방법은?

① 유수식　　　　② 지수식

③ 반유수식　　　　④ 순환여과식

해설
일반적으로 조개류 부유유생기는 환경저항능력(충격 및 기타 환경 변화)이 낮기 때문에 지수식으로 사육 후 환경 저항력이 생기면 환수 및 유수 관리한다.

32 부유기간에 먹이생물이 필요 없는 종류는?

① 참 굴 　　　　② 바지락
③ 가리맛 　　　　④ 전 복

해설
전복의 부유유생은 부유기간에는 먹이를 먹지 않으나, 3~4일 지나면 저서생활로 들어가기 시작하면서 먹이를 먹게 되므로 미리 먹이배양 파판을 준비해야 한다.

33 패류의 채묘 방법 중 잘못 짝지어진 것은?

① 대합 – 침설 고정식 채묘
② 피조개 – 침설 수하식 채묘
③ 바지락 – 완류식 채묘
④ 참굴 – 고정식 채묘

해설
① 대합 : 완류식 채묘

34 부화 직전의 꽃게 외란의 색으로 가장 적절한 것은?

① 황 색 　　　　② 검은색
③ 암 색 　　　　④ 황백색

해설
산란 초기의 알은 황백색 → 황색 → 발안 후 어두운색 → 부화 직전에는 검은색

35 우리나라에서 일반적으로 비단련 종굴을 양성시설에 수하하는 시기는?

① 5~6월 　　　　② 7~8월
③ 9~10월 　　　　④ 11~12월

해설
전기 채묘기(6월경)에는 비단련 종굴에서의 산란이 이루어지고, 후기 채묘기(8~9월)에는 단련 종굴에서 산란이 이루어진다. 전기 채묘한 치패는 2~3주일이 지나면 단련시키지 않고 곧 양성장으로 옮겨서 양성용 종자로 사용한다.

36 수온과 해삼의 관계를 가장 올바르게 설명한 것은?

① 수온과 소화관의 발달은 관계없다.
② 수온이 낮아지면 해삼의 재생력은 감소한다.
③ 수온이 낮아지면 해삼의 소화관은 발달한다.
④ 수온이 높아지면 해삼의 먹이 섭취율은 증가한다.

해설
수온이 19℃ 이하로 내려가면 해삼의 소화관은 활동기가 되고 10℃ 이하이거나 연간 최저수온기가 되면 소화관이 최대로 발달한다. 해삼의 하면 임계수온은 19℃로 큰 개체일수록 더 낮은 수온에서 하면에 들어간다.

37 다음 중 호흡공의 수가 가장 많은 전복류는?

① 까막전복 　　　　② 말전복
③ 오분자기 　　　　④ 참전복

해설
오분자기는 크기가 작고, 호흡공의 수가 6~9개로 6개 이하인 다른 종과 쉽게 식별된다.

38 다음 중 간석지에서 조위망을 시설한 다음 그 안에 종자를 방양하여 양성하는 패류로 옳은 것은?

① 대 합 　　　　② 전 복
③ 피조개 　　　　④ 바지락

> **해설**
> 대합류의 이동습성과 관계된 관리방법
> • 내만에 방양한다.
> • 조위망 등으로 조위시설을 한다.
> • 깊은 곳으로 이동한 대합을 양성장에 다시 골고루 뿌려 준다.

39 다음 굴 중 생식방법이 다른 것은?

① *Crassostrea gigas*
② *Ostrea denselamellosa*
③ *Crassostrea virginica*
④ *Crassostrea angulata*

> **해설**
> ①·③·④는 난생형이고, ②는 유생형이다.
> • 유생형 : 벗굴, 넓적굴, 올림피아굴
> • 난생형 : 참굴, 바윗굴, 강굴, 버지니아굴 등

40 (가)와 (나)에 들어갈 온도로 옳은 것은?

> • 참전복의 성장이 가능한 생활 기초수온은 (가)이다.
> • 참전복의 생식소가 완숙 상태로 되는 적산수온은 (나)이다.

	(가)	(나)
①	5.8℃	1,300℃
②	7.6℃	1,300℃
③	5.8℃	1,500℃
④	7.6℃	1,500℃

> **해설**
> 참전복의 기초수온은 7.6℃이고, 완숙기 적산수온은 1,500℃ 정도이다.

제3과목 해조류양식

41 다음 중 갈조식물에 주로 많이 함유된 유용 물질로 옳은 것은?

① 한 천 　　　　② 알긴산
③ 피코빌린 　　　④ 카라기난

> **해설**
> ①·③·④ 한천, 피코빌린, 카라기난 : 홍조류

42 톳 수하식 양식에서 어미줄에 감아주는 가는 연사에 붙어 있는 것은?

① 모조의 줄기를 절단한 것
② 수정란에서 배양된 유아
③ 포복지가 붙어 있는 모조
④ 포복지에서 나온 새싹을 끊어서 꽂은 것

> **해설**
> 톳의 수하식 양식에서 어미줄에 끼우는 재료는 포복지가 붙어있는 줄기를 끼운다.

43 김 양식장에서 발생하는 갯병 중 생리적 갯병이 아닌 것은?

① 싹갯병 　　　　② 붉은갯병
③ 암종병 　　　　④ 흰갯병

> **해설**
> 김의 갯병 종류
> • 기생성 갯병 : 붉은갯병, 호상균, 사상세균부착증, 녹반병, 구멍갯병
> • 생리적 갯병 : 흰갯병, 의사흰갯병, 싹갯병, 암종병, 쪼그랑병

44 미역의 좋은 포자엽 조건에 해당하지 않는 것은?

① 가장자리 색이 연한 것
② 성숙도가 좋은 것
③ 포자엽이 크고 두꺼운 것
④ 부드러우며 점액이 많은 것

해설
미역의 좋은 포자엽 고르기
포자엽은 충분히 성장하여 크고 두꺼운 것을 골라야 한다. 대체로 성숙도가 좋은 것은 광택이 있는 다갈색이나 흑갈색으로, 가장자리가 색깔이 짙고 부드러우며 점액이 많다.

45 김 양식에 있어 실내 채묘의 장점에 해당되는 것은?

① 해황에 영향을 많이 받는다.
② 각포자의 부착밀도를 조절할 수 있다.
③ 조가비 사상체의 성숙 정도에 관계없이 채묘할 수 있다.
④ 각포자의 방출 시간 조절이 어렵다.

해설
실내 채묘는 작업이 간편하고, 어장의 조건에 구애 받지 않으며, 각포자의 부착 밀도를 조절하기 쉽다.

46 김발에 나타나는 다음 해적생물들 중 건조에 약한 것은?

① 따개비   ② 매생이
③ 파래류   ④ 돌말류

해설
파래 구제법 : 파래는 건조에 약하므로 바람이 있고, 습기가 적은 날 건조처리를 통해 구제한다.

47 우뭇가사리 양식에 대한 설명으로 옳지 않은 것은?

① 포자가 집중적으로 방출하는 시기에 투석하며, 대개 5~8월이 적당하지만 모자반류의 밀집된 군락이 소실되고 난 후에 너무 늦지 않은 것이 좋다.
② 투석수심은 대부분의 경우에 지역마다 큰 군락을 이루는 우뭇가사리 서식수역이 있으므로 이곳 수심을 인근 지역의 기준으로 하면 안전하다.
③ 우뭇가사리는 착생기질을 잘 가리기 때문에 반드시 표면이 거칠지 않은 것이 좋다.
④ 자연적으로 조장이 형성되어 있는 곳과 연계되어야 하고 부착된 생육 상황을 확인하여 연차적으로 투석하는 것이 좋다.

해설
③ 우뭇가사리의 착생은 표면이 거친 것이 좋다.

48 냉장 김발에 대한 설명으로 옳지 않은 것은?

① 생김 상태로 냉동하면 세포 조직이 파괴 될 수 있다.
② 수분함량이 20~40% 되도록 건조하여 냉동한다.
③ 냉동은 될 수 있는 대로 높은 온도에서 시간이 짧을수록 세포의 손상이 적다.
④ 냉동과정을 거친 후 $-25\,°C \sim -15\,°C$의 냉장 상태로 보관한다.

해설
③ 냉동은 최대한 낮은 온도에서 시간이 짧을수록 세포의 손상이 적다.

49 미역의 채묘를 위한 예비작업에 해당하는 사항은?

① 음건처리

② 저온처리

③ 담수처리

④ 고염분 처리

> **해설**
> 포자엽을 음건처리하여 공기 중에서 유주자낭에 삼투압의 변화를 주어 일시에 많은 양의 유주자를 방출시킬 수 있다.

50 다음 해조류 중 생활사가 다른 것은?

① 감태   ② 미역

③ 다시마   ④ 모자반

> **해설**
> 모자반은 해조류 중 형태적으로 가장 발달된 무리이면서 세대교번을 하지 않는다.

51 바다숲을 구성하는 대형 해조류는?

① 구멍갈파래

② 모자반

③ 김

④ 우뭇가사리

> **해설**
> 모자반과 같은 대형 갈조 군락은 해중림을 조성하여, 어류와 패류 등 유용 수산동물자원의 서식처와 산란장으로 이용됨으로써 해양 생태계 유지에 매우 중요한 기능을 담당하고 있다.

52 미역의 유주자 방출에 대한 설명으로 적합하지 않은 것은?

① 줄기 양 가장자리에 주름이 생겨 포자엽이 되며 유주자의 주머니가 된다.

② 봄철에 14℃ 이상 될 때 방출이 시작된다.

③ 유주자의 방출은 27℃일 때까지 계속된다.

④ 유주자의 방출은 17~22℃일 때 왕성하다.

> **해설**
> 유주자는 봄철에 수온이 오르기 시작하여 14℃가 될 때부터 방출이 시작되어, 미역이 없어지는 22℃가 될 때까지 계속된다.

53 해수 유동이 김에 미치는 영향으로 가장 옳지 않은 것은?

① 영양염 및 이산화탄소의 공급

② 배출된 대사 노폐물의 제거

③ 활발한 대사 작용의 유지

④ 광합성률의 감소

> **해설**
> 해수의 유동(조류, 파랑)이 김의 생육에 미치는 영향
> • 김의 활발한 대사작용의 유지
> • 영양염 및 이산화탄소 공급
> • 김 주위에 배출된 대사 노폐물의 제거
> • 미세한 부니의 부착 방지

54 미역 배우체의 생장적온은?

① 17~20℃
② 20~30℃
③ 23~25℃
④ 25~27℃

해설
미역양식에서 수온별 적온
• 배우체 발아 생장적온 : 17~20℃
• 아포체 유엽의 생장적온 : 15~17℃
• 중록이 생긴 이후 : 12~13℃
• 성엽 : 5~10℃

55 재생력을 이용하여 양식할 수 있는 해조류는?

① 김
② 우뭇가사리
③ 다시마
④ 홑파래

해설
우뭇가사리의 번식
• 과포자, 사분포자에 의한 번식
• 포복지 재생력에 의한 영양 번식에 의한 증식
※ 포복지에 의한 번식종 : 곰피, 우뭇가사리류, 톳, 옥덩굴류

56 다시마를 어미줄에 착생시키는 밀도는 수확 시 m당 몇 개체를 기준으로 하는가?

① 10개체 미만
② 10~20개체
③ 25~50개체
④ 50~100개체

해설
다시마를 어미줄에 착생시키는 밀도는 수확 시의 1m당 25~50개체를 기준으로 한다.

57 다시마의 어미줄 설치 깊이 및 장소에 대한 설명으로 옳지 않은 것은?

① 8월에는 수면 아래 약 1m 깊이에 설치한다.
② 어미줄 설치 장소는 수심이 5~10m가 좋다.
③ 저질이 사니질로 닻의 고정력이 충분히 있는 곳이 좋다.
④ 미역보다 생장력이 좋으므로, 영양 염류가 풍부한 곳을 택한다.

해설
어미줄을 설치하는 깊이는 3월까지는 수면 아래 약 1m, 4~5월에는 약 1.5m, 6~7월에는 2~2.5m, 8월에는 3~3.5m로 한다.

58 김 양식장의 가치를 판단하는 COD 수치의 기준은?

① 3~4ppm
② 10~20ppm
③ 20~30ppm
④ 30~40ppm

해설
김 양성장은 COD가 3ppm 이하인 곳이 적당하다.

59 김 뜬발 양식에 대한 설명으로 가장 옳지 않은 것은?

① 광합성 조건을 최대로 만들어 성장을 촉진시키는 양식방법이다.

② 최근에는 건전한 생육과 품질을 향상시키기 위해 생육기에 2시간 정도 노출시킨다.

③ 중성포자에 의한 2차 싹의 착생이 활발하게 일어난다.

④ 김발의 생산력이 저하되면 대체 냉장발로 교체함을 전제로 한다.

해설
뜬발 양식은 무노출 상태로 양식하기 때문에, 중성포자에 의한 2차 싹의 착생이 거의 없다.

60 미역 수확 시 수온이 15℃ 이하인 기간이 길고 종묘가 드물 경우에 적합한 수확 방법?

① 솎음 수확

② 일제 수확

③ 개재 수확

④ 잎자르기 수확

해설
미역의 생장 특성을 이용한 수확
• 일제 수확 : 수온이 비교적 높아 15℃ 이하가 되는 시간이 짧은 곳에서 종묘가 드물 경우 또는 밀식이 되었더라도 대부분의 미역이 충분히 자랐을 때 일제히 채취한다.
• 솎음수확 : 수온이 15℃ 이하인 기간이 긴 곳에서 밀식된 미역은 일찍 자란 것부터 수확한다.
• 잎자르기 수확 : 수온이 15℃ 이하인 기간이 길고 종묘가 드물 경우에는 미역의 길이가 5~10cm 정도 남도록 줄기에서 생장대 윗부분만 수확한다.

제4과목 **수산생물**

61 아가미호흡과 함께 보조적 수단으로 창자호흡을 하는 종류는?

① 뱀장어　　② 가물치

③ 미꾸라지　　④ 망둑어

해설
미꾸라지 : 아가미호흡(공기호흡)을 하나 충분하지 않을 때는 창자 호흡을 한다.

62 다음 중 일생 동안 부유생활을 하는 것은?

① 이족류　　② 유페류

③ 완족류　　④ 이새류

해설
성체로 부유생활을 하는 대표적인 종류로는 익족류와 이족류가 있다.

63 생물을 분류하는 데 있어서 기본 단위는?

① 문(門)　　② 종(種)

③ 목(目)　　④ 강(綱)

해설
생물 분류의 기본단위는 종으로, 생물은 다음과 같이 분류한다.
종 – 속 – 과 – 목 – 강 – 문 - 계

64 동물플랑크톤에 대한 설명이 아닌 것은?

① 식물플랑크톤보다 크고, 대개 1mm 이상으로 육안으로 볼 수 있다.

② 갑각류, 원생동물, 모악동물, 윤충류 등이 있다.

③ 주로 밤에는 깊은 층으로 낮에는 표층으로 이동하는 수직이동을 한다.

④ 식물플랑크톤을 먹고 사는 1차 소비자이다.

해설
③ 밤에는 바다 표면 가까이에 올라오고, 낮에는 일정 수심에 내려간다.

65 참김의 수정 후 생활사는?

① 과포자 – 사상체 – 중성포자 – 각포자 – 배우체

② 과포자 – 사상체 – 각포자 – 중성포자 – 배우체

③ 각포자 – 사상체 – 과포자 – 중성포자 – 배우체

④ 각포자 – 과포자 – 사상체 – 중성포자 – 배우체

해설
김의 생활사

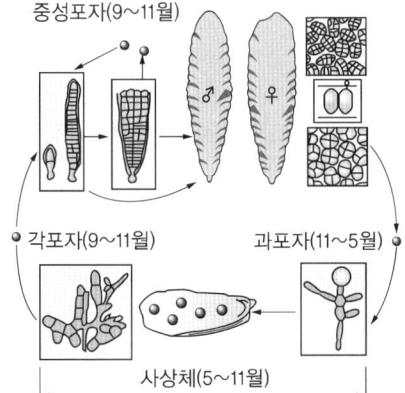

66 외양의 특색을 가장 잘 나타낸 것은?

① 서식하는 생물의 종류가 매우 다양하다.

② 염분 및 투명도의 변화폭이 매우 크다.

③ 무기영양염류가 풍부하여 수산업상 매우 중요하다.

④ 생산력이 일반적으로 낮다.

해설
외양역은 육지로부터 멀리 떨어져 있어서 연안보다 염분농도나 투명도가 높고 일정하다. 그러나 일반적으로 영양염이 적어서 기초 생산력이 낮다.

67 모악동물(화살벌레)의 설명으로 옳지 않은 것은?

① 턱 주변의 강한 털로 먹이를 잡는다.

② 몸은 머리, 몸통, 꼬리의 세 부분으로 나뉘어 있다.

③ 해양환경을 파악하는 지표생물로 이용되기도 한다.

④ 대부분이 담수산이며, 담수산 동물플랑크톤에서 중요하다.

해설
④ 모두 해산이며, 요각류 다음으로 양이 많다.

68 재연성 변태를 볼 수 있는 어종으로 옳은 것은?

① 넙 치   ② 다랑어

③ 뱀장어   ④ 보리멸

해설
재연성 변태란 자치어기 때 조상의 형태를 나타낸 후 성어의 형태로 변하는 것으로 넙치, 가자미, 학꽁치 등이 있다.

69 한천의 원료가 되는 해조류는?

① 청 각   ② 비단풀
③ 진두발   ④ 우뭇가사리

해설
한천의 원료가 되는 홍조류에는 우뭇가사리와 꼬시래기 등이 있다.

70 다음 중 연안역의 특징에 해당되지 않는 것은?

① 대부분 유광층에 속한다.
② 수온과 염분의 변화가 심하다.
③ 협염성 생물과 협온성 생물이 많다.
④ 플랑크톤이 풍부하여 주요 어장이 많다.

해설
연안역은 외양역에 비하여 광염성 생물과 광온성 생물이 많다.

71 생물학적 최소형(Biological Minimum Size)을 결정하는 가장 중요한 요건은?

① 어장에의 가입
② 색채의 구비
③ 생식능력의 구비
④ 종 특징의 완성

해설
생물학적 최소형(Biological Minimum Size)
생물학적으로 재생산을 할 수 있는 초기 연령(Age at First Reproduction) 또는 몸의 크기를 뜻한다(성 성숙 최소 크기라고도 함).

72 산호초(Coral Reef)의 형성과 관련이 없는 것은?

① 평균 해수온이 20℃ 이상
② 북위 30°~남위 30°
③ 주산셀라(Zooxanthellae)
④ 용승류(Upwelling)

해설
④ 용승류는 저층의 풍부한 영양염류를 공급하여 좋은 어장을 형성하는 데 기여한다.
산호초(Coral Reef)
열대나 아열대의 얕은 바다에 형성된 주로 조초산호의 유해가 모여서 생긴 석회질의 암초 또는 섬을 말한다. 조초산호는 적도를 중심으로 북위 30°에서 남위 30°에 한정되어 분포하며 수온이 적어도 20℃ 이상인 바다에서 생육한다. 수심 50m 미만에서 자라며, 20m 미만의 맑은 해수역에서 잘 발달한다. 산호 개체 하나하나의 내부에는 엄청난 숫자의 미세한 단세포 조류(식물플랑크톤–주산셀라)들이 서식하고 있다.

73 다음 중 어류의 회유조사를 위한 표지방법이 아닌 것은?

① 체부분 표지법   ② 착색법
③ 표지 부착법   ④ CPUE 법

해설
• 표식방법 : 체부분 절단법, 착색법, 표지 표식법, 유전적 표지법
• CPUE(Catch Per Unit Effort) : 단위노력당 어획량으로 자원량 지수로 사용

74 다음 중 해조류의 수평분포를 결정하는 주요 환경 요소는?

① 광 선   ② 염 분
③ 수 온   ④ 수 심

해설
해조류의 수평분포를 결정하는 주요 요인은 수온이다. 특히, 수온이 최저인 시기의 평균수온 등온선과 관계가 있다.

75 기수역(汽水域)의 염분농도 범위는?

① 0.5‰ 이하   ② 0.5~25‰

③ 25~40‰   ④ 40‰ 이상

해설
염분농도(psu, ‰)
• 해수 : 25~40psu
• 기수 : 0.5~25psu
• 담수 : 0.5psu 이하

76 생태계 구성요소 중에서 분해자는?

① 박테리아   ② 식물플랑크톤

③ 동물플랑크톤   ④ 미세조류

해설
생태계
• 비생물적 요소
• 생물적 요소
 – 분해자 : 생산자와 소비자의 사체와 배설물을 무기물로 분해하
  여 무기환경으로 되돌려 보내는 작용
  예 세균, 곰팡이, 버섯, 박테리아
 – 생산자 : 광합성을 하여 유기물을 생산하는 독립영양생물
  예 식물성 플랑크톤, 녹색식물
 – 소비자 : 식물이나 다른 동물을 먹이로 하는 종속영양생물
  예 동물

77 호흡수(=수폐)라는 특유의 호흡기관을 가지는 것은?

① 전복류   ② 성게류

③ 해삼류   ④ 불가사리류

해설
극피동물 중 성게·불가사리류에는 수관계, 해삼류에는 수폐(호흡수)라는 복잡한 관상 구조가 있어서, 물속에서 능률적인 가스 교환에 도움이 된다.

78 상어 등의 연골어류에서 볼 수 있는 비늘은?

① 굳비늘   ② 빗비늘

③ 둥근비늘   ④ 방패비늘

해설
방패비늘은 연골어류만이 가지는 특유한 비늘이다.

79 오징어류가 유영생물로 분류되는 이유는?

① 번식력   ② 운동력

③ 생산력   ④ 적응력

해설
유영동물은 유영력을 가진 동물 집단으로 해양의 흐름이나 파도 등에 영향을 받지 않고 자신의 운동기관을 이용하여 자유롭게 유영하는 동물을 말한다. 오징어류는 외투강 속으로 물을 끌어들인 후, 이 물을 누두를 통해 분사하여 재빨리 이동할 수 있다.

80 남조류에 속하며 수화(물꽃)를 형성하는 주요 종으로, 양만장에서는 물 만들기를 위하여 이용되기도 하는 식물플랑크톤은?

① 클로렐라

② 코시노디스쿠스

③ 마이크로시스티스

④ 스켈레토네마

해설
마이크로시스티스 속(*Microcystis* sp.)은 수화현상을 일으키는 대표적인 남조류이다.
①은 녹조류, ②·④는 규조류이다.

81 해수의 투명도를 측정하는 데 이용하는 기구는?

① 난센병
② 세키디스크
③ 바라스 샘플러
④ 포렐시약

해설
투명도는 물, 특히 육수나 해수의 투명한 정도를 나타내는 값으로 세키판(Secchi Disc)이라고 하는 투명도판으로 측정한다.

82 암모니아성 질소(NH_3-N)의 황갈색 발색제(發色濟)는?

① Nessler 시약
② Indophenol 용액
③ EDTA 용액
④ O-tolidine 용액

해설
네슬러 시약
요드화제2수은칼륨(K_2HgI_4)의 강알칼리성 용액으로, 미량의 암모니아에 의해서도 황색 또는 황갈색으로 착색되므로 암모니아의 검출시약으로 사용된다.

83 전기전도도를 이용하여 염분을 측정할 때 측정치에 가장 크게 영향을 미치는 요소는?

① 투명도
② pH
③ 수 온
④ 색 도

해설
전기전도도는 온도차에 의한 영향이 크다.

84 호수에 관한 설명으로 가장 옳지 않은 것은?

① 가을에 순환이 일어난다.
② 여름철에는 성층현상을 나타낸다.
③ 호수에 조류가 대량 번식하면 용존산소 농도가 높아져 수질이 좋아진다.
④ 성층을 이룰 때 수심에 따른 물의 수온구배와 DO 농도구배는 같은 모양이다.

해설
조류가 대량 번식하면 물의 표면을 덮어 햇빛을 차단하고, 죽은 조류의 분해로 인해 산소소비량이 급속히 늘어난다. 그 결과 산소 부족으로 인해 수중생물이 대량으로 폐사하거나 강바닥에서 황화수소가스가 발생하여 물이 썩는 부영양화현상이 일어난다.

85 시료수의 운반과 보존 중 특히 5℃ 이하의 냉암소에 보존하여야 하는 분석 대상 항목은?

① DO
② BOD
③ COD
④ pH

해설
BOD는 시료 채취 즉시 시험하여야 하며, 즉시 시험이 불가할 경우에는 0~10℃ 냉암소에 보존하여 가능한 한 신속히 시험하여야 한다.

86 CaCO₃mg/L의 단위를 쓰는 것은?

① 경 도
② 황산염
③ 칼 륨
④ 증발잔류물

해설
경 도
물의 세기 정도, 물속에 용존하고 있는 이산화칼슘, 이산화망가니즈, 이산화철 등의 2가 양이온 금속이온의 함량을 이에 대응하는 CaCO₃mg/L으로 환산표시한 값

87 양어장에서 pH와 용존산소는 어떤 관계가 있는가?

① 용존산소가 증가하면 pH도 증가한다.
② 용존산소가 감소하면 pH는 증가한다.
③ 용존산소가 증가하면 pH는 감소한다.
④ pH와 용존산소는 일정한 관계가 없다.

해설
노지 양식장의 경우 조류가 번성하면 pH 변화가 생긴다. 낮에는 광합성 작용에 의하여 CO₂를 소비하고, O₂를 제공하므로 pH가 증가하고 용존산소도 증가한다. 야간에는 식물성플랑크톤의 호흡작용에 의하여 CO₂를 제공하고, O₂를 소비하므로 pH는 감소하고 용존산소도 감소한다.

88 시료 20mL를 사용하여 어떤 성분을 정량한 결과 28μg이 함유되어 있었다. 이 성분의 ppm 농도는?(단, 시료비중은 1로 본다)

① 2.8ppm
② 28ppm
③ 1.4ppm
④ 14ppm

해설
1ppm은 1μg/mL(= 1mg/L)

$$\therefore \text{ppm} = \frac{\text{물질의 질량}}{\text{시료의 질량}} = \frac{28}{20} = 1.4\text{ppm}$$

89 거품분리기에 대한 설명으로 옳지 않은 것은?

① 단백질과 고분자량 물질을 제거한다.
② 파이프, 여과조, 펌프 등의 막힘 현상이 감소된다.
③ 유기산 제거를 통해 pH를 안정화한다.
④ 고형물질을 효과적으로 제거한다.

해설
거품분리법은 폐쇄형 칼럼(Columm)에서 상승하는 공기방울 표면에 용존유기물을 제거하는 방법이다.

90 영양염류에 대한 설명으로 가장 옳지 않은 것은?

① 열대에 적고, 온대 · 한대에 많다.
② 여름철에 적고, 겨울철에 많다.
③ 강의 하류에 많고, 상류에 적다.
④ 표층에 많고, 수심이 깊어질수록 적다.

해설
④ 표층에 적고, 수심이 깊어질수록 많다.

91 양식 어류의 질병을 진단하는 데 안구돌출은 몇 가지 병의 중요한 증상이 된다. 어떤 병이 이와 같은 증상을 나타내는가?

① 백점병
② 비브리오병
③ 수생균병
④ 아가미 흡충증

해설
① 백점병 : 섬모충이 어류의 몸 표면이나 아가미에 기생하면 하얀 점처럼 보이기 때문에 백점병이라 한다.
③ 수생균병 : 외관적으로 아가미나 몸 표면에 균사체(곰팡이 덩어리)가 솜털모양으로 나타난다.
④ 아가미 흡충증 : 아가미조직이 과형성되어 아가미 새엽 사이가 유착되며, 심하면 조직이 괴사된다.

92 참돔에 *Microcotyle* sp. 가 감염되었을 때 병어에서 관찰되는 가장 뚜렷한 증상은?

① 체색의 흑화
② 회전 유영
③ 체표의 궤양형성
④ 아가미의 색깔이 창백해짐

해설

Microcotyle sp. : 흡혈성 아가미 흡충으로, 감염 시 아가미 색깔이 창백해지고, 식욕이 떨어져 사료를 잘 먹지 않는다.

93 지름이 10m이고 사육수의 수심이 1m인 원형수조에 수용된 어류를 옥시테트라사이클린 200ppm으로 약욕할 때 필요한 약품의 살포량은?

① 5.0kg
② 15.7kg
③ 20.0kg
④ 52.8kg

해설

- 약품의 살포량(g) = 수량(t) × 약품농도(ppm)
- 원형수조의 수량 = 원의 넓이 × 수심
  = 5 × 5 × 3.14 × 1 = 78.5톤
- ∴ 약품의 살포량 = 78.5 × 200 = 15,700g = 15.7kg

94 다음 (가)에 들어갈 말로 옳은 것은?

> 연어, 송어류에 장기간 (가)을 투여하면 간에 글리코겐이 과잉 축적되어 글리코겐 과다증이 나타난다.

① 탄수화물
② 비타민
③ 단백질
④ 지 방

해설

글리코겐 과다증 : 탄수화물의 장기간 투여에 의해 간에 글리코겐이 축적되어 간이 퇴색되고 폐사율이 증가된다.

95 뱀장어의 외부 기생충으로서, 강으로 올라온 실뱀장어 때부터 감염된다고 알려진 것은?

① 편모충
② 섬모충
③ 연충류
④ 믹시듐충

해설

뱀장어의 아가미, 피부 및 신장 등에 기생하여 발병하며 실뱀장어가 담수로 올라오는 시기에 감염되는 것으로 추정된다.

96 체표가 울퉁불퉁한 뱀장어를 가끔 볼 수 있는 이러한 병어는 상품가치의 저하와 성장장해를 가져온다. 원인은 무엇인가?

① 피부 흡충인 Gyrodactylus의 기생
② 포자충 Myxobolus의 근육 내 포자낭 형성
③ 포자충 Heterosporis의 근육 내 기생
④ 구두충 Acanthocephalus의 장내 기생에 의한 복부 팽만

해설

요철병
- 병원체 : 헤테로스포리스(*Heterosporis anguillarum*)
- 증 상
  - 1~2년생 뱀장어의 근육 내에 기생하여 근육을 연속적으로 융해시켜 등쪽의 근육이 여위어지는 현상이 나타남
  - 감염된 기생충의 포자형성이 끝나면 시스트가 붕괴되면서 포자가 숙주의 근육조직 내에 확산되고 시스트 내의 단백질 분해효소에 의하여 근육조직이 융해됨
- 감염어종 : 뱀장어

97 넙치의 랍도바이러스병 예방책으로 가장 적당한 것은?

① 포르말린 처리
② 식염수 처리
③ 15℃ 이상 가온 처리
④ 담수 처리

해설
수온을 15℃ 이상으로 상승시키면 바이러스의 병원성이 떨어져 폐사율이 감소된다.

98 무지개송어의 비브리오병 증세가 아닌 것은?

① 표면의 융기된 환부가 형성되며, 부풀어올라 부스럼 같이 된다.
② 근육에 궤양이 형성되며, 체표의 큰 팽윤환부를 볼 수 있다.
③ 간장과 생식소에 점상출혈이 나타난다.
④ 근육환부는 초기에는 단지근육 내 출혈만 보인다.

해설
①은 부스럼병의 증상이다.

99 Vibrio병에 관한 설명 중 틀린 것은?

① 뱀장어, 송어, 은어에만 발병된다.
② 장관에 염증이 일어난다.
③ 수온 10℃ 이하인 때는 발병률이 낮다.
④ 발병어는 성별, 크기와 관계없이 연중 발생된다.

해설
비브리오(Vibrio)병은 어류 및 패류에서 발병하며 거의 모든 해수 어류가 감수성이 있는 것으로 보인다.

100 새우 아가미병의 발병에 원인균으로 작용하는 푸사리움에 의해 나타나는 아가미 체색의 변화로 옳은 것은?

① 유백색   ② 노란색
③ 검은색   ④ 붉은색

해설
푸사리움증의 진단
아가미를 관찰하여 흑색증상이 있으면 그 부위를, 현미경으로 검경하여 아가미의 내부에 격벽을 가지는 가는 균사의 존재를 확인한다.

※ 기사의 경우 2023년부터 CBT(컴퓨터 기반 시험)로 진행되어 수험자의 기억에 의해 문제를 복원하였습니다. 실제 시행문제와 일부 상이할 수 있음을 알려드립니다.

제1과목 **어류양식학**

01 방어 양식에서 생사료 공급 시 주의사항으로 옳지 않은 것은?

① 멸치는 단독사료로 장기간 공급하지 않는다.

② 하루에 2~3회 먹이를 공급하는 것이 성장에 좋다.

③ 냉동시킨 생선은 해동시키지 않고 바로 초퍼에 갈아서 공급한다.

④ 방어는 탐식성이어서 표층과 바닥에서 모두 먹이를 잘 먹으므로 여유 있게 공급한다.

> **해설**
> 방어는 표층에서 먹이를 받아먹으며 바닥에 떨어지는 먹이를 먹지 않는다. 따라서 먹이가 수심 1m 정도 내려갈 동안에 모두 받아먹도록 양을 조절해 주어야 한다.

02 양어사료에 섞인 지방의 산화방지제로 주로 사용하는 것은?

① 비타민 E   ② 비타민 B

③ 비타민 C   ④ 비타민 K

> **해설**
> 산화방지제
> 비타민 E(γ-토코페롤), BHA, BHT, 레시틴 등

03 1일 적정공급량의 먹이를 소량씩 여러 번에 나누어서 공급해 주어야 하는 어류로 가장 적합한 것은?

① 잉 어   ② 뱀장어

③ 무지개송어   ④ 방 어

> **해설**
> 잉어의 경우 위가 없는 특성 때문에 하루 여러 번 지속적으로 공급되어야 최적의 성장이 이루어진다.

04 식물성 먹이생물을 배양하기 위하여 고려되는 3가지 측면 중 기술적 측면에 속하지 않는 것은?

① 먹이생물의 단일종 분리 및 순수 배양

② 배지의 영양강화

③ 용기의 선택과 세척

④ 멸균과 교반

> **해설**
> 식물성 먹이생물을 배양하기 위하여 고려되는 3가지 측면
> • 기술적인 측면 : 배양용기의 선택, 세척, 단일종으로 분리, 순수배양, 배지제작, 멸균교반 등에 관한 내용
> • 화학적인 측면 : 영양요구, 배지의 영양강화 등에 관한 사항
> • 물리적 측면 : 배양 시의 빛, 온도, 염분 등에 관한 환경요인

1 ④ 2 ① 3 ① 4 ②   **정답**

05 살아 있는 수산동물을 적절한 시설 안에서 일시적으로 보관하는 일은?

① 축 양 ② 배 양
③ 양 성 ④ 종자생산

> **해설**
> 축양의 개념 및 예
> • 축양의 개념 : 살아 있는 수산 동물을 적절한 시설 안에서 일시적으로 보관하는 것
> • 축양의 예
> – 양식용 종묘, 자원 조성용 종묘를 생산하여 운반 전 보관할 때
> – 활어 횟집과 낚시터에 큰 어류를 산 채로 공급할 때
> – 양식 또는 어업 생산물을 산 채로 최종소비지까지 운반 후 축양할 때
> – 다량으로 어획한 수산물을 가격이 낮은 시기에 보관하고자 할 때

06 먹이생물이 갖추어야 할 조건이 아닌 것은?

① 적정한 크기 및 모양을 갖추어야 한다.
② 빠른 운동성을 가져야 한다.
③ 대량 배양이 용이해야 한다.
④ 영양 성분이 확보되어야 한다.

> **해설**
> 먹이생물의 조건
> • 증양식 대상 생물이 먹는 생물일 것
> • 증양식 대상 생물의 구경(입의 크기)에 알맞은 크기일 것
> • 운동력이 너무 빠르지 않아 자치어가 포식하기에 알맞을 것
> • 저렴한 경비로 대량 배양이 용이할 것
> • 대상생물의 정상적인 성장이 가능하도록 영양적인 면에서 가치가 있을 것
> • 섭이 후 소화, 흡수가 용이할 것
> • 비병원성 생물이어야 할 것
> • 언제든지 필요한 때에 사용 가능하도록 계속적인 안정배양이 가능할 것

07 실뱀장어 소상에 대한 설명으로 가장 거리가 먼 것은?

① 조금 때 많이 올라오고 사리 때는 거의 올라오지 않는다.
② 하천 수온이 8~10℃가 되는 2~4월에 많이 올라온다.
③ 밀물 때 많이 올라오고 썰물 때는 감소한다.
④ 일출 시보다 일몰 시에 많이 소상한다.

> **해설**
> ① 사리 때 많이 올라오고 조금 때는 거의 올라오지 않는다.

08 무지개송어 양식장 용수의 이상적인 용존산소량은?

① 2~3mg/L
② 4~5mg/L
③ 6~7mg/L
④ 10~11mg/L

> **해설**
> 이상적인 용존산소량은 10~11mg/L이며, 적어도 7mg/L 이상이어야 한다.

09 가공형태에 따른 사료의 종류가 아닌 것은?

① 건조사료 ② 크럼블사료
③ 가루사료 ④ 미립자사료

> **해설**
> 사료의 분류
> • 수분의 함량에 따라 : 습사료, 반습사료, 건조사료
> • 가공형태에 따라 : 가루사료, 반죽사료, 펠릿사료, 압출성형사료, 크럼블사료, 미립자사료 등

10 산란기 잉어 수컷의 성징이 아닌 것은?

① 체표가 거칠어진다.

② 가슴지느러미 가장자리 큰 줄기에 돌기가 많아진다.

③ 꼬리지느러미의 크기가 작아진다.

④ 몸이 단단해진다.

해설

산란기 잉어의 암수 구별

• 암컷 : 배가 불러오고, 몸 표면이 부드러워진다. 특히 항문근처가 부드럽게 부풀어 있고, 배를 약간만 눌러도 알이 쉽게 흘러나온다.

• 수컷 : 몸이 단단하고, 몸 표면이 거칠어진다. 특히 몸 전체의 촉감이 거칠거칠하며, 가슴지느러미 안쪽상부와 아가미뚜껑 위에 좁쌀 같은 추성(돌기)이 많이 솟아 있어서 이를 각각 식별할 수 있다.

11 UGF(미지 성장인자)의 효과를 위해서 쓰일 수 있는 사료의 성분은?

① 효 모　　　　② 비타민 C

③ 어 분　　　　④ 무기염류

해설

사료용 효모는 비타민 B군이 많고 UGF가 존재하며, 건조물 중의 40% 이상이 단백질로서 영양이 우수하다.

12 넙치 종자생산 시 변태가 끝나는 시기는 부화 후 대략 며칠 정도 인가?(사육수온은 18℃)

① 5일　　　　② 15일

③ 25일　　　　④ 35일

해설

넙치의 변태

18℃의 경우 부화 후 30일 정도에 11mm 정도가 되면 변태를 시작하며, 35일경 체장 14mm 전후로 성장하면서 변태를 끝낸다.

13 다음 중 틸라피아의 산란억제 방법으로 옳지 않은 것은?

① 초고밀도로 사육한다.

② 잡종을 생산하여 사육한다.

③ 성전환처리를 하여 사육한다.

④ 22℃ 이상의 수온에서 사육한다.

해설

틸라피아의 산란은 23~28℃에서 이루어지며, 수온이 22~23℃ 이상 유지되면 1~2개월 간격으로 계속하여 산란한다.

14 다음 중 뱀장어 양식에 있어 사료를 가장 많이 먹을 수 있는 조건은?(단, 사료의 양은 자기 몸무게에 대한 비율로 한다)

① 수온이 높고, 어체가 클 때

② 수온이 높고, 어체가 작을 때

③ 수온이 낮고, 어체가 클 때

④ 수온이 낮고, 어체가 작을 때

해설

일반적으로 어류는 수온이 높을수록 포식량이 증가하고, 어체가 클수록 포식량은 증가하지만 체중당 사료비율은 낮아진다.

15 알테미아(Artemia) 알 부화에 대한 설명으로 옳은 것은?

① 건조된 알의 직경은 0.2~0.24mm 정도이다.

② 염분농도는 10‰ 이하가 좋다.

③ 부화 pH는 산성일수록 좋다.

④ 부화 수온은 15℃ 이하로 유지한다.

해설

알테미아 부화

부화 용수로는 보통 담수를 섞어 비중 1.020 정도(25~30‰), pH 7~9, 수온 28℃ 전후로 유지한다.

※ 부화 용수의 염분과 수온은 알테미아 내구란의 종류에 따라 다르므로 상품통의 용기에 적혀 있는 설명에 따라 조절한다.

16 활어 운반에 대한 설명 중 틀린 것은?

① 안정적인 운반을 위해 성장 적수온을 유지한다.
② 겨울철 뱀장어, 가물치 등은 물 없이 운반할 수 있다.
③ 운송 전 절식이 필요하다.
④ 대사 노폐물의 관리가 필요하다.

해설
활어 운반의 기본 원리
대사기능저하(저온유지, 먹이공급 중단), 산소 보충, 오물 제거

17 어류의 인공종자생산을 위해 배양된 로티퍼의 먹이로 가장 적합한 것은?

① 물벼룩
② 클로렐라
③ 코페포다
④ 아르테미아

해설
로티퍼의 먹이로는 일반적으로 대량 배양이 용이한 식물플랑크톤인 클로렐라(Chlorella sp.)를 공급한다.

18 쥐치의 생태 습성으로 틀린 것은?

① 입이 매우 작으며 주둥이 끝이 뾰족하다.
② 산란기는 12~2월로 약 15만개의 알을 낳는다.
③ 수심 20~50m의 암초지대에서 무리 지어 서식한다.
④ 평소 천천히 움직이나, 먹이를 잡을 때는 행동이 빨라진다.

해설
② 산란기는 5~8월로 산란 성기 수온은 19~21℃이다.

19 사료의 첨가물 중 연어, 송어류의 체색이나 육질의 색을 좋게 하기 위해 사용되는 착색제는?

① CMC
② α-토코페롤
③ 새우가루
④ 글리신

해설
착색제란 횟감의 질과 관상어의 색깔이 선명해지도록 첨가하는 물질로 연어, 송어류 등의 경우, 육질을 붉게 하기 위해 아스타산틴(갑각류 껍데기)을 사료에 첨가한다.
① CMC : 점착제
② α-토코페롤 : 산화방지제
④ 글리신 : 먹이유인물질

20 다음 중 메기류에 대한 설명으로 옳지 않은 것은?

① 탐식성 어류로 고밀도 사육 시 공식현상이 발생하므로 주의한다.
② 개체 간 성장이 균일하고, 수컷이 암컷보다 크다.
③ 5월 중순~7월 중순 사이 야간이나 새벽에 산란한다.
④ 치어는 방양 직후 먹이를 공급한다.

해설
② 개체 간 성장 차가 심하고, 수컷이 암컷보다 작다.

21 바지락의 양성에 관한 설명 중 가장 옳지 않은 것은?

① 종자 방양시기는 성장이 시작되는 봄이 가장 좋다.

② 종자는 장형으로 각장이 15~22mm의 것이 알 맞다.

③ 방양장은 조석 범위 내에서 간출시간이 되도록 긴 쪽이 좋다.

④ 성장을 빠르게 하기 위해 양성장에 수로를 만들어 해수유통을 좋게 한다.

해설
방양 장소는 간출시간이 짧을수록 성장할 수 있는 시간이 길기 때문에 간출하지 않는 곳을 중심으로 하는 것이 좋다. 간출시간이 길면 건조, 온도변화, 포식 위험이 커져 생존율이 떨어진다.

22 꼬막류 중에서 양성장의 수심이 가장 깊은 곳에서 양식 가능한 종류는?

① 피조개 ② 새꼬막

③ 고 막 ④ 큰이랑피조개

해설
① 피조개 : 간조선으로부터 50m에 분포(2~20m에 주로 서식)
② 새꼬막 : 조간대로부터 10m에 서식(1~5m에 주로 서식)
③ 꼬막 : 가장 천해성으로 조간대에 서식
④ 큰이랑피조개 : 수m~30m에 서식

23 참가리비 양성관리에 대한 설명으로 옳지 않은 것은?

① 부착생물 제거를 위해 온탕욕을 적용할 수 없다.

② 부착생물 제거를 위해 담수욕을 적용할 수 없다.

③ 양성장의 수온이 높은 곳에서는 여름철에 깊은 수층에 수하해서 관리한다.

④ 공중 활력이 강하기 때문에 부착생물 제거를 위해 노출을 적용할 수 있다.

해설
참가리비는 공중 활력이 약하기 때문에 부착생물 제거를 위해 노출을 적용할 수 없다.

24 다음 중 키조개 종자 방양에 관한 설명으로 옳지 않은 것은?

① 종자는 크기가 각장 5~10cm 되는 1년생이 알 맞다.

② 방양 시 종자의 방향은 해수의 흐름과 수직이 되게 심는다.

③ 방양시기는 3~5월이 적합하며, 이 기간 중에도 빠를수록 좋다.

④ 방양 시에는 종자를 한 개체씩 모심기하는 것과 같이 심어야 한다.

해설
② 방양 시 종자의 방향은 해수의 흐름과 평행하게 심는다.

25 피조개 종자생산을 위한 유생용 먹이와 가장 거리가 먼 것은?

① *Chaetoceros simplex*

② *Cyclotella nana*

③ *Isochrysis* sp.

④ *Brachionus plicatilis*

해설
①·②·③은 식물 플랑크톤이고, ④는 동물플랑크톤(로티퍼)이다.

26 저서성 해적생물의 피해를 가장 적게 받는 양식법은?

① 수하식   ② 나뭇가지식

③ 투석식   ④ 우산형식

해설
수하식 양식의 특성
• 성장이 비교적 균일함
• 해적에 의한 피해가 적음
• 해면의 입체적 이용 가능

27 참소라의 산란성기 수온은?

① 10~11℃   ② 15~16℃

③ 23~24℃   ④ 27~28℃

해설
생식소는 5월 하순부터 8월까지 발달하고 방란과 방정은 여름철에 하는데, 산란성기의 수온은 23~24℃이다.

28 참가리비의 인공종묘생산에 관한 설명으로 올바른 것은?

① 채란용 어미는 지수에 수용하여 수온은 8℃ 내외가 알맞다.

② 채란은 9~15℃인 해수에 옮겨서 하는 것이 편리하고 2~3시간 지나면 산란한다.

③ 수정란을 깨끗이 씻은 후 곧 부화탱크로 옮겨 유수상태에서 부화를 기다린다.

④ 부착기 유생이 되면 환수하고 먹이를 주며 환수도 2~3일 만에 한 번씩 한다.

해설
① 선정한 어미는 산란 임계수온보다 3~4℃ 낮은 해수에 수용한다.
③ 수정란을 깨끗이 씻은 후 곧 부화 탱크로 옮겨 지수상태에서 부화를 기다린다.
④ 부착기로 들어가는 유생은 잘 먹지 않으므로 먹이공급량을 줄인다.

29 후기 채묘한 굴을 단련상에 옮겨 단련시키는 주된 목적은?

① 성장 억제

② 공중활력 증강

③ 원반당 부착밀도 조절

④ 해적생물에 의한 피해 방지

해설
채묘 후 채묘상에 그대로 방치하면 따뜻한 시기이기 때문에 조가비가 지나치게 자라 두께가 얇고 약해져서 파손되기 쉽다.

30 참담치의 서식장으로 적합하지 않은 곳은?

① 해수의 비중이 높은 외양성 암초

② 간조선에서부터 수심 10m 정도 되는 곳

③ 조류가 빠른 수역의 단단한 고형물이 있는 곳

④ 조류의 소통이 느리고 파도가 적은 내만

해설

진주담치 서식장

서식장은 해수비중이 높은 고함수역인 외양에 면해 있는 연안의 암초지대이고, 서식 수심은 조간대의 저조선(低潮線) 부근에서부터 수심 40m되는 곳까지이나, 수심이 5~10m 되는 곳에 많이 살고 있다.

31 대합류의 이동에 대한 설명으로 옳지 않은 것은?

① 성장기에는 깊은 곳으로 이동한다.

② 수온이 높은 8월에는 거의 이동하지 않는다.

③ 이동은 유속이 매초 3~8cm 이상일 때 많이 일어난다.

④ 간만의 차가 큰 곳에서는 소조 시에도 이동한다.

해설

② 수온이 높은 여름철, 대조 시에 이동이 많이 일어난다.

32 참굴의 후기 산란 적정수온으로 가장 옳은 것은?

① 13~16℃　　　② 17~20℃

③ 22~25℃　　　④ 26~28℃

해설

참굴의 전기 산란기의 수온은 18~19℃이고, 후기 산란기의 수온은 약 24℃ 내외이다.

33 참전복의 종묘생산 시 폐사율이 가장 높은 시기는?

① 트로코포라 유생기

② 저서 후기

③ 각장 3~4mm 정도의 해조류 섭식시기

④ 제1호흡공이 생기기 직전

해설

참전복의 종자생산 시 폐사율은 부착 직후 주구각이 생길 무렵과 제1호흡공이 생기기 직전인 각장이 1~2mm 무렵에 가장 높다.

34 전복의 종자생산에 적합하지 않은 먹이생물은?

① *Navicula* sp.

② *Cocconeis* sp.

③ *Amphora* sp.

④ *Skeletonema* sp.

해설

전복은 복족류로 부착성 규조가 먹이생물로 적합하다. *Skeletonema* sp.는 해산 갑각류의 유생 및 치패먹이로 적합하다.

35 바지락 치패 발생장에 대한 설명으로 옳지 않은 것은?

① 하천수의 유입으로 인한 육수의 영향을 받는 간석지

② 해수가 정체하지 않고 지속적으로 유동이 있는 곳

③ 모래질이 많은 곳

④ 태풍, 홍수 등에 의한 지반 변동이 거의 없는 곳

해설

치패가 많이 발생하는 곳은 방파제 부근이나 하구의 삼각주 또는 간석지의 섶발 부근 등과 같이 와류가 생기거나 흐름이 완만한 곳이다.

36 우렁쉥이의 발생에 관한 설명으로 옳지 않은 것은?

① 알은 난할을 거듭해서 약 1일 만에 반투명한 올챙이형 유생기로 된다.

② 올챙이형 유생기 이후 꼬리부분이 흡수되는 동시에 체부가 비대해진다.

③ 꼬리부분의 흡수에는 약 1~2일 정도 소요되며 이후 부착생활로 들어간다.

④ 부착생활로 들어간 다음 입수공과 출수공이 형성된 후 먹이를 먹기 시작한다.

해설
③ 꼬리가 흡수되기 시작해서 완전히 흡수되는 데까지 소요되는 시간은 약 20분 내외 이다.

37 대하의 유생 사육단계를 4개로 나눌 경우 3번째 단계는?

① 조에아(Zoea)

② 미시스(Mysis)

③ 노플리우스(Nauplius)

④ 포스트라바(Post-larva)

해설
대하의 유생 발달단계
노플리우스 – 조에아 – 미시스 – 포스트라바

38 굴의 수하 양성에 대한 설명으로 옳지 않은 것은?

① 성장이 비교적 균일하다.

② 저서 해적에 대한 피해가 작다.

③ 시설비와 인건비가 적게 든다.

④ 해면을 입체적으로 이용할 수 있다.

해설
③ 시설비가 많이 필요할 뿐만 아니라 관리에 일손이 많이 드는 단점이 있다.

39 식물플랑크톤 배양에 대한 설명으로 가장 적합한 것은?

① 일반적으로 배양온도는 18~22℃가 적합하다.

② 해수산 플랑크톤의 배양에는 SK 배지를, 담수산 플랑크톤 배양에는 f/2 배지를 사용한다.

③ 배양 가능 온도범위 내에서는 온도가 높을수록 배양속도가 느려진다.

④ 배양 중인 식물플랑크톤은 충격에 약하므로 용기가 흔들리지 않도록 해야 한다.

해설
② 플랑크톤 배양에는 주로 f/2, Conwy 배지 등이 사용된다.
③ 배양 가능 온도범위 내에서 온도가 높을수록 배양속도가 빨라진다.
④ 침강현상방지 및 CO_2 공급을 위해 주기적으로 흔들어 주거나 포기하여 혼합해 준다.

40 꽃게의 양성장과 양성관리에 관한 설명으로 올바른 것은?

① 양성장 바닥은 연안 모래질이 좋고, 사질층은 20cm 정도면 된다.

② 양성장의 수심은 20cm 내외로 되어야 한다.

③ 치해(어린 꽃게)를 양성하는 경우, 방양밀도는 $1m^2$당 3~5마리가 좋다.

④ 먹이는 값이 싼 잡어로서 선도가 좋은 것이면 되고, 먹이양은 방양중량의 5~20%를 오전에 준다.

해설
① 바닥은 연안 모래질이 좋고, 사질층은 10cm 정도면 된다.
② 양성장의 수심은 30cm 이상 되어야 한다.
④ 먹이는 값이 싼 잡어로서 선도가 좋은 것이면 되고, 먹이양은 방양중량의 5~20%를 저녁에 준다.

41 미역에 대한 설명으로 틀린 것은?

① 이형 세대교번을 한다.
② 저수온기에 잘 자란다.
③ 생장점이 몸 끝부분에 있다.
④ 우리나라의 전 연안에 분포한다.

해설
미역의 생장점은 줄기와 엽상부(잎)의 사이에 있다.

42 다시마의 상품가치가 되는 주된 기준은?

① 비대도   ② 엽 장
③ 엽체 폭   ④ 엽 목

해설
비대도
다시마 엽체의 상품성 가치를 나타내는 척도로서 엽체의 중량에 대한 엽면적(엽장 × 엽폭)의 비를 말하며 단위는 mg/cm²이다.

43 김 냉장발(냉동망)을 건조시키는 이유와 가장 관련이 깊은 것은?

① 광합성작용
② 호흡작용
③ 갯병의 원인균체 폐사
④ 세포 내 결빙 예방

해설
생김은 엽상체 무게의 90% 이상이 수분으로 구성·생김 상태로 냉동하면 세포조직이 파괴되므로, 수분 함유량이 20~40%되도록 건조시킨다.

44 다음 중 모자반의 생태에 관한 설명으로 옳지 않은 것은?

① 갈조식물의 모자반과에 속하는 해조류로 부착기의 형태는 가반상이다.
② 줄기는 삼각형 기둥모양으로 비틀어져 있다.
③ 상부의 잎은 피침형이며 입의 중앙까지 강한 중륵과 톱니가 있다.
④ 형태적으로 가장 발달된 무리로 부착기, 줄기, 가지, 잎, 생식기 가지 등이 구별된다.

해설
잎의 모양은 주걱모양 또는 타원형이며, 잎의 중앙까지 약한 중륵이 있다. 또한 잎이 달린 위치에 따라 형태에 차이가 있는데, 상부의 잎은 피침형이며 톱니가 있고 중륵이 없고 색은 암황갈색이며 연하고, 엽면에 검은 점이 있다.

45 청각에 대한 설명으로 틀린 것은?

① 추출물에 강한 항생 및 구충 성분이 들어 있다.
② 세대교번을 한다.
③ 유체는 초겨울에 출현하기 시작한다.
④ 배우자낭이 출현하는 시기는 초여름에서 초겨울 사이이다.

해설
청각은 세대교번이 아닌 핵상교번을 한다.

46 알긴(Algin)산의 원료가 되는 해조가 속하는 문은?

① 남조식물
② 녹조식물
③ 홍조식물
④ 갈조식물

> **해설**
> 갈조류의 세포벽 물질은 셀룰로스 외에 알긴(Algin)이라고 하는 특유한 물질을 가지기도 한다.

47 유리사상체(무기질사상체) 배양에 대한 내용이 아닌 것은?

① 선택된 품종유지가 어렵다.
② 좁은 공간에서도 가능하다.
③ 병원균의 침입이 적다.
④ 채묘시기 조절이 용이하다.

> **해설**
> 유리사상체의 이점
> • 순수품종의 유지가 가능하며 소량의 김엽체에서도 많은 양의 순수 사상체를 육성·배양할 수 있다.
> • 지역별 어장에 적합한 품종을 선택할 수 있다.
> • 매년 과포자를 구할 필요가 없으며 종자 소요량을 자유롭게 계획 생산할 수 있다.
> • 규조 및 병해 침범이 적고 채묘시기를 쉽게 조절할 수 있다.

48 미역 배우체의 휴면온도 기준은?

① 5℃ 이하
② 10℃ 이하
③ 20℃ 이상
④ 24℃ 이상

> **해설**
> 미역 배우체의 휴면
> 배우체는 수온이 23℃ 이상이면 휴면상태에 들어간다. 가능한 25℃ 정도로 유지하고 통풍을 충분히 해주는 것이 좋으며, 고수온에 강해 조도를 낮추면 28℃에서도 생존할 수 있다. 단, 고수온에서는 수조의 미세동물과 기타 유기물이 죽어 수질이 나빠질 수 있고, 이로 인해 미역에 악영향을 미칠 수 있다.

49 미역 포자엽을 음건(그늘말리기)한 후에 포자를 방출시키는 주 이유는?

① 자극에 의해 대향 방출시키기 위해
② 유주자의 착생률을 좋게 하기 위해
③ 축적된 유주자를 단시간에 대량 방출시키기 위해
④ 유주자의 운동성을 높이기 위해

> **해설**
> 공기 중에서 유주자 주머니에 삼투압의 변화를 주어 일시에 많은 양의 유주자를 방출시키기 위해

50 김 양식장의 수온과 생장과의 관계로 틀린 것은?

① 해수온도 15~23℃는 김 채묘와 발아기간에 해당된다.
② 0.5~1.5cm 정도의 유엽은 5~7℃에서 가장 잘 자란다.
③ 기온이 −2℃ 이하로 하강하면 노출된 김은 동해를 받기 쉽다.
④ 김 양식의 종말기 수온이 15℃가 되면 생산이 한계에 달한다.

> **해설**
> ② 1cm 내외 유엽의 생장적온은 11~13℃이다.

51 매생이의 육상 인공채묘 시 유주자의 대량 방출이 시작되는 시기는?

① 배양 48시간 이후부터
② 배양 36시간 이후부터
③ 배양 24시간 이후부터
④ 배양 12시간 이후부터

해설
매생이 인공채묘 시 모조를 채묘 수조에 수용한 후 48시간 정도 경과 후 현미경으로 유주자의 방출량을 검사한 다음 채묘할 그물망을 수조에 담근다.

52 참김과 둥근김의 분류상 가장 주된 차이점은?

① 생활사
② 자웅성
③ 엽연의 톱니 유무
④ 생식세포의 분할방식

해설
과포자에 의한 사상체의 형성으로 여름을 지나는 참김의 생활사 외에 무성생식을 반복하며 둥근 엽체(여름김)를 이루고 여름을 지나는 특이한 생활사를 함께 가진다.

53 촉성양식에서 다시마의 수조 내 촉성 배양기간은?

① 약 30일
② 약 45일
③ 약 60일
④ 약 75일

해설
촉성양식 : 9월 하순에 인공채묘한 종자를 수조 내 조도, 온도 등을 조절하여 45일간 배양한 후에, 수조 내에서 재생산을 마치고 바다수온 하강시기에 본 양성한다.

54 남방형 미역의 특징이 아닌 것은?

① 엽장 및 줄기가 짧다.
② 얕은 수심에 서식한다.
③ 포자엽의 주름수가 적다.
④ 우상엽의 열각이 깊다.

해설
남방형과 북방형 미역의 비교

구 분	남방형	북방형
엽장(전체장)	소 형	대 형
전체장에 대한 줄기의 길이	짧다.	길다.
성실엽 위치 (포자엽)	영양엽과 이어져 있다.	줄기의 밑부분에 떨어져 있다.
성실엽수	적다(2~4).	많다(6~20).
우상엽 상태	잎의 굴곡이 얕고, 그 수가 많음	잎의 굴곡이 깊고, 그 수가 적음
서식수심	얕다.	깊다.
분 포	남해안, 제주	동해안

55 김의 사상체에서 만들어진 포자는?

① 각포자
② 과포자
③ 사분포자
④ 중성포자

해설
김의 생활사

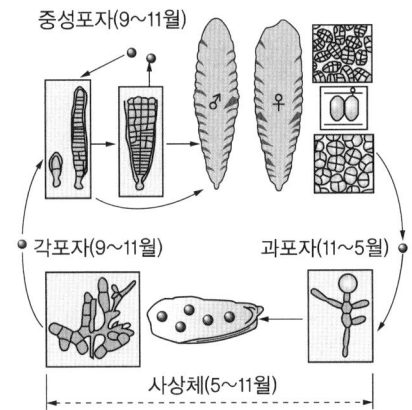

56 톳과 혼성군락을 형성하여 잡해조로 여겨지는 해조류는?

① 감 태   ② 지충이

③ 미 역   ④ 다시마

톳의 증산을 위해서는 톳의 순 군락을 조성하는 것이 가장 중요하며 생존경쟁이 가장 치열한 종에는 지충이가 있다.

57 수온이 15℃ 이하가 되는 기간이 짧은 곳에서 효율적인 미역 수확방법은?

① 건조 수확   ② 솎음 수확

③ 일제 수확   ④ 잎자르기 수확

미역의 생장 특성을 이용한 수확
• 일제 수확 : 수온이 비교적 높아 15℃ 이하가 되는 시간이 짧은 곳에서 종묘가 드물 경우 또는 밀식이 되었더라도 대부분의 미역이 충분히 자랐을 때 일제히 채취한다.
• 솎음 수확 : 수온이 15℃ 이하인 기간이 긴 곳에서 밀식된 미역은 일찍 자란 것부터 수확한다.
• 잎자르기 수확 : 수온이 15℃ 이하인 기간이 길고 종묘가 드물 경우에는 미역의 길이가 5~10cm 정도 남도록 줄기에서 생장대 윗부분만 수확한다.

58 참김의 봉투식 채묘법에 대한 설명으로 옳지 않은 것은?

① 1회에 대량으로 채묘할 수 있다.

② 각포자의 부착밀도를 조절할 수 있다.

③ 각포자가 균일하게 붙는다.

④ 파래류나 돌말류와 같은 해적생물이 많이 붙는 단점이 있다.

참김의 봉투식 채묘법
1회에 대량으로 채묘할 수 있으며, 각포자가 비닐 밖으로 나가는 손실이 없고, 각포자의 부착밀도를 조절할 수 있다. 각포자가 불균일하게 붙으며, 파래류나 돌말류와 같은 해적생물이 적게 붙는 장점이 있다.

59 김 사상체의 각포자 방출 촉진법은?

① 저온처리

② 암측처리

③ 100% 습도처리

④ 고비중처리

각포자 방출촉진법
• 온도처리(저온처리) : 10~20℃로 두며 7~10일 전에 처리한다. 대개 방출 시작 3~4일만에 최고에 달함
• 단일처리 : 채묘 1주일 전 단일처리를 짧게 하여(명기 8시간, 암기 16시간) 포자의 성숙도를 촉진하는 방법
• 물갈이처리 : 채묘 전에 배양해수를 수온 25℃ 이하를 유지하며 1~2일마다 환수시킨다.
• 동결보존법 : 비닐 주머니에 사상체 조가비가 해수에 잠기도록 넣고, 밀봉하여 −10℃ 이하로 동결시켜 보존한다. 사용할 때에는 해동시키면, 4~5일만에 각포자가 대량으로 방출된다.

60 우뭇가사리의 생태와 종자생산에 대한 설명으로 옳지 않은 것은?

① 동형 세대교번을 하는 다년생 해조류이다.

② 자연상태에서는 포복지에 의한 무성생식보다는 유성생식이 활발하다.

③ 한천 원료로 이용하는 엽상체는 암수 배우체와 사분포자체이다.

④ 겨울에서 초봄까지는 배우체가 많고, 봄에서 초여름까지는 과포자체가 많이 나타난다.

② 자연상태에서는 유성생식보다는 포복지에 의한 무성생식이 활발하다.

61 가두리 양식장의 노화방지책으로 가장 우선적인 것은?

① 저질 경운
② 휴식년제 도입
③ 먹이 과잉 공급 방지
④ 양식생물 수용량 조절

해설
양식장의 노화를 방지하기 위해서 가장 중요한 것은, 배설물이나 먹이 찌꺼기의 양이 자연 정화(자정) 능력을 벗어나지 않도록 해야 한다는 것이다.

62 수질조사법에 관한 설명으로 옳은 것은?

① BOD는 시수 중에 있는 유기물을 호기성 미생물이 분해, 산화할 때 소비하는 산소량이다.
② COD는 시수 중에 무기물이 화학물질에 의해 환원될 때 소비되는 산소량이다.
③ 경도의 측정에는 시수 중에 칼륨이온과 나트륨이온의 총량을 염화칼슘의 양으로 환산하는 방법이 있다.
④ pH 비색 측정법 중 지시약 BTB는 산성쪽으로 청색을 나타낸다.

해설
② COD는 수중의 오염물이 화학적인 산화제에 의해 분해될 때 소비되는 산소량을 ppm 단위로 표시한 것이다.
③ 경도측정에는 물속에 들어있는 Ca와 Mg 전량을 측정하는 전경도와 Ca만을 측정하는 Ca경도 측정방법이 있다.
④ pH 비색 측정법 중 지시약 BTB는 중성에는 초록색, 염기성에는 파랑색, 산성에는 노란색으로 반응한다.

63 원형드럼 회전여과기는 다음 중 어디에 속하는가?

① 생물학적 여과
② 물리적 여과
③ 포말분리 여과
④ 화학적 여과

해설
물리적 여과
기계적 여과라고도 하며, 크고 작은 고형물질을 제거하는 과정이다. 물리적 여과방법에는 주로 침수 모래·자갈 여과, 고압모래여과 장치, 회전 드럼필터 등이 있다.

64 생물학적 여과조에서 암모니아를 산화시키는 세균은?

① $Nitrobactor$
② $Psedomonas$
③ $Nitrosomonas$
④ $Thiobacillus$

해설
질산화(Nitrification)과정
암모니아(NO_4^+) → 아질산염(NO_2^-) → 질산염(NO_3^-)
　　$Nitrosomonas$　　　$Nitrobacter$

65 양식장에서 석회 살포에 대한 설명으로 옳지 않은 것은?

① 주로 살균, 소독제로서 종자의 방양 전에 살포한다.
② 저질의 분해를 촉진한다.
③ 유기산 및 무기산에 의한 해로운 영향을 중화시킨다.
④ 저질에 작용해서 알칼리성 이온을 산성 이온으로 전환시켜 완충작용을 한다.

해설
석회는 저질에 작용해서 양이온와 교환 가능한 산성 이온을 알칼리성 이온으로 전환시켜 산도를 중화시킨다.

66 양어장의 수질 문제에 큰 비중을 차지하는 암모니아는 다음 어느 것에서 유래하는가?

① 단백질   ② 탄수화물

③ 지 방   ④ 비타민

해설

어류는 먹이를 통해 흡수된 단백질 중 초과된 양과 체내 조직단백질의 이화과정에서 최종적인 질소대사 산물로서 암모니아를 배설하게 되는데, 암모니아 이외에도 Urea, Uric Acid, Trimethyl-amine Oxide, Creatine, Creatinine 등을 소량 배설한다.

67 다음 중 수계의 pH에 대한 설명으로 옳은 것은?

① 해수는 산성이며 완충 능력이 매우 약하다.

② 담수는 알칼리성이며 완충능력이 매우 강하다.

③ 소독용 생석회를 살포하면 pH가 더욱 낮아진다.

④ 노지양식장에서 일반적으로 맑은 날 아침에는 pH가 낮고 오후에는 pH가 높아진다.

해설

① 해수는 알칼리성이며 완충능력이 매우 강하다.
② 담수는 알칼리도가 낮아서 pH 변화가 크다.
③ 소독용 생석회를 살포하면 pH가 더욱 높아진다.

68 해수의 염소량을 측정해서 염분량으로 환산하는 식으로 옳은 것은?

① $S = 1.805Cl$

② $S = 1.80655Cl$

③ $S = 0.03 + 1.80655Cl$

④ $S = 0.30 + 1.805Cl$

69 COD 측정치와 수질의 관계에서 COD값이 증가하면?

① 오염원이 되는 물질이 증가한다.

② 오염원이 되는 물질이 감소한다.

③ 오염원이 되는 물질이 변화가 없다.

④ 오염원이 되는 물질과 일정한 관계가 없다.

해설

유기물이 많을수록, 즉 물 오염이 심할수록 그만큼 산화에 필요한 산소량도 증가한다. COD가 클수록 그 물은 심하게 오염되었다는 것이다.

70 담수에서 부족하기 쉬워 제한요인으로 작용하는 영양염류는?

① 질소, 인, 칼륨

② 질소, 인, 규산

③ 규산, 칼륨, 칼슘

④ 인, 칼슘, 칼륨

해설

수중식물이 이용하는 영양염류는 많지만 담수에서는 질소, 인, 칼륨이 부족하기 쉬우며, 해양에서는 칼륨은 풍부하지만 규산염이 부족하기 쉽다.

71 황화수소가 많은 곳의 저질은 어떤 색을 띠는가?

① 회 색   ② 황갈색

③ 녹 색   ④ 검은색

해설
황화수소가 축적되면 저질의 색깔이 검어지면서 악취가 발생한다.

72 다음 중 원형지의 주수구 설치로 가장 좋은 방법은?

① 탱크의 중앙에 물이 낙하하도록 설치한다.
② 가장자리 가까이에서 낙하시키도록 설치한다.
③ 미관상 보기 좋게 수면 아래로 주입수 파이프를 설치한다.
④ 탱크의 가장자리와 평행한 방향으로 물이 주입되도록 설치한다.

해설
탱크의 가장자리와 같은 방향으로 주수구를 설치하여 물의 회전을 유도한다.

73 원형지를 이용한 은어 양식에서 못 중앙을 향한 바닥의 경사도로 가장 적합한 것은?

① 1/1~1/5
② 1/6~1/14
③ 1/15~1/25
④ 1/50~1/100

해설
원형지의 경사도는 1/15~1/25 정도로 하여 찌꺼기 제거 효율을 높인다.

74 양식장 시설재료의 일반적 조건이 아닌 것은?

① 개·보수작업이 용이한 콘크리트 재질을 사용한다.
② 사용환경에 대하여 안정하고, 내구성이 있어야 한다.
③ 구하기 쉽고, 값이 싸야 한다.
④ 사육생물에 해가 없어야 한다.

해설
양식시설용 재료가 갖추어야 할 일반적 조건
• 사용목적에 알맞은 공학적 성질을 가져야 한다.
• 사용환경에 대하여 안정하고, 내구성이 있어야 한다.
• 주위에서 구하기 쉽고, 값이 싸야 한다.
• 사육하고자 하는 생물에 해가 없어야 한다.

75 노지 지수식 양어지의 수중 용존산소량이 증가하는 조건으로 옳은 것은?

① 바람이 없는 고요한 날
② 염분이 높아질 때
③ 수온이 낮을 때
④ 노폐물이 증가할 때

해설
① 바람이 없는 고요한 날에는 공기 중의 산소가 물속에 녹아들기 어렵다.
② 용존산소는 수온이 올라가거나 염분 등의 용존물질이 증가하면 줄어든다.
④ 유기물이 축적되면 미생물에 의한 분해작용에 산소가 소비되어 용존산소가 줄어든다.

76 양식장 저질을 채취하는 데 사용되는 채니방법이 아닌 것은?

① 드레지(Dredge)식
② 뮬러(Muller)식
③ 그래브(Grab)식
④ 코어(Core)식

해설
저질의 채취 방법
• 드레지식 : 기기 자체의 무게에 의해서 해저면을 일정한 거리로 끌어서 시료 채취
• 그래브식 : 어느 한 지점의 일정 면적의 저질을 집어 올리는 채취
• 코어식 : 원통형의 파이프를 저실 속에 박아서 퇴적된 층을 그대로 채취

77 양식생물의 사육환경 중 물리적 환경요인은?

① pH
② 수 온
③ 박테리아
④ 용존산소

해설
①·④는 화학적 요인, ③은 생물학적 요인이다.

78 양식장의 주요 환경 요인에 관한 설명으로 옳지 않은 것은?

① DO는 공기와 접하는 면적이 넓을수록 증가한다.
② 황화수소는 유기물질이 많은 저질을 검게 변화시킨다.
③ NH_3는 이온화된 암모니아로 해중생물에 해가 없다.
④ pH가 알칼리성일수록 이온화되지 않은 암모니아의 비율이 커진다.

해설
③ NH_3는 이온화되지 않은 암모니아로 해중생물에 유해한 영향을 미친다.

79 SS 측정을 위해 시료를 채취하였을 때 다음 중 측정 대상이 되는 것은?

① 용존되어 있는 기체
② 용존 무기물
③ 침전성 유기물
④ 여과에 의하여 분리되는 물질

해설
SS(Suspened Solids)에 해당하는 물질은 $0.1\mu m$ 이상의 입자인 부유물질로서 해당 시료를 공극이 $0.1\mu m$인 여과지에 걸러 $105℃$에서 건조한 후에 남아 있는 잔류물을 말한다.

80 주요 수질 환경인자 측정에 대한 설명으로 가장 옳지 않은 것은?

① 염소 측정법에는 적정법, 전기 전도도 측정법 및 비중 측정법 등이 있다.
② 영양염류 측정에는 감도가 높은 비색 분석법을 주로 이용한다.
③ BOD는 $20℃$에서 5일간 배양했을 때 소비되는 용존산소량을 mg/L로 나타낸다.
④ 윙클러법은 산화-환원성 물질 또는 탁도가 높은 시료수에 사용할 수 있어 DO측정에 많이 사용된다.

해설
④ 윙클러법은 산화-환원성 물질 또는 탁도가 높은 시료수에 사용할 수 없기 때문에 대개는 사용이 간편한 용존산소계법이 많이 사용된다.

81 양식어류의 신장에 감염되어 연어를 폐사시키는 병원균은?

① *Renibacterium salmoninarum*

② *Pseudomonas anguilliseptica*

③ *Edwardsiella ictaluri*

④ *Aeromonas hydrophila*

해설

세균성 신장병(BKD)
- 원인균 : *Renibacterium salmoninarum*
- 발생어류 : 연어과 어류
- 외부증상 : 체색흑화, 복부팽만, 안구돌출, 복부출혈 등 힘없이 배수구 주변 유형
- 내부증상 : 신장의 결절 병변, 신장 암적색화 및 비대화 육아종성 병변으로 발전

81 연어, 송어류의 간에 글리코겐이 과잉 축적되어 글리코겐 간이 되었고, 간이 퇴색되었다면 이 경우 주로 관계되는 영양소는?

① 비타민　　　　　② 지 질

③ 단백질　　　　　④ 탄수화물

해설

글리코겐 과다증 : 탄수화물의 장기간 투여에 의해 간에 글리코겐이 축적되어 간이 퇴색되고 폐사율이 증가된다.

83 송어에 유행하는 부스럼병의 주요 증상은?

① 피부에 점액 분비가 많아진다.

② 피부에 점상 출혈을 볼 수 있다.

③ 피부에 융기된 환부가 생긴다.

④ 피부에 다수의 흰 결절이 생긴다.

해설

감염된 연어류나 송어는 몸 표면이 둥그스름하게 융기된 부위가 형성되어 이 환부가 부풀어 올라 부스럼같이 되므로 부스럼병(Furunculosis)이라고 한다.

84 넙치의 세균성 장관백탁증 증상이 아닌 것은?

① 감염 초기에 장의 후반부에 경미한 백탁 증상을 나타낸다.

② 장의 전반부의 일부 및 직장에 카타르성 염증이 생긴다.

③ 장의 관공 내에 소화물이 가득 차 있다.

④ 소화관의 병소에는 콤마상 또는 단간균이 침입하여 증식해있다.

해설

넙치의 장관백탁증 증상
- 초기에는 장의 후반부에 회백색의 물질로 가득찬 백탁 증상이 관찰되고, 먹이를 먹지 않는다.
- 장의 전반부의 일부 및 직장에 카타르성 염증이 생긴다.
- 소화관의 병소에는 콤마상 또는 단간균이 침입하여 증식해있다.
- 복부가 함몰되고 장관조직이 박리되며 대량 폐사한다.

85 김의 호상균병이 잘 발생하는 수온은?

① 5~10℃　　　　② 10~15℃

③ 15~20℃　　　　④ 20~25℃

해설

수온이 15~20℃에서 가장 잘 발생하고, 5℃ 이하에서 번식이 억제된다.

86 김 갯병 중 저염분의 영양하에서 기계적인 자극으로 생기는 것은?

① 구멍갯병　　　　② 흰갯병

③ 붉은갯병　　　　④ 싹갯병

해설

구멍갯병은 저염분 상태에서 모래나 토사 등에 의한 자극이 엽체 표면에 상처를 일으키고 여기에 균이 감염되어 발생한다.

87 다음 질병 중 원인이 되는 세균의 분류학적 위치가 나머지 셋과 다른 것은?

① 세균성 아가미병

② 세균성 냉수병

③ 담수어의 부식병

④ 세균성 신장병

④ 세균성 신장병 : *Renibacterium salmoninarum*
① 세균성 아가미병 : *Favobacterium blanchiphilum*
② 세균성 냉수병 : *Flavobacterium psychrophilum*
③ 담수어의 부식병 : *Flavobacterium clumnare*

88 연쇄구균 감염에 의한 대표적 증상이 아닌 것은?

① 아가미 부식과 상피 탈락

② 안구돌출과 안구출혈

③ 아가미뚜껑의 출혈

④ 꼬리자루의 궤양 형성

연쇄구균증의 외부 증상
• 안구돌출과 안구 가장자리의 출혈
• 복부의 점상출혈
• 아가미뚜껑의 내벽의 출혈
• 꼬리자루의 궤양 형성

89 어류의 주요 바이러스병 중 원인 바이러스가 DNA 바이러스군에 해당하는 것은?

① 바이러스 출혈성 패혈증(VHS)

② 전염성 췌장괴사증(IPN)

③ 바이러스성 신경괴사증(VNN)

④ 채널메기 바이러스병(CCVD)

DNA Virus 질병과 RNA Virus 질병

DNA Virus 질병	RNA Virus 질병
• 림포시스티스병(LCDV) • 바이러스성 상피증생증 • 채널메기 바이러스병(CCVD) • 연어 입종양병 바이러스(OMM) • 굴 면반바이러스(OVVD) • 잉어 POX병 • 홍다리얼룩새우 바큘로바이러스병(MBV) • 참돔 이리도바이러스병(RSIV) • 바이러스성 중장선괴사병 • 흰반점바이러스병 • 바이러스성 적혈구괴사증(VEN)	• 바이러스 출혈성 패혈증(VHS) • 전염성 췌장괴사증(IPN) • 바이러스성 신경괴사증(VNN) • 잉어봄 바이러스병(SVCV) • 전염성 조혈기괴사증(IHN) • 바이러스성 복수증 • 넙치 랍도바이러스감염증(HIRRV)

90 세균의 그람염색성이 양성과 음성으로 나누어지는 원인은 세균의 어느 부분의 차이에서 기인하는가?

① 핵   ② 세포벽

③ 세포질   ④ 편 모

세균은 그람염색에 의해 그람양성과 그람음성의 두 그룹으로 나뉘며, 이 염색상의 차이는 세포벽의 구조적 차이에 기인한다.

91 크립토카리온 이리탄스(*Cryptocaryon irritans*)가 기생하지 않는 어류는?

① 감성돔   ② 넙 치
③ 메 기   ④ 참 돔

해설
크립토카리온 이리탄스(*Cryptocaryon irritans*)는 해수어 백점병의 원인균이다.

92 해삼의 위궤양증에 관한 설명으로 맞지 않는 것은?

① 폐사율이 90% 이상이다.
② Doliolaria Stage가 주감염단계이다.
③ 수온이 높은 여름철에 주로 발생한다.
④ 부적절한 사료 및 고밀도 사육에 의해 발생하는 세균성 질병이다.

해설
해삼 위궤양증 증상 : Auricularia에서 Doliolaria로 변태하는 동안 사망한다.

93 진균류 중 고등균류에 해당하지 않는 것은?

① 편모균류   ② 자낭균류
③ 담자균류   ④ 불완전균류

해설
① 편모균류, 접합균문 : 하등균류
②·③ 자낭균류, 담자균류 : 고등균류
④ 불완전균류 : 불완전균류는 아직도 분류학적인 연구가 되어있지 않은 것이 많으며 상당수의 불완전 균류가 자낭균류나 담자균류로 분류될 것으로 예상된다.
균 계
균은 크게 고등균류와 하등균류로 구분하며, 고등균류는 자낭을 형성하여 자낭포자를 내생하는 자낭균류와 담자병을 형성하여 담자포자를 외생하는 담자균류로 구분된다.

94 다음 중 수산양식을 할 때에 발병하는 세균성 질병으로 옳은 것은?

① 이리도바이러스병
② 랍도바이러스병
③ 트리코디나병
④ 연쇄구균병

해설
①·②는 바이러스성 질병, ③는 기생충성 질병이다.

95 무지개송어의 전염성 췌장괴사증(IPN)과 관계가 먼 것은?

① 위장의 카타르성 염증이 생긴다.
② 초기에 죽는 개체는 나선형 운동을 하다가 바닥에 가라앉아 죽는다.
③ 50g 이상 크기의 어류에 감염된다.
④ 체색이 검어진다.

해설
IPN은 보통 1g 이하 (8주령 이하)의 어류에 주로 감염되어 피해를 준다.

96 잉어의 아르굴루스(*Argulus*) 속에 속하는 기생성 갑각류에 관한 설명으로 틀린 것은?

① *Argulus* sp.가 어체에 기생하는 시기는 Copepodid 제2기 때부터이다.
② *Argulus*의 자침에 찔린 작은 어류는 독성이 강하여 죽는다.
③ *Argulus*의 활동기는 저수온이며 12~4월에 활발히 부화한다.
④ *Argulus*의 기생은 어체에 심한 Stress를 주며, 어체를 벽에 문지르는 증세를 보인다.

해설
번식기는 여름부터 가을까지이며 1마리에 수십 마리에서 수백 마리까지 기생할 때도 있다.

97 사료 영양성분 중 결핍될 경우 연어과 어류에서 등뼈가 굽어지는 증상을 나타내는 것은?

① 엽 산　　　　　② 리 신
③ 아르기닌　　　　④ 트립토판

② 리신의 결핍 : 등지느러미가 섞어 문드러지는 현상, 검은꼬리증 후군이 발생함과 아울러 어류가 평형을 유지하지 못하게 한다.
④ 트립토판의 결핍 : 연어과 어류에서 등뼈가 굽어지는 현상 즉, 척추전굴증 또는 척추만곡증이 나타난다.
※ 아르기닌 이외의 모든 필수아미노산의 결핍은 눈의 수정체에 백내장(Cataract)을 유발하기도 한다.

98 다음에 해당하는 양식 생물 질병은?

> 원인균은 진균류인 사프로레그니아(*Saprolegnia*) 속으로 외관상으로는 어체 표면에 솜뭉치가 덮여있는 것처럼 보인다.

① 유결절증
② 연쇄구균병
③ 물곰팡이병
④ 비브리오병

물곰팡이병
진균류인 사프로레그니아(*Saproleginia*) 속 이 원인균으로, 종묘 배양장이나 자연 상태의 알에 기생하여 피해를 주고, 외관상으로는 어체 표면이나 알 표면에 솜뭉치가 덮여있는 것처럼 보인다.

99 넙치, 조피볼락, 참돔 등의 종묘 생산과정에서 주로 발생하는 질병으로, 지느러미 및 체표가 불투명하게 변하고, 이상이 생긴 환부를 관찰하면 수많은 공 모양의 세포가 관찰된다. 표피세포의 이상증식을 특징으로 하는 이 질병의 이름은?

① 폭스바이러스병　　② 림프낭종증
③ 입종양병　　　　　④ 상피증생증

상피증생증
헤르페스바이러스(Herpesvirus)가 원인균이며, 현미경으로 환부를 관찰하면 정상세포보다 몇 배 이상으로 증생된 공 모양의 상피세포 덩어리를 볼 수 있다.
※ 상피세포의 이상증식이 특징이므로 상피증생증이라 한다.

100 조피볼락 트리코디나증에 대한 설명으로 옳지 않은 것은?

① 원인충은 트리코디나(*Trichodina* sp.)이다.
② 11월~4월 사이의 저수온기에 주로 발생한다.
③ 현미경으로 관찰하면 이 기생충의 특유의 회전운동을 볼 수 있다.
④ 아가미에 기생하면 아가미 손상, 점액분비와 호흡곤란으로 어체가 약화된다.

② 5~10월 사이의 수온 상승기와 하강기에 주로 발생한다.

제1과목 어류양식

01 넙치 식용어 양성에 있어 먹이와 성장에 관한 설명으로 틀린 것은?

① 초기 방양 시 하루 중 먹이 주는 횟수는 3~4회이다.

② 성장함에 따라서 하루에 2번(아침과 해질 무렵에) 주는 것이 좋다.

③ 수온이 10℃ 이하로 되면 먹이량은 급격히 상승한다.

④ 하루에 먹이 주는 양은 체중비율에 따른다.

해설
수온 10~25℃ 사이에서는 수온이 높아지면 섭이량도 증가한다.

02 다음 중 무지개송어 자어가 견딜 수 있는 염분농도로 가장 적절한 것은?

① 14‰까지

② 15~20‰

③ 21~25‰

④ 26~30‰

해설
무지개송어 해수적응력은 아가미 염세포의 수에 비례한다. 크기별 염분적응력은 자어 14‰, 1년 미만 치어 15~19‰이고, 150~200g 정도 되면 해수에 적응한다.

03 순환여과식 양어에 대한 설명으로 틀린 것은?

① 여과의 효과에는 생물학적 여과를 적극적으로 돕는 일이 포함된다.

② 여과조는 호기성 세균의 서식장소를 적극적으로 제공해 주는 것을 필요로 한다.

③ 여과조를 통과해서 나오는 물의 용존산소량은 들어갈 때보다 많아진다.

④ 여과조에서는 유기물의 무기화 결과 암모니아를 질산으로 변화시킨다.

해설
여과조를 통과한 물은 호기성 세균의 산소 소모로 용존산소량이 아주 낮기 때문에 사육조로 유입되기 전에 충분히 포기시켜 주어야 한다.

04 양어사료에서 지용성 비타민이 아닌 것은?

① 비타민 A

② 비타민 C

③ 비타민 E

④ 비타민 K

해설
② 비타민 C는 수용성 비타민이다.
지용성 비타민 : A, D, E, K

05 그물차단식으로 방어를 양식할 때 적합한 가두리 형태는?

① 원형 가두리
② 6각형 가두리
③ 8가형 가두리
④ 사각형 가두리

해설
방어는 회유성 어종으로 활동성이 강하여 원형 가두리가 적합하다.

06 활어 운반 시 어류를 굶기는 이유는?

① 어체의 크기를 줄이기 위하여
② 몸의 대사기능을 활성화시키기 위하여
③ 어체의 체중이 감소할 것이므로 필요없는 사료를 절약하기 위하여
④ 호흡량을 줄이기 위하여

해설
활어 운반 시 대사기능의 저하를 위해 수온을 낮추고 먹이를 주지 않는다.

07 유럽잉어의 품종 개량에 이용된 주된 방법은?

① 선발육종
② 돌연변이
③ 비육관리
④ 배수성 유전

해설
유럽잉어의 품종 개량은 잡종화 및 선발육종을 이용한다. 독일에서 자연잉어를 인위적으로 개량한 것으로 독일잉어 또는 이스라엘잉어라고도 불리며, 향어가 대표적이다.

08 틸라피아에 대한 생태적 습성으로 옳지 않은 것은?

① 주로 잡식성이다.
② 번식력이 아주 강하다.
③ 수컷이 암컷보다 빨리 자란다.
④ 환경의 변화에 대한 저항성이 강하다.

해설
① 틸라피아는 초식성이다.

09 대부분 양식산 해산어류의 초기 부화 자어가 최초로 섭취하는 먹이생물은?

① 물벼룩(Daphnia)
② 로티퍼(Rotifer)
③ 아르테미아(Artemia)
④ 클로렐라(Chlorella)

해설
자어 초기의 먹이로는 요각류(코페포다 등)가 적합하지만, 대량으로 확보하기가 힘들기 때문에 대량 배양이 용이한 로티퍼를 먹이로 사용한다.

10 다음 어류 중 먹이를 하루에 여러 번 나누어서 주어야 하는 종은?

① 무지개송어
② 잉 어
③ 뱀장어
④ 메 기

해설
잉어의 경우 위가 없는 특성 때문에 하루에도 여러 번 지속적으로 공급되어야 최적의 성장이 이루어진다.

11 우리나라에서 양식 중인 무지개송어에 대한 설명으로 틀린 것은?

① 연어과에 속한다.
② 열대성 어류이다.
③ 육봉화하여 성장과 번식을 한다.
④ 산간 계곡의 맑은 찬물에 산다.

해설
무지개송어는 연어과에 속하며, 냉수성 어류로 하천에서 태어나 바다에 내려가지 않고 담수에서 육봉화하여 산다. 산간 계곡의 맑은 찬물에 살며 산란연령은 2, 3년을 넘어야 한다.

12 무지개송어의 부화기에서 알 10만개가 소비하는 산소량이 1시간당 0.5L이다. 주입수와 배출수의 용존산소량이 각각 10mL/L, 6mL/L일 때 필요한 주수량은?

① 115L   ② 125L
③ 135L   ④ 145L

해설

$$주수량 = \frac{10만개가 \ 소비하는 \ 산소량}{주입수의 \ 용존산소량 - 배출수의 \ 용존산소량}$$

$$= \frac{500}{10-6} = 125$$

13 다음 중 지질에 대한 설명으로 옳지 않은 것은?

① 어류의 필수지방산과 지용성 비타민의 공급원이 되기도 한다.
② 지질은 에테르, 클로로폼 등의 유기용매에는 잘 녹지 않는다.
③ 사료 내의 지질은 가용 에너지 함량이 높기 때문에 중요한 에너지 자원이다.
④ 체내에서 지용성 비타민의 흡수, 체조직과 세포막의 구성 등의 역할을 한다.

해설
② 지질은 에테르, 클로로폼 등의 유기용매에 잘 녹는다.

14 어류의 축양에 대한 설명 중 틀린 것은?

① 축양은 생존율을 높이는 데 그 목적이 있다.
② 축양은 살아 있는 수산동물을 적절한 시설 안에서 일시적으로 보관하는 일이다.
③ 가두리에서 축양할 수 있는 동물은 잉어, 송어, 메기, 은어, 방어, 돔 등이 있다.
④ 다량의 어류를 넣어 1~2일 이상의 축양을 위해서는 에어레이션 장치와 오물제거를 위한 장치가 필요하다.

해설
축양은 성장이 목적이 아니라 살아있는 수확물을 일시적으로 보관하는 일로, 안전하고 건강하게 원래 상태로 유지시키는 일이 필요하다.

15 다음 중 유수식 양식의 장점이 아닌 것은?

① 생산어의 포획이 쉽다.
② 단위면적당 생산이 높다.
③ 사육수의 소요가 타 양식에 비해 적다.
④ 사육면적이 소단위로 되어 관리하기 쉽다.

해설
유수식 양식의 적지는 수량이 풍부하고 유수가 가능하여 사육수조 안으로 계속해서 물을 흘려줄 수 있는 곳으로 사육수의 소요가 타 양식에 비해 많다.

16 무지개송어 부화조의 수온이 12℃일 때, 알의 발안기와 부화에 소요되는 일수로 적합한 것은?

① 13일, 약 24일

② 14일, 약 29일

③ 17일, 약 30일

④ 19일, 약 36일

해설

수온에 따른 무지개송어 알의 발안기까지 소요일수

수 온	6℃	7℃	8℃	9℃	10℃	11℃	12℃	13℃
일 수	30	25	21	18	16	14	13	12

수온에 따른 무지개송어 알의 부화 소요일수

수 온	1.66℃	4.4℃	7.2℃	10.2℃	12.8℃	15.6℃
일 수	–	80	48	31	24	19

17 은어의 성장적수온으로 옳은것은?

① 4~8℃

② 8~15℃

③ 15~25℃

④ 25℃ 이상

해설

은어의 성장적수온은 15~25℃로 이 수온 범위 내에서는 수온이 높을수록 성장이 빠르다.

18 조피볼락 암컷의 출산 징후 관찰이 가능한 부위가 아닌 것은?

① 입

② 항 문

③ 생식구

④ 비뇨돌기

해설

조피볼락 암컷은 출산 직전 항문, 생식구 및 비뇨돌기 주변이 현저히 팽출되며 주변 부위 색깔이 암청색 또는 암자색을 띤다.

19 다음이 설명하는 실뱀장어의 먹이는?

- 기호성이 가장 좋다.
- 계속적으로 공급하면 에드워드병에 걸리기 쉽다.
- 사료수급면에서 안정되지 않아 가격변동이 심하다.

① 물벼룩

② 클로렐라

③ 실지렁이

④ 배합사료

해설

실뱀장어의 먹이 종류로는 실지렁이, 냉동 담치류, 인공 배합사료 등 다양하다. 기호성은 실지렁이가 가장 좋지만, 에드워드 병원균을 옮기는 일이 많으므로 사육 초기에 공급하고, 될 수 있는 대로 배합사료로 전환하는 것이 좋다.

20 다음 중 유수식 양식에 관한 설명으로 옳은 것은?

① 축제식 양식장이 대표적인 형태이다.

② 깊은 해저에 사는 생물을 대상으로 한다.

③ 별도의 시설을 설치하지 않고 양식이 가능하다.

④ 유입되는 물의 양과 대상 생물의 수용밀도는 비례한다.

해설

유수식 양식은 흐르는 물을 통해 용존산소와 공급받는 형태로서 유입되는 물의 양과 대상 생물의 수용밀도는 비례하게 된다.

21 대합의 종자생산을 위한 채묘방법으로 가장 적합한 것은?

① 수하식 채묘

② 로프식 채묘

③ 침설고정식 채묘

④ 완류식 채묘

해설

채묘시설의 종류

• 고정식, 부동식 : 참굴

• 침설 수하식 : 피조개

• 완류식 : 대합, 바지락

※ 대합은 완류식 채묘시설을 이용하여 상층의 치패를 수집하고, 이를 흡습량이 많은 저질이나 간출하더라도 해수가 고이는 곳이 많은 곳으로 옮겨 종자로 될 때까지 관리한다.

22 다음 중 귀매달기식으로 양성할 수 있는 종류는?

① 전 복

② 성 게

③ 참가리비

④ 소 라

해설

• 귀매달기식으로 양성할 수 있는 종류 : 참가리비, 진주조개 등

• 전복, 성게, 소라는 귀매달기식으로 양성할 경우 섭식이 불가능하고 참가리비, 진주조개 등은 여과섭식으로 귀매달기 양성이 가능하다.

23 해산무척추동물 인공종자생산 시 조개류 부유유생 사육에 가장 많이 사용되는 방법은?

① 유수식

② 지수식

③ 반유수식

④ 순환여과식

해설

일반적으로 조개류 부유유생기는 환경저항능력(충격 및 기타 환경 변화)이 낮기 때문에 지수식으로 사육 후 환경 저항력이 생기면 환수 및 유수 관리한다.

24 먹이생물 배양의 주요 조건이 아닌 것은?

① 조 도

② 배양액

③ 온 도

④ 엽록소

해설

식물성 먹이생물 배양조건

• 성장에 필요한 영양염의 공급

• 적절한 조도

• 적절한 온도의 유지

• 가스교환과 영양염의 고른 이용

• 플랑크톤의 균일한 분포를 위한 교반장치

25 다음 중 호흡공 수가 가장 많은 전복류는?

① 참전복

② 말전복

③ 까막전복

④ 오분자기

해설

오분자기는 크기가 작고, 호흡공의 수가 6~9개로 6개 이하인 다른 종과 쉽게 식별된다.

26 다음 중 해삼과 관련이 없는 것은?

① 아우리쿨라리아

② 하 면

③ 운 단

④ 재 생

해설

③ 운단은 성게의 방언이다.

① 해삼 유생의 변태 : 아우리쿨라리아 → 돌리올라리아 → 펜타쿨라 → 새끼 해삼

② 해삼의 하면 : 수온이 높은 시기(25℃ 이상)에 소화관이 작아져 최소로 되는 시기

④ 해삼의 재생 : 소화관이나 호흡수의 재생력이 매우 강해 제거해도 원상태로 재생한다.

27 다음 중 제방식 양성법으로 많이 양성하는 종으로 가장 옳은 것은?

① 백 합

② 가리비

③ 우렁쉥이

④ 흰다리새우

해설

제방식 양성법으로 많이 양성하는 것은 흰다리새우로, 최근에는 BFT(바이오플락)시스템을 도입하여 양성하는 경우도 많다.

28 문어의 인공종자생산 시 부유생활기에 대한 설명으로 옳지 않은 것은?

① 공식현상이 일어난다.

② 빛이 있는 곳으로 잘 모인다.

③ 알테미아 부화유생을 먹이로 공급한다.

④ 수온 25℃에서 1개월 동안 부유생활을 한다.

해설

부유생활기에는 밝은 곳에 잘 모이고 부유성 먹이를 먹지만, 저서생활에 들어가면 야행성이 되고 공식현상도 일어난다.

29 성숙한 꽃게의 교미에 대한 설명이 옳은 것은?

① 어릴 때부터 짝을 정하여 교미한다.

② 암컷이 탈피 직후의 수컷과 교미한다.

③ 수컷이 탈피 직후의 암컷과 교미한다.

④ 암수가 같이 탈피를 한 후 교미한다.

해설

교미는 암컷이 탈피한 다음 탈피하지 않은 수컷이 암컷의 등 뒤쪽에서 포옹하는 모양으로 한다.

30 굴의 속별 생식양식을 잘못 연결한 것은?

① *Ostrea* 속 - 자웅동체, 유생형

② *Crassostrea* 속 - 자웅이체, 난생형

③ *Pyncnodonta* 속 - 자웅이체, 난생형

④ *Mytilus* 속 - 자웅이체, 난생형

해설

④ *Mytilus* 속은 홍합속이다.

31 교미를 한 후 암컷의 체내에 정자를 보관하고 있는 무척추동물은?

① 성 게   ② 소 라

③ 해 삼   ④ 보리새우

해설
보리새우의 암컷은 수컷으로부터 정협을 받아 이것을 저정낭에 저장한다.

32 부유기간에 먹이생물이 필요 없는 종류는?

① 참 굴   ② 바지락

③ 가리맛   ④ 전 복

해설
전복의 부유유생은 부유기간에는 먹이를 먹지 않으나, 3~4일 지나면 저서생활로 들어가기 시작하면서 먹이를 먹게 되므로, 미리 먹이배양 파판을 준비해야 한다.

33 다음 중 소라 종자로서 알맞은 크기와 그 크기까지의 소요 기간으로 가장 옳은 것은?

① 각고 1cm, 만 6개월

② 각고 1cm, 만 1년

③ 각고 3cm, 만 6개월

④ 각고 3cm, 만 1년

해설
소라 종자로서 알맞은 크기는 각고 3cm 정도로 이 크기까지 소요되는 기간은 만 1년 정도가 된다.

34 새우류의 유생기 중 먹이를 공급할 필요가 없는 시기는?

① 조에아

② 미시스

③ 포스트라바

④ 노플리우스

해설
노플리우스기에는 체내의 영양분인 난황으로 생활하기 때문에 먹이는 필요하지 않다.

35 진주담치의 수정란 이후 발생 과정으로 옳은 것은?

① D상 유생 → 각정기 유생 → 부착기 유생 → 담륜자

② 각정기 유생 → 부착기 유생 → 담륜자 → D상 유생

③ 담륜자 → D상 유생 → 각정기 유생 → 부착기 유생

④ 부착기 유생 → 담륜자 → D상 유생 → 각정기 유생

해설
진주담치는 봄에 주로 산란하고 수정란은 1일이 지나면 담륜자, 수정 후 2일이면 D상 유생, 이후 각정기, 부착기 유생으로 된다.

36 다음 중 간석지에서 조위망을 시설한 다음 그 안에 종자를 방양하여 양성하는 패류로 옳은 것은?

① 대 합
② 전 복
③ 피조개
④ 바지락

해설
대합류의 이동습성과 관계된 관리방법
• 내만에 방양한다.
• 조위망 등으로 조위시설을 한다.
• 깊은 곳으로 이동한 대합을 양성장에 다시 골고루 뿌려 준다.

37 참가리비의 양성장으로 가장 적절한 곳은?

① 연중 최저수온이 28℃ 이상 되는 곳
② 연중 최저수온이 23℃ 이상 되는 곳
③ 연중 최고수온이 22℃ 이하 되는 곳
④ 연중 최고수온이 10℃ 이하 되는 곳

해설
참가리비는 수온이 23℃ 이상 되는 곳에서는 활력이 저하되는 경향을 보이므로, 양성장은 연중 최고수온이 22℃ 이하 되는 곳이 적절하다.

38 성숙된 해삼의 생식소 색으로 옳은 것은?

① 난소 - 홍색, 정소 - 유백색
② 난소 - 옅은 황색, 정소 - 유백색
③ 난소 - 유백색, 정소 - 홍색
④ 난소 - 유백색, 정소 - 옅은 황색

해설
해삼의 생식소 색은 중량이 5g 이하일 때 암수 모두 옅은 황색이나 성숙하게 되면 난소는 홍색, 정소는 대황인 유백색이 된다.

39 참가리비 양성관리에 대한 설명으로 옳지 않은 것은?

① 부착생물이 많이 착생하는 여름에는 수심이 깊은 수층에 수하시켜 관리하도록 한다.
② 부착생물을 제거해 줄 때마다 참가리비의 패각에 성장장애륜이 생긴다.
③ 공중 활력이 강하기 때문에 노출을 통한 부착생물 제거가 가능하다.
④ 고온 및 담수에 대한 저항력이 약하기 때문에 부착생물 제거를 위해 온탕욕 및 담수욕은 적용할 수 없다.

해설
③ 참가리비는 공중 활력이 약하기 때문에 노출 등은 적용할 수 없다.

40 대합 육질의 설명으로 옳은 것은?

① 산란기가 끝나는 10월경에 최저값을 보인다.
② 산란기 직전인 2월경에는 최고값을 보인다.
③ 6월부터 8월 사이에는 육질이 중량의 25%를 차지한다.
④ 육질의 최고값 시기에는 전 중량에 50%를 차지한다.

해설
대합 육질의 비만은 계절에 따라 다른데, 산란기가 끝나는 10월경에 최저값을 보이고, 이후 점차 증가해 1~4월 사이는 전중량의 25%를 차지하고 산란기 직전 6월경에 최고값을 나타내 약 30% 이상이 된다.

41 미역 양식장의 적절한 양성시설 수심은?

① 2~4m   ② 4~6m

③ 5~8m   ④ 7~10m

해설
양식장의 수심은 5~8m가 이상적이다. 어미줄을 설치하는 깊이는 해수의 투명도와 일사량에 따라 차이가 있으나 대체로 남해안에서는 2~3m, 동해안 북쪽에서는 0.5~1m를 기준으로 하여 조절한다.

42 김 사상체 닭살병의 주된 원인은?

① 해수 중의 영양염 부족

② 탄산칼슘의 침착

③ 호염성 세균감염

④ 규조류의 부착

해설
탄산칼슘이 김 사상체 배양의 조가비 표면에 침착하여 나타난다.

43 톳의 번식효과를 높이기 위해서 제거에 주력해야 하는 대상종은?

① 우뭇가사리

② 풀가사리

③ 지충이

④ 모자반

해설
지충이는 톳과 함께 조간대 중부에서 하부에 서식하는 경쟁 해조류로 성장과 산란시기가 톳보다 빨라 증식에 유리한 생태적 특징을 갖고 있다.

44 해조류가 양식어장에 시비(施肥, 비료주기)하는 목적과 가장 거리가 먼 것은?

① 조기생산

② 수확량 증대

③ 병해예방

④ 품질향상

해설
시비의 목적
유아 발육 증진, 수확량 증대, 품질향상, 병해예방

45 김의 맛을 내는 성분으로 가장 거리가 먼 것은?

① 알라닌

② 글루탐산

③ 라미나란

④ 글리신

해설
③ 라미나란 : 갈조류에서 생합성 되는 저장 다당류이다.

46 다음 해조류 중 생활사가 다른 것은?

① 감 태   ② 미 역

③ 다시마   ④ 모자반

해설
모자반은 해조류 중 형태적으로 가장 발달된 무리이면서 세대교번을 하지 않는다.

47 미역의 채묘를 위한 예비작업에 해당하는 사항은?

① 저온처리

② 담수처리

③ 음건처리

④ 고염분 처리

해설
포자엽을 음건처리하여 공기 중에서 유주자낭에 삼투압의 변화를 주어 일시에 많은 양의 유주자를 방출시킬 수 있다.

48 일반적으로 김엽체가 자연 상태에서 노출되는 시간으로 가장 적합한 것은?

① 1시간 이하

② 1~2시간

③ 4~5시간

④ 6~7시간

해설
발아층은 대조 때의 주간 4~5시간 노출선으로 하는 것이 일반적이다.

49 우뭇가사리의 이식에 대한 내용으로 옳지 않은 것은?

① 우뭇가사리는 한 번 건조되면 포자 방출능력이 거의 없어지므로 이식 시 건조에 주의하여야 한다.

② 이식작업 시 될 수 있는 대로 직사광선을 피하고, 수온 상승을 방지할 필요가 있다.

③ 포자 방출이 가장 많이 되는 시각이 12시경이므로 되도록 오전에 완료하는 것이 좋다.

④ 이식은 포자를 가진 우뭇가사리를 새끼줄 등에 끼워 돌에 감아 투석하거나, 해저의 바위에 감아 주는 방식을 이용한다.

해설
우뭇가사리는 16~18시에 포자를 많이 방출하므로 이식을 위해 모조를 새끼에 끼워 돌에 감아 주는 작업은 하루 중 15시 이전에 마치도록 한다.

50 다음 중 영양번식력이 강하여 자리바꿈에 가장 우세한 것은?

① 참 김

② 둥근돌김

③ 방사무늬김

④ 모무늬돌김

해설
방사무늬김은 영양번식력이 강하여 자리바꿈에 우세한 품종이다.

51 미역의 포자엽을 취급하는 요령으로 틀린 것은?

① 채취 즉시 깨끗한 해수에 씻는다.
② 시원한 그늘에서 말린다.
③ 깨끗한 해수에 넣어서 운반한다.
④ 너무 마른 때는 위를 덮어준다.

해설
③ 해수에 넣어서 운반할 경우 운반 중 계획되지 않은 유주자 방출의 우려가 있다.

52 다음 그림에서 미역의 잎자르기 수확을 할 때 자르는 부위로 옳은 것은?

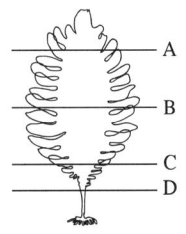

① A
② B
③ C
④ D

해설
미역의 잎자르기

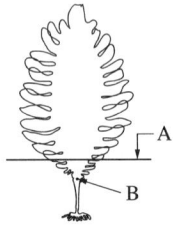

A : 자르는 부위
B : 생장점

53 미역의 좋은 포자엽 조건에 해당하지 않는 것은?

① 성숙도가 좋은 것
② 가장자리 색이 연한 것
③ 포자엽이 크고 두꺼운 것
④ 부드러우며 점액이 많은 것

해설
미역의 좋은 포자엽 고르기
포자엽은 충분히 성장하여 크고 두꺼운 것을 골라야 한다. 대체로 성숙도가 좋은 것은 광택이 있는 다갈색이나 흑갈색으로, 가장자리가 색깔이 짙고 부드러우며 점액이 많다.

54 다음 중에서 세대교번을 하지 않는 종류는?

① 김
② 청 각
③ 미 역
④ 홑파래

해설
톳, 모자반, 청각은 세대교번을 하지 않는다.

55 다시마를 어미줄에 착생시키는 밀도는 수확 시 m당 몇 개체를 기준으로 하는가?

① 10개체 미만
② 10~20개체
③ 25~50개체
④ 50~100개체

해설
다시마를 어미줄에 착생시키는 밀도는 수확 시의 1m당 25~50개체를 기준으로 한다.

56 미역 수확 시 수온이 15℃ 이하인 기간이 길고 종묘가 드물 경우에 적합한 수확 방법?

① 솎음 수확
② 일제 수확
③ 개재 수확
④ 잎자르기 수확

해설
미역의 생장 특성을 이용한 수확
• 일제 수확 : 수온이 비교적 높아 15℃ 이하가 되는 시간이 짧은 곳에서 종묘가 드물 경우 또는 밀식이 되었더라도 대부분의 미역이 충분히 자랐을 때 일제히 채취한다.
• 솎음수확 : 수온이 15℃ 이하인 기간이 긴 곳에서 밀식된 미역은 일찍 자란 것부터 수확한다.
• 잎자르기 수확 : 수온이 15℃ 이하인 기간이 길고 종묘가 드물 경우에는 미역의 길이가 5~10cm 정도 남도록 줄기에서 생장대 윗부분만 수확한다.

57 김의 과포자가 해저에 있는 조가비의 진주층을 뚫고 들어가 그 속에서 자라면서 여름철의 고수온기를 지내는 시기를 무엇이라 하나?

① 중성포자
② 각포자기
③ 사상체기
④ 유주자기

해설
김의 생활사 중 방출된 과포자가 조가비의 진주층을 뚫고 들어가 그 속에 자라면서 여름철의 고수온기를 지내게 되는데 이 시기를 사상체기라 한다.

58 매생이의 자연서식처의 출현 및 성장 관한 설명으로 옳은 것은?

① 10월 중순경부터 출현하기 시작하여 2월경 최대 성장을 나타낸다.
② 10월 중순경부터 출현하기 시작하여 4월에 최대 성장을 나타낸다.
③ 12월 중순경부터 출현하기 시작하여 4월에 최대 성장을 나타낸다.
④ 12월 중순경부터 출현하기 시작하여 6월에 최대 성장을 나타낸다.

해설
10월 중순경부터 출현하기 시작하여 2월경 최대 성장을 나타낸 후 3월부터 퇴색되기 시작하여 4월에 소실된다.

59 다음 중 김의 기생성 갯병으로 옳은 것은?

① 흰갯병
② 붉은갯병
③ 싹갯병
④ 암종병

해설
김의 갯병 종류
• 기생성 갯병 : 붉은갯병, 호상균, 사상세균부착증, 녹반병, 구멍 갯병
• 생리적 갯병(비기생성) : 흰갯병, 의사흰갯병, 싹갯병, 암종병, 쪼그랑병

60 다시마의 생활사를 순서대로 나타낸 것은?

① 자낭반 – 유주자 – 배우체 – 아포체 – 포자체
② 자낭반 – 배우체 – 유주자 – 아포체 – 포자체
③ 자낭반 – 유주자 – 포자체 – 배우체 – 아포체
④ 자낭반 – 배우체 – 아포체 – 유주자 – 포자체

해설
자낭반(2n) → 유주자(n) → 암수배우체(n) → 아포체(2n) → 유엽

61 새우류의 발생단계가 아닌 것은?

① 노우플리우스

② 미시스

③ 메갈로파

④ 조에아

해설
- 새우류 : 노플리우스 → 조에아 → 미시스 → 포스트라바
- 게류 : 노플리우스 → 조에아 → 메갈로파 → 성체

62 플랑크톤의 이동과 계절변화에 대한 설명으로 틀린 것은?

① 동물플랑크톤은 표층뿐만 아니라 수심 10,000m 이상의 깊은 곳에도 분포한다.

② 일반적으로 동물플랑크톤은 낮에는 표층에 올라오고 밤에는 깊은 곳에 내려가서 생활한다.

③ 플랑크톤의 계절변화는 수온, 염분, 영양염류 등의 환경요인과 생물 상호 간의 관계에 의해 유발된다.

④ 온대해역에서는 1년 중 대부분 봄과 가을 두 번에 걸쳐 식물플랑크톤의 대번식이 일어난다.

해설
② 동물플랑크톤은 대부분 밤에 표층으로, 낮에 깊은 층으로, 주야 일주기 수직이동을 한다.

63 모악동물(화살벌레)의 설명 중 옳지 않은 것은?

① 몸은 머리, 몸통, 꼬리의 세 부분으로 나뉘어 있다.

② 이들은 턱 주변의 강한 털로써 먹이를 잡는다.

③ 대부분이 담수산이며 담수산 동물플랑크톤에서 중요하다.

④ 해양 환경을 파악하는 지표 생물로 이용되기도 한다.

해설
③ 모두 해산이며 요각류 다음으로 양이 많다.

64 연골어류의 특징이 아닌 것은?

① 상어, 가오리, 은상어와 같이 뼈가 연골로 된 물고기를 말한다.

② 부레 또는 허파를 가지지 않는다.

③ 꼬리지느러미는 대부분 정형이다.

④ 배지느러미의 일부분에서 변화·형성된 정교한 교미기가 있다.

해설
연골어류의 꼬리지느러미는 대부분 부정형으로 상엽이 큰 점, 비늘은 방패비늘로 이빨과 구조가 유사한 점, 부레와 유문수가 없고 창자는 짧지만, 안쪽이 나선판을 가지고 있는 점 등이 특징이다.

65 어류의 산소소비량에 대한 설명이 옳은 것은?

① 수온이 높아지면 증가한다.

② 큰 개체가 어린 개체에 비하여 단위 체중당 소비량이 많다.

③ 어종에 관계없이 수온, 체중에 따라 일정하다.

④ 운동량과 관계가 없다.

해설
② 작은 개체가 큰 개체에 비하여 단위 체중당 소비량이 많다.
③ 어종 및 수온, 체중에 소비량이 다르다.
④ 운동량이 많을수록 소비량이 많다.

66 오징어류가 유영생물(Nekton)로 분류되는 이유로 옳은 것은?

① 번식력   ② 운동력

③ 생산력   ④ 적응력

해설
유영동물은 유영력을 가진 동물 집단으로 해양의 흐름이나 파도 등에 영향을 받지 않고 자신의 운동기관을 이용하여 자유롭게 유영하는 동물을 말한다. 오징어류는 외투강 속으로 물을 끌어들인 후, 이 물을 누두를 통해 분사하여 재빨리 이동할 수 있다.

67 재연성 변태는 다음 어느 종에서 볼 수 있는가?

① 뱀장어
② 가자미
③ 댕멸치
④ 보리멸

해설
재연성 변태란 자치어기 때 조상의 형태를 나타낸 후 성어의 형태로 변하는 것으로 넙치, 가자미, 학꽁치 등이 있다.

68 다음 중 육식성 어류로 짝지어지지 않은 것은?

① 초어, 은어
② 다랑어, 갈치
③ 톱상어, 별상어
④ 가다랑어, 붕장어

해설
초어는 초식성이고, 은어는 성장함에 따라 육식성에서 초식성으로 식성이 변한다.

69 해양에서 종생 플랑크톤(Holoplankton)에 속하지 않는 것은?

① 집게의 zoea 유생
② 요각류
③ 규조류
④ 와편모조류

해설
게나 새우와 같은 십각류(Decapoda)와 따개비류의 성체는 저서 생활을 하지만, 그들의 유생은 일시적으로 부유생활을 한다.

70 분류학상 원구류에 속하지 않는 것은?

① 다묵장어
② 칠성장어
③ 붕장어
④ 먹장어

해설
붕장어는 경골어류(뱀장어류)에 속한다.

71 생물을 분류하는 데 있어서 기본단위는?

① 문(門)　　② 강(鋼)

③ 목(目)　　④ 종(種)

생물 분류의 기본단위는 종으로 다음과 같이 분류한다.
종 - 속 - 과 - 목 - 강 - 문 - 계

72 생물학적 최소형(Biological Minimum Size)을 결정하는 가장 중요한 요건은?

① 어장에의 가입

② 색채의 구비

③ 생식능력의 구비

④ 종 특징의 완성

생물학적 최소형(Biological Minimum Size)
생물학적으로 재생산을 할 수 있는 초기 연령(Age at First Reproduction) 또는 몸의 크기를 뜻하며, 성 성숙 최소 크기라고도 한다.

73 아가미호흡과 함께 보조적 수단으로 창자호흡을 하는 종류는?

① 뱀장어

② 가물치

③ 미꾸라지

④ 망둑어

미꾸라지 : 아가미호흡(공기호흡)을 하나 충분하지 않을 때는 창자호흡을 한다.

74 어류의 몸 옆면에 세로로 뻗어 있는 옆줄의 기능은?

① 압력, 촉감 등의 감각작용을 담당한다.

② 소화작용을 담당한다.

③ 시각작용을 담당한다.

④ 배설작용을 담당한다.

수류의 압력·유속·방향을 알 수 있다.

75 다음 중 일생동안 부유생활을 하는 것은?

① 완족류

② 유폐류

③ 이족류

④ 이새류

일생동안 부유생활을 하는 대표적인 종으로 익족류와 이족류가 있다.

76 다음 중 연안역의 특징에 해당되지 않는 것은?

① 대부분 유광층에 속한다.

② 수온과 염분의 변화가 심하다.

③ 협염성 생물과 협온성 생물이 많다.

④ 플랑크톤이 풍부하여 주요 어장이 많다.

해설
③ 연안역은 외양역에 비하여 광염성 생물과 광온성 생물이 많다.

77 자식(Autophagy)현상이 있는 생물로 옳은 것은?

① 갯지렁이

② 문 어

③ 넙 치

④ 조피볼락

해설
자식(自食)현상이란 자가포식이라고도 하며 스스로(Auto)를 먹는다(Phagy)는 뜻으로 문어에서 볼 수 있다. 환경조건이 극단적으로 변한 경우 일어나는 착란상태이다.

78 다음 중 척색동물문의 원색동물에 해당되는 것은?

① 목욕해면

② 해파리

③ 오징어

④ 우렁쉥이

해설
척색동물문의 원색동물에는 두색류와 미색류가 있으며 두색류에는 창고기, 미색류에는 우렁쉥이와 미더덕 등이 있다.

79 해조류를 분류할 때 가장 중요한 특징이 되는 것은?

① 광합성 색소의 종류

② 부착기의 종류

③ 생식의 방법

④ 기관의 분화

해설
해조류를 분류하는 데 가장 중요한 기준이 되는 것은 해조류가 함유하고 있는 광합성 색소의 종류로 그 종류에 따라 홍조류, 갈조류, 녹조류 등으로 분류한다.

80 다음 중 경골어류의 일반적인 특성으로 옳지 않은 것은?

① 방패비늘을 가진다.

② 대부분 부레를 가진다.

③ 척색은 경골화된 등뼈로 대치되어 있다.

④ 양 턱을 가지고 있다.

해설
① 방패비늘은 연골어류의 형태적 특징이다.

81 백점병에 관한 설명으로 가장 거리가 먼 것은?

① 온수성 양어장에서 연중 발병한다.

② 치어지, 월동지, 저수지의 치어에 큰 피해를 준다.

③ 체표 기생 시보다 아가미 기생 시에 폐사율이 높다.

④ 해산 백점병은 20℃ 이상에서 잘 번식하고 15℃ 이하에서는 잘 발생하지 않는다.

해설

① 온수성 어류의 양어장에서는 봄이나 가을에, 냉수성 어류의 양어장에서는 연중 발생한다.

82 시료수를 유리병에 넣고 보존해서는 안 되는 항목은?

① 용해성 인산

② 질산성 질소

③ pH

④ 규산염

해설

영양염 분석을 위한 시료는 플라스틱 용기에 넣어 보관한다. 유리 용기는 용해가 쉬워 규산에 의한 오염 가능성이 있어 유리 용기는 영양염 시료를 보관하는 데 사용하지 않도록 한다(해수공정시험 기준).

83 육안적으로 체표만 관찰해서는 쉽게 진단할 수 없는 병은?

① 수생균병

② 궤양병

③ 닻벌레병

④ 아가미 부식병

해설

외관상 별다른 변화가 없지만, 아가미뚜껑이 약간 열려 있다. 붉은 아가미가 부분적으로 결손되어 있고 침해당한 부분이 회백색으로 보이며, 펄이 부착되어 아가미가 썩은 것 같이 보인다.

84 $CaCO_3$mg/L의 단위를 쓰는 것은?

① 경 도　　　　　② 황산염

③ 증발잔류물　　　④ 칼 륨

해설

경 도

물의 세기 정도, 물속에 용존하고 있는 이산화칼슘, 이산화망간, 이산화철 등의 2가 양이온 금속이온의 함량을 이에 대응하는 $CaCO_3$mg/L으로 환산표시한 값

85 Vibrio병에 관한 설명으로 옳지 않은 것은?

① 뱀장어, 송어, 은어에만 발병된다.

② 장관에 염증이 일어난다.

③ 수온 10℃ 이하인 때는 발병률이 낮다.

④ 발병어는 성별, 크기와 관계없이 연중 발생된다.

해설

① 어류 및 패류에서 발병하며 거의 모든 해수어류가 감수성이 있는 것으로 보인다.

86 염소(Cl)량 16.5‰인 해수의 염분값(psu)은?

① 18.6 　　　　② 24.2

③ 29.8 　　　　④ 32.4

> **해설**
> S(염분) = 1.80655Cl
> 　　　　= 1.80655 × 16.5‰ ≒ 29.8‰(psu)

87 참돔에서 *Microcotyle* sp. 가 감염되었을 때 병어에서 관찰되는 가장 뚜렷한 증상은?

① 회전 유영

② 체색의 흑화

③ 체표의 궤양형성

④ 아가미의 색깔이 창백해짐

> **해설**
> *Microcotyle* sp.
> 흡혈성 아가미 흡충으로 감염 시 아가미가 창백하고, 식욕이 떨어져 사료를 잘 먹지 않는다.

88 다음에서 설명하는 양식생물 질병은?

> • 종묘 배양장이나 자연 상태의 알에 기생하여 피해를 준다.
> • 원인균은 진균류인 사프로레그니아 속이다.
> • 외관상으로는 어체 표면이나 알 표면에 솜뭉치가 덮여있는 것처럼 보인다.

① 유결절증 　　　② 물곰팡이병

③ 연쇄구균병 　　④ 비브리오병

> **해설**
> 물곰팡이병
> 진균류인 사프로레그니아(*Saproleginia*) 속 이 원인균으로, 종묘 배양장이나 자연 상태의 알에 기생하여 피해를 주고, 외관상으로는 어체 표면이나 알 표면에 솜뭉치가 덮여있는 것처럼 보인다.

89 호수의 pH를 변화시키는 요인과 가장 거리가 먼 것은?

① 소금의 용해

② 알칼리성 폐수의 유입

③ 공기 중의 탄산가스 용해

④ 식물성 플랑크톤의 광합성 작용

> **해설**
> 공기 중의 탄산가스가 수중에 용해되면 pH가 하강하고, 수초나 식물플랑크톤의 광합성작용에 의해 이산화탄소가 많이 소비되는 곳에서는 pH가 상승한다.

90 지름이 10m이고 사육수의 수심이 1m인 원형수조에 수용된 어류를 옥시테트라사이클린 200ppm으로 약욕할 때 필요한 약품의 살포량은?

① 5.0kg 　　　　② 15.7kg

③ 20.0kg 　　　④ 52.8kg

> **해설**
> • 약품의 살포량(g) = 수량(t) × 약품농도(ppm)
> • 원형수조의 수량 = 원의 넓이 × 수심
> 　　　　　　　　= 5 × 5 × 3.14 × 1 = 78.5톤
> ∴ 약품의 살포량 = 78.5 × 200 = 15,700g = 15.7kg

91 다음 중 시험수를 채수한 후 가장 빨리 분석해야 하는 항목은?

① 수소이온농도
② 부유물질
③ 총질소
④ 염소이온

해설
pH값은 온도에 따라 변하기 때문에 채수 후 빨리 분석해야 한다.

92 해수의 투명도를 측정하는 데 이용하는 기구는?

① 난센병
② 세키디스크
③ 바라스 샘플러
④ 포렐시약

해설
투명도는 물, 특히 육수나 해수의 투명한 정도를 나타내는 값으로 세키판(Secchi Disc)이라고 하는 투명도판으로 측정한다.

93 성충이 되면 말굽모양의 대핵을 가지는 것은?

① 트리코디나(*Trichodina*)
② 이크티오프티리우스 멀티필리스(*Ichthyophthi-rius multifiliis*)
③ 키로도넬라 시프리니(*Chilodonella ciprini*)
④ 트리코프리아(*Trichophrya*)

해설
원생동물에 속하는 섬모충으로 0.5~1mm의 타원형이고 말굽형핵을 가진다.

94 다음 중 시료수의 운반과 보존 중 특히 5℃ 이하의 냉암소에 보존하여야 하는 분석 대상 항목으로 옳은 것은?

① DO
② pH
③ BOD
④ COD

해설
BOD는 생물학적 산소요구량으로 시료채취 즉시 시험하여야 하며 즉시 시험이 불가할 경우에는 0~10℃ 냉암소에 보존하여 미생물의 활성을 억제, 가능한 신속히 시험하여야 한다.

95 다음 중 (가)에 들어갈 말로 알맞은 것은?

연어, 송어류에 장기간 (가)을 투여하면 간에 글리코겐이 과잉 축적되어 글리코겐 과다증이 나타난다.

① 지 방
② 단백질
③ 비타민
④ 탄수화물

해설
글리코겐 과다증 : 탄수화물의 장기간 투여에 의해 간에 글리코겐이 축적되어 간이 퇴색되고, 심하면 폐사한다.

96 양어장에서 pH와 용존산소는 어떤 관계가 있는가?

① 용존산소가 증가하면 pH도 증가한다.
② 용존산소가 감소하면 pH도 증가한다.
③ 용존산소가 증가하면 pH도 감소한다.
④ pH와 용존산소는 일정한 관계가 없다.

해설
• 노지 양식장의 경우 조류가 번성하면 pH 변화가 생긴다.
• 낮에는 광합성작용에 의하여 CO_2를 소비하고, O_2를 제공하므로 pH가 증가하고 용존산소도 증가한다.
• 야간에는 식물성플랑크톤의 호흡작용에 의하여 CO_2를 제공하고, O_2를 소비하므로 pH는 감소하고 용존산소도 감소한다.

97 무지개송어의 비브리오병 증세가 아닌 것은?

① 표면의 융기된 환부가 형성되며, 부풀어올라 부스럼 같이 된다.
② 근육에 궤양이 형성되며, 체표의 큰 팽윤환부를 볼 수 있다.
③ 간장과 생식소에 점상출혈이 나타난다.
④ 근육환부는 초기에는 단지근육 내 출혈만 보인다.

해설
①은 부스럼병의 증상이다.

98 어류의 세균성 질병 감염 여부를 파악하기 위해 가장 많이 이용되는 부위는?

① 위   ② 신 장
③ 아가미   ④ 지느러미

99 ( )안에 적합한 내용으로 짝지어진 것은?

해수 내 COD는 주로 (A)법으로 측정하며, 이때 소비되는 (B)에 대응하는 산소량을 ppm으로 나타낸 것이다.

① A : 알칼리   B : 산화제
② A : 산성   B : 산화제
③ A : 알칼리   B : 환원제
④ A : 산성   B : 환원제

해설
COD 측정방법
산화제인 과망간산칼륨을 알칼리성에서 반응시키는 방법(알칼리법)과 산성에서 반응시키는 방법(산성법)이 있다. 해수에서는 염분이 측정을 방해하므로 알칼리법으로 측정한다.

100 생물학적 여과 중 질산화과정에 참여하는 세균은?

① 슈도모나스(*Pseudomonas*)
② 에로모나스(*Aeromonas*)
③ 나이트로소모나스(*Nitrosomonas*)
④ 스트렙토코쿠스(*Streptococcus*)

해설
질산화(Nitrification)과정
암모니아(NO_4^+) → 아질산염(NO_2^-) → 질산염(NO_3^-)
    Nitrosomonas   *Nitrobacter*

제1과목 어류양식학

01 양식 대상종을 선택하는 데 있어서 고려하여야 할 선택 조건 중 그 성격이 다른 것은?

① 성장이 빠를 것
② 건강하여 병에 잘 견딜 것
③ 사육기술이 확립되어 있을 것
④ 상품으로서 맛, 빛깔 등의 품질이 좋을 것

해설
양식 대상종의 선택기준
• 수요도 : 사회성, 품질, 가격
• 생산성 : 성장률, 내병성, 종자 수급, 사료, 사육기술 확립

02 어류 유생사육에 필요한 먹이생물인 로티퍼(Rotifer)의 배양과 먹이공급 방법에 대한 설명으로 옳지 않은 것은?

① 빵효모가 먹이인 경우 로티퍼 100만 개체당 1g을 매일 2~3회 나누어 공급한다.
② 빵효모로 로티퍼를 배양할 경우 채취한 즉시 유생의 먹이로 사용한다.
③ L type 로티퍼(130~340μm)는 수온을 20~25℃로 배양한다.
④ S type 로티퍼(100~210μm)는 수온을 25~30℃로 배양한다.

해설
빵효모는 해수 자·치어의 영양 요구에 적합하지 않기 때문에 필수지방산을 강화하여 함유시킨 유지 효모를 사용한다.

03 양어사료에 섞인 지방의 산화방지제로 주로 사용하는 것은?

① 비타민 E
② 비타민 B
③ 비타민 C
④ 비타민 K

해설
비타민 E의 주된 기능은 항산화 작용을 통해 세포막을 구성하는 불포화지방산의 과산화를 막아주는 것이다.
산화방지제 : 비타민 E(γ-토코페롤), BHA, BHT, 레시틴 등

04 참돔의 양식에 있어서 먹이를 주는 방법으로 가장 좋은 것은?

① 조금씩 장시간 동안 수 차례 걸쳐 자주 준다.
② 하루 중 아침과 저녁 무렵 2회에 걸쳐 준다.
③ 매일 오전 10시 기준으로 그날 투입량을 한꺼번에 준다.
④ 2~3일 만에 한 번씩 대량으로 준다.

해설
참돔은 먹이 섭취행동이 느려 먹이를 먹는 시간이 오래 걸리므로 먹이 공급횟수를 늘려 천천히 공급하며 먹을 수 있는 양을 주되 먹이 찌꺼기가 남지 않도록 유의해야 한다.

05 살아 있는 수산동물을 적절한 시설 안에서 일시적으로 보관하는 일은?

① 축 양　　　② 배 양

③ 양 성　　　④ 종자생산

06 다음 중 참돔의 체색변화로 옳지 않은 것은 ?

① 표층의 강한 광(光)에서 양성한 것은 검은색이 많다.

② 카로티노이드 색소가 많은 갑각류를 먹은 것은 붉은색이다.

③ 산란기 때는 암·수 모두 혼인색을 띠게 되어 체색이 검게 변한다.

④ 성숙한 수컷은 두부가 약간 날카롭고 몸 빛깔은 검은색이 짙다.

07 무지개송어 친어용 먹이의 양에 대한 설명 중 틀린 것은?

① 산란 후 1개월부터 다음 산란 전 2개월까지는 50%

② 산란 전 2개월에서 산란까지는 50%

③ 산란기에서 산란 후 1개월까지는 50%

④ 산란 2~3일 전부터 먹이 중지

08 체중이 0.2~2g 사이의 뱀장어 명칭은?

① 실뱀장어

② 검둥뱀장어

③ 새끼뱀장어

④ 렙토세팔루스

09 가공형태에 따른 사료의 종류가 아닌 것은?

① 습사료　　　② 가루사료

③ 반죽사료　　④ 펠릿사료

10 염색체 공학기법으로 생산된 우량형질 개체의 해외 유출 방지를 위해 가장 중요하게 요구되는 기술은?

① 불임화　　　　② 기형방지

③ 성장증대　　　　④ 내병성 강화

> **해설**
> 염색체 공학을 이용한 배수체 불임화 기술로 재생산 및 육종기술 유출을 방지한다.

11 다음 중 물속에 수용하지 않고도 안전하게 수송이 가능한 것은?

① 방어의 치어

② 송어의 발안란

③ 참돔의 치어

④ 은어의 치어

> **해설**
> 열 차단된 상자에 알을 넣고 습도를 충분히 유지해주면서 온도변화를 막으면 5일간 99% 이상 생존이 가능하므로 물을 넣지 않고도 안전하게 운반할 수 있다.

12 잉어종자생산 시 숙성이의 발생원인과 거리가 먼 것은?

① 양성밀도가 너무 높은 경우

② 사료를 충분하게 자주 공급한 경우

③ 사료 주는 시간이 고르지 못한 경우

④ 질병이 발생한 경우

> **해설**
> 어류의 숙성이 발생원인
> 먹이 부족 시, 먹이 입자가 클 때, 고밀도 사육 시, 먹이 급이시간이 일정하지 않을 때, 질병 발생 시

13 출하 전 참돔의 체색을 유지하기 위하여 배합사료에 혼합하여 공급하는 것으로 가장 옳은 것은?

① 멸 치　　　　② 새우류

③ 전갱이　　　　④ 까나리

> **해설**
> 참돔의 체색흑화방지를 위하여 가두리 양식장에 빛을 차단하기 위한 차광 네트를 설치하거나 체색 조절을 위해 체색을 나타내는 카로티노이드계(아스타크산틴) 색소가 다량 함유된 냉동 새우 등을 출하하기 직전에 공급한다.

14 자주복에 대한 설명으로 옳지 않은 것은?

① 알은 침성 부착란이다.

② 알에는 구형의 작은 유구가 많이 모인 한 개의 큰 유구군이 있다.

③ 산란기는 지역에 따라 다르지만 대개 봄~여름에 걸쳐 산란한다.

④ 저염분에 대한 내성이 약하다.

> **해설**
> ④ 자주복은 저염분에 대한 저항력이 강하다.

15 방어 양식에서 좋은 종묘를 구할 때 유의할 점이 아닌 것은?

① 겉보기에 둥글둥글하게 살이 쪄 있는 것이어야 한다.
② 몸 빛깔은 은백색을 띠고 있는 것이어야 한다.
③ 사육 가두리 내에서 다른 개체와 떼를 지어서 정상적인 유영을 하고 있는 것이어야 한다.
④ 어체의 크기가 고른 것이어야 한다.

해설
방어종자 구입 시 유의할 점
• 둥글둥글하게 살이 쪄 있는 것
• 몸 빛깔은 황록색을 띠고 있는 것
• 다른 개체와 떼를 지어서 정상적인 유영을 하고 있는 것
• 기생충의 기생이 없는 것
• 어체 크기가 고른 것
• 운반하기 편하게 종자의 크기가 8~30g 정도 되는 것

16 황복 수정란의 발생, 부화 및 전기 자어 사육 시 가장 적합한 염분농도는?

① 약 0.5‰ 이하
② 약 10‰ 이하
③ 약 20‰ 이하
④ 약 30‰ 이하

해설
황복은 강으로 올라와 알을 낳는 종으로 수정란의 발생, 부화 및 전기 자어 사육 시 약 0.5‰ 이하의 염분농도가 적합하다.

17 참돔의 자 · 치어 사육에서 Green Water를 만들어 주는 이유로 옳지 않은 것은?

① 클로렐라가 공급된 로티퍼의 먹이로 이용되어 영양적 측면에서 유리하다.
② 자어에게 안정성을 제공할 뿐만 아니라 공식을 방지할 수 있다.
③ 식물플랑크톤의 동화작용에 의한 산소의 보급 등 수질 안정성에 기여한다.
④ 부화 초기 클로렐라 밀도를 높이면 기포병 발생을 예방할 수 있다.

해설
④ 부화 초기에 클로렐라 밀도가 높으면 산소 과포화에 의한 기포병이 발생할 수 있으므로 주의하여야 한다.

18 조피볼락의 출산기 행동으로 옳지 않은 것은?

① 출산 1~2일 전 평소보다 많은 배설물을 배출한다.
② 출산 직전에는 아가미를 심하게 움직이며 위 내용물을 토하는 개체도 보인다.
③ 일몰 전부터 표층으로 입올림 행동이 나타난다.
④ 출산할 때는 선회유영, 정지, 출산행동을 반복하고, 출산한 자어를 지느러미 운동으로 수류를 일으켜 표층으로 부상시킨다.

해설
③ 일몰 전부터 수조바닥을 선회하는 행동이 나타난다.

19 인공종자생산에 있어 채란한 알의 수정법에 대한 설명으로 옳지 않은 것은?

① 수정법에는 습식법, 건식법, 등조법 등이 있다.
② 습식법은 알과 정자의 양이 비교적 적은 경우에 사용한다.
③ 건식법은 알을 물에 넣지 않고 정자를 섞는 방법으로 수정률이 좋다.
④ 등조법은 체액과 같은 농도의 염분 용액에 알과 정자를 섞어서 수정시키는 방법이다.

해설
② 알과 정자의 양이 비교적 적은 경우 등조법을 사용한다.

20 방어의 양성장 선정에 관한 설명으로 옳지 않은 것은?

① 방어의 적정 수온범위는 18~27℃이다.
② 서식에 알맞은 해수 비중은 1.022~1.027로 비교적 협염성이다.
③ 용존산소량은 2~3mL/L에서 활동이 활발하다.
④ 해수의 교류는 산소를 공급하고 수온의 급상승 및 저질 악화를 방지해 준다.

해설
③ 용존산소량은 4mL/L에서 활동이 활발하며 3mL/L 이하로 떨어지면 먹이를 먹는 양이 줄어들고, 2mL/L 이하에서는 호흡이 곤란해지고 거의 먹이를 먹지 못하게 된다.

21 해삼의 하면 수온은?

① 15℃ 이상
② 20℃ 이상
③ 22℃ 이상
④ 25℃ 이상

해설
해삼의 하면기
수온이 25℃ 이상으로 높은 시기에는 먹이를 거의 먹지 않거나 먹는다 하더라도 그 양이 얼마 되지 않아서 소화관이 퇴화된다.

22 부유유생기에 먹이를 반드시 공급해야 하는 양식 생물은?

① 소 라　　　② 전 복
③ 수 랑　　　④ 성 게

해설
④ 성게는 1~2개월의 부유생활을 하며 플랑크톤을 섭식한다.
①·②·③ 소라, 전복, 수랑은 부유생활이 2~3일 정도로 짧으며 저서생활로 들어가면서부터 먹이를 공급한다.

23 굴의 부착치패와 따개비 치패가 구별되는 점은?

① 굴은 장난형으로 적녹색이고, 따개비는 대합의 소형과 유사한 꼴로서 황갈색이다.
② 굴은 대합의 소형을 닮은 적갈색이고, 따개비는 장난형으로 황색이다.
③ 굴은 장난형으로 황색이고, 따개비는 대합의 소형을 닮은 적갈색이다.
④ 생김새는 같고 굴은 황색, 따개비는 적갈색이다.

해설
② 참굴의 부착치패는 대합 모양으로 적갈색이지만, 따개비의 경우 장난형으로 황색이어서 쉽게 구분이 가능하다.

24 키조개 종자의 방양에 관한 내용으로 옳은 것은?

① 조간대에 방양한다.

② 종자는 그 크기가 각장 2~3mm 되는 것이 알맞다.

③ 방양시기는 9~10월 사이가 적당하다.

④ 방양 시에는 종자 하나하나를 모심기하는 것과 같이 심는다.

해설
키조개의 종자 방양은 3~5월경에 각장 5~10cm(만 1년산), 10~20개체/m²의 종자를 해수의 흐름과 평행하게 모심기 하듯이 하나하나씩 심는다.

25 다음 패류 중 생활사에서 부착생활기를 갖지 않는 종은?

① 피조개

② 진주조개

③ 참가리비

④ 바지락

해설
무척추의 구분
• 부착성 : 굴, 담치, 진주조개, 우렁쉥이
• 일시부착성 : 꼬막, 가리비, 피조개, 키조개
• 비부착성 : 대합, 바지락, 개량조개, 큰우럭, 우럭
• 포복성 : 전복, 소라, 해삼

26 다음 중 조개류의 비만도(Condition Index)를 가장 잘 설명한 것은?

① 각내 용적분의 연체부 건조 중량에 1,000을 곱한 값

② 각내 용적분의 연체부 생식소 중량에 1,000을 곱한 값

③ 각내 용적분의 연체부 육질부 중량에 1,000을 곱한 값

④ 각내 용적분의 연체부 글리코겐 축적량에 1,000을 곱한 값

해설
$$비만도 = \frac{육중량(g)}{각장(mm) \times 각고(mm) \times 각폭(mm)} \times 1,000$$

27 참가리비 치패가 저서생활로 들어가게 되는 각장의 범위는?

① 1~4mm ② 6~15mm

③ 20~25mm ④ 30~40mm

해설
천연채묘 30~40일 부유 약 2~3개월간 부착생활 후 각장의 크기가 6~15mm가 되면 저서생활에 들어간다.

28 클로렐라(Chlorella)는 어느 분류군에 속하는 먹이생물인가?

① 녹조류 ② 갈조류

③ 남조류 ④ 홍조류

해설
클로렐라는 녹조류(綠藻類)의 일종으로 하나의 세포로 하나의 개체를 이룬다.

29 참소라의 산란성기 수온으로 가장 옳은 것은?

① 10~11℃

② 15~16℃

③ 23~24℃

④ 27~28℃

해설
생식소는 5월 하순부터 8월까지 발달하고 방란과 방정은 여름철에 하는데, 산란성기의 수온은 23~24℃이다.

30 후기 채묘한 굴을 단련상에 옮겨 단련시키는 주된 목적으로 가장 옳은 것은?

① 성장 억제

② 공중활력 증강

③ 원반당 부착밀도 조절

④ 해적생물에 의한 피해 방지

해설
채묘 후 채묘상에 그대로 방치하면 따뜻한 시기이기 때문에 조가비가 지나치게 자라 두께가 얇고 약해져서 파손되기 쉽다.

31 문어 양성 수조에 종묘를 추가 방양하고자 할 때 옳은 방법은?

① 기존의 개체보다 큰 개체를 넣는다.

② 기존의 개체수보다 많은 개체수를 넣는다.

③ 기존의 개체수와 크기에 관계없이 넣는다.

④ 기존의 개체를 새로운 사육수조에 함께 넣는다.

해설
세력권이 형성된 곳에서 새로운 종묘를 넣으면 새 종묘의 크기가 다소 크더라도 먹이를 제대로 먹지 못하고 죽는다. 따라서 새로운 종묘를 추가 방양 시 먼저 있던 종묘를 잡아내어 함께 다시 방양한다.

32 양식 대상종의 인공종묘생산에 관한 내용으로 틀린 것은?

① 채란용 어미의 선정 시기는 산란기의 전기에 비해 중기나 후기가 좋다.

② 연령이 많은 어미는 산란양은 많지만 부화성적이 나쁜 경우가 많다.

③ 이매패류는 D상 유생기부터 먹이 공급을 시작한다.

④ 새우류의 노플리우스 유생기에는 먹이를 먹지 않는 것으로 알려져 있다.

해설
① 채란용 어미의 선정 시기는 산란기의 전기나 중기가 좋고 후기는 좋지 않다.

33 우리나라 새우양식에 대한 설명으로 옳지 않은 것은?

① 바이러스에 의한 폐사로 인해 흰다리새우로 주양식 대상종이 바뀌었다.

② 제식, 육상 수조식을 주로 사용하며, 이 중 축제식 양성을 통한 생산량이 더 많다.

③ 최근 사육기술의 개발로 해산종인 큰징거미새우가 도입되어 양식되고 있다.

④ 최근의 새우양식에서 친환경 바이오플락 기술을 적용한 양식이 증가하고 있다.

해설
③ 큰징거미새우는 민물종이다.

34 다음 중 난생형 굴이 아닌 것은?

① 바윗굴   ② 털 굴

③ 벗 굴   ④ 강굴 또는 갈굴

해설

굴의 분류

- 유생형 : 벗굴
- 난생형 : 참굴, 바윗굴, 강굴

36 다음 중 이동력이 강하여 양식 시 각별히 주의해야 할 종은?

① 대 합   ② 바지락

③ 피조개   ④ 키조개

해설

대합은 이동성이 강하여 일정한 간격마다 말목을 세운 다음, 그물이나 대나무 등을 사용해 바닥에서부터 30cm 이상, 바닥 밑으로 20cm 정도 되도록 조위망시설을 하여 양식한다.

37 다음에서 설명하는 꼬막류로 옳은 것은?

크기가 가장 크고 육질이 연하며 색이 가장 붉은 편이다. 방사늑수가 41개 정도로 꼬막류 가운데 가장 깊은 곳까지 서식한다.

① 꼬 막

② 새꼬막

③ 피조개

④ 큰이랑피조개

해설

꼬막류의 방사늑수 및 수직분포

구 분	방사늑수	수직분포
꼬 막	17~18	조간대
새꼬막	30~34	조간대~10m
큰이랑피조개	36~41	수 m~30m
피조개	41~43	간조선, 수m~50m

35 참전복의 종자생산 시 폐사율이 가장 높은 시기는?

① 저서 후기

② 트로코포라 유생기

③ 제1호흡공이 생기기 직전

④ 각장 3~4mm 정도의 해조류 섭식시기

해설

전복의 종자생산 시 폐사율은 부착 직후 주구각이 생길 무렵과 제1호흡공이 생기기 직전인 각장이 1~2mm 무렵에 가장 높다.

38 미세조류의 배양 시 성장과정을 순서대로 나열한 것은?

① 적응기 – 성장기 – 정체기 – 사멸기
② 성장기 – 사멸기 – 정체기 – 적응기
③ 적응기 – 정체기 – 성장기 – 사멸기
④ 정체기 – 적응기 – 성장기 – 사멸기

39 다음 중 가리비 인공종자 생산 시 부착기 투입시기로 가장 옳은 것은?

① 족사가 생겼을 때
② 면반이 생겼을 때
③ 섬모가 생겼을 때
④ 안점이 생겼을 때

해설
성숙 부유 유생이 되어 부착 시기 가까이 되면 흑색인 안점이 아가미 원기의 뒤쪽에 나타나며 이때가 되면 곧 부착기를 넣어 채묘한다.

40 다음 중 참굴의 성숙 기초수온으로 옳은 것은?

① 5℃   ② 7℃
③ 10℃   ④ 15℃

41 해수의 유동이 김에 주는 영향과 가장 거리가 먼 것은?

① 적정온도의 유지
② 영양염의 공급
③ 노폐물의 운반
④ 부니의 부착방지

해설
해수의 유동(조류, 파랑)이 김의 생육에 미치는 영향
• 김의 활발한 대사작용의 유지
• 영양염 및 이산화탄소 공급
• 김 주위에 배출된 대사노폐물의 제거
• 미세한 부니의 부착 방지

42 청각의 성장이 가장 빠른 시기는?

① 늦은 봄부터 여름의 고수온기
② 봄과 가을
③ 겨울의 저수온기
④ 가을과 겨울사이

해설
청각의 어린 개체는 초겨울부터 나타나기 시작하여 늦은 봄에서 초가을까지 왕성하게 자라고, 늦은 가을부터 차차 쇠퇴하여 한겨울에는 완전히 소실된다.

43 김 채묘 후 냉동용 김발을 건조시키는 목적으로 가장 적합한 것은?

① 세포의 결빙 방지
② 내병성 증진
③ 호흡억제
④ 미생물 번식억제

생김은 엽상체 무게의 90% 이상이 수분으로, 생김을 그대로 냉동하면 세포 내의 수분이 얼어 세포조직이 파괴되므로 수분 함량이 20~40% 정도 되도록 건조시킨다.

44 매생이가 자연 서식처에서 최대생장을 나타내는 시기로 가장 옳은 것은?

① 2월경
② 4월경
③ 10월 중순경
④ 12월 중순경

해설
매생이의 생활사
11월 중순에 유체가 나타나 2월경 최성기에 들어가며 체장은 15~20cm 정도 되고 암석면 전체에 머리털 모양으로 밀생하게 된다.

45 다음 중 북방형 미역의 특징으로 옳지 않은 것은?

① 포자엽의 주름수가 많다.
② 잎의 열각이 깊다.
③ 크기가 작고 줄기가 짧다.
④ 주로 외양역에 서식한다.

해설
남방형과 북방형 미역의 비교

구 분	남방형	북방형
엽장(전체장)	소 형	대 형
전체장에 대한 줄기의 길이	짧다.	길다.
성실엽 위치 (포자엽)	영양엽과 이어져 있다.	줄기의 밑부분에 떨어져 있다.
성실엽수	적다(2~4).	많다(6~20).
우상엽 상태	잎의 굴곡이 얕고 그 수가 많음	잎의 굴곡이 깊고, 그 수가 적음
서식수심	얕다.	깊다.
분포	남해안, 제주	동해안

46 알긴(Algin)산의 원료가 되는 해조가 속하는 문은?

① 홍조식물
② 녹조식물
③ 남조식물
④ 갈조식물

해설
갈조류의 세포벽 물질은 셀룰로스 외에 알긴(Algin)이라고 하는 특유한 물질을 가지기도 한다.

47 유리사상체(무기질사상체) 배양에 대한 내용이 아닌 것은?

① 선택된 품종유지가 어렵다.
② 좁은 공간에서도 가능하다.
③ 병원균의 침입이 적다.
④ 채묘시기 조절이 용이하다.

> **해설**
> 유리사상체의 이점
> • 순수품종의 유지가 가능하며 소량의 김엽체에서도 많은 양의 순수 사상체를 육성·배양할 수 있다.
> • 지역별 어장에 적합한 품종을 선택할 수 있다.
> • 매년 과포자를 구할 필요가 없으며 종자 소요량을 자유롭게 계획 생산할 수 있다.
> • 규조 및 병해 침범이 적고 채묘시기를 쉽게 조절할 수 있다.

48 미역종자 배양에서 초기 관리로 옳지 않은 것은?

① 수온은 23℃를 초과하지 않도록 한다.
② 수온상승과 더불어 조도를 차차 높인다.
③ 조도는 처음은 5,000~6,000lx로 한다.
④ 1개월에 1, 2회 채묘틀의 상하를 바꾼다.

> **해설**
> ② 수온상승과 더불어 조도를 차차 낮추어 준다.

49 톳과 혼성군락을 형성하여 잡해조로 여겨지는 해조류는?

① 지충이   ② 감 태
③ 다시마   ④ 미 역

> **해설**
> 성숙기 전 톳의 서식처 및 인근에 있는 지충이까지 제거하여 포자의 방출, 침입을 막는다.

50 자연산 유용 해조류의 증식방법과 거리가 먼 것은?

① 투 석   ② 암반폭파
③ 객 토   ④ 갯닦기

> **해설**
> 자연산 해조의 증식률을 돕기 위하여 포자 방출이 많은 시기에 앞서 갯바위닦기를 하여 해적이 될 수 있는 다른 해조류를 제거하는 방법이 있고, 또 암반을 폭파하거나 투석을 하여 포자가 붙을 수 있는 새로운 착생면을 확대시켜 주는 방법도 있다.

51 다음 중 바다숲을 구성하는 대형 해조류로 가장 옳은 것은?

① 구멍갈파래   ② 모자반
③ 김   ④ 우뭇가사리

> **해설**
> 모자반과 같은 대형 갈조 군락은 해중림을 조성하여, 어류와 패류 등 유용 수산동물자원의 서식처와 산란장으로 이용됨으로써 해양 생태계 유지에 매우 중요한 기능을 담당하고 있다.

52 다음 중 과포자의 잠입효과가 가장 좋은 것은?

① 방출 직후
② 방출 후 20분 경과된 것
③ 방출 후 30분 경과된 것
④ 방출 후 40분 경과된 것

해설
포자의 잠입률은 방출 직후에는 100% 잠입하지만, 시간이 경과할수록 잠입률이 점점 떨어진다.

53 다음 중 김발을 노출시키지 않았을 때 나타나는 현상으로 가장 옳은 것은?

① 성장이 좋다.
② 색택이 좋다.
③ 염성이 강해진다.
④ 2차아의 착생율이 높아진다.

해설
김발 노출의 장점
• 노출에 따른 삼투압 변화가 2차아(중성포자)의 효율적 방출에 도움
• 김에 해를 주는 파래, 규조 등을 제거
• 붉은 갯병 예
※ 일반적으로 무노출 시 영양염의 공급으로 성장이 빠르며, 노출 시 성장이 억제된다.

54 톳의 양식방법과 관계가 없는 것은?

① 조간대 지역의 갯닦기
② 모조의 이식관리
③ 뜬흘림발에 의한 양식
④ 씨뿌림법

해설
③ 뜬흘림발에 의한 양식은 김의 양식방법이다.

55 우뭇가사리의 번식 방법에 해당되지 않는 것은?

① 재생 번식
② 구상체 번식
③ 포복지 번식
④ 사분포자 번식

해설
우뭇가사리의 번식
• 과포자, 사분포자에 의한 번식
• 포복지 재생력에 의한 영양번식에 의한 증식

56 다시마 양성 시 시기별로 수위조절을 하는 방법으로 옳지 않은 것은?

① 가을에서 3월까지는 수면하 1m
② 봄 4~5월에는 수면하 1.5m
③ 여름 6~7월에는 수면하 2~2.5m
④ 한 여름의 8월에는 수면하 8~10m

해설
양성수위 조절
• 3월에는 1m
• 4~5월에는 1.5m
• 6~7월에는 2~2.5m
• 8월에는 3~3.5m

57 김 양식에 있어 시비의 효과를 보기 어려운 경우는?

① 수온이 8℃ 이상일 때

② 김의 싹이 너무 작을 때

③ 퇴색이 약간 나타나려 할 때

④ 일정 구역에 일제히 대량으로 시비했을 때

해설

시비의 효과를 보기 어려운 경우
- 비료의 양이 부족할 때
- 퇴색이 빨리 진행되고 있을 때
- 수온이 5℃ 이하일 때
- 김이 노화되었거나 갯병에 걸렸을 때
- 김의 싹이 너무 작을 때

58 미역의 유주자 방출에 대한 설명으로 옳지 않은 것은?

① 17~22℃ 때 방출이 가장 많다.

② 착생력은 방출 후 시간이 지남에 따라 늘어난다.

③ 착생률은 수온 20℃ 이하, 비중 1.020 이상일 때 높다.

④ pH는 7.8~8.0일 때 착생률이 가장 높다.

해설

② 착생력은 방출 후 시간이 지남에 따라 줄어든다.

59 김의 채묘 시 봉투식 채묘에 대한 설명으로 옳지 않은 것은?

① 포자가 균일하게 붙는다.

② 부착 밀도을 조절할 수 있다.

③ 해적 생물이 적게 붙는다.

④ 포자의 낭비가 있으나 1회에 대량 채묘할 수 있다.

해설

④ 포자가 비닐 주머니 밖으로 나가지 않으므로 낭비가 없다.

60 다음 중 청각에 대한 설명으로 옳지 않은 것은?

① 세대교번은 하지 않는다.

② 배우자는 핵상이 단상(n)이다.

③ 성숙한 암배우자낭은 암녹색을 띤다.

④ 성숙한 수배우자낭은 유백색을 띤다.

해설

④ 성숙한 수배우자낭은 황녹색을 띤다.

61 아지드화나트륨변법으로 용존산소 분석 시 지시약의 주성분은?

① 티오황산나트륨
② 전 분
③ 탄산마그네슘
④ 염화망간

해설
종말점은 녹말용액(Starch Solution)으로 결정한다.

62 수중의 용존산소에 대한 설명으로 틀린 것은?

① 용존산소량은 수온이 올라가거나, 염분 등의 용존 물질이 증가하면 감소한다.
② 공기 중의 산소가 물속에 들어가는 속도는 공기와 물 표면의 접촉 면적에 반비례한다.
③ 용존산소량이 낮을 때는 에어레이션의 효과가 잘 나타나나, 포화상태에서는 용존산소량을 더 높이는 데 큰 힘이 든다.
④ 식물플랑크톤에 의해서 여름철 못 속의 용존산소량은 낮에는 많아지고, 밤에는 줄어드는 주야 변화를 하는 것이 일반적이다.

해설
② 공기 중의 산소가 물속에 들어가는 속도는 공기와 물 표면의 접촉 면적에 비례한다.

63 유기물질이 호기성 상태에서 분해될 때 유기물질을 구성하고 있는 구성원소의 최후 분해 생성물을 나타낸 과정이 틀린 것은?

① $C \rightarrow CO_2$
② $N \rightarrow NO_3^-$
③ $S \rightarrow H_2S$
④ $P \rightarrow PO_4^{3-}$

해설
호기적 상태와 혐기적 상태에서 유기물질 분해 시 최종 분해 생성물 비교

호기성 상태	혐기성 상태
$C \rightarrow CO_2$	$C \rightarrow CH_4$
$N \rightarrow HNO_3$	$N \rightarrow NH_3$
$S \rightarrow H_2SO_4$	$S \rightarrow H_2S$
$P \rightarrow H_3PO_4$	$P \rightarrow PH_3$

64 pH 8 부근의 해수에서 탄소이온의 형태로 가장 적합한 것은?

① CO_2
② H_2CO_3
③ HCO_3^-
④ CO_3^-

해설
pH에 따라 수중에서 존재하는 HCO_3^-, CO_2, CO_3^- 의 상태가 달라진다.

pH	CO_2	HCO_3^-	CO_3^-
5	94%	6%	0%
6	70%	30%	0%
7	20%	80%	0%
8	3%	96%	1%
9	0%	93%	7%
10	0%	70%	30%
11	0%	19%	81%

65 SS 측정을 위해 시료를 채취하였을 때 다음 중 측정 대상이 되는 것은?

① 용존되어 있는 기체
② 용존 무기물
③ 침전성 유기물
④ 여과에 의하여 분리되는 물질

SS(Suspened Solids)에 해당하는 물질은 0.1μm 이상의 입자인 부유물질로서 해당 시료를 공극이 0.1μm인 여과지에 걸러 105℃에서 건조한 후에 남아 있는 잔류물을 말한다.

66 다음 그림은 양식시설의 장치 중 무엇을 나타낸 모식도인가?

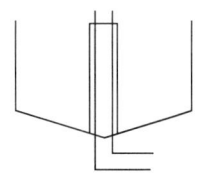

① 원뿔형 중앙배수장치
② 벤투리 배수장치
③ 순환여과식 사육장치
④ 순환수류이용 찌꺼기제거장치

벤투리 배수장치는 원형수조의 중앙에 2중의 스탠드 파이프를 시설하고, 바깥쪽 파이프의 밑부분에는 고형물이 들어갈 수 있도록 구멍을 뚫는다. 못속의 물이 일정한 속력으로 회전하면 사료찌꺼기나 배설물은 못의 중앙으로 모여 두 파이프 사이로 들어오고, 이때 안쪽의 파이프를 들어 올리면 배수구로 빠져 나가서 수질을 효율적으로 유지할 수 있다.

67 해수의 염소량을 측정해서 염분량으로 환산하는 식으로 옳은 것은?

① $S = 1.805Cl$
② $S = 1.80655Cl$
③ $S = 0.03 + 1.80655Cl$
④ $S = 0.30 + 1.805Cl$

68 다음 설명 중 정수식(지수식) 양식의 특징이 아닌 것은?

① 생산량에 비하여 시설비나 면적이 적게 든다.
② 각종 다수 어류의 양성이나 종묘생산에 이용된다.
③ 호소의 침수지대나 연안의 염분이 스며드는 저지대의 이용이 가능하다.
④ 호흡에 필요한 산소는 주로 공기 중의 산소가 물 표면을 통과하여 용해·공급된다.

못 양식은 정수식(靜水式) 양식, 지중(地中) 양식이라고도 한다. 바닥이나 못둑이 흙으로 된 상태 그대로 쓰기도 하나 콘크리트나 돌담으로 못둑을 튼튼하게 하기도 한다. 못 양식에서는 배설물 등의 정화가 자체 정화능력에만 의존하므로 좁은 면적에 물고기를 너무 많이 넣으면 산소가 부족해지고, 배설물이 정화되지 못하여 못 바닥과 수질이 오염되므로 기르는 밀도가 낮고 따라서 면적당 생산량이 낮다.

69 독성물질의 농도가 어느 정도 이상이 되면 어류는 저항할 수가 없어 죽게 된다. 이러한 한계농도를 뜻하는 말은?

① 치사량   ② 혐기량
③ 불호량   ④ 반치사량

해설
② 혐기량 : 물속의 유해성분에 따라 어류가 기피행동을 일으키는 값이다.
③ 불호량 : 혐기량보다 희박하면 그 속에 들어가는 경우는 있지만, 개체나 군체가 다같이 정상적인 행동을 하지 않는 경우의 농도이다.
④ 반치사량 : 어떤 조건하에서 시험동물수의 50%를 사망에 이르게 할 정도의 약물의 양. 일반적으로 LD_{50}라고 한다.

70 정수용(正數用) 여과재인 활성탄의 주기능은?

① 이온교환   ② 흡 착
③ 침 전   ④ 응 집

해설
흡착을 이용한 여과방식에는 활성탄 흡착과 거품분리가 있다.

71 순환여과식 양어에 대한 설명으로 틀린 것은?

① 여과의 효과에는 생물학적 여과를 적극적으로 돕는 일이 포함된다.
② 여과조는 호기성 세균의 서식장소를 적극적으로 제공해 주는 것을 필요로 한다.
③ 여과조를 통과해서 나오는 물의 용존산소량은 들어갈 때보다 많아진다.
④ 여과조에서는 유기물의 무기화 결과 암모니아를 질산으로 변화시킨다.

해설
여과조를 통과한 물은 호기성 세균의 산소 소모로 용존산소량이 아주 낮기 때문에 사육조로 유입되기 전에 충분히 폭기 시켜주어야 한다.

72 양식장의 용존물질을 제거하는 데 가장 효율적인 방법은?

① 드럼필터
② 모래, 자갈
③ 스크린망
④ 포말분리

해설
④ 포말분리 : 폐수처리방법의 일종으로 배수 중에 공기를 불어넣어 부상하는 거품을 제거함으로써 그 표면에 부착된 용존물질 등을 제거하는 방법이다.
①·②·③은 크고 작은 고형 물질을 제거에 효과적인 방법이다.

73 어류 양식장에 사료를 과도하게 공급하였을 때 나타나는 양어장의 수질 변동에 대한 설명으로 틀린 것은?

① 용존산소 값이 낮아진다.
② BOD 값이 높아진다.
③ COD 값이 낮아진다.
④ 수중 부유물질 농도가 높아진다.

해설
③ COD 값이 높아진다.

74 흙으로 못둑을 만들 때, 못의 내부 수면이 닿는 쪽 경사는 둑의 높이 1에 대하여 밑변을 어느 정도로 하는 것이 좋은가?

① 0.1~0.5

② 0.5~1.0

③ 1.0~1.5

④ 2.0~2.5

해설
못의 내부 수면이 닿는 쪽의 경사는 둑의 높이 1에 대해 밑변을 1.5 정도로 하는 것이 좋다.

75 적조 발생과 그 피해에 관한 설명으로 옳은 것은?

① 수중의 용존산소 증가로 수산생물의 생산성이 증가한다.

② 적조생물의 사후에 환경 악화를 유발한다.

③ 물의 유속 증가, 일사량의 감소, 수온 하강 등이 적조 발생의 주원인이 된다.

④ 남조류인 미크로시스티스가 주요 원인 플랑크톤이다.

해설
적조 발생은 수중의 큰 생태적 변동을 의미하고, 적조현상 자체 또한 수산생물에 막대한 피해를 입히는 경우가 많다.
※ 적조의 피해 : 질식사, 중독사, 어패류의 유독화, 사후 환경 악화

76 물 속에 용존되어 있는 이온화되지 않은 암모니아 (NH_3)의 양은 pH가 1단위 증가할 때(예 pH 7 → 8) 어떻게 변하는가?

① 2배 정도 증가한다.

② 10배 정도 증가한다.

③ 1/10 정도 감소한다.

④ 1/2 정도 감소한다.

77 다음 중 pH 측정방법으로 옳지 않은 것은?

① 비색관법

② 윙클러법

③ 시험지법

④ 유리전극법

해설
② 윙클러법은 용존산소량 측정방법이다.

78 다음 중 독소를 가지고 어패류에 해를 주는 적조생물은?

① *Chattonerla* sp.

② *Cocconeis* sp.

③ *Navicula* sp.

④ *Amphora* sp.

해설
적조생물
Gymnodinium sp., *Cochlodinium* sp., *Chattonerla* sp., *Protogonyaulax* sp. 등
②・③・④는 부착규조로 복족류의 먹이생물이다.

79 순환여과식 양식장의 고형 오물제거 시설로 침전조를 이용한 방법을 택했을 때, 다음 설명 중 틀린 것은?

① 사육조에서 나오는 배출수에 섞여 있는 고형물 중 작은 입자는 물이 빠르게 흐르게 되는 곳에서는 침전하지 않는다.

② 침전조는 클수록 또 침전조에서 물이 머무르는 시간이 적을수록 침전이 잘된다.

③ 사육조에서 나오는 물을 침전시키는 제1차 침전조는 사육조와 생물여과조 사이에 설치해야 한다.

④ 침전조로 들어가는 물은 표면 가까이에서 들어가게 하고, 나가는 물도 표면 가까이에서 빠져 나가게 하면 바닥에 일단 침전된 찌꺼기가 다시 떠오르는 것을 방지할 수 있다.

> **해설**
> 침전조는 클수록 좋고 침전조에서 물이 머무는 시간이 길수록 침전효과가 높으나 많은 면적을 필요로 한다.

80 정수식 못 양식에서 단위면적당 생산량을 향상시키기 위한 방법으로 가장 옳은 것은?

① 산소 공급
② 종자 선별
③ 수온 증가
④ 배합사료 공급

> **해설**
> 생산력을 높이기 위해서는 수차나 에어레이션(Aeration) 이용 → 산소 공급의 증가 → 사육 밀도를 높이면 단위면적당 생산량 증가

81 무지개송어가 항문에 불투명한 점액변을 달고 다닐 때 그 원인 중 가장 가능성이 큰 것은?

① 비타민 E가 과량 함유된 사료의 투여
② IHN병에 감염
③ 물곰팡이 병에 감염
④ 백점충에 감염

> **해설**
> 전염성 조혈기 괴사증(IHN)이 진행된 물고기는 몸 색깔이 검어지고 근육과 지느러미 기부에 출혈이 관찰되며, 항문에 불투명하고 끈끈한 배설물이 달려있는 것이 특징적인 증세이다.

82 넙치의 랍도바이러스병에 대한 설명으로 옳지 않은 것은?

① 병어는 체색흑화, 안구돌출, 복수 등이 생긴다.
② 발병과 수온과는 밀접한 관계가 없다.
③ HRV라고 불린다.
④ 원인 바이러스는 RNA바이러스에 해당한다.

> **해설**
> 이 병은 넙치가 400~500g으로 성장한 겨울철에 잘 발병되며, 수온이 20℃ 이상이 되면 감염어가 자연치유되는 경우도 있으므로 수온을 20℃ 이상으로 상승시키면 폐사율 감소에 효과적이다.

83 *Bacciger harengulae*충이 기생하지 않는 것은?

① 전 복
② 대 합
③ 맛조개
④ 바지락

> **해설**
> 제1중간 숙주인 대합, 바지락, 맛조개 등이 부화유충을 섭취하면 조개류의 생식소에 들어가 스포로시스트로 자란다.

84 백점병에 대한 설명 중 적합하지 못한 것은?

① 해산어 백점충은 *Cryptocaryon irritans*이다.
② 담수어 백점충은 *Ichthyophthyrius multifilius*이다.
③ 담수어 백점충은 고수온기에 주로 유행한다.
④ 해산어 백점충은 저염분에 약하다.

해설
담수어 백점병 발생시기
온수성 어류의 양어장에서는 봄이나 가을에, 냉수성 어류의 양어장에서는 연중 발생한다.

85 뱀장어에 기적병을 일으키는 세균은?

① *Pseudomonas fluorescens*
② *Pseudomonas angilliseptioca*
③ *Aeromonas salmonicida*
④ *Aeromonas hydrophila*

해설
뱀장어 기적병(Fin Red Disease)
원인균 그람음성의 단간균인 *Aeromonas hydrophila*로서 1개의 편모를 가지고 있으며 운동성이 있다.

86 굴의 퍼킨서스(Perkinsus)병에 관한 설명 중 옳은 것은?

① 이 질병은 5‰ 이하의 저염분에서 병세가 강해진다.
② 이 질병의 유행시기는 저수온기이며, 수온 15℃ 이하에서 질병이 만연한다.
③ 일반적으로 성장이 느리고, 육질이 약해져 있으며, 흑색 색소로 인하여 굴 색깔이 약간 검게 변해 있다.
④ 곰팡이에 의한 질병이다.

해설
① 퍼킨서스충은 저염분과 저온에서는 번식이 억제된다.
② *Perkinsus* spp.의 증식은 20℃ 이상의 고수온기에 활발하여 병원성 및 폐사율이 최고치에 이른다.
④ 원충류인 퍼킨서스 마리너스(*Perkinsus marinus*)에 의한 질병이다.

87 다음 질병 중 원인이 되는 세균의 분류학적 위치가 나머지 셋과 다른 것은?

① 세균성 아가미병
② 세균성 냉수병
③ 담수어의 부식병
④ 세균성 신장병

해설
④ 세균성 신장병 : *Renibacterium salmoninarum*
① 세균성 아가미병 : *Favobacterium blanchiphilum*
② 세균성 냉수병 : *Flavobacterium psychrophilum*
③ 담수어의 부식병 : *Flavobacterium clumnare*

88 김 양식장에서 발생하는 갯병 중 생리적 장해로 인한 갯병으로 옳은 것은?

① 싹갯병
② 붉은갯병
③ 호상균병
④ 사상세균부착증

해설
김의 갯병 종류
• 기생성 갯병 : 붉은갯병, 호상균, 사상체균부착병, 녹반병, 구멍 갯병
• 생리적 갯병(비기생성) : 흰갯병, 의사흰갯병, 싹갯병, 암종병, 쪼그랑병

89 OMVD의 외부 증상으로 맞지 않는 것은?

① 안구돌출
② 체색흑화
③ 복부 점상출혈
④ 백색결절

해설
연어의 바이러스병(OMVD ; *Oncorhynchus masou* virus)
• 원인 : *Oncorhynchus masou* virus
• 증상 : 안구돌출, 체색흑화, 복부 점상출혈

90 3대충이라는 별명을 갖고 있는 태생 흡충은?

① *Gyrodactylus*
② *Bivagina*
③ *Benedenia*
④ *Heteraxine*

해설
Gyrodactylus
어류의 외부 기생충으로 담수산 온수성 어종의 피부나 지느러미에 주로 기생하며, 성충의 자궁 내에 있는 자충의 자궁 내에 다시 손자충이 들어있어 삼대충이라고도 불리는 단생충이다.

91 닻벌레(*Lernaea cyprinaces*)에 대한 설명 중 틀린 것은?

① 닻벌레는 Nauplius 시기에는 자유 유영생활을 하고 Copepodid 1기 때부터 숙주에 기생한다.
② 닻벌레의 수컷은 교미 후 죽고, 암컷이 숙주에 고착·기생한다.
③ 숙주 특이성이 낮다.
④ 닻벌레는 아가미와 피부에만 기생한다.

해설
④ 머리 부위가 변형(긴 갈고리모양)되어 근육 및 아가미에 깊이 박혀 기생한다.

92 넙치의 장 내용물이 황색점액으로 충만되었다. 다음 중 어떤 병원체 감염에 의한 것인가?

① Infectious Pancreatic Necrosis Virus(IPNV)
② *Yersinia ruckeri*
③ *Vibrio*
④ *Hexamita*

해설
① 주로 연어, 송어류에 발생하는 전염성 췌장괴사증바이러스
② 주로 연어, 송어류에 발생하는 구적병의 원인균
④ 주로 연어, 송어류에 발생하는 헥사미타병의 원인균

93 연어, 송어류의 등여윔병을 치료하기 위해서 보충해야 하는 영양소로 옳은 것은?

① Vitamin A

② Vitamin B₁

③ Vitamin D

④ Vitamin E

해설

등여윔병의 원인과 치료 : 산화 지방에 의한 영양장애로 비타민 E를 투여하여 치료한다.

94 6~9월경 김 사상체에 호염성 세균이 감염되어 생기는 질병은?

① 적변병

② 백반병

③ 황반병

④ 녹반병

해설

③ 황반병 : 6~8월에 패각으로 사상체를 배양할 때 호염성 세균에 의해 발병한다.

① 적변병 : 4~6월에 발병위험이 있고, 부분적인 전염성이 있다.

② 백반병 : 7~8월에 사상균에 의해 발병한다.

④ 녹반병 : 저비중·고수온하에서 주로 발병한다.

95 무지개송어가 선회병을 일으키는 원인은?

① *Myxobolus artus*

② *Myxobolus buri*

③ *Myxobolus toyamai*

④ *Myxobolus cerebralis*

해설

점액포자충성 선회병

믹소볼루스 세레브랄리스(*Myxobolus cerebralis*)가 원인균으로, 무지개송어 자어 및 치어의 연골조직과 뇌, 척추 등의 중추신경계에 기생하여 발병한다.

96 공장폐수 등의 수질 오염이 원인이 되는 갯병은?

① 흰갯병

② 붉은갯병

③ 암종병

④ 싹갯병

해설

암종병

거대세포로 된 다층 증식조직이 눈으로 볼 때 돌출하고 그 조직이 증가함으로써 생기는 병으로 엽체가 쪼그라들고 성장이 억제되며, 광택이 없어지고 암황갈색으로 되어 미끈한 기가 없어진다. 주로 공장 폐수가 많은 곳에서 많이 발생하나 그 원인은 아직 명확하게 밝혀지지 않고 있다.

97 조피볼락의 연쇄구균증에 대한 설명으로 옳지 않은 것은?

① 7~9월의 고수온기에 대형 폐사를 일으키는 질병이다.

② 수온이 하강하면 폐사는 거의 일어나지 않는다.

③ 원인균은 그람음성 구균이다.

④ 발병원인은 *Staphylococcus epidermidis*이 뇌에 감염되어 일어난다.

해설
④ 발병원인은 β용혈성 연쇄구균(*Streptococcus* sp.)이다. *Staphylococcus epidermidis*는 포도상구균으로 조피볼락의 선회병의 발병 원인이다.

98 다음에서 설명하는 은어의 질병으로 옳은 것은?

환부가 백화된 병든 고기가 무리를 지어 유영하는 모습을 보고 이름이 붙여졌으며, 증상은 등지느러미 앞부분의 피부직 및 근육조직이 타원형이나 원형상으로 붕괴하여 백적색 근육이 노출된다.

① 초롱병

② 피부흡충증

③ 비브리오병

④ 세균성 아가미병

해설
환부가 백화된 병든 고기가 무리를 지어 유영하는 모습이 마치 초롱행렬을 연상시키기 때문에 이름이 붙여졌다.

99 다음에서 설명하는 뱀장어의 질병으로 옳은 것은?

산소나 질소가 과잉으로 녹아있는 지하수 등의 용수에 사육할 경우 발생하며 증상은 양쪽 아가미 부위가 고무 풍선처럼 부풀거나 흰 반점의 기포가 생겨 어체가 물위에 뜨게 된다.

① 기포병

② 백점병

③ 점액포자충병

④ 아가미부식병

해설
기포병
산소의 경우 포화도 350% 이상에서, 질소의 경우 포화도 120% 이상에서 증상이 나타난다.

100 넙치의 질병 중 종류가 다른 것은?

① 장관백탁증

② 스쿠티카증

③ 백점충증

④ 티리코디나증

해설
① 장관백탁증은 세균성 질병이다.
②·③·④ 스쿠티카증, 백점충증, 티리코디나증은 기생충성 질병이다.

제1과목　어류양식

01 참돔 가두리 양식장의 적지조건으로 적합하지 않은 것은?

① 해수의 유동이 좋은 수역

② 수온이 연중 10~15℃를 유지하는 수역

③ 사료의 공급, 양성어의 출하 등이 편리한 곳

④ 하천수의 유입에 의한 비중 변동이 없는 곳

해설
② 참돔은 20~28℃ 범위에서 성장이 가장 빠르고, 15~19℃까지 성장이 가능하다.

02 다음 중 은어의 자어 및 치어를 사육하는 데 가장 좋은 먹이생물이 될 수 있는 것은?

① 기수산 로티퍼와 물벼룩류

② 남조류와 녹조류

③ 식물성 부유생물

④ 환형동물류

해설
초기에 기수산 로티퍼를 주고 성장함에 따라 달걀 노른자를 풀어서 먹이거나 물벼룩 어린 것, 브라인슈림프 배합사료를 상태에 따라 조금씩 증가시켜 공급한다.

03 해산어류의 종자생산과정에서 Baker's Yeast로 배양한 로티퍼를 먹이로 공급하는 경우 나타날 수 있는 현상에 해당하지 않는 것은?

① 자극에 대한 반응이 완만하고 복부가 팽만해짐

② 기형어가 출현함

③ 포식력이 높아져 성장이 빨라짐

④ 활력저하로 대량 폐사를 일으킴

해설
Baker's Yeast(빵효모)로 배양한 로티퍼는 자치어의 건강한 발육에 필수적인 불포화지방산이 결핍되어 대량 폐사할 수 있다. 불포화지방산이 강화된 유지 효모를 사용하여 방지한다.

04 다음 중 복어의 수송방법으로 가장 적합한 것은?

① 가는 철사로 입술을 꿰매거나 앞니를 뺀 후 운반하는 방법

② 마취제를 사용하여 수송하는 방법

③ 저면에 비닐을 깔고 피부가 건조되지 않도록 해서 포화습도 상태로 수송하는 방법

④ 작은 상자에 1마리씩 넣거나, 상자 내에 칸막이를 설치하여 수송하는 방법

해설
복어는 강한 턱과 날카로운 이빨이 있어 수송 시 서로에게 상처를 내는 경우가 많다.

05 감성돔 양식에 대한 설명으로 적합하지 않은 것은?

① 감성돔은 자웅동체형 웅성 선숙어이다.
② 감성돔의 산란시기는 4~7월이다.
③ 감성돔의 알은 분리부성란이다.
④ 감성돔 친어에게 주는 먹이는 불포화지방산이 적은 먹이가 적당하다.

해설
친어에게 신선하고 불포화지방산이 풍부한 오징어, 새우류 등을 먹이로 주면 산란량과 부화율을 높일 수 있다.

06 다음 중 물속에 수용하지 않고도 안전하게 수송이 가능한 것은?

① 방어의 치어
② 송어의 발안란
③ 참돔의 치어
④ 은어의 치어

해설
열 차단된 상자에 알을 넣고 습도를 충분히 유지해주면서 온도변화를 막으면 5일간 99% 이상 생존이 가능하므로 물을 넣지 않고도 안전하게 운반할 수 있다.

07 어류 운반 시 계절적으로 저온인 경우가 좋은 가장 근본적인 이유는?

① 먹이가 필요치 않다.
② 배설물 제거가 필요 없다.
③ 신진대사가 느리다.
④ 어병 발생이 적다.

해설
활어 운반의 기본 원리
• 대사기능저하(저온유지, 먹이공급 중단)
• 산소 보충
• 오물 제거

08 무지개송어의 경우 사료 중에 Mg가 부족하면 나타나는 증세가 아닌 것은?

① 성장부진
② 사망률 증가
③ 백내장
④ 골격이상

해설
③ 백내장은 Zn결핍 시 잘 나타난다.
무지개송어 Mg 결핍증상 : 식욕저하, 성장 저하, 폐사 증가, 경련 및 이상 유영, 척추골 변형 등

09 뱀장어 양식에서 양중물이란 몇 g의 뱀장어를 말하는가?

① 10g 미만
② 10~30g
③ 40~50g
④ 60~70g

해설
실뱀장어 10~30g되는 양성용 종자를 양중물이라고 하는데, 흔히 양어장에서 이 시기부터 배합사료를 이용하여 성어까지 양성하게 된다.

10 어류 3배체 유도를 위한 염색체 조작방법은?

① 제1난할을 억제

② 제2난할을 억제

③ 제1극체의 방출을 억제

④ 제2극체의 방출을 억제

해설
• 3배체 : 제2극체의 방출을 억제 시 유도되는 개체
• 4배체 : 수정란의 제1난할을 억제 시 유도되는 개체

11 다음 중 주로 절개법으로 채란하는 어종으로 옳은 것은?

① 잉 어   ② 연 어

③ 넙 치   ④ 미꾸라지

해설
절개채란법(개복법)
• 어미의 배를 갈라 알을 받는 방법이다.
• 보통 어미가 산란한 다음 죽는 물고기(연어, 송어 등)는 대부분 이 방법으로 채란한다.

12 조피볼락에 대한 설명으로 맞는 것은?

① 조피볼락은 우리나라 남해안의 자연수온에서는 월동이 불가능하다.

② 조피볼락은 양볼락과의 볼락아과에 속하며 일명 우럭이라고 한다.

③ 조피볼락은 체외수정을 하는 종이다.

④ 조피볼락은 어초 등에 수정난을 붙이는 부착성을 가지고 있다.

해설
조피볼락
• 성장 적수온은 18~27℃, 서식한계수온은 7~30℃로 우리나라의 겨울철 저수온에 대해 다른 양식종보다 강하다.
• 조피볼락은 체내수정으로 새끼를 출산한다.

13 어류의 알이 부화 도중 죽었을 때 육안으로 쉽게 판별할 수 있는 방법은?

① 세균의 침식으로 알이 즉시 붕괴한다

② 알이 투명해지고 황색으로 된다.

③ 알이 불투명해지고 백색으로 된다.

④ 죽어서 쪼그라지므로 작아진다.

해설
부화 도중 죽은 알의 특징
• 불투명해지고 백색(흰색)으로 변한다.
• 배아 조직이 분해되면서 내부가 흐려진다.
• 부화장에서는 죽은 알을 제거(선별)해야 부패로 인한 2차 감염이나 수질 악화를 방지할 수 있다.

14 다음 중 어류의 인공수정법이 아닌 것은?

① 습식법(濕式法)

② 건식법(乾式法)

③ 등조법(等調法)

④ 침적식(浸積式)

해설
④ 인공수정법이 아니라 수질관리 · 처리 등에 쓰이는 방법이다.

15 뱀장어 양어장(양만장)에 있어 물 만들기란?

① 물이 맑게 되도록 유지하는 것

② 수초가 적절히 자라도록 하는 것

③ 식물플랑크톤이 잘 발생할 수 있도록 하는 것

④ 동물플랑크톤이 잘 발생할 수 있도록 하는 것

해설
식물플랑크톤은 먹이사슬의 기초 역할을 하여 산소를 공급하고, 유해물질을 흡수하여 수질 변동을 완화함으로써 수질을 안정시켜 뱀장어의 스트레스를 줄이고 건강한 사육 환경을 조성한다.

16 다음 중 틸라피아에 관한 사항으로 맞지 않는 것은?

① 아프리카 동해안이 원산지이나 우리나라에서는 태국에서 처음 수입하였다.

② *Tilapia*속, *Sarotherodon*속, *Oreochromis*속의 세 가지 속으로 분류되어진다.

③ 체색은 환경에 따라 변화가 심하다.

④ 산란은 30℃ 이상에서만 이루어진다.

해설
④ 산란은 23~28℃ 범위에서 이루어진다.

17 미꾸라지의 습성 중 잘못 설명한 것은?

① 계절회유성이 있다.

② 산란 전 구애운동이 없다.

③ 하면과 동면이 있다.

④ 초식성 및 잡식성이다.

해설
미꾸라지는 산란 전 구애운동을 한다.

18 생물학적으로 가장 활성이 있으며 부족시 성장부진, 등여윔, 안구돌출, 빈혈, 복수종, 지방간을 일으키는 비타민은?

① Thiamine

② Tocopherol

③ Choline

④ Biotin

해설
Tocopherol(토코페롤, 비타민 E)
대표적인 지용성 비타민으로, 강력한 항산화 작용을 하며 세포막의 불포화지방산을 보호한다.

19 활어의 대량운반 시 주의사항으로 옳지 않은 것은?

① 배설물로 인해 운반용기 내의 수질이 오염되지 않도록 한다.

② 산소 과다에 의한 스트레스로 몸 조직 속에 상처가 나지 않도록 한다.

③ 운반 도중 생리활성이 떨어지지 않도록 운반 전에 충분히 먹이를 공급한다.

④ 운반 도중 수온 상승에 의한 폐사 발생이 일어나지 않도록 한다.

해설
활어 운반을 위한 기본원리는 대사기능을 낮추기 위해 운반 전 2~3일 동안 어류를 굶기고, 운반용수의 온도를 낮게 유지시키는 것이다.

20 순환여과식 사육장치의 구성요소가 아닌 것은?

① 사육조　　　　　② 침전조

③ 생물여과조　　　④ 원형지

해설
순환여과식 사육장치
• 사육조 : 어류 · 패류를 실제로 기르는 곳
• 침전조(침강조) : 고형물, 배설물 침전 · 제거
• 생물여과조 : 질산화세균을 이용해 암모니아, 아질산을 질산으로 산화
• 그 외 기계여과조, 소독 · 살균장치(UV · 오존), 펌프, 산소공급 장치 등

21 우리나라에서 일반적으로 비단련 종굴을 양성시설에 수하하는 시기는?

① 5~6월
② 7~8월
③ 9~10월
④ 11~12월

해설
전기 채묘기(6월경)에는 비단련 종굴에서의 산란이 이루어지고, 후기 채묘기(8~9월)에는 단련 종굴에서 산란이 이루어진다. 전기 채묘한 치패는 2~3주일이 지나면 단련시키지 않고 곧 양성장으로 옮겨서 양성용 종자로 사용한다.

22 다음 중 전복의 산란 자극방법으로 가장 많이 사용되는 것은?

① 음건자극
② 담수 주입자극
③ 뇌하수체호르몬 주사
④ 자외선 조사 해수자극

해설
전복의 산란 자극방법
수온자극, 간출자극 및 자외선 조사 해수자극 등이 있으며, 현재는 간출과 자외선 조사 해수 자극을 병행하는 방법이 가장 효과적으로 널리 사용되고 있다.

23 다음 꼬막(Anadara)류 중 수심이 제일 깊은 곳에서 서식하는 종류는?

① 꼬 막
② 새꼬막
③ 피조개
④ 큰이랑피조개

해설
③ 피조개 : 간조선으로부터 50m에 분포(2~20m에 주로 서식)
① 꼬막 : 가장 천해성으로 조간대에 서식
② 새꼬막 : 조간대로부터 10m에 서식(1~5m에 주로 서식)
④ 큰이랑 피조개 : 수m~30m에 서식

24 전복 종자생산 중 치패의 폐사율이 가장 높은 시기는?

① 담륜자기
② 피면자기
③ 주구각이 생길 무렵
④ 부유기

해설
사육과정 중 대량 폐사 시기
부착 직후 주구각이 생길 무렵과 제1호흡공이 생기기 직전인 각장이 1~2mm 무렵이다.

25 다음 중 생활사가 바르게 나열된 것은?

① 해삼 : 아우리쿨라리아 → 돌리올라리아 → 새끼 해삼
② 진주조개 : 벨리저 → D형 유생 → 성숙유생 → 치패
③ 꽃게 : 조에아 → 미시스 → 메갈로파 → 치게
④ 보리새우 : 조에아 → 노플리우스 → 미시스 → 치하

해설
② 진주조개 : D상 유생 → 각정기 유생 → 완숙한 유생 → 치패
③ 꽃게 : 노플리우스 → 조에아 → 메갈로파 → 치게
④ 보리새우 : 노플리우스 → 조에아 → 미시스 → 포스트라바

26 부화 직전의 꽃게 외란의 색으로 가장 적절한 것은?

① 검은색　　　　② 황 색

③ 암 색　　　　④ 황백색

27 우리나라산 바지락의 서식제한요인 중 비중이 가장 큰 것끼리 묶어진 것은?

① 수온, 부유토

② 지반의 변동, 부유토

③ 염분, 수온

④ 용존산소량, pH

28 참굴의 유생은 다음의 어느 분포층에 속하는가?

① 저층 분포층

② 하층 분포층

③ 중층 분포층

④ 표층 분포층

29 수온과 해삼의 관계를 가장 올바르게 설명한 것은?

① 수온과 소화관의 발달은 관계없다.

② 수온이 낮아지면 해삼의 재생력은 감소한다.

③ 수온이 낮아지면 해삼의 소화관은 발달한다.

④ 수온이 높아지면 해삼의 먹이 섭취율은 증가한다.

30 전복 수정란의 성질로 옳은 것은?

① 부착란

② 중심란

③ 분리부성란

④ 분리침성란

정답 26 ① 27 ② 28 ④ 29 ③ 30 ④

31 다음 중 우렁쉥이 양성법으로 적합하지 않은 방법은?

① 살포식

② 수하식

③ 투석식

④ 말목침설식

해설
우렁쉥이는 부착생활을 하는 생물로 살포식 양성법은 적합하지 않다.

32 참가리비의 습성에 대한 설명으로 옳지 않은 것은?

① 참가리비는 온대성 2매패이다.

② 외양성이며 수심 10~40m에 많이 분포한다.

③ 서식처는 저층의 유속이 비교적 빠른 곳으로 저질은 사력질을 좋아한다.

④ 성숙기는 3월에서 5월 사이이며, 4월경이 산란 성기이다.

해설
① 참가리비는 한해성 2매패이다.

33 0.02g에 이른 새우 종묘를 1,000m²에 m²당 50마리씩 방양하여 1일 먹이공급률을 300%로 한다면 4일간의 총공급량은?

① 6kg ② 12kg

③ 18kg ④ 4kg

해설
$1,000m^2 \times 50$마리 $\times 0.02g \times 3 \times 4$일 $= 12,000g = 12kg$

34 식물플랑크톤 배양 시 종을 보존하기 위한 배양은 다음 중 어떤 것인가?

① 탱크배양

② 순수배양

③ 대량배양

④ 중간배양

해설
종 보존 목적은 순수배양 → 중간배양 → 대량배양 순으로 규모를 확장한다.

35 진주조개의 핵 삽입을 위한 준비과정에서 모패 처리란 무엇을 의미한 말인가?

① 모패의 소독

② 모패에 붙어있는 부착생물 제거를 위한 패각소제

③ 성숙기에 인위적으로 여포 내의 생식세포를 적게 하는 일

④ 모패의 입을 벌리게 하는 일

해설
모패 처리
성숙한 모패의 여포 내 생식세포 수를 인위적으로 줄임으로써 핵 삽입 후 이물질(핵)에 대한 이물 반응을 완화시켜 진주낭 형성 확률을 높이고, 양질의 진주 생산을 돕는 과정이다.

36 다음 중 해삼의 재생력에 대한 설명으로 옳은 것은?

① 몸통을 종으로 절단하면 재생이 잘된다.
② 소화관의 재생력은 대단히 약하다.
③ 몸통을 횡으로 절단하면 몸의 뒷부분의 재생력이 강하다.
④ 표피의 재생은 배 부분은 약하다.

해설
해삼의 재생력
• 종으로 절단 시 손상이 크고 재생률이 낮다.
• 해삼은 내장을 방출해도 소화관 재생력이 매우 강하다.
• 배, 등부 모두 표피 재생이 가능하며, 특히 배부 재생도 양호하다.

37 조개류가 처음으로 먹이 먹기를 시작하는 때는?

① 포배기 　② D형 유생기
③ 부착 유생기 　④ 치패기

해설
D형 유생기
패각이 알파벳 D자 형태로 형성되는 시기로, 소화기관이 발달하여 처음으로 먹이(미세 식물플랑크톤)를 섭취하기 시작한다.

38 좁쌀무늬조개(*Domax semigranosus*)가 살고 있는 천해에서 양식하기에 가장 알맞은 종류는?

① 새꼬막 　② 키조개
③ 진주담치 　④ 라마르크대합

해설
좁쌀무늬조개의 서식지는 모래·펄이 섞인 사질 또는 니질 저질의 조류 소통이 원활하고 비교적 얕은 해역으로 라마르크대합의 양식에 적합하다.

39 먹이생물(규조류)의 배양속도를 가장 쉽고 정확하게 측정할 수 있는 방법은?

① 비석 측정
② 세포수 측정
③ 침전부피 측정
④ 건조중량 평량

해설
세포수 측정법
일정 부피의 시료를 채취한 뒤 혈구계수판(Hemocytometer)이나 자동 세포계수기를 사용하여 현미경으로 세포수를 직접 계수한다. 이 방법은 절차가 간단하고, 정확한 세포밀도(Cells/mL)를 파악할 수 있어 적정 급이량 산출에 활용할 수 있다.

40 꽃게의 습성에 대한 설명으로 틀린 것은?

① 공식이 일어난다.
② 수조벽면을 기어오른다.
③ 수온이 15℃ 이하로 내려가면 먹이를 잘 먹는다.
④ 바닥의 모래에 잠입한다.

해설
꽃게의 먹이활동
• 적정 먹이활동 수온은 약 20~28℃이다.
• 15℃ 이하로 내려가면 활동·섭이가 저하되고 월동에 들어간다.

41 김어장에서 해수시비법(海水施肥法)의 장점은?

① 조류에 의한 비료분의 손실이 크다.

② 효과범위가 그다지 뚜렷하지 않다.

③ 각 어장마다 시비의 기준이 다르다.

④ 시비에 노력이 적게 든다.

해설

해수시비법

장 점	노력이 적게 든다.
단 점	• 조류에 의한 비료분 손실이 크다. • 효과범위가 뚜렷하지 않다. • 어디서나 같은 효과를 기대하기가 어렵다.

42 미역 가이식의 필요성에 관한 설명 중 옳지 않은 것은?

① 부니와 잡생물의 제거작업 또는 싹녹음 예방을 위한 대피작업이 용이하다.

② 배우체의 성숙과 수정이 오랫동안 계속 일어나기 때문에 배우체가 씨줄틀에 밀접해 있는 것이 유리하다.

③ 광선도 고루 잘 받고 조류 소통도 잘 되어 발아, 성장이 빠르다.

④ 아포체가 육안적인 크기 이후일 때에는 가이식한 것이 본 양성시설을 한 것보다 빠르다.

해설

미역의 가이식 필요성

• 아포체나 유엽은 굵은 어미줄에 붙어있는 것보다 씨줄에 따로 붙어있는 것이 광선도 잘 받고 조류 소통도 좋아 발아 및 성장이 빠르고 부니나 잡생물의 피해도 적다.

• 부니나 잡생물의 제거작업 또는 싹녹음 예방을 위한 대피작업이 용이하다.

• 배우체의 성숙과 수정이 좋다.

• 유엽이 육안으로 확인되기 전에 어미줄에 감는 작업을 할 경우 부주의로 종자가 손상될 우려가 있다.

43 다음 중 김발에 붙기 시작할 때 발을 저노출선에 며칠간 고정시켜 주면 구제되는 김의 해적 생물은?

① 따개비　　　　② 규조류

③ 파래류　　　　④ 매생이

해설

김의 해적 생물 : 따개비, 규조류, 파래류, 매생이 등

• 매생이 포자는 주광성이고 부착층이 김보다 높다.

• 부착하면 김발을 저노출선에 며칠간 고정(일기가 따뜻해지면 김이 약해지기 쉽고 갯병 염려가 있으므로 발을 빨리 높여 준다).

44 톳의 증식을 위한 잡해조 제거에 알맞은 시기는?

① 최성장기 직전인 이른 초봄

② 톳을 채취한 직후인 봄

③ 어린 유체가 나타나는 늦가을

④ 난과 정자의 방출 직전인 겨울

해설

봄에 톳을 채취한 후 잡해조 제거에 가장 적합한 시기는 톳의 번식기 직전이다.

45 우리나라에서 가장 중요한 양식김으로 재배성이 우수한 양식품종은?

① 둥근김　　　　② 둥근돌김

③ 모무늬김　　　　④ 방사무늬돌김

해설

방사무늬돌김(P. yezonensis)

조간대에서부터 저조선 조금 아래에 부착하여 살고, 하구 쪽보다는 오히려 내만에서 외해 쪽을 향한 다소 고염분인 곳에 많다. 번식력이 강해 최근 많이 양식하고 있다.

46 우뭇가사리 양식에 대한 설명으로 옳지 않은 것은?

① 포자가 집중적으로 방출하는 시기에 투석하며, 대개 5~8월이 적당하지만 모자반류의 밀집된 군락이 소실되고 난 후에 너무 늦지 않는 것이 좋다.

② 투석수심은 대부분의 경우에 지역마다 큰 군락을 이루는 우뭇가사리 서식수역이 있으므로 이곳 수심을 인근 지역의 기준으로 하면 안전하다.

③ 우뭇가사리는 착생기질을 잘 가리기 때문에 반드시 표면이 거칠지 않은 것이 좋다.

④ 자연적으로 조장이 형성되어 있는 곳과 연계되어야 하고 부착된 생육 상황을 확인하여 연차적으로 투석하는 것이 좋다.

해설
③ 우뭇가사리의 착생은 표면이 거친 것이 좋다.

47 다음 중 톳의 생활사에 대한 설명으로 옳은 것은?

① 세대교번을 하지 않고 포복지에 의한 영양번식을 한다.

② 세대교번을 하지 않고 배아지에 의한 영양번식을 한다.

③ 세대교번을 하고 포복지에 의한 영양번식을 한다.

④ 세대교번을 하고 배아지에 의한 영양번식을 한다.

해설
갈조식물의 모자반과에 속하는 톳은 세대교번을 하지 않고, 유성생식과 포복지에 의한 영양번식을 한다.

48 미역의 말기 배양 시 배우체가 성숙 및 수정하여 아포체로 발아한다. 이 아포체를 가이식하려면 어느 정도의 크기로 발아한 것이 가장 적절한가?

① $5\mu m$　　　　② $50\mu m$

③ $500\mu m$　　　④ $5,000\mu m$

해설
가이식 아포체 크기
$20℃$에서 2mm 전후, $21℃$에서 $20℃$로 떨어질 때 400~$500\mu m$

49 바다숲을 구성하는 대형 해조류는?

① 구멍갈파래　　② 모자반

③ 김　　　　　　④ 우뭇가사리

해설
모자반과 같은 대형 갈조 군락은 해중림을 조성하여, 어류와 패류 등 유용 수산동물자원의 서식처와 산란장으로 이용됨으로써 해양 생태계 유지에 매우 중요한 기능을 담당하고 있다.

50 김 양식장의 가치를 판단하는 COD 수치의 기준은?

① 3ppm　　　　② 15ppm

③ 35ppm　　　④ 100ppm

해설
김 양성장은 COD가 3ppm 이하인 곳이 적당하다.

51 김 적변병에 대한 설명으로 옳지 않은 것은?

① 사상체가 자라고 있는 곳에 적갈색 또는 오렌지색 병반을 형성한다.

② 조가비의 표면이 미끄럽고 특유의 상한 냄새가 난다.

③ 수온이 높은 7~8월에 집중적으로 발생한다.

④ 방제법은 조가비를 해수에 넣고 차아염소산나트륨 5ppm으로 처리하면 병반이 녹색으로 된다.

> **해설**
> 적변병
> • 시기 : 4~6월, 부분적인 전염성이 있다.
> • 원인 : 어둡고 통풍이 나쁜 배양장에서 발생한다. 고수온, 조도 급변 시 발생한다.

52 조가비 사상체에 녹변장해가 생기는 원인과 가장 관계가 깊은 것은?

① 규조 발생 ② 저비중

③ 영양 부족 ④ 온도 상승

> **해설**
> 녹변병 원인
> 광선과 온도의 불균형에서 오는 영양염 부족과 생리장애이다.

53 다시마 양식에서 씨줄붙이기의 간격으로 적절한 것은?

① 10~25cm ② 30~45cm

③ 50~65cm ④ 70~85cm

> **해설**
> 씨줄을 잘라서 어미줄에 30cm 간격으로 끼우는 방법이 효과적이다.

54 김의 조가비 사상체의 채묘 시기 조절에 대한 설명으로 옳지 않은 것은?

① 수온이 21~23℃가 되도록 온도처리를 한다.

② 2,000~3,000lx의 밝기로 8~10시간 광선처리를 한다.

③ 비닐주머니에 넣어 −10℃가 되도록 동결보존한다.

④ 약품처리를 하여 건조시켜 보관한다.

> **해설**
> 조가비 사상체의 채묘시기 조절(각포자 방출)
> • 온도처리 : 보통 낮의 수온이 21~23℃일 때 각포자가 많이 나오므로 배양해수를 줄이고 통풍이 잘되게 한다.
> • 광선처리 : 낮의 길이를 8~10시간, 조도를 2,000~3000lx로 하여 4~5일간 두면 성숙이 촉진된다.
> • 동결보존 : 비닐주머니에 조가비 사상체가 해수에 잠기도록 넣어 밀봉한 후 −10℃ 이하로 동결보존한 것을 해동하면, 4~5일 만에 각포자가 대량으로 나온다.

55 2년생 다시마를 양식할 경우 10~12월에 재생이 시작되는 생장대에서 30cm 정도를 남기고 묵은 부분을 잘라내는 경우가 있는데 그 주된 이유는?

① 재생이 잘되게 하기 위함이다.

② 녹아서 없어질 부분을 이용하기 위함이다.

③ 이끼벌레의 산란을 방지하기 위함이다.

④ 영양염을 절약하기 위함이다.

> **해설**
> 묵은 부분은 표면이 거칠어 부착생물이 쉽게 달라붙는다. 이끼벌레 등이 부착해 산란하면 다시마의 상품성이 떨어지고, 광합성과 생장에도 악영향을 준다.

56 김 사상체의 병해 중 황반병 발생의 직접적인 원인은?

① 배양장의 나쁜 시설이 원인이 되어 발생한다.

② 탄산칼슘이 조개껍질의 표면에 침착하여 발생한다.

③ 호염성 세균에 의해서 발생한다.

④ 광선과 온도의 불균형이 원인이 되어 영양부족으로 발생한다.

해설
수온 상승기(주로 여름철) 고염분 환경에서 호염성 세균의 번식 활발하여 발생한다.

57 미역의 말기 배양기간 동안 갑작스러운 조도의 변화로 야기되는 현상은?

① 끝녹음

② 싹녹음

③ 배우체 탈락

④ 아포체 출현

해설
미역의 말기 배양기간동안 조도(빛의 세기)를 일정하게 유지하는 것이 매우 중요하다. 이 시기에 갑작스러운 조도의 변화(조도의 급증 또는 급감)가 발생하면 어린싹이 급격히 손상되어 색이 변하고 녹아 없어지는 싹녹음 현상이 발생한다.

58 청각 유체의 출현시기는?

① 초봄에 나타나기 시작하여 가을에 소실된다.

② 여름에 나타나기 시작하여 가을에 소실된다.

③ 초가을에 나타나기 시작하여 봄에 소실된다.

④ 초겨울에 나타나기 시작하여 익년 늦가을에 소실이 시작된다.

59 미역 종자의 채묘장소로서 가장 적당한 곳은?

① 가능한 한 밝은 그늘 장소

② 햇빛이 비치는 창쪽

③ 어두운 장소

④ 완전 빛이 차단된 장소

해설
직사광선은 피하면서도 충분한 빛 확보되어 광합성이 원활하게 이루어져 종자의 생장을 촉진할 수 있는 밝은 그늘이 가장 적당하다.
• 너무 강한 빛 → 광합성 장애 및 싹녹음
• 너무 어두운 곳 → 광합성 부족 → 생육 부진

60 김의 광합성에서 보상점은 얼마인가?

① 3~5lx

② 30~50lx

③ 300~500lx

④ 3,000~5,000lx

해설
김의 광합성에서 보상점은 약 300~500lx 범위로 이 조도 이상에서 비로소 순광합성이 시작된다. 김 양식 시 적정조도 확보가 중요하며, 그늘지거나 탁수가 심할 경우 성장이 부진하다.

61 우뭇가사리(*Gelidium amansii*)에 대한 설명 중 틀린 것은?

① 다년생이다.

② 사분포자 또는 과포자를 형성한다.

③ 난류성이다.

④ 세대교번을 하지 않는다.

해설
우뭇가사리는 동형 세대교번을 하는 다년생 해조류이다.

62 다음 새우 중 분류학적으로 연관관계가 가장 먼 것은?

① 대 하   ② 중 하

③ 젓새우   ④ 보리새우

해설
③ 젓새우 : 젓새우상과(*Sergestoidea*)
①·②·④ 대하, 중하, 보리새우 : 보리새우상과(*Penaeoidea*)

63 일반적인 해조류의 주된 영양소 흡수기관은?

① 뿌 리

② 줄 기

③ 몸 표면 전체

④ 뿌리와 줄기

해설
해조류는 완전히 물속에 잠겨 생활하는 까닭에 몸의 표면에서 영양분을 흡수하는 한편 동화작용, 호흡작용도 몸의 표면에서 이루어진다.

64 절지동물문 갑각강에 속하는 동물플랑크톤으로 세계의 거의 모든 해역에서 가장 우점하는 생물은?

① 지각류

② 요각류

③ 단각류

④ 곤쟁이류

해설
• 동물플랑크톤 : 요각류
• 식물플랑크톤 : 규조류

65 분류학상 연체동물에 속하지 않는 것은?

① 해파리류

② 조개류

③ 고둥류

④ 문어류

해설
해파리류는 분류학상 강장동물문

66 다음 수산생물 중에서 광염성 생물은?

① 오징어

② 망둥어

③ 우뭇가사리

④ 가리비

해설

주로 조간대나 기수역에서 발견되는 생물들이 광염성 생물이며, 저조선 아래에 서식하는 생물들이 협염성 생물이다.

67 기수역(汽水域)의 염분농도 범위는?

① 0.5‰ 이하

② 0.5~25‰

③ 25~40‰

④ 40‰ 이상

해설

염분농도(psu, ‰)

• 해수 : 25~40psu

• 기수 : 0.5~25psu

• 담수 : 0.5psu 이하

68 다음 수산동물 중 가장 발달된 무리에 속하는 것은?

① 두족류   ② 미색류

③ 갑각류   ④ 해삼류

해설

미색동물에 속하는 군체성 우렁쉥이류(멍게류)는 유성생식과 무성생식을 하는 가장 고등한 무척추동물에 속한다.

69 뱀장어가 점액을 분비하는 이유와 가장 거리가 먼 것은?

① 몸 표면을 미끄럽게 하여 물과의 마찰을 적게 한다.

② 환경조건이 좋을 때 분비한다.

③ 기생생물의 부착을 방지한다.

④ 체내 삼투압을 조절한다.

해설

뱀장어의 점액

• 마찰력을 줄여서 상처를 입지 않고 펄이나 돌 틈, 자갈밭을 마음 대로 돌아다닐 수 있는 윤활유 역할을 한다.

• 점액성분 속에는 항생물질이 섞여 있어 지저분한 환경에서 세균 이 번식하는 것을 막아준다.

• 삼투압을 조절하는 기능과 방수기능을 갖고 있다.

70 경골어류의 아가미에서 염세포(Salt Cell)의 기능은?

① 체외로 염류를 배출하여 삼투조절

② 체내로 염류를 흡수하여 삼투조절

③ 체외로부터 물을 흡수하여 삼투조절

④ 체내의 과다한 물을 배출하여 삼투조절

해설

해산어(경골어류)의 삼투압 조절

바닷물을 마시고 (수분 보충) 아가미 염세포를 통해 염류를 체외로 배출하거나 신장에서 농축된 소변을 소량 배출한다.

71 다음 중 편형동물의 배설기관은?

① 원신관

② 보야뉴스관(Bojanus Organ)

③ 녹선(Green Gland)

④ 말피기관(Malpighian Tube)

해설

① 원신관 : 편형동물과 같이 체강이 없거나 미약한 동물에서 삼투압 조절과 노폐물 배출을 담당하는 관 모양의 기관

② 보야뉴스관(Bojanus Organ) : 이매패류(조개류)의 배설기관

③ 녹선(Green Gland) : 갑각류(게, 새우)의 배설기관

④ 말피기관(Malpighian Tube) : 곤충류의 배설기관

72 아리스토텔레스 등(Aristotle's Lantern)이라고 부르는 저작기는 어느 동물만 갖고 있는가?

① 해파리류

② 불가사리류

③ 해삼류

④ 성게류

73 다음의 강장동물 중 메두사형이 없고 고착생활을 하는 폴립형만 있는 것은?

① 히드로충류

② 해파리류

③ 산호충류

④ 빗해파리류

해설

산호충류(Anthozoa)

폴립형만 존재하고 메두사형이 전혀 나타나지 않으며 산호, 말미잘, 해초 말미잘 등이 이에 해당한다. 평생 고착생활을 하며, 무성·유성생식으로 번식한다.

74 경골어류에서 부레의 기능이 아닌 것은?

① 호흡기능

② 감각기능

③ 배설기능

④ 부력조절기능

해설

배설기능은 신장과 아가미가 담당하는 기능으로 부레와는 관계가 없다.

75 어류의 지느러미에 관해서 설명한 것 중 틀린 것은?

① 어류의 지느러미는 방향을 잡고 이동하거나 멈추기 위하여 사용된다.

② 고등어, 삼치, 다랑어는 뒷지느러미 뒤쪽에 발달된 근육질의 기름지느러미가 있다.

③ 경골어류는 지느러미 줄기와 지느러미 막으로 구성되어 지느러미를 자연스럽게 움직일 수 있는 종이 대부분이다.

④ 원구류의 지느러미는 수직지느러미가 몸의 정중선을 따라 주름 모양으로 다소 퇴화되어 있다.

해설

② 기름지느러미는 등지느러미의 뒤쪽에 위치한 작은 연조직 지느러미로, 근육질이 아니며 연어, 송어, 메기 등 일부 어류에만 있다.

76 다음 어류 중 빗비늘(Otenoid Scale)로 되어 있는 것은?

① 숭어, 농어
② 붕어, 뱀장어
③ 철갑상어, 폐어류
④ 상어, 가오리류

해설
숭어, 농어 등 농어목 어류 대부분은 뒤쪽 가장자리에 톱니 모양의 빗비늘을 가진다.

77 다음 중 Chlorophyll a, b와 가장 관계가 깊은 조류는?

① 녹조류　　　② 갈조류
③ 홍조류　　　④ 남조류

해설
② 갈조류 : Chlorophyll a, c
③ 홍조류 : Chlorophyll a, d
④ 남조류 : Chlorophyll a

78 경골어류의 심장에 대한 설명으로 옳은 것은?

① 1심방 1심실
② 1심방 2심실
③ 2심방 1심실
④ 2심방 2심실

해설
연체동물의 심장은 2심방 1심실의 심장을 가지며, 경골어류의 심장은 1심방 1심실로 되어 있다.

79 일반적으로 동물플랑크톤의 일주기 수직 이동에 관한 설명으로 옳은 것은?

① 낮에는 표층으로, 밤에는 중·심층으로 수직이동 한다.
② 밤에는 표층으로, 낮에는 중·심층으로 수직이동 한다.
③ 상·하층의 수직이동을 하지 않고 일정한 수층에 머문다.
④ 밤·낮의 수직이동이 일정하지 않고, 이동하고 싶을 때 자유롭게 이동한다.

해설
낮에는 깊은 층으로 이동하고 밤에는 표층으로 올라오는 수직이동을 한다.

80 살오징어 수컷의 교접완은 다음 중 어느 것인가?

① 제3우완
② 제4우완
③ 제3좌완
④ 제4좌완

해설
교접완(Hectocotylus, 생식팔)
수컷 오징어에서 정포낭(Spermatophore)을 암컷 외투강으로 운반하는 역할을 하는 변형된 팔로 오징어 수컷의 경우 제4우완, 참문어 수컷의 경우 제3우완 끝부분이 다른 팔과 형태가 다르다.

81 다음 중 수중의 암모니아 측정에 이용하는 방법은?

① 이온전극법

② 비탁법

③ 중량분석법

④ 불꽃광도법

해설

이온전극법(Electrochemical Analysis)

시료 중의 분석대상 이온의 농도(이온활량)에 감응하여 비교전극과 이온전극 간에 나타나는 전위차를 이용하여 목적 이온의 농도를 정량하는 방법으로서 시료 중 음이온(Cl^-, F^-, NO_2^-, NO_3^-, CX^-) 및 양이온(NH_4^+, 중금속이온 등)의 분석에 이용된다.

82 담수에 기생하는 요각류 중 *Ergasilus*가 닻벌레에 비해 사망률이 높은 이유로 가장 적절한 것은?

① 아가미에 기생하여 호흡곤란을 일으키므로

② 체표에 기생하여 체표에 궤양이 형성되므로

③ 구강 내에 기생하여 먹이 섭취가 곤란하므로

④ 기생에 따른 스트레스로 어체가 쇠약해지기 때문

해설

에르가실루스병 증상

• 아가미 조직의 염증반응과 출혈 등이 있고, 혈관이 막히거나 아가미 새엽의 위축 등이 발생한다.

• 기생의 자극으로 아가미 상피세포나 점액세포가 증식하여 호흡 장애가 발생한다.

83 전기전도도를 이용하여 염분을 측정할 때 측정치에 가장 크게 영향을 미치는 요소는?

① 수 온

② pH

③ 투명도

④ 색 도

해설

전기전도도는 온도차에 의한 영향이 크다.

84 시료 20mL를 사용하여 어떤 성분을 정량한 결과 $28\mu g$이 함유되어 있었다. 이 성분의 ppm 농도는?(단, 시료비중은 1로 본다)

① 28ppm

② 2.8ppm

③ 14ppm

④ 1.4ppm

해설

1ppm은 $1\mu g/mL(=1mg/L)$

$$ppm = \frac{물질의\ 질량}{시료의\ 질량} = \frac{28}{20} = 1.4ppm$$

85 혐기성박테리아나 원생동물의 역할로 분해되어 발생하는 생성물과 가장 거리가 먼 것은?

① H_2S

② CH_4

③ NH_3

④ NO_3

해설

물속에서 혐기성미생물로 인해 유기물이 분해되면 메탄(CH_4), 이산화탄소(CO_2) 그 외 NH_3, H_2S가 발생하여 악취가 난다.

86 암모늄 이온, 아질산 이온, 유기체 질소의 조사를 위한 시료의 현장에서 처리하는 방법으로 옳은 것은?

① 황산을 가하여 pH를 2 이하로 되게 한다.
② 운반도중 자연증발이 일어나지 않게 하는 것이 제일 중요하다.
③ 수산화나트륨을 가하여 pH 10 이상이 되도록 한다.
④ 어떤 시약도 첨가해서는 안되고 반드시 냉장상태로 운반해야 한다.

> 해설
> 강산(황산)으로 시료를 산성화하여 미생물 활동을 억제하고, 질소 화합물의 형태 변화를 방지한다.

87 어류 병원체와 그 부화자충의 연결이 맞게 짝지어진 것은?

① Nematoda – Miracidium
② Cestoda – Coracidium
③ Digenea – Oncomiracidium
④ Copepoda – Cercaria

> 해설
> 조충류 촌충(Cestoda) 생활사
> 의엽조충목의 경우 충란 → 섬모유충(Coracidium) → 원미충(Procercoid) → 충미충(Plerocercoid) → 성충의 단계를 거친다.
> ① Clonorchis sisensis(간 디스토마) – Miracidium(섬모유충)
> ③ Monogenea – Oncomiracidium
> ④ Dicrocoelium dendriticum(란셋흡충) – Cercaria

88 넙치의 랍도바이러스병 예방책으로 가장 적당한 것은?

① 포르말린 처리
② 식염수 처리
③ 15℃ 이상 가온 처리
④ 담수 처리

> 해설
> 수온을 15℃ 이상으로 상승시키면 바이러스의 병원성이 떨어져 폐사율이 감소된다.

89 염분량을 측정할 때 사용하는 시약은?

① $AgNO_3$(질산은) 및 K_2CrO_4(크롬산칼륨)
② $NaOH$(수산화나트륨) 및 $CaCl_2$(염화칼슘)
③ $MnCl_2$(염화망가니즈) 및 $Na_2S_2O_3$(티오황산나트륨)
④ HCl(염산) 및 $MnCl_2$(염화망가니즈)

> 해설
> 식염 정량
> 크롬산칼륨과 질산은을 이용하여 시료 중의 식염의 양을 측정하는 것이다.

90 닻벌레(Lernaea cyprinaces)에 대한 설명 중 틀린 것은?

① 닻벌레는 Nauplius 시기에는 자유유영생활을 하고 Copepodid 1기 때부터 숙주에 기생한다.
② 닻벌레의 수컷은 교미 후 죽고, 암컷이 숙주에 고착·기생한다.
③ 숙주 특이성이 낮다.
④ 닻벌레는 아가미와 피부에만 기생한다.

> 해설
> 머리 부위가 변형(긴 갈고리모양)되어 근육 및 아가미에 깊이 박혀 기생한다.

91 0.1N 염산용액을 조제하여 표정하니 정확한 농도는 0.102N이었다. 이 용액의 factor는?

① 10.2

② 1.02

③ 0.102

④ 0.0102

> **해설**
> factor = 실제농도/표기농도
> = 0.102/0.1 = 1.02

92 어느 한 지점에 일정 면적의 지질을 집어 올리는 채취방법으로 소형 저서 생물의 조사에 활용하는 채니 방법은?

① 코어식

② 드레지식

③ 전동식

④ 그래브식

> **해설**
> 저질의 채취 방법
> • 드레지식 : 기기 자체의 무게에 의해서 해저면을 일정한 거리로 끌어서 시료 채취
> • 그래브식 : 어느 한 지점의 일정 면적의 저질을 집어 올리는 채취
> • 코어식 : 원통형의 파이프를 저실 속에 박아서 퇴적된 층을 그대로 채취

93 단생류(Monogenea)에 포함되지 않는 것은?

① 닥틸로자이러스

② 베네데니아

③ 헤테락신

④ 메타고니무스

> **해설**
> 메타고니무스는 흡충류에 포함된다.

94 염분 20‰인 해수의 20℃ 포화용존산소량은 8.07 mg/L이다. 이 해수의 DO가 9.20mg/L이면 포화도는 약 얼마인가?

① 148.4%

② 114.0%

③ 74.2%

④ 54.4%

> **해설**
> • 포화용존산소량 : Ds
> • 시료의 용존산소량 : DM
> • 시료의 포화율(%) = (DM/Ds) × 100
> = (9.20/8.07) × 100 ≒ 114.0%

95 호수에 관한 설명으로 가장 옳지 않은 것은?

① 가을에 순환이 일어난다.

② 여름철에는 성층현상을 나타낸다.

③ 호수에 조류가 대량 번식하면 용존산소 농도가 높아져 수질이 좋아진다.

④ 성층을 이룰 때 수심에 따른 물의 수온구배와 DO 농도구배는 같은 모양이다.

> **해설**
> 조류가 대량 번식하면 물의 표면을 덮어 햇빛을 차단하고, 죽은 조류의 분해로 인해 산소소비량이 급속히 늘어난다. 그 결과 산소 부족으로 인해 수중생물이 대량으로 폐사하거나 강바닥에서 황화수소가스가 발생하여 물이 썩는 부영양화현상이 일어난다.

96 다음 중 자어에서는 거의 감염되지 않고 성어에 감염되기 쉬운 병으로 옳은 것은?

① 송어의 절창병
② 은어의 비브리오병
③ 뱀장어의 에드워드병
④ 연어의 세균성 신장병

해설
송어의 절창병은 당년생이나 성어에서도 볼 수 있으나 일반적으로 고연령어에 많다.

97 용해성 중금속 원소 측정용 시료를 채수한 병에 염산을 0.1N 정도 가하는 이유는?

① 세균번식억제
② 중합방지
③ 예비분해
④ 용기 내벽 유착방지

해설
산성을 유지하면 금속이온이 안정한 형태(용해 상태)로 남아 있어 정확한 분석이 가능하다.

98 물이 및 닻벌레가 처음 번식하기 시작하는 수온은?

① 10℃ 이상
② 14℃ 이상
③ 20℃ 이상
④ 25℃ 이상

해설
수온 약 14℃ 이상에서 번식되며, 고수온일수록 번식력이 빠르다. 이 시점부터 부착생물과 기생충 문제가 본격화되므로 양식장에서는 청소·소독 강화, 치어·성어 방역관리, 사육밀도의 조절이 필요하다.

99 오염된 시수를 채수하였다. 몇 시간 이내에 분석을 마쳐야 하는가?

① 48시간　　　② 24시간
③ 12시간　　　④ 6시간

해설
오염된 시수, 즉 수질분석을 위한 시료수는 시간이 지날수록 세균 번식, 화학적 변화(COD, BOD 변화), 용존산소 감소 등으로 인해 정확한 분석이 어려워지므로 채수 후 12시간 이내에 분석을 마쳐야 한다.

100 보리새우의 아가미를 현미경으로 관찰하였을 때 검은 반점이 무수히 관찰되었다면 어떤 원인으로 인한 병이 의심되는가?

① *Fusarium* sp.
② *Saproiegnia* sp.
③ *chtyophonus* sp.
④ *Mucor* sp.

해설
푸사리움증(검은아가미병)
• 아가미 조직에 흑색의 반점(black spot) 이 다수 형성
• 점차 아가미 기능 저하 → 호흡 장애 → 폐사율 증가

제1과목 | 어류양식학

01 생식세포인 정자와 난자의 염색체 수는 체세포와 비교했을 때 어떤 배수체로 이루어져 있는가?

① 반수체
② 2배체
③ 3배체
④ 4배체

해설

생식세포(정자와 난자)는 감수분열을 통해 만들어지며, 이 과정에서 염색체 수가 절반(반수체, 1n)으로 감소한다. 수정이 일어나면 반수체인 정자와 난자가 결합하여 2배체인 수정란(2n)이 되어 정상 개체와 동일한 염색체 수를 갖게 된다.

02 뱀장어의 소상에 대한 설명으로 옳지 않은 것은?

① 일몰 때부터 2~3시간 이내에 만조가 되면 활발하게 올라온다.
② 비가 오거나 흐릴 때에는 하루의 시간과 관계없이 간조 시 많이 올라온다.
③ 8~10℃ 이하의 수온에서는 소상활동이 크게 제한되고, 하천과 해수의 수온차가 없어져야만 활발하게 올라온다.
④ 3~4월 수온이 8~10℃ 이상으로 올라가서 하천과 해수의 수온차가 없어지거나 하천수의 수온이 더 높아지면 수온의 영향은 없어지고 그 대신 조석의 영향이 커진다.

해설

② 비가 오거나 흐릴 때에는 하루의 시간과 관계없이 만조 시 많이 올라온다.

03 조피볼락 종자생산 시 먹이생물인 알테미아는 부화 후 그대로 공급하지 않고 영양강화를 한 후에 공급하는 경우가 많다. 이는 알테미아에 어떤 영양소를 보충하기 위한 것인가?

① DHA 공급
② 비타민 C 공급
③ 포화지방산 공급
④ 필수아미노산 공급

해설

알테미아는 해산어류의 필수지방산으로 알려진 고도 불포화지방산이 부족하기 때문에 유화오일로 영양강화를 한 후 공급한다.
※ 중요한 지방산의 명칭
• 포화지방산 : 카프릭산(Caprylic Acid), 라우릭산(Lauric Acid), 미리스틱산(Myristic Acid), 스테아르산(Steric Acid)
• 불포화지방산(필수지방산) : 올레산, 리놀레산, 리놀렌산, 아라키돈산, EPA, DHA

04 사료성분 중 지방과 비타민류의 산화방지를 위해 사용되는 항산화제가 아닌 것은?

① BHA
② 레시틴
③ α-토코페롤
④ α-녹말

해설

④ 녹말은 사료 제조 시 점착제로 사용된다.
항산화제
• 천연항산화제 : 레시틴, 토코페롤, 고시폴, 세사몰 등
• 합성항산화제 : BHA, BHT, PG, NDGA 등

05 다음 중 틸라피아의 생태에 관한 사항으로 틀린 것은?

① 산란은 23~28℃에서 이루어진다.

② 채색은 환경에 따라 변화가 심하다.

③ 틸라피아는 육식성 어류로 주먹이는 작은 어류와 갑각류이다.

④ 우리나라 남부의 경우 야외 못에서는 여름철 3~4개월 정도만 사육할 수 있다.

해설

③ 틸라피아는 잡식성 어류로 주먹이는 조류(藻類), 부착생물, 수생곤충, 식물성 플랑크톤, 배합사료 등이다.

06 어떤 어류의 체중이 200g이었던 것을 600g이 되도록 기르는 데 소요된 사료양이 800g이었다면 사료계수는?

① 1.5 　　　　② 1

③ 1.5 　　　　④ 2

해설

$$사료계수 = \frac{사료\ 공급량}{증육량}(단,\ 증육량 = 수확\ 시\ 중량 - 방양\ 시\ 중량)$$

$$= \frac{800}{600-200} = 2$$

07 다음 중 잉어가 사료를 가장 많이 먹는 수온은?

① 10~15℃ 　　　② 20~23℃

③ 24~28℃ 　　　④ 30~33℃

해설

잉어는 12~13℃에서 먹이를 먹기 시작하며, 수온이 상승함에 따라 섭이양이 증가하지만, 30℃ 이상에서는 오히려 섭이양이 줄어든다.

08 무지개송어 양식을 위한 먹이 공급의 설명으로 틀린 것은?

① 100% 충분히 먹었을 때 사료의 효율이 가장 높다.

② 1일분의 먹이를 1회에 한 번에 주지 않고 2회로 나누어 준다.

③ 먹이가 바닥에 떨어지기 전에 다 받아먹을 수 있는 정도로 천천히 조금씩 주어야 한다.

④ 수온이 갑자기 너무 높아지거나 너무 낮아졌을 때는 먹이 주는 양을 감소시켜야 한다.

해설

70~80%가 충분히 먹었다고 했을 때 먹이를 중단하면 사료효율이 좋고 수질관리에도 좋다.

09 은어의 종자생산 시 주된 먹이로 이용되는 것은?

① *Monochrysis* sp.

② *Navicula* sp.

③ *Chlorella* sp.

④ *Brachionus* sp.

해설

은어 자어는 부화 직후 체구가 매우 작아 먹이 입자의 크기가 중요하므로 로티퍼(*Brachionus* sp.)가 주된 초기 먹이로 사용된다.

① · ② 규조류로 패류의 종자생산이나 사육에 주로 활용한다.

③ 은어의 직접적인 먹이보다는 로티퍼나 아르테미아의 먹이생물 배양용으로 활용한다.

10 용기에서 부화시킨 미꾸라지는 부화 며칠 후에 사육지로 옮기는 것이 가장 좋은가?

① 3일 후   ② 10일 후
③ 20일 후   ④ 30일 후

> **해설**
> 미꾸라지는 부화 직후 난황을 흡수하면서 성장하며, 보통 부화 후 7~10일경 난황이 대부분 흡수되고, 자어가 자유롭게 먹이를 섭취할 수 있는 단계에 도달한다. 이 시기에 사육지로 옮기면 먹이 적응도 좋고 생존율도 가장 높다.

11 다음 어종 중 육상수조 양식에 가장 알맞은 것은?

① 방 어   ② 복 어
③ 넙 치   ④ 참 돔

> **해설**
> 넙치는 저서성(바닥생활) 어종으로, 좁은 공간에서도 잘 적응하고 스트레스가 적어 육상수조(순환여과식·유수식 수조) 양식에 가장 알맞다.

12 어류 종자생산 시 먹이공급 체계로 옳은 것은?

① 알테미아 유생 → 로티퍼 → 배합사료
② 알테미아 유생 → 배합사료 → 로티퍼
③ 로티퍼 → 알테미아 유생 → 배합사료
④ 로티퍼 → 배합사료 → 알테미아 유생

> **해설**
> 어류 자어는 부화 직후 체구가 작고 먹이 입구도 작아 아주 미세한 먹이가 필요하다. 따라서 종자생산에서는 먹이 크기 순서(로티퍼, 알테미아, 배합사료)에 따라 공급 체계를 정한다.

13 양식생물 관리의 조건과 양식업 종사자의 자세로 구분할 때 양식생물 관리의 기본 요건이 아닌 것은?

① 적절한 수질 환경을 갖추어 주어야 한다.
② 질병과 해적 그 밖의 장해로부터 보호되어야 한다.
③ 양식생물이 필요로 하는 영양을 마련해 주어야 한다.
④ 열심히 일하고 항상 물고기를 지켜보고 정성을 다한다.

> **해설**
> 양식생물 관리의 3가지 기본 요건
> • 양식생물의 서식 조건에 적합한 수질 환경을 마련해 주어야 한다.
> • 양식생물이 필요로 하는 영양을 적절하게 공급해 주어야 한다.
> • 양식생물은 질병과 해적 그 밖의 장해로부터 보호받아야 하고, 질병의 치료 등 필요한 대책을 세워야 한다.

14 어획현장에서 천연산 복어를 친어로 인공채란하는 작업과정을 열거한 것 중 옳지 않은 것은?

① 폴리에틸렌 용기에 5~10L의 해수를 넣고 난을 짜낸다.
② 수정란이 백탈될 정도로 정자를 가한다.
③ 습식법으로 수정시킨다.
④ 세란은 반드시 1~2회만 실시한다.

> **해설**
> 수정 전 세란을 1~2회만 할 경우 점액, 혈액 등이 남아 정자의 운동성과 수정률이 떨어질 수 있으므로 해수를 이용하여 깨끗해질 때까지 여러 차례 실시해야 한다.

15 넙치 치어의 공식현상이 가장 심해지는 크기는?

① 전장 5~10mm 전후

② 전장 25~50mm 전후

③ 전장 55~80mm 전후

④ 전장 100mm 전후

해설

넙치 치어의 공식현상은 전장 25~50mm를 전후로 치어의 활력차이, 공간경쟁과 먹이경쟁 등으로 인하여 발생하므로 먹이를 충분히 공급하고, 사육밀도 조절, 크기별 선별을 실시하여야 한다.

16 넙치의 자연산란 수온 범위는?

① 8~10℃ ② 11~17℃

③ 18~22℃ ④ 23~25℃

해설

넙치의 자연산란기는 봄철 수온이 11~17℃일 때 형성된다.

17 보통의 어분에는 어느 정도의 단백질이 함유되는가?

① 100% ② 90% 이상

③ 60% 이상 ④ 40~50% 이상

해설

어분의 일반 성분 구성

• 단백질(주성분) : 약 60~72%

• 지질 : 약 5~12%

• 수분 : 7~10%

• 회분(무기질) : 15~20%

• 탄수화물 : 극히 적음

18 틸라피아(Tilapia)의 F_1 잡종이 보통 것보다 좋은 점은?

① 성장이 보통의 암컷과 같다.

② 염분에 비교적 강하다.

③ 모두 수컷이다.

④ 저수온에 강하다.

해설

틸라피아 F_1 잡종은 수컷만 생산되어 양식 효율이 높아지고 성장률이 좋아지는 것이 가장 큰 장점이다.

19 다음 중 어업자원의 조성이나 야생동물의 보호관리 등 자연자원의 관리에 속하는 것은?

① 양 식 ② 어 업

③ 축 양 ④ 증 식

해설

① 양식 : 경제적 가치가 있는 생물을 인위적으로 번식·성장시켜 수확하는 것

② 어업 : 수산동식물을 포획·채취하는 사업

③ 축양 : 살아 있는 수산동물을 적절한 시설 안에서 일시적으로 보관하는 일

20 미꾸라지 인공채란 시 암컷의 선택 조건 중 틀린 것은?

① 복부가 적색을 띠고 투명감을 주는 것

② 복부가 미끄럽고 백색 반점이 있는 것

③ 배가 부르고 약간 밑으로 처진 것

④ 복부가 부드럽고 항문 부분이 빨간 것

해설

복부가 미끄럽고 백색 반점이 있는 것은 건강 이상, 기생충 감염, 피부 질병일 가능성이 있어 선별 시 제외해야 한다.

21 다음 중 일반적인 천해서식장에서 전복류에 적합한 환경조건으로 요구되는 사항과 가장 관계가 먼 것은?

① 갈조류가 풍부한 곳
② 외양에 면한 암초지대
③ 용존산소량이 3mg/L 이상인 곳
④ 연중 수온이 5~15℃로 지속되는 곳

해설
전복은 냉수성 패류로 저수온에서도 생존은 가능하지만, 최적 성장수온은 15~20℃이다.

22 바지락의 양성에 관한 설명 중 틀린 것은?

① 종자는 장형으로 각장이 15~22mm의 것이 알맞다.
② 종자 방양시기는 성장이 시작되는 봄이 가장 좋다.
③ 성장을 빠르게 하기 위해 양성장에 수로를 만들어 해수유통을 좋게 한다.
④ 방양장은 조석 범위 내에서 간출시간이 되도록 긴 쪽이 좋다.

해설
방양 장소는 간출시간이 짧을수록 성장할 수 있는 시간이 길기 때문에 간출하지 않는 곳을 중심으로 하는 것이 좋다. 간출시간이 길면 건조, 온도변화, 포식 위험이 커져 생존율이 떨어진다.

23 전복 종패의 크기가 2cm 되는 것을 방양할 때 생존율을 높이기 위해서는 반드시 필요한 사항은?

① 둥근 전복을 택할 것
② 새로운 방양시설을 할 것
③ 저위도 지방에 방류할 것
④ 홍조류를 일정한 기간 동안 먹일 것

해설
종자의 크기가 클수록 방류 후의 생존율이 높으며, 종자의 크기가 20mm 이하인 것을 방류할 때는 종자 방류용 양성장(전복초)을 만들어 방류하면, 그대로 방류한 것에 비해서 1년 후의 생존율이 3배나 높다.

24 보리새우의 유생 발달단계 순서가 옳은 것은?

① Nauplius → Mysis → Zoea → Post Larva
② Nauplius → Zoea → Mysis → Post Larva
③ Zoea → Nauplius → Megalopa → Post Larva
④ Zoea → Nauplius → Post Larva → Megalopa

해설
보리새우의 유생 발달단계 순서
노플리우스 → 조에아 → 미시스 → 포스트라바

25 문어를 남해안에서 양식할 때 춘계양식과 추계양식으로 구분하는 이유는?

① 성장이 빠르기 때문
② 종자의 확보 때문
③ 하계수온이 높기 때문
④ 소비의 성기 때문

해설
문어는 고수온에 약한 어종이다. 남해안의 여름철 수온은 25℃ 이상으로 상승하는 경우가 많아 문어의 생존율과 성장에 불리하게 작용한다.

26 피조개 인공종자생산에 관한 설명 중 알맞은 것은?

① 산란임계온도 : 15℃

② 먹이생물 : *Cyclotella nana*

③ 유생사육 : 유수식

④ 채묘기질 : 굴이나 가리비 패각

① 산란임계온도 : 23℃
③ 유생사육 : 지수식, D형 유생 때부터 먹이를 찾으므로 이때부터 80~90일간의 실내 수조 사육관리 실시
④ 채묘기질 : 화학섬유 또는 면사로 만든 가는 그물

27 참전복 인공종자생산에서 채란 및 유생관리에 관한 설명으로 틀린 것은?

① 일반적인 산란 유도과정은 간출, 수온자극, 자외선 조사 해수자극 등이다.

② 자외선 조사효과는 동일 조사량에서 암컷이 수컷보다 빠르게 방출된다.

③ 정충농도가 높으면 난막이 소실되므로 정충농도는 30만개 내외/mL가 적당하다.

④ 수온 20℃에서 부유기간은 3~4일 내외이다.

산란 반응은 대부분 수컷이 10~20분 먼저 일어난 뒤에 암컷이 반응을 일으키게 된다.

28 부착성 조개류의 부착과정을 4단계로 나눌 때 세 번째는?

① 부유유생   ② 탐색기

③ 포복기   ④ 부 착

부착성 조개류의 부착과정
부유유생기 → 탐색기 → 포복기 → 부착

29 대하 발생과정 중 부화하여 8번 탈피를 하였을 때의 유생단계는?

① Nauplius   ② Zoea

③ Mysis   ④ Post-larva

보리새우와 대하의 유생 비교

구 분	보리새우	대 하
노플리우스	2일 6회 탈피	4일 6회 탈피
조에아	4일 3회 탈피	5일 3회 탈피
미시스	3일 3회 탈피	4일 3회 탈피
포스트라바	2회 유영→저서	3회 유영→저서

30 담치류의 생태에 대한 설명으로 가장 거리가 먼 것은?

① 담치류는 부착성 동물이다.

② 지중해담치는 원래 한해성이지만 강한 번식력 등으로 분포수역이 확대되었다.

③ 참담치는 지중해담치에 비해 저염분성이며 천해성 종류이다.

④ 참담치의 성숙한 암컷 생식소 색은 자색이며 수컷은 담황색이다.

지중해담치(진주담치)와 참담치의 구별
• 진주담치
 – 각고 10cm 이하, 조가비가 얇고 성장선이 작고 가늘다.
 – 각피가 얇으며 조가비 안쪽이 청백색이고 천해성이다.
• 참담치
 – 각고 15~16cm, 조가비가 두껍고 성장선이 굵고 확실하다.
 – 조가비 안쪽이 흑갈색이며 외양성 암초에 무리지어 서식한다.

31 참굴의 부착치패 관리법에 대한 설명으로 옳은 것은?

① 부착치패는 4~5일이 지나면 주연각이 형성된다.
② 전기 채묘한 치패는 약 2주가 지나면 단련장으로 옮긴다.
③ 후기 채묘한 치패는 2~3주가 지나면 단련시키지 않고 양성장으로 옮긴다.
④ 단련종굴은 그 크기가 작지만 생존율은 높은 편이다.

① 부착치패는 부착한 다음 하루가 지나면 주연각이 형성되고 4~5일이 지나면 치패의 크기는 2~3mm로 된다.
② 전기 채묘한 치패는 2~3주가 지나면 단련시키지 않고 곧 양성장으로 옮겨서 양성용 종자로 사용한다.
③ 후기 채묘된 치패는 약 2주가 지나면 곧 단련장으로 옮겨서 관리한다.

32 대합의 이동 특성을 이용한 양성방법으로 옳은 것은?

① 조위망식 양성
② 채롱 수하식 양성
③ 귀매달기식 양성
④ 개방식 양성

조위에 따라 이동하는 대합의 습성을 이용하여 조위망을 설치하고 조석간만에 따라 이동하는 대합을 쉽게 채취·관리할 수 있다.

33 발생 도중에 트로코포라(Trochophora) 유생기를 거치는 것은?

① 갯지렁이　② 문 어
③ 우렁쉥이　④ 보리새우

갯지렁이의 유생발달 순서
프로토트로코포라(Prototrochophore) → 메타트로코포라(Metatrocho-phore) → 넥토키타(Nectochaeta)

34 다음 중 완류식 채묘시설이 적합한 종은?

① 새꼬막　② 전 복
③ 바지락　④ 진주조개

채묘시설과 대상 생물

채묘시설	대상 생물
고정식, 부동식	참굴, 진주조개, 피조개, 가리비
침설 수하식, 침설 고정식	피조개, 새꼬막, 우렁쉥이
완류식	바지락, 대합

※ 부착력이 없는 바지락이나 대합 등은 부유생활기를 지난 다음 바닥에 침강할 때 완류장치를 해주어 침강을 촉진시킨다.

35 이매패류의 유생발달과정 중 저서생활을 위해 발달하는 운동기관은?

① 면 반　② 발
③ 섬 모　④ 인 대

① 면반(Velum) : 담륜자와 D형 유생에서 나타나는 섬모성 기관으로, 부유생활 시 유영 및 먹이섭취를 담당한다.
③ 섬모(Cilia) : 초기 유생단계에서 유영 및 여과에 사용되지만, 저서생활에는 적합하지 않다.
④ 인대(Ligament) : 패각의 개폐를 돕는 조직으로, 운동기관이 아니라 관절 역할을 한다.

36 수확기의 후반기에 수확한 참굴은 가공용으로만 쓰이는 주된 이유는?

① 맛이 가장 좋은 시기이기 때문
② 생식소가 발달해 있기 때문
③ 수분이 연중 가장 많기 때문
④ 글리코겐이 많기 때문

해설
참굴은 생식소 발달로 육질이 떨어지고 비린내가 강해지는 후반기에는 생식용으로 부적합하여 주로 가공용으로 사용한다.

37 꼬막의 바닥양성에 관한 설명으로 옳은 것은?

① 조간대에서 조하대 사이에서 양성한다.
② 저질은 개흙질로, 다소 붉은색을 띤 회백색이 좋다.
③ 해조류가 많은 곳은 좋지 않다.
④ 해수의 흐름이 거의 없는 내만에 양성한다.

해설
조간대 하부~조하대 상부, 세립질 모래·개흙질, 완만한 조류가 흐르는 곳이 적합하며, 해조류가 많으면 저질 표면에 부착물이 많아 꼬막의 성장에 방해된다.

38 해삼의 서식장에 관한 설명으로 틀린 것은?

① 부유생활 후 저서생활로 들어가면 포복활동에 의한 이동을 한다.
② 내만성 해삼은 연안의 조간대로부터 수심 20m 정도 사이에서 서식한다.
③ 내만성 해삼은 저질이 순개흙질인 곳에서 서식한다.
④ 수심이 얕은 곳에서 작은 해삼이 살고 수심이 깊어지면 해삼의 크기도 점차 커진다.

해설
내만성 해삼은 저질이 순개흙질인 곳을 제외한 어느 장소에서나 서식한다.

39 소라의 생태와 종자생산에 관한 것 중 맞는 것은?

① 암컷의 생식소는 유백색이다.
② 부유유생의 부유기간은 길고 먹이를 필요로 한다.
③ 부유유생의 꼬리가 없어지고 둥글어지면서 침강한다.
④ 합성수지로 만든 투명하거나 반투명인 판에다 먹이생물인 *Navicula* sp. 등을 번식시킨 다음 이 위에 치패를 부착시킨다.

해설
소라(참소라, *Batillus cornutus*)
• 암컷 생식소는 황색~황갈색, 수컷 생식소는 유백색
• 부유유생은 난황을 가지고 있으며 짧은 기간(약 5~6일) 부유 후 착저

40 소라의 방류양성에 관한 내용으로 맞는 것은?

① 성장하면서 차차 얕은 곳으로 이동해 가면서 산다.
② 일반적으로 수온 13℃ 이하인 상태가 오래 지속되면 성장휴지대가 만들어진다.
③ 성장 수온기간이 긴 곳은 먹이 조달이 충분하지 못해 피해야 한다.
④ 종자의 방류량은 적어야 그 효과가 크다.

해설
① 소라는 성장하면서 깊은 곳으로 이동하는 경향이 있다.
③ 성장 수온 기간이 길수록 성장에 유리하고, 먹이 조달 기회도 많다.
④ 방류효과는 일정 밀도 이상에서 최대치가 되며 너무 적으면 효과가 미미하고, 너무 많으면 먹이경쟁이 심화된다.

41 미역에 대한 설명으로 틀린 것은?

① 이형 세대교번을 한다.
② 저수온기에 잘 자란다.
③ 생장점이 몸 끝부분에 있다.
④ 우리나라의 전 연안에 분포한다.

해설
미역의 생장점은 줄기와 엽상부(잎)의 사이에 있다.

42 조가비 사상체의 평면식 배양의 장점은?

① 대량배양이 가능하다.
② 과포자의 잠입이 균일하다.
③ 병해관리가 쉽다.
④ 수온변화가 적다.

해설
소규모로 개인이 어디서나 할 수 있으며 큰 자금이 필요하지 않을 뿐 아니라 병해관리, 물갈이 등도 손쉽게 할 수 있다.

43 청각의 채묘 시 대상 포자는?

① 과포자
② 접합자
③ 유주자
④ 수정란

해설
모체에서 방출된 단상의 배우자는 합체하여 복상의 접합자로 되고 이것은 그대로 자라서 복상의 모체로 된다.

44 김발의 단기 냉장을 하는 목적이 아닌 것은?

① 파래나 규조를 구제하기 위하여
② 병원생물의 번식이 억제되기 때문에
③ 양식기간의 연장이 가능하므로
④ 김의 성장이 나쁠 때 자극효과가 있기 때문에

해설
④ 냉장이 성장을 자극하는 효과는 없다.

45 김 사상체의 각포자 방출촉진법은?

① 저온처리
② 암측처리
③ 100% 습도처리
④ 고비중 처리

해설
각포자 방출촉진법
• 온도처리(저온처리) : 10~20℃로 두며 7~10일 전에 처리한다. 대개 방출 시작 3~4일만에 최고에 달한다.
• 단일처리 : 채묘 1주일 전 단일처리를 짧게 하여(명기 8시간, 암기 16시간) 포자의 성숙도를 촉진하는 방법이다.
• 물갈이처리 : 채묘 전에 배양 해수를 수온 25℃ 이하 유지하며 1~2일마다 환수시킨다.
• 동결보존법: 비닐 주머니에 사상체 조가비가 해수에 잠기도록 넣고, 밀봉하여 -10℃ 이하로 동결시켜 보존한다. 사용할 때에는 해동시키면 4~5일 만에 각포자가 대량으로 방출된다.

46 참김, 큰참김, 방사무늬김, 모무늬돌김, 긴잎돌김을 같은 어장에서 양식할 때 자리바꿈으로 가장 많이 혼입하는 종은?

① 참김 또는 큰참김
② 방사무늬김
③ 모무늬돌김
④ 긴잎돌김

해설
방사무늬김은 영양 번식력이 강하여 자리바꿈에 우세한 품종이다.

47 조가비 사상체의 배양을 하는 데 있어서 물갈이 후에 갑작스럽게 사상체의 색이 변한 일이 생겼다면 일반적으로 제일 먼저 점검해야 하는 것은?

① 비중의 급변 상태
② 조도의 급변 상태
③ 수온의 급변 상태
④ 영양염 관계

해설
비중 변화로 인한 생리적 장애의 우려가 있으므로 미리 비중 측정을 하여 그 차이를 줄이면서 천천히 갈아 준다.

48 다시마의 생활사에 대한 설명으로 틀린 것은?

① 이형 세대교번을 한다.
② 포자체는 무성세대이다.
③ 배우체는 유성세대이다.
④ 아포체의 핵상은 n이다.

해설
아포체의 핵상은 $2n$이다.

49 다시마의 유주자가 방출되는 부위는?

① 조과기 　　　② 포자낭반
③ 자성반 　　　④ 배우체

해설
9월 하순경 성숙한 다시마의 엽체면에 구름 모양 무늬의 자낭반이 형성되며 여기서 무성(無性)의 포자인 유주자가 방출된다.

50 냉장발의 씨발에 이용되는 김 엽체의 가장 적당한 크기는?

① 체장 1cm 내외의 엽체
② 체장 3cm 내외의 엽체
③ 체장 5cm 내외의 엽체
④ 체장 8cm 내외의 엽체

해설
싹이 클수록 작업 중에 손상되기 쉬워 3cm 내외가 적당하다.

51 외양의 깊은 곳에 가장 알맞은 김양식 시설은?

① 섶
② 뜬흘림발
③ 뜬발(지네발)
④ 뜬발(그물발)

뜬흘림발 장단점

장 점	• 포자가 충분히 많이 부착한 김발을 이용할 수 있다. • 수광 시간을 길게 하여 단시간에 엽체를 생장시킬 수 있다. • 외해에서도 양식 가능하다. • 파래, 규조의 부착이 없을 정도로 싹이 충분히 자란 김을 사용해서 양식한다.
단 점	• 노출 시 인력이 많이 들고 품질이 나쁘다. • 양식 중 2차 번식이 없으므로 김발의 수명이 짧다(늦가을~초겨울 : 2~3회 채취 가능, 겨울 : 3~4회 채취 가능). • 냉장발 교체 등의 번거로움이 있다.

52 생식세포를 이용하여 증식을 하면 3년이 경과한 뒤에야 그 효과가 크게 나타나는 해조류는?

① 돌 김
② 톳
③ 자연산 미역
④ 꼬시래기

톳은 생식세포에 의해 증식을 하면 3년 정도 이후에 효과가 나타나지만 영양 번식에 의한 증식은 당년에 효과가 나타나므로 톳서식장 보호관리가 중요하다.

53 엽면 살포법으로 김 양식장에 시비를 할 때 가장 효과적인 시기는?

① 발이 노출된 직후
② 노출 후 엽체가 건조됐을 때
③ 발이 물에 잠기기 직전
④ 발이 수면에 부동할 때

엽면 살포법
김의 광합성 활성도와 영양분 흡수율이 가장 높은 시점인 간조 노출 직후에 시비함으로써 비료 흡수를 극대화하는 기술로 일조시간이 길고 빛이 강한 낮에 그 효과가 더 크다.

54 청각의 생활사 순서로 옳은 것은?

① 청각 → 유주자 → 배우체 → 아포체 → 청각
② 청각 → 배우자낭 → 배우자 → 접합자 → 청각
③ 청각 → 과포자 → 중성포자 → 청각
④ 청각 → 유주자 → 접합자 → 배우체 → 청각

청각의 생활사
2배체의 암수의 성숙한 배우자체에서 감수분열이 일어나 반수의 배우자들이 방출되면 이 암수 배우자들은 만나서 배우자 합일이 일어나게 된다. 이를 접합자라고 하며, 접합자는 어린 유체로 자라고, 다시 암수의 배우체로 자라는 생활사를 가진다.

55 조가비 사상체를 탈회법으로 검경할 때의 조작이 아닌 것은?

① 조가비 표면의 불순물을 닦아낸다.
② 조가비를 페레니액에 10~20분간 넣어둔다.
③ 조가비의 표면을 숫돌에 가볍게 문지른다.
④ 벗겨진 엷은 막을 검경한다.

③ 조가비의 표면을 숫돌에 문지르는 방법은 연마법으로 검경할 때의 조작이다.

56 다음 중 김발의 발달 순서가 옳은 것은?

① 섶 – 떼발 – 지네발 – 그물발

② 섶 – 지네발 – 떼발 – 그물발

③ 떼발 – 섶 – 지네발 – 그물발

④ 섶 – 지네발 – 그물발 – 떼발

57 유용 해조를 위한 갯닦기에서 주대상이 되지 않는 것은?

① 대형 다년생 해조

② 소형 다년생 해조

③ 1년생 해조

④ 말잘피류

해설
③ 1년생 해조는 매년 새로 발생하는 종으로, 인위적으로 제거할 필요가 없으며 오히려 착생 기질 확보에 도움이 될 수도 있다.
갯닦기의 목적
• 해조류가 부착할 깨끗한 표면 확보
• 불필요한 해조류, 부착생물, 진흙·퇴적물 제거
• 생산성 향상

58 미역 유주자의 착생률에 대한 설명 중 틀린 것은?

① 수온 20℃ 이하, 비중 1.020 이상일 때 착생률이 높다.

② 수온 25℃ 이상, 비중 1.010 이하에서는 착생률이 매우 낮다.

③ 주광성이 있어서 밝은 곳으로 모여든다.

④ pH 7.4~8.0일 때 착생률이 높다.

해설
③ 유주자는 음광성으로 빛을 피하고 어두운 곳에 착생해야 정상적인 부착과 발아가 이루어진다.

59 우뭇가사리의 성숙한 모조를 새끼에 끼워서 바닥에 감아주는 이식작업을 할 때 특별히 주의해야 할 사항 4가지로 가장 적당한 것은?

① 건조 방지, 직사광선 방지, 수온상승 억제, 이식시간의 단축

② 건조 방지, 직사광선 방지, 물리적 충격방지, 수온 상승

③ 건조 방지, 직사광선 방지, 조류소통, 비중변화

④ 건조 방지, 비중변화, 이식시간, 직사광선

60 냉장발의 설치와 관리에 있어서 적절한 조치가 아닌 것은?

① 씨발은 밀봉한 채로 어장에 운반한다.

② 출고 후 3, 4시간 이내에 발을 설치한다.

③ 발을 겹쳐서 그대로 해수에 담가 불린 뒤 펼쳐서 설치한다.

④ 1월 중·하순(수온 10℃ 이하)에는 유아가 적게 붙어있는 씨발을 설치한다.

해설
냉장발의 설치와 관리에 있어서 적정한 조치
• 출고한 김냉장 씨발(종망)은 밀봉상태로 4시간 이내 운반하고 해수에 수용 후 설치한다.
• 출고 후 3~4시간이내에 발을 설치한다.
• 생장촉진을 위해서 무노출 상태로 설치한다(건조에 대한 저항력을 높이기 위해).
• 3~4cm 크기의 싹은 12월 이후(어장 생태회복) 1~2월에 설치하는 것이 좋다.
• 1월 중·하순의 저온기때는 야간노출에 주의한다.
• 3월 이후 어기막에 냉장발을 사용해 어기를 연장한다.

61 가두리 양식장의 노화방지책으로 가장 우선적인 것은?

① 먹이 과잉 공급 방지
② 양식생물 수용량 조절
③ 저질 경운
④ 휴식년제 도입

해설
양식장의 노화를 방지하기 위해서는 배설물이나 먹이 찌꺼기의 양이 자연정화(자정)능력을 벗어나지 않도록 하는 것이 중요하다.

62 생물학적 여과과정에서 Nitrite를 Nitrate로 분해하는데 관여하는 세균은?

① *Nitrosomonas*
② *Nitrobacter*
③ *Pseudomonas*
④ *Corynebacterium*

해설
양식 동물에 해로운 암모니아는 나이트로소모나스(*Nitrosomonas*)에 의하여 아질산염으로 산화되고, 아질산염(Nitrite)은 나이트로박터(*Nitrobacter*)에 의해서 독성이 훨씬 적은 질산염(Nitrate)으로 산화된다.

63 하천의 일반적인 특성으로 옳지 않은 것은?

① 유속이 가장 빠른 곳은 하류 쪽이다.
② 하류의 바닥에는 모래나 점토가 많다.
③ 상류의 바닥에는 돌들이 많다.
④ 하류 쪽은 상류에 비하여 수온의 변화가 적다.

해설
① 하천 상류는 유속이 빠르고 용존 산소가 풍부하다.

64 수질 측정방법의 연결이 틀린 것은?

① 용존산소 – 윙클러법
② 암모니아성질소 – 인도페놀법
③ 염분도 – 질산은적정법
④ 수소이온농도 – 격막전극법

해설
격막전극법은 용존산소측정방법이다.

65 해수의 질산염 측정 시 사용하는 환원제는?

① 설파닐산
② 아미노나프톨술폰산
③ 카드뮴
④ 주 석

해설
카드뮴환원법
질산성 질소를 카드뮴─구리 환원칼럼을 통과시켜 아질산성 질소로 환원시키고 이를 측정하여 총질소를 정량하는 방법

66 원형드럼 회전여과기는 다음 중 어디에 속하는가?

① 생물학적 여과

② 물리적 여과

③ 포말분리 여과

④ 화학적 여과

해설

물리적 여과

기계적 여과라고도 하며, 크고 작은 고형물질을 제거하는 과정이다. 물리적 여과방법에는 주로 침수 모래·자갈 여과, 고압모래여과 장치, 회전 드럼필터 등이 있다.

67 양식생물에 영향을 미치는 수온에 관련된 설명 중 틀린 것은?

① 해양에서는 난해성, 한해성으로 담수에서는 열대성, 온수성, 냉수성으로 구분한다.

② 냉수성, 온수성, 열대성 중 어느 것이든지 그들의 적응범위의 온도 내에서는 낮은 편일수록 성장이 더 잘된다.

③ 생물이 적응할 수 있는 수온의 상하 한계는 종류에 따라 차이가 있고, 또 같은 종이라도 대를 거듭하여 적응시키면 그 한계가 상당히 변한다.

④ 생물을 성장시켜 생산하는데 있어서 보다 중요한 일은 그들의 적정 성장수온을 얼마만큼 더 지속시켜 주느냐 하는 것이다.

해설

냉수성, 온수성, 열대성 중 어느 것이든지 그들의 적응범위의 온도 내에서는 높은 편일수록 성장이 더 잘된다.

68 수색에 대한 설명으로 옳은 것은?

① 투명도와 수색은 관련성이 없다.

② 산간의 맑은 호소는 수색이 붉게 나타난다.

③ 수중을 투과하는 빛 중 빨강은 깊은 수심에는 도달하지 못한다.

④ 빛의 세기나 파장의 구성은 깊이와는 무관하다.

해설

해수의 색은 태양빛의 흡수와 반사 및 해수에 포함된 부유물에 따라 결정된다. 파장이 긴 적색광($\lambda = 700nm$)은 얕은 곳에서 흡수되어 버리지만 사람의 눈으로 밝기를 느낄 정도의 청색광은 수심 200m 정도의 깊이까지 도달한다.

69 정수식 양어지에 인위적으로 산소공급을 해야 할 때 하루 중 산소공급이 가장 필요한 시간은?

① 해지기 직전

② 해가 진 직후

③ 해뜨기 직전

④ 해가 뜬 후 오전

해설

밤사이 식물플랑크톤 및 수생식물의 호흡에 의한 산소 소비 증가

70 다음 중 해수 중의 염분함량을 나타내는 단위는?

① ppm

② rpm

③ ppb

④ ppt

해설

염 분

바닷물 1kg에 녹아 있는 용존물질의 g질량의 비로 나타내며, 'psu' 또는 '‰'의 단위를 사용하고 ppt(천분의 일)와 상응하는 단위를 사용한다.

71 시료수 채취와 분석 시 지켜야 할 기본적 사항 중 틀린 것은?

① 채취일시, 지점, 천기, 수심, 수위, 유량, 저질 등의 기록을 유지한다.

② 수질을 대표하는 시료가 채취되어야 한다.

③ 유리 용기 또는 중성 플라스틱 용기를 시료수병으로 사용한다.

④ 한 번 해동한 시료는 다시 동결한 후 재분석에 사용할 수 있다.

> **해설**
> 시료를 해동하면 성분 변화(침전, 산화·환원, 미생물 번식 등)가 발생할 수 있으므로 재냉동·재분석은 금지되며, 해동한 시료는 즉시 분석해야 한다.

72 다음 중 순환여과식 양식장에서 pH 안정을 위해서 사용하는 것은?

① 탄산가스   ② 중탄산나트륨

③ 탄산칼륨   ④ 염 분

> **해설**
> 중탄산나트륨은 완충작용(Buffer Action)을 하여 pH 변화를 억제하며 물속의 H^+를 중화시켜 알칼리도를 높이고, 안정적인 환경을 유지할 수 있다.

73 해수 중의 부족하기 쉬운 주요한 영양염류의 설명 중 가장 알맞은 것은?

① 주요 영양염류는 질소, 인, 칼륨염이다.

② 주요 영양염류는 인, 칼륨염, 규산염이다.

③ 질소, 인, 규산염이 중요한 영양염류이다.

④ 질소, 인, 칼륨염, 탄산염이 중요한 영양염류이다.

> **해설**
> ③ 담수의 경우 질소, 인, 칼륨염이 중요한 영양염류이다.

74 BOD 측정용 시수의 예비처리 조작 중 옳지 않은 것은?

① 모든 시수에는 세균을 보강해 주어야 한다.

② 너무 산성인 경우 수산화나트륨 용액으로 중화시킨다.

③ 20℃에서 용존산소 과포화 시료는 교반이나 포기로 포화농도를 감소시킨다.

④ 잔류 염소를 함유한 시수는 아황산나트륨용액으로 처리한다.

> **해설**
> ① 일반적인 하수 등에는 충분한 미생물이 존재하므로 보강이 필요하지 않다.

75 연안 저질 개선을 위하여 객토를 실시하고자 한다. 다음 중 객토를 실시하여야 할 저질은?

① 유기질이 적게 함유되어 있는 저질

② 모래보다 펄의 성분이 많고 층이 깊은 곳

③ 펄의 성분보다 모래의 성분이 많고 층이 깊은 곳

④ 모래보다 펄의 성분이 적고 층이 얕은 곳

> **해설**
> 양식장이나 연안 저질에서 펄(Mud)이나 유기물이 과도하게 축적되어 혐기성 상태가 되고, 황화수소(H_2S), 메탄가스(CH_4) 등이 발생해 저서생물과 양식생물에게 악영향을 미칠 때, 외부에서 모래나 자갈 등을 반입하여 덮어 주는 저질 개선 방법이다.

71 ④ 72 ② 73 ③ 74 ① 75 ② **정답**

76 다음 가스 성분 중 물에 대한 용해도가 가장 큰 것은?

① 질 소   ② 산 소

③ 이산화탄소   ④ 수 소

해설
이산화탄소(CO_2)는 물에 녹으면서 탄산을 형성하기 때문에 단순한 물리적 용해보다 더 많은 양이 녹는다.

77 봉상온도계로 수온을 측정할 때의 설명으로 틀린 것은?

① 온도계마다 기차가 있으므로 표준온도계와 비교, 검정하여 사용한다.

② 물속에 온도계를 구부는 물론 관부까지 잠기도록 하여 1분 정도 기다린다.

③ 햇볕이 잘 드는 밝은 곳에서 측정한다.

④ 눈금을 읽을 때에는 수은주의 끝이 보이는 곳까지 수면으로 올려 읽는다.

해설
③ 직사광선이 온도계를 가열해 수온보다 높게 측정될 위험이 있다.

78 pH 5인 수계는 pH 7인 수계보다 몇 배 더 산성인가?

① 2배   ② 10배

③ 100배   ④ 200배

해설
pH가 1단위 낮아질 때마다 산성도(수소이온 농도)는 10배 증가한다.

79 침전조에 관한 설명 중 잘못된 것은?

① 면적이 좁아도 좋다.

② 유속이 느릴수록 좋다.

③ 침전조의 기능으로 생물 여과조의 부담을 줄인다.

④ 중력(重力)에 의하여 기능을 발휘한다.

해설
① 침전조는 면적이 넓어야 유속이 충분히 느려지고 부유물질이 가라앉는다.

80 폐쇄적 순환여과 양식장에서 수질관리를 위한 3단계 과정을 순차적으로 나열한 것은?

① 기계적 여과 → 생물학적 여과 → 소독

② 생물학적 여과 → 기계적 여과 → 소독

③ 생물학적 여과 → 소독 → 기계적 여과

④ 기계적 여과 → 소독 → 생물학적 여과

해설
수질관리 과정
• 기계적 여과
  – 큰 고형물(배설물, 사료찌꺼기, 부유물질) 제거
  – 스크린필터, 드럼필터, 침전조 등을 사용
• 생물학적 여과
  – 질산화균(*Nitrosomonas*, *Nitrobacter*) 이용 → 암모니아(NH_3) → 아질산(NO_2^-) → 질산(NO_3^-)으로 산화
  – 질소성 대사산물 제거로 독성 완화
• 소 독
  – 자외선(UV), 오존(O_3) 처리
  – 병원균, 바이러스, 플랑크톤 제거하여 질병 예방

81 잉어봄 Virus병(SVC)의 증상은?

① 근육에 점상출혈
② 발광, 선회
③ 아가미 부식
④ 카타르성 위장염

해설
잉어봄 Virus병(SVC)
• 수온 7℃ 이상일 때 발병하여 약 20℃까지 유행, 17℃ 전후에서 가장 심하게 발병한다.
• 외관상으로 체색 흑화, 복부팽만, 안구돌출, 점상출혈 등의 증상을 나타낸다.

82 양식어류의 신장에 감염되어 연어를 폐사시키는 병원균은?

① Renibacterium salmoninarum
② Pseudomonas anguilliseptica
③ Edwardsiella ictaluri
④ Aeromonas hydrophila

해설
세균성 신장병(BKD)
• 원인균 : Renibacterium salmoninarum
• 발생어류 : 연어과 어류
• 외부증상 : 체색흑화, 복부팽만, 안구돌출, 복부출혈 등 힘없이 배수구 주변 유형
• 내부증상 : 신장의 결절 병변, 신장 암적색화 및 비대화 육아종성 병변으로 발전

83 기수지역의 뱀장어 양식장에서 잘 발생하며, 온몸의 표면에 바늘로 찌른 것과 같은 점상의 출혈이 다수 관찰되는 질병의 원인균은?

① Edwardsiella ictaluri
② Pseudomonas anguilliseptica
③ Pseudomonas fluorescens
④ Aeromonas salmonicida

해설
① 채널메기의 장패혈증
③ 백운병
④ 부스럼병(절창병)

84 수서동물의 질병발생 유발 요인과 가장 거리가 먼 것은?

① 풍향의 변동
② 수온의 변동
③ 강수량의 증가
④ 사육수의 교환

해설
질병 발생은 밀식, 용존산소, 적정 수온 이상의 고수온, 많은 강수량 및 변패 사료 등의 스트레스에 의한 경우가 많다.

85 물곰팡이(Saprolegnia parasitica)병의 발병 원인과 가장 거리가 먼 것은?

① 에로모나스균에 의해 감염된 어류
② 변질된 사료를 준 어류
③ 수온 25℃에서 기른 어류
④ 물이가 기생된 어류

해설
③ 물곰팡이병은 수온 10~15℃ 범위에서 가장 많이 발생한다.

86 굴의 하플로스포리듐병의 설명으로 틀린 것은?

① 바이러스성 질병의 일종이다.

② 감염된 굴에서는 다핵성 물질이 관찰된다.

③ 이 병에 의한 폐사는 늦여름에 많이 나타난다.

④ 감염된 굴은 조직이 쇠약해지고 외투막이 위축된다.

87 다음 중 담수어의 세균성 부식병에 관한 설명은?

① 장염 및 신장과 간장에 농양을 형성한다.

② 겨울철에 주로 많이 발생한다.

③ 원인세균은 환부에서 기둥 모양의 집락을 형성한다.

④ 전신에 점상출혈이 발생한다.

88 갯병이 든 부분을 검경하면 김의 세포를 관통한 균사가 종횡으로 뻗고 있으며 김세포는 죽어서 수축해지는 김의 갯병은?

① Red Rot

② Tumour

③ Chytrid Blight

④ Chill Blight

89 해삼의 종자생산기에 일어나는 질병이 아닌 것은?

① Rotting Edges Symptom

② Viscera Ejection Syndrome

③ Stomach Ulceration Symptom

④ Off-Plate Syndrome

90 여름철 수온이 20~25℃일 때 강우량이 많아서 염분농도가 낮아질 때 방어에 주로 유행하는 질병은?

① 에드워드병

② 림포시스티스

③ 슈도모나스병

④ 유결절증

91 RNA virus가 아닌 것은?

① IPNV   ② SVCV

③ HIRRV   ④ FHV

해설

① IPNV : 전염성 췌장괴사증 바이러스(Infectious Pancreatic Necrosis)
② SVCV : 잉어의봄 바이러스병(Spring Viremia of Carp)
③ HIRRV : 넙치 랍도바이러스병(Hirame Rhabdovirus Infection, HRV=HIRRV)

94 진균류 중 고등균류에 해당하지 않은 것은?

① 편모균류   ② 자낭균류

③ 담자균류   ④ 불완전균류

해설

① 편모균류, 접합균문 : 하등균류
②·③ 자낭균류, 담자균류 : 고등균류
④ 불완전균류 : 불완전균류는 아직도 분류학적인 연구가 되어있지 않은 것이 많으며 상당수의 불완전 균류가 자낭균류나 담자균류로 분류될 것으로 예상된다.

균 계

균은 크게 고등균류와 하등균류로 구분하며, 고등균류는 자낭을 형성하여 자낭포자를 내생하는 자낭균류와 담자병을 형성하여 담자포자를 외생하는 담자균류로 구분된다.

92 *Saprolegnia parasitica*의 발육에 가장 적당한 수온은?

① 5℃ 내외   ② 14℃ 내외

③ 20℃ 내외   ④ 25℃ 내외

해설

물곰팡이병은 수온 10~15℃ 범위에서 가장 많이 발생한다.

93 금붕어에 궤양병을 일으키는 원인 세균이 아닌 것은?

① *Aeromonas hydrophila*

② *Aeromonas salmonicida*

③ *Renivacterium salmoninarum*

④ *Flavobacterium columnare*

해설

③ *Renivacterium salmoninarum* : 연어과 어류의 세균성 신장병
① *Aeromonas hydrophila* : 기적병(솔방울병)
② *Aeromonas salmonicida* : 궤양병
④ *Flavobacterium columnare* : 부식병

95 굴의 퍼킨서스병을 진단하기 위하여 사용되는 염색약은?

① Methylene Blue액

② Lugol액

③ Crystal Violet액

④ Safranin액

해설

병든 굴의 소화선을 슬라이드 글라스에 놓고 커버글라스로 누른 다음 김자액이나 루골의 아이오딘액(Lugol's Iodine)에 염색한 후 현미경으로 관찰하면 특징적인 한 개의 공포가 한쪽에 치우쳐 있는 기생충의 영양체를 볼 수 있다.

96 김 사상체 병해인 녹변병과 황반병의 가장 큰 차이는?

① 전염성의 유무
② 광선의 불균형
③ 온도의 불균형
④ 조도 부족

해설
녹변병과 황반병

구 분	녹변병	황반병
발생시기 및 병의 진행	• 4~6~(8)월 • 생리적 장해 • 전염성 없음	• 6~8월 • 호염성 세균 • 전염성 강함
원 인	• 광선온도의 불균형 • 영양분 부족	• 고수온, 고염분 • 수질 변화 • 통풍 불량
결 과	황녹색–백색으로 변함	• 작은 황색 반점 • 황색–녹색–백색–투명
치료 및 예방	• 영양제 첨가 • 조도 낮게 조절	• 일광처리 • 담수처리(5~7일) • 마이신(1/10,000~1/200,000) 및 차아염소산나트륨처리(10ppm)

97 김 갯병 중 저염분의 영양하에서 기계적인 자극으로 생기는 것은?

① 구멍갯병　　② 흰갯병
③ 붉은갯병　　④ 싹갯병

해설
구멍갯병은 저염분 상태에서 모래나 토사 등에 의한 자극이 엽체 표면에 상처를 일으키고 여기에 균이 감염되어 발생한다.

98 비기생성(생리적) 갯병의 특징이 아닌 것은?

① 엽상체의 뿌리부분에서 발생한다.
② 생리적으로 기상, 수온, 조석, 노출 등에 의해 약해진다.
③ 흰갯병과 싹갯병이 있다.
④ 엽상체의 잎부분이 쭈그러지는 현상이 나타난다.

해설
생리적 갯병은 종류에 따라 엽상체의 다양한 부분에서 발생한다.

99 붉은갯병이 발생하기 쉬운 환경이 아닌 것은?

① 10℃ 이하
② 12~15℃ 이상
③ 발의 노출이 적은 소조 시
④ 하천수 유입이 계속 많을 때

해설
붉은갯병의 발생 환경
• 수온이 12~15℃ 또는 그 이상, 특히 수온이 상승하는 경향이 있을 때
• 따뜻하고 바람이 없을 때 잘 발생
• 김발의 노출이 적을 때
• 하천수의 유입이 많은 곳이나 비가 많이 온 후 해수의 염분이 저하되었을 때

100 다음 중 김발에 붙기 시작할 때 발을 저노출선에 며칠간 고정시켜 주면 구제되는 김의 해적 생물은?

① 따개비　　② 규조류
③ 파래류　　④ 매생이

해설
김의 해적 생물 : 따개비, 규조류, 파래류, 매생이 등
• 매생이 포자는 주광성이고 부착층이 김보다 높다.
• 부착하면 김발을 저노출선에 며칠간 고정(일기가 따뜻해지면 김이 약해지기 쉽고 갯병 염려가 있으므로 발을 빨리 높여 준다).

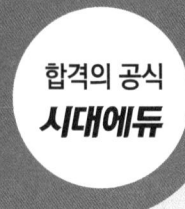

우리 인생의 가장 큰 영광은 결코 넘어지지 않는 데 있는 것이 아니라

넘어질 때마다 일어서는 데 있다.

– 넬슨 만델라 –

Win-Q 수산양식기사 · 산업기사 필기

개정9판1쇄 발행	2026년 01월 05일 (인쇄 2025년 09월 19일)
초 판 발 행	2017년 06월 15일 (인쇄 2017년 03월 31일)
발 행 인	박영일
책 임 편 집	이해욱
편 저	최석희
편 집 진 행	윤진영, 장윤경
표지디자인	권은경, 길전홍선
편집디자인	정경일
발 행 처	(주)시대고시기획
출 판 등 록	제10-1521호
주 소	서울시 마포구 큰우물로 75 [도화동 538 성지 B/D] 9F
전 화	1600-3600
팩 스	02-701-8823
홈 페 이 지	www.sdedu.co.kr
I S B N	979-11-434-0035-2(13520)
정 가	37,000원